全国注册公用设备工程师（给水排水）执业资格考试真题解析及冲刺试卷

晓筑教育　编著

中国建筑工业出版社

图书在版编目（CIP）数据

全国注册公用设备工程师（给水排水）执业资格考试
真题解析及冲刺试卷 / 晓筑教育编著. -- 北京：中国
建筑工业出版社，2025. 5. -- ISBN 978-7-112-31149-1

Ⅰ. TU991-44

中国国家版本馆 CIP 数据核字第 20256KH893 号

责任编辑：于　莉　李鹏达
责任校对：张惠雯

全国注册公用设备工程师（给水排水）
执业资格考试真题解析及冲刺试卷
晓筑教育　编著

*

中国建筑工业出版社出版、发行（北京海淀三里河路9号）
各地新华书店、建筑书店经销
北京红光制版公司制版
天津安泰印刷有限公司印刷

*

开本：787 毫米×1092 毫米　1/16　印张：42½　字数：1055 千字
2025 年 7 月第一版　2025 年 7 月第一次印刷
定价：**178.00** 元
ISBN 978-7-112-31149-1
（44843）

阅 读 说 明

本书的编排采用知识题参考《全国勘察设计注册公用设备工程师给水排水专业执业指南》（旧称秘书处教材）章节顺序编排，案例题参考秘书处教材章节顺序并分专题进行编排的方式，将相关的真题集中在一起，这使得大家在"细嚼慢咽"阶段做真题变得非常方便，笔者在每道题目后面都标了该题对应真题的题号，如"2020-2-3"表示 2020 年第 1 天下午第 3 道题目，而"2024-4-6"表示 2024 年第 2 天下午第 6 道题目。

（1）题目解析中出现的《给水工程 2025》《排水工程 2025》《建水工程 2025》《常用资料 2025》指的是由中国建筑工业出版社出版的《全国勘察设计注册公用设备工程师给水排水专业执业指南（2025 年版）》的 4 个分册。

（2）本书解答中所说的大学本科教材指的是：《给水工程（第四版）》，严煦世主编，中国建筑工业出版社出版；《排水工程上册（第四版）》，孙慧修主编，中国建筑工业出版社出版；《排水工程下册（第四版）》，张自杰主编，中国建筑工业出版社出版；《建筑给水排水工程（第六版）》，王增长主编，中国建筑工业出版社出版。

（3）有部分章节历年从没有考过，对这样的章节笔者在真题编排时没有列出；有部分题目涉及几个章节，本书仅在考点涉及的代表性章节中体现一次。

（4）主要参考的规范、标准：

1）给水、排水工程（26 本）

《室外给水设计标准》GB 50013—2018（简称：《给水标准》）

《城市给水工程项目规范》GB 55026—2022（简称：《给水项目规范》）

《城市给水工程规划规范》GB 50282—2016（简称：《给水规划规范》）

《城镇供水水质在线监测技术标准》CJJ/T 271—2017

《城市供水应急和备用水源工程技术标准》CJJ/T 282—2019

《工业用水软化除盐设计规范》GB/T 50109—2014

《机械通风冷却塔工艺设计规范》GB/T 50392—2016（简称：《冷却塔规范》）

《工业循环冷却水处理设计规范》GB/T 50050—2017（简称：《冷却水规范》）

《城市工程管线综合规划规范》GB 50289—2016

《城市综合管廊工程技术标准》GB/T 50838—2015

《室外排水设计标准》GB 50014—2021（简称：《排水标准》）

《城市排水工程规划规范》GB 50318—2017（简称：《排水规划规范》）

《城镇污水再生利用工程设计规范》GB 50335—2016（简称：《污水再生规范》）

《城乡排水工程项目规范》GB 55027—2022（简称：《排水项目规范》）

《城镇内涝防治技术规范》GB 51222—2017

《城镇雨水调蓄工程技术规范》GB 51174—2017

《城市防洪工程设计规范》GB/T 50805—2012

《农用污泥污染物控制标准》GB 4284—2018

《埋地塑料给水管道工程技术规程》CJJ 101—2016

《埋地塑料排水管道工程技术规程》CJJ 143—2010

《城镇污水处理厂污泥处理　稳定标准》CJ/T 510—2017

《城镇排水管道检测与评估技术规程》CJJ 181—2012

《石油化工污水处理设计规范》GB 50747—2012

《化学工业污水处理与回用设计规范》GB 50684—2011

《电子工业废水处理工程设计标准》GB 51441—2022

《海绵城市建设评价标准》GB/T 51345—2018

2）建筑给水排水（26本）

《建筑给水排水设计标准》GB 50015—2019（简称：《建水标准》）

《建筑给水排水与节水通用规范》GB 55020—2021（简称：《建水通用规范》）

《二次供水工程技术规程》CJJ 140—2010（简称：《二次供水规程》）

《民用建筑节水设计标准》GB 50555—2010（简称：《节水标准》）

《游泳池给水排水工程技术规程》CJJ 122—2017（简称：《游泳池规程》）

《建筑与小区管道直饮水系统技术规程》CJJ/T 110—2017（简称：《直饮水规程》）

《建筑中水设计标准》GB 50336—2018（简称：《中水标准》）

《建筑与小区雨水控制及利用工程技术规范》GB 50400—2016（简称：《雨水利用规范》）

《民用建筑太阳能热水系统应用技术标准》GB 50364—2018（简称：《太阳能热水标准》）

《建筑屋面雨水排水系统技术规程》CJJ 142—2014（简称：《屋面雨水规程》）

《建筑机电工程抗震设计规范》GB 50981—2014（简称：《机电抗震规范》）

《公共建筑节能设计标准》GB 50189—2015（简称：《节能标准》）

《建筑节能与可再生能源利用通用规范》GB 55015—2021（简称：《节能通用规范》）

《人民防空地下室设计规范》GB 50038—2005（简称：《人防设计规范》）

《建筑设计防火规范》GB 50016—2014（2018年版）（简称：《建规》）

《自动喷水灭火系统设计规范》GB 50084—2017（简称：《喷规》）

《消防给水及消火栓系统技术规范》GB 50974—2014（简称：《消规》）

《自动跟踪定位射流灭火系统技术标准》GB 51427—2021（简称：《自动跟踪定位灭火标准》）

《水喷雾灭火系统技术规范》GB 50219—2014（简称：《水喷雾灭火规范》）

《细水雾灭火系统技术规范》GB 50898—2013（简称：《细水雾灭火规范》）

《泡沫灭火系统技术标准》GB 50151—2021（简称：《泡沫灭火标准》）

《气体灭火系统设计规范》GB 50370—2005（简称：《气体灭火规范》）

《汽车库、修车库、停车场设计防火规范》GB 50067—2014（简称：《汽车库防火规范》）

《人民防空工程设计防火规范》GB 50098—2009（简称：《人防防火规范》）

《消防设施通用规范》GB 55036—2022（简称：《消防通规》）

《建筑防火通用规范》GB 55037—2022（简称：《建筑防火通规》或《建筑通规》）

3）通用（8本）

《生活饮用水卫生标准》GB 5749—2022（简称：《饮用水标准》）

《地表水环境质量标准》GB 3838—2002

《地下水质量标准》GB/T 14848—2017

《污水综合排放标准》GB 8978—1996（相关部分由 GB 20426—2006、GB 20425—2006 替代）

《污水排入城镇下水道水质标准》GB/T 31962—2015（简称：《下水道标准》）

《城市污水再生利用　景观环境用水水质》GB/T 18921—2019

《城市污水再生利用　城市杂用水水质》GB/T 18920—2020

《城镇污水处理厂污染物排放标准》GB 18918—2002（简称：《污水厂排放标准》）

4）技术手册

《全国勘察设计注册公用设备工程师给水排水专业执业指南（2025 年版）》第一、二、三、四分册

5）参考标准规范

《升流式厌氧污泥床反应器污水处理工程技术规范》HJ 2013—2012

住房城乡建设部、国家发展改革委《城镇污水处理厂污泥处理处置技术指南（试行）》2011

环境部：《城镇污水处理厂污泥处理处置污染防治最佳可行技术指南（试行）》HJ—BAT—002

6）其他

《全国民用建筑工程设计技术措施-给水排水》2009JSCS—3（简称：《技术措施》）；

《建筑给水排水设计手册（第二版）》，中国建筑设计研究院主编，中国建筑工业出版社出版；

《给水排水设计手册（第二版）》，中国建筑工业出版社出版；

《给水排水设计手册（第三版）第 2 册 建筑给水排水》（简称：《设计手册》）；

《医疗机构水污染物排放标准》GB 18466—2005（简称：《医疗排放标准》）；

《海绵城市建设技术指南——低影响开发雨水系统构建（试行）》（简称：《海绵城市建设技术指南》）。

《城市工程管线综合规划规范》GB 50289—2016（简称：《管线综合规范》）

前　言

　　自从 2006 年国家实行勘察设计注册环保工程师执业资格考试制度以来，每年有越来越多的考生参加注册给水排水专业考试，除了给水排水本专业考生外，还有诸多符合报考规定的相近、相关专业甚至是其他工科专业的考生。历年真题是备考的必备资料。

　　《全国注册公用设备工程师（给水排水）执业资格考试真题解析及冲刺试卷》是一本专门针对注册给水排水专业考试的辅导书籍，涵盖了 2020 年至 2024 年考试的历年真题和详尽的解析。本书旨在帮助学员深入理解考试内容，熟悉考试形式和题型，提高解题速度和准确率，从而顺利通过注册给水排水考试。

　　本书分为 3 个篇章，第 1 篇为专业知识题，第 2 篇为专业案例题，第 3 篇为冲刺卷试题和解析。第 1 篇和第 2 篇的题目和解析按章节编排，第 3 篇按照套卷逐题编排，方便读者按年份查阅。

　　建议读者在使用本书的过程中，先做真题，再参考解析，认真分析错题原因，反复练习，逐步提高自己的应试能力。相信通过对本书的学习，读者能够掌握考试技巧，顺利通过注册给水排水专业考试。

　　书中所有的答案解析全部由曾经参与过考试的高分考生和授课老师自行编写整理，仅供广大考生参考解题思路。对本书如有任何建议、意见和勘误，请与本书编委会（邮箱：kaiguan@lyj.top）联系。

目　录

第1篇　专业知识题

第2篇　专业案例题

第3篇 冲刺卷试题和解析

第1篇　专业知识题

第 1 章　给水工程专业知识题

本章知识点题目分布统计表

小节		考点名称		2020～2024 年题目统计		
				单选题数量	多选题数量	比例
1.1	给水系统总论	1.1.1	给水系统的组成和分类	7	4	5.24%
		1.1.2	设计供水量	3	3	2.86%
		1.1.3	给水系统流量、水压关系	6	2	3.81%
		小计		16	9	11.90%
1.2	输水和配水工程	1.2.1	管网和输水管渠的布置	5	3	3.81%
		1.2.2	管网水力计算基础	6	3	4.29%
		1.2.3	管网水力计算	6	3	4.29%
		1.2.4	分区给水系统	1	3	1.90%
		1.2.5	水管、管网附件和附属构筑物	3	7	4.76%
		小计		21	19	19.05%
1.3	取水工程	1.3.1	取水工程概论	5	0	2.38%
		1.3.2	地下水取水构筑物	5	2	3.33%
		1.3.3	地表水取水构筑物	10	8	8.57%
		小计		20	10	14.29%
1.4	给水泵房			9	6	7.14%
1.5	给水处理概论			3	3	2.86%
1.6	水的混凝	1.6.1	混凝机理	5	1	2.86%
		1.6.2	混凝动力学及混凝控制指标	1	0	0.48%
		1.6.3	混凝设备与构筑物	2	1	1.43%
		小计		8	2	4.76%
1.7	沉淀、澄清和气浮	1.7.1	沉淀原理	3	1	1.90%
		1.7.2	平流沉淀池	1	4	2.38%
		1.7.3	斜板、斜管沉淀池	3	1	1.9%
		1.7.4	澄清池	1	2	1.43%
		小计		8	8	7.62%

小节	考点名称		2020~2024 年题目统计		
			单选题数量	多选题数量	比例
1.8	过滤	1.8.1　过滤基本理论	1	2	1.43%
		1.8.2　滤池滤料	1	0	0.48%
		1.8.3　滤池冲洗	0	1	0.48%
		1.8.4~1.8.6　滤池型式和滤池设计	1	0	0.48%
		小计	3	3	2.86%
1.9	水的消毒	1.9.1　氯消毒	1	3	1.90%
		1.9.2　二氧化氯消毒	1	0	0.48%
		1.9.3　其他消毒剂消毒	1	0	0.48%
		小计	3	3	2.86%
1.10	地下水除铁除锰和除氟		4	3	3.33%
1.11	受污染水源水处理		8	2	4.76%
1.12	城市给水处理工艺系统和水厂设计		2	9	5.24%
1.13	水的软化与除盐		5	3	3.81%
1.14	水的冷却	1.14.1　冷却构筑物类型	1	1	0.95%
		1.14.2　湿式冷却塔的工艺构造和工作原理	0	3	1.43%
		1.14.3　水冷却理论	3	0	1.43%
		1.14.4　冷却塔热力计算基本方程	3	0	1.43%
		1.14.5　循环冷却水系统设计	1	1	0.95%
		小计	8	5	6.19%
1.15	循环冷却水处理	1.15.1　循环冷却水的水质特点和处理要求	1	1	0.95%
		1.15.2　循环冷却水水质处理	1	2	1.43%
		1.15.3　循环冷却水水量损失与补充	0	2	0.95%
		小计	2	5	3.33%
合计			120	90	100%（四舍五入）

1.1　给水系统总论

1.1.1　给水系统的组成和分类

1.1.1.1　分类及水质要求

——单选题——

1.1-1. 关于给水系统供水方式选择的以下说法，哪一项正确？【2022-1-1】

(A) 水源、厂站位置以及输配水管线走向等，应根据相关专项规划要求，结合城镇现状确定

(B) 当人口密度较大且经济不够发达的地区，应采用区域供水

(C) 用户对管网水压的要求是采用分压供水的唯一依据

(D) 在统一给水系统中，必须采用同一水源

解析：

选项 B，参考《给水工程 2025》P2，其适用于经济建设比较发达地区，故 B 错误。

选项 C，地形高差可能造成分压供水，故 C 错误。

选项 D，统一给水系统的核心是一套管网，但对其水源数并无要求，可单水源也可多水源，故 D 错误。

答案选【A】。

1.1-2. 关于城市给水系统供水方式的说法，哪一项正确？【2024-1-1】

(A) 分质供水系统不宜采用重力输配

(B) 分压供水系统不宜采用重力输配

(C) 分质供水系统应分别采用不同的水源

(D) 分压供水系统可分别采用不同的输配水管

解析：

选项 A、B 显然错误。

选项 C，参考《给水工程 2025》P2，分质供水可同一水源，也可完全相互独立，从而各自采用不同的水源，故 C 错误。

选项 D，参考《给水工程 2025》P2，分压给水系统可完全相互独立，故 D 正确。

答案选【D】。

1.1.1.2 给水系统的组成

——单选题——

1.1-3. 以地表水为水源的给水系统一般包括：取水构筑物（取水头部及自流管）、取水泵站、水处理构筑物、清水池、送水泵房、输配水管网系统等。某平原城市采用邻近的高地水库取水，水厂设于平原区，水库水质为地表水Ⅰ类，系统可以考虑取消的设施是下列哪项？【2021-1-1】

(A) 取水头部及自流管　　　　　　(B) 取水泵站

(C) 水处理设施　　　　　　　　　(D) 送水泵房

解析：

从高地水库取水，而水厂设于平原区，故可考虑取消取水泵站而采用重力自流。

答案选【B】。

1.1-4. 某城市给水水源为水库，采用重力给水系统，水库水质为地表水Ⅰ类，该给水系统可以取消的工程设施是下列哪一项？【2023-1-1】

(A) 取水构筑物　　　　　　　　　(B) 取水泵房

(C) 水处理系统中的清水池　　　　(D) 水处理系统中的消毒设施

解析：

A、C 和 D 为必要设施，且题干为采用重力给水系统，故取水泵房可以取消。

答案选【B】。

1.1-5. 下列关于给水泵站的说法，哪一项正确？【2024-1-2】

(A) 一级泵站（取水泵站）是城市给水系统中必不可少的建筑

(B) 地势比用户所在处的地形高的自来水厂无需设置二级泵站

(C) 配水管网中的加压泵站均具有调节水量的作用

(D) 配水管网中的加压泵站具有均衡水压的作用

解析：

选项 A，原水重力输送至水厂时就没有一级泵站，故 A 错误。

选项 B，若地形高差因各种原因（例如高差不足、不经济等）不能满足重力供水，则需要二级泵站，故 B 错误。

选项 C，参考《给水工程 2025》P3，增压泵站并没有调节水量作用，调蓄泵站才有调节水量作用，故 C 错误。

选项 D，若无加压泵站，则二泵站扬程需按满足管网控制点进行计算，从而二泵站扬程较高，但若设加压泵站，则相当于分区供水，从而管网的平均水压降低，从而说加压泵站具有均衡水压的作用，故 D 正确。

答案选【D】。

——多选题——

1.1-6. 以下关于给水系统的说法，哪几项正确？【2022-2-41】

(A) 增压泵站为给水系统的组成部分

(B) 给水系统的组成中，不包括长距离输水工程设施

(C) 如果供水系统采用地下水优质水源，则供水系统中可省略消毒设施

(D) 给水系统应具有连续不间断地向城镇供水的能力，满足城镇对用水水质、水量和水压的要求

解析：

选项 A，正确。

选项 B，错误。

选项 C，消毒不可省略，故 C 错误。

选项 D，参考《给水工程 2025》P27，输配水系统的总体要求叙述，故 D 正确。

答案选【AD】。

1.1-7. 下列关于自来水厂排泥水处理的说法，哪几项错误？【2024-1-41】

(A) 沉淀池排泥水一般先收集至排泥池，然后再进入浓缩池处理

(B) 滤池反冲洗水一般先收集至排泥池，然后再进入浓缩池处理

(C) 处理构筑物的正常排空水不属于水厂排泥水处理对象

（D）排泥池可建在水厂外

解析：

选项 A，参考《给水工程 2025》P4，水厂絮凝池、沉淀池排泥水含泥量较高，一般设置排泥池接收后输入污泥浓缩池，故 A 正确。

选项 B，参考《给水工程 2025》P5，而滤池冲洗水含泥量较低，通常设置排水池……，故 B 错误。

选项 C，参考《给水标准》10.1.1 条条文说明，水厂排泥水处理的主要对象……包括正常排空水，故 C 错误。

选项 D，参考《给水标准》10.1.11 条，应将排泥池和排水池建在水厂内，故 D 错误。

答案选【BCD】。

1.1.1.3　给水系统的选择及影响因素

——多选题——

1.1-8. 针对采用多水源供水的城市给水系统，以下哪几项说法是错误的？【2020-1-41】

（A）原水或管网水应具有相互调度能力　　（B）原水必须具有相互调度能力

（C）管网水必须具有相互调度能力　　（D）原水与管网水均应具有相互调度能力

解析：

参考《给水标准》3.0.6 条。采用多水源供水的给水系统应具有原水或管网水相互调度的能力，故 A 正确，B、C、D 错误。

答案选【BCD】。

1.1-9. 关于城市给水系统的布局，下列哪几项正确？【2023-1-41】

（A）对于远离水厂或局部地势较高的供水区域，可设置加压泵站，采用分区供水

（B）采用多水源供水的给水系统应具有原水或管网水相互调度的能力

（C）同一区域地形高差较大时，宜按地形高低不同，采用分压供水系统

（D）多水源的城市给水系统，规划长距离输水管道时，不能采用单管输水

解析：

选项 A，参考《给水标准》3.0.2 条，故 A 正确。

选项 B，参考《给水标准》3.0.6 条，故 B 正确。

选项 C，参考《给水标准》3.0.2 条，故 C 正确。

选项 D，参考《给水标准》7.1.3 条，多水源或……可采用单管输水，故 D 错误。

答案选【ABC】。

1.1.1.4　工业用水给水系统

——单选题——

1.1-10. 城镇给水系统中关于工业用水给水系统的以下表述，哪项说法是错误的？【2020-1-1】

（A）生产用水要求与工业生产的工艺及产品有关，用水的水压、水质和水温往往与

生活用水不同

(B) 生产用水重复利用率是指工业企业生产中直接重复利用的水量占该企业生产总用水量的百分比

(C) 工业生产用水水质标准不一定总是比生活用水水质标准低

(D) 工业用水给水系统中，不包括职工生活用水

解析：

选项A，参考《给水工程2025》P8，故A正确。

选项B，参考《给水工程2025》P8，故B正确。

选项C，参考《给水工程2025》P9，故C正确。

选项D，参考《给水工程2025》P14，工业企业的用水量包括企业内的生产用水量和工作人员的生活用水量，故D错误。

答案选【D】。

1.1-11. 关于工业用水给水系统的以下表述，哪一项正确？【2022-1-2】

(A) 工业用水水质标准低于生活用水水质标准

(B) 工业用水应设置独立的给水系统

(C) 在独立工业用水给水系统中，用水量的时变化系数恒定为1

(D) 在大型工业企业给水系统中，不仅包括不同车间的生产用水，而且还包括一部分职工生活用水

解析：

选项A，水质标准的高低不一定，故A错误。

选项B，参考《给水工程2025》P8，水量不大时常由城市管网直接供给，故B错误。

选项C，错误。

选项D，参考《给水工程2025》P14，工业企业用水包括生产及工作人员的生活用水，故D正确。

答案选【D】。

1.1.2 设计供水量

1.1.2.1 供水量的组成

——单选题——

1.1-12. 依据规范及标准计算确定城市最高日用水量及供水规模时，除需考虑综合生活用水量、工业企业用水量、浇洒市政道路广场和绿地用水以及未预见水量外，还需计入下列哪项？【2021-1-2】

(A) 管网漏损水量 　　　　(B) 原水输水管漏损水量

(C) 公共设施用水量 　　　　(D) 消防用水量

解析：

由Q_d所含的5项水量可知，还缺少管网漏损水量。

答案选【A】。

——多选题——

1.1-13. 关于给水系统最高日用水量的概念，以下哪几项说法是错误的？【2020-2-41】

（A）一年当中用水量最大的日用水量

（B）设计年限内，规划供水范围内用水量最大的日用水量

（C）一年当中，规划供水范围内用水量最大的日用水量

（D）设计年限内用水量最大的日用水量

解析：

参考《给水标准》4.0.2 条，关键字为"设计年限内""规划供水范围内"，故 B 正确，A、C、D 错误。

答案选【ACD】。

1.1-14. 关于城市给水系统的说法，下列哪几项正确？【2024-2-41】

（A）城市自来水厂的设计规模应满足水厂供水范围规划年限内的城市最高日用水量

（B）当日供水量达到建设规模的 90％以上时，应进行给水工程新建的必要性论证

（C）城市消防用水量越大，自来水厂设计规模越大

（D）城市给水系统必须计量供水量和用水量

解析：

选项 A，参考《给水标准》4.0.2 条，故 A 正确。

选项 B，参考《给水工程 2025》P10，当一年中 25％的天数日供水量达到建设规模的 95％以上时，应进行给水工程新建或扩建的必要性论证，故选项漏掉了"一年中 25％的天数"，故 B 错误。

选项 C，消防水量不计入水厂设计规模，故 C 错误。

选项 D，参考《给水项目规范》3.2.4 条，故 D 正确。

答案选【AD】。

1.1.2.2　供水量变化

——单选题——

1.1-15. 反映用水量变化情况的日变化系数，是指哪项？【2021-2-1】

（A）一年中最高日用水量与平均日用水量的比值

（B）一年中最高日最高时用水量与最高日平均时用水量的比值

（C）设计年限内最高日最高时用水量与本年最高日平均时用水量的比值

（D）一年中最高日最高时用水量与本年平均日平均时用水量的比值

解析：

由日变化系数的定义，A 正确。

答案选【A】。

1.1-16. 下列关于城市用水量及变化系数的说法，哪一项正确？【2024-2-1】

（A）城市最高日综合生活用水量＝最高日居民生活用水量指标×用水人口

(B) 当二次供水设施采用叠压供水模式越多时，时变化系数会越大

(C) 工业企业用水量即工业企业生产用水量

(D) 城市规模越大，时变化系数也越大

解析：

选项 A，综合生活用水量与居民生活用水量指标矛盾，故 A 错误。

选项 B，参考《给水标准》4.0.9 条，故 B 正确。

选项 C，参考《给水工程 2025》P14，工业企业用水量包括企业内的生产用水量和工作人员的生活用水量，故 C 错误。

选项 D，参考《给水工程 2025》P18，大城市比较均匀，故 D 错误。

答案选【B】。

——多选题——

1.1-17. 关于城市用水量时变化系数 K_h 的以下说法，哪几项正确？【2022-1-41】

(A) 时变化系数 K_h 与二级泵站连续运行时数无关

(B) 清水池调节容量由时变化系数 K_h 决定

(C) 二级泵站供水曲线会影响时变化系数 K_h 的大小

(D) 给水系统中设置水塔等调节构筑物，不会影响时变化系数 K_h 的大小

解析：

选项 A，城市用水量的 K_h＝城市用水 Q_h÷（Q_d÷24），显然与二级泵站运行时数无关，故 A 正确。

选项 B，因 K_h 改变则导致二级泵站供水曲线可能相应改变，但若管网内设调节构筑物时，二级泵站供水曲线也可能不变，从而清水池调节容积不变，故 B 错误。

选项 C，城市用水的 Q_h 不因二级泵站供水曲线的变化而变化，故 C 错误。

选项 D，因城市用水的 Q_h 为既定值，不因设水塔与否而改变，故 D 正确。

答案选【AD】。

1.1.3 给水系统流量、水压关系
1.1.3.1 给水系统各构筑物的流量关系

——单选题——

1.1-18. 在设置水塔（高位水池）的城镇统一供水系统中，以下关于给水系统水量的说法，哪一项正确？【2022-2-1】

(A) 二级泵站一天的总供水量与水塔一天的总供水量之和，恒等于用户一天的总用水量

(B) 二级泵站最高日最高时供水量等于此时水塔的进水量与此时用户用水量之和

(C) 水塔的调节容积越大，二级泵站一天自清水池中抽取的总水量越少

(D) 在不考虑管网漏损的情况下，二级泵站最高日的总供水量等于用户的最高日总用水量

解析：

选项 A，二级泵站一天的总供水量即等于用户一天的总用水量，故 A 错误。

选项 B，最高日最高时工况下水塔为出水工况，故 B 错误。

选项 C，二级泵站一天的抽水总量为 Q_d，故 C 错误。

答案选【D】。

1.1-19. 有关城市给水系统中各构筑物的设计水量，下列哪一项表述错误？【2023-2-1】

(A) 水厂设计规模应按设计年限、规划供水范围内的最高日供水量进行计算

(B) 净水厂水处理构筑物的设计水量按设计规模和水厂自用水量确定

(C) 取水构筑物及取水管道的设计流量按最高日最大时供水量确定

(D) 城市管网没有水塔，且不考虑建筑屋顶水箱的作用时，二级泵房任何小时的供水量均应等于用户的用水量

解析：

选项 A，参考《给水标准》4.0.2 条，故 A 正确。

选项 B，参考《给水工程 2025》P19，净水厂水处理构筑物设计水量按照最高日供水量（设计规模）加水厂自用水量确定，故 B 正确。

选项 C，参考《给水工程 2025》P20 式（1-14）、式（1-15）可知，取水构筑物及取水管道的设计流量由最高日平均时供水量确定，并计入输水管（渠）的漏损水量和净水厂自用水量，故 C 错误。

选项 D，参考《给水工程 2025》P20 式（1-16）之前段落的叙述，故 D 正确。

答案选【C】。

——多选题——

1.1-20. 以下关于给水系统的表述，正确的是哪几项？【2021-2-41】

(A) 长距离取水工程中的取水泵站的设计流量可按最高日平均时供水量加水厂自用水量计算确定

(B) 净水厂中水处理构筑物的设计流量按最高日供水量加水厂自用水量计算确定

(C) 单水源统一供水系统中的净水厂内送水泵房的设计流量按本系统内的最高日最高时供水量确定

(D) 净水厂中清水池的主要作用为调节取水泵房供水量与送水泵房供水量之间的差值

解析：

选项 A，取水泵站的设计流量还缺少原水输水管漏损量部分，故 A 错误。

选项 C，单水源供水系统中，可能在管网内设置水塔等调节构筑物，故其送水泵房的设计流量不一定等于管网最高日最高时流量，故 C 错误。

答案选【BD】。

1.1.3.2　清水池和水塔的容积

——单选题——

1.1-21. 城市供水系统中，关于二级泵站供水，以下哪项说法是错误的？【2020-1-2】

(A) 二级泵站最高日总供水量加上水塔最高日总供水量等于管网最高日总用水量

(B) 二级泵站供水曲线越接近用户用水曲线，水塔调节容积越小

(C) 二级泵站供水曲线越接近用户用水曲线，清水池调节容积越大

(D) 二级泵站采用变频调速器控制水泵供水量时，可不设置水塔

解析：

选项 A，参考《给水工程 2025》P21，设计的最高日泵站的总供水量应等于最高日用户总用水量，故 A 错误。

选项 B 和 C，参考《给水工程 2025》P23，水塔和清水池关系，故 B、C 正确。

选项 D，当二级泵站采用变频调速时，则可通过调速使得二级泵站供水曲线与用户用水曲线完全一致，则无需水塔调节，故 D 正确。

答案选【A】。

1.1-22. 城市供水管网中设置水塔的作用，以下哪项说法是错误的？【2020-2-1】

(A) 可以调节二级泵站供水量与用户用水量之差

(B) 可以提高水泵效率，节省二级泵站的电耗

(C) 可以减小管网最高日最高时的设计流量

(D) 可以减少最高日最高时二级泵站的供水水量

解析：

选项 A，参考《给水工程 2025》P22，故 A 正确。

选项 B，设置水塔之后，二级泵站供水曲线便可相对均匀（而不必时刻与管网小时流量一致），从而避免二级泵站各小时流量差异过大带来效率低下，故 B 正确。

选项 C，管网最高日最高时的设计流量一定是 Q_h，不会因为设水塔而减小，故 C 错误。

选项 D，设水塔后，在管网最高日最高时工况下，水塔可为管网供应一部分流量，从而减少该工况下二级泵站的供水水量，故 D 正确。

答案选【C】。

1.1-23. 关于城市供水系统中清水池和水塔容积，以下哪项说法是错误的？【2020-2-2】

(A) 清水池的调节容积是根据最高日平均时供水量及二级泵站的供水曲线计算确定的

(B) 水塔的调节容积是根据二级泵站的供水曲线与用户用水量曲线计算确定的

(C) 城市供水系统中清水池与水塔调节容积之和是常数

(D) 确定水塔容积时，需要考虑储存消防用水量

解析：

选项 A，参考《给水工程 2025》P21 清水池调节容积计算说明，故 A 正确。

选项 B，参考《给水工程 2025》P22，故 B 正确。

选项 C，经分析，若一天 24h 中，均有二级泵站供水小时流量介于水厂产水小时流量与用户用水小时流量之间时，则有"$W_{清}+W_{塔}$"为定值，二者等量增减。否则，二者没有定量的增减关系，故 C 错误。

选项 D，参考《给水工程 2025》P22 水塔有效容积计算公式，故 D 正确。

答案选【C】。

1.1-24. 关于净水厂内清水池的表述，下列哪一项错误？【2023-1-2】

(A) 二级泵房供水曲线越接近用水曲线，水塔容积越小，则清水池容积越大

(B) 净水厂内清水池的有效容积为调节一级泵站与二级泵站水量的差值

(C) 清水池的个数或分格数不得少于两个，有特殊措施的条件下也可修建一个

(D) 当管网无调节构筑物，在缺少资料的情况下，清水池的有效容积可按水厂最高日设计水量的 10%～20% 计算

解析：

选项 A，参考《给水工程 2025》P23，水塔（高位水池）和清水池关系处叙述，故 A 正确。

选项 B，参考《给水工程 2025》P21，应叙述成清水池的"调节容积"为调节一级泵站与二级泵站水量的差值，而非选项所述的"有效容积"，后者比前者还多了消防储备容积、生产用水容积、安全储备容积，故 B 错误。

选项 C，参考《给水工程 2025》P22，故 C 正确。

选项 D，参考《给水工程 2025》P21，故 D 正确。

答案选【B】。

——多选题——

1.1-25. 关于城市给水系统水厂内清水池及管网中水塔的说法，下列哪几项正确？【2023-2-41】

(A) 无水塔等调节构筑物时，清水池的调节容积由一级泵站供水量曲线和用户用水量曲线确定

(B) 有水塔等调节构筑物时，清水池的调节容积由一、二级泵站供水量曲线确定

(C) 理论上，水厂中的清水池与管网中水塔等调节构筑物的调节容积之和为常数

(D) 管网中高位水池等调节构筑物的调节容积与二级泵房的供水曲线有关

解析：

选项 A，参考《给水工程 2025》P21 式（1-17），W_1——调节容积，用来调节一级泵站供水量和二级泵站送水量之间的差值，又因当无水塔等调节构筑物时，二级泵站送水量时时刻刻等于用户用水量，故 A 正确。

选项 B，参考《给水工程 2025》P21 式（1-17），W_1——调节容积，用来调节一级泵站供水量和二级泵站送水量之间的差值，故 B 正确。

选项 C，可令一级泵站供水量曲线、用户用水量曲线不变，当改变二级泵站供水量曲线后必然导致清水池、水塔的调节容积均改变，验证发现，清水池与管网中水塔等调节构筑物的调节容积之和不一定为常数，故 C 错误。

选项 D，参考《给水工程 2025》P22 式（1-18），水塔（高位水池）的调节容积根据水厂二级泵站的送水曲线和用户的用水曲线计算，故 D 正确。

答案选【ABD】。

1.2 输水和配水工程

1.2.1 管网和输水管渠的布置

1.2.1.1 管网

——单选题——

1.2-1. 下列关于输水管网的说法，正确的是哪项？【2020-2-3】

(A) 管网布置成环状不仅可以提高供水的可靠性，也可以减轻水锤对管网产生的危害

(B) 枝状管网末端可能出现水质变差的情况，主要原因是水流单向流动、水锤作用较大导致管垢脱落

(C) 枝状管网供水的可靠性较差，管网中任一管段损坏时，会导致整个管网断水

(D) 企业内的生产用水管网和生活用水管网必须分别设置

解析：

选项A，参考《给水工程2025》P27，环状网……仍可以从另外的管线供应给用户用水，断水的影响范围可以缩小，从而提高了供水可靠性。另外，环状网还可以减轻因水锤作用产生的危害，而在枝状网中，则往往因此而使管线损坏，故A正确。

选项B，参考《给水工程2025》P27，在枝状网末端，因用水量已经很小，管中的水流缓慢，甚至停滞不流动，因此水质容易变坏，故B错误。

选项C，参考《给水工程2025》P27，枝状网任一管段损坏时，该管段后的所有管段将会断水，而非选项所述的"整个管网断水"，故C错误。

选项D，参考《给水工程2025》P28，根据企业内的生产用水和生活用水对水质和水压的要求，两者可以合用一个管网，也可分建成两个管网，故D错误。

答案选【A】。

——多选题——

1.2-2. 下列有关城镇配水管网布置的表述，哪几项正确？【2023-1-42】

(A) 相比枝状管网，环状管网更有利于减轻水锤导致的危害

(B) 24h不间断供水的城镇配水管网在初期可成枝状，远期均应连接成环状

(C) 供水配网主干管的布置应以尽可能短的距离连接用水主要用户

(D) 消防用水和生活用水合用一个管网时，部分管网可布置为枝状

解析：

选项A，参考《给水工程2025》P27，环状网还可以减轻因水锤作用产生的危害，故A正确。

选项B，因选项自身要求24h不间断供水，显然枝状网无法满足此要求，故B错误。

选项C，参考《给水工程2025》P28，干管布置时……沿水流方向，以最短的距离，在用水量较大的街区布置一条或数条干管，故C正确。

选项D，参考《消规》8.1.1条，故D正确。

答案选【ACD】。

1.2.1.2　输水管（渠）

——单选题——

1.2-3. 关于城镇给水输水管的说法，正确的是哪项？【2021-1-3】

（A）清水输水隧道采用非满流运行，可避免输水负压的产生

（B）在事故工况时，允许输水水力坡降线低于输水管敷设管标高

（C）原水输水管的设计流量由最高日最高时供水量、输水管漏损水量和水厂自用水量确定

（D）绿化用水的再生水管网加设倒流防止器后，仍不得与城镇公共供水管网连接

解析：

选项 A，由《给水标准》7.1.5 条可知，应采用有压管道（隧洞），因而不可能是非满流，故 A 错误。

选项 B，由《给水标准》7.1.4 条可知，在各种设计工况下运行时不应负压，而选项所述为负压，故 B 错误。

选项 C，"最高日最高时供水量"一词叙述错误，应为最高日平均时，故 C 错误。

答案选【D】。

1.2-4. 下列关于输水管道的说法，哪一项正确？【2022-1-3】

（A）自来水厂至配水管网的输水管，其设计流量为管网最高日最大时流量

（B）原水输水管道必须设置两条

（C）清水输水管道不宜采用重力式

（D）原水输水管道在各种设计工况下运行时不应出现负压

解析：

选项 A，此段管为清水输水管，当管网内有调节构筑物时，其设计流量不为管网最高日最大时流量，故 A 错误。

选项 B，参考《给水标准》7.1.3 条，故 B 错误。

选项 C，参考《给水标准》3.0.4 条，故 C 错误。

选项 D，参考《给水标准》7.1.4 条，故 D 正确。

答案选【D】。

1.2-5. 关于输配水管的设置，下列说法哪一项正确？【2023-1-3】

（A）某项原水输水工程中，其任一输水管段发生断管，事故水量不应低于该工程设计水量的 70%

（B）压力输水管采取消减水锤措施后，残余水锤作用下的管道压力应小于管道工作压力

（C）输水系统的输水方式可以采用重力、加压以及上述两种方式并用的方式输水

（D）供水管网中高位水库输水管管径是由高位水库所承担的向管网供水的最高流量决定

解析：

选项 A，参考《给水标准》7.1.3 条，多水源或设置了调蓄设施并能保证事故用水量

的条件下，可采用单管输水。故若该项原水输水工程为单管输水时，则其事故水量为 0，故 A 错误。

选项 B，参考《给水标准》7.1.12 条条文说明，使在残余水锤作用下的管道设计压力小于管道试验压力……，故选项所述"管道工作压力"有误，故 B 错误。

选项 C，参考《给水标准》7.1.6 条，故 C 正确。

选项 D，参考《给水工程 2025》P29，从高位水池到管网的输水管道设计流量，按最高日最高时的供水条件下……和非高峰供水时……中最大值计算，也即该管段的设计流量并非一定是向管网供水的某时刻，也可能是在向水塔内转输进水的某时刻，故 D 错误。

答案选【C】。

1.2.1.3　输水管（渠）

——单选题——

1.2-6. 关于输配水管的设置，下列说法哪一项正确？【2024-1-3】

（A）在长距离输水管布置时，为了充分利用地形减少埋深，管道可敷设于水力坡降线之上

（B）在初期运行的设计工况下，由于输水流量较小，允许管道运行中在局部高点出现负压

（C）对于某些允许间断供水的小城镇，可考虑采用枝状管网布置，但应考虑将来连成环状管网的可能

（D）水厂至管网的清水输水管道的设计流量按管网最高日最高时供水量与输水管道漏失水量之和计算

解析：

选项 A，管道敷设于水力坡降线（也即水压标高线）之上时，会导致管内负压，参考《给水标准》7.1.4 条，管道不应出现负压，故 A 错误。

选项 B，参考《给水标准》7.1.4 条，在各种设计工况下运行时，管道不应出现负压，故 B 错误。

选项 C，参考《给水标准》7.1.8 条，选项与该条吻合，故 C 正确。

选项 D，参考《给水工程 2025》P21，由于在水厂规模的计算中考虑了管网漏损水量，所以二级泵站和从二级泵站向管网输水的管道的设计流量不再另外计算管道漏损水量，故 D 错误。

答案选【C】。

——多选题——

1.2-7. 关于输水管设计的说法，错误的是哪几项？【2021-1-42】

（A）某水厂出水全部经高位水池向城市重力输水，水厂至高位水池输水管的设计流量不应小于管网最高日最高时供水量

（B）城镇多水源供水系统中，每个水厂的输水管事故流量均应满足水厂设计规模 70% 的要求

（C）网中高位水池输水管设计流量应由最大转输流量确定

（D）对于内衬水泥砂浆钢管，当采用曼宁公式时，其比阻仅与管径和粗糙系数有关

解析：

选项 A，选项所述管网连接形式的本质为水厂内置水塔模型，因此该输水管的设计流量按照向高位水池充水的时间确定，故 A 错误。

选项 B，事故时各水厂可联合供水以保证管网得到 70% 流量，而不必各水厂输水管事故流量均满足水厂设计规模 70% 的要求，故 B 错误。

选项 C，参考《给水工程 2025》P29，按最高日最高时条件下高位水池向管网输水量和非高峰供水时二级泵站经管网向高位水池输水量中最大值计算，故 C 错误。

选项 D，参考《给水工程 2025》P37 曼宁公式处水头损失公式（即舍齐公式），故 D 正确。

答案选【ABC】。

1.2-8. 下列关于供水输配水系统及输水管敷设的说法，哪几项正确？【2022-1-42】
（A）长距离重力式输水系统一般不会出现水锤现象，无需采取水锤防护措施
（B）长距离泵加压输水系统水锤防护的主要目的是控制水锤导致的管网压力过高
（C）当输水管敷设在灌溉渠道下面时，其顶部高程应在渠底设计高程 0.5m 以下
（D）当清水输水管与排水管、再生水管交叉敷设时，自下而上的顺序应是：污水管、雨水管、再生水管、清水输水管

解析：

选项 A，水锤可在充水启动时发生，显然重力输水也存在发生水锤的可能，故 A 错误。

选项 B，参考《给水标准》7.3.7 条，还需防止负压，故 B 错误。

选项 C，参考《给水标准》7.4.11 条条文说明，故 C 正确。

选项 D，参考《给水标准》7.4.5 条，其叙述引自《城市工程管线综合规划规范》GB 50289—2016 中 4.1.12 条，故 D 正确。

答案选【CD】。

1.2.2 管网水力计算基础
1.2.2.1 管网水力计算的目标和方法
——单选题——

1.2-9. 下列有关配水管网水力计算的说法，哪一项正确？【2024-1-4】
（A）当按最大转输时的工况校核时，可能存在需要调整某些管段口径的情况
（B）当按发生消防时的工况校核时，所有流量和水压按满足最高日最高时供水量设计水压要求
（C）为确保任何情况下供水安全，配水管网设计应按最不利管段发生故障时进行水力计算确定
（D）对于控制出厂压力的清水干管，只要满足不低于不淤流速，就可由管段流量直接确定口径

解析：

选项 A，参考《给水标准》7.1.10 条条文说明，如校核结果不能满足要求，则需要

调整某些管段的管径，故 A 正确。

选项 B，消防校核时，需满足消防时供水量及相应水压的要求，而非选项所述的最高日最高时，故 B 错误。

选项 C，为确保任何情况下供水安全，需按高日高时工况设计，且进行消防校核、最大转输校核和最不利管段发生故障时的事故校核，故 C 错误。

选项 D，参考《给水标准》7.1.11 条，配水管网（包括了选项中的清水干管）应进行优化设计……应进行不同方案的技术、经济比选优化，而非只要满足不低于不淤流速，故 D 错误。

答案选【A】。

1.2-10. 在下列有关管网水力计算的叙述中，哪一项正确？【2024-2-2】
(A) 配水管网进行各个设计工况校核时，选取的控制点总是固定不变
(B) 消防校核时，应将城镇建成区面积所对应的同一时间内的火灾起数及一起火灾灭火设计流量在各火灾控制点进行配置
(C) 设置网后水塔的管网在最高日最高时供水时，二级泵站每小时的供水量为用户每小时的用水量减去水塔供水量
(D) 对于设置前置高位水池的管网，水厂至高位水池的清水输水管应按最高日最高时的工况确定

解析：
选项 A，显然错误，例如最大转输时控制点为水塔。

选项 B，不存在多个火灾控制点，也即选项所述"各火灾控制点"叙述错误，故 B 错误。

选项 D，因前置高位水池的存在，故清水输水管可按高日均时等方式确定，故 D 错误。

答案选【C】。

1.2.2.2 管段计算流量
——单选题——

1.2-11. 下列关于给水管段计算流量的叙述，错误的是哪项？【2020-1-4】
(A) 对于干管分布比较均匀、间距大致相同的管网，可不按供水面积计算比流量
(B) 管段的转输流量越大，折算系数 α 越接近 0.5
(C) 计算比流量时，只有一侧配水的干管，长度按一半计算
(D) 城市管网中，工业企业等大用户所需流量可直接作为接入大用户的节点流量

解析：
选项 A，参考《给水工程 2025》P31，对于干管分布比较均匀、干管间距大致相同的管网，并无必要按供水面积计算比流量，故 A 正确。

选项 B，参考《给水工程 2025》P32，若 γ 值越大，则 α 越接近 0.5。但管段的转输流量越大，并不意味着 γ 值一定越大，因 γ 等于该管段的转输流量除以其沿线流量，故还需说明其沿线流量的变化情况，故 B 错误。

选项 C，参考《给水工程 2025》P31，故 C 正确。

选项 D，参考《给水工程 2025》P33，故 D 正确。

答案选【B】。

1.2-12. 在配水管网计算时，常把某管段的沿线流量（q_l）折半归于该管段上下游两个节点的节点流量，从理论上讲，以下关于上游节点的折算流量 q_u 与下游节点的折算流量 q_d 关系，哪一项正确？【2022-1-4】

(A) $q_u > q_d$ 　　　　　　　　　　(B) $q_u < q_d$

(C) $q_u = q_d$ 　　　　　　　　　　(D) $q_u > q_d$ 或 $q_u < q_d$ 或 $q_u = q_d$ 均有可能

解析：

下游为 α 倍，上游为 $(1-\alpha)$ 倍，因 α 一定 >0.5，则上游一定小于下游。

答案选【B】。

1.2-13. 下列有关供水管网节点流量的说法，哪一项错误？【2023-1-4】

(A) 管网管道沿线流量总和应与经折算系数分配到各个节点的节点流量总值相同

(B) 管段沿线流量折算系数值与本管段转输流量的大小有关

(C) 管段沿线流量应按折算系数计算纳入管段上游节点

(D) 折算系数 0.5 是为适应工程需要的应用估取值

解析：

选项 A，注意选项所述的节点流量并非真正严格意义的节点流量，而是特指"沿线流量经折算系数分配去的"这一部分，因此这一部分汇总当然等于沿线流量总和，故 A 正确。

选项 B，参考《给水工程 2025》P32 式（2-4），故 B 正确。

选项 C，参考《给水工程 2025》P32 图 2-4，纳入管段上游节点的为 $(1-\alpha)$ 倍的沿线流量，也即"按 1 减折算系数计算纳入管段上游节点"，故 C 错误。

选项 D，参考《给水工程 2025》P32 相关叙述，故 D 正确。

答案选【C】。

——多选题——

1.2-14. 在有关配水管网流量分配的下列表述中，哪几项正确？【2024-2-42】

(A) 对于管网存在某些节点对外调水的情况，流入管网所有节点的流量之和应该等于流出管网所有节点的流量之和

(B) 为便于管网流量分配，工程上常把配水管网的管段沿线流量折半作为管段两端的节点流量

(C) 对于枝状网，各管段的流量为该管段负责供水的所有节点流量之和，但该数值并不唯一

(D) 对于存在大用户集中供水量的情况，管网总供水量除以干管总长度即可得到比流量

解析：

选项 A，由各节点均存在节点流量平衡可知，A 正确。

选项 C，参考《给水工程 2025》P33 相关叙述，枝状网的该数值唯一，故 C 错误。

选项 D，总供水量需扣除集中流量后，再除以干管总长度得到比流量，故 D 错误。

答案选【AB】。

1.2.2.3　管径计算

——单选题——

1.2-15. 关于城镇给水管道计算管径的说法，正确的是哪项？【2021-1-4】

(A) 管网管段管径的确定存在技术经济比较，可靠性和经济性具有同等重要性

(B) 环状管网所有管段管径均应由管段计算流量依据经济流速确定

(C) 在管网管段流量确定的条件下，管段流速的大小与管径成反比例关系

(D) 对于天然高地水库，在输水水位差允许的条件下，输水管流速可不受经济流速上限的限制

解析：

选项 A，参考《给水工程 2025》P34，环状管网流量分配时（管径的确定需管段计算流量），应同时考虑经济性和可靠性。……经济性和可靠性之间往往难以兼顾，一般只能在满足可靠性的条件下，力求管网最为经济。因此选项所述的"具有同等重要性"是错误的，故 A 错误。

选项 B，参考《给水工程 2025》P45，干管之间连接管的管径可适当放大，即并不满足经济流速，考虑到本题其他选项错误更明显，故 B 可视为原则上的叙述，视为正确。

选项 C，流速的大小与管径的平方成反比，故 C 错误。

选项 D，参考《给水工程 2025》P36，为保证不发生水击和冲刷损坏管道，一般金属管道流速<10m/s，非金属管道流速<5m/s，所以存在上限限制，故 D 错误。

答案选【B】。

1.2.2.4　水头损失计算

——多选题——

1.2-16. 下列关于输水管（渠）计算的表述，哪几项是正确的？【2023-2-42】

(A) 考虑局部损失，内衬水泥砂浆输水管的总水头损失的计算值与输水流量平方成正比

(B) 在粗糙系数取值和满管输水流量相同的条件下，当圆管的内径和方渠的内边同长时，圆管的输水坡降要小于方渠

(C) 与管道粗糙系数 n 取值相反，管道内壁越粗糙，海曾-威廉系数取值越小

(D) 海曾-威廉公式仅应用于环状管网平差的水力计算，并不计局部水头损失

解析：

选项 A，内衬水泥砂浆输水管的沿程水头损失默认以《给水工程 2025》P37 式(2-14)或式(2-16)计算，显然沿程水头损失的计算值与输水流量成正比；局部损失由 P36 式

(2-12) 计算，式中 v^2 可变形出包含 Q^2 项的式子，从而也与输水流量成正比。因此总水头损失（等于沿程水头损失加局部损失）也与输水流量平方成正比，故 A 正确。

选项 B，设圆管和方渠的粗糙系数均为 n，圆管内径和方渠边长均为 D，二者水力坡度分别为 i_1、i_2，则由二者流量相同建立等式有：$(0.25\pi D^2) \cdot [(1/n) \cdot i_1^{0.5} \cdot (0.25D)^{2/3}] = (D^2) \cdot [(1/n) \cdot i_2^{0.5} \cdot (0.25D)^{2/3}]$，经化简后有 $0.25\pi \cdot i_1^{0.5} = i_2^{0.5}$，由此式可知 $i_1 > i_2$，故 B 错误。

选项 C，管道内壁越粗糙则意味着水头损失 h 越大，再参考《给水工程 2025》P38 式 (2-19)，水头损失 h 与海曾-威廉系数 C_h 呈负相关关系，也即 h 越大时则海曾-威廉系数越小，故 C 正确。

选项 D，环状管网平差时需用海曾-威廉公式计算，这并不等价于海曾-威廉公式仅应用于环状管网平差，实际上输水管、枝状管网、室内给水管等水头损失计算均可使用海曾-威廉公式，故 D 错误。

答案选【AC】。

1.2-17. 关于输配水管（渠）计算的下列表述，哪几项正确？【2024-1-42】
（A）长距离输水管道设计时，因局部水头损失占比较小，仅考虑沿程水头损失
（B）对于满流状态的矩形水泥砂浆渠道，其水头损失计算可以采用曼宁公式
（C）当圆形混凝土管的内径和方形混凝土渠的内边同长时，在粗糙系数取值和输水坡降相同的条件下，圆形管的输水流量要大于方形渠
（D）配水管网无论是环状还是枝状，其管网水力计算宜选用海曾-威廉公式

解析：
选项 A，参考《给水工程 2025》P36，长距离输水管道局部水头损失一般占沿程水头损失的 $5\% \sim 10\%$，故 A 错误。

选项 B，参考《给水工程 2025》P37，曼宁公式计算……国内多用该公式计算输配水干管（渠）道，故 B 正确。

选项 C，由曼宁公式变形出的流速公式可知，二者流速相同，选项中该圆形管的过水面积小于该方形渠，故前者输水流量小于后者，故 C 错误。

选项 D，参考《给水工程 2025》P39，配水管网的水力平差计算应采用海曾-威廉公式……也适用于流速小于 3.0m/s 的枝状网水力计算，故 D 正确。

答案选【BD】。

1.2.3　管网水力计算

1.2.3.1　枝状管网水力计算

——单选题——

1.2-18. 关于枝状给水管网水力计算的说法，正确的是哪项？【2021-2-2】
（A）多水源枝状管网按顺水流方向进行管段计算流量分配时，可有多个方案
（B）对于环状管网节点引出的枝状管网，在环状管网平差计算时，枝状管网的管段流量不受影响
（C）枝状管网控制点是指供水水源至管网水头损失最大的节点

(D) 对于泵站和网后水塔联合供水的枝状管网，最高日最高时的最不利节点也是最大转输时的控制点

解析：

选项 A，枝状管网的管段计算流量分配唯一，故 A 错误。

选项 B，对于枝状管段，其管段计算流量等于下游各节点的节点流量之和，不会因为该枝状管段上游平差而改变，故 B 正确。

选项 C，选项所述点实为水压标高最低的点，而控制点应是指服务水头最低的点，故 C 错误。

选项 D，最大转输时是需打入水塔最高水位，也即水塔节点才是最大转输时的控制点，故 D 错误。

答案选【B】。

1.2.3.2 环状管网水力计算

——单选题——

1.2-19. 下列关于配水管网水力计算方法的说法，哪一项正确？【2022-2-2】

(A) "解环方程"法，核心是要进行管段流量分配，初步流量分配完后即可满足管网的连续性方程和能量方程

(B) "解节点方程"法，首先要假定节点水压，假定节点水压后就满足了管网的连续性方程和能量方程

(C) "解管段方程"是求得环校正流量后再来调整管段流量

(D) "解节点方程"可以计算得到管段流量

解析：

选项 A，初步流量分配不满足能量方程，故 A 错误。

选项 B，根据初定水压算出的管段流量不满足节点连续性方程，故 B 错误。

选项 C，其解法为迭代法，并非求环校正流量，故 C 错误。

答案选【D】。

——多选题——

1.2-20. 关于环状供水管网设计计算的说法，错误的是哪几项？【2021-2-42】

(A) 多水源管网设虚环平差时，管段数（含虚管段）等于所有节点数（含虚节点）和环数（含虚环）之和

(B) 最高日最高时平差计算时，各节点流量值在屡次平差中均不会发生变化

(C) 在供水管网平差计算中，某环校正流量与水头损失闭合差方向相反

(D) 经平差计算后的多水源供水管网，自水源点按水流方向至供水分界点同一控制点的任一路径的水头损失计算值之和应该相等

解析：

选项 A，由 $P=J+L-1$ 可知，A 错误。

选项 D，平差结束时一般不可能使闭合差为 0（而是为一个较小的值），故 D 错误。

答案选【AD】。

1.2-21. 下列关于给水管网水力计算和经济流速的说法，哪几项正确？【2022-1-43】

(A) 管网水力平差计算时，管段水头损失的计算公式宜表述为 $h = sq^2$

(B) 海曾-威廉公式中的系数 C_h 数值越大，则表示该管段的比阻越小

(C) 水泥砂浆内衬管道的沿程水头损失，宜采用谢才公式计算

(D) 环状管网与枝状管网相结合的配水管网，枝状管的管径应根据平均经济流速来确定

解析：

选项 A，平差时为海曾-威廉公式，其指数为 1.852，故 A 错误。

选项 B，参考海曾-威廉公式，故 B 正确。

选项 C，参考《给水工程 2025》P37 式（2-14），故 C 正确。

选项 D，若该枝状段经后续水力计算分析得知属于"支线范畴"，则其管径计算是依据最大允许水力坡度，故 D 错误。

答案选【BC】。

1.2-22. 关于给水管网平差计算，下列说法哪几项正确？【2022-2-43】

(A) 对于单水源的枝状管网，水力计算时宜先进行初始流量分配，然后进行管段流量校正

(B) 利用哈代克罗斯法求得的环校正流量值，仅与本环管道所涉及的参数有关

(C) 设有对置高位水池的配水管网，高位水池最低水位标高是通过转输时的水力平差计算确定的

(D) 消防校核要求，火灾时水力最不利市政消火栓的供水压力从地面算起不小于 0.1MPa

解析：

选项 A，单水源枝状管网，可直接分配出唯一的管段流量，无需校正，故 A 错误。

选项 B，参考《给水工程 2025》P44 校正流量的公式，故 B 正确。

选项 C，转输时的高位水池水位为最高水位；最高日最高时工况时其为最低水位，故 C 错误。

选项 D，参考《给水工程 2025》P63，故 D 正确。

答案选【BD】。

1.2.3.3 多水源管网

——单选题——

1.2-23. 某供水管网由两座泵站和一座水塔供水（如图所示），拟采用建立虚环进行水力平差计算，问此时管网计算管段数应为下列哪项？【2020-2-4】

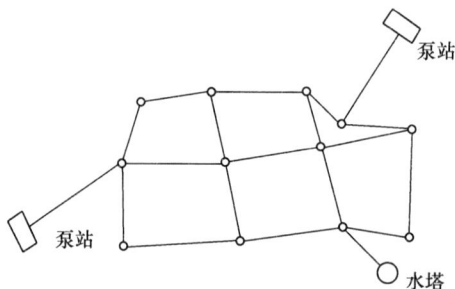

(A) 20　　　　　　　(B) 21　　　　　　　(C) 22　　　　　　　(D) 23

解析：

实管段一共 20 条，设虚节点连接 3 个"实水源"后，再增加 3 条虚管段，共计 23 条。

若利用 $P=J+L-1$ 计算时，节点数（应注意纳入虚节点）为 16，（基本）环数为 8，则 $P=16+8-1=23$。

答案选【D】。

1.2-24. 在下列有关多水源管网计算的叙述中，哪一项正确？【2023-2-2】
(A) 由二级泵房主导供水并在网中设置有调节水塔的管网，可视作单水源供水管网
(B) 多水源管网的计算可采用建立"虚环"的方法，在平差计算中建立的"虚环"个数与水源数相同
(C) 多水源管网"虚环"水头损失平衡点位于供水分界线上
(D) 在"虚环"水头损失平衡计算时，流离虚节点的水压值始终为负值

解析：

选项 A，参考《给水工程 2025》P47，建有网后水塔的管网在高峰供水时，水厂泵房和水塔同时向管网供水属于多水源供水情况。在非高峰供水期间……属于单水源供水，选项笼统地视作单水源供水管网，故 A 错误。

选项 B，参考《给水工程 2025》P47，虚环个数等于水源数减 1，故 B 错误。

选项 C，参考《给水工程 2025》P47 图 2-13a 及 P48 式（2-23）参数解释，故 C 正确。

选项 D，参考《给水工程 2025》P47，虚环中虚管段水压规定……流离虚节点的管段，水压为负。平差计算时，如果以顺时针为正、逆时针为负，则上述虚管段水压值在已给定的符号基础上再分别加上"＋"或"－"，故 D 错误。

答案选【C】。

1.2.3.4　输水管渠计算

——单选题——

1.2-25. 下列关于输水管（渠）的叙述，错误的是哪项？【2020-1-3】
(A) 在设置调蓄设施并能保证城镇事故用水量的条件下，原水可采用单管输水
(B) 采取水锤综合防护设计后的输水管道系统不应出现水柱分离，瞬时最高压力不应大于工作压力的 1.3～1.5 倍

(C) 采用明渠输送原水时，应有可靠的防止水质污染和水量流失的安全措施

(D) 输水管线敷设高程应位于各种设计工况下运行的水力坡降线以上

解析：

选项 A，参考《给水标准》7.1.3 条，故 A 正确。

选项 B，参考《给水标准》7.3.6 条，故 B 正确。

选项 C，参考《给水标准》7.1.5 条，故 C 正确。

选项 D，参考《给水标准》7.1.4 条条文说明，输水管线高程应位于各种设计工况下运行的水力坡降线以下，故 D 错误。

答案选【D】。

1.2-26. 关于输水管（渠）设计计算的说法，正确的是哪项？【2021-2-3】

(A) 当量摩阻计算公式 $S_d = \dfrac{s_1 s_2}{(\sqrt{s_1}+\sqrt{s_2})^2}$ 仅适用于两根不同口径、长度相同且平行布置的并联输水管

(B) 同材质的输水单管由不同管径管段组成，若途中输送流量发生变化时，该输水单管当量摩阻仍为各管径管段摩阻之和

(C) 长度相同、管径不同的两条输水管并联敷设并设有连通管，当一段输水管段损坏时，事故时输水流量的计算与事故管段的摩阻无关

(D) 当泵站的出站输水管发生突然爆管溢流时，输水管特征曲线将向左偏移，对应水泵扬程升高

解析：

选项 A，当量摩阻计算公式适用于各种管径、管长情形，故 A 错误。

选项 C，显然损坏的支路不同，造成的事故水量不同，故 C 错误。

选项 D，出站输水管爆管时，出站处水压降低，进而导致水泵工作扬程降低而流量增大，故 D 错误。

答案选【B】。

1.2.4 分区给水系统
1.2.4.1 总述
——多选题——

1.2-27. 某城市地形高差大、供水区域广，以下做法哪几项正确？【2024-1-43】

(A) 某主要供水区域地势较高且远离水厂，若供水压力无法满足用户需求，则需提升所有出厂水的出厂压力

(B) 对不同地市的供水区域进行分压供水，应通过水厂二级泵房设置不同扬程的水泵来实现

(C) 在输配水系统中是否设置加压泵站进行分区供水，应结合供水区域情况进行技术经济比较后确定

(D) 采用分区供水，有利于均衡管网压力、节能降低管网漏损、缩短水力停留时间、提升供水安全

解析：

选项 A，当串联分区时，无需提升出厂水的出厂压力；当并联分区时，无需提升所有出厂水的出厂压力，故 A 错误。

选项 B，当串联分区时，并未在二级泵房设置不同扬程的水泵，故 B 错误。

答案选【CD】。

1.2.4.2　分区给水系统的能量分析

——多选题——

1.2-28. 对于分区给水系统，下列说法正确的是哪几项？【2021-1-43】

(A) 与统一给水系统相比，分区给水可降低供水管网的压力

(B) 与统一给水系统相比，分区给水可降低系统能耗

(C) 并联分区的节能效果优于串联分区

(D) 串联分区给水可降低起始送水泵站的扬程

解析：

选项 A、B，分区后管网节点的平均服务水头降低，故 A、B 正确。

选项 C，参考《给水工程 2025》P58，串联分区或并联分区，分区后可以节省的供水能量相同，故 C 错误。

选项 D，正确。

答案选【ABD】。

1.2.4.3　分区给水形式的选择

——单选题——

1.2-29. 对于给水系统分区的描述，下列哪一项正确？【2024-1-5】

(A) 呈狭长带形且从短边沿带形向另一短边供水的供水区，宜采用并联分区系统

(B) 对于远离水厂的高地势供水区域，可考虑设置加压泵站，采用分区供水

(C) 地形起伏不大的平原特大城市，一般不应考虑采用分区分压供水系统

(D) 采用分区供水时，各分区之间不必设连通管

解析：

选项 A，此种情况应串联分区，否则另一短边输水区的输水管过长且其管内水压过高，故 A 错误。

选项 B，显然正确，也可参考《给水标准》3.0.2 条。

选项 C，参考《给水工程 2025》P54，在地形高差显著或给水面积宽广的城市管网或远距离输水管，都有必要考虑分区给水，故 C 错误。

选项 D，参考《给水工程 2025》P54，区与区之间可有适当的联系，以保证供水可靠和调度灵活，故 D 错误。

答案选【B】。

——多选题——

1.2-30. 下列关于分区给水系统的叙述，正确的是哪几项？【2020-1-42】

（A）并联分区给水的特点为，各分区用水由同一泵站供给

（B）水源靠近高区时，宜采用并联分区，水源远离高区时，宜采用串联分区

（C）当一条输水管沿线无流量分出时，分区供水也能降低费用

（D）分区供水的真正原因是为了降低系统克服管道水头损失所需的能量

解析：

选项 A，参考《给水工程 2025》P54，由同一泵站内的低压和高压水泵分别供低区和高区用水称为并联分区，故 A 正确。

选项 B，参考《给水工程 2025》P59，水源靠近高区时，宜采用并联分区。水源远离高区时，以串联分区为宜，以免接到高区的输水管造价过高，故 B 正确。

选项 C，参考《给水工程 2025》P57，当一条输水管的管径不变、流量相同，即沿线无流量分出时，分区后非但不能降低能量费用，甚至基建和设备等项费用反而增加，管理也趋于复杂，故 C 错误。

选项 D，参考《给水工程 2025》P54，分区给水的依据是，使管网的水压不超过水管能承受的压力，以免损坏水管附件并减少漏水量，同时尽量减少供水多余能量的消耗，且所能减少的多余能量也是一些用水点水压过剩而浪费的能量，而并非为了降低管道水头损失，故 D 错误。

答案选【AB】。

1.2.5　水管、管网附件和附属构筑物
1.2.5.1　给水管道敷设与防腐

——多选题——

1.2-31. 下列关于给水管道敷设和防腐的说法中，正确的是哪几项？【2020-1-43】

（A）地下管道的埋设深度需考虑冰冻情况、外部荷载、管道性能、地下水位等诸多因素

（B）露天管道可不设置调节管道伸缩的设施

（C）水的 pH 过高或过低都会加速金属管道的腐蚀，只有中等 pH 不影响腐蚀速度

（D）采用阴极保护法防止金属管道腐蚀时，应设管道为阴极

解析：

选项 A，参考《给水标准》7.4.3 条，地下管道的埋设深度，应根据冰冻情况、外部荷载、管材性能、抗浮要求及与其他管道交叉等因素确定，故 A 正确。

选项 B，参考《给水标准》7.4.4 条，架空或露天管道应设置空气阀、调节管道伸缩设施、保证管道整体稳定的措施和防止攀爬（包括警示标识）等安全措施，并应根据需要采取防冻保温措施，故 B 错误。

选项 C，参考《给水工程 2025》P61，水的 pH 明显影响金属的腐蚀速度，pH 越低腐蚀越快，中等 pH 时不影响腐蚀速度，高 pH 时因金属管道表面形成保护膜，腐蚀速度减慢，故 C 错误。

选项 D，参考《给水工程 2025》P62，根据腐蚀电池的原理，两个电极中只有阳极金属发生腐蚀，所以阴极保护的原理就是使金属管成为阴极，以防止腐蚀，故 D 正确。

答案选【AD】。

1.2-32. 关于供水管道防腐，下列说法正确是哪几项？【2021-2-43】

（A）球墨铸铁管抗腐蚀性能优于钢管

（B）金属管道外防腐宜采用水泥砂浆

（C）为使钢管免受腐蚀性土壤的侵蚀，可采用铝、镁等材料用导线连接到钢管上

（D）为使钢管免受腐蚀性土壤的侵蚀，可利用废铁通过导线连接直流电源的阴极，将钢管连接到电源阳极

解析：

选项 B，参考《给水标准》7.5.2 条，金属管道外防腐宜采用环氧煤沥青、胶粘带等涂料，故 B 错误。

选项 D，参考《给水工程 2025》P62，应将钢管接到电源的阴极，故 D 错误。

答案选【AC】。

1.2-33. 下列关于金属材料给水管腐蚀及防腐的说法，哪几项错误？【2023-1-43】

（A）埋地金属给水管道的腐蚀过程属电化学腐蚀

（B）球墨铸铁管内壁防腐材料应采用水泥砂浆

（C）阴极保护法以管线为阴极，主要是保护金属管道内壁免受腐蚀

（D）球墨铸铁管的抗腐蚀性能优于钢管

解析：

选项 A，参考《给水工程 2025》P61，给水管网在水中和土壤中的腐蚀，以及杂散电流引起的腐蚀，都是电化学腐蚀，故 A 正确。

选项 B，参考《给水工程 2025》P62，（铸铁管或钢管）内壁锈蚀与结垢，可在管内涂衬防腐涂料（又称内衬、搪管），内衬材料一般为水泥砂浆，也有用聚合物水泥砂浆，而选项为"应采用水泥砂浆"，与原文意思不符，故 B 错误。

选项 C，参考《给水工程 2025》P62，阴极保护是保护水管的外壁……而选项所述为"内壁"，故 C 错误。

选项 D，参考《给水工程 2025》P60，球墨铸铁管……抗腐蚀性能远高于钢管，故 D 正确。

答案选【BC】。

1.2-34. 以下关于室外给水管道敷设的说法中，哪几项错误？【2024-2-43】

（A）输水管道系统的水锤防护设计宜综合防止负压和减轻升压的措施

（B）输送清水的给水管道穿越河底时管内设计流速可低于不淤流速

（C）城市综合管廊中，输配水给水管道宜与热力管道分舱设置

（D）当球墨铸铁给水管与污水管交叉时，只要从污水管上方穿越，即可保证水质安全

解析：

选项 A，参考《给水标准》7.3.7 条，故 A 正确。

选项 B，参考《给水标准》7.4.11 条第 2 款，应大于不淤流速，故 B 错误。

选项 C，参考《给水标准》7.4.14 条第 6 款，故 C 正确。

选项 D，参考《给水标准》7.4.9 条，且不应有接口重叠，故 D 错误。

答案选【BD】。

1.2.5.2　管网附件和附属构筑物

——单选题——

1.2-35. 按市政消火栓相关规定，下列哪一项错误？【2022-1-5】

(A) 市政道路宽度超过 60m 时，应在道路的两侧交叉错落设置市政消火栓

(B) 市政消火栓宜采用直径 $DN150$ 的室外消火栓

(C) 市政消火栓宜采用地上式室外消火栓

(D) 市政消火栓的间距及保护半径不应大于 120m

解析：

选项 A，参考《给水工程 2025》P63，故 A 正确。

选项 B，参考《消规》7.2.2 条，故 B 正确。

选项 C，参考《消规》7.2.1 条，故 C 正确。

选项 D，参考《消规》7.2.5 条，保护半径不应超过 150m，故 D 错误。

答案选【D】。

1.2-36. 下列关于市政消火栓的说法，哪一项是错误的？【2023-2-3】

(A) 市政消火栓直径优先采用 150mm

(B) 条件许可时，市政消火栓优先采用地上式

(C) 市政道路上设置的消火栓，相邻两个之间的间距不应大于 120m

(D) 市政给水管网在最高日最大时供水时，市政消火栓处的工作压力不应低于 0.10MPa

解析：

选项 A，参考《消规》7.2.2 条，故 A 正确。

选项 B，参考《消规》7.2.1 条，故 B 正确。

选项 C，参考《消规》7.2.5 条，故 C 正确。

选项 D，参考《消规》7.2.8 条，其平时运行工作压力不应小于 0.14MPa，故 D 错误。

答案选【D】。

1.2-37. 以下关于（市政）室外给水管道的说法，哪一项错误？【2024-2-3】

(A) 金属管道的内外壁均应采取防腐蚀保护措施

(B) 枝状配水管网的末端由于管径较小，可不设泄（排）水阀

(C) 对于城区内埋地管道，沿线应在管道顶部上方设置标志桩或警示带

(D) 非整体连接管道在垂直和水平方向转弯处、分叉处、管道端部堵头处，以及管径截面变化处应设置支墩

解析：

选项 A，参考《给水标准》7.5.2 条，故 A 正确。

选项 B，参考《给水标准》7.5.8 条，应设泄（排）水阀，故 B 错误。

选项 C，参考《给水项目规范》7.3.3 条，城区外的地下管道在地面上应设置标志桩，城区内埋地管道顶部上方应设置警示带，故选项所述与原文不完全相符，存在错误，但考虑 B 选项错误更为明确，故 C 选项错误可暂不予追究。

选项 D，参考《给水标准》7.5.4 条，故 D 正确。

答案选【B】。

——多选题——

1.2-38. 下列关于输水管线敷设及附属设施的说法，正确的是哪几项？【2020-2-42】

（A）输水管（渠）需要进人检修处，宜在必要的位置设置人孔

（B）输水管（渠）道隆起点上应设通气设施，管线竖向布置平缓时也宜间隔一定距离设置通气设施

（C）蝶阀结构简单，开启方便，可进行流量调节，一般用在中、高压管线上

（D）当给水管线穿越铁路等重要公共设施时，应采取措施保障重要公共设施安全

解析：

选项 A，参考《给水标准》7.5.9 条，输水管（渠）需要进人检修处，宜在必要的位置设置人孔，故 A 正确。

选项 B，参考《给水标准》7.5.7 条，输水管（渠）道隆起点上应设通气设施，管线竖向布置平缓时，宜间隔 1000m 左右设一处通气设施，故 B 正确。

选项 C，参考《给水工程 2025》P62，"蝶阀可用在中、低压管线上"，故 C 错误。

选项 D，参考《给水标准》7.4.10 条，给水管道穿越铁路，重要公路和城市重要道路等重要公共设施时，应采取措施保障重要公共设施安全，故 D 正确。

答案选【ABD】。

1.2-39. 关于长距离大口径压力给水输水管道的管道附件及附属构筑物的选择，下列哪几项正确？【2022-2-42】

（A）输水管道隆起点上应设空气阀，管线竖向布置平缓时，宜间隔 1000m 左右设一处空气阀

（B）输水管道在低洼处可根据工程的需要设置泄水阀

（C）输水管道应每间隔 120m 设消火栓一处，每间隔 5 个消火栓设阀门一个

（D）采用承插式球墨铸铁管时，不需要在垂直和水平方向转弯处设置支墩

解析：

选项 A，参考《给水标准》7.5.7 条条文说明，故 A 正确。

选项 B，参考《给水标准》7.5.8 条，故 B 正确。

选项 C，参考《给水工程 2025》P63，是在管网内设置市政消火栓而非输水管，故 C 错误。

选项 D，参考《给水工程 2025》P63，承插式接口时需设支墩，故 D 错误。

答案选【AB】。

1.2-40. 下列关于给水管网附件设置的说法，哪几项正确？【2023-2-43】

(A) 输水管道隆起部位设置空气阀可减轻水锤危害

(B) 离心泵出水管上设置缓闭止回阀的目的之一是消除停泵水锤

(C) 输水管道隆起部位，如果不安装空气阀，有可能导致输水管能力的下降

(D) 设有市政消火栓的配水管网，两个阀门之间独立管段的消火栓不宜超过 3 个

解析：

选项 A，参考《给水工程 2025》P63，排气阀还有在管路出现负压时向管中进气的功能，从而起到减轻水锤对管路危害的作用，故 A 正确。

选项 B，参考《给水工程 2025》P140，为消除停泵水锤，宜采用缓闭止回阀，故 B 正确。

选项 C，参考《给水工程 2025》P63，排气阀……平时用以排除从水中释出的气体，以免空气积在管中，减小过水断面，增大水头损失，故 C 正确。

选项 D，参考《给水工程 2025》P63，配水管网上两个阀门之间独立管段内消火栓的数量不宜超过 5 个，选项所述为 3 个，故 D 错误。

答案选【ABC】。

1.3 取 水 工 程

1.3.1 取水工程概论

——单选题——

1.3-1. 下列关于中国水源特点的描述，哪项正确？【2020-1-6】

(A) 河川径流总量丰富　　　　(B) 亩均占有较为丰富

(C) 时空分布较为均匀　　　　(D) 年际变化较为均匀

解析：

参考《给水工程 2025》P66，从世界范围来看，我国河川径流总量还是比较丰富的，故 A 正确。

答案选【A】。

1.3-2. 某工业企业包括厂区及职工居住区整体搬迁，需选择新的水源作为生产及生活水源。现有地下水及地表水两处水源点备选，两者可采水量均满足要求，其中地表水及地下水水源水质经分析分别符合《地表水环境质量标准》GB 3838—2002 及《地下水质量标准》GB/T 14848—2017 所定义的 Ⅲ、Ⅰ 类水体水质。以下关于上述两备选水源是否可作为该企业的生产及生活水源的表述，最恰当的是哪项？【2021-1-06】

(A) 仅地表水源点可做水源

(B) 仅地下水源点可做水源

(C) 宜优先采用地表水源点

(D) 宜采用地下水源作为生活饮用水水源，地表水作为生产水源

解析：

参考《给水工程 2025》P67，地下水宜优先作为生活饮用水的水源；对于生产用水水

源，如取水量不大或不影响当地饮用水需要，也可用地下水源，否则应用地表水，D 正确。

答案选【D】。

1.3-3. 下列关于我国水资源时空分布特点的描述，哪一项错误？【2022-1-6】

(A) 降水具有区域分布较为均匀的特点

(B) 降水具有年际、年内变化大的特点

(C) 长江以北的水资源低于全国平均水平

(D) 径流量的逐年变化存在明显的丰枯交替出现现象

解析：

参考《给水工程 2025》P66，时空分布不均匀，故 A 错误。

答案选【A】。

1.3-4. 关于城市供水水源的选择和开发，哪一项正确？【2023-1-6】

(A) 宜先当地水、后过境水

(B) 宜先过境水、后当地水

(C) 宜先跨流域调水、后当地水

(D) 宜先水库调节径流的河道、后自然河道

解析：

参考《给水标准》5.1.2 条第 3 款，故 A 正确。

答案选【A】。

1.3-5. 关于城市应急与备用水源的说法，下列哪一项错误？【2024-2-5】

(A) 应急水源是指为应对突发性污染而建设，水源水质基本符合要求，且具备与常用水源快速切换运行能力的水源

(B) 备用水源是指为应对水源水质、水量出现问题时，能与常用水源互为备用、切换运行的水源

(C) 备用水源及应急水源通常均以最大限度满足城市居民生存、生活用水为目标

(D) 单一水源供水的城市应建设应急水源或备用水源，备用水源应能与常用水源互为备用、切换运行

解析：

参考《给水标准》2.0.47 条～2.0.49 条。最大限度满足城市居民生存、生活的目标仅是应急水源的目标，而非备用水源的目标，故 C 错误。

答案选【C】。

1.3.2　地下水取水构筑物
1.3.2.1　地下水取水构筑物的型式和适用条件
——多选题——

1.3-6. 下列地下水取水构筑物中，最为常见的是哪几项？【2022-1-44】

　　（A）管井　　　　　　（B）渗渠　　　　　（C）辐射井　　　　　（D）大口井

解析：

参考《给水工程 2025》P72，以管井、大口井最为常见。

答案选【AD】。

1.3.2.2　管井

——单选题——

1.3-7. 管井采用钢筋骨架过滤器时，适用于下列哪一类不稳定的含水层？【2022-2-5】

（A）粗砂含水层　　　（B）卵石含水层　　　（C）砾石含水层　　　（D）裂隙岩含水层

解析：

参考《给水工程 2025》P74，用于不稳定的裂隙岩、砂岩和砾岩含水层。

答案选【D】。

1.3.2.3　大口井、辐射井和复合井

——单选题——

1.3-8. 下列哪项所述内容属于大口井的组成部分？【2020-1-7】

（A）井筒、井口、进水部分　　　　　　（B）水平或倾斜集水管、集水井

（C）井室、井壁管、过滤器、沉淀管　　（D）水平集水管、集水井、检查井、泵站

解析：

选项 A，参考《给水工程 2025》P80，大口井主要由井筒、井口及进水部分组成，故 A 正确。

选项 B 为辐射井，选项 C 为管井，选项 D 为渗渠。

答案选【A】。

1.3-9. 下列有关辐射井的描述，哪项不正确？【2021-1-7】

（A）集水管的长度选择与含水层水压有关

（B）适用于大口井不能开采的厚度较薄的含水层和渗渠不能开采的厚度薄且埋深大的含水层

（C）仅适用于含水层厚度不超过 5m 的地下水源

（D）通常集水管选用管径越大，则可采用的管长越长

解析：

参考《给水工程 2025》P82，含水层厚度为 5～10m 的地段也可用辐射井。

答案选【C】。

1.3-10. 结合凿井技术的发展及国内的实践经验，大口井的井深及直径的数据，一般不宜超过下列哪一项？【2024-1-6】

（A）井深 12m、直径 10m

（B）井深 15m、直径 10m

（C）井深 15m、直径 12m

(D) 井深12m、直径8m

解析：

参考《给水工程2025》P79，井深一般不大于15m，大口井直径最大不宜超过10m。

答案选【B】。

——多选题——

1.3-11. 有关地下水取水构筑物的下述说法，哪几项正确？【2023-1-44】

(A) 岩溶裂隙含水层可用管井取水　　(B) 渗渠最适宜于开采露头的泉水

(C) 复合井是辐射井和管井的组合　　(D) 大口井有完整式和非完整式之分

解析：

选项A，参考《给水工程2025》P73，当抽取结构稳定的岩溶裂隙水时，故A正确。

选项B，参考《给水工程2025》P73，泉室适用于有泉水露头……，故B错误。

选项C，参考《给水工程2025》P83，复合井是大口井和管井的组合，故C错误。

选项D，参考《给水工程2025》P79，大口井也有完整式和非完整式之分，故D正确。

答案选【AD】。

1.3.2.4　渗渠

——单选题——

1.3-12. 在集取河床潜流水时，渗渠位置的选择，哪一项正确？【2023-1-7】

(A) 为保证有良好的取水水头，选择在有壅水的河段

(B) 为保证有充足的取水水量，选择在不透水夹层处

(C) 为保证有良好的水力条件，应避免在弯曲河道的凸岸

(D) 为保证有良好的取水水质，选择在河床冲积层较厚、颗粒较细的河段

解析：

参考《给水工程2025》P85：

选项A，原文为"避开有壅水的河段"，故A错误。

选项B，原文为"避开不透水的夹层"，故B错误。

选项D，原文为"颗粒较粗的河段"，故D错误。

答案选【C】。

1.3.3　地表水取水构筑物

1.3.3.1　影响地表水取水构筑物设计的主要因素

——单选题——

1.3-13. 江河中推移质泥沙颗粒的起动速度与下列哪个因素无关？【2020-2-6】

(A) 河流水深　　(B) 水的密度　　(C) 沙粒密度　　(D) 悬沙粒径

解析：

选项D，可参考《给水工程2025》P87式（3-14），推移质颗粒的起动速度与水深、河床面泥沙粒径、沙粒和水的密度有关。D所述为悬沙，即悬移质，而题干所述为推移质的起动速度，当然无关，故D正确。

答案选【D】。

1.3-14. 有关地表水源取水构筑物的表述，哪项不正确？【2021-2-05】
（A）防洪标准不应低于城市防洪标准
（B）设计枯水位的保证率，一般按 90%～99%
（C）设计最高水位按不低于百年一遇的频率确定即可
（D）设计枯水流量保证率的下限值与设计枯水位保证率的下限值相同
解析：
选项 C，参考《给水标准》5.3.7 条条文说明，故 C 错误。
答案选【C】。

1.3-15. 下列关于造成河床横向变形的主要影响因素的表述，哪一项是正确的？【2022-1-7】
（A）河流中拦河坝的兴建　　　　（B）河谷宽度的沿线变化
（C）河流弯曲段横向环流　　　　（D）河流比降的沿线变化
解析：
参考《给水工程 2025》P89，其中最常见的是弯曲河段的横向环流。
答案选【C】。

1.3-16. 关于泥沙在河水中分布情况的描述，哪一项错误？【2023-2-5】
（A）在水流横断面上的分布是不均匀的
（B）一般来说，沿断面横向分布比沿水深的变化要大
（C）一般来说，含沙量越近河床越大，越近水面越小
（D）一般来说，横向分布上河心的含沙量要略高于河流的两侧含沙量
解析：
参考《给水工程 2025》P88，选项 A、C、D 均与原文相符；对于选项 B，"一般泥沙沿断面横向分布比沿水深的变化为小"，故 B 错误。
答案选【B】。

——多选题——

1.3-17. 以下有关地表水取水构筑物设计的表述中，不正确的是哪几项？【2021-1-44】
（A）从水源至净水厂的原水输水管的设计流量应按城镇最高日平均时用水量确定
（B）向工业企业供水时，设计枯水流量保证率应按相关规定执行
（C）江河取水头部的堵塞是由于泥沙运动导致的
（D）原水输水管为虹吸方式时，应采用钢管
解析：
选项 A，原水输水管的设计流量，还需加上水厂自用水量和原水输水管的漏损水量，故 A 错误。

选项B，参考《给水工程2025》P87，用地表水作为工业企业供水水源时，设计枯水流量保证率应按有关部门的规定执行，故B正确。

选项C，取水头部堵塞也可能是由于浮冰、漂浮物导致的，故C错误。

选项D，输水管不应出现负压，因而不应采用虹吸方式，故D错误。

答案选【ACD】。

1.3-18. 关于地表水取水设计，下列哪几项正确？【2024-1-44】
(A) 地表水取水设计枯水流量年保证率和设计枯水位保证率不应低于90%
(B) 大中城市的地表水取水设计时，设计枯水量保证率不宜低于90%
(C) 大中城市的地表水取水设计时，设计枯水量保证率不宜低于95%
(D) 大中城市的地表水取水设计时，设计枯水量保证率为90%

解析：

选项A、B、C，参考《给水标准》5.1.4条条文说明，显然A、C正确，B错误；

选项D，参考《给水标准》5.1.4条条文说明，设计枯水位保证率宜取不低于90%的较大值，故D错误。

答案选【AC】。

1.3.3.2　江河取水构筑物位置的选择

——单选题——

1.3-19. 关于平原地区地表水取水构筑物位置选择的说法，正确的是哪项？【2020-2-7】
(A) 不宜设置在宽广河滩处或可能移动的边滩下游处
(B) 应距离河道排污口150m以上
(C) 距河段支流汇流口应大于50m
(D) 不得设在凸岸处

解析：

选项A，参考《给水工程2025》P90，不宜设在可能移动的边滩、沙洲的下游附近，也不宜设在有宽广河滩的地方，以免进水管过长，故A正确。

选项B，需在污水排放口的上游100～150m以上，选项的表达忽略了"在上游"且"距离不准确"，故B错误。

选项C，参考《给水工程2025》P91图3-31，若在支流一侧下游，需大于400m；若在干流一侧下游，需大于150m，故C错误。

选项D，参考《给水工程2025》P90，如在凸岸的起点，主流尚未偏离时或……，故D错误。

答案选【A】。

1.3-20. 以下关于地表水取水构筑物位置选择的说法中，错误的是哪项？【2021-2-6】
(A) 位于水质较好的地带
(B) 靠近主要用水地区
(C) 尽可能不受泥沙、漂浮物、冰凌和冰絮等影响

（D）在弯曲河段上，地表水取水构筑物宜设置在河流的凹岸，不能设置在凸岸

解析：

参考《给水工程 2025》P90，凸岸起点、终点在满足一定条件时仍可，故 D 错误。

答案选【D】。

1.3-21. 有关取水构筑物位置选择的表述，下列哪一项错误？【2024-1-7】

（A）在避咸蓄淡水库取水时，水库的有效调节容积根据《生活饮用水卫生标准》GB 5749 相关指标限值为基准分析确定

（B）在含藻水库取水时，取水口位置应符合现行行业标准《含藻水给水处理设计规范》CJJ 32 相关规定

（C）在严寒地区取水口宜设在水流速度大于 3m/s 的地方以便带走浮冰

（D）在高浊度水源取水时，取水口位置应符合现行行业标准《高浊度水给水设计规范》CJJ 40 相关规定

解析：

选项 A，参考《给水标准》5.3.2 条第 1 款，故 A 正确。

选项 B，参考《给水标准》5.3.3 条，故 B 正确。

选项 C，参考《给水标准》5.3.4 条条文说明，严寒地区的取水口……一般要求河流速度不宜过大（2～3m/s）……，故 C 错误。

选项 D，参考《给水标准》5.3.3 条，故 D 正确。

答案选【C】。

——多选题——

1.3-22. 在珠江三角洲地区内河水系设置生活饮用水地表水取水构筑物时，设计中应考虑下列哪几项影响因素？【2020-1-44】

（A）河床演变规律（B）冰絮冰情影响（C）泥沙运动规律（D）径流变化规律

解析：

参考《给水工程 2025》P87，地表水水源多数是江河，因此了解江河的特征，即江河的径流变化、泥沙运动、河床演变、漂浮物和冰冻等特征，以及这些特征与取水构筑物的关系，对取水构筑物的设计、施工和运行管理都是十分重要的，又因题干所述为"珠江三角洲地区"，故不涉及冰冻情况，故 B 错误。

答案选【ACD】。

1.3-23. 以下关于地表水取水构筑物位置选择的说法中，错误的是哪几项？【2021-2-45】

（A）取水构筑物可以设在桥前 0.8km 或桥后 1.2km 的地方

（B）取水构筑物可设置在同岸丁坝的下游

（C）岸边式取水构筑物可以设置在本岸距对岸支流汇入处下游 100m 以上处

（D）取水构筑物应距离河中下游沙洲 500m 以上

解析：

选项 A，题干并未叙述桥前水质较差的情况，故考虑桥前 0.8km 处一般是可行的，

故 A 正确。

选项 B，丁坝同岸下游，故 B 错误。

选项 C，设置在本岸距对岸支流汇入处下游150m以上才可，故 C 错误。

选项 D，参考《给水工程2025》P91图3-31，故 D 正确。

答案选【BC】。

1.3.3.3 江河固定式取水构筑物

——单选题——

1.3-24. 关于江河取水构筑物设计的下列表述，哪一项是正确的？【2022-2-6】

(A) 河道相邻取水头部沿水流方向宜采取较大间距的理由是为了减少水流的扰动影响和减轻漂浮物的堵塞

(B) 当江河水位变幅大于10m，水位变化涨落速度大于2.0m/h时，可采用缆车或浮船式等活动式取水构筑物

(C) 取水虹吸自流管末端深入集水井的深度应保持在设计最低取水水位以下1.0m

(D) 建于堤内的取水泵房，其进口地坪高程应高于设计最高取水水位

解析：

选项 A，参考《给水工程2025》P100-P101，漂浮物多的河道，相邻取水头部在沿水流方向宜有较大间距，故 A 正确。

选项 B，参考《给水工程2025》P103，为水位涨落速度小于2.0m/h，故 B 错误。

选项 C，参考《给水工程2025》P102，应深入集水井最低动水位以下1.0m，故 C 错误。

选项 D，建于堤内的取水泵房，无需考虑设计最高取水水位，故 D 错误。

答案选【A】。

1.3-25. 以下关于江河取水构筑物及附属设备的说法，哪一项错误？【2023-2-6】

(A) 斜板式取水头部有利于降低所取得水的浊度

(B) 泵房标高高于进水间标高时，有利于减少泵房深度，但水泵启动时需要真空引水

(C) 进水间采用直流单面进水旋转格网时，格网的有效过水面积是水深乘以格网宽度

(D) 桥墩式取水构筑物仅适用于河流宽度大、取水量大、岸坡平缓、岸边无建造泵房条件的地方

解析：

选项 A，参考《给水工程2025》P100，斜板式取水头部……除沙效果较好，适用于粗颗粒泥沙较多的河流，除沙可降低浊度，故 A 正确。

选项 B，参考《给水工程2025》P92图3-33（a），阶梯型布置，这种布置可以利用水泵吸水高度减少泵房深度，有利于施工和降低造价，但水泵启动时需要真空引水，故 B 正确。

选项 C，参考《给水工程2025》P96，当为直流单面进水时，$F_2 = (H+R) \cdot B$。再参

考图 3-39，$H+R$ 略小于水深，故 C 错误。

选项 D，参考《给水工程 2025》P98 桥墩式取水处原文，故 D 正确。

答案选【C】。

1.3-26. 下列有关取水构筑物的表述，哪一项错误？【2024-2-6】

（A）水库取水构筑物的所处位置水深大于 10m 时，宜采取分层取水方式

（B）湖泊、水库取水构筑物的防洪标准相同，均不应低于城市防洪标准

（C）取水头部宜分成两格并可采用两根进水管输水至泵站

（D）高浊度江河取水构筑物应采取分层取水方式

解析：

选项 A，参考《给水标准》5.3.13 条，故 A 正确。

选项 B，参考《给水标准》5.3.7 条，水库取水构筑物的防洪标准应与水库大坝等主要建筑物的防洪标准相同，并应采用设计和校核两级标准，故 B 错误。

选项 C，参考《给水标准》5.3.16 条，故 C 正确。

选项 D，参考《给水标准》5.3.12 条第 3 款，故 D 正确。

答案选【B】。

——多选题——

1.3-27. 下列有关冬季冰冻湖泊取水构筑物的表述，哪几项正确？【2024-2-45】

（A）顶面进水孔上缘距设计最低水位时湖面的最小距离不小于 0.5m

（B）虹吸进水时，进水管喇叭口最小淹没深度不小于 1m 即可

（C）最底层进水孔下缘距水体底部的高度不宜小于 1m

（D）满足水深较浅、水质较清且取水量不大的条件时，最底层进水口下缘距水体底部的高度可为 0.5m

解析：

选项 A，参考《给水标准》5.3.15 条第 4 款，应从冰层下缘起算而非"湖面"，故 A 错误。

选项 B，考参《给水工程 2025》P102，虹吸进水管在设计最低水位下的淹没深度不小于 1.0m，故 B 正确。

选项 C，参考《给水标准》5.3.14 条，故 C 正确。

选项 D，参考《给水标准》5.3.14 条，故 D 正确。

答案选【BCD】。

1.3.3.4　湖泊与水库取水构筑物

——多选题——

1.3-28. 关于湖泊或水库的取水构筑物设计的说法，错误的是下列哪几项？【2020-2-45】

（A）取水口的位置应选择在水深较深处，以期取得较好的水质

（B）水库中浮游生物的种类和数量，有水草处比无水草处少，库中比近岸处少，深水处比浅水处少

（C）平原水库中，夏季主风向的向风面凹岸处往往是库内水质较差的区域

（D）水库取水构筑物采用分层取水时，进水孔的总面积应按最大取水量设计

解析：

选项 A，参考《给水工程 2025》P110，取水口处应有 2.5～3.0m 以上的水深，并非选项所述的"较深"，且"暴雨过后大量泥沙进入湖泊和水库，越接近湖底泥沙含量越大"，则暴雨过后需取浅层含沙量较少的水，故 A 错误。

选项 B，参考《给水工程 2025》P109，浮游生物的种类和数量，近岸处比湖中心多，浅水处比深水处多，无水草处比有水草处多，故 B 正确。

选项 C，参考《给水工程 2025》P110，湖泊取水口不要设在夏季主风向的向风面的凹岸处，因为较浅湖泊的这些位置有大量的浮游生物聚集并死亡，沉至湖底后腐烂，从而致使水质恶化，水的色度增加，且产生臭味，故 C 正确。

选项 D，分层取水时，各层进水孔的面积均应能满足最大取水量，而非所有孔的总面积按最大取水量设计，故 D 错误。

答案选【AD】。

1.3.3.5　山区浅水河流取水构筑物

——多选题——

1.3-29. 下列关于湖泊、水库和山区的取水构筑物设计，哪几项是错误的？【2022-2-45】

（A）为取得水质较好的湖泊水，取水口不应设在夏季主风向的向风面凹岸处

（B）作为城市供水水源，取水水体的设计枯水流量保证率不应低于 95%

（C）在低坝取水构筑物设计中，若有支流汇入，低坝应设在支流入口的下游

（D）底栏栅式取水构筑物宜设在大颗粒推移质较少、细小颗粒含量低、纵坡较平缓、流速较小的河段

解析：

选项 A，参考《给水工程 2025》P110，故 A 正确。

选项 B，参考《给水工程 2025》P67，为不低于 90%，故 B 错误。

选项 C，参考《给水工程 2025》P111，为支流入口的上游，故 C 错误。

选项 D，参考《给水工程 2025》P113，适用于大颗粒推移质较多的情况，故 D 错误。

答案选【BCD】。

1.3-30. 以下关于山区浅水河流取水构筑物的说法，哪几项正确？【2023-2-45】

（A）取水构筑物可选择低坝式或底栏栅式

（B）山区河流枯水期流量通常很小，有时取水量占比可达 70%～90%

（C）采用底栏栅取水方式时，为减少栅条堵塞，栅面需向下游倾斜

（D）在有支流进入的河段，低坝宜修建在支流入口的下游，以充分利用水量

解析：

选项 A，参考《给水工程 2025》P111，山区浅水河流的取水构筑物可采用低坝式或底栏栅式，故 A 正确。

选项 B，参考《给水工程 2025》P111，由于山区河流枯水期流量很小，故取水量所

占比例往往很大，有时可达 70%～90% 以上，选项缺了"以上"二字，故 B 错误。

选项 C，参考《给水工程 2025》P113，为减少栅条卡塞及便于清除卡塞碎石……栅面向下游倾斜，故 C 正确。

选项 D，参考《给水工程 2025》P111，为能取用较好水质，在有支流入口河段上，低坝应建在支流入口上游，选项所述为"支流入口的下游"，故 D 错误。

答案选【AC】。

1.4　给 水 泵 房

——单选题——

1.4-1. 下列关于水泵的叙述，错误的是哪项？【2020-1-5】
(A) 轴流泵必须在正水头下工作，宜在出水管阀门关闭时启动电机
(B) 为保证饮用水安全，潜水泵不宜直接设置在水厂滤后水池中
(C) 离心泵启动前，需预先在泵壳和吸水管路中充满水
(D) 混流泵对液体既有离心力又有轴向推力，是介于离心泵和轴流泵之间的一种泵型

解析：

选项 A，参考《给水工程 2025》P117，轴流泵不在出水管闸阀关闭时启动，而是在闸阀全开启情况下启动电机，称为开阀启动，故 A 错误。

选项 B，参考《给水工程 2025》P118，故 B 正确。

选项 C，参考《给水工程 2025》P116，故 C 正确。

选项 D，参考《给水工程 2025》P117，故 D 正确。

答案选【A】。

1.4-2. 下列关于水泵及其安装的叙述，正确的是哪项？【2020-2-5】
(A) 当起重设备采用固定吊钩或移动吊架时，泵房层高不应小于 3m
(B) 真空泵抽吸时的最大真空值应按吸水井最低水位到最大水泵泵壳顶垂直距离计算
(C) 离心泵单泵进水管抽气充水时间不宜小于 5min
(D) 调速前后水泵的效率始终不变

解析：

选项 A，参考《给水标准》6.6.3 条第 1 款。净高不应小于 3.0m，而选项所述为"层高"，故 A 错误。

选项 B，参考《给水工程 2025》P136，真空泵抽吸时的最大真空值 H_{vmax} 由吸水井最低水位到最大水泵泵壳顶垂直距离计算，故 B 正确。

选项 C，参考《给水标准》6.6.5 条第 1 款。离心泵单泵进水管抽气充水时间不宜大于 5min，故 C 错误。

选项 D，参考《给水工程 2025》P138，"实践证明，只有在高效段内，相似工况点的效率是相等的，其余情况下，相似工况点的效率是不相等的"，故 D 错误。

答案选【B】。

1.4-3. 某变频电动机驱动的离心泵在其额定转速 n_0 时的特性方程 $H = H_x - S_x Q^m$，当转速变为 n_1 时，其特性方程变为下列哪项？【2021-1-5】

(A) $H = \left(\dfrac{n_1}{n_0}\right)^2 H_x - S_x Q^m$ 　　　　　(B) $H = \left(\dfrac{n_1}{n_0}\right)^m H_x - S_x Q^m$

(C) $H = H_x - \left(\dfrac{n_1}{n_0}\right)^m S_x Q^m$ 　　　　　(D) $H = H_x - \left(\dfrac{n_1}{n_0}\right)^2 S_x Q^m$

解析：
可参考《给水工程 2025》P128 调速泵工作特性方程 ［式（4-19）］。
答案选【A】。

1.4-4. 对于离心泵的进出水管，下述说法中正确的是哪项？【2021-2-4】
（A）自灌充水启动的每台离心泵应分别设置进水管
（B）出水管上的逆止阀应具备缓闭功能
（C）进水管直径一般小于出水管直径
（D）离心泵运行时，其进水管一定处于负压状态
解析：
选项 A，参考《给水标准》6.3.4 条。自灌式的进水管可合用，故 A 错误。
选项 C，进水管直径一般大于出水管直径，故 C 错误。
选项 D，离心泵自灌时，或者叠压进水时，其进水管不一定为负压，故 D 错误。
答案选【B】。

1.4-5. 在城市给水系统中，有关泵站水泵的选择，下列哪一项正确？【2022-2-3】
（A）在满足流量及扬程的条件下，优先选用气蚀余量大的水泵
（B）在满足流量及扬程的条件下，优先选用允许吸上真空高度大的水泵
（C）在满足流量及扬程的条件下，二级泵站尽量选用特性曲线高效范围稍陡的水泵
（D）取水泵站最好选用不同型号的水泵，或者选用扬程和流量差别大的水泵进行
　　　搭配
解析：
选项 A，气蚀余量大则意味着 H_s 小，从而最大安装高度更小，故 A 错误。
选项 C，高效范围稍陡则意味着流量变时扬程变化较大，不利于二级泵站工作，故 C 错误。
选项 D，参考《给水工程 2025》P129 选泵原则可知，故 D 错误。
答案选【B】。

1.4-6. 给水泵站水泵吸水管布置的基本要求，下列哪一项正确？【2022-2-4】
（A）水泵吸水管路上必须安装阀门

(B) 泵房内不同水泵的吸水管不允许设置联络管

(C) 水泵吸水管与水泵吸水口相连接的变径管应采用同心异径管

(D) 水泵吸水管与水泵吸水口相连接的变径管宜采用偏心渐缩管

解析：

选项 A，参考《给水工程 2025》P140，若吸水管管底始终位于最高检修水位以上，则可不装阀门，故 A 错误。

选项 B，参考《给水工程 2025》P140，若因某种原因必须设联络管时，联络管上要设置适当的阀门，故 B 错误。

选项 C，参考《给水工程 2025》P139，采用偏心渐缩管，故 C 错误。

答案选【D】。

1.4-7. 某单级双吸式离心泵铭牌上的参数为：转速 n_0、流量 Q_0、扬程 H_0、轴功率 N_0、效率 η_0，下列有关该台离心泵性能（参数）的说法哪一项错误？【2023-1-5】

(A) 离心泵转速不变且在流量 Q_1（$Q_1 > Q_0$）的工点工作时，此时的效率 $\eta_1 < \eta_0$

(B) 离心泵转速不变且在流量 Q_1（$Q_1 > Q_0$）的工点工作时，此时的扬程 $H_1 < H_0$

(C) 离心泵的比转数 n_s 可由转速 n_0、流量 Q_0、扬程 H_0 计算得到

(D) 当离心泵的转速改变时，泵的比转数 n_s 随之而变

解析：

注意题干所给的参数为水泵额定流量下的各项参数，A、B、C 正确。

选项 D，可以证明，后来转速下的 n_s 与额定转速下的 n_s 之比为 1，从而比转数不变，故 D 错误。

答案选【D】。

1.4-8. 下列关于水厂送水泵房中离心泵进、出水管的说法，哪一项是正确的？【2023-2-4】

(A) 进水管上应设置闸阀

(B) 进水管的渐缩管应为同心渐缩管

(C) 出水管管径一般不大于进水管管径

(D) 出水管上的手动检修阀应设在电动阀的上游

解析：

选项 A，参考《给水工程 2025》P140，水泵吸水管管底始终位于最高检修水位以上，吸水管可不装阀门，反之，必须安装阀门，故 A 错误。

选项 B，参考《给水工程 2025》P139 图 4-22，吸水管路上的变径管采用偏心渐缩管，保持渐缩管上边水平，故 B 错误。

选项 C，参考《给水工程 2025》P138 表 4-5，出水管流速不小于进水管流速，故说明出水管管径不大于进水管管径，故 C 正确。

选项 D，参考《给水工程 2025》P140，在电动阀门后面（近出水管处）再安装一台手动检修阀门，故 D 错误。

答案选【C】。

1.4-9. 对于给水泵的描述，下列哪一项错误？【2024-2-4】
(A) 轴流泵适用于大型水厂的中间提升泵房
(B) 混流泵对液体的作用既有离心力又有轴向推力
(C) 离心泵启动前，需要预先将泵壳和吸水管充满水
(D) 利用轴流泵的允许吸上真空高度，可适当提高水泵的安装标高

解析：
选项 A、B、C，可参考《给水工程 2025》P116~P117 相关叙述，故 A、B、C 正确。

选项 D，参考《给水工程 2025》P123，轴流泵需在正水头下工作，其叶轮淹没在吸水室最低水位以下一定高度……，故 D 错误。

答案选【D】。

——多选题——

1.4-10. 某单级单吸离心泵额定参数为：流量 $Q=0.3\text{m}^3/\text{s}$，扬程 $H=89\text{m}$，转速 $n=1450\text{r/min}$，水泵轴功率 $N=450\text{kW}$，关于该水泵的下列说法，正确的是哪几项？【2020-2-43】
(A) 在额定参数条件下运行，水泵效率为 58.2%
(B) 在额定参数条件下运行，水泵比转数为 100
(C) 当水泵转速调整变化时，比转数也相应变化
(D) 当单台泵按额定参数运行时，系统中并联入一台同型号水泵，则总出水流量为 $0.6\text{m}^3/\text{s}$

解析：
选项 A，参考《给水工程 2025》P119 式 (4-1) 及式 (4-2)，水泵效率 $=\dfrac{1000\times0.3\times89}{102\times450}=0.582$，故 A 正确。

选项 B，参考《给水工程 2025》P120 式 (4-5)，比转数 $=\dfrac{3.65\times1450\times\sqrt{0.3}}{89^{\frac{3}{4}}}=100$，故 B 正确。

选项 C，可由比转数公式结合比例证明比转数不因调速而变化，故 C 错误。

选项 D，参考《给水工程 2025》P123~P124，当考虑到管道水头损失的影响时，1 台水泵工作的流量为 $100\text{m}^3/\text{h}$，2 台水泵并联的总流量为 $190\text{m}^3/\text{h}$，3 台水泵并联的总流量为 $251\text{m}^3/\text{h}$，并不成倍增加，故 D 错误。

答案选【AB】。

1.4-11. 下列关于供水泵房的叙述，正确的是哪几项？【2020-2-44】
(A) 当泵房仅设一个吸水池（井）时，应分格布置，便于清淤和设备检修
(B) 大型泵站出水流道出口流速一般小于 1.5m/s，装有拍门时，出口流速一般小于 2.0m/s
(C) 泵房的主要通道宽度不应小于 1.2m，当一侧布置有操作柜时，其净宽不宜小于 2.0m

(D) 泵房应至少设 2 个可搬运最大设备的门

解析：

选项 A，参考《给水标准》6.2.1 条。当泵房仅设一个吸水池（井）时，应分格布置；再参考条文说明，"前池、吸水井分格有利于井内清淤和设备检修"，故 A 正确。

选项 B，参考《给水工程 2025》P139，出水流道出口流速一般小于 1.5m/s，装有拍门时，出口流速一般小于 2.0m/s，故 B 正确。

选项 C，参考《给水标准》6.6.1 条。泵房的主要通道宽度不应小于 1.2m。当一侧布置有操作柜时，其净宽不宜小于 2.0m，故 C 正确。

选项 D，参考《给水标准》6.6.10 条。泵房应至少设一个可搬运最大设备的门，故 D 错误。

答案选【ABC】。

1.4-12. 对于叶片式水泵的允许吸上真空高度 H_s 和气蚀余量 NPSH，下述说法正确的是哪几项？【2021-2-44】

(A) 泵的允许吸上真空高度 H_s 与泵工作地点的海拔高度无关

(B) 泵的允许吸上真空高度 H_s 与泵的流量无关

(C) 泵的必需的气蚀余量 NPSH 与泵的安装高度无关

(D) 泵的必需的气蚀余量 NPSH 与泵工作地点的大气压力无关

解析：

选项 A，H_s 与大气压有关，而不同海拔处的大气压可能不同，故 A 错误。

选项 B，参考《给水工程 2025》P122，水泵厂在样本中，H_s 与 Q 有一条关系曲线，且 Q 不同时 v_1 也不同，故 B 错误。

答案选【CD】。

1.4-13. 某城市地表水源取水工程，取水泵房自流进水管长度为 1500m，为了应对泵房机组启停造成的壅水或超降状况，下列哪几项措施正确？【2022-2-44】

(A) 增加前池与吸水井水面面积　　　　(B) 降低水泵最高设计水位

(C) 水泵缓慢变速启停　　　　　　　　(D) 设置放空设施

解析：

参考《给水标准》6.2.7 条条文说明。

答案选【AC】。

1.4-14. 下列关于同一台离心泵调速的说法，哪几项正确？【2023-2-44】

(A) 变频调速是指改变离心泵的频率，从而改变离心泵的转速

(B) 当离心泵转速下降时，流量对应减少

(C) 当离心泵转速下降时，扬程对应升高

(D) 调速过程中，转速不应超过额定转速

解析：

选项 A，变频调速是指改变电流的频率，而非选项所述的"改变离心泵的频率"，故

A 错误。

选项 B，参考《给水工程 2025》P120 式（4-6），故 B 正确。

选项 C，参考《给水工程 2025》P120 式（4-7），相似点的扬程对应减少，故 C 错误。

选项 D，参考《给水工程 2025》P138，变速调节工况点，只能降速，不能增速……超过额定转速，水泵就有可能被破坏，故 D 正确。

答案选【BD】。

1.4-15. 给水泵房的配泵及布置，以下做法哪几项正确？【2024-2-44】

（A）两台水泵并联，应采用等扬程下流量直接叠加的方法绘制并联后的总和（*Q-H*）曲线

（B）水泵选型应考虑选择高效区宽、气蚀余量变化显著的水泵

（C）某泵房内采取大小泵搭配，当水泵规格差异较大时，宜分别设置备用水泵

（D）取水泵房挡水部位顶部标高，不应低于设计、校核运用情况挡水位加波浪、波浪计算高度与相应安全加高值之和的大值

解析：

选项 A，参考《给水工程 2025》P125，不能直接采用等扬程下流量叠加的方法，故 A 错误。

选项 B，高效区宽时，汽蚀余量变化显著对水泵安装不利，故 B 错误。

选项 C，参考《给水标准》6.1.6 条，故 C 正确。

选项 D，参考《给水标准》5.3.11 条，故 D 正确。

答案选【CD】。

1.5 给水处理概论

——单选题——

1.5-1. 给水处理中，关于原水水质的下列表述中，错误的是哪项？【2021-1-8】

（A）浑浊度的高低与水中胶体的浓度与粒径分布有关

（B）水中腐殖质、藻类、无机溶解物可引起色、臭、味等问题

（C）藻类分泌物可溶于水中，也可吸附在藻类表面

（D）耗氧量和浑浊度是直接反映水中有机物和悬浮颗粒质量浓度的水质指标

解析：

选项 A，参考《给水工程 2025》P144，浊度与杂质的含量有关，还和杂质的分散程度有关，故 A 正确。

选项 B，参考《给水工程 2025》P145，水中的有机物，如腐殖质及藻类等，往往会造成水的色、臭、味增加；有的无机溶解物会使水产生色、臭、味，故 B 正确。

选项 C，参考《给水工程 2025》P147，藻类分泌物，是从藻类中分离出来的一类有机物，其中一部分溶于水中，另一部分仍吸附在藻类的表面，故 C 正确。

选项 D，耗氧量和浑浊度是间接反映水中有机物和悬浮颗粒质量浓度的水质参数，而非直接，故 D 错误。

答案选【D】。

1.5-2. 下列关于水质标准和自来水处理方法的叙述中，哪一项是正确的？【2022-2-7】
(A) 为确保居民身体健康，经自来水厂处理过的饮用水中不应含有任何浓度的有毒、有害物质
(B) 空气中 N_2、CO_2 溶解到水中后，会改变水中的酸碱度，均具有直接提高水处理效果作用
(C) 活性炭滤池在臭氧-活性炭深度处理工艺中主要发挥吸附与生物降解有机物作用
(D) 工业污水经适当处理成杂用水，用于厂区绿化的水量可计入工业生产用水重复利用率

解析：
选项 A，处理后满足《饮用水标准》的限制值即可，故 A 错误。
选项 B，N_2 不会改变酸碱度，故 B 错误。
选项 D，厂区绿化并非生产用水，故 D 错误。
答案选【C】。

1.5-3. 下述有关用水水质要求的描述，哪一项正确？【2023-1-8】
(A) 除饮料、食品、酿造工业原料用水外，其余工业用水的水质要求均低于生活饮用水水质要求
(B) 只要水中成分满足不致病、不危害人体健康，该水就是合格的生活饮用水
(C) 用于不同类型景观环境的再生水水质要求相同
(D) 城市生活污水处理厂出水可作为城市景观用水水源

解析：
选项 A，例如某些精密电子、药品制造所需水质就高于生活饮用水水质，故 A 错误。
选项 B，可通过《饮用水标准》的感官性状和一般化学指标举出反例，故 B 错误。
选项 C，参考《给水工程 2025》P152，①景观环境用水有以下两种可能的回用类型：一是观赏性景观环境用水；二是娱乐性景观环境用水；②对于同人体直接接触的娱乐用水的水质要求应高于单一的环境或景观用水水质标准，结合前述两条可知，故 C 错误。
选项 D，参考《给水工程 2025》P152，①污水经适当处理后，达到一定的水质标准，满足某种使用要求的水称为再生水。再生水水源可以是城市生活污水处理厂排水；②再生水可以作为在一定范围内重复使用的非饮用的杂用水，如……景观环境用水，综合前述两条可知，故 D 正确。
答案选【D】。

——多选题——
1.5-4. 下列关于给水处理系统单元处理特点的表述中，不正确的是哪几项？【2021-1-45】
(A) 水中胶体与硫酸铝反应形成的絮体，通过沉淀从水中分离出水的过程属化学沉淀

（B）投药混合后的原水，经合建的絮凝池和沉淀池进行处理，使水中的胶体和悬浮物形成絮体后，从水中分离出来，是属于澄清的一种方法

（C）次氯酸钠在发挥助凝作用时，还有助于去除部分铁、锰

（D）浸没式超滤膜无需设真空控制装置时，依靠进、出水的浓度差进行分离

解析：

参考《给水工程 2025》P154 关于单元处理中沉淀法、澄清法叙述，故 A、B 错误。

选项 D，参考《给水工程 2025》P155，超滤的推动力是压力差而非选项所述的浓度差，故 D 错误。

答案选【ABD】。

1.5-5. 下列关于水体中杂质特点的叙述，哪几项正确？【2022-1-45】

（A）天然水体中悬浮物、胶体颗粒和构成硬度的钙、镁离子是产生浑浊度的根源

（B）溶解在水中的低分子量物质产生的浑浊度和低分子量物质粒径大小有关

（C）在水的自然循环过程中，水体以液态、固态、气态相互转换，该过程会带入水体大量杂质

（D）水的社会循环虽然对自然循环影响很小，但仍会影响水源水质变化

解析：

选项 A，硬度离子在未达其最大溶解度时，是离子状态，故不能形成浊度，故 A 错误。

选项 B，溶解态不能产生浊度，故 B 错误。

答案选【CD】。

1.5-6. 下述有关生活饮用水水源水质的描述，哪几项正确？【2023-1-45】

（A）水中杂质按化学结构可分为溶解物、胶体和悬浮物

（B）饮用水处理常规工艺的主要去除对象包括悬浮物、胶体

（C）降低浊度不仅改善水的感观性状，而且有利于限制水中有害物质含量

（D）水中内源有机污染物没有直接毒性

解析：

选项 A，参考《给水工程 2025》P144，按尺寸大小区分，可分成悬浮物、胶体和溶解杂质，故 A 错误。

选项 B，参考《给水工程 2025》P145，悬浮物和胶体颗粒、藻类以及吸附在胶体颗粒上的有机污染物是饮用水处理的主要去除对象，故 B 正确。

选项 C，参考《给水工程 2025》P148，降低浑浊度不仅为满足感官性状要求，对限制水中其他有毒、有害物质含量也具有积极意义，故 C 正确。

选项 D，参考《给水工程 2025》P146，①内源有机物来自于生长在水中的生物群体，如藻类、细菌以及水生植物等及其代谢活动所产生的有机物和水体底泥释放的有机物；②有毒有机污染物……如藻毒素等物质，显然，藻毒素虽是内源有机物，但其有毒性，故 D 错误。

答案选【BC】。

1.6　水 的 混 凝

1.6.1　混凝机理

——单选题——

1.6-1. 给水处理中，关于水中胶体颗粒的混凝机理的表述中，不正确的是哪项？
【2021-1-09】

(A) 原水中投加硫酸铝混凝剂，可发挥吸附-电性中和作用

(B) 过量投加非离子型聚丙烯酰胺，胶粒的全部吸附面均被高分子物质覆盖以后，会产生表面所带电荷符号反转，重新稳定的现象

(C) 向水中投加带正电荷的高化合价电解质后，胶体排斥能峰若降低到总势能为零时，胶体就脱稳了

(D) 投加碱式氯化铝，在发挥电性中和同时，也具有吸附架桥作用

解析：

选项 B 所述为"胶体保护"现象，而非重新稳定（再稳）现象，故 B 错误。

答案选【B】。

1.6-2. 给水处理中，以下关于原水中胶体稳定性及构造的表述，正确的是哪项？
【2021-2-7】

(A) 水中胶体颗粒化学成分的稳定性决定了其动力学稳定性

(B) 反离子吸附层与带负电荷的胶核可形成电中性的胶团

(C) 水中非离子型高分子有机物稳定性的主要原因是其存在双电层结构，投加铝盐就可使其脱稳

(D) 胶粒之间排斥势能和吸引势能的大小受两胶粒间距影响，因此减小反离子扩散层的厚度可使总势能发生变化

解析：

选项 A，动力学稳定是由于颗粒粒径非常小因而受到布朗运动引起，故 A 错误。

选项 B，胶团还需反离子扩散层，故 B 错误。

选项 C，非离子型高分子胶体稳定的主要原因是水化膜，故 C 错误。

答案选【D】。

1.6-3. 下列关于水的混凝定义和影响颗粒稳定性叙述中，哪一项是正确的？【2022-1-8】

(A) 水的混凝指的是投加混凝剂进行混合、促使胶体颗粒凝聚的过程

(B) 亲水胶体颗粒表面的水化膜是胶体颗粒聚集稳定性的主要原因

(C) 水分子和溶解杂质分子的布朗运动是憎水胶体颗粒聚集稳定性的主要影响因素

(D) 投加带有正电荷的电解质降低 ζ 电位常被称为压缩离子层、扩散层的双电层作用

解析：

选项 A，表达不完整，仅叙述了凝聚，未表达絮凝，故 A 错误。

选项 B，参考《给水工程 2025》P163，故 B 正确。

选项 C，憎水胶体聚集稳定的主要影响因素是静电斥力，故 C 错误。

选项 D，虽其名称为压缩双电层，但其本质为仅压缩扩散层，故 D 错误。

答案选【B】。

1.6-4. 下列关于低温水影响混凝效果的原因，哪一项错误？【2024-1-8】

（A）水的黏度增大，不利于絮凝体的成长

（B）水流剪力增大，不利于絮凝体的成长

（C）胶体颗粒水化作用减弱，不利于胶体凝聚

（D）杂质颗粒布朗运动强度减弱，不利于胶粒脱稳凝聚

解析：

参考《给水工程 2025》P172，水温低时，胶体颗粒水化作用增强，故 C 错误。

答案选【C】。

1.6-5. 下列几种混凝剂，哪一种的混凝效果受水的 pH 变化影响相对较大？【2024-2-7】

（A）硫酸铝　　　　　　　　　（B）三氧化铁

（C）聚合氯化铝　　　　　　　（D）聚合硫酸铝

解析：

参考《给水工程 2025》P172~P173 处叙述可知，硫酸铝受 pH 影响较大，A 正确。

答案选【A】。

——多选题——

1.6-6. 下列关于水中胶体颗粒性质和混凝机理的叙述，正确的是哪几项？【2020-1-45】

（A）水中黏土胶体附着大量亲水有机物后，吸附水分子形成的水化膜是聚集稳定性的主要影响因素之一

（B）当两个胶体颗粒聚结时，它们之间的吸引势能和排斥势能大小相等、方向相反，处于平衡状态

（C）天然水体中黏土胶体颗粒能电吸附与 ζ 电位电荷符号相反的正电荷离子

（D）具有自由能的胶体颗粒吸附其他反离子后在其表面形成吸附层和扩散层的双电层结构

解析：

选项 A，参考《给水工程 2025》P163，如果一些憎水胶体表面附着有亲水胶体，同样，水化膜作用也会影响范德华力作用，进而导致聚集稳定，故 A 正确。

选项 B，聚结时，需吸引势能大于排斥势能，且参考《给水工程 2025》P163，甚至出现"排斥势能消失"的情况，故 B 错误。

选项 C，参考《给水工程 2025》P162，当胶粒运动到任何一处，总有一些与 ζ 电位电荷符号相反的离子被吸附过来，形成了反离子扩散层，故 C 正确。

选项 D，参考《给水工程 2025》P162，胶核表面所带的电荷和其周围的反离子吸附层、扩散层形成了双电层结构，故 D 正确。

答案选【ACD】。

1.6.2　混凝动力学及混凝控制指标

——单选题——

1.6-7. 下列关于同向絮凝、异向絮凝叙述中，正确的是哪项？【2020-1-8】

（A）不加混凝剂、没有机械搅拌的预沉池中，胶体颗粒随水流移动过程中发生的絮凝仅为异向絮凝

（B）投加混凝剂后经机械搅拌的混合池中发生的絮凝仅为同向絮凝

（C）混合后的水体流经折板絮凝池中发生的絮凝主要是同向絮凝

（D）影响同向絮凝的水流速度梯度 G 值的物理意义是单位时间内相邻水层的速度差

解析：

选项 A，不加混凝剂的预沉池中，胶体及细小悬浮物并未脱稳，故难以絮凝，故 A 错误。

选项 B，参考《给水工程 2025》P168，在混合阶段……同时存在一定程度的颗粒间异向絮凝，故 B 错误。

选项 C，参考《给水工程 2025》P168，在絮凝阶段，主要依靠机械或水力搅拌，促使颗粒碰撞聚集，故以同向絮凝为主，故 C 正确。

选项 D，由 G 的单位为 s^{-1} 可知，"单位时间内的速度差"是错误的，因"单位时间内的速度差"所得单位必为 m/s^{-2}，故 D 错误（若为单位距离内的速度差，则正确）。

答案选【C】。

1.6.3　混凝设备与构筑物

——单选题——

1.6-8. 一座直径为 3.0m 水流上升速度为 0.1m/s 的絮凝池中，安装机械搅拌桨板后提高了絮凝效果。下列关于絮凝效果提高的主要原因的叙述，正确的是哪项？【2020-1-9】

（A）机械搅拌提升、扰动水体改变流态，由层流变为紊流，促使了絮凝颗粒碰撞聚结

（B）机械搅拌水体产生漩涡，发挥涡旋作用，促使了絮凝颗粒碰撞聚结

（C）机械搅拌水体和池壁摩擦产生紊动，促使了絮凝颗粒碰撞聚结

（D）机械搅拌带动水体一起运动，产生速度梯度，促使了絮凝颗粒碰撞聚结

解析：

参考《给水工程 2025》P181 中机械搅拌絮凝池的理论，桨板前后压力差促使水流运动产生漩涡，导致水中颗粒相互碰撞聚结，故 B 正确。

答案选【B】。

1.6-9. 下述有关絮凝池的描述，哪一项错误？【2023-2-7】

（A）机械絮凝池适宜的絮凝时间范围与折板絮凝池相同

（B）流速分为三段的折板絮凝池末段宜采用直板

(C) 絮凝池应与沉淀池合建

(D) 絮凝池内应有排泥设施

解析：

选项 A，参考《给水标准》9.4.14 条、9.4.15 条可知，故 A 正确。

选项 B，参考《给水标准》9.4.15 条第 4 款，故 B 正确。

选项 C，参考《给水标准》9.4.11 条，故 C 正确。

选项 D，参考《给水标准》9.4.13～9.4.16 条可知，隔板絮凝池内宜有排泥设施、机械絮凝池并未要求排泥设施、折板絮凝池内应有排泥设施、栅条（网格）絮凝池内应有排泥设施，即不同类型絮凝池对排泥设施的要求不尽相同，故 D 错误。

答案选【D】。

——多选题——

1.6-10. 下列关于混凝设备与构筑物特点叙述中，哪几项是不正确的？【2022-1-46】

(A) 水厂采用水泵混合和水力混合均为不消耗能源的混合方式

(B) 有些水厂于隔板絮凝池前段，在既有池中分隔设置一段机械搅拌絮凝区，其目的是增加絮凝时间

(C) 异波折板絮凝池既改变水流方向又能改变流速大小，有利于提高絮凝效果

(D) 各种絮凝设施形成的絮凝体颗粒平衡粒径大小与水流速度梯度有关

解析：

选项 A，水泵混合也会耗用泵为水流提供的机械能，故 A 错误。

选项 B，主要原因是前段若做成隔板絮凝池时，因流速较大从而导致隔板间距过近，不便于施工，因而前段以机械搅拌絮凝池替代，相关叙述可参考《给水工程 2025》第 6 章最末段落，故 B 错误。

选项 C，参考《给水工程 2025》P179，折板絮凝池是水流多次转弯曲折流动进行絮凝的构筑物，显然作为折板絮凝池内的最具特色的异波折板，从微观角度来说，其水流方向是改变了的（也即曲折流动的体现），故 C 正确。

选项 D，参考《给水工程 2025》P168 相关叙述，故 D 正确。

答案选【AB】。

1.7　沉淀、澄清和气浮

1.7.1　沉淀原理

——单选题——

1.7-1. 下列关于颗粒在沉淀过程中沉速大小和浓缩污泥分层的表述中，不正确的是哪项？【2021-2-8】

(A) 对于悬浮颗粒群体絮状物，考虑垂直方向的投影面积较大且周围水流雷诺数不同于单个颗粒，故其沉速会大于单个颗粒

(B) 在颗粒发生自由沉淀时，若雷诺数在 4000～20000 范围内，颗粒沉速大小不受水的运动黏度系数影响

(C) 分散颗粒自由沉淀时，颗粒受到地球引力、浮力、压力阻力和摩擦阻力共同作用

(D) 高密度沉淀池在沉泥浓缩区污泥颗粒不按照粒径大小分层

解析：

选项 A，由于絮状物的垂直方向投影面积增大，导致其沉速减小，故 A 错误。

选项 B，参考《给水工程 2025》P187 式（7-9）可知，故 B 正确。

选项 C，参考《给水工程 2025》P185，F_1 即地球引力和浮力，F_2 即压力阻力与摩擦阻力之和，也即绕流阻力，故 C 正确。

选项 D，参考《给水工程 2025》P185，污泥浓缩也即压缩沉淀，不再按照颗粒粒径大小分层，故 D 正确。

答案选【A】。

1.7-2. 下列关于静水中颗粒下沉时受到不同的作用力叙述中，哪一项是正确的？【2022-1-9】

(A) 沉淀颗粒在水中所受到的水的浮力大小和其本身的重量有关

(B) 沉淀颗粒在水中所受的重力等于颗粒所受到的绕流阻力时，颗粒沉速等于零

(C) 沉淀颗粒在冬天沉速变小的原因是水的动力黏度增大、水的浮力增大的结果

(D) 大粒径球形颗粒在静水中的沉速较快的原因是大粒径颗粒容易变成流线型颗粒

解析：

选项 A，和重量存在间接关系，因为重量越大则意味着体积可能越大，从而浮力越大，故 A 正确。

选项 B，沉速必不为零，因其存在绕流阻力则说明其处于运动状态，只不过此时其是匀速运动，故 B 错误。

选项 C，冬季时沉速变小，主要是由于水的黏度增大从而导致绕过颗粒的水流的雷诺数减小，从而使得绕流阻力系数增大，进而使得绕流阻力增大；至于浮力的变化是微乎其微的，而且也不一定是增大的，故 C 错误。

选项 D，其沉速较快的主要原因是粒径大时导致其重力增大的幅度较阻力更多，故其沉速较快，可参考《给水工程 2025》P186 的式（7-3）及式（7-4），故 D 错误。

答案选【A】。

1.7-3. 下列关于颗粒沉速的叙述中，正确的是哪一项？【2023-1-10】

(A) 当沉淀颗粒在水中的重量等于所受到的水的浮力时，颗粒沉速等于 0

(B) 当水中颗粒所受到的水流绕流阻力等于 0 时，说明颗粒沉速等于 0

(C) 经混凝后，水中小粒径黏土颗粒聚结成大粒径絮凝体，沉淀速度会变慢

(D) 当沉淀颗粒在水中沉淀时，所受到的绕流阻力和其在水中的重力相等时，颗粒以稳定的沉速下沉或静止不动

解析：

选项 A，"颗粒在水中的重量"已经包括了浮力在内，故 A 所述的情况并不能推出颗粒沉速等于 0，故 A 错误。

选项 C，聚结成大粒径絮凝体，若密度不变，则沉淀速度会变快，故 C 错误。

选项 D，参考《给水工程 2025》P186，当所受的阻力和其在水中的重力相等时，颗粒等速下沉，故 D 错误。

答案选【B】。

——多选题——

1.7-4. 下列关于悬浮颗粒在静水中自由沉淀的沉速大小和受力叙述中，正确的是哪些项？【2020-1-46】

(A) 颗粒在沉淀过程中受到的绕流阻力等于浮力差产生的压力阻力和水流的摩擦阻力之和

(B) 当沉淀颗粒在水中聚结后投影面积增大时，则受到的绕流阻力系数 C_D 值增大

(C) 重量相同、粒径不同的两种球形颗粒的沉速大小不同

(D) 重量相同、在水中的浮力和投影面积相同、形状相同的两种颗粒沉速大小相同

解析：

选项 A，参考《给水工程 2025》P185，颗粒下沉时所受到水的阻力是颗粒上下部位的水压差在竖直方向分量，即压力阻力，和颗粒周围水流摩擦阻力在竖直方向分量（摩擦阻力）之和称为绕流阻力，即"压力阻力"是水压差在竖直方向分量，而非浮力差，且浮力一项已在式（7-1）中体现，故 A 错误。

选项 B，C_D 值主要由雷诺数 Re 影响，而当颗粒在水中聚结后投影面积增大时，雷诺数 Re 的变化不定，则 C_D 值的变化也不定，故 B 错误。

答案选【CD】。

1.7.2　平流沉淀池

——单选题——

1.7-5. 下列理想平流式沉淀池构造因素对沉淀效果影响的叙述中，正确的是哪项？【2020-2-8】

(A) 建设在同一水厂水源相同、表面负荷相同，长宽比不同的两座沉淀池的沉淀去除率不同

(B) 因受沉淀时间长短影响，沉淀池采用指形集水槽集水时起端和末端集取水的浑浊度存在差别

(C) 设计的沉淀池处理水量越大，则水平流速越大，沉淀池长度越大

(D) 沉淀面积为 F 的沉淀池，长宽比增大后，水流稳定性增加

解析：

选项 A，理想平流沉淀池的截留沉速等于其表面负荷，当其截留沉速相同且水源相同，则去除率必然相同，故 A 错误。

选项 B，参考《给水工程 2025》P190 基本假定③及图 7-2，同时参考 P195 图 7-5，可知集水槽在出水区，而基本假定③表达出出水区并无沉淀功能，故水槽起端、末端水质是相同的，故 B 错误。

选项 C，水平流速 $v=Q/(BH)$，若仅知水量 Q 越大，无法得出 v 越大的结论，且在

其他参数未知的情况下，也无法得出沉淀池长度越大的结论，故 C 错误。

选项 D，若 F 一定，长宽比增大，则宽度 B 减小，则水平流速 v 增大且水力半径 R 减小，则弗劳德数 $Fr = v^2/Rg$ 增大，则水流稳定性增加，故 D 正确。

答案选【D】。

──多选题──

1.7-6. 下列关于给水处理中沉淀池设计的表述中，错误的是哪几项？【2021-1-46】

（A）平流沉淀池宽度可由水量、水平流速和有效水深确定，而与水的停留时间无关

（B）在上向流斜板沉淀池截留速度计算时，所取的沉淀面积为所有斜板水平面积的总和

（C）按浅池沉淀原理，沉淀池池身越浅，悬浮物颗粒去除率越高

（D）为了控制平流沉淀池的水流稳定性，只能采取适当降低水平流速的方法

解析：

选项 B，还包括池自身投影面积，故 B 错误。

选项 C，需在池体积一定的前提下才有该结论（换言之，若池面积不变时，池身的深浅不影响截留沉速以及去除率），故 C 错误。

选项 D，为提高稳定性，应增大水平流速才对，故 D 错误。

答案选【BCD】。

1.7-7. 关于理想平流沉淀池沉淀原理的表述中，正确的是哪几项？【2021-2-46】

（A）平流沉淀池处理水量和平面尺寸确定后，增大沉淀时间或减少水平流速可影响沉淀池临界沉速

（B）沉速小于截留速度的颗粒进入沉淀池后，均无法沉淀于池底，会在出水区被水流带出池外

（C）从最不利点进入沉淀池，可以被全部去除的颗粒中的最小颗粒沉速，可由沉淀区水深与沉淀时间计算

（D）在沉淀池中间水深处增设一层底板成为双层平流沉淀池之后，在表面负荷不变的情况下，处理水量可增加一倍

解析：

选项 A，当 Q、A 确定后，则 u_0 也确定，故 A 错误。

选项 B，平流沉淀池对小于 u_0 的颗粒也能部分去除，故 B 错误。

答案选【CD】。

1.7-8. 下列关于影响沉淀效果的叙述中，哪几项是错误的？【2022-2-46】

（A）沉淀池面积及进水水质一定时，表面负荷小，则产水量低，但去除水中颗粒的效果相对较好

（B）根据沉淀理论推算，起端深、末端浅的斜底平流式沉淀池具有更好的沉淀效果

（C）根据理论分析，表面负荷不变的平流沉淀池，改变长宽比、长深比不影响沉淀效果

（D）平流式沉淀池纵向分格主要目的是提高水平流速、增大弗劳德数，减少短流影响

解析：

选项 A，流量等于沉淀池面积乘表面负荷，若表面负荷小，则意味着流量小且截留沉速更小，故去除率相对较高，故 A 正确。

选项 B，宏观分析，在沉淀面积（或表面负荷）不变的情况下，改变平流沉淀池的深度，不影响去除率，因其截留沉速是恒定的，故而将沉淀池沿池长方向分为若干段，各段不同水深时，不影响其去除率。若将沉淀池沿池长方向分为无穷多段，即相当于做成斜底平流沉淀池，由前述分析可知，其去除率不变，故 B 错误。

选项 C，其截留沉速等于表面负荷，此为定值时，则去除率定，故 C 正确。

选项 D，分格不影响水平流速，故 D 错误。

答案选【BD】。

1.7-9. 下列关于沉淀池沉淀性能的叙述中，哪几项正确？【2023-1-47】
（A）平流式沉淀池表面负荷 Q/A 和临界沉速 u_0 的数值相同，代表的概念不同
（B）从沉淀理论分析，增大进入沉淀池颗粒的沉速或增大沉淀面积，可以提高颗粒的去除率
（C）沉速大于临界沉速 u_0 的颗粒无论从沉淀池沉淀区、出水区的任何部位进入沉淀池都能全部去除
（D）从沉淀池最不利点进入、沉速为 u_0 的颗粒，在理论沉淀时间内恰好沉到池底，u_0 称为临界沉速

解析：

选项 A，参考《给水工程 2025》P191 对相关概念的叙述，故 A 正确。

选项 B，参考《给水工程 2025》P192 式（7-19），故 B 正确。

选项 C，参考《给水工程 2025》P190 图 7-2，故 C 错误。

选项 D，参考《给水工程 2025》P191，从沉淀池最不利点进入沉淀池的沉速为 u_0 的颗粒，在理论沉淀时间内，恰好沉到沉淀池终端池底，u_0 被称为临界沉速，选项所述缺了"终端"二字，故 D 错误。

答案选【AB】。

1.7.3　斜板、斜管沉淀池

——单选题——

1.7-10. 下列关于斜板（管）沉淀池沉淀原理和斜板（管）构造问题叙述中，正确的是哪一项？【2020-2-9】
（A）斜管沉淀池中斜管净出口处上升流速即为斜板沉淀池的液面负荷
（B）处理水量为 Q、沉淀池面积为 F 的斜板沉淀池中，不计斜板材料所占面积，斜板间轴向水流速度 v_0 的大小和斜板间距 d 的大小无关
（C）根据沉淀理论分析，斜管沉淀池中斜管净出口以上清水区对沉淀颗粒不再具有沉淀作用
（D）斜板（管）沉淀池底部配水均匀程度和配水区流速大小无关

解析：

选项 A，参考《给水工程 2025》P202，不计斜管沉淀池材料所占面积及斜管倾斜后的无效面积，才有"斜管沉淀池液面负荷 q 等于斜管出口处水流上升流速"，而选项 A 中并未叙述该前提，故 A 错误。

选项 B，虽不计斜板材料所占面积，但并未说不计斜板倾斜后的无效面积，因此斜板间距 d 会影响到斜板的块数及无效面积的大小，进而影响斜板净出口处的上升流速；又因斜板间轴向流速等于斜板净出口处的上升流速除以 $\sin\theta$，则也会受到影响，故 B 错误。

选项 C，清水区相当于竖流沉淀池，此竖流沉淀池的截留沉速为 Q/F，而斜管区的截留沉速显然小于 Q/F，故穿过斜管区出来的清水中所剩杂质颗粒也全都小于 Q/F，因此清水区无法处理它们（因竖流沉淀池对小于其截留沉速的颗粒没有截留作用），故 C 正确。

选项 D，配水区（起端）流速不同，则配水区末端的恢复水头不同，进而影响配水区起端、末端所配流量的差异，也即影响配水均匀程度，故 D 错误。

答案选【C】。

1.7-11. 下列关于斜管（斜板）沉淀池沉淀原理的叙述中，哪一项错误？【2022-2-8】
（A）斜板沉淀池中，同一安装角度下的斜板长度越长，去除杂质的沉淀效果越好
（B）斜管沉淀池中，斜管倾角 θ 的大小与临界沉速 u_0 相关
（C）斜管沉淀池中临界沉速 u_0 大小和沉淀池液面负荷大小无直接关系
（D）斜管沉淀池配水区进水口宜采用穿孔墙、缝隙栅或下向流斜管布水，达到均匀配水目的

解析：

选项 A，参考《给水工程 2025》P200 中式（7-35），当 L 越长，则 u_0 越小，故 A 正确。

选项 B，参考《给水工程 2025》P201 中式（7-36），故 B 正确。

选项 C，液面负荷的大小与处理流量及沉淀池面积等参数有关，若其改变，很可能导致 u_0 改变，故 C 错误。

选项 D，参考《给水工程 2025》P201 配水区进水口处叙述，故 D 正确。

答案选【C】。

1.7-12. 某侧向流斜板沉淀池设计采用了如下参数，哪一项错误？【2024-1-9】
（A）斜板安装倾斜角度 60°
（B）斜板之间的板距 50mm
（C）单层斜板的板长 1000mm
（D）设计颗粒沉降速度 0.20mm/s

解析：

参考《给水标准》9.4.23 条第 2 款。斜板间距宜采用 80～100mm，故 B 错误。

答案选【B】。

——多选题——

1.7-13. 侧向流斜板沉淀池清水区液面负荷参数的设计取值，应考虑下列哪几项因素？【2024-2-46】

(A) 原水水质
(B) 原水水温
(C) 设计水量
(D) 药剂品种

解析：

参考《给水标准》9.4.23 条条文说明，可知与原水水质、原水水温及其絮粒的性质、药剂品种等因素有关，故 A、B、D 均正确。

答案选【ABD】。

1.7.4　澄清池

——单选题——

1.7-14. 下列关于澄清池特点的叙述，哪一项正确？【2024-1-10】
(A) 泥渣悬浮型澄清池中悬浮泥渣在水中的重量和浮力保持平衡，处于稳定状态
(B) 泥渣循环型澄清池回流泥渣吸附、捕获细小颗粒后全部排除池体
(C) 在机械搅拌澄清池中，增大回流泥量即是增大絮凝时间，有助于提高澄清效果
(D) 悬浮澄清池中的悬浮泥渣层吸附、捕获细小颗粒后依靠水位差扩散到浓缩室，定期排除

解析：

选项 A，参考《给水工程 2025》P205，悬浮型澄清池中悬浮泥渣层在水中的重量与上升水流的上托力必须保持平衡，故 A 错误。

选项 B，参考《给水工程 2025》P205，可通过泥渣在池内循环流动，使大量泥渣回流，故并非"全部排除"，故 B 错误。

选项 C，增大回流泥量后，混合液的水力停留时间减小，原水的水力停留时间不变，故"增大絮凝时间"错误，故 C 错误。

选项 D，参考《给水工程 2025》P205，故 D 正确。

答案选【D】。

——多选题——

1.7-15. 下列关于澄清池澄清原理叙述中，正确的是哪几项？【2023-1-48】
(A) 泥渣悬浮型澄清池悬浮层在水中的重量与上升水流速度有关
(B) 泥渣循环型澄清池絮凝效果好坏与泥渣循环量有关
(C) 不加混凝剂的水源水中杂质颗粒直接进入泥渣层也能发生接触絮凝作用
(D) 机械搅拌澄清池中，进水中的细小颗粒和循环泥渣碰撞聚结不是接触絮凝，属于机械搅拌絮凝

解析：

选项 A，参考《给水工程 2025》P205，悬浮澄清池中悬浮泥渣层在水中的重量与上升水流的上托力必须保持平衡，原水浊度、温度、水量变化都会引起悬浮层浓度波动，显然上升水流速度变化即意味着水量变化，进而影响悬浮层浓度，进而影响悬浮层在水中的

重量，故 A 正确。

选项 B，参考《给水工程 2025》P205 图 7-16，泥渣循环量变化即意味着回流比变化，这显然影响循环型澄清池絮凝效果，故 B 正确。

选项 C，不加混凝剂，则杂质颗粒无法脱稳。再参考《给水工程 2025》P211，未经脱稳的胶体颗粒，一般不具有相互聚结的性能，从而基本无法发生接触絮凝作用，故 C 错误。

选项 D，参考《给水工程 2025》P204，澄清池内的泥渣层絮凝……这种絮凝又称为接触絮凝，也即各类澄清池内进行的均为接触絮凝，故 D 错误。

答案选【AB】。

1.7-16. 下列有关澄清构筑物澄清原理的叙述中，哪几项正确？【2024-1-46】

（A）澄清池中大颗粒泥渣的吸附活性只与颗粒粒径大小有关

（B）在机械搅拌澄清池中，主要依靠叶轮机械提升，使大量泥渣回流

（C）泥渣悬浮型澄清池中悬浮泥渣层浓度过大，去除水中悬浮颗粒的作用变差

（D）泥渣悬浮型澄清池通过泥渣回流碰撞聚结成大而重的絮凝体在分离室中分离出来

解析：

选项 A，参考《给水工程 2025》P204，通过新陈代谢保持了泥渣的接触絮凝活性，可见并非只与粒径大小有关，还与其在池内停留时间（新陈代谢所指）有关，故 A 错误。

选项 B，参考《给水工程 2025》P205，故 B 正确。

选项 C，浓度过大即意味着老化严重，从而去除作用变差，故 C 正确。

选项 D，悬浮型澄清池不会泥渣回流，故 D 错误。

答案选【BC】。

1.8　过　　滤

1.8.1　过滤基本理论

——单选题——

1.8-1. 下列关于影响石英砂滤料层含污能力大小的说法中，哪一项正确？【2024-2-8】

（A）在一个过滤周期内，采用先快后慢的滤速过滤，可以延长过滤周期

（B）冬天低温水中的杂质容易沉淀在滤层中，滤层具有较大的含污能力

（C）接近球状的滤料层，无论粒径大小，孔隙率相接近，均具有较大的含污能力

（D）单层滤料滤池，经反冲洗出现滤料上细下粗排列，滤层具有较大的含污能力

解析：

选项 A，参考《给水工程 2025》P212 的 3）杂质在滤层中的分布最后一段叙述，故 A 正确。

选项 B，低温水中的杂质不容易沉淀，且容易沉淀也不会导致滤层具有较大含污能力，故 B 错误。

选项 C，粒径小则孔隙率减小，含污能力也减小，故 C 错误。

选项 D，上细下粗不利于杂质往滤层深处，从而导致滤层含污能力较小，故 D 错误。

答案选【A】。

——多选题——

1.8-2. 下列有关砂滤料滤池过滤机理叙述中，不正确的是哪几项？【2021-2-47】

(A) 砂滤层截留细小颗粒杂质的黏附作用主要是滤料的接触絮凝作用

(B) 在过滤过程中，较大粒径滤料，滤层中的杂质容易分布在滤层表面

(C) 等速过滤时，滤层水头损失变化的原因之一是滤层截留杂质后其缝隙滤速发生了变化

(D) 变速过滤过程中，滤速逐渐减小，水头损失值也逐渐减小

解析：

选项 A，参考《给水工程 2025》P211，故 A 正确。

选项 B，滤料粒径较大时，更方便杂质往滤层深处迁移，故 B 错误。

选项 D，变速过滤过程中，水头损失呈阶段性增大，故 D 错误。

答案选【BD】。

1.8-3. 下列关于等速过滤和等水头变速过滤滤池特点的说明中，哪几项错误？【2024-2-47】

(A) 一组多格等水头变速过滤的滤池，一格反冲洗时，其余各格过滤水头变化和分格数有关

(B) 一组多格等水头变速过滤的滤池，一格反冲洗时，其余各格过滤滤速变化与反冲洗前流速无关

(C) 一组多格等速过滤的滤池，各格过滤水头损失增加速率和滤料粒径大小有关

(D) 一组多格等速过滤的滤池，各格滤料孔隙流速随着过滤进行越来越小

解析：

本题为理解类题目。由变速过滤的强制滤速计算可知，A 正确、B 错误；因为等速过滤进水流量不变，故 C 正确、D 错误。

答案选【BD】。

1.8.2 滤池滤料

——单选题——

1.8-4. 下列关于同厚度单层非均匀性石英砂滤料的表述，哪一项是正确的？【2022-1-10】

(A) 滤池过滤水头损失主要是由滤料 d_{10} 粒径大小决定的

(B) 滤池初始过滤水头损失的大小与滤料孔隙率的三次方成反比

(C) K_{80} 是指通过某筛网孔径的滤料与有效粒径滤料的重量之比

(D) 在与滤料层孔隙率有关的多种滤料特征中，不包括砂的密度

解析：

选项 A，参考《给水工程 2025》P217，故 A 正确。

选项 B，参考《给水工程 2025》P213 式 (8-1)，也即卡曼康采尼公式，故 B 错误。

选项 C，参考《给水工程 2025》P217，$K_{80}=d_{80}\div d_{10}$，故 C 错误。

选项 D，滤料层孔隙率可由"$1-\rho_{表}\div\rho_{真}$"计算求得，显然与砂的密度有关，故 D 错误。

答案选【A】。

1.8.3　滤池冲洗

——多选题——

1.8-5. 在滤池采用高速单水反冲洗时，下列表述哪几项是正确的?【2022-2-47】

(A) 当反冲洗强度高于滤池最小流态化冲洗强度时，托起悬浮滤料层的水头损失将随反冲洗强度增大而增加

(B) 冬天水的动力黏度增大，为取得相同的冲洗效果，可适当降低反冲洗强度

(C) 反冲洗时产生的滤层水头损失与反冲洗强度的一次方成正比

(D) 滤池的反冲洗强度及冲洗时间与滤前投加的混凝剂或助凝剂种类有关

解析:

选项 A，参考《给水工程 2025》P222 图 8-7，其水头损失将不变，故 A 错误。

选项 B，参考《给水工程 2025》P222 式 (8-14)，故 B 正确。

选项 C，由选项 A 的解析即可说明选项 C 错误，因强度增大至最小流态化冲洗强度时，再增大强度时水头损失不变。

选项 D，参考《给水工程 2025》P223，故 D 正确。

答案选【BD】。

1.8.4～1.8.6　滤池型式和滤池设计

——单选题——

1.8-6. 下列有关滤池工艺特点的叙述中，正确的是哪项?【2021-2-9】

(A) 为不影响滤池冲洗均匀，V 型滤池中间排水渠面积不应大于该滤池过滤面积的 25%

(B) 分格越多的虹吸滤池，冲洗水箱越低，滤池高度更低

(C) 根据计算设计分为 n 格的重力式无阀滤池，因场地等关系建成了 ($n+1$) 格仍能正常工作

(D) 在不改变虹吸滤池结构条件下，虹吸滤池不能采用气水同时反冲洗的方法

解析:

选项 A，V 型滤池并无此选项所述规定且其冲洗均匀与选项所述内容无关，故 A 错误。

选项 B，虹吸滤池并无冲洗水箱，故 B 错误。

选项 C，无阀滤池分格数从 n 增加为 $n+1$ 之后，导致单格滤池面积下降从而冲洗流量下降，进而可能导致单格反冲洗时滤池组为冲洗水箱补水量大于单格冲洗水量，进而反冲洗不能自动停止，故 C 错误。

答案选【D】。

1.9 水 的 消 毒

1.9.1 氯消毒

——单选题——

1.9-1. 下列关于水厂氯化消毒过程的表述，哪一项是错误的？【2022-2-9】

(A) 折点加氯曲线反映了水中含氨氮其化合物的氯消毒过程

(B) 水厂采用先氯后氨的氯胺消毒法，其主要目的是减少三卤甲烷等消毒副产物的产生

(C) 在折点加氯曲线中，余氯峰点前为化合性余氯段，余氯折点后增加的余氯为自由性余氯

(D) 氯胺衰减速度远低于游离氯，氯胺消毒在长距离管网中能够维持较长时间的消毒作用

解析：

选项 B，先氯后氨的氯胺消毒法的杀毒过程与折点加氯法相同，并不能减少三卤甲烷的产生，其作用是使得管网余氯更持久，故 B 错误。

答案选【B】。

——多选题——

1.9-2. 下列关于水厂氯消毒的表述，哪几项是正确的？【2022-1-47】

(A) 氯可在水中同时生成 HOCl 和 OCl^-，两者都具有消毒作用

(B) OCl^- 带有电荷，与细菌间具有较大电亲和性，因此在水中起主导消毒作用

(C) 氯消毒作用的大小与水的 pH 有关，pH 越大，效果越好

(D) 水中 HOCl 和 OCl^- 的浓度始终处于动态平衡状态

解析：

选项 A，参考《给水工程 2025》P254，故 A 正确。

选项 B，参考《给水工程 2025》P254，次氯酸根与细菌均为负电荷，难以接近，故消毒作用差，故 B 错误。

选项 C，参考《给水工程 2025》P253，pH 低时次氯酸分子的相对比例更大，从而效果更好，故 C 错误。

选项 D，因次氯酸为弱酸，显然存在化学平衡，故 D 正确。

答案选【AD】。

1.9-3. 关于氯消毒的下列表述，哪几项是错误的？【2023-2-46】

(A) 同一水体中，水中 pH 的降低有利于提高氯消毒剂的氧化消毒作用

(B) 在加氯曲线中的化合性余氯分解区，随着加氯量的增加，水中余氯逐步增加

(C) 采用先氯后氨消毒法相比化合性氯胺消毒法，能减少氯化消毒副产物的产生

(D) 在水中投加次氯酸钠、漂白粉、漂粉精和液氯均主要通过水解形成的 HOCl，进行水消毒

解析：

选项 A，参考《给水工程 2025》P254，生产实践表明，pH 越低则消毒能力越强，故 A 正确。

选项 B，参考《给水工程 2025》P256，HB 段，称为化合性余氯分解区。加氯量超过 H 点后，虽然加氯量增加，余氯量反而下降，故 B 错误。

选项 C，参考《给水工程 2025》P257，但氯胺消毒还具有其他优点：……产生的三卤甲烷、卤乙酸等消毒副产物少，再参考《给水工程 2025》P258，先氯后氨的氯胺消毒法，其消毒的主要过程仍是通过游离氯来消毒，也即选项将大小关系说反了，故 C 错误。

选项 D，参考《给水工程 2025》P255，漂白粉、漂白精的消毒原理和氯气相同，利用水解过程产生的次氯酸进行消毒，再结合式（9-10）、式（9-11）可知次氯酸钠也是同样的原理，故 D 正确。

答案选【BC】。

1.9-4. 下列有关液氯和氯胺消毒的说法中，哪几项错误？【2024-1-47】

（A）消毒剂消毒效果和水的 pH 高低有关

（B）含有甲烷的水源水，采用先加氯后加氨消毒，有助于减少消毒副产物生成

（C）含有氨氮的水源水加氯变为氯胺消毒时，峰点后，随加氯量增加，氯胺减少

（D）采用氯胺消毒，与水接触 120min 后出厂水中的自由氯余量应不低于 0.5mg/L

解析：

选项 A，参考《给水工程 2025》P254，pH 越低则消毒能力越强，故 A 正确。

选项 B，参考《给水工程 2025》P258，先氯后氨的氯胺消毒法，其消毒的主要过程仍是通过游离氯来消毒，从而无法帮助减少消毒副产物，故 B 错误。

选项 C，参考《给水工程 2025》P256 图 9-3，故 C 正确。

选项 D，参考《给水工程 2025》P150 表 5-3，应测定总氯余量，故 D 错误。

答案选【BD】。

1.9.2　二氧化氯消毒

——单选题——

1.9-5. 关于水厂消毒工艺的下列表述，哪一项是正确的？【2023-1-11】

（A）采用二氧化氯消毒时，投加氨盐有利于提高消毒效果

（B）在氯消毒过程中，水中产生的 OCl^- 将发挥主导的氧化消毒作用

（C）在城镇供水水厂采用臭氧消毒的情况下，通常后续仍需投加氯或氯胺

（D）化合性氯胺消毒相比游离氯消毒，具有消毒作用快、持续时间长、副产物少和消毒费用低的特点

解析：

选项 A，参考《给水工程 2025》P260，不与氨反应，水中的氨氮不影响消毒效果，故 A 错误。

选项 B，参考《给水工程 2025》P254，证明 HOCl 是消毒的主要因素，故 B 错误。

选项 C，参考《给水工程 2025》P263，为了维持管网中消毒剂余量，通常在臭氧消毒后的水中再投加少量氯或者氯胺，故 C 正确。

选项 D，参考《给水工程 2025》P257，氯胺分解出自由氯需要一定时间，就显得氯胺消毒作用比游离氯缓慢，故 D 错误。

答案选【C】。

1.9.3 其他消毒剂消毒

——单选题——

1.9-6. 给水处理有关消毒方法和消毒作用的描述中，下列哪一项正确？【2024-2-9】

（A）紫外线和臭氧联合消毒具有快速持久的消毒效果

（B）紫外线消毒工艺对进水的水质要求较高，设计进水浊度宜小于 1NTU

（C）不同消毒剂对不同细菌、病毒灭活的 CT 值相同

（D）水质优良的地下水，经地方政府批准可不进行消毒，直接供用户饮用

解析：

选项 A，参考《给水工程 2025》P263 相关叙述可知，紫外线和臭氧消毒均无持久效果，故 A 错误。

选项 B，参考《给水标准》9.9.43 条条文说明，故 B 正确。

选项 C，参考《给水工程 2025》P252，对于不同的消毒剂种类……达到一定灭活要求的 CT 值不同，故 C 错误。

选项 D，参考《给水标准》9.1.2 条，必须设置消毒工艺，故 D 错误。

答案选【B】。

1.10 地下水除铁除锰和除氟

——单选题——

1.10-1. 下列关于地下水除铁除锰处理的说法，正确的是哪项？【2020-1-10】

（A）地下水接触催化氧化除铁滤池的过滤周期应由滤后水质确定

（B）在接触催化氧化除铁工艺中，曝气除了充氧外，还需兼有吹脱散除水中二氧化碳、提高 pH 的作用

（C）在两级曝气两级过滤除铁除锰工艺中，除铁滤池前宜采用充分曝气，除锰滤池前可采用简单曝气

（D）加氯氧化除铁中采用的实际加氯量，要考虑与氯反应的其他还原性物质等因素

解析：

选项 A，参考《给水工程 2025》P267，过滤周期并不决定于滤后水质，而是决定于过滤阻力，这与一般澄清用的滤池不同，故 A 错误。

选项 B，参考《给水工程 2025》P266，催化氧化除铁过程中曝气主要是为了充氧，不要求有散除 CO_2 的功能，故 B 错误。

选项 C，参考《给水工程 2025》P268 图 10-4，故 C 错误。

选项 D，参考《给水工程 2025》P267，由于水中含有其他能与氯反应的还原性物质，

实际上所需投氯量要比理论值高一些，故 D 正确。

答案选【D】。

1.10-2. 某地下水中二价铁的含量为 12mg/L，可溶性硅酸盐为 45mg/L，水的 pH 为 7.5，针对该地下水下列说法正确的是哪项？【2021-1-10】

(A) 可采用曝气氧化除铁，过剩溶氧系数取 4 时，则实际需氧浓度为 6.72mg/L

(B) 接触催化氧化除铁，是由于滤膜老化生成的羟基氧化铁（FeOOH）起催化作用氧化水中 Fe^{2+}

(C) 若采用接触催化氧化去除水中 Fe^{2+}，曝气的主要目的是散除 CO_2

(D) 若采用氯氧化除铁，理论上投氯量不低于 7.68mg/L

解析：

选项 A，因可溶性硅酸盐为 45mg/L，故不可采用曝气（自然）氧化法除铁，故 A 错误。

选项 B，参考《给水工程 2025》P266 滤膜老化生成的羟基氧化铁也不起催化作用，故 B 错误。

选项 C，接触催化氧化法曝气不要求有散除 CO_2 的功能，故 C 错误。

选项 D，参考《给水工程 2025》P267，理论投氯量不低于 $12×0.64＝7.68$(mg/L)，故 D 正确。

答案选【D】。

1.10-3. 下列关于地下水除铁除锰的表述，哪一项是正确的？【2022-2-10】

(A) 在中性 pH 条件下，地下水催化氧化除锰过程中无需进行曝气充氧

(B) 含氨氮 1.5mg/L 的地下水除铁除锰时，宜采用一级曝气一级过滤工艺

(C) 地下水除铁除锰不可采用在同一滤层中进行处理的方法

(D) 在相同 pH 条件下，铁的氧化还原电位低于锰，二价铁会阻碍二价锰的氧化

解析：

选项 A，依然需曝气充氧，因氧是反应所需的氧化剂，故 A 错误。

选项 B，参考《给水标准》9.6.5 条，宜采用两级曝气两级过滤，故 B 错误。

选项 C，参考《给水工程 2025》P269，当铁的含量不高且满足水的 pH≥7.5 时，可简化为一次曝气一次过滤的工艺，除铁除锰在同一滤层中完成，故 C 错误。

选项 D，参考《给水工程 2025》P268，故 D 正确。

答案选【D】。

1.10-4. 关于地下水除铁的下列表述，哪一项是正确的？【2023-2-10】

(A) 接触催化氧化法除铁工艺，一般无需采用曝气塔

(B) 选择采用空气自然氧化除铁工艺，一般无需考虑地下水 pH 的影响

(C) 在采用二级除铁除锰工艺时，除铁滤池和除锰滤池前均应设置曝气设施

(D) 在除铁工艺中采用的快滤池均应采用天然锰砂或石英砂滤料的二级过滤工艺

解析：

选项 A，参考《给水工程 2025》P266，接触催化氧化除铁工艺简单……不要求有散除 CO_2 的功能，故曝气装置也比较简单。可使用射流曝气、跌水曝气，压缩空气曝气、穿孔管或莲蓬头曝气等，并无要求采用曝气塔，故 A 正确（注，若曝气充氧时还要求散除 CO_2 以提高水的 pH，则需采用曝气塔等）。

选项 B，参考《给水工程 2025》P265，采用空气氧化时，一般要求水的 pH 大于 7.0，方可使氧化除铁顺利进行，故 B 错误。

选项 C，二级除铁除锰工艺流程不止一类，参考《给水标准》9.6.4 条所示的那一类，原水→曝气溶氧装置→除铁滤池→除锰滤池→出水，显然此二级除铁除锰工艺并未在除铁滤池和除锰滤池前均设曝气设施，故 C 错误。

选项 D，参考《给水工程 2025》P269，即便铁、锰共存，在二者浓度较低时也存在一级过滤工艺，何况仅单独除铁，故 D 错误。

答案选【A】。

——多选题——

1.10-5. 以下关于地下水除铁除锰处理的说法，错误的是哪几项？【2020-1-47】

（A）在地下水除铁工艺中，采用曝气氧化二价铁，水中会产生一定的碱度

（B）处理可溶性硅酸盐为 45mg/L 的含铁地下水，采用快速充分曝气可有效提高除铁效率

（C）水中溶解氧可将二价锰氧化为四价锰，故曝气自然氧化法是地下水除锰采用的生产性方法之一

（D）采用一次曝气一次过滤工艺除铁除锰时，同一滤层中，上层以除铁为主、下层以除锰为主

解析：

选项 A，参考《给水工程 2025》P265，二价铁被氧化为三价铁，使其与氢氧根结合为氢氧化铁而被去除，此过程消耗的碱度多于式（10-1）生成的碱度，故水中碱度是被消耗的，故 A 错误。

选项 B，参考《给水工程 2025》P267，如果曝气过多，水的 pH 升高，则……造成滤后出水含铁偏高，故 B 错误。

选项 C，参考《给水工程 2025》P267，所以在生产上一般不采用空气自然氧化法除锰，故 C 错误。

选项 D，参考《给水工程 2025》P269，除铁除锰工艺系统可简化为一次曝气一次过滤的工艺，滤池上层除铁下层除锰在同一滤层中完成，故 D 正确。

答案选【ABC】。

1.10-6. 下列关于地下水除铁的表述，哪几项是正确的？【2022-1-48】

（A）曝气自然氧化法除铁中，Fe^{2+} 的氧化速率与水的 pH 有关，曝气吹脱 CO_2 可起到提高 pH 的作用

（B）接触催化氧化除铁工艺中，锰砂中的 MnO_2 有氧化催化作用

(C) 催化氧化滤池前置曝气是为了满足向水体提供氧气和从水中吹脱二氧化碳的要求

(D) 处理可溶性硅酸盐含量 50mg/L 的地下水，不宜采用曝气自然氧化除铁工艺

解析:

选项 A，参考《给水工程 2025》P265，故 A 正确。

选项 B，参考《给水工程 2025》P266，锰砂在除铁时仅为吸附作用，而无催化作用，故 B 错误。

选项 C，参考《给水工程 2025》P266 图 10-2，催化工艺除铁时无需散除二氧化碳，故 C 错误。

选项 D，参考《给水工程 2025》P267，可溶性硅酸盐超过 40mg/L 时就一般不用曝气自然氧化法了，故 D 正确。

答案选【AD】。

1.10-7. 关于地下水除铁除锰的下列表述，哪几项是错误的?【2023-2-47】

(A) 同一水体中，二价铁的存在不利于二价锰的氧化

(B) 由于氧化还原电位不同，在除铁除锰工艺中，宜采用先除锰后除铁的方式

(C) 水中的铁和锰，在工程上推荐通过直接加氯氧化方式，形成高价铁和高价锰加以去除

(D) 通过二氧化锰沉积物的表面催化，加快二氧化锰的氧化速度，是一种自催化过程

解析:

选项 A，参考《给水工程 2025》P268，Fe^{2+} 又是 Mn^{4+} 的还原剂，阻碍二价锰的氧化，故 A 正确。

选项 B，参考《给水工程 2025》P268 图 10-4 及相关段落叙述，显然是先除铁后除锰，故 B 错误。

选项 C，参考《给水工程 2025》P270，用氯氧化水中二价锰需要在 pH≥9.5 时才有足够快的氧化速度，在工程上不便应用，故 C 错误。

选项 D，参考《给水工程 2025》P268，由于二氧化锰沉淀物的表面催化作用，使得二价锰的氧化速度明显加快，是"二价锰的氧化速度"而非选项所述的"二氧化锰的氧化速度"，故 D 错误。

答案选【BCD】。

1.11　受污染水源水处理

——单选题——

1.11-1. 下列关于臭氧氧化工艺的说法，正确的是哪项?【2020-1-11】

(A) 氧化性很强的臭氧可氧化去除水中的三卤甲烷等有机物

(B) 采用活性炭消除臭氧尾气的处理方式，适用于各种气源条件下的臭氧处理设施

(C) 优化臭氧投加量以及采取加氨等措施，可用于出厂水溴酸盐超标的风险控制

（D）臭氧溶于水后产生的直接氧化作用，具有反应速度快、选择性低的特点

解析：

选项 A，参考《给水工程 2025》P283，三卤甲烷，O_3 也很难将其氧化去除，故 A 错误。

选项 B，参考《给水标准》9.10.30 条，以氧气为气源的臭氧处理设施中的尾气不应采用活性炭消除方式，故 B 错误。

选项 C，参考《给水标准》9.10.3 条条文说明，对溴酸盐副产物的控制可通过加氨、降低 pH 和优化臭氧投加方式等实现，故 C 正确。

选项 D，参考《给水工程 2025》P282，一种是直接氧化，反应速度慢，选择性高，故 D 错误。

答案选【C】。

1.11-2. 以下关于活性炭工艺的说法，正确的是哪项？【2020-2-10】

（A）在炭滤前若不投加臭氧时，则无需对室外活性炭吸附池水面采取防护或隔离措施

（B）分子量低于 500 的有机物一般具有较强极性，与活性炭的亲和力较大，易于去除

（C）水中杂质一旦被活性炭网格结构界面自由能捕获吸附，便不会脱落，可视为去除

（D）活性炭的使用有利于减少采用氯消毒后水中产生的三卤甲烷，其效果与水质和活性炭特征有关

解析：

选项 A，参考《给水标准》9.11.9 条，故 A 错误。

选项 B，参考《给水工程 2025》P289，活性炭是一种非极性吸附剂，故其对极性物质的亲和力不会较大，故 B 错误。

选项 C，参考《给水工程 2025》P287，活性炭在水处理中的吸附主要为物理吸附，因此其吸附是可逆的，有可能脱落的，故 C 错误。

选项 D，参考《给水工程 2025》P290，为防止加氯后产生大量的三卤甲烷，投加粉末活性炭或使用颗粒活性炭能够部分去除三卤甲烷的前期物。尽管水中总有机碳（TOC）和三卤甲烷生产量之间的关系不十分明确，活性炭吸附去除 TOC 和其他有机物后，对三卤甲烷的生成具有明显降低作用。不同类型的活性炭对不同有机物吸附作用不尽相同。所以，活性炭对三卤甲烷前期物的去除效果取决于原水水质、活性炭吸附能力及活性炭的吸附周期，故 D 正确。

答案选【D】。

1.11-3. 以下关于氧化剂的叙述，正确的是哪项？【2021-2-10】

（A）ClO_2 所含有效氯比例为 2.63，其作用过程是 ClO_2 在水中先发生水解继而产生氧化作用

（B）高锰酸钾氧化性不如 O_3，但形成的水合二氧化锰胶体能吸附其他有机物

(C) O_3 无法直接氧化，需分解产生羟基自由基、单原子氧（O）才能分解水中有机物、细菌和病毒

(D) O_3 的氧化能力和消毒能力均较强，用于水质较好的城镇供水时，可不再额外投加消毒剂

解析：

选项 A，参考《给水工程 2025》P260，ClO_2 极易溶于水而不与水反应，几乎不发生水解，故 A 错误。

选项 B，参考《给水工程 2025》P281 相关叙述，故 B 正确。

选项 C，O_3 可以直接氧化，也可分解产生羟基自由基、单原子氧化，故 C 错误。

选项 D，O_3 因会分解而并无持续消毒能力，因而经臭氧消毒后需再加氯或氯胺，故 D 错误。

答案选【B】。

1.11-4. 某水厂采用生物氧化预处理微污染水源，下列说法错误的是哪项？【2021-2-11】

(A) 生物膜中的含氧量，由靠近填料层到附着水层依次递增，靠近填料层的生物膜附近会形成厌氧层，这有利于提高生物膜的稳定性，充分发挥生物膜的作用

(B) 生物接触氧化一般适用于高锰酸盐指数小于 10mg/L，NH_3-N 含量小于 5mg/L 的微污染水源水

(C) 分散型堆积式填料解决了积泥后冲洗困难的问题，具有更换、冲洗容易的优点

(D) 淹没式生物滤池埋设管式大阻力配水系统，主要用于冲洗时均匀布水，过滤时收集滤后水排出

解析：

参考《给水工程 2025》P276，靠近填料层附近形成厌氧层之后，会产生有机酸、氨、硫化氢、甲烷等物质，直接影响好氧层生态系统的稳定性，故 A 错误。

答案选【A】。

1.11-5. 某水源水存在有机微污染，砂滤池后采用臭氧-活性炭进行深度处理。下列有关该组合系统中臭氧作用的表述，哪一项错误？【2022-1-11】

(A) 氧化水中的有机污染物

(B) 有利于活性炭滤池吸附去除有机污染物

(C) 有利于活性炭滤池生物降解有机污染物

(D) 消毒并防止输配水管网末端致病微生物滋生

解析：

为了活性炭中微生物的生存，不应使其臭氧浓度达到具有消毒功能，故 D 错误。

答案选【D】。

1.11-6. 下述哪一项为饮用水深度处理工艺？【2023-1-9】

(A) 臭氧-活性炭净水工艺　　　(B) 高锰酸钾预氧化除藻工艺

(C) 使用新型混凝剂的强化絮凝工艺　　(D) 使用悬浮填料的生物接触氧化工艺

解析：

参考《给水工程 2025》P294～P295：

A 选项，目前，生产上常用的深度处理方法有颗粒活性炭吸附法，臭氧-活性炭法，反渗透、纳滤膜分离法，故 A 正确。

选项 B，此为化学预氧化，属于预处理，故 B 错误。

选项 C，属于常规处理，故 C 错误。

选项 D，此为生物预氧化，属于预处理，故 D 错误。

答案选【A】。

1.11-7. 关于水厂工艺布置的下列表述，哪一项是正确的？【2023-2-11】

（A）含氯氧化剂不宜投加在生物接触预氧化池前

（B）水厂处理工艺中若采用后臭氧，其加注点应设置在滤池之后

（C）预处理工艺中，高锰酸钾可与其他水处理药剂混合后一并投加

（D）高锰酸钾溶液的单独储存、输送和投加车间为防爆建筑，并应设置防尘和集尘设施

解析：

选项 A，参考《给水标准》9.2.6 条。生物预处理设施前不宜投加除臭氧之外的其他氧化剂，故 A 正确。

选项 B，参考《给水标准》9.10.1 条第 2 款。后臭氧，宜设置在沉淀、澄清后或砂滤池后，故 B 错误。

选项 C，参考《给水标准》9.2.12 条第 1 款。高锰酸钾……先于其他水处理药剂投加的时间不宜少于 3min，故 C 错误。

选项 D，参考《给水标准》9.2.12 条第 7 款。高锰酸钾的储存……集尘设施，是指"高锰酸钾固体"而非选项所述的"高锰酸钾溶液"，故 D 错误。

答案选【A】。

1.11-8. 关于给水处理工艺中的预处理，下列哪一项正确？【2024-1-11】

（A）经过高锰酸钾预氧化的原水应通过砂滤池过滤

（B）当原水中有机物含量较高时，应采用生物预处理

（C）采用粉末活性炭吸附进行预处理时，粉末活性炭应与混凝剂同时投加

（D）采用生物预处理时，可在生物预处理设施进水投加氯等氧化剂进行预氧化，以提高有机物的可生化性

解析：

选项 A，参考《给水标准》9.2.12 条第 2 款，故 A 正确。

选项 B，参考《给水标准》9.2.5 条。当原水中氨氮含量较高……可采用生物预处理，选项与原文意思严重不符，故 B 错误。

选项 C，参考《给水标准》9.2.13 条第 1 款。粉末活性炭……经过与水充分混合、接触后，再投加混凝剂或氯，故 C 错误。

选项 D，参考《给水标准》9.2.6 条。生物预处理设施前不宜投加除臭氧之外的其他

氧化剂，故 D 错误。

答案选【A】。

——多选题——

1.11-9. 下列关于臭氧-生物活性炭工艺的说法，错误的是哪几项？【2020-1-48】

（A）生物活性炭的生物降解单一有机物的规律应采用 Fruendlich 公式直接表达

（B）活性炭滤池总是先发挥活性炭的吸附作用，然后变成生物活性炭，进而依靠生物作用降解有机物

（C）在生物活性炭滤池中，水中臭氧残留量越大，有机物去除效果越好

（D）下向流颗粒活性炭池气水同时冲洗时的强度及历时与单层粗砂均匀级配滤料滤池基本相同

解析：

选项 A，参考《给水工程 2025》P288，描述吸附容量 q_e 与吸附平衡浓度 C 的关系式有 Langmuir，BET 和 Fruendlich 吸附等温式，即该公式是描述吸附关系的，而非生物降解关系，故 A 错误。

选项 B，参考《给水工程 2025》P289，活性炭滤池总是先发挥物理吸附，然后变成生物活性炭，依靠生物作用降解有机物，故 B 正确。

选项 C，参考《给水工程 2025》P291，投加臭氧、氯气、高锰酸钾、二氧化氯等强氧化剂预氧化后的水流，经生物活性炭滤层时，未完全分解的臭氧及氯气等对生物活性炭的作用具有不良影响。这些强氧化剂一方面和具有石墨结构的活性炭发生化学反应，减少了活性炭吸附容量，同时对生物生长起破坏作用。因此，应尽量降低进入生物活性炭滤池水中的强氧化剂浓度，故 C 错误。

选项 D，参考《给水标准》9.5.18 条与 9.11.13 条，故 D 错误。

答案选【ACD】。

1.11-10. 下述有关饮用水处理工艺中活性炭的描述，哪几项正确？【2023-1-46】

（A）可用于去除水中某些重金属离子

（B）水温升高有利于所有可吸附物质的去除

（C）生物活性炭中的微生物作用可降解去除水中有机物

（D）孔容积一定时，孔径越小，比表面越大，吸附容量越大

解析：

选项 A，参考《给水工程 2025》P275，活性炭……吸附去除重金属汞、铬等，故 A 正确。

选项 B，参考《给水工程 2025》P290，对有些溶质，温度高时，溶解度变大，对吸附不利，故 B 错误。

选项 C，参考《给水工程 2025》P291，水中的有机物向活性炭表面扩散迁移，继而被活性炭及生物菌落吸附降解，故 C 正确。

选项 D，D 正确。

答案选【ACD】。

1.12 城市给水处理工艺系统和水厂设计

——单选题——

1.12-1. 某饮用水水源水质指标为：浊度 20～50NTU，菌落总数大于 100MPN/mL，氨氮含量常年大于 1mg/L，高锰酸盐指数大于 5mg/L，下列哪一项为最合适的净水工艺？【2023-2-8】

(A) 进厂原水 ——→ 常规水处理工艺 $\xrightarrow{Cl_2}$ 清水池

(B) 进厂原水 $\xrightarrow{O_3}$ 化学预处理 ——→ 常规水处理工艺 $\xrightarrow{Cl_2}$ 清水池

(C) 进厂原水 $\xrightarrow{Cl_2}$ 生物预处理 ——→ 常规水处理工艺 $\xrightarrow{Cl_2}$ 清水池

(D) 进厂原水 $\xrightarrow{O_3}$ 生物预处理 ——→ 常规水处理工艺 ——→ 臭氧/活性炭过滤 $\xrightarrow{Cl_2}$ 清水池

解析：

参考《给水工程 2025》P295，当微污染水源水中氨氮含量常年大于 1mg/L、高锰酸盐指数（COD_{Mn}）大于 5mg/L 时，大多在常规处理前后分别增加生物预处理和深度处理工艺，故 D 正确。

答案选【D】。

1.12-2. 有关自来水应对水源突发污染的说法，下列哪一项错误？【2024-2-11】
(A) 当水源突发镉、铅、锌污染时，可采用弱碱性或硫化物化学沉淀法去除
(B) 当水源藻类爆发时，可采用预氧化、强化混凝、气浮、加强过滤等除藻
(C) 水源突发氰化物、硫化物等污染时，可采用化学氧化技术应对
(D) 针对水源藻类腐败致嗅物质的污染，应采用活性炭吸附去除

解析：
选项 A，参考《给水标准》11.3.4 条第 1 款、第 3 款，故 A 正确。
选项 B，参考《给水标准》11.3.8 条第 1 款，故 B 正确。
选项 C，参考《给水标准》11.3.5 条，故 C 正确。
选项 D，参考《给水标准》11.3.8 第 4 款，宜采用预氧化技术，故 D 错误。
答案选【D】。

——多选题——

1.12-3. 下列关于水厂设计的说法中，错误的是哪几项？【2020-2-47】
(A) 水厂生产废水与排泥水及脱水污泥等的处置与排放应符合项目环评报告及其批复的要求
(B) 水厂构筑物间的连接管直径均应按水厂最高日平均时设计水量，再加上水厂自用水量计算确定

（C）滤池进水渠标高与池内运行水位之差，包含在滤池水头损失估值范畴之内

（D）水厂生产废水在允许外排条件下，其管道可与雨水管道合建

解析：

选项 A，参考《给水标准》8.0.18 条，故 A 正确。

选项 B，"最高日平均时设计水量"一词中，已经包含了水厂自用水，故 B 错误。

选项 C，参考《给水工程 2025》P302，从构筑物进水渠水面到出水渠水面之间的高差均记为构筑物水头损失，故 C 正确。

选项 D，参考《给水标准》8.0.17 条，水厂雨水管道应单独设置，故 D 错误。

答案选【BD】。

1.12-4. 下列有关水厂排泥水处理设计的表述，正确的是哪几项？【2020-2-48】

（A）水厂排泥水处理系统构筑物和设备的设计规模由需处理的干泥量确定

（B）排泥池有效容积应通过 24h 为周期的各时段入流和出流流量平衡分析确定，并适当留有安全余量

（C）平衡池除调节功能外，还应具备匀质出流的功能

（D）当考虑滤池反冲洗水处理回用时，排水池应分池分别接纳和调节初滤水和反冲洗水

解析：

选项 A，参考《给水标准》10.1.3 条，水厂排泥水处理系统的污泥处理系统设计规模应按设计处理干泥量确定，水力系统设计应按设计处理流量确定；或参考《给水工程 2025》P296，实际设计时的污泥处理系统，以干泥量多少来选择污泥提升、污泥脱水、干化设备。排泥水提升、浓缩池设计则按照排泥水量多少进行水力计算，故 A 错误。

选项 B，参考《给水标准》10.3.8 条，当排泥池调节容积应在水厂净水和排泥水处理系统设计或运行工况的条件下，通过 24h 为周期的各时段入流和出流的流量平衡分析，考虑一定的安全余量后确定，且不应小于接受的最大一次排泥量，故 B 错误。

选项 C，参考《给水标准》10.5.3 条，平衡池宜采用圆形或方形，池内应设置匀质防淤设施，故 C 正确。

选项 D，参考《给水标准》10.7.2 条，排水池可同时接纳和调节滤池反冲洗废水和初滤水，当滤池反冲洗废水需处理后回用时，应单设排水池接纳和调节反冲洗废水，另设排水池接纳和调节初滤水，故 D 正确。

答案选【CD】。

1.12-5. 下列关于给水系统中应急、备用水源及供水的表述中，不符合现行规范标准的是哪几项？【2021-1-41】

（A）应急供水是指当城市发生突发性事件，给水系统无法满足城市正常用水需求，需要采取减量、减压、间歇供水或使用应急水源和备用水源的供水方式

（B）应急水源是为应对突发性水污染事件而建设，水源水质基本符合要求，具有与常用水源快速切换运行的水源，通常以最大限度地满足城市居民生存、生活用水为目标

(C) 应急水源水质可低于常备水源水质标准要求，相应的应急供水的水质常规指标限值均可适当放宽

(D) 备用水源及应急水源通常均以最大限度满足城市居民生存、生活用水为目标

解析：

参考《给水标准》2.0.46 条、2.0.47 条、2.0.48 条可知 C、D 选项显然与原文违背，故 C、D 错误；B 选项中的"为应对突发性水污染事件"与 2.0.48 条中的"为应对突发性水源污染"是等价表述，故 B 正确。

答案选【CD】。

1.12-6. 某微污染的水源水质指标如下：高锰酸盐指数大于 5mg/L，氨氮含量常年大于 1.5mg/L，氯氧化副产物前体物含量较高，夏秋季水体有明显的土霉味，针对该水源水的处理工艺的选择，下列说法正确的是哪几项？【2021-1-48】

(A) 氨氮含量常年大于 1.5mg/L，可以采用生物预处理工艺

(B) 氯气经济有效，投加方式简单，操作方便，可选用氯气进行化学预氧化工艺

(C) 常规处理工艺如无法满足出水中有机物浓度要求，可在其之后增加臭氧-活性炭深度处理工艺

(D) 采用高锰酸钾预氧化和粉末活性炭吸附联用可高效应对夏季水体爆发的异臭异味问题

解析：

参考《给水工程 2025》P295，预处理-常规处理-深度处理工艺，故 A、C 正确。

参考《给水工程 2025》P295，投加高锰酸钾预氧化和粉末活性炭吸附联用能够很好去除异臭异味，故 D 正确。

答案选【ACD】。

1.12-7. 某二类城市将沿江新建一座自来水厂，采用常规工艺-臭氧活性炭深度处理，下列关于该水厂设计布置的说法正确的是哪几项？【2021-2-48】

(A) 水厂的防洪标准不低于城市防洪标准，并留有适当的安全裕度

(B) 混凝剂投加管线和氯气，臭氧输送管线可采用 PVC、PVC-U 塑料管

(C) 臭氧生产车间及纯氧储罐应远离水厂其他建筑物道路 10m 以上，远离民用建筑明火或散发火花地点 25m 以上

(D) 设置两根浑水管道，管道埋入厂区道路下时，管顶覆土为 0.7m 时无需额外设置管沟

解析：

选项 A，参考《给水标准》8.0.9 条，故 A 正确。

选项 B，参考《给水工程 2025》P303，臭氧输送管线应采用不锈钢管，故 B 错误。

选项 C，参考《给水工程 2025》P298，故 C 正确。

选项 D，参考《给水工程 2025》P302，浑水管线埋入厂区道路下时，应保证管顶覆土 0.80m 以上，否则应设置管沟，故 D 错误。

答案选【AC】。

1.12-8. 下述有关给水水厂位置、处理工艺、过程检测和控制设计的表述，哪几项正确？【2022-2-48】

（A）当其他条件不变时，水厂位置靠近用户比靠近取水构筑物，原水输水管道和清水输管道的总造价低

（B）水厂常规工艺的浊度检测，只需在原水管及砂滤池出水管上布设检测点即可

（C）污泥处理系统及其相关的污泥提升、脱水、干化设备按排泥水量设计

（D）计算机控制管理系统宜采用信息层、控制层和设备层的三层结构

解析：

选项 A，参考《给水工程 2025》P297～P298，故 A 正确。

选项 B，参考《给水工程 2025》P304，故 B 错误。

选项 C，参考《给水工程 2025》P296，污泥提升、脱水、干化设备以干泥量来选择，故 C 错误。

选项 D，参考《给水标准》12.4.1 条，故 D 正确。

答案选【AD】。

1.12-9. 关于水厂排泥水工艺的下列表述，哪几项是错误的？【2023-2-48】

（A）排泥水处理系统中的排泥水提升和输送等水力系统应按排泥水处理流量设计

（B）在水厂排泥水处理系统的设计中，应分别对排泥水量的平衡和干泥量的平衡进行分析计算

（C）排泥水处理系统中的排水池调节容积满足不小于沉淀池最大一次排水量即可

（D）污泥浓缩池的泥水排出管管径应按排出水量和泥水含固率确定

解析：

选项 A，参考《给水工程 2025》P296，排泥水提升、浓缩池设计则按照排泥水量多少进行水力计算，故 A 正确。

选项 B，参考《给水标准》10.1.6 条，水厂排泥水处理系统的设计应分别计算分析水量的平衡和干泥量的平衡，故 B 正确。

选项 C，参考《给水标准》10.3.6 条，通过 24h 为周期的各时段入流和出流的流量平衡分析，考虑一定的安全余量后确定，且不应小于接受的最大一次排水量，故 C 错误。

选项 D，参考《给水标准》10.4.6 条第 5 款，浓缩泥水排出管管径不应小于 150mm，故 D 错误。

答案选【CD】。

1.12-10. 以 Ⅱ 类地表水为水源的城市自来水厂的水处理工艺，下列哪几项不是优选工艺？【2024-1-45】

（A）混凝→沉淀→砂过滤→消毒→出水

（B）混凝→沉淀→砂过滤→颗粒活性炭吸附→消毒→出水

（C）臭氧预氧化→混凝→沉淀→砂过滤→生物活性炭→消毒→出水

（D）混凝→沉淀→砂过滤→臭氧氧化→生物活性炭→消毒→出水

解析:

参考《给水工程 2025》P154, Ⅱ类地表水适用于集中式生活饮用水地表水源地一级保护区,即其水质非常好,只需常规处理即可,故设置了预处理、深度处理的不是优选项。

答案选【BCD】。

1.12-11. 以下有关给水工程中检测与控制设计的说法,哪几项正确?【2024-2-48】

(A) 不必对水源水质、取水泵站出水流量和压力在线检测

(B) 膜系统的进水、出水、物理清洗、化学清洗系统应自动控制

(C) 净水厂的滤池应根据滤层压差和出水浊度控制反冲洗周期、反冲洗时间和强度

(D) 中空纤维微滤、超滤膜过滤的出水总管(渠)应配置浊度仪且宜配置颗粒计数仪

解析:

选项 A,参考《给水标准》12.2.1 条第 1 款、第 2 款、第 7 款,故 A 错误。

选项 B,参考《给水标准》12.3.5 条第 4 款,故 B 正确。

选项 C,参考《给水标准》12.3.4 条,选项中"应"和"和"字均错误,故 C 错误。

选项 D,参考《给水标准》12.2.2 条第 9 款,故 D 正确。

答案选【BD】。

1.13 水的软化与除盐

——单选题——

1.13-1. 下列关于膜法软化与除盐的说法,正确的是哪项?【2020-2-11】

(A) 操作压力不变,反渗透膜两侧的渗透压差越大,水的过膜通量也相应变大

(B) 纳滤膜对水中二价离子具有很高的截留去除效果,可用于水的软化处理

(C) 为促使水中阳、阴离子分别过膜,电渗析(EDI)的淡水室内宜分别填充阳离子或阴离子交换树脂

(D) 电子工业纯水生产中的深度除盐,宜采用先离子交换,后反渗透处理的方式

解析:

选项 A,操作压力不变,若两侧渗透压差越大,意味着咸水渗透压越大(咸水浓度越高),则显然不利于将咸水侧的水反渗透至淡水侧,故 A 错误 [注:本选项亦可参考《给水工程 2025》P339 式(13-48)]。

选项 B,参考《给水工程 2025》P340,纳滤膜的特点是对二价离子有很高的去除率,可用于水的软化,而对一价离子的去除率较低,故 B 正确。

选项 C,参考《给水工程 2025》P346 图 13-24 可知,阴阳离子交换树脂混合填充在淡水室内,故 C 错误。

选项 D,参考《给水工程 2025》P339 相关内容可知,离子交换比反渗透所制水的纯度更高,故离子交换应在后,故 D 错误。

答案选【B】。

1.13-2. 关于水中去除硬度的下列说法，正确的是哪项？【2021-1-11】
(A) 石灰-苏打软化法可以同时去除水中的暂时硬度和永久硬度
(B) 石灰软化法只能去除水中的永久硬度
(C) 离子交换软化法只能去除水中的暂时硬度
(D) 水中的 Ca^{2+}、Mg^{2+} 离子经煮沸可以完全沉析出来

解析：
选项 B，石灰软化法只能去除暂时硬度，故 B 错误。
选项 C，离子交换软化法对于永久硬度也可去除，故 C 错误。
选项 D，参考《给水工程 2025》P310，其中的永久硬度在煮沸时不会完全沉淀析出，故 D 错误。
答案选【A】。

1.13-3. 关于超滤、纳滤及反渗透三种膜分离方法的表述，哪一项错误？【2022-2-11】
(A) 超滤可截留胶体、大分子有机物和部分无机离子
(B) 上述膜分离方法在过滤时，均不需投加化学药剂
(C) 纳滤可去除高价离子，保留部分低价离子
(D) 反渗透可制备纯水

解析：
选项 A，参考《给水工程 2025》P341，超滤无法截留无机离子，故 A 错误。
选项 D，参考《给水工程 2025》P292，反渗透……滤后水可达纯水程度，故 D 正确（注：参考《给水工程 2025》P339，反渗透出水不能满足高纯水要求）。
答案选【A】。

1.13-4. 下列关于膜分离法的特点和主要技术要求叙述中，正确的是哪一项？【2023-2-9】
(A) 提高反渗透操作压力可以提高水的通量
(B) 半透膜两侧水的化学位高低决定了水中溶质的传递方向
(C) 在操作压力不变的情况下，增大进水的溶质浓度，水渗透通量也增大
(D) 在反渗透海水淡化过程中，浓水中含盐量不断提高，淡水通量减少，故需要随时排出浓水，以保证淡水通量

解析：
选项 A，参考《给水工程 2025》P339 式 (13-48)，故 A 正确。
选项 B，参考《给水工程 2025》P337，只能透过溶剂而不能透过溶质的膜称为半透膜，故半透膜两侧水的化学位高低是决定溶剂（水）的传递方向，而非"溶质的传递方向"，故 B 错误。
选项 C，参考《给水工程 2025》P339，增大进水的溶质浓度即是增大浓度差，原水渗透压增高，水渗透通量减小，故 C 错误。
选项 D，参考《给水工程 2025》P339，在反渗透过程中，海水盐度不断提高，其相应的渗透压亦随之增大，此外，为了达到一定规模的生产能力，还需施加更高的压力，可见并未"需要随时排出浓水"，而是"施加更高的压力"，故 D 错误。

答案选【A】。

1.13-5. 关于给水处理中的中空纤维微滤、超滤膜过滤的以下表述，哪一项正确？【2024-2-10】

(A) 内压力式中空纤维膜的过滤方式应采用死端过滤

(B) 浸没式膜处理工艺，应采用外压力式中空纤维膜组件

(C) 膜过滤的最低设计水温应根据该地区近年来水温的变化，直接择近年最低的水温

(D) 压力式中空纤维膜最大设计膜通量通常小于浸没式中空纤维膜

解析：

选项 A，参考《给水标准》9.12.14 条。内压力式可采用死端或错流过滤，故 A 错误。

选项 B，参考《给水标准》9.12.25 条，故 B 正确。

选项 C，参考《给水标准》9.12.3 条，C 明显错误。

选项 D，参考《给水标准》9.12.13 条和 9.12.24 条，前者为 100，后者为 60，故 D 错误。

答案选【B】。

——多选题——

1.13-6. 下列关于离子交换软化除盐及应用的说法，错误的是哪几项？【2020-2-46】

(A) 在除盐系统中，强酸 H 交换器的主要去除对象为水中钙、镁，并以上述离子泄漏为终点

(B) 弱酸树脂除了去除水中暂时硬度外，也可去除部分永久硬度

(C) 二氧化碳脱气塔宜置于阴离子交换器之后，以防止脱气塔的强酸腐蚀

(D) 弱酸树脂的再生，原则上不需采用过量或高浓度的酸进行强制反应

解析：

选项 A，参考《给水工程 2025》P320，在水的除盐系统中，失效点应以 Na^+ 泄漏为准，故 A 错误。

选项 B，参考《给水工程 2025》P323，弱酸树脂无法去除非碳酸盐硬度，故 B 错误。

选项 C，参考《给水工程 2025》P324 图 13-8 或图 13-9 可知，除二氧化碳器在阴离子交换器之前（阳离子交换器之后），故 C 错误。

选项 D，参考《给水工程 2025》P323，从式（13-34）、式（13-35）来看，再生反应即逆反应能自动地向左边进行，不必用过量的或高浓度的酸进行强制反应，再生用酸量接近于理论值，故 D 正确。

答案选【ABC】。

1.13-7. 以下工艺可以同时去除碱度和硬度的是哪几项？【2021-1-47】

(A) 双级钠离子软化工艺

(B) 弱酸树脂与钠型强酸树脂联合处理工艺

(C) 氢、钠树脂（RH-RNa）串联工艺

(D) 氢、钠树脂（RH-RNa）并联工艺

解析：

选项 A，仅 R-Na 型树脂，无法去除碱度，故 A 错误。

选项 B，参考《给水工程 2025》P323，故 B 正确。

选项 C、D 正确。

答案选【BCD】。

1.13-8. 关于弱酸阳离子交换器的以下说法，哪几项正确？【2024-1-48】

(A) 弱酸阳离子交换器可以去除水中的碳酸盐硬度

(B) 弱酸阳离子交换器可以去除水中的非碳酸盐硬度

(C) 弱酸阳离子交换器可以同时去除水中总硬度与碱度

(D) 弱酸阳离子交换器可以同时去除水中的碳酸盐硬度及其相应的碱度

解析：

参考《给水工程 2025》P322～P323，弱酸树脂主要与水中碳酸盐硬度起交换反应……弱酸树脂无法去除非碳酸盐硬度，故 A、D 正确。

答案选【AD】。

1.14 水 的 冷 却

1.14.1 冷却构筑物类型

——单选题——

1.14-1. 下列冷却构筑物中，会产生明显温差异重流的是哪项？【2021-1-12】

(A) 喷水冷却池 (B) 深水冷却池 (C) 浅水冷却池 (D) 干式冷却池

解析：

参考《给水工程 2025》P349，深水冷却池中的水流有明显的温差异重流。

答案选【B】。

——多选题——

1.14-2. 关于冷却塔的相关叙述，正确的是哪几项？【2020-1-49】

(A) 不设淋水装置的干式冷却塔，不宜用于缺水地区

(B) 对于机械通风湿式冷却塔，逆流式的冷却效果优于横流式

(C) 工程中冷却塔采用开式系统为多

(D) 水的冷却系统有直流式和循环式两类

解析：

选项 A，参考《给水工程 2025》P352，不设淋水装置的干式冷却塔，没有水的蒸发散热，冷却极限为空气的干球温度，与湿球温度无关，冷却效率低。因无风吹蒸发和排污损失，所以它适合于缺水地区，故 A 错误。

选项 B，参考《给水工程 2025》P351，与逆流塔相比，横流塔的阻力较小，可采用

较大的淋水密度，冷却效果不如逆流塔，故 B 正确。

选项 C，参考《给水工程 2025》P352，常用的冷却塔多为间冷开式系统或直冷开式系统，较少使用像干式冷却塔那样的直冷或间冷闭式系统，故 C 正确。

选项 D，参考《给水工程 2025》P349，水的冷却系统有直流式和循环式两类，故 D 正确。

答案选【BCD】。

1.14.2　湿式冷却塔的工艺构造和工作原理

——多选题——

1.14-3. 关于水的冷却系统，以下说法哪几项是正确的？【2022-1-49】

（A）为有利于散热，排入冷却池的热水宜从池中部淹没进入，强化掺混，使水温快速降低

（B）冷却塔的冷却极限是空气的湿球温度，冷却水低于该温度时，水温将停止下降

（C）选择点滴式或点滴薄膜式淋水填料与待冷却水中悬浮物浓度有关

（D）冷却塔采用机械通风时，大多采用抽风式，可使塔内气流均匀分布

解析：

选项 A，参考《给水工程 2025》P349，热水的排水口出流高程应接近水池自由水面，故 A 错误。

选项 B，正确。

选项 C，参考《给水工程 2025》P357，悬浮物含量大于 50mg/L，宜采用点滴式或点滴薄膜式；小于 20mg/L 时采用薄膜式。因此，悬浮物浓度是区分"点滴式、点滴薄膜式"和"薄膜式"的，而非选项所述的区分"点滴式或点滴薄膜式"，故 C 错误。

选项 D，参考《给水工程 2025》P358，故 D 正确。

答案选【BD】。

1.14-4. 关于机械通风湿式冷却塔构造设计的以下说法，哪几项正确？【2023-1-49】

（A）管式配水系统可以设计成固定式或旋转式

（B）大型冷却塔多采用塑料斜板作为除水器

（C）淋水填料的设计应使水与空气的接触面积大、接触时间长

（D）冷却塔配水系统的设计流量应适应冷却水量 80％～110％的变化

解析：

选项 A，参考《给水工程 2025》P354，管式配水系统可分为固定式和旋转式两种，故 A 正确。

选项 B，参考《给水工程 2025》P359，小型冷却塔多用塑料斜板作为除水器，大、中型冷却塔多用弧形除水片组成单元块除水器，故 B 错误。

选项 C，参考《给水工程 2025》P356，淋水填料的作用是……增大水和空气的接触面积，延长接触时间，故 C 正确。

选项 D，参考《给水工程 2025》P353，冷却塔配水系统设计流量适应范围为冷却水量的 80％～110％，故 D 正确。

答案选【ACD】。

1.14-5. 下列有关冷却塔设计的描述，哪几项错误？【2024-2-49】
(A) 对于进风条件差的情况，宜选择鼓风或者侧出风形式的冷却塔
(B) 缺乏测试数据时，冷却塔的风吹损失率取 0.01%
(C) 蒸发水量损失系数按进塔空气湿球温度确定
(D) 逆流式冷却塔进风口应设百叶窗或保护网

解析：
选项 A，参考《冷却塔规范》6.1.7 条，故 A 正确。
选项 B，参考《冷却塔规范》5.6.3 条，故 B 正确。
选项 C，参考《冷却塔规范》5.6.2 条，按进塔空气干球温度确定，故 C 错误。
选项 D，参考《冷却塔规范》6.3.1 条，逆流式冷却塔进风口可不设百叶窗，多风沙或多漂浮物地区的逆流式冷却塔宜设百叶窗或保护网，故 D 错误。
答案选【CD】。

1.14.3　水冷却理论
——单选题——

1.14-6. 关于水的冷却，下列说法错误的是哪一项？【2020-1-12】
(A) 空气的湿球温度是水的冷却温度的极限
(B) 冷却塔在夏季运行时，接触传热占主导地位
(C) 提高冷却塔气水比，有利于蒸发传热
(D) 接触传热既可以由水传向空气，也可以由空气传向水

解析：
选项 A，参考《给水工程 2025》P360 图 14-16 及相应文字叙述，故 A 正确。
选项 B，参考《给水工程 2025》P360，夏季气温较高，$(t_f-\theta)$ 值很小，接触传热量甚小，蒸发传热占主要地位，其传热量可占总传热量的 80%～90%，故 B 错误。
选项 C，参考《给水工程 2025》P360 和 P361，为了加快水的蒸发速度，可采取下列措施……提高气水比，故 C 正确。
选项 D，参考《给水工程 2025》P360 图 14-16，故 D 正确。
答案选【B】。

1.14-7. 关于逆流式风筒冷却塔，以下说法哪一项是错误的？【2022-1-12】
(A) 冷却塔的特性数越大，表明其冷却性能越好
(B) 进塔冷空气湿度较小时，冷却效果会更好
(C) 冷却塔的气水比适当增大，有利于提高冷却效果
(D) 湿空气的密度等于水蒸气与干空气在各自分压下的密度之差

解析：
选项 D，显然为二者之和：湿空气的密度＝湿空气的质量÷湿空气的体积＝（干空气的质量＋水蒸气的质量）÷湿空气的体积＝干空气密度＋水蒸气密度，故 D 错误。

答案选【D】。

1.14-8. 关于湿式冷却塔的冷却效果，从理论上讲，以下哪一种说法正确？【2023-1-12】
（A）当热水水温等于空气温度时，热水的水温亦会降低
（B）当空气温度高于热水水温时，热水的水温在任何情况下也不会降低
（C）当空气温度高于热水水温，采用自然风筒式通风时，热水的水温不会降低
（D）当空气温度高于热水水温，只有采用鼓风机通风，热水的水温才会降低

解析：
选项 A、B，参考《给水工程 2025》P360 图 14-16，故 A 正确、B 错误。

选项 C，风筒式自然通风冷却塔在空气温度高于热水水温时，可降低热水水温，故 C 错误。

选项 D，抽风式机械通风冷却塔在空气温度高于热水水温时，也可降低热水水温，故 D 错误。

答案选【A】。

1.14.4　冷却塔热力计算基本方程

——单选题——

1.14-9. 关于冷却塔热力性能，下列说法错误的是哪一项？【2020-2-12】
（A）冷却塔特性数与冷却水流量有关
（B）冷却塔出水温度越接近空气的湿球温度，则冷却效果越好
（C）对于逆流式机械通风冷却塔，加大风量，则冷却推动力变大
（D）冷却塔特性数越大，则说明冷却塔冷却性能越差

解析：
选项 A，参考《给水工程 2025》P364 特性数的计算式，故 A 正确。

选项 B，参考《给水工程 2025》P367 冷幅高处内容，故 B 正确。

选项 C，参考《给水工程 2025》P365 中 c 条所述内容，故 C 正确。

选项 D，参考《给水工程 2025》P364，特性数越大则塔的冷却性能越好，故 D 错误。

答案选【D】。

1.14-10. 下列关于逆流冷却塔的描述，哪项错误？【2021-2-12】
（A）特性数与空气温度有关　　　　（B）特性数与空气流量有关
（C）特性数与冷却水流量有关　　　　（D）特性数与淋水填料体积有关

解析：
参考《给水工程 2025》P364 式（14-11）及其叙述可知，A 错误。

答案选【A】。

1.14-11. 以下关于冷却塔特性数的说法，哪一项正确？【2023-2-12】
（A）冷却塔的特性数与淋水密度无关

(B) 冷却塔的特性数与通风流量无关

(C) 冷却塔的特性数与其构造、填料以及气、水流量有关

(D) 凡是构造相同、淋水填料相同的冷却塔，其特性数相同

解析:

选项 A、B、C，参考《给水工程 2025》P364，冷却塔特性数与淋水填料的特性、构造、几何尺寸、散热性能以及气、水流量有关，故 A、B 错误，C 正确。

选项 D，即便冷却塔构造相同、淋水填料相同，但若气、水流量不同，则其特性数基本不相同，故 D 错误。

答案选【C】。

1.14.5　循环冷却水系统设计

——单选题——

1.14-12. 下列关于冷却塔相关设计和参数的描述，哪一项错误?【2024-1-12】

(A) 冷却塔应布置在厂区主要建筑物的冬季主导风向的下风侧

(B) 冷却塔应布置在粉尘影响源的全年主导风向的下风侧

(C) 冷却塔阻力特性中的阻力值与风速和淋水密度有关

(D) 冷却塔热力特性曲线与气水比有关

解析:

选项 A，参考《冷却塔规范》3.2.9 条第 1 款，故 A 正确。

选项 B，参考《冷却塔规范》3.2.9 条第 2 款，应布置在贮煤场等粉尘影响源的全年主导风向的上风侧，故 B 错误。

选项 C，参考《冷却塔规范》5.5.2 条、5.5.3 条公式及其涉及参数，故 C 正确。

选项 D，显然正确，或参考《冷却塔规范》5.2.1 条公式涉及参数或 5.4.1 条，均可知 D 正确。

答案选【B】。

——多选题——

1.14-13. 下列关于成品机械通风冷却塔的选择及安装布置要求的描述，错误的是哪几项?【2021-2-49】

(A) 冷却塔周边预留检修通道的净距不宜小于 0.7m

(B) 冷却塔直接设置在楼板或屋面上时，应对预埋地脚螺栓受力情况进行校核

(C) 在湿球温度小于 28℃、冷幅高大于 4℃地区，应核算所选成品冷却塔的气水比是否足够

(D) 生产厂家提供的冷却塔热力特性设计参数等资料是模拟塔数据时，应考虑修正系数为 0.8~1.0

解析:

本题考查了《给水工程 2025》14.7 节内容，可参考其 P373 相关内容，故 D 正确。

答案选【ABC】。

1.15 循环冷却水处理

1.15.1 循环冷却水的水质特点和处理要求

——单选题——

1.15-1. 下列关于间冷开式系统循环冷却水水质影响指标的描述，哪一项正确？【2024-2-12】

(A) 氨的存在会导致系统 pH 升高

(B) 浊度对换热设备的腐蚀速率影响很小

(C) 钙硬度＋全碱度指标主要是为了控制腐蚀率

(D) 如系统中有铝材设备，为防止沉积和腐蚀，Cu^{2+} 浓度不应大于 $40\mu g/L$

解析：

选项 A，参考《冷却水规范》3.1.7 条条文说明第（11）条，导致 pH 降低，故 A 错误。

选项 B，参考《冷却水规范》3.1.7 条条文说明第（1）条，对腐蚀速率影响很大，故 B 错误。

选项 C，参考《冷却水规范》3.1.7 条条文说明第（3）条，主要为了控制水垢的形成，故 C 错误。

选项 D，参考《冷却水规范》3.1.7 条条文说明第（5）条，故 D 正确。

答案选【D】。

——多选题——

1.15-2. 下列关于敞开式循环冷却系统的有关描述，正确的是哪几项？【2021-1-49】

(A) 循环冷却水在冷却塔中，碱度会升高

(B) 循环冷却水在冷却塔中，溶解氧浓度会增高

(C) 循环冷却水在循环过程中，含盐量会增大

(D) 循环冷却水在换热设备中，碳酸盐溶解性会变大

解析：

参考《给水工程 2025》P377 可知，A、B、C 正确，D 错误。

答案选【ABC】。

1.15.2 循环冷却水水质处理

——单选题——

1.15-3. 有关循环冷却水及其水质处理方法，以下说法哪一项是错误的？【2022-2-12】

(A) 冷却水系统设备酸洗后，一般要在尽可能短的时间内完成预膜处理

(B) 阻垢剂主要是通过热力学原理使碳酸钙晶体分散在水中不易成垢，提高水的极限碳酸盐硬度

(C) 冷却水系统的酸洗可去除碳酸钙和氧化铁等无机盐垢，但对金属也有一定的腐蚀作用

（D）臭氧不仅能抑杀循环水中的微生物，还有缓蚀阻垢的效果

解析：

参考《给水工程 2025》P382，阻垢剂为"化学动力学方法"而非热力学方法，故 B 错误。

答案选【B】。

——多选题——

1.15-4. 为了控制开式循环冷却水系统中的微生物，宜选用下列哪几种药剂作为主要杀生剂？【2020-2-49】

（A）液氯　　　　　　　　　（B）二氧化氯

（C）臭氧　　　　　　　　　（D）硫酸铜

解析：

查《冷却水规范》3.5.1 条，宜以氧化型杀生剂为主，非氧化型杀生剂为辅，A、B、C 选项均为氧化型，而选项 D 为非氧化型，故 A、B、C 正确，D 错误。

答案选【ABC】。

1.15-5. 关于循环冷却水系统旁滤处理的以下说法，哪几项正确？【2023-2-49】

（A）大中型循环冷却系统的旁滤设施可以采用无阀滤池、石英砂过滤器

（B）循环冷却水旁滤装置是为了降低冷却水中的悬浮物含量

（C）小型循环冷却水系统的旁滤设施可采用活性炭过滤器

（D）通常旁滤处理的水量占循环水量的 1％～5％

解析：

选项 A，参考《给水工程 2025》P383，大、中型循环冷却系统采用无阀滤池、石英砂过滤器等进行旁滤处理，故 A 正确。

选项 B，参考《给水工程 2025》P383，为降低循环冷却水中悬浮物含量，循环冷却水系统常设置旁滤设施，故 B 正确。

选项 C，参考《给水工程 2025》P383，小型循环冷却水系统可采用滤芯过滤器处理，并非选项所述的"活性炭过滤器"，故 C 错误。

选项 D，参考《给水工程 2025》P383，一般旁滤处理的水量占循环水量的 1％～5％，故 D 正确。

答案选【ABD】。

1.15.3　循环冷却水水量损失与补充

——多选题——

1.15-6. 以下关于循环冷却水的说法，哪几项正确？【2022-2-49】

（A）循环冷却水中的微生物和藻类会产生黏垢，进而导致腐蚀和污垢

（B）极限碳酸盐硬度不可作为腐蚀性的判断指标

（C）浓缩倍数与蒸发水量和补充水量有关，与循环冷却水量无关

（D）适当增加浓缩倍数，可以起到节约用水的作用

解析：

选项 A，参考《给水工程 2025》P383，"（3）微生物控制"之后的第一句话，故 A 正确。

选项 B，参考《给水工程 2025》P380，其只能用于判断结垢与否，而不可用于腐蚀性的判断，故 B 正确。

选项 C，参考《给水工程 2025》P386 相关公式，显然蒸发水量 Q_e 和补充水量 Q_m 是与循环冷却水量密切相关的，既然浓缩倍数 N 与 Q_e 和 Q_m 有关，则 N 必然与循环冷却水量有关，故 C 错误。

选项 D，参考《给水工程 2025》P386 式（15-14），当 N 增大则 Q_b 减小，从而 Q_m 减小，故 D 正确。

答案选【ABD】。

1.15-7. 下列关于<u>工业循环冷却水</u>的相关描述，哪几项错误？【2024-1-49】

（A）排污水量与浓缩倍数有关

（B）开式系统包括间冷开式系统和直冷系统

（C）间冷开式系统的设计浓缩倍数不宜小于 3.0

（D）间冷开式系统的循环冷却水系统不与大气直接接触

解析：

选项 A，参考《给水工程 2025》P386 公式（15-14），故 A 正确。

选项 B，参考《给水工程 2025》P352 相关叙述（注意，因不存在直冷闭式系统，故直冷系统就指直冷开式系统），故 B 正确。

选项 C，参考《给水工程 2025》P386，间冷开式系统的设计浓缩倍数不宜小于 5.0，故 C 错误。

选项 D，参考《给水工程 2025》P352，循环冷却水引入冷却构筑物后和大气直接接触散热的循环冷却水系统为敞开式（简称开式）系统，故 D 错误。

答案选【CD】。

第2章 排水工程专业知识题

本章知识点题目分布统计表

小节		考点名称	2020~2024 年题目统计		
			单选题数量	多选题数量	比例
2.1	排水系统	2.1.1 概述	3	0	1.43%
		2.1.2 排水体制与选择	1	2	1.43%
		2.1.3 排水系统的组成	1	0	0.48%
		2.1.4 城镇排水系统的总体布置形式	1	2	1.43%
		2.1.5 排水系统的规划设计	1	3	1.90%
		2.1.6 城镇雨水规划系统设计	3	3	2.86%
		小计	10	10	9.52%
2.2	污水管渠系统设计	2.2.1 设计流量的确定	3	2	2.38%
		2.2.2 污水管渠系统的水力计算	3	4	3.33%
		2.2.3 污水管渠的设计	2	5	3.33%
		小计	8	11	9.05%
2.3	雨水管渠系统设计	2.3.1 雨量分析与暴雨强度公式	1	2	1.43%
		2.3.2 雨水管渠设计流量的确定	6	1	3.33%
		2.3.3 雨水管渠系统的设计与计算	1	2	1.43%
		2.3.4 雨水管渠系统上径流量的调节	1	0	0.48%
		2.3.5 内涝防治设施	1	1	0.95%
		2.3.6 海绵城市设计	1	0	0.48%
		小计	11	6	8.10%
2.4	合流制管渠系统设计	2.4.1 合流制管渠系统的使用条件及布置特点	2	0	0.95%
		2.4.2 合流制管渠系统的设计流量	1	2	1.43%
		2.4.3 合流制管渠系统水力计算要点及示例	1	1	0.95%
		小计	4	3	3.33%
2.5	排水管渠材料、接口、基础和系统附属构筑物	2.5.1 常用排水管渠材料、接口和基础	2	2	1.90%
		2.5.2 排水管渠系统上的附属构筑物	5	0	2.38%
		小计	7	2	4.29%
2.6	排水管渠系统的管理和养护		2	0	0.95%
2.7	排水泵站及其设计		3	4	3.33%

续表

小节	考点名称		2020～2024年题目统计		
			单选题数量	多选题数量	比例
2.8	城镇污水处理概论	2.8.1　城镇污水的组成、水质特征及污染物指标	2	0	0.95%
		2.8.2　水体污染分类及其危害	2	0	0.95%
		2.8.3　城市污水处理的基本方法与系统组成	0	1	0.48%
		小计	4	1	2.38%
2.9	城镇污水的物理处理方法	2.9.1　格栅	0	1	0.48%
		2.9.2　沉淀池	4	0	1.90%
		小计	4	1	2.38%
2.10	城镇污水的活性污泥法处理	2.10.1　活性污泥法基本原理及反应动力学基础	2	1	1.43%
		2.10.2　曝气理论基础与曝气系统	2	2	1.90%
		2.10.3　活性污泥法的主要运行方式	3	2	2.38%
		2.10.4　活性污泥处理法系统的维护管理	1	1	0.95%
		小计	8	6	6.67%
2.11	城镇污水的生物膜法处理		4	5	4.29%
2.12	污水的厌氧生物处理		4	6	4.76%
2.13	污水的深度处理与回用	2.13.1　污水生物脱氮除磷技术	4	4	3.81%
		2.13.2　污水的消毒处理	4	3	3.33%
		2.13.3　污水的回用处理	4	4	3.81%
		小计	12	11	10.95%
2.14	污水的自然生物处理		1	1	0.95%
2.15	污水处理厂污泥的处理	2.15.1　污水处理厂污泥分类及其特性	1	1	0.95%
		2.15.2　污泥量的计算及工艺选择	0	1	0.48%
		2.15.3　污泥运输	4	0	1.90%
		2.15.4　污泥浓缩	3	0	1.43%
		2.15.5　污泥稳定	4	1	2.38%
		2.15.6　污泥干化与焚烧	1	1	0.95%
		2.15.7　污泥的最终处置	7	1	3.81%
		小计	20	5	11.90%
2.16	城镇污水处理厂的设计		3	8	5.24%
2.17	工业废水处理	2.17.1　概述	4	0	1.90%
		2.17.2　工业废水的物理处理	3	3	2.86%
		2.17.3　工业废水的化学处理	3	2	2.38%
		2.17.4　工业废水的物理化学处理	5	5	4.76%
		小计	15	10	11.90%
合计			120	90	100%（四舍五入）

2.1　排　水　系　统

2.1.1　概述
——单选题——

2.1-1. 下述处置方式不属于污废水出路中重复使用的是哪项？【2020-1-13】

（A）自然复用

（B）城市污水再生利用于环境水体补水

（C）工业废水用于灌溉农田

（D）城镇污水处理后回注入地下补充地下水

解析：

参考《排水工程 2025》，城市污水的重复使用的方式有自然复用（选项 A）、间接复用（选项 D）和直接使用（选项 B），（选项 C）灌溉农田和重复使用是平行的关系，不属于重复使用范畴，故 C 错误。

答案选【C】。

2.1-2. 下列关于我国现阶段污水再生利用的主要用途，哪一项错误？【2022-1-13】

（A）生态补水　　　（B）工业用水　　　（C）城市杂用　　　（D）饮用水源

解析：

选项 D，参考《污水再生规范》1.0.2 条，本规范适用于以景观环境用水、工业用水水源、城市杂用水、绿地灌溉用水、农田灌溉用水和地下水回灌用水等为污水再生利用途径的新建、扩建和改建的污水再生利用工程设计，故 D 错误。

答案选【D】。

2.1-3. 下列关于排水工程目的、主要内容和"十四五"时期面临任务的叙述中，哪一项错误？【2024-1-13】

（A）源头减排、雨水管网、应急管理和排涝除险等均是雨水系统重要的工程性措施

（B）城镇排水系统的规划建设与区域水环境综合整治相结合

（C）从增量建设为主转向系统提质增效与结构调整优化并重

（D）推进排水系统减污降碳协同增效

解析：

参考《排水工程 2025》P5，应急管理属于非工程性措施。

答案选【A】。

2.1.2　排水体制与选择
——单选题——

2.1-4. 下列关于排水体制的叙述中，哪一项错误？【2024-2-13】

（A）某城市的多个不同排水分区采用相同的排水体制

（B）我国新建地区的排水系统均应采用雨污分流制

(C) 分流制污水系统的雨季设计流量包括旱季设计流量和截留雨水量

(D) 排水体制的选择应结合区域实际，并满足改善和保护环境的需要

解析：

参考《排水标准》3.1.2条第2款。除降雨量少的干旱地区外，新建地区的排水系统应采用分流制，故B错误。

答案选【B】

——多选题——

2.1-5. 关于排水体制的描述，下列哪几项正确？【2023-1-50】

(A) 除降雨量少的干旱地区外，新建地区的排水体制应采用分流制

(B) 采用不同排水体制的相邻排水系统，可以相互串联使用

(C) 分流制雨水管渠应严禁污水混接、错接，并通过截流、调蓄和处理等措施控制径流污染

(D) 既有合流制排水系统的改造，应综合考虑建设成本、实施可行性和工程效益经技术经济比较后选择合适的技术路线

解析：

参考《排水标准》3.1.2条。1) 同一城镇的不同地区可采用不同的排水体制。2) 除降雨量少的干旱地区外，新建地区的排水系统应采用分流制。3) 分流制排水系统禁止污水接入雨水管网，并应采取截流、调蓄和处理等措施控制径流污染。4) 现有合流制排水系统应通过截流、调蓄和处理等措施，控制溢流污染，还应按城镇排水规划的要求，经方案比较后实施雨污分流改造，故B错误，A、C、D正确。

答案选【ACD】。

2.1-6. 关于市政污水管道系统的接入设计，以下哪几项错误？【2023-1-51】

(A) 接纳分散式工业企业经预处理达到排入城镇下水道水质标准的工业废水

(B) 接纳分散式工业废水处理达到环境排放标准的尾水

(C) 接纳受污染的截流雨水

(D) 接纳工程建设施工降水

解析：

参考《排水项目规范》4.1.4条。工业企业应向园区集中，工业园区的污水和废水应单独收集处理，其尾水不应排入市政污水管道和雨水管渠。分散式工业废水处理达到环境排放标准的尾水，不应排入市政污水管道，故B错误。参考《排水项目规范》4.1.5条。工程建设施工降水不应排入市政污水管道，故D错误。

答案选【BD】。

2.1.3 排水系统的组成

——单选题——

2.1-7. 下列哪项不属于城镇雨水排水系统的组成部分？【2023-1-13】

(A) 化粪池 　　　　　　　　　　　(B) 源头减排和排涝除险设施

(C) 处理和利用雨水的工程性措施　　(D) 居住小区雨水管渠系统

解析：

选项 A，化粪池属于城镇污水排水系统，故 A 错误。

答案选【A】。

2.1.4　城镇排水系统的总体布置形式

——单选题——

2.1-8. 某市地势高差很大，为利用地形，节约投资，其排水系统宜采用下列哪种布置形式？【2021-1-13】

(A) 平行式　　　　(B) 环绕式　　　　(C) 分区式　　　　(D) 分散式

解析：

参考《排水工程 2025》，分区式：分别在地势较高地区和地势较低地区敷设独立管道系统，地势高处靠重力直接流入污水处理厂，地势低处用泵送至地势高处干管或直送污水处理厂。

答案选【C】。

——多选题——

2.1-9. 严禁向城镇下水道倾倒或排入的污水或物质是下列哪几项？【2020-2-50】

(A) 粪便、积雪　　(B) 工业废水　　(C) 施工泥浆　　(D) 入渗地下水

解析：

参考《下水道标准》4.1.1 条，严禁向城镇下水道倾倒垃圾、粪便、积雪、工业废渣、餐厨废物、施工泥浆等造成下水道堵塞的物质，故 A、C 正确。

答案选【AC】。

2.1-10. 根据城镇下水道末端污水处理厂的处理程度，对于排入城镇下水道的污水水质，下面说法错误的有哪几项？【2021-1-53】

(A) 末端采用二级处理时，其污水水质严于末端采用一级处理时的要求

(B) 末端无污水处理设施时，其污水水质应满足末端采用再生处理时的要求

(C) 排水户排水口应设置专用采样检测设施，并满足污水量离线计量需求

(D) 应取样检测分析，取样频率为至少每 2h 一次，取 24h 混合样，以日均值计

解析：

选项 A，参考《下水道标准》4.2.1 条，根据城镇下水道末端污水处理厂的处理程度，将控制项目限值分为 A、B、C 三个等级：

a) 采用再生处理时，排入城镇下水道的污水水质应符合 A 级的规定。

b) 采用二级处理时，排入城镇下水道的污水水质应符合 B 级的规定。

c) 采用一级处理时，排入城镇下水道的污水水质应符合 C 级的规定。

注意 C 级标准的要求高于 B 级标准，故 A 错误。

选项 B，参考《下水道标准》4.2.2 条，下水道末端无城镇污水处理设施时，排入城镇下水道的污水水质，应根据污水的最终去向符合国家和地方现行污染物排放标准，且应

符合 C 级的规定, 故 B 错误。

选项 C, 参考《下水道标准》5.1.2 条, 排水户排水口应设置专用采样检测设施, 并满足污水量离线计量需求, 故 C 正确。

选项 D, 根据 5.2.1 条, 采样频率和采样方式 (瞬时样或混合样) 可由城镇排水监测机构根据排水户类别和排水量确定, 故 D 错误。

答案选【ABD】。

2.1.5 排水系统的规划设计

——单选题——

2.1-11. 关于排水工程设计规定的说法, 下列哪一项不正确?【2023-2-13】

(A) 工业生产废水必须排入城市下水道, 不得处理后直接排入水体

(B) 应与邻近区域内的雨水系统和污水系统相协调

(C) 可适当改造原有排水工程设施, 充分发挥其工程效能

(D) 城镇排水工程的主要任务包括雨水和污水的收集、输送、处理和利用等

解析:

工业生产废水满足排放标准后可以排入城市下水道, 周边无市政管道的, 也可以处理达标后直接排入水体, 故 A 错误。

答案选【A】。

——多选题——

2.1-12. 排水规划与环保规划的技术衔接应注意下述项目中的哪几项?【2020-1-50】

(A) 小型分散污水处理技术

(B) 排水系统规划方案环境评价

(C) 水体环境功能类型和混合区的划分

(D) 纳污水体环境容量与污染物排放总量控制指标

解析:

参考《排水工程 2025》, 选项 A、C、D 均属于排水规划与环保规划的技术衔接内容, 选项 B 排水系统规划方案环境评价属于风险评估内容, 故 B 错误, A、C、D 正确。

答案选【ACD】。

2.1-13. 下列关于排水系统的说法或做法, 哪几项是错误的?【2022-1-50】

(A) 相邻城镇地区的污水可以打破行政区划界限统一收集和处理

(B) 城市污水输送一般采用管道或暗渠, 特殊情况下可以采用明渠

(C) 大城市雨水管道系统与合流制管道系统之间不得设置连通管

(D) 某城镇污水处理厂根据处理规模设置了 200m 的卫生防护距离

解析:

选项 A, 属于区域排水系统, 故 A 正确。

选项 B,《排水规划规范》3.5.2 条, 城市污水收集、输送应采用管道或暗渠, 严禁采用明渠, 故 B 错误。

选项 C，《排水规划规范》3.6.4 条，雨水管道系统之间或合流管道系统之间可根据需要设置连通管，合流制管道不得直接接入雨水管道系统，雨水管道接入合流制管道时，应设置防止倒灌设施，故 C 错误。

选项 D，《排水规划规范》4.4.4 条，污水处理厂应设置卫生防护用地，新建污水处理厂的卫生防护距离，在没有进行建设项目环境影响评价前，根据污水处理厂的规模，可按表 4.4.4 控制，故 D 正确。

答案选【BC】。

2.1-14. 关于排水规划设计的描述，下列哪几项正确？【2023-2-50】
（A）应充分考虑城镇污水再生利用的方案
（B）工业园区的污废水应优先考虑单独收集处理，并应达标后排放
（C）城镇已建有污水收集和集中处理设施时，分流制排水系统应设置化粪池
（D）污水处理厂和污水泵站等，应根据环境影响评价要求设置臭气处理设施

解析：

参考《排水标准》3.3.6 条，城镇已建有污水收集和集中处理设施时，分流制排水系统不应设置化粪池，故 C 错误，A、B、D 正确。

答案选【ABD】。

2.1.6　城镇雨水规划系统设计

——单选题——

2.1-15. 关于城镇排水系统规划设计，下列说法正确的是哪项？【2021-2-13】
（A）除沿海地区外，城市新建和旧城改造地区的排水系统应采用分流制
（B）环保规划确定的水体环境功能，决定了污水处理的等级和排放标准
（C）为了控制径流污染，旧城改造后的综合径流系数一般不能超过 0.50
（D）除特殊情况以外，同一城市的排水系统应采用统一的排水体制

解析：

选项 A、D，参考《排水标准》3.1.2 条，①同一城镇的不同地区可采用不同的排水体制。②除降雨量少的干旱地区外（干旱地区主要分布在大西北），新建地区的排水系统应采用分流制，故 A、D 错误。

选项 B，参考《排水工程 2025》，环保规划所确定的水体环境功能类型和混合区的划分，它将决定污水处理的等级和排放标准，故 B 正确。

选项 C，参考《排水工程 2025》，旧城改造后的综合径流系数不能超过改造前，不能增加既有排水防涝设施的额外负担，故 C 错误。

答案选【B】。

2.1-16. 下列关于雨水资源的利用的说法，哪一项错误？【2022-2-13】
（A）可有效防止地面沉降和海水倒灌
（B）可从源头上控制地面径流污染
（C）宜集中收集、统一处理、综合利用

(D) 可选择绿化屋面、人行道等作为汇水面

解析：

参考《排水工程2025》，在保障雨水排除安全的基础上，开展雨水资源化利用，雨水宜分散收集并就近利用。对初期雨水径流可按照不同的用水等级分别进行简单处理，故C错误。

答案选【C】。

2.1-17. 下列不属于城市雨水防涝规划目标的是哪项？【2020-2-13】

(A) 发生城镇内涝防治标准以内降雨时，不能出现内涝灾害

(B) 超大型城市内涝防治设计重现期为100年，特大型城市为50年

(C) 发生城镇雨水管网设计标准以内降雨时，城镇地面不应有明显积水

(D) 发生超过城镇内涝防治标准以内降雨时，城镇运转基本正常，不得造成重大财产损失和人员伤亡

解析：

选项A、C、D，参考《排水工程2025》，规划的目标：1）发生城镇雨水管网设计标准以内的降雨时，地面不应有明显积水；2）发生城镇内涝防治标准（如积水深度、范围和积水时间）以内的降雨时，城镇不能出现内涝灾害；3）发生超过城市内涝防治标准的降雨时，城镇运转基本正常，不得造成重大财产损失和人员伤亡，故A、C、D正确。

选项B，超大型城市内涝防治设计重现期为100年，特大型城市为50～100年，属于技术标准，并非目标，故B错误。

答案选【B】。

——多选题——

2.1-18. 关于排水工程技术，下列说法正确的是哪几项？【2021-1-50】

(A) 高效、经济的污水处理厂污泥处理处置技术值得研究

(B) 排水系统的建设，乡镇不能完全套用大城市的建设经验

(C) 区域污水综合处理更有利于区域河流水环境的改善

(D) 城镇污水处理厂提标改造的难点主要是氨氮和总磷达标

解析：

参考《排水工程2025》P2～P3可知，A、B、C正确；选项D，城镇污水处理厂提标改造的难点主要是总氮和总磷达标，故D错误。

答案选【ABC】。

2.1-19. 城镇径流污染控制规划的重点是控制初期雨水污染，其主要环节是包括下列哪些措施？【2021-2-50】

(A) 综合利用　　(B) 末端治理　　(C) 截流处理　　(D) 源头控制

解析：

参考《排水工程2025》，初期雨水污染控制主要分为三个环节：1）雨水径流污染源头的控制（LID策略）；2）初期雨水的截流与处理；3）雨水的末端治理，故B、C、D

正确。

答案选【BCD】。

2.1-20. 关于城镇雨水防涝规划设计，下列说法或做法中，哪几项正确？【2022-2-50】

(A) 某区域改建后相同设计重现期的径流量低于原径流量

(B) 某新建城区硬化地面中可渗透地面面积比例设计为 50%

(C) 当本地区内涝防治确有困难时，宜转移至另一个地区或下游

(D) 初期雨水污染控制模式主要有源头控制、截流与处理、末端治理

解析:

选项 A，参考《排水工程2025》，区域改建后相同设计重现期的径流量不应超过原径流量，故 A 正确。

选项 B，参考《排水工程2025》，新建地区的硬化地面中，透水性地面的比例不应小于40%，故 B 正确。

选项 C，转移至另一个地区或下游会造成下游排涝压力增加，导致下游发生内涝，应在本区域通过建设源头控制设施、雨水管渠设施和排涝除险设施来解决内涝问题，故 C 错误。

选项 D，虽然属于"城镇径流污染控制规划"的内容，但参考《排水工程2025》，1) 雨水径流控制标准：根据低影响开发的要求，结合城市地形地貌、气象水文、社会经济发展情况，合理确定城市雨水径流量控制、源头削减的标准以及城市初期雨水污染治理的标准，认为雨水径流污染控制属于城市防涝的一部分较为妥当，故 D 正确。

答案选【ABD】。

2.2　污水管渠系统设计

2.2.1　设计流量的确定

——单选题——

2.2-1. 关于污水管道系统设计参数的说法，以下哪项是正确的？【2021-1-14】

(A) 最大日中最大时污水量与最大日中最小时污水量的比值称为时变化系数

(B) 最大日最大时污水量与最大日平均时污水量的比值称为总变化系数

(C) 排水管渠断面尺寸应按远期规划设计流量设计，按现状水量复核

(D) 污水系统设计中雨季设计流量等于晴天时最高日最高时的城镇污水量

解析:

选项 A，最大日中最大时污水量与最大日平均时污水量的比值称为时变化系数，故 A、B 错误。

选项 C，参考《排水标准》5.1.1 条。排水管渠系统应根据城镇总体规划和建设情况统一布置，分期建设。排水管渠断面尺寸应按远期规划设计流量设计，按现状水量复核，并考虑城镇远景发展的需要，故 C 正确。

选项 D，参考《排水标准》2.0.11 条。分流制的雨季设计流量是在旱季设计流量和

截流雨水量的总和，故 D 错误。

答案选【C】。

2.2-2. 下列关于污水设计流量的说法，哪一项错误？【2022-1-14】

（A）综合生活污水是指居民生活和公共服务产生的污水

（B）最大日最大时污水量与平均日平均时污水量的比值称为总变化系数

（C）合流制管道设计综合生活污水量和设计工业废水量均以最高日最大时流量计

（D）分流制污水管道应按旱季流量设计，并在雨季设计流量下校核

解析：

选项 C，参考《排水标准》4.1.22 条。合流制管道中设计综合生活污水量和设计工业废水量均以平均日流量计，故 C 错误。

答案选【C】。

2.2-3. 下列关于综合生活污水量变化系数的说法，哪一项正确？【2024-1-14】

（A）综合生活污水量变化系数随着流量增大而增大

（B）最高日污水量与平均日污水量的比值为总变化系数

（C）最高日最大时污水量与最高日平均时污水量的比值为总变化系数

（D）变化系数可根据当地实际综合生活污水量逐日逐时统计资料计算确定

解析：

参考《排水工程 2025》P36，选项 A，综合生活污水量变化系数随着流量增大而减小，故 A 错误；选项 B，最高日污水量与平均日污水量的比值为日变化系数，故 B 错误；选项 C，最高日最大时污水量与平均日平均时污水量的比值为总变化系数，故 C 错误。

答案选【D】。

——多选题——

2.2-4. 下列关于某居住区分流制污水管道设计流量的计算方法（无工业废水排入，不考虑地下水入渗），哪几项正确？【2024-1-51】

（A）污水管道的雨季设计流量＝平均日平均时综合生活污水量＋雨水管道设计流量

（B）污水管道的旱季设计流量＝平均日平均时综合生活污水量×综合生活污水量变化系数

（C）污水管道的旱季设计流量＝最高平均日平均时综合生活污水量×综合生活污水量变化系数

（D）污水管道的雨季设计流量＝平均日平均时综合生活污水量×综合生活污水量变化系数＋截流雨水量

解析：

参考《排水标准》2.0.10 条、2.0.11 条、4.1.13 条、4.1.19 条，故 B、D 正确。

答案选【BD】。

2.2-5. 城市排水工程规划设计中关于规模、水量或流量的确定，下列哪几项正确？
【2024-2-50】

(A) 分流制城市污水处理厂规划规模按规划远期污水量确定

(B) 合流制污水泵站和污水处理厂规划规模按远期合流水量确定

(C) 设计重现期不变情况下，整体改建地区改建后的设计雨水径流量增加 15%

(D) 分流制污水泵站规划规模按规划规模服务范围远期最高日最高时污水量确定

解析:

选项 A，参考《排水规划规范》4.4.1 条。城市污水处理厂的规模应按规划远期污水量和需接纳的初期雨水量确定，故 A 错误。选项 B，参考《排水规划规范》6.3.1 条。合流泵站的规模应按规划远期的合流水量确定。6.4.1 条。合流制污水处理厂的规模应按规划远期的合流水量确定，故 B 正确。选项 C，参考《排水项目规范》3.2.1 条。当地区整体改建时，对于相同的设计重现期，改建后的径流量不得超过原有径流量，故 C 错误。选项 D，参考《排水规划规范》4.3.1 条。污水泵站规模应根据服务范围内远期最高日最高时污水量确定，故 D 正确。

答案选【BD】

2.2.2 污水管渠系统的水力计算

——单选题——

2.2-6. 下列关于排水管道设计流速的说法，正确的是哪项？【2021-2-14】

(A) 排水管道的最小设计流速与管径相关

(B) 合流管道和污水管道的最小设计流速相同

(C) 经试验验证，非金属管道的最大设计流速可大于 5m/s

(D) 排水管道采用压力流时，压力管道的设计流速不宜小于 2m/s

解析:

选项 A、B，参考《排水标准》5.2.7 条。排水管渠的最小设计流速，应符合下列规定：1) 污水管道在设计充满度下应为 0.6m/s；2) 雨水管道和合流管道在满流时应为 0.75m/s，故 A、B 错误。

选项 C，参考《排水标准》5.2.5 条。排水管道的最大设计流速宜符合下列规定：①金属管道宜为 10.0m/s；②非金属管道宜为 5.0m/s，经试验验证可适当提高，故 C 正确。

选项 D，参考《排水标准》5.2.9 条。排水管道采用压力流时，压力管道的设计流速宜采用 0.7～2.0m/s，故 D 错误。

答案选【C】。

2.2-7. 以下关于排水管渠水力计算的说法，哪一项错误？【2022-1-15】

(A) 水力计算自上游依次向下游管段进行

(B) 在进行管道水力计算时，必须细致研究管道系统的控制点

(C) 含有金属、矿物固体或重油杂质等的污水管道，其最小设计流速宜适当加大

(D) 由于污水管道通常按非满流计算，因此在计算污水管道充满度时，无需按满流

复核

解析：

选项 D，参考《排水标准》5.2.4 条。在计算污水管道充满度时，不包括短时突然增加的污水量，但当管径小于或等于 300mm 时，应按满流复核，故 D 错误。

答案选【D】。

2.2-8. 对市政污水管道水力计算参数相关规定的理解，以下哪一项错误？【2023-2-14】

(A) 各类管材和各种管径在设计充满度下的流速都不能低于最小设计流速

(B) 各类管材的设计流速不宜超过其对应的最大设计流速

(C) 各种管径的设计坡度都不能小于最小管径对应的最小设计坡度

(D) 各种管径污水管的设计充满度不能超过其对应的最大设计充满度

解析：

参考《排水标准》5.2.10 条，每种管径都有自己相对应的最小设计坡度，管径越大，其对应的最小设计坡度越小，故 C 错误。

答案选【C】。

——多选题——

2.2-9. 在给定管径和坡度的圆形重力流污水管道中充满度与流速关系的说法，下列哪些项是正确的？【2020-1-51】

(A) 满流与半满流运行时流速相等

(B) 处于满流与半满流之间的流速大于满流

(C) 低于半满流运行时的流速大于半满流

(D) 低于半满流运行时的流速小于半满流

解析：

参考《排水工程 2025》P45 表 3-10 或查《常用资料 2025》任意管径的污水管道水力计算表，故 C 错误，A、B、D 正确。

答案选【ABD】。

2.2-10. 关于污水管道设计按照不满流设计原则的描述，以下哪几项是正确的？【2021-1-51】

(A) 有必要保留一部分管道断面，为未预见水量的进入留有余地

(B) 留出适当空间，以利管道的通风，排出有害气体

(C) 便于管道的疏通和维护管理

(D) 降低水与管壁的接触面积，防止最大程度的腐蚀作用

解析：

参考《排水工程 2025》，不满流设计原则包括：1）为未预见水量留有余地，以免管内污水溢出；2）留出空间以利通风，排出有害气体及爆炸性气体；3）便于管道的疏通和维护，故 A、B、C 正确。

答案选【ABC】。

2.2-11. 关于污水管道最小覆土厚度，一般应满足下列哪几项要求？【2021-2-51】

(A) 必须防止管道内污水冰冻和因土壤膨胀而损坏管道

(B) 必须防止管道受力不均匀而导致管道沉降或塌陷

(C) 必须防止管壁因地面荷载而受到破坏

(D) 必须满足街区污水连接管衔接的要求

解析：

参考《排水工程 2025》，污水管道最小覆土厚度一般应满足下列要求：1）必须防止管道内污水冰冻和因土壤冻胀而损坏管道，故 A 正确；2）必须防止管壁因地面荷载而损坏。土壤静荷载和地面上车辆运行产生的动荷载，故 C 正确；3）必须满足街区污水连接管衔接的要求，故 D 正确。

答案选【ACD】。

2.2-12. 按恒定流、非满流设计的污水管道在内径已确定的情况下，管道过流能力还与下列哪些因素有关？【2023-2-51】

(A) 管道内壁粗糙系数　　　　　　　(B) 设计充满度

(C) 管道坡度　　　　　　　　　　　(D) 管道埋深

解析：

根据流速计算公式，流速与内壁粗糙系数、水力半径（与设计充满度有关）、管道坡度有关；过水面积也与设计充满度有关，故 A、B、C 正确。

答案选【ABC】。

2.2.3　污水管渠的设计

——单选题——

2.2-13. 下列因素中不影响污水管道最小覆土厚度的是哪项？【2020-1-15】

(A) 地面荷载　　　　　　　　　　　(B) 支管衔接

(C) 土壤种类　　　　　　　　　　　(D) 管道管径

解析：

参考《排水标准》5.3.7 条，管顶最小覆土深度应根据管材强度、外部荷载、土壤冰冻深度和土壤性质等条件，结合当地埋管经验确定：人行道下宜为 0.6m，车行道下宜为 0.7m。管顶最大覆土深度超过相应管材承受规定值或最小覆土深度小于规定值时，应采用结构加强管材或采用结构加强措施。

选项 D，管道管径影响的是埋深，跟覆土无关，故 D 错误。

答案选【D】。

2.2-14. 市政污水管道高程布置需考虑多方面因素，以下说法哪一项错误？【2023-1-14】

(A) 应满足支管接入的需求

(B) 应避免埋深过大导致造价过高

(C) 管底标高不应低于城镇防洪水位

(D) 应满足与各类管线和障碍物竖向交叉时最小垂直净距的要求

解析：

污水管道中的污水是排入污水处理厂，而不是排入水体，故管底标高与城镇防洪水位没有直接关系，管底标高可以低于城镇防洪水位，故 C 错误。

答案选【C】。

——多选题——

2.2-15. 关于污水中途泵站设置位置，下列说法错误的是哪几项？【2020-1-52】

(A) 高层建筑地下室 　　　　　　(B) 污水管道控制点处

(C) 污水管道系统终点处 　　　　(D) 污水管道接近最大埋深处

解析：

参考《排水工程 2025》，中途泵站：当管道埋深接近最大埋深时，为提高下游管道的管底高程设置的泵站；局部泵站是服务于局部地块或建筑物。A、B 属于局部泵站，D 属于中途泵站，C 属于总泵站（终点泵站）。

答案选【ABC】。

2.2-16. 以下哪几项属于污水支管布置常见的形式？【2021-1-52】

(A) 低边式 　　　　　　　　　　(B) 穿插式

(C) 周边式 　　　　　　　　　　(D) 穿坊式

解析：

参考《排水工程 2025》，污水支管布置常见的形式有：1) 低边式：面积不大时；2) 周边式：街区面积较大，且地形平坦；3) 穿坊式：街区按规划与其他街区排水管道组成一个系统，故 A、C、D 正确。

答案选【ACD】。

2.2-17. 关于埋地污水管道的描述，以下哪几项是错误的？【2022-1-51】

(A) 金属管道的最大设计流速为 10m/s，非金属管道的最大设计流速为 5m/s，任何情况都不能超过

(B) 管顶平接施工便利，但可能增加埋深，水面平接可减少埋深，但施工不便利

(C) 为防止管道受冰冻影响而破损，排水管道必须埋设在冰冻线以下

(D) 管道坡度变化较大处，宜采取增强井筒抗冲击和冲刷能力的措施

解析：

选项 A，参考《排水标准》5.2.5 条。排水管道的最大设计流速宜符合下列规定：①金属管道宜为 10.0m/s；②非金属管道宜为 5.0m/s，经试验验证可适当提高，故 A 错误。

选项 C，参考《排水标准》5.3.8 条。冰冻地区的排水管道宜埋设在冰冻线以下。当该地区或条件相似地区有浅埋经验或采取相应措施时，也可埋设在冰冻线以上，其浅埋数值应根据该地区经验确定，但应保证排水管道安全运行，故 C 错误。

答案选【AC】。

2.2-18. 以下关于排水管渠的说法，哪几项正确？【2022-2-51】

（A）考虑管道的安全性，排水管渠系统之间不得设置连通管

（B）排水管渠应以重力流为主，当翻越高地或长距离输水时，可采用压力流

（C）污水和合流污水收集输送时，大多采用暗管，特殊情况下可采用明渠

（D）排水管断面尺寸应按远期规划设计流量设计，按现状水量复核，并考虑城镇远景发展的需要

解析：

选项 A，参考《排水标准》5.1.14 条第 2 款，雨水管渠系统之间或合流管道系统之间可根据需要设置连通管，在连通管处应设闸槽或闸门。连通管和附近闸门井应考虑维护管理的方便，故 A 错误。

选项 C，参考《排水标准》5.1.3 条，污水和合流污水收集输送时，不应采用明渠，故 C 错误。

答案选【BD】。

2.2-19. 下列关于排水系统的设计做法，哪几项错误？【2024-1-50】

（A）在雨水管渠系统和合流管道系统之间设置连通管

（B）分流制排水系统中设置了相关措施控制径流污染

（C）采用完全分流制排水系统，以彻底消除城市水体污染

（D）工业园区所有工业废水单独处理后，排入市政雨水管网

解析：

选项 A，参考《排水标准》5.1.14 条。雨水管渠系统和合流管道系统之间不得设置连通管，故 A 错误；选项 C，完全分流制排水系统还存在初期雨水污染的问题，不能完全消除城市水体污染，故 C 错误；选项 D，参考《排水项目规范》4.1.4 条。工业企业应向园区集中，工业园区的污水和废水应单独收集处理，其尾水不应排入市政污水管道和雨水管渠，故 D 错误。

答案选【ACD】。

2.3　雨水管渠系统设计

2.3.1　雨量分析与暴雨强度公式

——单选题——

2.3-1. 下列关于雨量分析的说法，错误的是哪项？【2020-2-16】

（A）暴雨强度重现期为其降雨频率的倒数

（B）降雨历时是指一场雨全部的降雨时间或者其中个别的连续时段

（C）年最大日降雨量是指多年观测所得的各年最大一日降雨量的平均值

（D）暴雨强度重现期是指在一定长的统计期间内，等于或大于某统计对象出现一次的平均间隔时间

解析：

选项 C，参考《排水工程 2025》，年最大日降雨量：指多年观测所得的一年中降雨量

最大一日的雨量，并非是各年最大一日降雨量的平均值，故 C 错误。

答案选【C】。

——多选题——

2.3-2. 以下关于雨量分析要素的相关说法，哪几项错误？【2023-2-52】

（A）暴雨强度的重现期与其频率成反比

（B）降雨量是指降雨的绝对量，即降雨深度

（C）降雨历时是指连续降雨的时段，仅指一场雨全部降雨的时间

（D）汇水面积是指降雨所笼罩的面积，通常以公顷或平方公里为单位

解析：

选项 C，参考《排水工程 2025》，降雨历时是指连续降雨的时段，可以指一场雨全部降雨的时间，也可以指其中个别的连续时段，故 C 错误。

选项 D，参考《排水工程 2025》，降雨面积是指降雨所笼罩的面积；汇水面积是指雨水管渠汇集雨水的面积，故 D 错误。

答案选【CD】。

2.3-3. 下列关于暴雨强度公式编制的做法，哪几项正确？【2024-1-52】

（A）某地区具备 25 年自记雨量记录，采用年最大值法编制该地区的暴雨强度公式

（B）某地区采用统计方法对暴雨强度公式中涉及地方的参数进行计算确定

（C）某地区在编制暴雨强度公式时，将地面集水时间等同于降雨历时

（D）某地区根据当地的气候变化对暴雨强度公式进行修订

解析：

参考《排水标准》4.1.9 条、4.1.10 条、4.1.11 条，故 A、B、D 正确，C 错误。

答案选【ABD】。

2.3.2　雨水管渠设计流量的确定
2.3.2.1　雨水管渠设计流量计算公式

——多选题——

2.3-4. 在应用极限强度理论进行雨水管渠设计流量计算时，在适用性方面应考虑下列哪些问题？【2020-2-53】

（A）降雨重现期　　　　　　　　　（B）汇水面积大小

（C）管网汇流过程　　　　　　　　（D）降雨的时空分布不均匀性

解析：

参考《排水工程 2025》，当汇水面积上最远点的雨水流达集流点时，全面积产生汇流，极限强度理论主要是研究管道设计流量与汇水面积、降雨历时之间的关系，故汇水面积大小、管网汇流过程、降雨的时空分布不均匀性都会影响其适用性，故 B、C、D 正确。

答案选【BCD】。

2.3.2.2　雨水管段设计流量计算

——单选题——

2.3-5. 关于雨水管段设计流量计算，以下哪项说法是错误的？【2021-2-15】

(A) 雨水管段设计流量通常可采用面积叠加法和流量叠加法进行计算

(B) 面积叠加法计算出的流量比流量叠加法计算出的流量小

(C) 流量叠加法认为各设计管段的雨水设计流量等于其上游管段转输流量加上管段产生的流量之和

(D) 流量叠加法是把计算流域的所有面积看成一个整体，暴雨强度选取该计算域内最远点流达集雨点时刻的暴雨强度

解析：

参考《排水工程 2025》，面积叠加法是把计算流域的所有面积看成一个整体，暴雨强度选取该计算域内最远点流达集雨点时刻的暴雨强度。流量叠加法中，各设计管段的雨水设计流量等于其上游管段转输流量加上本管段产生的流量之和，即流量叠加。而各管段的设计暴雨强度则是相应于该管段设计断面的集水时间的暴雨强度，故 D 错误。

答案选【D】。

2.3-6. 关于极限强度理论内涵的理解，以下哪项是错误的？【2021-1-15】

(A) 当汇水面积上最远点的雨水流达集流点时，全面积产生汇流，雨水管道的设计流量最大

(B) 降雨历时越长，雨水设计流量越大

(C) 极限强度理论应用的假定条件之一是降雨在整个汇水面积上是均匀分布的

(D) 当降雨历时等于汇水面积最远点的雨水流达集流点的集流时间时，雨水管道需要排除的雨水量最大

解析：

参考《排水工程 2025》，根据极限强度理论，在汇水面积最大前提下降雨历时最短时设计流量最大。即降雨历时等于集流时间（最远点面积雨水刚到达设计断面时间）时，设计流量最大，故 B 错误。

答案选【B】。

2.3-7. 下列关于雨水管渠系统极限强度理论内涵的理解，哪一项正确？【2024-1-15】

(A) 当汇水面积上最远点雨水流达集流点时，全面积产生汇流，雨水设计流量最小

(B) 极限强度理论应用的假定条件之一是降雨在整个汇水面积上是均匀分布的

(C) 当降雨强度达到最大时，雨水管道需要排出的雨水量最大

(D) 降雨历时越长，雨水设计流量越大

解析：

参考《排水工程 2025》P68，选项 A，当汇水面积上最远点雨水流达集流点时，全面积产生汇流，雨水设计流量最大，故 A 错误；选项 C，当降雨历时等于汇水面积最远点的雨水流达集流点的集流时间时，雨水管道需要排除的雨水量最大，故 C 错误；选项 D，

降雨历时越长，雨水设计流量越小，故 D 错误。

答案选【B】。

2.3.2.3 径流系数的确定

——单选题——

2.3-8. 下列关于雨水量确定与控制的设计做法，错误的是哪项？【2020-2-17】

(A) 当某地区的综合径流系数为 0.75 时，需要建设渗透、调蓄等设施

(B) 某城镇有 23 年自记雨量记录，设计暴雨强度公式采用年多个样本法编制

(C) 整体改造后的地区，同一设计重现期的暴雨径流量不得超过改造前的径流量

(D) 在规划大型城市的雨水管网系统时，应采用数学模型法计算雨水设计流量

解析：

参考《排水标准》4.1.9 条。具有 20 年以上自记雨量记录的地区，排水系统设计暴雨强度公式应采用年最大值法，并按本规范附录 B 的有关规定编制，故 B 错误。

答案选【B】。

2.3-9. 下列关于径流系数的说法，哪一项错误？【2024-2-15】

(A) 径流量与降雨量的比值称为径流系数

(B) 综合径流系数可通过地面种类加权平均计算得到

(C) 综合径流系数高于 0.7 的地区应采用渗透、调蓄等措施

(D) 当进行内涝防治设计校核时，设计重现期越高，径流系数应越低

解析：

参考《排水标准》4.1.8 条第 3 款。当进行内涝防治设计校核时，设计重现期越高，径流系数应越大，故 D 错误。

答案选【D】

2.3.2.4 设计重现期的确定

——单选题——

2.3-10. 以下关于设计重现期的说法，哪一项错误？【2023-1-15】

(A) 某经济较好城市，且易发生内涝，应采用规定设计重现期的下限

(B) 新建地区的设计重现期可结合海绵城市建设，按相关规定执行

(C) 超过内涝设计重现期的暴雨应采取应急措施

(D) 同一排水系统可采用不同的设计重现期

解析：

参考《排水标准》4.1.3 条第 1 款。人口密集、内涝易发且经济条件较好的城镇，应采用规定的设计重现期上限，故 A 错误。

答案选【A】。

2.3.3　雨水管渠系统的设计与计算

——单选题——

2.3-11. 下列哪一项不属于雨水管渠设计的主要内容?【2023-2-15】

（A）确定当地暴雨强度公式　　　　　（B）确定初期雨水净化的主要工艺

（C）计算设计流量和进行水力计算　　（D）划分排水流域，进行雨水管渠定线

解析：

雨水管渠设计主要是对管道进行布置，划分汇水面积并计算管道流量、管径、坡度和埋深等。初期雨水净化不属于管渠设计的内容，属于水处理部分内容，故 B 错误。

答案选【B】。

——多选题——

2.3-12. 以下关于室外雨水管渠设计的做法，哪几项正确?【2022-1-52】

（A）雨水管渠应尽量利用自然地形坡度以最短的距离靠重力流排出

（B）雨水管道为满流设计，两个雨水管道系统不可连接

（C）在建筑密度较低、交通量较小的地方可采用明渠

（D）管道接入明渠处应设置格栅

解析：

选项 B，参考《排水标准》5.1.14 条第 2 款，雨水管渠系统之间或合流管道系统之间可根据需要设置连通管，在连通管处应设闸槽或闸门。连通管和附近闸门井应考虑维护管理的方便，故 B 错误。

选项 D，参考《排水工程 2025》，明渠接入管道处应设置格栅，管道接入明渠处无此要求，故 D 错误。

答案选【AC】。

2.3-13. 下列关于雨水管渠设计的说法，哪几项正确?【2024-2-51】

（A）明渠接入雨水管道的接入处应设置格栅

（B）雨水明渠的最大设计流速与明渠中水深成反比

（C）在建筑密度较低、交通量较小的城市郊区，可采用明渠

（D）雨水管道的最小设计流速应小于污水管道的最小设计流速

解析：

选项 A，参考《排水标准》5.13.4 条，故 A 正确；选项 B，参考《排水标准》5.2.6 条，故 B 错误；选项 C，参考《排水工程 2025》故 C 正确；选项 D，参考《排水标准》5.2.7 条，雨水管道的最小设计流速为 0.75m/s，污水管道的最小设计流速 0.6m/s，故 D 错误。

答案选【AC】

2.3.4　雨水管渠系统上径流量的调节

——单选题——

2.3-14. 以下关于雨水调蓄设施设置的说法，哪一项正确?【2022-2-15】

(A) 根据封闭式调蓄设施所处位置，可选择设置清洗、排气和除臭等附属设施和检修通道

(B) 设置调蓄设施，对径流峰值水量进行储存，可提高调蓄设施上游服务范围的排水标准

(C) 用于合流制排水系统溢流污染控制的雨水调蓄设施可利用滨河开放空间设置

(D) 采用绿地调蓄设施，排空时间应不小于绿地中植被的耐淹时间

解析：

选项 A，参考《排水标准》5.14.9 条。封闭结构的雨水调蓄池应设置清洗、排气和除臭等附属设施和检修通道，故 A 错误。

选项 B，参考《排水标准》5.14.5 条条文说明。设置调蓄设施，对径流峰值水量进行储存，可提高调蓄设施上游服务范围的排水标准，故 B 正确。

选项 C，参考《排水标准》5.14.3 条。合流制排水系统溢流污染控制的雨水调蓄应采用封闭结构的调蓄设施，故 C 错误。

选项 D，参考《排水标准》5.14.8 条第 1 款。采用绿地调蓄的设施，排空时间不应大于绿地中植被的耐淹时间，故 D 错误。

答案选【B】。

2.3.5 内涝防治设施

——单选题——

2.3-15. 下列关于内涝防治设计的说法，错误的是哪项？【2020-1-16】

(A) 居民住宅和工商业建筑物的底层不进水

(B) 道路积水深度是指道路侧石处最深积水深度

(C) 道路中至少一条车道的积水深度不超过 15cm

(D) 执行各地的内涝防治设计重现期标准时，雨水管渠按压力流计算

解析：

选项 B，参考《排水标准》4.1.4 条条文说明，"地面积水设计标准"中的道路积水深度是指靠近路拱处车道上最深积水深度。当路面积水深度超过 15cm 时，车道可能因机动车熄火而完全中断，因此规定每条道路至少应有一条车道的积水深度不超过 15cm，故 B 错误。

答案选【B】。

——多选题——

2.3-16. 以下关于内涝防治的相关说法，哪几项正确？【2023-1-52】

(A) 城镇内涝防治设计重现期和水利排涝标准应保持一致

(B) 在经济条件较好且内涝易发地区最大允许退水时间应采取规定的下限

(C) 排涝除险设施主要包括城镇水体、调蓄设施以及行泄通道

(D) 应急管理措施只针对设计重现期之外的暴雨

解析：

参考《排水工程 2025》，水利排涝标准中一般采用 5～10 年，且根据作物耐淹水深和

耐淹历时等条件，允许一定的受淹时间和受淹水深，故 A 错误。

参考《排水标准》3.2.1 条条文说明，应急管理措施主要是以保障人身和财产安全为目标，既可针对设计重现期之内的暴雨，也可针对设计重现期之外的暴雨，故 D 错误。

答案选【BC】。

2.3.6　海绵城市设计

——单选题——

2.3-17. 下列哪项不属于现行海绵城市的建设途径?【2021-2-16】

(A) 对城市原有生态系统的保护　　　　(B) 生态恢复和修复

(C) 节能建筑营造　　　　　　　　　　(D) 低影响开发

解析:

参考《海绵城市建设技术指南》2.1.1 节，海绵城市的建设途径主要有以下几方面: 1) 是对城市原有生态系统的保护 (A 正确); 2) 是生态恢复和修复 (B 正确); 3) 是低影响开发 (D 正确)。三个系统并不是孤立的，也没有严格的界限，三者相互补充、相互依存，是海绵城市建设的重要基础元素。节能建筑营造属于节能方面，不属于海绵城市范畴，故 C 错误。

答案选【C】。

2.4　合流制管渠系统设计

2.4.1　合流制管渠系统的使用条件及布置特点

——单选题——

2.4-1. 下列关于同一区域分流制与合流制排水体制特点的描述，哪一项错误?【2022-1-16】

(A) 合流制排水系统管道总长度比分流制短

(B) 截流式合流制排水系统对初期雨水径流污染有一定控制能力，但会产生溢流污染

(C) 合流制管道一般比分流制污水管道的断面尺寸大，晴天排放污水时容易沉淀淤积

(D) 采用合流制排水系统对水环境的污染负荷一定比分流制大

解析:

选项 D，如 B 选项所说，截流式合流制排水系统对初期雨水径流污染有一定控制能力，但会产生溢流污染。污染负荷取决于该区域初期污染的严重程度，有可能溢流污染的负荷比初期污染的负荷更小，故 D 错误。

答案选【D】。

2.4-2. 下列关于旧城区合流制排水管渠改造的说法，哪一项不正确?【2023-2-16】

(A) 在合流制改为分流制难度较大的情况下，可保留合流制，修建合流管渠截流干管

(B) 现有合流制排水系统，应按照城镇排水规划的要求实施雨污分流改造

（C）由于水质复杂，合流制污水的截流只能采用重力截流

（D）合流制管渠系统水质复杂，存在溢流污染的风险

解析：

参考《排水标准》5.8.1条。合流污水的截流可采用重力截流和水泵截流，故 C 错误。

答案选【C】。

2.4.2　合流制管渠系统的设计流量

——单选题——

2.4-3. 关于合流制管道设计，以下说法正确的是哪项？【2020-2-14】

（A）按满流计算，要按照旱季最大流量进行校核，校核旱季最小流速为 0.7m/s

（B）按非满流计算，要按照旱季最大流量进行校核，校核旱季最小流速为 0.6m/s

（C）按满流计算，要按照旱季平均流量进行校核，校核旱季最小流速为 0.6m/s

（D）按非满流计算，要按照旱季平均流量进行校核，校核旱季最小流速为 0.7m/s

解析：

合流制管道应采用 Q_{dr}（平均日流量）进行校核，校核流速不小于 0.6m/s，故 C 正确。

答案选【C】。

——多选题——

2.4-4. 以下关于合流制管渠系统设计，哪几项错误？【2022-2-52】

（A）圆形管道充满度为 0.94 时的排水能力大于满流，因此，合流制排水管道按充满度 0.94 设计

（B）某区域合流制管渠设计时，将分流污水管与合流管在溢流井前连接

（C）对于截流式合流制排水系统，在溢流管路设置雨水调蓄和处理设施削减溢流污染负荷

（D）根据受纳水体的环境容量等因素选取截流倍数

解析：

选项 A，参考《排水标准》5.2.4条。雨水管道和合流管道应按满流计算，故 A 错误。

选项 B，分流污水管与合流管在溢流井前连接会导致分流制污水通过溢流井溢流到水体，故 B 错误。

答案选【AB】。

2.4-5. 关于合流制管渠系统设计，下列做法哪几项错误？【2024-2-52】

（A）合流管道不仅满足雨水管渠设计重现期标准，同时满足内涝防治的要求

（B）合流管道的雨水设计重现期高于同一情况下的雨水管渠设计重现期

（C）雨水管渠系统和合流管道系统之间设置连通管

（D）采用明渠收集输送非城市中心区的合流污水

解析：

选项 C，参考《排水标准》5.1.14 条。雨水管渠系统和合流管道系统之间不得设置连通管，故 C 错误；选项 D，参考《排水项目规范》4.2.6 条，污水收集、输送严禁采用明渠，故 D 错误。

答案选【CD】。

2.4.3　合流制管渠系统水力计算要点及示例

——单选题——

2.4-6. 关于合流制排水系统中截流倍数的选择，以下说法正确的是哪项？【2020-1-14】

(A) 只需考虑经济因素，宜采用 1～3，同一排水系统可采用不同截流倍数

(B) 只需考虑环境因素，宜采用 2～5，同一排水系统只能采用同一截流倍数

(C) 既要考虑环境因素也要考虑经济因素，宜采用 2～5，同一排水系统可采用不同截流倍数

(D) 既要考虑环境因素也要考虑经济因素，宜采用 1～3，同一排水系统只能采用同一截流倍数

解析：

选项 C，参考《排水标准》4.1.24 条。截流倍数应根据旱流污水的水质、水量、受纳水体的环境容量和排水区域大小等因素经计算确定，宜采用 2～5，并宜采取调蓄等措施，提高截流标准，减少合流制溢流污染对河道的影响。同一排水系统中可采用不同截流倍数，故 C 正确。

答案选【C】。

——多选题——

2.4-7. 下列关于合流制排水系统截流倍数的说法，哪几项正确？【2023-2-53】

(A) 从经济上考虑，截流倍数过大，会增加系统投资

(B) 从环境保护的角度出发，应采用较大的截流倍数

(C) 截流倍数越大，进入污水处理厂的水质在晴天和雨天的差别越小

(D) 受纳水体的水质标准要求高，排水管道设计可采用较小的截流倍数

解析：

选项 C，截流倍数越大，进入污水处理厂的水质在晴天和雨天的差别越大，故 C 错误。

选项 D，受纳水体的水质标准要求高，排水管道设计应采用较大的截流倍数，故 D 错误。

答案选【AB】。

2.5　排水管渠材料、接口、基础和系统附属构筑物

2.5.1　常用排水管渠材料、接口和基础

——单选题——

2.5-1. 下述关于室外排水管道设计的说法，哪一项正确？【2022-2-16】

(A) 雨水管道都应进行严密性试验

(B) 排水管道都应按重力流设计

(C) 雨水管渠设计无需考虑内涝防治要求

(D) 输送污水的管道应采用耐腐蚀的管材

解析：

选项 A，参考《排水标准》5.1.12 条。污水、合流管道及湿陷土、膨胀土、流沙地区的雨水管道和附属构筑物应保证其严密性，并应进行严密性试验，故 A 错误。

选项 B，参考《排水标准》5.1.10 条。排水管渠系统的设计应以重力流为主，不设或少设提升泵站。当无法采用重力流或重力流不经济时，可采用压力流，故 B 错误。

选项 C，参考《排水标准》5.1.8 条。雨水管渠和合流管道除应满足雨水管渠设计重现期标准外，尚应与城镇内涝防治系统中的其他设施相协调，并应满足内涝防治的要求，故 C 错误。

选项 D，参考《排水标准》5.1.5 条。输送污水、合流污水的管道应采用耐腐蚀材料，其接口和附属构筑物应采取相应的防腐蚀措施，故 D 正确。

答案选【D】。

2.5-2. 下列关于污水管道基础的说法和做法，哪一项正确？【2024-2-14】

(A) 钢筋混凝土污水管道不应采用砂石基础

(B) 塑料污水管道采用土弧基础或砂石基础

(C) 采用钢筋混凝土污水管道顶管施工时，采用混凝土带形基础

(D) 塑料污水管道敷设在回填区时，采用素混凝土满包方式对管道基础进行加固

解析：

选项 A，钢筋混凝土污水管道可以采用砂石基础，故 A 错误；选项 C，采用钢筋混凝土污水管道顶管施工时，采用砂石（土弧）基础，故 C 错误；选项 D，塑料污水管道不应采用素混凝土满包方式对管道基础进行加固，故 D 错误。

答案选【B】。

——多选题——

2.5-3. 以下关于排水管渠材料的优缺点描述，哪些选项是错误的？【2020-2-51】

(A) 钢筋混凝土管优点是便于就地取材，制造方便，可预制，施工简便；缺点是抗酸、碱侵蚀能力差

(B) 陶土管优点是耐酸，抗腐蚀性好；缺点是易碎，不宜外运，抗弯和抗拉强度低

(C) 金属管优点是抗压、抗震、抗渗性能好；缺点是价格昂贵，抗酸碱腐蚀及地下水侵蚀能力差

(D) HDPE 双壁波纹管优点是重量轻，不易破损，运输安装方便；缺点是耐冲击性差

解析：

选项 A，参考《排水工程 2025》，管节短、接头多、施工复杂，故 A 错误。

选项 B，参考《排水工程 2025》，陶土管缺点是易碎，不宜远运；本题是不宜外运，意思是一样的。关键词是前面的易碎，因为易碎，所以不管是外运还是远运都是不合适

的，故 B 正确。

选项 D，参考《排水工程 2025》，HDPE 双壁波纹管的优点是强度高、抗压耐冲击，缺点是抗击集中外力和不均匀外力的能力较弱，故 D 错误。

答案选【AD】。

2.5-4. 以下关于排水管渠材料的选择，哪些选项是错误的？【2021-2-52】

(A) 钢筋混凝土管便于就地取材，制造方便，可预制，抗酸、碱侵蚀能力差，抗渗性能较好，但施工复杂

(B) 金属管优点是抗压、抗震、抗渗性能好；缺点是价格昂贵，抗酸碱腐蚀及地下水侵蚀能力差

(C) 陶土管优点是耐酸，抗腐蚀性好；缺点是易碎，不宜外运，抗弯和抗拉强度低

(D) HDPE 双壁波纹管优点是环刚度好，有良好的强度和韧性，缺点是耐冲击性差。易破损，且受制作工艺影响规格有限

解析：

选项 A，参考《排水工程 2025》，抗渗性能较差，故 A 错误。

选项 C，参考《排水工程 2025》，陶土管缺点是易碎，不宜远运；本题是不宜外运，意思是一样的。关键词是前面的易碎，因为易碎，所以不管是外运还是远运都是不合适的，故 C 正确。

选项 D，参考《排水工程 2025》，HDPE 双壁波纹管的优点是强度高、抗压耐冲击，缺点是抗击集中外力和不均匀外力的能力较弱，故 D 错误。

答案选【AD】。

2.5.2　排水管渠系统上的附属构筑物

——单选题——

2.5-5. 关于道路上雨水口的设置，以下描述正确的是哪项？【2020-2-15】

(A) 布置间距一般为 30～70m，宜横向串联，不应横、纵向一起串联

(B) 布置间距一般为 25～50m，宜横向串联，也可横、纵向一起串联

(C) 布置间距一般为 30～70m，宜横向串联，也可横、纵向一起串联

(D) 布置间距一般为 25～50m，宜横向串联，不应横、纵向一起串联

解析：

参考《排水标准》5.7.3 条条文说明，布置间距一般为 25～50m，雨水口只宜横向串联，不应横、纵向一起串联，故 D 正确。

答案选【D】。

2.5-6. 以下关于雨水口的说法，哪一项错误？【2022-2-14】

(A) 平箅式雨水口在设计中考虑 50% 被堵塞，立箅式雨水口考虑 10% 被堵塞

(B) 雨水口和雨水连接管流量为雨水管渠设计重现期计算流量的 1.5～3.0 倍

(C) 为利于雨水中泥土和砂砾的沉淀，雨水口深度不应小于 1m

(D) 雨水口间距宜为 25～50m，雨水口连接管长度不宜超过 25m

解析：

选项 C，参考《排水标准》5.7.7 条。雨水口深度不宜大于 1m，并根据需要设置沉泥槽，故 C 错误。

答案选【C】。

2.5-7. 关于合流制排水管道计算和设计的下列说法，哪一项错误？【2024-1-16】

（A）应按满流计算

（B）不需要设置通风设施

（C）在满流时最小设计流速应为 0.75m/s

（D）设置倒虹管时，应按旱流污水量校核流速

解析：

参考《排水标准》5.3.10 条。污水管道和合流管道应根据需要设置通风设施，故 B 错误。

答案选【B】。

2.5-8. 下列关于污水管道检查井的做法，哪一项错误？【2024-2-16】

（A）某检查井内设置了沉泥槽，但未设置流槽

（B）某污水管段无法实施机械养护，检查井间距设置为 30m

（C）某检查井流槽中心线的转弯半径等于大管管径的 50%

（D）某检查井和管道接口处采取了防止不均匀沉降的措施

解析：

参考《排水标准》5.4.7 条。在管道转弯处，检查井内流槽中心线的弯曲半径应按转角大小和管径大小确定，但不宜小于大管管径，故 C 错误。

答案选【C】。

2.5-9. 关于排水管渠严密性试验，下列做法哪一项错误？【2024-2-17】

（A）污水管道及其附属构筑物经严密性试验合格后投入运行

（B）合流管道及其附属构筑物经严密性试验合格后投入运行

（C）膨胀土地区雨水管渠及其附属构筑物未经严密性试验投入运行

（D）非湿陷性黄土地区雨水管渠及其附属构筑物未经严密性试验投入运行

解析：

参考《排水标准》5.1.12 条。污水、合流管道及湿陷土、膨胀土、流沙地区的雨水管道和附属构筑物应保证其严密性，并应进行严密性试验，故 C 错误。

答案选【C】。

2.6 排水管渠系统的管理和养护

——单选题——

2.6-1. 以下哪项不属于排水管渠系统管理养护的任务？【2021-1-16】

（A）监督排水管渠使用规则的执行

（B）经常检查、冲洗或清通排水管渠

（C）修理管渠及其构筑物，并处理意外事故

（D）建设和验收排水管渠

解析：

参考《排水工程 2025》，排水管渠系统管理养护的任务有：1）验收排水管渠；2）监督排水管渠使用规则的执行；3）经常检查、冲洗或清通排水管渠；4）修理管渠及其构筑物，并处理意外事故，故 D 错误。

答案选【D】。

2.6-2. 某市政排水倒虹管直径 600mm，淤积后需疏通恢复排水功能。下列疏通方法哪项错误？【2023-1-16】

（A）水力疏通　　　（B）绞车疏通　　　（C）人工清掏　　　（D）射水疏通

解析：

直径 600mm 的倒虹管属于小直径管道，人工清掏不便，故 C 错误。

答案选【C】。

2.7　排水泵站及其设计

——单选题——

2.7-1. 关于雨水泵站的工艺设计，以下哪项说法是错误的？【2021-2-17】

（A）雨水泵站中泵的选择要考虑雨水径流量的变化，不能只顾大流量忽视小流量

（B）雨水泵站跟污水泵站一样，均要考虑设置备用泵

（C）雨水泵站的设计流量为泵站进水总管的设计流量

（D）雨水泵出水口设计流速宜小于 0.5m/s

解析：

参考《排水标准》6.4.1 条。污水泵房和合流污水泵房应设备用泵，当工作泵台数小于或等于 4 台时，应设 1 台备用泵。工作泵台数大于或等于 5 台时，应设 2 台备用泵；潜水泵房备用泵为 2 台时，可现场备用 1 台，库存备用 1 台。雨水泵房可不设备用泵。下穿立交道路的雨水泵房可视泵房重要性设置备用泵，故 B 错误。

答案选【B】。

2.7-2. 以下关于污水泵站的设计做法，哪一项正确？【2022-2-17】

（A）集水池设计最高水位与集水坑底之间的容积等于最大一台泵 5min 的出水量

（B）集水池有效容积等于最大一台泵 5min 出水量时，污水泵站的设计流量按照平均日污水流量确定

（C）从污水泵的压水管上接出支管作为集水坑的冲洗管，定期将沉渣冲起随污水提升排出

（D）为避免污水泵每小时启停超过 6 次，将污水泵的自动控制设定为每次启动至少运行 10min

解析:

选项 A,参考《排水标准》6.3.1 条条文说明。集水池的设计最高水位和设计最低水位之间的容积为有效容积,故 A 错误。

选项 B,参考《排水标准》6.2.1 条。污水泵站的设计流量应按泵站进水总管的旱季设计流量(最高日最大时流量)确定,故 B 错误。

选项 C,参考《排水工程 2025》:从污水泵的压水管上接出支管作为集水坑的冲洗管,定期将沉渣冲起随污水提升排出,故 C 正确。

选项 D,避免污水泵每小时启停超过 6 次的办法是增大集水池的有效容积,而不是控制泵的运行时间,水位降低到停泵水位以下就会自动停泵,故 D 错误。

答案选【C】。

2.7-3. 矩形排水泵房设有潜水轴流泵 4 台,其中最大一台机组重 3.2t,下列起重设备配置哪一项最合理?【2023-2-17】

(A)选用起重量为 3t 的手动单梁起重机

(B)选用起重量为 5t 的手动单梁起重机

(C)选用起重量为 5t 的电动单梁起重机

(D)选用起重量为 10t 的电动双梁起重机

解析:

参考《排水标准》6.4.9 条。泵房起重设备应根据需吊运的最重部件确定。起重量不大于 3t 时宜选用手动或电动葫芦,起重量大于 3t 时应选用电动单梁或双梁起重机,故 C 正确。

答案选【C】。

——多选题——

2.7-4. 以下关于几种典型排水泵站的描述,错误的是哪几项?【2020-2-52】

(A)雨水泵站的特点是流量大、扬程大,大多采用轴流泵

(B)干式泵站电机运行条件好,检修方便,但结构复杂,造价高

(C)自灌式泵站的水泵叶轮或泵轴高于集水池的最低水位,在最高、中间和最低水位下均能直接启动

(D)分建式泵站结构简单,施工较方便,但泵的启动较频繁,运行操作较困难

解析:

选项 A,参考《排水工程 2025》,雨水泵站的特点是流量大、扬程小,大多采用轴流泵,故 A 错误。

选项 C,参考《排水工程 2025》,自灌式泵站的水泵叶轮或泵轴低于集水池的最低水位,在最高、中间和最低水位下均能直接启动,故 C 错误。

答案选【AC】。

2.7-5. 关于几种典型排水泵站的描述,以下哪些选项是错误的?【2021-2-53】

(A)雨水泵站具有流量大、扬程大的特点

(B) 分建式泵站结构简单，施工较方便，但泵的启动较频繁，运行操作较困难

(C) 为满足雨季排水，合流泵站中泵的选型应尽量考虑选择流量较大的泵

(D) 污水泵站的设计扬程＝出水管渠最高水位－设计流量时集水池水位＋水泵管道系统水头损失＋安全水头

解析：

选项 A，参考《排水工程 2025》，雨水泵站具有流量大、扬程小的特点，故 A 错误。

选项 B，参考《排水工程 2025》，分建式泵站结构简单，施工较方便，但泵的启动较频繁，运行操作较困难，故 B 正确。

选项 C，参考《排水工程 2025》，合流泵站中雨季和旱季流量差别较大，合理采用大小泵搭配的方式，运行方便且节约电能，故 C 错误。

选项 D，参考《排水标准》6.2.4 条。设计平均流量时出水管渠水位（并非出水管最高水位）与集水池设计水位之差加上管路系统水头损失和安全水头为设计扬程，故 D 错误。

答案选【ACD】。

2.7-6. 以下关于排水泵站的设计做法，哪几项错误？【2022-2-53】

(A) 干式雨水泵站采用非自灌式吸水方式

(B) 远离居住区、重要地段和其他环境敏感区域的污水泵站未设置除臭装置

(C) 某雨水泵站室内地坪按照高于室外地坪 0.4m，低于洪水位 0.3m 设计，在入口处采取了临时防洪措施

(D) 无人值守的生活污水泵房内设有机械通风设施，未设置有害气体检测和报警设备，操作人员进入时提前通风换气

解析：

选项 A，参考《排水标准》6.1.10 条。雨水泵站应采用自灌式泵站，故 A 错误。

选项 B，参考《排水标准》6.1.13 条。位于居民区和重要地段的污水泵站、合流污水泵站和地下式泵站，应设置除臭装置，除臭效果应符合国家现行标准的有关规定，故 B 正确。

选项 C，参考《排水标准》6.1.8 条。泵站室外地坪标高应满足防洪要求，并符合规划部门规定；泵房室内地坪应比室外地坪高 0.2m～0.3m；易受洪水淹没地区的泵站和地下式泵站，其入口处设计地面标高应比设计洪水位高 0.5m 以上；当不能满足上述要求时，应设置防洪措施。根据其条文解释，抬高室内标高和设置临时防洪都是合理做法，故 C 正确。

选项 D，参考《排水标准》9.2.2 条。排水泵站应监测硫化氢（H_2S）浓度，故 D 错误。

答案选【AD】。

2.7-7. 关于排水泵站设计，下列做法哪几项正确？【2024-2-53】

(A) 非中心城区雨水泵站采用自灌式泵站

(B) 流入集水池的污水和雨水均通过格栅

(C) 下沉式立交桥排水泵站供电按二级负荷设计

（D）合流污水泵站和雨水泵站设置试车水回流管

解析：

选项 C，参考《排水标准》6.1.12 条。排水泵站供电应按二级负荷设计。特别重要地区的泵站应按一级负荷设计。若突然中断供电，会造成重大经济损失，使城镇生活带来重大影响者应采用一级负荷设计。下沉式立交桥排水泵站属于此类，应采用一级负荷设计，故 C 错误。

答案选【ABD】。

2.8　城镇污水处理概论

2.8.1　城镇污水的组成、水质特征及污染物指标

——单选题——

2.8-1. 下列关于污水水质性质及指标的说法哪项是正确的？【2020-1-17】

（A）工业污水水温越高越有利于生物处理

（B）城镇污水的色度和溶解氧浓度无关

（C）生活污水中的磷主要以无机磷为主

（D）生活污水中病毒数量与粪大肠菌群数无关

解析：

选项 A，参考《排水工程 2025》，生活污水的年平均水温在 $10 \sim 20℃$ 之间。工业废水的水温与生产工艺有关。污水的水温过低（$<5℃$）或过高（$>40℃$），都会影响污水生物处理效果和受纳水体的生态环境，故 A 错误。

选项 B，参考《排水工程 2025》，一般生活污水的标准颜色呈灰色，当污水中的溶解氧不足而使有机物腐败，则污水颜色转呈黑褐色，故 B 错误。

选项 C，参考《排水工程 2025》，一般生活污水中有机磷含量约 $3mg/L$，无机磷含量约 $7mg/L$，故 C 正确。

选项 D，一般病毒数量与粪大肠菌群数正相关，当污水检测到粪大肠菌时，很大可能性会存在肠道病毒，例如 SC 噬菌体一类通过细胞膜感染大肠杆菌宿主菌的 DNA 病毒，故 D 错误。

答案选【C】。

2.8-2. 关于污水中有机物浓度的指标 COD_{Cr}、TOD、BOD_{20}、BOD_5、TOC，描述正确的是？【2021-1-17】

（A）五种指标虽然测定原理各不相同，但都反映了污水中有机物消耗氧量

（B）水质条件基本相同时，污水中有机物浓度指标的关系为 $COD_{Cr}>TOD>BOD_{20}>BOD_5>TOC$

（C）难生物降解的有机物不能用 BOD 作指标，只能用 COD_{Cr}、TOD 或 TOC 等作指标

（D）通常用 BOD_5/COD_{Cr} 判断污水可生化性，一般认为 $BOD_5/COD_{Cr}>0.2$ 时污水可生化性良好

解析：

参考《排水工程 2025》：

选项 A，TOC 表示总有机碳，故 A 错误。

选项 B，水质条件基本相同的污水，$TOD > COD_{Cr} > BOD_{20} > BOD_5 > TOC$，故 B 错误。

选项 C，BOD 水中有机污染物在有氧条件下被好氧微生物分解成无机物所消耗的氧量称为生化需氧量（以 mg/L 为单位），主要对象为可生物降解的有机物，故 C 正确。

选项 D，一般认为 $BOD_5/COD_{Cr} > 0.3$ 时污水可生化性良好，故 D 错误。

答案选【C】。

2.8.2 水体污染分类及其危害

——单选题——

2.8-3. 下列关于水体污染及危害的说法中，哪一项错误？【2022-1-17】

（A）地表水体中的碱度主要为碳酸盐系碱度，对水体的酸污染和碱污染均具有一定的缓冲能力

（B）氮、磷属于植物营养物质，是水生植物和微生物生命活动不可缺少的物质，不属于水体污染物

（C）地表水体色度及悬浮固体浓度的增大，均会影响水体的透光性，妨碍水体的自净作用

（D）地表水体的饱和溶解氧浓度随着水体温度升高而降低

解析：

氮、磷属于典型的无机污染物，是导致水体富营养化的主要原因，是城镇污水二级和三级处理的主要对象，故 B 错误。

答案选【B】。

2.8-4. 下列关于地表水体污染的叙述中，哪一项正确？【2024-1-17】

（A）饱和溶解氧浓度随着水体温度升高而增加

（B）色度增大对水生生物的光合作用没有影响

（C）悬浮固体增加会影响水生生物的光合作用

（D）硫化物不消耗水体溶解氧，能与重金属离子发生反应

解析：

参考《排水工程 2025》P206～P208，选项 A，饱和溶解氧浓度随着水体温度升高而降低，故 A 错误；选项 B，由于水体色度增加，透光性减弱，会影响水生动物的光合作用，故 B 错误；选项 D，硫化物属于还原性物质，要消耗水体中的溶解氧，能与重金属离子发生反应，故 D 错误。

答案选【C】。

2.8.3　城市污水处理的基本方法与系统组成

——多选题——

2.8-5. 下列关于城镇污水中污染物去除方法的叙述，哪几项正确？【2022-1-53】

(A) 磷的去除，主要通过生物处理法或化学除磷法

(B) COD、BOD 等污染物的去除，主要通过生物处理法

(C) SS、漂浮物等的去除，主要通过格栅、沉砂池、沉淀池等物理处理法

(D) 含氮污染物的去除，主要通过吹脱法去除氨氮，通过生物处理法去除有机氮和硝态氮

解析：

吹脱法去除氨氮主要用于工业废水中高浓度氨氮处理，城市污水主要是通过厌氧或好氧氨化处理氨氮，故 D 错误。

答案选【ABC】。

2.9　城镇污水的物理处理方法

2.9.1　格栅

——多选题——

2.9-1. 某小型污水处理厂所选用的格栅除污机、输送机和压榨脱水机进、出料口密封性好，以下关于格栅及格栅间的设计，哪些是正确的？【2021-1-55】

(A) 按并联设计 2 个（格）格栅

(B) 按一用一备设计 2 个（格）格栅

(C) 格栅间未设置有毒有害气体的检测与报警装置

(D) 格栅间设置除臭处理装置

解析：

选项 A、B，参考《排水标准》7.1.7 条，处理构筑物的个（格）数不应少于 2 个（格），并应按并联设计，实际 $5000 \sim 10000 \mathrm{m^3/d}$ 小型项目也都是按 2 格并联设计，故 A 正确、B 错误。

选项 C，参考《排水标准》7.3.8 条，格栅间应设置通风设施和硫化氢等有毒有害气体的检测与报警装置，故 C 错误。

选项 D，参考《排水标准》7.3.7 条条文说明，由于格栅栅渣的输送过程会散发臭味，因此输送机宜采用密封结构，进出料口处宜进行密封处理，防止臭味逸出，并便于臭气收集和处理，格栅除污机、输送机和压榨脱水机应设置除臭处理装置，故 D 正确。

答案选【AD】。

2.9.2　沉淀池

——单选题——

2.9-2. 某污水处理厂设计 4 座中心进水周边出水辐流式二次沉淀池，经校核发现二沉池的表面负荷为 $0.8 \mathrm{m^3/(m^2 \cdot h)}$，计算出水堰负荷为 $2.8 \mathrm{L/(m \cdot s)}$，下列哪一种设计调整最合理？【2022-2-19】

（A）增大池子直径 　　　　　　（B）增加有效水深
（C）增加出水堰长度 　　　　　　（D）增加水力停留时间

解析：

题干中的表面负荷为 0.8m³/(m²·h) 满足《排水标准》7.5.1 条 0.6～1.5m³/(m²·h) 的要求，出水堰负荷为 2.8L/(m·s) 超过了《排水标准》7.5.8 条 1.7L/(m·s) 的要求，故不需要增加直径，只需要增加出水堰长度，故 C 正确。

答案选【C】。

2.9-3. 下列关于沉淀理论的说法，哪一项错误？【2023-1-17】
（A）自由沉淀时，单个悬浮颗粒独立完成沉淀过程
（B）拥挤沉淀时，悬浮颗粒下沉过程的相对位置保持不变
（C）压缩沉淀时，出现下层颗粒间隙的水被挤压而向上流的现象
（D）絮凝沉淀时，悬浮颗粒互相碰撞凝结，颗粒粒径逐渐增大，沉淀速度逐渐变小

解析：

选项 D，絮凝沉淀时悬浮颗粒互相碰撞凝结，颗粒粒径逐渐增大，沉淀速度逐渐变大，故 D 错误。

答案选【D】。

2.9-4. 下列关于污水处理构筑物设计流量的描述，哪一项正确？【2024-1-18】
（A）污水处理构筑物的设计流量按旱季流量设计，按雨季流量校核
（B）污水处理构筑物之间的连接管渠设计流量按旱季设计流量设计
（C）生化处理构筑物按雨季设计流量计算，按旱季设计流量校核
（D）初次沉淀池按旱季设计流量计算，按雨季设计流量校核

解析：

参考《排水标准》7.1.5 条，故 D 正确。

答案选【D】。

2.9-5. 下列宜采用三角堰出水的构筑物是哪一项？【2024-2-21】
（A）矩形气浮池 　　　　　　（B）曝气沉砂池
（C）AAO 生物池 　　　　　　（D）辐流式二沉池

解析：

辐流式二沉池是最常见的宜采用三角堰出水的构筑物，故 D 正确。

答案选【D】。

2.10 城镇污水的活性污泥法处理

2.10.1 活性污泥法基本原理及反应动力学基础
——单选题——

2.10-1. 下列关于活性污泥法影响因素的描述，哪项是正确的？【2020-1-18】

（A）温度越高，活性污泥法处理效果越好

（B）微生物增长对碳氮磷的需求比例与水质无关

（C）活性污泥对污染物的降解速率与污水 pH 呈正比

（D）曝气池中溶解氧浓度越高，活性污泥沉淀性能越好

解析：

选项 A，参与活性污泥处理的微生物，多属嗜温菌，其适宜温度为 $10\sim45℃$。最佳温度范围一般为 $15\sim30℃$，故 A 错误。

选项 B，微生物对碳、氮、磷的需求量，可按 BOD：N：P＝100：5：1 考虑，是微生物自身细胞合成对营养物质的需求，与进水水质无关，故 B 正确。

选项 C，最佳的 pH 范围一般为 $6.5\sim8.5$，过高过低都会有抑制作用，故 C 错误。

选项 D，曝气反应池内溶解氧也不宜过高，否则会导致有机污染物分解过快，从而使微生物缺乏营养，活性污泥结构松散、破碎、易于老化。此外，溶解氧过高，过量耗能，也是不经济的，故 D 错误。

答案选【B】。

2.10-2. 关于活性污泥法处理系统的描述，下列哪项错误？【2021-1-20】

（A）活性污泥处理系统实质上是人工强化模拟自然界水体自净的系统

（B）混合液中含有充足的溶解氧是活性污泥处理系统正常运行的必要条件

（C）活性污泥进入内源呼吸期后期增殖速率低于自身氧化速率

（D）活性污泥法处理系统的产率系数 Y 是利用单位有机物实际产生的污泥量

解析：

参考《排水工程 2025》，合成产率系数 Y：活性污泥微生物摄取、利用、代谢单位重量有机物而使自身增殖的百分率，包括由于微生物内源呼吸作用而使其本身质量消亡的那一部分，即（合成代谢新增微生物量）。

表观产率系数 Y_{obs}：没有包括由于内源呼吸作用而减少的那部分微生物质量，只是微生物的净增殖量，即（微生物的净增殖量＝合成代谢新增微生物量－内源呼吸老死的微生物量）。

答案选【D】。

——多选题——

2.10-3. 下列关于活性污泥系统设计及运行管理做法，哪些是错误的？【2020-2-54】

（A）为维持较高的曝气池 MLSS，设计采用较低的污泥龄

（B）为提高活性污泥有机负荷，采用延时曝气活性污泥法

（C）为节省曝气池供氧能耗，采取减少污泥龄的措施

（D）为减少剩余污泥量，采取延长污泥龄的措施

解析：

选项 A，根据污泥龄定义计算公式，污泥龄与污泥浓度 X 成正比，故 A 错误。

选项 B，延时曝气工艺是按低负荷设计，微生物处于内源呼吸期，故 B 错误。

选项 C，减少污泥龄可增加剩余污泥外排量，氧气消耗量降低，原则上可行；但减短污泥龄对微生物增殖影响很大，尤其是对于需要长污泥龄的细菌（例如硝化细菌），污泥

龄是一个工艺运行的核心参数，一般不能随便减小，综合考虑通过减小污泥龄来节约曝气量方法不科学，不是合理的途径，故 C 错误。

选项 D，根据污泥龄基本定义，污泥龄与剩余污泥量成反比，故 D 正确。

答案选【ABC】。

2.10.2　曝气理论基础与曝气系统
——单选题——

2.10-4. 污水的好氧生物处理中，下面关于提高氧总转移系数的措施，哪一项错误？【2023-2-18】

(A) 降低污水水温　　　　　　　　(B) 加大搅拌强度
(C) 采用纯氧曝气　　　　　　　　(D) 采用深井曝气

解析：

参考《排水工程 2025》，氧总转移系数 K_{la} 与水温成正比，故 A 错误。

答案选【A】。

2.10-5. 关于污水中氧总转移速率系数 K_{la}，下列说法中哪一项错误？【2024-1-19】

(A) K_{la} 随水温下降而降低
(B) 纯氧曝气可提高气相中的氧分压，有利于提高 K_{la}
(C) 曝气气泡越小气液界面更新越快，有利于提高 K_{la}
(D) K_{la} 的单位是 h，表示 DO 浓度从 C 提高到 C_s 所需时间

解析：

参考《排水工程 2025》，$1/K_{la}$ 的单位是 h，表示 DO 浓度从 C 提高到 C_s 所需时间，故 D 错误。

答案选【D】。

——多选题——

2.10-6. 下列关于活性污泥曝气系统设计及运行管理的做法，哪些是错误的？【2020-1-55】

(A) 当污水的含盐量较高时，应提高供氧量
(B) 在青藏高原地区设计污水处理厂，可采用较低的气水比
(C) 低温有利于氧传递，曝气池冬季运行可采用较低的溶解氧浓度
(D) 高温不利于氧传递，曝气池夏季运行应采用较高的溶解氧浓度

解析：

选项 A，盐量较高时，饱和度 C_s 会降低，不利于氧的转移，故应提高供氧量，故 A 正确。

选项 B，青藏高原地区的大气气压低，C_s 值也随之下降，不利于氧的转移，应提高气水比，故 B 错误。

选项 C，低温有利于氧传递，即转移到水中的溶解氧变多，在假设消耗量不变的情况下，剩余的溶解氧浓度会更高，故曝气池冬季运行可采用较高的溶解氧浓度，故 C 错误。

选项 D，高温不利于氧传递，即转移到水中的溶解氧变小，在假设消耗量不变的情况下，剩余的溶解氧浓度会更低，故曝气池夏季运行应采用较低的溶解氧浓度，故 D 错误。

答案选【BCD】。

2.10-7. 污水处理厂的曝气系统，氧的转移效率受多种因素的影响，对于同一曝气工艺，下列哪些说法是错误的?【2021-1-56】

(A) 冬季氧的转移效率比夏季高

(B) 污水盐度越大，氧转移系数越小

(C) 海拔较高的西北地区比海拔较低的华北地区氧的转移效率高

(D) 供氧量越大，氧转移效率越高

解析:

参考《排水工程 2025》，首先要注意本题题干的氧的转移效率并非教材中的 E_A 的意思，而是想表达 dC/dt（转移速率）的意思，在往年多题中都有此现象:

选项 A，总的来说，水温降低有利于氧的转移。最不利的情况将出现在温度为 30～35℃的盛夏，故 A 正确。

选项 B，水中杂质和盐分都会影响氧的转移，盐分也算是杂质的一种（教材未做出明确交代），故也能影响转移系数 K_{la}，故 B 正确。

选项 C，海拔越高，大气压越低，氧的转移速率越低，故 C 错误。

选项 D，氧转移效率 E_A 与供氧量无关，氧转移速率与供氧量成反比，故 D 错误。

答案选【CD】。

2.10.3　活性污泥法的主要运行方式

——单选题——

2.10-8. 采用活性污泥法处理污水时，混合液悬浮固体浓度（X）是重要指标。下列关于 X 的说法哪项错误?【2021-1-19】

(A) 普通活性污泥系统，X 是指反应池内的混合液悬浮固体平均浓度

(B) 阶段曝气活性污泥系统，X 是指反应池内的混合液悬浮固体算术平均浓度

(C) 完全混合式活性污泥系统，X 是指反应池内的混合液悬浮固体平均浓度

(D) 吸附-再生活性污泥系统，X 是指吸附池和再生池内的混合液悬浮固体算术平均浓度

解析:

选项 D，参考《排水标准》7.6.9 条条文说明第 4 款，X 为反应池内混合液悬浮固体 MLSS 的平均浓度，它适用于推流式、完全混合式生物反应池。吸附-再生反应池的 X 是根据吸附区的混合液悬浮固体和再生区的混合液悬浮固体，按这两个区的容积进行加权平均得出的理论数据，故 D 错误。

答案选【D】。

2.10-9. 在处理城市污水时，AB 法的两段活性污泥系统相对独立，各有其功能条件。关于 AB 工艺特点的描述，下列哪项是错误的?【2021-2-19】

(A) A 段微生物种群与排水系统中的微生物种群相似

(B) A 段具有较强的反硝化功能

(C) B 段对污染物的去除，主要是以生物化学作用为主导的净化功能

(D) 达到同等去除效果，AB 工艺较传统活性污泥工艺所需的生物反应池池容较少

解析：

参考《排水工程 2025》，A 池属于曝气池，基本无硝态氮存在，无法进行反硝化，故 B 错误，A、C、D 正确。

答案选【B】。

2.10-10. 与传统法相比，关于延时曝气氧化沟主要特征的说法，下列哪一项错误？【2024-2-19】

(A) 污泥负荷小　　　　　　　　(B) 污泥产率小

(C) 污泥龄长　　　　　　　　　(D) 需氧量小

解析：

延时曝气的特点是曝气时间长，故需氧量大，故 D 错误。

答案选【D】。

——多选题——

2.10-11. 下列关于膜生物反应器特征的描述，哪几项正确？【2020-1-54】

(A) 膜生物反应器中的污泥增殖率低于普通活性污泥法

(B) 膜生物反应器的污泥负荷低于普通活性污泥法

(C) 膜生物反应器中污泥龄与水力停留时间无关

(D) 膜生物反应器的需氧量低于普通活性污泥法

解析：

选项 A，膜生物反应器系统的剩余污泥量很少，大大降低了污泥处理和处置的费用，故 A 正确。

选项 B，生物反应器保持较高的污泥浓度（MLSS），从而降低污泥负荷且同时提高反应器的容积负荷，进而减少反应器容积和系统的占地，故 B 正确。

选项 C，基本实现了生物固体平均停留时间与污水的水力停留时间的分离，故 C 正确。

选项 D，膜生物反应器的曝气量有 2 部分作用：①生物反应所需曝气量；②膜组件的曝气量（将固体物质从膜表面冲刷下来，防止膜通量下降），应取①和②中较大值作为反应池的所需空气量；另外，MBR 工艺污泥量少，碳化和硝化程度高，生物需氧量也会高于一般的普通活性污泥法，故 D 错误。

答案选【ABC】。

2.10-12. 与其他活性污泥法相比，下列关于 MBR 工艺特征的说法，哪几项正确？【2024-2-55】

(A) 污泥龄长　　　　　　　　　(B) 污泥负荷高

(C) 污泥浓度高　　　　　　　　(D) 细菌在对数增殖期

解析：

MBR工艺特征污泥负荷低，细菌在内源呼吸期，故B、D错误，A、C正确。

答案选【AC】。

2.10.4 活性污泥处理法系统的维护管理

——单选题——

2.10-13. 某污水处理厂在冬季低温情况下，曝气池表面出现泡沫集聚，下列控制生物泡沫的措施中哪一项是正确的？【2022-2-18】

(A) 加大曝气量 　　　　　　(B) 降低排泥量

(C) 增大污泥龄 　　　　　　(D) 增加日排泥量

解析：

参考《排水工程2025》，控制生物泡沫的一个重要措施是降低污泥龄，可以抑制有较长生长期的放线菌的生长，降低到5～6d。由于污泥龄和剩余污泥量成反比例关系，需要增加排泥量，故D正确。

答案选【D】。

——多选题——

2.10-14. 活性污泥处理系统运行时常会发生污泥膨胀现象，下列哪些措施可用于控制污泥膨胀？【2020-2-55】

(A) 投加营养物质，提高氮磷浓度 　　(B) 减少曝气量，降低溶解氧浓度

(C) 投加碱液，调节混合液pH 　　　(D) 减少进水量，降低污泥负荷

解析：

参考《排水工程2025》，污泥膨胀处理措施如下：

① 如缺氧、水温高等可加大曝气，或降低进水量以减轻负荷，或适当降低MLSS值，使需氧量减少等，故B错误。

② 如污泥负荷过高，可适当提高MLSS值，以调整负荷。必要时还要停止进水，"闷曝"一段时间，故D正确。

③ 如缺氮、磷、铁养料，可投加硝化污泥液或氮、磷等成分，故A正确。

④ 如pH过低，可投加石灰等调节pH，故C正确。

⑤ 若污泥大量流失，可投加5～10mg/L氯化铁，帮助凝聚，刺激菌胶团生长；也可投加漂白粉或液氯（按干污泥的0.3%～0.6%投加），抑制丝状菌繁殖，且能控制结合水性污泥膨胀。也可投加石棉粉末、硅藻土、黏土等惰性物质，降低污泥指数。

答案选【ACD】。

2.11　城镇污水的生物膜法处理

——单选题——

2.11-1. 下列关于生物膜法处理技术说法，不正确的是哪项？【2021-2-20】

(A) 生物接触氧化工艺可不设污泥回流

(B) 生物流化床工艺布水不均时容易导致流化失败

(C) 采用污泥回流时，MBBR 工艺具有生物膜法和活性污泥法特性

(D) 生物接触氧化工艺大量产生后生动物时，处理效果会越来越好

解析：

参考《排水工程 2025》，生物接触氧化工艺缺点：大量产生后生动物（如轮虫类），后生动物容易造成生物膜瞬时大块脱落，易影响出水水质，故 D 错误。

答案选【D】。

2.11-2. 以下关于生物滤池主要功能的描述，哪一项错误？【2022-1-19】

（A）去除有机物　　　（B）生物除磷　　　（C）生物脱氮　　　（D）硝化功能

解析：

生物滤池属于生物膜工艺，生物膜工艺特点具有较长的污泥龄，可以为硝化细菌提供生存条件，从而具有很好的硝化效果，从而常用于生物脱氮。但由于生物膜系统中微生物处于附着状态无法产生厌氧-好氧的交替环境中，故难以实现生物除磷，故 B 错误。

答案选【B】。

2.11-3. 下列关于生物膜法各种工艺特点的描述，哪一项错误？【2023-1-18】

（A）反硝化生物滤池需要定期反冲洗　　　（B）MBBR 反应器不需要定期反冲洗

（C）曝气生物滤池不需要定期反冲洗　　　（D）生物转盘的 40% 被淹没在污水中

解析：

参考《排水标准》7.8.19 条。曝气生物滤池宜采用气水联合反冲洗，故 C 错误。

答案选【C】。

2.11-4. 下列关于曝气生物滤池的设计做法，哪一项错误？【2024-2-18】

（A）不设二次沉淀池　　　　　　　　（B）采用滤头布水布气系统

（C）反冲洗系统采用气水联合反冲洗　　　（D）采用 0.9～1.2mm 的石英砂滤料

解析：

参考《排水工程 2025》以 3～5mm 的小颗粒作为滤料，故 D 错误。

答案选【D】。

——多选题——

2.11-5. 生物滤池的供氧系统是维持好氧生物处理的重要部分，下列说法正确的是哪几项？【2021-2-56】

（A）普通生物滤池的排水系统可以起到保证滤池的通风供氧作用

（B）高负荷生物滤池的滤池内外温差高于 2℃ 时，自然通风供氧停止

（C）塔式生物滤池一般采用自然通风供氧

（D）曝气生物滤池采用曝气充氧措施，曝气充氧和反冲洗供气宜合并设置

解析：

参考《排水工程 2025》，滤池内外温差等于 2℃ 时，会停止。只要温差高于 2℃ 时，

空气就会流动起来，池内外温差越大，空气流通速度越大，效果越好，故B错误。

参考《排水标准》7.8.16条。曝气生物滤池宜分别设置反冲洗供气和曝气充氧系统，故D错误。

答案选【AC】。

2.11-6. 与普通生物滤池、高负荷生物滤池和塔式生物滤池相比，曝气生物滤池工艺所特有系统的描述，下列哪几项正确？【2022-1-54】

(A) 鼓风曝气系统　　(B) 回流稀释系统　　(C) 反冲洗系统　　(D) 布水系统

解析：

选项A、C，普通生物滤池、高负荷生物滤池和塔式生物滤池一般采用自然通风且不具有过滤功能，故A、C正确。

选项B，高负荷生物滤池和塔式生物滤池在处理有机物较高浓度污水时，也需要回流稀释系统，故B错误。

选项D，几种工艺都需要进行进水的布水，普通生物滤池、高负荷生物滤池和塔式生物滤池多采用固定喷嘴式布水器和旋转式布水器，曝气生物滤池多采用滤头布水系统，故D错误。

答案选【AC】。

2.11-7. 关于移动床生物膜反应器（MBBR），以下哪几项描述正确？【2023-1-54】

(A) MBBR结合了传统生物流化床和生物接触氧化法的优点

(B) 固定生物膜量的生长促进混合液悬浮污泥浓度同步增加

(C) MBBR工艺生物作用与泥水分离无关，固液分离多样化

(D) MBBR反应池的工艺设计宜采用循环流态的构筑物形式

解析：

参考《排水工程2025》，A、C、D均为教材原话。选项B，在IFAS中使用载体可使有效MLSS的浓度翻倍，而固定在载体上的生物量并不增加活性污泥的混合液浓度，故下游沉淀池的性能不会受到反应器内固体负荷增加的负面影响，故B错误。

答案选【ACD】。

2.11-8. 下列关于生物膜处理工艺的说法中，哪几项正确？【2024-1-54】

(A) 生物膜法不适合处理低浓度污水

(B) 生物膜法处理设施均设置于室外

(C) 生物膜法处理工艺前宜采用预处理措施

(D) 当水质水量波动大时，生物膜法处理工艺前应设置调节池

解析：

选项A，参考《排水标准》7.8.1条条文说明。生物膜法在污水二级处理中可以适应高浓度或低浓度污水，故A错误。

选项B，参考《排水标准》7.8.3条条文说明。在冬季较寒冷的地区应采取防冻措施，如将生物转盘设在室内，故B错误。

选项 C、D，参考《排水标准》7.8.2 条。污水进行生物膜法处理前，宜进行预处理，当进水水质或水量波动大时，应设调节池，故 C、D 正确。

答案选【CD】。

2.11-9. 生物膜法处理污水需要对进水污染物浓度进行控制，下列做法哪几项正确？【2024-2-54】

（A）曝气生物滤池进水悬浮固体浓度小于 50mg/L

（B）设计深度处理的硝化生物滤池进水 BOD_5 小于 15mg/L

（C）生物转盘进水 BOD_5 按照调节沉淀后的平均值计算

（D）移动床生物膜反应器进水前未设置细格栅、沉砂工艺

解析：

参考《排水工程 2025》，MBBR 的进水必需适当预处理。由于 MBBR 内填充了部分载体，而诸如碎屑、塑料和砂子等惰性物质一旦进入 MBBR 并累积就很难清除，因此需要适当的格栅和沉砂（一般还有沉淀）。上游有一级处理时，MBBR 厂商一般会建议格栅的间隙不能大于 6mm；如果上游没有一级处理，则必须安装 3mm 或更小的细格栅，故 D 错误。

答案选【ABC】。

2.12　污水的厌氧生物处理

——单选题——

2.12-1. 某啤酒厂，日均废水量为 2000m³/d，废水的 COD_{Cr} 为 8000mg/L，BOD_5 为 5800mg/L，SS 为 800mg/L，pH 为 8.5 左右。要求处理后出水 COD_{Cr}＜200mg/L，SS＜200mg/L。综合考虑技术和经济，以下工艺方案中最合理的是哪项？【2020-1-20】

（A）格栅→调节池→初沉池→UASB→二沉池→出水

（B）格栅→沉淀池→厌氧生物滤池→UASB→二沉池→出水

（C）格栅→调节池→水解酸化池→曝气生物滤池→二沉池→出水

（D）格栅→调节池→UASB→好氧接触氧化池→二沉池→出水

解析：

参考《排水工程 2025》，处理高浓度（BOD_5＞1000mg/L）需要采用厌氧＋好氧的处理方法。本题可生化性为 0.725＞0.3，不需要再用水解酸化池改善生化性，故 C 错误、D 正确。

答案选【D】。

2.12-2. 某企业废水的 COD 浓度为 20000mg/L，溶解性 COD 占总 COD 比例为 80%，拟采用 UASB 处理，设计时应优先选择下列哪一种方法？【2022-2-20】

（A）两相法 UASB

（B）普通的 UASB 法

（C）有回流的 UASB 法

（D）有预处理的 UASB 法

解析：

参考《排水工程 2025》，有回流的 UASB 法主要适用于 COD 浓度高于 15000mg/L 的情况。处理水回流的目的是促进污泥与废水之间的充分接触以及在 UASB 反应器启动时，使进水 COD 浓度稀释至 5000mg/L 左右，故 C 正确。

答案选【C】。

2.12-3. 用中温厌氧接触法处理城市污水时，适宜的有机容积负荷是下列哪一项？【2023-2-19】

(A) $1kgCOD/(m^3 \cdot d)$

(B) $5kgCOD/(m^3 \cdot d)$

(C) $10kgCOD/(m^3 \cdot d)$

(D) $12kgCOD/(m^3 \cdot d)$

解析：

参考《排水工程 2025》，中温厌氧接触法有机容积负荷为 $2 \sim 6kgCOD/(m^3 \cdot d)$，故 B 正确。

答案选【B】。

2.12-4. 关于污水厌氧生物处理混合液的 pH，下列说法中哪一项错误？【2024-2-20】

(A) 产酸作用使 pH 下降

(B) 含氮有机物分解使 pH 下降

(C) 产酸菌适宜的 pH 为 4.5～8.0

(D) 产甲烷菌最适宜的 pH 为 6.6～7.4

解析：

含氮有机物分解产生氨氮使 pH 升高，故 B 错误。

答案选【B】。

——多选题——

2.12-5. 下列关于厌氧消化工艺的说法，错误的是哪几项？【2020-2-56】

(A) 两级厌氧消化和两相厌氧消化均由两级厌氧反应器串联而成，两级反应器的总容积基本相同，能耗均比单级厌氧消化高

(B) 两级厌氧消化工艺和两相厌氧消化工艺，污染物的去除均在第一级厌氧反应器中完成

(C) 两相厌氧消化工艺由两级厌氧反应器串联而成，其总容积比单级厌氧消化工艺的容积大

(D) 产甲烷的过程，两级厌氧消化主要在第一级反应器完成，而两相厌氧消化主要在产甲烷相完成

解析：

选项 A，两级厌氧消化可以节约能耗，两相厌氧消化可以节约容积，能耗均比单级厌氧消化低，故 A 错误。

选项 B、D，产甲烷的过程，两级厌氧消化主要在第一级反应器完成，而两相厌氧消化主要在产甲烷相完成，故 B 错误、D 正确。

选项 C，两相厌氧消化工艺提高了处理效果，达到了提高容积负荷率，减少反应器容积，增加运行稳定性的目的，故 C 错误。

答案选【ABC】。

2.12-6. 两相厌氧消化工艺中，下列有助于实现相分离的措施，哪几项是正确的？【2022-1-55】
（A）向产甲烷相反应器中投加四氯化碳
（B）向产酸相反应器中供给少量氧气
（C）产酸相反应器的泥龄控制在 4d 以内
（D）产酸相反应器的 pH 控制在 5.5～6.5

解析：

选项 A，参考《排水工程 2025》，四氯化碳应投加在产酸相反应器中，故 A 错误。

选项 C，产甲烷细菌的生长很缓慢，其世代时间相当长，一般在 4～6d；故将酸相反应器的泥龄控制在 4d 以内可以起到抑制产甲烷细菌的目的，故 C 正确。

答案选【BCD】。

2.12-7. 下列关于厌氧生物处理设计参数的选取，哪几项错误？【2022-1-56】
（A）营养物配比按照 $BOD_5：N：P＝100：5：1$ 测算
（B）厌氧生物滤池的设计温度采用 53℃
（C）厌氧生物滤池的设计容积负荷为 $2kgCOD/(m^3 \cdot h)$
（D）厌氧流化床的设计水力停留时间为 10h

解析：

选项 A，参考《排水工程 2025》，好氧生物处理营养比为 $BOD_5：N：P＝100：5：1$；厌氧法为 $BOD_5：N：P＝(200～400)：5：1$，故 A 错误。

选项 C，此内容在《排水工程 2025》中已经删除，厌氧生物滤池的设计容积负荷为 $1～9kgCOD/(m^3 \cdot d)$，本题要注意单位问题：$2kgCOD/(m^3 \cdot h)＝48kgCOD/(m^3 \cdot d)$，故 C 错误。

答案选【AC】。

2.12-8. 关于 UASB 的描述，下列哪几项正确？【2023-1-55】
（A）UASB 反应区由生物颗粒污泥层和絮状污泥层组成
（B）处理经产酸发酵后的废水，UASB 需在较低负荷下运行
（C）进水系统的功能仅是配水，故进水系统设计满足均匀配水需求即可
（D）三相分离器设计主要包括沉淀区、回流缝、气液分离等，其分离效果直接影响处理效果

解析：

选项 B，处理经产酸发酵预处理后的废水，UASB 一般在较高负荷下运行，故 B 错误。

参考《排水工程 2025》，进水系统兼有配水和水力搅拌的功能，故 C 错误。

答案选【AD】。

2.12-9. 关于两相厌氧消化，下列描述中哪几项正确？【2023-2-54】

(A) 从生物化学角度看，产酸相主要是水解产酸，产甲烷相主要是产氢产乙酸和产甲烷

(B) 从微生物角度看，产酸相一般仅存在发酵产酸菌，产甲烷相一般仅存在产甲烷细菌

(C) 相分离的方法之一是通过将产酸相反应器的pH调控在偏酸性的范围内

(D) 相分离的方法之一是通过将产酸相反应器的水力停留时间调控在相对较大范围内

解析：

参考《排水工程 2025》P330，从微生物学角度看，产酸相一般仅存在产酸发酵细菌，而产甲烷相虽然主要存在产甲烷细菌，但也不同程度地存在产酸发酵细菌，故 B 错误。

参考《排水工程 2025》P330，相分离的方法之一是通过将产酸相反应器的水力停留时间调控在相对较短范围内，故 D 错误。

答案选【AC】。

2.12-10. 关于厌氧消化过程理论的描述，下列哪几项正确？【2024-2-56】

(A) 产氢产乙酸反应主要在产酸相中进行

(B) 产氢产乙酸反应主要在产甲烷相中进行

(C) 三阶段理论突出了产氢产乙酸菌的作用

(D) 与三阶段理论相比，四阶段理论增加了同型产乙酸过程

解析：

参考《排水工程 2025》，产氢产乙酸反应主要在产甲烷相中进行，故 B 正确。三阶段理论相对于二阶段理论增加了产氢产乙酸菌的概念，故 C 正确。与三阶段理论相比，四阶段理论增加了同型产乙酸菌概念，故 D 正确。

答案选【BCD】。

2.13 污水的深度处理与回用

2.13.1 污水生物脱氮除磷技术

——单选题——

2.13-1. 关于污水处理厂生物处理工艺的特点及设计的描述，下列哪项正确？【2021-2-18】

(A) 完全混合活性污泥法，不易发生污泥膨胀

(B) A^2O 法生物脱氮除磷工艺的混合液回流比大于污泥回流比

(C) 吸附再生生物反应器，吸附区的容积应小于生物反应池容积的 1/4

(D) 氧化沟法，其前端应设置初沉池

解析：

选项 A，参考《排水工程 2025》，完全混合活性污泥法，易发生污泥膨胀，故 A 错误。

选项 B，参考《排水标准》7.6.19 条。污泥回流比为 20～100，混合液回流比≥200，

故 B 正确。

选项 C，参考《排水标准》7.6.14 条。吸附区的容积，不应小于生物反应池总容积的 1/4，吸附区的停留时间不应小于 0.5h，故 C 错误。

选项 D，参考《排水工程 2025》，氧化沟法其前端可考虑不设初沉池，有机性悬浮物在氧化沟内能够达到好氧稳定的程度，故 D 错误。

答案选【B】。

2.13-2. 下列关于污水生物除磷的说法，不正确的是哪项？【2021-2-21】
(A) 污水厌氧段处理过程，反硝化细菌对小分子有机酸的利用，可影响摄磷菌释放磷的效果
(B) 污水的生物除磷过程，通过厌氧好氧条件的交替来实现
(C) 采用生物除磷处理污水时，剩余污泥应采用重力浓缩
(D) 生物除磷时，BOD_5 与总磷之比宜大于 17

解析：
参考《排水标准》8.2.3 条。当采用生物除磷工艺进行污水处理时，不宜采用重力浓缩。当采用重力浓缩池时，宜对污泥水进行除磷处理，故 C 错误。

答案选【C】。

2.13-3. 下列关于厌氧氨氧化工艺特点的说法，哪一项错误？【2022-1-18】
(A) 污泥龄越长越好 　　　　　　(B) 反应过程不需要碳源
(C) 主要目的是实现生物能回收利用 　(D) 污泥产量远低于传统生物脱氮工艺

解析：
选项 C，厌氧氨氧化细菌是自养菌，反应过程无需添加有机物，反应产物为氮气，不产生甲烷气，不能实现生物能回收利用，故 C 错误。

答案选【C】。

2.13-4. 关于生物脱氮，下列哪一项描述错误？【2023-2-20】
(A) 在硝化过程中，1 个氨氮分子提供了 8 个电子，N 的价态从 -3 变为 $+5$
(B) 在反硝化过程中，1 个硝酸盐分子接受了 5 个电子，N 的价态从 $+5$ 变为 0
(C) 氨氮转化为硝酸盐的理论需氧量为 $4.57\text{mgO/mgNH}_4{}^+\text{-N}$
(D) 在反硝化过程中可回收 80% 的碱度

解析：
参考《排水工程 2025》，硝化过程消耗的碱度约为 7.14mg/mg，在反硝化过程中可回收的碱度约为 3.57mg/mg，故在反硝化过程中可回收 50% 的碱度，故 D 错误。

答案选【D】。

——多选题——
2.13-5. 下列关于污水生物脱氮的说法，正确的是哪几项？【2021-2-57】
(A) 好氧区剩余总碱度宜大于 70mg/L

(B) 脱氮时，污水中的 BOD_5 与总凯氏氮之比宜大于 17，否则考虑投加碳源

(C) 反硝化过程溶解氧控制在 0.5mg/L 以下，是因为反硝化细菌是异养兼性厌氧菌

(D) 硝化菌是专性好氧菌，只有在溶解氧充足的条件下才能增殖，厌氧缺氧条件都不能增殖

解析：

选项 A、B，参考《排水标准》7.6.16 条。进入生物脱氮、除磷系统的污水，应符合下列要求：1）脱氮时，污水中的五日生化需氧量与总凯氏氮之比宜大于 4；2）除磷时，污水中的五日生化需氧量与总磷之比宜大于 17，故 A 正确、B 错误。

选项 C，参考《排水工程 2025》，反硝化菌是异养兼性厌氧菌，只有在无分子氧而同时存在硝酸和亚硝酸离子的条件下才能利用这些离子中的氧进行呼吸，使硝酸盐还原。若反应池内溶解氧较高，反硝化菌利用分子态氧进行呼吸则会抑制反硝化菌体内硝酸盐还原酶的合成，使氧成为电子受体，阻碍硝酸氮的还原。故反硝化过程溶解氧宜控制在 0.5mg/L 以下，故 C 正确。

选项 D，参考《排水工程 2025》，硝化菌是专性好氧菌，只有在溶解氧充足的条件下才能增殖，厌氧缺氧条件都不能增殖，故 D 正确。

答案选【ACD】。

2.13-6. 城镇生活污水生物处理中，下面列举的仅抑制硝化反应，但不抑制反硝化反应的工况条件，哪几项正确？【2022-2-54】

(A) 污泥龄 20d

(B) BOD_5 浓度小于 20mg/L

(C) DO 维持在 0.5mg/L 以下

(D) 碱度小于 50mg/L

解析：

选项 A 污泥龄 20d 满足《排水标准》7.6.17 条的 11～23d 要求。选项 B 的 BOD_5 浓度小于 20mg/L 不会抑制自养硝化菌。故选项 A、B 均不会抑制硝化反应。硝化细菌要求溶解氧 $\geqslant$ 2mg/L，缺氧池一般维持在 0.5mg/L 以下，故 C 正确。好氧池碱度要维持在 $\geqslant$ 70mg/L，缺氧池无具体碱度要求，故 D 正确。

答案选【CD】。

2.13-7. 下列关于缺氧-好氧的生物脱氮系统优点的描述，哪几项正确？【2023-2-55】

(A) 脱氮效率高，出水不含硝酸盐

(B) 降低好氧池有机负荷

(C) 缺氧反应可补充好氧段碱度

(D) 能够减少好氧池的需氧量

解析：

缺氧-好氧的生物脱氮系统的脱氮率一般在 60% ～ 85%，故 A 错误，B、C、D 正确。

答案选【BCD】。

2.13-8. 下列关于反硝化速率 K_{de} 取高值的说法，哪几项正确？【2024-1-56】

(A) 以外加碳源为主要有机物来源时

(B) 进水中易降解有机物浓度高时

(C) 混合液回流比高时

(D) 混合液溶解氧高时

解析：

选项 A、B，参考《排水标准》7.6.17 条第 2 款条文说明。反硝化速率 K_{de} 与混合液回流比、进水水质、温度和污泥中反硝化菌的比例等因素有关。混合液回流量大，带入缺氧池的溶解氧多，K_{de} 取低值；进水有机物浓度高且较易生物降解时，K_{de} 取高值。故 A、B 正确。

答案选【AB】。

2.13.2 污水的消毒处理

——单选题——

2.13-9. 用于城镇污水处理厂消毒时，下列哪项消毒剂应采用现场制备？【2020-2-20】

（A）液氯
（B）二氧化氯
（C）次氯酸钠
（D）漂白粉

解析：

选项 B，参考《排水工程 2025》，通常情况下，二氧化氯不能储存，只能用二氧化氯发生器现制现用，设备复杂，成本较高。故 B 正确。

答案选【B】。

2.13-10. 下列关于污水和再生水紫外线消毒的设计做法或说法，哪一项错误？【2022-2-21】

（A）某再生水厂出水采用紫外线加二氧化氯消毒后输配到城市中水管网
（B）某污水处理厂紫外线消毒前的混凝沉淀池采用铁盐絮凝剂
（C）合流管道溢流污水采用紫外线消毒时其消毒效率较低
（D）紫外线消毒照射池的容积远小于氯消毒接触池

解析：

参考《排水工程 2025》，水中的铁盐可直接吸收紫外光使消毒套管发生壅塞现象，且铁盐还会被吸附在悬浮固体或细菌凝块上形成保护膜，这都不利于紫外光对细菌的杀灭，故 B 错误。

答案选【B】。

2.13-11. 以下哪一项不是紫外线消毒的主要影响因素？【2023-1-19】

（A）电导率
（B）紫外透光率
（C）悬浮固体浓度
（D）悬浮固体粒径分布

解析：

参考《排水工程 2025》，紫外线消毒的主要影响因素有紫外透光率、悬浮固体、悬浮固体颗粒分布、无机化合物，故 A 错误。

答案选【A】。

2.13-12. 下列关于"漂白粉"有效成分的描述，哪一项正确？【2024-1-20】

（A）氯胺
（B）次氯酸钙
（C）次氯酸钠
（D）二氧化氯

解析：

"漂白粉"有效成分是次氯酸钙，故 B 正确。

答案选【B】。

——多选题——

2.13-13. 关于污水消毒设施单独使用的设计做法，以下哪几项是合理的？【2021-2-54】

（A）某工业废水为高氨废水，采用二氧化氯消毒工艺

（B）某污水处理厂出水氨氮偏高，采用紫外线消毒兼具去除氨氮功能

（C）某污水处理厂出水 COD 偏高，采用臭氧消毒兼具去除 COD 功能

（D）某污水处理厂出水带有色度，采用次氯酸钠消毒兼具脱色功能

解析：

二氧化氯与氨不起作用，因此可用于高氨废水的杀菌，故 A 正确。紫外线消毒无去除氨氮功能，故 B 错误。臭氧是强氧化剂，具有氧化有机物和脱色的功能；次氯酸钠是强氧化剂，具有脱色功能，故 C、D 正确。

答案选【ACD】。

2.13-14. 下列污水消毒设计做法或说法，哪几项错误？【2022-2-56】

（A）对于拟排入河道的二级处理出水，采用液氯消毒时应保持足够的余氯

（B）采用臭氧消毒时接触反应池容积应大于二氧化氯消毒的反应池

（C）紫外线消毒对于芽孢和病毒的杀灭能力强于液氯

（D）高氨氮废水可以先采用二氧化氯的消毒

解析：

选项 A，排入河道的二级处理出水没有余氯指标要求，回用时需要满足余氯指标要求，故 A 错误。

选项 B，臭氧消毒时接触时间一般为 5～15min，二氧化氯消毒的接触时间≥30min，故 B 错误。

答案选【AB】。

2.13-15. 某城市污水处理厂出水达到现行国家标准《城镇污水处理厂污染物排放标准》GB 18918—2002 一级 A 标准后，出水回用途径为城市绿化、道路清扫和车辆冲洗，以下哪几项消毒方法适用？【2023-2-56】

（A）臭氧消毒 　　　　　　　　　　（B）紫外线消毒

（C）次氯酸钠消毒 　　　　　　　　（D）二氧化氯消毒

解析：

参考《城市污水再生利用 城市杂用水水质》GB/T 18920—2020，出水回用途径为城市绿化、道路清扫和车辆冲洗时有余氯要求，故 A、B 错误。

答案选【CD】。

2.13.3　污水的回用处理

——单选题——

2.13-16. 某高校学生宿舍区拟自建污水处理设施，处理后的出水回用于校园内绿植的浇灌用水。已知经化粪池流入污水处理站的废水 $COD_{Cr}=350mg/L$，$BOD_5=250mg/L$，$SS=120mg/L$，氨氮$=80mg/L$，$TP=7mg/L$。以下关于该污水处理站的工艺流程设计，合理的是哪项？【2020-1-19】

(A) 格网→调节池→初沉池→两级曝气生物滤池→消毒池

(B) 格网→调节池→沉砂池→曝气生物滤池→反硝化生物滤池→消毒池

(C) 格网→调节池→初沉池→生物接触氧化池→反硝化生物滤池→二沉池

(D) 格网→调节池→生物接触氧化池→反硝化生物滤池→化学除磷池

解析：

参考《城市污水再生利用 城市杂用水水质》GB/T 18920—2020，城市绿化用水的水质标准中，对 COD_{Cr}、TP、TN 和 SS 无要求。$BOD_5 \leqslant 10mg/L$，氨氮$\leqslant 8$。C、D 无消毒直接排除，无总氮要求不需要反硝化，B 排除。选项 A，两级曝气生物滤池分别除去 BOD_5 和氨氮，故 A 正确。

答案选【A】。

2.13-17. 以下不具备去除水中溶解性无机盐的处理工艺是哪项？【2020-2-19】

(A) 反渗透　　(B) 电渗析　　(C) 纳滤　　(D) 超滤

解析：

参考《排水工程2025》，超滤不仅能够有效去除颗粒物，而且能够去除大部分有机物以及细菌和部分病菌，对二级出水中 COD、BOD 的去除率均大于 50%；但不能去除溶解性无机盐，故 D 正确。

答案选【D】。

2.13-18. 某污水处理厂二沉池出水中的悬浮物为 15mg/L，现要求设计深度处理单元将污水中的悬浮物降低到 10mg/L 以下。经检验分析，该污水中悬浮颗粒主要为粒径 $1\mu m$ 以上的分散颗粒。下列深度处理单元中哪一种最适合？【2022-1-20】

(A) 混凝沉淀池　　　　　　(B) V 型砂滤池

(C) 纳滤膜分离　　　　　　(D) 深床过滤池

解析：

本题为 $1\mu m$ 以上的分散颗粒，通过粒径与处理工艺图谱确定可采用传统过滤来去除，故排除选项 A、C，深床过滤池多用于同步反硝化脱氮和除去悬浮物，单独去除悬浮物采用 V 型砂滤池最为合理，故 B 正确。

答案选【B】。

2.13-19. 某城市污水处理厂，主工艺采用 AAO＋二沉池＋混凝沉淀砂滤＋氯消毒工艺，出水水质达到《城镇污水处理厂污染物排放标准》GB 18918—2002 一级 A 标准，拟将其出水全部回用于观赏性景观-水景用水，下列哪一项回用方式最合适？【2023-2-21】

（A）现状出水直接回用

（B）现状二沉池出水直接回用

（C）现状出水增加超滤、反渗透工艺后回用

（D）强化污水处理厂除磷脱氮能力后将出水回用

解析：

《污水厂排放标准》一级 A 标准出水的总氮≤15mg/L，总磷≤0.5mg/L；《城市污水再生利用　景观环境用水水质》GB/T 18921—2019 观赏性景观—水景用水总氮≤10mg/L，总磷≤0.3mg/L。故需要脱氮除磷，故 D 正确。

答案选【D】。

——多选题——

2.13-20. 对于以污水处理厂出水为水源的再生水厂，以下哪几项说法是正确的？【2021-1-54】

（A）再生水厂的设计规模不宜超过污水处理厂规模的 80%

（B）再生水厂处理工艺构筑物的设计水量应按最高日供水量确定

（C）药剂仓库的固定储备量不宜大于最大投药量 7d 的用量

（D）再生水用于景观环境用水时，厂内可不设调蓄清水池

解析：

选项 A，参考《污水再生规范》4.3.2 条，当水源为污水处理厂出水时，最大设计规模应为污水处理厂出水量扣除再生水厂各种不可回收的自用水量，且不宜超过污水处理厂规模的 80%，故 A 正确。

选项 B，参考《污水再生规范》5.1.4 条，深度处理工艺构筑物的设计水量应按最高日供水量加再生水厂自用水量确定，故 B 错误。

选项 C，参考《污水再生规范》5.3.1 条，药剂仓库的固定储备量可按最大投药量的 7～15d 用量确定，故 C 错误。

选项 D，参考《污水再生规范》5.1.12 条，水量调蓄构筑物的设置，应符合下列规定：③再生水用于景观环境用水、农田灌溉用水时，可利用当地水系（体）的调蓄功能，故 D 正确。

答案选【AD】。

2.13-21. 某污水处理厂深度处理系统进水中的色度为 35 倍，溶解性 COD_{Cr} 浓度为 50mg/L，设计要求深度处理系统出水的色度小于 15 倍，溶解性 COD_{Cr} 浓度小于 30mg/L。下列处理工艺哪几种可适用于该厂深度处理系统？【2022-2-55】

（A）高效浅层气浮池　　　　　　（B）上向流斜板沉淀

（C）活性炭吸附工艺　　　　　　（D）臭氧催化氧化法

解析：

本题关键点溶解性的 COD 和色度，气浮和斜板沉淀池均以去除悬浮物为主，对溶解性物质基本没有去除效果。色度主要靠混凝沉淀、氧化和吸附去除，故 A、B 错误，C、D 正确。

答案选【CD】。

2.13-22. 关于 V 型滤池、滤布滤池、长纤维束滤池和连续过滤砂滤池的工艺设计和特点的描述，哪几项正确？【2023-1-56】

（A）都需要设置反冲洗水泵

（B）滤布滤池的水头损失最小

（C）连续过滤砂滤池的滤速最高

（D）V 型滤池的滤料层厚度比连续过滤砂滤池小

解析：

《污水再生规范》5.6 节：

选项 A，连续过滤砂滤池设气提反冲洗，不需要设置水泵反冲洗，故 A 错误。

选项 C，1）V 型滤池滤料厚度宜采用 1000~1300mm，滤池系统水头损失宜采用 2.0~3.0m，滤速宜为 5~8m/h；2）连续过滤砂滤池滤料厚度宜采用 2000~2500mm，滤池系统水头损失宜采用 0.5~1.0m，滤速宜为 8~12m/h；3）滤布滤池冲洗前水头损失宜为 0.2~0.4m，滤速宜采用 8~10m/h；4）长纤维束滤池滤速宜为 15~20m/h，水头损失宜为 1.5~2.0m，故 C 错误。

答案选【BD】。

2.13-23. 某城镇污水处理厂，深度处理工艺采用"高效沉淀池→反硝化滤池→紫外线消毒"，下列做法哪几项错误？【2024-2-57】

（A）紫外线消毒后补氯　　　　　（B）反硝化滤池前加氯

（C）混凝剂采用氯化亚铁　　　　（D）助凝剂采用阴离子 PAM

解析：

选项 B，反硝化滤池前加氯会抑制反硝化细菌的生长，故 B 错误。

选项 C，参考《排水工程 2025》铁离子会影响紫外线消毒的效果，故 C 错误。

选项 D，参考《环保考试教材》各种阳离子型、阴离子型及非离子型聚电解质均可作为助滤剂用于污水过滤处理，故 D 正确。

答案选【BC】。

2.14　污水的自然生物处理

——单选题——

2.14-1. 下列关于污水处理厂采用自然生物深度处理的工艺选择、规划和设计，正确的是哪项？【2020-2-18】

（A）污水处理厂出水经人工湿地深度处理后，出水水质达到地面水水质标准时，可排入饮用水源的河、湖、水库中，作为生态补水

（B）表面流人工湿地的水力坡度一般较水平潜流人工湿地大

（C）采用表面流人工湿地和垂直潜流人工湿地相结合，人工湿地距公共通道和高速公路的距离应大于 1000m

(D) 采用水平潜流人工湿地和垂直潜流人工湿地系统相结合时，应选择相同的、耐污能力强、去污效果好的本土植物

解析：

选项 A，参考《排水标准》7.12.5 条，有条件的地区可将自然处理净化城镇污水处理厂尾水用作河道基流补水，故 A 正确。

选项 B，参考《排水标准》7.12.8 条和 7.12.9 条，表面流人工湿地的底坡宜为 0.1%～0.5%，潜流人工湿地的水力坡度宜为 0.5%～1%，故 B 错误。

选项 C，参考《排水标准》6.11.16 条，土地处理场地距住宅区和公共通道的距离不宜小于 100m，故 C 错误（注：《排水标准》中删除了所有关于土地处理的内容）。

选项 D，参考《排水工程2025》，潜流人工湿地：可选择芦苇、蒲草、荸荠、莲、水芹、水葱、茭白、香蒲、千屈菜、菖蒲、水麦冬、风车草、灯芯草等挺水植物；人工湿地可选择一种或多种植物作为优势种搭配栽种，增加植物的多样性并具有景观效果，故 D 错误。

答案选【A】。

——多选题——

2.14-2. 以下关于人工湿地的说法，错误的是哪几项？【2020-2-57】

(A) 孔隙变化率较高的基质，适合用于垂直流人工湿地

(B) 水平潜流人工湿地比垂直流人工湿地对有机物的去除效果好

(C) 水平潜流人工湿地，系统所需的氧主要来自水体表面扩散

(D) 表面流人工湿地的水力坡度取值宜大于 1%

解析：

选项 A，参考《排水工程2025》，对于孔隙变化率较高的基质，不适合选择垂直流，容易造成堵塞，故 A 错误。

选项 B，参考《排水工程2025》表 16-2，垂直潜流湿地对有机物的去除不如水平潜流人工湿地，故 B 正确。

选项 C，参考《排水工程2025》，表面流人工湿地的氧主要是来自水体表面扩散，水平潜流人工湿地的氧气主要通过植物根系释放，故 C 错误。

选项 D，参考《排水工程2025》，表面流人工湿地的水深宜为 0.3～0.6m，水力坡度宜小于 0.5%，故 D 错误。

答案选【ACD】。

2.15　污水处理厂污泥的处理

2.15.1　污水处理厂污泥分类及其特性

——单选题——

2.15-1. 下列关于污泥物理性质的说法，哪项是不正确的？【2021-1-21】

(A) 同一污泥的体积与含水率呈正相关

(B) 含水率越小，湿污泥相对密度越大

（C）无机物含量越高，干污泥相对密度越小

（D）压缩系数较小的污泥宜采用带式压滤机脱水

解析：

参考《排水工程 2025》，无机物相对密度为 2.5～2.6，有机物相对密度在 1 左右，故无机物含量越高，则干污泥相对密度越大，故 C 错误。

答案选【C】。

——多选题——

2.15-2. 下列城镇污水处理厂产生的污泥，属于生污泥的是哪几项？【2020-1-57】

（A）二次沉淀池出水投加碱式氯化铝后的沉淀物

（B）活性污泥法后二次沉淀池的沉淀物

（C）生物膜法后二次沉淀池的沉淀物

（D）剩余污泥厌氧消化处理后的沉淀物

解析：

参考《排水工程 2025》，初次沉淀污泥、剩余活性污泥和腐殖污泥属于生污泥，故 B、C 正确。A 是化学污泥，D 是消化污泥，故 A、D 错误。

答案选【BC】。

2.15.2　污泥量的计算及工艺选择

——多选题——

2.15-3. 某城市生活污水处理厂初沉池和二沉池共产生 100t 干污泥/d，其挥发性有机物含量约 60%。对比下列 4 个污泥处理处置方案，哪些是符合污泥资源化能源化利用要求的可行处理处置方案？【2021-1-57】

（A）污泥浓缩-污泥脱水-石灰稳定-污泥填埋

（B）污泥浓缩-污泥脱水-好氧发酵-土地利用

（C）污泥浓缩-污泥脱水-污泥干化-协同焚烧-填埋或建材利用

（D）污泥浓缩-高级厌氧消化-污泥脱水-干化焚烧-填埋或建材利用

解析：

参考《排水工程 2025》，有机物含量约 60% 为高有机物含量。适用于大规模（20t 干污泥/d 及以上）、有机物含量高的污泥处理工艺：

① 污泥浓缩→常规消化或高级厌氧消化→污泥脱水→土地利用。

② 污泥浓缩→污泥脱水→好氧发酵→土地利用（B 正确）。

③ 污泥浓缩→常规消化或高级厌氧消化→污泥脱水→污泥热干化→（协同）焚烧→填埋或建材利用（D 正确）。

答案选【BD】。

2.15.3　污泥运输

——单选题——

2.15-4. 下列关于城市污水处理厂污泥输送设计的说法与做法，不正确的是哪项？

【2021-1-22】

(A) 压力输泥管的最小设计流速与污泥含水率呈负相关

(B) 采用间歇输送污泥的方式，污泥管管顶设计标高低于冰冻线

(C) 初沉池到浓缩池的重力流输泥管道上设计了1处双线倒虹管

(D) 污泥泵站到浓缩池的压力输泥管设计采用0.1‰的管道坡度

解析：

参考《排水工程2025》，管道的坡度一般宜向污泥泵站方向倾斜，为放空管内积水，管道坡度宜为0.001～0.002，有条件时还可适当加大，D中是0.0001，故D错误。

答案选【D】。

2.15-5. 污水处理厂初沉池污泥，采用重力流输泥管输送到污泥浓缩池，以下污泥输送的设计哪一项错误？【2023-1-22】

(A) 设计双线倒虹管

(B) 输泥管的管径设计为150mm

(C) 输泥管的坡度设计为0.015

(D) 输泥管的管顶设在冰冻线以下0.5m

解析：

参考《排水标准》5.2.10条。重力输泥管最小管径为200mm，故B错误。

答案选【B】。

2.15-6. 某污水处理厂的剩余污泥采用管道输送入储泥池，为降低输送过程的水头损失，下列做法哪一项错误？【2024-1-21】

(A) 提高剩余污泥浓度

(B) 增加输泥管的直径

(C) 减少输泥管的长度

(D) 减少管道弯头的数量

解析：

根据污泥输送管道沿程水头损失计算公式，当污泥浓度提高时，C_h系数减小，水头损失增大，故A错误。

答案选【A】。

2.15-7. 某污水处理厂污泥浓缩车间产生含水率为92％的污泥5000m³/d，需输送到距离500m的厌氧消化系统储泥池，应优先选择下列哪一种输送方式？【2024-2-23】

(A) 卡车输送

(B) 管道输送

(C) 皮带输送

(D) 螺旋输送机

解析：

螺旋输送含水率为60％～85％的污泥。皮带输送可用于含水率小于85％的污泥。含水率为80％～99.5％的污泥可采用管道输送，故B正确。卡车输送多用于输送脱水污泥。

答案选【B】。

2.15.4 污泥浓缩

——单选题——

2.15-8. 下列关于城市污水处理厂污泥中水分去除的方法，正确的是哪项？【2020-1-22】

（A）采用重力浓缩池去除污泥中空隙水

（B）采用有回流气浮浓缩池去除污泥中毛细水

（C）采用板框式压滤机去除污泥中吸附水

（D）采用自然干化场去除污泥中内部水

解析：

参考《排水工程 2025》，1）空隙水：浓缩是减容的主要方法（A 正确）；2）毛细水：可采用自然干化和机械脱水法去除（B 错误）；3）污泥颗粒吸附水和内部水：可通过干燥和焚烧法脱除（C、D 错误）。

答案选【A】。

2.15-9. 下列关于城市污水处理厂污泥浓缩处理工艺的设计做法，哪项是不正确的？【2021-2-22】

（A）某污水处理厂污泥采用混凝气浮浓缩后进行脱水，再送去进行好氧发酵堆肥处理

（B）污泥含水率由 99.2% 浓缩至 95%，设计采用不加絮凝剂的离心浓缩方式

（C）某污水处理厂污泥经重力浓缩池后进行脱水干化，上清液采用化学除磷处理

（D）富磷污泥先经间歇式重力浓缩池后再进入厌氧消化池，上清液直接回流到 A^2O 池前段

解析：

参考《排水标准》8.2.3 条条文说明。重力浓缩池因水力停留时间长，污泥在池内会发生厌氧放磷，如果将污泥水直接回流至污水处理系统，将增加污水处理的磷负荷，降低生物除磷的效果。因此，应将重力浓缩过程中产生的污泥水进行除磷后再返回水处理构筑物进行处理，故 D 错误。

答案选【D】。

2.15-10. 下列关于城镇污水处理厂剩余污泥浓缩的设计，哪一项正确？【2022-1-22】

（A）剩余污泥产量 1500m³/d，设计含水率由 99.5% 降为 97.5%，污泥浓缩设计采用间歇式重力浓缩池，浓缩时间采用 10h

（B）剩余污泥产量 1200m³/d，设计含水率由 99.5% 降为 97.0%，污泥浓缩设计采用连续式重力浓缩池，浓缩时间采用 18h，污泥固体负荷采用 40kg/(m²·d)

（C）剩余污泥产量 1000m³/d，设计含水率由 99.5% 降为 92.0%，污泥浓缩设计采用 3 座气浮浓缩池，气固比为 0.001

（D）剩余污泥产量 800m³/d，设计含水率由 99.5% 降为 88%，污泥浓缩设计采用不投加混凝剂的转盘式离心浓缩

解析：

参考《排水工程 2025》，中式重力浓缩池浓缩时间不宜小于 12h，故 A 错误；剩余污泥气浮浓缩的气固比为 0.005～0.02，故 C 错误；不投加混凝剂的转盘式离心浓缩的出泥固体浓度为 5.0%～7.0%，故 D 错误。

答案选【B】。

2.15.5 污泥稳定

——单选题——

2.15-11. 下面关于污泥消化处理的说法中，正确的是哪项？【2020-2-22】

（A）底物相同条件下，厌氧消化比好氧消化能耗高

（B）两级厌氧消化池中的第一级污泥应加热并搅拌，宜有防止浮渣结壳和排出上清液措施；第二级可不加热、不搅拌，可不设防止浮渣结壳和排出上清液措施

（C）设计某间歇运行的好氧消化池，挥发性固体容积负荷为 1.0kgVSS/(m³·d)，溶解氧浓度为 3.2mg/L，设上清液排出措施

（D）某污泥厌氧消化处理设计，采用池内搅拌方式，按照每天 3 班、每班 1 次进行搅拌工作，每次搅拌时间设计为 6h

解析：

选项 A，厌氧消化比好氧消化能耗低，而且还能回收甲烷气，故 A 错误。

选项 B，参考《排水标准》8.3.5 条。二级及以上厌氧消化池可不加热、不搅拌，但应有防止浮渣结壳和排出上清液的措施，故 B 错误。

选项 C，参考《排水标准》8.3.24 条。重力浓缩后的原污泥，其挥发性固体容积负荷宜为 0.7~2.8kgVSS/(m³·d)；机械浓缩后的高浓度原污泥，其挥发性固体容积负荷不宜大于 4.2kgVSS/(m³·d)。8.3.26 条，好氧消化池中溶解氧浓度，不应低于 2mg/L。参考《排水标准》8.3.29 条，间歇运行的好氧消化池应设有排出上清液的装置，连续运行的好氧消化池宜设有排出上清液的装置，故 C 正确。

选项 D，参考《排水标准》8.3.14 条。间歇搅拌时，规定每次搅拌的时间不宜大于循环周期的一半（按每日 3 次考虑，相当于每次搅拌的时间 4h 以下），故 D 错误。

答案选【C】。

2.15-12. 污泥热水解是强化污泥厌氧消化的预处理技术，下列关于污泥热水解的特点与作用的说法，哪项是不正确的？【2021-2-23】

（A）热水解过程能改变污泥的固体颗粒和水分的结合状态

（B）热水解过程能增加污泥溶解性有机物的浓度

（C）热水解过程能够降低污泥含水率

（D）热水解过程能改善污泥脱水性能

解析：

参考《排水工程 2025》，热水解处理使污泥的胶体结构和毛细结构破坏，污泥细胞破碎，改变了污泥中固体颗粒和水分的结合形态，大量被束缚在污泥微生物细胞内部的结合水以及吸附在细胞表面的水分释放出来变成自由水，大大改善了污泥的沉降性能和脱水性能，故 A、D 正确。

参考《排水工程 2025》，污泥中的有机成分在热水解过程中发生变化，污泥中的固体有机物在热水解过程中溶解，并且部分溶解性的大分子有机物进一步水解成为小分子物质，有利于提高污泥的生物降解（如厌氧消化）性能，故 B 正确。

参考《排水工程 2025》，污泥的热水解过程是在高压密闭容器内进行的，尽管热水解

反应温度高于热干化的温度，但是反应过程中污水的水分不发生相变，所以热水解过程污泥含水率基本不变，故 C 错误。

答案选【C】。

2.15-13. 下列关于污泥消化处理的设计做法中，哪一项正确?【2022-2-22】
(A) 污泥厌氧消化采用空气搅拌，每日全池搅拌次数不低于 3 次
(B) 厌氧消化池溢流和表面排渣口放置于室内设置了水封装置
(C) 厌氧消化池的出气管与污泥气储罐的出气管上设置了回火防止器
(D) 厌氧消化产生的污泥气脱硫装置设置于污泥储气柜之后
解析:
选项 A，厌氧消化不能采用空气搅拌，应该是沼气搅拌，故 A 错误。

选项 B，参考《排水标准》8.3.16 条。厌氧消化池溢流和表面排渣管出口不得放在室内，且必须设置水封装置，故 B 错误。

选项 D，参考《排水标准》8.3.21 条条文说明。厌氧消化产生的污泥气脱硫装置设置于污泥储气柜之前，故 D 错误。

答案选【C】。

2.15-14. 关于污水处理厂污泥消化池沼气收集的设计，下列哪一项正确?【2023-2-22】
(A) 防腐层延伸至最低泥位处
(B) 沼气收集管设计流速 5m/s
(C) 沼气管道顺气流方向设置 0.8% 的坡度
(D) 气体出口设置于最高泥面以上 500mm
解析:
选项 A，H_2S 具有一定的腐蚀性，因此气室应进行防腐处理，防腐层应延伸至最低泥位下不小于 500mm，故 A 错误。

选项 B，沼气管的管径按日平均产气量计算，管内流速按 $7\sim15$m/s 计，故 B 错误。

选项 C，沼气管道应按顺气流方向设置不小于 0.5% 的坡度，在低点应设置凝结水罐，故 C 正确。

选项 D，气体的出气口应高于最高泥面 1.5m 以上，故 D 错误。

答案选【C】。

——多选题——

2.15-15. 下列关于污水污泥处理方法的描述，哪些是正确的?【2020-1-53】
(A) 呼吸道传染病疫情期间污泥处理可采用高温厌氧消化或好氧发酵工艺
(B) 降低初沉池表面负荷可有效去除污水中胶体态有机污染物
(C) 活性炭吸附法不适用以脱氮除磷为主要目的的三级处理系统
(D) 小型生活污水处理设施宜优先选择物化处理方法
解析:
选项 A，参考《排水工程 2025》，用高温厌氧消化或好氧发酵工艺的温度均是控制在

55℃以上，效果比常规厌氧消化要好，故 A 正确。

选项 B，沉淀池去除的是悬浮性的有机物，对胶体态的有机污染物去除效果差，故 B 错误。

选项 C，参考《排水工程 2025》表 15-1，活性炭吸附法对氮磷基本没有效果，故 C 正确。

选项 D，小型生活污水处理设施宜优先选择生物处理方法，可采用 SBR 和生物膜等工艺，农村生活污水多采用一体化处理装置处理，更经济合理，故 D 错误。

答案选【AC】。

2.15.6　污泥干化与焚烧

——单选题——

2.15-16. 能稳定实现城镇污水处理厂污泥含固率大于 60％的工艺路线，下列哪一项正确？【2024-2-22】

（A）剩余污泥→转鼓浓缩机→带式脱水机

（B）剩余污泥→离心浓缩脱水一体机→板框脱水机

（C）剩余污泥→重力浓缩池→厌氧消化→离心脱水机

（D）剩余污泥→重力浓缩池→离心脱水机→转盘干化机

解析：

只有污泥热干化可以稳定实现污泥含水率≤40％，故 D 正确。

答案选【D】。

——多选题——

2.15-17. 关于污泥焚烧系统的设计及做法，下列哪几项正确？【2024-1-57】

（A）设置 2 套污泥焚烧炉，每套焚烧炉燃烧室后设置 1 套紧急排放烟囱及联动装置

（B）将炉渣和飞灰收集后，放在一个储存罐中集中贮存，定期运出厂外处置

（C）采用炉排垃圾焚烧炉协同处置污泥及垃圾时，垃圾掺烧比设计为 4％

（D）采用袋式除尘净化污泥焚烧产生的烟气

解析：

参考《排水标准》8.8.6 条。污泥焚烧的炉渣和除尘设备收集的飞灰应分别收集、贮存和运输，故 B 错误。参考《排水标准》8.8.7 条条文说明。当垃圾焚烧炉采用炉排焚烧炉时，"污泥"掺烧比一般控制在 5％以下，故 C 错误。

答案选【AD】。

2.15.7　污泥的最终处置

——单选题——

2.15-18. 下列方法中，不属于城镇污水处理厂污泥最终处置的是哪项？【2020-1-21】

（A）用于盐碱地改良　　　　　　　　（B）制作水泥添加料

（C）石灰稳定后填埋　　　　　　　　（D）厌氧消化产甲烷

解析：

污泥最终处置包括焚烧、填埋、投海、建筑材料、土地利用等。污泥稳定可采用厌氧

消化、好氧消化、污泥堆肥、加碱稳定、加热干化、焚烧等技术，故 D 错误。

答案选【D】。

2.15-19. 下列关于城市污水处理厂污泥的土地处理的说法，正确的是哪项？【2020-2-23】

(A) 污泥可以经过生物、化学等稳定化处理后进行土地利用，也可以不经处理直接进行土地利用

(B) 污泥农田利用的有机质条件是含量≥200g/kg 干污泥，氮磷钾含量无要求

(C) 污泥园林绿化利用的有机质条件是含量≥25g/kg 干污泥，氮磷钾含量无要求

(D) 污泥用于生态修复的有机质条件是含量≥150g/kg 干污泥，氮磷钾含量无要求

解析：

选项 A，污泥必须经过厌氧消化、生物堆肥或化学稳定等处理后才能进行土地利用，故 A 错误。

选项 B，参考《排水工程 2025》，污泥用于城市园林绿地建设时泥质要求为：有机质含量≥300g/kg 干污泥，氮磷钾（$N+P_2O_5+K_2O$）含量≥40g/kg 干污泥；以污泥为主要原料作为植物生长的载体时，泥质要求有机质含量≥200g/kg 干污泥，氮磷钾无要求，故 B 错误。

选项 C，参考《排水工程 2025》表 17-30，氮磷钾含量≥30g/kg 干基，故 C 错误。

选项 D，参考《排水工程 2025》，有机质条件是含量≥150g/kg 干污泥，氮磷钾含量无要求，故 D 正确。

答案选【D】。

2.15-20. 下列关于城镇污水处理厂污泥资源化利用途径的说法，哪一项错误？【2022-1-21】

(A) 通过卫生填埋安全处置

(B) 通过干化焚烧工艺处理产生电能

(C) 通过厌氧消化工艺处理产生生物能

(D) 通过好氧堆肥工艺处理进行土地利用

解析：

本题强调污泥资源化利用途径，故 B、C、D 正确；卫生填埋安全处置属于污泥处置，不属于资源化利用，故 A 错误。

答案选【A】。

2.15-21. 下列关于城市污水处理厂污泥处置与资源化利用的要求及用途，哪一项错误？【2022-2-23】

(A) 城市污水处理厂污泥用于园林绿化和生态修复时，对有机质无含量要求，对氮磷钾有含量要求

(B) 污泥在园林绿化作为底肥时，具体用量根据污泥养分含量、植物需肥量、土壤供肥量确定

(C) 污泥与矿化垃圾混合改性后，可以作为垃圾填埋场的覆盖土

（D）污泥的水泥窑协同处置过程无残渣飞灰产生

解析：

参考《排水工程 2025》，城市园林绿地建设时要求有机质含量≥300g/kg 干污泥，氮磷钾（N+P₂O₅+K₂O）含量≥40g/kg 干污泥；生态修复时要求泥质有机质含量≥150g/kg 干污泥，氮磷钾无要求，故 A 错误。

答案选【A】。

2.15-22. 下列关于污泥处理处置技术的论述中，哪一项错误？【2023-1-21】

（A）污泥浓缩，可实现污泥减量化

（B）污泥消化，可实现污泥减量化

（C）污泥石灰稳定，可实现污泥无害化

（D）污泥脱水滤液回流到初沉池，可实现物质的资源化利用

解析：

参考《排水标准》8.1.10 条。污泥处理处置过程中产生的污泥水应单独处理或返回污水处理构筑物进行处理。污泥水含有较多污染物，其浓度一般比污水高，若不经处理直接排放，势必污染水体，造成二次污染。另外污泥脱水滤液磷浓度十分高，如不除磷，直接回到集水池，则磷从水中转移到泥中，再从泥中转移到水中，只是在处理系统中循环，严重影响了磷的去除效率，故 D 错误。

答案选【D】。

2.15-23. 下列关于城镇污水处理厂污泥处置的做法，哪一项正确？【2023-2-23】

（A）根据污泥的养分含量及植物需肥量，确定单位面积土地上污泥施用量

（B）污泥与生活垃圾按 1∶1 的质量比混合后填埋

（C）将含水量为 30％的污泥用作垃圾填埋场的覆土

（D）污泥中含有病原菌，不能作为农用肥料

解析：

选项 A，单位面积土地上污泥施用量应根据土壤中金属允许含量计算，故 A 错误。

选项 B，污泥与生活垃圾的重量混合比例应≤8％，故 B 错误。

选项 C，污泥用作垃圾填埋场的覆土要求含水量＜45％，故 C 正确。

选项 D，蛔虫卵死亡率≥95％，粪大肠菌群值≥0.01，故 D 错误。

答案选【C】。

2.15-24. 某市政生活污水处理厂污泥经浓缩→深度脱水后，污泥的含水率为 50％，污泥中有机物含量为 65％，下述哪一种污泥的最终处置方式既环保又符合可持续发展要求？【2024-1-22】

（A）农田利用　　　　　　　　　（B）运送至垃圾填埋场

（C）焚烧后作建筑材料　　　　　（D）作为园林绿化用肥料

解析：

未经过稳定化及无害化处理的污泥不能进行土地利用，故 A、D 错误。严禁未经稳定

化和无害化处理的污泥直接填埋，故 B 错误。C 符合环保及可持续发展要求，故 C 正确。

答案选【C】。

——多选题——

2.15-25. 下列关于污泥用于沙荒地修复的做法，哪几项正确？【2023-1-57】

（A）采用地表覆盖的方式

（B）优先采用边修复、边种植农作物的方式

（C）在敏感水域以外 2km 施用污泥修复

（D）采用污泥与沙荒地土机械掺混的方式

解析：

参考《排水工程 2025》，用于矿山废弃地及退化土地如沙荒地的修复，可采用机械掺混合地表覆盖等方式。施用时期应避开集中降水季节。修复后的土地主要用于恢复生态景观，不宜用于农作物生长。在湖泊水库等封闭水体及敏感水域周围 1000m 范围内，禁止采用污泥作为生态修复材料使用，故 A、C、D 正确。

答案选【ACD】。

2.16　城镇污水处理厂的设计

——单选题——

2.16-1. 在城镇污水处理厂设计中，平均日平均时流量通常可作为下面哪个处理设施或指标的设计水量？【2020-2-21】

（A）进水提升泵站

（B）污水处理厂年电耗

（C）构筑物连接管渠

（D）曝气池有效容积

解析：

参考《排水工程 2025》，平均日流量一般用于表示污水处理厂的设计规模。用以表示处理总水量，计算污水处理厂年电耗与耗药量，总污泥量，故 B 正确。

答案选【B】。

2.16-2. 某污水处理厂，设计规模 10 万 m^3/d，以下哪个地块作为污水处理厂厂址较为合适？【2021-1-18】

（A）地块附近有住宅区，住宅区距地块边界最小距离为 250m

（B）地块位于市区西南角，该城市夏季最小频率的风向为西南风

（C）地块位于城市的泄洪区内，周边为湿地

（D）地块位于饮用水水源一级保护区，污水处理厂出水有出路，不排入水源地

解析：

A 选项，参考《排水规划规范》4.4.4 条。规模 10 万 m^3/d 污水处理厂的卫生防护距离最小为 300m，故 A 错误。

B 选项，参考《排水规划规范》4.4.2 条。位于夏季最小频率的上风向污染最小，故 B 正确。

C选项，参考《排水标准》7.2.1条。厂区地形不应受洪涝灾害影响，泄洪区内泄洪时会受到洪涝影响，故C错误。

D选项，参考《中华人民共和国水污染防治法》第六十五条，禁止在饮用水水源一级保护区内新建、改建、扩建与供水设施和保护水源无关的建设项目；已建成的与供水设施和保护水源无关的建设项目，由县级以上人民政府责令拆除或者关闭，故D错误。

答案选【B】。

2.16-3. 某市政污水处理厂采用"预处理＋A²O＋二沉池＋高效沉淀池＋反硝化深床滤池＋紫外线消毒"处理工艺，下列哪一项在线仪表的设置不必要？【2023-1-20】
（A）生物池进水处设置 NH_3-N 在线分析仪
（B）生物池缺氧段设置 TP 在线分析仪
（C）生物池好氧段设置 MLSS 在线分析仪
（D）二沉池出水设置 TP 在线分析仪

解析：

生物池缺氧段的主要作用是对硝酸盐进行反硝化，故应设置硝酸盐在线分析仪，故B错误。

答案选【B】。

——多选题——

2.16-4. 以下关于污水处理厂的设计，哪几项是可行的？【2020-1-56】
（A）出水排海，设计采用平均高潮位作为污水处理厂的排放水位
（B）设计处理规模 10 万 m^3/d，生物池池容计算时设计流量采用 $4800m^3$/h
（C）在厌氧池、缺氧池和反渗透系统进水管上均设置 ORP 在线监测仪表
（D）脱水机冲洗采用厂区再生水，再生水系统与脱水机直接相连的管道上装有止回阀和截止阀

解析：

选项A，参考《排水工程2025》，排放水位一般不选取每年最高水位，因为其出现时间较短，易造成常年水头浪费，而应选取经常出现的高水位作为排放水位，故A正确。

选项B，参考《排水标准》7.1.5条。污水处理构筑物的设计应符合下列规定：⑤二级处理构筑物应按旱季设计流量设计，雨季设计流量校核。本题设计处理规模 10 万 m^3/d，平均日小时流量为 $4167m^3$/h，参考 4.1.15 条，得 K_z＝1.5，最大时流量为 $6250m^3$/h，故B错误。

选项C，参考《排水标准》9.2.3条条文说明。厌氧池、缺氧池设 ORP 保护微生物，反渗透系统设置 ORP 可以保护膜，故C正确。

选项D，参考《排水标准》7.1.13条。厂区的给水系统、再生水系统严禁与处理装置直接连接。一般为通过空气间隙和设中间贮存池，然后再与处理装置衔接，故D错误。

答案选【AC】。

2.16-5. 某城市污水处理厂，处理规模 $10000m^3$/d，关于运行过程的监测，以下做法

哪几项是正确的?【2021-2-55】

(A) 氨、硫化氢、甲烷浓度监测点设于厂界或防护带边缘的浓度最高点

(B) 自动控制系统采用信息层和设备层两层结构

(C) 污水处理厂出水设置了 pH、水温、COD、氨氮等主要水质指标的在线检测装置

(D) 二级处理的曝气生物滤池中,设置了 DO、MLSS 和 ORP 在线检测仪表

解析:

选项 A,参考《污水厂排放标准》4.2.3 条第 1 款。氨、硫化氢、臭气浓度监测点设于城镇污水处理厂厂界或防护带边缘的浓度高点;甲烷监测点设于厂区内浓度高点,故 A 错误。

选项 B,参考《排水工程 2025》,污水处理厂的自动控制系统一般采用三层结构,包括信息层、控制层和设备层,但小型污水处理厂不宜设现场控制层,故 B 正确。

选项 C,参考《排水标准》9.2.1 条条文说明。污水处理厂出水应检测流量、pH、COD、NH_3-N、TP、TN 和其他相关水质参数,故 C 正确。

选项 D,参考《排水标准》9.2.3 条条文说明。曝气生物滤池中需要检测的指标是单格溶解氧、过滤水头损失,故 D 错误。

答案选【BC】。

2.16-6. 城镇污水处理厂应对工艺产生的臭气进行收集、处理,下面关于臭气处理的做法,哪几项是错误的?【2022-1-57】

(A) 污水处理厂臭气源加盖密闭装置不得采用金属构件

(B) 污水除臭气系统应根据当地的气温和气候条件采取防冻和保温措施

(C) 为减少收集管路阻力,臭气收集管不得加设阀门等增加阻力的设备

(D) 寒冷地区臭气生物滤池填料区的设计宜根据进气温度情况缩短空塔停留时间

解析:

选项 A,参考《排水标准》8.11.7 条第 3 款。盖和支撑的材质应具有良好的物理性能,耐腐蚀、抗紫外老化,并在不同温度条件下有足够的抗拉、抗剪和抗压强度,承受台风和雪荷载,定期进行检测,且不应有和臭气源直接接触的金属构件。支撑构件一般都是金属构件,只要不与臭气源直接接触即可,故 A 错误。

选项 C,参考《排水标准》8.11.9 条。各并联收集风管的阻力宜保持平衡,各吸风口宜设置带开闭指示的阀门,故 C 错误。

选项 D,参考《排水标准》8.11.13 条第 1 款。填料区停留时间不宜小于 15s,寒冷地区宜根据进气温度情况延长空塔停留时间,故 D 错误。

答案选【ACD】。

2.16-7. 某城镇的排水体制为完全分流制,其污水处理厂及处理单元的设计流量定义和应用下列哪几项正确?【2022-2-57】

(A) 旱季设计流量为最大日最大时的综合生活污水量和工业废水量及入渗地下水量之和

(B) 初次沉淀池按旱季设计流量设计

(C) A²O曝气池按旱季设计流量设计

(D) 剩余污泥量按旱季设计流量计算

解析：

选项A，参考《排水标准》2.0.10条，旱季设计流量：晴天时最高日最高时的城镇污水量，故A正确。

选项B、C，参考《排水标准》7.1.5条，4) 初次沉淀池应按旱季设计流量设计，雨季设计流量校核，校核的沉淀时间不宜小于30min。5) 二级处理构筑物应按旱季设计流量设计，雨季设计流量校核，故B、C正确。

选项D，剩余污泥量一般按平均日流量进行计算，故D错误。

答案选【ABC】。

2.16-8. 关于地下污水处理厂，下列做法或说法哪几项正确？【2023-1-53】

(A) 进入箱体的通道应配套设置雨水泵房

(B) 箱体进出通道敞开部分宜采用钢筋混凝土材料进行封闭

(C) 将污泥厌氧消化池加固措施设置于地下箱体空间中

(D) 污水进口设置一道速闭闸门

解析：

选项A，参考《排水标准》7.2.13条第8款，进入地下污水处理厂箱体的通道前应设置驼峰，驼峰高度不应小于0.5m，驼峰后在通道的中部和末端均应设置横截沟，并应配套设置雨水泵房，故A正确。

选项B，参考《排水标准》7.2.13条第7款。地下或半地下污水处理厂箱体宜设置车行道进出通道，通道坡度不宜大于8%，通道敞开部分宜采用透光材料进行封闭，故B错误。

选项C，参考《排水标准》7.2.24条，地下或半地下污水处理厂的综合办公楼、总变电室、中心控制室等运行和管理人员集中的建筑物宜设置于地面上；有爆炸危险或火灾危险性大的设施或处理单元应设置于地面上。厌氧消化池属于有爆炸危险设施，故C错误。

选项D，参考《排水标准》7.2.25条，地下或半地下污水处理厂污水进口应至少设置一道速闭闸门，故D正确。

答案选【AD】。

2.16-9. 下列哪几项设施不宜放在地下污水处理厂的地下空间内？【2023-2-57】

(A) 总变电室　　　　　　　　　　(B) 甲醇储存间

(C) 污泥消化池　　　　　　　　　(D) 紫外消毒设施

解析：

选项A，参考《排水标准》7.2.24条。地下或半地下污水处理厂的综合办公楼、总变电室、中心控制室等运行和管理人员集中的建筑物宜设置于地面上；有爆炸危险或火灾危险性大的设施或处理单元应设置于地面上，故A正确。

选项 B、C，甲醇储存间和污泥消化池属于有爆炸危险或火灾危险性大的设施或处理单元，故 B、C 正确。

答案选【ABC】。

2.16-10. 下列关于污水处理厂设计的说法中，哪几项正确？【2024-1-53】

（A）寒冷地区污水处理厂的处理构筑物应有保温防冻措施

（B）污水处理厂的设计防洪标准不应低于城镇防洪标准

（C）污水处理厂处理构筑物应设排空设施，排出水可直接排放

（D）地下式污水处理厂中火灾危险性大的处理单元应设置于地面上

解析：

参考《排水标准》7.1.12 条、7.2.1 条第 7 款、7.2.20 条、7.2.24 条、7.2.26 条，处理构筑物应设排空设施，排出水应回流处理，故 C 错误。

答案选【ABD】。

2.16-11. 在城镇污水处理设计中，可不设初沉池的工艺主要有下列哪几项？【2024-1-55】

（A）AB 工艺　　　　　　　（B）进水低碳源 A^2/O

（C）延时曝气氧化沟　　　　（D）合流制污水处理的 A^2/O 工艺

解析：

参考《排水标准》7.6.16 条条文说明：1）当五日生化需氧量与总凯氏氮之比为 4 或略小于 4 时，可不设初次沉淀池或缩短污水在初次沉淀池中的停留时间，以增大进生物反应池污水中五日生化需氧量与氮的比值，故 B 正确。合流制污水处理的 A^2/O 工艺需要通过初次沉淀池控制雨季进水中的悬浮物浓度，故 D 错误。

答案选【ABC】。

2.17　工业废水处理

2.17.1　概述

——单选题——

2.17-1. 关于工业废水处理，下列做法正确的是哪项？【2020-1-23】

（A）某化工厂废水 pH 偏低，为了保护城市下水道不被腐蚀，加水稀释后再排放

（B）某电子工业园区为了降低企业负担，将园区内工厂废水直接收集至园区污水处理厂统一处理

（C）某冶炼厂将尾矿坝出口水质作为控制第一类污染物达标排放的依据

（D）某屠宰场厂废水处理工艺设计中采用次氯酸钠消毒

解析：

选项 A，《下水道标准》4.1.6 条，水质不符合本标准规定的污水，应进行预处理，不得用稀释法降低浓度后排入城镇下水道，故 A 错误。

选项 B，园区内工厂废水必须预处理达到满足《下水道标准》后才能排入园区污水处理厂，故 B 错误。

选项 C，参考《污水综合排放标准》GB 8978—1996，第一类污染物一律在车间或车间处理设施排放口采样，其最高允许排放浓度必须达到本标准要求（采矿行业的尾矿坝出水口不得视为车间排放口），故 C 错误。

选项 D，参考《屠宰与肉类加工废水治理工程技术规范》HJ 2004—2010 中 6.3.2.3 条第（2）款，一般采用二氧化氯或次氯酸钠进行消毒，消毒接触时间不应小于 30min，有效浓度不应小于 50mg/L，故 D 正确。

答案选【D】。

2.17-2. 下图是用于评价工业废水可生化性的微生物耗氧速率法，图中 a 和 c 都是有机物呼吸的耗氧过程线，b 是内源呼吸耗氧过程线，下述说法错误的是哪项？【2021-1-23】

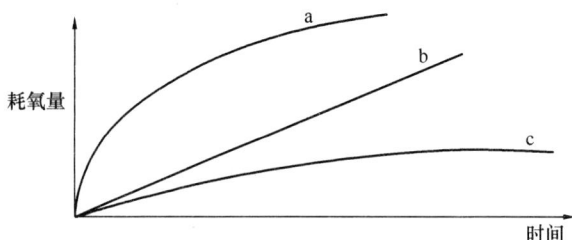

（A）当 a 位于 b 线以上时，说明废水中的有机物可生化比例高
（B）当 c 位于 b 线以下时，说明废水中的有机物可生化比例低
（C）a 线与 b 线差距越大，说明废水的可生化性越好
（D）c 线与 b 线差距越大，说明废水的可生化性越好

解析：

本题为理论分析题：有机物呼吸的耗氧过程线反映的是分解有机物所消耗的氧量，与有机物分解量成正比，越高说明可生化性越好；若有机物呼吸的耗氧过程线低于内源呼吸耗氧过程线，说明此时以内源呼吸为主，废水的可生化性越差，故 D 错误。

答案选【D】。

2.17-3. 以下所列工业废水中，哪一类最适合采用生物法处理？【2023-1-23】
（A）工业冷却系统的排水 　　　　（B）含常规有机污染物的废水
（C）含有毒污染物的废水 　　　　（D）含大量无机酸的废水

解析：

生物法处理主要利用微生物分解有机污染物废水，故 B 正确。

答案选【B】。

2.17-4. 某化工企业污水处理站的工艺流程为：格栅—调节池—提升泵站—生化处理—深度处理，下列处理构筑物设计流量的取值，哪一项错误？【2024-1-24】
（A）格栅按平均时流量设计
（B）提升泵站按平均时流量设计
（C）生化处理构筑物按平均时流量设计

（D）深度处理构筑物按平均时流量设计

解析：

经过调节池调节之后的构筑物设计流量可按平均时流量设计，故 B、C、D 正确，A 错误。

答案选【A】。

2.17.2　工业废水的物理处理

——单选题——

2.17-5. 工业废水处理常设置调节池，关于其主要功能描述，错误的是哪项?【2020-1-24】

（A）调节水量，减少流量波动对后续处理工艺的冲击

（B）均衡水质，防止生物处理系统负荷急剧变化

（C）去除异味，减少占地面积

（D）控制 pH，减少中和化学药剂用量

解析：

参考《排水工程 2025》，调节池不足之处：占地面积大，可能需要设置去除异味的附属设施等，故 C 错误。

答案选【C】。

2.17-6. 关于平流式隔油池，下述说法错误的是哪一个?【2021-1-24】

（A）平流式隔油池主要去除浮油

（B）平流式隔油池主要去除分散油

（C）平流式隔油池不能去除乳化油

（D）平流式隔油池可能去除的最小油珠粒径为 $100\sim150\ \mu m$

解析：

参考《排水工程 2025》，平流式隔油池可能去除的最小油珠粒径为 $100\sim150\ \mu m$（浮油），分散油粒径为 $10\sim100\ \mu m$，不是平流式隔油池的主要去除对象，故 B 错误。

答案选【B】。

2.17-7. 下列关于废水处理中的平流式隔油池功能和设计参数取值，哪一项错误? 【2022-1-23】

（A）可能去除的最小油珠粒径一般为 $100\sim150\mu m$

（B）其本质是一种利用重力进行油水分离的设施

（C）油珠上浮速度大于水平流速 15 倍

（D）其有效水深与池宽比宜为 $0.3\sim0.4$

解析：

参考《排水工程 2025》，一般取 $v\leqslant15u$（v 为水平流速，u 为上浮速度），但不宜大于 15mm/s（一般取 $2\sim5$mm/s），故 C 错误。

答案选【C】。

——多选题——

2.17-8. 含油废水处理中，下列宜作为去除乳化油的方法有哪些？【2020-1-58】

(A) 斜板隔油法   (B) 电解气浮法

(C) 混凝气浮法   (D) 陶瓷膜分离法

解析：

参考《排水工程2025》，除油方法宜采用重力分离法除浮油和重油，采用气浮法、电解法、混凝沉淀法去除乳化油，故B、C正确。目前，应用混凝破乳/上浮法分离技术处理乳化液是一种比较成功的除油方法，溶解油可以采用膜分离、电磁吸附法、生物氧化的方法去除。用陶瓷膜分离法去除乳化油是不经济的，故不宜使用，故D错误。

答案选【BC】。

2.17-9. 关于工业废水处理调节池的搅拌方法，下述说法错误的是哪几个？【2021-1-58】

(A) 在沉砂池之前的调节池内设置机械搅拌设备

(B) 在调节池内设穿孔管，采用水泵强制循环搅拌

(C) 在调节池一侧设穿孔曝气管，搅拌强度为 $1.5m^3/(h \cdot m$ 管长$)$

(D) 在调节池池底设穿孔曝气管，搅拌强度为 $2.5m^3/(h \cdot m$ 管长$)$

解析：

选项A，为减少机械搅拌所需功率，尽量将调节池放在沉砂池之后，故A错误。

选项B，水力搅拌多是采用水泵强制循环搅拌，即在池内设穿孔管，用压力水强制搅拌，此方法优点是简单易行，但动力消耗较多，故B正确。

选项C、D，空气搅拌：采用穿孔管曝气时可取 $2 \sim 3m^3/(h \cdot m$ 管长$)$，故C错误、D正确。

答案选【AC】。

2.17-10. 下列关于工业废水处理调节池的功能和设备配置，哪几项错误？【2022-1-58】

(A) 调节池的主要功能是对难降解有机物进行预处理

(B) 调节池常用空气搅拌、机械搅拌和水力搅拌等方式防沉

(C) 当废水水量变化较大时，调节池的大小不影响废水处理工程正常运行

(D) 当废水水质变化较大时，通过调节可减小水质波动，减小调节池后续的处理设施规模

解析：

选项A，调节池的主要功能调节水质和水量，不具有处理难降解有机物的功能，故A错误。

选项C，当废水水量变化较大时，调节池的大小影响废水处理工程正常运行，如果过小，后续经常会停运，故C错误。

选项D，当废水水质变化较大时，调节后浓度降低，后续构筑物计算容积明显会变小，出水水质也更加稳定，故D正确。

答案选【AC】。

2.17.3　工业废水的化学处理

2.17.3.1　中和

——单选题——

2.17-11. 某工厂产生含硫酸浓度为 $3g/L$ 的废水 $500m^3/d$，废水悬浮物浓度为 $500mg/L$，设计应选择哪一种中和方法？【2023-1-24】

（A）白云石滤料升流膨胀床过滤中和　　（B）石灰石滤料固定床过滤中和

（C）投加生石灰粉中和　　　　　　　　（D）用烟道气中和

解析：

参考《排水工程 2025》，硫酸浓度为 $3g/L$ 且悬浮物浓度高，故排除碱性废水中和方法，故 C 正确。

答案选【C】。

2.17.3.2　化学沉淀

——单选题——

2.17-12. 下列关于有机废水化学氧化法原理、氧化剂和催化剂的描述，哪一项错误？【2022-1-24】

（A）化学氧化可将难降解有机物转化为毒性低的中间产物或完全氧化生成二氧化碳

（B）废水处理工程常用的氧化剂有高锰酸钾、次氯酸钠、二氧化氯、臭氧及过氧化氢等

（C）过氧化氢可直接氧化醛类和氰化物等，当处理难降解有机物时，常用三价铁盐为催化剂

（D）光催化氧化法是利用光和氧化剂共同作用去除废水中的污染物质

解析：

参考《排水工程 2025》，常用催化剂是硫酸亚铁（Fenton 试剂）、络合 Fe（Fe-ED-TA）、Cu 或 Mn，或使用天然酶。但最常用的是 $FeSO_4$，是二价铁，不是三价铁，故 C 错误。

答案选【C】。

——多选题——

2.17-13. 某工厂废水中含重金属离子，设计采用化学沉淀法处理。下列哪几种方法适合作为该工业废水处理的备选工艺？【2023-1-58】

（A）钡盐沉淀法　　（B）铝盐沉淀法　　（C）硫化物沉淀法　　（D）氢氧化物沉淀法

解析：

参考《排水工程 2025》，化学沉淀法主要包括钡盐沉淀法、铝（铁）盐沉淀法、硫化物沉淀法、氢氧化物沉淀法，故 A、C、D 正确；其中铝（铁）盐沉淀法主要用于除磷，故 B 错误。

答案选【ACD】。

2.17.3.3 氧化还原

2.17-14. 下列行业废水处理工程设计中，应特别重视氰化物含量的是哪一项？【2024-1-23】

(A) 造纸废水　　(B) 制糖废水　　(C) 屠宰废水　　(D) 电镀废水

解析：

电镀废水中氰化电镀排放含氰废水，故 D 正确。

答案选【D】。

——多选题——

2.17-15. 关于臭氧氧化污染物的描述，下述说法正确的是哪几个？【2021-2-58】

(A) 臭氧与氰和亚硝酸盐之间的反应速率快

(B) 臭氧与酚类和亲水性染料之间的反应速率快

(C) 臭氧与饱和脂肪酸之间的反应速率快

(D) 臭氧与表面活性剂之间的反应速率慢

解析：

参考《排水工程 2025》，臭氧与某些易于与其反应的污染物质如氰、酚、亲水性染料、硫化氢、亚硝酸盐、亚铁等之间的反应速率甚快，此时反应速率往往受制于传质速率，故 A、B 正确。又如一些难氧化的有机物，如饱和脂肪酸、合成表面活性剂等，臭氧对它们的氧化反应甚慢，相间传质很少对其构成影响，故 C 错误、D 正确。

答案选【ABD】。

2.17.4 工业废水的物理化学处理

2.17.4.1 气浮

——单选题——

2.17-16. 某工业废水悬浮物浓度高，拟采用气浮法处理，要求达到较高的处理效率。应优先选择下列哪种气浮法？【2023-2-24】

(A) 散气气浮法　　　　　　　　(B) 叶轮气浮法

(C) 溶气真空气浮法　　　　　　(D) 加压溶气气浮法

解析：

参考《排水工程 2025》：悬浮物浓度高可以选择叶轮气浮法和加压溶气气浮法，叶轮气浮已经很少使用；加压溶气气浮法溶气效率高，可以达到较高的处理效率，故 D 正确。

答案选【D】。

2.17-17. 下列关于工业废水气浮处理的设计做法，哪一项错误？【2024-2-24】

(A) 废水中含浮油时，采用平流隔油池处理

(B) 废水中含稠油时，采用叶轮气浮法进行一级处理

(C) 为了提高溶气量，延长溶气罐中加压水的停留时间

(D) 为提高溶气效率，设计在溶气罐中采用阶梯环填料

解析：

参考《排水工程 2025》溶气量计算公式，溶气量与停留时间无直接关系，保证合适的接触时间即刻，故 C 错误。

答案选【C】

——多选题——

2.17-18. 下列关于气浮法原理和应用的说法，哪些是正确的？【2020-2-58】

（A）减少水的表面张力，可提高气浮效果

（B）增加气、液、固三相接触角，有利于提高气浮效果

（C）混凝气浮能够有效去除水中油类污染物，但对 BOD 去除率不高

（D）混凝气浮能够同时去除废水中的氨氮和磷

解析：

选项 A，参考《排水工程 2025》，增大水的表面张力 $\sigma_{1,2}$，可以使接触角增加，有利于气、粒结合，故 A 错误。

选项 B，参考《排水工程 2025》，如 $\theta < 90°$ 为亲水性颗粒，不易于气泡黏附；$\theta > 90°$ 为疏水性颗粒，易于气泡黏附，故 B 正确。

选项 C，参考《排水工程 2025》，混凝-气浮工艺对色度的去除率约为 37%、COD 去除率约为 33%、BOD_5 去除率约为 28%、SS 去除率约为 60%、氨氮去除率约为 13%，故 C 正确。

选项 D，参考《排水工程 2025》，混凝-气浮工艺对氨氮去除率约为 13%，气浮也能够去除混凝之后的絮凝体，可以同步除磷，故 D 正确。

答案选【BCD】。

2.17.4.2　吸附

——单选题——

2.17-19. 下列关于工业废水处理工艺中吸附法的叙述，错误的是哪项？【2020-2-24】

（A）吸附法可用于处理含汞废水

（B）活性炭一般在酸性条件下比在碱性条件下吸附效果好

（C）物理吸附效果一般不受水温影响

（D）吸附剂有天然吸附剂和人工吸附剂两类

解析：

参考《排水工程 2025》，以物理吸附为主时，水温升高吸附量下降，反之吸附量增加，化学吸附与物理吸附相反，故 C 错误。

答案选【C】。

2.17-20. 关于活性炭吸附，下述说法错误的是哪一项？【2021-2-24】

（A）活性炭吸附可用于酸性和碱性废水的处理，不适用于高温、高压废水处理

（B）活性炭工艺适宜于去除重金属、农药等有毒有害物质

（C）活性炭吸附量与比表面积、细孔构造和分布有关

（D）活性炭适宜处理含小分子有机污染物的废水

解析：

选项 A，参考《排水工程 2025》，活性炭可制成粉末状和颗粒状，废水处理常用粒状炭，其应用工艺简单，操作方便。粒状活性炭外观黑色，化学稳定性好，耐酸、碱、高温及高压。故可以用于高温、高压废水处理，故 A 错误。

选项 D，参考《排水工程 2025》，小孔的表面积最大（占所有孔表面积的 95% 以上），因此活性炭的吸附量主要由小孔决定，所以活性炭适宜处理含小分子污染物的废水，故 D 正确。

答案选【A】。

2.17-21. 下列关于工业废水吸附法的原理、吸附剂与反应器类型的说法，哪一项错误？【2022-2-24】

（A）吸附过程是一种通过选择性吸附剂去除水中溶解性物质的方法

（B）吸附法主要用于处理含重金属离子、难降解有机物、色度及异味的废水

（C）选择性吸附剂包括活性炭、有机黏土、活性氧化铝和表面具有较强化学活性的树脂

（D）活性炭吸附反应器分为流化床、移动床和固定床，废水处理中常采用升流式固定床

解析：

废水处理中常采用降流式固定床，降流式固定床需要设置反冲洗装置，效果稳定。升流式固定床一般不设反冲洗装置效果没有降流式固定床稳定。参考《排水标准》7.11.11 条，推荐采用降流式固定床，故 D 错误。

答案选【D】。

——多选题——

2.17-22. 某化工园区废水含有难降解有机物，原有"调节池—水解酸化—A²O—高效沉淀池—臭氧催化氧化—砂滤池"处理工艺的出水 COD 为 80mg/L，现要将出水 COD 降低至 50mg/L 以下，合理的深度处理备选工艺可为下列哪几项？【2022-2-58】

（A）反渗透   （B）气浮池

（C）均质滤料滤池   （D）颗粒活性炭吸附

解析：

流程中已经有高效沉淀池和砂滤池，可以将悬浮物降低到至少一级 B 的 SS 出水标准，即 SS≤20mg/L，若气浮池和均质滤料滤池去除悬浮物已经没有多大效果，题干中的 COD 为 80mg/L 主要为溶解态的 COD，只能通过吸附和反渗透来去除，故 A、D 正确。

答案选【AD】。

2.17-23. 利用活性炭处理废水时，下列说法哪几项正确？【2023-2-58】

（A）苯酚比丁醛更易于被吸附

（B）污染物的亲水性越强越易被吸附

(C) 一般情况下，降低 pH 能够提高废水中有机物的去除率

(D) 分子量为 2000 的有机物比分子量为 1500 的有机物更易于被吸附

解析：

选项 B，参考《排水工程 2025》，活性炭是疏水性物质，所以吸附质的疏水性越强越易被吸附，故 B 错误。

选项 D，参考《排水工程 2025》，一般分子量越大，吸附性越强。但分子量过大，在活性炭细孔内扩散速率会降低。如果分子量大于 1500 时，其吸附速度显著下降，故 D 错误。

答案选【AC】。

2.17-24. 下列关于工业污水处理厂的设计做法，哪几项正确？【2024-1-58】

(A) 采用活性炭吸附法处理高浓度含汞污水

(B) 采用湿式氧化法处理乙烯装置排出的碱渣污水

(C) 某工业污水处理厂设计了一间同时存放氯酸钠、盐酸和氯气瓶的药剂库房

(D) 利用电解还原法处理含铬污水，设计采用铁阳极及反应初始 pH 控制为 4～6

解析：

选项 A，参考《化学工业污水处理与回用设计规范》GB 50684—2011 中 9.6.2 条，低浓度含汞污水、经化学沉淀法处理后的含汞污水，以及含有机汞的污水，宜采用活性炭吸附法或离子交换法处理，故 A 错误。

选项 B，参考《石油化工污水处理设计规范》GB 50747—2012 中 4.2.6 条，碱渣污水可采用湿式氧化等方法进行脱硫处理，故 B 正确。

选项 C，参考《给水标准》9.9.25 条，制备二氧化氯的原材料氯酸钠、亚氯酸钠和盐酸、氯气等严禁相互接触，必须分别贮存在分类的库房内，贮放槽应设置隔离墙，故 C 错误。

答案选【BD】。

2.17-25. 下列用于有机废水深度处理的活性炭滤池中活性炭是否需要再生的检测指标，下列哪几项正确？【2024-2-58】

(A) 出水的 COD 值　　　　　　　(B) 活性炭的碘值

(C) 活性炭的孔隙分布　　　　　　(D) 活性炭的亚甲蓝值

解析：

活性炭的孔隙分布无法直接检测，故 C 错误。出水的 COD 可直接判定处理效果（A 正确）。碘值、亚甲蓝值是活性炭性能的直接指标，故 B、D 正确，此内容在《排水工程 2018》中有直接描述。

答案选【ABD】。

第3章　建筑给水排水专业知识题

本章知识点题目分布统计表

小节	考点名称		2020～2024 年题目统计		
			单选题数量	多选题数量	比例
3.1	建筑给水的基本知识	3.1.1　建筑给水系统分类及水质要求	2	1	1.07%
		3.1.2　生活用水管道系统组成	1	1	0.71%
		3.1.3　水量和流量要求	4	1	1.79%
		小计	7	3	3.57%
3.2	复杂系统的建筑给水知识	3.2.1　高位水箱、水泵、低位贮水池核心参数的设计	2	4	2.14%
		3.2.2　高层分区供水	6	4	3.57%
		小计	8	8	5.71%
3.3	小区的建筑给水知识	3.3.1　小区给水系统设计流量	0	1	0.36%
3.4	建筑给水的细节知识	3.4.1　管道	1	2	1.07%
		3.4.2　给水控制附件	1	0	0.36%
		3.4.3　增压和贮存设备	5	2	2.50%
		3.4.4　防水质污染	6	2	2.86%
		3.4.5　《民用建筑节水设计标准》GB 50555—2010	3	3	2.14%
		小计	16	10	9.29%
3.5	建筑排水系统分类、体制及选择	3.5.1　排水系统分类	0	1	0.36%
		3.5.2　排水系统体制及选择	6	1	2.50%
		小计	6	2	2.86%
3.6	建筑排水系统组成及其设置要求	3.6.1　排水管道	3	6	3.21%
		3.6.2　卫生器具、存水弯、地漏	0	1	0.36%
		3.6.3　清通设备	1	0	0.36%
		3.6.4　通气管	9	4	4.64%
		3.6.5　污废水提升设施	1	2	1.07%
		3.6.6　小型生活污水处理设施	5	3	2.86%
		小计	19	16	12.50%

小节	考点名称		2020~2024 年题目统计		
			单选题数量	多选题数量	比例
3.7	建筑排水管道系统的计算	3.7.1 排水设计秒流量	2	2	1.43%
		3.7.2 排水管道系统的设计	3	0	1.07%
		小计	5	2	2.50%
3.8	小区排水系统	3.8.1 排水量与排水流量	0	1	0.36%
		3.8.2 排水管道系统	0	1	0.36%
		3.8.3 污水泵房	1	0	0.36%
		小计	1	2	1.07%
3.9	建筑屋面雨水排水系统	3.9.1 重力流和压力流系统	4	3	2.50%
		3.9.2 屋面溢流设施	0	1	0.36%
		3.9.3 小区雨水排水系统	1	1	0.71%
		小计	5	5	3.57%
3.10	建筑热水供应系统基础知识及设计计算	3.10.1 热水供应系统分类、组成和加热方式	2	0	0.71%
		3.10.2 耗热量	3	2	1.79%
		3.10.3 热水量	1	0	0.36%
		3.10.4 供热量	2	2	1.43%
		3.10.5 热媒、热源耗量	2	1	1.07%
		3.10.6 加热设备的贮热量与贮热容积	1	1	0.71%
		小计	11	6	6.07%
3.11	建筑热水系统的细节知识	3.11.1 热源、热媒	1	4	1.79%
		3.11.2 第二循环系统	5	5	3.57%
		3.11.3 加（贮）热设备	4	1	1.79%
		3.11.4 附件	2	1	1.07%
		3.11.5 水质要求与水质处理	1	1	0.71%
		小计	13	12	8.93%
3.12	热水系统相关专题	3.12.1 太阳能热水系统	7	1	2.86%
		3.12.2 热泵热水系统	2	1	1.07%
		3.12.3 饮水系统	5	3	2.86%
		小计	14	5	6.79%
3.13	建筑与小区中水系统	3.13.1 中水系统的组成与形式	1	0	0.36%
		3.13.2 水源选择与水质	5	1	2.14%
		3.13.3 水量与水量平衡	0	1	0.36%
		3.13.4 中水处理工艺及设施	1	3	1.43%
		小计	7	5	4.29%

续表

小节	考点名称		2020～2024年题目统计		
			单选题数量	多选题数量	比例
3.14	建筑与小区雨水系统	3.14.1 收集后储存净化回用（直接利用）	3	3	2.14%
		小计	3	3	2.14%
3.15	游泳池、水上游乐池及水景	3.15.1 游泳池水质、水温和原水水质	1	1	0.71%
		3.15.2 游泳池水循环系统	3	2	1.79%
		3.15.3 水景	0	2	0.71%
		小计	4	5	3.21%
3.16	消防给水及消火栓系统	3.16.1 消防的基础知识	0	2	0.71%
		3.16.2 基本参数	1	0	0.36%
		3.16.3 供水设施	0	2	0.71%
		3.16.4 给水形式	2	1	1.07%
		3.16.5 消火栓的设置场所	0	1	0.36%
		3.16.6 消火栓系统	6	4	3.57%
		3.16.7 管网	3	1	1.43%
		3.16.8 控制与操作	1	0	0.36%
		小计	13	11	8.57%
3.17	自动灭火系统	3.17.1 自动喷水系统的设置场所及系统选择	2	5	2.50%
		3.17.2 自动喷水系统的系统组件	5	4	3.21%
		3.17.3 自动喷水系统的设计	3	1	1.43%
		3.17.4 局部应用系统	1	1	0.71%
		小计	11	11	7.86%
3.18	水喷雾灭火系统		2	1	1.07%
3.19	气体灭火		2	4	2.14%
3.20	灭火器		1	0	0.36%
3.21	其他系统	3.21.1 人民防空工程	5	3	2.86%
		3.21.2 泡沫灭火	1	2	1.07%
		3.21.3 自动跟踪射流	1	1	0.71%
		3.21.4 细水雾	3	1	1.43%
		3.21.5 城市交通隧道	2	1	1.07%
		3.21.6 汽车库	0	1	0.36%
		小计	12	9	7.50%
合计			160	120	100%（四舍五入）

3.1 建筑给水的基本知识

3.1.1 建筑给水系统分类及水质要求

——单选题——

3.1-1. 下列选项中，不属于生活给水系统的是哪项？【2020-2-25】

(A) 洗衣用水 　　(B) 洗澡用水 　　(C) 洗车用水 　　(D) 冷却用水

解析：

参考《建水工程 2025》P1，冷却用水属于生产给水系统，故 D 错误。

答案选【D】。

3.1-2. 下列哪一项不属于生活给水系统？【2023-1-25】

(A) 生活饮用水系统　　　　　　(B) 生活杂用水系统

(C) 管道直饮水系统　　　　　　(D) 生活热水系统

解析：

参考《建水工程 2025》P1，生活给水系统供人们日常生活用水。按具体用途又分为：生活饮用水系统、管道直饮水系统、生活杂用水系统，从而可得选项 A、B、C 属于生活给水系统，而选项 D "生活热水系统" 不属于生活给水系统，故 D 错误。

答案选【D】。

——多选题——

3.1-3. 中学校园内建筑给水系统中，下列哪几项属于生活饮用水？【2024-1-59】

(A) 教学楼管道直饮水机房供水

(B) 风雨操场太阳能热水系统淋浴用水

(C) 校园道路透水铺装维护高压水枪用水

(D) 宿舍楼洗衣房软化设备供水

解析：

选项 A，参考《直饮水规程》2.1.2 条。原水：未经深度净化处理的城镇自来水或符合生活饮用水水源标准的其他水源。再参考《直饮水规程》4.0.1 条。建筑与小区管道直饮水系统应对原水进行深度净化处理。由此可知，直饮水系统的原水可以为生活饮用水（自来水），可用于直饮水机房供水并通过直饮水机房将生活饮用水处理为直饮水，故 A 正确。

选项 B、D，参考《建水标准》2.1.1 条。生活饮用水水质符合国家生活饮用水卫生标准的用于日常饮用、洗涤等生活用水，故 B、D 正确。

选项 C，参考《建水标准》2.1.2 条。生活杂用水用于冲厕、洗车、浇洒道路、浇灌绿化、补充空调循环用水及景观水体等的非生活饮用水。由此可得，维护高压水枪用水可以采用杂用水，故 C 错误。

答案选【ABD】。

注：本题亦能通过生活常识，直接判断 A、B、D 正确。

3.1.2　生活用水管道系统组成

——单选题——

3.1-4. 下列关于建筑给水系统组成及设置要求，说法正确的是哪项？【2021-2-25】

（A）建筑生活给水管道系统中调节水量、水压的各类阀门和设备均属于给水附件

（B）直接从城镇给水管网接入建筑物的引入管上均应设置止回阀和倒流防止器

（C）用水量均匀的建筑生活给水系统，水表选型时应以给水设计流量作为水表的过载流量

（D）建筑内部生活给水系统，均应由引入管、给水管道、给水附件、给水设备、配水设施和计量仪表等组成

解析：

选项 A，参考《建水工程 2025》P6，给水控制附件即管道系统中调节水量、水压、控制水流方向，以及关断水流，便于管道、仪表和设备检修的各类阀门和设备，故 A 正确。

选项 B，参考《建水标准》3.5.6 条，给水管道的下列管段上应设置止回阀，装有倒流防止器的管段处，可不再设置止回阀：1 直接从城镇给水管网接入小区或建筑物的引入管上，故 B 错误。

选项 C，参考《建水标准》3.5.19 条第 1 款，用水量均匀的生活给水系统的水表应以给水设计流量选定水表的常用流量，故 C 错误。

选项 D，参考《建水工程 2025》P5 可知，是"一般由"这些部件组成，而不是"均应"。若整栋楼采用市政直供，生活给水系统就不需要给水设备，故 D 错误。

答案选【A】。

——多选题——

3.1-5. 市政直供生活给水系统，一般由下列哪几项组成？【2023-1-59】

（A）给水管道及附件　　　　　　　（B）计量仪表

（C）用水设施　　　　　　　　　　（D）增压设备

解析：

参考《建水工程 2025》P5～P6 相关内容可知，生活给水系统由引入管、水表节点、给水管道、给水控制附件、配水设施、二次增压和贮水设施、计量仪表组成。由于本题题干强调为"市政直供生活给水系统"，故无需增压设备，故 A、B、C 正确。

答案选【ABC】。

3.1.3　水量和流量要求

——单选题——

3.1-6. 下列关于给水系统水量和管网计算的描述，正确的是哪项？【2020-2-26】

（A）计算一栋别墅的最高日生活用水量时，应附加庭院绿化用水量

（B）用水特点分散型的建筑，其设计秒流量均应按概率法计算

（C）生活给水干管的局部水头损失，应按管网的沿程水头损失的百分数取值

（D）计算小区正常的给水设计用水量时，不应计入消防用水量

解析：

选项 A，参考《建水标准》表 3.2.1 注 2。别墅生活用水定额中含庭院绿化用水和汽车抹车用水，故 A 错误。

选项 B，参考《建水标准》3.7.6 条，用水分散型建筑给水秒流量采用平方根法计算，故 B 错误。

选项 C，参考《建水标准》3.7.15 条，生活给水管道的配水管的局部水头损失，宜按管道的连接方式，采用管（配）件当量长度法计算。当管道的管（配）件当量长度资料不足时，可根据下列管件的连接状况，按管网的沿程水头损失的百分数取值，故 C 错误。

选项 D，参考《建水标准》3.7.1 条条文说明，消防用水量仅用于校核管网计算，不计入日常用水量，故 D 正确。

答案选【D】。

3.1-7. 下列关于建筑生活给水管道设计流量计算的叙述，正确的是哪项？【2021-1-25】

(A) 旅馆建筑给水设计秒流量的计算应按卫生器具给水额定流量累加所得流量值采用

(B) 建筑物内生活用水叠压供水的给水引入管设计流量应采取生活用水设计秒流量

(C) 设公用盥洗卫生间的宿舍，给水设计秒流量以大便器自闭式冲洗阀的额定流量累加值计

(D) 多种功能组合的建筑生活给水干管的设计秒流量应采用各建筑组合功能的设计秒流量的叠加值

解析：

选项 A，参考《建水标准》3.7.6 条，是按平方根法计算，而不是累加值，故 A 错误。

选项 B，参考《建水标准》3.7.4 条第 1 款，故 B 正确。

选项 C，设计秒流量需按公式计算，而不是累加值，故 C 错误。

选项 D，参考《建水标准》3.7.10 条，综合体建筑或同一建筑不同功能部分的生活给水干管的设计秒流量计算，应符合下列规定：2 当不同建筑或功能部分的用水高峰出现在不同时段时，生活给水干管的设计秒流量应采用高峰时用水量最大的主要建筑（或功能部分）的设计秒流量与其余部分的平均时给水流量的叠加值，故 D 错误。

答案选【B】。

3.1-8. 关于建筑给水设计秒流量，下列哪项描述是正确的？【2023-1-26】

(A) 卫生器具额定流量之和	(B) 最大时用水量
(C) 仅用于计算管段管径	(D) 高峰用水时段最大瞬时流量

解析：

选项 A，建筑给水设计秒流量并不一定等于卫生器具额定流量之和，故 A 错误。

选项 B，建筑给水设计秒流量和最大时用水量完全是两个不同的概念，故 B 错误。

选项 C，建筑给水设计秒流量也可以用于计算变频泵流量等参数，并不是仅用于计算管段管径，故 C 错误。

选项 D，参考《建水标准》2.1.28 条，在建筑生活给水管道系统设计时，按其供水的卫生器具给水当量、使用人数、用水规律在高峰用水时段的最大瞬时给水流量作为该管段的设计流量，称为给水设计秒流量，故 D 正确。

答案选【D】。

3.1-9. 下列关于住宅建筑生活给水管道设计流量 q_g 计算，哪一项正确？【2024-1-25】
（A）生活给水干管的 U_0 按其支管的最大值计算
（B）生活给水计算管段的 q_g 与每户卫生器具给水当量数无关
（C）生活饮用水管道采用概率法，生活杂用水管道按最大时用水量
（D）计算管段的给水当量总数大于某一规定值时，该管段设计流量取最大时用水量

解析：

选项 A，参考《建水标准》3.7.5 条第 4 款，干管的 U_0 应按支管的 U_0 对当量加权进行计算，故 A 错误。

选项 B，参考《建水标准》3.7.5 条第 1 款，U_0 的计算与每户卫生器具给水当量数 N_g 有关，而 U_0 与给水管道设计流量 q_g 有关，故 B 错误。

选项 C，参考《中水标准》5.4.3 条："中水供水系统的设计秒流量和管道水力计算、供水方式及水泵的选择等应按照现行国家标准《建筑给水排水设计规范》GB 50015 中给水部分执行"，由此可知生活杂用水管道的设计流量依然按照概率法计算，故 C 错误。

选项 D，参考《建水标准》3.7.5 条第 3 款："当计算管段的卫生器具给水当量总数超过本标准附录 C 表 C.0.1～表 C.0.3 中的最大值时，其设计流量应取最大时用水量"，故 D 正确。

答案选【D】。

——多选题——

3.1-10. 某综合高层建筑，一层至五层为商业，六层以上为酒店式公寓，市政供水满足二层用水需求。以下对其供水系统设计的描述符合国家现行设计标准要求的是哪几项？【2022-1-61】
（A）商业与公寓，分别设置变频加压设备，全部楼层均采用变频加压设备供水
（B）商业与公寓三层及以上部分，共设生活水箱，分别设置商业及公寓变频加压设备
（C）商业与公寓三层及以上部分，共设生活水箱，采用同一套变频加压设备和给水管网供水
（D）商业与公寓三层及以上部分，共设生活水箱及变频加压设备，加压泵出水管按功能分别设置供水管及计量设施

解析：

选项 A，参考《建水标准》3.4.1 条第 2 款。当城镇给水管网的水压和（或）水量不足时，应根据卫生安全、经济节能的原则选用贮水调节和加压供水方式，可知，由于一至二层可以由市政压力直接供水，因此全部楼层采用变频加压设备供水的这个方案并不节能，故 A 错误。

选项 B，参考《建水标准》3.4.1 条第 2 款。当城镇给水管网的水压和（或）水量不足时，应根据卫生安全、经济节能的原则选用贮水调节和加压供水方式；再参考《建水标准》3.4.1 条第 5 款。不同使用性质或计费的给水系统，应在引入管后分成各自独立的给水管网，综合考虑可知，故 B 正确。

选项 C，参考《建水标准》3.4.1 条第 5 款。不同使用性质或计费的给水系统，应在引入管后分成各自独立的给水管网，可知，商业与公寓不能采用同一套变频加压设备和给水管网供水，故 C 错误。

选项 D，参考《建水标准》3.4.1 条第 2 款。当城镇给水管网的水压和（或）水量不足时，应根据卫生安全、经济节能的原则选用贮水调节和加压供水方式；再参考《建水标准》3.4.1 条第 5 款。不同使用性质或计费的给水系统，应在引入管后分成各自独立的给水管网，综合考虑可知，故 D 正确。

答案选【BD】。

3.2　复杂系统的建筑给水知识

3.2.1　高位水箱、水泵、低位贮水池核心参数的设计
——单选题——

3.2-1. 下列关于生活用水贮水设施的描述，错误的是哪项？【2020-2-27】

（A）由于资料不足，某小区生活用水贮水池生活用水调节容积按小区最高日生活用水量的 20％考虑

（B）由于资料不足，建筑物内低位贮水池有效容积按建筑物最高日用水量的 25％考虑

（C）建筑内的高位水箱水位联动加压泵向其补水，其调节容积按最大时用水量的25％考虑

（D）贮水池（箱）不宜布置在居住用房下方

解析：

选项 A，参考《建水标准》3.13.9 条第 1 款。小区生活用贮水池的有效容积应根据生活用水调节量和安全贮水量等确定，并应符合下列规定：1）生活用水调节量应按流入量和供出量的变化曲线经计算确定，资料不足时可按小区加压供水系统的最高日生活用水量的 15％～20％确定，故 A 正确。

选项 B，参考《建水标准》3.8.3 条。生活用水低位贮水池的有效容积应按进水量与用水量变化曲线经计算确定；当资料不足时，宜按建筑物最高日用水量的 20％～25％确定，故 B 正确。

选项 C，参考《建水标准》3.8.4 条第 1 款。由城镇给水管网夜间直接进水的高位水箱的生活用水调节容积，宜按用水人数和最高日用水定额确定；由水泵联动提升进水的水箱的生活用水调节容积，不宜小于最大时用水水量的 50％，故 C 错误。

选项 D，参考《建水标准》3.8.1 条第 3 款。建筑物内的水池（箱）不应毗邻配变电所或在其上方，不宜毗邻居住用房或其下方，故 D 正确。

答案选【C】。

3.2-2. 高层建筑竖向分区供水的目的，与下列哪一项因素无关？【2023-2-25】

(A) 节省管材   (B) 用水舒适性

(C) 防止给水配件损坏   (D) 防止不必要的用水浪费

解析：

选项 A，高层建筑竖向分区无法节省管材，故 A 错误。

选项 B，高层建筑竖向分区可以解决低楼层管道内水压过大的问题，使器具出水不会出现流量过大的情况，用户用水更加舒适，故 B 正确。

选项 C，高层建筑竖向分区可以解决低楼层管道内水压过大的问题，防止给水配件因承压过大而损坏，故 C 正确。

选项 D，高层建筑竖向分区可以解决低楼层管道内水压过大的问题，以防止不必要的用水浪费，故 D 正确。

答案选【A】。

——多选题——

3.2-3. 某建筑生活给水系统原理图如图所示，图中减压水箱的有效容积按其出水管设计流量 3min 的出水量设计。则下列关于该建筑生活给水系统设计的叙述，哪几项正确？【2022-1-59】

(A) 加压水泵的设计流量应按不小于高、低两区最大时用水量设计

(B) 屋顶水箱出水管 1 设计流量应按高区生活给水系统设计秒流量设计

(C) 屋顶水箱出水管 2 设计流量不应小于低区最高日最大时用水量设计

(D) 屋顶水箱的生活用水调节容积不宜小于高、低两区最大时用水量的 50%

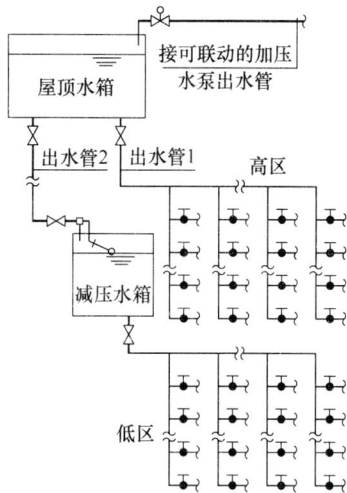

解析：

选项 A，参考《建水标准》3.9.2 条。建筑物内采用高位水箱调节的生活给水系统时，水泵的供水能力不应小于最大时用水量，故 A 正确。

选项 B，出水管 1 直接与用户配水管连接，按高区秒流量设计，故 B 正确。

选项 C，参考《建水标准》3.8.5 条第 2 款。减压水箱太小，视为无调节容积，因此出水管 2 按低区秒流量设计，故 C 错误。

选项 D，参考《建水标准》3.8.4 条第 1 款。由城镇给水管网夜间直接进水的高位水箱的生活用水调节容积，宜按用水人数和最高日用水定额确定；由水泵联动提升进水的水箱的生活用水调节容积，不宜小于最大时用水量的 50%，故 D 正确。

答案选【ABD】。

3.2-4. 超高层建筑的中间生活水箱，服务其直接供水区的生活用水和向高区提升的

转输水量，关于中间水箱调节容积的计算，下列哪几项是错误的？【2023-2-60】

(A) 按提升水泵 5min～10min 的流量

(B) 按供水服务区域平均时生活用水量的 50％

(C) 按供水服务区域最大时生活用水量的 50％

(D) 按供水服务区域最大时生活用水量的 50％和提升水泵 3～5min 的流量之和

解析：

参考《建水标准》3.8.5 条第 2 款。生活用水调节容积应按水箱供水部分和转输部分水量之和确定；供水水量的调节容积，不宜小于供水服务区域楼层最大时用水量的 50％；转输水量的调节容积，应按提升水泵 3min～5min 的流量确定，故 D 正确，A、B、C 错误。

答案选【ABC】。

3.2-5. 下列关于建筑给水系统升压、贮水设备叙述，哪几项正确？【2024-1-62】

(A) 某学校宿舍楼采用低位贮水箱＋变频加压供全楼用水，其变频加压泵流量按给水系统设计秒流量确定

(B) 某医院由 "泵→高位水箱" 供 4～12 层，高位水箱生活用水调节容积最小为 4～12 层最大时用水量的 50％

(C) 某超高层综合楼避难层生活用水中间水箱（兼作下区高位生活水箱）、其有效容积按提升水泵 5min～10min 的流量确定

(D) 某酒店生活饮用水水箱内贮存了加压供水服务区域一天的用水量，并设置消毒装置

解析：

选项 A，参考《建水标准》3.9.3 条：生活给水系统采用变频调速泵组供水时，除符合本标准第 3.9.1 条外，尚应符合下列规定：1 工作水泵组供水能力应满足系统设计秒流量，故 A 正确。

选项 B，参考《建水标准》3.8.4 条第 1 款：由水泵联动提升进水的水箱的生活用水调节容积，不宜小于最大时用水量的 50％，故 B 正确。

选项 C，参考《建水标准》3.8.5 条第 2 款：生活用水调节容积应按水箱供水部分和转输部分水量之和确定；供水水量的调节容积，不宜小于供水服务区域楼层最大时用水量的 50％；转输水量的调节容积，应按提升水泵 3min～5min 的流量确定，故 C 错误。

选项 D，参考《建水标准》3.8.3 条：生活用水低位贮水池的有效容积应按进水量与用水量变化曲线经计算确定；当资料不足时，宜按建筑物最高日用水量的 20％～25％确定，再参考《建水通用规范》3.3.1 条第 5 款：生活饮用水水池（箱）、水塔应设置消毒设施，故 D 正确。

答案选【ABD】。

注：D 选项，该水箱的贮存量虽高于规范推荐值，但考虑到低位贮水池偏大，系统运行更为稳定，因而不算错误。

3.2-6. 生活用水贮水池有效容积按下列变化曲线计算确定时，哪几项叙述错误？
【2024-2-59】

（A）小区生活用贮水池有效容积按补水管进水量与泵组出水量

（B）教学楼生活用水贮水池有效容积按补水管设计流量与泵组出水量

（C）坡地别墅区生活用贮水池有效容积按补水管最小设计流量与泵组最大出水量

（D）单体建筑并联分区供水的生活用水贮水池有效容积按补水管进水量与各分区总用水量

解析：

参考《建水标准》3.8.3：生活用水低位贮水池的有效容积应按进水量与用水量变化曲线经计算确定。

选项 A，补水管进水量与泵组出水量都属于变化曲线，泵组出水量即用水量，符合《建水标准》3.8.3 条的叙述，故 A 正确。

选项 B，补水管设计流量为定值，并非变化曲线，不符合《建水标准》3.8.3 条，故 B 错误。

选项 C，补水管最小设计流量与泵组最大出水量均为定值，并非变化曲线，不符合《建水标准》3.8.3 条，故 C 错误。

选项 D，补水管进水量与各分区总用水量都属于变化曲线，其中并联分区供水的生活用水贮水池的用水量确实应该按照各分区总用水量考虑，符合《建水标准》3.8.3 条，故 D 正确。

答案选【BC】。

3.2.2　高层分区供水

——单选题——

3.2-7. 某建筑高度 80m 的酒店，市政供水压力 0.12MPa。下列供水系统描述中哪项不正确？【2020-1-25】

（A）宜采用垂直分区并联供水

（B）宜采用垂直串联供水

（C）不宜采用叠压供水

（D）不宜采用气压给水（有低位调节水池）供水

解析：

选项 A、B，参考《建水标准》3.4.6 条。建筑高度不超过 100m 的建筑的生活给水系统，宜采用垂直分区并联供水或分区减压的供水方式；建筑高度超过 100m 的建筑，宜采用垂直串联供水方式，故 A 正确、B 错误。

选项 C，参考《建水工程 2025》P17。供水管网可利用水压过低的区域不得采用叠压供水，故 C 正确。

选项 D，参考《建水工程 2025》P25。气压给水（有贮水池）一般适用于多层建筑，故 D 正确。

答案选【B】。

3.2-8. 下列针对建筑给水系统分区供水的描述，错误的是哪项？【2021-1-27】

（A）分区可防止损坏给水配件

（B）限制分区静水压可避免不必要的用水浪费

（C）多层建筑给水分区无需考虑分区静水压限制

（D）高层建筑给水系统分区过多不一定节能

解析：

选项 A、B，参考《建水标准》3.4.3 条条文说明。分区供水的目的不仅防止损坏给水配件，同时可避免过高的供水压力造成用水不必要的浪费，故 A、B 正确。

选项 C，参考《建水标准》3.4.3 条条文说明。对供水区域较大多层建筑的生活给水系统，有时也会出现超出本条分区压力的规定。一旦产生入户管压力、最不利点压力等超出本条规定时，也要为满足本条的有关规定采取相应的技术措施，当多层超过规范规定值时，也要分区，故 C 错误。

答案选【C】。

3.2-9. 某旅馆建筑高区生活给水系统拟采用如下供水方案：

方案一：市政给水管道→叠压供水设备→高区生活给水系统

方案二：市政给水管道→增压水泵→高位水箱→高区生活给水系统

下列关于上述方案一、方案二分析、比较的叙述，哪项正确？【2022-1-26】

（A）方案一叠压供水设备与方案二增压水泵的设计流量相同

（B）方案一叠压供水设备与方案二增压水泵的设计扬程相同

（C）方案一叠压供水设备与方案二增压水泵的电机轴功率相同

（D）方案一叠压供水设备与方案二增压水泵每日的供水量相同

解析：

选项 A，方案一为设计秒流量，方案二为最高日最高时流量，两者不同，故 A 错误。

选项 B，两种方案的高差和最低工作压力均不同，则设计扬程不同，故 B 错误。

选项 C，轴功率与 Q 和 H 有关，方案一与方案二的 Q 和 H 都不同，则功率不同，故 C 错误。

选项 D，不管哪种供水方案，用户的需求是一定的，即每日的供水量是相同的，故 D 正确。

答案选【D】。

3.2-10. 建筑高度为 96m 的高层建筑，关于其加压供水部分的给水系统的设计，以下描述不符合国家现行设计标准要求的是哪一项？【2022-1-27】

（A）采用一套变频供水设备直接供水，超压楼层采用支管减压阀减压供水

（B）采用屋顶高位水箱重力供水，静水压力超过 0.45MPa 的楼层设减压阀减压分区供水

（C）采用垂直分区-并联供水，按静水压力不超过 0.45MPa 分区，分别设置各区变频供水设备供水

（D）采用屋顶高位水箱及减压水箱重力供水，静水压力超过 0.45MPa 的楼层由减压水箱重力供水

解析：

参考《建水标准》3.4.6条条文说明。建筑高度不超过100m的高层建筑，一般低层部分采用市政水压直接供水，中区和高区采用加压至屋顶水箱（或分区水箱），再自流分区减压供水的方式，也可采用变频调速泵直接供水，分区减压方式，或采用变频调速泵垂直分区并联供水方式。A选项，对于96m的高层建筑而言，采用一套变频设备直接供水，超压楼层采用支管减压阀减压是不合理的，万一减压阀损坏，低楼层的用水器具参考《建水标准》3.4.2条会超过0.60MPa的最大工作压力，故A错误，B、C、D正确。

答案选【A】。

注：选项B，参考《建水工程2025》P22，可采用分区减压阀减压的供水方式。

3.2-11. 对于建筑高度不超过100m的高层建筑，其生活给水系统竖向分区，以下哪种方式不合理？【2023-2-26】

(A) 独立干管上设减压阀分区　　　　(B) 并联供水分区
(C) 减压水箱分区　　　　　　　　　(D) 配水管上串联减压阀分区

解析：

选项A，参考《建水工程2025》P22表格及配图。根据建筑物形式，减压阀可有各种设置方式，如配水立管减压、配水干管减压等方式，故A正确。

选项B，参考《建水标准》3.4.6条。建筑高度不超过100m的建筑的生活给水系统，宜采用垂直分区并联供水或分区减压的供水方式，故B正确。

选项C，参考《建水标准》3.4.6条条文说明。建筑高度不超过100m的高层建筑……中区和高区采用加压至屋顶水箱（或分区水箱），再自流分区减压供水的方式，可知，采用减压水箱分区的方式是合理的，故C正确。

选项D，参考《建水工程2025》P22表格及配图。根据建筑物形式，减压阀可有各种设置方式，如配水立管减压、配水干管减压等方式，可知，并无"配水管上串联减压阀分区"的这种分区方式；在配水管上串联减压阀，一般用于各分区底部楼层减压，该方式并不属于竖向分区，故D错误。

答案选【D】。

3.2-12. 设有集中热水系统的高层建筑给水系统，各分区的最大静水压力不宜大于下列哪一项？【2024-2-27】

(A) 0.60MPa　　(B) 0.55MPa　　(C) 0.45MPa　　(D) 0.35MPa

解析：

参考《建水标准》3.4.3条："当生活给水系统分区供水时，各分区的静水压力不宜大于0.45MPa；当设有集中热水系统时，分区静水压力不宜大于0.55MPa"，故B正确。

答案选【B】。

——多选题——

3.2-13. 下列针对高层建筑给水系统的描述，错误的是哪几项？【2020-1-59】

(A) 在采用减压阀进行竖向分区时，设置旁通管

(B) 居住建筑引入管供水压力不得大于 0.35MPa

(C) 按最低配水点卫生器具的静压应按 0.35MPa 进行竖向分区

(D) 各分区卫生器具配水点的供水压力不得大于 0.60MPa

解析：

选项 A，参考《建水标准》3.5.10 条第 11 款。减压阀不应设置旁通阀，故 A 错误。

选项 B，参考《建水标准》3.4.5 条。住宅入户管供水压力不应大于 0.35MPa，非住宅类居住建筑入户管供水压力不宜大于 0.35MPa，故 B 错误。

选项 C，参考《建水标准》3.4.3 条。当生活给水系统分区供水时，各分区的静水压力不宜大于 0.45MPa，故 C 错误。

选项 D，参考《建水标准》3.4.2 条。卫生器具给水配件承受的最大工作压力，不得大于 0.6MPa，故 D 正确。

答案选【ABC】。

3.2-14. 下列哪几项建筑生活给水系统供水方案属于二次供水方式？【2022-2-59】

(A) 市政给水管道→建筑室内生活给水系统

(B) 市政给水管道叠压供水设备→建筑室内生活给水系统

(C) 市政给水管道→高位水箱（池）→建筑室内生活给水系统

(D) 市政给水管道→增压水泵→高位水箱（池）→建筑室内生活给水系统

解析：

参考《二次供水规程》5.2.2 条。二次供水系统可采用下列供水方式：1 增压设备和高位水池（箱）联合供水；2 变频调速供水；3 叠压供水；4 气压供水，故 B、D 正确。

答案选【BD】。

3.2-15. 新建小区内有两栋高层建筑，甲楼为办公楼，乙楼为底层商业的普通住宅楼，以下生活供水系统方案设计及计量设置，哪几项不合理？【2023-2-59】

(A) 低部楼层充分利用市政水压供水

(B) 甲乙楼各设置一块总水表

(C) 乙楼按最大静压 0.45MPa 进行竖向分区

(D) 甲、乙楼二次加压供水的楼层共用一套加压泵组供水

解析：

选项 A，参考《建水标准》3.4.1 条第 1 款。应充分利用城镇给水管网的水压直接供水，故 A 正确。

选项 B，参考《建水通用规范》3.4.1 条条文说明。按使用用途、付费或管理单元情况，对不同用水单元分别设置用水计量装置，可知，乙楼由于底层为商业，与住宅楼层的使用用途不同，从而乙楼需设置两块水表分别计量商业和住宅的用水，故 B 错误。

选项 C，参考《建水标准》3.4.3 条。当生活给水系统分区供水时，各分区的静水压力不宜大于 0.45MPa，故 C 正确。

选项 D，参考《建水通用规范》3.1.1 条。给水系统应具有保障不间断向建筑或小区供水的能力，供水水质、水量和水压应满足用户的正常用水需求，可知，甲、乙楼的用途

不同，若共用一套加压泵组供水，很难同时满足甲、乙楼用户正常的用水需求，故 D 错误。

答案选【BD】。

3.2-16. 某建筑高度为 120m 的办公楼生活给水系统设计方案，正确表述为下列哪几项？【2024-1-61】

(A) 采用垂直分区并联供水方式，各区供水可靠性较好
(B) 采用垂直分区并联供水方式，高区输水管道承压较高
(C) 采用垂直分区串联供水方式，高区输水管道承压较低
(D) 采用垂直分区减压供水方式，供水系统运行更加节能

解析：

参考《建水标准》3.4.6 条。建筑高度不超过 100m 的建筑的生活给水系统，宜采用垂直分区并联供水或分区减压的供水方式；建筑高度超过 100m 的建筑，宜采用垂直串联供水方式。再参考《建水标准》3.4.6 条条文说明。对建筑高度超过 100m 的高层建筑，若仍采用并联供水方式，其输水管道承压过大，存在安全隐患，而串联供水可解决此问题，故 B、C 正确，A、D 错误。

答案选【BC】。

3.3 小区的建筑给水知识

3.3.1 小区给水系统设计流量

——多选题——

关于给水管道的水力计算，以下描述错误的是哪几项？【2020-2-59】

(A) 建筑物采用二次供水时，给水引入管的设计流量应为生活水箱的设计补水量，与建筑物的用水量无关
(B) 居住小区室外给水管道的设计流量均应按设计秒流量计算
(C) 居住小区内配套的社区服务中心，应以其最高日最高时用水量计算节点流量
(D) 应用海曾-威廉公式计算给水管道水头损失时，d_j 应按管道内径减 1mm 取值

解析：

选项 A，参考《建水标准》3.7.4 条第 2 款。当建筑物内的生活用水全部自行加压供给时，引入管的设计流量应为贮水调节池的设计补水量；设计补水量不宜大于建筑物最高日最大时用水量，且不得小于建筑物最高日平均时用水量，与建筑物的用水量有关，故 A 错误。

选项 B、C，参考《建水标准》3.13.4 条。居住小区的室外给水管道的设计流量应根据管段服务人数、用水定额及卫生器具设置标准等因素确定，并应符合下列规定：1 住宅应按本标准第 3.7.4 条、第 3.7.5 条计算管段流量；2 居住小区内配套的文体、餐饮娱乐、商铺及市场等设施应按本标准第 3.7.6 条、第 3.7.8 条的规定计算节点流量；3 居住小区内配套的文教、医疗保健、社区管理等设施，以及绿化和景观用水、道路及广场洒水、公共设施用水等，均以平均时用水量计算节点流量，故 B、C 错误。

选项 D，参考《建水工程 2025》P37。管道计算内径按内径减 1mm 取值，故 D 正确。答案选【ABC】。

3.4　建筑给水的细节知识

3.4.1　管道

——单选题——

3.4-1. 下列关于建筑生活给水系统管道布置、敷设要求及其附件选用的叙述，哪项不正确？【2022-2-26】

(A) 卫生器具的热水连接管，应设在冷水管的左侧

(B) 水平安装的减压阀的阀前、阀后均应设置检修阀门

(C) 建筑小区室外给水管道上设置的阀门可采用暗杆型闸阀

(D) 高层建筑其室内给水管道应采用金属管或金属复合管

解析：

选项 A，参考《建水标准》3.6.21 条。卫生器具的冷水连接管，应在热水连接管的右侧，故 A 正确。

选项 B，参考《建水标准》3.5.11 条第 2 款。减压阀前应设阀门和过滤器。需要拆卸阀体才能检修的减压阀，应设管道伸缩器或软接头，支管减压阀可设置管道活接头。检修时阀后水会倒流时，阀后应设阀门，减压阀阀后设置阀门是有条件的，并非"均应设"，故 B 错误。

选项 C，参考《建水标准》3.13.24 条。室外给水管道阀门宜采用暗杆型的阀门，并宜设置阀门井或阀门套筒，故 C 正确。

选项 D，参考《建水标准》3.5.2 条。室内的给水管道，应选用耐腐蚀和安装连接方便可靠的管材，可采用不锈钢管、铜管、塑料给水管和金属塑料复合管及经防腐处理的钢管。高层建筑给水立管不宜采用塑料管，故 D 正确。

答案选【B】。

——多选题——

3.4-2. 下列关于给水管道选材及敷设不正确的是哪几项？【2021-1-60】

(A) 高层建筑给水管不应采用塑料管

(B) 吊顶内采用塑料管道不需做防结露绝热层

(C) 卡套式连接的薄壁不锈钢管敷设在垫层内

(D) 穿过人防围护结构的给水管道应采用钢塑复合管或热镀锌钢管

解析：

选项 A，参考《建水标准》3.5.2 条。高层建筑给水立管不宜采用塑料管，故 A 错误。

选项 B，参考《建水标准》3.6.12 条。当给水管道结露会影响环境，引起装饰层或者物品等受损害时，给水管道应做防结露绝热层，防结露绝热层的计算和构造可按现行国家标准《设备及管道绝热设计导则》GB/T 8175—2008 执行，故 B 错误。

选项 C, 参考《建水标准》3.6.13 条第 5 款。敷设在垫层或墙体管槽内的管材, 不得采用可拆卸的连接方式, 故 C 错误。

选项 D, 参考《人防设计规范》6.2.14 条。防空地下室的给水管管材应符合以下要求: 1 穿过人防围护结构的给水管道应采用钢塑复合管或热镀锌钢管, 故 D 正确。

答案选【ABC】。

3.4-3. 关于建筑给水管道布置、敷设和附件的叙述, 下列哪几项正确?【2024-2-60】
(A) 住宅卫生间卫生器具的冷水连接管在热水连接管的右侧
(B) $DN100$ 建筑给水引入管与 $DN150$ 排水排出管管中心的间距为 1.0m
(C) 直接从城市给水管网接入小区的引入管上设置倒流防止器, 可不再设置止回阀
(D) 高层星级宾馆的地下室给水采用 2 级串联减压, 串联设置的减压阀应采用同类型的减压阀

解析:

选项 A, 参考《建水标准》3.6.21 条。卫生器具的冷水连接管, 应在热水连接管的右侧, 故 A 正确。

选项 B, 参考《建水标准》3.6.10 条。给水引入管与排水排出管的净距不得小于 1m, 注意是净距而非中心距, 故 B 错误。

选项 C, 参考《建水标准》3.5.6 条条文说明。管道倒流防止器具有止回阀的功能, 而止回阀则不具备管道倒流防止器的功能, 所以设有管道倒流防止器后, 就不需再设止回阀, 故 C 正确。

选项 D, 参考《建水标准》3.5.10 条第 4 款。当减压阀串联设置时, 串联减压的减压级数不宜大于 2 级, 相邻的 2 级串联设置的减压阀应采用不同类型的减压阀, 故 D 错误。

答案选【AC】。

3.4.2 给水控制附件

——单选题——

3.4-4. 下列关于室内给水管道上设置阀门附件的叙述, 哪一项正确?【2024-1-26】
(A) 消防给水系统中水流需双向流动的管段上可使用截止阀
(B) 减压型倒流防止器应设置在地面上, 保证泄水阀不被淹没
(C) 穿人防的管道应在防护区内侧设置公称压力不小于 1.0MPa 的金属阀芯阀门
(D) 减压阀的设置应保证减压阀失效时, 阀后压力不大于配水件产品标准规定的公称压力

解析:

选项 A, 参考《建水标准》3.5.5 条第 4 款。水流需双向流动的管段上, 不得使用截止阀, 故 A 错误。

选项 B, 参考《建水标准》3.5.8 条第 3 款。具有排水功能的倒流防止器不得安装在泄水阀排水口可能被淹没的场所, 但并未强调应设置在地面上。再参考《给水系统防回流

污染技术规程》CECS 184—2005 4.2.9 条。减压型倒流防止器宜明装。在室外安装时，减压型倒流防止器宜设置在地面上。减压型倒流防止器在室内并无安装在地面上的要求，若实际条件合适，可以明装在墙面上，故 B 错误。

选项 C，参考《人防设计规范》6.2.13 条。防空地下室给水管道上防护阀门的设置及安装应符合下列要求：1 当给水管道从出入口引入时，应在防护密闭门的内侧设置；当从人防围护结构引入时，应在人防围护结构的内侧设置；2 防护阀门的公称压力不应小于 1.0MPa；3 防护阀门应采用阀芯为不锈钢或铜材质的闸阀或截止阀，故 C 正确。

选项 D，参考《建水标准》3.5.10 条第 3 款。阀后配水件处的最大压力应按减压阀失效情况下进行校核，其压力不应大于配水件的产品标准规定的公称压力的 1.5 倍，故 D 错误。

答案选【C】。

注：《人防设计规范》由于历年涉及的真题极少，因此并未在直播课上讲解，但并不影响对于本题的解答，本题 A、B、D 三个选项在《建水标准》中能很快找到其错误的依据，从而通过排除法，可以得到 C 是正确的选项。

3.4.3　增压和贮存设备

——单选题——

3.4-5. 从城镇给水管网引一根给水管对水箱补水，当不设水位控制阀直接进水时，补满空水箱需 4h；当设置两个直接作用式浮球阀作为自动水位控制阀时，补满该空水箱需要的时间是下列哪项？（按补水管出口与浮球阀出口单位面积出流量等效考虑）【2021-1-26】

(A) 2h　　　　　(B) 4h　　　　　(C) 5h　　　　　(D) 10h

解析：

参考《建水标准》3.8.6 条第 3 款。当利用城镇给水管网压力直接进水时，应设置自动水位控制阀，控制阀直径应与进水管管径相同。当采用直接作用式浮球阀时，不宜少于 2 个，且进水管标高应一致；并参考其条文说明。由于直接作用式浮球阀出口是进水管断面的 40%，故需设置 2 个。可知设置浮球阀以后，出口总断面积是进水管断面的 $40\% \times 2 = 80\%$，以此，补满该空水箱需要的时间 $= 4 \div 80\% = 5\text{h}$，故 C 正确。

答案选【C】。

3.4-6. 下列有关建筑循环冷却水系统的设计，哪一项是不正确的？【2021-2-27】

(A) 系统配置多台并联使用的冷却塔，各塔集水盘设置连通管

(B) 各台冷却塔的出水管与连通总管、回水总管设置为管顶平接

(C) 系统配置的循环泵台数与冷水机组台数相同

(D) 循环泵扬程按照冷水机组和管网的水压损失、冷凝器进水的水压要求之和确定

解析：

选项 A、B，参考《建水标准》3.11.13 条第 2 款。不设集水池的多台冷却塔并联使用时，各塔的集水盘宜设连通管。当无法设置连通管时，回水横干管的管径应放大一级。连通管、回水管与各塔出水管的连接应为管顶平接。塔的出水口应采取防止空气吸入的措施，故 A、B 正确。

选项 C，参考《建水标准》3.11.9 条。循环水泵的台数宜与冷水机组相匹配，故 C 正确。

选项 D，参考《建水标准》3.11.9 条条文说明。水泵的扬程应根据冷冻机组和循环管网的水压损失、冷却塔进水的水压要求、冷却水提升净高度之和确定，故 D 错误。

答案选【D】。

3.4-7. 关于冷却循环水系统的描述，不准确的是哪一项？【2022-2-28】
(A) 选用成品冷却塔时，其集水盘容积应满足布水装置和淋水填料的附着水量及停泵时因重力流入的管道水容积之和
(B) 选用成品冷却塔应按实际产品的热力特性曲线选定，且数量宜与冷却水用水设备的数量相匹配
(C) 不设集水池、并联使用的多台冷却塔，各塔的集水盘只能采用设置连通管的方式，以保证集水盘内水位在同一水平面
(D) 冷却塔宜单排布置，其进风侧与相邻建筑物的净距，不小于冷却塔进风口高度的 2 倍

解析：

选项 A，参考《建水标准》3.11.12 条第 1 款，故 A 正确。

选项 B，参考《建水标准》3.11.4 条第 1 款和第 4 款，故 B 正确。

选项 C，参考《建水标准》3.11.13 条第 2 款，不设集水池的多台冷却塔并联使用时，各塔的集水盘宜设连通管。当无法设置连通管时，回水横干管的管径应放大一级。连通管、回水管与各塔出水管的连接应为管顶平接。塔的出水口应采取防止空气吸入的措施，故 C 错误。

选项 D，参考《建水标准》3.11.6 条第 1 款和第 3 款，故 D 正确。

答案选【C】。

3.4-8. 建筑物内的生活水箱设置位置，下列哪项不正确？【2023-1-28】
(A) 在餐厅上方
(B) 在起居室上方
(C) 在卧室下方
(D) 毗邻消防泵房

解析：

参考《建水标准》3.8.1 条第 3 款。建筑物内的水池（箱）……不宜毗邻居住用房或在其下方；再参考《建水标准》3.8.1 条条文说明。"不宜毗邻居住用房"是指水池（箱）的前、后、左、右四个平面不宜与居住用房接壤，故 A、B、D 正确，C 错误。

答案选【C】。

3.4-9. 关于循环冷却水及冷却塔的设计要求，下列哪一项正确？【2024-1-28】
(A) 循环冷却水系统的补水应采用生活饮用水
(B) 冷却塔应布置在建筑最小频率风向的上风侧
(C) 冷却塔选型应按产品的流量特性曲线选定
(D) 冷却塔集水池最小容积按循环流量的 1.2% 确定

解析:

选项 A,参考《建水标准》3.11.1 条第 7 款:循环冷却水系统补水水质宜符合现行国家标准《生活饮用水卫生标准》GB 5749 的规定。当采用非生活饮用水时,其水质应符合现行国家标准《采暖空调系统水质》GB/T 29044 的规定,由此可得,补水可以采用非生活饮用水,故 A 错误。

选项 B,参考《建水标准》3.11.3 条第 1 款:气流应通畅,湿热空气回流影响小,且应布置在建筑物的最小频率风向的上风侧,故 B 正确。

选项 C,参考《建水标准》3.11.4 条第 1 款:按生产厂家提供的热力特性曲线选定,故 C 错误。

选项 D,参考《建水标准》3.11.12 条第 1 款:集水池容积应按第 1 项、第 2 项因素的水量之和确定,并应满足第 3 项的要求:1) 布水装置和淋水填料的附着水量宜按循环水量的 1.2%~1.5%确定;2) 停泵时因重力流入的管道水容量,由此可得,集水池最小容积为循环水量的 1.2% +停泵时因重力流入的管道水容量,故 D 错误。

答案选【B】。

——多选题——

3.4-10. 某超高层建筑生活饮用水系统设有中间水箱、高位水箱及地下生活贮水箱,高区给水由高位水箱重力供给,下列针对本建筑上述水箱的相关设计描述不正确的是哪几项?【2021-1-59】

(A) 每个水箱进出水管均分别设置,并采取防短路措施

(B) 各水箱均设水位监视及溢流报警装置

(C) 高位水箱的设置高度使水箱有效水位满足最高层用户的用水水压要求

(D) 中间水箱放置在采用同层排水的浴室正下方

解析:

选项 A,参考《建水标准》3.8.6 条第 2 款。进、出水管应分别设置,进、出水管上应设置阀门,故 A 正确。

选项 B,参考《建水标准》3.8.6 条第 7 款。低位贮水池应设水位监视和溢流报警装置,高位水箱和中间水箱宜设置水位监视和溢流报警装置,其信息应传至监控中心,故 B 正确。

选项 C,参考《建水标准》3.8.4 条第 2 款。水箱的设置高度(以底板面计)应满足最高层用户的用水水压要求;即高位消防水箱的"最低有效水位"满足最高层用户的用水水压要求,故 C 错误。

选项 D,参考《建水标准》3.3.17 条。建筑物内的生活饮用水水池(箱)及生活给水设施,不应设置于与厕所、垃圾间、污(废)水泵房、污(废)水处理机房及其他污染源毗邻的房间内;其上层不应有上述用房及浴室、盥洗室、厨房、洗衣房和其他产生污染源的房间,故 D 错误。

答案选【CD】。

3.4-11. 下列关于建筑物内生活饮用水水箱间防止污染措施的描述,错误的是哪几

项？【2022-2-60】

(A) 生活饮用水水箱间内不能设置集水坑、排水泵

(B) 生活饮用水水箱间不能毗邻厕所、垃圾间、污（废）水泵房等可能产生污染源的房间

(C) 生活饮用水水箱间上层不应设置浴室、盥洗室、洗衣房等，不能避免时，可采用同层排水

(D) 生活饮用水水箱间可以与消防泵房、生活热水换热站、直饮水处理机房、雨水回用处理机房等相邻设置

解析：

选项 A，参考《建水标准》3.3.17 条条文说明。给水机房内的仅为本机房排水用的集水井、排水泵，不属于以上所指的污（废）水泵房，水箱间会设置集水坑、排水泵的，故 A 错误。

选项 B，参考《建水标准》3.3.17 条。建筑物内的生活饮用水水池（箱）及生活给水设施，不应设置于与厕所、垃圾间、污（废）水泵房、污（废）水处理机房及其他污染源毗邻的房间内，故 B 正确。

选项 C，参考《建水标准》3.3.17 条条文说明。在生活饮用水水池（箱）的上层即使采用同层排水系统也不可以，故 C 错误。

选项 D，参考《建水标准》3.3.17 条。建筑物内的生活饮用水水池（箱）及生活给水设施，不应设置于与厕所、垃圾间、污（废）水泵房、污（废）水处理机房及其他污染源毗邻的房间内，故 D 错误。

答案选【ACD】。

3.4.4　防水质污染

——单选题——

3.4-12. 某建筑物设有高位生活饮用水箱、中水水箱各一个，从生活饮用水管上分别引 DN40 和 DN50 的水管作为两个水箱的补水管。饮用水箱与中水水箱进水管口最低点与溢流水位的标高差最小应为下列哪项？【2020-1-26】

(A) 40mm、125mm　　　　(B) 100mm、125mm

(C) 100mm、150mm　　　　(D) 40mm、150mm

解析：

参考《建水标准》3.3.5 条。生活饮用水水池（箱）进水管应符合下列规定：1 进水管口最低点高出溢流边缘的空气间隙不应小于进水管管径，且不应小于 25mm，可不大于 150mm，可知，饮用水箱进水管最低点与溢流水位的标高差最小为 40mm。

参考《建水通用规范》3.2.8 条。从生活饮用水管网向消防、中水和雨水回用等其他非生活饮用水贮水池（箱）充水或补水时，补水管应从水池（箱）上部或顶部接入，其出水口最低点高出溢流边缘的空气间隙不应小于 150mm，中水和雨水回用水池且不得小于进水管管径的 2.5 倍，补水管严禁采用淹没式浮球阀补水，可知，中水水箱进水管口与溢流水位的标高差最小为 150mm。

答案选【D】。

3.4-13. 下列关于防止水质污染的说法或做法，正确的是哪项？【2021-2-26】

(A) 自备水源水质优于城镇生活给水水质时，自备水源的供水管道可与城镇给水管道直接连接

(B) 埋地生活饮用水池周围 10m 内不得有化粪池，达不到此要求的，应采取防污染措施

(C) 中水管道即使设置倒流防止器，也不许与城镇自来水管直接连接

(D) 饮用水水池进水口管口处不可采用淹没出流

解析：

选项 A，参考《建水通用规范》3.1.4 条。自建供水设施的供水管道严禁与城镇供水管道直接连接。生活饮用水管道严禁与建筑中水、回用雨水等非生活饮用水管道连接。并参考《建水通用规范》3.1.4 条条文说明。当需要将城镇给水作为自备水源的备用水或补充水时，无论自备水源系统供水水质是否符合或优于城市给水水质，不能将自备水源的供水管道与城镇给水管道（即城市自来水管道）直接连接，必须将城市给水管道的水接入自备水源系统的贮水（或调节）池，通过自备水源系统的加压设备后使用。城镇给水的放水口与贮水（或调节）池溢流水位之间必须有有效的空气隔断，故 A 错误。

选项 B，参考《建水通用规范》3.3.1 条第 2 款。埋地式生活饮用水贮水池周围 10m 内，不得有化粪池、污水处理构筑物、渗水井、垃圾堆放点等污染源。生活饮用水水池（箱）周围 2m 内不得有污水管和污染物，选项与规范描述不符，故 B 错误。

选项 C，参考《建水通用规范》3.1.4 条。自建供水设施的供水管道严禁与城镇供水管道直接连接。生活饮用水管道严禁与建筑中水、回用雨水等非生活饮用水管道连接，故 C 正确。

选项 D，参考《建水标准》3.3.5 条第 2 款。当进水管从最高水位以上进入水池（箱），管口处为淹没出流时，应采取真空破坏器等防虹吸回流措施，故 D 错误。

答案选【C】。

3.4-14. 下列关于建筑给水系统设计的叙述，哪一项错误？【2022-1-25】

(A) 市政给水管可连接生产给水系统

(B) 市政给水管可连接生活饮用水系统

(C) 市政给水管可连接生活杂用水系统

(D) 市政给水管可连接室外消火栓给水系统

解析：

参考《建水通用规范》3.1.4 条。自建供水设施的供水管道严禁与城镇供水管道直接连接。生活饮用水管道严禁与建筑中水、回用雨水等非生活饮用水管道连接，故 C 错误。

答案选【C】。

3.4-15. 下列关于建筑物内生活饮用水管道系统中设置防止污染措施的描述，错误的是哪一项？【2022-1-28】

(A) 生活饮用水水箱进水管口最低点高出溢流边缘的最小空气间隙可不大于 150mm

(B) 从生活饮用水管网向消防等其他非饮用水水箱补水时，其生活饮用水进水管口

最低点高出溢流边缘的最小空气间隙应不小于 150mm

(C) 为雨水调蓄池所设置的生活饮用水补水管，可采用池外设置自由出流补水口

(D) 以杂用水水质标准水为水源的中水水箱，其生活饮用水补水管进水管口最低点高出溢流边缘的最小空气间隙应不小于 150mm

解析：

选项 A，参考《建水标准》3.3.5 条。生活饮用水水池（箱）进水管应符合下列规定：1 进水管口最低点高出溢流边缘的空气间隙不应小于进水管管径，且不应小于 25mm，可不大于 150mm，故 A 正确。

选项 B、D，参考《建水通用规范》3.2.8 条。从生活饮用水管网向消防、中水和雨水回用等其他非生活饮用水贮水池（箱）充水或补水时，补水管应从水池（箱）上部或顶部接入，其出水口最低点高出溢流边缘的空气间隙不应小于 150mm，中水和雨水回用水池且不得小于进水管管径的 2.5 倍，补水管严禁采用淹没式浮球阀补水，对于中水水箱，空气间隙还有不小于 2.5 倍管径的要求，故 B 正确、D 错误。

选项 C，参考《建水通用规范》3.2.8 条条文说明。当需向雨水蓄水池（箱）补水时，必须采用间接补水方式，要求补水管口应设在池外，且应高于室外地面，故 C 正确。

答案选【D】。

3.4-16. 下列用水直接从生活饮用水管道接出时，哪项防回流污染措施不正确？【2023-2-28】

(A) 循环冷却水集水池补水管，设大气型真空破坏器

(B) 垃圾中转站冲洗给水栓，设压力型真空破坏器

(C) 消防（软管）卷盘，设压力型真空破坏器

(D) 汽车冲洗软管，设大气型真空破坏器

解析：

选项 A，参考《建水标准》附录 A 表 A.0.1。循环冷却水集水池的回流危害程度为"高"。再参考《建水标准》附录 A 表 A.0.2。大气型真空破坏器适用于回流危害程度为"低"的虹吸回流，故 A 错误。

选项 B，参考《建水标准》附录 A 表 A.0.1。垃圾中转站冲洗给水栓的回流危害程度为"高"。再参考《建水标准》附录 A 表 A.0.2。压力型真空破坏器适用于回流危害程度为"高"的虹吸回流，故 B 正确。

选项 C，参考《建水标准》附录 A 表 A.0.1。消防软管卷盘的回流危害程度为"中"。再参考《建水标准》附录 A 表 A.0.2。压力型真空破坏器适用于回流危害程度为"高"的虹吸回流。另参考《建水标准》3.3.11 条条文说明。一般防回流污染等级高的倒流防止设施可以替代防回流污染等级低的倒流防止设施。综上所述，压力型真空破坏器也适用于回流危害程度为"中"的场所，故 C 正确。

选项 D，参考《建水标准》附录 A 表 A.0.1。汽车冲洗软管的回流危害程度为"低"。再参考《建水标准》附录 A 表 A.0.2。大气型真空破坏器适用于回流危害程度为"低"的虹吸回流，故 D 正确。

答案选【A】。

3.4-17. 某省级卫生防疫中心的生活给水系统的设计做法，下列哪一项正确？【2024-2-26】

(A) 穿过毒物污染区的给水管道采取加钢套管并密封的安全保护措施

(B) DN40 生活饮用水水箱补水管采用 25mm 的空气间隙隔断防止污染

(C) 从城市两条不同给水管网引入两路给水，仅在压力低的引入管上设倒流防止器

(D) 科研楼的三级生物安全实验室设备的连接管上设置减压型倒流防止器，并在清洁区设隔断水箱

解析：

选项 A，参考《建水通用规范》3.2.5 条：给水管道严禁穿过毒物污染区，故 A 错误。

选项 B，参考《建水标准》3.3.5 条第 1 款：进水管口最低点高出溢流边缘的空气间隙不应小于进水管管径，且不应小于 25mm，可不大于 150mm，由此可得 DN40 的补水管要采用 40mm 的空气间隙，故 B 错误。

选项 C，参考《建水通用规范》3.2.9 条：生活饮用水给水系统应在用水管道和设备的下列部位设置倒流防止器：1 从城镇给水管网不同管段接出两路及两路以上至小区或建筑物，且与城镇给水管网形成连通管网的引入管上，可得，两路引入管都要设倒流防止器，故 C 错误。

选项 D，参考《建水通用规范》3.2.10 条：生活饮用水管道供水至下列含有对健康有危害物质等有害有毒场所或设备时，应设置防止回流设施：1 接贮存池（罐）、装置、设备等设施的连接管上；2 化工剂罐区、化工车间、三级及三级以上的生物安全实验室除按本条第 1 款设置外，还应在引入管上设置有空气间隙的水箱，设置位置应在防护区外，故 D 正确。

答案选【D】。

——多选题——

3.4-18. 下列关于防止水质污染措施的设计，正确的是哪几项？【2020-2-61】

(A) 从生活饮用水管道系统上直接接出 DN65 管道作为游泳池补水管，补水管出口最低点高出溢流水位 165mm

(B) 从城镇给水管网不同管段引两路水管接小区环状给水管网，在两路引入管上设置倒流防止器

(C) 从生活饮用水管道系统上单独接出泡沫灭火消防用水管道，在此消防管道的起端设置低阻力倒流防止器

(D) 从生活饮用水管道系统上接垃圾转运站冲洗给水栓的给水支管上设置减压型倒流防止器

解析：

选项 A，参考《建水通用规范》3.2.8 条。从生活饮用水管网向消防、中水和雨水回用等其他非生活饮用水贮水池（箱）充水或补水时，补水管应从水池（箱）上部或顶部接入，其出水口最低点高出溢流边缘的空气间隙不应小于 150mm，中水和雨水回用水池且不得小于进水管管径的 2.5 倍，补水管严禁采用淹没式浮球阀补水，165mm＞150mm，故 A 正确。

选项B，参考《建水通用规范》3.2.9条。生活饮用水给水系统应在用水管道和设备的下列部位设置倒流防止器：1 从城镇给水管网不同管段接出两路及两路以上至小区或建筑物，且与城镇给水管网形成连通管网的引入管上，故B正确。

选项C、D，参考《建水标准》附录A的表A.0.1及表A.0.2。泡沫灭火系统，回流危害程度高，不能选用低阻力倒流防止器；垃圾转运站冲洗给水栓，回流危害程度高，选择减压型倒流防止器合适，故C错误、D正确。

答案选【ABD】。

3.4-19. 防止生活饮用水管道内产生回流污染的措施有下列哪几项？【2023-1-61】
(A) 止回阀
(B) 倒流防止器
(C) 真空破坏器
(D) 空气间隙

解析：

参考《建水标准》3.3.11条条文说明。防止回流污染可采取空气间隙、倒流防止器、真空破坏器等措施和装置，故B、C、D均属于防止回流污染的措施。

答案选【BCD】。

3.4.5 《民用建筑节水设计标准》GB 50555—2010

——单选题——

3.4-20. 下列建筑生活给水系统的设计，哪项设计不具有节水效果？【2022-2-25】
(A) 采用分区供水方式
(B) 高区采用加压供水方式
(C) 入户管上设置水表计量
(D) 热水循环管道采用同程布置

解析：

选项A，参考《节水标准》4.1.3条，故A正确。

选项B，高区压力不够时，采用加压供水，此举与节水无关，故B错误。

选项C，参考《节水标准》6.1.9条第1款，故C正确。

选项D，参考《节水标准》4.2.5条第1款，故D正确。

答案选【B】。

3.4-21. 下列节水设计做法，哪项不正确？【2023-1-27】
(A) 给水系统使用耐腐蚀、耐久性能好的管材、管件、阀门等
(B) 供热水的公共卫生间洗手盆采用手动调节水温的混合龙头
(C) 给水系统采取减压措施控制超压出流
(D) 再生水绿化采用微喷灌方式

解析：

选项A，参考《建水通用规范》3.4.2条。给水系统应使用耐腐蚀、耐久性能好的管材、管件和阀门等，减少管道系统的漏损，故A正确。

选项B，手动调节水温的混合龙头，在用户使用热水调节水温的过程中会出现浪费水的现象，并不节水；同时参考《建水通用规范》3.4.5条。公共场所的洗手盆水嘴应采用非接触式或延时自闭式水嘴，可知，公共场所的洗手盆，也不推荐采用手动的混合龙头，

故 B 错误。

选项 C，参考《建水通用规范》3.4.4 条条文说明。给水系统应采取措施控制超压出流现象，采取减压措施，避免造成浪费，故 C 正确。

选项 D，参考《建水通用规范》3.4.8 条条文说明。采用再生水灌溉时，因水中微生物在空气中极易传播，应避免采用喷灌方式，可以采用微喷灌、滴灌等不会产生气溶胶的方式，故 D 正确。

答案选【B】。

3.4-22. 关于建筑给水节水措施，下列哪一项正确？【2024-2-25】
(A) 建筑小区广场游乐喷泉由生活饮用水管道补水
(B) 建筑小区只考虑按相同水价分类设置 IC 卡水表
(C) 住宅建筑楼层户外水表前供水压力 0.22MPa，表后设置带过滤器减压阀
(D) 建筑小区绿化给水单设远传智能水表和快速取水阀结合移动喷罐头进行绿化灌溉

解析：

选项 A，参考《建水标准》3.12.1 条第 2 款条文说明：亲水性水景包括人体器官与手足有可能接触水体的水景以及会产生漂粒、水雾会吸入人体的动态水景。如冷雾喷、干泉、趣味喷泉（游乐喷泉或戏水喷泉）等。涉及建筑给排水的安全卫生核心部分，其补充水水质应符合现行国家标准《生活饮用水卫生标准》GB 5749 的要求，故 A 正确。

选项 B，参考《建水通用规范》3.4.1 条：供水、用水应按照使用用途、付费或管理单元，分项、分级安装满足使用需求和经计量检定合格的计量装置，再参考《建水通用规范》3.4.1 条条文说明：按使用用途、付费或管理单元情况，对不同用水单元分别设置用水计量装置，方便统计用水量，并据此施行计量收费，以实现用者付费，达到鼓励行为节水的目的，可得，建筑小区不同的建筑类型，水价不同，故 B 错误。

选项 C，参考《建水通用规范》3.4.4 条：用水点处水压大于 0.2MPa 的配水支管应采取减压措施，并应满足用水器具工作压力的要求，再参考《建水标准》3.7.16 条第 2 款：建筑物或小区引入管上的水表，在生活用水工况时，宜取 0.03MPa，可得，表后供水压力为 0.22MPa−0.03MPa=0.19MPa<0.20MPa，无需采用减压措施，故 C 错误。

选项 D，参考《节水标准》4.4.1 条：浇洒系统水源应满足下列要求：1 应优先选择雨水、中水等非传统水源，该选项依然采用生活饮用水作为绿化灌溉的水源，故 D 错误。

答案选【A】。

——多选题——

3.4-23. 下列属于节水系统设计的是哪几项？【2021-2-59】
(A) 设置备用加压供水泵
(B) 淋浴喷头内部设置限流配件
(C) 使用中水浇洒绿地
(D) 控制用水点处冷、热水供水压力差不大于 0.02MPa

解析：

选项 A，备用泵是用于主泵出现意外时使用，以避免停水而设的，故 A 错误。

选项 B，参考《节水标准》6.1.7 条。水嘴、淋浴喷头内部宜设置限流配件，故 B 正确。

选项 C，参考《节水标准》5.1.5 条。雨水和中水等非传统水源可用于景观用水、绿化用水、汽车冲洗用水、路面地面冲洗用水、冲厕用水、消防用水等非与人身接触的生活用水，雨水，还可用于建筑空调循环冷却系统的补水，故 C 正确。

选项 D，参考《节水标准》4.2.3 条。用水点处冷、热水供水压力差不宜大于0.02MPa，故 D 正确。

答案选【BCD】。

3.4-24. 下列哪几项属于在建筑生活给水系统设计中经常采用的节水器材或节水设备？【2022-1-60】

(A) 止回阀
(B) 减压阀
(C) 流量控制装置
(D) 冲洗水箱设分档的大便器

解析：

选项 A，止回阀仅有止回的作用并不属于节水器材，故 A 错误。

选项 B、C、D，参考《节水标准》6.1.12 条、6.1.11 条、6.1.2 条。减压阀、流量控制装置、分档大便器均在该规范第 6 章节的卫生器具中有所介绍，且确有节水的作用，故 B、C、D 正确。

答案选【BCD】。

分析： 多选题一般不全选，虽然 A 选项找不到依据，但可凭借常识得知，止回阀并没有节水的作用。

3.4-25. 下列哪几项做法不符合节水要求？【2023-1-60】

(A) 自备水源不设计量装置
(B) 室外观赏性景观水体补水采用地下井水
(C) 洗车场洗车废水直接排放
(D) 生活给水水箱设置水位控制和溢流报警装置

解析：

选项 A，参考《建水通用规范》3.4.1 条条文说明。城镇供水的出厂水及输配水管网供给的各类用户都必须安装计量仪表，自建设施供水也须计量，推进节约用水，故 A 错误。

选项 B，参考《建水通用规范》3.4.3 条。非亲水性的室外景观水体用水水源不得采用市政自来水和地下井水；再参考《建水标准》3.12.1 条第 2 款条文说明。亲水性水景包括人体器官与手足有可能接触水体的水景以及产生漂粒、水雾会吸入人体的动态水景。如冷雾喷、干泉、趣味喷泉（游乐喷泉或戏水喷泉）等，可知，室外观赏性景观水体为非亲水性水景，故 B 错误。

选项 C，参考《建水通用规范》3.4.7 条。集中空调冷却水、游泳池水、洗车场洗车用水、水源热泵用水应循环使用，故 C 错误。

选项 D，参考《建水通用规范》3.4.6 条。生活给水水池（箱）应设置水位控制和溢流报警装置，故 D 正确。

答案选【ABC】。

3.5　建筑排水系统分类、体制及选择

3.5.1　排水系统分类

——多选题——

3.5-1. 以下各类污废水排放的说法中，错误的是哪几项？【2020-2-67】

（A）生产废水均不能排入生产厂房的密闭雨水排水系统

（B）洗车台的冲洗水可与建筑小区雨水排水系统合流排出

（C）工业企业中除屋面雨水外的其他污废水均可通过生产废水排水系统排出

（D）用作中水水源的生活排水应单独排出

解析：

选项 A，参考《给水排水设计手册（第三版）第 2 册建筑给水排水》P531。6）密闭的雨水系统内不允许排入生产废水及其他污水，故 A 正确。

选项 B，参考《建水标准》4.2.4 条。下列建筑排水应单独排水至水处理或回收构筑物：2. 洗车冲洗水；又参考《建水标准》4.1.5 条。小区生活排水与雨水排水系统应采用分流制，故 B 错误。

选项 C，既然是"生产废水排水系统"者，说明采用的是分流制，不可将污水排入该系统中，故 C 错误。

选项 D，参考《建水标准》4.2.4 条。下列建筑排水应单独排水至水处理或回收构筑物：5. 用作中水水源的生活排水，故 D 正确。

答案选【BC】。

3.5.2　排水系统体制及选择

——单选题——

3.5-2. 建筑内分流制排水系统指的是以下哪一项？【2020-1-37】

（A）生活排水系统与屋面雨水系统单独设置

（B）生活排水系统与生产排水系统单独设置

（C）生活污水系统与屋面雨水系统单独设置

（D）生活污水系统与生活废水系统单独设置

解析：

参考《建水工程 2025》P186。建筑排水分流制是指生活污水与生活废水或生产污水与生产废水排水系统分别排水，故 D 正确。

答案选【D】。

3.5-3. 下列关于建筑排水系统分类、排水体制选择等的叙述，哪项错误？【2021-1-37】

（A）旅馆卫生间粪便污水与洗浴废水可合流排出

（B）除雨水外，其他建筑室内排水均不能排入室外雨水管道

（C）室内建筑生活排水除特殊情况外应采用重力流直接排至室外排水管道

（D）住宅厨房与卫生间排水分流排出，但可排至同一室外检查井

解析：

参考《建水标准》4.2.3 条。消防排水、生活水池（箱）排水、游泳池放空排水、空调冷凝排水、室内水景排水、无洗车的车库和无机修的机房地面排水等宜与生活废水分流，单独设置废水管道排入室外雨水管道，故 B 错误。

答案选【B】。

3.5-4. 某干旱少雨地区，城镇市政排水管网采用雨、污合流排水系统，关于新建建筑小区内的室外排水管网的设计，下列哪一项正确？【2022-1-37】

（A）生活排水系统与雨水排水系统采用分流制或合流制均可

（B）生活排水系统与雨水排水系统同该市政管网一致

（C）生活排水系统与雨水排水系统采用分流制

（D）生活废水系统与雨水排水系统采用合流制

解析：

参考《建水标准》4.1.5 条。小区生活排水与雨水排水系统应采用分流制，故 C 正确。

答案选【C】。

3.5-5. 下列有关生活排水系统设计与计算的叙述，哪项正确？【2022-2-37】

（A）小区生活排水与雨水排水尽量分流排出

（B）生活水箱应间接排水，并宜独立排入室外雨水管道

（C）根据设计流量配置的出户横管管径与管材无关

（D）室内排水口高于室外排水管管底标高时，应重力自流排出

解析：

选项 A，参考《建水标准》4.1.5 条。小区生活排水与雨水排水系统应采用分流制，故 A 错误。

选项 B，参考《建水通用规范》4.4.4 条。生活水箱要间接排水；再参考《建水标准》4.2.3 条。生活水箱宜单独设置废水管道排入室外雨水管道，故 B 正确。

选项 C，参考《建水标准》4.5.4 条～4.5.6 条。管材与横管坡度有关，而横管坡度与横管排水流量有关，综上所述，当排水横管设计流量确定时，出户横管管径与管材有关，故 C 错误。

选项 D，参考《建水标准》4.10.4 条第 3 款排出管管顶标高不得低于室外接户管管顶标高，由于 D 选项的叙述是"管底标高"，故 D 错误。

答案选【B】。

注：本题是单选题，由于 B 选项的叙述没有任何问题，所以 D 选项要按照错误去进行理解。从 D 选项的叙述本身来看，其实问题不是很大，但是与 B 选项进行对比，就只能当错误选项进行判断了。

3.5-6. 确定建筑排水系统体制时，不需要考虑下列哪项因素？【2023-2-37】

(A) 排水类别 　　　　　　　　(B) 排水管材
(C) 排水温度 　　　　　　　　(D) 排水用途

解析：

选项 A，参考《建水标准》4.2.1 条。生活排水应与雨水分流排出，可知，排水系统体制的确定与排水类别有关，故 A 正确。

选项 B，排水管材明显与排水系统体制的确定无关，排水系统体制的选择（如合流制、分流制、单独排水等）不需要考虑排水管材的因素，故 B 错误。

选项 C，参考《建水标准》4.2.4 条。下列建筑排水应单独排水至水处理或回收构筑物：4 水温超过 40℃的锅炉排污水，可知，排水系统体制的确定与排水温度有关，故 C 正确。

选项 D，参考《建水标准》4.2.2 条。下列情况宜采用生活污水与生活废水分流的排水系统：2 生活废水需回收利用时，可知，排水系统体制的确定与排水用途有关，故 D 正确。

答案选【B】。

3.5-7. 建筑排水系统的构成中，不会含有下列哪一项？【2024-2-36】

(A) 卫生器具、污废水提升设施
(B) 排水支管、干管、排出管等
(C) 小型生活污水处理设施
(D) 市政排水管网

解析：

显然，市政排水管网属于排水工程层面，并不属于建筑排水系统，故 D 正确。

答案选【D】。

注：根据《建水工程 2025》，建筑排水系统由卫生器具、排水管道、通气管、清通设备、污废水提升设施、小型生活污水处理设施组成。

——多选题——

3.5-8. 由地下设备层、裙楼、标准客房层主楼组成的某五星级宾馆，首层地面高出室外地面。拟将该建筑生活废水收集处理后用于冲厕。下列关于该建筑排水系统设计方案的叙述，哪几项正确？（符合国家现行设计标准等要求）【2023-2-68】

(A) 生活废水与生活污水采用分流的排水系统
(B) 裙楼与主楼生活排水及雨水采用自流方式排至室外排水管道
(C) 地下层生活及消防水池的溢流排水单独提升排至室外雨水管道
(D) 客房卫生间分别设置生活废水和生活污水排水立管，其排水立管隔层设置检查口

解析：

选项 A，参考《建水标准》4.2.2 条。下列情况宜采用生活污水与生活废水分流的排水系统：2 生活废水需回收利用时，故 A 正确。

选项B，题干强调"首层地面高出室外地面"，参考《建水标准》4.8.1条。建筑物室内地面低于室外地面时，应设置污水集水池、污水泵或成品污水提升装置，可知，该五星级宾馆裙楼和主楼的生活排水及雨水无需提升，可以采用自流方式排至室外排水管道，故B正确。

选项C，参考《建水标准》4.2.3条。消防排水、生活水池（箱）排水……宜与生活废水分流，单独设置废水管道排入室外雨水管道，故C正确。

选项D，参考《建水标准》4.6.2条第1款。排水立管上连接排水横支管的楼层应设检查口，且在建筑物底层必须设，可知并无"排水立管隔层设置检查口"这种说法，故D错误。

答案选【ABC】。

注：选项C中"地下层生活及消防水池"的叙述并不严谨。参考《建水标准》3.3.15条。供单体建筑的生活饮用水池（箱）与消防用水的水池（箱）应分开设置，可知，若理解为"生活饮用水池与消防水池共用"，选项C可以判断为错误；但是考虑题干问的是"关于该建筑排水系统设计方案的叙述，哪几项正确"，故不建议因为给水系统叙述的瑕疵而判断选项C错误；另外，"地下层生活及消防水池"也可以理解为"地下层的生活水池以及消防水池"，按照这么理解，选项C的叙述便没有问题了。综上所述，选项C建议按正确来判断。

3.6 建筑排水系统组成及其设置要求

3.6.1 排水管道

——单选题——

3.6-1. 防止生活排水管底部出现正压喷溅的措施，下列哪项是不正确的？【2020-2-39】

(A) 横支管接入横干管竖直转向管段时，从转向管顶端接入

(B) 排水支管连接在排出管上时，连接点距立管底部下游的水平距离不得小于1.5m

(C) 当设有通气立管时，最低横支管与立管连接处距立管管底的垂直距离按配件安装尺寸确定

(D) 底部排水管单独排出

解析：

选项A、B、D，参考《建水标准》4.4.11条。靠近生活排水立管底部的排水支管连接，应符合下列规定：2 当排水支管连接在排出管或排水横干管上时，连接点距立管底部下游水平距离不得小于1.5m。3 排水支管接入横干管竖直转向管段时，连接点距转向处以下不得小于0.6m。并参考其条文说明。最低横支管单独排出是解决立管底部造成正压影响最低层卫生器具使用的最有效的方法。故A、B、D错误。

选项C，参考《建水标准》4.4.11条。当设有通气立管时，最低横支管与立管连接处距立管管底的垂直距离按配件最小安装尺寸确定，故C正确。

答案选【C】。

3.6-2. 在选用塑料排水管材设计时，下列哪项不正确？【2021-2-39】

(A) 水泵提升压力排水采用耐压塑料管 (B) 在穿防火墙的两侧均设阻火装置

（C）排水立管上设专用伸缩节　　　　（D）设置的清扫口与管道同材质

解析：

选项 A，参考《建水标准》4.6.1 条第 3 款。压力排水管道可采用耐压塑料管、金属管或钢塑复合管，故 A 正确。

选项 B，参考《建水标准》4.4.10 条。塑料排水管设置阻火装置应符合下列规定：1 当管道穿越防火墙时应在墙两侧管道上设置，故 B 正确。

选项 C，参考《建水标准》4.4.9 条。粘接或热熔连接的塑料排水立管应根据其管道的伸缩量设置伸缩节，伸缩节宜设置在汇合配件处。排水横管应设置专用伸缩节，故 C 错误。

选项 D，参考《建水标准》4.6.4 条第 4 款。塑料排水管道上设置的清扫口宜与管道相同材质，故 D 正确。

答案选【C】。

3.6-3. 抗震设防烈度 7 度地区的地下人防工程内，有关排水管道布置和管材的描述，下列哪项错误？【2022-2-39】

（A）排水管穿越外墙处，应设波纹管伸缩节

（B）穿过围护结构处的排水管，采用钢塑复合管

（C）敷设在结构底板中的排水管，不得采用塑料管

（D）围护结构以内区域的重力排水管，可采用建筑排水塑料管

解析：

选项 A，参考《人防设计规范》6.1.2 条。穿过人防围护结构的给水引入管、排水出户管、通气管、供油管的防护密闭措施应符合下列要求：1 符合以下条件之一的管道，在其穿墙（穿板）处应设置刚性防水套管；2 符合以下条件之一的管道，在其穿墙（穿板）处应设置外侧加防护挡板的刚性防水套管，从而可知需设置的是刚性防水套管，故 A 错误。

选项 B、C、D，参考《人防设计规范》6.3.14 条。防空地下室的排水管管材应符合下列要求：1 穿过人防围护结构的排水管道应采用钢塑复合管或其他经过可靠防腐处理的钢管；2 人防围护结构以内的重力排水管道应采用机制排水铸铁管或建筑排水塑料管及管件；3 在结构底板中及以下敷设的管道应采用机制排水铸铁管或热镀锌钢管，故 B、C、D 正确。

答案选【A】。

注：《人防设计规范》涉及的真题极少，一般每年知识考试占 0～2 分，且考试以考规范原文为主，建议只要浏览一下 3.1.6 条和第 6 章节的相关内容即可，无需深究。

——多选题——

3.6-4. 生活排水管道的布置、敷设及管材选用，以下哪几项不正确？【2021-1-70】

（A）排水立管上各楼层均应设检查口

（B）排水管道上清扫口的材质应与管道材质相同

（C）排水管道不得穿越贮藏室、卧室、客房、病房

(D) 住宅厨房排水立管与卫生间洗浴排水立管合用

解析：

选项 A，参考《建水标准》4.6.2 条第 1 款。排水立管上连接排水横支管的楼层应设检查口，故 A 错误。

选项 B，参考《建水标准》4.6.4 条第 4 款。铸铁排水管道设置的清扫口，其材质应为铜质；塑料排水管道上设置的清扫口宜与管道相同材质，故 B 错误。

选项 C，参考《建水标准》4.4.1 条第 7 款。排水管道不宜穿越橱窗、壁柜，不得穿越贮藏室；再参考《建水通用规范》4.3.6 条。排水管道不得穿越下列场所：1 卧室、客房、病房和宿舍等人员居住的房间，故 C 正确。

选项 D，参考《住宅建筑规范》GB 50368—2005（现已作废）中 8.2.7 条。住宅厨房和卫生间的排水立管应分别设置。排水管道不得穿越卧室，故 D 错误。

答案选【ABD】。

3.6-5. 下列设备或构筑物的排水方式，应采用间接排水方式的是哪几项？【2022-1-68】

(A) 生活水箱泄水　　　　　　　(B) 80℃锅炉排污水

(C) 食品冷库地面排水　　　　　(D) 生物化学实验室排水

解析：

参考《建水通用规范》4.4.4 条。下列构筑物和设备的排水管与生活排水管道系统应采取间接排水的方式：1 生活饮用水贮水箱（池）的泄水管和溢流管；2 开水器、热水器排水；6 贮存食品或饮料的冷藏库房的地面排水和冷风机溶霜水盘的排水，故 A、B、C 正确。

答案选【ABC】。

3.6-6. 关于生活排水管道敷设，下列设计方法哪几项不正确？【2022-2-69】

(A) 室内埋地出户横管上设置密闭检查井

(B) 受条件所限，排水管道穿越卧室敷设

(C) 不同径的横支管与横干管连接时采用管顶平接的方式

(D) 排水立管与通气立管的 H 管，连接点在排水立管检查口上端

解析：

选项 A，参考《建水标准》4.6.5 条。生活排水管道不应在建筑物内设检查井替代清扫口，故 A 错误。

选项 B，参考《建水通用规范》4.3.6 条。排水管道不得穿越下列场所：1 卧室、客房、病房和宿舍等人员居住的房间，故 B 错误。

选项 C，参考《建水标准》4.4.8 条第 6 款。横支管、横干管的管道变径处应管顶平接，故 C 正确。

选项 D，参考《建水标准》4.6.2 条第 3 款。当排水立管设有 H 管时，检查口应设置在 H 管件的上边，从而连接点应在检查口的下端才对，故 D 错误。

答案选【ABD】。

3.6-7. 关于生活排水管道敷设的表述中，下列哪几项错误？【2023-1-70】

(A) 生活排水埋地管不得穿过卧室

(B) 埋地塑料排水横管可不设专用伸缩节

(C) 住宅厨房废水可就近接入卫生间污水立管

(D) 排水横管穿越主副食操作台上方时，必须做好防护措施

解析：

选项 A，参考《建水通用规范》4.3.6 条。排水管道不得穿越下列场所：1 卧室、客房、病房和宿舍等人员居住的房间，故 A 正确。

选项 B，参考《建水标准》4.4.9 条条文说明。埋地塑料管道在埋层中受混凝土或夯实土包覆，不会产生伸缩位移，因此可不设伸缩节，故 B 正确。

选项 C，参考《住宅建筑规范》GB 50368—2005　8.2.7 条。住宅厨房和卫生间的排水立管应分别设置，故 C 错误。

选项 D，参考《建水通用规范》4.3.6 条第 3 款。排水管道不得穿越下列场所：3 食堂厨房和饮食业厨房的主副食操作、烹调、备餐、主副食库房的上方，可知，选项中与规范中描述不符，故 D 错误。

答案选【CD】。

注：《建水通用规范》是应对建筑给排水设计的，全强条的规范，在该规范发布后，现行工程建设标准相关强制性条文同时废止。现行工程建设标准中有关规定与该规范不一致的，以《建水通用规范》的规定为准。因此对于本题选项 A 而言，不能以《建水标准》4.4.2 条条文说明（排水管道、通气管不得穿越卧室空间任何部位，包括卧室内壁柜、吊顶。室内埋地管道不受本条制约）为依据，判断选项 A 正确；而要以《建水通用规范》4.3.6 条为依据，选项描述与《建水通用规范》4.3.6 条在正文和条文说明描述均不符，因此选项 A 要按照正确来判断。

3.6-8. 室内生活排水管道的布置和敷设，下列哪几项正确？【2024-1-68】

(A) 立管靠近排水量最大的排水点

(B) 连接管线距离最短、转弯最少

(C) 均按重力流直接排至室外检查井

(D) 当室外地面标高高于首层地面标高时，首层排水应采用机械提升排放

解析：

选项 A，参考《建水标准》4.4.1 条第 2 款。排水立管宜靠近排水量最大或水质最差的排水点，故 A 正确。

选项 B，参考《建水标准》4.1.2 条。室内生活排水管道应以良好水力条件连接，并以管线最短、转弯最少为原则，故 B 正确。

选项 C，参考《建水标准》4.1.2 条。应按重力流直接排至室外检查井；当不能自流排水或会发生倒灌时，应采用机械提升排水，故 C 错误。

选项 D，参考《建水标准》4.1.2 条。应按重力流直接排至室外检查井；当不能自流排水或会发生倒灌时，应采用机械提升排水。再参考《建水标准》4.8.1 条。建筑物室内地面低于室外地面时，应设置污水集水池、污水泵或成品污水提升装置；结合《建水标准》4.8.1 条条文说明，一些住宅楼地下室或半地下室生活排水虽能自流排出，但存在雨

水倒灌可能时应设置污水提升装置，为防止雨水倒灌，应采用机械提升排放，故 D 正确。

答案选【ABD】。

3.6-9. 关于人防排水系统管道的设置，以下哪几项错误？【2024-2-67】

(A) 人防内通气管采用排水铸铁管

(B) 人防围护结构内重力排水管道采用排水塑料管

(C) 人防内平时用生活污水集水坑的通气管，接至排风竖井内

(D) 平时废水集水坑用作战时生活污水集水池时，临战时应增设通气管

解析：

选项 A，参考《人防设计规范》6.3.8 条第 5 款。通气管在穿过人防围护结构时，该段通气管应采用热镀锌钢管，并应在人防围护结构内侧设置公称压力不小于 1.0MPa 的铜芯闸阀，故 A 错误。

选项 B，参考《人防设计规范》6.3.14 条第 2 款。人防围护结构以内的重力排水管道应采用机制排水铸铁管或建筑排水塑料管及管件，排水塑料管可以采用，故 B 正确。

选项 C，参考《人防设计规范》6.3.8 条第 1 款。收集平时生活污水的集水池应设通气管，并接至室外、排风扩散室或排风竖井内，故 C 正确。

选项 D，参考《人防设计规范》6.3.6 条。防护单元清洁区内有供平时使用的生活污水集水池或消防废水集水池时，宜兼作战时生活污水集水池。再参考《人防设计规范》6.3.8 条第 3 款。收集战时生活污水的集水池，临战时应增设接至厕所排风口的通气管，由此可得，平时废水集水坑，在战时就要用作生活污水集水池，从而在临战时应增设通气管，并不存在"平时废水集水坑用作战时生活污水集水池时"这个假设前提，故 D 错误。

答案选【AD】。

3.6.2 卫生器具、存水弯、地漏

——多选题——

3.6-10. 下列关于建筑生活排水系统组成、系统设计等的叙述，哪几项正确？【2021-1-68】

(A) 室内生活污水、生活废水排水系统均应设置通气管道

(B) 存水弯水封深度不得小于 50mm

(C) 采用重力流的室内生活排水系统一般包括卫生器具、排水管道、通气管和排水附件等

(D) 住宅卫生间采用不降板同层排水方式时，其排水横支管可按现行设计标准规定的最小坡度设计

解析：

选项 A，参考《建水标准》4.7.1 条。当底层生活排水管道单独排出且符合下列条件时，可不设通气管，故 A 错误。

选项 B，参考《建水通用规范》4.2.2 条。水封装置的水封深度不得小于 50mm，卫生器具排水管段上不得重复设置水封，故 B 正确。

选项 C，参考《建水工程 2025》P187，故 C 正确。

选项 D，参考《建水标准》4.4.7 条第 2 款。排水管道管径、坡度和最大设计充满度

应符合本标准第 4.5.5 条、第 4.5.6 条的规定；并参考其 4.5.6 条。建筑排水塑料横管的坡度、设计充满度应符合下列规定：1 排水横支管的标准坡度应为 0.026。故若采用塑料管，排水横支管坡度为 0.026，故 D 错误。

答案选【BC】。

3.6.3　清通设备

——单选题——

3.6-11. 关于生活排水立管检查口的设置，以下哪一项错误?【2024-1-37】

(A) 检查口中心高度距离地面为 1.0m，且高于该层卫生器具上边缘 0.15m

(B) 排水立管上连接排水横支管的楼层，应隔层设检查口

(C) 立管水平拐弯时，拐弯处的上部应设检查口

(D) 检查口的检查盖应面向便于检查清扫的方向

解析：

选项 A，参考《建水标准》4.6.2 条第 3 款。检查口中心高度距操作地面宜为 1.0m，并应高于该层卫生器具上边缘 0.15m，故 A 正确。

选项 B，参考《建水标准》4.6.2 条第 1 款。排水立管上连接排水横支管的楼层应设检查口，且在建筑物底层必须设置，并没有各层设置的说法，故 B 错误。

选项 C，参考《建水标准》4.6.2 条第 2 款。当立管水平拐弯或有乙字管时，在该层立管拐弯处和乙字管的上部应设检查口，故 C 正确。

选项 D，参考《建水标准》4.6.2 条第 5 款。立管上检查口的检查盖应面向便于检查清扫的方向，故 D 正确。

答案选【B】。

3.6.4　通气管

——单选题——

3.6-12. 自循环通气系统的专用通气立管与排水立管的连接，下列哪项是错误的?【2020-1-38】

(A) 顶端应在卫生器具上边缘以上不小于 0.15m 处以 2 个 90°弯头连接

(B) 在立管底部最低排水横支管以下相接

(C) 可用 H 管代替结合通气管

(D) 隔层相接

解析：

参考《建水标准》4.7.9 条。自循环通气系统，当采取专用通气立管与排水立管连接时，应符合下列规定：1 顶端应在最高卫生器具上边缘 0.15m 或检查口以上采用两个 90°弯头相连；2 通气立管宜隔层按本标准第 4.7.7 条第 4 款、第 5 款的规定与排水立管相连；3 通气立管下端应在排水横干管或排出管上采用倒顺水三通或倒斜三通相接，可知 A、D 正确，B 错误；又参考《建水标准》4.7.7 条第 5 款可知，H 管可替代结合通气管，故 C 正确。

答案选【B】。

3.6-13. 关于通气管系统的设置，下列哪项是正确的？【2020-2-36】

（A）10层及10层以上高层建筑废水立管应设置通气立管

（B）器具通气管应设在卫生器具存水弯的出口端

（C）环形通气管应从最始端的卫生器具上游接出

（D）连接4个以上卫生器具且横支管长度超过12m的排水横支管应设环形通气

解析：

选项A，没有此规定，故A错误。

选项B、C，参考《建水标准》4.7.7条第1款。器具通气管应设在存水弯出口端；在横支管上设环形通气管时，应在其最始端的两个卫生器具之间接出，故B正确、C错误。

选项D，参考《建水标准》4.7.3条第1款。连接4个及4个以上卫生器具且横支管的长度大于12m的排水横支管，故D错误。

答案选【B】。

3.6-14. 下列有关建筑生活排水系统通气管的作用及设置要求的叙述，哪项错误？【2021-2-37】

（A）对于五星级及以上的宾馆，其生活排水管道宜设置器具通气管

（B）设置环形通气管主要是为了平衡排水横支管中水、气压力波动，保障横支管的排水能力

（C）设有副通气立管的排水立管系统，其最大设计排水能力可参照专用通气立管排水系统的立管排水能力

（D）设有自循环通气系统的排水立管系统，其最大设计排水能力大于其仅设伸顶通气的排水立管系统

解析：

选项A，参考《建水标准》4.7.4条。对卫生、安静要求较高的建筑物内，生活排水管道宜设置器具通气管。五星级及以上的宾馆，可认为是对卫生、安静要求较高的建筑，故A正确。

选项B，参考《建水标准》2.1.58条。环形通气管：从多个卫生器具的排水横支管上最始端的两个卫生器具之间接出至主通气立管或副通气立管的通气管段，可知，环形通气管就是为排水横支管服务的，故B正确。

选项C，参考《建水标准》4.5.7条条文说明。设有副通气立管的排水立管系统，其最大设计排水能力可参照仅设伸顶通气的排水立管系统通水能力，故C错误。

选项D，参考《建水标准》表4.5.7，故D正确。

答案选【C】。

3.6-15. 下列关于生活排水系统通气管管材、管径的叙述，哪项错误？【2022-1-39】

（A）通气管管材宜与其连接的排水管管材一致

（B）结合通气管管径宜小于或等于其通气立管管径

（C）不论哪种类型通气立管，其管径均小于其排水立管管径

(D) 环形通气管、器具通气管的管径均可小于其连接的排水管管径

解析：

选项 A，参考《建水标准》4.6.1 条第 1 款。通气管材宜与排水管管材一致，故 A 正确。

选项 B，参考《建水标准》4.7.16 条。结合通气管的管径确定应符合下列规定：1 通气立管伸顶时，其管径不宜小于与其连接的通气立管管径；2 自循环通气时，其管径宜小于与其连接的通气立管管径，故 B 正确。

选项 C，参考《建水标准》4.7.14 条。下列情况通气立管管径应与排水立管管径相同，故 C 错误。

选项 D，参考《建水标准》4.7.13 条，故 D 正确。

答案选【C】。

3.6-16. 关于公共建筑内生活排水系统通气管的设置，下列哪项设计错误?【2022-2-38】

(A) 各环形通气管与主或副通气立管连接并伸出屋顶

(B) 长度大于 12m 的排水横支管连接 3 个洗手盆，未设环形通气管

(C) 底层单独排出的横支管上连接 5 个大便器和不同卫生间的 6 个洗手盆，未设通气管

(D) 建筑造型无条件设置伸顶、侧墙通气管和自循环通气系统，通气立管顶端设置了吸气阀

解析：

选项 A，参考《建水标准》4.7.7 条条文说明中图 c，故 A 正确。

选项 B，参考《建水标准》4.7.3 条第 1 款。连接 4 个及 4 个以上卫生器具且横支管的长度大于 12m 的排水横支管，只有 3 个洗手盆时，可不设环形通气，故 B 正确。

选项 C，参考《建水标准》4.7.1 条条文说明。2 个及 2 个以上卫生间排水支管合并后排出不称为单独排出，故 C 错误。

选项 D，参考《建水标准》4.7.2 条第 3 款。当公共建筑排水管道无法满足本条第 1 款、第 2 款的规定时，可设置吸气阀，故 D 正确。

答案选【C】。

分析：

选项 A 是指主或副通气立管伸出屋顶，且根据 C 选项必错，可以判断出，A 选项应理解为正确。

3.6-17. 关于生活排水管道上吸气阀设置及其相关设计的描述，下列哪一项正确?【2023-1-38】

(A) 当设计吸气阀替代伸顶通气管时，吸气阀不应安装在室外

(B) 设置在地下室污水提升装置的专用通气管顶部可用吸气阀替代

(C) 住宅建筑在有困难的情况下，排水立管顶部可设置吸气阀替代伸顶通气管

(D) 排水立管设置吸气阀时，宜在室外接户的起始检查井并设置管径不小于 $DN100$ 的通气管

解析：

选项 A，参考《建水标准》4.7.12 条第 5 款。在全年不结冻的地区，可在室外设吸气阀替代伸顶通气管，吸气阀设在屋面隐蔽处，故 A 错误。

选项 B，参考《建水标准》4.8.8 条。提升装置的污水排出管设置应符合本标准第 4.8.9 条的规定。通气管应与楼层通气管道系统相连或单独排至室外，从而可得，专用通气管需排至室外，并没有"专用通气管顶部可用吸气阀替代"的说法，故 B 错误。

选项 C，参考《建水标准》4.7.2 条第 3 款。当公共建筑排水管道无法满足本条第 1 款、第 2 款的规定时，可设置吸气阀，住宅并非"公共建筑"，故 C 错误。

选项 D，参考《建水标准》4.7.11 条。当建筑物排水立管顶部设置吸气阀或排水立管为自循环通气的排水系统时，宜在其室外接户管的起始检查井上设置管径不小于 100mm 的通气管，故 D 正确。

答案选【D】。

3.6-18. 关于通气管的管径，下列描述哪一项正确？【2023-1-39】
（A）自循环通气系统的结合通气管管径不应小于与其连接的通气立管管径
（B）专用通气立管伸顶时，与其连接的结合通气管管径不应小于排水立管管径
（C）伸顶通气管管径不应小于其排水立管管径
（D）自循环通气系统的通气立管管径可小于排水立管管径

解析：

选项 A，参考《建水标准》4.7.16 条第 2 款。自循环通气时，其管径宜小于与其连接的通气立管管径，故 A 错误。

选项 B，参考《建水标准》4.7.16 条第 1 款。通气立管伸顶时，其管径"不宜小于与其连接的通气立管管径"，并非"不应小于排水立管管径"，故 B 错误。

选项 C，参考《建水标准》4.7.17 条。伸顶通气管管径应与排水立管管径相同。最冷月平均气温低于−13℃的地区，应在室内平顶或吊顶以下 0.3m 处将管径放大一级，故 C 正确。

选项 D，参考《建水标准》4.7.14 条。下列情况通气立管管径应与排水立管管径相同：2 自循环通气系统的通气立管，故 D 错误。

答案选【C】。

3.6-19. 关于副通气立管的设置，以下哪一项可不要求？【2024-1-38】
（A）设置位置与排水立管不同侧
（B）设环形通气管与排水支管相连
（C）设结合通气管与排水立管相连
（D）伸顶通气

解析：

选项 A、B，参考《建水标准》2.1.57 条：设置在排水立管不同侧，仅与环形通气管连接，为使排水横支管内空气流通而设置的通气立管，故 A、B 正确。

选项 C，参考《建水标准》2.1.60 条：排水立管与通气立管的连接管段，由于副通

气立管与排水立管设置在不同侧，无法用结合通气管相连，故 C 错误。

选项 D，参考《建水标准》4.7.7 条条文说明配图（c）可得，副通气立管设伸顶通气管，故 D 正确。

答案选【C】。

3.6-20. 建筑高度 50m，排水系统采用污废分流制，共用 1 根通气立管，污水立管 DN100，废水立管 DN75，通气立管管径最小宜为以下哪一项？【2024-2-38】

（A）DN40　　　（B）DN50　　　（C）DN75　　　（D）DN100

解析：

参照实际工程经验，一般 50m 建筑高度的建筑会考虑底层单排，故通气立管长度一般小于建筑高度，参考《建水标准》4.7.15 条："通气立管长度不大于 50m 且 2 根及 2 根以上排水立管同时与 1 根通气立管相连时，通气立管管径应以最大一根排水立管按本标准表 4.7.13 确定，且其管径不宜小于其余任何一根排水立管管径"可得，通气立管管径为 DN75。

答案选【C】。

注：本题有一定争议，由于题干没有给出该建筑的其他描述，若立管底部在地下较深处，且不进行底层单排设计时，通气立管长度有可能大于 50m，此时参考《建水标准》4.7.14 条："下列情况通气立管管径应与排水立管管径相同：1 专用通气立管、主通气立管、副通气立管长度在 50m 以上时"可得，通气立管管径为 DN100。但是结合实际工程，一般不会出现这种极端的情况，故建议选项 C 为正确答案。

——多选题——

3.6-21. 通气管的作用，有下列哪几项？【2020-1-68】

（A）保护室内卫生，排除室内污浊气体　（B）平衡排水管内正、负压，保护水封

（C）降低排水系统噪声　　　　　　　　（D）提高立管排水能力

解析：

参考《设计手册》4.8.1 节。通气管设置目的：（1）保护存水弯水封，使排水系统内的空气压力与大气压取得平衡；（2）使排水管内排水通畅，形成良好的水流条件；（3）把新鲜空气补入排水管内，使管内进行换气，预防因室外管道系统聚集有害气体而损伤养护人员、发生火灾和腐蚀管道等隐患；（4）减少排水系统的噪声。

答案选【BCD】。

3.6-22. 下列有关生活排水管道设计流量和管内水流状态的说法，不正确的是哪几项？【2020-2-68】

（A）通过立管的流量小于该管段设计流量时，管内水流一定不会充满管道断面

（B）排水立管的设计流量是按管内水流充满整个管道断面时的流量确定的

（C）通过横干管的流量小于该管段设计流量时，管内水流一定不会充满管道断面

（D）横干管的设计流量是按管内水流呈非满流状态考虑的

解析：

选项 A，参考《建水工程 2025》P212。在向下运动过程中隔膜下部管内压力不断增加，压力达到一定值时，管内气体将横向隔膜冲破，管内气压又恢复正常。在继续下降的

过程中，又形成新的横向隔膜，横向隔膜的形成与破坏交替进行，当隔膜形成时，管内水流是充满管道断面的，故 A 错误。

选项 B，参考《建水工程 2025》P212。在水膜流阶段立管内的充水率在 1/4～1/3 之间，立管内气压虽有波动，但对水封的影响不大。排水立管水膜流时的通水能力可作为确定排水立管最大排水流量的依据，故 B 错误。

选项 C，参考《建水工程 2025》P211。竖直下落的大量污水进入横干管后，管内水位骤然上升，可能充满整个管道……，故 C 错误。

选项 D，参考《建水标准》4.5.4 条、4.5.5 条、4.5.6 条。由排水横管水力计算和有关最大充满度的要求可知，故 D 正确。

答案选【ABC】。

3.6-23. 下列有关建筑生活排水系统通气管道设计的叙述，哪几项正确？【2021-2-67】
(A) 连接 4 个及 4 个以上卫生器具的排水横支管应设置环形通气管
(B) 采用污废分流排水的污水立管与废水立管，可共用一根通气立管
(C) 仅设伸顶通气管的管径与其排水立管管径相同，但在某些条件下会大于其管径
(D) 专用通气立管每层设置结合通气管时，其排水立管最大设计排水能力大于其隔层设置的结合通气管

解析：
选项 A，参考《建水标准》4.7.3 条第 1 款。除本标准第 4.7.1 条规定外，下列排水管段应设置环形通气管：1 连接 4 个及 4 个以上卫生器具且横支管的长度大于 12m 的排水横支管，故 A 错误。

选项 B，参考《建水标准》4.7.7 条第 6 款，当污水立管与废水立管合用一根通气立管时……，故 B 正确。

选项 C，参考《建水标准》4.7.17 条。伸顶通气管管径应与排水立管管径相同。最冷月平均气温低于 -13℃ 的地区，应在室内平顶或吊顶以下 0.3m 处将管径放大一级，故 C 正确。

选项 D，参考《建水标准》表 4.5.7，故 D 正确。

答案选【BCD】。

3.6-24. 关于生活排水系统通气立管的描述下列哪几项正确？【2022-1-69】
(A) 通气立管与排水立管之间可采用 H 管件连接
(B) 排水立管伸顶通气时，副通气立管可不与排水立管连接
(C) 在相同设计排水流量下，设置主、副通气立管可以代替专用通气立管
(D) 自循环通气系统，通气立管与排水立管之间应由结合管连接

解析：
选项 A，参考《建水标准》4.7.7 条。通气管和排水管的连接应符合下列规定：5 当采用 H 管件替代结合通气管时，其下端宜在排水横支管以上与排水立管连接，故 A 正确。

选项 B，无论排水立管是否伸顶通气，副通气立管均不与排水立管连接，即 B 选项前后两句话并无因果逻辑关系，故 B 错误。

选项 C，参考《建水标准》4.5.7 条第 1 款条文说明。设有副通气立管的排水立管系统，其最大设计排水能力可参照仅设伸顶通气的排水立管系统通水能力。即采用副通气立管时，对应排水立管的排水能力；不如设专用通气立管时，对应排水立管的排水能力，故 C 错误。

选项 D，参考《建水标准》4.7.9 条第 2 款。自循环通气系统，当采取专用通气立管与排水立管连接时，通气立管宜隔层按本标准第 4.7.7 条第 4 款、第 5 款的规定与排水立管相连；再参考《建水标准》4.7.7 条。4 结合通气管宜每层或隔层与专用通气立管、排水立管连接，与主通气立管连接；结合通气管下端宜在排水横支管以下与排水立管以斜三通连接，上端可在卫生器具上边缘 0.15m 处与通气立管以斜三通连接；5 当采用 H 管件替代结合通气管时，其下端宜在排水横支管以上与排水立管连接，故 D 正确。

答案选【AD】。

分析：

本题关于 B、D 两选项的叙述有争议之处，考虑到本年度下午知识考试真题【2022-2-69】的 D 选项，有"H 型结合管"的叙述，可认为出题专家默认本题的 D 选项中的"结合管"指的是结合通气管＋H 管的总称；再考虑到本题 B 选项确有逻辑的错误。综上所述，建议认为本题 B 错误，D 正确（不建议考生在其他题目中默认结合管指代了结合通气管、H 管两种管型）。

3.6.5　污废水提升设施

——单选题——

3.6-25. 关于集水坑及排水泵配置的设计要求，下列说法哪一项正确？【2023-2-36】

(A) 车库内洗车站排水，可就近排入车库地面冲洗用集水坑

(B) 所有地下车库内的集水坑在设置排水泵时，均可不设置备用泵

(C) 地下车库附近设有消防电梯集水坑，附近地下车库地面排水可就近排入该集水坑，其容积适当放大

(D) 消防泵房内集水坑的排水泵流量，在采取措施的情况下，可不考虑进水管液位控制阀失效

解析：

选项 A，参考《建水标准》4.2.4 条。下列建筑排水应单独排水至水处理或回收构筑物：2 洗车冲洗水，故 A 错误。

选项 B，参考《建水标准》4.8.6 条条文说明。由于地下室地面排水可能有多个集水池和排水泵，当在同一防火分区有排水沟连通，已起到相互备用的作用时，故不必在每个集水池中再设置备用泵，可知，不设置备用泵是有条件的，该选项中"均可"的叙述明显错误，故 B 错误。

选项 C，参考《建水标准》4.8.2 条条文说明。地下车库内设置消防电梯集水池时，应独立设置，可知，附近地下车库地面排水不可就近排入消防电梯集水坑，故 C 错误。

选项 D，参考《建水标准》4.8.7 条条文说明。如在液位水力控制阀前装电动阀等双阀串联控制，一旦液位水力控制阀失灵，水箱（池）中水位上升至报警水位时，电动阀启动关闭，水箱（池）的溢流量可不予考虑，故 D 正确。

答案选【D】。

——多选题——

3.6-26. 关于建筑物内污水泵的设计，正确的是哪几项？【2020-2-69】
（A）无排水量调节时流量应按排水设计秒流量选定
（B）扬程应为提升高度与管道损失之和
（C）必须有不间断动力供应
（D）应选用耐腐蚀材料制造

解析：

选项 A，参考《建水标准》4.8.7 条。污水泵流量、扬程的选择应符合下列规定：1 室内的污水水泵的流量应按生活排水设计秒流量选定，故 A 正确。

选项 B，参考《建水标准》4.8.7 条。污水泵流量、扬程的选择应符合下列规定：3 水泵扬程应按提升高度、管路系统水头损失、另附加 2~3m 流出水头计算，故 B 错误。

选项 C，参考《建水标准》4.8.10 条。当集水池不能设事故排出管时，污水泵应按现行行业标准《民用建筑电气设计标准》GB 51348—2019 确定电力负荷级别，并应符合下列规定：1 当能关闭污水进水管时，可按三级负荷配电，故 C 错误。

选项 D，参考《建水标准》4.8.5 条。污水泵、阀门、管道等应选择耐腐蚀、大流通量、不易堵塞的设备器材，故 D 正确。

答案选【AD】。

3.6-27. 下列关于雨、污水集水坑及排水泵的说法，哪几项错误？【2024-2-69】
（A）地下室卫生间污水排水泵的流量应按生活排水设计秒流量确定
（B）建筑小区污水排水泵的流量应按照小区平均时生活排水量确定
（C）小区雨水排水泵的流量应按集水坑承接的设计雨水量确定
（D）地下车库洗车房排水泵与车库地面排水泵互为备用

解析：

选项 A，参考《建水标准》4.8.7 条第 1 款：室内的污水水泵的流量应按生活排水设计秒流量选定，故 A 正确。

选项 B，参考《建水标准》4.10.25 条：小区污水水泵的流量应按小区最大小时生活排水流量选定，故 B 错误。

选项 C，参考《建水标准》5.3.19 条第 1 款：排水泵的流量应按排入集水池的设计雨水量确定，故 C 正确；

选项 D，参考《建水标准》4.8.6 条条文说明：由于地下室地面排水可能有多个集水池和排水泵，当在同一防火分区有排水沟连通，已起到相互备用的作用时，故不必在每个集水池中再设置备用泵，可知，地下车库洗车房排水泵与车库地面排水泵不能互为备用，故 D 错误。

答案选【BD】。

3.6.6　小型生活污水处理设施

——单选题——

3.6-28. 如下设计密闭式隔油器时，哪项是不正确的？【2020-1-39】

(A) 设置在独立设备间内　　　　(B) 处理能力按用餐人数计算处理水量

(C) 设置超越管　　　　　　　　(D) 设置专用通气管

解析：

选项 A、C、D，参考《建水标准》4.9.2 条，隔油设施应优先选用成品隔油装置，并应符合下列规定：4 当仅设一套隔油器时应设置超越管，超越管管径应与进水管管径相同；5 隔油器的通气管应单独接至室外；4.9.4 条第 2 款，设置生活污水处理设施的房间或地下室应有良好的通风系统，当处理构筑物为敞开式时，每小时换气次数不宜小于 15 次，故 A、C、D 正确。

选项 B，含油污水流量按设计秒流量确定，参考《建水标准》式（4.5.3）可知，设计秒流量与卫生器具数量有关，而与用餐人数无关，故 B 错误。

答案选【B】。

3.6-29. 关于化粪池容积计算，以下哪项正确？【2021-2-38】

(A) 污废分流化粪池每人每日计算污水量应按给水定额的百分比计算

(B) 住宅与幼儿园共用化粪池的有效容积为两者污水量和污泥量之和

(C) 办公楼每人每日计算污泥量与住宅每人每日计算污泥量相同

(D) 住宅化粪池污水部分的容积与污泥清掏周期相关

解析：

选项 A，参考《建水标准》表 4.10.15-1，污废分流时取 15～20L/(人·d)，与给水定额无关，故 A 错误。

选项 B，参考《建水标准》4.10.16 条，小区内不同的建筑物或同一建筑物内有不同生活用水定额等设计参数的人员，其生活污水排入同一座化粪池时，应按本标准式（4.10.15-1）～式（4.10.15-3）和表 4.10.15-3 分别计算不同人员的污水量和污泥量，以叠加后的总容量确定化粪池的总有效容积，故 B 正确。

选项 C，参考《建水标准》4.10.15 条表 4.10.15-2，住宅按有住宿的建筑物计算，而办公楼按人员逗留时间 4～10h 的建筑物计算，故 C 错误。

选项 D，参考《建水标准》式（4.10.15），可知污泥部分容积计算与污泥清掏周期有关，而污水部分容积计算与污泥清掏周期无关，故 D 错误。

答案选【B】。

3.6-30. 公共厨房隔油池的排水流量应按以下哪一项设计？【2022-1-38】

(A) 设计秒流量　　　　　　　　(B) 平均小时排水流量

(C) 最大小时排水流量　　　　　(D) 最大小时排水流量的 85%～95%

解析：

参考《建水标准》4.9.3 条。隔油池设计应符合下列规定：1 排水流量应按设计秒流量计算，故 A 正确。

答案选【A】。

3.6-31. 关于小型污水处理设备的设计或描述，下列哪一项正确？【2023-2-38】

(A) 降温池间断排放，有效容积应按一次最大排水量乘以安全系数确定

(B) 化粪池外壁距建筑物距离不得小于 5m，并不得影响建筑物基础

(C) 居住小区污水提升站的污水泵流量应按小区排水秒流量设计

(D) 化粪池应设通气管，并引向人员稀少、远离明火的地方

解析：

选项 A，参考《建水标准》4.10.12 条第 3 款。降温池的容积应按下列规定确定：1）间断排放时，有效容积应按一次最大排水量与所需冷却水量的总和计算，故 A 错误。

选项 B，参考《建水标准》4.10.14 条第 2 款。化粪池池外壁距建筑物外墙不宜小于 5m，并不得影响建筑物基础，注意是"不宜"而不是"不得"，故 B 错误。

选项 C，参考《建水标准》4.10.25 条。小区污水水泵的流量应按小区最大小时生活排水流量选定，故 C 错误。

选项 D，参考《建水标准》4.10.14 条第 3 款。化粪池应设通气管，通气管排出口设置位置应满足安全、环保要求；再参考《建水标准》4.10.14 条条文说明。通气管出口应设在人员稀少的地方或远离明火的安全地方，故 D 正确。

答案选【D】。

3.6-32. 污、废水分流制排水的小区，污水进入化粪池，关于化粪池容积的说法，以下哪一项错误？【2024-2-39】

(A) 与生活给水用水量无关   (B) 与当地气候条件无关

(C) 与建筑性质有关   (D) 与使用人数有关

解析：

选项 A，参考《建水标准》表 4.10.15-1，当污废分流，生活污水单独排入化粪池时，每人每日的计算污水量按 15～20L 确定，与生活给水定额无关，从而与生活用水量无关，故 A 正确。

选项 B，参考《建水标准》4.10.15 条，污泥清掏周期与当地的气候条件有关，从而与化粪池容积有关，故 B 错误。

选项 C，参考《建水标准》表 4.10.15-2，建筑性质不同（如住宅和幼儿园），化粪池每人每日计算污泥量的取值不同，从而会影响化粪池容积的计算，故 C 正确。

选项 D，参考《建水标准》4.10.15 条，$m_f \cdot b_f$ 即为实际使用人数，从而与化粪池的容积计算有关，故 D 正确。

答案选【B】。

——多选题——

3.6-33. 小型污水处理设备间的设计，以下哪些项不符合规范要求？【2021-2-69】

(A) 曝气池不加盖的生活污水处理间，通风换气次数为 8 次/h

(B) 成品隔油器的设备间，通风换气次数为 8 次/h

（C）隔油池布置在食堂厨房内的排出管上

（D）生活污水处理站布置在地下消防泵房内

解析：

选项 A，参考《建水标准》4.9.4 条第 2 款。设置生活污水处理设施的房间或地下室应有良好的通风系统，当处理构筑物为敞开式时，每小时换气次数不宜小于 15 次，故 A 错误。

选项 B，参考《建水标准》4.9.2 条第 6 款。隔油器设置在设备间时，设备间应有通风排气装置，且换气次数不宜小于 8 次/h，故 B 正确。

选项 C，参考《建水标准》4.9.3 条第 5 款。隔油池应设在厨房室外排出管上；是厨房"外"，不是厨房"内"，故 C 错误。

选项 D，参考《建水标准》4.9.4 条。生活污水处理设施的设置应符合下列规定：1 当处理站布置在建筑地下室时，应有专用隔间，故 D 错误。

答案选【ACD】。

3.6-34. 某职工食堂设置一座矩形隔油池，设计流量 1.2L/s。以下关于隔油池设计中，哪几项正确？（含食用油污水在池内停留时间取 10min，流速取 0.005m/s）【2022-2-68】

（A）隔油池有效容积为 0.72m³　　（B）隔油池进水管管底距池底为 0.6m

（C）隔油池过水断面取 0.24m²　　（D）隔油池长度取 3.0m

解析：

选项 A，有效容积 $V=1.2\times10\times60=720L=0.72m^3$，故 A 正确。

选项 B，参考《建水标准》4.9.3 条第 7 款。隔油池出水管管底至池底的深度，不得小于 0.6m，是"出水管"而非"进水管"，故 B 错误。

选项 C，过水断面＝流量÷流速＝1.2÷5＝0.24m²，故 C 正确。

选项 D，长度＝流速×时间＝0.005×10×60＝3m，故 D 正确。

答案选【ACD】。

3.6-35. 厨房配套隔油提升装置的设置等相关设计，下列哪几项错误？【2023-1-69】

（A）隔油提升装置与污水提升装置分别接出 DN75 通气管合并一根 DN100 通气管，并伸出屋面

（B）按厨房排水最大时流量选用成套隔油提升装置

（C）隔油设备间地面未设排水设施

（D）设置两套隔油提升装置，不设超越管

解析：

选项 A，参考《建水标准》4.9.2 条第 5 款。隔油器的通气管应单独接至室外，故 A 错误。

选项 B，参考《建水标准》4.9.2 条第 2 款。按照排水设计秒流量选用隔油装置的处理水量，故 B 错误。

选项 C，参考《建水标准》4.9.2 条第 7 款。隔油设备间应设冲洗水嘴和地面排水设施，故 C 错误。

选项 D，参考《建水标准》4.9.2 条第 4 款。当仅设一套隔油器时应设置超越管，可

知，设置两套隔油提升装置，可以不设超越管，故 D 正确。

答案选【ABC】。

3.7　建筑排水管道系统的计算

3.7.1　排水设计秒流量

——单选题——

3.7-1. 下列关于生活排水系统排水定额、设计秒流量和设计流量计算方法等的叙述，哪项正确?【2021-1-38】

(A) 卫生器具排水流量小于或等于其相应冷水给水额定流量

(B) 不同类别住宅的生活排水系统，其设计秒流量的计算方法不同

(C) 建筑生活排水立管设计最大排水能力与其设置的通气管类型有关

(D) 居住小区生活排水管道的设计流量按住宅生活给水最大时用水量的 85%～95% 与公共建筑给水生活最大时用水量之和确定

解析:

选项 A，参考《建水标准》4.5.1 条和 3.2.12 条，应该是大于或等于，故 A 错误。

选项 B，住宅均采用式 4.5.2 计算，故 B 错误。

选项 C，参考《建水标准》表 4.5.7，故 C 正确。

选项 D，参考《建水标准》4.10.5 条第 1 款。生活排水最大小时排水流量应按住宅生活给水最大小时流量与公共建筑生活给水最大小时流量之和的 85%～95% 确定，故 D 错误。

答案选【C】。

3.7-2. 中等院校宿舍的生活排水定额与其相应的生活给水定额的百分比关系为下列哪一项?【2022-2-36】

(A) 85%　　　(B) 95%　　　(C) 100%　　　(D) 无比例关系

解析:

参考《建水标准》4.10.5 条第 2 款。住宅和公共建筑的生活排水定额和小时变化系数应与其相应生活给水用水定额和小时变化系数相同，故 C 正确。

答案选【C】。

——多选题——

3.7-3. 建筑室内排水管道设计秒流量与下列哪几项有关?【2021-1-69】

(A) 卫生器具排水流量　　　　(B) 设计充满度

(C) 服务卫生器具数量　　　　(D) 建筑物功能

解析:

参考《建水标准》4.5.2 条和 4.5.3 条，故 A、C、D 正确。

答案选【ACD】。

3.7-4. 采用式 $q_p = \sum q_{p0} n_0 b_p$ 计算建筑生活排水管道的设计秒流量时，以下说法哪几

项是正确的?【2022-2-67】

(A) 自闭式冲洗阀大便器的排水流量应单列计算

(B) 同时排水百分数与卫生间器具同时给水百分数有关

(C) 设计秒流量计算与卫生器具的排水当量数无关

(D) 设计秒流量计算与单个卫生器具的排水流量无关

解析:

选项 A,参考《建水标准》4.5.3 条。建筑排水无此要求,故 A 错误。

选项 B,参考《建水标准》4.5.3 条。卫生器具的同时排水百分数,按本标准第 3.7.8 条的规定采用,故 B 正确。

选项 C、D,参考《建水标准》4.5.3 条。设计秒流量计算与"单个"卫生器具的排水当量及其额定流量是有关的,而与总排水当量数无关,故 C 正确、D 错误。

答案选【BC】。

分析:

本题选项 B,参考《建水标准》4.5.3 条。冲洗水箱大便器的同时排水百分数应按 12%计算,即在计算冲洗水箱大便器时,同时排水百分数与给水百分数是无关的,这是选项 B 的瑕疵;本题选项 C,由于当量数与排水流量有关,参考《建水标准》4.5.3 条,从而也可认为设计秒流量计算与卫生器具的排水当量数是有关的。但是从做题的角度,由于选项 A、D 错误,且本题要选出 2 个选项正确,所以选项 B、C 必须按照正确来进行理解。根据本题,其实也可以看到,凭空去想某句话的叙述是否正确是没有什么意义的。对于知识题而言,各种叙述,需在具体的题干环境下,去对比各选项的措辞,才能最终确定某句话叙述的正确性。

3.7.2　排水管道系统的设计

——单选题——

3.7-5. 下列关于建筑生活排水系统设计的叙述,哪项错误?【2023-1-37】

(A) 在塑料排水横干管上设置同材质的清扫口

(B) 医院污水盆排水管的最小管径不得小于 DN75

(C) 底层排水支管不得接入其上层的排水立管,应单独排出

(D) 排水系统采用自然循环通气方式时,可不设置伸顶式或侧墙式通气管

解析:

选项 A,参考《建水标准》4.6.4 条第 4 款。塑料排水管道上设置的清扫口宜与管道相同材质,故 A 正确。

选项 B,参考《建水标准》4.5.12 条第 2 款。医疗机构污物洗涤盆(池)和污水盆(池)的排水管管径不得小于 75mm,故 B 正确。

选项 C,参考《建水标准》4.4.11 条。并不是任何情况下均需要底层单排,例如采用专用通气立管时,当楼层数≤12 层便无需底层单排,故 C 错误。

选项 D,参考《建水标准》4.7.2 条。生活排水管道的立管顶端应设置伸顶通气管。当伸顶通气管无法伸出屋面时,可设置下列通气方式:1 宜设置侧墙通气时,通气管口的设置应符合本标准第 4.7.12 条的规定;2 当本条第 1 款无法实施时,可设置自循环通气管道系

统，即"采用自然循环通气方式时，可不设置伸顶式或侧墙式通气管"，故 D 正确。

答案选【C】。

3.7-6. 下列哪项因素与建筑排水横管的水力计算无关？【2023-2-39】

(A) 排水管材　　　(B) 通气管管径　　　(C) 排水管径　　　(D) 设计充满度

解析：

参考《建水标准》4.5.4 条。排水横管水力计算公式可得：粗糙系数 n 与排水管材有关，水力半径与排水管径及设计充满度有关，故 A、C、D 错误，B 正确。

答案选【B】。

3.7-7. 某项目生活排水管道的设计，以下哪一项错误？【2024-2-37】

(A) 铸铁排水管道设计坡度取通用坡度

(B) 特殊单立管排水立管负担的设计秒流量乘系数 0.9

(C) 排水管设计流速大小，通过加大坡度达到自净流速

(D) 排水横管管径按计算管径选用，且不小于规范的最小值

解析：

选项 A，参考《建水标准》4.5.5 条：节水型大便器的横支管应按表 4.5.5 中通用坡度确定，再参考《建水标准》表 4.5.5，其中给出了通用坡度，即铸铁排水管道设计坡度可以取通用坡度，故 A 正确。

选项 B，参考《建水标准》4.5.7 条第 3 款：当在 50m 及以下测试塔测试时，除苏维脱排水单立管外其他特殊单立管应用于排水层数在 15 层及 15 层以上时，其立管最大设计排水能力的测试值应乘以系数 0.9，是测试值应乘以系数 0.9，而并非设计秒流量乘系数 0.9，故 B 错误。

选项 C，参考《建水标准》4.5.4 条的公式，加大坡度能增大排水横管的流速，进而达到自净流速，故 C 正确。

选项 D，参考《建水标准》4.5 节的相关条文，排水横管管径先根据设计流量得到计算管径，再用规范值进行校核，故 D 正确。

答案选【B】。

3.8　小区排水系统

3.8.1　排水量与排水流量

——多选题——

3.8-1. 下列关于建筑生活排水系统设计秒流量、设计流量的叙述，哪几项正确？【2023-1-68】

(A) 建筑室内生活排水管道系统的设计秒流量与其采用的排水方式有关

(B) 建筑小区室外生活排水管道系统设计流量与其生活用水定额有关

(C) 建筑室内生活排水管段的设计流量与其服务的卫生器具有关

(D) 建筑小区室外生活排水管段的设计流量与其服务的设计用水人数有关

解析：

选项 A，参考《建水标准》4.5.2 条、4.5.3 条。建筑室内生活排水管道系统的设计秒流量与采用的排水方式（重力自流、污水泵排水等）无关，故 A 错误。

选项 B，参考《建水标准》4.10.5 条。小区室外生活排水管道系统的设计流量应按最大小时排水流量计算……住宅和公共建筑的生活排水定额和小时变化系数应与其相应生活给水用水定额和小时变化系数相同，可知，"生活用水定额"等于"生活排水定额"，从而生活用水定额与最大小时排水量（小区室外生活排水管道系统设计流量）有关，故 B 正确。

选项 C，参考《建水标准》4.5.2 条、4.5.3 条。服务的卫生器具（卫生器具的种类和数量）是计算建筑室内生活排水管段设计流量的重要参数之一，故 C 正确。

选项 D，参考《建水标准》4.10.5 条。小区室外生活排水管道系统的设计流量应按最大小时排水流量计算可得，设计用水人数与最大小时排水量（小区室外生活排水管道系统设计流量）有关，故 D 正确。

答案选【BCD】。

3.8.2　排水管道系统
——多选题——

3.8-2. 下列关于建筑生活排水系统设计的叙述，哪几项正确？【2023-2-67】

(A) 小区室外重力流生活排水管道的最大设计充满度为 0.5

(B) 室内生活排水横管的排水坡度确定与其选择的管材无关

(C) 室外塑料生活排水管道的埋设深度不应高于土壤冰冻线

(D) 设置器具通气管降低卫生器具排水时产生的噪声

解析：

选项 A，参考《建水标准》4.10.7 条。室外重力流生活排水管道的最大设计充满度为 0.5，故 A 正确。

选项 B，参考《建水标准》4.5.5 条、4.5.6 条。管材（铸铁管、塑料管）不同，其对应的排水坡度不同，故 B 错误。

选项 C，参考《建水标准》4.10.2 条第 2 款。生活排水管道埋设深度不得高于土壤冰冻线以上 0.15m，且覆土深度不宜小于 0.30m。当采用埋地塑料管道时，排出管埋设深度可不高于土壤冰冻线以上 0.50m，可知，室外塑料生活排水管道的埋设深度可以高于土壤冰冻线，故 C 错误。

选项 D，参考《建水标准》4.7.4 条。对卫生、安静要求较高的建筑物内，生活排水管道宜设置器具通气管，可知设置器具通气管能降低卫生器具排水时产生的噪声，故 D 正确。

答案选【AD】。

3.8.3　污水泵房
——单选题——

3.8-3. 下列有关生活排水系统设计的叙述，哪项错误？【2021-2-36】

(A) 通气立管的最小管径为 40mm

(B) 阳台雨水排水可合用阳台设有的生活排水设备及地漏

(C) 建筑内≥DN150排水横管的最大设计充满度可大于室外相同管径排水管的最大设计充满度

(D) 小区生活排水采用污水泵提升排水时，污水泵流量应按小区生活排水管道设计秒流量确定

解析：

选项A，参考《建水标准》表4.7.13。故A正确。

选项B，参考《建水标准》5.2.24条第6款。当生活阳台设有生活排水设备及地漏时，应设专用排水立管接入污水排水系统，可不另设阳台雨水排水地漏，故B正确。

选项C，参考《建水标准》表4.5.5和表4.10.7。故C正确。

选项D，参考《建水标准》4.10.25条。小区污水水泵的流量应按小区最大小时生活排水流量选定，故D错误。

答案选【D】。

3.9 建筑屋面雨水排水系统

3.9.1 重力流和压力流系统

——单选题——

3.9-1. 关于满管压力流雨水系统，下列描述哪项是错误的？【2020-2-37】

(A) 同口径的雨水斗，最大泄流量比重力流雨水系统大

(B) 正常工作的多斗系统，每个雨水斗泄流量相近

(C) 悬吊管起端的负压值最大

(D) 雨水立管管径可小于悬吊管管径

解析：

选项A，参考《建水标准》表5.2.35和附录G对比，故A正确。

选项B，参考《建水工程2025》P221。（满管压力流多斗系统）下游雨水斗的泄流不会向上游回水，对上游雨水斗排水产生的阻隔和干扰很小，各雨水斗的泄流量相差不多，故B正确。

选项C，参考《建水工程2025》P221。悬吊管末端与立管的连接处负压值最大，故C错误。

选项D，参考《建水标准》5.2.36条第8款。连接管管径可小于雨水斗管径，立管管径可小于悬吊管管径，故D正确。

答案选【C】。

3.9-2. 建筑屋面雨水排水设计，以下哪项正确？【2021-1-39】

(A) 高层建筑裙房雨水接至靠近裙房的建筑主体雨水立管

(B) 住宅阳台雨水接至小区污水管道前应设水封井

(C) 阳台雨水不得接入屋面雨落水管

(D) 多层公寓的阳台雨水应单独设置

解析：

选项 A，参考《建水标准》5.2.22 条。裙房屋面的雨水应单独排放，不得汇入高层建筑屋面排水管道系统，故 A 错误。

选项 B，参考《建水标准》5.2.24 条第 4 款。当住宅阳台、露台雨水排入室外地面或雨水控制利用设施时，雨落水管应采取断接方式；当阳台、露台雨水排入小区污水管道时，应设水封井，故 B 正确。

选项 C，参考《建水标准》5.2.24 条第 5 款。当屋面雨落水管雨水间接排水且阳台排水有防返溢的技术措施时，阳台雨水可接入屋面雨落水管，故 C 错误。

选项 D，参考《建水标准》5.2.24 条第 2 款。多层建筑阳台、露台雨水宜单独设置，故 D 错误。

答案选【B】。

3.9-3. 重力流双斗雨水排水系统，采用相同口径的雨水斗，在每个雨水斗汇水面积相同的情况下，下列关于雨水管道系统设计的描述，哪项不正确？【2022-2-35】

(A) 立管的最大设计流量按满流确定

(B) 雨水立管管径不小于悬吊管管径

(C) 悬吊管长度为 13m 时，不设置检查口

(D) 排出管为塑料管，坡度按 0.005 设计

解析：

选项 A，参考《建水标准》5.2.34 条条文说明。立管管中雨水充满率为 0.33 时的排水流量确定的，故 A 错误。

选项 B，参考《建水标准》5.2.34 条第 3 款。重力流多斗系统立管不得小于悬吊管管径，故 B 正确。

选项 C，参考《建水标准》5.2.30 条。重力流雨水排水系统中长度大于 15m 的雨水悬吊管，应设检查口，13m 时可不设置检查口，故 C 正确。

选项 D，参考《建水标准》5.2.38 条。塑料管排出管最小坡度为 0.005，故 D 正确。

答案选【A】。

3.9-4. 设计流态处于重力输水有压流和无压流之间的屋面雨水排水系统，应采用的雨水斗为下列哪一项？【2024-1-39】

(A) 承雨斗　　　　　　　　(B) 87 型雨水斗

(C) 无水封地漏　　　　　　(D) 虹吸式雨水斗

解析：

设计流态处于重力输水有压流和无压流之间为半有压流，参考《屋面雨水规程》3.4.4 条：半有压屋面雨水系统宜采用 87 型雨水斗或性能类似的雨水斗，故 B 正确。

答案选【B】。

注：参考《屋面雨水规程》3.4.1 可得，承雨斗用于重力流排水；参考《屋面雨水规程》3.4.4 条及条文说明可得，虹吸式雨水斗用于压力流排水。本题所涉及的"半有压流"由于秘书处教材和《建水标准》均未涉及，因此并未在直播课进行展开讲解。对于《屋面雨水规程》笔者曾提到过，如果考试的

时候能反应过来，现场查该本规范"3.2雨水斗或3.4系统选型与设置"这两个章节，便能很快找到规范依据。

——多选题——

3.9-5. 重力流雨水斗的泄流量，与下列哪些因素有关？【2020-1-69】

(A) 设计重现期   (B) 雨水斗口径

(C) 雨水斗设置高度   (D) 雨水斗构造及特性

解析：

参考《建水工程2025》P218关于重力流雨水斗泄流量公式：$Q = \mu\pi Dh\sqrt{2gh}$ 可知，泄流量与重现期及设置高度无关，与雨水斗口径及构造、特性有关，B、D正确。

答案选【BD】。

3.9-6. 关于高层建筑阳台雨水排水的说法，以下哪几项正确？【2024-1-69】

(A) 阳台雨水立管必须沿建筑外墙敷设

(B) 住宅阳台雨水地漏可接入生活污水排水管

(C) 住宅阳台雨水排至地面植草沟时应采用断接

(D) 满足一定条件时，阳台雨水排水可接入屋面雨水排水管

解析：

选项A，参考《建水标准》5.2.24条条文说明：1 本款规定的前提条件是：①屋面雨落水管敷设在外墙；②雨落水管底部间接排水；③有防返溢的技术措施时，阳台雨水排水可以接入屋面雨水立管，由于①为阳台雨水排水可以接入屋面雨水立管的条件之一，则对于阳台雨水立管而言可以不设在外墙，故A错误。

选项B，参考《建水标准》5.2.24条条文说明：当生活阳台设有生活排水设备及地漏时，雨水可排入生活排水地漏中，不必另设雨水排水立管，故B正确。

选项C，参考《建水标准》5.2.24条第4款：当住宅阳台、露台雨水排入室外地面或雨水控制利用设施时，雨落水管应采取断接方式，故C正确。

选项D，参考《建水通用规范》4.5.4条：阳台雨水不应与屋面雨水共用排水立管，故D错误。

答案选【BC】。

注：《建水标准》5.2.24条第5款：当屋面雨落水管雨水间接排水且阳台排水有防返溢的技术措施时，阳台雨水可接入屋面雨落水管的叙述，与《建水通用规范》4.5.4条相矛盾，应以《建水通用规范》4.5.4条为准。

3.9-7. 屋面高度150m的建筑，90m处有局部退层屋面，裙房屋面高度24m，采用87型雨水斗，关于其雨水系统的描述，以下哪几项错误？【2024-2-68】

(A) 裙房屋面雨水设置单独雨水立管排出

(B) 布置在裙房楼梯间休息平台处的塑料雨水立管可不设阻火装置

(C) 顶层屋面雨水立管为避免底层管道承压过大，在避难层设置常压水箱消能

(D) 不超过立管最大设计排水能力时，退层屋面雨水斗与顶层雨水斗合用雨水立管

解析：

选项 A，参考《建水标准》5.2.22 条：裙房屋面的雨水应单独排放，不得汇入高层建筑屋面排水管道系统，故 A 正确。

选项 B，参考《建水标准》5.2.29 条：塑料雨水管穿越防火墙和楼板时，应按本标准第 4.4.10 条的规定设置阻火装置。当管道布置在楼梯间休息平台上时，可不设阻火装置，故 B 正确。

选项 C，参考《屋面雨水规程》3.4.18 条第 2 款：高度超过 250m 的雨水立管，雨水管材及配件承压能力可取 2.5MPa，本题建筑高度为 150m，仅需提高雨水管材及配件承压能力即可，故 C 错误。

选项 D，参考《屋面雨水规程》3.4.4 条：半有压屋面雨水系统宜采用 87 型雨水斗或性能类似的雨水斗，从而可得采用半有压屋面雨水系统；再参考《屋面雨水规程》5.1.4 条：当雨水立管的设计流量小于最大设计排水能力时，可将不同高度的雨水斗接入同一立管，且最低雨水斗应在立管底端与最高雨水斗高差的 2/3 以上，$150 \times 2/3 = 100m$，本题局部退层屋面为 90m＜100m，从而不能合用雨水立管，故 D 错误。

答案选【CD】。

3.9.2　屋面溢流设施

——多选题——

3.9-8. 关于屋面雨水排水系统，下列描述哪几项错误?【2023-2-69】

(A) 所有形式的屋面天沟均必须设置坡度，且坡度不宜小于 0.003

(B) 阳台雨水排水可通过排入阳台生活排水设施的地漏最终排入生活排水立管

(C) 多层建筑阳台的雨水排水在采用防返溢地漏时，可就近接入室内屋面雨水排水

(D) 所有屋面雨水排水系统，按重现期不小于 100 年设计的情况下，可不考虑溢流排水

解析：

选项 A，参考《建水标准》5.2.9 条条文说明。金属屋面的长天沟可无坡度，故 A 错误。

选项 B，参考《建水标准》5.2.24 条第 6 款。当生活阳台设有生活排水设备及地漏时，应设专用排水立管接入污水排水系统，可不另设阳台雨水排水地漏，故 B 正确。

选项 C，参考《建水通用规范》4.5.4：阳台雨水不应与屋面雨水共用排水立管，故 C 错误。

选项 D，参考《建水标准》5.2.11 条。建筑屋面雨水排水工程应设置溢流孔口或溢流管系等溢流设施，且溢流排水不得危害建筑设施和行人安全。下列情况下可不设溢流设施：2 民用建筑雨水管道单斗内排水系统、重力流多斗内排水系统按重现期 P 大于或等于 100a 设计时，可知，D 选项关于"所有屋面雨水排水系统"的叙述是错误的，故 D 错误。

答案选【ACD】。

3.9.3 小区雨水排水系统

——单选题——

3.9-9. 关于建筑内排水集水池及调节池有效容积计算方法的叙述，下列哪项是正确的?【2020-2-38】

(A) 下沉式广场地面排水集水池不应小于最大一台排水泵 5min 的出水量

(B) 地下车库出入口明沟排水集水池不应小于最大一台排水泵 30s 的出水量

(C) 生活排水集水池不应小于 2.0m³

(D) 生活排水调节池不得大于 6h 生活排水平均小时流量

解析:

选项 A，参考《建水标准》5.3.19 条第 4 款。下沉式广场地面排水集水池的有效容积，不应小于最大一台排水泵 30s 的出水量，故 A 错误。

选项 B，参考《建水标准》5.2.40 条。地下车库出入口的明沟雨水集水池的有效容积，不应小于最大一台排水泵 5min 的出水量，故 B 错误。

选项 C，参考《建水标准》4.8.4 条第 1 款。集水池有效容积不宜小于最大一台污水泵 5min 的出水量，又参考《建水工程 2025》P202。消防电梯井集水坑的有效容积不应小于 2.0m³，但本题非特指消防电梯井的集水坑，故 C 错误。

选项 D，参考《建水标准》4.10.20 条。生活排水调节池的有效容积不得大于 6h 生活排水平均小时流量，故 D 正确。

答案选【D】。

——多选题——

3.9-10. 小区雨水设计计算，以下哪几项不正确?【2021-2-68】

(A) 雨水管道设计宜按非满流重力流设计

(B) 室外雨水接户管的最小管径为 200mm

(C) 汇水面积为汇入的地面和墙面面积之和

(D) 径流系数为各类地面及屋面的径流系数之平均值

解析:

选项 A，参考《建水标准》5.3.16 条。小区雨水管道宜按满管重力流设计，管内流速不宜小于 0.75m/s，故 A 错误。

选项 B，参考《建水标准》表 5.3.17，故 B 正确。

选项 C，参考《建水标准》5.3.15 条。小区雨水管段设计流量应按本标准第 5.3.10 条~第 5.3.14 条，经计算确定，并应符合下列规定: 1 汇水面积应为汇入的地面、屋面面积和墙面面积。2 墙面设计流量应按下列条件计算: 1) 当建筑高度大于或等于 100m 时，按夏季主导风向迎风墙面 1/2 面积作为有效汇水面积，当建筑高度小于 100m 时，不计墙面面积，故 C 错误。

选项 D，参考《建水标准》5.3.15 条第 3 款。其综合径流系数按各类地面 (含屋面) 的加权平均值，故 D 错误。

答案选【ACD】。

3.10　建筑热水供应系统基础知识及设计计算

3.10.1　热水供应系统分类、组成和加热方式

——单选题——

3.10-1. 下列哪类建筑最适宜采用局部热水供应系统?【2022-1-35】

(A) 酒店式公寓　　　　　　　　　　(B) 高级旅馆客房

(C) 省级妇幼医院病房　　　　　　　(D) 坐班制办公楼卫生间

解析:

参考《建水标准》6.3.6 条第 3 款。无集中沐浴设施的办公楼宜采用局部热水供应系统,故 D 正确。

答案选【D】。

3.10-2. 在热水供应系统中,以下哪一项既属于第一循环系统也属于第二循环系统?【2023-1-36】

(A) 蒸汽锅炉　　　　　　　　　　　(B) 容积式水加热器

(C) 热媒管网　　　　　　　　　　　(D) 配水管网

解析:

参考《建水工程 2025》P235 图 4-1。水加热器既属于第一循环系统也属于第二循环系统,故 B 正确。

答案选【B】。

3.10.2　耗热量

——单选题——

3.10-3. 关于热水供应系统设计小时耗热量的计算,下列哪项表述是正确的?【2021-1-33】

(A) 居住小区内配套公共设施热水供应系统的设计小时耗热量为居住小区设计小时耗热量与小区内住宅设计小时耗热量的差值

(B) 医院建筑根据设置的床位数和热水用水定额可以计算出其全日集中热水供应系统的设计小时耗热量

(C) 定时集中热水供应系统和局部热水供应系统在进行设计小时耗热量时,热水温度应根据其使用温度选取

(D) 当同一个建筑里多个用水部门由同一个集中热水供应系统供应热水时,其热水供应系统的设计小时耗热量应将多个用水部门设计小时耗热量相加得出

解析:

选项 A,参考《建水标准》6.4.1 条第 1 款。1) 当居住小区内配套公共设施的最大用水时时段与住宅的最大用水时时段一致时,应按两者的设计小时耗热量叠加计算;2) 当居住小区内配套公共设施的最大用水时时段与住宅的最大用水时时段不一致时,应按住宅的设计小时耗热量加配套公共设施的平均小时耗热量叠加计算,故 A 错误。

选项 B,医院除了住院部还有门诊部等,门诊部是根据病人数和热水用水定额计算出

设计小时耗热量的，故 B 错误。

选项 C，参考《建水标准》6.4.1 条第 3 款。定时集中热水供应系统，工业企业生活间、公共浴室、宿舍（设公用盥洗卫生间）、剧院化妆间、体育场（馆）运动员休息室等建筑的全日集中热水供应系统及局部热水供应系统的设计小时耗热量应按下式计算：（定时制设计小时耗热量公式）；t_{r1}——使用温度（℃），按本标准表 6.2.1-2 "使用水温" 取用，故 C 正确。

选项 D，参考《建水标准》6.4.1 条第 4 款。具有多个不同使用热水部门的单一建筑或具有多种使用功能的综合性建筑，当其热水由同一全日集中热水供应系统供应时，设计小时耗热量可按同一时间内出现用水高峰的主要用水部门的设计小时耗热量，加其他用水部门的平均小时耗热量计算，故 D 错误。

答案选【C】。

3.10-4. 设有 IC 卡计费的学生宿舍，其最高日热水定额取值，不应低于以下哪一项？【2023-1-33】

(A) 80L/（d·人）　　　　　　　　(B) 40L/（d·人）

(C) 30L/（d·人）　　　　　　　　(D) 25L/（d·人）

解析：

参考《建水标准》表 6.2.1-1 注。学生宿舍使用 IC 卡计费用热水时，可按每人每日最高日用水定额 25L～30L，故 D 正确。

答案选【D】。

3.10-5. 下列关于建筑集中生活热水供应系统设计水温的叙述，哪一项错误？【2024-1-33】

(A) 配水点水温应≥45℃

(B) 水加热设备设计最高热水出水温度应≤70℃

(C) 热水用水定额是以 60℃水温为计算温度

(D) 单体建筑热水供应系统水加热设备的出水温度与配水点的最低水温的温度差应
　　≤10℃

解析：

选项 A、B，参考《建水通用规范》5.2.4 条：集中热水供应系统的水加热设备，其出水温度不应高于 70℃，配水点热水出水温度不应低于 46℃，故 A 错误，B 正确。

选项 C，参考《建水标准》表 6.2.1-1 注 2：本表以 60℃热水水温为计算温度，故 C 正确。

选项 D，参考《建水标准》6.7.7 条：热水供应系统中，锅炉或水加热器的出水温度与配水点的最低水温的温度差，单体建筑不得大于 10℃，建筑小区不得大于 12℃，故 D 正确。

答案选【A】。

注：《建水标准》6.2.6 条第 3 款：配水点水温不应低于 45℃的叙述与《建水通用规范》5.2.4 条相矛盾，应以《建水通用规范》5.2.4 条为准。

——多选题——

3.10-6. 下列关于耗热量计算的表述哪几项正确？【2022-1-66】

(A) 计算建筑全日集中热水供应系统的设计小时耗热量时，热水用水定额采用最高日用水定额

(B) 游泳池耗热量按池水表面蒸发损失的热量和补充新鲜水加热所需热量之总和计算

(C) 计算太阳能热水系统的集热器总面积时，耗热量采用平均日耗热量

(D) 全日集中热水供应系统的小时变化系数 K 可按给水的小时变化系数选值

解析：

选项 A，参考《建水标准》6.4.1 条。热水用水定额采用最高日用水定额，故 A 正确。

选项 B，参考《游泳池规程》7.2.1 条。池水加热所需的热量应为池水表面蒸发损失的热量、池壁和池底传导损失的热量、管道和设备损失的热量以及补充新鲜水加热所需的热量的总和，故 B 错误。

选项 C，参考《建水标准》表 6.2.1-1 注。表中平均日用水定额仅用于计算太阳能热水系统集热器面积和计算节水用水量，故 C 正确。

选项 D，参考《建水标准》表 6.4.1 注。设有全日集中热水供应系统的办公楼、公共浴室等表中未列入的其他类建筑的 K_h 值可按本标准表 3.2.2 中给水的小时变化系数选值，即满足表 6.4.1 条件的建筑物，时变化系数应该按表 6.4.1 的内插计算规则进行计算，故 D 错误。

答案选【AC】。

分析：

本题选项 A 对于密集型全日制建筑而言，叙述有瑕疵之处（因为密集型全日制是用小时用水量计算系统的设计小时耗热量的），但是选项 B、D 错误更加明显，所以建议认为 A 是正确的。

3.10-7. 由同一套集中热水供应系统的多种使用功能的综合性建筑，关于其设计小时耗热量的描述，以下哪几项不准确？【2023-1-66】

(A) 同一时间内出现用水高峰的主要用户设计小时耗热量加其他各用户平均小时耗热量之和

(B) 主要用户设计小时耗热量加其他各用户平均小时耗热量之和

(C) 各用户平均小时耗热量之和

(D) 各用户设计小时耗热量之和

解析：

参考《建水标准》6.4.1 条第 4 款。具有多个不同使用热水部门的单一建筑或具有多种使用功能的综合性建筑，当其热水由同一全日集中热水供应系统供应时，设计小时耗热量可按同一时间内出现用水高峰的主要用水部门的设计小时耗热量，加其他用水部门的平均小时耗热量计算，故 A 正确，B、C、D 错误。

答案选【BCD】。

3.10.3　热水量

——单选题——

3.10-8. 下列关于热水用量计算的表述，哪一项正确？【2022-1-34】

(A) 为了满足节能要求，建筑热水用水定额均应采用平均日用水定额

(B) 在满足使用安全的条件下，建筑集中热水系统的水加热设备出水温度越高，则设计小时热水量越小

(C) 体育场运动员休息室集中热水系统供应多个淋浴间和多个洗手盆，设计小时热水量应为全部卫生器具的小时热水用水量之和

(D) 学生宿舍配置设有间隔淋浴器的公用盥洗卫生间，设计小时热水量应为全部淋浴同时使用时的热水用水量

解析：

选项 A，参考《建水标准》6.4.1 条第 2 款。应按最高日用水定额计算，故 A 错误。

选项 B，参考《建水标准》6.4.2 条。设计小时热水量与设计热水温度呈负相关，故 B 正确。

选项 C、D，参考《建水标准》6.4.1 条第 3 款。需要考虑 b_g——同类型卫生器具的同时使用百分数，不能按照全部卫生器具同时使用的热水量来计算，故 C、D 错误。

答案选【B】。

3.10.4　供热量

——单选题——

3.10-9. 导流型容积式水加热器设计小时供热量不应低于下列哪项？【2020-2-34】

(A) 设计小时耗热量　　　　　　(B) 40min 设计小时耗热量

(C) 平均小时耗热量　　　　　　(D) 设计秒流量所需耗热量

解析：

参考《建水标准》6.4.3 条第 1 款。当 Q_g 计算值小于平均小时耗热量时，Q_g 应取平均小时耗热量，故 C 正确。

答案选【C】。

3.10-10. 下列关于热水加热设备供热量的描述，哪一项不正确？【2023-2-35】

(A) 加热设备的设计小时供热量是加热设备供水最大时段内的小时产热量

(B) 容积式水加热器，其设计小时供热量不应小于平均小时耗热量

(C) 半容积式水加热器，其设计小时供热量等于设计小时耗热量

(D) 容积式水加热器，其设计小时供热量等于设计小时耗热量与加热器的总贮热量之差

解析：

选项 A，参考《建水工程 2025》P277。加热设备的设计小时供热量是指加热设备供水最大时段内的小时产热量，故 A 正确。

选项 B，参考《建水标准》6.4.3 条第 1 款。当 Q_g 计算值小于平均小时耗热量时，Q_g 应取平均小时耗热量，故 B 正确。

选项 C，参考《建水标准》6.4.3 条第 2 款。半容积式水加热器或贮热容积与其相当的水加热器、燃油（气）热水机组的设计小时供热量应按设计小时耗热量计算，故 C 正确。

选项 D，参考《建水标准》6.4.3 条第 1 款。其设计小时供热量等于设计小时耗热量与加热器的有效贮热量之差，而非总贮热量，故 D 错误。

答案选【D】。

——多选题——

3.10-11. 对于两栋相同的住宅，其热水供应系统的计算，下列哪些表述是正确的？【2020-2-66】

（A）直接和间接加热的设计小时耗热量是不同的

（B）全日制和定时制供水的设计小时耗热量是不同的

（C）采用不同类型的水加热器时，其设计小时供热量是不同的

（D）不同的热媒，都采用半容积式水加热器时，其设计小时供热量是相同的

解析：

选项 A，参考《建水标准》6.4.1 条。设计小时耗热量计算公式可知，设计小时耗热量大小与加热方式无关，故 A 错误。

选项 B，参考《建水标准》6.4.1 条。住宅建筑采用全日制还是定时制，其设计小时耗热量不同，故 B 正确。

选项 C，参考《建水标准》6.4.3 条。设计小时供热量与水加热器类型有关，故 C 正确。

选项 D，两栋住宅相同，故它们的耗热量相同，参考《建水标准》6.4.3 条第 2 款可知对于半容积式水加热器，设计小时供热量＝设计小时耗热量，故 D 正确。

答案选【BCD】。

3.10-12. 下列关于生活热水供应系统设计小时耗热量、设计小时供热量、设计小时用水量的说法中，错误的是哪几项？【2021-1-66】

（A）燃气热水机组的设计小时供热量等于设计小时耗热量

（B）设计小时耗热量小时变化系数与热水使用人数有关，与热水定额无关

（C）定时供应热水的建筑，其设计小时耗热量与用水人数及热水用水定额无关

（D）设计小时热水量与热水定额无关

解析：

选项 A，参考《建水标准》6.4.3 条第 1 款。可知贮热容积与其相当的燃气热水机组，可采用导流型容积式水加热器的设计小时供热量公式计算，设计小时供热量可能小于设计小时耗热量，故 A 错误。

选项 B，参考《建水标准》表 6.4.1 注 2。K_h 应根据热水用水定额高低，使用人（床）数多少取值，当热水用水定额高、使用人（床）数多时取低值，反之取高值，故 B 错误。

选项 C，参考《建水标准》式（6.4.1-2），故 C 正确。

选项 D，参考《建水标准》式（6.4.2）及式（6.4.1-1），故 D 错误。

答案选【ABD】。

3.10.5 热媒、热源耗量

——单选题——

3.10-13. 关于热水供应系统的热源选择，下列哪项表述是正确的？【2020-2-33】

(A) 冬季寒冷地区，太阳能不宜在集中热水供应系统中采用

(B) 最冷月平均气温4℃的地区，可采用空气源热泵

(C) 华北地区，宜优先采用热力供热管网作为集中热水供应系统的热源

(D) 满足水量、水文水质条件和保证回灌要求的地区，宜采用地表水源热泵

解析：

选项A，参考《建水标准》6.3.1条第2款。当日照时数大于1400h/a且年太阳辐射量大于4200MJ/m² 及年极端最低气温不低于−45℃的地区，采用太阳能，故A错误。

选项B，参考《建水标准》6.6.7条第5款。2) 最冷月平均气温小于10℃且不小于0℃时，空气源热泵热水供应系统宜采取设置辅助热源，或采取延长空气源热泵的工作时间等满足使用要求的措施，即最冷月平均气温4℃的地区可采用空气源热泵，故B正确。

选项C，热力管网，参考《建水标准》6.3.1条为第6顺位的热源，并不存在"优先采用"的说法，故C错误。

选项D，参考《建水标准》6.3.1条第4款。在地下水源充沛、水文地质条件适宜，并能保证回灌的地区，采用地下水源热泵，故D错误。

答案选【B】。

3.10-14. 浙江某地建设公共建筑项目的集中生活热水系统时，附近可采用的热源有：①太阳能；②水文、地质条件适宜的地下水源热泵；③空气源热泵；④火电厂稳定可靠的废热。关于该项目生活热水热源的选择，按优→次的顺序依次排列哪一项正确？【2024-1-35】

(A) ①→③→②→④　　　　　(B) ②→③→①→④

(C) ③→②→①→④　　　　　(D) ④→①→③→②

解析：

参考《建水标准》6.3.1条：集中热水供应系统的热源应通过技术经济比较，并应按下列顺序选择：1 采用具有稳定、可靠的余热、废热、地热，当以地热为热源时，应按地热水的水温、水质和水压，采取相应的技术措施处理满足使用要求；2 当日照时数大于1400h/a且年太阳辐射量大于4200MJ/m² 及年极端最低气温不低于−45℃的地区，采用太阳能，全国各地日照时数及年太阳能辐照量应按本标准附录H取值；3 在夏热冬暖、夏热冬冷地区采用空气源热泵；4 在地下水源充沛、水文地质条件适宜，并能保证回灌的地区，采用地下水源热泵……，综上所述，正确的顺序是④→①→③→②，故D正确。

答案选【D】。

——多选题——

3.10-15. 同一栋建筑的集中生活热水供应系统热媒采用蒸汽或高温热水，当采用不同类型的水加热设备时，下列哪几项叙述正确？【2024-2-65】

(A) 其设计小时热媒耗量可能不同

(B) 其设计小时耗热量可能不同

(C) 其设计小时热水量可能不同

(D) 其设计小时供热量可能不同

解析：

选项 A，参考《建水工程 2025》P279 关于热媒采用蒸汽或高温热水的公式对比可得，由于计算公式完全不同，因而热媒耗量可能不同，故 A 正确。

选项 B，考参《建水标准》6.4.1 条第 2 款和第 3 款，无论是分散型全日制热水系统，亦或是其他集中热水系统，设计小时耗热量与水加热设备的类型无关，当采用不同类型水加热器时，其设计小时耗热量相同，故 B 错误。

选项 C，参考《建水标准》6.4.2 条的公式，设计小时热水量与设计小时耗热量有关，而采用不同类型水加热器时，其设计小时耗热量相同，从而设计小时热水量也相同，故 C 错误。

选项 D，参考《建水标准》6.4.3 条，水加热器的类型不同，对应的公式亦不同，从而采用不同类型水加热器时，其设计小时供热量可能不同，故 D 正确。

答案选【AD】。

3.10.6　加热设备的贮热量与贮热容积

——单选题——

3.10-16. 在第一循环和第二循环的热水供应系统，下列哪项表述是准确的？【2020-1-34】

(A) 热媒耗量用于确定第二循环系统水加热器贮热容积

(B) 热水设计秒流量用于确定第二循环系统水加热器加热面积

(C) 设计小时热水量不能用于确定第二循环系统水加热器贮热容积

(D) 设计小时耗热量确定第二循环系统水加热器供热量

解析：

选项 A，参考《建水工程 2025》P278。热媒耗量是第一循环管网水力计算的依据，故 A 错误。

选项 B，参考《建水标准》6.5.7 条。水加热器加热面积与设计秒流量无关，故 B 错误。

选项 C，参考《建水标准》6.5.11 条。贮热容积与贮热量有关，故 C 正确。

选项 D，参考《建水标准》6.4.3 条第 3 款。对于快速式或半即热式水加热器，设计小时供热量按秒耗量计算，故 D 错误。

答案选【C】。

——多选题——

3.10-17. 下列关于建筑集中生活热水供应系统的计算或其计算值，哪几项不需要考虑热水用水定额？【2024-1-66】

（A）计算热水供应系统的设计小时耗热量

（B）计算开式热水供应系统的膨胀管设置高度

（C）计算半即热式水加热器的设计小时供热量

（D）闭式热水供应系统设置的压力式膨胀罐总容积的计算值

解析：

选项 A，参考《建水标准》6.4.1 条第 2 款、6.4.1 条第 3 款，若为分散型全日制热水系统，设计小时耗热量与热水用水定额有关；若不为分散型全日制热水系统，设计小时耗热量与卫生器具热水小时用水定额有关，与热水用水定额无关，故 A 错误。

选项 B，参考《建水标准》6.5.19 条的公式，膨胀管设置高度与热水用水定额无关，故 B 正确。

选项 C，参考《建水标准》6.4.3 条第 3 款的公式，半即热式水加热器的设计小时供热量按秒耗量确定，而秒耗量的计算与热水用水定额无关，故 C 正确。

选项 D，参考《建水标准》6.5.21 条的公式，压力式膨胀罐总容积的计算值与热水用水定额无关，故 D 正确。

答案选【BCD】。

注：由于多选题不全选，故选项 A 不建议入选，按需要考虑热水用水定额来判断。对于本题而言，建议从公式的字面意思进行判断，不建议因"压力式膨胀罐总容积与系统内热水总容积有关，热水总容积的计算参数之一为贮热容积，而贮热容积与耗热量有关"来认为选项 D 需要考虑热水用水定额。

3.11　建筑热水系统的细节知识

3.11.1　热源、热媒

——单选题——

3.11-1. 黑龙江漠河某大型化工企业，实行三班制工作制度，最适宜作为其集中生活洗浴热水系统热源的是下列哪一项？【2022-1-36】

（A）太阳能　　　　　　　　　　　（B）空气源

（C）地表水源　　　　　　　　　　（D）企业蒸汽锅炉

解析：

选项 A，参考《建水标准》6.3.1 条第 2 款。漠河极限温度低于−45℃，故 A 错误。

选项 B，参考《建水标准》6.6.7 条第 5 款。3）最冷月平均气温小于 0℃ 的地区，不宜采用空气源热泵热水供应系统，故 B 错误。

选项 C，参考《建水工程 2025》P236。水源热泵的水源，其供水水量及水温应能稳定地满足换热量要求，水温不宜小于 10℃；再参考《建水标准》6.2.5 条。黑龙江地面水最冷月平均温度为 4℃，故 C 错误。

选项 D，参考《建水标准》6.3.1 条第 7 款。故 D 正确。

答案选【D】。

分析：

根据气象资料，漠河，极端最低气温为−52.3℃，最冷月平均气温为−28℃，这些参数虽然在考场上无从知晓，但是通过题干"黑龙江漠河"可知，这是中国最北的一座城市，从而其年极端气温完全可以主观认为是低于 $-45℃$ 的，其最冷月平均气温也可以主观认为是低于 $0℃$ 的。

——多选题——

3.11-2. 关于热水供应系统的热源选择，下列哪几项表述是不正确的?【2020-2-65】

(A) 地下水源热泵系统，应采用间接加热方式

(B) 局部热水供应系统，宜采用太阳能、电能等

(C) 空气源热泵系统，应设置辅助加热设备

(D) 城市污水不应作为水源热泵的热源

解析:

选项 A，参考《建水标准》6.6.7 条第 3 款。水源热泵宜采用快速水加热器配贮热水箱（罐）间接换热制备热水，设计应符合下列规定；再参考其条文说明。本款系根据现有采用水源热泵制备生活热水的工程常用系统形式作出的规定，由于热泵制热的冷凝器的换热管束管径很小，如用直接加热供水系统，易受热水水质影响结垢腐蚀热泵效率衰减，使用寿命缩短，因此宜采用间接换热供水系统，选项中为"应"，故 A 错误。

选项 B，参考《建水标准》6.3.2 条。局部热水供应系统的热源宜按下列顺序选择:1 符合本标准第 6.3.1 条第 2 款条件的地区宜采用太阳能;2 在夏热冬暖、夏热冬冷地区宜采用空气源热泵;3 采用燃气、电能作为热源或作为辅助热源;4 在有蒸汽供给的地方，可采用蒸汽作为热源，故 B 正确。

选项 C，参考《建水标准》6.6.7 条第 5 款。1) 最冷月平均气温不小于 $10℃$ 的地区，空气源热泵热水供应系统可不设辅助热源，故 C 错误。

选项 D，参考《建水标准》6.6.7 条第 1 款。4) 当以污水、废水为水源时，尚应先对污水、废水进行预处理，故 D 错误。

答案选【ACD】。

3.11-3. 下列哪些属于可再生绿色热源?【2021-2-66】

(A) 太阳能　　　　(B) 地热水　　　　(C) 空气源热泵　　　　(D) 污水源热泵

解析:

太阳能、地热能、空气源均是可再生绿色热源，而空气源热泵虽提高了能源的利用率，但仍要消耗电能或化学能，所以它不是可再生能源，故 A、B 正确，C、D 错误。

答案选【AB】。

3.11-4. 关于集中热水系统热源的表述，下列哪几项错误?【2022-2-66】

(A) 太阳能作热源的热水系统必须设辅助热源

(B) 空气源作热源的热水系统必须设辅助热源

(C) 电能只能作为集中热水系统的辅助热源

(D) 不停产的工业企业利用其生产锅炉蒸汽作热源，可不设辅助热源

解析:

选项 A，参考《建水标准》6.6.6 条。太阳能热水系统应设辅助热源，是"应"而非

"必须",故 A 错误。

选项 B,参考《建水标准》6.6.7 条第 5 款。1)最冷月平均气温不小于 10℃的地区,空气源热泵热水供应系统可不设辅助热源,故 B 错误。

选项 C,参考《建水标准》6.3.1 条条文说明。个别电力供应充沛的地方用于集中生活热水系统的热水制备,故 C 错误。

选项 D,参考《建水标准》6.3.1 条第 7 款。集中热水供应系统的热源应通过技术经济比较,并应按下列顺序选择:7 采用区域性锅炉房或附近的锅炉房供给蒸汽或高温水,其中并未提及需设辅助热源,且选项 D 强调了"不停产",从而也没有设辅助热源的必要,故 D 正确。

答案选【ABC】。

3.11-5. 作为集中热水供应系统的热源,以下哪几种选项不合理?【2023-2-65】
(A)间歇排放的工业废热 　　　　(B)小区锅炉房供应的高温水
(C)严寒地区采用空气源热泵 　　(D)低谷电蓄热设备制备的高温水
解析:

选项 A,参考《建水标准》6.3.1 条。集中热水供应系统的热源应通过技术经济比较,并应按下列顺序选择:1 采用具有稳定、可靠的余热、废热、地热,可知,间歇排放的工业废热并不稳定、可靠,故 A 错误。

选项 B,参考《建水标准》6.3.1 条。集中热水供应系统的热源应通过技术经济比较,并应按下列顺序选择:7 采用区域性锅炉房或附近的锅炉房供给蒸汽或高温水,故 B 正确。

选项 C,参考《建水标准》6.6.7 条第 5 款。3)最冷月平均气温小于 0℃的地区,不宜采用空气源热泵热水供应系统,可知,严寒地区不宜采用空气源热泵,故 C 错误。

选项 D,参考《建水标准》6.3.1 条。集中热水供应系统的热源应通过技术经济比较,并应按下列顺序选择:8 采用燃油、燃气热水机组、低谷电蓄热设备制备的热水,故 D 正确。

答案选【AC】。

3.11.2　第二循环系统
——单选题——

3.11-6. 对于全日制热水供应系统,以下哪种定义是正确的?【2020-2-35】
(A)热水供应时间为 18h 的热水系统
(B)热水供应时间不少于 12h 的热水系统
(C)热水供应时间不少于 8h 的热水系统
(D)全天、工作或营业时间内不间断供应热水的系统
解析:

参考《建水标准》2.1.91 条。在全日、工作班或营业时间内不间断供应热水的系统,故 D 正确。

答案选【D】。

3.11-7. 关于高层建筑热水供应系统设计，下列叙述哪项是不正确的？【2021-2-34】
(A) 热水供水分区应与给水系统一致
(B) 供水系统均应采用闭式系统
(C) 分区静水压力可提高到 0.55MPa
(D) 高、低区宜分设水加热器，各区补水均应由同区的给水系统专管供应

解析：
选项 A，参考《建水标准》6.3.7 条第 1 款。应与给水系统的分区一致，故 A 正确。
选项 B，参考《建水标准》6.3.7 条第 1 款。2）由热水箱和热水供水泵联合供水的热水供应系统的热水供水泵扬程应与相应供水范围的给水泵压力协调，保证系统冷热水压力平衡，故 B 错误。
选项 C，参考《建水标准》3.4.3 条。当设有集中热水系统时，分区静水压力不宜大于 0.55MPa，故 C 正确。
选项 D，参考《建水标准》6.3.7 条第 1 款。1）闭式热水供应系统的各区水加热器、贮热水罐的进水均应由同区的给水系统专管供应，故 D 正确。
答案选【B】。

3.11-8. 最高日热水量为 45m³ 的集中生活热水系统，采用由高位水箱供水的开式系统。下列热水供应系统的膨胀措施设计，正确的是哪一项？【2022-2-33】
(A) 热水供应系统设置膨胀管，膨胀管接至该建筑高位热水箱顶上 100mm 泄水
(B) 热水供应系统设置压力膨胀罐，膨胀罐设置在板式换热器第二循环管网热水侧入口
(C) 热水供应系统设置膨胀管，膨胀管管口接至该建筑高位生活水箱最高溢流水位以上 150mm 泄水
(D) 热水供应系统设置膨胀管，膨胀管管口接至该建筑高位消防水箱最高溢流水位以上 100mm 泄水

解析：
选项 A、C，参考《建水标准》6.5.19 条第 1 款。将膨胀管引至同一建筑物的非生活饮用水箱的上空，不能引入生活水池（箱），故 A、C 错误。
选项 B，开式系统不设置膨胀罐，故 B 错误。
选项 D，参考《建水标准》6.5.19 条第 1 款。膨胀管出口离接入非生活饮用水箱溢流水位的高度不应少于 100mm，故 D 正确。
答案选【D】。

3.11-9. 高层建筑生活热水供应系统采用竖向分区供水时，下列设计叙述哪一项错误？【2024-2-33】
(A) 各分区可共用水加热设备
(B) 各分区分别设置热水循环系统
(C) 为保证热水循环效果，不应采用减压阀分区
(D) 各分区最低用水点处静压不宜大于 0.55MPa

解析：

选项 A，参考《建水标准》6.3.7 条条文说明：确有困难时，如有的单幢高层、多层住宅的集中热水供应系统，只能采用一个或一组水加热器供整幢楼热水时，应在满足本标准第 3.4.3 条分区供水压力的范围内，采用质量可靠的减压阀等管道附件来解决系统冷热水压力平衡的问题，故 A 正确。

选项 B，参考《建水标准》6.3.14 条条文说明图（b）可知，各分区可以分别设置热水循环系统，故 B 正确。

选项 C，参考《建水标准》6.3.14 条第 3 款："采用减压阀分区时，除应符合本标准第 3.5.10 条、第 3.5.11 条的规定外，尚应保证各分区热水的循环"可知，对于热水系统可以采用减压阀分区的方式，故 C 错误。

选项 D，参考《建水标准》3.4.3 条：当生活给水系统分区供水时，各分区的静水压力不宜大于 0.45MPa；当设有集中热水系统时，分区静水压力不宜大于 0.55MPa，故 D 正确。

答案选【C】。

3.11-10. 下列关于高层建筑全日集中生活热水供应循环系统设计的叙述，哪一项正确？【2024-2-34】

（A）热水循环管道应采用同程布置

（B）设支管循环可保障热水配水点达到最低出水温度的时间

（C）循环流量依据配水管道和回水管道的热损失之和计算

（D）公寓式酒店热水配水点出水温度达到最低出水温度的出水时间不应大于 15s

解析：

选项 A，参考《建水标准》6.3.14 条第 2 款：单栋建筑内集中热水供应系统的热水循环管宜根据配水点的分布布置循环管道：1）循环管道同程布置；2）循环管道异程布置，在回水立管上设导流循环管件、温度控制或流量控制的循环阀件，可知，建筑热水循环管道可以采用同程布置或异程布置，故 A 错误。

选项 B，参考《建水标准》6.3.10 条第 1 款：热水配水点保证出水温度不低于 45℃的时间，居住建筑不应大于 15s，公共建筑不应大于 10s，再参考《建水标准》6.3.13 条：采用干管和立管循环的集中热水供应系统的建筑，当系统布置不能满足第 6.3.10 条第 1 款的要求时，应采取下列措施：2 不设分户水表的支管应设支管循环系统，即设支管循环可保障热水配水点达到最低出水温度的时间，故 B 正确。

选项 C，参考《建水标准》6.7.5 条的公式，对于全日集中热水供应系统，循环流量仅依据配水管道的热损失计算，不计回水管道的热损失，故 C 错误。

选项 D，参考《建水标准》6.3.10 条第 1 款：热水配水点保证出水温度不低于 45℃的时间，居住建筑不应大于 15s，公共建筑不应大于 10s，公寓式酒店为酒店，其属于公共建筑，故 D 错误。

答案选【B】。

——多选题——

3.11-11. 关于热水供应系统的表述，下列哪几项不正确？【2020-1-66】

（A）开式热水供应系统，由于设有生活饮用水高位水箱，故其供水水压稳定

（B）闭式热水供应系统，由于管系与大气隔绝，故水质不易被污染

（C）开式热水供应系统，可用于蒸汽直接加热制备热水

（D）闭式热水供应系统，只适用于不宜设置生活饮用水高位水箱的情况下

解析：

选项 A，参考《建水工程 2025》P238。（开式系统）其优点是系统的水压仅取决于高位水箱的设置高度，可保证系统供水水压稳定，非生活饮用水高位水箱（冷水箱），故 A 错误。

选项 B，参考《建水工程 2025》P239。闭式热水供应是指热水管系不与大气相通，即在所有配水点关闭后整个管系与大气隔绝，形成密闭系统，该方式具有管路简单、水质不易被污染的优点，故 B 正确。

选项 C，参考《建水标准》6.3.5 条。采用蒸汽直接通入水中或采取汽水混合设备的加热方式时，宜用于开式热水供应系统，故 C 正确。

选项 D，参考《建水工程 2025》P239。（闭式系统）适用于不宜设置高位加热水箱的热水供应系统，是热水箱，非生活饮用水高位水箱（冷水箱），故 D 错误。

答案选【AD】。

3.11-12. 为保证高级宾馆客房随时取得不低于 45℃的生活热水，热水供水系统设计需采取下列哪些措施？【2021-2-65】

（A）热水系统干管、立管循环

（B）供水支管循环

（C）末端不循环管段设自调控电伴热保温

（D）用水点设恒温混合阀

解析：

选项 A，是集中热水供应系统均需遵守的布置原则，而不是本题的"措施"，故 A 错误。

选项 B、C，参考《建水标准》6.3.13 条。采用干管和立管循环的集中热水供应系统的建筑，当系统布置不能满足第 6.3.10 条第 1 款的要求时，应采取下列措施：1 支管应设自调控电伴热保温；2 不设分户水表的支管应设支管循环系统，故 B、C 正确。

选项 D，设恒温混合阀是一种防烫措施，故 D 错误。

答案选【BC】。

3.11-13. 高级宾馆设集中热水系统，有利于其安全稳定供给热水的设计措施是下列哪几项？【2022-1-67】

（A）采用间接加热供水方式　　　（B）采用机械热水循环系统

（C）采用太阳能作为系统热源　　　（D）热水系统与冷水系统分区一致

解析：

选项 A，参考《建水工程 2025》P241。由于间接加热供水方式能利用冷水系统的供水压力，无需另设热水加压系统，有利于保持整个系统冷、热水压力平衡，故 A 正确。

选项 B，参考《建水标准》6.3.12 条。单栋建筑的集中热水供应系统应设热水回水管和循环水泵保证干管和立管中的热水循环，故 B 正确。

选项 C，太阳能热水系统在阴雨天无法使用，并不有利于稳定供给热水，故 C 错误。

选项 D，参考《建水标准》6.3.7 条第 1 款。应与给水系统的分区一致，并应符合下列规定，故 D 正确。

答案选【ABD】。

3.11-14. 以下哪几项不是高位热水箱开式热水供应系统的适用条件？【2023-1-67】

（A）水质要求高

（B）给水供水压力稳定

（C）用水点水温要求稳定

（D）供水压力波动大且用水点要求水压稳定

解析：

选项 A，参考《建水工程 2025》P238。开式系统……缺点是高位水箱占用建筑空间，且开式水箱中的水质易受外界污染，可知，开式系统无法满足水质高的要求，故 A 错误。

选项 B，参考《建水工程 2025》P239。当给水管道的水压变化较大，用水点要求水压稳定时，宜采用开式热水供应系统或采用稳压措施，可知，当给水供水压力稳定时，并不需要采用开式系统，故 B 错误。

选项 C，参考《建水工程 2025》P239。公共浴室热水供应系统宜采用开式热水供应系统，以使管网水压不受室外给水管网水压变化的影响，避免水压过高造成水量浪费；也便于调节冷、热水混合水龙头的出水温度，可知，开式系统能使热水水压稳定，从而使得混合水水温也趋于稳定，故 C 正确。

选项 D，参考《建水工程 2025》P239。当给水管道的水压变化较大，用水点要求水压稳定时，宜采用开式热水供应系统或采用稳压措施，故 D 正确。

答案选【AB】。

3.11-15. 关于集中热水系统的分区及冷热水压力稳定平衡措施的描述，下列哪几项正确？【2024-2-66】

（A）冷热水系统采用同源设计

（B）冷热水系统的竖向分区应保持一致

（C）通过配水点设置恒温混合阀解决冷热水压力不一致的问题

（D）冷热水分别采用水箱＋变频泵供水，通过选择水泵扬程等措施使分区压力基本一致

解析：

选项 A，采用冷热水系统同源设计，可以使热水系统供水压力随着冷水系统供水压力的变化而变化，从而使冷热水压力稳定、平衡；参考《建水标准》6.3.7 条：集中热水供应系统的分区及供水压力的稳定、平衡，应遵循下列原则：……，其中很多的具体措施都

是采用冷热水同源设计，故 A 正确。

选项 B，参考《建水标准》6.3.7 条第 1 款：应与给水系统的分区一致，并应符合下列规定：……，故 B 正确。

选项 C，参考《建水标准》6.3.7 条及其条文说明可得，应该从源头解决冷热水压力不一致的问题，而不是在配水点通过阀件解决冷热水压力不一致的问题；从实际角度考虑，恒温混合阀的调节范围也是有限的，若冷热水供水压力波动过大，出水温度依然无法保持稳定；参考《建水标准》6.3.7 条第 5 款，采用定温混合阀的双管热水供水系统，仅为措施之一，还需同时采用开式热水供应系统等其他措施才能保证公共浴室淋浴器出水水温稳定，从而可以得到，设置恒温混合阀并不能解决冷热水压力不一致的问题；综上所述，故 C 错误。

选项 D，参考《建水标准》6.3.7 条第 1 款：2) 由热水箱和热水供水泵联合供水的热水供应系统的热水供水泵扬程应与相应供水范围的给水泵压力协调，保证系统冷热水压力平衡，故 D 正确。

答案选【ABD】。

3.11.3　加（贮）热设备
——单选题——

3.11-16. 根据以下列出的五项加热器的选用条件：a. 热源供应能满足设计秒流量所需耗热量；b. 热源供应能满足设计小时耗热量；c. 用水量变化大，供水水温、水压稳定；d. 用水较均匀的供水系统；e. 设备机房较小。判定符合半即热式水加热器选用条件的是下列哪项？【2021-1-34】

　(A) a、c、e　　　　　　　　　(B) b、d、e
　(C) a、d、e　　　　　　　　　(D) b、c、e

解析：

参考《建水工程 2025》P250。半即热式水加热器的应用条件"热媒能满足设计秒流量所需耗热量""系统用水较为均匀"，同时半即热式水加热器还有"设备用房占地面积小"的优点，故 C 正确。

答案选【C】。

3.11-17. 以下有关水加热设备选择的叙述中，错误的是哪项？【2021-2-33】

　(A) 电力供应充沛的地区可采用电热水器

　(B) 容积式水加热设备加热水侧的压力损失宜≤0.01MPa

　(C) 局部热水供应设备同时给 3 个卫生器具供应热水，宜采用即热式加热设备

　(D) 医院热水供应系统设置 2 台水加热设备，每台的供热能力不得小于设计小时供热量的 60%

解析：

选项 A，参考《建水标准》6.3.1 条条文说明。用电能制备生活热水，除个别电力供应充沛的地方用于集中生活热水系统的热水制备外，一般用作分散集热、分散供热太阳能等热水供应系统的辅助能源，故 A 正确。

选项 B，参考《建水标准》6.5.1条条文说明。水加热设备热水侧的阻力损失宜小于或等于 0.01MPa，故 B 正确。

选项 C，参考《建水标准》6.5.5条。局部热水供应设备应符合下列规定：2 当供给2 个及 2 个以上用水器具同时使用时，宜采用带有贮热调节容积的热水器，故 C 错误。

选项 D，参考《建水标准》6.5.3条。医院集中热水供应系统的热源机组及水加热设备不得少于 2 台，其他建筑的热水供应系统的水加热设备不宜少于 2 台，当一台检修时，其余各台的总供热能力不得小于设计小时供热量的 60%，故 D 正确。

答案选【C】。

3.11-18. 设有专用热源站的建筑，其集中热水供应系统的水加热设备机房设置位置，以下哪一项最为合适？【2023-1-35】

(A) 毗邻其热源站 　　　　(B) 毗邻变配电室
(C) 毗邻消防泵房 　　　　(D) 毗邻冷冻机房

解析：

参考《建水标准》6.3.8条第 4 款。集中热水供应系统当设有专用热源站时，水加热设备机房与热源站宜相邻设置，故 A 正确。

答案选【A】。

3.11-19. 关于采用蒸汽直接通入冷水中的加热方式，以下哪一种说法不正确？【2023-2-33】

(A) 蒸汽中不得含有油质及有害物质
(B) 蒸汽管上应设置防止热水倒流的措施
(C) 适用于闭式热水供应系统
(D) 适用于开式热水供应系统

解析：

选项 A，参考《建水标准》6.3.5条第 1 款。蒸汽中不得含油质及有害物质，故 A 正确。

选项 B，参考《建水标准》6.3.5条第 3 款。应采取防止热水倒流至蒸汽管道的措施，故 B 正确。

选项 C，参考《建水标准》6.3.5条。采用蒸汽直接通入水中或采取汽水混合设备的加热方式时，宜用于开式热水供应系统，故 C 错误。

选项 D，参考《建水标准》6.3.5条。采用蒸汽直接通入水中或采取汽水混合设备的加热方式时，宜用于开式热水供应系统，故 D 正确。

答案选【C】。

——多选题——

3.11-20. 选择半即热式水加热器时，需要满足的因素有下列哪几项？【2021-1-67】
(A) 热媒供应能够满足热水设计秒流量的供热量要求
(B) 有灵敏、可靠的温度压力控制装置

（C）有足够的热水储存容积

（D）系统对冷热水压力平衡要求不高

解析：

选项 A、B，参考《建水工程 2025》P249。半即热式水加热器有灵敏、可靠、能够预测温度的安全控制装置，可保证安全供水……半即热式水加热器具有加热迅速、传热效果好、安全供水、设备用房占地面积小等优点。适用于热媒能满足设计秒流量所需耗热量、系统用水较为均匀的热水系统，故 A、B 正确。

选项 C，参考《建水工程 2025》P249。半即热式水加热器是带有预测装置和少量贮存容积的快速式水加热器，故 C 错误。

选项 D，参考《建水标准》6.5.2 条第 2 款条文说明。热媒供应能力大于或等于设计秒流量所需耗热量且系统对冷热水压力平衡稳定要求不高时选用半即热式水加热器，故 D 正确。

答案选【ABD】。

3.11.4　附件

——单选题——

3.11-21. 下列关于热水供应系统中膨胀管、热水箱、压力式膨胀罐、安全阀的设置及其作用等的叙述，哪项错误？【2020-1-35】

（A）开式热水供应系统应设置膨胀管

（B）闭式热水供应系统应设置压力式膨胀罐或安全阀

（C）热水箱水面高于其热水供应系统冷水补给水箱水面

（D）压力式膨胀罐的作用是为了容纳其热水供应系统内因水升温而产生的膨胀水量

解析：

选项 A，参考《建水标准》6.5.19 条条文说明，也有设置热水箱的开式系统；又由《建水工程 2025》P238，开式系统通常在管网顶端设有高位加热水箱，因此题干漏掉"热水箱"的情况，故 A 错误。

选项 B，参考《建水标准》6.5.21 条，故 B 正确。

选项 C，参考《建水标准》6.5.19 条条文说明。为防止热水箱的水因受热膨胀而流失，规定热水箱溢流水位超出冷水补给水箱的水位高度 h_1 应按式（6.5.19）计算，故 C 正确。

选项 D，参考《建水工程 2025》P239。膨胀罐的功能是补偿加热设备及管网中水温升高后水体积的膨胀量，故 D 正确。

答案选【A】。

3.11-22. 下列关于建筑物热水系统的描述，不属于保证水质和安全的设施是哪一项？【2023-1-34】

（A）水加热设备的涉水部件，采用不锈钢材质

（B）采用高位热水箱供水的系统，热水箱溢流水位应超出冷水补水箱的水位高度

（C）闭式热水供应系统，可根据最高日日用热水量设置安全阀、压力式膨胀罐等安

全措施

(D) 设有膨胀管的开式热水供应系统，可将膨胀管引至高位非生活水箱，并高出高水位不小于 100mm

解析：

选项 A，参考《建水标准》6.5.15 条。水加热设备和贮热设备罐体，应根据水质情况及使用要求采用耐腐蚀材料制作或在钢制罐体内表面衬不锈钢、铜等防腐面层，故 A 正确。

选项 B，参考《建水标准》6.5.19 条条文说明。为防止热水箱的水因受热膨胀而流失，规定热水箱溢流水位超出冷水补给水箱的水位高度……可知该措施是为了不让热水箱的水白白流失，并不属于"保证水质和安全的设施"，故 B 错误。

选项 C，参考《建水标准》6.5.21 条。在闭式热水供应系统中，应设置压力式膨胀罐、泄压阀，并应符合下列规定：1 最高日日用热水量小于或等于 $30m^3$ 的热水供应系统可采用安全阀等泄压的措施。2 最高日日用热水量大于 $30m^3$ 的热水供应系统应设置压力式膨胀罐，故 C 正确。

选项 D，参考《建水标准》6.5.19 条。膨胀管出口离接入非生活饮用水箱溢流水位的高度不应少于 100mm，故 D 正确。

答案选【B】。

——多选题——

3.11-23. 半容积式水加热器设置的下列附件，哪些属于直接涉及安全的安全装置？【2020-1-67】

(A) 温度计　　　　　　　　　　(B) 压力表
(C) 安全阀　　　　　　　　　　(D) 温控阀

解析：

参考《建水工程 2025》P257。安全阀与温控阀（温度控制装置）是直接涉及安全的装置，温度计及压力表只是便于工作人员观察和判断设备及系统的运行情况，不属于直接涉及安全的装置，故 C、D 正确。

答案选【CD】。

3.11.5　水质要求与水质处理

——单选题——

3.11-24. 某宾馆洗衣房日用热水量（60℃）$14m^3$，原水总硬度（以碳酸钙计）320mg/L，拟进行水质软化处理。总硬度（以碳酸钙计）去除率宜至少达到以下哪项？【2020-1-33】

(A) 53%　　　　(B) 69%　　　　(C) 84%　　　　(D) 100%

解析：

参考《建水标准》6.2.3 条第 3 款。经软化处理后的水质总硬度宜为：1）洗衣房用水宜为：50mg/L～100mg/L。

去除率 $= \dfrac{320 - 100}{320} \times 100\% = 69\%$，故 B 正确。

答案选【B】。

——多选题——

3.11-25. 集中供应热水系统水加热器出水温度为 50℃，系统设置的灭菌措施可以采取以下哪几项？【2023-2-66】

(A) 回水干管设置紫外光催化二氧化钛消毒装置

(B) 每隔 1~2 周，采用 60℃的热水供应 1d

(C) 回水干管设置银离子消毒器

(D) 补水管设置电子水处理仪

解析：

参考《建水标准》6.2.4 条，集中热水供应系统的水加热设备出水温度不能满足本标准第 6.2.6 条的要求时，应设置消灭致病菌的设施或采取消灭致病菌的措施。再参考《建水标准》6.2.4 条条文说明，灭致病菌的设施有：①紫外光催化二氧化钛（AOT）消毒装置；②银离子消毒器。灭致病菌的措施有：系统内热水定期升温灭菌，故 A、B、C 正确，D 错误。

答案选【ABC】。

注：①选项 B 符合《建水标准》6.2.4 条条文说明中关于系统内热水定期升温灭菌的叙述，建议按正确考虑；不建议以"定期升温的频率太低"或"升温不高仅为 60℃"为由，认为选项 B 错误。②电子水处理仪又名电子除垢防垢仪，其并没有灭菌的作用。

3.12　热水系统相关专题

3.12.1　太阳能热水系统

——单选题——

3.12-1. 太阳能直接加热生活热水供水系统所需设置的集热器总面积与下列哪项无关？【2020-1-36】

(A) 热水用量　　　　　　　　(B) 系统总热损失率

(C) 太阳能保证率　　　　　　(D) 热水系统供水方式

解析：

参考《建水标准》式（6.6.2-1）$A_{jz} = \dfrac{Q_{md} \cdot f}{b_j \cdot J_t \cdot \eta_j (1 - \eta_l)}$：

选项 A，公式中并无热水用量这个参数，故 A 错误。

选项 B，η_l 即为系统的总热损失率，故 B 正确。

选项 C，f 即为太阳能保证率，故 C 正确。

选项 D，太阳能系统的供水方式指集中集热集中供热、集中集热分散供热、分散集热分散供热，而这些方式的选择与 η_j 有关，故 D 正确。

答案选【A】。

3.12-2. 关于集中热水供应系统，下列哪项表述不正确？【2021-1-35】

（A）采用区域高温热水为热媒时，水加热器热媒管可不设循环泵

（B）蒸汽间接加热时回水管上应设疏水器

（C）太阳能集热器安装方位角应朝南

（D）两广地区空气源热泵机组可不设辅助热源

解析：

选项B，参考《建水标准》6.8.18条。用蒸汽作热媒间接加热的水加热器应在每台开水器凝结水回水管上单独设疏水器；并参考其条文说明。本条规定了用蒸汽作热媒的间接式水加热设备的凝结水回水管上应设疏水器，故B正确。

选项C，参考《太阳能热水标准》5.4.8条。太阳能集热器设置在平屋面上，应符合下列规定：1 对朝向为正南、南偏东或南偏西不大于30°的建筑，集热器可朝南设置，或与建筑同向设置；2 对朝向南偏东或南偏西大于30°的建筑，集热器宜朝南设置或南偏东、南偏西小于30°设置；3 对受条件限制，集热器不能朝南设置的建筑，集热器可朝南偏东、南偏西或朝东、朝西设置；4 水平安装的集热器可不受朝向的限制；但当真空管集热器水平安装时，真空管应东西向放置，故C错误。

答案选【C】。

3.12-3. 关于太阳能热水系统设计，下列叙述哪项是不正确的？【2021-2-35】

（A）太阳能资源丰富区亦应设辅助热源及加热设施

（B）集热系统应按最热月平均日太阳辐射量复核热量，以防集热系统过热

（C）平均日耗热量冷水计算温度应按最冷月平均温度计算

（D）集热器安装方位角、安装倾角偏离太阳光角度较大时，集热器总面积应进行补偿计算

解析：

选项A，参考《建水标准》6.6.6条。太阳能热水系统应设辅助热源及加热设施，故A正确。

选项B，参考《建水标准》6.6.3条条文说明。式中 J_t 取年平均日太阳能辐照量，设计宜按当地7月（最热月）的月平均日太阳能辐照量、地表水冷水温度复核太阳能集热系统的热量，以防系统过热，故B正确。

选项C，参考《建水标准》6.6.3条第2款。采用"年平均冷水温度"，而不是"最冷月平均温度"，故C错误。

选项D，参考《建水标准》6.6.3条第4款。集热器总面积补偿系数 b_j 应根据集热器的布置方位及安装倾角确定，故D正确。

答案选【C】。

3.12-4. 下列关于太阳能热水系统的表述，正确的是哪一项？【2022-2-34】

（A）集热器不宜跨越建筑变形缝设置

（B）集热器朝南布置的偏离角不能大于15°

（C）居住建筑宜采用集中集热、集中供热太阳能热水系统

  (D) 集中集热、分散供热太阳能热水系统在满足一定的条件下，供热水管道部分可不设循环管道

解析：

  选项 A，参考《太阳能热水标准》5.4.1 条第 3 款。太阳能集热器不应跨越建筑变形缝设置，是"不应"非"不宜"，故 A 错误。

  选项 B，参考《建水标准》6.6.3 条第 4 款。当偏离角大于 15°时，集热器面积计算进行补偿即可，故 B 错误。

  选项 C，参考《建水标准》6.6.1 条第 2 款。住宅类建筑宜采用集中集热、分散供热太阳能热水系统或分散集热、分散供热太阳能热水系统，故 C 错误。

  选项 D，参考《建水标准》6.6.1 条第 6 款。集中集热、分散供热太阳能热水系统采用由集热水箱或由集热、贮热、换热一体间接预热承压冷水供应热水的组合系统直接向分散带温控的热水器供水，且至最远热水器热水管总长不大于 20m 时，热水供水系统可不设循环管道，故 D 正确。

  答案选【D】。

  3.12-5. 计算太阳能热水系统集热器面积时，应采用以下哪一项热水用水定额？【2023-2-34】

  (A) 最高日用水定额　 (B) 平均日用水定额
  (C) 最大时用水定额　 (D) 平均时用水定额

解析：

  参考《建水标准》6.6.2 条第 1 款。计算太阳能热水系统集热器面积时，应采用平均日耗热量；再参考《建水标准》6.6.3 条第 2 款。平均日耗热量应采用平均日热水用水定额，故 B 正确。

  答案选【B】。

  3.12-6. 下列关于建筑集中生活热水供应系统的热源设备、水加热设备设计小时供热量计算的叙述，哪一项正确？【2024-1-34】

  (A) 快速式水加热器设计小时供热量应按设计小时耗热量计算
  (B) 燃油（气）热水机组设计小时供热量应按设计小时耗热量计算
  (C) 导流型容积式水加热器设计小时供热量应按设计小时耗热量计算
  (D) 太阳能热水系统的集热器总面积应依据设计小时耗热量计算

解析：

  选项 A，参考《建水标准》6.4.3 条第 3 款，快速式水加热器设计小时供热量应按秒耗量计算，故 A 错误。

  选项 B，参考《建水标准》6.4.3 条第 2 款：半容积式水加热器或贮热容积与其相当的水加热器、燃油（气）热水机组的设计小时供热量应按设计小时耗热量计算，故 B 正确。

  选项 C，参考《建水标准》6.4.3 条第 1 款，导流型容积式水加热器的设计小时供热量按公式 (6.4.3-1) 计算，故 C 错误。

选项 D，参考《建水标准》6.6.2条可得，太阳能热水系统的集热器总面积应依据平均日耗热量计算，故 D 错误。

答案选【B】。

注：本题若严格来看，4个选项都是错误的，参考《建水标准》6.4.3条第1款，当燃油（气）热水机组的贮热容积与导流型容积式水加热器相当，则按公式（6.4.3-1）计算，从而B选项也是错误的；但是考虑 A、C、D 三个选项错得更为厉害，相对而言选项 B 需判断为正确选项。

3.12-7. 太阳能热水系统按集热系统的运行方式分类，下列哪一项正确？【2024-1-36】

(A) 直接系统、间接系统

(B) 集中辅助加热系统、分散辅助加热系统

(C) 自然循环系统、强制循环系统、直流式系统

(D) 集中-集中供热水系统、集中-分散供热水系统、分散-分散供热水系统

解析：

选项 A，参考《太阳能热水标准》5.2.4条，按生活热水与集热系统内传热工质的关系，太阳能热水系统可分为下列两类：1 直接系统；2 间接系统，故 A 错误。

选项 B，参考《太阳能热水标准》5.2.5条：按辅助能源的加热方式，太阳能热水系统可分为下列两类：1 集中辅助加热系统；2 分散辅助加热系统，故 B 错误。

选项 C，参考《太阳能热水标准》5.2.3条：按集热系统的运行方式，太阳能热水系统可分为下列三类：1 自然循环系统；2 强制循环系统；3 直流式系统，故 C 正确。

选项 D，参考《太阳能热水标准》5.2.2条：按系统的集热与供热水方式，太阳能热水系统可分为下列三类：1 集中-集中供热水系统；2 集中-分散供热水系统；3 分散-分散供热水系统，故 D 错误。

答案选【C】。

——多选题——

3.12-8. 关于太阳能生活热水集热系统，下列哪几项表述是不正确的？【2022-2-65】

(A) 建筑物上安装太阳能集热器时，每天日照时间不得小于 4h

(B) 太阳能热水系统应采用设计小时耗热量计算集热器总面积

(C) 太阳能热水系统应采用平均日耗热量计算集热器总面积

(D) 水平安装的竖排真空管集热器应朝南安装

解析：

选项 A，参考《太阳能热水标准》5.4.1条第1款。建筑物上安装太阳能集热器，每天有效日照时间不得小于4h，且不得降低相邻建筑的日照标准，故 A 正确。

选项 B、C，参考《建水标准》6.6.2条。采用平均日耗热量计算，故 B 错误、C 正确。

选项 D，参考《太阳能热水标准》5.4.8条第4款。水平安装的集热器可不受朝向的限制，故 D 错误。

答案选【BD】。

3.12.2　热泵热水系统

——单选题——

3.12-9. 关于空气源热泵系统设计，下列哪项是正确的？【2021-1-36】

(A) 夏热冬冷地区亦可采用空气源热泵系统

(B) 最冷月平均气温 0～10℃的地区，应设辅热

(C) 设置辅热时，机组供热量应按全年平均气温、水温计算

(D) 热泵机组布置在病房楼上方屋面

解析：

选项 A，参考《建水标准》6.3.1 条第 3 款。在夏热冬暖、夏热冬冷地区采用空气源热泵，故 A 正确。

选项 B，参考《建水标准》6.6.7 条第 5 款。2) 最冷月平均气温小于 10℃且不小于 0℃的地区，空气源热泵热水供应系统宜采取设置辅助热源，或采取延长空气源热泵的工作时间等满足使用要求的措施，是"宜"不是"应"，故 B 错误。

选项 C，参考《建水标准》6.6.7 条第 5 款。6) 空气源热泵的供热量可按本标准式 (6.6.7-1) 计算确定；当设辅助热源时，宜按当地农历春分、秋分所在月的平均气温和冷水供水温度计算；当不设辅助热源时，应按当地最冷月平均气温和冷水供水温度计算，故 C 错误。

选项 D，参考《建水标准》6.6.7 条第 6 款。1) 机组不得布置在通风条件差、环境噪声控制严及人员密集的场所，故 D 错误。

答案选【A】。

3.12-10. 居住用房的加热设备或辅助加热设备采用空气源热泵机组、户式燃气炉、户式电热水器时，三种加热设备应满足的节能评价能效等级不应低于下列哪一项？【2024-2-35】

(A) 1 级　　　　(B) 2 级　　　　(C) 3 级　　　　(D) 4 级

解析：

参考《节能通用规范》3.4.2 条，其表格的性能参数为《家用燃气快速热水器和燃气采暖热水炉能效限定值及能效等级》GB 20665—2015 的能效等级 2 级。

参考《节能通用规范》3.4.3 条，其表格的性能参数为《热泵热水机（器）能效限定值及能效等级》GB 29541—2013 的能效等级 2 级。

参考《节能通用规范》3.4.4 条，其表格的性能参数为《储水式电热水器能效限定值及能效等级》GB 21519—2008 的能效等级 2 级。

综上所述，采用空气源热泵机组、户式燃气炉、户式电热水器时，三种加热设备应满足的节能评价能效等级不应低于 2 级，故 B 正确。

答案选【B】。

注：《建筑节能与可再生能源利用通用规范》GB 55015—2021 虽在考试的规范大纲中，但是历年考题基本不涉及，对于该规范可以选择战略性放弃，并不影响知识考试通过。如果考生有富余时间，浏览一下规范汇编的对应条文，了解一下字面意思即可，切勿深究。

——多选题——

3.12-11. 下列关于建筑生活热水系统有关热水加热、贮热设备及安全设施设计的叙述，哪几项正确？【2024-1-67】

（A）采用高位热水箱直接供应热水的开式热水供应系统不需要设置膨胀管

（B）在闭式热水供应系统中，可采用安全阀替代压力式膨胀罐等泄压措施

（C）采用蒸汽间接加热的水加热设施的贮热量比采用热水（≤95℃）间接加热的水加热设施的贮热量小

（D）空气源热泵在某地区最冷月时段运行的 COP 低于 1.5 时，不宜采用空气源热泵热水供应系统

解析：

选项 A，参考《建水标准》2.1.94 条：开式热水供应系统 热水管系与大气相通的热水供应系统，由此可得，当采用高位热水箱直接供应热水时，热水管系已与大气相通，便无需设置膨胀管，故 A 正确。

选项 B，参考《建水标准》6.5.21 条：在闭式热水供应系统中，应设置压力式膨胀罐、泄压阀，并应符合下列规定：1 最高日日用热水量小于或等于 30m³ 的热水供应系统可采用安全阀等泄压的措施。2 最高日日用热水量大于 30m³ 的热水供应系统应设置压力式膨胀罐，由此可得，安全阀与压力式膨胀罐各有自己的使用条件，不能相互替代，故 B 错误。

选项 C，参考《建水标准》表 6.5.11，工业企业淋浴间采用半容积式水加热器时，采用蒸汽或热水为热媒，其贮热量是相同的，故 C 错误。

选项 D，参考《建水标准》6.6.7 条第 5 款：3）最冷月平均气温小于 0℃的地区，不宜采用空气源热泵热水供应系统，再参考《建水标准》6.6.7 条第 3 款条文说明：最冷月平均气温小于 0℃的地区，空气源热泵冬季运行 COP 一般低于 1.5，达不到商用空气源热泵 COP≥1.8 的要求，使用不经济、不合理，故此类地区不推荐采用空气源热泵系统，故 D 正确。

答案选【AD】。

3.12.3 饮水系统

——单选题——

3.12-12. 建筑与小区管道直饮水系统因水量小、水质要求高，通常采用膜处理技术。下列技术中哪种过滤膜可采用气水反冲洗？【2020-1-28】

（A）纳滤　　　（B）反渗透　　　（C）超滤　　　（D）MBR

解析：

参考《直饮水规程》4.0.5 条条文说明。通常，纳滤、反渗透膜一般用化学清洗；对于超滤和微滤系统，一般为中空纤维膜，所以多用水反冲洗或气水反冲，故 C 正确。

答案选【C】。

3.12-13. 下列关于管道直饮水系统的叙述，错误的是哪项？【2020-2-28】

（A）净水机房可设在建筑物地下室内

(B) 设置循环泵时，循环回水管上不应设置循环回水流量控制阀

(C) 设置变频调速泵的供水系统，可不设循环泵

(D) 高层建筑管道直饮水系统可通过减压阀竖向分区供水

解析：

选项 A：参考《直饮水规程》5.0.4 条条文说明。用水量小、供回水系统少的建筑与小区管道直饮水处理设备和供水系统的净水机房，可利用地下室的空间，宜设于建筑物内，故 A 正确。

选项 B：参考《直饮水规程》5.0.11 条。采用供水泵兼作循环泵使用的系统时，循环回水管上应设置循环回水流量控制阀，并无设置循环泵则不应设循环回水流量控制阀的意思，故 B 错误。

选项 C：参考《直饮水规程》5.0.11 条条文说明。为确保循环回水正常工作，可达到循环流量的自动调节。设循环泵和不设循环泵（由变速泵调节）均宜设此阀组来控制循环流量（图 7），故 C 正确。

选项 D：参考《直饮水规程》5.0.6 条。居住小区集中供水系统可在净水机房内设分区供水泵或设不同性质建筑物的供水泵，或在建筑物内设减压阀竖向分区供水，故 D 正确。

答案选【B】。

3.12-14. 下列关于管道直饮水供水方式及水质防护措施的叙述，不正确的是哪项？【2021-2-28】

(A) 采用变频调速泵供水时，可兼作循环泵

(B) 采用重力供水系统时，应设循环泵

(C) 必须采用优质全铜阀门及配件

(D) 管材选用不锈钢管、铜管等符合食品级要求的优质管材

解析：

选项 A、B，参考《直饮水规程》5.0.3 条。建筑与小区管道直饮水系统供水宜采用下列方式：1 调速泵供水系统，调速泵可兼作循环泵；2 处理设备置于屋顶的水箱重力式供水系统，系统应设循环泵，故 A、B 正确。

选项 C、D，参考《直饮水规程》5.0.15 条。管材、管件和计量水表的选择应符合下列规定：1 管材应选用不锈钢管、铜管等符合食品级要求的优质管材；4 系统中宜采用与管道同种材质的管件及附配件，故 C 错误，D 正确。

答案选【C】。

3.12-15. 下列关于管道直饮水系统设计的叙述，哪项不正确？【2022-2-27】

(A) 直饮水制备机房的地面排水应采用间接排水方式

(B) 采用自来水制备直饮水时，应至少设置过滤和消毒处理工艺

(C) 管道直饮水供水系统采用分区供水时，应与冷、热水供水系统的分区一致

(D) 管道直饮水供水系统采用分区供水时，可共用循环泵，但应设置保证各区管网循环效果的措施

解析：

选项 A，参考《直饮水规程》7.0.5 条第 3 款。地面应设间接排水设施，故 A 正确。

选项 B，参考《直饮水规程》4.0.5 条、4.0.6 条，故 B 正确。

选项 C，参考《建水标准》6.9.3 条第 5 款条文说明。有条件时分区的范围宜比生活给水分区小一点，这样更有利于节水，故 C 错误。

选项 D，参考《建水标准》5.0.8 条，故 D 正确。

答案选【C】。

3.12-16. 深圳地区住宅楼的管道直饮水系统设计，正确选项为下列哪一项？【2024-2-28】

(A) 各户的立管接至配水龙头的管长为 2.5m

(B) 最高日管道直饮水定额应为 2.5L/（人·d）

(C) 配水管设计秒流量计算公式同生活给水系统

(D) 推荐采用水泵（工频运行）→高位水箱重力供水方式

解析：

选项 A，参考《建水标准》6.9.3 条第 6 款：从立管接至配水龙头的支管管段长度不宜大于 3m，故 A 正确。

选项 B，参考《建水标准》表 6.9.2 注：经济发达地区的最高日直饮水定额，居民住宅楼可提高至 4L/（人·d）～5L/（人·d），深圳明显属于经济发达地区，故 B 错误。

选项 C，参考《建水标准》6.9.3 条第 8 款的公式可得，直饮水系统有自己的配水管设计秒流量计算公式，与生活给水系统的配水管设计秒流量计算公式完全不同，故 C 错误。

选项 D，参考《建水标准》6.9.3 条第 4 款：管道直饮水宜采用调速泵组直接供水或处理设备置于屋顶的水箱重力式供水方式，需注意采用屋顶的水箱重力式供水时，处理设备要置于屋顶，故 D 错误。

答案选【A】。

——多选题——

3.12-17. 下列关于直饮水制备的描述，哪几项不正确？【2021-2-61】

(A) 直饮水制备应采用膜过滤工艺

(B) 当采用自来水为原水制备直饮水时，应进行过滤和消毒处理

(C) 直饮水制备后处理的目的是对膜处理出水进行消毒或水质调整

(D) 管道直饮水水质高于现行国家标准《生活饮用水卫生标准》GB 5749—2022 的各项指标

解析：

选项 A，参考《直饮水规程》4.0.4 条。深度净化处理应根据处理后的水质标准和原水水质进行选择，宜采用膜处理技术，需注意原文为"宜"，并不是"应"，故 A 错误。

选项 B，参考《直饮水规程》4.0.1 条。建筑与小区管道直饮水系统应对原水进行深度净化处理，过滤和消毒处理为常规处理工艺，非深度处理工艺，其处理的水质，一般不

能满足《饮用净水水质标准》CJ/T 94—2005 的相关要求，故 B 错误。

选项 C，参考《直饮水规程》4.0.5 条第 2 款。后处理可采用消毒灭菌或水质调整处理，故 C 正确。

选项 D，参考《直饮水规程》4.0.2 条。处理后的出水应符合现行行业标准《饮用净水水质标准》CJ/T 94—2005 的规定。参考《饮用净水水质标准》CJ/T 94—2005 和《生活饮用水卫生标准》GB 5749—2022，两个水质标准的"铜""锌"指标均是 1mg/L，故 D 错误。

答案选【ABD】。

注：本题选项 B 有争议，若参考《建水标准》6.9.5 条第 1 款。以温水或自来水为原水的直饮水，应进行过滤和消毒处理，则 B 选项基本符合原文叙述，可以认为其正确。经过综合考虑后，由于①本题为直饮水的题目，参考《直饮水规程》的相关条文更加合理；②过滤和消毒处理工艺并非深度处理工艺；故建议把选项 B 作为错误的选项来处理。

3.12-18. 下列关于管道直饮水系统设计要求的描述，错误的是哪几项？【2023-2-61】
(A) 管道直饮水系统干管、立管和支管均应设置循环管道
(B) 从立管接至配水龙头的支管管段长度不应大于 6m
(C) 高层建筑直饮水系统分区压力不宜大于 0.45MPa
(D) 管道直饮水系统必须独立设置

解析：

选项 A，参考《建水标准》6.9.3 条第 6 款条文说明。管道直饮水必须设循环管道，并应保证干管和立管中饮水的有效循环，可知，支管并没有设置循环管道的要求，故 A 错误。

选项 B，参考《建水标准》6.9.3 条第 6 款条文说明。由于循环系统很难实现支管循环，因此，从立管接至配水龙头的支管管段长度应尽量短，一般不宜超过 6m，注意是"不宜"而不是"不应"，故 B 错误。

选项 C，参考《建水标准》6.9.3 条第 5 款。高层建筑管道直饮水系统应竖向分区，各分区最低处配水点的静水压，住宅不宜大于 0.35MPa，公共建筑不宜大于 0.40MPa，故 C 错误。

选项 D，参考《建水标准》6.9.3 条第 3 款。管道直饮水系统必须独立设置，故 D 正确。

答案选【ABC】。

3.12-19. 关于建筑与小区管道直饮水系统的设计，下列哪几项错误？【2024-2-61】
(A) 净水设备产水量按最高日最大小时用水量确定
(B) 系统的定时循环流量（L/h）取循环系统总容积的 0.25 倍
(C) 高层建筑直饮水系统的分区压力应与建筑给水系统取值相同
(D) 高层建筑高区和低区供水管网的回水管不得直接连接至同一根循环回水干管上

解析：

选项 A，参考《直饮水规程》6.0.8 条，净水设备产水量按"系统最高日直饮水量×

1.2/最高日设计净水设备累计工作时间"计算，再参考《直饮水规程》6.0.8条条文说明：此设备不按最大时间用水量选取，主要是考虑净水设备昂贵，所以要尽量缩小其规模，故 A 错误。

选项 B，参考《直饮水规程》6.0.5条的公式，由于循环时间可以取4h，则系统的定时循环流量（L/h）可以取循环系统总容积的 0.25 倍，故 B 正确。

选项 C，参考《建水标准》6.9.3条第 5 款：高层建筑管道直饮水系统应竖向分区，各分区最低处配水点的静水压，住宅不宜大于 0.35MPa，公共建筑不宜大于 0.40MPa，再参考《建水标准》3.4.3条：当生活给水系统分区供水时，各分区的静水压力不宜大于 0.45MPa，可得，直饮水系统的分区压力与建筑给水系统取值不同，故 C 错误。

选项 D，参考《直饮水规程》5.0.8条：建筑物内高区和低区供水管网的回水管连接至同一循环回水干管时，高区回水管上应设置减压稳压阀，并应保证各区管网的循环，故 D 错误。

答案选【ACD】。

3.13　建筑与小区中水系统

3.13.1　中水系统的组成与形式

——单选题——

3.13-1. 建筑物中水系统形式，宜采用下列哪一项？【2024-2-40】

（A）完全分流系统　　　　　　（B）半完全分流系统

（C）无分流系统　　　　　　　（D）有分流系统

解析：

参考《中水标准》5.1.2条：建筑物中水宜采用原水污废分流、中水专供的完全分流系统，故 A 正确。

答案选【A】。

3.13.2　水源选择与水质

——单选题——

3.13-2. 下列哪项排水不得作为中水水源？【2020-1-40】

（A）学生宿舍排水　　　　　　（B）营业餐厅排水

（C）动物实验室排水　　　　　（D）空调冷却水系统排水

解析：

选项 A、B、D，参考《中水标准》3.1.3条。建筑物中水原水可选择的种类和选取顺序应为：1 卫生间、公共浴室的盆浴和淋浴等的排水；2 盥洗排水；3 空调循环冷却水系统排水；4 冷凝水；5 游泳池排水；6 洗衣排水；7 厨房排水；8 冲厕排水，故 A、B、D 正确。

选项 C，参考《建水通用规范》7.2.3条。医疗污水、放射性废水、生物污染废水、重金属及其他有毒有害物质超标的排水，不得作为建筑中水原水，故 C 错误。

答案选【C】。

3.13-3. 下列哪项可以作为建筑物中水原水？【2021-1-40】
(A) 手术室空调冷凝水
(B) 医院中心供应洗衣房排水
(C) 医院集中空调系统的循环冷却水系统排水
(D) 疗养院卫生间、公共浴室的盆浴和淋浴等排水

解析：

参考《建水通用规范》7.2.3 条，医疗污水、放射性废水、生物污染废水、重金属及其他有毒有害物质超标的排水，不得作为建筑中水原水。又参考《医疗排放标准》3.2 条，医疗机构污水指医疗机构门诊、病房、手术室、各类检验室、病理解剖室、放射室、洗衣房、太平间等处排出的诊疗、生活及粪便污水；当医疗机构其他污水与上述污水混合排出时一律视为医疗机构污水，故 A、B、D 错误，C 正确。

答案选【C】。

3.13-4. 建筑小区中水系统原水水源的设计方案，下列哪项描述是合理的？【2022-1-40】
(A) 小区中水原水应优先采用生活排水作为中水原水
(B) 小区附近的工业废水不得作为中水原水
(C) 小区中水原水量按该小区中水用水量的 85% 确定
(D) 小区中水原水量按该小区平均日给水量的 90% 确定

解析：

选项 A、B，参考《中水标准》3.2.1 条，建筑小区中水原水的选择应优先选择水量充裕稳定，污染物浓度低，水质处理难度小的水源。再参考《中水标准》3.2.2 条，建筑小区中水可选择的原水应包括：1 小区内建筑物杂排水；2 小区或城镇污水处理站（厂）出水；3 小区附近污染较轻的工业排水；4 小区生活污水，故 A、B 错误。

选项 C，参考《中水标准》3.1.4 条、5.5.3 条。中水原水量按平均日计算，而中水用水量按最高日计算，故 C 错误。

选项 D，90% 相当于给水量计算排水量的折减系数取 0.9，满足 0.85～0.95 的要求，故 D 正确。

答案选【D】。

3.13-5. 关于中水水源选择的表述中，下列哪一项错误？【2023-1-40】
(A) 放射性废水不能直接作为中水水源
(B) 传染病医院员工宿舍污水不可以作为中水水源
(C) 建筑小区可利用附近市政干管污水作为中水水源
(D) 中水水源选择应考虑原水水质、水量及用户接受度等因素

解析：

选项 A，参考《建水通用规范》7.2.3 条。医疗污水、放射性废水、生物污染废水、重金属及其他有毒有害物质超标的排水，不得作为建筑中水原水，故 A 正确。

选项 B，参考《医疗排放标准》3.2 条。医疗机构污水：指医疗机构门诊、病房、手术室、各类检验室、病理解剖室、放射室、洗衣房、太平间等处排出的诊疗、生活及粪便污

水，由此可得，员工宿舍污水并不属于医疗污水，故 B 错误。

选项 C，参考《中水标准》3.2.2 条条文说明。市政污水的特点是水量稳定，如果小区附近有城镇污水下水道干管经过，水量又较充裕，或是该市政污水内含污染较轻的工业废水较多，比小区污水浓度要低，处理难度小，也可比较选用，故 C 正确。

选项 D，参考《中水标准》3.1.2 条，建筑物中水原水应根据排水的水质、水量、排水状况和中水回用的水质、水量选定。再参考《中水标准》3.2.1 条条文说明，选用的主要原则是：优先考虑水量充裕稳定、污染物浓度低、水质处理难度小、安全且居民易接受的中水原水，故 D 正确。

答案选【B】。

3.13-6. 当中水同时用于以下用途时，其处理后的浊度（NTU）标准，按下列哪一项确定?【2024-1-40】
(A) 道路冲洗　　　　(B) 城市绿化　　　　(C) 车辆冲洗　　　　(D) 建筑施工

解析:

参考《中水标准》4.2.6 条：中水用于多种用途时，应按不同用途水质标准进行分质处理；当中水同时用于多种用途时，其水质应按最高水质标准确定，由于浊度越低越好，当中水同时用于以上四个选项用途时，浊度标准按照最低项确定。参考《城市污水再生利用 城市杂用水水质》GB/T 18920—2020，车辆冲洗的浊度要求为≤5NTU，道路冲洗、城市绿化、建筑施工的浊度要求为≤10NTU，故 C 正确。

答案选【C】。

注:《中水标准》4.2.1、4.2.2 条条文说明中摘录的城市杂用水水质、景观环境用水水质为 2002 年旧版标准，现已废止，考试时千万不要以此为依据（不过本题以此为依据也可以得到正确答案）。

——多选题——

3.13-7. 下列关于中水水源的选择及水质要求的叙述，哪几项不正确?【2020-1-70】
(A) 医疗污水经过消毒处理后可作为中水水源
(B) 公共浴室综合排水水质均优于住宅、办公楼、教学楼、旅馆综合排水水质
(C) 中水同时用于多种用途时，经过经济分析，其水质宜按水量最大者要求确定
(D) 冲厕、道路清扫、绿化、车辆冲洗、消防采用中水时，水质标准要求最高者为消防用水

解析:

选项 A，参考《建水通用规范》7.2.3 条。医疗污水、放射性废水、生物污染废水、重金属及其他有毒有害物质超标的排水，不得作为建筑中水原水，故 A 错误。

选项 B，参考《中水标准》表 3.1.7，故 B 正确。

选项 C，参考《中水标准》4.2.6 条。当中水同时用于多种用途时，其水质应按最高水质标准确定，故 C 错误。

选项 D，参考《城市污水再生利用 城市杂用水水质》GB/T 18920—2020 中表 1 可知，水质要求最高者为车辆冲洗和冲厕用水，故 D 错误。

答案选【ACD】。

3.13.3　水量与水量平衡

——多选题——

3.13-8. 利用市政再生水供水的建筑中水系统及设施设计，下列哪几项正确？【2024-1-70】

（A）中水箱未设自来水自动补水管

（B）中水箱的中水补水管上设置计量装置

（C）从中水管道上接出带标识的普通龙头

（D）室内中水供水管采用热浸镀锌钢管

解析：

选项 A，参考《中水标准》5.4.10 条：利用市政再生水的中水贮存池（箱）可不设自来水补水管，故 A 正确。

选项 B，参考《中水标准》5.4.11 条：自动补水管上应安装水表或其他计量装置，故 B 正确。

选项 C，参考《建水通用规范》7.1.3 条：非传统水源管道应采取下列防止误接、误用、误饮的措施：3. 公共场所及绿化用水的取水口应设置采用专用工具才能打开的装置，普通龙头明显不属于"采用专用工具才能打开的装置"，故 C 错误。

选项 D，参考《中水标准》5.4.4 条：中水供水管道宜采用塑料给水管、钢塑复合管或其他具有可靠防腐性能的给水管材，不得采用非镀锌钢管，故 D 正确。

答案选【ABD】。

注：本题选项 D 有一定争议，参考《建水标准》3.13.22 条条文说明：镀锌层不是防腐层，而是防锈层，所以镀锌钢管也必须做防腐处理，可知，镀锌钢管其实也没有防腐的能力。再加上我国对于镀锌钢管，冷镀锌已经全面禁用，热镀锌不推荐使用。故对于钢管而言，只有"做了防腐处理的热镀锌钢管"理论上可以用于中水供水管道。但是从应试的角度，中水的知识题建议以《中水标准》的字面意思进行判断，考虑《中水标准》5.4.4 条强调了不得采用非镀锌钢管，故认为热浸镀锌钢管是中水系统可以采用的管材，最终判断选项 D 正确。

3.13.4　中水处理工艺及设施

——单选题——

3.13-9. 某公共建筑室内设以厨房废水为水源的小型中水处理站，下列对其设计的表述哪一项错误？【2023-2-40】

（A）宜采用生物处理为主的工艺

（B）污泥可直接排入化粪池处理

（C）推荐采用液氯进行中水消毒

（D）含油废水进入原水收集系统前应设隔油装置

解析：

选项 A，参考《中水标准》2.1.9 条，杂排水：建筑中除粪便污水外的各种排水，如冷却水排水、游泳池排水、沐浴排水、盥洗排水、洗衣排水、厨房排水等，也称为生活废水可得，厨房废水属于杂排水。再参考《中水标准》6.1.3 条，当以含有洗浴排水的优质杂排水、杂排水或生活排水作为中水原水时，宜采用以生物处理为主的工艺流程，故 A

正确。

选项 B，参考《中水标准》6.1.7 条条文说明。小型处理站可将污泥直接排入化粪池处理，故 B 正确。

选项 C，参考《中水标准》6.2.18 条条文说明。液氯作为消毒剂，由于其价格低廉，在城镇自来水厂、污水处理厂、医院污水处理站等被广泛使用。出于安全考虑，对于建在建筑物内部的小型中水处理站，采用液氯消毒隐患较多，故不推荐使用，故 C 错误。

选项 D，参考《中水标准》5.2.5 条。职工食堂和营业餐厅的含油脂污水进入原水收集系统时，应经除油装置处理后，方可进入原水收集系统，故 D 正确。

答案选【C】。

——多选题——

3.13-10. 关于建筑中水处理设施设计的叙述，下列哪几项正确？【2021-2-70】

(A) 中水用作城市杂用水时，应根据中水用途确定是否需要设消毒设施

(B) 采用膜生物反应器处理工艺的中水处理站内应设置膜清洗装置

(C) 优质杂排水在接触氧化池中的水力停留时间不应小于 2h

(D) 优质杂排水或杂排水调节池后可不设置初次沉淀池

解析：

选项 A，参考《建水通用规范》7.2.5 条。建筑中水处理系统应设有消毒设施，故 A 错误。

选项 B，参考《中水标准》6.2.12 条第 4 款。中水处理站内应设置膜清洗装置，膜清洗装置应同时具备对膜组件实施反向化学清洗和浸泡化学清洗的功能，并宜实现在线清洗，故 B 正确。

选项 C，参考《中水标准》6.2.8 条第 1 款。当接触氧化池处理优质杂排水时，水力停留时间不应小于 2h，故 C 正确。

选项 D，参考《中水标准》6.2.5 条。初次沉淀池的设置应根据原水水质和处理工艺等因素确定。当原水为优质杂排水或杂排水时，设置调节池后可不再设置初次沉淀池，故 D 正确。

答案选【BCD】。

3.13-11. 某公共浴室排水为中水原水，采用生物处理工艺，关于流离生化池和接触氧化池的描述，下列哪几项正确？【2022-1-70】

(A) 流离生化池比接触氧化池所需的池容积大

(B) 流离生化池比接触氧化池所需的曝气量大

(C) 接触氧化池悬浮填料装填体积小于有效容积 25%

(D) 流离生化球的安装高度 2～5m

解析：

选项 A，参考《中水标准》6.2.8 条第 1 款。当接触氧化池处理优质杂排水时，水力停留时间不应小于 2h；处理杂排水或生活排水时，应根据原水水质情况和出水水质要求

确定水力停留时间，但不宜小于 3h。再参考《中水标准》6.2.11 条第 1 款。当流离生化池处理优质杂排水时，水力停留时间不应小于 3h；处理杂排水或生活排水时，应根据原水水质情况和出水水质要求确定水力停留时间，但不宜小于 6h，可得流离生化池比接触氧化池所需的池容积大，故 A 正确。

选项 B，参考《中水标准》6.2.8 条第 3 款。接触氧化池曝气量可按 BOD_5 的去除负荷计算，宜为 $40m^3/kgBOD_5 \sim 80m^3/kgBOD_5$。再参考《建筑中水设计标准》GB 50336—2018 6.2.11 条第 2 款。流离生化池曝气量可按 BOD_5 的去除负荷计算，宜为 $40m^3/kgBOD_5 \sim 80m^3/kgBOD_5$，可得流离生化池与接触氧化池所需曝气量相同，故 B 错误。

选项 C，参考《中水标准》6.2.8 条第 2 款。装填体积不应小于有效池容积的 25%，故 C 错误。

选项 D，参考《中水标准》6.2.11 条第 3 款。流离生化池内流离生化球的安装高度不小于 2.0m，且不大于 5.0m，故 D 正确。

答案选【AD】。

3.13-12. 关于中水处理工艺设计的表述中，下列哪几项错误？【2024-2-70】
(A) 处理工艺的选择主要与水质、水量有关，与自然环境条件无关
(B) 盥洗排水作为原水的中水处理工艺可不设消毒设施
(C) 优质杂排水可采用以物化处理为主的处理工艺
(D) 生活污水为水源时，处理工艺必须设二沉池

解析：
选项 A，参考《中水标准》6.1.1 条条文说明：处理工艺主要是根据中水原水的水量、水质和要求的中水水量、水质与当地的自然环境条件适应情况，经过技术经济比较确定，可知，与自然环境条件有关，故 A 错误。

选项 B，参考《建水通用规范》7.2.5 条：建筑中水处理系统应设有消毒设施，故 B 错误。

选项 C，参考《中水标准》6.1.1 条条文说明表 19，以优质杂排水为原水的中水工艺流程，可以采用"以混凝沉淀为主""以混凝气浮为主"等各种以物化处理为主的处理工艺，故 C 正确。

选项 D，参考《中水标准》6.1.1 条条文说明表 19，以生活污水为水源时，并不一定要设二沉池，如以厌氧-土地处理为主的工艺流量，便无需设二沉池，故 D 错误。

答案选【ABD】。

3.14 建筑与小区雨水系统

3.14.1 收集后储存净化回用（直接利用）
——单选题——

3.14-1. 下列关于雨水回用供水系统的设计要求的叙述，哪项不正确？【2020-2-40】
(A) 雨水回用供水管道可采用镀锌钢管
(B) 中水作为雨水回用供水系统补水时，应设防回流污染措施

(C) 雨水回用供水管道水力计算与生活饮用水供水管道水力计算相同

(D) 雨水回用供水方式既可采用重力供水方式，也可采用加压供水方式

解析：

选项 A，参考《雨水利用规范》7.3.8 条。供水管道可采用塑料和金属复合管、塑料给水管或其他给水管，但不得采用非镀锌钢管，故 A 正确。

选项 B，参考《建水通用规范》3.2.8 条。生活饮用水作为雨水回用供水系统补水时，应设防回流污染措施，故 B 错误。

选项 C、D，参考《雨水利用规范》7.3.6 条。供水方式及水泵选择、管道水力计算等应符合现行国家标准《建筑给水排水设计标准》GB 50015—2019 的规定，故 C、D 正确。

答案选【B】。

3.14-2. 关于雨水供水系统设计的叙述，下列哪项正确？【2021-2-40】

(A) 回用雨水不宜用于游泳池、与人体密切接触的水景、戏水等设施补水

(B) 采用深度处理的雨水供水系统可通过倒流防止器利用城镇生活给水管道压力供水

(C) 雨水蓄水池、清水池内的生活饮用水补水管出水口应高于水池内溢流水位，且不应小于 150mm

(D) 雨水供水管道上装设取水龙头时，取水口均应设置有明显的"雨水"标识防止误接、误用、误饮

解析：

选项 A，游泳池、与人密切接触的水景等，其水质要满足生活饮用水卫生标准，而回用雨水水质满足不了，故 A 正确。

选项 B，参考《建水通用规范》3.1.4 条。自建供水设施的供水管道严禁与城镇供水管道直接连接。生活饮用水管道严禁与建筑中水、回用雨水等非生活饮用水管道连接，故 B 错误。

选项 C，参考《建水通用规范》3.2.8 条条文说明。当需向雨水蓄水池（箱）补水时，必须采用间接补水方式，要求补水管口应设在池外，且应高于室外地面，故 C 错误。

选项 D，参考《建水通用规范》7.1.3 条。非传统水源管道应采取下列防止误接、误用、误饮的措施：3 公共场所及绿化用水的取水口应设置采用专用工具才能打开的装置，从而可得装设水龙头是错误的，故 D 错误。

答案选【A】。

3.14-3. 某建筑小区雨水利用的供水系统设计，下列哪项不正确？【2022-2-40】

(A) 雨水供水龙头外壁应涂有颜色或标识以防误用、误饮

(B) 中水清水池与雨水清水池共用时，应考虑容纳雨水的容积

(C) 采取防止生活饮用水被污染的措施后，可向雨水清水池补水

(D) 雨水供水管可采用局部供水系统或集中供水系统

解析：

选项 A，参考《建水通用规范》7.1.3 条。非传统水源管道应采取下列防止误接、误

用、误饮的措施：3 公共场所及绿化用水的取水口应设置采用专用工具才能打开的装置，从而可得装设水龙头是错误的，故 A 错误。

选项 B，参考《雨水利用规范》7.1.5 条。当采用中水清水池接纳处理后的雨水时，中水清水池应有容纳雨水的容积，故 B 正确。

选项 C，参考《建水通用规范》3.2.8 条。从生活饮用水管网向消防、中水和雨水回用等其他非生活饮用水贮水池（箱）充水或补水时，补水管应从水池（箱）上部或顶部接入，其出水口最低点高出溢流边缘的空气间隙不应小于 150mm，中水和雨水回用水池且不得小于进水管管径的 2.5 倍，补水管严禁采用淹没式浮球阀补水，故 C 正确。

选项 D，参考《雨水利用规范》7.3.5 条。供水系统供应不同水质要求的用水时，应综合考虑水质处理、管网敷设等因素，经技术经济比较后确定采用集中管网系统或局部供水系统，故 D 正确。

答案选【A】。

——多选题——

3.14-4. 下列关于雨水回用处理工艺选择、比较的叙述，哪几项正确？【2020-2-70】
（A）雨水处理工艺应根据收集雨水的水质、水量，经技术经济比较后确定
（B）对收集的屋面雨水采用的处理工艺一般比对收集的硬化路面雨水的处理工艺简单
（C）当雨水回用于绿地和道路浇洒时，可采用物理法为主的处理工艺
（D）雨水处理工艺中，宜设置雨水初期径流弃流设施或生态净化预处理设施
解析：
选项 A，参考《雨水利用规范》8.1.1 条。雨水处理工艺流程应根据收集雨水的水量、水质，以及雨水回用的水质要求等因素，经过经济技术比较后确定，故 A 错误。

选项 B，屋面雨水相对硬化路面雨水污染程度较小，故对屋面雨水采用的处理工艺相对硬化路面收集的雨水工艺简单，故 B 正确。

选项 C，参考《雨水利用规范》8.1.6 条，故 C 正确。

选项 D，参考《雨水利用规范》5.1.8 条。雨水收集回用系统均应设置弃流设施，故 D 错误。

答案选【BC】。

3.14-5. 关于雨水回收利用处理工艺设计的叙述，下列哪几项正确？【2022-2-70】
（A）雨水收集回用系统可不设初期径流弃流设施
（B）用于车辆冲洗的回用雨水可不进行消毒处理
（C）雨水消毒处理时应控制消毒剂用量，采取防护措施，杜绝药剂产生的污染危害
（D）加压雨水通过机械过滤器直接用于绿化灌溉，其处理能力应按设计秒流量计算
解析：
选项 A，参考《雨水利用规范》5.1.8 条。雨水收集回用系统均应设置弃流设施，故 A 错误。

选项 B，参考《雨水利用规范》8.1.10 条。回用雨水的水质应根据雨水回用用途确

定，当有细菌学指标要求时，应进行消毒。再参考《城市污水再生利用 城市杂用水水质》GB/T 18920—2020 表 1 可知，车辆冲洗有细菌学指标要求（大肠埃希氏菌不应检出），故 B 错误。

选项 C，参考《雨水利用规范》8.3.5 条。雨水处理站设计中，对采用药剂所产生的污染危害应采取有效的防护措施，故 C 正确。

选项 D，参考《雨水利用规范》8.2.1 条条文说明。绿地和道路浇洒等往往不再设清水池或高位水箱，需要按设计秒流量配置处理设备，故 D 正确。

答案选【CD】。

3.14-6. 下列关于雨水处理工艺设计的描述，错误或不适宜的是哪几项？【2023-2-70】
（A）必须设初期径流弃流设施
（B）雨水仅回用于滴灌绿地时，不宜消毒处理
（C）雨水回用于冲厕时，过滤单元采用生物滤池
（D）雨水回用于浇洒绿地时，过滤单元需采用絮凝过滤

解析：

选项 A，参考《雨水利用规范》8.1.3 条。生态净化设施预处理满足下列要求时，雨水收集回用系统可不设初期径流弃流设施：1 雨水在植草沟或绿地的停留时间内，入渗的雨量不小于初期径流弃流量；2 卵石沟储存雨水的有效储水容积不小于初期径流弃流量，故 A 错误。

选项 B，参考《雨水利用规范》8.1.10 条条文说明。滴灌雨水不宜消毒，故 B 正确。

选项 C，参考《雨水利用规范》8.1.8 条。雨水回用于冲厕时，过滤单元采用絮凝过滤或气浮过滤，故 C 错误。

选项 D，参考《雨水利用规范》8.1.6 条、8.1.7 条。雨水回用于浇洒绿地时，过滤单元采用管道过滤器或直接过滤，故 D 错误。

答案选【ACD】。

3.15 游泳池、水上游乐池及水景

3.15.1 游泳池水质、水温和原水水质

——单选题——

3.15-1. 下列哪项水源可作为游泳池补充水？【2020-1-27】
（A）泳池过滤器初滤水
（B）臭氧发生器的冷却水
（C）露天泳池周围的硬化地面雨水
（D）满足杂用水水质标准的中水

解析：

参考《游泳池规程》13.1.2 条。臭氧发生器的冷却水宜回收作为游泳池的补充水，故 B 正确。

答案选【B】。

——多选题——

3.15-2. 下列关于向游泳池补水的方式，哪几项叙述正确？【2021-1-61】

（A）生活饮用水管道不得直接向小型游泳池内补水

（B）向公共游泳池补水应通过平（均）衡水池及缓冲池间接补水

（C）应设置补水水箱向池内补水

（D）补水管应设水量计量仪表

解析：

选项 A，参考《游泳池规程》3.4.4 条。当私人游泳池及小型游泳池利用生活饮用水管道直接向池内补水、充水时，应采取防止生活饮用水管道回流污染措施，故 A 错误。

选项 B、C，参考《游泳池规程》3.4.3 条。游泳池的充水和补水方式应符合下列规定：1 应通过平（均）衡水池及缓冲池间接向池内充水和补水；2 当未设置均（平）衡水池时，宜设置补水水箱向池内充水和补水，故 B 正确，C 错误。

选项 D，参考《游泳池规程》3.4.3 条第 4 款。充水管、补水管应设水量计量仪表，故 D 正确。

答案选【BD】。

3.15.2　游泳池水循环系统

——单选题——

3.15-3. 大型水上游乐场馆有成人游泳池（A）和儿童游泳池（B）各一座，水滑梯池（C）一座，冲浪池（D）一座，以下循环水系统方案，哪项正确？【2021-1-28】

（A）（A）（B）（C）（D）池合设一套循环系统

（B）（A）（B）（C）（D）池各自独立循环系统

（C）（A）（B）池合设一套循环系统；（C）（D）池合设一套循环系统

（D）（A）（B）池合设一套循环系统；（C）（D）池分设独立循环系统

解析：

参考《游泳池规程》4.1.3 条。不同使用要求的游泳池应设置各自独立的池水循环净化处理系统，故 B 正确。

答案选【B】。

3.15-4. 下列有关游泳池水循环方式的设计方法，哪项不正确？【2023-2-27】

（A）比赛游泳池采用逆流式池水循环

（B）室外泳池采用顺流式池水循环

（C）公共泳池采用混合流池水循环

（D）水上演出池采用池底回水的顺流式池水循环

解析：

选项 A，参考《游泳池规程》4.3.2 条第 1 款。竞赛类游泳池、专用类游泳池和文艺演出用水池，应采用逆流式或混合流的池水循环方式，故 A 正确。

选项 B，参考《游泳池规程》4.3.2 条第 3 款。季节性室外游泳池宜采用顺流式池水循环方式，故 B 正确。

选项C，参考《游泳池规程》4.3.2条第2款。公共类游泳池宜采用逆流式或混合流的池水循环方式，故C正确。

选项D，参考《游泳池规程》4.3.2条第1款。竞赛类游泳池、专用类游泳池和文艺演出用水池，应采用逆流式或混合流的池水循环方式，故D错误。

答案选【D】。

3.15-5. 关于游泳池给水、循环水系统设计要求，下列哪一项错误？【2024-1-27】
（A）有不同水深区的同一泳池循环周期应根据不同水深区确定
（B）多功能游泳池宜按最小使用水深确定池水循环周期
（C）浅水区的池水循环周期宜大于深水区的循环周期
（D）循环周期是每日循环运行时间与循环次数的比值
解析：

选项A，参考《游泳池规程》4.4.2条。同一游泳池和水上游乐池有两种及两种以上使用水深区域时，池水循环周期应根据不同水深区域按本规程表4.4.1确定，故A正确。

选项B，参考《游泳池规程》4.4.1条注2。多功能游泳池宜按最小使用水深确定池水循环周期，故B正确。

选项C，参考《游泳池规程》4.4.2条条文说明。为保证池水水质卫生，则应对此类游泳池的水流分配进行分区，不同的水深应采用不同的池水循环净化的循环周期，浅水区一般游泳人数较多，水被污染的快，故宜取本规程表4.4.1中的下限值；深水区的游泳人数相对较少，水容积大，对水的污染较慢，故宜取本规程表4.4.1的上限值，故C错误。

选项D，参考《游泳池规程》4.4.1条注1。池水的循环次数按游泳池和水上游乐池每日循环运行时间与循环周期的比值确定。由此可得，循环周期是每日循环运行时间与循环次数的比值，故D正确。

答案选【C】。

——多选题——

3.15-6. 下列关于游泳池、水景池的池水循环叙述中，哪几项是正确的？【2020-1-60】
（A）游泳池水循环净化处理系统包括过滤、加药、加热和消毒等工艺
（B）水景池净化处理系统应根据不同用途分别设置循环水泵，并应设置备用泵
（C）游泳池水采用逆流式和混合式循环时，应设置封闭形均衡水池，且池内最高水位应低于溢流回水管底0.3m以上
（D）游泳池水循环应按连续24h循环进行设计
解析：

选项A，参考《游泳池规程》2.1.24条。将使用过的池水通过管道用水泵按规定的流量从池内或与池子相连通的均（平）衡水池内抽出，利用泵的压力依次送入过滤、加药、加热和消毒等工艺工序设备单元，使池水得到澄清、消毒、温度调节达到卫生标准要求后，再送回相应的池内重复使用的水净化处理系统。亦称循环净化水系统，故A正确。

选项B，参考《游泳池规程》4.6.2条。池水循环净化处理系统循环工作水泵的选择

应符合下列规定：4 颗粒过滤器的循环水泵的工作泵不宜少于 2 台，且应设置备用泵，并应能与工作泵交替运行，故 B 正确。

（备注：区分水景池的循环净化水泵和水景给水泵，是不同的水泵。前者应备用，后者可不备用。）

选项 C，参考《游泳池规程》4.8.1 条第 2 款。1）均衡水池应为封闭形，且池内最高水位应低于溢流回水管管底 300mm 以上，故 C 正确。

选项 D，《游泳池规程》并无此规定（旧版规范内有此规定，新版规范内此规定删除），故 D 错误。

答案选【ABC】。

3.15-7. 以下关于游泳池循环水系统的描述，准确的是哪几项？【2022-2-61】
（A）室内儿童泳池池水循环方式应采用顺流式池水循环方式
（B）成人泳池和儿童泳池应分别设置各自独立的循环系统
（C）社区室外游泳池可采用顺流式池水循环方式
（D）造浪池宜采用顺流式池水循环方式
解析：
选项 A，参考《游泳池规程》4.3.2 条第 3 款。季节性室外游泳池宜采用顺流式池水循环方式，室内并不推荐顺流式。另参考《游泳池规程》4.9.4 条。儿童游泳池宜采用池底给水方式，可知，儿童游泳池宜采用逆流式或混流式，故 A 错误。

选项 B，参考《游泳池规程》4.1.3 条。不同使用要求的游泳池应设置各自独立的池水循环净化处理系统，故 B 正确。

选项 C，参考《游泳池规程》4.3.2 条第 3 款。季节性室外游泳池宜采用顺流式池水循环方式，故 C 正确。

选项 D，参考《游泳池规程》4.3.5 条第 1 款。池水应采用混合流式池水循环方式，故 D 错误。

答案选【BC】。

3.15.3　水景
——多选题——
3.15-8. 下列关于水景工程系统设计要求，叙述错误的是哪几项？【2020-1-61】
（A）水景给水应设水循环系统
（B）水景循环给水系统是利用水上游乐池和文艺演出池池水作为水源而设置的给水系统
（C）水景工程循环水泵应选用潜水泵，并应直接设置于水池底
（D）瀑布、涌泉、溪流等水景工程设计循环流量应为计算流量的 1.2 倍
解析：
选项 A，参考《建水标准》3.12 条第 2 款。水景用水宜循环使用，故 A 错误。

选项 B，参考《游泳池规程》2.1.26 条。水景循环给水系统：为增加水上游乐池和文艺演出池演出背景效果的趣味性和景观环境，如瀑布、喷泉、水帘、水伞、水蘑菇、水

刺猬等，它们是利用池水作为水源而设置的给水系统，可知设置水景循环系统的目的是"增加趣味性和景观环境"，而非题干的"利用池水作为水源而设置"。另外，假如把选项单纯看作是定义的话，"以所在池池水作为水源而设置的循环系统"，可能是水景循环系统，也可能是功能性循环系统，故 B 错误。

选项 C，参考《建水标准》3.12.4 条。水景工程循环水泵宜采用潜水泵，并应符合下列规定：1 并应直接设置于水池底，故 C 错误。

选项 D，参考《建水标准》3.12.8 条。瀑布、涌泉、溪流等水景工程设计，应符合下列规定：1 设计循环流量应为计算流量的 1.2 倍，故 D 正确。

答案选【ABC】。

3.15-9. 下列有关水景循环水系统的设计描述，哪几项不正确？【2021-2-60】
(A) 水景用水应循环使用
(B) 循环泵可采用手动控制
(C) 景观水池补水不得采用生活饮用水
(D) 水景池供人涉水区域，不得采用潜水泵

解析：
选项 A，参考《建水标准》3.12.2 条。水景用水宜循环使用，故 A 错误。

选项 B，参考《建水标准》3.12.7 条。水景工程的运行方式可采用手控、程控或声控，故 B 正确。

选项 C，参考《建水标准》3.12.5 条。当水景水池采用生活饮用水作为补充水时，应采取防止回流污染的措施，故 C 错误。

选项 D，参考《建水标准》3.12.4 条第 5 款。娱乐性水景的供人涉水区域，因景观要求需要设置水泵时，水泵应干式安装，不得采用潜水泵，并采取可靠的安全措施，故 D 正确。

答案选【AC】。

3.16   消防给水及消火栓系统

3.16.1   消防的基础知识
——多选题——
3.16-1. 以下哪几个厂房的火灾危险性类别为乙类？【2021-1-64】
(A) 56 度飞天茅台灌装车间   (B) 樟脑油提取车间
(C) 面粉厂的碾磨车间   (D) 花生油加工厂精炼车间

解析：
参考《建规》3.1.1 条条文说明的表 1。A 为甲类，B、C 为乙类，D 为丙类，故 B、C 正确。

答案选【BC】。

3.16-2. 下列不同建筑高度的建筑，属于一类高层民用建筑的是哪几项？【2022-1-62】

(A) 48m 医院病房楼　　　　　　　(B) 50m 甲级写字楼

(C) 52m 酒店式公寓　　　　　　　(D) 54m 住宅楼

解析：

参考《建规》5.1.1 条。A、C 为一类高层，而 B、D 为二类高层，其中 B 需要大于 50m 才是一类高层公建，D 需要大于 54m 才是一类高层住宅，故 A、C 正确。

答案选【AC】。

3.16.2　基本参数

——单选题——

3.16-3. 新建高铁站的中转货品库房应按下列哪类物品库房确定室外消火栓系统流量？【2021-1-31】

(A) 甲类　　　　　(B) 乙类　　　　　(C) 丙类　　　　　(D) 丁类

解析：

参考《消规》表 3.3.2 注 2。火车站、码头和机场的中转库房，其室外消火栓设计流量应按相应耐火等级的丙类物品库房确定，故 C 正确。

答案选【C】。

3.16.3　供水设施

——多选题——

3.16-4. 关于消防水泵进、出水管及其附件设计选用，下列哪几项是错误的？【2022-1-63】

(A) 吸水管上可采用带自锁装置的蝶阀

(B) 从市政管网直接吸水应在吸水管设置倒流防止器

(C) 水泵试水管管径应根据水泵流量大小而调整

(D) 出水管压力表量程不应小于 1.4MPa

解析：

选项 A，参考《消规》5.1.13 条第 5 款，故 A 正确。

选项 B，参考《消规》5.1.12 条。是"出水管"设置有空气隔断的倒流防止器，故 B 错误。

选项 C，参考《消规》5.1.11 条第 4 款。水泵试水管管径应为 DN65，故 C 错误。

选项 D，参考《消规》5.1.17 条。是 1.6MPa，故 D 错误。

答案选【BCD】。

3.16-5. 下列关于消防水池的表述中，哪几项错误？【2024-2-63】

(A) 消防水池的进水管管径不应小于 $DN100$

(B) 消防水池的最低报警水位取最低有效水位

(C) 一路消防供水的 21m 住宅楼应设消防水池

(D) 消防水池总体积大于 1000m³ 时应设能独立使用的两座

解析：

选项 B，①最高报警水位（溢流水位）＝正常水位＋50～100mm；②最低报警水位＝

正常水位—100mm，故 B 错误；选项 C，住宅室外流量均为 15L/s，根据《消规》4.3.1 条第 2 款。当采用一路消防供水或只有一条入户引入管，且室外消火栓设计流量大于 20L/s 或建筑高度大于 50m 时应设置消防水池，故 C 错误；选项 D，参考《消规》4.3.6 条。消防水池的总蓄水有效容积大于 1000m³ 时，应设置能独立使用的两座消防水池。本题缺少"有效"二字，严格来看可算错，一般说的体积就是指有效容积，故暂按正确处理，故 D 正确。

答案选【BC】。

3.16.4 给水形式

——单选题——

3.16-6. 下列关于室内消火栓系统竖向分区供水说法中错误的是哪项？【2022-1-33】

(A) 当系统工作压力大于 2.4MPa 时采用消防水泵串联分区供水

(B) 消防水泵并联分区供水的系统，每区分别有各自专用的消防水泵

(C) 减压水箱串联分区供水的系统，每区分别有各自的高位消防水箱和消防泵

(D) 减压阀分区供水的系统，每区应设置不少于两组减压阀组，每组宜设置备用减压阀

解析：

选项 A，参考《消规》6.2.2 条，故 A 正确。

选项 C，减压水箱串联分区供水的系统，每区分别有各自的减压水箱，但不需要单独设置消防泵，减压水箱重力出水供给对应分区，故 C 错误。

选项 D，参考《消规》6.2.4 条第 3 款，故 D 正确。

答案选【C】。

3.16-7. 某城市地块建筑群，采用共用临时高压消防给水系统的设计条件，下列哪一项不正确？【2023-1-30】

(A) 建筑群为工矿企业时，消防供水的最大保护半径不超过 1200m，且占地面积不大于 200hm²

(B) 建筑群为居住小区时，消防供水的最大保护建筑面积不超过 50 万 m²

(C) 建筑群为公共建筑时，公共建筑都为同一产权单位

(D) 建筑群为公共建筑时，公共建筑不得为同一物业管理单位

解析：

参考《消规》6.1.11 条。建筑群共用临时高压消防给水系统时，应符合下列规定：1）工矿企业消防供水的最大保护半径不宜超过 1200m，且占地面积不宜大于 200hm²；2）居住小区消防供水的最大保护建筑面积不宜超过 500000m²；3）公共建筑宜为同一产权或物业管理单位，故 D 错误。

答案选【D】。

——多选题——

3.16-8. 关于消防给水系统分区要求的描述，以下哪些项符合规范要求【2021-2-63】

(A) 采用减压阀分区供水时，每个分区减压阀组数量不得少于 4 个，每个减压阀需

满足 70% 设计流量

(B) 系统工作压力小于 2.40MPa 时，可采用消防水泵并行或串联、减压阀减压的分区形式

(C) 采用消防水泵转输水箱串联供水时，转输水箱可作为高位消防水池

(D) 减压水箱是比减压阀更为安全可靠的分区方式

解析：

选项 A，参考《消规》6.2.4 条。1）消防给水所采用的减压阀性能应安全可靠，并应满足消防给水的要求；3）每一供水分区应设不少于 2 组减压阀组，每组减压阀组宜设置备用减压阀；每个减压阀需满足 100% 设计流量，故 A 错误。

选项 B，参考《消规》6.2.2 条。分区供水形式应根据系统压力、建筑特征，经技术经济和安全可靠性等综合因素确定，可采用消防水泵并行或串联、减压水箱和减压阀减压的形式，但当系统的工作压力大于 2.40MPa 时，应采用消防水泵串联或减压水箱分区供水形式，故 B 正确。

选项 C，参考《消规》6.2.3 条第 1 款。转输水箱可作为高位消防水箱。是高位消防水"箱"，不是高位消防水"池"，故 C 错误。

选项 D，参考《消规》6.2.5 条条文说明。减压水箱减压分区在我国 20 世纪 80 年代和 90 年代中期的超高层建筑曾大量采用，其特点是安全、可靠，但占地面积大，对进水阀的安全可靠性要求高等，本条规定了减压水箱的有关技术要求。参考《消规》6.2.2 条。当系统的工作压力大于 2.40MPa 时，应采用消防水泵串联或减压水箱分区供水形式，而不能采用减压阀减压分区，故 D 正确。

答案选【BD】。

3.16.5 消火栓的设置场所

——多选题——

3.16-9. 下列建筑，应设置消防软管卷盘或轻便消防水龙的有哪些？【2021-2-62】

(A) 设置在住宅楼首、二层，约 400m² 的老人日间照料所

(B) 建筑高度 54m 的医院科研楼

(C) 设置室内消火栓的隧道

(D) 多层会议中心

解析：

选项 A、D，参考《建规》8.2.4 条。人员密集的公共建筑、建筑高度大于 100m 的建筑和建筑面积大于 200m² 的商业服务网点内应设置消防软管卷盘或轻便消防水龙。高层住宅建筑的户内宜配置轻便消防水龙。老年人照料设施内应设置与室内供水系统直接连接的消防软管卷盘，消防软管卷盘的设置间距不应大于 30.0m。会议中心属于人员密集的公共建筑，故 A、D 正确。

选项 B，科研楼（人少）和办公楼是一个性质，不属于人员密集的公共建筑，故 B 错误。

选项 C，参考《建规》12.2.2 条第 10 款。应在隧道单侧设置室内消火栓箱，并宜配置消防软管卷盘。不是"应"设置，故 C 错误。

答案选【AD】。

3.16.6   消火栓系统

——单选题——

3.16-10. 下列关于消火栓系统设计的叙述，哪项错误？【2020-1-29】

(A) 严寒地区建筑室外消火栓可采用干式消火栓系统

(B) 多、高层民用建筑室外消火栓可采用低压消防给水系统

(C) 严寒地区的建筑室外消火栓可采用干式地上式室外消火栓

(D) 多、高层工业建筑室外消火栓可采用高压或临时高压消防给水系统

解析:

选项 A，参考《消规》7.1.1 条。市政消火栓和建筑室外消火栓应采用湿式消火栓系统，故 A 错误。

选项 B，参考《消规》6.1.3 条。建筑物室外宜采用低压消防给水系统，故 B 正确。

选项 C，参考《消规》7.2.1 条。在严寒、寒冷等冬季结冰地区宜采用干式地上式室外消火栓，故 C 正确。

选项 D，参考《消规》6.1.6 条。当室外采用高压或临时高压消防给水系统时，宜与室内消防给水系统合用，故 D 正确。

答案选【A】。

3.16-11. 下列关于消防给水系统设计的叙述，哪项不正确？【2020-1-30】

(A) 室外和室内消火栓给水系统可合用一套消防水泵

(B) 低压消防给水系统的系统工作压力不应小于 0.60MPa

(C) 自动喷水灭火局部应用系统不得与生产、生活给水系统合用

(D) 室外和室内消火栓系统埋地管道均采用钢丝网骨架塑料复合给水管道

解析:

选项 A，参考《消规》6.1.6 条。当室外采用高压或临时高压消防给水系统时，宜与室内消防给水系统合用，既可以合用水泵，也可以合用管网，故 A 正确。

选项 B，参考《消规》8.2.2 条。低压消防给水系统的系统工作压力应根据市政给水管网和其他给水管网等的系统工作压力确定，且不应小于 0.60MPa，故 B 正确。

选项 C，参考《消规》6.1.8 条。室内应采用高压或临时高压消防给水系统，且不应与生产生活给水系统合用；但当自动喷水灭火系统局部应用系统和仅设有消防软管卷盘或轻便水龙的室内消防给水系统时，可与生产生活给水系统合用，故 C 错误。

选项 D，参考《消规》8.2.4 条。埋地管道宜采用球墨铸铁管、钢丝网骨架塑料复合管和加强防腐的钢管等管材，故 D 正确。

答案选【C】。

3.16-12. 下列消防设施设计中，哪一项不正确？【2023-2-30】

(A) 某厂的工艺装备区设有室外消火栓系统，室外消火栓的间距为 60m

(B) 超高层建筑采用消防水泵转输水箱串联供水，转输水箱的有效储水容积为 60m³

(C) 采用减压阀减压分区的消防供水系统，减压阀水流方向向上垂直安装

(D) 消防水泵房采取防水淹没的措施，且设置排水设施

解析：

参考《消规》8.3.4 条。减压阀的设置应符合下列规定：7）垂直安装的减压阀，水流方向宜向下，故 C 错误。

答案选【C】。

3.16-13. 某建筑高度为 52m，首层底商的每隔间建筑面积 350m²，层高 4m，二层及以上为住宅，建筑每层面积均为 1400m²，下列消火栓系统设计中，哪一项正确？【2023-2-31】

(A) 该建筑按二类高层住宅建筑，室内消火栓流量 10L/s

(B) 该建筑按二类高层住宅建筑，室外消火栓流量 15L/s

(C) 高位消防水箱有效容积取 12m³

(D) 火灾延续时间为 2h

解析：

选项 A、B，每隔间建筑面积 350m²，超过了 300m² 属于商店，不属于商业服务网点。故本建筑属于住宅与商业的组合形式，属于公用建筑，故 A、B 错误。

选项 C，高位消防水箱有效容积按住宅查 ≥12m³，按商店查 ≥18m³，取大值为 18m³，故 C 错误。

选项 D，由于商业部分为单层，故火灾延续时间为 2h，故 D 正确。

答案选【D】。

3.16-14. 关于室外消火栓的设置位置，下列哪一项错误？【2024-1-30】

(A) 液化天然气储罐区防护墙内侧　　(B) 地下人防工程出入口附近

(C) 消防水泵接合器附近　　(D) 建筑消防扑救面一侧

解析：

参考《消规》7.3.6 条。甲、乙、丙类液体储罐区和液化烃罐罐区等构筑物的室外消火栓，应设在防火堤或防护墙外，故 A 错误。

答案选【A】。

3.16-15. 东北某多层敞开式停车楼设置干式室内消火栓系统，下列哪一项做法错误？【2024-2-30】

(A) 消防竖管顶端设置快速排气阀

(B) 按充水时间不大于 10min 设计管网

(C) 供水干管设开启时间不超过 30s 的电动阀

(D) 消火栓箱设置直接开启电动阀的手动按钮

解析：

参考《消规》7.1.6 条。干式消火栓系统的充水时间不应大于 5min，故 B 错误。

答案选【B】。

——多选题——

3.16-16. 下列关于消火栓系统设计的叙述，哪几项正确？【2020-1-63】

（A）室内消火栓栓口处动水压力不应小于 0.25MPa

（B）地下式室外消火栓应配置有 $DN100$ 和 $DN65$ 的栓口各一个

（C）室外或室内消火栓给水系统，其干管管径至少不应小于 $DN100$

（D）临时高压室内消火栓给水系统，其高位消防水箱最低有效水位满足最不利点处灭火设施的静水压力至少不应小于 0.07MPa

解析：

选项 A，参考《消规》7.4.12 条第 2 款。高层建筑、厂房、库房和室内净空高度超过 8m 的民用建筑等场所，消火栓栓口动压不应小于 0.35MPa，且消防水枪充实水柱应按 13m 计算；其他场所，消火栓栓口动压不应小于 0.25MPa，且消防水枪充实水柱应按 10m 计算，有些场所不应小于 0.35MPa，典型的以偏概全的错误，故 A 错误。

选项 B，参考《消规》7.2.2 条第 2 款。室外地下式消火栓应有直径为 100mm 和 65mm 的栓口各一个，故 B 正确。

选项 C，参考《消规》8.1.4 条第 2 款。管道的直径应根据流量、流速和压力要求经计算确定，但不应小于 $DN100$。参考《消规》8.1.5 条第 3 款。室内消防管道管径应根据系统设计流量、流速和压力要求经计算确定；室内消火栓竖管管径应根据竖管最低流量经计算确定，但不应小于 $DN100$，故 C 正确。

选项 D，参考《消规》5.2.2 条。建筑类型不同则静水压力要求不同，不能这么笼统地表达，典型的以偏概全，故 D 错误。

答案选【BC】。

3.16-17. 下列关于消火栓系统选择的说法，错误的是哪几项？【2022-1-64】

（A）室内环境温度低于 4℃或高于 70℃的场所宜采用干式室内消火栓系统

（B）在供水干管上设置干式报警阀的干式消火栓系统充水时间不应大于 5min

（C）严寒、寒冷等冬季结冰地区建筑室外消火栓宜采用干式消火栓系统

（D）在供水干管上设置电动阀的干式消火栓系统充水时间不应超过 30s

解析：

选项 A，参考《消规》7.1.3 条，故 A 正确。

选项 B，参考《消规》7.1.6 条，故 B 正确。

选项 C，参考《消规》7.1.1 条。建筑物室外消火栓应采用湿式系统，故 C 错误。

选项 D，参考《消规》7.1.6 条第 1 款。30s 是电动阀的"开启时间"而非"系统充水时间"，故 D 错误。

答案选【CD】。

3.16-18. 下列关于消火栓系统设置的说法，错误的是哪几项？【2022-2-64】

（A）设置室外消火栓的管网，应确保管网最低工作压力不低于 0.1MPa

（B）为便于火灾扑救，室内消火栓应设置在楼梯间、走道等明显易于取用的位置

（C）为保证消防车加压供水，室外消火栓管道直径不宜小于 $DN150$

（D）冷库的室内消火栓应设置干式系统

解析：

选项 A，参考《消规》7.2.8 条。当市政给水管网设有市政消火栓时，其平时运行工作压力不应小于 0.14MPa，火灾时水力最不利市政消火栓的出流量不应小于 15L/s，且供水压力从地面算起不应小于 0.10MPa，故 A 错误。

选项 C，参考《消规》8.1.4 条。是"不应小于 DN100"；根据其条文说明：DN100 的管道只能勉强供应一辆消防车用水，因此认为，室外消火栓管道"不宜"小于 DN150 设计是合理的；而且，一般设计时也至少是 DN150，故 C 正确。

选项 D，参考《消规》7.4.7 条第 5 款。冷库的室内消火栓应设置在常温穿堂或楼梯间内，常温穿堂或楼梯间内温度不会低于 4℃，应采用湿式系统，故 D 错误。

答案选【AD】。

3.16-19. 关于室外消火栓系统，下列哪几项描述错误?【2024-2-64】

（A）可采用湿式或干式系统

（B）必要时可采用高压或临时高压系统

（C）寒冷地区可采用干式地下式室外消火栓

（D）消火栓设置数量应由设计流量计算确定

解析：

选项 A，参考《消规》7.1.1 条。市政消火栓和建筑室外消火栓应采用湿式消火栓系统，故 A 错误。

选项 B，参考《消规》6.1.6 条。当室外采用高压或临时高压消防给水系统时，宜与室内消防给水合用，故 B 正确。

选项 C，参考《消规》7.2.1 条。市政消火栓宜采用地上式室外消火栓；在严寒、寒冷等冬季结冰地区宜采用干式地上式室外消火栓，严寒地区宜增设消防水鹤。当采用地下式室外消火栓，地下消火栓井的直径不宜小于 1.5m，且当地下式室外消火栓的取水口在冰冻线以上时，应采取保温措施，故 C 正确。

选项 D，参考《消规》7.3.2 条。建筑室外消火栓的数量应根据室外消火栓设计流量和保护半径经计算确定，故 D 错误。

答案选【AD】。

3.16.7　管网

——单选题——

3.16-20. 下列关于消防给水系统管道设计的叙述，哪项正确?【2021-2-30】

（A）埋地管道连接方式与系统工作压力无关

（B）架空管道连接方式与其管道管材、管径有关

（C）架空管道应设置在环境温度不低于 5℃的区域

（D）埋地管道最小管顶覆土不应小于 0.70m，且应至少在冰冻线以下 0.30m

解析：

选项 A，参考《消规》8.2.5 条。埋地管道当系统工作压力不大于 1.20MPa 时，宜采用

球墨铸铁管或钢丝网骨架塑料复合管给水管道；当系统工作压力大于1.20MPa小于1.60MPa时，宜采用钢丝网骨架塑料复合管、加厚钢管和无缝钢管；当系统工作压力大于1.60MPa时，宜采用无缝钢管。钢管连接宜采用沟槽连接件（卡箍）和法兰，故A错误。

选项B，参考《消规》8.2.9条。架空管道的连接宜采用沟槽连接件（卡箍）、螺纹、法兰、卡压等方式，不宜采用焊接连接。当管径小于或等于DN50时，应采用螺纹和卡压连接，当管径大于DN50时，应采用沟槽连接件连接、法兰连接，当安装空间较小时应采用沟槽连接件连接。连接方式与管径有关，连接方式必然与管材有关系，可以采用热浸镀锌钢管或热浸镀锌无缝钢管。另外参考《喷规》8.0.5条。当报警阀前采用内壁不防腐钢管时，可焊接连接；铜管可采用钎焊、沟槽式连接件（卡箍）、法兰和卡压等连接方式；不锈钢管可采用沟槽式连接件（卡箍）、法兰、卡压等连接方式，不宜采用焊接，故B正确。

选项C，参考《消规》8.2.10条。架空充水管道应设置在环境温度不低于5℃的区域，故C错误。

选项D，参考《消规》8.2.6条。埋地金属管道的管顶覆土应符合下列规定：1）管道最小管顶覆土应按地面荷载、埋深荷载和冰冻线对管道的综合影响确定；2）管道最小管顶覆土不应小于0.70m；但当在机动车道下时管道最小管顶覆土应经计算确定，并不宜小于0.90m；3）管道最小管顶覆土应至少在冰冻线以下0.30m；参考《消规》8.2.7条第7款。钢丝网骨架塑料复合管道最小管顶覆土深度，在人行道下不宜小于0.80m，在轻型车行道下不应小于1.0m，且应在冰冻线下0.30m；埋地管道不仅仅是埋地金属管，故D错误。

答案选【B】。

3.16-21. 高位水箱稳压的临时高压消防系统水泵扬程为0.75MPa，其最大系统工作压力，下列哪项是正确的？（水泵入口静压不计）【2022-2-29】

(A) 0.75MPa　　(B) 0.90MPa　　(C) 1.05MPa　　(D) 1.40MPa

解析：

参考《消规》8.2.3条第3款。最大系统工作压力＝1.4×0.75＝1.05MPa，故C正确。

答案选【C】。

3.16-22. 关于消防给水系统工作压力的描述，下列哪一项正确？【2024-1-31】
(A) 低压消防给水系统不应小于0.1MPa（从地面算起）
(B) 高位消防水池供水的高压系统应为高位水池最大静压
(C) 高位消防水箱稳压的临时高压系统应为消防水泵零流量时的压力
(D) 采用稳压泵稳压的临时高压系统应为稳压泵维持系统压力时的压力

解析：

参考《消规》8.2.2条和8.2.3条，故B正确。

答案选【B】。

——多选题——

3.16-23. 某高层建筑室内消火栓采用由高位消防水池供水的高压消防给水系统。下

列关于其设计压力的叙述，哪几项正确？【2020-1-64】

(A) 系统中任意消火栓栓口处静压大于零流量时其消火栓栓口处的工作压力

(B) 系统中任意消火栓栓口处静压大于灭火时其消火栓栓口处总压力

(C) 系统中任意消火栓栓口处静压大于灭火时其消火栓栓口处动压

(D) 系统工作压力为高位消防水池的最大静压

解析：

选项 A，参考《消规》2.1.11 条。静水压力：消防给水系统管网内水在静止时管道某一点的压力，简称静压，即此处应该是等于，故 A 错误。

选项 B，灭火时会有水头损失，故某点处总压力必小于其静压，故 B 正确。

选项 C，参考《消规》2.1.12 条。动压＝总压力－速度水头，故某点动压小于该点的总压力，更小于其静压，故 C 正确。

选项 D，参考《消规》8.2.3 条。高压和临时高压消防给水系统的系统工作压力应根据系统在供水时，可能的最大运行压力确定，并应符合下列规定：1）高位消防水池、水塔供水的高压消防给水系统的系统工作压力，应为高位消防水池、水塔最大静压，故 D 正确。

答案选【BCD】。

3.16.8　控制与操作

——单选题——

3.16-24. 消防给水系统水泵控制与操作要求，下列哪项描述不准确？【2022-1-32】

(A) 消防水泵应由高位水箱出水管上的流量开关、消防水泵出水干管或报警阀上的压力开关直接自动启动

(B) 消防水泵的控制有就地手动启停、自动启停及从消防控制室通过专用线路直接手动启停

(C) 消防控制柜能显示消防水泵和稳压泵的运行状态，平时应使消防水泵处于自动启泵状态

(D) 当采用串联消防水泵进行分区供水时，上区消防水泵宜在下区消防水泵启动后再启动

解析：

参考《消规》11.0.5 条。消防水泵不允许自动停泵，故 B 错误。

答案选【B】。

3.17　自动灭火系统

3.17.1　自动喷水系统的设置场所及系统选择

——单选题——

3.17-1. 高层建筑内部设有座位数为 1000 座的中小型剧场，简易舞台口设需要防护冷却的防火幕，下列哪个灭火设施可不设置？【2020-1-31】

(A) 湿式自动喷水灭火系统　　　　(B) 雨淋系统

(C) 消火栓系统　　　　(D) 冷却水幕系统

解析：

选项 A，参考《建筑通规》8.1.9 条。除本规范另有规定和不宜用水保护或灭火的场所外，下列高层民用建筑或场所应设置自动灭火系统，并宜采用自动喷水灭火系统：1）一类高层公共建筑（除游泳池、溜冰场外）及其地下、半地下室；2）二类高层公共建筑及其地下、半地下室的公共活动用房、走道、办公室和旅馆的客房、可燃物品库房、自动扶梯底部，故 A 正确。

选项 B，参考《建筑通规》8.1.11 条。可知特等、甲等剧场、超过 1500 个座位的其他等级剧场需要设置雨淋系统，该场所 1000 座无需设置雨淋系统，故 B 错误。

选项 C，参考《建筑通规》8.1.7 条。下列建筑或场所应设置室内消火栓系统：2）高层公共建筑和建筑高度大于 21m 的住宅建筑，故 C 正确。

选项 D，参考《建规》8.3.6 条。下列部位宜设置水幕系统：3）需要防护冷却的防火卷帘或防火幕的上部，故 D 正确。

答案选【B】。

3.17-2. 某建筑小区独立配套建设 50 床的老年人照料设施，下列消防设施的设置，哪一项正确？【2023-1-29】

（A）设置低压室外消火栓系统   （B）不设置自动喷水灭火系统

（C）无需配置手提式灭火器   （D）按间距不大于 50m 布置消防软管

解析：

选项 B，参考《建规》8.3.4 条。应设置自动喷水灭火系统，故 B 错误。

选项 C，手提式灭火器一般属于通配灭火设施，故 C 错误。

选项 D，参考《建规》8.2.4 条。老年人照料设施内应设置与室内供水系统直接连接的消防软管卷盘，消防软管卷盘的设置间距不应大于 30.0m，故 D 错误。

答案选【A】。

——多选题——

3.17-3. 多个三层商店、特色餐饮通过顶棚连接成长度约 200m 的商业步行街，下列消防设施的设置，哪几项不正确？【2023-1-62】

（A）两侧商铺内设置闭式自动喷水灭火系统进行保护

（B）两侧商铺外按不大于 50m 间距布置消火栓

（C）建筑面积不大于 300m² 的商店不设自动喷水灭火系统

（D）除二层回廊外，特色餐饮店内均设置自动喷水灭火系统

解析：

参考《建规》5.3.6 条第 8 款。步行街两侧建筑的商铺外应每隔 30m 设置 DN65 的消火栓，并应配备消防软管卷盘或消防水龙，商铺内应设置自动喷水灭火系统和火灾自动报警系统；每层回廊均应设置自动喷水灭火系统，故 B、C、D 错误。

答案选【BCD】。

3.17-4. 某中型幼儿园建筑体积约 13500m³，下列消防设施的设置，哪几项正确？

【2023-2-62】

(A) 设置低压室外消火栓系统　　(B) 设置室内消火栓系统

(C) 设置消防软管卷盘替代消火栓　　(D) 按轻危险等级设置自动喷水灭火系统

解析:

选项 A、B,A、B 正确。

选项 C,消防软管卷盘不能替代消火栓,故 C 错误。

选项 D,参考《喷规》附录 A。幼儿园为轻危险等级,故 D 正确。

答案选【ABD】。

3.17-5. 下列建筑或部位消防系统的设置要求,哪几项正确?【2024-1-60】

(A) 因工艺生产需要无法设防火墙的开口处宜设置水幕系统

(B) 高层医疗建筑内的总配电室应设置自动灭火系统

(C) 建筑面积 500m^2 的电影摄影棚宜采用雨淋灭火系统

(D) 停车 50 辆无车道无人员停留的地下机械式车库可采用气体灭火系统

解析:

选项 A,参考《建规》8.3.6 条第 2 款。应设置防火墙等防火分隔物而无法设置的局部开口部位宜设置水幕系统,故 A 正确。

选项 B,参考《建规》8.3.9 条第 8 款。特殊重要的设备室应设置自动灭火系统,宜采用气体灭火系统,故 B 正确。

选项 C,参考《建筑通规》8.1.11 条第 7 款。建筑面积大于或等于 500 m^2 的电影摄影棚"应"设置雨淋系统,故 C 错误。

选项 D,参考《汽车库防火规范》7.2.4 条。停车数量不大于 50 辆的室内无车道且无人员停留的机械式汽车库,可采用二氧化碳等气体灭火系统,故 D 正确。

答案选【ABD】。

3.17-6. 储存下列哪几项物品的场所,自动喷水灭火系统按仓库危险级 Ⅱ 级设计?
【2024-1-65】

(A) 硅橡胶　　(B) 人造革

(C) 皮革及其制品　　(D) 烟酒

解析:

参考《喷规》附录 A 附录 B,皮革及其制品属于仓库 Ⅱ 级,故 C 正确;烟酒属于仓库 Ⅰ 级,故 D 错误;硅橡胶为 B 组橡胶制品,属于仓库 Ⅱ 级,故 A 正确;人造革为 A 组塑料制品,属于仓库 Ⅲ 级,故 B 错误。

答案选【AC】。

3.17-7. 下列建筑或部位应设置自动灭火系统的是哪几项?【2024-2-62】

(A) 一类高层建筑

(B) 容纳 20 床的老年人护理建筑

(C) 建筑面积 1200m^2 平战结合的地铁地下车站公共区

（D）建筑面积 3500m² 且仅设新风集中空调系统办公楼

解析：

选项 A，参考《建筑通规》8.1.9 条第 1 款。一类高层公共建筑及其地下、半地下室应设置自动灭火系统，但一类高层住宅不需要设置，故 A 不设。

选项 B，≥20 床的老年人护理建筑属于老年人照料设施，按《建筑通规》8.1.9 条第 6 款老年人照料设施应设置自动灭火系统，故 B 需设。

选项 C，参考《建筑通规》8.1.9 条第 11 款。建筑面积大于 1000m² 且平时使用的人民防空工程应设置自动灭火系统，条文说明不包括兼作人民防空工程的地铁地下车站公共区，故 C 不设。

选项 D，新风集中空调系统具有送风管道，按《建筑通规》8.1.9 条第 7 款设置具有送回风道（管）系统的集中空气调节系统且总建筑面积大于 3000m² 的其他单、多层公共建筑应设置自动灭火系统，故 D 需设。

答案选【BD】。

3.17.2 自动喷水系统的系统组件

——单选题——

3.17-8. 下列哪种管材不可用于自动喷水系统配水管？【2022-1-31】

（A）内外热浸镀锌无缝钢管　　　　　（B）铜管
（C）PE 管　　　　　　　　　　　　（D）PVC-C 管

解析：

参考《喷规》8.0.2 条。配水管道可采用内外壁热镀锌钢管、涂覆钢管、铜管、不锈钢管和氯化聚氯乙烯（PVC-C）管，故 C 错误。

答案选【C】。

3.17-9. 关于自动喷水灭火系统洒水喷头的选用，下列说法哪一项正确？【2023-1-31】

（A）医院病房宜采用 RTI≤50(m·s)$^{0.5}$ 的洒水喷头
（B）酒店中庭宜采用 RTI≥80(m·s)$^{0.5}$ 的洒水喷头
（C）防火分隔水幕宜采用 RTI≤50(m·s)$^{0.5}$ 的洒水喷头
（D）地下一层便民商店宜采用 RTI≥80(m·s)$^{0.5}$ 的洒水喷头

解析：

参考《喷规》6.1.7 条。下列场所宜采用快速响应洒水喷头。当采用快速响应洒水喷头时，系统应为湿式系统。1）公共娱乐场所、中庭环廊；2）医院、疗养院的病房及治疗区域，老年、少儿、残疾人的集体活动场所；3）超出消防水泵接合器供水高度的楼层；4）地下商业场所，故 B、D 错误。另外防火分隔水幕是水幕系统，应该采用开式洒水喷头（无响应时间指数）。

答案选【A】。

3.17-10. 关于末端试水装置的设置，下列哪一项正确？【2023-1-32】

（A）应设置在每个喷淋系统的供水管网最不利洒水喷头处

（B）应设置在每个报警阀组的供水管网最不利洒水喷头处

（C）应设置在每个防火分区的供水管网最不利洒水喷头处

（D）应设置在每个楼层的供水管网最不利洒水喷头处

解析：

参考《喷规》6.5.1 条。每个报警阀组控制的最不利点洒水喷头处应设末端试水装置，其他防火分区、楼层均应设直径为 25mm 的试水阀。

答案选【B】。

3.17-11. 厂房净空高度为 $8m<h\leqslant12m$ 时，其闭式自动喷水灭火系统应采用的洒水喷头类型，下列哪一项正确？【2024-1-32】

（A）$k\geqslant80$ 的标准覆盖面积洒水喷头　　（B）$k\geqslant80$ 的扩大覆盖面积洒水喷头

（C）$k\geqslant115$ 的标准覆盖面积洒水喷头　　（D）早期抑制快速响应喷头

解析：

参考《喷规》6.1.1 条表格，故 C 正确。

答案选【C】。

3.17-12. 自动喷水灭火系统配水管道不可采用的管材类型，是下列哪一项？【2024-2-32】

（A）钢管　　　　　　　　　　　　（B）PVC-U 管

（C）涂覆钢管　　　　　　　　　　（D）PVC-C 管

解析：

参考《喷规》8.0.2 条。配水管道可采用内外壁热镀锌钢管、涂覆钢管、铜管、不锈钢管和氯化聚氯乙烯（PVC-C）管，故 B 正确。

答案选【B】。

——多选题——

3.17-13. 一类高层综合楼内，湿式自动喷水灭火系统的喷头布置或选型不正确的是下列哪些项？【2020-2-64】

（A）地下一层超市采用快速响应洒水喷头

（B）三层中餐厨房间内部，灶台正上方设置快速响应喷头，灶台以外部位设置标准响应喷头

（C）地下二层车库采用在梁间布置的喷头，溅水盘距顶板距离 600mm

（D）首层和二层商业总面积 10000m²，考虑装修效果，局部采用隐蔽式洒水喷头

解析：

选项 A，参考《喷规》6.1.7 条。下列场所宜采用快速响应洒水喷头：4 地下的商业场所，故 A 正确。

选项 B，参考《喷规》6.1.8 条。同一隔间内应采用相同热敏性能的洒水喷头，故 B 错误。

选项 C，参考《喷规》6.1.3 条。湿式系统的洒水喷头选型应符合下列规定：1）不

做吊顶的场所，当配水支管布置在梁下时，应采用直立型洒水喷头；可知，车库采用直立型喷头；又参考《喷规》7.1.6条。除吊顶型洒水喷头及吊顶下设置的洒水喷头外，直立型、下垂型标准覆盖面积洒水喷头和扩大覆盖面积洒水喷头溅水盘与顶板的距离应为75mm～150mm，并应符合下列规定：2）当在梁间布置洒水喷头时，洒水喷头与梁的距离应符合本规范第7.2.1条的规定。确有困难时，溅水盘与顶板的距离不应大于550mm，故C错误。

选项D，参考《喷规》6.1.3条。湿式系统的洒水喷头选型应符合下列规定：7）不宜选用隐蔽式洒水喷头，确需采用时，应仅适用于轻危险级和中危险级Ⅰ级场所，参考《喷规》附录A表A可知，首层和二层商业总面积10000m²为中危险级Ⅱ级，故D错误。

答案选【BCD】。

3.17-14. 下列场所的喷头选型，哪几项是错误的？【2022-2-63】

(A) 地下立体车库预作用系统层间采用边墙型喷头

(B) 建筑面积5000m²商场采用隐蔽型喷头

(C) 防护冷却系统采用水幕喷头

(D) 局部应用系统采用快速响应喷头

解析：

选项A，参考《喷规》6.1.4条。干式系统、预作用系统应采用直立型洒水喷头或干式下垂型洒水喷头，故A错误。

选项B，参考《喷规》6.1.3条第7款。不宜选用隐蔽式洒水喷头；确需采用时，应仅适用于轻危险级和中危险级Ⅰ级场所，而建筑面积5000m²商场属于中危险级Ⅱ级，故B错误。

选项C，参考《喷规》6.1.6条。自动喷水防护冷却系统可采用边墙型洒水喷头，防护冷却系统是闭式系统，不能采用开式喷头，故C错误。

选项D，参考《喷规》12.0.2条。局部应用系统应采用快速响应洒水喷头，故D正确。

答案选【ABC】。

3.17-15. 某一火灾轻危险级办公楼内的16m×16m的会议室，顶板为无梁楼板，采用湿式自动喷水灭火系统。关于喷头布置的方案，下列哪几项正确？【2023-1-63】

(A) 共9个直立型扩大覆盖面积洒水喷头正方形均匀布置

(B) 共10个边墙型标准覆盖面积洒水喷头在端墙均匀布置

(C) 共16个直立型标准覆盖面积洒水喷头正方形均匀布置

(D) 共25个直立型标准覆盖面积洒水喷头正方形均匀布置

解析：

参考《喷规》6.1.3条第5款。顶板为水平面，且无梁、通风管道等障碍物影响喷头洒水的场所，可采用扩大覆盖面积洒水喷头。6.1.3条第3款。顶板为水平面的轻危险级、中危险级Ⅰ级住宅建筑、宿舍、旅馆建筑客房、医疗建筑病房和办公室，可采用边墙型洒水喷头。

选项A，单个喷头保护面积为28.4m²<29m²；选项C单个喷头保护面积为16m²<

29m^2；选项 D 单个喷头保护面积为 $10.24\text{m}^2 < 29\text{m}^2$，间距大于 1.8m。故 A、C、D 正确。

选项 B，室内跨度 16m 大于两排相对喷头的最大保护跨度（7.2m）时，应在两排相对喷头中间增设一排喷头（直立型），故 B 错误。

答案选【ACD】。

3.17-16. 关于自动喷水灭火系统下列部位的水压设计，正确描述为下列哪几项？【2023-1-65】

（A）水力警铃的工作压力不应大于 0.05MPa

（B）水流指示器的工作压力不应大于 1.20MPa

（C）报警阀组的工作压力不应小于 1.60MPa

（D）喷头的工作压力应大于 1.20MPa

解析：

参考《建水工程 2025》。水力警铃的工作压力不应小于 0.05MPa，故 A 错误；水流指示器的工作压力不应大于 1.20MPa，故 B 正确。

参考《消规》6.2.1 条。符合下列条件时，消防给水系统应分区供水：3）自动水灭火系统报警阀处的工作压力大于 1.60MPa 或喷头处的工作压力大于 1.20MPa，故 C 错误、D 正确。

答案选【BD】。

3.17.3　自动喷水系统的设计

——单选题——

3.17-17. 某广播电视楼内普通办公区域，现改为直播间，需将其原有的湿式自喷系统改为双连锁控制的预作用系统，其预作用系统设计作用面积与原系统设计作用面积的最小比是以下哪项？【2020-1-32】

（A）1.0　　　　（B）1.1　　　　（C）1.2　　　　（D）1.3

解析：

参考《喷规》5.0.11 条第 3 款。当系统采用由火灾自动报警系统和充气管道上设置的压力开关控制预作用装置时，系统的作用面积应按本规范表 5.0.1、表 5.0.4-1～表 5.0.4-5 规定值的 1.3 倍确定，故 D 正确。

答案选【D】。

3.17-18. 某建筑仅走廊设置自动喷水灭火系统，走廊宽 1.8m，长度 35m，最大疏散距离 20m，设置喷头的流量系数为 $K=80$，喷头工作压力不小于 0.05MPa，问作用面积内喷头平均喷水强度 $[\text{L}/(\text{min}\cdot\text{m}^2)]$ 不应小于下列哪一项？【2021-1-32】

（A）3.4　　　　（B）4.0　　　　（C）5.1　　　　（D）6.0

解析：

① 参考《喷规》附录 A 可知，仅走道设置为轻危险级；又参考《喷规》5.0.1 条，平均喷水强度不应小于 $4\text{L}/(\text{min}\cdot\text{m}^2)$。

② 每个喷头的保护面积：$A = 80 \times (10 \times 0.05)^{0.5}/4 = 14.14\text{m}^2$。

③ 每个喷头的保护半径：$R = (14.14/3.14)^{0.5} = 2.12m$。

④ 喷头的最大保护间距：$S = 2(R^2 - b^2)^{0.5} = 2 \times [2.12^2 - (1.8/2)^2]^{0.5} = 3.84m$。

⑤ 走道喷头个数：$N = 35 \div 3.84 = 9.11$ 个，取整为 10 个。

⑥ 走道内实际平均喷水强度：$N = 56.57 \times 10 \div (35 \times 1.8) = 8.98L/(min \cdot m^2)$，无答案。

答案选【B】。

3.17-19. 藏书量 200 万册的图书馆建筑，其中普通书库建筑面积为 $2000m^2$，特藏库 $200m^2$。下列消防设施的设置中哪一项正确？【2023-2-29】

(A) 自动喷水灭火系统的火灾危险等级按中危险级Ⅰ级确定

(B) 仅在阅览室内配置手提式灭火器

(C) 特藏库设置 IG541 混合气体灭火系统

(D) 在装设板类通透性吊顶的阅览室，自动喷水灭火系统喷水强度按 $6L/(min \cdot m^2)$ 设计

解析：

选项 A，参考《喷规》附录 A。图书馆是中危险级Ⅰ级，普通书库是中危险级Ⅱ级。要按危险级别高的设计，故 A 错误。

选项 B，阅览室、书库、特藏库均应设置手提式灭火器，故 B 错误。

选项 C，参考《建规》8.3.9 条，故 C 正确。

选项 D，参考《喷规》5.0.13 条。装设网格、栅板类通透性吊顶的场所，系统的喷水强度应按本规范表 5.0.1、表 5.0.4-1～表 5.0.4-5 规定值的 1.3 倍确定。故自动喷水灭火系统喷水强度按 $7.8L/(min \cdot m^2)$ 设计，故 D 错误。

答案选【C】。

——多选题——

3.17-20. 设置自动喷水灭火系统的超级市场，其自动喷水灭火系统的火灾危险等级与下列哪些条件有关？【2020-2-63】

(A) 物品种类 (B) 净空高度

(C) 货架布置 (D) 物品高度

解析：

选项 A、B，参考《喷规》5.0.3 条。最大净空高度超过 8m 的超级市场采用湿式系统的设计基本参数应按本规范第 5.0.4 条和第 5.0.5 条的规定执行，并参考其附录 A 关于仓库危险等级的划分可知，其设置自动喷水灭火系统的超级市场的火灾危险等级与物品种类也有关，故 A、B 正确。

选项 C、D，参考《喷规》附录 A 表 A。净空高度不超过 8m、物品高度不超过 3.5m 的超级市场属于中危险级Ⅱ级，净空高度不超过 8m、物品高度超过 3.5m 的超级市场属于严重危险级Ⅰ级，故 D 正确、C 错误，货架布置影响的是喷水强度、作用面积、持续喷水时间，不影响火灾危险等级。

答案选【ABD】。

3.17.4　局部应用系统

——单选题——

3.17-21. 关于自动喷水灭火局部应用系统的如下设置，下列哪一项错误?【2023-2-32】

（A）设在建筑面积为 500m² 的商店

（B）设在建筑高度 16m、建筑面积为 800m² 的三层旅馆

（C）设在层高 4.2m、建筑面积为 500m² 汽车停车库内

（D）设在木结构建筑面积为 800m² 的古建筑内

解析：

参考《喷规》12.0.1 条。局部应用系统应用于室内最大净空高度不超过 8m 的民用建筑中，为局部设置且保护区域总建筑面积不超过 1000m² 的湿式系统。设置局部应用系统的场所应为轻危险级或中危险级Ⅰ级场所，汽车库为中危险级Ⅱ级，故 C 错误。

答案选【C】。

——多选题——

3.17-22. 以下关于自动喷水灭火系统局部应用系统的陈述中，哪几项是不正确的?【2021-2-64】

（A）保护区域内最大厅室面积不应超过 200m²

（B）保护区域内室内最大净空高度不超过 8m

（C）不应与室内消火栓系统合用消防水量

（D）应设置报警阀组

解析：

选项 A，参考《喷规》表 12.0.3。最大厅室面积可大于 200m²，故 A 错误。

选项 B，参考《喷规》12.0.1 条。局部应用系统应用于室内最大净空高度不超过 8m 的民用建筑中，为局部设置且保护区域总建筑面积不超过 1000m² 的湿式系统，故 B 正确。

选项 C，参考《喷规》12.0.4 条。当室内消火栓系统的设计流量能满足局部应用系统设计流量时，局部应用系统可与室内消火栓合用室内消防用水量、稳压设施、消防水泵及供水管道等，故 C 错误。

选项 D，参考《喷规》12.0.5 条。采用标准覆盖面积洒水喷头且喷头总数不超过 20 个，或采用扩大覆盖面积洒水喷头且喷头总数不超过 12 个的局部应用系统，可不设报警阀组，故 D 错误。

答案选【ACD】。

3.18　水喷雾灭火系统

——单选题——

3.18-1. 水喷雾灭火系统用于丙类液体储罐的防护冷却时，可以不设以下哪种控制方式?【2020-2-32】

（A）就地手动控制　　　　　　　　（B）自动控制

（C）应急操作　　　　　　　　　　（D）远程手动控制

解析：

参考《水喷雾灭火规范》表3.1.2。丙类液体储罐防护冷却相应时间300s。参考《水喷雾灭火规范》6.0.1条。系统应具有自动控制、手动控制和应急机械启动三种控制方式，但当响应时间大于120s时，可采用手动控制和应急机械启动两种控制方式，可仅设有手动控制和应急机械启动，自动控制可不设置，故B正确。

答案选【B】。

3.18-2. 下述水喷雾灭火系统的组件和控制方式中，错误的是哪项？【2022-2-31】

（A）系统应设有自动控制、现场手动控制和远程应急启动功能

（B）系统的雨淋阀可由电控信号、传动管液动信号或传动管气动信号进行开启

（C）保护丙类液体储罐的系统，可不设置雨淋报警阀

（D）水喷雾灭火系统由水源、供水泵、管道、雨淋阀组、过滤器和水雾喷头等组成

解析：

选项A，参考《水喷雾灭火规范》6.0.1条。系统应具有自动控制、手动控制和应急机械启动三种控制方式；对三种控制方式解释如下：①自动控制：指水喷雾灭火系统的火灾探测、报警部分与供水设备、雨淋报警阀等部件自动联锁操作的控制方式；②手动控制：指人为远距离操纵供水设备、雨淋报警阀等系统组件的控制方式；③应急机械启动：指人为现场操纵供水设备、雨淋报警阀等系统组件的控制方式，故系统应设有自动控制、远程手动控制和现场应急启动功能，故A错误。

选项C，响应时间大于120s时，可设置电动阀、气动阀，可不设置雨淋报警阀，故C正确。

答案选【A】。

——多选题——

3.18-3. 以下哪些选项可以采用水喷雾灭火系统灭火？【2021-1-62】

（A）油浸式电力变压器室　　　　　　　（B）珍贵磁带音像库

（C）普通煤焦油　　　　　　　　　　　（D）木材仓库

解析：

选项A、D，参考《水喷雾灭火规范》1.0.3条。水喷雾灭火系统可用于扑救固体物质火灾、丙类液体火灾、饮料酒火灾和电气火灾（油浸式电力变压器室），并可用于可燃气体和甲、乙、丙类液体的生产、储存装置或装卸设施的防护冷却，故A、D正确。

选项C，参考《建规》3.1.1条条文说明。煤焦油闪点为65～100℃，故C正确。

选项B，参考《水喷雾灭火规范》1.0.4条。水喷雾灭火系统不得用于扑救……以及水雾会对保护对象造成明显损害的火灾，故B错误。参考《建规》8.3.9条。中央和省级广播电视中心内建筑面积不小于120m² 的音像制品库房，宜采用气体灭火系统，故B错误。

答案选【ACD】。

3.19　气　体　灭　火

——单选题——

3.19-1. 某建筑有 12 个应设置气体灭火系统保护的防护区。如采用组合分配系统，其最少设置的组合分配系统数量为下列哪项？【2020-2-29】

(A) 4　　　　　　　(B) 3　　　　　　　(C) 2　　　　　　　(D) 1

解析：

参考《气体灭火规范》3.1.4 条。两个或两个以上的防护区采用组合分配系统时，一个组合分配系统所保护的防护区不应超过 8 个，故 C 正确。

答案选【C】。

3.19-2. 某宾馆的配电机房内设置两套预制式七氟丙烷气体灭火系统装置，下列关于该装置的设计，哪项正确？【2022-2-32】

(A) 每套装置设自动控制和手动控制两种启动方式

(B) 每套装置应设置相同型号的气体喷嘴

(C) 每套装置的充压压力相同，均为 4.2MPa

(D) 每套装置均能自行探测火灾并自动启动

解析：

选项 A，参考《气体灭火规范》5.0.2 条。管网灭火系统应设自动控制、手动控制和机械应急操作三种启动方式。预制灭火系统应设自动控制和手动控制两种启动方式，故 A 正确。

选项 B，规范无此要求，故 B 错误。

选项 C，参考《气体灭火规范》6.0.8 条。防护区内设置的预制灭火系统的充压压力不应大于 2.5MPa，故 C 错误。

选项 D，参考《气体灭火规范》5.0.5 条。自动控制装置应在接到两个独立的火灾信号后才能启动；两个独立的火灾信号，如温感＋烟感。该装置不能自行探测火灾，探测火灾依靠的是火灾自动报警系统（探测器），故 D 错误。

答案选【A】。

——多选题——

3.19-3. 关于气体消防系统，以下描述正确的是哪几项？【2020-1-62】

(A) 对同样的火灾场所，七氟丙烷的灭火浓度小于 IG541 的灭火浓度

(B) IG541 灭火剂释放时，管网应进行减压

(C) 气体消防系统的储存容器可采用焊接容器或无缝容器

(D) 防护区内设置的预制灭火系统的充压压力不应大于 4.2MPa

解析：

选项 A，参考《气体灭火规范》附录 A。故 A 正确。

选项 B，参考《气体灭火规范》3.4.8 条第 3 款。灭火剂释放时，管网应进行减压，

故 B 正确。

选项 C，参考《气体灭火规范》4.2.2 条。增压压力为 2.5MPa 的储存容器宜采用焊接容器；增压压力为 4.2MPa 的储存容器，可采用焊接容器或无缝容器；增压压力为 5.6MPa 的储存容器，应采用无缝容器。并参考其 4.3.2 条。IG541 储存容器应采用无缝容器，故 C 错误。

选项 D，参考《气体灭火规范》6.0.8 条。防护区内设置的预制灭火系统的充压压力不应大于 2.5MPa，故 D 错误。

答案选【AB】。

3.19-4. 某省级高层广播电视中心，其内部以下哪些场所宜设置气体灭火系统？【2020-1-65】
(A) UPS 机房   (B) 锅炉房
(C) 柴油发电机房   (D) 200m² 的音像资料库

解析：

参考《建规》8.3.9 条。下列场所应设置自动灭火系统，并宜采用气体灭火系统：1) 国家、省级或人口超过 100 万人的城市广播电视发射塔内的微波机房、分米波机房、米波机房、变配电室和不间断电源（UPS）室；6) 中央和省级广播电视中心内建筑面积不小于 120m² 的音像制品库房，故 A、D 正确。

答案选【AD】。

3.19-5. 以下关于气体灭火系统的描述，哪些是正确的？【2021-1-63】
(A) 洁净气体灭火介质包括高低压二氧化碳、七氟丙烷、三氟甲烷、氮气、IG541、热气熔胶等灭火系统
(B) 七氟丙烷灭火系统用于固体表面火灾时灭火设计浓度不小于 7.54%
(C) IG541 灭火系统用于固体表面火灾时灭火设计浓度不小于 28.1%
(D) 有人工作防护区的灭火设计浓度，不应大于有毒性反应浓度

解析：

选项 A，参考《建水工程 2025》。按气体种类分类：氮气、七氟丙烷、三氟甲烷、混合气体（IG541）。二氧化碳不属于洁净气体范畴，热气溶胶除 S 型之外的型号灭火一般会产生残留物，也不属于洁净气体，故 A 错误。

选项 B，参考《气体灭火规范》3.3.1 条和 3.3.2 条。七氟丙烷灭火系统用于固体表面火灾灭火设计浓度为 5.8%×1.3=7.54%，故 B 正确。

选项 C，参考《气体灭火规范》3.4.1 条和 3.4.2 条。IG541 灭火系统用于固体表面火灾灭火设计浓度为 28.1%×1.3=36.53%，故 C 错误。

选项 D，参考《气体灭火规范》6.0.7 条。有人工作防护区的灭火设计浓度或实际使用浓度，不应大于有毒性反应浓度（LOAEL 浓度），该值应符合本规范附录 G 的规定，故 D 正确。

答案选【BD】。

3.19-6. 有关气体灭火系统组件和管道的叙述，下列哪几项错误？【2024-1-64】

（A）输送气体灭火剂的管道应采用无缝钢管

（B）组合分配系统启动时，选择阀应在容器阀开启后打开

（C）当保护对象属可燃液体时，喷头射流方向应朝向液体表面

（D）同一防护区设计为两套管网时，集流管和系统启动装置可分别设置

解析：

选项 A，参考《气体灭火规范》4.1.9 条第 1 款。输送气体灭火剂的管道应采用无缝钢管，故 A 正确。

选项 B，参考《气体灭火规范》5.0.9 条。组合分配系统启动时，选择阀应在容器阀开启前或同时打开，故 B 错误。

选项 C，参考《气体灭火规范》4.1.8 条。喷头的布置应满足喷放后气体灭火剂在防护区内均匀分布的要求。当保护对象属可燃液体时，喷头射流方向不应朝向液体表面，故 C 错误。

选项 D，参考《气体灭火规范》3.1.10 条。同一防护区，当设计两套或三套管网时，集流管可分别设置，系统启动装置必须共用，故 D 错误。

答案选【BCD】。

3.20　灭火器

——单选题——

下列哪类灭火剂不可用于扑救 E 类火灾？【2022-1-30】

（A）水喷雾　　　　　　　　　　　（B）氟蛋白泡沫

（C）七氟丙烷　　　　　　　　　　（D）磷酸铵盐干粉

解析：

选项 A，参考《水喷雾灭火规范》1.0.3 条。水喷雾灭火系统可用于扑救固体物质火灾、丙类液体火灾（闪点≥60℃）、饮料酒火灾和电气火灾，故 A 正确。

选项 B，参考《建筑灭火器配置设计规范》GB 50140—2005 中 4.2.5 条条文说明的表 3。机械泡沫灭火器和抗溶泡沫灭火器均不适用于 E 类火灾，故 B 错误。

答案选【B】。

3.21　其他系统

3.21.1　人民防空工程

——单选题——

3.21-1. 平时用途是 60 辆汽车库的地下室人防，设置室内消火栓和自动喷水灭火系统，下列配置的排水泵设计，哪项经济合理？（注：自喷设计流量为 30L/s，排水泵分两处设置，分别排出）【2020-2-30】

（A）4 用 4 备，每台 30m^3/h　　　　（B）2 用 2 备，每台 30m^3/h

（C）4 用 4 备，每台 36m^3/h　　　　（D）2 用 2 备，每台 36m^3/h

解析：

参考《汽车库灭火规范》。60辆车位Ⅲ类汽车库，室内消火栓设计流量10L/s，则室内消防设计流量为40L/s＝144m³/h，参考《人防防火规范》7.8.1条。一般消防排水量可按消防设计流量的80%计算，采用生活排水泵排放消防水时，可按双泵同时运行的排水方式设计，则消防排水流量为80%×40L/s＝115.2m³/h，需4台泵，每台流量28.8m³/h。

又参考《人防防火规范》7.8.2条。消防排水设施宜与生活排水设施合并设置，兼作消防排水的生活污水泵（含备用泵），总排水量应满足消防排水量的要求；并参考其条文说明。人防工程消防废水的排除，一般可通过地面明沟或消防排水管道排入工程生活污水集水池，再由生活污水泵（含备用泵）排至市政下水道。这样既简化排水系统，又节省设备投资。但在选择污水泵时，应平战结合。既应满足战时要求，又应满足平时污水、消防废水排水量的要求，则从经济合理的角度来说，备用泵可用于消防排水，故2用2备，每台流量30m³/h。

答案选【B】。

3.21-2. 地下人防工程内，下列哪个场所应设置自动喷火灭火系统？【2021-1-30】
(A) 建筑面积＞500m²的商店
(B) 营业面积＞500m²的餐饮场所
(C) 建筑面积＞500m²的餐饮厨房
(D) 餐厅营业面积＞500m²的餐饮厨房

解析：

参考《人防防火规范》7.2.3条。下列人防工程和部位应设置自动喷水灭火系统：5 建筑面积大于500m²的地下商店和展览厅，故A正确。

答案选【A】。

3.21-3. 下列关于消防系统设置的表述，哪一项正确？【2024-1-29】
(A) 建筑占地面积大于300m²的建筑应设置室外消火栓系统
(B) 建筑占地面积大于300m²的仓库应设置室内消火栓系统
(C) 建筑面积大于1000m²餐馆的烹饪部位应设自动灭火装置
(D) 建筑面积300m²平战结合的地下商店宜设自动喷水灭火系统

解析：

选项A，参考《建筑通规》8.1.5条。一、二级耐火等级且建筑体积不大于3000m³的戊类厂房可不设置室外消火栓，故A错误。

选项B，参考《建筑通规》8.1.7条。丁、戊类仓库可不设置，故B错误。

选项C，参考《建规》8.3.11条。餐厅建筑面积大于1000m²的餐馆或食堂，其烹饪操作间的排油烟罩及烹饪部位应设置自动灭火装置；"餐厅建筑面积"并非总建筑面积，故C错误。

选项D，参考《人防防火规范》7.2.2条。下列人防工程和部位宜设置自动喷水灭火系统：1）建筑面积大于100m²，且小于或等于500m²的地下商店和展览厅，故D正确。

答案选【D】。

3.21-4. 下列关于消防设施设置的表述，哪一项正确？【2024-2-29】

(A) 平战结合的自行车库应设水泵接合器

(B) 酚醛泡沫塑料高架仓库应设自动喷水灭火系统

(C) 建筑高度 21m 职工公寓可不设室内消火栓系统

(D) 1500 个座位的乙等剧场葡萄架下部应采用雨淋灭火系统

解析：

选项 A，参考《人防防火规范》7.3.2 条。自行车库室内消火栓的最大流量为 10L/s。7.5.1 条。当人防工程内消防用水总量大于 10L/s 时，应在人防工程外设置水泵接合器，并应设置室外消火栓，故 A 错误。

选项 B，酚醛泡沫塑料属于丁类火灾危险性，参考《建筑通规》8.1.8 条第 12 款。其他丙、丁类地上高架仓库应设置自动灭火系统，故 B 正确。

选项 C，参考《建筑通规》8.1.7 条第 6 款。建筑高度大于 15m 的办公建筑、教学建筑及其他单、多层民用建筑应设置室内消火栓系统，故 C 错误。

选项 D，参考《建筑通规》8.1.11 条第 6 款。座位数大于 1500 个的乙等剧场的舞台葡萄架下部应设置雨淋灭火系统，故 D 错误。

答案选【B】

3.21-5. 设有消防给水系统的人防工程，下列哪一项正确？【2024-2-31】

(A) 消防用水总量应为室内、室外消防用水量之和

(B) 消防水池必须设置在人防工程之外

(C) 室内消火栓应同时设置消防软管卷盘

(D) 消防排水设施必须满足全部消防设计流量

解析：

参考《人防防火规范》：

选项 A，参考 7.3.1 条。设置室内消火栓、自动喷水等灭火设备的人防工程，其消防用水量应按需要"同时开启"的上述设备用水量之和计算，故 A 错误。

选项 B，参考 7.4.2 条。消防水池可设置在人防工程内，也可设置在人防工程外，严寒和寒冷地区的室外消防水池应有防冻措施，故 B 错误。

选项 C，参考 7.6.2 条第 6 款。室内消火栓处应同时设置消防软管卷盘，故 C 正确。

选项 D，参考 7.8.1 条条文说明。一般消防排水量可按消防设计流量的 80% 计算，故 D 错误。

答案选【C】。

——多选题——

3.21-6. 某人员掩蔽工程设有 2 个防护单元，掩蔽人员 1100 人，设开水间 2 个，清洁区内设饮用水箱。下列哪些选项与确定本工程饮用水箱总有效容积有关？【2020-2-60】

(A) 掩蔽人员数量　　　　　　　　(B) 防护单元数量

(C) 贮水时间　　　　　　　　　　(D) 开水供水量标准

解析:

参考《人防设计规范》6.2.4条。需供应开水的防空地下室,开水供水量标准为1~2L/(人·d),其水量已计入在饮用水量中,并参考6.2.6条。在防空地下室的清洁区内,每个防护单元均应设置生活用水、饮用水贮水池(箱)。贮水池(箱)的有效容积应根据防空地下室战时的掩蔽人员数量、战时用水量标准及贮水时间计算确定,故A、C正确。

答案选【AC】。

3.21-7. 单建地道式建筑面积2000m²的人防工程,平时用途是戊类物品库房,根据此叙述条件判定以下关于其设置消防设施的描述,正确的是哪几项?【2020-2-62】

(A) 应设置室内消火栓
(B) 应设置自动喷水灭火系统
(C) 应设置消防水池
(D) 火灾延续时间按1h计算

解析:

选项A,参考《人防防火规范》7.2.1条。下列人防工程和部位应设置室内消火栓:1 建筑面积大于300m²的人防工程,故A正确。

选项B,参考《人防防火规范》7.2.3条。下列人防工程和部位应设置自动喷水灭火系统:1 除丁、戊类物品库房和自行车库外,建筑面积大于500m²丙类库房和其他建筑面积大于1000m²的人防工程,故B错误。

选项C,参考《人防防火规范》7.4.1条。具有下列情况之一者应设置消防水池:1 市政给水管道、水源井或天然水源不能满足消防用水量;2 市政给水管道为枝状或人防工程只有一条进水管,根据题意并未交代存在上述两种情况,故C错误。

选项D,参考《人防防火规范》7.4.2条。建筑面积小于3000m²的单建掘开式、坑道、地道人防工程消火栓灭火系统火灾延续时间应按1.00h计算,故D正确。

答案选【AD】。

3.21-8. 建筑面积200m²的(平战结合)人防工程,下列功能场所平时可不设置消火栓给水设施的是哪几项?【2022-1-65】

(A) 地下商场
(B) 地下展厅
(C) 地下影院
(D) 地下健身房

解析:

参考《人防防火规范》7.2.1条第2款。只有地下影院应设室内消火栓;而其他选项均为>300m²才设置室内消火栓。

答案选【ABD】。

3.21.2 泡沫灭火

——单选题——

3.21-9. 在设计流量范围内,泡沫液泵的供给压力与最大水压力之间的关系是下列哪项?【2021-2-32】

(A) 供给压力小于最大水压力
(B) 供给压力等于最大水压力
(C) 供给压力大于最大水压力
(D) 供给压力与最大水压力无关

解析：

参考《泡沫灭火标准》3.3.2 条第 1 款。泡沫液泵的工作压力和流量应满足系统最大设计要求，并应与所选比例混合装置的工作压力范围和流量范围相匹配，同时应保证在设计流量范围内泡沫液供给压力大于最大水压力，故 C 正确。

答案选【C】。

——多选题——

3.21-10. 某化工厂非水溶性甲类液体储罐采用低倍数泡沫灭火系统，采用液下喷射系统，其喷射装置采用非吸气型，不可采用以下哪几类泡沫液？【2021-1-65】

（A）蛋白　　　　　　　　　　　（B）氟蛋白

（C）成膜氟蛋白　　　　　　　　（D）水成膜

解析：

参考《泡沫灭火标准》3.2.2 条第 2 款。当采用非吸气型喷射装置时，应选用 3‰型水成膜泡沫液，故 A、B、C 错误。

答案选【ABC】。

3.21-11. 关于闭式泡沫-水喷淋灭火系统的设计，下列哪几项不正确？【2023-1-64】

（A）系统采用泡沫喷头

（B）系统的保护面积可按试验值确定

（C）净空高度 10m 的油罐库优先采用闭式泡沫-水喷淋系统

（D）一个喷头在最大保护面积下的出水量不小于 1.3L/s

解析：

《泡沫灭火标准》6.3.7 条。喷头的选用应符合下列规定：1）应选用闭式洒水喷头（A 错误）。6.3.4 条。闭式泡沫-水喷淋系统的作用面积应符合下列规定：1）系统的作用面积应为 465m²；2）当防护区面积小于 465m² 时，可按防护区实际面积确定；3）当试验值不同于本条第 1 款、第 2 款规定时，可采用试验值（B 正确）。6.3.5 条。闭式泡沫-水喷淋系统的供给强度不应小于 6.5L/(min·m²)。6.3.8 条。3）每个喷头的保护面积不应大于 12m²；综合计算一个喷头在最大保护面积下的出水量不小于 6.5×12/60＝1.3L/s（D 正确）。

答案选【AC】。

3.21.3　自动跟踪射流

——单选题——

3.21-12. 某高层酒店中庭净高超过 18m，设置自动跟踪定位喷射型射流灭火系统，下列描述哪项是错误的？【2022-2-30】

（A）最小安装高度不低于 8m

（B）单台灭火装置流量不应小于 5L/s

（C）自动控制状态下最多有两台自动开启射流灭火

（D）启动后当系统探测不到火源时，连续射流不少于 5min

解析：

参考《自动跟踪定位灭火标准》4.2.3条。喷射型自动射流灭火系统用于扑救轻危险级场所火灾时，单台灭火装置的流量不应小于 5L/s；用于扑救中危险级场所火灾时，单台灭火装置的流量不应小于 10L/s。本题的高层酒店属于中危险级Ⅰ级，故 B 错误。

答案选【B】。

——多选题——

3.21-13. 自动跟踪定位射流灭火系统可用于下列哪些场所？【2022-2-62】

（A）净空高度 8m、货品高度 3.6m 的超市

（B）净空高度 13m 的服装加工生产车间

（C）净空高度 18m 的体育馆

（D）高架仓库货架区

解析：

选项 A，参考《自动跟踪定位灭火标准》3.1.1条。自动跟踪定位射流灭火系统可用于扑救民用建筑和丙类生产车间、丙类库房中，火灾类别为 A 类的下列场所：1）净空高度大于 12m 的高大空间场所；2）净空高度大于 8m 且不大于 12m，难以设置自动喷水灭火系统的高大空间场所，故 A 错误。

选项 D，参考《自动跟踪定位灭火标准》3.1.2条。自动跟踪定位射流灭火系统不应用于下列场所：5）高架仓库的货架区域，故 D 错误。

答案选【BC】。

3.21.4 细水雾

——单选题——

3.21-14. 以下哪项是既可以采用水喷雾灭火系统又可以采用细水雾灭火系统灭火？【2021-1-29】

（A）燃气锅炉房   （B）活泼金属加工车间

（C）白兰地酒厂储罐区   （D）柴油发电机房及日用油箱

解析：

参考《水喷雾灭火规范》1.0.3条。水喷雾灭火系统可用于扑救固体物质火灾、丙类液体火灾、饮料酒火灾和电气火灾，并可用于可燃气体和甲、乙、丙类液体的生产、储存装置或装卸设施的防护冷却。另参考《建水工程 2025》，1）电子数据处理机房、电信机房、控制室等电气设备场所；2）喷漆车间、柴油发电机等可燃液体使用或临时贮存场所；3）博物馆、档案库等可燃固体场所；综上可知，柴油发电机房及日用油箱既可以采用水喷雾又可以采用细水雾灭火，故 D 正确。

本题也可以直接参考《建规》8.3.8条。设置在室内的油浸变压器、充可燃油的高压电容器和多油开关室，宜采用水喷雾灭火系统，可采用细水雾灭火系统，故 D 正确。

选项 C，白兰地酒厂储罐区需要进行冷却，冷却只能采用水喷雾，不能使用细水雾，故 C 错误。

答案选【D】。

3.21-15. 与采用气体灭火系统相比，以下哪个场所更适合采用高压细水雾灭火系统？【2021-2-29】

(A) 博物馆珍品库房

(B) 大区中心长途程控交换机房

(C) 特级、甲级档案馆中的特藏库和非纸质档案库房

(D) 某省级电力调度中心，控制大厅，屏前面积 $785m^2$，大厅净高 7m

解析：

参考《气体灭火规范》3.1.12 条第 1 款。最大保护高度不宜大于 6.5m；故 D 不适合采用气体灭火系统，而更适合采用高压细水雾。本题也可以参考《建规》8.3.9 条注 1 来作答。

答案选【D】。

3.21-16. 对于医院 CT 检查室，下列哪种消防系统是不适用的？【2022-1-29】

(A) 消火栓系统　　　　　　　　　(B) 自动喷水灭火系统

(C) 气体灭火系统　　　　　　　　(D) 高压细水雾灭火系统

解析：

参考《建规》8.3.9 条。CT 检查室属于"其他特殊重要设备室"。8.3.9 条的注：1) 本条第 1、4、5、8 款规定的部位，可采用细水雾灭火系统。即气体灭火系统和高压细水雾灭火系统均可。消火栓系统属于通用型灭火设施。故 B 正确。

答案选【B】。

——多选题——

3.21-17. 某省级档案的非密集柜和密集柜存储的档案库均采用细水雾灭火系统，下列设计哪几项正确？【2023-2-63】

(A) 非密集柜档案库选择响应时间指数 $RTI \leq 50 (m \cdot s)^{0.5}$ 的喷头

(B) 密集柜档案库最不利喷头的最低设计工作压力为 1.20MPa

(C) 瓶组系统的水质满足《生活饮用水卫生标准》GB 5749—2022 的规定

(D) 非密集柜档案库系统的设计持续喷雾时间为 30min

解析：

选项 A，参考《细水雾灭火规范》3.2.1 条第 3 款。故 A 正确。

选项 B，参考《细水雾灭火规范》3.4.1 条。喷头的最低设计工作压力不应小于 1.20MPa。虽然 3.4.4 条的表格中写的是 >1.2MPa，但结合 3.4.1 条理解为 $\geq$ 1.2MPa，故 B 正确。

选项 C，参考《细水雾灭火规范》3.5.1 条第 2 款。瓶组系统的水质不应低于现行国家标准《食品安全国家标准　包装饮用水》GB 19298—2014 的有关规定，故 C 错误。

选项 D，参考《细水雾灭火规范》3.4.9 条。用于保护电子信息系统机房、配电室等电子、电气设备间，图书库、资料库、档案库，文物库，电缆隧道和电缆夹层等场所时，系统的设计持续喷雾时间不应小于 30min，故 D 正确。

答案选【ABD】。

3.21.5 城市交通隧道

——单选题——

3.21-18. 关于灭火设置场所的火灾危险性分类或等级，以下哪种说法正确？【2020-2-31】

(A) 仓库火灾应根据储存物品的性质及数量等因素，可分为甲、乙、丙、丁类

(B) 民用建筑自动喷水灭火系统设置场所分为轻危险级、中危险级

(C) 城市交通隧道分类与其封闭段长度无关

(D) 厂房应根据生产中使用或产生的物质性质及数量等因素，可分为甲、乙、丙、丁、戊类

解析：

选项 A，参考《建规》表 3.1.3。仓库分为甲乙丙丁戊类，故 A 错误。

选项 B，参考《喷规》附录 A。民用建筑分为轻危险级、中危险级 I 级、中危险级 II 级、严重危险级 I 级、严重危险级 II 级，故 B 错误。

选项 C，参考《建规》表 12.1.2。隧道分类和隧道封闭段长度有关，故 C 错误。

选项 D，参考《建规》表 3.1.1。厂房分为甲乙丙丁戊类，故 D 正确。

答案选【D】。

3.21-19. 复杂地形中的几个建筑群，其交通组织由两条隧道 A 和 B 贯通，A 和 B 分别长 1200m，800m，其中 A 仅可通行客运通勤车，B 为非机动车及人行隧道，A 和 B 隧道内消火栓用水量分别为下列哪项？【2021-2-31】

(A) 15L/s，10L/s
(B) 20L/s，0L/s

(C) 10L/s，20L/s
(D) 10L/s，0L/s

解析：

参考《建规》表 12.1.2。隧道 A 属于三类隧道，隧道 B 属于四类隧道。参考《建规》12.2.1 条。四类隧道和行人或通行非机动车辆的三类隧道，可不设置消防给水系统，故 B 隧道内消防用水量 0L/s。参考《消规》表 3.5.5，A 隧道内消防用水量 20L/s，故 B 正确。

答案选【B】。

——多选题——

3.21-20. 封闭段长度 1km 且可双向通行危险化学品等机动车的城市交通隧道，隧道内消防给水系统独立设置，以下设计中哪几项不正确？【2023-2-64】

(A) 隧道出入口处分别设置消防水泵接合器和室外消火栓各 1 个

(B) 消火栓双面间隔按 50m 间距设置并配置消防软管卷盘

(C) 消防水泵保证水泵出水口处供水压力为 0.30MPa

(D) 隧道内消防给水系统的消防水枪充实水柱为 7m

解析：

参考《建规》12.1.2 条。该隧道为二类隧道。

选项 A，室外消火栓设计流量为 30L/s，室内消火栓设计流量为 20L/s，故消防水泵接合器和室外消火栓均不应少于 2 个，故 A 错误。

选项 B，参考《消规》7.4.16 条第 4 款。消火栓的间距不应大于 50m，双向同行车道或单行通行当大于 3 车道时，应双面间隔设置，故 B 正确。

选项 C，参考《消规》7.4.16 条第 2 款。管道内的消防供水压力应保证用水量达到最大时，最低压力不应小于 0.30MPa。本题"水泵出水口处"表达错误，故 C 错误。

选项 D，参考《建规》12.1.2 条第 6 款。消防水枪充实水柱≥10m，故 D 错误。

答案选【ACD】。

3.21.6　汽车库

——多选题——

3.21-21. 5 层敞开式多层汽车库，停车 230 辆。关于该车库消防给水系统设计，下列哪几项描述正确?【2024-1-63】

（A）不设消防水泵接合器

（B）应设室内外消火栓系统

（C）室内消火栓充实水柱不小于 10m

（D）同层相邻室内消火栓间距不应大于 50m

解析：

参考《汽车库防火规范》该车库为Ⅱ类停车库。

选项 A，7.1.12 条。4 层以上的多层汽车库、高层汽车库和地下、半地下汽车库，其室内消防给水管网应设置水泵接合器，故 A 错误。

选项 B，7.1.1 条。汽车库、修车库、停车场应设置消防给水系统，排除 7.1.2 条的情况，故 B 正确。

选项 C，7.1.9 条。室内消火栓水枪的充实水柱不应小于 10m，故 C 正确。

选项 D，7.1.9 条。同层相邻室内消火栓的间距不应大于 50m，高层汽车库和地下汽车库、半地下汽车库室内消火栓的间距不应大于 30m，故 D 正确。

答案选【BCD】。

第 2 篇　专业案例题

第 4 章　给水工程专业案例题

本章知识点题目分布统计表

小节	考点名称		2020～2024 年题目统计	
			题目数量	比例
4.1	给水系统流量关系计算	4.1.1　总用水量的计算	4	5.33%
		4.1.2　给水系统各构筑物流量变化	3	4.00%
		4.1.3　给水系统各构筑物的设计流量	2	2.67%
		小计	9	12.00%
4.2	水力计算基础		5	6.67%
4.3	枝状网水力计算		5	6.67%
4.4	环状网水力计算		2	2.67%
4.5	输水管渠计算	4.5.1　事故流量计算问题	1	1.33%
		4.5.2　输水能力计算	1	1.33%
		小计	2	2.67%
4.6	分区给水系统计算		2	2.67%
4.7	地下取水构筑物计算	4.7.1　管井	2	2.67%
		4.7.2　大口井	1	1.33%
		4.7.3　渗渠	1	1.33%
		小计	4	5.33%
4.8	地表水取水构筑物计算	4.8.1　格栅格网进水孔计算	3	4.00%
		4.8.2　进水管计算	2	2.67%
		小计	5	6.67%
4.9	给水泵站专题		5	6.67%
4.10	关于混凝的计算	4.10.1　混凝速度梯度 G 值的计算	3	4.00%
		4.10.2　混凝剂储存与投加	2	2.67%
		小计	5	6.67%
4.11	沉淀池、澄清池和气浮	4.11.1　临界沉速和沉淀效率计算	3	4.00%
		4.11.2　沉淀池的设计计算	4	5.33%
		4.11.3　澄清池和气浮池问题	2	2.67%
		小计	9	12.00%

小节	考点名称		2020~2024年题目统计	
			题目数量	比例
4.12	关于滤池的计算	4.12.1 滤料相关计算	1	1.33%
		4.12.2 配水均匀性、冲洗水头损失等相关计算	3	4.00%
		4.12.3 滤池反洗滤速、强制滤速、分格等有关计算	4	5.33%
		小计	8	10.67%
4.13	城市给水处理工艺系统和水厂设计		2	2.67%
4.14	与离子交换有关的专题		6	8.00%
4.15	冷却塔设计计算	4.15.1 冷却塔效率计算	3	4.00%
		4.15.2 有关冷却塔的计算	1	1.33%
		小计	4	5.33%
4.16	循环冷却水处理相关计算		2	2.67%
	合计		75	100%（四舍五入）

4.1 给水系统流量关系计算

4.1.1 总用水量的计算

4.1-1. 某城市规划设计最高日的各用水量分别为：综合生活用水量 $78000m^3$，工业用水量 $66000m^3$，绿地和道路浇洒用水量 $8000m^3$，消防用水量 $2160m^3$，未预见用水量 $14500m^3$，该城市规划设计的最高日供水量是多少（m^3/d）？【2020-3-1】

(A) 183860　　　(B) 181700　　　(C) 166500　　　(D) 167200

解析：

消防用水量不计入设计供水量之中，漏损率根据《给水标准》取 10%：

$(78000+66000+8000)\times1.1+14500=181700m^3/d$。

答案选【B】。

4.1-2. 某城镇设计人口 20 万人，用水普及率以 100% 计，取最高日综合生活用水定额为 $300L/(人\cdot d)$，工业企业用水量与综合生活用水量比例为 $1:4$，浇洒市政道路、广场和绿地用水、管网漏失水量及未预见水量合计按综合生活及工业用水量之和的 25% 考虑，城市消防按同一时间 2 起火灾考虑，1 起灭火流量 $45L/s$，火灾延续时间按 $2h$ 计。水厂的设计规模（m^3/d）为下列哪项？【2021-4-1】

(A) 94398　　　(B) 100000　　　(C) 93750　　　(D) 100648

解析：

$200000\times(300/1000)\times(1+1/4)\times(1+25\%)=93750m^3/d$。

答案选【C】。

4.1-3. 某城镇设计年限内人口 10 万人，用水普及率以 96％计，取最高日综合生活用水定额为 250L/（人·d），城镇综合生活用水量与工业企业用水量比为 4∶1，浇洒市政道路、广场、绿地用水和管网漏失水量及未预见水量合计按综合生活及工业用水量之和的 30％考虑，消防水量按 1000m³/d 考虑，则水厂设计规模的计算值为下列哪一项（m³/d）？【2023-3-1】

(A) 406252　　　　(B) 41625　　　　(C) 39000　　　　(D) 40000

解析：

$100000 \times 96\% \times (250 \div 1000) \times (1 + 1/4) \times (1 + 30\%) = 39000(\text{m}^3/\text{d})$。

答案选【C】。

4.1-4. 广西壮族自治区某市，规划再生水规模为 $2 \times 10^4 \text{m}^3/\text{d}$（工业企业用水 $1 \times 10^4 \text{m}^3/\text{d}$，城市景观水体补水 $1 \times 10^4 \text{m}^3/\text{d}$），规划供水人口 30 万人。给水规划拟设一座自来水厂，拟根据城市综合用水量指标法确定该自来水厂规模，若用水量指标取《城市给水工程规划规范》GB 50282—2016 规定的下限值，则该自来水厂供水规模为下列哪一项（m³/d）？【2024-3-1】

(A) 7×10^4　　(B) 8×10^4　　(C) 9×10^4　　(D) 10×10^4

解析：

① 参考《给水工程 2025》P17 表 1-7，该城市为一区Ⅰ类小城市，其定额下限 0.30 万 $\text{m}^3/(万人·\text{d})$。

② 再生水中工业企业用水量属于自来水厂规模的一份子，城市景观水体补水不属于自来水厂规模的一份子。

③ $0.3 \times 10^4 \times 30 - 1 \times 10^4 = 8 \times 10^4$。

答案选【B】。

4.1.2　给水系统各构筑物流量变化

4.1-5. 某城镇水厂规模 25000m³/d，送水泵房原设计最大供水量为 1300m³/h，因高峰时期部分地区有水压及水量不足的问题，故在管网系统中增设了调节水池泵站。在用水高峰时，调节水池进水量为 50m³/h，调节水池泵站向供水管网系统供水 250m³/h，则本管网系统供水时变化系数为下列哪项？【2021-3-1】

(A) 1.536　　　　(B) 1.44　　　　(C) 1.488　　　　(D) 1.248

解析：

$Q_\text{h} = 1300 + 250 - 50 = 1500$；

$K_\text{h} = 1500/(25000/24) = 1.44$。

答案选【B】。

4.1-6. 某城镇给水系统采用统一供水，设置高位水池。给水系统中唯一的自来水厂设计处理水量为 21 万 m³/d，自用水量是 5％。最高日最高时：二泵站供水量 8500m³/h，高位水池供水量 2000m³/h，工业企业用水量 1500m³/h，消防用水量 1080m³/h。时变化系数 K_h 为以下哪一项？【2022-3-1】

(A) 1.57　　　　(B) 1.44　　　　(C) 1.39　　　　(D) 1.26

解析：

$K_h = Q_h \div (Q_d \div 24) = (8500 + 2000) \div [210000 \div (1 + 5\%) \div 24] = 1.26$。

答案选【D】。

4.1-7. 某城镇最高日各时段综合生活用水量、工业企业用水量见下表，消防用水量为 $324m^3/h$（火灾延续时间 3h），其他用水的各时段用水量按综合生活用水量与工业企业用水量之和的 30% 考虑，则该城镇用水时变化系数为下列哪一项？【2024-4-1】

时段	0:00~5:00	5:00~11:00	11:00~14:00	14:00~17:00
综合生活用水量（m^3/h）	400	600	800	600
工业企业用水量（m^3/h）	200	200	400	200

时段	17:00~20:00	20:00~23:00	23:00~24:00	
综合生活用水量（m^3/h）	800	600	400	
工业企业用水量（m^3/h）	400	200	200	

(A) 1.33　　　　(B) 1.41　　　　(C) 1.60　　　　(D) 1.64

解析：

① $Q_d = \sum$（各时段综合生活用水量＋工业企业用水量）$\times (1 + 30\%) = 26520m^3/d$。

② $Q_h = 1200 \times 1.3$。

③ $K_h = Q_h \div (Q_d/24) = 1.41$。

答案选【B】。

4.1.3　给水系统各构筑物的设计流量

4.1-8. 某城市给水系统规划设计最高日供水量 $100000m^3/d$，采用统一供水系统。用户用水量时变化系数 1.5，管网中没有设置调节构筑物。原水输水管漏损水量为给水系统设计规模的 3%，水厂自用水为给水系统设计规模的 5%，管网漏损水量为给水系统设计规模的 10%。问二泵站设计流量比取水泵站设计流量大多少（m^3/h）？【2020-4-1】

(A) 2687.5　　　　(B) 2375.0　　　　(C) 1750.0　　　　(D) 1333.3

解析：

$100000 \div 24 \times 1.5 - 100000 \div 24 \times (1 + 3\% + 5\%) = 1750m^3/h$。

答案选【C】。

4.1-9. 某配水管网系统如图所示，A 为送水泵站、D 为高位水池。系统最高日供水量为 $60000m^3/d$，时变化系数 $K_h = 1.25$。在管网最高日最高时用水和高位水池最大转输时，若送水泵站供水量分别为最高日平均时流量的 100% 和 90%，同时向高位水池最大转输时的管网用水量为最高日平均时用水量的 55%。输水管道流速取

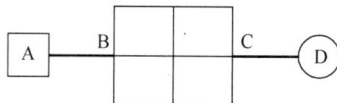

1.2m/s，则图中 C-D 管段的设计计算管径宜为下列哪一项？【2022-3-2】

(A) 429mm　　　(B) 508mm　　　(C) 576mm　　　(D) 718mm

解析：

① 管网高日高时工况时，C-D 管段的流量 $Q_1 = 60000 \div 24 \times 1.25 - 60000 \div 24 = 625(\text{m}^3/\text{h})$。

② 高位水池最大转输工况时，C-D 管段的流量 $Q_2 = 60000 \div 24 \times 90\% - 60000 \div 24 \times 55\% = 875(\text{m}^3/\text{h})$，故以 Q_2 作为设计流量。

③ C-D 的设计计算管径 $= [Q_2 \div 0.25 \div \pi \div v]^{0.5} = 0.508(\text{m})$。

答案选【B】。

4.2　水力计算基础

4.2-1. 某管网用水区域简化为一等腰梯形（图中阴影部分），在梯形的四条边及左右对称中线敷设供水管道（AB 和 DC 管长如图所示），向区域内供水，其中在梯形四条边敷设的供水管线向阴影区域单侧供水。区域内总用水量为 50L/s。问 F 点的节点流量（L/s）最接近以下哪项？【2020-4-3】

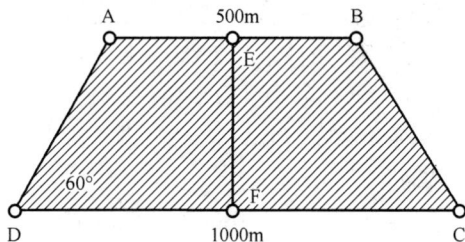

(A) 12.18　　　　(B) 13.86

(C) 24.36　　　　(D) 27.71

解析：

利用几何关系解得，AB=500，CD=1000，AD=500，BC=500，EF=433；

$q_s = 50/[0.5 \times (500+500+500+1000)+433]$；

$q_F = 0.5 \times [(0.5 \times 1000+433) \times q_s] = 13.86(\text{L/s})$。

答案选【B】。

4.2-2. 某高地水库通过 M 管和 N 管并联向水厂输水，两管均为水泥砂浆内衬的钢管，$n=0.013$，沿输水方向，M 管由管径分别为 $DN600$ 和 $DN500$，长度分别为 900m 和 700m 的管段组成。N 管由管径分别为 $DN700$ 和 $DN500$，长度分别为 1000m 和 400m 的管段组成。当输水总量为 1650m³/h 时，N 管的输水流量为下列哪项？（不计局部水头损失）【2021-3-2】

(A) 0.214m³/s　　　　　　(B) 0.247m³/s

(C) 0.264m³/s　　　　　　(D) 0.386m³/s

解析：

$S_M = 10.2936 \times 0.013^2 \times 900/0.6^{5.33} + 10.2936 \times 0.013^2 \times 700/0.5^{5.33} = 72.814$，

$S_N = 10.2936 \times 0.013^2 \times 1000/0.7^{5.33} + 10.2936 \times 0.013^2 \times 400/0.5^{5.33} = 39.634$，

代入当量摩阻公式可得 $S_D = 13.124$；

由 $S_D \cdot Q_D^2 = S_N \cdot Q_N^2$，解得 $Q_N = 0.264\text{m}^3/\text{s}$。

答案选【C】。

4.2-3. 某压力矩形混凝土输水顺直暗渠内净尺寸为 1.80m×2.20m，$n=0.0145$，因年久失修，拟原位置换为一根内涂水泥砂浆的钢管，$n=0.013$，在暗渠和钢管水力坡降值和输水量相同的条件下，新设管道管径的计算值约为下列哪项？（不计局部水头损失）【2021-3-3】

(A) 1.98m   (B) 2.09m   (C) 2.25m   (D) 2.55m

解析：

由流量 $Q=A \cdot v$，水力半径 $R=A/\chi$，代入后有：

$(1.8 \times 2.2) \times (1/0.0145) \cdot i^{0.5} \cdot [1.8 \times 2.2/(1.8 \times 2+2.2 \times 2)]^{2/3} = (\pi D^2/4) \cdot (1/0.013) \cdot i^{0.5} \cdot (D/4)^{2/3}$

解得 $D=2.09$m。

答案选【B】。

4.2-4. 现有内径分别为 1200mm 和 1000mm 的混凝土管道平行敷设，并联等距输水。由于年久失修，拟将上述管道更换成单根内净宽高比为 1:1.2 的矩形钢筋混凝土渠道。在满管流输水条件下，如维持输水水力坡降和输水水量不变时，则新设水渠的计算断面积（m²）宜为下列哪项？（n 取值 0.014，不计局部水头损失）【2023-3-2】

(A) 0.96   (B) 1.13   (C) 1.73   (D) 1.91

解析：

① 设 1200mm、1000mm 混凝土管道和矩形渠道的流量分别为 Q_1、Q_2 和 Q_3。

② 设矩形渠道的净宽为 B，则由题意其净高为 $1.2B$。

③ 以 D_1 表示 1200mm、D_2 表示 1000mm 方便列式。

④ 由题意 $Q_1+Q_2=Q_3$ 建立等式，各 Q 均等于过水面积乘以流速：

$0.25 \times \pi D_1^2 \times (1/n) \times i^{0.5} \times (0.25D_1)^{2/3} + 0.25 \times \pi D_2^2 \times (1/n) \times i^{0.5} \times (0.25D_2)^{2/3}$
$= (B \times 1.2B) \times (1/n) \times i^{0.5} \times [B \times 1.2B \div (2B+2.4B)]^{2/3}$。

⑤ 由前式解得 $B=1.1986$，则矩形渠道面积 $=1.2 \times 1.1986^2 =1.724$。

答案选【C】。

4.2-5. 配水管网简化后如图所示，其中管段 9-5 穿越无配水、全部为绿地的地块 Ⅰ 和地块 Ⅱ。最高日最高时，自节点 1 由泵站供水 100L/s、自节点 2 由外部管道输入水量 50L/s，节点 10 有大用户的集中流量 20L/s。按比流量法，试问节点 10 的节点流量总计为多少（L/s）？【2024-3-2】

(A) 32.0   (B) 33.2

(C) 37.8   (D) 40.7

解析：

① 比流量 $q_s = (100+50-20) \div (1100+$

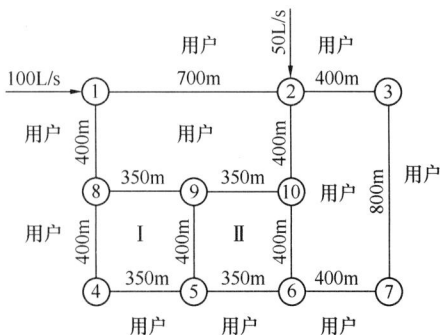

$1600+350+400+350+400)=0.031$。

②节点流量 $q_{10}=q_{\mathrm{s}}\times(175+200+400)\times0.5+20=32(\mathrm{L/s})$。

答案选【A】。

4.3　枝状网水力计算

4.3.1　水压标高计算

4.3-1. 某城市采用统一供水，供水管网中没有设置调节构筑物。平时最高供水时，从二级泵站到管网控制点的总水头损失 16.5m，管网控制点的地形标高比二级泵站吸水井最低水位高 1.5m。消防时，二级泵站水泵扬程 35.2m，从二级泵站到管网控制点的总水头损失较最高供水时增加了 6.3m。假设消防时管网控制点的地形标高与二级泵站吸水井水位的高差与最高供水时相同。问消防时管网控制点的服务水头是多少米水柱？【2020-4-2】

(A) 10.9　　　　(B) 12.4　　　　(C) 17.2　　　　(D) 18.7

解析：

$35.2-1.5-(16.5+6.3)=10.9(\mathrm{m})$。

答案选【A】。

4.3-2. 某城市输配水管网系统如图所示，管网由两个送水泵站供水。送水泵站 P1 的泵特性曲线为 $H=50-100Q^2$（Q 以 $\mathrm{m^3/s}$ 计）、供水流量 $0.25\mathrm{m^3/s}$ 时，吸水井水位标高 Z_1；送水泵站 P2 的泵特性曲线为 $H=45-81.25Q^2$（Q 以 $\mathrm{m^3/s}$ 计）、供水流量 $0.20\mathrm{m^3/s}$ 时，吸水井水位标高为 Z_2。此时，管网供水处于稳定状态，并且节点 C 位于两个泵站的供水分界线上。已知水头损失 $h_{\mathrm{P1\text{-}A\text{-}B\text{-}C}}=9\mathrm{m}$，$h_{\mathrm{P2\text{-}D\text{-}C}}=6\mathrm{m}$。若不考虑泵站内部水头损失，则此时两个泵站吸水井水位差（Z_1-Z_2）为下列哪一项？【2022-3-3】

(A) 6.0m　　　　(B) 3.0m

(C) 1.0m　　　　(D) −2.0m

解析：

由 C 点两侧的水压标高平衡建立等式：$Z_1+(50-100\times0.25^2)-9=Z_2+(45-81.25\times0.2^2)-6$；

解得 $Z_1-Z_2=1$。

答案选【C】。

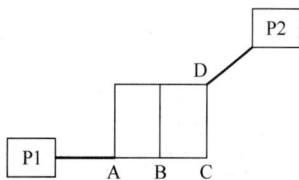

4.3-3. 某城镇统一供水系统中，唯一一座自来水厂的规模为 10 万 $\mathrm{m^3/d}$，供水系统管网前设置了面积为 $1200\mathrm{m^2}$、有效容积 $4800\mathrm{m^3}$ 的矩形高位水池，二级泵站设计扬程为 56.0m。新的城市规划要求取消管网前的高位水池，对此，进行了清水池的扩容，扩容后的清水池容积满足取消高位水池后新的调节容积要求，并且最低水位不变。但是，取消高位水池后，最高日最高时二级泵站到供水管网的输水管的水头损失与水泵吸水管等泵站内总水头损失，分别增加了 2.3m 和 0.7m。问：在控制点要求的最小自由水头不变的条件下，取消高位水池后，二级泵站的复核计算扬程是下列哪一项？【2022-4-1】

(A) 59.0m (B) 55.0m (C) 54.3m (D) 52.7m

解析:

① 水池有效水深 $H_0 = 4800 \div 1200 = 4$ (m)。

② 有高位水池时的 $H_{p1} = H_0 + [Z_C + H_C + \Delta h_{管网} + \Delta h_{清输} + \Delta h_{吸} - Z_{清}] = 56$(m)。

③ 取消高位水池后,$H_{p2} = [Z_C + H_C + \Delta h_{管网} + (\Delta h_{清输} + 2.3) + (\Delta h_{吸} + 0.7) - Z_{清}]$

$= 56 - 4 + (2.3 + 0.7) = 55$(m)。

答案选【B】。

4.3-4. 某水泵加压输水系统如图所示,若在设计流量时水泵吸水管与出水管管道 AB 的水头损失为 $h_{AB} = 3$m,BC 段水头损失 $h_{BC} = 10$m,CD 段水头损失 $h_{CD} = 5$m,水池进水所需安全水头不小于 2m。作为选泵的依据,对应设计流量时水泵的最小扬程宜为下列哪一项?(其他水头损失忽略)【2022-4-2】

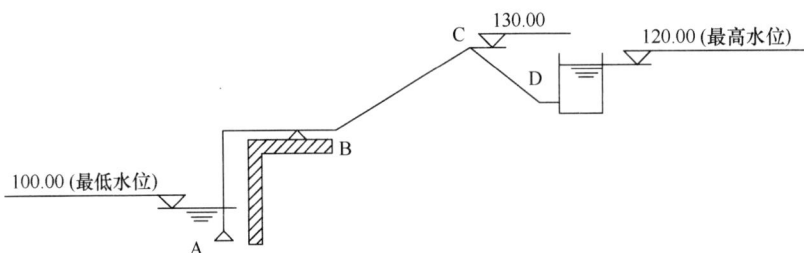

(A) 38m (B) 40m (C) 43m (D) 45m

解析:

① 由 $H_C \geq 0$ 可求得水泵扬程 $H_{p1} = (130 + 0) + 10 + 3 - 100 = 43$(m)。

② 由 $H_D \geq 2$ 可求得水泵扬程 $H_{p2} = (120 + 2) + 5 + 10 + 3 - 100 = 40$(m)。

综上,需水泵扬程为 43m。

答案选【C】。

4.3-5. 某给水管网由二级泵站和高地水库对置供水(见简图),最大时总供水量为 150L/s,此时,因水库的水位波动使得最大供水时二级泵站供水量产生变化;水库最高和最低水位时,对应的二级泵站供水量占总供水量的比例分别为 60% 和 70%;最大时节点①②③④的流量分别为 28L/s、34L/s、51L/s、37L/s;水库最高水位时,泵站-①、①-③、③-水库的水头损失分别为 3.0m、1.0m、3.0m;水库最低水位时,二级泵站出站管顶测压管水头为 21m (管顶标高为 5m)。试计算最大供水时水库的最低水位标高(m)为下列哪一项?(沿程水头损失计算公式按 $h = Sq^2$)【2023-4-1】

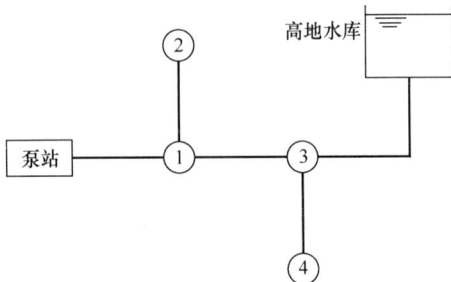

(A) 16.81

(B) 20.75

(C) 21.25

(D) 33.00

解析：

① 节点总流量＝28＋34＋51＋37＝150（L/s）。

② 题干并未给局损信息，故忽略，从而仅考虑沿程损失，其与管段流量的平方成比例。

③ 由题意，水库最高水位时，泵站-①的流量为 150×60％＝90（L/s），①-③的流量为 90－28－34＝28（L/s），③-水库的流量为 150×(1－60％)＝60(L/s)。

④ 由题意，水库最低水位时，泵站-①的流量为 150×70％＝105（L/s），①-③的流量为 105－28－34＝43（L/s），③-水库的流量为 150×(1－70％)＝45(L/s)。

⑤ 按比例求最低水位时的管段水头损失：

$$h_{泵-1} = 3 \times (105 \div 90)^2$$

$$h_{1-3} = (43 \div 28)^2$$

$$h_{3-库} = 3 \times (45 \div 60)^2$$

⑥ 水库最低水位标高＝21＋5－$h_{泵-1}$－h_{1-3}＋$h_{3-库}$＝21.25（m）。

⑦ 说明：本题题干中存在一处错误，题干中"二级泵站出站管顶测压管水头为 21m"的本意应为"二级泵站出站管顶的压力水头为 21m"。因测压管水头已经包括了位置水头在内，倘若按题干的测压管水头处理，则管顶标高 5 不应再重复相加，从而导致本题无答案。

答案选【C】。

4.4　环状网水力计算

校正流量计算问题：

4.4-1. 某环状供水管网计算简图和初步分配流量如图所示，假定各环内水流顺时针方向管段的水头损失为正，第一次平差后各环的校正流量分别为 Δq_{I} ＝＋1.5L/s，Δq_{II} ＝－2.0L/s，Δq_{III} ＝＋1.0L/s，则管段 B-C 校正后的流量是多少（L/s）？【2020-3-3】

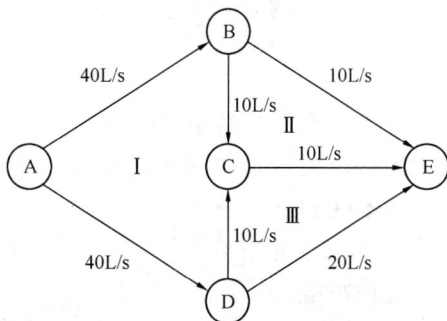

(A) 13.5　　　　(B) 12.0　　　　(C) 11.5　　　　(D) 6.5

解析：

将Ⅰ环看作 B-C 所处的本环，则Ⅱ环为邻环，代公式：10＋(＋1.5)－(－2.0)＝13.5(L/s)。

答案选【A】。

4.4-2. 某管网有 A、B 两个泵站供水，管网布置和最高供水时的相关参数如图和表所示。试求经第 1 次平差校正后，管段 2-5 的管段流量计算值（绝对值）约为多少（m³/s）？（管段水头损失计算流量指数，采用海曾威廉公式中的 $n=1.852$）【2024-4-2】

管段	1-2	2-3	1-4	2-5	3-6	4-5	5-6
水管摩阻 S （$s^{1.852}/m^{4.556}$）	400	2500	180	1600	1500	350	15000
初步分配流量的大小（m³/s）	0.080	0.010	0.100	0.020	0.020	0.060	0.005
水头损失 $Sq^{1.852}$（m）	3.720	0.494	2.531	1.142	1.071	1.911	0.821
$Sq^{0.852}$（s/m²）	46.504	49.424	25.309	57.095	53.527	31.846	164.291

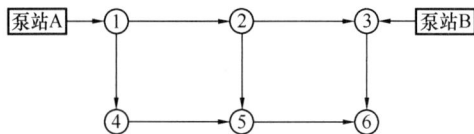

(A) 0.01793　　　　(B) 0.01925　　　　(C) 0.02075　　　　(D) 0.02207

解析：

① 设左边环编号为 Ⅰ，右边环编号为 Ⅱ。

② 求两个环的校正流量：

$$\Delta q_{\mathrm{I}}=-\frac{3.720+1.142-2.531-1.911}{1.852\times(46.504+57.095+25.309+31.846)}=-1.410739\times10^{-3}(\mathrm{m^3/s})。$$

$$\Delta q_{\mathrm{II}}=-\frac{0.494+1.071-1.142-0.821}{1.852\times(49.424+53.527+57.095+164.291)}=0.662591\times10^{-3}(\mathrm{m^3/s})。$$

③ $q_{2\text{-}5}=0.02-1.410739\times10^{-3}-0.662591\times10^{-3}=0.01793(\mathrm{m^3/s})$。

答案选【A】。

4.5　输水管渠计算

4.5.1　事故流量计算问题

4.5-1. 在原水输水系统设计中，取水泵站通过两根并联的不同管径和管长的输水管向水厂供水，见图。管道均为内衬水泥砂浆的钢管，$n=0.013$。若不计局部水头损失和连通管水头损失，则在供水水压不变的条件下，当输水管系统中某一管段事故停运时，则输水管系统事故供水水量最小值占正常运行供水水量的百分比为下列哪项？【2021-4-2】

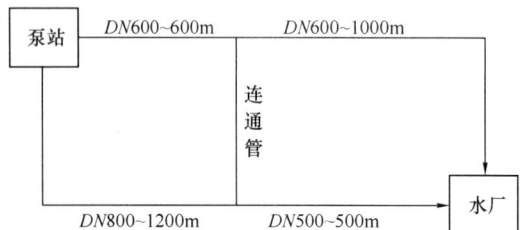

(A) 52%　　　　(B) 60%

(C) 67%　　　　(D) 85%

解析：

① 为方便叙述，设上支路第一段摩阻为 S_1，下支路第一段摩阻为 S_2；上支路第二段的摩阻为 S_3，下支路第二段的摩阻为 S_4。

② 代入摩阻公式求得 $S_1=15.888$；$S_2=6.857$；$S_3=26.479$；$S_4=34.988$。

③ 可求得 S_1 并联 S_2 之后此段的当量摩阻 $S_{d12}=2.498$，S_3 并联 S_4 之后此段的当量摩阻 $S_{d34}=7.573$。

④ 因连通管水头损失忽略，则正常工况时系统的总当量摩阻简单计算为：

$$S_{dz}=S_{d12}+S_{d34}=2.498+7.573=10.071。$$

⑤ 若第一段损坏时，显然考虑 S_2 损坏，此时系统管路连接情况为 S_1 串"S_3 并联 S_4"，则此时有 $(S_1+S_{d34})\cdot Q_a^2=S_{dz}\cdot Q^2$，代入求得 $Q_a/Q=67\%$。

⑥ 若第二段损坏时，显然考虑 S_3 损坏，此时系统管路连接情况为"S_1 并联 S_2"串 S_4，则此时有 $(S_{d12}+S_4)\cdot Q_a^2=S_{dz}\cdot Q^2$，代入求得 $Q_a/Q=52\%$。

⑦ 综上，最小事故保证率为 52%。

答案选【A】。

4.5.2　输水能力计算

4.5-2. 某水厂设计规模 36 万 m^3/d，水厂自用水率和输水管道漏损率合计为 5%，分别由输水泵站泵压和高地水库重力提供原水。供水系统布置如附图。已知水厂进水标高 24.0m，进水富余水头 1.2m。在泵站设计取水和水库供水水位分别为 2.4m 和 36.m 的情况下，为满足供水，泵站水泵计算扬程（m）宜为下列哪项？（n 取值 0.013，不计输水管局部水头损失和泵站内部水头损失）【2023-4-2】

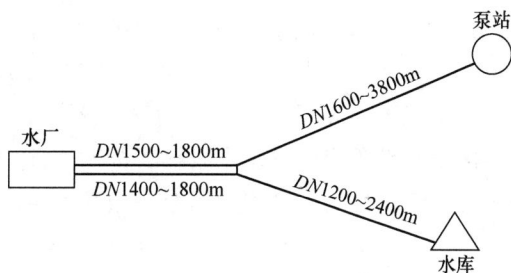

(A) 25.6　　　　　　　　　　(B) 27.1

(C) 29.0　　　　　　　　　　(D) 29.5

解析：

① 需先求得水厂至交点处两支路各自的摩阻，再求得两支路合并时的当量摩阻 S_d。

② 求交点水压标高 $=(24+1.2)+S_d Q^2=27.255(m)$。

③ 求水库至交点这一段的流量：$36-27.255=S_库 Q_库^2$，解得 $Q_库=2.35 m^3/s$。

④ 再求泵站至交点这一段的流量：$Q_泵=Q_总-Q_库$

$$=360000\times1.05\div86400-2.35=2.025(m^3/s)。$$

⑤ 泵站扬程 $H_p=(27.255-2.4)+S_泵 Q_泵^2=27.066m$。

答案选【B】。

4.6　分区给水系统计算

4.6-1. 某供水管网分为两个用水区（如图 1 所示），各点地面标高相等，为送水泵站

（吸水池水面与地面齐平），控制点为C点。拟在B点设置直接串联加压泵站（如图2所示），分区后：Ⅰ区管网控制点为D，Ⅱ区管网控制点仍为C。分区前后：Ⅰ区Ⅱ区供水量均分别占总供水量的80%、20%，A-B水头损失均为25m，B-C水头损失均为30m，管网控制点所需服务水头均为20m，两个泵站水泵及电机效率均不变。试问，分区后供水泵站的总能耗与分区前供水泵站能耗之比为多少？（不计泵站内部水头损失）【2023-3-3】

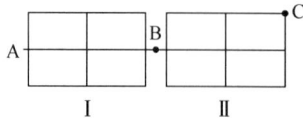
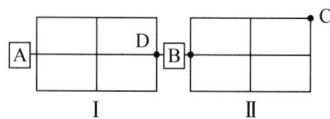

图1   图2

(A) 56%   (B) 68%   (C) 73%   (D) 75%

解析：

$[Q \times (25+20) + 0.2Q \times 30] \div [Q \times (25+30+20)] \times 100\% = 68\%$。

答案选【B】。

4.6-2. 某水厂供水区域地形高差大，水厂总规模$20 \times 10^4 \, m^3/d$，送水泵房采用统一供水方式，投产后历史最高供水量$18 \times 10^4 \, m^3/d$。现拟对该送水泵房进行并联分压供水改造。某工况下，高压区供水量为$3750 \, m^3/h$，低压区供水量$2500 \, m^3/h$，分压供水改造后低压区供水量不变、供水水泵扬程为改造前的80%，而高压区供水扬程、供水量均不变。该工况下改造后送水泵房的水泵有效功率可降低的百分比，最接近以下哪一项？（水泵有效功率$N = \rho g Q H / 1000$（kW）；Q—流量（m^3/s）；H—扬程（m）。假设水的密度ρ不变）【2024-3-3】

(A) 6.0%   (B) 6.6%   (C) 8.0%   (D) 12.0%

解析：

① 改造前为统一供水，流量为$2500+3750$，扬程设为H；改造后低区流量为2500，扬程为$0.8H$，高区流量为3750，扬程H。

② $1 - (2500 \times 0.8 \times H + 3750 \times H) \div (2500 \times H + 3750 \times H) = 8\%$。

答案选【C】。

4.7 地下取水构筑物计算

4.7.1 管井

4.7-1. 某村镇以地下水为水源，其承压含水层厚度20m，其中0.25～0.5mm中砂>50%，渗透系数18m/d。设计用水量为$1000 \, m^3/d$，采用完整式管井方案，管井过滤器直径100mm。井群中各管井之间间距为50m。井群建成时单井抽水实验结果：在水位降落值为1.2m时的产水量为$360 \, m^3/d$。经多年运行后，发现由于管井底部产生10m厚沉积堵塞造成各井产水量下降，需进行井群产水量重新评估。假定井群运行多年后管井影响半径不变，井群在建成初期及运行多年后，同时工作时存在互相影响，其对产水量的影响均按单井单独工作时的出水量减少 30% 计，则多年运行后，在设计水位降落值为 $1.2m$ 的条件下，全部已建成井同时工作时产水量为下列哪项？【2021-3-4】

　　(A) $1126m^3/d$ 　　　(B) $900m^3/d$ 　　　(C) $788m^3/d$ 　　　(D) $630m^3/d$

解析：

① 由题意得，建成初期，$Q=360m^3/d$，$K=18m/d$，$m=20m$，$S_0=1.2m$，$r_0=(100/2)/1000=0.05(m)$，将题干所给的参数代入承压含水层完整井的管井公式 $Q=\dfrac{2.73KmS_0}{\lg\dfrac{R}{r_0}}$ 中，可得：$R=94.40m$。

② 多年后，当管井底部产生 $10m$ 厚沉积堵塞时，可以将其看作为承压含水层非完整井。将 $K=18m/d$，$m=20m$，$S_0=1.2m$，$\bar{h}=(20-10)/20=0.5$，$r_0=0.05m$，A 查表得为 1.25，$R=94.40m$，代入承压含水层非完整井的管井公式

$$Q=\dfrac{2.73KmS_0}{\dfrac{1}{2\bar{h}}\left(2\lg\dfrac{4m}{r_0}-A\right)-\lg\dfrac{4m}{R}}$$ 中，得 $Q=225.49m^3/d$。

③ 工作井数 $=1000/[360\times(1-30\%)]=4$ 口，备用井数 $=1000(10\%\sim20\%)\times/[360\times(1-30\%)]=1$ 口，因此总井数 $=4+1=5$ 口。

④ 多年后，全部已建成井总流量 $=5\times225.49\times(1-30\%)\approx789(m^3/d)$。

答案选【C】。

4.7-2. 某乡镇供水系统设计规模 $2000m^3/d$，采用管井供水，稳定生产运行中单井稳定产水量为 $30m^3/h$。最少应设计多少口管井？（管井每天工作时间为 $20h$，水厂自用水率为 3%，原水输水管漏损量为设计规模的 5%，时变化系数为 1.5）【2023-3-4】

　　(A) 7 　　　　(B) 6 　　　　(C) 5 　　　　(D) 4

解析：

$Q_{单井}=30\times20=600$

$N=[2000\times(1+3\%+5\%)\div600]+[2000\times(1+3\%+5\%)\times10\%\div600]$
$\quad=[3.6]+[0.36]=4+1=5$。

答案选【C】。

4.7.2　大口井

4.7-3. 某村庄拟开挖一口开采潜水的平底非完整式大口井，井底进水，设计产水量 $100m^3/d$。通过水文地质勘探，找到含水层厚度为 $25m$ 的中砂无压含水层。底板埋深 $27m$，渗透系数为 $20m/d$，抽水试验在设计产水量下的水位降落值为 $0.5m$。为保证井下潜水泵的正常工作，井内设计产水量下的动水位至井底高度至少为 $1.5m$。问在确保井底至含水层底板距离大于或等于大口井半径的 8 倍以上时，大口井的最大挖深宜为下列哪一项？【2022-3-4】

　　(A) $2.0m$ 　　　(B) $3.5m$ 　　　(C) $4.0m$ 　　　(D) $7.0m$

解析：

① 由 $Q = AKS_0r$，代入参数，$100 = 4 \times 20 \times 0.5 \times r$，解得 $r = 2.5$m。

② $T \geqslant 8r = 20$m。

③ 即井底的埋深为 $27 - 20 = 7$（m），故最大挖深为 7m。

答案选【D】。

4.7.3　渗渠

4.7-4. 某渗渠集水管反滤层设置 3 层，已知含水层计算粒径为 0.3mm，可选取下列哪一项作为与集水管相邻的反滤层粒径值（mm）范围？【2024-3-4】

(A) 1.8～2.4　　　　　　　　　　(B) 3.6～9.6

(C) 8～36　　　　　　　　　　　(D) 20～45

解析：

① 参考《给水标准》5.2.17 条，并索引至 5.2.10 条。

② 范围下限不低于 $0.3 \times 6 \times 2 \times 2 = 7.2$（mm）；范围上限不超过 $0.3 \times 8 \times 4 \times 4 = 38.4$（mm）；只有选项 C 满足。

答案选【C】。

4.8　地表水取水构筑物计算

4.8.1　格栅格网进水孔计算

格栅格网面积计算：

4.8-1. 某取水工程设计水量为 5.6 万 m^3/d，采用单泵流量比为 1：2 的 2 小 1 大的 3 台取水泵和一台备用泵。吸水井分为不相连通的两格，单格内设置独立的平板格网及两根水泵吸水管。假设格网过网流速 0.4m/s，水流收缩系数取 0.75，网丝直径与网眼边长之比为 0.125，则吸水井设置的平板格网总面积宜为多少？（事故水量按取水工程设计水量的 75% 计）【2020-4-4】

(A) 5.47m^2　　　(B) 6.02m^2　　　(C) 6.84m^2　　　(D) 8.20m^2

解析：

① 因题干告知"吸水井分为不相连通的两格"，且提及事故工况，故格网面积按事故流量进行设计。

② 甲 + 乙 $= 2F = 2 \times [56000 \times (3/4) \div 86400] \div \{0.4 \times 0.75 \times [b^2/(b+0.125b)^2] \times 0.5\} = 8.2$（$m^2$）。

答案选【D】。

4.8-2. 在设计水量为 22 万 m^3/d 的取水泵房中，设置有同型的二大和四小立式混流泵，其中各有一台备用。大小水泵流量比为 2：1。1 大 2 小水泵分别布置在两个独立的吸水室中。已知吸水室底面标高 0.20m，小泵和大泵基准面至底板标高的安装高度分别为 0.45m 和 0.68m，基准面以上最小淹没深度分别为 2.80m 和 3.50m。单个吸水室前设置的直流进水旋转滤网过网流速取 0.8m/s，滤网宽度取 2.40m，考虑滤网水头损失为 0.25m，则旋转滤网网底标高宜为下列哪一项？（水流收缩系数取 0.64，网眼尺寸 5mm×

5mm，网丝直径 0.8mm）【2022-4-4】

(A) 0.90m　　　　(B) 1.15m　　　　(C) 1.89m　　　　(D) 2.14m

解析：

① 网前最低水位 $Z_1 = 0.2 + 0.68 + 3.5 + 0.25 = 4.63$（m）。

② 因题干提到"独立的吸水室"，故优先以事故工况设计格网面积。

③ 因题干没给事故流量的比例，故取默认比例 70%；

$$F = Q/v\varepsilon K_1 K_2 K_3 = [(220000 \times 70\%) \div 86400] \div [0.8 \times 0.64 \times (5^2 \div 5.8^2) \times 0.75 \times 0.75]。$$

④ $H + R = F/B = F/2.4$，代入求得 $H + R = 3.47$（m）。

⑤ 网底标高 $Z_2 = 4.63 - 3.47 = 1.16$（m）。

答案选【B】。

4.8-3. 某水厂岸边式小型取水构筑物进水间矩形格栅设计参数如下：设计流量为 Q，不考虑格框的格栅尺寸为宽×高 $=1290mm \times 1500mm$，栅条直径 $s = 10mm$，且沿格栅宽度方向竖向均匀布置，栅条净间距 $b = 40mm$。现按中型取水规模要求进行改造，保留原格栅外型尺寸及栅条安装定位位置，减少栅条数量。假设改造前后过栅流速及格栅阻塞系数不变，问改造后该取水构筑物取水量最多为下列哪一项？【格栅面积 F：$F = Q/(K_1 K_2 v)$，$K_1 = b/(b + s)$，K_1 和 K_2 分别为栅条引起的面积减少系数和格栅阻塞系数】【2024-4-4】

(A) 1.080Q　　　(B) 1.095Q　　　(C) 1.112Q　　　(D) 1.125Q

解析：

① 先分析改造前栅条根数，$=1290 \div 50$，需取 25 根，则其 $K_1 = (1290 - 250) \div 1290$。

② 再分析改造后栅条根数，$25 \div 2$，需取 12 根，则其 $K_1 = (1290 - 120) \div 1290$。

③ 显然取水构筑物取水量与 K_1 成正比。

④ 改造后的取水量 $= [(1290 - 120) \div (1290 - 250)]Q = 1.125Q$。

答案选【D】。

4.8.2　进水管计算

4.8-4. 设计取水量 25 万 m^3/d 的地表水取水工程为某城镇的唯一原水工程。采用 $DN1200$ 两根可独立运行的内涂水泥砂浆钢管连接取水头部和泵房吸水井，重力输水，输水距离为 890m。若格栅和网格水头损失分别为 0.1m 和 0.2m，泵房立式水泵水下叶轮淹没深度及叶轮至吸水井底板安装高度分别取 3.0m 和 1.2m，则在河流设计最低水位 12.6m 条件下，吸水井底板高程最接近以下哪项？（$n = 0.013$，日变化系数取 1.3，不计输水管路局部损失，事故水量按设计取水量 75% 计）【2020-3-4】

(A) 3.44m　　　　(B) 5.34m　　　　(C) 6.87m　　　　(D) 8.34m

解析：

吸水井底板高程为 $h_底 = 12.6 - 0.1 - 0.2 - h_{管损} - 3 - 1.2$，

事故工况时，仍需满足叶轮淹没深度 3.0m，故取事故工况时的较大水头损失计算：

$$h_{管损} = 10.2936 \times 0.013^2 \div 1.2^{5.333} \times 890 \times [(75\% \times 250000)/86400]^2 = 2.76(m)；$$

$h_{底}=5.34m$。

答案选【B】。

4.8-5. 某城镇地表水河流取水构筑物采用河床式取水，利用两根可独立运行的内涂水泥砂浆钢管自流取水，输水距离为1000m。取水构筑物按设计取水量20万 m^3/d 正常运行时，河流水位与取水构筑物集水井水位之差值为4.1m。由于该城镇新建了另外一个水源，故该取水构筑物取水量降低为12万 m^3/d，试问此时自流管的流速最接近以下哪项？【2021-4-4】

(A) 0.73m/s (B) 1.09m/s (C) 1.82m/s (D) 2.18m/s

解析：

① 由原水头损失＝原高差可得，

$[(10.2936 \times 0.013^2) \div D^{5.333}] \times 1000 \times (200000 \div 2 \div 86400)^2 = 4.1$，求得 $D=0.9$。

② 流量降低后的流速 $v = (120000 \div 2 \div 86400) \div (\pi D^2 \div 4) = 1.09$。

答案选【B】。

4.9 给水泵站专题

4.9-1. 某供水系统由一台变频调速离心泵从吸水池吸水，通过一条管道向高位水池供水。高位水池水面比吸水池水面高40m，管道摩阻系数 $S=200s^2/m^5$（水头损失按 $h=SQ^2$ 计算）。水泵额定转速 $n_0=1450r/min$（假设此时泵特性方程为 $H=76-100Q^2$，Q 以 m^3/s 计）运行时恰能满足夏天用水量需求。冬天用水量减少为夏天的80%，拟通过变速方式来调节水泵以满足工况变化，则此时所需水泵的转速 n_1 约为哪项？【2021-4-3】

(A) 928r/min (B) 1160r/min (C) 1204r/min (D) 1321r/min

解析：

① 由题意，结合调速原理可知，转速为 n_1 时的水泵特性方程为 $H=(n_1/1450)^2 \times 76 -100Q^2$。

② 在夏天时设流量为 Q_x，$76-100Q_x^2 = 40+200Q_x^2$，可求得 $Q_x = 0.12^{0.5}$。

③ 由题意，在冬天时流量为 $Q_y=Q_x \cdot 80\% = 0.8 \times 0.12^{0.5}$。

④ 在冬天时利用调速后的水泵特性方程有，$(n_1/1450)^2 \times 76-100Q_y^2 = 40+200Q_y^2$，代入 Q_y 后求得 $n_1=1321$。

答案选【D】。

4.9-2. 某工程项目使用的单级中开离心泵铭牌参数为：$Q=210L/s$，$H=30m$，$NPSH=4.5m$。水泵吸口直径为300mm，出口直径为250mm。水泵安装地点的海拔高度为850m，水温为30℃。当流量 $Q=210L/s$，吸水管从喇叭口到水泵进口的水头损失为1.1m，水泵的最大安装高度为以下哪一项？【2022-4-3】

(A) 1.78m (B) 2.87m (C) 3.32m (D) 3.75m

解析：

$Z_s \leq H_g - H_z - \sum h_s - NPSH = 9.35 - 0.43 - 1.1 - 4.5 = 3.32(m)$。

答案选【C】。

4.9-3. 某给水泵站设计流量为 $1.5\text{m}^3/\text{s}$，设计了 4 台同型号离心泵（3 用 1 备），共用一个吸水池，池内总平面净尺寸为：长×宽 $=L\times B=11.5\times3.0(\text{m})$，吸水池最低运行水位为 30.0m，且吸水池满足吸水管最小尺寸布置要求，试求最低运行水位以下最小容积（m^3）为下列哪项？【2023-4-3】

(A) 75　　　　(B) 45　　　　(C) 35　　　　(D) 15

解析：

① 由题意，吸水池已经满足吸水管最小尺寸布置要求，故无需再进行最低水位下的水深计算。

② 参考《给水标准》6.2.6 条或《给水工程 2025》P140。吸水池最低水位下的容积，还需满足共用吸水池的水泵 30~50 倍的设计秒流量要求。

③ 由前述，该最小容积 $=1.5\times30=45$（m^3）。

答案选【B】。

4.9-4. 某西部高原河床式自流取水系统，吸水井设计最低水位为海拔 980.0m，水泵吸水管局部水头损失和沿程水头损失之和为 1.0m，采用 2 用 1 备相同的水泵，水泵在标准状况下的允许吸上真空高度为 4.5m，水泵进口速度水头为 0.4m，则水泵泵轴标高的理论值不应超过下列哪项（m）？（按海拔度计：该处大气压按 9.2m、水温按 20℃计）【2023-4-4】

(A) 983.5　　　　(B) 983.0　　　　(C) 984.5　　　　(D) 982.0

解析：

$H'_s = 4.5-(10.33-9.2)=3.37(\text{m})$；

泵轴最大标高 $=980+(3.37-0.4-1.0)=981.97(\text{m})$。

答案选【D】。

4.9-5. 泵房向某水厂输送原水，输水管路特性曲线为 $H=8+27.216.Q^2$。泵房常用 1 台水泵，变频调速，工频条件下水泵转速为 n，对应的水泵特性曲线为 $H=60-10.987Q^2$，该曲线与输水管路特性曲线相交于工况点 X。已知某工况点 Y 的流量为工况点 X 流量的 80%，此时水泵以转速 n' 运行。问 n'/n 最接近以下哪个选项？（已知水泵等效率曲线上任意两点满足 $H=kQ^2$；扬程 H 单位 m，流量 Q 单位 m^3/s，n 为水泵转速，k 为比例常数）【2024-4-3】

(A) 0.69　　　　(B) 0.80　　　　(C) 0.83　　　　(D) 1.82

解析：

① 联立原管路特性方程和水泵特性方程，解得 $Q_X=1.16668$、$H_X=45.045$。

② 由题意，$Q_Y=0.8Q_X$；将 Q_Y 代入管路特性方程后求得 H_Y。

③ 由调速原理，调速后的水泵特性方程为 $H=(n'/n)^2\times60-10.987Q^2$。

④ 将 Q_Y、H_Y 代入到③中的方程，反算出 $n'/n=0.83$。

答案选【C】。

4.10　关于混凝的计算

4.10.1　混凝速度梯度 G 值的计算

计算 G 值：

4.10-1. 一座水力絮凝池，总水头损失为 $0.2 \sim 0.25 \mathrm{m}$，根据絮凝池进水中的颗粒平均粒径 $d = 0.1 \mathrm{mm}$、水的动力黏度 $\mu = (1.0 \sim 1.31) \times 10^{-3} \mathrm{Pa \cdot s}$、水的重度 $\gamma = 9800 \mathrm{N/m^3}$ 计算，得水流速度梯度 G 值和絮凝时间 T 的乘积 GT 值等于 50800。已知进水中含有杂质颗粒质量浓度为 $120.60 \mathrm{mg/L}$，杂质颗粒（含有毛细水）的密度为 $1.005 \mathrm{g/cm^3}$，颗粒有效碰撞系数 $\eta = 0.4$，经絮凝池后单位水体中颗粒个数减少 70% 以上，则在整个絮凝时间内每立方厘米水体中颗粒碰撞次数约为多少？（近似地认为颗粒碰撞速率是常数）【2020-3-6】

(A) 1.42×10^3 次/$\mathrm{cm^3}$　　　　　　　(B) 76.94×10^3 次/$\mathrm{cm^3}$

(C) 109.92×10^3 次/$\mathrm{cm^3}$　　　　　(D) 192.36×10^3 次/$\mathrm{cm^3}$

解析：

$$\phi = \frac{120.6}{1.005 \times 1000 \times 1000} = 1.2 \times 10^{-4};$$

且 $\phi = \dfrac{\pi d^3 n}{6}$，其中 $d = 0.1 \mathrm{mm} = 0.01 \mathrm{cm}$，则 $n = \dfrac{6\phi}{\pi d^3} \approx 229$（个/$\mathrm{cm^3}$）；

由同向絮凝速度公式 $-\dfrac{1}{2} N_0 = -\dfrac{2}{3} \eta G d^3 n^2 = -\dfrac{4}{\pi} \eta G \phi n$，可得：$N_0 = \dfrac{8}{\pi} \eta G \phi n$，

其中 N_0 为单位体积碰撞速率；

又由单位体积碰撞次数＝单位体积碰撞速率×碰撞时间，

可得单位体积碰撞次数 $= N_0 \cdot T = \dfrac{8}{\pi} \eta GT \phi n = \dfrac{8}{\pi} \cdot 0.4 \cdot 50800 \cdot 1.2 \times 10^{-4} \cdot 229$

$$\approx 1422 \text{ 次/} \mathrm{cm^3}.$$

答案选【A】。

4.10-2. 某水厂建有长 12m、宽 3m、有效水深 3.5m 的隔板絮凝池一座。现改为单格容积相同多格串联的机械搅拌絮凝池。假定絮凝颗粒个数随时间变化速率符合一级反应，第 1 格、第 2 格反应速度常数 $k_1 = k_2 = 1.5 \times 10^{-3} \mathrm{s^{-1}}$，其余几格反应速度常数取 $k_n = 1.48 \times 10^{-3} \mathrm{s^{-1}}$。按照连续流反应器原理计算，当处理水量为 $630 \mathrm{m^3/h}$ 时，机械搅拌絮凝池分为 4 格比分为 3 格时，水中杂质颗粒个数减少率增加了多少？（最接近以下哪一项?）【2022-3-5】

(A) 0.70%　　　　(B) 1.22%　　　　(C) 1.44%　　　　(D) 2.03%

解析：

① 分为 4 格时，各格的水力停留时间 $t = 12 \times 3 \times 3.5 \div 630 \div 4 \times 3600 = 180$（s）。

② $n_2/n_0 = 1 \div (1 + k_1 t)^2$；$n_4/n_2 = 1 \div (1 + k_n t)^2$。

③ 故 $n_4/n_0 = [1 \div (1 + k_1 t)^2] \times [1 \div (1 + k_n t)^2] = 0.38657$。

④ 分为 3 格时，各格的水力停留时间 $T = 180 \times 4 \div 3 = 240$（s）。

⑤ $n_3/n_0 = [1 \div (1 + k_1 T)^2] \times [1 \div (1 + k_n T)] = 0.39895$。

⑥ $(1 - 0.38657) - (1 - 0.39895) = 0.0124 = 1.24\%$。

答案选【B】。

4.10-3. 有一座机械搅拌絮凝池，等分为尺寸相同的三格，每格有效容积为 $160m^3$。水温 15℃时各格速度梯度依次为：$G_1=60s^{-1}$，$G_2=40s^{-1}$，$G_3=25s^{-1}$。现通过增加第 1、第 2 两格絮板的耗散功率 P_1、P_2 来实现整组絮凝池的平均速度梯度 G 提升 5％的目标（提升前后 P_1 与 P_2 之比保持不变），试估算改造后第 1 格搅拌池桨板旋转时的耗散功率（W）最接近下列哪项？（水温 15℃时，水的动力黏度 $\mu=1.14\times10^{-3}Pa\cdot s$）【2023-4-5】

(A) 648.0　　　　(B) 696.5　　　　(C) 733.7　　　　(D) 742.4

解析：

① 设改造前后的整组絮凝池平均速度梯度分别为 G_A、G_B。

② 由题意，因改造前后 P_1 与 P_2 之比不变，故改造前后 G_1 与 G_2 之比也不变，仍为 3∶2。

③ $G_A=[(G_1^2+G_2^2+G_3^2)\div3]^{0.5}=44.0643$。

④ $G_B=1.05G_A=\{[G_1'^2+(2G_1'/3)^2+G_3^2]\div3\}^{0.5}$，解得 $G_1'=63.35$。

⑤ $P_1'=G_1'^2\times\mu\times V=732.04(W)$。

答案选【C】。

4.10.2　混凝剂储存与投加

4.10-4. 某大型自来水厂混凝剂采用液体聚合氯化铝，加药间设计方案：①采用 1 个耐腐蚀的化学储罐储存混凝剂原料；②化学储罐地上设置，储罐下方周边设置收集槽；③设置 2 个溶液池，互兼作投加池，互为备用和交替使用；④溶液池和投加池地上设置，混凝剂每日稀释配制 3 次。分析哪一项方案错误，并说明对错理由。【2024-3-5】

(A) ①　　　　(B) ②　　　　(C) ③　　　　(D) ④

解析：

① 错，应不少于 2 个。

② 对，参考《给水标准》9.3.4 条第 8 款。

③ 对，参考《给水标准》9.3.4 条第 3 款。

④ 对，参考《给水标准》9.3.4 条第 5 款。

答案选【A】。

4.10-5. 某自来水厂设计规模 $20\times10^4m^3/d$，自用水率 5％，混凝剂采用精制硫酸铝，设计最大投加量为 50mg/L，设计平均投加量 30mg/L，试计算溶液池容积（m^3），最接近下列哪一项？（加药间工作制度为 3 班制，混凝剂投配的溶液浓度为 10％，每班调制 1 次）【2024-4-5】

(A) 21　　　　(B) 33　　　　(C) 35　　　　(D) 63

解析：

① 参考《给水工程 2025》公式（6-16），注意参数取混凝剂最大投加量、水厂构筑物处理水量（设计水量）。

② $W=50\times(200000\times1.05\div24)\div417\div10\div3=35(m^3)$。

答案选【C】。

4.11 沉淀池、澄清池和气浮

4.11.1 临界沉速和沉淀效率计算

4.11.1.1 求总沉淀效率

4.11-1. 一座沉淀区安装长 $L=980$mm，内切圆直径 $d=35$mm、倾角 $\theta=60°$ 斜管的上向流沉淀池，设计处理水量 3.2 万 m^3/d，水厂自用水占 8%，每天 24h 运行。经测算清水区斜管净出口面积为 $80.515m^2$，斜管在水平面上投影面积约等于清水区面积的 7 倍。假设沉淀池出水中含有 $u_1=0.40$mm/s、$u_2=0.3$mm/s、$u_3=0.2$mm/s 的颗粒，进水中这三种颗粒占所有颗粒重量的百分比分别为 10%、5%、5%。该沉淀池去除杂质的总去除率是多少？【2022-4-5】

(A) 93.92%   (B) 92.87%   (C) 91.30%   (D) 90.47%

解析：

① 由 $u_0=(4/3)\times v_0\div(L\cos\theta/d+1/\sin\theta)$，且 $v_0=v_s\div\sin\theta=Q\div80.515\div\sin\theta$，代入求得：$u_0=0.4673$mm/s。

② $P=(1-10\%-5\%-5\%)+10\%\times0.4/u_0+5\%\times0.3/u_0+5\%\times0.2/u_0=93.9\%$。

答案选【A】。

4.11.1.2 出水中悬浮物含量（沉淀效率的剩余）

4.11-2. 一座供水规模为 5 万 m^3/d 的自来水厂，自用水占构筑物处理水量的 10%。经测定，水厂平流式沉淀池出水中只含有沉速为 0.35mm/s、0.20mm/s、0.10mm/s 的三种悬浮颗粒。该三种颗粒进入沉淀池时占所有颗粒的重量比例如下表：

沉淀池出水中所含颗粒的沉速 u_i（mm/s）	0.35	0.20	0.10
进入沉淀池时占所有颗粒的重量比 dp_i（%）	15	12.5	7.5

经计算，沉淀池对悬浮颗粒的总去除率 P 在 83% 以上，出水中悬浮颗粒总剩余百分数 P_s 和沉淀池临界沉速 u_0 的乘积等于 0.0575mm/s，则平流式沉淀池沉淀面积最接近以下哪项？【2020-4-5】

(A) $1579m^2$ (B) $1564m^2$ (C) $1362m^2$ (D) $1348m^2$

解析：

$P_s=15\%\times(1-0.35/u_0)+12.5\%\times(1-0.2/u_0)+7.5\%\times(1-0.1/u_0)$，

又由 $P_s\cdot u_0=0.0575$，可解得 $u_0=0.407$mm/s，

设自用水为 x，则 $x\div(Q_d+x)=10\%$，解得 $x=5/9$ 万 m^3/d，

$A_{沉淀}=(Q_d+x)\div u_0=1579.9m^2$。

答案选【A】。

4.11-3. 一座斜板沉淀池液面面积 Am^2、液面负荷 $q=1.54$mm/s，斜板间隙截留速度 $u_0=0.16$mm/s，当进水悬浮物含量为 63mg/L 时，沉淀池出水悬浮物含量 3.24mg/L，

据此推算沉淀池中悬浮物总去除率 P 和斜板截留速度 u_{01}（mm/s）之间符合如下关系 $P = 1 - \dfrac{3}{2}u_{01}^{\alpha}$。现因斜板损坏，设计安装斜管区高 866mm、倾角 60°、每边边长 17.32mm 的正六边形斜管。如果正六边形斜管内切圆直径为 30mm，斜管材料有效面积占沉淀池清水区面积的 12%，处理的水量不变，总去除率 P 和斜管截留速度 u_0（mm/s）关系式中的 α 与斜板沉淀池相同，则当进水悬浮物含量为 80mg/L 时，沉淀池出水悬浮物含量（mg/L）是多少？【2023-3-5】

　　(A) 2.92　　　　　(B) 3.70　　　　　(C) 4.12　　　　　(D) 4.75

解析：

① 由题意，$P_1 = 1 - 3.24 \div 63 = 1 - (3/2) \times 0.16^{\alpha}$，解得 $\alpha = \log_{0.16}(3.24 \div 63 \times 2 \div 3) = 1.841$。

② 改造为斜管沉淀池后，其液面负荷依然为 1.54mm/s，其斜管出口处上升流速为 $1.54 \div (1-12\%)$，从而其轴向流速 $v_{02} = 1.54 \div (1-12\%) \div \sin 60°$。

③ 由题意，斜管长 $L = 866 \div \sin 60°$ mm、斜管直径 $d = 30$mm、倾角 $\theta = 60°$。

④ 由斜管沉淀池的截留速度公式，其截留速度 $u_{02} = (4/3) \times v_{02} \div [(L\cos\theta)/d + 1/\sin\theta] = 0.1512$(mm/s)。

⑤ 则斜管沉淀池出水悬浮物含量 $= 80 \times \{1 - [1-(3/2) \times 0.1512^{\alpha}]\} = 3.70$(mg/L)。

答案选【B】。

4.11.2　沉淀池的设计计算

沉淀池设计尺寸问题：

4.11-4. 一座平流式沉淀池长 $L = 97.20$m，长宽比 $L/B = 8.10$。经计算得：水平流速和临界沉速之比 $v/u_0 = 30$，水的动力黏度 $\mu = (1.0 \sim 1.31) \times 10^{-3}$Pa·s，水流雷诺数 $Re = 31500$、弗劳德数 $Fr = 1.57 \times 10^{-5}$。出水区设置 8 条双边进水的锯齿堰集水槽，锯齿堰上开顶角为 90°、高 100mm 紧密相连的倒三角形（三角堰）集水孔，则该沉淀池每条集水槽开设的倒三角（三角堰）集水孔数量最接近以下哪项？【2020-3-7】

　　(A) 20 个　　　　(B) 75 个　　　　(C) 150 个　　　　(D) 300 个

解析：

$v/u_0 = L/H = 30$，又题干有 $L/B = 8.1$，从而可得 $H = 3.24$m，$B = 12$m，

故 $R = 3.24 \times 12/(2 \times 3.24 + 12) = 2.1039$(m)，

$Fr = v^2/(R_g) = 1.57 \times 10^{-5}$，可得 $v = 0.018$m/s，

则 $Q = vBH = 0.018 \times 12 \times 3.24 = 0.7$(m³/s)，

共有 8 条集水槽，故每条集水槽的流量 $q = Q/8 = 0.0875$(m³/s) $= 7560$(m³/d)，

由题干条件知单个锯齿高为 0.1m，则单个锯齿占据宽度为 0.2m，

设单条集水槽的锯齿个数为 n，则单条集水槽的两条边长度之和为 $0.2n$m，

根据《给水标准》9.4.8 条，集水槽溢流率不宜大于 250m³/(m·d)，则 $7560/(0.2n) \leqslant 250$，即 $n \approx 150$ 个。

答案选【C】。

4.11-5. 某平流沉淀池设计水平流速取 15mm/s，纵向中间设有一道隔墙，某粒径颗粒自水面下方 1.2m 处，从进水端进入沉淀池，并恰好能够沉到水底而不再返回水中，在假设该颗粒去除率为 60% 和沉淀池弗劳德数取值 1.2×10^{-5} 的条件下，该沉淀池相应处理水量为下列哪项？（不计纵向隔墙结构尺寸）【2021-3-5】

(A) 4.09 万 m^3/d (B) 7.79 万 m^3/d

(C) 8.18 万 m^3/d (D) 8.59 万 m^3/d

解析：

① 设池深 H，因而有 $(H-1.2):H = E_i = 60\%$，可解得 $H=3$。

② 由 $Fr = v^2/Rg = 1.2 \times 10^{-5}$，$v = 0.015m/s$，再结合代入此处规定 g 值 $9.81m/s^2$，可求得 $R = 1.911$。

③ 由 $R = (B \cdot H)/(B+2H)$，代入可解得 $B = 10.529$。由题干知池中设有纵向隔墙，故此宽度 B 为单格宽度，池两格宽度之和为 $2B = 2 \times 10.529$。

④ $Q = (2B) \cdot H \cdot v = 2 \times 10.529 \times 3 \times 0.015 \times 86400 = 81873.5$，即约 8.18 万 m^3/d。

答案选【C】。

4.11-6. 某平流式沉淀池，设计规模为 6 万 m^3/d，水厂自用水量为 5%，用户用水量时变化系数为 1.3。假设在平流式沉淀池中，截留沉速 $u_0 = 0.59mm/s$、水平流速 $v_0 = 15mm/s$，截留沉速颗粒经 24min 流过沉淀池的 1/4 长度。沉淀池沉淀区和存泥区深度之和为 4.0m。出水采用水平堰指形槽集水后流入出水渠，指形槽等长等宽设计，中心间距 1.60m。则该沉淀池每条指形槽的最小长度宜为下列哪项？【2022-3-6】

(A) 17.14m   (B) 17.30m   (C) 14.00m   (D) 14.18m

解析：

① $L = (24 \times 4 \times 60) \times 15 \div 1000 = 86.4(m)$。

② $B = A \div L = (Q \div u_0) \div L = 60000 \div 86400 \times (1+5\%) \div (0.59 \div 1000) \div 86.4 = 14.3(m)$。

③ 指形槽条数 $= 14.3 \div 1.6 = 8.94$，取 9 条。

④ 最大出流负荷取 $250 m^3/(m \cdot d)$，则所需出流长度 $= 60000 \times (1+5\%) \div 250 = 252(m)$。

⑤ $252 \div (9 \times 2) = 14(m)$。

答案选【C】。

4.11-7. 某水厂原水为低温低浊水库水，其平流沉淀池设计流量 $1.50m^3/s$，方案设计采用参数为：沉淀池分成两格；水平流速 15mm/s；水力停留时间 2.0h，每格配水管穿孔墙配水孔洞总面积 $5.0m^2$。请分析方案设计给出的信息中共有几处设计不合理，并给出理由。【2024-4-6】

(A) 1 处   (B) 2 处   (C) 3 处   (D) 4 处

解析：

① 本题参考《给水标准》9.4.2 条，分两格正确。

② 参考 9.4.17 条，水平流速正确。

③ 参考 9.4.17 条，低温低浊水处理沉淀时间宜为 2.5h～3.5h，故水力停留时间 2h 不合理。

④ 参考 9.4.7 条，穿孔墙孔口流速不宜大于 0.1m/s。每格穿孔墙配水孔洞总面积 5.0m² 则意味着过孔流速＝1.5÷(5×2)＝0.15(m/s)，流速超了，不合理。

共 2 处不合理。

答案选【B】。

4.11.3　澄清池和气浮池问题

4.11-8. 内净直径为 22.8m 的机械加速澄清池设计处理水量为 2.4 万 m³/d，每天工作 24h。已知分离区上升流速 0.8mm/s，第二絮凝室和导流室过室流速分别为 50mm/s 和 40mm/s。若不计池内结构尺寸和排泥水量，则该澄清池的泥渣回流量约为设计处理水量的多少倍？【2022-3-7】

(A) 2.00 倍　　　　(B) 3.35 倍　　　　(C) 3.84 倍　　　　(D) 4.84 倍

解析：

① 设回流量为设计处理水量 Q 的 N 倍，则分离区流量为 Q，第二絮凝室和导流室的流量为 $(N+1)Q$。

② 第二絮凝室面积＋导流室面积＋分离区面积＝澄清池面积，以此列等式。

③ $(N+1)Q÷(50÷1000)+(N+1)Q÷(40÷1000)+Q÷(0.8÷1000)=0.25×\pi×22.8^2$。

④ 解得 $N=3.86$。

答案选【C】。

4.11-9. 某自来水厂设计规模为 $60000\text{m}^3/\text{d}$，自用水率为 5％。设同规格平行运行的机械搅拌澄清池 2 座，第二絮凝室上升和导流室下降流速均取 50mm/s，分离室清水区上升流速为 0.8mm/s；叶轮提升流量是设计进水量的 5 倍，如不计导流板和室间板等所占面积，则该机械澄清池内净直径（m）计算值最接近下列哪一项？【2024-3-6】

(A) 26.31　　　　(B) 25.95　　　　(C) 25.33　　　　(D) 24.97

解析：

① 第二絮凝室 $v=50\text{mm/s}$，导流室 $v=50\text{mm/s}$，分离室清水区 $v''=0.8\text{mm/s}$；澄清池设计流量 $Q=60000×(1+5％)\text{m}^3/\text{d}$；设澄清池内净直径 D。

② $(5Q/v)+(5Q/v)+(Q/v'')=0.25\pi D^2$。

③ 解得 $D=25.95(\text{m})$。

答案选【B】。

4.12　关于滤池的计算

4.12.1　滤料相关计算

4.12-1. 设计处理水量 $500\text{m}^3/\text{h}$ 的某单格砂型滤池，有效过滤面积 52m^2，滤料采用单层天然有角石英砂，当量粒径 0.76mm，滤层厚度 1.10m。在过滤周期内，若不计承托层和出水集水系统水头损失，在池内水位和出水堰水位分别维持在 6.40m 和 4.80m 条件下，滤池出水阀产生的最大调节水头损失的计算值为多少？（运动黏度为 $0.0131 \mathrm{cm}^2/\mathrm{s}$）【2022-4-6】

(A) 0.69m   (B) 0.78m   (C) 0.86m   (D) 1.60m

解析:

① 查得有角石英砂的 $m_0 = 0.43$；$\varphi = 0.78$。

② 代入卡曼康采尼公式求得：

$h_0 = 180 \times 0.0131 \div 981 \times (1-0.43)^2 \div 0.43^3 \times (1 \div 0.78 \div 0.076)^2 \times 110 \times (500 \div 3600 \div 52 \times 100) = 82.12(\mathrm{cm})$。

③ $6.4 - 4.8 - 82.12 \div 100 = 0.78$。

答案选【B】。

4.12.2 配水均匀性、冲洗水头损失等相关计算

4.12-2. 某水厂现有普通快滤池一座，分为 4 格，每格过滤面积 $F = 48\mathrm{m}^2$，更换滤料时每格重新装填粒径 $d = 0.6 \sim 1.2\mathrm{mm}$ 的石英砂滤料重 $G = 63.36\mathrm{t}$，商品石英砂密度 $\rho_s = 2.64\mathrm{g/cm}^3$。水的密度 $\rho = 1.0\mathrm{g/cm}^3$，则单水冲洗滤料层处于流态化时的水头损失是下列哪项？【2021-3-7】

(A) 0.98m   (B) 0.82m   (C) 0.79m   (D) 0.59m

解析:

① 理解为题干所求水头损失为滤层膨胀起来后的值，故水头损失公式为 $h = [(\rho_s - \rho)/\rho] \cdot (1-m)L$。

② 单独分析式中的 $(1-m)L = [(1-m)L \cdot (F\rho_s)]/(F\rho_s) = [(1-m)L \cdot F \cdot \rho_s]/(F\rho_s) = G/(F\rho_s)$。

③ 由前述分析代入得 $h = [(2.64-1)/1] \times [(63.36 \times 1000)/(48 \times 2.64 \times 1000)] = 0.82(\mathrm{m})$。

答案选【B】。

4.12-3. 某城镇水厂新建一座颗粒活性炭吸附滤池，炭滤层厚 1600mm，单水冲洗膨胀后滤层厚 2000mm。活性炭选用吸附孔容积为 0.65mL/g 的大孔煤质破碎炭，容重 $507.3\mathrm{kg/m}^3$，真密度 $\rho_2 = 0.89\mathrm{g/cm}^3$。假定活性炭湿水后渗入颗粒内部的毛细水充满吸附孔不再流出，湿水前后活性炭颗粒体积不发生变化，水的密度 $\rho = 1.0\mathrm{g/cm}^3$，则按理论计算，单水冲洗滤料层处于流态化时的水头损失（m）是下列哪一项？【2021-4-5】

(A) 0.427   (B) 0.493   (C) 0.641   (D) 0.739

解析:

因题干告知"湿水前后活性炭颗粒体积不发生变化"，故可知湿活性炭颗粒间的孔隙率与干活性炭颗粒间的孔隙率是一样的，因此可直接求干活性炭颗粒间的孔隙率 m_0 当作湿活性炭颗粒间的孔隙率。

① 求活性炭颗粒内部渗入毛细水之后的真密度 $\rho_{sss} = (0.89 + 0.89 \times 0.65 \times 1)/1 = 1.4685$ $(\mathrm{g/cm}^3)$。

② 由题意知，炭滤层在膨胀前厚度（原厚度）L_0 为 1600mm，此时的表观密度 $C = $

$507.3 kg/m^3$；又有碳颗粒未渗入水时的真密度 $\rho_s = 0.89 g/cm^3$。

③ 由表观密度与真密度的关系式，$C = (1 - m_0) \cdot \rho_s$，代入参数并换算单位得：$507.3 = (1 - m_0) \times 0.89 \times 1000$，故可求得碳滤层膨胀前的 $(1 - m_0) = 507.3/890$。

④ 由滤层膨胀后水头损失公式（注意碳颗粒内部已经渗入了水），$h = [(\rho_{sss} - \rho)/\rho] \cdot (1 - m_0) \cdot L_0$，代入求得 $h = 0.427$（m）。

答案选【A】。

4.12-4. 在某滤池大阻力配水系统中，已知干管和支管的进口平均流速分别为 1.0m/s 和 1.5m/s。若滤池反冲强度为 $11 L/(m^2 \cdot s)$，为取得反冲水量均匀度 97% 的效果，则开孔比宜为下列哪项？（μ 取 0.62）【2023-4-6】

(A) 0.20%　　　　(B) 0.23%　　　　(C) 0.25%　　　　(D) 0.28%

解析：

$97\% = \{(11^2 \div 100 \times 0.62^2 \times \alpha^2) \div [(11^2 \div 100 \times 0.62^2 \times \alpha^2) + 1^2 + 1.5^2]\}^{0.5}$，

解得 $\alpha = 0.24665$。

答案选【C】。

4.12.3 滤池反洗滤速、强制滤速、分格等有关计算

4.12-5. 一组均匀级配粗砂滤料池分 6 格，等水头变速过滤运行一段时间后，第 1 格至第 6 格滤池滤速依次为：$v_1 = 10m/h$，$v_2 = 9m/h$，$v_3 = 8m/h$，$v_4 = 7m/h$，$v_5 = 6m/h$，$v_6 = 5m/h$。当第 6 格滤池停止过滤进行反冲洗时，第 5 格滤池因故障也停止过滤，问第 1 格滤池因第 5 格滤池故障导致的强制滤速增加的百分数与以下哪项最接近？【2020-3-5】

(A) 11.97%　　　　(B) 15.00%　　　　(C) 17.65%　　　　(D) 19.13%

解析：

需注意题干所问的是第 5 格滤池"事故时第 1 格的强制滤速"比"没有事故时第 1 格的强制滤速"增加的百分数。

① 事故时，$10 \times [(10 + 9 + 8 + 7 + 6 + 5) \div (10 + 9 + 8 + 7)] = 13.235$。

② 没有事故时，$10 \times [(10 + 9 + 8 + 7 + 6 + 5) \div (10 + 9 + 8 + 7 + 6)] = 11.25$。

③ 增加的百分数 $= [(13.235 - 11.25)/11.25] \times 100\% = 17.65\%$。

答案选【C】。

4.12-6. 某城镇水厂建造了一座处理水量为 12 万 m^3/d 的变水头等速过滤滤池，设计滤速 ≥8.0m/h，水厂自用水占 6%。当第一格滤池检修时，用水泵抽取出水总渠清水，以 $15 L/(m^2 \cdot s)$ 冲洗强度冲洗第二格时，其他几格滤池滤速从 9.6m/h 变为 11.2m/h，则该组滤池单格最大过滤面积应为下列哪项？【2021-3-6】

(A) 38m^2　　　　(B) 75m^2　　　　(C) 80m^2　　　　(D) 90m^2

解析：

① 设滤池组分格数为 N，由题意知：$(N-1) \times 9.6 = (N-2) \times 11.2$，解得 $N = 8$。

② $F = [120000/24] \div 11.2 \div (8-2) = 74.4$（$m^2$）。

③ 校核题干其他条件：清水流量需满足反冲洗流量，则需 $F \times 15 \times 3.6 \leqslant 120000 \div$

24，即还需 $F \leqslant 93m^2$。

④ 综上，单格面积 $F = 74.4m^2$（结合选项，近似为 $75m^2$）。

答案选【B】。

4.12-7. 一组设计平均滤速为 $8.00m/h$ 的移动滤池，分为均匀的 6 格。已知其中 $N^{\#}$、$M^{\#}$ 两个滤格，两者实时运行滤速分别为 $11.70m/h$ 和 $3.40m/h$。当 $M^{\#}$ 格反冲洗后的过滤滤速为 $12.40m/h$ 时，按滤格滤速成比例分配原则计算，届时 $N^{\#}$ 滤格的滤速相比在 $M^{\#}$ 滤格反冲时 $N^{\#}$ 滤格的强制滤速的降低值宜为下列哪项（m/h）?【2023-3-7】

(A) 3.25　　　　(B) 3.91　　　　(C) 4.97　　　　(D) 12.40

解析：

① 题干中"按滤格滤速成比例分配原则"的本意为："届时 $N^{\#}$ 格的滤速占届时滤池组除开 $M^{\#}$ 之外的滤速之和的比例"等于"当前 $N^{\#}$ 格的滤速占当前滤池组除开 $M^{\#}$ 之外的滤速之和的比例"。

② 由前述列式有，$N^{\#}_{届时} \div (6 \times 8 - 12.4) = N^{\#}_{当前} \div (6 \times 8 - 3.4)$，解得 $N^{\#}_{届时} = 9.34(m/h)$。

③ 当 $M^{\#}$ 反冲洗时，$N^{\#}$ 格的强制滤速 $= 11.7 \times [48 \div (48 - 3.4)] = 12.59(m/h)$。

④ 降低值 $= 12.59 - 9.34 = 3.25$（m/h）。

答案选【A】。

4.12-8. 一座等水头变速过滤滤池，其单格过滤面积为 $70m^2$。当第 1 格滤池滤速为 $7.20m/h$、第 2 格滤池滤速为 $10.00m/h$，用水泵抽取出水总渠清水以 $15L/(m^2 \cdot s)$ 冲洗强度冲洗第 1 格滤池时，第 2 格滤池滤速变成了 $11.50m/h$，则这座滤池过滤水量（m^3/h）为下列哪一项?【2024-4-7】

(A) 3360　　　　(B) 3864　　　　(C) 4060　　　　(D) 4667

解析：

① 设滤池组各格正常滤速之和为 $\sum v_i$。

② $11.5 \div 10 = (\sum v_i) \div (\sum v_i - 7.2)$，解得 $\sum v_i = 55.2(m/h)$。

③ 这座滤池过滤水量 $Q = (\sum v_i)F = 55.2 \times 70 = 3864(m^3/h)$。

答案选【B】。

4.13　城市给水处理工艺系统和水厂设计

4.13-1. 某水厂净水流程为：原水井提升→折板絮凝池→平流沉淀池→V 型滤池→中间提升→臭氧活性炭→清水池→吸水井→二级泵房。假设原水井和吸水井的最低水位分别为 $12.8m$ 和 $16.8m$。V 型滤池至清水池重力流超越管水头损失取 $0.6m$。清水池有效水深取 $4.5m$，不计清水池内的水头损失。在其余相关构筑物及其连接管水头损失均取最大估值时，原水井至絮凝沉淀池设计提升所需克服的水位高差至少为多少（m）?【2020-4-7】

(A) 8.8　　　　(B) 13.3　　　　(C) 13.6　　　　(D) 14.8

解析：

考虑净水流程从超越管走时，整个水力流程为重力自流：

（注意题干要求不计清水池水头损失）

$16.8+0.3+4.5+0.6+2.5+0.5+0.3+0.1+0.5-12.8=13.3$（m）。

答案选**【B】**。

4.13-2. 某水厂采用折板絮凝平流沉淀池＋V型滤池常规处理工艺，构筑物布置中絮凝沉淀池与清水池叠合建设。已知水厂絮凝池进水标高为8.86m，二级泵房吸水井最低水位－0.64m，在清水池有效水深4.20m的条件下，滤池可利用的水头损失为多少（m）？【2023-4-7】

注：各构筑物及连接管水头损失值（m）见下表：

水力絮凝池	机械絮凝池	沉淀池	絮凝池→沉淀池	沉淀池→滤池	滤池→清水池	清水池→吸水井
0.5	0.1	0.3	0.1	0.5	0.5	0.3

　　（A）3.10　　　　　（B）3.50　　　　　（C）3.80　　　　　（D）3.90

解析：

$(8.86-0.5-0.1-0.3-0.5)-(-0.64+0.3+4.2+0.5)=3.1$（m）。

答案选**【A】**。

4.14　与离子交换有关的专题

4.14-1. 某圆柱形离子交换器采用强酸性H离子交换树脂，初始全交换容量为1250mmol/L。进水水质：$[Ca^{2+}]=100$mg/L、$[Mg^{2+}]=24$mg/L、$[Na^+]=23$mg/L。离子交换截面流速采用20m/h，交换容量实际利用率取70%，树脂层高度为1.7m。如该离子交换器继续用于软化，自除盐泄漏时间起计，则软化工作最大时长宜为多少小时（h）？（原子量为Ca：40，Mg：24，Na：23）【2020-3-8】

　　（A）1.16　　　　　（B）1.33　　　　　（C）1.52　　　　　（D）1.90

解析：

钙、镁、钠的当量浓度分别为 $100/(40/2)=5$mmol/L，$24/(24/2)=2$mmol/L，$23/23=1$mmol/L。

令交换树脂的横截面积为 Fm²。

树脂从开始离子交换至漏硬的时间为：$F\times1.7\times1250\times70\%\div[F\times20\times(5+2)]=10.625$（h），

树脂从开始离子交换至漏盐的时间为：$F\times1.7\times1250\times70\%\div[F\times20\times(5+2+1)]\approx9.30$（h），

自除盐泄漏开始至硬度泄漏的反应时间为：$10.625-9.30\approx1.33$（h）。

答案选**【B】**。

4.14-2. 某水厂拟采用石灰-苏打法对水质进行软化，水质指标见下表。若考虑苏打的纯度为99.5%，则每吨水所需苏打的计算投加量宜为多少（g/m^3）？（不考虑苏打过剩量）【2020-4-6】

指标	Ca^{2+}	Mg^{2+}	SO_4^{2-}	Na^+	K^+	Cl^-	Fe^{2+}	游离二氧化碳	碱度（以CaO计）
浓度（mg/L）	112.0	6.0	116.0	12.7	11.7	10.7	未检出	2.5	118.5

（原子量为Ca：40，Mg：24，S：32，H：1，C：12，O：16，Na：23，K：39，Fe：56）

(A) 99.61　　　　　(B) 128.90　　　　　(C) 144.88　　　　　(D) 199.22

解析：

计算各粒子的当量：[Ca]=112÷20=5.6，[Mg]=6÷12=0.5，$[HCO_3]$=118.5÷28=4.23。

由化学反应方程可知，非碳酸盐硬度的当量有多少，就需投加多少当量的苏打。

苏打投加量=(5.6+0.5-4.23)×[(46+60)/2]÷0.995=99.61(g/m^3)。

答案选【A】。

4.14-3. 已知某一地区井水的pH为7.2，硬度由Ca^{2+}，Mg^{2+}构成，其水质分析资料如下：镁离子浓度=30mg/L，HCO_3^-=366mg/L，非碳酸盐硬度为50mgCaCO₃/L，此外，游离CO_2=1.1mg/L，若采用石灰软化，不计混凝剂投加量和铁的影响，若石灰过剩余量取0.1mmol/L，试估算软化$1m^3$水投加纯度为90%的石灰量是下列哪项？【2021-4-6】

(A) 145g　　　　　(B) 207g　　　　　(C) 214g　　　　　(D) 238g

解析：

① 由题干H_n=50/50=1；既然存在H_n，说明H_t>[碱度HCO_3]，因此H_c=[碱度HCO_3]=366/61=6。

② H_t=H_n+H_c=1+6=7。

③ [Mg]=[30/12]=2.5。

④ H_t=[Ca]+[Mg]=[Ca]+2.5，故[Ca]=4.5。

⑤ 假想结合：$[Ca(HCO_3)]$=4.5；$[Mg(HCO_3)]$=6-4.5=1.5。

⑥ 代入求石灰当量的公式，[CaO]=(1.1/22)+4.5+2×1.5+0.1=7.65。

⑦ 纯度为90%的石灰的质量=7.65×28÷90%=238。

答案选【D】。

本题注意点：求CO_2的当量时其当量粒子的摩尔质量是22；石灰余量0.1mmol/L由答案反推可知其已经是当量（或者题干没说时，默认为当量）。

4.14-4. 某锅炉用水的给水水源原水的水质分析结果：Ca^{2+}=40mg/L，Mg^{2+}=30mg/L，Na^+=46mg/L，Fe^{2+}=5.6mg/L，Al^{3+}=0.90mg/L，pH=7.5。设计采用Na离子交换树脂去除水中硬度。假设通过预处理将水中的Fe^{2+}和Al^{3+}去除，此时，离子交换树脂工作交换容量较未进行预处理时增加的比例是下列哪项？（原子量，Ca：40，Mg：24，Na：23，Fe：56，Al：27）【2022-4-7】

(A) 2.22% (B) 4.44% (C) 6.25% (D) 6.67%

解析：

先求得各离子的当量：$[Ca^{2+}]=2$，$[Mg^{2+}]=2.5$，$[Fe^{2+}]=0.2$，$[Al^{3+}]=0.1$。

① 设理想情况下可用容量（工作容量）为 1 个单位。

② 设预处理时，该 1 个单位的容量皆用于软化，即工作交换容量为 1 个单位，记为 M。

③ 不设预处理时，可用容量中各离子的占比为，$[Ca^{2+}]:[Mg^{2+}]:[Fe^{2+}]:[Al^{3+}]$ $=2:2.5:0.2:0.1$，也即用于软化的比例为 $1\times(2+2.5)/(2+2.5+0.2+0.1)=4.5/4.8$ 个单位，记为 N。

④ $[(M-N)\div N]\times100\%=[M\div N-1]\times100\%=[4.8\div4.5-1]\times100\%=6.67\%$。

答案选【D】。

4.14-5. 有一井水水质分析资料如下：pH=7.5，总硬度（以 $CaCO_3$ 计）=410.50mg/L，其中：钙硬度（以 $CaCO_3$ 计）=260mg/L，镁硬度（以 $CaCO_3$ 计）=160mg/L，Na^+=69mg/L，K^+=39mg/L，碱度（以 $CaCO_3$ 计）=280mg/L，SO_4^{2-}=264mg/L，Cl^-=14.56mg/L，准备采用石灰-苏打药剂软化，取石灰过剩量 0.2mmol/L、CO_3^{2-} 过剩量 1.2mmol/L，不计混凝剂投加量。估算每天软化 100m^3 水需要投加 90% 纯度的苏打（Na_2CO_3）多少 kg？（原子量，Ca：40；Na：23；Mg：24；C：12；S：32；O：16）【2023-3-6】

(A) 9.48 (B) 16.55 (C) 23.56 (D) 24.79

解析：

① $[Ca]=260/50=5.2$，$[Mg]=160/50=3.2$，$[HCO_3^-]=280/50=5.6$，$[H_n]=5.2+3.2-5.6=2.8$。

② 由题意，计算石灰实际投加量、苏打实际投加量时，分别在其理论值的基础上再额外考虑过剩量 0.2meq/L、1.2meq/L。

③ 苏打投加量的理论值=$[H_n]$=2.8meq/L。

④ 苏打投加量的实际值=$[2.8+1.2]\times53\div0.9\times100\times1000\div1000000=23.56$(kg)。

答案选【C】。

4.14-6. 某含硬度和碱度地下水的部分水质分析结果为：pH=7.2，总硬度（以 $CaCO_3$ 计）=300mg/L，HCO_3^-（以 $CaCO_3$ 计）=320mg/L；阳离子只有 Ca^{2+}、Mg^{2+} 和 Na^+，阴离子只有 HCO_3^-、SO_4^{2-} 和 Cl^-。采用强酸氢离子交换器+强碱钠离子交换器并联的处理工艺进行软化。当氢离子交换器流量是钠离子交换器 2 倍时，处理工艺系统的二氧化碳除碳器出水为中性（不考虑剩余碱度）。试计算地下水中阳离子的总当量离子浓度（mmol/L）为下列哪一项？（原子量，Ca：40；Na：23；Mg：24；C：12；S：32；O：16）【2024-3-7】

(A) 6.0 (B) 6.4 (C) 9.6 (D) 12.8

解析：

① $[HCO_3^-]=320\div50=6.4$。

② $Q_H/Q_{Na}=[HCO_3^-]\div[SO_4^{2-}+Cl^-]=2$，解得 $[SO_4^{2-}+Cl^-]=3.2$。

③ 阳离子总当量＝阴离子总当量＝6.4＋3.2＝9.6。

答案选【C】。

4.15 冷却塔设计计算

4.15.1 冷却塔效率计算

4.15-1. 某工业冷却水系统配置机械通风冷却塔，冷却塔进水温度为43℃，出水水温35℃，当地空气干球温度28℃，空气湿球温度26℃，则该冷却塔效率为多少？【2020-3-2】

(A) 88.2%   (B) 60.0%   (C) 53.3%   (D) 47.1%

解析：

根据冷却塔效率公式：$(43-35)÷(43-26)×100\%=47.1\%$。

答案选【D】。

4.15-2. 某循环水系统采用逆流机械通风冷却塔，冷却塔进水温度37℃，出水温度32℃，当地设计干球温度31℃，设计湿球温度29℃。该冷却塔的冷却效率是下列哪项？【2021-4-7】

(A) 40.0%   (B) 62.5%   (C) 75.0%   (D) 83.3%

解析：

$(37-32)/(37-29)=0.625=62.5\%$。

答案选【B】。

4.15-3. 某冷却塔的冷却效率系数 $\eta=55\%$，实际冷幅宽 $\Delta t=5.5℃$，进入冷却塔的热水温度38℃。试问当地空气湿球温度（℃）为以下哪项？【2023-3-8】

(A) 20.9   (B) 22.5   (C) 28   (D) 32.5

解析：

$5.5÷(38-\tau)=55\%$，

$\tau=28℃$。

答案选【C】。

4.15.2 有关冷却塔的计算

4.15-4. 某风筒式逆流冷却塔的冷却数是1.5，该塔淋水填料的容积散质系数为20000kg/(m³·h)，进入冷却塔热水流量1000kg/s，填料高度为1.25m，进风口面积与淋水面积之比为0.4。若淋水填料的装填按完整圆柱考虑，横截面积按完整圆形计，则冷却塔进风口面积最接近以下哪一项？[水的比热取4.187kJ/(kg·℃)]【2022-3-8】

(A) 87m²   (B) 158m²   (C) 216m²   (D) 270m²

解析：

① 设计工况点时，$N'=N=1.5=20000×V÷(1000×3600)$，解得 $V=270$（m³）。

② 淋水面积 $F_m=V÷1.25=216$（m²）。

③ 进风口面积＝$216×0.4=86.4$（m²）。

答案选【A】。

4.16　循环冷却水处理相关计算

4.16-1. 某循环冷却水系统采用逆流式机械通风冷却塔，循环冷却水量为 $400\text{m}^3/\text{h}$，冷却塔设计进水温度 37℃，设计出水温度 32℃，设计湿球温度 28℃，设计浓缩倍数为 5，风吹损失水量占循环水量的 0.1%，试计算设计环境气温为 30℃时系统的补充水量为下列哪项？【2021-3-8】

(A) $6.75\text{m}^3/\text{h}$　　(B) $5.25\text{m}^3/\text{h}$　　(C) $3.75\text{m}^3/\text{h}$　　(D) $0.50\text{m}^3/\text{h}$

解析：

$Q_{\text{m}} = Q_{\text{e}} \cdot N/(N-1) = [k \cdot \Delta t \cdot Q_{\text{r}}] \cdot N/(N-1) = [0.0015 \times (37-32) \times 400] \times 5/4 = 3.75(\text{m}^3/\text{h})$。

答案选【C】。

4.16-2. 某开式循环冷却水系统的循环冷却水量为 $600\text{m}^3/\text{h}$，浓缩倍数 N 为 5.0，机械通风冷却塔进出水温差为 16℃，进塔气温为 25℃。该冷却塔的排污水量（m^3/h）为下列哪一项？（风吹损失水量 Q_{w} 按循环冷却水量的 0.012% 计）【2024-3-8】

蒸发损失系数 k						
进塔气温（℃）	−10	0	10	20	30	40
$k(1/℃)$	0.008	0.0010	0.0012	0.0014	0.0015	0.0016

(A) 2.62　　(B) 2.71　　(C) 2.81　　(D) 3.41

解析：

① 由题干表格内插得 25℃的气温系数 $k=0.00145(1/℃)$。

② $Q_{\text{b}}=0.00145\times16\times600\div(5-1)-0.012\%\times600=3.41(\text{m}^3/\text{h})$。

答案选【D】。

第5章 排水工程专业案例题

本章知识点题目分布统计表

小节	考点名称		2020～2024年题目统计	
			题目数量	比例
5.1	污水管渠系统流量计算		4	5.33％
5.2	污水管渠系统水力计算		4	5.33％
5.3	雨水管渠系统设计流量计算		4	5.33％
5.4	合流制排水管渠及截流井设计		5	6.67％
5.5	雨水调蓄池设计		8	10.67％
5.6	排水泵站设计		1	1.33％
5.7	城镇污水的物理处理方法设计计算	5.7.1 沉砂池设计计算	4	5.33％
		5.7.2 沉淀池设计计算	7	9.33％
		小计	11	14.67％
5.8	活性污泥法相关计算	5.8.1 曝气池容积计算	1	1.33％
		5.8.2 污泥回流比计算	1	1.33％
		5.8.3 污泥量计算	1	1.33％
		小计	3	4.00％
5.9	曝气系统相关计算	5.9.1 曝气量计算	2	2.67％
		小计	2	2.67％
5.10	SBR工艺计算		2	2.67％
5.11	生物膜法处理设计计算		3	4.00％
5.12	脱氮除磷工艺设计计算		7	9.33％
5.13	消毒工艺设计及深度处理工艺选择		1	1.33％
5.14	污泥处理工艺设计计算	5.14.1 污泥运输	1	1.33％
		5.14.2 污泥浓缩	3	4.00％
		5.14.3 污泥消化	5	6.67％
		小计	9	12.00％
5.15	工业废水处理	5.15.1 化学处理	7	9.33％
		5.15.2 物化处理	4	5.33％
		小计	11	14.67％
合计			75	100％（四舍五入）

5.1　污水管渠系统流量计算

5.1-1. 某城区面积 55hm²，人口密度 400 人/hm²，居民平均日生活污水量为 110L/(人·d)，有两座公共建筑，平均日污水量分别为 2L/s 和 3L/s，有两个工厂，废水设计流量分别为 20L/s 和 40L/s，则该城区污水管道设计总流量最接近下列的哪一项？【2022-4-8】

(A) 72L/s
(B) 93L/s
(C) 123L/s
(D) 132L/s

解析：

① 平均日综合生活污水量：$Q = \dfrac{55 \times 400 \times 110}{24 \times 3600} + 5 = 33$（L/s）。

② 内插法求总变化系数：$\dfrac{40-15}{2.1-2.4} = \dfrac{33-15}{K_Z-2.4} \Rightarrow K_Z = 2.18$。

③ 该城区污水管道设计总流量：$Q_h = 33 \times 2.18 + 60 = 132$（L/s）。

答案选【D】。

5.1-2. 一条污水管道需要接纳如图所示的两个街区的生活污水，A 街区面积为 7hm²，B 街区的面积在扣除了街区内三甲医院面积后为 5hm²，根据设计的基础资料，A、B 街区的人口密度为 450 人/hm²，居民生活污水量定额为 140L/(人·d)，医院污水经院内处理达到《医疗机构水污染物排放标准》GB 18466—2005 的预处理标准后排向 2 号检查井，排出的污水量为 12L/s。则 1-2 管段和 2-3 管段的污水设计流量分别为下列哪项？【2020-3-10】

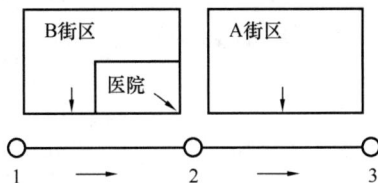

(A) 3.65L/s，18.66L/s
(B) 3.65L/s，20.76L/s
(C) 9.86L/s，20.75L/s
(D) 9.86L/s，34.67L/s

解析：

① 本题医院根据题意应按集中流量考虑：

$Q_{1-2平均} = 5 \times 450 \times 140 \div 86400 = 3.65$L/s，查表 $K_Z = 2.7$，

$Q_{1-2设计} = 3.65 \times K_1 = 3.65 \times 2.7 = 9.86$(L/s)。

② $Q_{2-3平均} = 12 \times 450 \times 140 \div 86400 = 8.75$(L/s)，查表 $K_Z = 2.59$，

$Q_{2-3设计} = 8.75 \times 2.59 + 12 = 34.66$(L/s)。

答案选【D】。

5.1-3. 某地区综合生活污水定额为 200L/(人·d)，居民生活污水定额为 180L/(人·d)，该地区总人口为 10000 人，则该地区综合生活污水设计流量最接近哪项数值？
【2021-3-9】

(A) 23L/s
(B) 30L/s
(C) 40L/s
(D) 53L/s

解析：

① 平均日综合生活污水量＝200×10000÷86400＝23.15（L/s）。

② 内插总变化系数：$\dfrac{40-15}{2.1-2.4}=\dfrac{23.15-15}{K_Z-2.4}\Rightarrow K_Z=2.30$。

③ 设计综合生活污水流量＝23.15×2.30＝53.25（L/s）。

答案选【D】。

5.1-4. 某工厂按一天 3 班制平均分配时间，一般车间最大班职工人数为 30 人，最大班使用淋浴的职工数为 15 人，热车间最大班职工人数为 20 人，最大班使用淋浴的职工数为 10 人，该工厂生产过程中单位产品的废水量为 10L/单位产品，产品平均日产量为 2000件，全天生产，总变化系数为 1.8，则该工厂设计工业废水流量最接近下列哪一项？【2022-3-9】

(A) 0.80L/s　　　(B) 0.90L/s　　　(C) 1.73L/s　　　(D) 11.53L/s

解析：

$$Q_3=Q_1+Q_2=\frac{A_1\,B_1\,K_1+A_2\,B_2\,K_2}{3600\,T_1}+\frac{C_1\,D_1+C_2\,D_2}{3600\,T_2}+\frac{mM\,K_3}{3600\,T_3}$$

$$=\frac{30\times25\times3+20\times35\times2.5}{3600\times8}+\frac{15\times40+10\times60}{3600\times1}+\frac{2000\times10\times1.8}{3600\times24}$$

$$=0.1389+0.333+0.41667=0.9(\text{L/s})。$$

答案选【B】。

5.2　污水管渠系统水力计算

5.2-1. 某拟设计污水管道 $W_2\sim W_3$ 设计流量为 820L/s，敷设在地形平坦地段；其上游设计管道 $W_1\sim W_2$ 敷设在地面坡度为 1.31‰地段，设计流量为 800L/s、管径 900mm、流速为 2.88m/s、管道坡度 1.31‰、充满度 0.45；均采用钢筋混凝土管材。下述关于设计管段 $W_2\sim W_3$ 的设计水力计算结果哪项较合理？写出分析过程。【2020-4-8】

(A) 管径 800mm、流速 3.77m/s、管道坡度 2.62‰、充满度 0.45

(B) 管径 900mm、流速 3.34m/s、管道坡度 1.9‰、充满度 0.41

(C) 管径 1100mm、流速 2.0m/s、管道坡度 0.5‰、充满度 0.45

(D) 管径 1000mm、流速 1.87m/s、管道坡度 0.4‰、充满度 0.55

解析：

① $W_2\sim W_3$ 的设计流量为 820L/s，该管段地面平坦，排除选项 A、B，因为选项 A、B 的管道设计坡度比地面坡度大很多，会增加很大埋深，不经济。

② 查《常用手册 2025》复核选项 C、D 均满足流量要求，选项 C 采用大管径、大坡度和小充满度的做法是很不经济的，选项 D 综合更经济合理。

答案选【D】。

分析：

$W_1\sim W_2$ 是大坡度，$W_2\sim W_3$ 是小坡度，故 W_2 处不会发生回水。选项 C 可以考虑在 W_2 处做一点跌水，以满足下游水面不超过上游。

5.2-2. 已知某街区污水管纵断面图。起点埋深 h 为 0.6m，街区污水管起点检查井处地面标高 Z_2 为 214.6m，收集该街区的街道污水管起点检查井处地面标高 Z_1 为 214.5m，该街区污水管和连接支管的坡度 I 均为 1.5‰，总长度 L 为 100m，连接支管与街道污水管的管内底高差 ΔH 为 0.1m，则该街道污水管道起点的最小埋设深度 H 应为多少（m）？【2021-4-9】

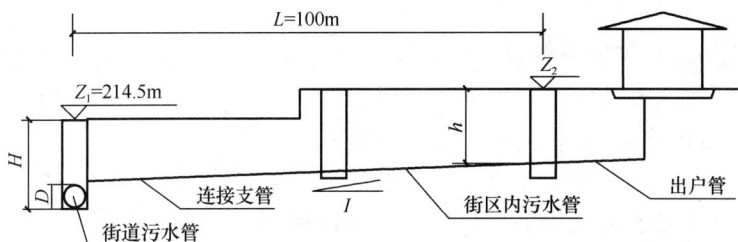

(A) 0.65   (B) 0.75   (C) 0.85   (D) 0.95

解析：

最小埋设深度：$214.5-(214.6-0.6-100\times0.0015-0.1)=0.75$（m）。

答案选【B】。

分析： 本题未告知街道污水管管径，故无法根据规范中的最小覆土来复核最小埋深。

5.2-3. 如图，某城市污水管道上游管道内径为 500mm，设计充满度 0.48，管内底标高 218.00m；污水支管内径为 300mm，设计充满度 0.50，管内底标高 218.25m；下游管道内径为 600mm，设计充满度 0.60。该检查井内下游内径 600mm 管道内底设计标高（m）不应高于下列哪一项？【2023-3-9】

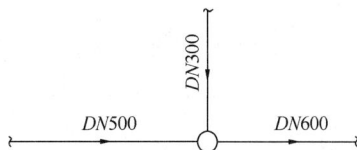

(A) 218.04   (B) 217.95

(C) 217.90   (D) 217.88

解析：

① DN500 管道水面标高 $=0.5\times0.48+218=218.24$（m）。

② DN300 管道水面标高 $=0.3\times0.5+218.25=218.4$（m）。

③ 按水面平接计算下游管道内底设计标高 $=218.24-0.6\times0.6=217.88$（m）。

答案选【D】。

5.2-4. 污水干管 1-2 管段采用顶管方式下穿城市道路，管长、管径和坡度如图所示。1-2 管段设计充满度为 0.28，1 号井上游和 2 号井下游管道设计充满度均为 0.6。1 号井内上游管内底标高为 200.00m，2 号井内下游管道内底设计标高（m）最高不应高于以下哪一项？【2024-4-8】

(A) 198.92   (B) 199.32   (C) 199.40   (D) 199.48

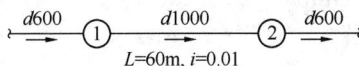

解析：

上游采用管底平接，下游采用水面平接：$200-60\times0.01+0.28-0.36=199.32$（m）。

答案选【B】。

5.3 雨水管渠系统设计流量计算

5.3-1. 某街坊雨水排水系统设计如图所示，各设计管段的汇水面积标注在图上（单位：hm^2）。各管段长度为：$L_{1-2}=150m$，$L_{3-2}=250m$，$L_{2-4}=200m$，管道内水流速度为：$v_{1-2}=1.0m/s$，$v_{3-2}=0.8m/s$，$v_{2-4}=1.2m/s$。计算管道 2-4 雨水设计流量最接近下列哪一项？（取管段起端作为设计断面，设计重现期为 3 年，径流系数取 0.5，地面集水时间 $t_1=10min$，该城市暴雨强度公式为：$q=21.154(1+\lg P)/(t+18.768)^{0.784}$）【2022-4-10】

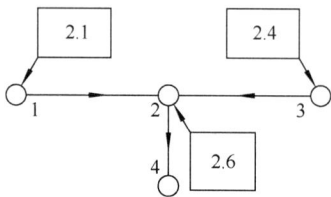

(A) 4.6L/s   (B) 7.0L/s   (C) 8.5L/s   (D) 21.6L/s

解析：

① 1-2 管段的管道流行时间 $=\dfrac{150}{1.0\times60}=2.5$（min）。

② 3-2 管段的管道流行时间 $=\dfrac{250}{0.8\times60}=5.2$（min）。

③ 按面积法计算，取最远点集水时间作为降雨历时：$5.2+10=15.2$（min）。

④ 2-4 管段雨水设计流量：

$$Q=\varphi Fq=0.5\times(2.1+2.4+2.6)\times\dfrac{21.154\times(1+\lg3)}{(15.2+18.768)^{0.784}}=7.0(\text{L/s})。$$

答案选【B】。

5.3-2. 某街坊雨水排水系统设计如图所示，各设计管段的汇水面积及汇入点已标注在图上（单位：hm^2）。各管段长度为：$L_{1-2}=150m$，$L_{3-2}=250m$，$L_{2-4}=200m$，管道内水流速度为：$V_{1-2}=1.0m/s$，$V_{3-2}=0.8m/s$，$V_{2-4}=1.2m/s$。按面积叠加法计算，管道 2-4 雨水设计流量最接近下列哪一项？（设计重现期为 3 年，径流系数取 0.5，地面集水时间 $t_1=10min$，暴雨强度公式：$q=21.154(1+\lg P)/(t+18.768)^{0.784}$）【2023-3-10】

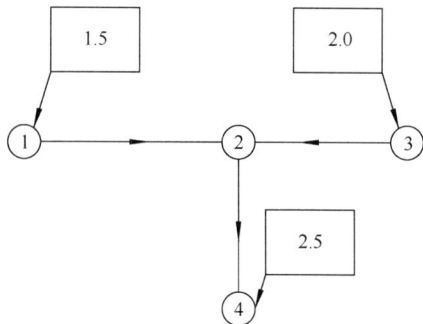

(A) 3.45L/s   (B) 4.20L/s   (C) 4.53L/s   (D) 5.91L/s

解析：

① $t_{1-2}=150\div60\div1=2.5$（min）；$t_{2-3}=250\div60\div0.8=5.2$（min）。

② $Q=0.5\times(1.5+2.0)\times\dfrac{21.154\times(1+\lg3)}{(10+5.2+18.768)^{0.784}}=3.45$（L/s）。

答案选【A】。

5.3-3. 某城市道路雨水口服务车行道汇水面积为 $420m^2$，综合径流系数按 0.9 计算，根据雨水管渠设计重现期和雨水口集水时间得出的设计暴雨强度为 $357L/(s \cdot hm^2)$，该雨水口的最小设计流量（L/s）最接近下列哪一项？【2024-3-9】

(A) 13.49　　　(B) 14.99　　　(C) 20.24　　　(D) 96.70

解析：

根据《排水标准》5.7.2 条，应考虑 1.5 倍～3.0 倍的安全系数。

$Q = \Psi q F K = 0.9 \times 420 \div 10000 \times 357 \times 1.5 = 20.24$（L/s）。

答案选【C】。

5.3-4. 雨水管渠设计重现期为 3 年，甲乙两个雨水口的设计地面集水时间分别为 5min 和 15min。该地区降雨的雨型如下图所示，某场雨从早上 9:00 开始，分析预测甲、乙两个雨水口各自最大径流量发生的时间点是下列哪一项？【2024-4-10】

(A) 9:05，9:15　　　　　　　(B) 9:30，9:30
(C) 9:30，9:35　　　　　　　(D) 9:30，9:40

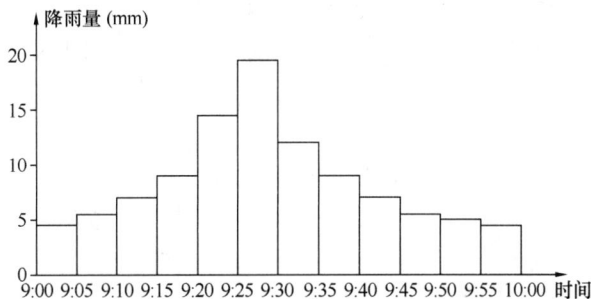

解析：

按地面集水时间内的累计降雨量最大来选择最大径流量发生的时间点。

按 5min 内的降雨量累计值计算，甲雨水口最大径流量发生的时间点 9:30。

按 15min 内的降雨量累计值计算，乙雨水口最大径流量发生的时间点 9:35，故 C 正确。

答案选【C】。

5.4　合流制排水管渠及截流井设计

5.4-1. 已知某合流制管道第一个溢流井上游服务面积中雨水设计流量 $Q_{r上} = 15.4L/s$，生活污水的平均流量为 $Q_{s上} = 2.2L/s$，总变化系数为 1.2，工业废水最大班的平均流量为 $Q_{i上} = 1.3L/s$，工业废水最大班的最大流量为 $Q_{i上} = 1.8L/s$；溢流井下游服务面积中雨水设计流量 $Q_{r下} = 16.7L/s$，生活污水的平均流量为 $Q_{s下} = 2.4L/s$，总变化系数为 1.3，工业废水最大班的平均流量为 $Q_{i下} = 1.2L/s$，工业废水最大班的最大流量为 $Q_{i下} = 1.5L/s$；截流倍数取 3。则该溢流井上游及下游管渠中的流量为下列哪项？【2020-3-9】

（A）19.34L/s，34.30L/s （B）18.90L/s，34.30L/s

（C）19.84L/s，39.08L/s （D）18.90L/s，35.32L/s

解析：

① 截流井上游设计流量＝15.4＋2.2＋1.3＝18.90（L/s）。

② 截流井下游设计流量＝（3＋1）×（2.2＋1.3）＋16.7＋2.4＋1.2＝34.3（L/s）。

答案选【B】。

5.4-2. 已知某合流制管道第一个溢流井上游服务面积中雨水设计流量 $Q_{r\text{上}}$＝15.4L/s，综合生活污水的平均流量为 $Q_{t\text{上}}$＝2.2L/s、总变化系数为 1.2，工业废水最大班的平均流量为 $Q_{j\text{上}}$＝1.3L/s，工业废水最大班的最大流量为 $Q_{r\text{上}}$＝1.8L/s；溢流井下游服务面积中雨水设计流量 $Q_{r\text{下}}$＝16.7L/s，综合生活污水的平均流量为 $Q_{r\text{下}}$＝2.4L/s、总变化系数为 1.3，工业废水最大班的平均流量为 $Q_{r\text{下}}$＝1.2L/s，工业废水最大班的最大流量为 $Q_{r\text{下}}$＝5L/s，截流倍数取 3；则该溢流井上游及下游管渠的设计流量（L/s）分别为下列哪组数据？【2021-4-10】

（A）19.34、34.30 （B）19.84、39.08 （C）18.90、34.30 （D）18.90、35.32

解析：

① 截流井上游设计流量＝15.4＋2.2＋1.3＝18.90（L/s）。

② 截流井下游设计流量＝（3＋1）×（2.2＋1.3）＋16.7＋2.4＋1.2＝34.3（L/s）。

答案选【C】。

5.4-3. 如图所示，某合流管道通过槽堰结合式截流井排入截污干管，截流管为 $d300$，设计截流量为 $360\text{m}^3/\text{h}$，槽深（H_2）为 150mm，修正系数 k 取值 1.2，堰高（H_1）计算值和以下哪一项最接近？【2022-3-10】

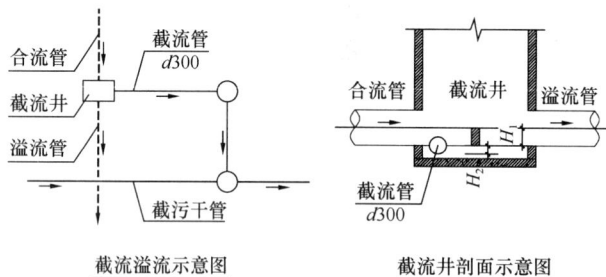

截流溢流示意图   **截流井剖面示意图**

（A）470mm （B）423mm （C）552mm （D）556mm

解析：

① 假设：$\dfrac{H_1}{H_2}>1.3$，$Q_j=360\text{ m}^3/\text{h}=100\text{L/s}$，

$H=(4.08Q_j+69.9)k=(4.08\times100+69.9)\times1.2=573.48$（mm）。

② $H_1=H-H_2=573.48-150=423.48$（mm）。

③ $\dfrac{H_1}{H_2}=\dfrac{423.48}{150}=2.82>1.3$，满足假设。

答案选【B】。

5.4-4. 某污水处理厂厂区内排水系统设计为截流式合流管道，厂区内综合污水（包括生活污水、水池放空水、污泥脱水等）和雨水经合流管道排至进水井前的截流井，截流的合流污水进入污水处理系统，溢流水排到厂区外河道。厂区内综合污水设计流量为3.0L/s，雨水设计流量为20L/s，截流倍数为3。求雨季设计流量下溢流排入河道的合流污水设计流量（L/s）为下列哪项数值？【2023-4-13】

(A) 8　　　　　　(B) 11　　　　　　(C) 17　　　　　　(D) 20

解析：

溢流的合流污水设计流量 $Q=20+3-(3+1)\times 3=11$（L/s）。

答案选【B】。

5.4-5. 某城镇设有一条合流制排水管道，如图所示，图中 2、3、4 为溢流井，流域内各管段参数见下表，则管段 3-4 的设计流量（L/s），为下列哪一项？【2024-3-10】

(A) 865　　　　　(B) 935　　　　　(C) 975　　　　　(D) 1045

合流管道	本段设计综合生活污水量 Q_d（L/s）	本段设计工业废水量 Q_m（L/s）	本段雨水设计流量 Q_s（L/s）	截流倍数 n_0
1-2	20	10	400	2 号井：3.0
2-3	25	15	500	3 号井：3.0
3-4	35	20	600	4 号井：2.0

解析：

$Q=(3+1)\times(30+40)+55+600=935$（L/s）。

答案选【B】。

5.5　雨水调蓄池设计

5.5-1. 南方某城市计划在分流制雨水管网系统末端建设调蓄池储存初期雨水，以控制面源污染。设计调蓄初期 8mm 的降雨量，汇水面积为 600hm²，综合径流系数为 0.4，调蓄池安全系数为 1.2，排放效率为 0.6，雨水调蓄池重力排入污水处理厂，当放空时间设定为 16h 时，污水处理厂设计流量增加量为下列哪项？【2020-4-10】

(A) 1440m³/h　　(B) 2000m³/h　　(C) 2400m³/h　　(D) 3400m³/h

解析：

$$Q'=\frac{V}{T\eta}=\frac{10DF\psi\beta}{T\eta}=\frac{10\times 8\times 600\times 1.2\times 0.4}{16\times 0.6}=2400(\text{m}^3/\text{h})。$$

答案选【C】。

5.5-2. 重庆市拟建面积 $122hm^2$ 的海绵城市示范区，该示范区改造前后的综合径流系数分别为 0.8 和 0.25，其中某地块面积 $42520m^2$，拟采用平均深度为 150mm 的下沉式绿地对该地块的雨水进行调蓄，如不考虑绿地的下渗量，则该地块下沉式绿地的最小面积最接近下列哪项？【2020-4-9】

(A) $1481m^2$ (B) $1807m^2$ (C) $2261m^2$ (D) $4740m^2$

解析：

① 改造后径流系数为 0.25，重庆市（Ⅲ区）年径流总量控制率 75%～85%，最低为 75%，查《海绵城市建设技术指南》附录的 $H=20.9mm$。

② $V=10H\varphi F=10\times20.9\times4.252\times0.25=222.2$（$m^3$）。

③ $A=V\div h=222.2\div0.15=1481$（$m^2$）。

答案选【A】。

分析：参考《海绵城市建设技术指南》，调蓄容积按改造后的径流系数进行计算。

5.5-3. 某地区为合流制排水系统，该区的汇水面积为 $50000m^2$，综合径流系数为 0.75，截流倍数为 2，拟采用调蓄池对该地区进行径流污染控制，调蓄时间取 0.5h，截流调蓄系统设计降雨强度为 6mm/h，旱流污水当量降雨强度为 1.5mm/h，安全系数取 1.2，该调蓄池的有效容积最接近下列哪项？【2022-4-9】

(A) $68m^3$ (B) $75m^3$ (C) $90m^3$ (D) $180m^3$

解析：

① $i=6-2\times1.5=3mm$，

根据《城镇径流污染控制调蓄池技术规程》CECS 416：2015 3.2.2条，$i\geqslant4mm$。

② $V=it\psi F\beta=4\times0.5\div1000\times50000\times0.75\times1.2=90$（$m^3$）。

答案选【C】。

5.5-4. 若合流制排水系统，原截流倍数为 2，截流井前、后的旱流污水流量分别为 $0.045m^3/s$，$0.1m^3/s$，现将截流井改造为调蓄池，该合流制排水系统雨天溢流污水水质在单次降雨事件中无明显初期效应，调蓄池建成运行后的截流倍数为 4，安全系数为 1.5，则该调蓄池的设计有效容积最接近下列哪项？【2021-3-10】

(A) $1080m^3$ (B) $972m^3$ (C) $486m^3$ (D) $243m^3$

解析：

$V=3600t(n-n_0)Q_{dr}\beta=3600\times1\times(4-2)\times0.045\times1.5=486(m^3)$。

答案选【C】。

分析：调蓄池进水时间，当合流制排水系统雨水溢流污水水质在单次降雨事件中无明显初期效应时，宜取上限（1h）；反之，可取下限（0.5h）。

5.5-5. 某生物滞留设施如图所示，该设施宽度为 20m，长度为 30m，两边未放坡为垂直设计，深度为 4m，设计有效水位高度为 3m；该设施设计进水量为 $2500m^3$，土壤渗透系数 K 为 24m/d，水力坡降 J 为 1，渗透时间 t_s 为 2h。则该生物滞留设施的有效调蓄容积 V_s（m^3）为下列哪项？【2021-4-8】

(A) 500　　　　　　(B) 700

(C) 1000　　　　　　(D) 1300

解析：

① 渗透量：

$W_p = KJA_s t_s = 24 \div 24 \times 1 \times 2 \times (20 \times 30 +$
$2 \times 30 \times 1.5 + 2 \times 20 \times 1.5) = 1500 \text{m}^3$。

② 调蓄量：$2500 - 1500 = 1000$（m^3）。

答案选【C】。

分析： 渗透设施的有效渗透面积：(1) 水平渗透面按投影面积计算；(2) 竖直渗透面按有效水位高度的 1/2 计算；(3) 斜渗透面按有效水位高度的 1/2 所对应的斜面实际面积计算；(4) 地下渗透设施的顶面积不计。

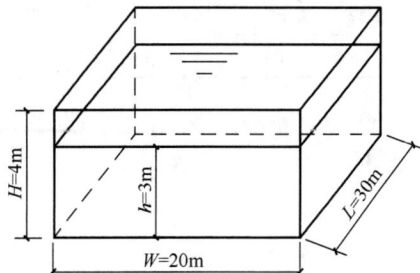

5.5-6. 某地区为合流制排水系统，该区的汇水面积为 40000m^2，综合径流系数为 0.7，截流倍数为 3，拟采用调蓄池对该地区进行径流污染控制，调蓄时间取 0.5h，截流调蓄系统设计降雨强度为 7mm/h，旱流污水当量降雨强度为 1.5mm/h，安全系数取 1.3，该调蓄池的有效容积（m^3）最接近下列哪项？【2023-4-8】

(A) 46　　　　　(B) 56　　　　　(C) 73　　　　　(D) 146

解析：

① $i = 7 - 3 \times 1.5 = 3.5 \text{mm}$，

根据《城镇径流污染控制调蓄池技术规程》CECS 416：2015 中 3.2.2 条，$i \geqslant 4\text{mm}$。

② $V = it\psi F\beta = 4 \times 0.5 \div 1000 \times 40000 \times 0.7 \times 1.3 = 72.8$（$\text{m}^3$）

答案选【C】。

5.5-7. 某建筑小区内设置一座生物滞留设施，该设施宽度为 20m，长度为 30m，两边未放坡为垂直设计，深度为 4m，设计有效水位高度为 3m；该设施设计进水量为 300m^3，土壤渗透系数 K 为 1×10^{-6}m/s，综合安全系数 α 为 0.8，水力坡降 J 为 1，渗透时间 t_s 为 24h。该生物滞留设施的储存水量 V_s 最接近下列哪项（m^3）？【2023-4-9】

(A) 231　　　　　(B) 238　　　　　(C) 249　　　　　(D) 259

解析：

① 渗透量：

$W_p = KJA_s t_s = 1 \times 10^{-6} \times 1 \times (20 \times 30 + 2 \times 30 \times 1.5 + 2 \times 20 \times 1.5) \times 24 \times 3600 \times 0.8$
$= 51.84$（m^3）。

② 调蓄量：$300 - 51.84 = 248.16$（m^3）。

答案选【C】。

5.5-8. 某地块由两种下垫面组成，对应的径流系数分别为 0.9 和 0.3，面积分别为 400m^2 和 200m^2。在地块外设置一个生物滞留设施控制径流。要是地块的年径流总量控制率达到 80%，滞留设施的设计径流体积（m^3）控制规模（安全系数按 1.0 计取）的最小值最接近以下哪一项？（注：年径流总量控制率对应的设计降雨量见下表）【2024-4-9】

年径流总量控制率	65%	70%	75%	80%	85%	90%
设计降雨量（mm/d）	15.3	18.1	21.9	26.8	33.4	43.8

(A) 16.08　　　　(B) 12.02　　　　(C) 11.26　　　　(D) 8.04

解析：

$(0.9 \times 400 + 0.3 \times 200) \times 26.8 \div 1000 = 11.26$（m³）

答案选【C】。

5.6　排水泵站设计

某城市污水泵房平均流量为 0.58m³/s，工作扬程 15.0m，当水泵和电机的综合效率由 80%提高至 82%时，该泵房每天 24h 不间断运行一年可节约用电量（kWh）最接近下列哪项数值？【2023-4-10】

(A) 35260　　　　(B) 22780　　　　(C) 18980　　　　(D) 18630

解析：

$$W = \frac{\rho Q H t}{102 \eta_1 \eta_2} = \frac{1000 \times 0.58 \times 15}{102} \times 365 \times 24 \times \left(\frac{1}{0.8} - \frac{1}{0.82} \right) = 22780 \text{（kWh）}.$$

答案选【B】。

5.7　城镇污水的物理处理方法设计计算

5.7.1　沉砂池设计计算

5.7-1. 某城镇污水处理厂旱流设计流量为 2000m³/h，暴雨时设计流量为 3500m³/h。设计 2 座旋流沉砂池。问下列哪组设计数据合理？写出分析计算过程。【2020-3-11】

(A) 沉砂池直径 2.8m，有效水深 1.8m　　　(B) 沉砂池直径 3.0m，有效水深 1.8m
(C) 沉砂池直径 3.5m，有效水深 1.6m　　　(D) 沉砂池直径 4.0m，有效水深 1.0m

解析：

① $A = \dfrac{3600 Q_{max}}{q} = \dfrac{3500}{2 \times (150 \sim 200)} = 8.75 \sim 11.67$（m²），$D = 3.34 \sim 3.85$（m），选项 C 合适。

② 校核池径与池深比 $= 3.5 \div 1.6 = 2.2$，满足规范 2.0～2.5 的要求。

③ 校核停留时间 $T = \dfrac{V}{Q} = \dfrac{2 \times 1.6 \times 3.14 \times 1.75 \times 1.75 \times 3600}{3500} = 31.6$（s）$> 30$（s）。

答案选【C】。

分析：

① 提升泵站、格栅和沉砂池应按雨季设计流量计算。

② 参考《排水标准》7.4.4 条：

(a) 停留时间不应小于 30s；

(b) 设计水力表面负荷宜为 150～200m³/(m²·h)；

(c) 有效水深宜为 1.0～2.0m，池径与池深比宜为 2.0～2.5。

5.7-2. 某城市污水处理厂，旱季设计流量为 1 万 m^3/d，雨季截流倍数为 2，经论证拟设计 2 格平流沉砂池。关于平流沉砂池每格池长（L）、池宽（b）和有效水深（h）的设计，下列哪一项最合理？【2022-3-11】

(A) $L=13.5m$，$b=0.6m$，$h=0.6m$　　　(B) $L=15m$，$b=0.6m$，$h=0.7m$

(C) $L=14.0m$，$b=0.8m$，$h=0.8m$　　　(D) $L=15m$，$b=0.5m$，$h=1.2m$

解析：

① 平流沉砂池应按雨季流量设计：

总有效容积：$V=Q_{max}t=(2+1)\times10000\div86400\times45=15.625$（$m^3$）。

② 选项 A 中总有效容积为 $9.72m^3$，选项 B 中总有效容积为 $12.6m^3$，排除 A、B 选项。

③ 参考《排水标准》7.4.2 条第 3 款，有效水深不应大于 1.5m，每格宽度不宜小于 0.6m。选项 D 中宽度不满足 0.6m，排除 D 选项。

答案选【C】。

5.7-3. 某城市污水处理厂的旱季设计规模为 $43000m^3/d$，雨季进入污水处理厂的雨水量为污水处理厂旱季设计流量的 2 倍，采用平流沉砂池，则沉砂池的设计最小有效容积（m^3）最接近下列哪项？【2023-3-11】

(A) 36　　　　　(B) 68　　　　　(C) 72　　　　　(D) 108

解析：

① 沉砂池容积应按雨季设计流量计算；停留时间不应小于 45s。

② 旱季设计规模为 $43000m^3/d$，查 $K_z=1.6$。

③ $V\geqslant45\times43000\times1.6\times(2+1)\div86400\geqslant107.5$（$m^3$）。

答案选【D】。

5.7-4. 某城镇排水体制为分流制，污水处理厂的污水旱季设计流量 100L/s，平均日综合生活污水量 40L/s，平均日工业废水量 30L/s，雨季截流倍数为 2，雨季沉砂量 $0.03L/m^3$，沉砂含水率 60%。当采用 2 座平流沉砂池，单个沉砂池设计控制的最大沉砂斗容积（m^3）最接近下列哪一项？（不计地下水入渗量）【2024-3-11】

(A) 0.55　　　　　(B) 0.80　　　　　(C) 1.10　　　　　(D) 1.80

解析：

沉砂池的沉砂量应按平均日流量计算：

$$V=\frac{(2+1)\times70\times86400\times0.03\times2}{2\times10^6}=0.544(m^3)$$

答案选【A】。

5.7.2　沉淀池设计计算

5.7-5. 某城镇污水处理厂旱流设计流量为 $4000m^3/h$，暴雨时设计流量为 $9000m^3/h$。进水 $BOD_5=180mg/L$，$TKN=60mg/L$，$SS=180mg/L$。设计 2 座辐流式初次沉淀池，生化系统采用 A^2O 工艺，出水 TN 要求小于 15mg/L。问下列哪组设计数据最合理？写出计算分析过程。【2020-4-11】

(A) 沉淀池直径 30m，有效水深 2.8m　　(B) 沉淀池直径 50m，有效水深 2.5m

(C) 沉淀池直径 32m，有效水深 2.5m　　(D) 沉淀池直径 36m，有效水深 2.4m

解析：

$$D = \sqrt{\frac{4Q_h}{n\pi q}} = \sqrt{\frac{4 \times 4000}{2 \times 3.14 \times (1.5 \sim 4.5)}} = 23.8 \sim 41.2(\text{m}),$$

校核雨季流量的停留时间：

选项 A，$T = \frac{AH}{Q} = \frac{30 \times 30 \times 3.14 \times 2.8}{4 \times 4500} \times 60 = 26.4$ (min) <30 (min)。

选项 C，$T = \frac{AH}{Q} = \frac{32 \times 32 \times 3.14 \times 2.5}{4 \times 4500} \times 60 = 26.8$ (min) <30 (min)。

选项 D，$T = \frac{AH}{Q} = \frac{36 \times 36 \times 3.14 \times 2.4}{4 \times 4500} \times 60 = 32.56$ (min) >30 (min)。

答案选【D】。

分析： 本题应该优先考虑停留时间，雨季流量在初次沉淀池停留 30min 是保证处理效果的关键，而不是校核径深比，径深比影响的是流态。

5.7-6. 某城市污水处理厂处理规模为 150000m³/d，总变化系数为 $K_z = 1.3$，选用 A²O 工艺、辐流式二沉池、周边传动机械刮泥机。下列关于二沉池的设计，哪项最经济合理？【2021-3-12】

(A) $n = 4$ 座，直径 $D = 60$m，刮泥机旋转速度为 1.2r/h

(B) $n = 4$ 座，直径 $D = 50$m，刮泥机旋转速度为 1.0r/h

(C) $n = 6$ 座，直径 $D = 45$m，刮泥机旋转速度为 1.6r/h

(D) $n = 6$ 座，直径 $D = 40$m，刮泥机旋转速度为 2.0r/h

解析：

① 参考《排水标准》7.5.12 条。直径不宜大于 50m，排除选项 A。

②《排水标准》7.5.12 条要求刮泥板旋转速度宜为 1～3r/h，外缘线速度不宜大于 3m/min，

校核 B 选项，$v = \frac{n\pi D}{60} = \frac{1 \times 3.14 \times 50}{60} = 2.62$ (m/min)，满足 7.5.12 条要求，

校核 C 选项，$v = \frac{n\pi D}{60} = \frac{1.6 \times 3.14 \times 45}{60} = 3.77$ (m/min)，不满足 7.5.12 条要求，

校核 D 选项，$v = \frac{n\pi D}{60} = \frac{2 \times 3.14 \times 40}{60} = 4.2$ (m/min)，不满足 7.5.12 条要求。

答案选【B】。

5.7-7. 某城镇采用完全分流制排水系统，其污水处理厂二级处理选用 A²O→辐流式二沉池工艺，设计流量为 2880m³/h，日变化系数为 1.2。已知二沉池的有效水深为 3.5m，进水污泥浓度为 4500mgMLSS/L，污泥回流比 50%。下列关于二沉池的设计哪一种最经济合理（不考虑雨季流量）？【2022-4-11】

(A) $n = 2$ 座，直径 $D = 38$m　　　　　(B) $n = 2$ 座，直径 $D = 48$m

　　(C) $n=4$ 座，直径 $D=24\text{m}$　　　　　　(D) $n=4$ 座，直径 $D=32\text{m}$

解析：

① 根据选项先按 2 座按固体负荷计算：

$$A=\frac{Q\times K_z\times \text{MLSS}\times(1+R)}{nG}=\frac{2880\times24\times4.5\times(1+0.5)}{2\times150}=1555.2(\text{m}^2)，$$

得到 $D\geqslant44.5\text{m}$，排除选项 A，水池直径和有效水深之比宜为 $6\sim12$，$48/3.5=13.7$ 排除选项 B。

② 若为 4 座，$A=1555.2\div2=777.6$（m^2），

得到 $D\geqslant31.47\text{m}$，排除选项 C；校核选项 D，水力负荷也满足要求（不校核也没问题）。

答案选【D】。

分析： 本题并没有交代二沉池是中心进水周边出水还是周边进水周边出水，一般没交代按中心进水周边出水计算，若按周边进水周边出水形式固体负荷不宜超过 $200\text{kg}/(\text{m}^2\cdot\text{d})$。按周边进水周边出水形式计算结果也是只有选项 D 满足。

　　5.7-8. 某污水处理厂生化处理系统为 AO 活性污泥法，设计拟将初沉池污泥和二沉池剩余污泥都通过重力排泥自流排入连续式重力浓缩池处理。初沉池排泥井和二沉池排泥井的设计液位高程分别为 120.0m 和 117.0m，初沉池排泥井和二沉池排泥井到污泥浓缩池的管道总水头损失分别为 2.5m 和 2.0m。求污泥浓缩池的设计液位高程（m）最大值最接近下列哪项？【2023-3-13】

　　(A) 117.5　　　(B) 116.0　　　(C) 115.0　　　(D) 114.0

解析：

① 以初次沉淀池计算：$120-2.5-1.5=116$（m）。

② 以二次沉淀池计算：$117-2-0.9=114.1$（m）。

答案选【D】。

分析：

参考《排水标准》7.5.7 条。当采用静水压力排泥时，初次沉淀池的静水头不应小于 1.5m；二次沉淀池的静水头，生物膜法处理后不应小于 1.2m，活性污泥法处理池后不应小于 0.9m。

　　5.7-9. 某市政污水处理厂，设计规模 $100000\text{m}^3/\text{d}$，总变化系数 1.5，深度处理混凝沉淀段采用高效沉淀池工艺，下列哪一项设计参数取值不合理？写出分析计算过程。【2023-4-12】

　　(A) 混合段总容积 100m^3　　　　　　(B) 絮凝段总容积 1200m^3

　　(C) 沉淀段总面积 160m^2　　　　　　(D) 污泥总回流量 $240\text{m}^3/\text{h}$

解析：

① 混合段：$V=\dfrac{100000\times1.5}{24\times60}\times(0.5\sim2.0)=52\sim208$（$\text{m}^3$）。

② 絮凝段：$V=\dfrac{100000\times1.5}{24\times60}\times(8\sim15)=833\sim1562.5$（$\text{m}^3$）。

③ 沉淀段总面积：$A=\dfrac{100000\times1.5}{24\times(6\sim13)}=480\sim1042$（$m^2$）。

④ 总回流量：$Q=\dfrac{100000\times1.5}{24}\times(3\%\sim6\%)=187.5\sim375$（$m^3/h$）。

答案选【C】。

5.7-10. 某城镇污水处理厂旱季设计流量为 $60000m^3/d$，雨季设计流量为旱季的 1.6 倍。二沉池采用 4 座中心进水周边出水辐流式沉淀池，能够保障处理效果的二沉池表面水力负荷为 $0.6\sim1.5m^3/(m^2\cdot h)$。求二沉池计算直径的最小值（m）为下列哪一项？【2024-3-12】

(A) 36.4　　　　(B) 29.2　　　　(C) 25.7　　　　(D) 23.0

解析：

参考《排水标准》7.1.5 条第 5 款。二级处理构筑物应按旱季设计流量设计，雨季设计流量校核。

$$D=\sqrt{\frac{4Q_h}{n\pi q}}=\sqrt{\frac{4\times60000\times1.6}{4\times3.14\times1.5\times24}}=29.14(m)。$$

答案选【B】。

5.7-11. 某城镇生活污水处理厂设计工艺为格栅→初沉池→A^2O→二沉池，初沉池标高为 $+3.50m$，初沉池至污泥贮泥池管道水头损失为 $3.00m$，二沉池设计标高为 $+2.70m$，二沉池至污泥贮泥浓缩池管道水头损失为 $2.00m$，浓缩池至贮泥池管道水头损失为 $0.50m$，则贮泥池设计最高水位（m）最接近下列哪一项？【2024-4-11】

(A) $+0.50$　　　(B) -0.20　　　(C) -0.70　　　(D) -1.00

解析：

参考《排水标准》7.5.7 条。当采用静水压力排泥时，初次沉淀池的静水头不应小于 1.5m；二次沉淀池的静水头，活性污泥法处理池后不应小于 0.9m。

① 初沉池：$3.5-3-1.5=-1.00$（m）。

② 二沉池：$2.7-2-0.5-0.9=-0.70$（m）。

答案选【D】。

5.8　活性污泥法相关计算

5.8.1　曝气池容积计算

5.8-1. 某城市污水处理厂拟采用活性污泥法处理工艺，旱季设计水量为 4 万 m^3/d，活性污泥系统设计进水 $BOD_5=110mg/L$，要求出水 $BOD_5\leqslant10mg/L$。若曝气池污泥负荷为 $0.25kgBOD_5/(kgMLSS\cdot d)$，曝气池内混合液 MLVSS/MLSS=0.8，活性污泥容积指数 $SVI=100mL/g$，污泥沉降比 $SV=40\%$，计算曝气池容积为多少？【2021-3-13】

(A) $4000m^3$　　　　　　　　　(B) $4400m^3$

(C) $5000m^3$　　　　　　　　　(D) $5500m^3$

解析：

① $X = \dfrac{10SV}{SVI} = \dfrac{10 \times 40}{100} = 4(\text{gMLSS/L})$。

② $V = \dfrac{24Q(S_0 - S_e)}{1000 L_s X} = \dfrac{40000 \times (110 - 10)}{1000 \times 4 \times 0.25} = 4000(\text{m}^3)$。

答案选【A】。

分析： 去除率大于 90%，也可以不考虑出水 S_e，则结果为 4400m³，选项 A、B 均可。

5.8.2　污泥回流比计算

5.8-2. 某城镇污水处理厂设计规模为 100000m³/d，$K_z = 1.5$，污水处理工艺为：平流沉砂池→初沉池→AAO→二沉池→絮凝沉淀过滤→出水排放，实测二沉池回流污泥浓度 $X_r = 15000\text{mg/L}$，混合液浓度 $X = 4000\text{mg/L}$，污泥回流比的理论计算值最接近下列哪一项？【2023-4-11】

　(A) 27%　　　　　(B) 36%　　　　　(C) 40%　　　　　(D) 55%

解析：

污泥回流比：$R = \dfrac{X}{X_r - X} \times 100\% = \dfrac{4000}{15000 - 4000} \times 100\% = 36.4\%$。

答案选【B】。

5.8.3　污泥量计算

5.8-3. 某污水处理厂采用延时曝气活性污泥工艺，设计平均日流量 1 万 m³/d，总变化系数为 1.5，进水 BOD_5 为 180mg/L，SS 为 200mg/L；要求出水 $BOD_5 \leqslant 20\text{mg/L}$，SS $\leqslant 20\text{mg/L}$。曝气池内 MLSS 为 3000mg/L，MLVSS/MLSS = 0.7，污泥龄为 20d。已知污泥产率系数为 0.5kgVSS/kgBOD₅，衰减系数为 0.05d⁻¹，进水 SS 的污泥转化率为 0.6kgMLSS/kgSS，该工艺每日产生的剩余污泥量最接近下列哪一项数值？【2022-3-12】

　(A) 1106kg　　　(B) 1659kg　　　(C) 1880kg　　　(D) 2686kg

解析：

解法 1：

$$\Delta X = YQ(S_0 - S_e) - K_d V X_v + fQ[(SS)_0 - (SS)_e]$$

$$= \left(\dfrac{Y}{1 + K_d \theta_c}\right) Q(S_0 - S_e) + fQ[(SS)_0 - (SS)_e]$$

$$= \left(\dfrac{0.5}{1 + 0.05 \times 20}\right) \times 10000 \times (0.18 - 0.02) + 0.6 \times 10000 \times [0.2 - 0.02] = 1480(\text{kg})$$

此方法是最合理的计算方法但无正确答案。

解法 2：

根据污泥龄定义：$VX = \Delta X \theta_c \Rightarrow V = \dfrac{\Delta X \theta_c}{X}$，

$$\Delta X = YQ(S_0 - S_e) - K_d \dfrac{\Delta X \theta_c}{X} X_v + fQ[(SS)_0 - (SS)_e] \Leftrightarrow$$

$$\Delta X (1 + y K_d \theta_c) = YQ(S_0 - S_e) + fQ[(SS)_0 - (SS)_e] \Leftrightarrow$$

$$\Delta X = \frac{YQ(S_0 - S_e) + fQ\left[(SS)_0 - (SS)_e\right]}{1 + yK_d\theta_c}$$

$$= \frac{0.5 \times 10000 \times (0.18 - 0.02) + 0.6 \times 10000 \times \left[0.2 - 0.02\right]}{1 + 0.7 \times 0.05 \times 20} = 1106(kg)。$$

答案选【A】。

5.9 曝气系统相关计算

5.9.1 曝气量计算

5.9-1. 某城市污水处理厂曝气池设计水量为 10 万 m^3/d，进、出水水质见下表，曝气池 MLSS=4000mg/L，MLVSS=2400mg/L，污泥负荷 L_s=0.1kgBOD$_5$/(kgMLSS·d)，水力停留时间 HRT=12h，污泥龄 SRT=15d。采用橡胶微孔盘曝气，氧利用率 E_A=15%，不考虑反硝化脱氮回收氧量，则曝气池供气量最接近下列哪一项？【2022-3-13】

(A) 505m^3/min (B) 480m^3/min (C) 345m^3/min (D) 306m^3/min

水质指标	COD$_{Cr}$ (mg/L)	BOD$_5$ (mg/L)	TN (mg/L)	TKN (mg/L)	氨氮 (mg/L)	SS (mg/L)
进水（≤）	350	200	50	45	40	200
出水（≤）	50	20	15	5	5	10

解析：

① $V = \frac{24Q(S_0 - S_e)}{1000L_s X} = \frac{100000 \times (200 - 20)}{1000 \times 0.1 \times 4} = 45000(m^3)$。

② $V = QT = 100000 \div 2 = 50000(m^3)$，容积应取大值为 50000$m^3$。

③ $\Delta X_v = \frac{VX_v}{\theta_c} = \frac{50000 \times 2.4}{15} = 8000(kg)$。

④ $O_2 = 0.001aQ(S_0 - S_e) - c\Delta X_v + b\left[0.001Q(N_k - N_{ke}) - 0.12\Delta X_v\right]$

$= 0.001 \times 1.47 \times 100000 \times (200 - 20) - 1.42 \times 8000 + 4.57 \times \left[0.001 \times 100000\right.$

$\left. \times (45 - 5) - 0.12 \times 8000\right] = 28992.8(kg/d)$。

⑤ $G_s = \frac{R_0}{0.28E_A} = \frac{28992.8 \times (1.33 \sim 1.61)}{24 \times 60 \times 0.28 \times 0.15} = 638 \sim 772(m^3/min)$，无答案。

⑥ $G_s = \frac{R}{0.28E_A} = \frac{28992.8}{24 \times 60 \times 0.28 \times 0.15} = 479.4(m^3/min)$。

答案选【B】。

解析：本题出题专家混淆了标准情况下转移到曝气生物反应池混合液的总氧量 R_0 和实际情况下转移到曝气生物反应池混合液的总氧量 R。

5.9-2. 某城镇污水处理厂设计流量为 4×10^4 m^3/d，进水 BOD$_5$ 为 100mg/L，不设初沉池。A^{2}O池好氧区活性污泥浓度 MLSS 为 3000mg/L，其中挥发性固体占 50%，好氧区 BOD$_5$ 去除率为 90%，污泥龄为 15d，污泥总产率系数为 0.7（gMLSS/gBOD$_5$），则 A^{2}O 池好氧区去除有机物的总需氧量（kg/d）最接近下列哪一项？【2024-4-12】

(A) 3500　　　　(B) 2500　　　　(C) 1715　　　　(D) 1250

解析:

① $\Delta X_V = yY_t \dfrac{Q(S_0 - S_e)}{1000} = 0.5 \times 0.7 \times 40000 \times 0.1 \times 0.9 = 1260$ (kg/d)

② $O_2 = 0.001aQ(S_o - S_e) - c\Delta X_V = 0.001 \times 1.47 \times 40000 \times 90 - 1.42 \times 1260 = 3502.8$ (kg/d)

答案选【A】。

5.10　SBR 工艺计算

5.10-1. 某城镇污水处理厂旱季设计流量 30000m³/d，生化系统采用 SBR 工艺，进水 $BOD_5 = 300$mg/L，TKN=50mg/L，TP=7mg/L，出水要求达到《城镇污水处理厂污染物排放标准》GB 18918—2002 中一级 B 要求。设计 BOD-容积负荷取为 0.3kgBOD_5/(m³·d)。下列哪组 SBR 反应池设计数据最合理? 写出计算分析过程。【2020-3-12】

(A) 反应时间 5.0h，反应器池容积 144000m³

(B) 反应时间 10h，反应器池容积 72000m³

(C) 反应时间 7.2h，反应器池容积 100000m³

(D) 反应时间 5.0h，反应器池容积 48000m³

解析:

① 参考《排水标准》7.6.36 条。仅需除磷时充水比宜为 0.25～0.5，需脱氮时充水比宜为 0.15～0.3。

② $t_R = \dfrac{24mS_0}{1000XL_s} = \dfrac{24mS_0}{1000L_V} = \dfrac{24 \times (0.15 \sim 0.3) \times 300}{1000 \times 0.3} = 3.6 \sim 7.2$(h)，排除选项 B。

③ $t = t_R + t_s + t_d + t_b > 5.0 + 1 + (1 \sim 1.5) + t_b, t > 7 \sim 7.5$(h)，

由于周期数要取整数，周期时间可设计为 8h，每天运行 3 个周期。

④ 反应时间 5.0h，对一个充水比为 0.2083，

$V = \dfrac{Q \div n}{m} = \dfrac{30000 \div 3}{0.2083} = 48008$(m³)。

答案选【D】。

分析:

① 若反应时间为 7.2h，$t = t_R + t_s + t_d + t_b > 7.2 + 1 + (1 \sim 1.5) + t_b, t > 9.2 \sim 9.7$h，由于周期数要取整数，周期时间可设计为 12h，每天运行 2 个周期。则每个周期的闲置时间为 2.5～2.8h，这样长的闲置时间太浪费，本身也不合理。

② 反应时间为 7.2h，反算充水比为 0.3，$V = \dfrac{Q \div n}{m} = \dfrac{30000 \div 2}{0.3} = 50000$(m³)。

5.10-2. 某城市污水处理厂选用 SBR 工艺，平均日污水量为 1.2 万 m³/d，总变化系数 K 为 1.2，进水 $BOD_5 = 200$mg/L，要求出水 $BOD_5 \leq 10$mg/L。SBR 工艺污泥负荷为 0.1kgBOD_5/(kgMLSS·d)，采用 2 组共 6 池，超高 0.5m，充水比为 0.2，MLSS 为 4000mg/L，沉淀时间 1h，排水时间 1.2h，闲置时间 0.2h。求单池池体有效容积（m³）

最接近下列哪项数值?【2021-4-11】

(A) 250   (B) 400   (C) 2000   (D) 2400

解析:

① $t_R = \dfrac{24S_0 m}{1000 L_s X} = \dfrac{24 \times 200 \times 0.2}{1000 \times 0.1 \times 4} = 2.4(h)$。

② $T = 2.4 + 1 + 1.2 + 0.2 = 4.8(h)$,每天周期数 $= 24 \div 4.8 = 5$。

③ $V = \dfrac{Q}{m} = \dfrac{12000 \times 1.2}{5 \times 6 \times 0.2} = 2400(m^3)$。

答案选【D】。

5.11 生物膜法处理设计计算

5.11-1. 某小镇污水处理厂,设计污水量为 $10000m^3/d$,拟采用高负荷生物滤池处理工艺,设计进水 BOD_5 为 $250mg/L$,出水 BOD_5 为 $30mg/L$,碎石滤料高度取 $2m$。该地区污水冬季平均温度为 $10℃$,年平均气温为 $2℃$。求该处理厂高负荷生物滤池滤料最小总体积最接近下列哪项?【2020-4-13】

(A) $1500m^3$ (B) $2100m^3$ (C) $2800m^3$ (D) $4000m^3$

解析:

① 进水 BOD_5 浓度大于 $200mg/L$,应回流处理水进行稀释,稀释后进水浓度为:

$S_a = \alpha S_e = 2.5 \times 30 = 75(mg/L)$。

② 回流稀释倍数:$n = \dfrac{S_0 - S_a}{S_a - S_e} = \dfrac{250 - 75}{75 - 30} = 3.89$。

③ 滤池容积:$V = \dfrac{Q(n+1)S_a}{1000 \times L_V} = \dfrac{10000 \times (3.89+1) \times 75}{1000 \times 1.8} = 2038(m^3)$,最接近选项 B。

④ 滤池面积:$A = \dfrac{Q(n+1)S_a}{1000 \times L_A} = \dfrac{10000 \times (3.89+1) \times 75}{1000 \times 2.0} = 1834(m^2)$,

滤池容积:$V = 1834 \times 2 = 3668(m^3)$,最接近选项 D。

⑤ 滤池面积:$A = \dfrac{Q(n+1)}{L_q} = \dfrac{10000 \times (3.89+1)}{36} = 1358(m^2)$,

滤池容积:$V = 1358 \times 2 = 2716(m^3)$,最接近选项 C。

应按三种方法校核后,取最大值,综合为选项 D。

答案选【D】。

5.11-2. 污水处理厂旱季设计污水量 $Q = 100000m^3/d$,二级生化系统出水水质为 $SS20mg/L$,氨氮 $5mg/L$,$TN30mg/L$,该厂拟提标改造使出水可用于景观环境用水。设计 4 格(座)反硝化生物滤池去除 TN,滤料层高 $3.5m$。要求进水容积负荷不大于 $3kgNO_3\text{-}N/(m^3 \cdot d)$(以滤料计),采用气水联合反冲洗,反冲洗空气强度为 $15L/(m^2 \cdot s)$,单格滤池设计最小气冲空气量最接近下列哪项?【2021-3-11】

(A) $40m^3/min$ (B) $50m^3/min$

(C) $80m^3/min$　　　　　　　　　　(D) $160m^3/min$

解析：

① 容积负荷计算：$V = \dfrac{Q \times S_{NO_3\text{-}N}}{1000L_V} = \dfrac{100000 \times (30-5)}{1000 \times 3} = 833.3(m^3)$。

② $A = \dfrac{V}{4h} = \dfrac{833.3}{4 \times 3.5} = 59.5(m^2)$。

③ 水力负荷计算：$A = \dfrac{Q}{4q} = \dfrac{100000}{24 \times 4 \times 12} = 86.8(m^2)$。

④ $Q = Aq = 86.8 \times 15 \times 60 \div 1000 = 78.12(m^3/min)$。

答案选【C】。

分析： 参考《排水标准》7.8.21 条。后置反硝化生物滤池表面水力负荷 $8.0 \sim 12.0m/h$。

5.11-3. 某城市生活污水旱季设计流量 $8750m^3/d$，$BOD_5 \leqslant 100mg/L$，$TN \leqslant 30mg/L$；工业废水旱季设计流量 $5000m^3/d$，$BOD_5 \leqslant 150mg/L$，$TN \leqslant 15mg/L$，处理后水质要达到 $BOD_5 \leqslant 40mg/L$，$TN \leqslant 25mg/L$。地下水水位低，不计算地下水渗入量。拟采用生物接触氧化工艺进行处理，填料层高度 3m，实验确定碳氧化去除 BOD_5 负荷为 $2.0kgBOD_5/(m^3 \cdot d)$，碳化硝化去除负荷为 $0.5kgBOD_5/(m^3 \cdot d)$。设计的填料总体积（m^3）最接近下列哪项？【2021-4-12】

(A) 540　　　　(B) 750　　　　(C) 2150　　　　(D) 3000

解析：

① $BOD_5 = \dfrac{8750 \times 100 + 5000 \times 150}{8750 + 5000} = 118.2(mg/L)$，

$TN = \dfrac{8750 \times 30 + 5000 \times 15}{8750 + 5000} = 24.5(mg/L) < 25(mg/L)$，不需要脱氮。

② $V = \dfrac{(8750 + 5000) \times (118.2 - 40)}{2 \times 1000} = 538(m^3)$。

答案选【A】。

注：校核停留时间 2h 所对应的体积为 $1146m^3$，无合适选项，本题未考虑校核。

5.12　脱氮除磷工艺设计计算

5.12-1. 某城镇污水处理厂拟采用 A^2O 生物脱氮除磷工艺。旱季设计污水量为 $10000m^3/d$，进水 BOD_5、TKN 分别为 $250mg/L$、$38mg/L$，要求出水 $BOD_5 \leqslant 10mg/L$ 和 $TN \leqslant 15mg/L$。已知：污泥的产率系数为 $0.4kgMLSS/kgBOD_5$，脱氮速率为 0.06（$kg\text{-}NO_3\text{-}N$）/（$kgMLSS \cdot d$），好氧区设计污泥泥龄为 15d，污泥浓度为 $3200mg/L$，$MLVSS/MLSS = 0.5$，设计水温 $20℃$。A^2O 系统好氧区及缺氧区容积的计算值最接近下列哪项？【2020-3-13】

(A) $4500m^3$，$900m^3$　　　　　　　(B) $4500m^3$，$1200m^3$

(C) $4000m^3$，$900m^3$　　　　　　　(D) $4000m^3$，$1200m^3$

解析:

① $V_O = \dfrac{Y_t Q (S_0 - S_e) \theta_{co}}{1000 X} = \dfrac{0.4 \times 10000 \times (250 - 10) \times 15}{1000 \times 3.2} = 4500 (\mathrm{m}^3)$。

② $\Delta X_V = Y \dfrac{Q(S_0 - S_e)}{1000} = \dfrac{0.5 \times 0.4 \times 10000 \times (250 - 10)}{1000} = 480 (\mathrm{kg/d})$。

③ $V_n = \dfrac{0.001 Q (N_k - N_{te}) - 0.12 \Delta X_V}{K_{de} X} = \dfrac{0.001 \times 10000 \times (38 - 15) - 0.12 \times 480}{0.06 \times 3.2}$

$\quad = 898 (\mathrm{m}^3)$。

答案选【A】。

5.12-2. 某污水处理厂 $A_N O$ 生化系统前设置初沉池,$A_N O$ 系统原设计出水 $BOD_5 \leqslant$ 20mg/L,好氧区水力停留时间 10h,泥龄 22d。后来运行中要求 $A_N O$ 生化系统出水 $BOD_5 \leqslant 10$mg/L。在进水水质与其他工况参数不变的情况下,好氧区运行控制的污泥浓度应比原设计值至少大多少?【2020-4-12】

(A) 100mg/L (B) 159mg/L (C) 317mg/L (D) 528mg/L

解析:

① $V_O = \dfrac{Y_t Q (S_0 - S_e) \theta_{co}}{1000 X_1} \leftrightarrow X_1 = \dfrac{Y_t Q \theta_{co}}{1000 V_0} (S_0 - S_{e1}) \leftrightarrow X_2 = \dfrac{Y_t Q \theta_{co}}{1000 V_0} (S_0 - S_{e2})$。

② $X_2 - X_1 = \dfrac{Y_t Q \theta_{co}}{1000 V_0} [S_0 - S_{e2} - (S_0 - S_{e1})] = \dfrac{0.3 \times 22 \times 24}{1000 \times 10} \times (20 - 10) =$

0.159(g/L)。

答案选【B】。

分析:

① Y_t——污泥总产率系数 (kgMLSS/kgBOD$_5$),宜根据试验资料确定;无试验资料时,系统有初次沉淀池时宜取 0.3~0.6,无初次沉淀池时宜取 0.8~1.2。最小值 Y_t 取 0.3。

② 本题也可以采用试算法,即自己取一个 S_0 代入。

5.12-3. 某城市污水处理厂平均日设计流量为 100000m^3/d,采用初沉池→缺氧/好氧→二沉池处理工艺,初沉池出水主要指标 $BOD_5 \leqslant 110$mg/L,$SS \leqslant 120$mg/L,$TN \leqslant$ 35mg/L(硝酸盐氮不计),氨氮$\leqslant 20$mg/L;设计二沉池出水主要指标 $BOD_5 \leqslant 10$mg/L,$SS \leqslant 20$mg/L,$TN \leqslant 10$mg/L,氨氮$\leqslant 3$mg/L。设计 $MLSS = 3500$mg/L,污泥回流比 50%。硝化液回流比(%)的设计值最接近下列哪项?【2021-4-13】

(A) 75 (B) 150 (C) 200 (D) 250

解析:

① $R_{总} = \dfrac{\eta_{TN}}{1 - \eta_{TN}} = \dfrac{N_t - N_{te}}{N_{te}} = \dfrac{35 - 10}{10} = 2.5$。

② $R_{内} = R_{总} - R_{污泥} = 2.5 - 0.5 = 2.0$。

答案选【C】。

5.12-4. 某污水处理厂设计流量 $Q = 10$ 万 m^3/d,生物池采用 $A^2 O$ 工艺,进水 BOD_5

=150mg/L，出水 BOD_5=10mg/L，该厂拟采用泥膜复合的 MBBR 工艺进行 A^2O 工艺提标。改造设计参数为：好氧段池容为 $25000m^3$，好氧段总泥龄 10d，污泥产率系数 0.8kgSS/kgBOD$_5$，悬浮污泥浓度 MLSS=3.5g/L，微生物衰减忽略不计。设单位填料等量污泥系数为 $4kgMLSS/m^3$ 填料，则生物池好氧段填料填充比（填料体积/好氧段池容）计算值最接近下列哪项？【2022-4-12】

(A) 15%   (B) 25%   (C) 50%   (D) 60%

解析：

① 污泥龄定义式：$VX = \Delta X \theta_c = YQ(S_0 - S_e)\theta_c$。

② $VX=$ 池内总生物量为悬浮微生物量与附着微生物量之和。

③ $4V_{填料} + 3.5 \times 25000 = 10 \times 0.8 \times 100000 \times (0.15 - 0.01)$，得：$V_{填料}=6125m^3$。

④ 比例 $=6125 \div 25000 \times 100\% = 24.5\%$。

答案选【B】。

5.12-5. 某城镇污水处理厂设计流量 $2 \times 10^4 m^3/d$，采用缺氧-好氧工艺进行生物脱氮，已知夏季水温为 20℃，冬季水温为 12℃，生物反应池进出水 BOD_5 浓度分别为 120mg/L 和 10mg/L，混合液固体平均浓度为 4000mg/L，氨氮浓度为 40mg/L，硝化作用中氮的半速率常数为 1.0mg/L，安全系数为 3，污泥总产率系数为 1.0kgMLSS/kgBOD$_5$。则好氧池的运行泥龄，冬季比夏季多几天的数值，最接近下列哪项？【2023-3-12】

(A) 3   (B) 4   (C) 5   (D) 9

解析：

① 夏季 $\mu = 0.47 \dfrac{N_a}{K_n + N_a} e^{0.098(T-15)} = 0.47 \times \dfrac{40}{41} e^{0.098(20-15)} = 0.748$，

冬季 $\mu = 0.47 \dfrac{N_a}{K_n + N_a} e^{0.098(T-15)} = 0.47 \times \dfrac{40}{41} e^{0.098(12-15)} = 0.342$。

② 夏季 $\theta_{co} = F\dfrac{1}{\mu} = 3 \times \dfrac{1}{0.748} = 4.0(d)$；冬季 $\theta_{co} = F\dfrac{1}{\mu} = 3 \times \dfrac{1}{0.342} = 8.77(d)$。

③ 冬季 θ_{co} − 夏季 $\theta_{co} = 8.77 - 4.0 = 4.77(d)$。

答案选【C】。

5.12-6. 某城镇污水处理厂采用两级 AO 工艺（如图所示），进水 TKN50mg/L，出水 TN10mg/L（全部为 NO_3-N）。假设每一级缺氧区和好氧区都能分别实现完全反硝化和硝化，在外回流比 100% 及碳源充足的情况下，该系统混合液回流比的取值，为下列哪一项？【2024-3-13】

(A) 50%   (B) 100%   (C) 200%   (D) 300%

解析：

每一级缺氧区和好氧区都能分别实现完全反硝化和硝化，进入第二段好氧池的硝酸盐只能是从外回流 $0.5Q$ 带入的 TKN 硝化产生。

$0.5Q \times 50 = (R_内 + 1 + 1) \times 10$，解得 $R = 50\%$

答案选【A】。

5.12-7. 某城镇污水处理厂生物池采用缺氧/好氧（AO）工艺，设计流量 $20000m^3/d$，进水总凯氏氮 50mg/L，出水总氮 15mg/L，设计水温 12℃。经计算，生物池总池容 $12000m^3$，总泥龄 12d，污泥浓度（MLSS）3.5g/L，假设 MLVSS/MLSS＝0.6，20℃的脱氮速率 K_{de} 取 $0.05kgNO_3^- \text{-}N/(kgMLSS \cdot d)$，则缺氧区池容占总池容的比例最接近下列哪一项？【2024-4-13】

(A) 20%　　　　(B) 25%　　　　(C) 30%　　　　(D) 40%

解析：

① $\Delta X_V = y\Delta X = y\dfrac{VX}{\theta_c} = \dfrac{0.6 \times 12000 \times 3.5}{12} = 2100$（kg/d）。

② $K_{de} = 0.05 \times 1.08^{(12-20)} = 0.027$。

③ $V_n = \dfrac{0.001Q(N_k - N_{te}) - 0.12\Delta X_V}{K_{de}X} = \dfrac{0.001 \times 20000 \times (50-15) - 0.12 \times 2100}{0.027 \times 3.5} = 4741(m^3)$。

④ $\dfrac{4741}{12000} \times 100\% = 39.5\%$。

答案选【D】。

5.13　消毒工艺设计及深度处理工艺选择

某污水处理厂二级处理出水拟进行深度处理，深度处理工艺段的进出水水质指标如下表所示，问下列哪一项工艺流程最适用于该厂？并说明适合的理由。【2022-4-13】

(A) 二级处理出水—A^2O 活性污泥法—V 型滤池—活性炭吸附—消毒

(B) 二级处理出水—生物接触氧化池—双层滤料过滤池—消毒

(C) 二级处理出水—硝化曝气生物滤池—活性炭吸附—消毒

(D) 二级处理出水—混凝沉淀—深床反硝化滤池—臭氧氧化—消毒

水质指标	COD_{Cr} (mg/L)	BOD_5 (mg/L)	总氮 TN (mg/L)	SS (mg/L)	总磷 (mg/L)	氨氮 (mg/L)
进水	50	10	15	10	0.5	1.5
出水	30	6	10	5	0.3	1.5

解析：

需要去除总磷、总氮、有机物和 SS，选项 D 最合理。原因分析：利用混凝沉淀主要去除总磷，深床反硝化滤池去除总氮和 SS，臭氧氧化去除剩余难降解的有机物。

答案选【D】。

5.14　污泥处理工艺设计计算

5.14.1　污泥运输

5.14-1. 某处理含截留雨水的城市污水处理厂，旱季污水处理厂浓缩池污泥产量为600m³/h，含水率96%，设计采用2根输泥管输送到厂内污泥脱水间，单根输送管线长200m，每根采用8个90度双盘弯头（$r/R=0.8$）绕过地下构筑物，在输送管道全程管径不变的条件下，该输泥管的最小设计水头损失最接近下列哪一项？【2022-3-14】

(A) 3.0m　　　　(B) 4.3m　　　　(C) 6.3m　　　　(D) 7.5m

解析：

① 旱季单根管道污泥量为300m³/h，雨季污泥量为300×（1+20%）=360（m³/h）。

② 水头损失应按雨季污泥量计算，但旱季管道流速也应满足《排水标准》5.2.8条的要求，经计算管径250mm流速过大，管径350mm会导致旱季流速不满足5.2.8条的1.0m/s的要求。故管径应选择300mm，对应流速为1.415m/s。

③ 沿程水头损失：

$$h_f = 6.82\left(\frac{L}{D^{1.17}}\right)\left(\frac{v}{C_H}\right)^{1.85} = 6.82 \times \left(\frac{200}{0.3^{1.17}}\right) \times \left(\frac{1.415}{61}\right)^{1.85} = 5.28(\text{m})。$$

④ 局部水头损失：$h_e = \varepsilon\dfrac{v^2}{2g} = (8 \times 1.14) \times \dfrac{1.415^2}{2 \times 9.8} = 0.93$（m）。

⑤ 总水头损失=5.28+0.93=6.21（m）。

答案选【C】。

5.14.2　污泥浓缩

5.14-2. 某污水处理厂拟设计2座重力浓缩池浓缩二沉池剩余污泥，进入浓缩池的总污泥量为4000m³/d，含水率为99.4%，浓缩后污泥含水率达97%。问下列浓缩池直径的设计数据哪个最经济合理？【2021-3-14】

(A) 16m　　　　(B) 20m　　　　(C) 28m　　　　(D) 30m

解析：

① $A = \dfrac{QC}{M} = \dfrac{4000 \times 6}{2 \times (30 \sim 60)} = 200 \sim 400$（m²），对应直径为16～22.6m，排除选项C、D。

② 水力负荷 $A = \dfrac{4000}{2 \times 24 \times (0.2 \sim 0.4)} = 208 \sim 417$（m²），直径为16.3～23m，排除选项A。

③ 停留时间：$t = \dfrac{V}{Q} = \dfrac{Ah}{Q} = \dfrac{2 \times 3.14 \times 16 \times 16 \times 4}{4 \times 4000} \times 24 = 9.6$（h），不满足要求。

答案选【B】。

分析：

参考《排水工程2025》，浓缩初沉污泥时，固体负荷可取较大值；浓缩剩余污泥时，应采用较小值。本题直径16m对应的60kg/(m²·d)，20m对应的38.2kg/(m²·d)，选项B更合理。

5.14-3. 某污水处理厂产生剩余污泥量 2000m³/d，污泥含水率 99.6%，采用气浮浓缩，不投加混凝剂，浓缩后污泥浓度达 4%，拟设计 2 个矩形气浮浓缩池，回流比为 3，澄清液的悬浮物浓度为 0.1%，求单个气浮浓缩池气浮区最小设计面积（m²）最接近下列哪一项？（污泥相对密度均按 1 计）【2023-3-14】

(A) 30　　　　(B) 47　　　　(C) 60　　　　(D) 70

解析:

① 按表面负荷计算: $A = \dfrac{Q_0(R+1)}{q} = \dfrac{2000 \times (3+1)}{2 \times 24 \times 3.6} = 46.3(\text{m}^2)$。

② 按固体负荷计算: $A = \dfrac{Q_0 C_0 + Q_1 C_1}{M} = \dfrac{2000 \times 4 + 2000 \times 3 \times 1}{2 \times 24 \times 4.17} = 70(\text{m}^2)$。

答案选【D】。

5.14-4. 将 50m³ 含水率为 99.2% 的污泥和 100m³ 含水率为 98% 的污泥混合后，浓缩至含水率为 96%，则浓缩后污泥总体积（m³）的数值，为下列哪一项？（注：湿污泥相对密度均按 1）【2024-3-14】

(A) 50　　　　(B) 60　　　　(C) 120　　　　(D) 150

解析:

$$V = \frac{50 \times 0.008 + 100 \times 0.02}{0.04} = 60 \ (\text{m}^3)$$

答案选【B】。

5.14.3　污泥消化

5.14-5. 某城镇污水处理厂初沉污泥量为 200m³/d，含水率 95%，污泥中挥发性固体比例为 65%；剩余污泥重力浓缩后为 300m³/d，含水率 97%，污泥中挥发性固体比例为 75%。湿污泥密度均按 1.02g/cm³ 计算。两种剩余污泥混合后进入单级中温厌氧消化池处理，求厌氧消化池进泥含固率和消化池最小总有效容积的合理设计数值最接近下列哪项？【2020-4-14】

(A) 3.8%, 10000m³　　　　　　　　(B) 4.0%, 9100m³

(C) 4.0%, 15000m³　　　　　　　　(D) 3.8%, 22500m³

解析:

① 浓缩前后污泥固体质量不变，浓缩后污泥含固率为:

$$P_{s3} = \frac{Q_1 P_{s1} + Q_2 P_{s2}}{Q_3} = \frac{200 \times (1-0.95) + 300 \times (1-0.97)}{500} = 0.038 = 3.8\%。$$

② 有机负荷对于重力浓缩后的污泥，当消化时间在 20～30d 时，相应的厌氧消化池挥发性固体容积负荷宜采用 0.6～1.5kgVSS/(m³·d)，

$$V = \frac{Q_3 P_{s3} \times \rho \times P_V}{L_{VS}}$$

$$= \frac{200 \times 1020 \times (1-0.95) \times 0.65 + 300 \times 1020 \times (1-0.97) \times 0.75}{1.5}$$

$$= 9010(\text{m}^3)。$$

③ 按停留时间校核 $V = QT = 500 \times 20 = 10000(\text{m}^3)$。

答案选【A】。

5.14-6. 某城市污水处理厂初沉污泥量为 200m³/d，含水率为 95％，挥发性干固体质量浓度为 2.0％；机械浓缩后的剩余污泥量为 300m³/d，含水率为 96％，挥发性干固体质量浓度为 3.0％。两种湿污泥的密度均按 1.02g/cm³ 计算。采用单级中温厌氧消化处理污泥，问消化池最小设计总有效容积最接近下列哪个数值？【2022-4-14】

(A) 5000m³   (B) 8840m³   (C) 10000m³   (D) 15000m³

解析：

① 机械浓缩后的挥发性固体容积负荷不应大于 2.3kgVSS/(m³·d)，

$$V = \frac{200 \times 1020 \times 0.02 + 300 \times 1020 \times 0.03}{2.3} = 5765(\text{m}^3)。$$

② 消化时间宜为 20～30d，最小设计总有效容积：$V = QT = 500 \times 20 = 10000$（m³）。

答案选【C】。

5.14-7. 某城镇污水处理厂厌氧消化池进泥量 1000m³/d，含水率为 97％，进泥中的挥发性有机固体含率为 60％。污泥经消化后挥发性有机固体含率为 40％，消化反应对污泥挥发性有机固体的降解率为 45％。求消化后的干污泥量为消化前干污泥量的百分比最接近下列哪个数值？【2021-4-14】

(A) 89％   (B) 83％   (C) 75％   (D) 60％

解析：

$$W_1 \times 0.6 \times (1 - 0.45) = W_2 \times 0.4 \Rightarrow \frac{W_2}{W_1} = 82.5\%。$$

答案选【B】。

分析： 本题的无机物不守恒，若按无机物计算则会出错，应根据有机物质量守恒解答。

5.14-8. 某污泥处理厂将 150m³/d 含水率为 80％的脱水污泥，与 100m³/d 含水率为 85％的餐厨垃圾混合，进行协同中温厌氧消化，混合污泥的 VSS/SS＝0.7，有机物降解率为 50％，分解有机固体产气率为 0.76m³/kgVSS，每日沼气的产量（m³/d）最接近下列哪一项？（脱水污泥和餐厨垃圾的相对密度按 1 计）【2023-4-14】

(A) 11970   (B) 17100   (C) 23940   (D) 34200

解析：

$V = (150 \times 1000 \times 0.2 + 100 \times 1000 \times 0.15) \times 0.7 \times 0.5 \times 0.76 = 11970$（m³/d）。

答案选【A】。

5.14-9. 某污水处理厂产生 500m³/d、含水率为 90％的机械浓缩污泥，污泥 VSS/SS＝0.6，拟采用热水解→二级中温厌氧消化→板框脱水工艺，综合考虑技术、经济、占地及运行管理因素，下列消化池的设计最合理的是哪一项？写出依据及分析过程。

【2024-4-14】

(A) 一级消化池 1 个、二级消化池 2 个，每个消化池有效容积 2500m³

(B) 一级消化池 2 个、二级消化池 1 个，每个消化池有效容积 2500m³

(C) 一级消化池 1 个、二级消化池 2 个，每个消化池有效容积 3000m³

(D) 一级消化池 2 个、二级消化池 1 个，每个消化池有效容积 4348m³

解析：

① $V_{一级} = \dfrac{500 \times 1000 \times (1-90\%) \times 0.6}{2.8 \sim 5} = 6000 \sim 10714 \ (m^3)$。

② $V_{二级} = Q_t = 500 \times (15 \sim 20) = 7500 \sim 10000 \ (m^3)$。

为了方便运行管理，一级消化池不应少于 2 个，二级消化池可以 1 个，综合选项 B 合理。

答案选【B】。

5.15 工业废水处理

5.15.1 化学处理

5.15-1. 某汽配厂废水流量为 240m³/d，TP 浓度为 18mg/L，出水要求 TP 浓度≤ 3mg/L，拟投加氯化铁除磷。已知液态氯化铁的含量为 40%，溶液密度为 1.3kg/L，根据实验，去除 1mol P 需投加 2.8mol $FeCl_3$，计算每日氯化铁溶液的投加量最接近下列哪项数值？（$FeCl_3$ 分子量为 162.22，P 分子量为 30.97）【2020-4-15】

(A) 78.1L/d   (B) 94.8L/d   (C) 101.5L/d   (D) 156.3L/d

解析：

$\dfrac{240m^3/d \times (18-3) \ mg/L}{30.97g/mol} \times 2.8 = \dfrac{V \times 1.3kg/L \times 10^6 \times 40\%}{162.22g/mol}$

$\Rightarrow V = 0.1015m^3/d = 101.5L/d$。

答案选【C】。

5.15-2. 某食品酿造废水 COD_{Cr} 3000～4000mg/L，BOD_5 1200～1500mg/L，氨氮 100～150mg/L，TP35～45mg/L，pH＝5～6，处理出水要求达到污水综合排放一级标准。拟采用"调节-化学除磷-UASB-CASS-混凝沉淀"组合处理工艺，要求化学除磷单元出水 TP≤5mg/L。选择聚合硫酸铁（PFS）作为化学除磷药剂，现场化学除磷中试结果见下表。根据技术经济性能分析 PFS 最佳投加量应为下列哪项？【2021-4-15】

PFS 投加量（mg/L）	250	300	400	500
TP 去除率（%）	80	95	98.5	96

(A) 250mg/L   (B) 300mg/L   (C) 400mg/L   (D) 500mg/L

解析：

$\dfrac{35-5}{35} = 85.7\%$，$\dfrac{45-5}{45} = 88.9\%$，选项 B 最合理。

答案选【B】。

5.15-3. 某有机工业废水 COD 和 TP 浓度分别为 2000mg/L 和 30mg/L，拟采用"化学除磷-A_pO-絮凝沉淀"工艺，要求处理出水 COD 和 TP 浓度分别不超过 100mg/L 和 0.5mg/L。采用聚合硫酸铁（PFS）进行化学除磷的中试实验结果显示，当 PFS 投加量为 50mg/L、100mg/L、200mg/L 和 300mg/L 时，化学除磷单元出水 TP 分别为 22.5mg/L、18mg/L、9mg/L 和 4mg/L。A_pO 单元 TP 去除率约 60%，絮凝沉淀单元 TP 去除率约 88%。在充分发挥生物和絮凝沉淀除磷作用的情况下，该工艺中化学除磷单元 PFS 的设计投加量最接近下列哪一项？【2022-3-15】

(A) 50mg/L　　　(B) 100mg/L　　　(C) 200mg/L　　　(D) 300mg/L

解析：

① 根据 A_pO 和絮凝沉淀单元的去除率反算 A_pO 反应池进水总磷最高浓度：

$$A_pO \text{ 反应池进水最高浓度} = \frac{0.5}{(1-0.88) \times (1-0.6)} = 10.42 \text{（mg/L）}。$$

② 化学除磷单元 PFS 的设计投加量最接近 200mg/L。

答案选【C】。

5.15-4. 已知工业废水含硫酸浓度 0.10%，平均流量 120m³/h。问中和该废水的生石灰用量，下列哪项最合理？（生石灰纯度按 65% 计）【2020-3-14】

(A) 220kg/h　　　(B) 160kg/h　　　(C) 140kg/h　　　(D) 100kg/h

解析：

① 当用石灰干投法中和含硫酸废水时，K 为 1.5～2.0。

② $M = \dfrac{120 \times 0.1\% \times 1000 \times 0.57 \times (1.5\sim2.0)}{0.65} = 158 \sim 210 \text{（kg/h）}。$

答案选【B】。

5.15-5. 某制药企业日排酸性废水 360m³，含盐酸浓度 0.02g/L，要求出水 pH=6～9，拟在池容 400m³ 调节池内投加含有效 CaO 60%～80% 的生石灰进行中和。求生石灰的最小用量最接近下列哪项数值？【2021-3-15】

(A) 7.3kg/d　　　(B) 7.7kg/d　　　(C) 9.7kg/d　　　(D) 10.2kg/d

解析：

① 根据《排水工程 2025》，当用石灰中和盐酸时，K 为 1.05～1.1，中和 1kgHCl 需消耗 CaO 为 0.77kg。

② $\text{生石灰的最小用量} = \dfrac{360 \times 0.02 \times 1.05 \times 0.77}{0.8} = 7.3 \text{（kg/d）}。$

答案选【A】。

分析： 若考虑 pH 影响，最小投加量对应的 pH 为 6：

$$\text{生石灰的最小用量} = \frac{360 \times \left(\frac{0.02}{36.5} - 10^{-6}\right) \times 36.5 \times 1.05 \times 0.77}{0.8} = 7.26 \text{（kg/d）}。$$

5.15-6. 某工厂废水处理站生化系统出水流量为 1000m³/d，COD_{Cr} 浓度 60mg/L，设计采用臭氧氧化深度处理工艺将 COD_{Cr} 降低到 40mg/L。试验得出去除 $1gCOD_{Cr}$ 需投加 3g 臭氧，臭氧发生器产生的臭氧化空气中臭氧浓度为 $14g/m^3$。求每天需要的臭氧化空气量（m^3/d）最接近下列哪项数值？【2023-3-15】

(A) 13630　　　　(B) 9090　　　　(C) 4550　　　　(D) 4290

解析：

每天需要的臭氧化空气量 $=1.06×1000×(60-40)×3÷14=4543$（$m^3/d$）。

答案选【C】。

5.15-7. 某车间排出含盐酸废水 $1000m^3/d$，废水 pH＝3.5，设计采用 NaOH 中和废水 pH 为 7，计算每天需消耗纯度为 96％的 NaOH 药剂量（kg/d），最接近下列哪一项？（注：HCl 和 NaOH 的分子量分别为 36.5 和 40，反应不均匀系数为 1.2）【2024-3-15】

(A) 11.7　　　　(B) 14.6　　　　(C) 16.0　　　　(D) 17.5

解析：

中和 1kgHCl 需要消耗 1.1kgNaOH

$$V=\frac{10^{-3.5}×36.5×1000×1.1×1.2}{0.96}=15.9（kg/d）。$$

答案选【C】。

5.15.2　物化处理

5.15-8. 某工厂废水 SS 浓度为 800mg/L，水温 30℃。拟采用回流加压气浮法处理。根据实验结果，气固比取 0.015，溶气罐绝对压力为 0.4MPa，加压溶气系统的溶气效率为 0.8，则计算加压溶气水回流比最接近下列哪项？【2020-3-15】

(A) 17％　　　　(B) 23％　　　　(C) 31％　　　　(D) 48％

解析：

① 水温 30℃的 C_a 为 17.70mg/L。

② $R=\dfrac{Q_R}{Q}=\dfrac{\frac{A}{S}×S'}{C_a(fP-1)}=\dfrac{0.015×800}{17.70×(0.8×4-1)}=30.8\%$。

答案选【C】。

5.15-9. 某造纸企业废水含有大量纤维、填料、松香胶状物等，拟采用回流加压气浮法进行处理。已知废水 SS 为 750mg/L，水温 35℃，气固比为 0.015，溶气罐表压为 0.35MPa，加压溶气系统的溶气效率为 0.8，求加压溶气水量占进水量的百分比最接近下列哪一项？【2022-4-15】

(A) 20％　　　　(B) 26％　　　　(C) 36％　　　　(D) 40％

解析：

① 水温 35℃的 C_a 为通过内插可得：16.605mg/L。

② $R=\dfrac{Q_R}{Q}=\dfrac{\frac{A}{S}×S'}{C_a(fP-1)}=\dfrac{0.015×750}{16.605×(0.8×4.5-1)}=26\%$。

答案选【B】。

5.15-10. 某工厂含汞废水量为 $100m^3/d$，经硫化物沉淀处理后，汞浓度仍有 $2mg/L$。拟采用两级串联粉末活性炭吸附池深度处理，要求出水汞浓度 $\leqslant 0.05mg/L$。试验得出粉末活性炭吸附汞的容量为 $1.5mg/g$，第 1 级吸附池去除率为 80%。求两级串联系统的粉末活性炭总投加量（kg/d）最接近下列哪项数值？【2023-4-15】

(A) 25　　　　　(B) 110　　　　　(C) 130　　　　　(D) 140

解析：

$V=100\times1000\times(2-0.05)\div1.5\div1000=130$（kg/d）。

答案选【C】。

5.15-11. 某化工企业产生的废水量为 $1000m^3/d$，设计 2 套部分回流加压溶气气浮处理系统。设计回流比为 30%，空气溶解系数为 0.0243，溶气效率为 0.7。当其他参数不变条件下，溶气罐工作压力从原来的 $0.3MPa$ 提升到 $0.5MPa$ 时，溶气罐溶气量是原溶气量的倍数最接近下列哪一项？【2024-4-15】

(A) 0.60 倍　　　(B) 0.67 倍　　　(C) 1.67 倍　　　(D) 2.00 倍

解析：

根据《化学工业污水处理与回用设计规范》GB 50684—2011 中 5.4 条公式：

$$q_1=\frac{736\cdot K_T\cdot p\cdot Q}{100\cdot\eta}\Leftrightarrow\frac{q_2}{q_1}=\frac{p_2}{p_1}=\frac{0.5}{0.3}=1.67。$$

答案选【C】。

第 6 章　建筑给水排水专业案例题

本章知识点题目分布统计表

小节	考点名称	2020～2024 年题目统计	
		题目数量	比例
6.1	各类型建筑给水设计秒流量及用水量的计算	1	1.00%
6.2	建筑引入管设计流量的计算	5	5.00%
6.3	水泵流量相关计算	1	1.00%
6.4	贮水池及水箱的容积、水位相关计算	4	4.00%
6.5	气压给水设备（气压水罐）的相关计算	1	1.00%
6.6	市政水压与水泵扬程、高层分区相关的计算	7	7.00%
6.7	各类型建筑排水设计秒流量的计算	2	2.00%
6.8	建筑排水管管径的确定	3	3.00%
6.9	小区排水设计流量的计算	1	1.00%
6.10	污水泵及集水池的相关计算	2	2.00%
6.11	小型生活污水处理设施设计计算	1	1.00%
6.12	设计雨水量公式相关计算	3	3.00%
6.13	建筑雨水溢流相关计算	1	1.00%
6.14	建筑雨水水力学相关计算	2	2.00%
6.15	耗热量、热水量、供热量与热源热媒耗量的计算	1	1.00%
6.16	加热面积的计算	2	2.00%
6.17	贮热容积的计算	1	1.00%
6.18	热水设计流量与循环流量、扬程相关计算	5	5.00%
6.19	热水膨胀装置、管道伸缩相关计算	2	2.00%
6.20	太阳能、热泵热水供应系统	7	7.00%
6.21	建筑中水设计计算	3	3.00%
6.22	雨水利用设计计算	5	5.00%
6.23	游泳池及水景	1	1.00%
6.24	消防流量及储水量计算	1	1.00%
6.25	消防水池、水箱相关计算	7	7.00%
6.26	消防水泵扬程相关计算	7	7.00%

小节	考点名称	2020~2024 年题目统计	
		题目数量	比例
6.27	自动喷水灭火系统计算	6	6.00%
6.28	气体灭火系统计算	1	1.00%
6.29	人民防空工程	1	1.00%
6.30	泡沫灭火系统计算	1	1.00%
6.31	消防找错题	2	2.00%
6.32	看图改错题	2	2.00%
6.33	序号改错题	10	10.00%
6.34	分析题及其他题	1	1.00%
合计		100	100%

6.1　各类型建筑给水设计秒流量及用水量的计算

某单供冷水的办公楼，每层设一公共卫生间（男女厕合用给水支管），共配置有 4 个延时自闭式冲洗阀的蹲便器，2 个自动自闭式冲洗阀的小便器和 2 个感应水嘴的洗手盆。卫生间给水支管的设计秒流量（L/s）为下列哪项？【2023-4-16】

　　(A) 1.53　　　　　(B) 1.80　　　　　(C) 2.73　　　　　(D) 5.20

解析：

$$q_g = 0.2\alpha\sqrt{N_g} = 0.2 \times 1.5 \times \sqrt{4 \times 0.5 + 2 \times 0.5 + 2 \times 0.5} + 1.2 = 1.80(\text{L/s}),故 B 正$$
确。

答案选【B】。

6.2　建筑引入管设计流量的计算

6.2-1. 某建筑共 8 层，底部 3 层为商场，上部 5 层为酒店式公寓。商场共设有 3 个公共卫生间，共计 3 个拖布盆（$N_g=1.0$），10 个感应水嘴洗手盆，20 个延时自闭式冲洗阀大便器；酒店式公寓每层有 20 间房间，每间配备一个洗脸盆，一个坐式大便器，一个淋浴器。本建筑全部由室外给水管网直接供水，酒店公寓设集中生活热水供应系统，由本建筑内换热间制备热水。则该建筑引入管的生活给水设计秒流量为下列选项中的哪项？（忽略卫生间以外的用水）【2020-4-16】

　　(A) 6.32L/s　　　(B) 7.49L/s　　　(C) 7.52L/s　　　(D) 8.69L/s

解析：

① $N_{g商} = 3 \times 1 + 10 \times 0.5 + 20 \times 0.5 = 18$，

$N_{g公} = 5 \times 20 \times (0.75 + 0.5 + 0.75) = 200$。

② $\alpha_{平均} = \dfrac{1.5 \times 18 + 2.2 \times 200}{18 + 200} = 2.14$。

③ $q_g = 0.2 \times 2.14 \times \sqrt{18+200} + 1.2 = 7.52$(L/s)。

答案选【C】。

分析：

参考《建水标准》3.7.7 条第 4 款。综合楼建筑的 α 值应按加权平均法计算。

6.2-2. 某公司六层综合楼为其 24h 连续生产线配套服务，职工倒班时间按生产线工段运行需要各自安排。一层为职工食堂，二～六层为职工倒班宿舍。食堂 24h 供应餐食，厨房内设有 10 个洗涤池，每个池子的额定流量为 0.2L/s；餐厅内设有 10 个职工洗碗水嘴，每个水嘴额定流量 0.15L/s；二～六层职工倒班宿舍每层设有一处公用盥洗卫生间，每层设盥洗槽水嘴 10 个，每个给水额定流量 0.2L/s，大便自闭式冲洗阀 5 个，每个给水额定流量为 1.2L/s。该建筑一层由市政给水压力直接供水，二～六层由叠压变频给水设备加压供水，该综合楼建筑的给水引入管的生活给水设计秒流量应为下列选项中的哪项？【2021-3-16】

(A) 13.05L/s   (B) 13.50L/s   (C) 10.5L/s   (D) 12.0L/s

解析：

① 一层职工食堂：

(a) 洗碗台设计秒流量：$q_1 = \sum q_{g0} n_0 b_g = 0.15 \times 10 \times 100\% = 1.50$(L/s)。

(b) 厨房设计秒流量：$q_2 = \sum q_{g0} n_0 b_g = 0.2 \times 10 \times 70\% = 1.4$(L/s)。

(c) 取两者中的大者，$q_{g1} = 1.5$L/s。

② 二层～六层：

$q_{g2} = \sum q_{g0} n_0 b_g = 0.2 \times 50 \times (75\% \sim 80\%) + 1.2 = 8.7 \sim 9.2$(L/s)，

$q_g = q_{g1} + q_{g2} = 1.5 + (8.7 \sim 9.2) = 10.2 \sim 10.7$(L/s)。

答案选【C】。

6.2-3. 某单位集体宿舍（居室内设卫生间）每层布置相同，其生活给水系统原理图如图所示，已知该宿舍最高日用水定额为 180L/(人·d)，平均日用水定额为 150L/(人·d)，小时变化系数为 2.8；高区设计用水人数为 336 人，给水当量总数为 420；低区设计用水人数为 240 人，给水当量总数为 210，则该宿舍市政给水引入管的设计流量应为下列哪项？（注：图中屋顶水箱的有效调节容积按高区生活给水系统最大时用水量的 50% 计算确定）【2022-3-16】

(A) 62.97m³/h   (B) 45.18m³/h

(C) 33.16m³/h   (D) 31.96m³/h

解析：

通过题干对屋顶水箱的描述，可知增压水泵的流量按照最高日最高时流量设计，故：

$Q_{s低} = 0.2 \times 2.5 \times \sqrt{210} = 7.25$（L/s）

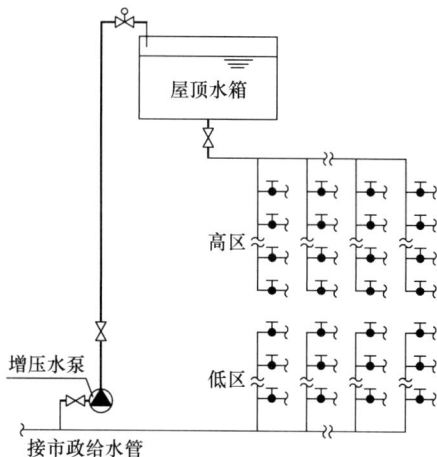

$$=26.10\text{m}^3/\text{h},$$

$$Q_{h\text{高}}=2.8\times\frac{180\times336}{24}=7056\ (\text{L/h})=7.06\ (\text{m}^3/\text{h}),$$

$$Q_{\text{总}}=26.10+7.06=33.16\ (\text{m}^3)。$$

答案选【C】。

6.2-4. 某 7 层普通旅馆二～七层客房生活给水系统原理图如图所示。二～七层客房布置相同，每层均设 51 间客房（单人间 10 间，双人间 25 间，三人间 16 间）；每间客房设卫生间，卫生间设坐便器（带水箱）、淋浴器（设混合阀）和洗脸盆（设混合水嘴）各一个；客房最高日用水定额为 200L/(人·d)，平均日用水定额为 140L/(人·d)。小时变化系数为 3.0，员工等其他用水不计。则图中屋顶水箱进水管（采用镀锌钢管）的最小管径不应小于下列哪项？（注：图中屋顶水箱的有效容积按二～七层客房最高日用水量的 20%～25% 计算确定，且市政给水管供水水压、水量均满足其用水要求）【2022-3-17】

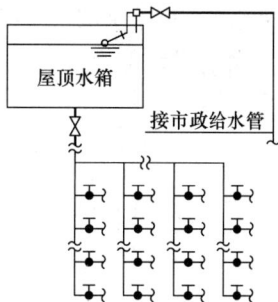

(A) $DN40$ (B) $DN50$

(C) $DN70$ (D) $DN100$

解析：

由于屋顶水箱体积按 20%～25% 的 Q_d 确定，符合《建水标准》3.8.3 条对低位贮水池有效容积的要求，故进水管流量按最高日平均时设计。

$$Q_{\text{最高日平均时}}=\frac{200\times(10+2\times25+3\times16)\times6}{24}=5400\ (\text{L/h})=1.5\ (\text{L/s}),$$

参考《建水标准》3.7.13 条。当管径选 $DN40$ 时，最大流速取 1.2m/s，

则最大流量为 $\frac{\pi}{4}\times\left(\frac{40}{1000}\right)^2\times1.2\times1000\approx1.5\ (\text{L/s})$，故 A 正确。

答案选【A】。

分析：

在最后一步确定管径时，仅流量为已知量，管径和流速均未知，从而应采用试算法，参考《建水标准》3.7.13 条。$DN50$、$DN70$ 对应 1.2m/s 的流速，$DN100$ 对应 1.8m/s 的流速，进行试算，看哪个结果最为合理。对于试算法的整个过程只要写在草稿纸上就好，仅把正确的试算过程写在答卷上即可。

6.2-5. 某 3 层理化实验楼，首层为科研办公，二、三层为实验室，楼内总用水人数 120 人。该实验楼由市政给水管直接供水，引入一根给水管进入楼内。实验室共设有双联化验水嘴 60 个。生活用水最高日最大时用水量为 $0.9\text{m}^3/\text{h}$，时变化系数为 $K=1.5$，设计秒流量为 2.40L/s；实验用水最高日最大时用水量为 $8.0\text{m}^3/\text{h}$，时变化系数为 $K=2.0$。问给水引入管的设计秒流量（L/s）为下列哪项？【2023-3-17】

(A) 2.47   (B) 2.87   (C) 4.67   (D) 5.10

解析：

① $q_1=\sum q_{g0}\,n_0\,b_g=0.15\times60\times30\%=2.7\ (\text{L/s})。$

② $q=q_1+q_2=2.7+2.4=5.1$ (L/s)，故 D 正确。

答案选【D】。

分析： 题干并没有给出理化实验楼生活用水的卫生器具配置，无法与实验用水统一公式计算，因而只能默认生活用水属于用水分散型，与实验用水（用水密集型）采用"不同公式直接加"的原则计算总秒流量。

6.3 水泵流量相关计算

某中学学生人数1000人，5层教学楼和6层学生宿舍楼（床位400，每层设公共卫生间和淋浴间），全部（包括供应淋浴热水的换热器）由一套变频供水设备供水，其变频供水设备的供水能力（L/s）最小为下列哪项？给定参数见下表：【2021-4-16】

建筑	最高日用水定额[L/(人·日)]	小时变化系数	每层男女卫生间洁具总数					
			洗手盆感应水嘴	延时自闭冲洗阀大便器	延时自闭冲洗阀小便器	DN15水嘴拖布池	有隔间淋浴器	盥洗槽DN15水嘴
教学楼	30	1.5	6	4	6	2	—	—
宿舍楼	120	6.0	—	6	10	—	10	20

给水当量值、洁具额定流量和同时使用百分数均取规范的高限值。

(A) 36.75   (B) 34.39   (C) 33.93   (D) 26.22

解析：

根据用水特点可知，教学楼和宿舍的用水高峰出现在不同时段，故设计流量＝大秒＋小均；其中，宿舍楼用水量大，教学楼用水量小。

$q_{g1}=\sum q_{g0}\,n_0\,b_g=1.2+0.1\times60\times9\%+0.15\times60\times75\%+0.2\times120\times70\%$
$=25.29$ (L/s)，

$q_{g2}=\dfrac{1000\times30}{9\times3600}=0.93$ (L/s)，

$q_g=q_{g1}+q_{g2}=25.29+0.93=26.22$ (L/s)。

答案选【D】。

分析：

按照宿舍（公共卫生间）的计算规则，b_g 应取《建水标准》3.7.8条条文说明的参数，而不是其3.7.8条正文的参数，又因为题干强调"给水当量值、洁具额定流量和同时使用百分数均取《建水标准》的高限值"。故延时自闭式冲洗阀小便器按照9%、有间隔淋浴器按照75%、盥洗槽按照70%计算。

6.4 贮水池及水箱的容积、水位相关计算

6.4-1. 某高层酒店式公寓给水系统分Ⅰ、Ⅱ、Ⅲ三个区，Ⅰ区市政直供，Ⅱ区及部分Ⅲ区由2号、3号水箱重力供水，Ⅲ区局部采用变频加压供水，具体如图示。Ⅱ区最高

日用水量 240m³/d；Ⅲ区最大小时流量为 18m³/h、设计秒流量为 8L/s。问：2 号水箱的最小有效容积（m³）是下列哪项？【2020-3-18】

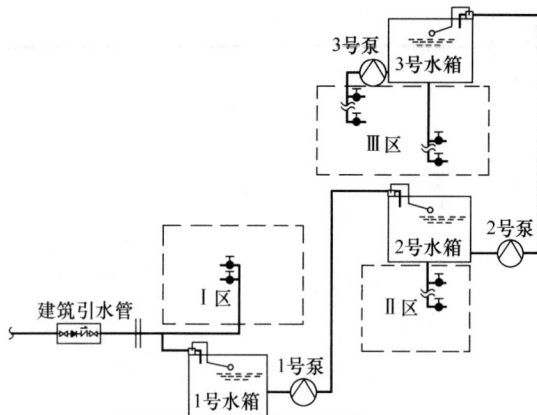

　(A) 10.0　　　　　(B) 10.9　　　　　(C) 12.4　　　　　(D) 48.0

解析：

$$V=50\%\times 2\times \frac{240}{24}+\frac{3\times 18}{60}=10.9 \ (\text{m}^3)。$$

答案选【B】。

分析：

① 参考《建水标准》3.8.5 条第 2 款。该水箱最小容积应为 $0.5Q_h$ 低区 ＋ $(3\sim 5)\min Q_b$。

② 参考《建水标准》3.9.2 条。建筑物内采用高位水箱调节的生活给水系统时，水泵的供水能力不应小于最大时用水量。

6.4-2. 某 17 层宿舍（居室内设卫生间，配低水箱坐便器），给水系统分三个区，供水如下图，1 号水泵机组采用工频供水。每层用水人数 60 人，每层用水器具总当量数 60，最高日用水定额 200L/(人·d)，小时变化系数 2.5；建筑引入水管设计流量 40m³/h，且安全可靠、不间断供水。1 号水箱的最小设计有效容积是下列选项中的哪项（不考虑管道安装要求）？【2021-3-18】

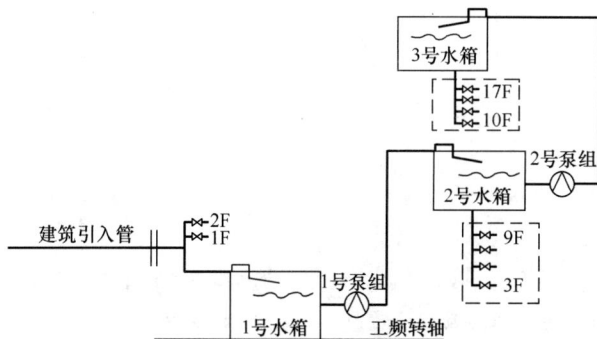

　(A) 0.94m³　　　　(B) 9.0m³　　　　(C) 27m³　　　　(D) 36m³

解析：

$$q_1 = 0.2\alpha \sqrt{N_g}$$

$$= 0.2 \times 2.5 \times \sqrt{2 \times 60}$$

$$= 5.48 \text{ (L/s)} = 19.73 \text{ (m}^3/\text{h)},$$

$$q_b = 2.5 \times \frac{15 \times 60 \times 200}{24 \times 1000} = 18.75 \text{ (m}^3/\text{h)},$$

$$40 - 19.73 = 20.27 \text{ (m}^3/\text{h)} > 18.75 \text{ (m}^3/\text{h)}, \text{ 故为吸水井,}$$

$$V_{吸} = \frac{3}{60} \times 18.75 = 0.94 \text{ (m}^3).$$

答案选【A】。

6.4-3. 某建筑高位水箱补水系统如图，2：1 比例式减压阀出口动静压升 0.10MPa，减压阀前后给水管道沿程水头损失均为 2m，局部水头损失按沿程水头损失的 50% 取值。各类附件的压力损失为水表 0.03MPa、管道过滤器 0.01MPa、液位控制阀 0.01MPa，其他阀门不计。则水箱补水管口处的供水压力（MPa），为下列哪一项？（0.1MPa=10m）【2024-3-16】

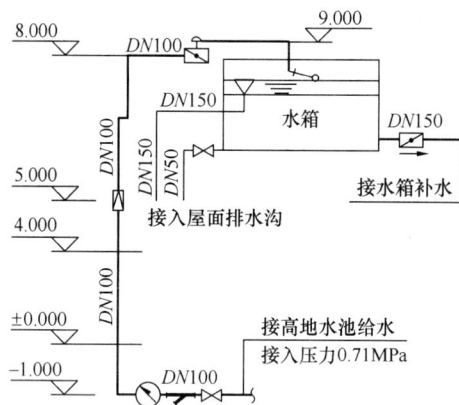

(A) 0.11　　　　　(B) 0.12　　　　　(C) 0.17　　　　　(D) 0.22

解析：

① 减压阀入口处的动压：$71 - (5+1) - 2 \times (1+0.5) - 1 - 3 = 58 (\text{mH}_2\text{O})$。

② 减压阀出口处的动压：$58/2 - 10 = 19 (\text{mH}_2\text{O})$。

③ 水箱补水管口处的供水压力：$19 - (8-5) - 2 \times (1+0.5) - 1 = 12 (\text{mH}_2\text{O})$。

答案选【B】。

注：①减压阀的出口动静升压，理解为减压阀的局部水损即可。②本题题干问的是水箱补水管口处的供水压力，图中 9m 标高为浮球传动管的对应标高，而 8m 才为水箱的补水管口，故应按 8m 计算。③本题配图在原题基础上进行优化，原题浮球传动管采用粗实线，容易理解为水箱供水管产生争议，故改为细实线以规避争议。

6.4-4. 某座 11 层办公楼，每层 240 个工位，每层公共卫生间共设有感应洗手盆 6 个，延时自闭式冲洗阀蹲便器 9 个、小便器 5 个和 DN20 水嘴拖布池 1 个，其首层由给水管网直供，其他楼层采用低位贮水箱＋变频加压供水方式，最高日生活用水定额按 50L/(人·d)，小时变化系数 1.2。变频加压供水设备设计流量 (L/s) 和贮水箱有效容积 (m³) 不应小于下列哪一项？【2024-3-17】

(A) 1.67；30.0　　　(B) 3.22；24.0　　　(C) 4.42；24.0　　　(D) 4.42，30.0

解析：

① $q_g = 0.2\alpha\sqrt{N_g} = 0.2 \times 1.5 \times \sqrt{(11-1) \times (6 \times 0.5 + 9 \times 0.5 + 5 \times 0.5 + 1.5)} + 1.2 = 4.42(\text{L/s})$。

② $V = 20\% \times \dfrac{(11-1) \times 240 \times 50}{1000} = 24(\text{m}^3)$。

答案选【C】。

6.5　气压给水设备（气压水罐）的相关计算

某单位办公楼与住宅区的生活给水系统设置气压给水设备集中加压供水，其室外生活给水管道布置示意图如图所示。已知：

① 住宅区：总户数为 480 户，每户用水人数均按 3.0 人计，每户卫生器具给水当量均按 6.5 计；最高日用水定额为 245L/(人·d)，小时变化系数为 2.3。

② 办公楼：设计用水人数为 1600 人，生活给水系统卫生器具给水当量总数为 228；最高日用水定额为 50L/(人·d)，小时变化系数为 1.5。

③ 住宅用水时间按 24h 计，办公楼用水时间按 8h 计。

则该气压给水设备气压罐的最小调节容积不应小于下列哪项？【2022-4-16】

(A) 1.53m³　　　(B) 1.83m³　　　(C) 2.22m³　　　(D) 2.66m³

解析：

参考《建水标准》3.9.4 条第 3 款。q_b 按 1.2 倍的最高日最高时流量确定：

$$Q_h = 2.3 \times \frac{480 \times 3 \times 245}{24 \times 1000} + 1.5 \times \frac{1600 \times 50}{8 \times 1000} = 48.81 \ (\text{m}^3/\text{h}),$$

$$V_{q2} = \frac{\alpha_a q_b}{4n_q} = \frac{1.0 \times 1.2 \times 48.81}{4 \times 8} = 1.83 \ (\text{m}^3)。$$

答案选【B】。

6.6　市政水压与水泵扬程、高层分区相关的计算

6.6-1. 某高层办公楼地上 20 层，一、二层层高 6.0m，三层及以上层高 3.6m；一～二十层为办公，每层卫生间内设感应式洗手盆（水嘴安装高度距地面 1.0m）和延时自闭式冲洗阀蹲便器（冲洗阀安装高度距地面 1.2m）；屋顶层设给水高区水箱。市政供水在引

入管处压力 0.30MPa，引入管标高－1.5m，室外总水表压力损失 0.03MPa，水表后至低区最不利卫生器具给水配件压力总损失按 0.03MPa 考虑；本建筑分高中低三区供水，见图示。低区由市政直供，中、高区按各分区最低卫生器具给水配件处的最大静压 0.40MPa 进行分区；水箱底高度为 0.8m，最高有效水位距箱底 1.5m。问：图示中 H_1、H_2 正确的是下列哪项？画出中区供水楼层图示。（题中未明示的压力损失忽略不计，标高均相对本建筑首层标高±0.00 计）【2020-4-17】

（A）12.0m、51.6m   （B）12.0m、48m

（C）6.0m、44.4m   （D）6.0m、48m

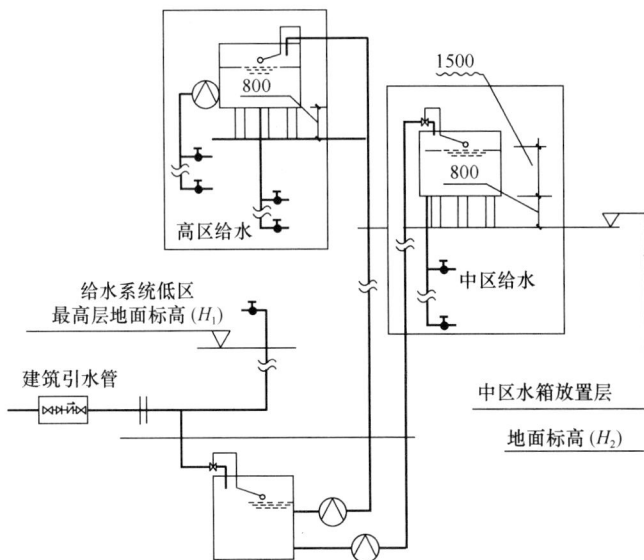

解析：

① 低区：$30-1.5-(H_1+1.2)-3-3 \geqslant 10$，则 $H_1 \leqslant 11.3$m，
故可供至二层，供不到三层；即：$H_1 = 6.0$m。

② 水箱位置：$(H_2+0.8+1.5)-(12+1.0) \leqslant 40$，则 $H_2 \leqslant 50.7$m，
故中区水箱可放至十三层；即：$H_2 = 12+3.6 \times (13-3) = 48$（m）。

③ 中区：$48+0.8-[12+3.6(n-3)+1.2] \geqslant 10$，则 $n \leqslant 10.1$ 层，
故中区为三层～十层。

答案选【D】。

分析：

① 划分低区：H_1 所在楼层的延时自闭式冲洗阀蹲便器能满足《建水标准》3.2.12 条所规定的 0.1MPa，计算得知低区为一层～二层。

② 水箱位置：使中区最低层卫生器具最大静压小于或等于 0.4MPa，即三层的洗手盆最大静压≤40m。

③ 中区的层数：中区最高层的延时自闭式冲洗阀蹲便器能满足《建水标准》3.2.12 条所规定的 0.1MPa。

6.6-2. 某10层写字楼、层高4.5m、地上每层设公共卫生间，均设延时自闭式冲洗

阀大便器、洗手盆，男卫生间设自闭式冲洗阀小便器，卫生器具阀门安装高度如下图（图中单位为 m），建筑供水引入管处最低压力 0.20MPa，引入管标高−1.2m；给水系统采用直接从供水管网吸水的叠压供水，吸水管路总压力损失 8.0m；加压设备出水管路沿程总损失为 100kPa、总局部损失为管路沿程损失 30%，水表压力损失为 2.0m。叠压供水设备水泵扬程至少为下列哪项（四舍五入小数点后保留两位）？【2021-3-17】

(A) 0.49MPa 　　　(B) 0.53MPa 　　　(C) 0.55MPa 　　　(D) 0.56MPa

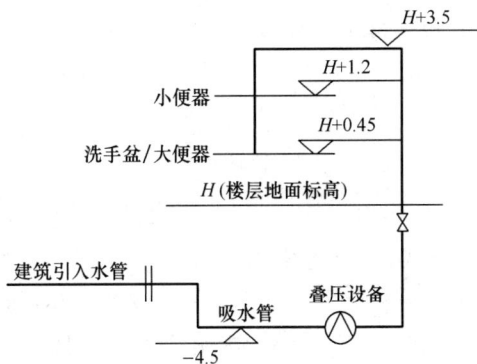

解析：

$H_b = H_{静} + H_{损} + H_{需} - H_0$

$= [4.5 \times 9 + 0.45 + 1.2] + [8 + 10 \times (1 + 30\%)] + 10 - 20 = 53.15$（m）

$= 0.53$（MPa）。

答案选【B】。

6.6-3. 某高层建筑分区供水系统简图如右图所示，该供水系统中配水件处承受的最大压力（MPa）应按下列哪项校核？（各配水件的标准公称压力为 0.6MPa）【2023-3-16】

(A) 0.45　　　　　　(B) 0.50

(C) 0.80　　　　　　(D) 0.90

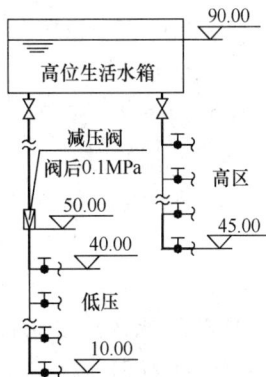

解析：

① 由题干配图可得，高区配水件承受的最大压力为：

(90−45) /100＝0.45（MPa）。

② 参考《建水标准》3.5.10 条第 3 款。阀后配水件处的最大压力应按减压阀失效情况下进行校核，其压力不应大于配水件的产品标准规定的公称压力的 1.5 倍，可得，低区配水件承受的最大压力应该按减压阀失效后校核，即：(90−10) /100＝0.80（MPa），该值小于公称压力的 1.5 倍：1.5×60＝0.90（MPa），满足要求。

③ 综上所述，该供水系统中配水件处承受的最大压力（MPa）应按 0.8MPa 校核，故 C 正确。

答案选【C】。

6.6-4. 某 5 层住宅楼由市政给水管直接供水，最不利点距室外地面高差 15m，引入管埋深为 1.0m。管路的总水头损失为 0.12MPa。该住宅楼引入管处所需供水压力为多少（MPa）？【2023-3-18】

(A) 0.24   (B) 0.33   (C) 0.38   (D) 0.43

解析：

① 参考《技术措施》中 2.3.5 条。入户管或楼内公共建筑的配水横管的水表进口端水压，一般不宜小于 0.1MPa，可得，最不利点的水压按 0.1MPa 确定。

② 水泵扬程 H：$H_b \geqslant H_{静} + H_{损} + H_{需} = \dfrac{15+1}{100} + 0.12 + 0.1 = 0.38$（MPa），故 C 正确。

答案选【C】。

6.6-5. 某 33 层住宅楼，首层地面标高 ±0.00，每层层高 3.0m，采用生活给水系统垂直分区，局部热水供应的方式，市政管网供水压力 0.28MPa。给水引入管标高 −1.5m，引入管末端至低区给水管网最不利配水点的总水头损失 0.06MPa，该最不利配水点距地面 1.0m、最低工作压力 0.10MPa。高区的贮水箱和泵房位于地下室，各区独立设置变频调速泵组供水并配置气压罐，维持各区最高（也是系统最不利点）用水点静水压力为 0.15MPa。从安全、节能考虑，以下供水方案哪一项最合理？并说明理由？（0.1MPa＝10m）【2024-3-18】（改）

(A) 三个区：低区（一～二层）、加压 1 区（三～十八层）、加压 2 区（十九～三十三层）

(B) 三个区：低区（一～三层）、加压 1 区（四～十八层）、加压 2 区（十九～三十三层）

(C) 四个区：低区（一～二层）、加压 1 区（三～十三层）、加压 2 区（十四～二十三层）、加压 3 区（二十四～三十三层）

(D) 四个区：低区（一～三层）、加压 1 区（四～十三层）、加压 2 区（十四～二十三层）、加压 3 区（二十四～三十三层）

解析：

① 假设低区的最高楼层数为 n 层，由题意可列下式：$28 - [1.5 + 3 \times (n-1) + 1] - 6 - 3 \geqslant 10$，则 $n \leqslant 3.17$ 取 3 层，故低区可以定为一～三层；从节能考虑，选项 A、C 的低区仅为一～二层，未能充分利用市政管网供水压力给低区供水，故 A、C 并不合理。

② 参考《建水标准》3.9.4 条第 2 款。气压水罐内的最高工作压力，不得使管网最大水压处配水点的水压大于 0.55MPa。而题干要求各区的最不利点静水压力为 0.15MPa。由此可得，各区的最大供水高度为 55−15＝40（m）。从安全角度考虑，选项 B 的加压各区供水高度为 3×（18−4）＝42（m），超过了各区的最大供水高度，故选项 B 不合理。综上所述，选项 D 对应的供水方案是最合理的。

答案选【D】。

注：①题干为"引入管末端至低区给水管网最不利配水点的总水头损失 0.06MPa"，该损失不含建筑总水表水损，需额外考虑 3m 的水损；②本题题干问的是"以下供水方案哪一项最合理"，故可以采用

排除法作为解题过程。

6.6-6. 每层 30 间、层高 3.6m 的三层酒店，每间客房均为 2 床位，其卫生间设三件套（带水箱坐便器、洗脸盆和淋浴器），淋浴器混合阀安装高度为 1.15m，生活用水定额分别为最高日 200L/（人·d），$K_h=2.5$。该酒店设一根 DN80 薄壁不锈钢管给水引入管（供酒店给水系统和生活热水加热器），该引入管相对一层地面埋深 1m，市政供水压力 0.18MPa，给水系统管道从引入管处至各层最不利点的总水头损失分别为 1m、2m、3m，计算引入管的最小设计流量（m³/h），下列哪一项正确？（注：不允许从市政给水管上直接抽水加压供水）【2024-4-16】

　　(A) 24.15　　　　　(B) 20.22　　　　　(C) 14.94　　　　　(D) 14.44

解析：

由题意得，若二层为市政直供，淋浴器混合阀的供水压力为：

18－（1+3.6+1.15）－2－3=7.25（mH₂O）=0.0725（MPa）。参考《建水标准》3.2.12 条，不满足淋浴器混合阀 0.1～0.2MPa 的工作压力；显然，一层淋浴器混合阀的工作压力可以满足，故一层采用市政直供，二层～三层采用低位贮水池＋水泵联合供水；

$$q_g = 0.2\alpha\sqrt{N_g} = 0.2 \times 2.5 \times \sqrt{30\times(0.5+0.75+0.75)} = 3.87(\text{L/s}) = 13.94(\text{m}^3/\text{h})。$$

$$Q_p = \frac{200\times(30\times2\times2)}{24\times1000} = 1.0(\text{m}^3/\text{h})。$$

$$Q = q_g + Q_p = 13.94 + 1 = 14.94(\text{m}^3/\text{h})。$$

答案选【C】。

注：题干为"市政供水压力 0.18MPa"，考虑建筑引入管必然有建筑总水表，故题干中"引入管处至各层最不利点的总水头损失分别为 1m、2m、3m"不含总水表损失，需额外考虑 3m 的总水表水损。

6.6-7. 某小区直饮水供水泵从深度净化处理设施后的开式净水箱直接吸水，净化处理设施的余压 20kPa，供水泵吸水管口到最不利点净高差为 35m，管路总水头损失为 5.0m，配水最不利点水嘴所需工作压力为 0.03MPa，计算水泵的扬程（MPa），下列哪一项正确？【2024-4-17】

　　(A) 0.37　　　　　(B) 0.41　　　　　(C) 0.43　　　　　(D) 0.44

解析：

由于为开式净水箱，因而净化处理设施的余压无法被水泵利用。

参考《建水标准》3.9.5 条第 3 款。吸水管口宜设置喇叭口；喇叭口宜向下，低于水池最低水位不宜小于 0.3m。

参考《直饮水规程》6.0.9 条。水泵设计扬程计算高差时按最低设计水位至最不利水嘴确定，则：$H = \dfrac{(35-0.3)+5}{100} + 0.03 = 0.427(\text{MPa}) \approx 0.43(\text{MPa})$

答案选【C】。

6.7　各类型建筑排水设计秒流量的计算

6.7-1. 医院的医护值班室公共卫生间设置一个洗手盆、一个淋浴器和一个蹲式大便

器（自闭冲刷阀），则该卫生间排水主管的设计秒流量（L/s）为下列哪项？【2020-4-23】

(A) 0.38　　　　　(B) 1.45　　　　　(C) 1.58　　　　　(D) 1.70

解析：

① 设计秒流量

$q_p = 0.12\alpha\sqrt{N_p} + q_{max} = 0.12 \times 1.5 \times \sqrt{0.3 + 0.45 + 3.6} + 1.2 = 1.575(\text{L/s})$。

② 卫生器具排水流量累加值：$q_p = 1.2 + 0.15 + 0.1 = 1.45$ (L/s)。

③ 则该卫生间排水主管的设计秒流量应为1.45L/s，故B正确。

答案选【B】。

分析：

① 本题题干由于为"医护值班室公共卫生间"，所以可以理解为工业企业生活间，采用密集型建筑的公式计算，但是这么计算后，结果为1.2L/s没有答案，所以要临场应变，按照医院卫生间采用分散型建筑的公式计算。

② 参考《建水标准》4.5.2条。当计算所得流量值大于该管段上按卫生器具排水流量累加值时，应按卫生器具排水流量累加值计。

6.7-2. 某体育场供观众使用的公共卫生间设有16个蹲式大便器（设自闭式冲洗阀）、2个坐便器（带冲洗水箱，供残疾人使用）、10个小便器（设感应式冲洗阀）及3个洗手盆（设感应式水嘴），则该卫生间排水管道设计秒流量不应小于下列哪项？【2021-3-23】

(A) 1.634L/s　　　(B) 2.230L/s　　　(C) 3.515L/s　　　(D) 3.970L/s

解析：

$q_p = \sum q_{p0} n_0 b_p = 1.2 \times 16 \times 5\% + 1.5 \times 2 \times 12\% + 0.1 \times 10 \times 70\% + 0.1 \times 3 \times 70\% = 2.23(\text{L/s})$。

答案选【B】。

6.8　建筑排水管管径的确定

6.8-1. 某医院住院部公共盥洗室内设有伸顶通气的铸铁排水立管，其横支管采用45°斜三通连接卫生器具的排水，其上连接污水盆2个，洗手盆8个，则该立管的最大设计秒流量q和最小管径DN应为下列哪项？【2020-4-24】

(A) $q = 0.96\text{L/s}$，$DN50$　　　　　(B) $q = 0.83\text{L/s}$，$DN75$

(C) $q = 1.46\text{L/s}$，$DN75$　　　　　(D) $q = 0.96\text{L/s}$，$DN75$

解析：

$q_{pmax} = 0.12\alpha\sqrt{N_p} + q_{max} = 0.12 \times 2.5 \times \sqrt{1 \times 2 + 0.3 \times 8} + 0.33 = 0.96(\text{L/s})$。

可以采用设伸顶通气管$DN75$的排水管，另参考《建水标准》4.5.12条第2款，医疗机构污物洗涤盆（池）和污水盆（池）的排水管管径不得小于75mm，依然取$DN75$，则应取$DN75$。

答案选【D】。

6.8-2. 某建筑生活排水系统汇合排出管设计秒流量为7.5L/s，当其接户排水管（采用塑料排水管）坡度为 0.005 时，其接户排水管最小管径（mm）应为下列哪项？（需提供计算过程，不能查表直接给出结果）【2020-3-23】

(A) $De110$ (B) $De125$ (C) $De160$ (D) $De200$

解析：

参考《建水标准》表 4.10.7，小区室外生活排水管道接户管最小管径为 160mm，接户管的最大充满度为 0.5。

当充满度为 $\alpha = 0.5$ 时，$A = \pi \times \dfrac{D^2}{8}$，$R = \dfrac{D}{4}$，

$$Q = A \times \frac{1}{n} \times R^{\frac{2}{3}} \times I^{\frac{1}{2}} = \frac{\pi D^2}{8} \times \frac{1}{n} \times \left(\frac{D}{4}\right)^{\frac{2}{3}} \times I^{\frac{1}{2}},$$

代入数据：$n=0.009$，$Q=7.5$L/s 时，解得 $D=0.148$m，取 $De160$，故 C 正确。

答案选【C】。

6.8-3. 办公楼共 17 层，改造成居室内设卫生间的宿舍，每层 24 间，套内设三件套卫生洁具（参数见下表）。采用 $DN100$ 的伸顶通气排水立管，如多个卫生间共用排水立管，立管每层所带户数相同，最少设置几根立管？【2022-3-23】

卫生器具名称	排水流量（L/s）	当量
淋浴器	0.15	0.75
洗脸盆	0.25	0.45
坐便器	1.5	4.5

(A) 24   (B) 12   (C) 6   (D) 3

解析：

查《建水标准》4.4.11 条，由于总层数为 17 层，且采用伸顶通气管，故底层是单排的，立管只负责 16 层的排水。

查《建水标准》4.5.7 条，$DN100$ 仅设伸顶通气的排水能力为 4.0L/s。

当设 12 根立管：$q_p = 0.12\alpha\sqrt{N_p} + q_{max}$

$= 0.12 \times 1.5 \times \sqrt{16 \times 2 \times (0.75 + 0.45 + 4.5)} + 1.5 = 3.93$(L/s)，满足要求。

当设 6 根立管：$q_p = 0.12\alpha\sqrt{N_p} + q_{max}$

$= 0.12 \times 1.5 \times \sqrt{16 \times 4 \times (0.75 + 0.45 + 4.5)} + 1.5 = 4.94$(L/s)，不满足要求。

故至少需要设置 12 根立管，故 B 正确。

答案选【B】。

6.9　小区排水设计流量的计算

某城市综合体建筑由高级住宅、酒店式公寓、商业以及地下车库等组成，各部位用水资料详见下表，生活排水采用污废合流制。则该城市综合体室外生活排水管道设计流量不应少于下列哪项？【2021-4-23】

序号	用水部门	最高日用水量（m³/d）	用水时间（h）	小时变化系数
1	高级住宅	560	24	2.3
2	酒店式公寓	350	24	2.2
3	商业	750	12	1.3
4	地下车库	30	6	1.0

(A) 146.2m³/h　　(B) 163.4m³/h　　(C) 164.0m³/h　　(D) 172m³/h

解析：

$$q_p = 0.85 \times \left(\frac{560}{24} \times 2.3 + \frac{350}{24} \times 2.2 + \frac{750}{12} \times 1.3 + \frac{30}{6} \times 1.0 \right) = 146.2 \ (m^3/h)。$$

答案选【A】。

6.10　污水泵及集水池的相关计算

6.10-1. 地下车库内某集水坑，接纳 450m³ 消防水池溢泄水、自喷系统末端试水、车库冲洗地面排水。问：该集水坑内配置的排水泵最小流量和台数，下列哪项合理？

已知：消防水池进水管流量 30m³/h，水池清洗泄空时间 12h，该集水坑负担的地面排水面积为 2000m²，冲洗用水定额 3L/(次·m²)，1h/次。【2022-3-24】

(A) 30.0m³/h、2 台　　　　　　　　(B) 37.5m³/h、1 台

(C) 37.5m³/h、2 台　　　　　　　　(D) 73.5m³/h、2 台

解析：

① 水泵设计流量：

(a) 地面排水流量为 2000×3=6000（L/h）=6（m³/h）。

(b) 泄流量为 450÷12=37.5（m³/h）。

(c) 溢流量=30m³/h，

参考《建水标准》4.8.7 条第 2 款。水泵设计流量取三者之中最大值，为 37.5m³/h。

② 水泵台数：参考《建水标准》4.8.6 条第 4 款。应设备用泵，故至少设 2 台水泵。

答案选【C】。

分析：

① 仅凭题干所给的数据，本题中自喷系统末端试水流量是无法精确算得的。若依据工程经验，以一个喷头 1.3L/s=4.68m³/h 考虑，因为 4.68m³/h＜37.5m³/h，所以并不影响本题的最终计算结果。综上所述，排水泵依然按照 37.5m³/h 设计。

② 由于本题所给参数无法精确算得自喷系统末端试水流量，估计在解答过程中，写或不写该流量都会给分。

③ 由于自喷系统末端试水的排水并不是经常出现的排水流量，依据对《建水标准》4.8.7 条第 2 款的理解，建议水泵设计流量按照"地面排水流量、泄流量、溢流量、自喷系统末端试水的排水量"中的大者选择即可。

6.10-2. 某高校体育馆地下室设运动员使用的浴室及卫生间，浴室共有无间隔淋浴器

15 个，卫生间共有 6 个自闭式冲洗阀蹲便器、3 个自闭式冲洗阀小便器、3 个洗手盆；该浴室和卫生间的最高日排水量为 40m³/d、用水时间 8h。浴室和卫生间共用一根排水横管，接至一套污水提升装置排至室外管网。该污水提升装置的设计流量（m³/h）为下列哪项？【2023-3-24】

(A) 5.0　　　　　(B) 6.0　　　　　(C) 9.1　　　　　(D) 9.3

解析：

$q_1 = \sum q_{g0} \, n_0 \, b_g$

$= 0.15 \times 15 \times 100\% + 1.2 \times 6 \times 2\% + 0.1 \times 3 \times 10\% + 0.1 \times 3 \times 50\%$

$= 2.574 \,(\text{L/s}) = 9.3 \,(\text{m}^3/\text{h})$，故 D 正确。

答案选【D】。

分析：

① "高校体育馆地下室设运动员使用的浴室及卫生间"要视为运动员休息室，故同时排水百分数要取《建水标准》表 3.7.8-1 "体育场馆"括号内的值。

② 参考《建水标准》4.8.7 条第 1 款。室内的污水水泵的流量应按生活排水设计秒流量选定；当室内设有生活污水处理设施并按本标准第 4.10.20 条设置调节池时，污水水泵的流量可按生活排水最大小时流量选定，可得，本题并未提及调节池，故污水提升装置按排水秒流量考虑。

6.11　小型生活污水处理设施设计计算

某热水锅炉每 8h 排污一次，排污量 700kg/次，温度 100℃。降温冷却水温度为 15℃。降温后排入市政污水管网。冷、热水密度均按 1000kg/m³ 计算，混合不均匀系数取为 1.5。排污降温池有效容积（m³）最小为下列哪项？（蒸发量忽略不计）【2020-3-24】

(A) 1.40　　　　　(B) 2.38　　　　　(C) 2.52　　　　　(D) 3.22

解析：

① 存放排污热废水容积：$V_1 = \dfrac{Q_{排} - k_1 q}{\rho} = \dfrac{700}{1000} = 0.7 (\text{m}^3)$。

② 存放冷却水容积：$V_2 = \dfrac{t_2 - t_y}{t_y - t_冷} K V_1 = \dfrac{100 - 40}{40 - 15} \times 1.5 \times 0.7 = 2.52 (\text{m}^3)$。

③ 有效容积：$V = V_1 + V_2 = 0.7 + 2.52 = 3.22 \,(\text{m}^3)$。

答案选【D】。

6.12　设计雨水量公式相关计算

6.12-1. 某高层五星级酒店由 3 层裙房和 20 层塔楼组成，塔楼位于裙房一侧，每层矩形外形尺寸为 20m×25m，长边紧贴临裙房，塔楼立面高出裙房屋面 80m，其中裙房屋面为坡度 3% 斜屋面，水平投影面积为 1000m²，屋面雨水径流系数为 1.00，屋面雨水设计为单斗重力流雨水排水系统，并设有 2 个矩形溢流口。该地区不同重现期下的 5min 暴雨强度为 $P = 3a$，$q_5 = 160\text{L}/(\text{s} \cdot \text{hm}^2)$；$P = 5a$，$q_5 = 180\text{L}/(\text{s} \cdot \text{hm}^2)$；$P = 10a$，$q_5 = 210$

L/(s·hm²)；$P=50a$，$q_5=280$L/(s·hm²)。雨水管采用 $DN100$ 铸铁管，问裙房屋面至少需要几个雨水斗？【2021-3-25】

(A) 4   (B) 5   (C) 7   (D) 9

解析：

$$q_y = 1.5 \times \frac{q_j \Psi F_w}{100} = 1.5 \times \frac{210 \times 1 \times [1000 + \frac{1}{2} \times 25 \times 80]}{10000} = 63(\text{L/s}),$$

查《建水标准》附录 G 可知，$DN100$ 的排水能力为 9.5L/s，

则 $n = \frac{63}{9.5} = 6.6$（个），取 7 个。

答案选【C】。

6.12-2. 屋面雨水排水系统采用重力流多斗排水系统，初期设计屋面面积的 40% 采用种植屋面（径流系数采用 0.4），其余为硬质屋面（径流系数 1.0）。至少设 8 个 $DN100$ 雨水斗，后期设计调整，均改为硬质屋面，问至少需要增加几个同类型雨水斗？（注：不考虑汇水分区因素对雨水斗数量的影响）【2022-4-23】

(A) 不增加   (B) 1   (C) 2   (D) 3

解析：

假设需要 n 个雨水斗，则有：$\frac{40\% \times 0.4 + 60\% \times 1}{1} = \frac{8}{n}$，得 $n = 10.53$ 个，取 11 个。

即还需增加 3 个。

答案选【D】。

分析：

本题有一个争议点，当采用种植屋面的时候，假设雨水流量为 $0.76X$，单雨水斗的过流量为 $0.1X$，则仍然需要 8 个雨水斗；但是在这个情况下，改为硬质屋面，雨水流量为 $1X$ 后，只需要 10 个雨水斗，即雨水斗的增加数量只要 2 个就可以了。但从建水的做题经验来看，不建议同学们把这道题目当作纯数学题来考虑；即初期设计方案时，建议默认这 8 个雨水斗基本处于满负荷运行，仅通过分析径流系数的变化情况，来确定雨水斗的增加数量。

6.12-3. 某建筑屋面采用连续坡屋顶造型，坡度较大，其形式及尺寸见下图。设计暴雨强度 q_j 为 408L/(s·hm²)，其中阴影部分的雨水设计流量（L/s）是下列哪一项？（注：采用内天沟且满水时，沟沿有溢水）【2024-4-24】

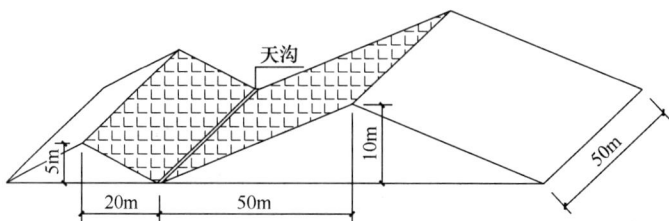

(A) 147.9   (B) 214.2   (C) 221.9   (D) 237.1

解析：

① 参考《屋面雨水规程》3.3.2 条条文说明，阴影部分汇水面积为：

$$F_w = (20+50) \times 50 + \frac{10 \times 50 - 5 \times 50}{2} = 3625 (\text{m}^2)。$$

② $q_y = 1.5 \times \dfrac{q\phi F_w}{10000} = 1.5 \times \dfrac{408 \times 1 \times 3625}{10000} = 221.9$ （L/s）。

答案选【C】。

注：题干强调"采用内天沟且满水时，沟沿有溢水"，故可得此为内檐沟，在计算雨水设计流量时，需乘以 1.5。

6.13　建筑雨水溢流相关计算

一类高层省级档案馆，屋面投影面积 2000m^2，屋面径流系数 0.9。屋面雨水设置重力流雨水排水系统和 2 个矩形溢流口。该地不同重现期下的 5min 暴雨强度为：$P=3a$，$q_5=324\text{L}/(\text{s}\cdot\text{hm}^2)$；$P=5a$，$q_5=364\text{L}/(\text{s}\cdot\text{hm}^2)$；$P=10a$，$q_5=417\text{L}/(\text{s}\cdot\text{hm}^2)$；$P=50a$，$q_5=541\text{L}/(\text{s}\cdot\text{hm}^2)$。矩形溢流口高 150mm，问每个溢流口最小宽度为下列哪项？【2020-4-25】

(A) 84mm　　　　(B) 113mm　　　　(C) 136mm　　　　(D) 225mm

解析：

① 由题意可知，一类高层省级档案馆属于重要公共建筑，参考《建水标准》表 5.2.4 可知，其屋面雨水设计重现期≥10 年。参考《建水标准》5.2.5 条第 2 款，其屋面雨水排水工程与溢流设施总排水能力不应小于 50 年重现期雨水量。

② 屋面雨水溢流量：$Q_溢 = Q_总 - Q_设 = \dfrac{0.9 \times 2000 \times (541-417)}{10000} = 22.32$ （L/s）。

③ 单个矩形溢流口的溢流量：$Q_{溢1} = \dfrac{Q_溢}{2} = \dfrac{22.32}{2} = 11.16$ （L/s）。

④ 根据墙体方孔溢流口公式：

$Q = mb\sqrt{2g} \times h^{\frac{3}{2}} = 320 \times b \times \sqrt{2 \times 9.81} \times 0.15^{\frac{3}{2}} = 11.16$ （L/s），

则 $b=0.136\text{m}=136\text{mm}$。

答案选【C】。

6.14　建筑雨水水力学相关计算

6.14-1. 某重要办公楼的沥青屋面面积为 2000m^2，以 3‰双向找坡。当地暴雨强度公式：$q = 1568.364 \times (1+0.871\lg P) \div (t+4.385)^{0.732} \text{L}/(\text{s}\cdot\text{hm}^2)$，两边明沟各有 3 个 $DN100$ 雨水斗合排 1 根 $DN100$ 雨水立管的多斗重力流系统，其余均采用单斗重力流系统，管材为 HDPE 承压管。问整个屋面至少需设置多少个 $DN100$ 的重力流雨水斗？【2023-4-24】

（注：多斗重力流系统立管和单斗重力流雨水斗的最大设计排水流量均按《建筑给水排水设计标准》GB 50015—2019 附录 G 确定）

(A) 12　　　　　(B) 14　　　　　(C) 16　　　　　(D) 18

解析：

① 参考《建水标准》5.2.3条、5.2.4条，降雨历时 t 取5min，设计重现期 P 取10年，则：

$q=1568.364\times(1+0.871\lg10)/(5+4.385)^{0.732}=569.77\ [L/(s\cdot hm^2)]$。

② 参考《建水标准》5.2.6条，屋面径流系数取1；再参考《建水标准》5.2.1条，由于屋面坡度为 $3\%>2.5\%$，故 q_y 的计算结果要乘以1.5，由此可得，单侧屋面的设计雨水流量为：

$q_y=1.5\times\dfrac{q\phi F_w}{10000}=1.5\times\dfrac{569.77\times1\times(2000/2)}{10000}=85.47\ (L/s)$。

③ 由题意得，由于雨水立管为 $DN100$ 的HDPE管，参考《建水标准》附录G，雨水立管的单管排水流量（$De110$ 的塑料管），为12.80L/s，则单侧屋面的立管根数为：

$n=\dfrac{q_y}{12.8}=\dfrac{85.47}{12.8}=6.68(根)\approx7$ 根。

④ 题干强调"两边明沟各有3个 $DN100$ 雨水斗合排1根 $DN100$ 雨水立管的多斗重力流系统"，故单侧屋面的雨水斗数量为：$7-1+3=9$（个），即屋面雨水斗总数为：$9\times2=18$（个），故D正确。

答案选【D】。

6.14-2. 普通高层建筑硬质平屋面，雨水按照半有压流排水系统设计，采用87型雨水斗，单斗内排水系统，管材为镀锌钢管，其中某一根 $DN100$（雨水斗、悬吊管、立管、排出横管）独立雨水管道系统，悬吊管长度12m，雨水斗与悬吊管末端高差0.7m，出户管长15m，室内外高差0.2m，设计暴雨强度 q_j 为486L/(s·hm²)，问此根单斗管道系统最大负担汇水面（m²）不应超过下列哪一项？【2024-3-24】

(A) 193　　　　　(B) 273　　　　　(C) 290　　　　　(D) 514

解析：

① 参考《屋面雨水规程》3.2.5条。半有压流 $DN100$ 的87型雨水斗，其排水流量为12～16L/s。

② 参考《屋面雨水规程》5.2.2条。悬吊管的水力坡度为 $(0.5+0.7)/12=0.1$，参考《屋面雨水规程》5.2.4条。悬吊管的设计充满度宜取0.8，查《建水工程2025》附录4可得，该 $DN100$ 悬吊管的排水能力为14.82L/s。

③ 参考《屋面雨水规程》5.2.9条。$DN100$ 的雨水立管当建筑高度≤12m时，排水流量为19L/s，当建筑高度>12m时，排水流量为25L/s。

④ 参考《屋面雨水规程》5.2.3条。排出管的水力坡度为 $(1+0.2)/15=0.08$，参考《屋面雨水规程》5.2.4条。排出管宜按满流计算，参考《建水标准》4.5.4条，该 $DN100$ 排出管的流速为：$v=\dfrac{1}{n}\times R^{\frac{2}{3}}\times I^{\frac{1}{2}}=\dfrac{1}{n}\times\left(\dfrac{D}{4}\right)^{\frac{2}{3}}\times I^{\frac{1}{2}}$，代入数据：$n=0.012$，$D=0.1m$，$I=0.08$，解得：$v=2.02m/s$，参考《屋面雨水规程》5.2.6条。排出管流速不宜大于1.8m/s，故以1.8m/s作为排出管的设计流速，则：$Q=A\times v=\dfrac{\pi D^2}{4}\times v=$

$$\frac{\pi \times 0.1^2}{4} \times 1.8 = 0.01414(\text{m}^3/\text{s}) = 14.14(\text{L/s})。$$

⑤ 综上所述，该独立雨水管道系统的最小设计流量取 14.14L/s ，14.14/486×10000 =290（m²）。

答案选【C】。

注：本题需要一定的工程经验，考虑《屋面雨水规程》并不是历年案例的考察重点，不建议因为本题对该规范进行太多研究。

6.15　耗热量、热水量、供热量与热源热媒耗量的计算

某普通旅馆共设 70 间客房，每间两个床位，设独立卫生间，其内设淋浴器、洗脸盆和坐便器各一个。最高日热水用水定额 60L/人（60℃），目前每天 20：00～23：00 定时供水，水加热器是按最小设计参数确定的设计小时耗热量选型，冷水计算温度 10℃。现拟采用 24h 集中热水供应，扩大用于客房的楼层增加床位数量（增加的客房仍按 2 床/间计），但不增加、不更换原有的水加热器。仅从水加热器供热能力考虑，至少能增加多少间客房？（热水小时变化小时 K_h 取上限值，且不考虑床位数增加对 K_h 值的影响，系统热损失系数 C_γ 统一按 1.10 考虑，给出参数见下表）【2021-3-21】

洁具	小时用水量（L）	一次性用水量（L）	使用水温（℃）	不同温度下水的密度（kg/L）			
				10℃	37℃	40℃	60℃
淋浴器	140～200	70～100	37～40	0.9997	0.9933	0.9922	0.9832
洗脸盆	30	3	30				

（A）208　　　　（B）160　　　　（C）157　　　　（D）125

解析：

$$Q_{h1} = \sum q_h C(t_{r1} - t_1) \rho_r n_0 b_g C_\gamma$$
$$= 140 \times (37 - 10) \times 0.9933 \times 70 \times 70\% \times 4.187 \times 1.1 = 847352.2(\text{kJ/h})。$$

$$Q_{h2} = K_h \frac{mq_r C(t_r - t_1) \rho_r}{T} C_\gamma = 3.84 \times \frac{m \times 60 \times 4.187 \times (60 - 10) \times 0.9832}{24} \times 1.1$$
$$= 847352.2(\text{kJ/h})。$$

解得：$m = 390$ 人；则增加的房间数 = 390 ÷ 2 − 70 = 125（间）。

答案选【D】。

6.16　加热面积的计算

6.16-1. 某热水供应系统采用导流型容积式水加热器供应热水，其设计参数如下：冷水 10℃，制备热水所需供热量 2160000kJ/h，热媒为压力 0.07MPa 的饱和蒸汽，冷凝回水温度为 80℃，传热效率系数为 0.8，传热系数 2340W/(m²·℃)，要求加热器出水温度为 70℃，则水加热器的加热面积应为下列哪项？【2021-3-22】

（A）6.41m²　　　（B）10.68m²　　　（C）16.03m²　　　（D）23.08m²

解析：

① 计算温度差：$\Delta t_j = \frac{100 + 80}{2} - \frac{10 + 70}{2} = 50$（℃）。

② 加热面积：$F_{jr}=\dfrac{2160000}{0.8\times2340\times3.6\times50}=6.41$（$m^2$）。

答案选【A】。

分析：

注意本题给的传热系数单位与往常不同，需要乘以 3.6 才能变为《建水标准》6.5.7 条公式中要求的传热系数单位。

6.16-2. 某医院住院部，病房单设卫生间，设置集中供应热水系统，其中一个热水供水分区供应 300 床病房，配置 2 台半容积式换热器；热水换热站集中设置于地下一层。热媒采用锅炉房供应的高温热媒水，供回水温度分别为 90℃、60℃。该供水分区的每台水加热器加热面积（m^2）最小为下列哪一项？【2023-4-22】

[注：水加热器出水温度 60℃，冷水计算温度 10℃，$C_\gamma=1.10$，$\rho_r=0.9832$（60℃）kg/L，冷水密度按 1kg/L 计，$\varepsilon=0.7$，传热系数 $K=1100$kJ/($m^2\cdot$℃$\cdot$h)；住院部最高日用水定额 110L/（人·d），使用时数 24h，$K_h=3.48$]

(A) 18   (B) 20   (C) 22   (D) 36

解析：

① 参考《建水标准》6.4.3 条第 2 款。半容积式水加热器的 $Q_g=Q_h$，则：

$$Q_g=Q_h=K_h\times\dfrac{mq_rC(t_r-t_l)\rho_r}{T}C_\gamma$$

$$=3.48\times\dfrac{300\times110\times4.187\times(60-10)\times0.9832}{24}\times1.1$$

$$=1083401.57(kJ/h)。$$

② $\Delta t_j=\dfrac{t_{mc}+t_{mz}}{2}-\dfrac{t_c+t_z}{2}=\dfrac{90+60}{2}-\dfrac{10+60}{2}=40$（℃）。

③ 参考《建水标准》6.5.3 条。医院集中热水供应系统的热源机组及水加热设备不得少于 2 台，其他建筑的热水供应系统的水加热设备不宜少于 2 台，当一台检修时，其余各台的总供热能力不得小于设计小时供热量的 60%，可得，单台水加热器的加热面积为：

$$F_{jr}=\dfrac{60\%\times Q_g}{\varepsilon K\Delta t_j}=\dfrac{60\%\times1083401.57}{0.7\times1100\times40}=21.1(m^2)，取22m^2，故 C 正确。$$

答案选【C】。

6.17 贮热容积的计算

某高级宾馆全日集中生活热水供应系统如图所示，已知：

（1）宾馆设计床位数为 350 床，热水用水定额为 120L/（床·d），设计热水供水温度为 60℃，冷水温度取 8℃，热水用水小时变化系数为 3.19；

（2）热水供应系统设计小时耗热量持续时间取 2h，水加热器有效贮热容积系数取 0.9，热水系统热损失系数取 1.10；

（3）除客房卫生间外，不计其他部位的热水用水。配备的低压锅炉供气规模有限，水加热器的总贮热容积（L）应为下列哪一项？【2024-3-21】

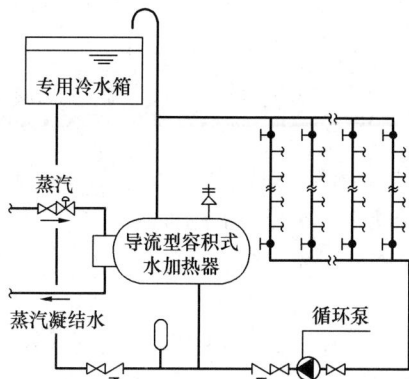

(A) 1750.0　　　(B) 2791.3　　　(C) 5582.5　　　(D) 9368.3

解析:

① $\Delta Q_h = Q_h - Q_p = (K_h - 1) \dfrac{mq_r C (t_r - t_1) \rho_r}{T} C_\gamma$

$= (3.19 - 1) \times \dfrac{350 \times 120 \times 4.187 \times (60 - 8) \times 0.9832}{24} \times 1.1 = 902449.7$

(kJ/h)。

② $V = \dfrac{Q_{\text{贮}}}{\eta (t_{r2} - t_1) C\rho_r} = \dfrac{2 \times 902449.7}{0.9 \times (60 - 8) \times 4.187 \times 0.9832} = 9368.3$ (L)。

答案选【D】。

注:题干中"配备的低压锅炉供气规模有限"便是在暗示供气只能满足高日均时耗热量、根据题干"热水供应系统设计小时耗热量持续时间取 2h"的信息,可以得到总贮热容积对应的贮热量要满足:(高日高时耗热量-高日均时耗热量)×2h,以保证高日高时耗热量持续时段的热量供应。

6.18　热水设计流量与循环流量、扬程相关计算

6.18-1. 某热水供水系统采用常压燃气热水机组与热水贮水罐组成第一循环系统,见图示。设计中,热水机组与热水贮水罐中心线的标高相对关系有两种布置方案($\Delta H = 5\text{m}$、10m),两种布置方案的第一循环系统管径分别有 $DN150$、$DN200$ 两种方案。经水力计算,$DN150$、$DN200$ 的循环管组成的第一循环系统总水头损失$\sum h$ 在两种布置方案下分别为:

当 $\Delta H = 5\text{m}$ 时,$DN150$,$\sum h = 0.2\text{m}$;$DN200$,$\sum h = 0.1\text{m}$。当 $\Delta H = 10\text{m}$ 时,$DN150$,$\sum h = 0.25\text{m}$;$DN200$,$\sum h = 0.15\text{m}$,试通过计算,判断以下哪种是能形成自然循环的最佳方案?(注:第一循环系统供回水密度为:$\rho_1 = 998\text{kg/m}^3$,$\rho_2 = 980\text{kg/m}^3$)【2020-3-22】

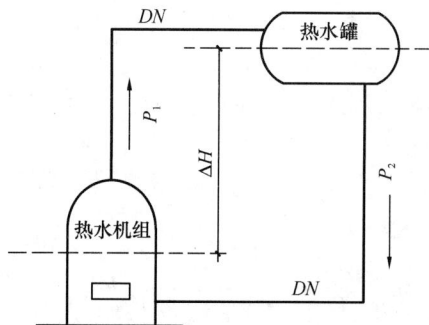

(A) $\Delta H = 5\text{m}$,$DN150$

(B) $\Delta H = 5\text{m}$,$DN200$

(C) $\Delta H = 10\text{m}$,$DN150$

(D) $\Delta H = 10\text{m}$,$DN200$

解析:

$$H_{\text{zr1}} = 10 \times \Delta h(\rho_1 - \rho_2) = 10 \times 5 \times (998 - 980)$$
$$= 900 \ (\text{Pa}) = 0.09 \ (\text{m}) < 0.1 \ (\text{m}),\text{故不能自然循环。}$$

$$H_{\text{zr2}} = 10 \times \Delta h \ (\rho_1 - \rho_2)$$
$$= 10 \times 10 \times (998 - 980) = 1800 \ (\text{Pa}) = 0.18 \ (\text{m}) > 0.15 \ (\text{m}) \text{ 但} < 0.25 \ (\text{m})。$$

故当高差为 10m、管径为 $DN150$ 时,不能自然循环,

当高差为 10m、管径为 $DN200$ 时,可自然循环。

答案选【D】。

6.18-2. 某多层快捷酒店设全日制集中生活热水系统,系统不分区,采用上供下回的干、立管机械循环系统,换热水器出水温度 60℃,配水管网末端温度为 55℃,回水温度 50℃。设计小时用水量为 10630L/h(60℃)。问该系统回水总管管径最小为下列哪项?(冷水温度按 10℃ 计算,不同水温下的密度见表)【2021-4-21】

| (A) $DN25$ | (B) $DN32$ | (C) $DN40$ | (D) $DN50$ |

水温(℃)	10	50	55	60
密度(kg/L)	0.9997	0.9881	0.9857	0.9832

解析:

$$q_{\text{x}} = \frac{Q_{\text{s}}}{C\rho_{\text{r}} \Delta t_{\text{s}}} = \frac{2\%Q_{\text{h}}}{C\rho_{\text{r}} \Delta t_{\text{s}}} = \frac{2\%q_{\text{rh}} \times C(t_{\text{r2}} - t_1)\,\rho_{\text{r}} \times C_{\gamma}}{C\rho_{\text{r}} \Delta t_{\text{s}}}$$

$$= \frac{2\% \times 10630 \times (60 - 10) \times 1.1}{60 - 55} = 2338.6(\text{L/h}) = 6.5 \times 10^{-4}(\text{m}^3/\text{s}),$$

$$D = \sqrt{\frac{4q_{\text{x}}}{\pi v}} = \sqrt{\frac{4 \times 6.5 \times 10^{-4}}{3.14 \times 1}} = 0.029(\text{m}),\text{取 } DN32。$$

答案选【B】。

分析:

热水管流速参考《建水标准》6.7.8 条可按 1m/s 试算,若管径不在 25~40mm 范围,再进行调整。

6.18-3. 某小区全日集中生活热水系统采用半即热式水加热器,水加热器出水温度为 60℃;该热水系统设计小时耗热量 100000kJ/h,配水管温度最低处 50℃,循环流量通过配水管及回水管总水头损失之和为 5m,水加热器水头损失为 0.05MPa。本系统热水循环水量(L/h)及循环水泵扬程(m)最小选取值,下列哪一项正确?(热水密度 $\rho = 1$kg/L)【2022-3-22】

| (A) 71.7;5.0 | (B) 71.7;10.0 | (C) 119.5;5.0 | (D) 143.4;10.0 |

解析:

$$q_{\text{x}} = \frac{Q_{\text{s}}}{C \cdot \rho_{\text{r}} \cdot \Delta t_{\text{s}}} = \frac{3\% \times 100000}{4.187 \times 1 \times (60 - 50)} = 71.7(\text{L/s}),$$

$$H_{\text{b}} = 5 + 0.05 \times 100 = 10(\text{m})。$$

答案选【B】。

6.18-4. 某采用全日制集中热水供应系统的旅馆建筑，客房层为一个供水分区，共300 间客房，均为标准双人间，每间客房卫生间设洗脸盆、坐便器、淋浴间、浴盆各 1件。热水最高日用水定额（60℃）为 150L/(床·d)，时变化系数采用 3.0。采用一组容积式水加热器，试问其水加热器的冷水总补水管管径按下列哪一项流量（L/s）确定？【2023-3-21】

(A) 3.15　　　　　　(B) 12.25　　　　　　(C) 14.36　　　　　　(D) 17.32

解析：

参考《建水标准》6.5.13 条第 1 款。冷水补给水管的管径应按热水供应系统总干管的设计秒流量确定，可得：

$$q_g = 0.2\alpha\sqrt{N_g} = 0.2 \times 2.5 \times \sqrt{300 \times (0.5 + 0.5 + 1.0)} = 12.25(\text{L/s}),\text{故 B 正确。}$$

答案选【B】。

分析：大便器不需要使用热水，由于水加热器的冷水总补水管已冷热水分流，其他卫生器具选用《建水标准》3.2.12 条括号内的当量。

6.18-5. 学生宿舍楼仅设置公共盥洗间，共有 120 个无隔间淋浴器、210 个盥洗槽混合水嘴使用热水。热水系统采用热水箱和热水供水泵联合供水的全日制空气源热水系统，见下图，回水电磁阀打开时流量 2.5L/s，该热水供水泵组设计流量（L/s）最小计算值为下列哪一项？【2024-3-22】

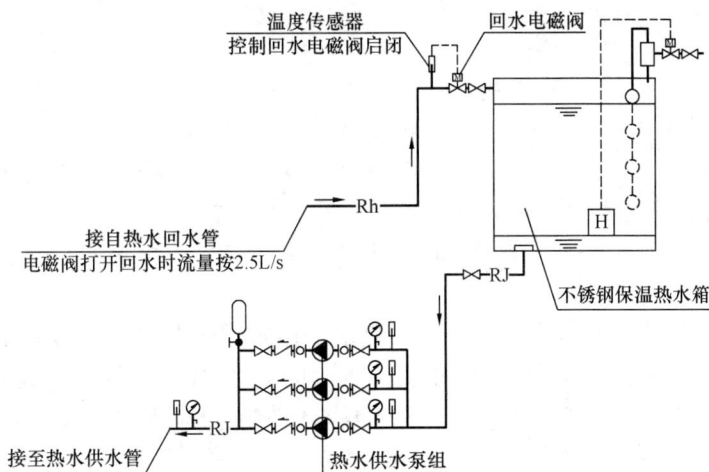

(A) 6.4　　　　　　(B) 9.7　　　　　　(C) 20.4　　　　　　(D) 22.9

解析：

学生宿舍楼热水设计秒流量：

$$q_1 = \sum q_{g0} n_0 b_g = 0.1 \times 120 \times 60\% + 0.14 \times 210 \times 45\% = 20.43(\text{L/s})$$

答案选【C】。

6.19　热水膨胀装置、管道伸缩相关计算

6.19-1. 某段生活热水供应管道直线长度 100m，管道的线膨胀系数 $\alpha = 0.02\text{mm}/(\text{m}\cdot\text{℃})$，

热水温度60℃，回水温度50℃，冷水温度15℃，环境温度20℃，则该管段的伸缩补偿量为下列哪项（mm）？【2020-3-21】

(A) 90   (B) 40   (C) 35   (D) 20

解析：

伸缩补偿量：$\Delta L = \alpha \cdot L \cdot \Delta T = 0.02 \times 100 \times (60-15) = 90$（mm）。

答案选【A】。

6.19-2. 某学生宿舍建筑最高日热水量为$50m^3$，集中热水供水系统如图所示，空气源热泵热水机组出水温度不超过60℃（密度0.9832kg/L）。冷水计算温度及相应密度（kg/L）为：冬季5℃（0.9999）春秋10℃（0.9997）夏季20℃（0.9982）。问：膨胀管高出消防水箱最高水位的垂直高度h_2（mm）最小不应小于下列哪一项？【2022-4-21】

(A) 139.70   (B) 207.65

(C) 366.14   (D) 373.67

解析：

参考《建水标准》6.5.19条第1款。

$$h_1 = (2+20+2) \times \left(\frac{0.9999}{0.9832} - 1\right)$$

$$= 0.40765(\text{m}) = 407.65(\text{mm})，$$

根据题干配图：$h_2 = 407.65 - 200 = 207.65$（mm）。

答案选【B】。

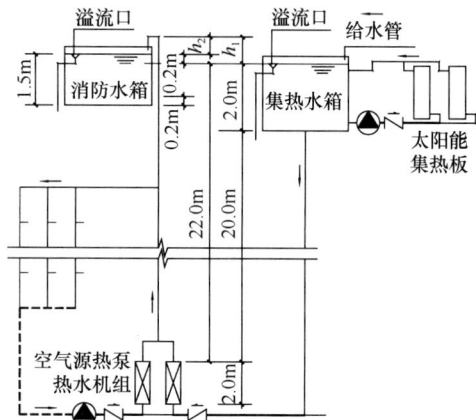

6.20 太阳能、热泵热水供应系统

6.20-1. 某200床的酒店式公寓，生活热水采用水源热泵热水供应系统，全日供水。已知：热水小时变化系数为4，设计耗热量持续时间取4h，热泵机组设计工作时间取12h。则该水源热泵热水系统需设置的贮热水箱有效容积最小为多少（m³）？【2020-4-22】（改）

(A) 5.28   (B) 5.57   (C) 6.12   (D) 7.33

解析：

① 供热量与耗热量比值：$\dfrac{Q_g}{Q_h} = \dfrac{T}{T_5 \times K_h} = \dfrac{24}{12 \times 4} = 0.5$。

② 有效容积：

$$V_r = k_1 \frac{(Q_h - Q_g) T_1}{(t_r - t_l)C \cdot \rho_r} = k_1 \frac{(1-0.5) Q_h T_1}{(t_r - t_l)C \cdot \rho_r} = k_1 \times (1-0.5) \times K_h \frac{mq_r}{T} C_\gamma \times T_1$$

$$= 1.25 \times (1-0.5) \times 4 \times \frac{200 \times 80}{24} \times 1.1 \times 4 = 7333 \text{ (L)} = 7.33 \text{ (m}^3\text{)}。$$

答案选【D】。

6.20-2. 北京某 5 层酒店共有客房 120 间（每间按 2 床计），设有坐便器、洗脸盆、淋浴器、浴缸。拟采用太阳能直接供热、电辅热的方式制备生活热水。供水系统采用 24h 全日制机械循环集中热水系统，供水温度 60℃，回水温度 50℃。太阳能集热器布置在酒店屋面，安装方位南偏东 40°，按全年使用设计，安装倾角为当地纬度。根据屋面情况并按照无遮挡及安装检修要求实际布置的集热器总面积为 300m²。该酒店实际设置的太阳能集热器面积，占所需集热器面积的百分数是下列哪项？有关参数：热水定额（60℃）最高日为 150L/(床・d)，平均日为 120L/(床・d)，最冷月平均水温按 4℃ 计，年平均水温按 22℃ 计。太阳能保证率取 0.6，集热器平均集热效率取 0.45，同时使用率取 0.7，集热系统热损失率按 20％ 计，年平均日辐照量 17220kJ/(m²・d)。60℃ 热水密度 ρ＝0.9832kg/L，50℃ 热水密度 ρ＝0.9881kg/L，22℃ 冷水密度 ρ＝0.9978kg/L，4℃ 冷水密度 ρ＝1.000kg/L。【2021-4-22】

(A) 63.36％　　　　(B) 74.70％　　　　(C) 93.37％　　　　(D) 98.30％

解析：

$$Q_{md} = q_{mr} \cdot m \cdot b_1 \cdot C \cdot \rho_r (t_r - t_L^m)$$

$$= 120 \times 240 \times 0.7 \times 4.187 \times 0.9832 \times (60 - 22) = 3153689.7 (\text{kJ/d})。$$

$$A_{jz} = \frac{Q_{md} \cdot f}{b_j \cdot J_t \cdot \eta_j (1 - \eta_l)} = \frac{3153689.7 \times 0.6}{0.95 \times 17220 \times 0.45 \times (1 - 20\%)} = 321.3 (\text{m}^2)。$$

百分数 $= \dfrac{300}{321.3} \times 100\% = 93.37\%$。

答案选【C】。

分析：

由于集热器朝南布置的偏离角＞10°，参考《建水标准》6.6.3 条第 4 款，集热器面积补偿系数 b_j 应查《太阳能热水标准》，参考《太阳能热水标准》表 C.0.1，b_j 取 95％。

6.20-3. 某宾馆采用全日集中热水供应系统供给客房部热水用水，客房部有 100 个带单卫生间房间，计 200 床位。最高日 60℃ 热水用水定额为 120L/(床・d)，平均日 60℃ 热水用水定额为 110L/(床・d)。热源采用江水源热泵系统，冷水计算温度冬季 5℃，春秋 10℃，夏季 20℃，热泵机组设计工作时间为 10h/d，水源热泵需配置的贮热水箱有效容积为下列哪项？［参数取值：设计小时耗热量持续时间取 2h，用水均匀性安全系数取 1.25，热损失系数取 1.10，热水小时变化系数取 3.0，C＝4.187kJ/(kg・℃)；ρ_r＝0.9832kg/L］【2022-3-21】

(A) 1650L　　　　(B) 1512L　　　　(C) 1320L　　　　(D) 825L

解析：

$$Q_h = K_h \times \frac{m \cdot q_r \cdot C(t_r - t_l) \cdot \rho_r \cdot C_\gamma}{T}, \quad Q_g = \frac{m \cdot q_r \cdot C(t_r - t_l) \rho_r \cdot C_\gamma}{T_5}。$$

$$V_r = k_1 \frac{(Q_h - Q_g) T_1}{(t_r - t_l) C \cdot \rho_r} = k_1 \left(K_h \times \frac{m \cdot q_r \cdot C_\gamma}{T} - \frac{m \cdot q_r \cdot C_\gamma}{T_5} \right) T_1$$

$$= 1.25 \left(3 \times \frac{200 \times 120 \times 1.1}{24} - \frac{200 \cdot 120 \cdot 1.1}{10} \right) \times 2 = 1650 (\text{L})。$$

答案选【A】。

6.20-4. 某400人普通住宅，入住率为90%，采用集中集热、分散供热直接加热太阳能热水系统，集热器的平均日太阳辐照量18356kJ/(m²·d)，太阳能保证率为80%；最高日、平均日用水定额分别为100L/(人·d)、70L/(人·d)；器具使用水温40℃，集热系统的热损失为20%，集热器总面积的年平均集热效率为40%，则最小集热器总面积(m²)最接近下列哪一项？(水的密度$\rho=1$kg/L，集热器面积补偿系数取1，年平均冷水温度为10℃)【2022-4-22】

(A) 1027   (B) 799   (C) 719   (D) 431

解析:

$$Q_{md} = q_{mr} \cdot m \cdot b_1 \cdot C \cdot \rho_r (t_r - t_L^m)$$

$$= 70 \times 400 \times 90\% \times 4.187 \times 1 \times (40-10) = 3165372 \text{ (kJ/d)}.$$

$$A_{jz} = \frac{Q_{md} \cdot f}{b_j \cdot J_t \cdot \eta_j (1-\eta_l)} = \frac{3165372 \times 80\%}{1 \times 18356 \times 40\% \times (1-20\%)} = 431 \text{(m}^2\text{)}.$$

答案选【D】。

分析:

由于题干叙述为"用水定额"非"热水用水定额"，可以视为题干给的是生活用水定额，对应温度则为器具使用水温，即本题可视为题干同时给了定额和热水温度，故应采用题干参数解题。另外，若用规范的定额和热水温度解题，参考《建水标准》表6.2.1-1(有集中热水供应的普通住宅)定额应取25L/(人·d)，温度应取60℃，这样算下来没有答案，由此可得，这个推理是符合出题人思路的。

同时，对于该题而言，笔者认为用60℃来算也是正确的，因为可以考虑成题干给的定额"70L/(人·d)"在《建水标准》表6.2.1-1的25~70L/(人·d)范围之内，所以视为定额来自于规范，从而热水温度用60℃来计算。但是不把这种方法写入解析的原因是，这会扰乱现有的建筑热水知识体系，直接导致考生以后做热水的案例题会思维混乱。因为题干如果只给定额，没给热水温度，还要考虑这个定额在不在规范范围之内。若题干只给了在规范范围内的定额，没给热水温度，让大家求耗热量的最小值，还要考虑两种情况：①出题者恰好给了一个规范范围的定额，本意还是让定额和温度都取自于规范的最小值；②出题者想规定一个在规范范围内的定额，热水温度还是用60℃来计算。由于本题采用60℃计算，会扰乱"定额和热水温度同时取自规范或同时取自题干"这个原则，所以就用40℃来写解析，从而规避这个争议点了。

6.20-5. 某精品酒店，共7层，公共区设置于地下一~二层，采用市政压力直供；客房区设置于三~七层，客房区均为加压供水。酒店设置全日制集中供应热水系统，供应客房及员工淋浴热水使用，热源采用空气源热泵系统，$COP=4.5$。酒店所在地最冷月平均气温大于10℃，冷水计算温度15℃；客房参数见列表。则热泵系统的贮热水罐总容积(L)为以下哪一项？【2023-3-22】

[已知：$C_\gamma = 1.10$，$\rho_r = 0.9832$(60℃)、0.9857(55℃)、0.9880(50℃) kg/L，

$T_1=3h$，$k_1=1.3$，热泵机组设计工作时间为 12h/d，出水温度 55℃，$K_h=3.254$。]

类型	数量	用水定额（60℃）	使用时数（h）	备注
客房	200 间	120L/（人·d）	24	1.5 人/间
员工	200 人	50L/（人·d）	10	—

(A) 13074.5　　　　(B) 14671.5　　　　(C) 14964.5　　　　(D) 16680.2

解析：

① $Q_h = K_h \times \dfrac{mq_r C(t_r - t_1)\rho_r}{T} C_\gamma$

$= \left(\dfrac{3.254 \times 200 \times 1.5 \times 120}{24} + \dfrac{2 \times 200 \times 50}{10}\right) \times 4.187 \times (60-15) \times 0.9832 \times 1.1$

$= 1402172.96(kJ/h)$。

② $Q_g = \dfrac{m \cdot q_r \cdot C(t_r - t_1)\rho_r \cdot C_\gamma}{T_5}$

$= \dfrac{(200 \times 1.5 \times 120 + 200 \times 50) \times 4.187 \times (60-15) \times 0.9832 \times 1.1}{12}$

$= 781135.93(kJ/h)$。

③ $V_r = k_1 \dfrac{(Q_h - Q_g)T_1}{(t_r - t_1)C \cdot \rho_r}$

$= 1.3 \times \dfrac{(1402172.96 - 781135.93) \times 3}{(55-15) \times 4.187 \times 0.9857} = 14671.5$ (L)，故 B 正确。

答案选【B】。

分析：

① 本题由于题干并未给出员工的热水卫生器具，故员工的耗热量只能采用分散型全日制公式进行计算。

② 本题题干中的"$K_h=3.254$"具有极大的误导性，若员工与旅客的耗热量都按照这个时变化系数计算，则算不出答案。参考《建水标准》表 6.4.1，"$K_h=3.254$"在宾馆旅客的热水时变化系数范围内（2.6~3.33）；而员工的热水时变化系数，参考《建水标准》表 6.4.1 注 3，要采用《建水标准》3.2.2 条给水的时变化系数，故宾馆员工的时变化系数为 2.0~2.5，取最小值为 2.0。

③ 计算 V_r 时，热水温度取水加热器出水温度 55℃。

④ 学员在第一次做该题时，若没考虑"宾馆员工热水时变化系数取 2.0"是正常现象，没考虑的主要原因是被题干误导，并不是学员熟练度不够所致，因而可不在意。

6.20-6. 某住宅共 20 户，户均按 3 人考虑，采用太阳能集中集热分散供热的方式供应各户生活热水，各户内均设有效容积为 60L 的容积式热水器间接换热供水。设置太阳能集热器总面积 50m²，集热器单位轮廓面积平均日产 60℃热水量取 40L/（m²·d），同日使用率取 0.5。集热水箱的有效容积（L）宜为下列哪一项？（不考虑集热系统超温排回的调节容积）【2023-4-21】

(A) 2800　　　　(B) 2000　　　　(C) 1400　　　　(D) 800

解析:

$$V_{rx1} = V_{rx} - b_1 \cdot m_1 \cdot V_{rx2} = q_{rjd} \cdot A_j - b_1 \cdot m_1 \cdot V_{rx2}$$

$$= 40 \times 50 - 0.5 \times 20 \times 60 = 1400 \text{ (L)},\ \text{故 C 正确。}$$

答案选【C】。

6.20-7. 某 500 床位旅馆,热水用水定额为最高日 100L/(床·d),冷水温度取 10℃,采用全日制空气源热泵集中热水供应系统,不设辅助加热,循环加热时进出口温差 5℃(如图),该热水系统的热泵循环流量最小计算值(L/s)为下列哪一项?(水的密度按 1kg/L 计)【2024-4-22】

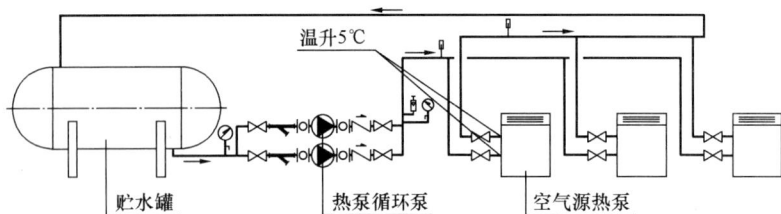

(A) 11.5　　　　　(B) 15.3　　　　　(C) 15.9　　　　　(D) 22.5

解析:

① $Q_g = \dfrac{m \cdot q_r \cdot C (t_r - t_1)\ \rho_r \cdot C_\gamma}{T_5}$

$= \dfrac{500 \times 100 \times 4.187 \times (60-10) \times 1 \times 1.1}{12} = 959520.83 \text{ (kJ/h)}$。

② $q_{xh} = \dfrac{k_2 Q_g}{3600C \cdot \rho_r \cdot \Delta t} = \dfrac{1.2 \times 959520.83}{3600 \times 4.187 \times 1 \times 5} = 15.3 \text{ (L/s)}$。

答案选【B】。

注:①本题题干仅给出热水定额,并未给出热水温度,按热水定额与温度同时取自题干或同时取自于规范的原则,本题应优先采用规范值,但由于题干未给出旅馆的卫生器具配置情况,参考《建水标准》表 6.2.1-1 无法确定热水定额,不得不采用题干给出的定额值,按热水温度 60℃进行计算。②参考《建水标准》6.6.7 条第 1 款条文说明:"不设辅助热源时,T_5 宜取 8h~12h",本题求最小值,故 T_5 取 12h。③《建水标准》并未给出空气源热泵循环流量的计算公式,从做题角度,不得不借鉴《建水标准》水源热泵循环流量的计算公式(6.6.7-3)。

6.21　建筑中水设计计算

6.21-1. 某大学宿舍区共有 5 栋居室内设卫生间的宿舍,每栋宿舍在校住宿学生人数均为 2000 人。现进行节水改造,宿舍卫生间冲厕用水拟采用中水,由新建的校区中水处理站供水;中水处理站每日在 6:00~15:00 和 17:00~23:00 期间运行。则该中水处理站设置的原水调节池有效调节容积最小为下列哪项?【2021-4-25】

注:1. 宿舍用水定额最高日 200L/(人·d),平均日为 150L/(人·d),时变化系数按 2.5 计。

2. 中水处理站处理设施自耗水系数取 10%。

(A) 356.40m³ (B) 475.20m³ (C) 594.00m³ (D) 792.00m³

解析：

$$Q_z = \frac{5 \times 2000 \times 200 \times 30\%}{1000} = 600 \ (\text{m}^3/\text{d}),$$

$$Q_h = (1+10\%) \times \frac{600}{9+6} = 44 \ (\text{m}^3/\text{h}),$$

$$Q_{yc} = 1.2 Q_h T = 1.2 \times 44 \times 9 = 475.2 \ (\text{m}^3).$$

答案选【B】。

6.21-2. 某高校学生公共浴室、两栋教学楼的中水系统如下图所示，公共浴室每日使用人数 1000 人，两栋教学楼每日使用总人数 2000 人。公共浴室最高日、平均日用水定额分别为 100L/(人·d)、70L/(人·d)，教学楼最高日、平均日用水定额分别为 40L/(人·d)、35L/(人·d)。考虑水量平衡情况，为保证回用水量至少回收多少原水量？（中水原水水量为中水回用水量的 110%，b 取 0.95）【2022-3-25】

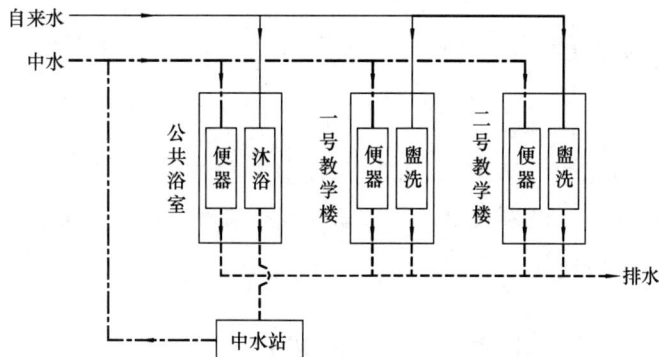

(A) 65.2m³/d　　　　　　　　　　(B) 72.3m³/d

(C) 80.8m³/d　　　　　　　　　　(D) 93.2m³/d

解析：

① 中水用水量：$Q_z = 1000 \times 100 \times 2\% + 2000 \times 40 \times 60\% = 50 \ (\text{m}^3/\text{d})$。

② 中水原水量：$Q_设 = 110\% \times 50 = 55 \ (\text{m}^3/\text{d})$。

③ 可收集的原水量：

$$Q_y = \sum \beta \times Q_{pj} \times b = 1000 \times 70 \times 98\% \times 0.95 \approx 65.2 (\text{m}^3/\text{d}).$$

答案选【A】。

分析：

① 本题要让回收的原水量最小，故中水的用水量要取最小值，即公共浴室的冲厕给水百分率取 2%（从而公共浴室的沐浴给水百分率取 98%），两栋教学楼的冲厕给水百分率取 60%。

② 本题虽然计算的是可收集的原水量，与补水工况、溢流工况的判断无关，但是依然建议核算一下中水的用水量以及中水原水量［即解析中的 (1)、(2) 两步］。

6.21-3. 某宿舍最高日生活用水量为 200m³/d，平均日生活用水量为 160m³/d，以淋浴和盥洗排水作为中水原水进行处理，达标后用于该建筑冲厕。建筑物给水分项用水量占比、中水处理系统运行时段见下表，给水量计算排水量的折减系数为 0.85，中水供水系统全日供给，该中水处理工程中水贮水池有效容积（m³）至少为下列哪项？【2023-3-25】

类型	冲厕	淋浴	盥洗	洗衣	每日中水处理运行时段
占日用水量的百分率（%）	30	40	14	16	7：00～22：00

(A) 30.6　　　(B) 34.2　　　(C) 39.6　　　(D) 47.5

解析：

① $Q_y = \sum \beta \cdot Q_{pj} \cdot b = 0.85 \times 160 \times (40\% + 14\%) = 73.44$（m³/d）。

② $(1+n_1) Q_z = (1+5\%) \times (200 \times 30\%) = 63$（m³/d）$< 73.44$（m³/d），故为溢流工况。

③ $Q_h = (1+n_1) \dfrac{Q_z}{t} = (1+5\%) \times \left(\dfrac{200 \times 30\%}{15}\right) = 4.2$（m³/h）。

④ $Q_{zt} = \dfrac{200 \times 30\%}{24} \times 15 = 37.5$（m³/h）。

⑤ $Q_{zc} = 1.2 (Q_h \cdot T - Q_{zt}) = 1.2 \times (4.2 \times 15 - 37.5) = 30.6$（m³），故 A 正确。

答案选【A】。

分析：

① n_1 取值范围以《中水标准》5.3.3 条的 5%～10% 为准，本题取最小值 5%。

② 题干并未给出 Q_{zt}，根据题意，按"最高日平均时中水用水量·T"计算得到，其中 T 为设备日最大连续运行时间 15h。

6.22　雨水利用设计计算

6.22-1. 某建筑小区拟收集屋面雨水回用。已知：拟收集的建筑小区硬屋面集雨投影总面积 20000m²，当地规划控制径流峰值所对应的径流系数为 0.25，当地设计降雨量为 70mm/d。则该小区雨水收集回用系统雨水储存池的最小有效容积应为下列哪项？【2020-3-25】

(A) 710m³　　　(B) 770m³　　　(C) 870m³　　　(D) 910m³

解析：

① 雨水径流总量：$W = 10 \times (0.8 - 0.25) \times 70 \times \dfrac{20000}{10000} = 770$（m³）。

② 弃流量：$W_i = 10 \times 3 \times \dfrac{20000}{10000} = 60$（m³）。

③ 储存池容积：$V_h = W - W_i = 770 - 60 = 710$（m³）。

答案选【A】。

6.22-2. 某小区收集汇水面积 1.2 万 m² 非绿化屋面（径流系数 0.9）和 0.3 万 m² 碎石路面（径流系数 0.55）的雨水回用，处理后用于绿化。该地区雨水设计日降雨量 100mm，当地规划控制要求建设后不大于该小区建设前自然地面径流系数 0.3。控制及利用雨水径

流总量是下列哪一项？【2022-4-25】

(A) 530m³　　　　(B) 795m³　　　　(C) 900m³　　　　(D) 1245m³

解析：

① $\psi_c = \dfrac{0.9 \times 1.2 + 0.55 \times 0.3}{1.2 + 0.3} = 0.83$。

② $W = 10(\psi_c - \psi_0) h_y F = 10 \times 100 \times (0.83 - 0.3) \times (1.2 + 0.3)$
　　$= 795$ (m³)，故 B 正确。

答案选【B】。

6.22-3. 某地区的建筑小区设雨水利用及控制系统，小区建设用地内各下垫面情况如下表，如控制径流峰值所对应的径流系数为 0.3，设计日降雨量 50mm，则该小区需利用控制的雨水径流总量（m³）至少应为下列哪项？【2023-4-25】

下垫面类型	面积（m²）	雨量径流系数 ψ
建筑硬质屋面	5000	0.9
硬质道路	3000	0.8
透水铺装地面	3000	0.35
车库覆土绿地（覆土厚度 450mm）	4000	0.4
实土绿地	2000	0.15

(A) 225　　　　(B) 232　　　　(C) 238　　　　(D) 245

解析：

① 参考《雨水利用规范》3.1.6 条条文说明。硬化汇水面面积 F 含工程范围内所有的非绿化屋面、不透水地（表）面、水面等，不含绿地、透水铺装地面或常年径流系数约小于 0.30 或小于 ψ_0 的下垫面，也不含地下室顶板上的绿地、透水铺装，可得，本题中"透水铺装地面、车库覆土绿地、实土绿地"不计。

② 综合径流系数为：

$$\psi = \frac{F_1 \times \psi_1 + F_2 \times \psi_2}{F_1 + F_2} = \frac{5000 \times 0.9 + 3000 \times 0.8}{5000 + 3000} = 0.8625。$$

③ 参考《雨水利用规范》3.1.3 条：

$$W = 10(\psi_c - \psi_0) h_y F = 10 \times (0.8625 - 0.3) \times 50 \times \frac{(5000 + 3000)}{10000} = 225(\text{m}^3)，故 A$$

正确。

答案选【A】。

6.22-4. 某小区原有中水回用系统，中水清水池有效容积 100m³，有效水深 1.6m。又增建雨水回用系统，收集雨水并处理后用于小区绿化，最高日和平均日绿化用水量分别为 30m³/d 和 20m³/d。拟将处理后雨水接入中水清水池中，该清水池水位增高量最小是下列哪一项（m）？【2024-3-25】

(A) 0.08　　　　(B) 0.11　　　　(C) 0.12　　　　(D) 0.17

解析：

① 参考《雨水利用规范》7.1.4 条。当雨水回用系统设有清水池时，其有效容积应根据产水曲线、供水曲线确定。当设有消毒设施时，应满足消毒的接触时间要求。当缺乏上述资料时，可按雨水回用系统最高日设计用水量的 25%～35% 计算。该雨水利用系统所需最小清水池容积为：$30 \times 25\% = 7.5$（m³）；

② $7.5 / (100/1.6) = 0.12$（m）。

答案选【C】。

6.22-5. 某重要建筑，硬化平屋面汇水面积 2000m²，雨水排水设计重现期按 100 年计算。拟将屋面雨水全部收集至雨水蓄水池（受场地限制，室外无条件设置雨水蓄水池，只能设在建筑内地下二层）。该雨水蓄水池的溢流提升设备最小排水量（L/s）最接近下列哪一项？【2024-4-25】【注：暴雨强度公式：$q[\text{L}/(\text{s} \cdot \text{hm}^2)] = [1400(1+1.01\lg P)]/(t+8)^{0.642}$，$P$—降雨重现期、$t$—降雨历时】

(A) 120   (B) 131   (C) 146   (D) 162

解析：

① 参考《雨水利用规范》7.2.5 条。当蓄水池因条件限制必须设在室内且溢流口低于室外地面时，应符合下列规定：1 应设置自动提升设备排除溢流雨水，溢流提升设备的排水标准应按 50 年降雨重现期 5min 降雨强度设计，且不得小于集雨屋面设计重现期降雨强度。P 取 100 年。

② 参考《建水标准》5.2.3 条。降雨历时 t 取 5min，则：

$q = 1400 \times (1+1.01\lg100) / (5+8)^{0.642} = 814.67 [\text{L}/(\text{s} \cdot \text{hm}^2)]$

③ 参考《建水标准》5.2.6 条。屋面径流系数取 1；则设计雨水流量为：

$$q_y = \frac{q \psi F_w}{10000} = \frac{814.67 \times 1 \times 2000}{10000} = 163 \text{（L/s）}$$

答案选【D】。

6.23　游泳池及水景

某室外涌泉水景工程，计算循环流量为 100m³/h，其最小补充水量是下列哪项？【2020-3-16】

(A) 1.0m³/h   (B) 1.2m³/h   (C) 3.0m³/h   (D) 3.6m³/h

解析：

最小补充水量：

$Q_补 = 1.2 \times 3\% \times 100 = 3.6$（m³/h）。

答案选【D】。

分析：

① 参考《建水标准》3.12.2 条。室外工程宜取循环水流量的 3%～5%。

② 参考《建水标准》3.12.8 条第 1 款。瀑布、涌泉、溪流等水景工程设计，应符合下列要求：1. 设计循环流量应为计算流量的 1.2 倍。

6.24　消防流量及储水量计算

某建筑高度 11m 的单层电子生产车间，总建筑面积 10000m²，最大净空高度 9m。因生产需要，在防火墙分隔墙（耐火极限 3h）上开一处并设防火分隔水幕，水幕设开式洒水喷头每排 4 个，每个喷头流量均按 1.5L/s 计。自喷系统设计流量按喷水强度×作用面积的 1.3 倍估算。该建筑消防用水量（m³）最小为下列哪一项？【2024-4-18】

(A) 835.2　　　　(B) 878.4　　　　(C) 900.0　　　　(D) 964.8

解析：

① 丙类厂房，总建筑体积 110000m³，查得 $Q_{室内}=20$L/s，$Q_{室外}=40$L/s，消火栓火灾持续时间 3h。

② 参考《喷规》7.1.15 条。防火分隔水幕，水幕设开式洒水喷头不应少于 2 排。最大净空高度 9m，自喷系统按最大净空计算。

③ $V=(20+40)\times3\times3.6+2\times4\times1.5\times3\times3.6+15\times160\times1.3\div60\times1\times3.6=964.8$ (m³)

答案选【D】。

注：若考虑自喷全保护，室内消火栓流量可折减 50%，则：

$V=(10+40)\times3\times3.6+2\times4\times1.5\times3\times3.6+15\times160\times1.3\div60\times1\times3.6=856.8$(m³)。

6.25　消防水池、水箱相关计算

6.25-1. 两座建筑合用消防水池。建筑 A 为体积 30000m³、建筑高度 60m 的高层建筑商业楼，建筑 B 为体积 12000m³、建筑高度 30m 的乙类厂房。已知建筑 A 的自喷水量 30L/s，建筑 B 的自喷水量 60L/s。该工程项目周边有两条市政给水管网，火灾情况下连续补水能满足室外消防水量。则该消防水池的最小有效容积（m³）是下列哪项？【2020-4-18】

(A) 396　　　　(B) 540　　　　(C) 792　　　　(D) 1026

解析：

① 建筑 A 室内消火栓设计流量为 40L/s，查《消规》3.6.2 条火灾延续时间 3h。

② 建筑 B 室内消火栓设计流量按《消规》表 3.5.3 可减少 5L/s，得 25-5=20 (L/s)，查《消规》3.6.2 条火灾延续时间 3h。

③ $V_A=40\times3\times3.6+30\times3.6=540$ (m³)，

　　$V_B=20\times3\times3.6+60\times1\times3.6=432$ (m³)，

消防水池容积取大值，则为 540m³。

答案选【B】。

分析： 两路供水且火灾时连续补水可以满足室外消防用水量，则该水池仅需贮存室内消防用水量。

6.25-2. 某山城的高级旅馆（建筑高度为 60m），设有室内消火栓系统和自动喷水灭火系统（自动喷水灭火系统设计流量为 30L/s），室内消防系统采用高位水池重力供水方案。拟在周边山顶上建设高位消防水池（灭火时，向高位消防水池有可靠补水措施），选址高程满足旅馆室内消防系统所需的工作压力要求，但山头面积狭小。此条件下，高位消防水池最小总有效容积（m³）不应小于下列哪项？【2020-4-20】

(A) 50   (B) 108   (C) 270   (D) 432

解析：

① 查《消规》表3.5.2室内消火栓流量为40L/s。

② 参考《消规》3.6.2条火灾延续时间为3h。

③ 消防水池容积：$V = 50\% \times (40 \times 3 \times 3.6 + 30 \times 1 \times 3.6) = 270$（m³）。

答案选【C】。

分析： 查《消规》4.3.11条第4款。当高层民用建筑采用高位消防水池供水的高压消防给水系统时，高位消防水池储存室内消防用水量确有困难，但火灾时补水可靠，其总有效容积不应小于室内消防用水量的50%。

6.25-3. 某多层建筑，地下2层，地上4层（地下为车库及设备机房；地上4层包含教学、办公、物业用房等），总建筑面积58000m²。图书馆4000m²、学生活动中心3000m²设置集中空调系统，其余办公、教室等部位采用分体空调。图书馆入口门厅150m²，学生活动中心入口门厅200m²，均2层通高（吊顶高度大于8m小于12m）。市政从地块不同侧提供两个DN150接口，供水压力自引入管0.10MPa。按规范设置消火栓系统和自动喷水灭火系统，采用临时高压供水方式，拟在地下1层设消防水池和消防泵房。该消防水池最小有效容积应为多少（m³）？（为简化计算，自喷系统按作用面积、强度计算；不考虑其他折减系数）【2021-4-18】

(A) 396   (B) 630   (C) 684   (D) 691.2

解析：

① 判断建筑类型：本题有2个典型的防护区就是图书馆门厅和学生活动中心门厅，可以分别对这2个防护区进行水量计算后取大值。

② 消防流量选取：

(a) 室外消火栓流量：40L/s（《消规》3.3.2条，地上部分总体积肯定＞50000m³）。

(b) 室内消火栓流量：由于是多层综合楼，室内各防护区可以按各自功能按上部总体积查对应的流量；图书馆按总体积查表为40L/s；学生活动中心参考办公、教学按总体积查表为15L/s。

(c) 自喷流量：图书馆门厅由于实际面积小于作用面积，按实际面积计算对应的水量最小为：$12 \times 150 \div 60 = 30$L/s（《喷规》5.0.2条）；学生活动中心门厅：$12 \times 160 \div 60 = 32$L/s。

③火灾延续时间：（a）消火栓：2h（《消规》3.6.2条）；（b）自喷：1h（《喷规》5.0.16条）。

④ 消防水池：

图书馆门厅火灾：$(40+40) \times 2 \times 3.6 + 30 \times 1 \times 3.6 = 684$（m³），

学生活动中心门厅火灾：$(40+15) \times 2 \times 3.6 + 32 \times 1 \times 3.6 = 511.2$（m³）。

答案选【C】。

分析:

① 图书馆和活动中心加在一起 $7000m^2$，规范要求设置送回风道（管）的集中空气调节系统且总建筑面积大于 $3000m^2$ 的办公建筑等；故本题的图书馆和活动中心应设置自喷系统，其他部分可不设自喷，不满足全保护的概念。

② 汽车库火灾：汽车库自喷就按中危险级Ⅱ级即可，本题没给可以不核算地下车库部分。

估算：$(20+10) \times 2 \times 3.6 + 21.3 \times 1 \times 3.6 = 292.68$（$m^3$）。

③ 供水压力自引入管 0.10MPa，不满足规范要求的其平时运行工作压力不应小于 0.14MPa，火灾时水力最不利市政消火栓的出流量不应小于 15L/s，且供水压力从地面算起不应小于 0.10MPa 的要求，故应考虑室外消防用水量。

④ 本题为提供消防水池进水管参数，无法计算补水，故不考虑补水量。

6.25-4. 成组布置的 4 栋高层建筑，A、B 为办公楼，C、D 为高级酒店，A、C 建筑高度 99m，B、D 建筑高度 89m 且有地下车库。室内仅考虑消火栓系统和自动喷水灭火系统。其中办公、酒店自喷流量均为 30L/s，地下车库自喷流量为 40L/s，A 高大空间自喷流量为 60L/s，若共用消防水池仅储存室内消防水量，问消防水池容积（m^3）最小为下列哪项？【2021-4-19】

(A) 504　　　　(B) 540　　　　(C) 576　　　　(D) 648

解析:

① 消防流量选取：室内消火栓流量：均为 40L/s（《消规》3.5.2 条）。

② 火灾延续时间：

(a) 消火栓：办公楼 2h；>50m 高级酒店（高级宾馆）取 3h。

(b) 自喷：1h（《喷规》5.0.16 条）。

③ 消防用水量：

A 建筑地上火灾：$V_A = 40 \times 2 \times 3.6 + 60 \times 1 \times 3.6 = 504$（$m^3$），

C 建筑地上火灾：$V_C = 40 \times 3 \times 3.6 + 30 \times 1 \times 3.6 = 540$（$m^3$），

地下车库 $= 10 \times 2 \times 3.6 + 40 \times 1 \times 3.6 = 216$（$m^3$）。

答案选【B】。

分析:

① 高层不存在成组布置（即可缩小防火间距的方式），此处的成组布置应该是相邻布置的意思，室外消防用设计流量不需要按总体积计算。

② 车类没告知类别，最大为Ⅰ类车库，室外消火栓用水量 20L/s，室内消火栓用水量 10L/s，消火栓火灾持续时间为 2h。

6.25-5. 一座由商场和办公组成的多功能建筑，建筑高度为 32m，地下为汽车库。地上每层建筑面积均超过 $5000m^2$。一根市政给水引入管。拟在地下一层设一座消防水池，消防水池有效容积最小为多少（m^3）？（注：建筑自动喷水灭火系统全保护。自动喷水灭火系统中危险级Ⅰ级、中危险级Ⅱ级设计水量分别取为 21L/s 和 30L/s）【2022-4-18】

(A) 576　　　　(B) 810　　　　(C) 832　　　　(D) 864

解析：

① 判断建筑类型：一类高层综合楼。

② 消防流量选取：

(a) 室外消火栓流量：40L/s（《消规》3.3.2条）。

(b) 室内消火栓流量：30−5=25（L/s）（《消规》3.5.2条）。

③ 火灾延续时间：(a) 消火栓：3h，(b) 自喷：1h（《喷规》5.0.16条）。

④ 消防水池：(40+25)×3×3.6+30×1×3.6=810（m³）。

答案选【B】。

6.25-6. 某生物质能发电厂建设一座带防雨顶棚的圆柱形钢丝网围栏麦秸转运场，其中直径50m的1个、30m的4个；麦秸储存高度平均6m，1m³麦秸计重500kg。消防用水量（m³）最小应为下列哪一项？【2023-3-19】

(A) 1080　　　　(B) 1296　　　　(C) 2160　　　　(D) 2592

解析：

① 麦秸总质量：$M=\dfrac{3.14\times6\times(50^2+4\times30^2)\times500}{4\times1000}=14365.5$（t），

根据《消规》3.4.12条，室外消火栓设计流量为60L/s。

② 单垛质量：$M=\dfrac{3.14\times6\times(50^2)\times500}{4\times1000}=5887.5$（t），

根据《消规》3.4.12条注：单个堆垛质量大于5000t，室外消火栓设计流量应按本表规定的最大值增加一倍，故室外消火栓设计流量为120L/s。

③ 查《消规》3.6.1条可知火灾持续时间为6h。

④ 消防用水量=120×6×3.6=2592（m³）。

答案选【D】。

6.25-7. 某工厂占地面积110hm²，厂区内建筑具体参数见下表，未在表中列出的建筑消防用水量均小于表中建筑的消防用水量；各建筑仅设室内外消火栓系统并全部储存在消防水池，则该厂消防水池的有效容积（m³）最小为下列哪一项？【2024-3-19】

建筑	厂房1	厂房2	仓库	宿舍楼	科研楼	备注
建筑体积（m³）	10000	50000	60000	10000	5000	厂区居住2000人
建筑高度（m）	10	15	10	20	16	
火灾危险类别/耐火等级	丁类/一级	丁类/一级	丁类/一级	一级	一级	

(A) 288　　　　(B) 360　　　　(C) 468　　　　(D) 504

解析：

参考《消规》3.1.1条第2款。占地面积大于100hm²，火灾次数按2起计算。

丁类厂房：$Q_{室内}=10L/s$，$Q_{室外}=15L/s$，持续时间2h。

丁类仓库：$Q_{室内}=10L/s$，$Q_{室外}=20L/s$，持续时间2h。

宿舍楼：$Q_{室内}=15L/s$，$Q_{室外}=25L/s$，持续时间2h。

科研楼：$Q_{室内}=10L/s$，$Q_{室外}=15L/s$，持续时间2h。

按消防用水量最大的 2 座建筑物是仓库和宿舍楼，但是由于《消规》对其火灾次数均按 1 次考虑，故本题不宜按同时着火考虑，故按宿舍加厂房计算：

$V = (10+15) \times 3.6 \times 2 + (25+15) \times 3.6 \times 2 = 468(\text{m}^3)$。

答案选【C】。

6.26 消防水泵扬程相关计算

6.26-1. 某高层建筑室内消防栓系统计算简图（1 为最不利点）如图所示（尺寸标注单位：mm）。已知：①管段1-2（管段4-5）、管段2-3（管段5-3）、管段3-6 的单位长度沿程水头损失分别为 0.00009MPa/m、0.00035MPa/m、0.00025MPa/m。②管段的局部水头损失按沿程水头损失的 20% 计，消防水泵吸水喇叭口至水泵出口（标高-3.20）的总水头损失按 0.050MPa 计。③不计消防立管与消火栓之间连接管的水头损失和消火栓栓口处管道速度水头，消火栓栓口距楼（地）面的高度均按 1.10m 计。则图中消防水泵的扬程最小应不小于下列哪项？【2020-4-19】

(A) 1.007MPa (B) 1.058MPa (C) 1.067MPa (D) 1.073MPa

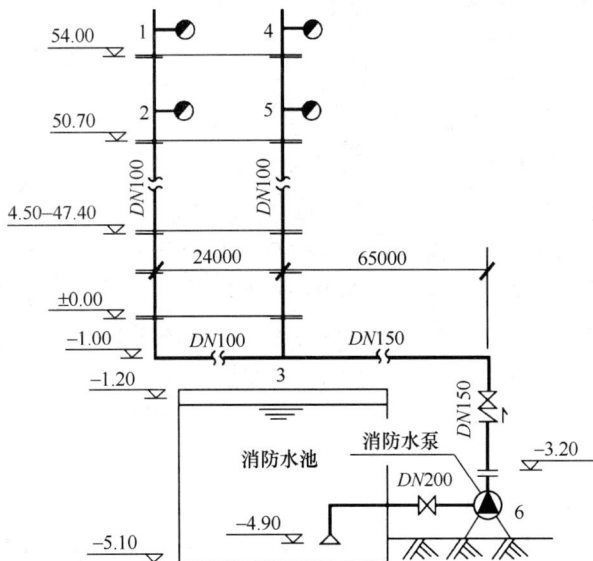

解析：

① 水头损失：

$h_\text{总} = (1+20\%)[0.00009\times(54-50.7)+0.00035\times(50.7+1.1+1+24)+0.00025\times(65+3.2-1)]+0.05 = 0.103(\text{MPa})$。

② 水泵扬程：

$P = 1.2\times0.103+[54+1.1+(4.9-0.6)]\times10^{-2}+0.35 = 1.067(\text{MPa})$。

答案选【C】。

6.26-2. 某超高层综合楼，地下 3 层（地下一层层高 6.00m，其余层高均为 4.20m），地上 45 层 (其中: 一~五层为裙房,层高均为 5.00m;二~二十七层和二十八~四十五层分别为写字楼、宾馆,层高均为 4.50m,避难层为十一、二十二、三十三层,层高 5.50m),消防供水设施拟设在地下一层。该建筑室内消火栓系统设计的下列供水方案,哪项不满足现行国家消防规范规定? 并说明原因。【2021-3-19】

(A) 按高低区分别设置消防泵并联供水的供水方式

(B) 低区设置加压泵,高区采用消防水泵直接串联的供水方式

(C) 低区设置加压泵,高区采用转输水箱+消防水泵的串联供水方式

(D) 设置转输水泵,供水至高位消防水池,采用减压水箱分区的常高压系统

解析:

本建筑高度为 $5×5+37×4.5+3×5.5=208$ (m);参考《消规》7.4.12 条,消火栓栓口动压不应小于 0.35MPa;水泵扬程$=208+6-4.5+1.1+35+$总水头损失>245.6m,最大系统工作压力按水泵 0 流量压力,1.2~1.4 倍水泵扬程为 294.72~343.84m,最大系统压力为 343.84m;计算忽略消防水池吸水井最低水位影响;又参考《消规》8.2.3 条,该建筑的系统工作压力超过 2.4MPa。

参考《消规》6.2.2 条。但当系统的工作压力大于 2.40MPa 时,应采用消防水泵串联或减压水箱分区供水形式,故 A 错误,B、C、D 正确。

答案选【A】。

6.26-3. 某普通高层办公建筑,地下 2 层,地上裙房 3 层 (层高 4.5m),四~十三层为办公 (层高 3.6m)。采用临时高压消防供水方式,拟在地下一层设消防水池和消防泵房。顶层有静音需求,要求稳压装置设置在地下水泵房 (从消防水池吸水,消防水池最低有效水位-5.20m),假设屋顶消防水箱最低有效水位高于最不利消火栓 3.3m,有效水深 1.5m,则加压泵启动压力值最低为下列哪项? (为方便计算,忽略消防水池消防水位与稳压泵吸入口的高差、加压泵启动压力开关与稳压泵启、停压力开关均设在与水池最低有效水位同高位置,大气压力按 0.10MPa)【2022-3-20】

(A) 0.58MPa   (B) 0.61MPa   (C) 0.68MPa   (D) 0.78MPa

解析:

① $P_{稳}=[5.2+4.5×3+3.6×9+1.1]+15=67.2$ (m)。

② $P_{启}=67.2-(7～10)=57.2～60.2$(m);取 0.58MPa,故 A 正确。

答案选【A】。

6.26-4. 某医院病房楼,地下 1 层,地上 12 层,首层为公共用房,地面标高±0.00,层高 4.5m,二~十二层为病房层,层高均为 3.3m;该医院病房楼独立设置室内消火栓给水系统,干管管径为 DN150 的环状管网,消防水池最低设计有效水位标高为-5.2m,假设系统沿程及局部水头总损失 0.1MPa (含安全系数),消火栓系统加压泵的设计流量 (L/s) 和泵出口系统压力 (MPa) 的正确取值是下列哪一项? (注:忽略水泵吸水口静水压力)【2022-4-20】

(A) 20; 1.07   (B) 20; 1.24   (C) 30; 1.24   (D) 30; 1.30

解析：

① 室内消火栓流量：

建筑高度为 $H=4.5+3.3\times11=40.8$ (m)，高度大于 24m 的病房楼属于一类高层公共建筑，则室内消火栓流量：30L/s（《消规》3.5.2 条）。

② 系统工作压力计算：

水泵扬程 $P=0.1+(5.2+4.5+3.3\times10+1.1)\times10^{-2}+0.35=0.888$(MPa)，

系统工作压力 $=1.4\times0.888=1.2432$ (MPa)。

答案选【C】。

6.26-5. 某二类公共建筑地上 12 层，层高均为 4m，室内消火栓给水系统为临时高压系统，消防水泵设计扬程 96m，消防水池设置在地下一层，消防水池的最低水位标高 -4.00m，首层地面为 ±0.00m。消防水泵吸水管口到最不利点消火栓栓口的沿程水头损失取 5m，局部水头损失按沿程水头损失的 20%，安全系数取 1.2，则最不利点消火栓栓口的设计压力值（MPa）为下列哪一项？（$100\mathrm{mH_2O}=1.0\mathrm{MPa}$）【2023-4-18】

(A) 0.35　　　　(B) 0.36　　　　(C) 0.40　　　　(D) 0.41

解析：

本题最不利点消火栓栓口的设计压力值，而非实际工作压力值，故考虑安全系数合理。

$96=1.2\times5\times1.2+4+11\times4+1.1+P$

解得 $P=0.397$ (MPa)。

答案选【C】。

6.26-6. 某大跨度厂房，室内消火栓布置如图。采用 $DN65$ 室内消火栓，配置直径 $DN65$ 有衬里的消防水带，长度 25m，水枪喷嘴口径 19mm。消火栓最大间距（S）应为多少米（m）？（注：消防水带弯折系数 0.85，水枪倾角 45°）【2024-4-20】

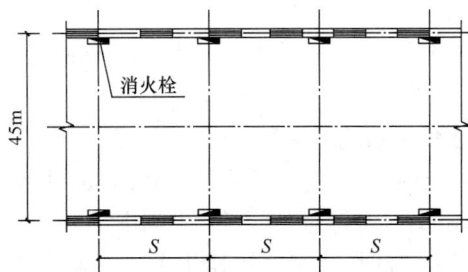

(A) 30　　　　(B) 26.7　　　　(C) 24.3　　　　(D) 20.5

解析：

保护半径：$R_0=k_3 L_d+L_s=0.85\times25+0.71\times13=30.48$(m)。

消火栓最大间距（S）$=\sqrt{30.48^2-(45-30.48)^2}=26.7$ (m)。

答案选【B】。

6.26-7. 某 12 层办公楼，建筑高度 53m，十二层地面标高 48.5m，地下消防水池最低有效水位 -5m，室内消火栓系统最不利管路总损失 0.15MPa。室内消火栓供水系统最小设计压力（MPa）为下列哪一项？【2024-4-19】

(A) 0.98 　　　　(B) 1.03 　　　　(C) 1.08 　　　　(D) 1.11

解析：

室内消火栓系统最不利管路总损失需要考虑最小 1.2 的安全系数。

$H=5+48.5+1.1+15\times1.2+35=107.6$（m）。

答案选【C】。

6.27　自动喷水灭火系统计算

6.27-1. 某建筑面积为 3000m² 的单层展览厅采用设置临时高压的自动喷水灭火系统，系统设置无高位水箱的气压供水设备稳压。若系统最不利作用面积内喷头水力条件相同，采用 $K=80$ 洒水喷头，最不利点喷头工作压力为 0.07MPa。问气压供水设备的气压罐最小有效水容积可选以下哪项？【2020-3-20】

(A) 2680L 　　　　(B) 1800L 　　　　(C) 1340L 　　　　(D) 1150L

解析：

参考《喷规》10.3.3 条。气压供水设备的有效水容积，应按系统最不利处 4 个喷头在最低工作压力下的 5min 用水量确定：

① 单个喷头的流量：$q=K\sqrt{10P}=80\times\sqrt{10\times0.07}=67$（L/min）。

② $V=5\times4\times67=1340$（L）。

答案选【C】。

分析：

查《喷规》10.3.3 条可知，气压供水设备的有效水容积，应按系统最不利处 4 个喷头在最低工作压力下的 5min 用水量确定。

6.27-2. 以下关于预作用系统的描述中有几项是不正确的？并对应编号写出正确与错误的原因。【2021-3-20】

(1) 替代干式系统的预作用系统采用双连锁控制。

(2) 预作用报警阀既可与湿式报警阀并联接入系统，也可与湿式报警阀串联接入。

(3) 预作用系统的作用面积应按照湿式系统的作用面积的 1.3 倍确定。

(4) 净高超过 8m 的高大空间场所采用预作用系统时，其设计基本参数应按《喷规》表 5.0.1 中参数确定。

(5) 预作用系统的预作用阀处应可以手动应急启动。

(A) 5 项 　　　　(B) 4 项 　　　　(C) 3 项 　　　　(D) 2 项

解析：

① 参考《喷规》11.0.5 条第 2 款，故（1）正确。

② 参考《喷规》6.2.2 条、10.1.4 条及条文说明图、4.3.1 条，故（2）正确。

③参考《喷规》5.0.11 条第 2 款，单连锁应按照湿式系统的作用面积的 1.0 倍，故

（3）错误。

④参考《喷规》5.0.1 条适用于净空高度≤8m，故（4）错误。

⑤参考《喷规》11.0.7 条第 3 款，故（5）正确。

因此，（3）（4）错误，故（1）（2）（5）正确，共 2 项错误。

答案选【D】。

分析：

① 参考《喷规》11.0.5 条第 2 款。处于准工作状态时严禁管道充水的场所和用于替代干式系统的场所，宜由火灾自动报警系统和充气管道上设置的压力开关控制的预作用系统，故（1）正确。

② 参考《喷规》10.1.4 条及条文说明图。报警阀组是可并联设置的；参考《喷规》4.3.1 条。建筑物中保护局部场所的干式系统、预作用系统、雨淋系统、自动喷水-泡沫联用系统，可串联接入同一建筑物内的湿式系统，并应与其配水干管连接，故（2）正确。

6.27-3. 设置湿式自动喷水灭火系统的建筑，火灾危险等级是中危险级 I 级，最大净空高度小于 8m，设计基本参数均满足规范中最低要求，若最不利作用面积内最不利点处 4 个喷头围合面积为 3.4m×3.2m，装修时将其吊顶由石膏板吊顶改为格栅吊顶，则需要重新复核系统设计流量，问这 4 个喷头的平均流量不应小于以下哪项？【2021-4-20】

（A）1.20L/s　　　（B）1.09L/s　　　（C）0.94L/s　　　（D）0.92L/s

解析：

$$q = \frac{3.4 \times 3.2 \times 6 \times 0.85}{60} \times 1.3 = 1.2 \text{ (L/s)}。$$

答案选【A】。

分析：

参考《喷规》5.0.13 条。装设网格、栅板类通透性吊顶的场所，系统的喷水强度 1.3 倍应按本规范表 5.0.1、表 5.0.4-1～表 5.0.4-5 规定值的 1.3 倍确定，且喷头布置应按本规范第 7.1.13 条的规定执行。

6.27-4. 某购物商场建筑高度 30m，地上 5 层，通高中庭设自动跟踪定位喷射型射流灭火系统。中庭环廊外侧均采用耐火极限 1h 的防火玻璃与环廊分隔的商铺。防火玻璃设置独立的防护冷却系统保护，喷头距地安装高度 4.8m，间距 2.0m。面向环廊的防火玻璃总长度 90m。初步估算，并附加 1.5 的安全系数，防护冷却系统设计水量不应小于多少（m³）？【2022-3-19】

（A）35　　　（B）43　　　（C）52　　　（D）86

解析：

① 计算长度：$L \geqslant 1.2\sqrt{160} = 15.2$ （m）。

② $15.2 \div 2.0 = 7.6$，取 8 个喷头，故 $L = 16$m。

③ $V = 16 \times 0.6 \times 1 \times 3.6 \times 1.5 = 51.84$ （m³）。

答案选【C】。

6.27-5. 某二类高层办公楼首层入口门厅吊顶距地面净高 10m,中庭平面尺寸为 18m×18m,该范围 3m×3m 间距正方形均匀布置自动喷水灭火系统洒水喷头,作用面积内喷头流量系数 K 为 115 快速响应型,且喷头均以最小工作压力均匀喷水。中庭范围内喷头最小工作压力(MPa)为下列哪项?【2023-3-20】

(A) 0.05　　　　(B) 0.07　　　　(C) 0.09　　　　(D) 0.11

解析:

① 查《喷规》5.0.2 条,喷水强度需≥12L/(min·m²)。

② $K\sqrt{10P}\geqslant SW \Leftrightarrow P\geqslant\dfrac{1}{10}\times\left(\dfrac{SW}{K}\right)^2=\dfrac{1}{10}\times\left(\dfrac{3\times3\times12}{115}\right)^2=0.088$(MPa)。

答案选【C】。

6.27-6. 某经营食品、日杂用品的大型超市地面一层,总建筑面积为 11000m²,其中卖场区(双排货架)10500m²、办公区 200m² 及其他辅助功能区 300m²。建筑高度为 6.5m,室内可利用空间净高均为 4.2m。为便于计算,初设阶段自动喷水灭火系统设计估算流量按 $q=1.3\times$作用面积×喷水强度。该系统一次灭火用水量(m³)不应小于下列哪项?【2023-4-20】

(A) 50　　　　(B) 70　　　　(C) 100　　　　(D) 244

解析:

① 本题的室内可利用空间净高为 4.2m 视为可储物高度。故属于净空高度<8m,物品高度>3.5m,属于严重危险级Ⅰ级。

② $V=12\times260\times1.3\times60=243.4$(m³)。

答案选【D】。

6.28　气体灭火系统计算

某档案馆的电子阅览室和档案室设计气体灭火系统保护,采用七氟丙烷气体灭火组合分配系统,其中电子阅览室分为吊顶、阅览间和活动地板三个空间,灭火剂设计用量分别为 400kg、1000kg 和 100kg,档案室灭火剂设计用量为 1200kg,按一级增压储存钢瓶 120L 储存,估算储存容器和管网灭火剂剩余量为 200kg,计算所需的七氟丙烷气瓶数量不少于下列哪一项?【2023-4-19】

(A) 9　　　　(B) 11　　　　(C) 13　　　　(D) 15

解析:

电子阅览室三层空间应视为一个防护区进行计算;参考《气体灭火规范》3.3.10 条:一级增压储存容器,不应大于 1120kg/m³。

$$N=\frac{(400+1000+100+200)\times1000}{120\times1120}=12.6。$$

答案选【C】。

6.29　人民防空工程

某地下甲类 6 级人防工程，为专业队队员掩蔽部，建筑面积为 990m²，设一个防护单元，掩蔽人数为 300 人；人防工程用水由城市市政供水管网供给，清洁区内仅有自备贮水箱供水来源。人防饮用水水箱（m³）、生活用水水箱的最小有效容积（m³）应是下列哪项？【2020-3-17】

　　(A) 3.0、10.8　　　　(B) 22.5、8.1　　　　(C) 22.5、18.9　　　　(D) 13.5、8.4

解析：

$V_{饮}=5\times300\times15\div1000=22.5$（m³），

$V_{生}=9\times300\times7\div1000=18.9$（m³）。

答案选【C】。

分析：

① 用水定额查《人防设计规范》6.2.3 条。饮用水 5L/（人·d），生活用水 9L/（人·d）。

② 贮水时间查《人防设计规范》6.2.5 条。饮用水 15d，生活用水 7d。

③ 参考《人防设计规范》6.2.5 条条文说明。城市自来水水源为无防护外水源。

6.30　泡沫灭火系统计算

海南某大型购物中心地下车库采用 3‰ 水成膜泡沫-水喷淋灭火系统，泡沫液罐有效容积（m³）最小为下列哪一项？注：自系统启动转换达到额定混合比的时间不计，泡沫液管线附加容积取为 1.1，自动喷水灭火系统中危险级 II 级设计水量取为 30L/s；泡沫-水喷淋供给强度为 6.5L/（min·m²）、8.0L/（min·m²）时，设计流量分别取为 65.5L/s、81L/s。【2022-4-19】

　　(A) 0.60　　　　(B) 1.18　　　　(C) 1.30　　　　(D) 1.61

解析：

参考《建筑给水排水设计统一技术措施 2021》P194。车库的泡沫-水喷淋供给强度应为 8.0L/（min·m²），非车库可采用 6.5L/（min·m²）。泡沫混合液供给时间应 ≥10min。

$V=81\times1.1\times10\times60\times0.03=1.61$（m³）。

答案选【D】。

6.31　消防找错题

6.31-1. 某建筑体积 2.5 万 m³ 高层丙类仓库，其室内消火栓系统原理图如下图所示。指出图中存在几处不满足国家现行消防规范的规定，应写出原因并说明理由。【2020-3-19】

　　注：① 屋顶消防水箱有效水面面积为 8.0m²；消火栓栓口距楼（地）面的高度均为 1.10m。

　　② 屋顶消防水箱附件如检修人孔以及进水管、溢流放空管、通气管等未绘出，忽略其问题。

　　③ 忽略系统管道上各种阀门的设置、管径等标注以及系统控制设施设置的问题。

(A) 5 　　　　　(B) 4 　　　　　(C) 3 　　　　　(D) 2

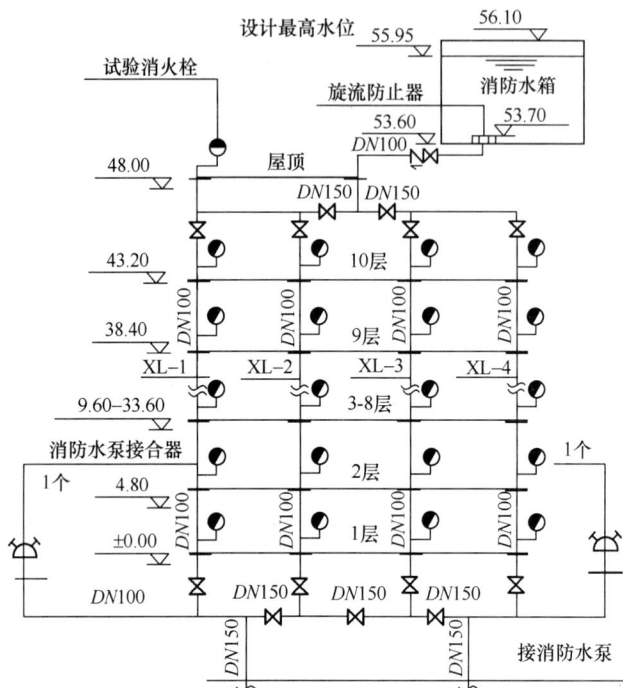

解析:

① 高位消防水箱容积:

$V=8\times(55.95-53.85)=16.8(\text{m}^3)<18(\text{m}^3)$; 故水箱容积不满足要求。

② 静水压力:

$H=53.85-(43.2+1.1)=9.55(\text{m})<10(\text{m})$; 故高位消防静水压力不满足要求。

③ 水泵接合器数量$=\dfrac{40}{10\sim15}=3\sim4$ (个), 图中只有两个, 故水泵接合器的数量不满足要求;(本题需要设置自喷, 按《消规》3.5.3条可减少5L/s, 即35L/s也还是需要3个)。

④ 参考《消规》7.4.9条, 试验消火栓应设置压力表, 故漏设压力表。

综上, 共4处错误。

答案选【B】。

分析:

① 参考《消规》3.5.2条, 该建筑室内消火栓流量为40L/s。参考《消规》5.2.1条第5款, 该建筑消防水箱容积至少为18m³;参考《消规》5.2.2条第3款, 最低有效水位应满足最不利点处的静水压力为0.1MPa, 即为10m。

②参考《消规》5.2.6条第2款。最低有效水位应根据出水管喇叭口和防止旋流器的淹没深度确定;当采用防止旋流器时应根据产品确定, 且不应小于150mm的保护高度, 故最低有效水位标高为$53.7+0.15=53.85$ (m)。

6.31-2. 某高层写字楼, 层高均为4.5m, 室内消火栓系统原理图如图。仅针对该系统的如下几条描述及图中对应编号，指出有几处错误？给出错误编号并指出错误原因。（注：引入管压力 1.42MPa；十三层最不利管路消火栓至引入管总损失 0.13MPa）【2024-3-20】

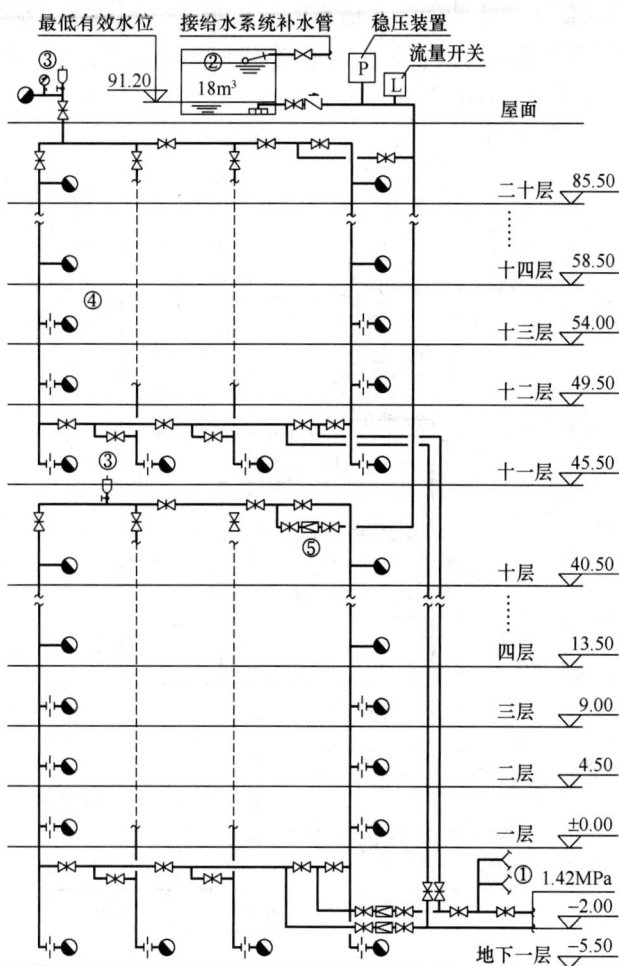

(1) 系统设置两套消防水泵接合器；

(2) 高位消防水箱有效容积 18m³；

(3) 高、低区管网最高点处设自动排气阀；

(4) 高区十三层及以下采用减压稳压消火栓；

(5) 低区稳压管减压阀后静压 0.15MPa。

(A) 2　　　　　　　(B) 3　　　　　　　(C) 4　　　　　　　(D) 5

解析：

① 90m 写字楼室内 $Q=40$L/s，至少需要 3 套消防水泵接合器，故（1）错误。

② 高位消防水箱有效容积至少为 36m³，故（2）错误。

③ 高区十三层栓口工作压力 $=1.42-0.02-0.54-0.01-0.13=0.72$MPa，超过 0.5MPa 的楼层就应减压，本题是按超过 0.5MPa 的楼层才开始减压的，故（4）错误。

答案选【B】。

6.32 看图改错题

6.32-1. 某超高层建筑写字楼的二次供水生活给水系统如简图，根据图中给出数据信息，分析与系统分区压力相关的内容（各区最高用水点均为洗手盆水嘴），找出有几处错误？并叙述错误原因。【2021-4-17】

(A) 2 　　　　　(B) 3 　　　　　(C) 4 　　　　　(D) 5

解析：

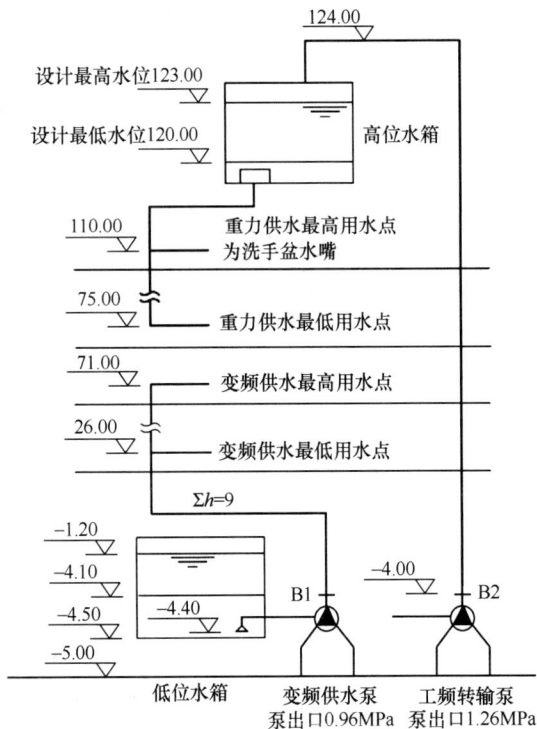

① 参考《建水标准》3.4.6条。建筑高度超过100m的建筑，宜采用垂直串联供水方式，不满足要求。

② 高位水箱最低水位与最不利点处高差应为 $h \geqslant H_2 + H_4 = H_2 + 10m$；而实际为 $120-110=10$（m），不满足要求。

③ 参考《建水标准》3.4.3条。当生活给水系统分区供水时，各分区的静水压力不宜大于0.45MPa，高区最大静压为 $123-75=48$（m），不满足要求。

④ 低区的最高层用户与最低层用户之间的高差为 $71-26=45$（m）；当最高层用户满足最低压力需求时，底层用户必然超压，不满足要求。

⑤ $124-(-4)=128$（m）>126（m），工频泵扬程太小，不满足要求。

答案选【D】。

6.32-2. 下图为底层卫生间单独排出管布置图，排出管管径 $DN100$，各段管径及坡度均满足设计流量需求，问单独排出管设计有几项错误？并说明原因。【2022-4-24】

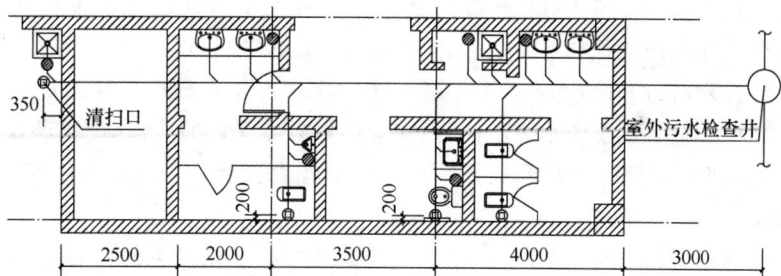

（A）2 项　　　　　（B）3 项　　　　　（C）4 项　　　　　（D）5 项

解析：

① 此为底层卫生间单排，参考《建水标准》4.7.1 条第 3 款，

$L=0.35+2.5+2+3.5+4+3=15.35$（m）$>12$（m），为第 1 处错误。

② 图中为多个卫生间共同排水，参考《建水标准》4.7.1 条条文说明，并不属于"单独排出"，为第 2 处错误。

答案选【A】。

分析：

图中排出管的清扫口距检查井中心的距离为 15.35m，若参考《建水标准》4.6.3 条第 3 款，清扫口距检查井中心的距离不能大于 15m，也是不满足要求的，但是考虑到若能解决排水横管长度不大于 12m 的问题，清扫口间距的错误也会顺便解决，所以建议只算一处错误较为合适。

6.33　序号改错题

6.33-1. 下列关于高层民用建筑集中生活热水供应系统设置的叙述，有几项不正确？选出不正确叙述项，并对应编号叙述正确和错误的原因。【2020-4-21】

（1）高层建筑热水供应系统的分区应与给水系统分区一致，各区必须单独设置水加热器，并且水加热器进水均应由同区的给水系统供应。

（2）高层建筑热水供应系统采用减压阀分区的设置与给水系统设置要求完全一致。

（3）高层建筑集中热水供应系统的热水循环管道必须采用同程式布置。

（4）高层建筑集中生活热水供应系统应采用机械循环方式。

（5）高层建筑集中生活热水系统竖向分区，可采用并联或串联的分区供水方式。

（A）4　　　　　（B）3　　　　　（C）2　　　　　（D）1

解析：

① 参考《建水标准》6.3.7 条。集中热水供应系统的分区及供水压力的稳定、平衡，应遵循下列原则：1 应与给水系统的分区一致，并应符合下列规定：1）闭式热水供应系统的各区水加热器、贮热水罐的进水均应由同区的给水系统专管供应，该条文措辞均为"应"，从而可以推理得出"各区必须单独设置水加热器"处是"应"非"必须"；另外通过 6.3.14 条第 3 款条文说明的图示 C 的意思，是可以采用一套水加热器，减压阀分区的，故（1）错误。

② 参考《建水标准》6.3.14 条第 3 款。当采用减压阀分区时，除应满足本规范第 3.5.10 条的要求外，尚应保证各分区热水的循环，故（2）错误。

③ 参考《建水标准》6.3.14 条第 2 款。单栋建筑内集中热水供应系统的热水循环管宜根据配水点的分布布置循环管道：1）循环管道同程布置，2）循环管道异程布置，在回水立管上设导流循环管件、温度控制或流量控制的循环阀件，非"必须"采用同程布置，故（3）错误。

④ 参考《建水标准》6.3.12 条。单栋建筑的集中热水供应系统应设热水回水管和循环水泵保证干管和立管中的热水循环，故（4）正确。

⑤ 参考《建水标准》6.3.7 条。应与给水系统的分区一致；再参考《建水标准》3.4.6 条。建筑高度不超过 100m 的建筑的生活给水系统，宜采用垂直分区并联供水或分区减压的供水方式；建筑高度超过 100m 的建筑，宜采用垂直串联供水方式。可得，热水系统分区可采用并联或串联的分区供水方式，故（5）正确。

答案选【B】。

6.33-2. 某建筑生活排水系统原理图如图所示（排水管材采用柔性接口机制排水铸铁管）。下列关于该生活排水系统设计的说法中，有几项是正确的？应给出正确项的编号并说明理由。【2021-3-24】

（1）排水立管在每层均应设置检查口。

（2）每层排水横支管与排水立管宜采用顺水三通连接。

（3）副通气立管管径为 DN75，环形通气管管径为 DN50。

（4）1 层排水横支管与立管连接处距排水立管管底垂直距离不满足现行设计标准要求，应单独排出或在距立管底部下游水平距离大于 1.5m 处接入排出管排出。

(A) 1　　　　　　(B) 2
(C) 3　　　　　　(D) 4

解析：

① 参考《建水标准》4.6.2 条第 1 款。排水立管上连接排水横支管的楼层应设检查口，且在建筑物底层必须设置，由右图可知，每层都有横支管接入，故（1）正确。

② 参考《建水标准》4.4.8 条第 2 款。横支管与立管连接，宜采用顺水三通或顺水四通和 45°斜三通或 45°斜四通，采用顺水三通满足规范要求，故（2）正确。

③ 参考《建水标准》4.7.14 条。下列情况通气立管管径应与排水立管管径相同：1 专用通气立管、主通气立管、副通气立管长度在 50m 以上时；通气立管长度大于 50m，故副通气立管管径应与排水立管管径相同，为 DN100，故（3）错误。

④ 参考《建水标准》4.4.11 条第 1 款。最低排水横支管与立管连接处距排水立管管底垂直距离不得小于 0.75m，而题中 1.1－0.45＝0.65（m）＜0.75（m），故不能接入立管，要单独排出，或参考《建水标准》4.4.11 条第 2 款，在距立管底部下游水平距离大于 1.5m 处接入排出管排出，故（4）正确。

因此，（3）错误，（1）（2）（4）正确，共 3 项正确。

答案选【C】。

6.33-3. 建筑高度为 24m 的某普通建筑，屋面雨水排水采用重力流单斗排水系统。屋面设计坡度为 1.0%，采用内天沟集水，屋面的雨水汇水面积为 $1000m^2$，雨水径流系数为 1.00；不同设计重现期的 5min 暴雨强度分别为：$P＝5$ 年，$q_5＝180L/(s \cdot hm^2)$；$P＝10$ 年，$q_5＝215L/(s \cdot hm^2)$；$P＝50$ 年，$q_5＝290L/(s \cdot hm^2)$；$P＝100$ 年，$q_5＝330L/(s \cdot hm^2)$；排水管材采用铸铁管。下述该建筑屋面雨水排水的 4 项设计方案中，有几项是满足现行国家标准《建筑给水排水设计标准》GB 50015—2019 规定的？应逐一给出方案的编号并说明理由。【2021-4-24】

（1）设计 2 根 DN75 排水立管，溢流设施排水流量不小于 12.9L/s。

（2）设计 2 根 DN100 排水立管，溢流设施排水流量不小于 2.5L/s。

（3）设计 5 根 DN75 排水立管，不设溢流设施。

（4）设计 4 根 DN100 排水立管，不设溢流设施。

(A) 1　　　　　(B) 2　　　　　(C) 3　　　　　(D) 4

解析：

① 参考《建水标准》表 5.2.4。设计重现期 5 年；参考 5.2.5 条第 1 款，总排水能力取 10 年，

$$Q_{设}＝\frac{q_j \varphi F_w}{10000}＝\frac{180 \times 1 \times 1000}{10000}＝18（L/s），$$

$$Q_{总}＝\frac{q_j \varphi F_w}{10000}＝\frac{215 \times 1 \times 1000}{10000}＝21.5（L/s），$$

(a) 4.3×2＝8.6（L/s），不满足设计雨水量 18L/s，方案（1）不可行。

(b) 9.5×2＝19（L/s），满足设计雨水量 18L/s，且溢流水量＝21.5－19＝2.5（L/s），故方案（2）可行。

② 参考《建水标准》5.2.11 条。下列情况下可不设溢流设施：2 民用建筑雨水管道单斗内排水系统、重力流多斗内排水系统按重现期 P 大于或等于 100 年设计时，

$$Q_{总}＝\frac{q_j \varphi F_w}{10000}＝\frac{330 \times 1 \times 1000}{10000}＝33（L/s），$$

(a) 4.3×5＝21.5（L/s）＜33（L/s），不满足总排水能力要求，故方案（3）不可行。

(b) 9.5×4＝38（L/s）＞33（L/s），满足总排水能力要求，故方案（4）可行。

综上，（2）（4）方案满足要求，共两项方案满足。

答案选【B】。

6.33-4. 某多层精品酒店，共 7 层，公共区设置于地下一层至地上二层，采用市政压

力直供；客房区采用低位水箱＋变频加压供水（水泵2用1备）。由市政接入一根引水管直供公共区并作为低位水池的补水管；公共区按卫生器具折合给水当量总数为135（地下一层蹲便器采用延时自闭式冲洗阀）；客房每间给水当量总数为2；参数见列表。

根据国家现行设计标准判断，下列设计内容为不正确的有几项，并应说明理由。【2022-3-18】

类型	数量	最高日用水定额	小时变化系数	使用时数	备注
客房	200 间	250L/（人·d）	2.5	24h	1.5 人/间
员工	200 人	100L/（人·d）	2.0	10h	—

（1）加压设备设计流量不小于 10L/s。
（2）引入水管设计流量 7.0L/s。
（3）低位水箱的有效容积 12m³。
（4）两台水泵分别配置变频器。

(A) 1　　　　　　(B) 2　　　　　　(C) 3　　　　　　(D) 4

解析：

① $Q_{s高}=0.2×2.5×\sqrt{200×2}=10$（L/s），故（1）正确。

② $Q_{s低}=0.2×2.5×\sqrt{135}+1.2=7$（L/s），$Q_{p高}=\dfrac{200×1.5×250}{24×3600}=0.87$（L/s），

$Q_{引入管}=7+0.87=7.87$（L/s）>7（L/s），故（2）错误。

③ $Q_d=200×1.5×250=7500$（L/d）$=75$（m³/d），$V_{低位}=75×20\%=15$（m³）>12（m³），故（3）错误。

④ 参考《建水标准》3.9.3 条第 5 款。配置变频器的水泵数量不宜少于 2 台，故（4）正确。

答案选【B】。

分析：

本题题干（1）的原文为"加压设备设计流量"并不是"单台水泵加压设备的设计流量"，故要按照水泵的总流量进行计算。

6.33-5. 某高层办公楼，地上共 22 层，地下二层至二层采用市政压力直供，三层及以上楼层拟采用低位生活水箱＋工频泵＋生活水箱联合供水。一层为入口接待大堂，其余均为办公楼层。由市政接入一根引水管直供低区并作为生活低位贮水箱的补水管；办公设计参数见下表。系统设置见图示，下列设计计算数据符合现行国家设计标准的有几项，并说明判断对错的理由。【2022-4-17】

最高日用水定额	K_h	使用时间	人数
50L/（人·班）	1.2	10h	2～3 层：50 人/层；4 层及以上：220 人/层

（1）生活低位贮水箱容积 50m³。
（2）低位加压水泵设计流量 $Q=22$m³/h，高位水箱容积 13m³。
（3）低位加压水泵设计流量 $Q=22$m³/h，高位水箱容积 43m³。

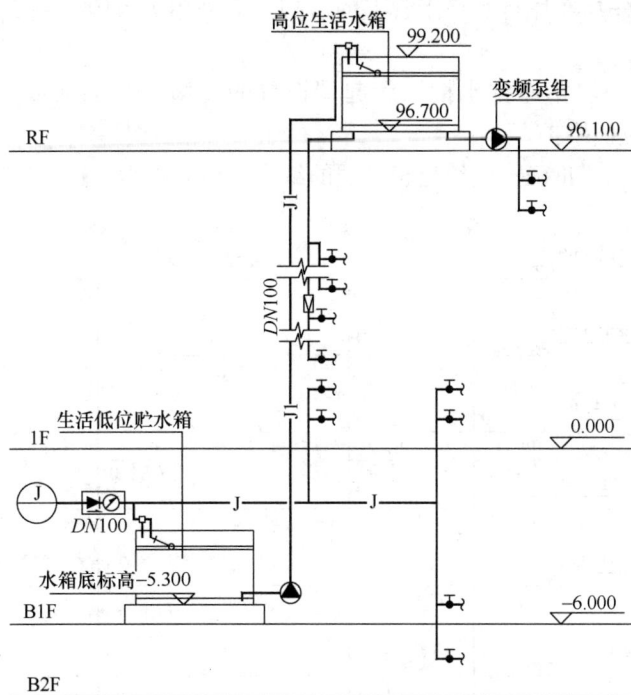

高位生活水箱 99.200
变频泵组 96.100
96.700
RF

*DN*100

生活低位贮水箱
1F 0.000

*DN*100

水箱底标高−5.300
B1F −6.000

B2F

（4）低位加压水泵设计流量 $Q=26\mathrm{m^3/h}$，高位水箱容积 $13\mathrm{m^3}$。

（5）生活低位贮水箱进水管设计流量取 $21\mathrm{m^3/h}$。

(A) 1 　　　　(B) 2 　　　　(C) 3 　　　　(D) 4

解析：

低位水池供水的人数 $m=50+19\times220=4230$（人）

① $V=(20\%\sim25\%)\times4230\times50\times10^{-3}=42.3\sim52.9$（$\mathrm{m^3}$），故（1）正确。

② 水泵设计流量为 $Q_\mathrm{h}=1.2\times\dfrac{4230\times50}{10\times1000}=25.38$（$\mathrm{m^3/h}$），

高位水箱容积 $V_\mathrm{g}=50\%Q_\mathrm{h}=12.69$（$\mathrm{m^3}$），故（2）（3）错误，（4）正确。

③ $Q_\mathrm{p}=\dfrac{4230\times50}{10\times1000}=21.15\mathrm{m^3/h}>21\mathrm{m^3/h}$，故（5）错误。

④ 综上所述，（1）和（4）满足要求。

答案选【B】。

6.33-6. 南方某 15 层普通住宅，其卫生间（设带水箱坐便器、淋浴器及洗脸盆各一套）的排水立管（采用生活污、废水合流）在地下一层车库顶板下汇合后排出，排水管管材采用柔性接口机制排水铸铁管，其排水系统原理图如图所示。下列对该住宅卫生间排水系统设计的判断如下：

（1）卫生间排水立管应增设专用通气立管。

（2）1 层卫生间生活排水应单独排出。

（3）卫生间的排水立管在架空层可不设检查口。

（4）设在地下一层车库排水横干管上的清扫口应采用 $DN100$ 清扫口，且其材质应为铜质。

（5）设在地下一层车库排水横干管起端设置的管堵头与墙面或障碍物应有不小于 0.4m 的距离，以方便维护。

以上判断，哪几项正确？应给出正确项的编号并说明理由。【2023-3-23】

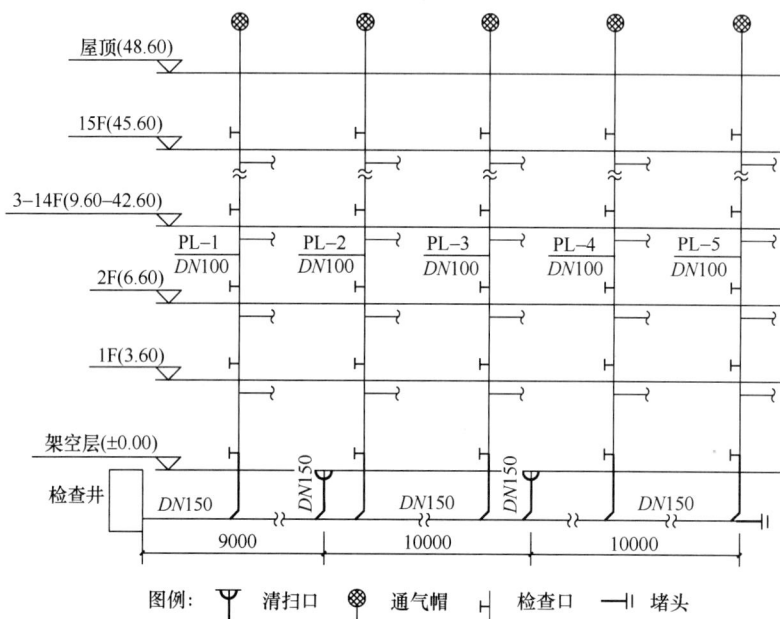

(A) 2   (B) 3   (C) 4   (D) 5

解析：

① $q_p = 0.12\alpha\sqrt{N_p} + q_{max} = 0.12 \times 1.5 \times \sqrt{15 \times (4.5 + 0.45 + 0.75)} + 1.5 = 3.16(\text{L/s})$。

参考《建水标准》4.5.7 条。$DN100$ 的伸顶通气管排水能力为 4.0L/s，可以满足要求，故无须增设专用通气立管，故（1）错误。

② 参考《建水标准》4.4.11 条。当采用伸顶通气管且立管连接卫生器具的层数为 15 层时，底层需单独排出，故（2）正确。

③ 参考《建水标准》4.6.2 条第 1 款。排水立管上连接排水横支管的楼层应设检查口，且在建筑物底层必须设置，可得，排水立管在架空层需设置检查口，故（3）错误。

④ 参考《建水标准》4.6.4 条第 3 款，管径大于或等于 100mm 的排水管道上设置清扫口，应采用 100mm 直径清扫口；再参考《建水标准》4.6.4 条第 4 款，铸铁排水管道设置的清扫口，其材质应为铜质，故（4）正确。

⑤ 参考《建水标准》4.6.4 条第 2 款。排水横管起点设置堵头代替清扫口时，堵头与墙面应有不小于 0.4m 的距离，故（5）正确。

综上所述，（2）（4）（5）正确，（1）（3）错误。

答案选【B】。

分析：

① 本题第（2）项，是有一定争议的。从规范角度考虑，参考《建水标准》4.4.11条条文说明：最低横支管单独排出是解决立管底部造成正压影响最低层卫生器具使用的最有效的方法，可得，由于架空层并无排水设施排入立管，故要把一层视为"底层单排"的底层，并单独排出。从实际情况考虑，由于一层排水横支管距离立管底部有 3.6m 左右的高差，即使不单独排出，依然不太可能出现立管中的污水从一层排水横支管回流入室内的问题，因而无需底层单排。综上所述，由于考试主要以规范原文作为依据，建议将第（2）项判断为正确，即一层卫生间生活排水应单独排出。

② 题干强调"排水立管（采用生活污、废水合流）在地下一层车库顶板下汇合后排出"，故该排水横干管并非埋地敷设，从而在排水横干管起端设置管堵头是合理的。

6.33-7. 某健身中心（对外营业）的专用卫生间设有蹲式大便器（设自闭式冲洗阀）、坐便器（带冲洗水箱，供残疾人使用）、小便器（设感应式冲洗阀）及洗手盆（设感应式水嘴），卫生间生活污、废水合流排出。下列关于该卫生间汇合排出管的设计流量（q_p）设计计算的叙述如下：

（1）应按排水当量法计算确定。

（2）应按同时使用百分数法计算确定。

（3）应按管道过水断面法计算确定。

（4）当（q_p）采用上述①计算时，计算管段上最大一个卫生器具的排水流量按坐便器的排水流量计算。

（5）当（q_p）采用上述②计算时，当计算值小于一个大便器排水流量时，（q_p）按一个大便器的排水流量计算。

以上叙述，哪几项错误？应给出错误项的编号并说明理由。【2023-4-23】

(A) 2　　　　　(B) 3　　　　　(C) 4　　　　　(D) 5

解析：

① 参考《建水标准》表 3.7.8-1 注 2。健身中心的卫生间，可采用本表体育场馆运动员休息室的同时给水百分率。再参考《建水标准》4.5.3 条，健身中心卫生间汇合排出管的设计流量应按使用百分数法确定计算，故（2）正确，（1）（3）错误。

② 参考《建水标准》4.5.2 条，当设计流量按照排水当量法计算时，需要加上计算管段上最大一个卫生器具的排水流量。参考《建水标准》4.5.1 条，对于该卫生间的卫生器具配置而言，最大一个卫生器具为坐便器，故（4）正确。

③ 参考《建水标准》4.5.3 条。当计算值小于一个大便器排水流量时，应按一个大便器的排水流量计算，故（5）正确。

综上所述，（2）（4）（5）正确，（1）（3）错误。

答案选【A】。

分析：

① 管道过水断面法，即 $Q = A \cdot v$，参考《建水标准》4.5.4 条，对于卫生间汇合排出管，采用公式 $Q = A \cdot v = A \times \dfrac{1}{n} R^{2/3} I^{1/2}$ 计算，该公式在已知管道设计流量的前提下，一

般用于计算排水横管管径。

② 本题第（4）项想表达的是：若卫生间汇合排出管的设计流量按排水当量法计算，则计算管段上最大一个卫生器具的排水流量按坐便器的排水流量计算。仅看这句话的叙述，并没有任何问题，不建议因为本题中"卫生间汇合排出管的设计流量按同时使用百分数法计算"，而判断第（4）项是错误的。综上所述，第（4）项建议按照正确考虑。

6.33-8. 某 12 层办公楼，每层卫生间卫生器具数量见下表，分析计算卫生间排水立管配置，从下列方案中选出适用的选项？（注：$\alpha=2.5$，结合通气管每层连接，底层横支管接入立管）

（1）男女卫生间共设置 DN100 排水立管和 DN100 专用通气立管各一根；

（2）男女卫生间分别设置 DN100 排水立管和 DN100 专用通气立管各一根；

（3）男女卫生间共设置 DN100 污水立管、DN100 废水立管和 DN100 专用通气立管各一根；

（4）男女卫生间分别设置一根 DN100 污水立管和 DN100 专用通气立管，共用一根 DN100 伸顶通气废水立管；

（5）男女卫生间共设置一根 DN150 伸顶通气排水立管。【2024-3-23】

卫生洁具	洗手盆	蹲便器（冲洗阀）	坐便器（冲洗水箱）	小便器	拖布池
男卫生间	6	12	1	5	
女卫生间	4	6	1		1

（A）（1）和（2）　　（B）（2）和（3）　　（C）（2）和（4）　　（D）（4）和（5）

解析：

① 方案（1）：男女卫生间总排水秒流量：

$q_g = 0.12 \times 2.5 \times \sqrt{12 \times (10 \times 0.3 + 18 \times 3.6 + 2 \times 4.5 + 5 \times 0.3 + 1)} + 1.5 = 10.75(\text{L/s})$。

参考《建水标准》4.5.7 条。DN100 排水立管和 DN100 专用通气立管（结合通气管每层连接）的立管设计排水能力为 10L/s，无法达到要求，故方案（1）不适用。

② 方案（2）：男卫生间总排水秒流量：

$q_g = 0.12 \times 2.5 \times \sqrt{12 \times (6 \times 0.3 + 12 \times 3.6 + 4.5 + 5 \times 0.3)} + 1.5 = 8.92(\text{L/s})$。

女卫生间总排水秒流量：

$q_g = 0.12 \times 2.5 \times \sqrt{12 \times (4 \times 0.3 + 6 \times 3.6 + 4.5 + 1)} + 1.5 = 7.03(\text{L/s})$。

参考《建水标准》4.5.7 条。DN100 排水立管和 DN100 专用通气立管（结合通气管每层连接）的立管设计排水能力为 10L/s，男女卫生间均达到要求，故方案（2）适用。

③ 方案（3）：男女卫生间污水立管总排水秒流量：

$q_g = 0.12 \times 2.5 \times \sqrt{12 \times (18 \times 3.6 + 2 \times 4.5 + 5 \times 0.3)} + 1.5 = 10.52(\text{L/s})$。

男女卫生间废水立管总排水秒流量：

$q_g = 0.12 \times 2.5 \times \sqrt{12 \times (10 \times 0.3 + 1)} + 0.33 = 2.41(\text{L/s})$。

参考《建水标准》4.5.7 条。DN100 排水立管和 DN100 专用通气立管（结合通气管每层连接）的立管设计排水能力为 10L/s，污水立管排水流量无法达到要求，故方案（3）不适用。

④ 方案（4）：男卫生间污水立管总排水秒流量：

$$q_g = 0.12 \times 2.5 \times \sqrt{12 \times (12 \times 3.6 + 4.5 + 5 \times 0.3)} + 1.5 = 8.79(\text{L/s})。$$

女卫生间污水立管总排水秒流量：

$$q_g = 0.12 \times 2.5 \times \sqrt{12 \times (6 \times 3.6 + 4.5)} + 1.5 = 6.81(\text{L/s})。$$

男女卫生间废水立管总排水秒流量：

$$q_g = 0.12 \times 2.5 \times \sqrt{12 \times (10 \times 0.3 + 1)} + 0.33 = 2.41(\text{L/s})。$$

参考《建水标准》4.5.7 条。DN100 排水立管和 DN100 专用通气立管（结合通气管每层连接）的立管设计排水能力为 10L/s，三根排水立管的排水流量均达到要求，故方案（4）适用。

⑤ 方案（5）：男女卫生间总排水秒流量：

$$q_g = 0.12 \times 2.5 \times \sqrt{12 \times (10 \times 0.3 + 18 \times 3.6 + 2 \times 4.5 + 5 \times 0.3 + 1)} + 1.5 = 10.75(\text{L/s})。$$

参考《建水标准》4.5.7 条。DN150 伸顶通气排水立管的立管设计排水能力为 6.4L/s，无法达到要求，故方案（5）不适用。

综上所述，方案（1）（3）（5）不适用，方案（2）（4）适用。

答案选【C】。

注：拖布池结合生活常识，参考《建水标准》4.5.1 条，按洗涤盆、污水盆（池）的当量确定。

6.33-9. 某高层建筑全日制集中生活热水供应系统如图。

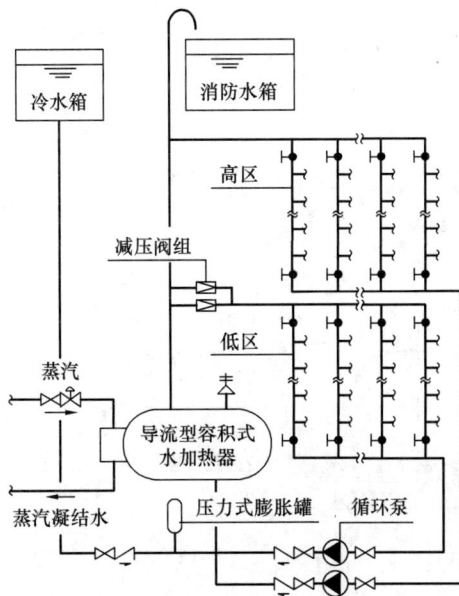

对该高层建筑热水供应系统设计提出如下意见：

（1）高低区热水供应系统均为开式系统，取消压力式膨胀罐；

（2）水加热器热水出水管设计流量应按高、低区各自设计秒流量之和计算；

（3）水加热器的贮热量应不小于高、低区各自设计小时耗热量之和的 30%；

（4）高、低区热水供应系统共用水加热器，高、低区热水循环泵可合用；

（5）高、低区热水循环泵扬程应分别按其热水循环流量通过高、低区配水管道和回水管道的水头损失之和计算。

判断以上意见有几项不正确？给出不正确项的编号并说明理由。【2024-4-21】

(A) 2　　　　　　 (B) 3　　　　　　 (C) 4　　　　　　 (D) 5

解析：

① 参考《建水标准》6.5.21 条。在闭式热水供应系统中，应设置压力式膨胀罐、泄压阀。该热水系统高低区共用膨胀罐，为开式系统，无需压力式膨胀罐，可取消；故（1）正确。

② 参考《建水标准》6.7.2 条。建筑物内热水供水管网的设计秒流量可分别按本标准第 3.7.4 条～第 3.7.10 条计算。该热水系统水加热器出水管直供高区和低区，应按照高低区设计秒流量统一计算，而并非"按高、低区各自设计秒流量之和计算；故（2）错误。

③ 参考《建水标准》6.5.11 条。当采用蒸汽为热媒的其他建筑物，贮热量不小于 30min 耗热量，即不小于耗热量的 50%；故（3）错误。

④ 参考《建水标准》6.3.14 条条文说明及图示。若高、低区热水循环泵合用，因分区减压阀设在低区的热水供水立管上，这样高低区热水回水汇合时，由于低区系统经过了减压其压力将低于高区，即低区管网中的热水就循环不了；故（4）错误。

⑤ 参考《建水标准》6.7.10 条第 2 款。本题为导流型容积式水加热器，计算循环泵扬程时无需考虑水加热器的水损，按配水管道和回水管道的水头损失之和计算；故（5）正确。

综上所述（1）（5）正确，（2）（3）（4）错误。

答案选【B】。

6.33-10. 根据图中环形通气管的敷设，指出编号（1）～（4）有几项不正确？写出不正确的编号并说明理由。【2024-4-23】

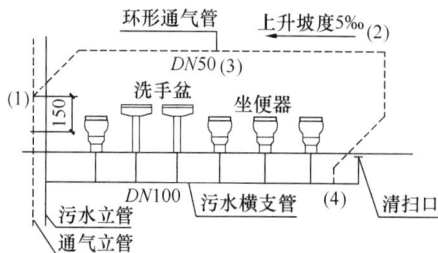

(A) 4　　　　　　 (B) 3　　　　　　 (C) 2　　　　　　 (D) 1

解析：

① 参考《建水标准》4.7.7 条第 2 款。器具通气管、环形通气管应在最高层卫生器具

上边缘 $0.15m$ 或检查口以上，按不小于 0.01 的上升坡度敷设与通气立管连接。坐便器并非最高卫生器具，应该按洗手盆上边缘 $0.15m$ 以上与通气立管连接才对，故（1）错误。

② 参考《建水标准》4.7.7 条第 2 款。器具通气管、环形通气管应在最高层卫生器具上边缘 $0.15m$ 或检查口以上，按不小于 0.01 的上升坡度敷设与通气立管连接。图中上升坡度取 $5‰ < 0.01$，故（2）错误。

③ 参考《建水标准》4.7.13 条。当污水横支管为 $DN100$ 时，环形通气管的最小管径为 $DN50$；故（3）正确。

④ 参考《建水标准》2.1.58 条。环形通气管从多个卫生器具的排水横支管上最始端的两个卫生器具之间接出。再参考《建水标准》4.7.7 条条文说明配图，环形通气管应从两个坐便器之间接出，因为清扫口并不算卫生器具，故（4）错误。

综上所述，（3）正确，（1）（2）（4）错误。

答案选【B】。

6.34　分析题及其他题

某高层建筑给水系统竖向分为低、中、高三区，低区由市政管网压力直接供水，中、高区采用二次加压供水，中、高区设计流量相同，拟采用如下三个加压供水方案：

（1）减压供水方式：水池→变频水泵→高区供水干管和用户→减压阀→中区用户。

（2）并联供水方式：水池→（中区/高区）变频水泵→（中区/高区）用户。

（3）串联供水方式：水池→中区变频水泵→中区供水干管和用户→高区变频水泵→高区用户。

若中、高区所需水压按水池最低水位计算分别为 $2H$、$3H$，且假定上述供水方式水泵的运行效率均相同。

通过水泵功率分析能耗，上述三个供水方案水泵功率之比为下列哪项？【2023-4-17】

(A) $1:1:1$　　　(B) $5:3:3$　　　(C) $6:5:2$　　　(D) $6:5:5$

解析：

假设中区设计流量、高区设计流量各为 $0.5Q$，结合题意可得：

方案（1）功率：$N_1 = \rho g \times (0.5Q + 0.5Q) \times 3H = 3\rho g QH$，

方案（2）功率：$N_2 = \rho g \times 0.5Q \times 2H + \rho g \times 0.5Q \times 3H = 2.5\rho g QH$，

方案（3）功率：$N_3 = \rho g \times Q \times 2H + \rho g \times 0.5Q \times (3H - 2H) = 2.5\rho g QH$，

由此可得，$N_1 : N_2 : N_3 = 3 : 2.5 : 2.5 = 6 : 5 : 5$，故 D 正确。

答案选【D】。

第 3 篇 冲刺卷试题和解析

模拟冲刺 1 知识上

一、单选题（共 40 题，每题 1 分。每题的备选项中，只有 1 个选项最符合题意）

1. 以下有关输水管的叙述，正确的是哪项？
(A) 输水管道可以采用虹吸方式越过地势较高的地方，利用输水管内负压抽吸，采用虹吸的方式进行输水
(B) 输水管道从节能角度考虑，在有高差时必须采用重力输水
(C) 管径选定与经济计算有关，一般采用折算成现值的动态年计算法来确定这个费用
(D) 输水管水锤防护设计只需采用防止负压的措施即可

解析：

选项 A，参考《给水标准》7.1.4 条，管道不应出现负压，故 A 错误。

选项 B，参考《给水标准》7.1.6 条，应通过经济技术比较后选定，故 B 错误。

选项 C，参考《给水标准》7.3.3 条，故 C 正确。

选项 D，参考《给水标准》7.3.7 条，综合采用防止负压和减轻升压的措施，故 D 错误。

答案选 **【C】**。

2. 某城市给水管网由两座自来水厂进行供水，供水分界点在管网中部，则以下有关该供水分界点的叙述，正确的是哪项？
(A) 供水分界点一定是所有节点中自由水头最低的点
(B) 管网的控制点有 2 个，分别位于分界点两侧
(C) 供水分界点一定是所有节点中水压标高最低的点
(D) 水厂节点至供水分界点，水压标高是逐渐降低的

解析：

选项 A，供水分界点不一定是最不利点，故 A 错误。

选项 B，一套给水管网仅有一个最不利点，即管网内所有节点中自由水头最低的点，故 B 错误。

选项 C，以图示管网为例（节点 D 为供水分界点），

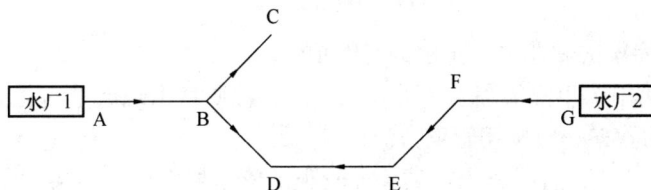

若 B-C 的水损大于 B-D 的水损，则节点 C 的水压标高比节点 D 的水压标高更低，故选项 C 错误。

选项 D，水厂节点至供水分界点是顺水流方向，即下游节点的水压标高＝上游节点的水压标高－管段水损，故水压标高是逐渐降低的，故 D 正确。

答案选【D】。

3. 以下有关水泵各参数的叙述，正确的是哪项？
(A) 离心泵的比转数一般比轴流泵要大
(B) 水泵轴功率指原动机所传递给到轴的功率
(C) 允许吸上真空高度和气蚀余量越大，水泵抗气蚀性能（吸水性能）越好
(D) 在工厂内经过最终调试的离心泵，安装在不同泵站中，其流量和扬程均是不变的
解析：
选项 A，参考《给水工程 2025》P120 比转数的公式，因离心泵与轴流泵相比，一般扬程更高、流量更小，故可知离心泵的比转数较小，故 A 错误。

选项 B，参考《给水工程 2025》P119，故 B 正确。

选项 C，参考《给水工程 2025》P121，允许吸上真空高度越大，则水泵抗气蚀性能越好。由公式 (4-9) 可知，若需 H_s 越大，则需 NPSH 越小，故 C 错误。

答案选【B】。

4. 以下有关水源选取及保护的叙述中，正确的是哪项？
(A) 在当地湖泊和过境长江水都能满足要求的条件下，优先选用该湖泊作为水源
(B) 工业用水宜优先采用地下水源
(C) 一级保护区的水质，一般应满足《地表水环境质量标准》GB 3838—2002 I 类标准
(D) 南京市选用地表水作为水源时，设计枯水量保证率宜取 90%
解析：
选项 A，参考《给水标准》5.1.2 条第 3 款。宜先当地水，后过境水，故 A 正确。

选项 B，参考《给水工程 2025》P67，如（工业）取水量不大或不影响当地饮用水需要，也可用地下水源，否则应用地表水，故 B 错误。

选项 C，参考《给水工程 2025》P70，适用于 II 类标准，故 C 错误。

选项 D，参考《给水标准》5.1.4 条条文说明。大中城市设计枯水量保证率不宜低于95%，故 D 错误。

答案选【A】。

5. 以下有关渗渠的叙述中，正确的是哪项？
(A) 某渗渠使用 7 年便要翻修，可以视为其工程质量出现严重问题
(B) 渗渠中的管渠一般按满管重力流设计
(C) 一段 160m 长的直线渗渠，其管径较小，依据相应标准，共应设置 3 座检查井
(D) 某渗渠的出水量为 1500m³/d，其集水井容积可设计为 35m³（已知最大一台水泵

流量 $0.1m^3/s$）

解析：

选项 A，参考《给水标准》5.2.14 条条文说明。正常运行的渗渠，每隔 7～10 年也应进行翻修或扩建，故 A 错误。

选项 B，参考《给水标准》5.2.15 条第 2 款。渗渠充满度宜为 0.4～0.8，故 B 错误。

选项 C，参考《给水标准》5.2.20 条。端部应设检查井，直线部分检查井的间距宜采用 50m，则设 3 座检查井不符合标准，故 C 错误。

选项 D，参考《给水标准》5.2.24 条。应不小于 30min 渗渠出水量，即不小于 $31.25m^3$；且需满足（不低于）最大一台水泵 5min 抽水量 $=0.1×5×60=30$（m^3），故 D 正确。

答案选【D】。

6. 以下有关各取水构筑物的叙述中，错误的是哪项？
(A) 斗槽式取水构筑物应建造在河流凹岸靠近主流的岸边处
(B) 取水头部是岸边式取水构筑物的重要组成部分之一
(C) 若河流风浪较大，水位变化幅度较大（20m 左右），可考虑采用缆车式取水构筑物
(D) 湖泊取水构筑物的取水口应设在湖泊水流出口附近，并远离支流的汇入口处

解析：

选项 A，参考《给水工程 2025》P103，故 A 正确。

选项 B，取水头部是河床式取水构筑物的组成部分之一，岸边式取水构筑物没有取水头部，故 B 错误。

选项 C，参考《给水工程 2025》P109 缆车式取水构筑物的使用条件，故 C 正确。

选项 D，参考《给水工程 2025》P110，湖泊取水构筑物的取水口应设在湖泊水流出口附近，远离支流的汇入口处，并且不影响航运，尽量不设在渔业区附近，故 D 正确。

答案选【B】。

7. 以下有关影响沉淀效果各因素的叙述中，错误的是哪项？
(A) 在沉淀池中也会发生絮凝作用，该作用有利于沉淀效率的提高
(B) 沉淀池的流态处于紊流状态，由于产生脉动分速，对沉淀产生不利影响
(C) 池深方向的短流效果对沉淀效果的影响很大且不利
(D) 增大沉淀池水流的弗劳德数，对沉淀效果是有利的

解析：

选项 A，参考《给水工程 2025》P194，水流在沉淀池中停留时间越长，则絮凝作用越加明显。无疑，这一作用有利于沉淀效率的提高，故 A 正确。

选项 B，参考《给水工程 2025》P194，在水平流速以外产生脉动分速，并伴有小的涡流体，对颗粒沉淀产生不利影响，故 B 正确。

选项 C，参考《给水工程 2025》P193～194，池深方向流速不均匀对沉淀的影响较小且有利（因导致"容易沉到终端池底"），故 C 错误。

选项 D，参考《给水工程 2025》P194，提高沉淀池的水平流速和 Fr，异重流等影响将会减弱，故 D 正确。

答案选【C】。

8. 以下有关滤池的叙述中，正确的是哪项？
(A) 双层滤料滤池的各层内部的滤料粒径自上而下越来越小
(B) 可通过不断调节清水阀开度的方式，使得滤池以等水头等速方式运行
(C) 反冲洗强度越大，冲洗的越干净，效果也越好
(D) 当滤料为单层粗砂均匀级配滤料时，一般采用高速水流反冲洗的冲洗方式

解析：

选项 A，参考《给水工程 2025》P212，每层滤料仍是从上至下滤料粒径从小到大，故 A 错误。

选项 C，反冲洗强度不宜过大，过大会使滤料膨胀从而导致水流剪切力减小，降低冲洗效果，故 C 错误。

选项 D，高速水流反冲洗时，滤层属于膨胀状态。而均质滤料为了避免分层，冲洗时是不能膨胀的，故而采用气水反冲洗方式（如 V 型滤池），故 D 错误。

答案选【B】。

9. 以下有关地下水除铁、锰的叙述中，正确的是哪项？
(A) 对于含有铁锰浓度较低的地下水，一般采用先除锰后除铁的一步去除工艺
(B) 空气自然氧化法除锰由于工艺简单、节能、环保，是除锰的首选工艺
(C) 采用接触催化氧化法除铁时，曝气装置需要同时有充氧和散除二氧化碳的功能
(D) 除铁处理设备中若滋生微生物（铁细菌等），一般可不作处理

解析：

选项 A，参考《给水工程 2025》P268，应为"先除铁后除锰"，而非"先除锰后除铁"，故 A 错误。

选项 B，参考《给水工程 2025》P267，生产上一般不采用空气自然氧化法除锰，故 B 错误。

选项 C，参考《给水工程 2025》P266，不要求有散除 CO_2 的功能，故 C 错误。

选项 D，参考《给水工程 2025》P265，在除铁处理设备中所生长的微生物，如铁细菌等，具有生物除铁作用，可以提高处理效果。由此作出一般可不作处理的推论，故 D 正确。

答案选【D】。

10. 以下有关膜分离工艺的叙述中，正确的是哪项？
(A) 膜的截留分子量是膜的重要指标之一，指能被膜 100% 截留的最小分子量
(B) 咸水的化学位高于纯水的化学位
(C) 通常采用反渗透工艺制取高纯水
(D) 纳滤膜对于镁离子具有较高的截留率

解析：

选项 A，参考《给水工程 2025》P336，当 90% 的该物质为膜所截留，则此物质的分子量为该膜的截留分子量，故 A 错误。

选项 B，参考《给水工程 2025》P338，纯水的化学位高于咸水的化学位，故 B 错误。

选项 C，参考《给水工程 2025》P339，反渗透无法制取高纯水，故 C 错误。

选项 D，参考《给水工程 2025》P340，纳滤膜对二价离子具有很高的截留率，故 D 正确。

答案选【D】。

11. 以下有关冷却理论及冷却塔的叙述中，正确的是哪项？
(A) 湿度较大的空气，其湿球温度通常高于其干球温度
(B) 冷幅宽越大，进出冷却塔的水温之差越大，说明冷却效果越好
(C) 循环冷却水系统采用前置水泵式的形式，冷却塔可以置于地面
(D) 不设淋水装置的干式冷却塔，冷却水没有蒸发损失，冷却效率高

解析：

选项 A，空气的湿球温度是小于等于其干球温度的（空气湿度饱和时，二者取等号），故 A 错误。

选项 B，参考《给水工程 2025》P366~367，冷幅宽越大，散热量很大，但不能说冷却后的水温就很低（即不能说明冷却效果就越好），故 B 错误。

选项 C，参考《给水工程 2025》P371，前置水泵式有冷却塔位置不受限制的优点，故 C 正确。

选项 D，参考《给水工程 2025》P351，不设淋水装置的干式冷却塔，冷却效率低，故 D 错误。

答案选【C】。

12. 下述四种消毒剂中，有效氯含量最高的是哪一项？
(A) 纯度为 98% 的液氯
(B) 浓度为 30% 的二氧化氯溶液
(C) 纯度为 30% 漂白粉（$CaOCl_2$）
(D) 浓度为 15% 的次氯酸钠溶液

解析：

各种消毒剂均考虑其纯度（浓度）和有效氯（各消毒剂的有效氯计算公式可参考《给水工程 2025》P280）：

A＝98%×100%＝98%；B＝30%×263%＝78.9%；

C＝30%×56%＝16.8%；D＝15%×95%＝14%。

答案选【A】。

13. 排水系统采用下述哪种排水体制对环境污染最轻？

(A) 完全分流制
(B) 截流式合流制
(C) 截流式分流制
(D) 不完全分流制

解析：

参考《排水工程2025》，环境污染方面，直排式合流制＞截流式合流制＞完全分流制＞截流式分流制，故 C 正确。

答案选【C】。

14. 下列关于污水设计流量计算的说法，错误的是哪一项？
(A) 街区人口密度计算所用的面积只是街区内的建筑面积，不包括街道、公园、运动场、水体等在内
(B) 设计人口指排水系统设计期限远期的规划人口数
(C) 总变化系数与平均日污水流量成正比，一般上游总变化系数大于下游
(D) 综合生活污水量总变化系数可根据当地实际综合生活污水量变化资料确定

解析：

参考《排水工程2025》，街区人口密度计算所用的面积只是街区内的建筑面积，不包括街道、公园、运动场、水体等在内，故 A 正确；总变化系数与平均流量之间有一定的关系，平均流量愈大，总变化系数愈小，故 C 错误。

答案选【C】。

15. 关于污水管道最小覆土厚度，一般不需要满足下列哪项要求？
(A) 必须防止管道内污水冰冻和因土壤膨胀而损坏管道
(B) 必须防止管道受力不均匀而导致管道沉降或塌陷
(C) 必须防止管壁因地面荷载而受到破坏
(D) 必须满足街区污水连接管衔接的要求

解析：

参考《排水工程2025》，污水管道最小覆土厚度一般应满足下列要求：1) 必须防止管道内污水冰冻和因土壤冻胀而损坏管道，故 A 正确。2) 必须防止管壁因地面荷载而损坏，故 C 正确。土壤静荷载和地面上车辆运行产生的动荷载。3) 必须满足街区污水连接管衔接的要求，故 D 正确。

答案选【B】。

16. 关于合流制管道设计，以下说法正确的是哪项？
(A) 按满流计算，要按照旱季最大流量进行校核，校核旱季最小流速为 0.7m/s
(B) 按非满流计算，要按照旱季最大流量进行校核，校核旱季最小流速为 0.6m/s
(C) 按满流计算，要按照旱季平均流量进行校核，校核旱季最小流速为 0.6m/s
(D) 按非满流计算，要按照旱季平均流量进行校核，校核旱季最小流速为 0.7m/s

解析：

参考《排水工程2025》，合流制管道应采用 Q_{dr}（平均日流量）进行校核，校核流速不小于 0.6m/s，故 C 正确。

答案选【C】。

17. 黑臭水体是城市河流、湖库污染的表观性和感官性的极端现象之一，即呈现令人不悦的颜色和（或）散发令人不适气味。下列哪项不属于城市黑臭水体评价指标？
（A）透明度
（B）溶解氧
（C）氧化还原电位
（D）总氮

解析：

参考《排水工程 2025》，城市黑臭水体污染程度分级标准表，城市黑臭水体分级的评价指标包括透明度、溶解氧（DO）、氧化还原电位（ORP）和氨氮（NH_3-N），故 A、B、C 正确。

答案选【D】

18. 为减少截流式合流制溢流混合污水对水体的污染，下列哪项方法是适合改善合流制溢流污水的水质的？
（A）增大地表持水能力
（B）设置水量调蓄池
（C）设置溢流污水的处理装置
（D）增大截流干管管径

解析：

参考《排水工程 2025》，本题要求是改善溢流污水的水质，选项 C 是对溢流之后的污水进行处理，是属于改善溢流水质，其他都属于水量调节方面作用。

答案选【C】。

19. 下列关于城市污水处理厂预处理和一级处理工艺单元描述错误的是哪项？
（A）污水处理厂常见的预处理和一级处理工艺单元有格栅、沉砂池和初次沉淀池
（B）污水处理厂常见的沉砂池有平流沉砂池、曝气沉砂池、旋流沉砂池
（C）曝气沉砂池主要目的是为了向污水中充氧，保证污水不发臭
（D）污水处理厂常见的初次沉淀池有平流式沉淀池、竖流式沉淀池、辐流式沉淀池

解析：

选项 A，污水处理厂常见的预处理和一级处理工艺单元有格栅、沉砂池和初次沉淀池，故 A 正确。

选项 B，污水处理厂常见的沉砂池有平流沉砂池、曝气沉砂池、旋流沉砂池，故 B 正确。

选项 C，曝气沉砂池利用空气上升作用使池内的水流和水中的悬浮颗粒产生碰撞、摩擦，从而剥离黏附在砂粒上的有机物，使砂粒更易沉淀，故 C 错误。

选项 D，污水处理厂常见的初次沉淀池有平流式沉淀池、竖流式沉淀池、辐流式沉淀池等，故 D 正确。

答案选【C】。

20. 与活性污泥法相比，下列不属于生物膜法优点的是？
(A) 不产生污泥膨胀问题　　　(B) 抗冲击负荷能力较强
(C) 剩余污泥量较少　　　　　(D) 有机物去除率高

解析：

参考《排水标准》7.1.2条。生物膜法有机物去除率在$65\%\sim90\%$，活性污泥法有机物去除率在$65\%\sim95\%$，故D错误。

答案选【D】。

21. 下列哪项工艺需要单独设置二次沉淀池？
(A) 内循环厌氧反应器
(B) 上流式厌氧污泥床
(C) 厌氧流化床
(D) 厌氧接触工艺

解析：

参考《排水工程2025》，只有厌氧接触工艺需要单独设置二次沉淀池，选项A、B、C均可通过设置三相分离器来解决气固液分离的问题。

答案选【D】。

22. 下列关于紫外线消毒设计不符合一般要求的是哪一项？
(A) 二级出水的紫外线消毒的紫外线剂量为$25mJ/cm^2$
(B) 灯管前后的渠长度均为1.5m
(C) 采用明渠式紫外线消毒系统，采用在线机械加化学清洗的方式
(D) 消毒渠道设计水深不应小于2.0m

解析：

参考《排水工程2025》，渠道设水位探测和水位控制装置，设计水深应满足全部灯管的淹没要求（一般为$0.65\sim1.0m$）；当同时应满足最大流量时，最上层紫外灯管顶以上水深在灯管有效杀菌范围内，故D错误。

答案选【D】。

23. 在我国常用的污泥最终处置方法中，下列哪种方法不属于最终处置？
(A) 卫生填埋　　　　　　　　(B) 污泥堆肥
(C) 污泥焚烧　　　　　　　　(D) 污泥消化

解析：

参考《排水工程2025》，污泥最终处置方法包括污泥堆肥、卫生填埋、干化、焚烧、投海、建筑材料等，污泥消化属于污泥稳定处理方法，故D错误。

答案选【D】。

24. 下列污水处理厂除臭的说法中错误的是哪项？

（A）污水处理厂臭气处理工程应与项目主体工程同时设计、同时施工、同时运行

（B）污水处理区域的臭气浓度一般低于污泥处理区域

（C）氨、硫化氢、臭气浓度监测点设于城镇污水处理厂厂界或防护带边缘的浓度最高点

（D）执行二级排放标准的硫化氢浓度不应超过 0.03mg/m³

解析：

参考《排水工程 2025》，污水处理区域的臭气浓度一般低于污泥处理区域，故 B 正确；执行二级排放标准的硫化氢浓度不应超过 0.06mg/m³，故 D 错误。

答案选【D】。

25. 以下关于建筑给水系统选择的描述中，哪一项是错误的？

（A）建筑给水基本系统可分为：生活给水系统、生产给水系统、消防给水系统

（B）建筑物高度超过 100m 时，宜采用垂直串联供水方式

（C）多功能建筑物内各功能的给水系统不应采用独立给水管网

（D）建筑给水系统的选择应进行技术经济比较

解析：

选项 A，参考《建水工程 2025》P1，建筑给水可分为以下 3 类基本系统：生活给水系统、生产给水系统、消防给水系统，故 A 正确。

选项 B，参考《建水标准》3.4.6 条。建筑高度超过 100m 的建筑，宜采用垂直串联供水方式，故 B 正确。

选项 C，参考《建水标准》3.4.1 条第 5 款。不同使用性质或计费的给水系统，应在引入管后分成各自独立的给水管网，故 C 错误。

选项 D，参考《建水工程 2025》P1，系统的选择，应根据生活、生产和消防等各项用水对水质、水量、水压、水温的要求，结合室外给水系统的实际情况，经技术经济比较后确定，故 D 正确。

答案选【C】

26. 在建筑给水系统选用水泵时，下列哪一项叙述是错误的？

（A）所选水泵的特性曲线，应是随流量的增大，扬程逐渐下降的曲线

（B）水泵应在其高效区内运行

（C）备用水泵的供水能力不应小于最大一台运行水泵的供水能力

（D）水泵自动切换交替运行，可避免水泵因长期运行而损坏的问题

解析：

选项 A，参考《建水标准》3.9.1 条。生活给水系统加压水泵的选择应符合下列规定：2 水泵的 $Q \sim H$ 特性曲线应是随流量增大，扬程逐渐下降的曲线，故 A 正确。

选项 B，参考《建水标准》3.9.1 条。生活给水系统加压水泵的选择应符合下列规定：3 应根据管网水力计算进行选泵，水泵应在其高效区内运行，故 B 正确。

选项 C，参考《建水标准》3.9.1 条。生活给水系统加压水泵的选择应符合下列规

定：4 生活加压给水系统的水泵机组应设备用泵，备用泵的供水能力不应小于最大一台运行水泵的供水能力，故 C 正确。

选项 D，参考《建水标准》3.9.1.4 条条文说明。水泵自动切换交替运行，可避免备用泵因长期不运行而泵内的水滞留变质或锈蚀卡死不转等问题，故 D 错误。

答案选【D】。

27. 某小区共有两种类型的普通住宅，第一类（每户设热水器）有 400 户，第二类（每户设家用热水机组）有 300 户，每户均按 3 人计，第 1 类每户用水当量为 3.5，第二类每户用水当量为 7，则小区给水系统总管设计流量参照下列哪项确定？（注：各项参数取最大值）

(A) 系统的平均时用水量   (B) 系统的最大时用水量
(C) 系统的最高日用水量   (D) 系统的设计秒流量

解析：

① 参考《建水标准》3.2.1 条。由于题干强调"各项参数取最大值"，故第一类户型的当量取 300L/（人·d），时变化系数取 2.8；第二类户型的当量取 320L/（人·d），时变化系数取 2.5；由于为住宅，使用时数默认为 24h；

② 参考《建水标准》3.7.5 条。计算以下参数：

$$U_{01} = \frac{100 \times q_L \times m \times K_h}{0.2 \times N_G \times T \times 3600} = \frac{100 \times 300 \times (400 \times 3) \times 2.8}{0.2 \times (400 \times 3.5) \times 24 \times 3600} = 4.17;$$

$$U_{02} = \frac{100 \times q_L \times m \times K_h}{0.2 \times N_G \times T \times 3600} = \frac{100 \times 320 \times (300 \times 3) \times 2.5}{0.2 \times (300 \times 7) \times 24 \times 3600} = 1.98;$$

$$\overline{U}_0 = \frac{4.17 \times 400 \times 3.5 + 1.98 \times 300 \times 7}{400 \times 3.5 + 300 \times 7} = 2.856; N_{g总} = 400 \times 3.5 + 300 \times 7 = 3500。$$

③ 参考《建水标准》3.7.5 条第 3 款。计算管段的设计秒流量（L/s）。当计算管段的卫生器具给水当量总数超过本标准附录 C 表 C.0.1～表 C.0.3 中的最大值时，其设计流量应取最大时用水量。根据 $\overline{U}_0$、$N_{g总}$ 查表，未超过表格数值，故取设计秒流量为小区给水系统总管设计流量。

答案选【D】。

28. 下列关于建筑给水管材选用的说法中，哪一项是错误的？
(A) 室内给水管道，应选用耐腐蚀和安装连接方便可靠的管材，高层建筑给水立管不宜采用塑料管
(B) 室外明敷管道一般不宜采用铝塑复合管、给水塑料管
(C) 室内明敷或嵌墙敷设可采用塑料给水管、金属塑料复合管、建筑给水薄壁不锈钢管、建筑给水铜管或经可靠防腐处理的钢管
(D) 镀锌钢管的镀锌层具有防腐能力，故可以用于小区室外埋地给水管道

解析：

选项 A，参考《建水标准》3.5.2 条。室内的给水管道，应选用耐腐蚀和安装连接方便可靠的管材，可采用不锈钢管、铜管、塑料给水管和金属塑料复合管及经防腐处理的钢管。高层建筑给水立管不宜采用塑料管，故 A 正确。

选项 B，参考《建水工程 2025》P6，室外明敷管道一般不宜采用铝塑复合管、给水塑料管，故 B 正确。

选项 C，参考《建水工程 2025》P6，明敷或嵌墙敷设可采用塑料给水管、金属塑料复合管、建筑给水薄壁不锈钢管、建筑给水铜管或经可靠防腐处理的钢管，故 C 正确。

选项 D，参考《建水标准》3.13.22 条条文说明。当必须使用钢管时，要特别注意钢管的内外防腐处理，防腐处理常见的有衬塑、涂塑或涂防腐涂料。需要注意：镀锌层不是防腐层，而是防锈层，所以镀锌钢管也必须做防腐处理。该选项"直接采用"的意思是镀锌钢管不做任何处理直接采用，故 D 错误。

答案选【D】

29. 下列关于排水系统分类和要求的描述中，哪一项是不正确的？

(A) 生活排水分生活污水和生活废水

(B) 工业建筑中卫生间排水属于生产污水

(C) 日常生活中排出的洗涤水为生活废水

(D) 工业建筑中污染较轻的废水为生产废水

解析：

选项 A，参考《建水标准》2.1.41 条。生活排水：人们在日常生活中排出的生活污水和生活废水的总称，故 A 正确。

选项 B，参考《建水工程 2025》P186，生产污水为生产过程中被化学杂质（有机物、重金属离子、酸、碱等）或机械杂质（悬浮物及胶体物）污染较重的污水。从而可得，工业建筑中卫生间排水属于生活污水，故 B 错误。

选项 C，参考《建水标准》2.1.40 条。生活废水：人们日常生活中排出的洗涤水，故 C 正确。

选项 D，参考《建水工程 2025》P186，生产废水为工业建筑中污染较轻或经过简单处理后可循环或重复使用的废水，故 D 正确。

答案选【B】

30. 下列关于排水管道的连接方式叙述中，哪一项是正确的？

(A) 卫生器具排水管与排水横支管垂直连接时采用两个 45° 弯头连接

(B) 排水立管与排出管端部采用两个 45° 斜三通连接

(C) 室外排水管管径小于或等于 300mm 或跌落差大于 0.3m 时，在与检查井连接处的水流转角可以小于 90°

(D) 室外接户管管顶标高不得高于排出管管顶标高

解析：

选项 A，参考《建水标准》4.4.8 条第 1 款。卫生器具排水管与排水横支管垂直连接，宜采用 90° 斜三通，故 A 错误。

选项 B，参考《建水标准》4.4.8 条第 3 款。排水立管与排出管端部的连接，宜采用两个 45° 弯头、弯曲半径不小于 4 倍管径的 90° 弯头或 90° 变径弯头，故 B 错误。

选项 C，参考《建水标准》4.10.4 条。检查井生活排水管的连接应符合下列规定：

1 连接处的水流转角不得小于 90°；当排水管管径小于或等于 300mm 且跌落差大于 0.3m 时，可不受角度的限制。注意是"且"而不是"或"，即"排水管管径小于或等于 300mm"和"跌落差大于 0.3m"两者都要满足才行，故 C 错误。

选项 D，参考《建水标准》4.10.4 条第 3 款。排出管管顶标高不得低于室外接户管管顶标高，故 D 正确。

答案选【D】

31. 下列关于排水管的实际设计案例中，哪一项是不正确的？
(A) 一栋 40 层住宅楼，DN110 的生活排水立管采用旋流器特殊配件，并设置伸顶通气管，且立管与横支管采用 45°斜三通连接，确定此立管最大排水能力时，按《建筑给水排水设计标准》表 4.5.7 可得为 4.0L/s
(B) 医院单个污水盆的排水管管径为 DN75
(C) 单根排水立管的排出管与排水立管管径相同
(D) 单个蹲便器的排水支管管径为 DN100

解析：

选项 A，参考《建水规范》4.5.7 条第 2 款条文说明。本款系针对特殊配件单立管如苏维脱、旋流器、加强型旋流器等。由于制造商产品品种繁多又无统一产品标准，管道与配件组成系统层出不穷。经初步测试，其通水能力差异很大，为此规定用于工程设计特殊配件单立管产品必须通过测试确定其最大通水能力。从而可得，采用旋流器的排水立管（设伸顶通气管），其立管的排水能力，不能按照《建水标准》表 4.5.7 中相关参数确定，而要通过实验测试确定其排水能力，故 A 错误。

选项 B，参考《建水标准》4.5.1 条。污水盆的排水管管径为 50mm。再参考《建水标准》4.5.12 条第 3 款，医疗机构污物洗涤盆（池）和污水盆（池）的排水管管径不得小于 75mm，从而可得，医院单个污水盆的排水管管径为 DN75，故 B 正确。

选项 C，参考《建水标准》4.5.11 条。单根排水立管的排出管宜与排水立管相同管径，故 C 正确。

选项 D，参考《建水标准》4.5.1 条。大便器的排水管管径为 100mm；再参考《建水标准》4.5.8 条，大便器排水管最小管径不得小于 100mm，从而可得，单个蹲便器的排水支管管径为 DN100，故 D 正确。

答案选【A】

32. 关于生活热水设计小时用水量，下列哪项说法是正确的？
(A) 热水供应系统的小时变化系数均大于给水系统的小时变化系数
(B) 计算定时供应热水系统的设计小时耗热量需要得知卫生器具的同时使用百分数
(C) 全日供应热水系统的设计小时耗热量按最高日平均小时耗热量计算
(D) 热水供应系统设计小时耗热量是确定各类加热设备供热量的依据

解析：

选项 A，参考《建水标准》表 6.4.1 注 3。设有全日集中热水供应系统的办公楼、公共浴室等表中未列入的其他类建筑的 K_h 值可按本标准表 3.2.2 中给水的小时变化系数选值。从而可得，办公楼、公共浴室等的热水系统时变化系数与给水系统时变化系数是相同的，故 A 错误。

选项 B，参考《建水标准》6.4.1 条第 3 款。卫生器具的同时使用百分数 b_g 为计算定时制热水系统耗热量的参数之一，故 B 正确。

选项 C，参考《建水标准》6.4.1 条第 2 款。全日制热水系统的设计小时耗热量按最高日最高时耗热量计算，故 C 错误。

选项 D，参考《建水标准》6.4.3 条第 3 款。半即热式、快速式水加热器的设计小时供热量按照系统的秒耗量计算，并不需要把设计小时耗热量作为计算依据，所以该选项中"各类加热设备"的叙述并不正确，故 D 错误。

答案选【B】

33. 下列关于热水供水方式的叙述中，错误的一项是？
(A) 开式系统的优点是系统的水压取决于高位热水箱的设置高度，可保证系统供水压力稳定
(B) 采取汽水混合设备的加热方式时，宜优先考虑采用开式热水供应系统
(C) 最高日日用热水量大于 $30m^3$ 的闭式热水供应系统应设置压力式膨胀罐
(D) 设有三个卫生间的住宅（其卫生间非竖向同位置布置）采用共用水加热设备的局部热水供应系统时，建议采用专用回水配件自然循环

解析：

选项 A，参考《建水工程 2025》P238，开式系统通常在管网顶部设有高位加（贮）热水箱（开式）……其优点是系统的水压仅取决于高位热水箱的设置高度，可保证系统供水水压稳定，故 A 正确。

选项 B，参考《建水标准》6.3.5 条。采用蒸汽直接通入水中或采取汽水混合设备的加热方式时，宜用于开式热水供应系统，故 B 正确。

选项 C，参考《建水标准》6.5.21 条。在闭式热水供应系统中，应设置压力式膨胀罐、泄压阀，并应符合下列规定：2 最高日用热水量大于 $30m^3$ 的热水供应系统应设置压力式膨胀罐，故 C 正确。

选项 D，参考《建水标准》6.3.14 条第 5 款条文说明。本款规定设有 3 个或 3 个以上卫生间的住宅、酒店式公寓、别墅因热水管道长，需设循环管道，机械循环或自然循环，也可采取热水供水管设自调控（定时）电伴热措施，其适用范围……②卫生间竖向同位置布置者可采用专用回水配件自然循环。由于这 3 个卫生间并非按竖向同位置布置，从而"采用专用回水配件自然循环"并不适用，故 D 错误。

答案选【D】

34. 下列关于热水供应系统中的阀门附件的设置要求中，不正确的是哪项？
(A) 有集中供应热水的住宅应装设分户热水水表
(B) 公共卫生间内的分支管上应设置阀门
(C) 热水系统上各类阀门的材质及阀型应符合建筑给水的相应要求
(D) 冷热水混水器的冷、热水供水管应设有止回阀

解析：

选项 A，参考《建水标准》6.8.11 条。设有集中热水供应系统的住宅应装分户热水水表，故 A 正确。

选项 B，参考《建水标准》6.8.7 条。热水管网应在下列管段上装设阀门：4 室内热水管道向住户、公用卫生间等接出的配水管的起端，分支管在配水管的下游，并没有装设阀门的要求，故 B 错误。

选项 C，参考《建水标准》6.8.6 条。热水系统上各类阀门的材质及阀型应符合本标准第 3.5.3 条～第 3.5.5 条和第 3.5.7 条的规定，故 C 正确。

选项 D，参考《建水标准》6.8.8 条。热水管网应在下列管段上设置止回阀：3 冷热水混水器、恒温混合阀等的冷、热水供水管，故 D 正确。

答案选【B】

35. 下列哪项属于一类高层公共建筑？
（A）建筑高度为 54m 的住宅
（B）12 层工业厂房，屋檐高度为 51m
（C）建筑高度 48m 的邮政大楼，每层建筑面积 900m^2
（D）建筑高度为 36m 高的医院病房楼

解析：

参考《建规》5.1.1 条。建筑高度大于 24m 的医疗建筑为一类高层建筑，故 D 正确。工业建筑不分一类还是二类，也不属于公共建筑。选项 C 必须是面积超过 1000m^2 才是一类高层。

答案选【D】

36. 下列关于自动喷水湿式系统和干式系统的叙述中，何项是错误的？
（A）湿式系统一个报警阀组允许控制的喷头数比干式系统多
（B）无论是湿式系统还是干式系统，当配水支管同时安装保护吊顶下方和上方空间的喷头时，应只将数量较多一侧的喷头计入报警阀组控制的喷头总数
（C）防护冷却系统由水幕喷头、雨淋报警阀组或感温雨淋报警阀等组成，发生火灾时用于冷却防火卷帘、防火玻璃墙等防火分隔设施的水幕系统
（D）干式系统是准工作状态时管道内充满用于启动系统的有压气体的闭式系统

解析：

选项 A、B，参考《喷规》6.2.3 条。一个报警阀组控制的洒水喷头数应符合下列规定：1 湿式系统、预作用系统不宜超过 800 只；干式系统不宜超过 500 只；2 当配水支管同时设置保护吊顶下方和上方空间的洒水喷头时，应只将数量较多一侧的洒水喷头计入报警阀组控制的洒水喷头总数，故 A、B 正确。

选项 C，参考《喷规》2.1.12 条。防护冷却系统：由闭式洒水喷头【水幕喷头是开式喷头】、湿式报警阀组等组成，发生火灾时用于冷却防火卷帘、防火玻璃墙等防火分隔设施的闭式系统，故 C 错误。

选项 D，参考《喷规》2.1.5 条。干式系统是准工作状态时配水管道内充满用于启动

系统的有压气体的闭式系统，故 D 正确。

答案选【C】

37. 食堂的餐厅总建筑面积大于下列哪一项时，其烹饪操作间的排油烟罩及烹饪部位应设置自动灭火装置？

(A) 800m²   (B) 1000m²

(C) 1500m²   (D) 2000m²

解析：

参考《建规》8.3.11 条。餐厅建筑面积大于 1000m² 的餐馆或食堂，其烹饪操作间的排油烟罩及烹饪部位应设置自动灭火装置，并应在燃气或燃油管道上设置与自动灭火装置联动的自动切断装置。

答案选【B】。

38. 下列场所采用细水雾灭火系统灭火时，设计持续喷雾时间不应小于 20min 的是哪一项？

(A) 电子信息系统机房   (B) 图书库

(C) 液压站   (D) 厨房内烹饪设备

解析：

参考《细水雾灭火规范》3.4.9 条。系统的设计持续喷雾时间应符合下列规定：

1) 用于保护电子信息系统机房、配电室等电子、电气设备间，图书库、资料库、档案库，文物库，电缆隧道和电缆夹层等场所时，系统的设计持续喷雾时间不应小于 30min。

2) 用于保护油浸变压器室、涡轮机房、柴油发电机房、液压站、润滑油站、燃油锅炉房等含有可燃液体的机械设备间时，系统的设计持续喷雾时间不应小于 20min（C 正确）。

3) 用于扑救厨房内烹饪设备及其排烟罩和排烟管道部位的火灾时，系统的设计持续喷雾时间不应小于 15s，设计冷却时间不应小于 15min。

答案选【C】

39. 以下关于中水处理叙述有误的是哪项？

(A) 中水处理站内自耗用水应优先采用中水

(B) 中水处理系统应设置消毒设施

(C) 中水处理系统产生的污泥量较小时可排至化粪池处理

(D) 中水处理系统应采用机械格栅

解析：

选项 A，参考《中水标准》7.2.13 条。中水处理站内自耗用水应优先采用中水，故 A 正确。

选项 B，参考《建水通用规范》7.2.5 条。建筑中水处理系统应设有消毒设施，故 B 正确。

选项 C，参考《中水标准》6.1.7 条。对于中水处理产生的初沉污泥、活性污泥和化学污泥，当污泥量较小时，可排至化粪池处理，故 C 正确。

选项 D，参考《中水标准》6.2.2 条。中水处理系统应设置格栅，格栅设计应符合下列规定：1 格栅宜采用机械格栅。对于机械格栅的规范叙述是"宜"而不是"应"，故 D 错误。

答案选【D】

40. 以下关于雨水控制与利用系统中收集系统叙述正确的是哪项？
(A) 汇水面低洼处应设置雨水口，其顶面标高应低于地面 1cm
(B) 硬化汇水面积不包括透水铺装地面面积
(C) 当屋面雨水需收集回用时，屋面雨水管可与阳台污水管合并
(D) 雨水收集回用系统及入渗收集系统均应设置弃流设施

解析：

选项 A，参考《雨水利用规范》5.2.2 条。雨水口宜设在汇水面的低洼处，顶面标高宜低于地面 10mm～20mm，是"宜"而不是"应"，故 A 错误。

选项 B，参考《雨水利用规范》3.1.6 条。硬化汇水面面积应按硬化地面、非绿化屋面、水面的面积之和计算，并应扣减透水铺装地面面积，故 B 正确。

选项 C，参考《建水通用规范》4.5.3 条。屋面雨水收集或排水系统应独立设置，严禁与建筑生活污水、废水排水连接，故 C 错误。

选项 D，参考《雨水利用规范》5.1.8 条。雨水收集回用系统均应设置弃流设施，雨水入渗收集系统宜设弃流设施。对于雨水入渗收集系统，是"宜"而不是"均应"，故 D 错误。

答案选【B】

二、多选题（共 30 题，每题 2 分。每题的备选项中，有 2 个或 2 个以上符合题意。错选、少选、多选，均不得分）

41. 以下有关配水管网进行串联分区的叙述中，正确的是哪几项？
(A) 与不分区相比，减少了整体给水管网的运行能耗
(B) 与不分区相比，减少了各管段的水损
(C) 与不分区相比，降低了二泵的扬程
(D) 与不分区相比，增大了给水管网爆管的风险

解析：

选项 A，串联分区后可降低部分节点的水压，从而降低整体的运行能耗，故 A 正确。

选项 B，串联分区后，各管段的流量不变，从而管段水损不变，故 B 错误。

选项 D，串联分区后，管内水压普遍降低，因而降低了爆管风险，故 D 错误。

答案选【AC】。

42. 某城市自来水厂制水时间为 4：00～24：00，每小时水厂制水量相同，水厂内无调节容积，所制清水直接通过二泵打入管网内，由配水管网中的一座大型高位水池调节供水，最高日各时段管网用水量如表，则以下有关水塔水位的叙述，正确的是哪几项？

时段（h）	0：00～4：00	4：00～8：00	8：00～12：00	12：00～16：00	16：00～20：00	20：00～24：00
管网时用水量占全天用水量的百分数（%）	2.2	3.7	6.0	5.1	5.5	2.5

（A）12：00的水池水位低于16：00

（B）24：00的水池水位高于20：00

（C）8：00的水池水位高于0：00

（D）高位水池调节容积为管网最高日用水量的10%

解析：

水厂每日运行20h，每小时制水量占全天用水量的5%，也即二泵在此期间各时供水量为5%：

时段（h）	0：00～4：00	4：00～8：00	8：00～12：00	12：00～16：00	16：00～20：00	20：00～24：00
二泵时供水量占全天用水量的百分数（%）	0	5.0	5.0	5.0	5.0	5.0
管网时用水量占全天用水量的百分数（%）	2.2	3.7	6.0	5.1	5.5	2.5
差值	−8.8	5.2	−4.0	−0.4	−2.0	10.0
累差	−8.8	−3.6	−7.6	−8.0	−10.0	0

选项A，12：00～16：00，二泵供水量小于管网用水量，故水池水位是逐渐降低的，故A错误。

选项B，20：00～24：00，二泵供水量大于管网用水量，故水池水位是逐渐升高的，故B正确。

选项C，0：00～8：00，二泵的总供水量小于期间管网总用水量，故8：00的水池水位低于0：00，故C错误。

选项D，由累差法求得水池调节容积等于10%，故D正确。

答案选【BD】。

43. 以下有关长距离输水的叙述中，正确的是哪几项？

（A）输水管道中阀门的位置，满足正常设计工况的要求即可

（B）由于实际工况的复杂性，经过水锤综合防护设计的长距离输水管道，依然允许在输水管中偶尔出现水柱分离的现象

（C）工作压力为0.8MPa的输水管道，允许出现1.1MPa瞬时峰值压力

（D）输水管走向应进行多方案的比选后，予以确定

解析：

选项A，参考《给水标准》7.3.5条，尚应满足管道事故时非事故管道通过设计事故流量的需要，故A错误。

选项B，参考《给水标准》7.3.6条，采取水锤综合防护设计后的输水管道系统，不应出现水柱分离，故B错误。

选项 C，参考《给水标准》7.3.6 条，瞬时最高压力不应大于工作压力的 1.3～1.5 倍，1.1/0.8＝1.375，故 C 正确。

选项 D，参考《给水标准》7.3.1 条，管（渠）线路应在深入进行实地踏勘和线路方案比选优化后确定，故 D 正确。

答案选【CD】。

44. 以下有关管井过滤器的叙述中，错误的是哪几项？
(A) 包网过滤器的网眼大小需小于接触含水层的最小砂粒粒径
(B) 天然粗砂反滤层过滤器，过滤效果较好，在管井中得以广泛使用
(C) 过滤器设计长度与岩层结构成分及出水量有关
(D) 过滤器是管井的重要组成部分，在任何岩层取水时，均不可或缺

解析：
选项 A，参考《给水工程 2025》P75，网眼大小等于接触含水层中 50％重量砂粒粒径的 1.5～2.5 倍，故 A 错误。

选项 B，参考《给水工程 2025》P75，天然粗砂反滤层是含水层骨架颗粒迁移形成的，不能按照设计要求组成一定的粒度比例，不能发挥良好的过滤效果，故 B 错误。

选项 C，参考《给水工程 2025》P74，过滤器长度与岩层结构成分有关，一般透水层设计长度为 20～40m，较大出水量时，设计长度为 40～50m，故 C 正确。

选项 D，参考《给水工程 2025》P73，稳定的裂隙地层中取水时可以不设过滤器，故 D 错误。

答案选【ABD】。

45. 以下有关江河取水构筑物位置的选取，错误的是哪几项？
(A) 桥后 800m 的位置
(B) 丁坝同岸的坝前浅滩上游，距离坝前浅滩起点 300m 的位置
(C) 弯曲河道凸岸的中间段
(D) 污水排放口上游 200m 处

解析：
选项 A，参考《给水工程 2025》P90，桥后为 1km 以外的地方，故 A 错误。

选项 B，参考《给水工程 2025》P90，取水构筑物与丁坝同岸时，应设在丁坝上游，与坝前浅滩起点相距一定距离（岸边式取水构筑物不小于 150m，河床式取水构筑物可以小些），故 B 正确。

选项 C，参考《给水工程 2025》P90，弯曲河道凸岸中间段不宜设置取水构筑物，故 C 错误。

选项 D，参考《给水工程 2025》P89，在污水排放口的上游 100～150m 以上，故 D 正确。

答案选【AC】。

46. 以下有关水质及水质标准的叙述，错误的是？

(A) 水中硝酸根离子一般来自于有机物的分解

(B) 饮用水中消毒剂余量一般归类到毒理指标中

(C) 原水中体积及密度较大的杂质容易上浮

(D) 工业用水中的冷却水，只要起到冷却作用即可，对水质没有要求

解析：

选项 A，参考《给水工程 2025》P145，水中 NO_3^- 一般来自有机物的分解，故 A 正确。

选项 B，参考《给水工程 2025》P147，在过去的水质标准中往往把消毒剂余量列入微生物指标中；再参考《生活饮用水卫生标准》，消毒剂指标是单列出来的，故 B 错误。

选项 C，显然密度较大时是易于下沉的，故 C 错误。

选项 D，参考《给水工程 2025》P153，冷却水首先要求水温低，同时对水质也有要求，如水中存在悬浮物、藻类及微生物等，就会使管道、设备堵塞；在水循环冷却系统中，还应控制管道和设备由于水质所引起的结垢、腐蚀和微生物繁殖，故 D 错误。

答案选【BCD】。

47. 以下有关混凝机理的叙述，正确的是哪几项？

(A) 投加高分子物质，当胶粒表面高分子覆盖率等于 1/2 时，絮凝效果最好

(B) 天然水体的胶粒通常带有正电

(C) 亲水胶体无法通过自然碰撞聚集成大颗粒的主要原因是其表面水化膜的阻碍

(D) 吸附-电性中和的过程中不含压缩双电层作用

解析：

选项 A，参考《给水工程 2025》P165，根据吸附原理，胶粒表面高分子覆盖率等于 1/2 时絮凝效果最好，故 A 正确。

选项 B，参考《给水工程 2025》P162，天然水中的胶体杂质通常是带负电，故 B 错误。

选项 C，参考《给水工程 2025》P163 可得，胶体表面水化膜阻碍是亲水胶体聚集稳定（即不能通过自然碰撞聚集成大颗粒）的主要原因，故 C 正确。

选项 D，参考《给水工程 2025》P165，实际上，吸附-电性中和的混凝过程中，包含了压缩双电层作用，故 D 错误。

答案选【AC】。

48. 以下有关重力无阀滤池的叙述，错误的是哪几项？

(A) 重力无阀滤池属于等水头减速滤池

(B) 无阀滤池各格的冲洗水箱，仅为自身滤格反冲洗时提供所需清水

(C) 虹吸破坏斗与虹吸破坏管相连，起到帮助彻底破坏虹吸的作用

(D) 为使 U 形进水管正常作用，其管底设计标高应等于滤池底部集水区标高

解析：

选项 A，重力无阀滤池为等速过滤滤池，故 A 错误。

选项 B，重力无阀滤池无论三种形式中的任何一种，其各格冲洗水箱都是共用的，一

般通过池壁间的常开的圆孔将各格冲洗水箱连接起来；这也是计算冲洗水箱深度时，公式中除以 nF 的原因，故 B 错误。

选项 C，参考《给水工程 2025》P244 中关于虹吸破坏斗的叙述，故 C 正确。

选项 D，参考《给水工程 2025》P245，U 形管管底设置在排水水封井水面以下；或参考《给水工程 2025》P242 中图 8-20，故 D 错误。

答案选【ABD】。

49. 以下有关水的软化的叙述，正确的是哪几项？
(A) pH＝6～9 的一般水源水，其碱度的主要成分为 CO_3^{2-}
(B) 碳酸盐硬度又称暂时硬度
(C) 石灰-苏打软化法可以去除永久硬度，是常用的水软化方法之一
(D) 天然水体若碱度大于总硬度（均以当量表示），则表示水中存在非碳酸盐硬度

解析：

选项 A，参考《给水工程 2025》P173，其主要成分是 HCO_3^-，故 A 错误。

选项 B，参考《给水工程 2025》P310，碳酸盐硬度在加热时易沉淀析出，又称为暂时硬度，故 B 正确。

选项 C，参考《给水工程 2025》P312，石灰-苏打软化可去除非碳酸盐硬度（即永久硬度），故 C 正确。

选项 D，当碱度≥总硬度时，则硬度离子的假想结合阴离子均为碱度离子，也即均为碳酸盐硬度，故 D 错误。

答案选【BC】。

50. 下列哪几种项目适合于《室外排水设计标准》GB 50014—2021？
(A) 城镇永久性污水处理工程
(B) 工业区永久性污水处理工程
(C) 工业区永久性排水管渠工程
(D) 城镇临时性排水管渠工程

解析：

参考《排水标准》1.0.2 条条文说明。（1）关于工业区的排水工程是指工业区内的排水管渠、泵站，工业企业的工业废水应经处理达到纳管标准或排放标准后排放。（2）关于镇（乡）村和临时性排水工程，由于集镇和村庄排水的条件和要求具有和城镇不同的特点，而临时性排水工程的标准和要求的安全性要比永久性工程低，故不适用本标准。工业区污水处理工程执行行业标准《排水标准》仅针对城市污水处理工程。

答案选【AC】。

51. 下列关于雨水口设计的叙述中，哪些说法是错误的？
(A) 雨水口应采取防止臭气外逸的措施
(B) 进行雨水口设计计算时应考虑可能被垃圾和杂物堵塞
(C) 立箅式雨水口进水处路面标高应比周围路面标高低 3～5cm

(D) 雨水口深度指雨水口井盖至沉泥槽底部的深度

解析：

选项 A，参考《排水标准》5.7.1 条合流制系统中的雨水口应采取防止臭气外逸的措施，故 A 错误。

选项 B，参考《排水标准》5.7.2 条雨水口易被路面垃圾和杂物堵塞，平箅雨水口在设计中应考虑 50% 被堵塞，立箅式雨水口应考虑 10% 被堵塞，故 B 正确。

选项 C，参考《排水标准》5.7.4 条立箅式雨水口进水处路面标高应比周围路面标高低 5cm，故 C 错误。

选项 D，参考《排水标准》5.7.7 条雨水口深度指雨水口井盖至连接管管底的距离，不包括沉泥槽深度，故 D 错误。

答案选【ACD】。

52. 关于污泥厌氧消化处理系统的说法中错误的是哪些？
(A) 常规厌氧消化适用于污泥有机分含量高并易降解的污泥处理
(B) 高温厌氧消化的挥发性固体容积负荷宜为 $0.6 \sim 1.5 \mathrm{kgVSS}/(\mathrm{m}^3 \cdot \mathrm{d})$
(C) 厌氧消化池内的 VFA/ALK 应小于 0.5
(D) 高含固厌氧消化宜采用机械搅拌，搅拌强度宜为 $5 \sim 10 \mathrm{W}/\mathrm{m}^3$ 池容

解析：

选项 A，参考《排水工程 2025》，常规厌氧消化适用于污泥有机分含量高并易降解的污泥处理，污泥有机物含量低或污泥厌氧消化系统未满负荷运行时可采用生物质协同厌氧消化，故 A 正确。

选项 B，参考《排水工程 2025》，高温厌氧消化的挥发性固体容积负荷宜为 $2.0 \sim 2.8 \mathrm{kgVSS}/(\mathrm{m}^3 \cdot \mathrm{d})$，故 B 错误。

选项 C，参考《排水工程 2025》，挥发性脂肪酸与总碱度的比值 VFA/ALK 应小于 0.3，故 C 错误。

选项 D，参考《排水工程 2025》，高含固厌氧消化宜采用机械搅拌，搅拌强度宜为 $15 \sim 40 \mathrm{W}/\mathrm{m}^3$ 池容，故 D 错误。

答案选【BCD】。

53. 关于 UASB 的描述，下列哪几项正确？
(A) UASB 反应区由生物颗粒污泥层和絮状污泥层组成
(B) 处理经产酸发酵后的废水，UASB 需在较低负荷下运行
(C) 进水系统的功能仅是配水，故进水系统设计满足均匀配水需求即可
(D) 三相分离器设计主要包括沉淀区、回流缝、气液分离等，其分离效果直接影响处理效果

解析：

处理经产酸发酵预处理后的废水，UASB 一般在较高负荷下运行，故 B 错误。进水系统兼有配水和水力搅拌的功能，故 C 错误。

答案选【AD】。

54. 下列关于污水处理厂污泥处理处置的说法中正确的是哪几项？
(A) 污水处理规模大于5万 m^3/d 的城镇二级污水处理厂，宜通过中温厌氧消化进行污泥减量化、稳定化处理
(B) 初沉污泥采用重力浓缩时，污泥固体负荷宜≤60kg/（m^2·d）
(C) 对采用生物除磷污水处理工艺产生的污泥，宜采用浓缩脱水一体机等设备进行处理
(D) 在中、小规模的条垛宜使用垮式翻堆机或侧式翻堆机

解析：

根据《城镇污水处理厂污泥处理处置污染防治最佳可行技术指南（试行）》HJ—BAT—002：

参考8.1条，可知A正确；参考8.2.2条，可知B错误；参考8.2.4条，可知C正确；参考8.4.4条，可知D错误。

答案选【AC】。

55. 下列关于活性污泥法工艺设计中考虑的主要影响因素描述正确的是哪些？
(A) 设计时应考虑水力停留时间、污泥龄、污泥负荷等因素
(B) 温度会影响生化反应的性能，因为温度是影响微生物活性的重要因素
(C) 曝气池中活性污泥去除有机物或氨氮是需氧的代谢过程，因此曝气池内溶解氧浓度一般宜保持在不低于2mg/L的程度，且实际运行中溶解氧越高越好
(D) 生化反应池中活性污泥微生物主要由细菌组成，占污泥量的90%以上

解析：

选项C，曝气池溶解氧一般维持在2～4mg/L，过高或者过低都会影响出水水质，过低有机物氧化不彻底，过高会使污泥结构松散、易破碎、影响沉降性能，故C错误。

选项D，活性污泥的四项组成当中 M_a（微生物）、M_e、M_i 属于有机成分，活性污泥中有机物占75%～85%，故 M_a 不会超过85%，活性污泥微生物主要由细菌组成，占总生物量的90%～95%，故D错误。

答案选【AB】。

56. 下列关于城市污水处理工艺描述正确的是哪些？
(A) 采用活性污泥法处理工艺，污水、回流污泥进入生物反应池的厌氧区（池）、缺氧区（池）不宜采用淹没入流方式
(B) SBR反应池的数量应大于4个
(C) 膜生物反应池布设膜组器时，10%～20%的富余膜组器空位作为备用
(D) 移动床生物膜反应器悬浮填料的填充率不应超过反应池容积的2/3

解析：

根据《排水标准》，参考7.6.8条，宜采用淹没入流方式，可知A错误。参考7.6.33条，SBR反应池的数量不宜少于2个，故B错误。参考7.6.45条，布设膜组器时，应留10%～20%的富余膜组器空位作为备用，可知C正确。参考7.8.29条，悬浮填料的填充率不应超过反应池容积的2/3，可知D正确。

答案选【CD】。

57. 下列关于城市污水处理厂污泥处置描述正确的是哪些？
（A）污泥的最终处置应考虑综合利用
（B）污泥的处置和综合利用应因地制宜，污泥的土地利用应严格控制污泥中和土壤中积累的重金属和其他有毒有害物质含量
（C）用于建材的污泥应根据实际产品要求、工艺情况和污泥掺入量，对污泥中的硫、氯、磷和重金属等的含量设置最高限值
（D）污泥和生活垃圾混合填埋，生活垃圾应进行稳定化、无害化处理，并应满足垃圾填埋场填埋土力学要求

解析：

参考《排水标准》8.9.4 条。污泥和生活垃圾混合填埋，污泥应进行稳定化、无害化处理，并应满足垃圾填埋场填埋土力学要求，故 D 错误。

答案选【ABC】。

58. 下列关于废水处理吸附法描述正确的是哪些？
（A）吸附法适用于去除废水中高浓度污染物质
（B）吸附法适用于废水经常规处理后的深度处理
（C）废水处理采用动态吸附操作，可分为固定床、移动床和流化床，其中固定床较少使用
（D）采用吸附工艺处理废水设计时需考虑接触时间、吸附滤速、操作压力、滤层厚度和反冲洗强度等参数

解析：

选项 A，吸附法在废水处理中主要用于脱除水中的微量污染物，故 A 错误。

选项 B，吸附法也可以作为二级处理后的深度处理手段，以满足再生水水质要求，故 B 正确。

选项 C，废水在流动情况下进行的吸附称为动态吸附。动态吸附工艺可分为固定床、移动床和流化床 3 种。固定床是水处理工艺中常用的一种方式，故 C 错误。

答案选【BD】。

59. 在计算建筑给水管道设计秒流量时，以下哪些叙述是错误的？
（A）计算旅馆卫生间给水管道时，可采用《建筑给水排水设计标准》3.2.12 条的表格，延时自闭式冲洗阀的当量应以 6 计入到公式中
（B）职工食堂的洗碗台用水应与食堂的厨房用水叠加计算
（C）剧院的卫生间、普通理化实验室等建筑均应视为用水集中型建筑
（D）某住宅有三个单元（最大用水时发生在同一时段），各单元卫生间的卫生器具配置不同，则该住宅室外给水干管的平均出流概率应按当量加权平均计算

解析：

选项 A，参考《建水标准》3.7.7 条第 3 款。有大便器延时自闭冲洗阀的给水管段，

大便器延时自闭冲洗阀的给水当量均以 0.5 计，故 A 错误。

选项 B，参考《建水标准》表 3.7.8 条第 2 款小注。职工或学生饭堂的洗碗台水嘴，按 100% 同时给水，但不与厨房用水叠加。从而可得，设计秒流量取洗碗台与厨房用水中的大者，故 B 错误。

选项 C，参考《建水标准》3.7.8 条。宿舍（设公用盥洗卫生间）、工业企业的生活间、公共浴室、职工（学生）食堂或营业餐馆的厨房、体育场馆、剧院、普通理化实验室等建筑的生活给水管道的设计秒流量，应按下式计算。从而可得，剧院的卫生间、普通理化实验室为用水密集型建筑，故 C 正确。

选项 D，参考《建水标准》3.7.5 条第 4 款。给水干管有两条或两条以上具有不同最大用水时卫生器具给水当量平均出流概率的给水支管时，该管段的最大用水时卫生器具给水当量平均出流概率应按下式计算。从而可得，平均出流概率应按当量加权平均计算，故 D 正确。

答案选【AB】。

60. 下列关于建筑给水系统的描述，正确的是哪些？
（A）由水泵联动提升进水的水箱的调节容积不宜小于最高日用水量的 50%
（B）建筑物内采用高位水箱调节的生活给水系统时，水泵的最大出水量不宜小于最大小时用水量
（C）建筑内直供用户的配水管网，其设计流量为设计秒流量
（D）若不设置局部增压措施，高位水箱的设置高度应满足最高层用户的用水水压要求

解析：

选项 A，参考《建水标准》3.8.4 条第 1 款。由水泵联动提升进水的水箱的生活用水调节容积，不宜小于最大时用水量的 50%，为"高日高时用水量的 50%"并非"最高日用水量的 50%"，故 A 错误。

选项 B，参考《建水标准》3.9.2 条。建筑物内采用高位水箱调节的生活给水系统时，水泵的供水能力不应小于最大时用水量，是"应"而不是"宜"，故 B 错误。

选项 C，配水管网是直供用户的，其设计流量为设计秒流量，故 C 正确。

选项 D，参考《建水标准》3.8.4 条第 2 款。水箱的设置高度（以底板面计）应满足最高层用户的用水水压要求，故 D 正确。

答案选【CD】。

61. 关于小区室外给水管道设计的叙述中，哪些是正确的？
（A）小区室外给水管网直接供给住宅、文体、商铺等的设计流量一定按设计秒流量计算
（B）小区配套的文教、医疗保健等设施的用水应以平均日平均时流量进行计算
（C）不属于小区配套的公共建筑，其节点流量应另计
（D）当小区室外给水管道成环状，则该环状管道管径应相同

解析：

选项 A，参考《建水标准》3.7.5 条第 3 款。当计算管段的卫生器具给水当量总数超过本标准附录 C 表 C.0.1～表 C.0.3 中的最大值时，其设计流量应取最大时用水量。由于能找到选项 A 的反例，故 A 错误。

选项 B，参考《建水标准》3.13.4 条第 3 款。居住小区内配套的文教、医疗保健、社区管理等设施，以及绿化和景观用水、道路及广场洒水、公共设施用水等，均以平均时用水量计算节点流量，该平均时指高日均时流量，故 B 错误。

选项 C，参考《建水标准》3.13.4 条第 4 款。设在居住小区范围内，不属于居住小区配套的公共建筑节点流量应另计，故 C 正确。

选项 D，参考《建水标准》3.13.6 条第 4 款。小区环状管道应管径相同，故 D 正确。

答案选【CD】。

62. 关于建筑物内采用生活污水与生活废水分流的作用，包括哪些方面？
(A) 提高粪便污水处理的效果
(B) 可保证室外污废分流
(C) 便于建筑中水系统回收生活废水
(D) 减小化粪池容积

解析：

选项 A，参考《建水标准》4.2.2 条条文说明。目的是减小化粪池的容积，有利于厌氧菌腐化发酵分解有机物，提高化粪池的污水处理效果，故 A 正确。

选项 B，参考《建水标准》4.1.5 条。小区生活排水与雨水排水系统应采用分流制，对于小区室外的排水管道，只要求雨污分流，污废依然是合流排出的，故 B 错误。

选项 C，参考《建水标准》4.2.2 条。下列情况宜采用生活污水与生活废水分流的排水系统：2 生活废水需回收利用时，故 C 正确。

选项 D，参考《建水标准》4.2.2 条条文说明。目的是减小化粪池的容积，有利于厌氧菌腐化发酵分解有机物，提高化粪池的污水处理效果，故 D 正确。

答案选【ACD】。

63. 下列关于通气管设计的说法中，哪些是正确的？
(A) 结合通气管与自循环通气立管连接间隔不宜多于 8 层
(B) 环形通气管应在最高层卫生器具上边缘以上大于 0.15m 处按不小于 0.01 的上升坡度与通气立管相连
(C) 结合通气管与排水立管采用斜三通连接
(D) 哈尔滨地区的伸顶通气管管径应在室内平顶或吊顶 0.3m 以下的适当位置将管径放大一级

解析：

选项 A，参考《建水标准》4.7.9 条。自循环通气系统，当采取专用通气立管与排水立管连接时，应符合下列规定：2 通气立管宜隔层按本标准第 4.7.7 条第 4 款、第 5 款的规定与排水立管相连，再参考《建水标准》4.7.10 条。自循环通气系统，当采取环形通气管与排水横支管连接时，应符合下列规定：3 结合通气管的连接间隔不宜多于8层；综上所述，当并不采用环形通气管时，结合通气管与自循环通气立管要隔层连接，故 A 错误。

选项 B，参考《建水标准》4.7.7 条第 2 款。器具通气管、环形通气管应在最高层卫生器具上边缘 0.15m 或检查口以上，按不小于 0.01 的上升坡度敷设与通气立管连接，故 B 正确。

选项 C，参考《建水标准》4.7.7 条第 4 款。结合通气管下端宜在排水横支管以下与排水立管以斜三通连接，故 C 正确。

选项 D，参考《建水标准》4.7.17 条。伸顶通气管管径应与排水立管管径相同。最冷月平均气温低于 −13℃ 的地区，应在室内平顶或吊顶以下 0.3m 处将管径放大一级，注意是"以下 0.3m 处将管径放大"，而不是"0.3m 以下的适当位置将管径放大"，故 D 错误。

答案选【BC】。

注：

① B 选项参考《建水标准》4.7.7 条第 2 款，"应在最高层"的叙述，并不严谨，为了便于大家理解，在精讲课中改为"各层最高处"这个叙述。但是在应对知识题时，无论原文的叙述是否严谨，考试都要按照规范、秘书处教材的原文来判断正误。

② 选项 D 的做法在实际设计和施工中并没有什么问题，但是考虑到这是考试选项的叙述，所以要按照《建水标准》的字面意思来判断正误。

64. 下列关于全日集中热水供应系统中，加热设备的设计小时供热量的叙述中，错误的是哪些？

（A）导流型容积式水加热器设计小时供热量的大小与设计小时耗热量、贮热量呈正相关

（B）与半容积式贮热容积相当的燃油燃气热水机组，供热量应按设计秒流量所需耗热量计算

（C）当导流型容积式水加热器的设计小时供热量大于平均小时耗热量时，Q_g 应取平均小时耗热量

（D）热水设计秒流量的计算方法同冷水，其相关参数要按《建筑给水排水设计标准》表 3.2.12 括弧内数值确定

解析：

选项 A，参考《建水标准》6.4.3 条第 1 款。根据导流型容积式水加热器设计小时供热量计算公式可知，设计小时供热量与设计小时耗热量正相关，与贮热量负相关，故 A 错误。

选项 B，参考《建水标准》6.4.3 条第 2 款。半容积式水加热器或贮热容积与其相当的水加热器、燃油（气）热水机组的设计小时供热量应按设计小时耗热量计算，并不是按设计秒流量所需耗热量计算，故 B 错误。

选项 C，参考《建水标准》6.4.3 条第 1 款。当 Q_g 计算值小于平均小时耗热量时，Q_g 应取平均小时耗热量，是"小于"而不是"大于"，故 C 错误。

选项 D，参考《建水标准》表 3.2.12 小注：1 表中括弧内的数值系在有热水供应时，单独计算冷水或热水时使用，热水系统的管道冷热已分流，在计算热水设计秒流量时，取《建水标准》表 3.2.12 括号内的参数，故 D 正确。

答案选【ABC】。

65. 下列关于热水供应系统中管道布置与敷设的叙述中，正确的是哪些？
(A) 塑料热水管必须暗设
(B) 热水横干管的敷设坡度不宜小于 0.005
(C) 热水管穿越屋面及地下室外墙时应加设金属防水套管
(D) 配水干管和立管最高点应设置排气装置

解析：

选项 A，参考《建水标准》6.8.13 条。塑料热水管宜暗设，明设时立管宜布置在不受撞击处。当不能避免时，应在管外采取保护措施。从而可得，塑料热水管并没有必须暗设的要求，故 A 错误。

选项 B，参考《建水标准》6.8.12 条。热水横干管的敷设坡度上行下给式系统不宜小于 0.005，下行上给式系统不宜小于 0.003，故 B 错误。

选项 C，参考《建水标准》6.8.16 条。热水管穿越建筑物墙壁、楼板和基础处应设置金属套管，穿越屋面及地下室外墙时应设置金属防水套管，故 C 正确。

选项 D，参考《建水标准》6.8.4 条。配水干管和立管最高点应设置排气装置，故 D 正确。

答案选【CD】。

66. 根据《人民防空工程设计防火规范》，下列人防工程和部位应设置室内消火栓的是哪些？
(A) 建筑面积为 500m² 丙类库房
(B) 建筑面积为 200m² 电影院
(C) 避难走道
(D) 建筑面积为 300m² 的地下商店

解析：

参考《人防防火规范》7.2.1 条。下列人防工程和部位应设置室内消火栓：1) 建筑面积大于 300m² 的人防工程，故 A 正确。2) 电影院、礼堂、消防电梯间前室和避难走道，故 B、C 正确。

答案选【ABC】。

67. 下列关于消防供水设施的叙述中，错误的是哪几项？
(A) 消防水泵零流量时的压力不应大于设计工作压力的 140%，且宜大于设计工作压力的 120%
(B) 消防水泵流量检测装置最大量程的 75% 应大于最大一台消防水泵设计流量值的 165%

(C) 稳压泵的设计流量不应小于消防给水系统管网的正常泄漏量和系统自动启动流量

(D) 消防水池内底不应低于消防泵房地面标高

解析：

选项 A，参考《消规》5.1.6 条第 4 款。流量扬程性能曲线应为无驼峰、无拐点的光滑曲线，零流量时的压力不应大于设计工作压力的 140%，且宜大于设计工作压力的 120%。故 A 正确。

选项 B，参考《消规》5.1.11 条第 2 款。消防水泵流量检测装置的计量精度应为 0.4 级，最大量程的 75% 应大于最大一台消防水泵设计流量值的 175%。故 B 错误。

选项 C，根据《消防通用规范》3.0.13 条。稳压泵的公称流量不应小于消防给水系统管网的正常泄漏量，且应小于系统自动启动流量，公称压力应满足系统自动启动和管网充满水的要求，故 C 错误。

选项 D，《民用建筑设计统一标准》GB 50352—2019 第 8.1.9 条已明确规定：消防水池池底应高于或等于消防泵房地面标高，故 D 正确。

答案选【BC】。

68. 下列关于自动喷水灭火系统的叙述或设计中，正确的有哪些？

(A) 设置自动喷水灭火系统的各楼层、各防火分区的最不利点洒水喷头处均应设末端试水装置

(B) 节流管的长度设计为 1.2m，管内水的平均流速设计为 15m/s

(C) 系统的每个消防水泵接合器的流量按 15L/s 进行设计

(D) 某高层办公楼采用干式系统的作用面积不应小于 208m²

解析：

选项 A，参考《喷规》6.5.1 条。每个报警阀组控制的最不利点洒水喷头处应设末端试水装置，其他防火分区、楼层均应设直径为 25mm 的试水阀，因此全部设置试水阀是错误的，故 A 错误。

选项 B，参考《喷规》9.3.2 条。节流管应符合下列规定：1）直径宜按上游管段直径的 1/2 确定；2）长度不宜小于 1m；3. 节流管内水的平均流速不应大于 20m/s，故 B 正确。

选项 C，参考《喷规》10.4.1 条。系统应设消防水泵接合器，其数量应按系统的设计流量确定，每个消防水泵接合器的流量宜按 10~15L/s 计算，故 C 正确。

选项 D，参考《喷规》5.0.10 条第 1 款。干式系统的喷水强度应按本规范表 5.0.1、表 5.0.4-1~表 5.0.4-5 的规定值确定，系统作用面积应按对应值的 1.3 倍确定，故 D 正确。

答案选【BCD】。

69. 关于中水系统水量计算叙述正确的是哪几项？

(A) 中水原水水量与中水回用水量相同

(B) 原水调节池调节容积计算与设备运行方式有关

（C）中水用于多种用途时，水质应按《生活饮用水卫生标准》确定

（D）中水系统的总调节容积不宜小于中水日处理量的 100%

解析：

选项 A，参考《中水标准》5.3.3 条。处理设施自耗水系数一般取 5%～10%，中水处理时有自耗水量，当处于溢流工况时，中水原水水量大于中水回用水量，故 A 错误。

选项 B，参考《中水标准》5.5.8 条第 1 款。原水调节池的调节容积与设备运行方式（连续运行、间断运行）有关，故 B 正确。

选项 C，参考《中水标准》4.2.6 条。中水用于多种用途时，应按不同用途水质标准进行分质处理；当中水同时用于多种用途时，其水质应按最高水质标准确定。从而可得，中水水质并不一定按照《饮用水标准》确定，故 C 错误。

选项 D，参考《中水标准》5.5.8 条第 3 款。中水系统的总调节容积，包括原水调节池（箱）、中水处理工艺构筑物、中水贮存池（箱）及高位水箱等调节容积之和，不宜小于中水日处理量的 100%，故 D 正确。

答案选【BD】。

70. 下列关于泳池规定不同形式给水口水流速度目的，正确的是哪些?

（A）方便设计人计算每座水池所需要的给水口数

（B）保持池子水面不出现波浪相对平稳

（C）保证儿童、老年人及残疾人不受给水口出水水流冲击出现滑倒、摔伤等安全事故

（D）为了节约用水

解析：

选项 A，参考《游泳池规程》4.9.6 条条文说明。本条规定不同形式给水口的水流速度的目的如下：①方便设计人计算每座水池所需要的给水口数，以保证满足本规程第 4.9.1 条的规定，故 A 正确。

选项 B，参考《游泳池规程》4.9.6 条条文说明。本条规定不同形式给水口的水流速度的目的如下：②保持池子水面不出现波浪相对平稳，为提高游泳速度创造条件，故 B 正确。

选项 C，参考《游泳池规程》4.9.6 条条文说明。本条规定不同形式给水口的水流速度的目的如下：③保证儿童、老年人及残疾人不受给水口出水水流冲击出现滑倒、摔伤、溺水等安全事故，故 C 正确。

选项 D，参考《游泳池规程》4.9.6 条条文说明。本条规定不同形式给水口的水流速度的目的如下：①方便设计人计算每座水池所需要的给水口数，以保证满足本规程第 4.9.1 条的规定；②保持池子水面不出现波浪相对平稳，为提高游泳速度创造条件；③保证儿童、老年人及残疾人不受给水口出水水流冲击出现滑倒、摔伤、溺水等安全事故。从而可得，泳池规定不同形式给水口水流速度目的并不是为了节约用水，故 D 错误。

答案选【ABC】。

模拟冲刺 1　知识下

一、单选题（共 **40 题，每题 1 分**。每题的备选项中，只有 **1 个选项最符合题意**）

1. 下列给水系统不是按照给水系统的供水方式进行分类的是哪一项？

(A) 重力给水系统　　　　　　　(B) 分质给水系统

(C) 统一给水系统　　　　　　　(D) 区域给水系统

解析：

参考《给水工程 2025》P1，重力给水系统属于按照供水能量的提供方式分类，故 A 错误。

答案选【A】。

2. 某城镇给水系统设计规模为 48000t/d，管网内设有一座水塔，管网用水时变化系数为 1.25，高日高时工况下水塔出流量 100t/h，最大转输工况时二泵出流量为 2100t/h，则二级泵站的时变化系数为？

(A) 1.14　　　　　　　　　　　(B) 1.20

(C) 1.25　　　　　　　　　　　(D) 1.30

解析：

要求二泵的供水时变化系数，需求得其设计流量（最大供水流量）：在高日高时工况下，二泵的出流量为（48000/24）×1.25−100＝2400；在最大转输工况下二泵出流量为 2100。因此二泵的设计流量为 2400，故二泵的时变化系数为 2400÷（48000/24）＝1.2。

答案选【B】。

3. 下列关于给水水源选择及水源的合理利用的说法中，错误的是哪一项？

(A) 给水水源在选择前，必须进行水资源的勘察

(B) 地表水的设计枯水流量和设计枯水位的保证率大于或等于 90%

(C) 某工业区（生产用水量较大）地表和地下水源均较为丰富，生产用水应采用地下水源

(D) 一般情况下，地下水源取水构筑物较简单

解析：

选项 A，参考《给水工程 2025》P67（或《给水标准》5.1.1 条），给水水源在选择前，必须进行水资源的勘察，故 A 正确。

选项 B，参考《给水工程 2025》P67，当用地表水作为供水水源时，其设计枯水流量保证率和设计枯水位保证率不低于 90%，故 B 正确。

选项 C，参考《给水工程 2025》P67，对于工业、企业生产用水水源而言，如取水量不大或不影响当地饮用水需要，也可用地下水源，否则应用地表水，故 C 错误。

选项 D，参考《给水工程 2025》P67，一般情况下，采用地下水源的取水构筑物构造简单，便于施工和运行管理，故 D 正确。

答案选【C】。

4. 某地下水水文地质勘察结果如下表，下列关于该含水层的取水构筑物设计说明，错误的是哪种？

地面标高	26.0m
含水层顶板下缘标高	20.0m
静水位	18.0m
抽水试验达到设计流量时的动水位	16.0m
含水层底板标高	12.0m

(A) 可采用管井取水

(B) 可采用完整式大口井取水

(C) 可采用非完整式大口井取水

(D) 可采用仅辐射管集水的辐射井取水

解析：

含水层厚度为 $18-12=6$（m），底板埋藏深度为 $26-12=14$（m）。

参考《给水工程 2025》P72～P82：

选项 A，管井适用于含水层厚度大于 4m，底板埋藏深度大于 8m 的地域，故 A 正确。

选项 B、C，大口井适用于含水层厚度 5m 左右，底板埋藏深度小于 15m 的地域（注：在所有能用大口井的场合，均可用非完整式大口井；在所有能用大口井的场合中，只有含水层厚度在 5～8m 时，才可用完整式）。故 B、C 正确。

选项 D，参考《给水工程》P82，仅由辐射管集水的辐射井要求含水层厚度≤5m，故 D 错误。

答案选【D】。

5. 离心泵的最大安装高度与下列哪项因素无直接关系？

(A) 安装处海拔高度　　　　　　(B) 抽送液体的温度

(C) 水泵吸水管的流速　　　　　(D) 泵的效率

解析：

参考《给水工程 2025》P122，安装高度 $Z_S=(H_g-H_z)-\sum h_s-NPSH$。

H_g 为水泵安装地点的大气压，其值和海拔高度有关；H_z 为水泵安装地点饱和蒸汽压力，其值和水温有关；$\sum h_s$ 为水泵吸水管沿程水头损失和局部水头损失之和，其值与流速有关；综上，与泵的效率无直接关系。

答案选【D】。

6. 关于混凝的叙述中错误的是哪一项？

(A) 在水处理过程中，混凝指的是投加电解质促使水中胶体颗粒和细小悬浮颗粒相

　　　　互聚结的过程

（B）胶体颗粒的动力稳定性是决定胶体稳定性的关键因素

（C）ζ 电位的高低和水中杂质成分、粒径有关

（D）水化作用是亲水胶体的聚集稳定性的主要原因

解析：

　　选项 A，参考《给水工程 2025》P161，故 A 正确。

　　选项 B，参考《给水工程 2025》P162，故认为胶体颗粒的聚集稳定性是决定胶体稳定性的关键因素，故 B 错误。

　　选项 C，参考《给水工程 2025》P162，故 C 正确。

　　选项 D，参考《给水工程 2025》P163，对于有机胶体或高分子物质组成的亲水胶体来说，水化作用却是聚集稳定性的主要原因，故 D 正确。

　　答案选【B】。

7. 下列关于沉淀构筑物的设计描述中不符合《室外给水设计标准》GB 50013—2018 的是哪一项？

（A）平流沉淀池的长度为 40m，单格宽度为 5m，有效水深为 3m

（B）上向流斜管沉淀池底部配水区高度为 2.5m

（C）高速澄清池污泥回流量为设计水量的 2%

（D）机械搅拌澄清池水力停留时间为 1.5h

解析：

　　选项 A，参考《给水标准》9.4.19 条。平流沉淀池的有效水深可采用 3.0～3.5m。沉淀池的每格宽度（数值等同于导流墙间距）宜为 3～8m，不应大于 15m；长度与宽度之比不应小于 4，长度与深度之比不应小于 10。选项中长宽比为 8，长深比为 13.3，均满足要求，故 A 正确。

　　选项 B，参考《给水标准》9.4.22 条。斜管沉淀池的清水区保护高度不宜小于 1.2m，底部配水区高度不宜小于 2.0m，故 B 正确。

　　选项 C，参考《给水标准》9.4.24 条第 6 款。污泥回流量应可调节，宜为高速澄清池设计水量的 3%～5%，故 C 错误。

　　选项 D，参考《给水标准》9.4.26 条。水在机械搅拌澄清池中的总停留时间可采用 1.2～1.5h，故 D 正确。

　　答案选【C】。

8. 下列关于滤池反冲洗的叙述中，错误的是哪一项？

（A）单层细砂滤料滤池单水反冲洗滤料流态化前，增加冲洗强度，冲洗水头损失变大

（B）单层细砂滤料滤池单水反冲洗滤料流态化后，增加冲洗强度，冲洗水头损失不变

（C）冬季温度低，动力黏度增大，滤池为了获得较好的反冲洗效果，需加大反冲洗强度

(D) 高速水流单水反冲洗的冲洗强度及冲洗时间与混凝剂种类有关

解析:

选项 A、B,参考《给水工程 2025》P222 图 8-7 水头损失和冲洗流速关系,故 A、B 正确。

选项 C,参考《给水工程 2025》P222,冬天温度低时,动力黏度增大,在相同的冲洗强度条件下,滤层膨胀率增大。因此,冬天反冲洗时的强度可适当降低,故 C 错误。

选项 D,参考《给水工程 2025》P223,单水冲洗滤池的冲洗强度及冲洗时间还和投加的混凝剂或助凝剂种类有关,也与原水含藻情况有关,故 D 正确。

答案选【C】。

9. 下列关于地下水除铁的描述中错误的是哪一项?
(A) 对于含铁量略高的地表水,常规处理工艺中加强预氧化即可除铁,不必单独设置除铁处理设施
(B) 空气自然氧化法除铁,二价铁的氧化速度与氢氧根离子浓度的平方成正比
(C) 接触催化氧化法除铁,锰砂滤料对低价铁离子的催化氧化发挥催化作用
(D) 氧化剂氧化法除铁适用于铁锰有所超标的地下水常规处理

解析:

选项 A,参考《给水工程 2025》P265,对于含铁量略高的地表水,在常规的混凝、沉淀、过滤处理工艺中,只要加强预氧化(如预氯化)就可以把二价铁氧化为三价铁,所形成的氢氧化铁在沉淀过滤中去除,不必单独设置除铁处理设施,故 A 正确。

选项 B,参考《给水工程 2025》P265,二价铁的氧化速度与氢氧根离子浓度的平方成正比,故 B 正确。

选项 C,参考《给水工程 2025》P266,吸附水中铁离子形成的铁质活性滤膜对低价铁离子的氧化具有催化作用,也即起催化作用的为铁质活性滤膜而非锰砂滤料,故 C 错误。

选项 D,参考《给水工程 2025》P267,此法适用于铁锰有所超标的地下水常规处理,故 D 正确。

答案选【C】。

10. 自来水厂中为达到去除水中溶解性锰的目的而投加臭氧,其投加点宜在下列哪点?
(A) 混凝之前   (B) 沉淀之后
(C) 过滤之前   (D) 清水池之后的二级泵站集水井中

解析:

参考《给水标准》9.10.1 条。以去除溶解性铁、锰、色度、藻类,改善臭味以及混凝条件,替代前加氯以减少氯消毒副产物为目的的预臭氧,宜设置在混凝沉淀(澄清)之前,故 A 正确。

答案选【A】。

11. 下列关于水厂排泥水回收利用的设计中，正确的是哪一项？

(A) 水厂快滤池反冲洗废水一般直接回流至混合设施前

(B) 快滤池反冲洗废水回流量为水厂设计流量的 3%

(C) 排水池同时接纳初滤水及需处理后回用的滤池反冲洗废水

(D) 设 2 台同型号的排泥水回流泵，一用一备

解析：

选项 A，参考《给水标准》10.7.1 条。水厂排泥水中初滤水可直接回用至混合设施前。滤池、炭吸附池反冲洗废水及浓缩池上清液根据排泥水水质，经技术经济比较后可直接回用、弃用或经过处理后回用，故 A 错误。

选项 B，参考《给水标准》10.7.1 条第 3 款。回流水量应在时空上均匀分布，不应对净水构筑物产生冲击负荷。最大回流量不宜超过水厂设计流量的 5%，故 B 正确。

选项 C，参考《给水标准》10.7.2 条。排水池可同时接纳和调节滤池反冲洗废水和初滤水，当滤池反冲洗废水需处理后回用时，应单设排水池接纳和调节反冲洗废水，另设排水池接纳和调节初滤水，故 C 错误。

选项 D，参考《给水标准》10.7.4 条。用于回流的水泵台数不宜少于 2 台，并应设置备用泵，故 D 错误。

答案选【B】。

12. 为了节约工业生产用水量，常利用机械通风冷却塔对热水冷却后重复使用，下列对塔工艺设计的表述中，不合理的是哪一项？

(A) 中型冷却塔指冷却水量超过 $1000m^3/h$ 且不超过 $3000m^3/h$

(B) 寒冷地区、缺水地区宜分别采取消雾措施、节水措施

(C) 某工程设有多座冷却水量为 $800m^3/h$ 的冷却塔，其塔排的长宽比设计为 $9:2$

(D) 某冷却塔设计阶段在选取气象参数样本时，采用了一昼夜 4 次标准时间测值的算术平均值作为日平均值

解析：

选项 A，参考《给水工程 2025》P354，中型冷却塔指冷却水量为 $1000\sim3000m^3/h$，而选项 A 所述区间为 $(1000, 3000]$，显然违背了规定，故 A 错误。

选项 B，参考《冷却塔设计规范》3.3.7 条和 3.3.8 条，故 B 正确。

选项 C，参考《给水工程 2025》P373 关于冷却塔的布置要求，小型冷却塔塔排的长宽比宜为 $4:1\sim5:1$，故选项 C 所述的 $9:2$ 满足规定，故 C 正确。

选项 D，参考《给水工程 2025》P367 选用湿球温度的相关叙述，或参考《冷却塔设计规范》4.0.3 条，故 D 正确。

答案选【A】。

13. 当城市地势向河流方向有 2.5% 的坡度时，最适合采用哪种污水管道布置形式？

(A) 正交式　　(B) 分区式　　(C) 平行式　　(D) 分散式

解析：

参考《排水工程 2025》，一般认为在地势向河流方向坡度大于 1%，可认为是较大倾

斜的地区。为了避免因干管坡度及管内流速过大，使管道受到严重冲刷，使干管与等高线及河道基本平行，主干管与等高线及河道成一定角度敷设，适合向河流方向较大倾斜的城市，故 C 正确。

答案选【C】。

14. 关于排水管道流速的设计取值，哪一项是错误的？
(A) 非金属管道的最大流速宜为 5.0m/s
(B) 污水管道在设计充满度的最小设计流速应为 0.6m/s
(C) 明渠的最小设计流速应为 0.4m/s
(D) 排水管道采用压力流时，设计流速宜采用 1.0～2.5m/s

解析：

参考《排水工程 2025》，排水管道采用压力流时，设计流速宜采用 0.7～2.0m/s，故 D 错误。

答案选【D】。

15. 下列关于排水管道设计的说法错误的是哪项？
(A) 渠道和涵洞连接时，涵洞两端应设挡土墙，并护坡和护底
(B) 渠道和涵洞连接时，涵洞断面应按渠道有效水深对应的泄水量计算
(C) 管道尽量避免或减少管道穿越高地、基岩浅土地带和基质土壤不良地带
(D) 若管道必须经过高地，可采用隧洞或设提升泵站

解析：

选项 A、B，参考《排水工程 2025》，涵洞两端应设挡土墙，并护坡和护底；涵洞断面应按渠道水面达到设计超高时的泄水量计算，故 A 正确、B 错误。

选项 C、D，参考《排水工程 2025》，布置在坚硬密实的土壤中，尽量避免或减少管道穿越高地、基岩浅土地带和基质土壤不良地带，若管道必须经过高地，可采用隧洞或设提升泵站，故 C 正确、D 正确。

答案选【B】。

16. 下列关于径流系数影响因素叙述错误的是哪一项？
(A) 下垫面种植植被越多，径流系数 ψ 值越小
(B) 地形坡度越大，径流系数 ψ 值越大
(C) 暴雨强度越大，径流系数 ψ 值越大
(D) 雨量过程线雨峰靠后的雨型，径流系数 ψ 值越大

解析：

参考《排水工程 2025》，4.2.3 节径流系数的确定中影响因素，故 A、B、C 正确。选项 D 应为雨量过程线雨峰靠前的雨型，径流系数 ψ 值越大，故 D 错误。

答案选【D】。

17. 在新修订的《室外排水设计标准》GB 50014—2021 中，内涝防治设计重现期下

的最大允许退水时间说法正确的是哪项?

(A) 非中心城区的最大允许退水时间应为 $1.0\sim3.0h$

(B) 中心城区的最大允许退水时间应为 $1.5\sim4.0h$

(C) 中心城区的重要地区的最大允许退水时间应为 $0.5\sim2.0h$

(D) 交通枢纽的最大允许退水时间应为 $1.0h$

解析:

参考《排水标准》4.1.5 条。内涝防治设计重现期下的最大允许退水时间应符合表 4.1.5 的规定。交通枢纽的最大允许退水时间应为 $0.5h$ 内;非中心城区的最大允许退水时间应为 $1.5\sim4.0h$;中心城区的最大允许退水时间应为 $1.0\sim3.0h$;中心城区的重要地区的最大允许退水时间应为 $0.5\sim2.0h$,故 C 正确。

答案选【C】。

18. 截流合流制管渠,截流井前管渠设计综合生活污水流量 Q_{W1},设计工业废水量 Q_{G1},雨水设计流量 Q_{Y1},截流井下游管渠设计综合生活污水流量 Q_{W2},设计工业废水量 Q_{G2},雨水设计流量 Q_{Y2},截流倍数 n,则下列哪项说法正确?

(A) 截流井溢流的最大水量为:$Q_{Y1}-(n+1)(Q_{W1}+Q_{G1})$

(B) 截流井下游管渠的设计流量为:$n(Q_{W1}+Q_{G1})+Q_{W2}+Q_{G2}+Q_{Y2}$

(C) 截流井前管渠应按 $(Q_{W1}+Q_{G1})$ 设计,按 $(Q_{W1}+Q_{G1}+Q_{Y1})$ 校核

(D) 截流井下游管渠应按 $(Q_{W1}+Q_{G1}+Q_{W2}+Q_{G2})$ 校核

解析:

选项 A,截流井溢流的最大水量为:$Q_{Y1}-n(Q_{W1}+Q_{G1})$,故 A 错误。

选项 B,截流井下游管渠的设计流量为:$(n+1)\times(Q_{W1}+Q_{G1})+Q_{W2}+Q_{G2}+Q_{Y2}$,故 B 错误。

选项 C,截流井前管渠应按 $(Q_{W1}+Q_{G1}+Q_{Y1})$ 设计,按 $(Q_{W1}+Q_{G1})$ 校核,故 C 错误。

选项 D,截流井下游管渠应按 $(Q_{W1}+Q_{G1}+Q_{W2}+Q_{G2})$ 校核,故 D 正确。

答案选【D】。

19. 以下关于排水泵房的叙述中,哪项是正确的?

(A) 非自灌式泵房优点是泵房深度较浅,室内干燥,可用于污水泵站或合流制泵站

(B) 湿式泵站结构虽比干式泵站简单,造价较少,泵的检修方便

(C) 立式轴流泵具有小流量,低扬程的特点,适用于雨水、合流、排灌站

(D) 螺旋泵具有流量小、扬程高的特点,适用于污水和污泥提升

解析:

选项 A,参考《排水工程 2025》非自灌式泵房优点。雨水泵站应采用自灌式泵站。污水泵站和合流污水泵站宜采用自灌式泵站,故污水泵站或合流制泵站可以采用非自灌式泵房,故 A 正确。

选项 B,参考《排水工程 2025》,湿式泵站的优点是结构虽比干式泵站简单,造价较少;缺点是泵的检修不方便,泵站内比较潮湿,故 B 错误。

选项 C，参考《排水工程 2025》，立式轴流泵为中流量和大流量，低扬程，故 C 错误。

选项 D，参考《排水工程 2025》，螺旋泵具有中小流量、扬程小的特点，适用于污水和污泥提升，故 D 错误。

答案选【A】。

20. 下列关于 UASB 反应器设计的描述正确的是哪项？
(A) UASB 反应器前应设置调节池
(B) UASB 反应器内废水的上升流速不宜小于 0.8m/h
(C) 反应器的最大单体体积应小于 2000m³
(D) 出水堰口负荷宜小于 2.9L/(s・m)

解析：

参考《升流式厌氧污泥床反应器污水处理工程技术规范》HJ 2013—2012 中 6.2.5 条：应设置调节池，故 A 正确；6.3.1 条第 5 款：UASB 反应器内废水的上升流速宜小于 0.8m/h，故 B 错误。

6.3.1 条第 3 款：反应器的最大单体体积应小于 3000m³，故 C 错误；6.3.5 条第 4 款，出水堰口负荷宜小于 1.7L/（s・m），故 D 错误。

答案选【A】。

21. 下列关于 UASB 反应器设计的描述错误的是哪项？
(A) 提升泵房、格栅井、沉砂池宜按最高日最高时废水量计算
(B) UASB 反应器及前、后的水泵、管道等输水设施应按最高日最高时废水量设计
(C) 进水中硫酸盐浓度宜小于 1000mg/L
(D) UASB 反应器对污染物 BOD$_5$ 去除率可以达到 70%～80%

解析：

参考《升流式厌氧污泥床反应器污水处理工程技术规范》HJ 2013—2012 中 4.1.5 条和 4.1.6 条，可知 A 正确、B 错误；由 4.2.2 条可知 C 正确；由 4.3 条可知 D 正确。

答案选【B】。

22. 采用缺氧/好氧（A/O）生物脱氮工艺处理焦化废水，由于进水氨氮浓度较高，系统的出水氨氮一直无法达标，下列哪项措施不能有效提高系统的氨氮去除率？
(A) 提高系统曝气量
(B) 提高系统运行温度
(C) 提高进水碱度
(D) 降低污泥龄

解析：

硝化过程的泥龄一般为硝化菌最小世代时间的两倍以上。脱氮要求较低负荷和较长泥龄，除磷要求较高负荷和较短泥龄。降低污泥龄不能有效提高系统的氨氮去除率，故 D 错误。

答案选【D】。

23. 下列关于 A_pO 生物除磷的说法中哪项是正确的?

(A) 生物除磷的实现须经历缺氧和好氧两个阶段

(B) 聚磷菌在好氧条件下可从外部环境中过量摄取超出其生物需要的磷,在胞内聚合磷

(C) 微生物 PHB(羟基磷酸酯)的合成量越低,系统除磷能力越强

(D) 聚磷菌胞内的 PHB 的分解与聚合磷的分解是同步进行的

解析:

选项 A,生物除磷的实现须经历厌氧和好氧两个阶段,故 A 错误。

选项 B,生物除磷原理,厌氧释磷,好氧吸收磷,故 B 正确。

选项 C,参考《排水工程 2025》,PHB 合成量越高,表示吸收的有机物越多,越有利于除磷,除磷能力越强,故 C 错误。

选项 D,PHB 在好氧条件下分解,聚合磷在厌氧环境下分解,故 D 错误。

答案选【B】。

24. 在污水处理中,影响活性炭吸附的说法中,正确的是?

(A) 在活性炭吸附工艺中,污水中的有机物分子量越大吸附效果越好

(B) 吸附剂的比表面积越大,吸附能力越强

(C) 能够使液体表面自由能降低越多的吸附质,越难被吸附

(D) 胺类物质在分子状态时要比离子状态时的吸附量小

解析:

选项 A,参考《排水工程 2025》,一般分子量增大会增大吸附能力,但分子量过大,会影响扩散速率,故 A 错误。

选项 B,参考《排水工程 2025》,吸附剂的比表面积:吸附剂的比表面积越大,吸附能力越强,故 B 正确。

选项 C,参考《排水工程 2025》,能够使液体表面自由能降低越多的吸附质,也越容易被吸附,故 C 错误。

选项 D,参考《排水工程 2025》,有些有机酸和胺类在溶于水后呈弱酸性或弱碱性。它们在分子状态时要比离子状态时的吸附量大,故 D 错误。

答案选【B】。

25. 下列关于卫生器具额定流量的说法,错误的是哪项?

(A) 附设淋浴器的单阀水嘴浴盆,额定流量为 0.2L/s,最低工作压力为 0.1MPa

(B) 有集中热水供应的混合水嘴洗脸盆,其冷水管道额定流量为 0.1L/s

(C) 有分散热水供应的混合水嘴洗脸盆,其冷水管道额定流量为 0.1L/s

(D) 有集中热水供应的混合阀淋浴器,其冷水管道额定流量为 0.15L/s

解析:

选项 A,参考《建水标准》表 3.2.12 小注。2 当浴盆上附设淋浴器时,或混合水嘴有淋浴器转换开关时,其额定流量和当量只计水嘴,不计淋浴器,但水压应按淋浴器计。从而可得,单阀水嘴浴盆的额定流量为 0.2L/s,淋浴器的最低工作压力为 0.1MPa,故 A 正确。

选项 B，参考《建水标准》表 3.2.12 小注。1 表中括弧内的数值系在有热水供应时，单独计算冷水或热水时使用。从而可得，有热水供应的洗脸盆，其冷水管道的额定流量取括号内为 0.1L/s，故 B 正确。

选项 C，参考《建水标准》表 3.2.12 小注。1 表中括弧内的数值系在有热水供应时，单独计算冷水或热水时使用。从而可得，有热水供应的洗脸盆，其冷水管道的额定流量取括号内为 0.1L/s，故 C 正确。

选项 D，参考《建水标准》表 3.2.12 小注。1 表中括弧内的数值系在有热水供应时，单独计算冷水或热水时使用。从而可得，有热水供应的淋浴器，其冷水管道额定流量取括号内为 0.1L/s，故 D 错误。

答案选【D】

26. 关于小区用水量及设计流量的叙述中，下列哪项是正确的？
(A) 消防用水量一般计入给水设计用水量中
(B) 绿化用水量包含小区周围市政绿化用水量
(C) 小区引入管后的干管设计流量无需考虑未预计用水量及管网漏失水量
(D) 小区游泳池的初次充水时间不宜超过 72h

解析：
选项 A，参考《建水标准》3.7.1 条条文说明。消防用水量仅用于校核管网计算，不计入日常用水量。从而可得，消防用水量不计入小区给水设计用水量中，故 A 错误。

选项 B，题干强调为"小区用水"，从而绿化用水量仅含小区内部绿化，市政绿化用水属于市政范畴，不在小区用水量范围之内，故 B 错误。

选项 C，参考《建水标准》3.13.6 条第 1 款。小区给水引入管的设计流量应按本标准第 3.13.4 条、第 3.13.5 条的规定计算，并应考虑未预计水量和管网漏失量。从而可得，小区引入管的设计流量要考虑未预计水量和管网漏失量，而引入管后的干管设计流量不需要考虑，故 C 正确。

选项 D，参考《建水标准》3.10.18 条。游泳池和水上游乐池的初次充水时间，应根据使用性质、城镇给水条件等确定，游泳池不宜超过 48h，水上游乐池不宜超过 72h。从而可得小区游泳池的初次充水时间不宜超过 48h，故 D 错误。

答案选【C】

27. 下列关于生活饮用水防水质污染的措施中，正确的是哪项？
(A) 生活饮用水的水池的贮水 48h 内能得到更新时，可以不设水消毒处理装置
(B) 埋地式生活饮用贮水池周围 10m 以内，不得有污水管和污染物。当达不到此要求时，应采取防污染的措施
(C) 防止回流污染产生的技术措施一般可采用空气隔断、倒流防止器、真空破坏器等措施和装置
(D) 真空破坏器可用于防止背压回流

解析：
选项 A，参考《建水通用规范》3.3.1 条第 5 款。生活饮用水水池（箱）、水塔应设

置消毒设施，故 A 错误。

选项 B，参考《建水通用规范》3.3.1 条第 2 款。埋地式生活饮用水贮水池周围 10m 内，不得有化粪池、污水处理构筑物、渗水井、垃圾堆放点等污染源。由于条文叙述并没有退让，故 B 错误。

选项 C，参考《建水标准》3.3.11 条条文说明。防止回流污染可采取空气间隙、倒流防止器、真空破坏器等措施和装置，故 C 正确。

选项 D，参考《建水标准》附录表 A.0.2。无论是压力式真空破坏器，亦或是大气型真空破坏器，均没有防止背压回流的能力，故 D 错误。

答案选【C】

28. 关于建筑生活排水系统组成的叙述中，下列哪项是正确的？
(A) P 型存水弯是在排水横支管距卫生器具出水口较近竖向连接时适用
(B) 各类建筑均应选用节水型大便器
(C) 存水弯中的水封高度应大于 50mm，用以防止排水管道系统中的有毒有害气体窜入室内
(D) 水封破坏的原因有静态原因和动态原因，其中自虹吸属于静态原因
解析：

选项 A，参考《建水工程 2025》P188。P 型存水弯适用于排水横支管距卫生器具出水口较近横向连接时，为"横向连接"并非"竖向连接"，故 A 错误。

选项 B，参考《建水工程 2025》P187。大便器应根据使用对象、设置场所、建筑标准等因素选用，各类建筑均应选用节水型大便器，故 B 正确。

选项 C，参考《建水工程 2025》P188。存水弯中的水封是由一定高度的水柱所形成，其高度不得小于 50mm，用以防止排水管道系统中的有毒有害气体窜入室内。再参考《建水通用规范》4.2.2 条。水封装置的水封深度不得小于 50mm，从而可得，水封深度等于 50mm 也满足要求，由于能找到反例，故 C 错误。

选项 D，参考《建水工程 2025》P189。卫生设备在瞬时大量排水的情况下，该存水弯自身会迅速充满而形成虹吸，致使排水结束后存水弯中水量损失，水面下降。根据自虹吸定义可知，其属于动态原因，故 D 错误。

答案选【B】

29. 以下关于小区排水管的布置和敷设要求中，哪一项是正确的？
(A) 管径为 300mm 的室外排水管，连接处的水流转角可小于 90°
(B) 当采用埋地塑料管道时，排出管的埋设深度可不高于土壤冰冻线以下 0.50m
(C) 小区排水应尽可能自流排出，当不能重力自流排出时，应设置生活排水泵房
(D) 生活污水接户管道埋设深度不得高于土壤冰冻线以下 0.15m，且覆土深度不宜小于 0.30m
解析：

选项 A，参考《建水标准》4.10.4 条。检查井生活排水管的连接应符合下列规定：1 连接处的水流转角不得小于 90°；当排水管管径小于或等于 300mm 且跌落差大于 0.3m

时，可不受角度的限制。从而可得，当管径为 300mm、跌落差不大于 0.3m 时，水流转角依然不得小于 90°。由于能找到反例，故 A 错误。

选项 B，参考《建水标准》4.10.2 条第 2 款。当采用埋地塑料管道时，排出管埋设深度可不高于土壤冰冻线以上 0.50m。注意为"以上"而不是"以下"，故 B 错误。

选项 C，参考《建水标准》4.1.6 条。小区生活排水管的布置应根据小区规划、地形标高、排水流向，按管线短、埋深小、尽可能自流排出的原则确定。当生活排水管道不能以重力自流排入市政排水管道时，应设置生活排水泵站，故 C 正确。

选项 D，参考《建水标准》4.10.2 条第 2 款。生活排水管道埋设深度不得高于土壤冰冻线以上 0.15m，且覆土深度不宜小于 0.30m。注意为"以上"而不是"以下"，故 D 错误。

答案选【C】

30. 以下关于建筑屋面雨水量的设计中，哪一项是正确的？
（A）当采用内檐沟集水时，其设计重现期应乘以 1.5
（B）雨水汇水面积仅按屋面的水平投影面积计算
（C）在计算西安市机关政府办公楼屋面设计雨水量时，设计重现期宜 $P \geqslant 10$ 年
（D）屋面雨水排水管道设计降雨历时应按 5～10min 计算

解析：

选项 A，参考《建水标准》5.2.1 条。当坡度大于 2.5% 的斜屋面或采用内檐沟集水时，设计雨水流量应乘以系数 1.5，是设计雨水流量乘以 1.5，而非重现期乘以 1.5，故 A 错误。

选项 B，参考《建水标准》5.2.7 条。屋面的汇水面积应按屋面水平投影面积计算。高出裙房屋面的毗邻侧墙，应附加其最大受雨面正投影的 1/2 计算。从而可得，裙房屋面汇水面积还要考虑侧墙面积的 1/2，故 B 错误。

选项 C，参考《建规》2.1.3 条条文说明。对于重要公共建筑，不同地区的情况不尽相同，难以定量规定。本条根据我国的国情和多年的火灾情况，从发生火灾可能产生的后果和影响作了定性规定。再参考《建水标准》表 5.2.4，从而可得，西安市机关政府办公楼属于重要公共建筑，其屋面设计重现期宜 $\geqslant 10$ 年，故 C 正确。

选项 D，参考《建水标准》5.2.3 条。屋面雨水排水设计降雨历时应按 5min 计算，故 D 错误。

答案选【C】

31. 下列关于清扫口和检查口的有关设置要求中，哪一项是正确的？
（A）在排水立管及横管段上均应装设检查口
（B）任何情况下，排水横管都不会用到检查口
（C）室内排水管道不应设检查井以替代清扫口
（D）在连接 2 个及 2 个以上的卫生器具的铸铁排水横管上，宜设置清扫口

解析：

选项 A，参考《建水标准》2.1.47 条。检查口：带有可开启检查盖的配件，装设在

排水立管上，做检查和清通之用。再参考《建水标准》2.1.46 条。清扫口：排水横管上用于清通排水管的配件。从而可得，除了一些特殊情况外（如《建水标准》4.6.4 条第 6 款），检查口装设在排水立管上，清扫口装设在排水横管上，并没有"立管及横管段上均应装设检查口"的要求，故 A 错误。

选项 B，参考《建水标准》4.6.4 条第 6 款。当排水横管悬吊在转换层或地下室顶板下设置清扫口有困难时，可用检查口替代清扫口，故 B 错误。

选项 C，参考《建水标准》4.6.5 条。生活排水管道不应在建筑物内设检查井替代清扫口，故 C 正确。

选项 D，参考《建水标准》4.6.3 条第 1 款。连接 2 个及 2 个以上的大便器或 3 个及 3 个以上卫生器具的铸铁排水横管上，宜设置清扫口。从而可得，连接 2 个卫生器具（非大便器）的铸铁排水横管上并没有设置清扫口的要求，故 D 错误。

答案选【C】

32. 下列关于定时制集中热水供应系统设计小时耗热量的计算中，正确的是哪项？

(A) 用水定额按照《建筑给水排水设计标准》表 6.2.1-2 选用，热水计算温度均按 60℃计

(B) 住宅一户设有多个卫生间，均按一个卫生间计算

(C) 健身房卫生间的混合水嘴洗手盆，其同时使用百分数按 50%计

(D) 住宅建筑卫生间内的浴盆若均附设淋浴器，则应将浴盆及淋浴器的耗热量进行叠加计算

解析：

选项 A，参考《建水标准》6.4.1 条第 3 款。t_{r1}——使用温度（℃），按本标准表 6.2.1-2"使用水温"取用。题干强调该系统为"定时制集中热水供应系统"，在计算设计小时耗热量时，热水温度要按《建水标准》表 6.2.1 条第 2 款"使用水温"取用，而不是 60℃，故 A 错误。

选项 B，参考《建水标准》6.4.1 条第 3 款。住宅一户设有多个卫生间时，可按一个卫生间计算。注意是"可按"，而不是"必须按"，求最大耗热量时仍应按实际卫生间计算，求最小耗热量的时候才按一个卫生间计算，故 B 错误。

选项 C，参考《建水标准》6.4.1 条第 3 款。工业企业生活间、公共浴室、宿舍（设公用盥洗卫生间）、剧院、体育场（馆）等的浴室内的淋浴器和洗脸盆均按表 3.7.8-1 的上限取值。再参考《建水标准》表 3.7.8-1 小注 2，健身房卫生间的同时给水百分率按照《建水标准》表 3.7.8-1 最后一列括号内的参数选用；综上所述，健身房卫生间的洗手盆，其同时使用百分数按 50%，故 C 正确。

选项 D，参考《建水标准》3.2.12 小注。当浴盆上附设淋浴器时，或混合水嘴有淋浴器转换开关时，其额定流量和当量只计水嘴，不计淋浴器，但水压应按淋浴器计。从而可得，若浴盆附设淋浴器，则仅计算浴盆的耗热量，故 D 错误。

答案选【C】

33. 下列有关建筑热水系统的相关的描述中，不正确的是？

（A）所有水加热器均应装自动温度控制装置

（B）闭式热水供应系统的各区水加热器、贮水罐的进水均应由同区的给水系统专管供应

（C）卫生设备设有冷热水混合器时，要做到冷水热水在同一点压力相同是不可能的，只能达到冷热水水压相近

（D）对使用水温要求不高且不多于 3 个的沐浴用水点，当其热水供水管长度大于 15m 时，可不设热水回水管

解析：

选项 A，参考《建水标准》6.8.9 条条文说明。本条规定凡水加热器均应装自动温度控制装置，故 A 正确。

选项 B，参考《建水标准》6.3.7 条第 1 款。闭式热水供应系统的各区水加热器、贮热水罐的进水均应由同区的给水系统专管供应，故 B 正确。

选项 C，参考《建水标准》6.3.7 条第 4 款。当卫生设备设有冷热水混合器或混合龙头时，冷、热水供应系统在配水点处应有相近的水压。再参考《建水标准》6.3.7 条第 4 款条文说明。要做到冷水热水在同一点压力相同是不可能的，只能达到冷热水水压相近，故 C 正确。

选项 D，参考《建水标准》6.3.10 条第 3 款。对使用水温要求不高且不多于 3 个的非沐浴用水点，当其热水供水管长度大于 15m 时，可不设热水回水管。注意是"非沐浴用水点"而不是"沐浴用水点"，故 D 错误。

答案选【D】

34. 下列关于热泵热水系统的叙述中，哪项不正确？

（A）水源热泵是以水或添加防冻剂的水溶液为低温热源的热泵

（B）空气源热泵是以环境空气为低温热源的热泵

（C）在夏热冬暖地区，可采用空气源热泵热水供应系统

（D）在地下水源充沛、水文地质条件适宜，并能保证回灌的地区，应采用地下水源热泵热水供应系统

解析：

选项 A，参考《建水标准》2.1.98 条水源热泵：以水或添加防冻剂的水溶液为低温热源的热泵，故 A 正确。

选项 B，参考《建水标准》2.1.99 条空气源热泵：以环境空气为低温热源的热泵，故 B 正确。

选项 C，参考《建水标准》6.3.1 条第 3 款。在夏热冬暖、夏热冬冷地区采用空气源热泵，从而可得在夏热冬暖低区，可以采用空气源热泵，故 C 正确。

选项 D，参考《建水标准》6.3.1 条第 4 款。在地下水源充沛、水文地质条件适宜，并能保证回灌的地区，采用地下水源热泵。再参考《建水标准》6.3.1 条第 5 款，当采用地下水源和地表水源时，应经当地水务、交通航运等部门审批。从而可得，即使符合使用地下水源热泵的客观条件，若当地水务、交通航运等部门审批不通过，依然无法采用地下水源热泵热水供应系统，故 D 错误。

答案选【D】

35. 以下有关消防给水的叙述中，错误的是哪项？
（A）层高3.2m，16层的住宅，可采用一路消防供水
（B）当市政给水管网为枝状管网时，该城市无两路消防供水条件
（C）主管部门允许直接吸水时，消防水泵可直接从市政管网抽水
（D）城市避难场所宜设置独立的城市消防水池，且每座容量不宜小于200m³

解析：
选项A，参考《消规》6.1.3条第1款。应采用两路消防供水，除建筑高度超过54m的住宅外，室外消火栓设计流量小于等于20L/s时可采用一路消防供水，故A正确。

选项B，参考《消规》4.2.2条第2款。市政给水管网应为环状管网，故B正确。

选项C，参考《消规》5.1.14条。消防水泵直接吸水的条件是两路供水和主管部门允许直接吸水，还需要满足两路供水的条件，故C错误。

选项D，参考《消规》6.1.2条第5款。城市避难场所宜设置独立的城市消防水池，且每座容量不宜小于200m³，故D正确。

答案选【C】

36. 下列关于消防水池的说法中，正确的是哪一项？
（A）有效总容积为1000m³的消防水池的补水时间不宜大于96h
（B）当消防水池采用两路消防供水且在火灾情况下连续补水能满足消防要求时，高层商场消防水池的有效容积不应小于50m³
（C）供消防车取水的消防水池取水口与液化石油气储罐的实际距离为60m
（D）当高层民用建筑采用高位消防水池供水的高压消防给水系统时，高位消防水池总有效容积应为室内消防用水量的50%

解析：
选项A，参考《消规》4.3.3条。消防水池进水管应根据其有效容积和补水时间确定，补水时间不宜大于48h，但当消防水池有效总容积大于2000m³时，不应大于96h。消防水池进水管管径应经计算确定，且不应小于DN100，故A错误。

选项B，参考《消规》4.3.4条。当消防水池采用两路消防供水且在火灾情况下连续补水能满足消防要求时，消防水池的有效容积应根据计算确定，但不应小于100m³。当仅设有消火栓系统时不应小于50m³。高层商场需要设置自喷，故B错误。

选项C，参考《消规》4.3.7条第4款。取水口（井）与液化石油气储罐的距离不宜小于60m，当采取防止辐射热保护措施时，可为40m，故C正确。

选项D，参考《消规》4.3.11条第4款。当高层民用建筑采用高位消防水池供水的高压消防给水系统时，高位消防水池储存室内消防用水量确有困难，但火灾时补水可靠，其总有效容积不应小于室内消防用水量的50%，故D错误。

答案选【C】。

37. 下列关于自动喷水灭火系统的说法中，正确的是哪一项？

（A）利用有压气体作为系统启动介质的预作用系统，配水管道内的气压值不宜小于0.03MPa，且不宜大于0.05MPa

（B）特殊应用喷头的场所，当桥架宽度为1.0m时，其下方应增设喷头

（C）当闷顶净空高度大于800mm时，必须在闷顶内设置洒水喷头

（D）减压孔板既可以减管道静压又可以减管道动压

解析：

选项A，参考《喷规》5.0.17条。利用有压气体作为系统启动介质的干式系统和预作用系统，其配水管道内的气压值应根据报警阀的技术性能确定，故A错误。

选项B，参考《喷规》7.2.3条。当梁、通风管道、成排布置的管道、桥架等障碍物的宽度大于1.2m时，其下方应增设喷头（图7.2.3）；采用早期抑制快速响应喷头和特殊应用喷头的场所，当障碍物宽度大于0.6m时，其下方应增设喷头，故B正确。

选项C，参考《喷规》7.1.11条。同时满足下列情况时可不设洒水喷头，即无可燃物时可不设置喷头，故C错误。

选项D，根据减压孔板的构造可知，孔板前后的水流是连续的，故减压孔板只能减动压，不能减静压，故D错误。

答案选【B】

38. 下列哪一项无法直接自动启动干式系统的消防水泵？

（A）火灾自动报警系统

（B）消防水泵出水干管上设置的压力开关

（C）高位消防水箱出水管上的流量开关

（D）报警阀组压力开关

解析：

参考《喷规》11.0.1条。湿式系统、干式系统应由消防水泵出水干管上设置的压力开关、高位消防水箱出水管上的流量开关和报警阀组压力开关直接自动启动消防水泵，故A错误。

答案选【A】

39. 下列关于水喷雾灭火系统的叙述中，错误的是哪一项？

（A）水喷雾系统保护可燃气体储罐时，水雾喷头与储罐外壁之间的距离不应大于0.7m

（B）液化烃储罐上环管支架之间的距离宜为3~3.5m

（C）系统供水采用气动控制阀时，阀门开启的时间不宜大于30s

（D）过滤器与雨淋报警阀之间的管道应采用内外热浸镀锌钢管、不锈钢管或铜管

解析：

选项A，参考《水喷雾灭火规范》3.2.6条。当保护对象为甲、乙、丙类液体和可燃气体储罐时，水雾喷头与保护储罐外壁之间的距离不应大于0.7m，故A正确。

选项B，参考《水喷雾灭火规范》3.2.14条。液化烃储罐上环管支架之间的距离宜为3~3.5m，故B正确。

选项 C, 参考《水喷雾灭火规范》4.0.4 条。当系统供水控制阀采用电动控制阀或气动控制阀时, 应符合下列规定: 4) 阀门的开启时间不宜大于 45s, 故 C 错误。

选项 D, 参考《水喷雾灭火规范》4.0.6 条。给水管道应符合下列规定: 过滤器与雨淋报警阀之间及雨淋报警阀后的管道, 应采用内外热浸镀锌钢管、不锈钢管或铜管; 需要进行弯管加工的管道应采用无缝钢管, 故 D 正确。

答案选【C】。

40. 下列关于泳池水循环方式的叙述中, 哪项是不正确的?
(A) 池水循环方式分为顺流式、逆流式和混合流式
(B) 顺流式池水循环方式的游泳池全部循环水水量是经设在池子端壁或侧壁水面以下的给水口送入池内
(C) 逆流式池水循环方式的游泳池全部循环水水量是经设在池底的给水口或给水槽送入池内
(D) 混合流式池水循环方式的游泳池全部循环水水量是由设在池子端壁给水口送入池内

解析:

选项 A, 参考《游泳池规程》2.1.29 条、2.1.30 条、2.1.31 条, 故 A 正确。

选项 B, 参考《游泳池规程》2.1.29 条。顺流式池水循环方式: 游泳池的全部循环水量, 经设在池子端壁或侧壁水面以下的给水口送入池内, 故 B 正确。

选项 C, 参考《游泳池规程》2.1.30 条。逆流式池水循环方式: 游泳池的全部循环水量, 经设在池底的给水口或给水槽送入池内, 故 C 正确。

选项 D, 参考《游泳池规程》2.1.31 条。混合流式池水循环方式: 游泳池全部循环水水量由池底给水口送入池内, 是"池底给水口"并不是"端壁给水口", 故 D 错误。

答案选【D】

二、多选题(共 30 题, 每题 2 分。每题的备选项中, 有 2 个或 2 个以上符合题意。错选、少选、多选, 均不得分)

41. 下列哪几项给水系统必须由两套及以上管网才能实现?
(A) 分质给水系统 　　　(B) 分压给水系统
(C) 分区给水系统 　　　(D) 区域给水系统

解析:

选项 A、B、C, 分质、分压、分区给水系统所需管网数均为两套及以上, 故 A、B、C 均正确。

选项 D, 区域给水系统: 在一个较大的地域范围内统一取用一个或多个水质较好、供水量较充沛的水源, 组成一个跨越地域界限、向多个城镇和乡村统一供水的系统。其管网可以是一套, 也可以是多套, 故 D 错误。

答案选【ABC】。

42. 下列关于环状给水管网设计计算的叙述中, 哪几项是正确的?
(A) 环状管网水力计算可采用解环方程、解节点方程和解管段方程三种方法

(B) 环状管网平差计算时，管道局部水头损失一般按照 5%～10% 沿程水头损失考虑
(C) 环状管网平差计算时，各环的闭合差和校正流量符号相反
(D) 环状管网平差计算时，必须各环的闭合差均为 0 时，方能结束

解析：

选项 A，参考《给水工程 2025》P43，在环状管网水力计算时，根据求解的未知数是管段流量还是节点水压，可以分为解环方程、解节点方程和解管段方程三类，故 A 正确。

选项 B，参考《给水工程 2025》P36，环状配水管网平差计算时不计局部水头损失，故 B 错误。

选项 C，参考《给水工程 2025》P44 公式（2-21），故 C 正确。

选项 D，参考《给水工程 2025》P44 中手工平差、计算机平差的结束条件，故 D 错误。

答案选【AC】。

43. 下列选项中哪些位置，适宜设置江河取水构筑物？
(A) 污水排放口下游 200m 处 (B) 弯曲河段的凹岸
(C) 桥前 0.5～1.0km 或桥后 1.2km 处 (D) 丁坝同岸坝后 200m 处

解析：

选项 A，参考《给水工程 2025》P89，为了避免污染，取得较好水质的水，取水构筑物的位置，宜位于城镇和工业企业上游的清洁河段。在污水排放口的上游 100～150m 以上，故 A 错误。

选项 B，参考《给水工程 2025》P90，在弯曲河段上，取水构筑物位置宜设在河流的凹岸，凹岸为冲刷岸，流速大，故 B 正确。

选项 C，参考《给水工程 2025》P90，取水构筑物一般设在桥前 0.5～1.0km 或桥后 1.0km 以外的地方，故 C 正确。

选项 D，参考《给水工程 2025》P90，不宜设在丁坝同一岸侧下游，因主流已经偏离，容易产生淤积，故 D 错误。

答案选【BC】。

44. 以下关于地表水取水构筑物类型的叙述中，错误的是哪几项？
(A) 河岸平坦，枯水期主流离岸较远，可建河床式取水构筑物
(B) 河流冰凌较多、含泥沙量较少时，可建顺流式斗槽式取水构筑物
(C) 河流水位变化幅度 25m，河水位涨落速度 1.5m/h，河岸坡度 35°时，可建缆车式取水构筑物
(D) 大颗粒推移质较多的山区浅水河流，可建底栏栅取水构筑物

解析：

选项 A，参考《给水工程 2025》P97，适用于河床稳定、河岸平坦、枯水期主流离岸较远、岸边水深不够或水质不好、而河中又具有足够水深或较好水质的取水条件，故 A 正确。

选项 B，参考《给水工程 2025》P102～P103，故顺流式斗槽适用于含泥沙量较高、

冰凌情况不严重的河流，故 B 错误。

选项 C，参考《给水工程 2025》P107，应选择在河岸地质条件较好，岸坡稳定，并有 10°~28° 的岸坡处为宜，故 C 错误。

选项 D，参考《给水工程 2025》P113，它一般适用于大颗粒推移质较多的山区浅水河流，故 D 正确。

答案选【BC】。

45. 在混凝过程中，影响混凝的因素比较复杂，例如水温、水化学特性、水中杂质性质和浓度以及水力条件等，下列针对不同的混凝影响因素做出的一些改善方法中正确的有哪几项？

(A) 当原水水温较低时，投加一定量的聚丙烯酰胺
(B) 当原水 pH 值较低时，投加适量石灰
(C) 当原水受有机物污染时，投加一定量氯气破坏有机物干扰
(D) 当采用硫酸铝混凝剂且碱度不足时，投加过量石灰

解析：

选项 A，参考《给水工程 2025》P172，为提高低温水的混凝效果，通常采用增加混凝剂投加量或投加高分子助凝剂等，故 A 正确。

选项 B，参考《给水工程 2025》P172，当原水碱度不足、铝盐混凝剂水解困难时，可投加碱性物质（通常用石灰或氢氧化钠）以促进混凝剂水解反应，故 B 正确。

选项 C，参考《给水工程 2025》P172，当原水受有机物污染时，可用氧化剂（通常用氯气）破坏有机物干扰，故 C 正确。

选项 D，参考《给水工程 2025》P173，此时会形成负离子 $Al(OH)_4^-$ 而恶化混凝效果，故 D 错误。

答案选【ABC】。

46. 天然悬浮球形颗粒在静水中自由沉淀的最终沉速有下述哪几类公式？

(A) 弗劳德数公式
(B) 斯托克斯公式
(C) 阿兰公式
(D) 牛顿公式

解析：

参考《给水工程 2025》P186~P187，故 B、C、D 正确。

答案选【BCD】。

47. 滤池中截留的悬浮颗粒在滤层中的分布状态与诸多因素有关，下列哪几种情况可以增大整个滤层的含污能力？

(A) 提高滤料粒径
(B) 选用球形度系数大的滤料
(C) 过滤速度由慢到快
(D) 降低进水水质浊度

解析：

参考《给水工程 2025》P212，一般来说，滤料粒径越大、越接近于球状、过滤速度由快到慢、进水水质浊度越低、杂质在滤层中的穿透深度越大，下层滤料越能发挥作用，

整个含污层能力相对较大，故 A、B、D 正确。

答案选【ABD】。

48. 下列关于自由性氯和化合性氯在消毒工艺的叙述中，哪几项是正确的？
(A) 无论是自由性氯还是化合性氯，均存在直接生成或间接转化来的 HOCl 的氧化作用
(B) 无论是自由性氯还是化合性氯，pH 较低对消毒效果均是有利的
(C) 无论是自由性氯还是化合性氯，与水有效接触时间的要求是相同的
(D) 自由性氯消毒与化合性氯消毒相比，自由性氯产生的毒副产物少，消毒费用低

解析：

选项 A，参考《给水工程 2025》P254 相关叙述，故 A 正确。

选项 B，参考《给水工程 2025》P254～P255，（自由氯消毒时）生产实践表明，pH 越低则消毒能力越强；（化合氯消毒时）当 pH 低时，$NHCl_2$ 所占比例大，消毒效果较好，故 B 正确。

选项 C，参考《给水工程 2025》P150，二者接触时间要求不同，故 C 错误。

选项 D，参考《给水工程 2025》P257，氯胺消毒……产生的三卤甲烷、卤乙酸等消毒副产物少；操作简单、消毒费用低，故 D 错误。

答案选【AB】。

49. 膜分离技术近年来越来越多地应用于饮用水处理，下列关于其在水处理中的应用特点叙述中，正确的是哪几项？
(A) 经过反渗透膜处理后的水一般呈酸性
(B) 纳滤膜对二价离子和有机物有很好的去除效果
(C) 纳滤可采用终端过滤模式
(D) 电渗析阳膜淡室一侧出现 $CaCO_3$ 沉淀现象

解析：

选项 A，参考《给水工程 2025》P339，出水一般呈酸性（pH<6），故 A 正确。

选项 B，参考《给水工程 2025》P340，纳滤膜的特点是对二价离子有很高的去除率……纳滤膜对有机物有很好的去除效果，故 B 正确。

选项 C，参考《给水工程 2025》P342，微滤和超滤可采用终端过滤或错流过滤，而反渗透和纳滤采用错流过滤，故 C 错误。

选项 D，参考《给水工程 2025》P343，水电离后生成的 OH^- 迁移穿过阴膜进入浓室，使浓室水的 pH 上升，出现 $CaCO_3$ 和 $Mg(OH)_2$ 的沉淀现象，故 D 错误。

答案选【AB】。

50. 下列哪几种排水系统适合采用截流式管网布置形式？
(A) 污水管道系统　　　　　　　　(B) 雨水管道系统
(C) 合流制管道系统　　　　　　　(D) 区域排水系统

解析：

参考《排水工程 2025》，截流式布置对减轻水体污染、改善和保护环境有重大作用。它适用于分流制污水排水系统，将生活污水及工业废水经处理后排入水体；也适用于区域排水系统，区域主干管截流各城镇的污水送至区域污水处理厂进行处理。截流式的合流制排水系统，因雨天有部分混合污水泄入水体，会造成对受纳水体一定程度的污染（可应用于分流制污水、合流制、区域排水系统）。

答案选【ACD】。

51. 雨水径流量的计算中，径流系数是很重要的一个参数，以下关于径流系数的叙述中，哪些是正确的？
(A) 雨量过程线雨峰靠前的雨型，径流系数 ψ 值越大
(B) 当一片绿地改造成住宅小区后，一般径流系数会增大
(C) 同一区域径流系数越大，该区域地面渗透、滞蓄能力越强
(D) 地面覆盖种类的透水性是影响径流系数的主要因素

解析：

参考《排水工程 2025》绿地的径流系数仅为 0.1～0.2，当改造成住宅小区后，由于铺砌地面增加，综合径流系数一般增大，故 B 正确；径流系数越大，该区域地面渗透、滞蓄能力越差，从而径流量/降雨量越高，故 C 错误。

答案选【ABD】。

52. 城镇内涝防治措施工程性措施包括哪几项？
(A) 建设雨水渗透设施
(B) 对市政排水管网和泵站进行改造
(C) 建立内涝防治设施的运行监控体系
(D) 建立预警应急机制

解析：

参考《排水标准》3.2.1 条条文说明。工程性措施，包括建设雨水渗透设施、调蓄设施、利用设施和雨水行泄通道，还包括对市政排水管网和泵站进行改造、对城市内河进行整治等。非工程性措施包括建立内涝防治设施的运行监控体系、预警应急机制以及相应法律法规等，故 A、B 正确。

答案选【AB】。

53. 下列关于 UASB 反应器设计的描述正确的是？
(A) 布水装置宜采用一管多孔式布水、一管一孔式布水或枝状布水
(B) 沉淀区的表面负荷宜小于 0.8m/h
(C) 出水收集装置应设在 UASB 反应器顶部
(D) 排泥点宜设在污泥区中下部和底部

解析：

参考《升流式厌氧污泥床反应器污水处理工程技术规范》HJ 2013—2012 中 6.3.3 条

第 2 款，布水装置宜采用一管多孔式布水、一管一孔式布水或枝状布水，故 A 正确。6.3.4 条第 2 款，沉淀区的表面负荷宜小于 $0.8m^3/(m^2 \cdot h)$，沉淀区总水深应大于 1.0m，故 B 正确。6.3.5 条第 1 款，出水收集装置应设在 UASB 反应器顶部，故 C 正确。6.3.6 条第 3 款，排泥点宜设在污泥区中上部和底部，中上部排泥点宜设在三相分离器下 $0.5 \sim 1.5m$ 处，故 D 错误。

答案选【ABC】。

54. 下列关于污水处理厂污泥处理处置的说法中正确的是哪几项？
(A) 无机混凝剂适用于板框式压滤，有机絮凝剂适用于带式压滤和离心式机械脱水
(B) 能耗比较：板框压滤机＜带式压滤机＜离心脱水机
(C) 高压和滚压式污泥脱水机均能将脱水后污泥含水率降至 50% 以下
(D) 水热预处理＋机械脱水后污泥含水率降至 50% 左右
解析：
参考《城镇污水处理厂污泥处理处置污染防治最佳可行技术指南（试行）》HJ—BAT—002：3.5.1 条第 1 款，药剂消耗，故 A 正确。板框压滤机、带式压滤机和离心脱水机的比能耗分别为 $15 \sim 40kWh/tDS$、$5 \sim 20kWh/tDS$ 和 $30 \sim 60kWh/tDS$，故 B 错误。3.6.1 条，滚压式脱水机脱水后污泥含水率降至 $60\% \sim 75.5\%$，故 C 错误。参考《排水工程 2025》P433，目前，带式压滤机或离心脱水机采用热工、化学和物理组合调理后含水率达到 $50\% \sim 65\%$，而板框式压滤机泥饼含水率达到 50% 以下，故 D 正确。

答案选【AD】。

55. 下列关于污水处理厂污泥处理处置的说法中正确的是哪几项？
(A) 高温厌氧消化有机物分解速度快，产气率高，停留时间短，但系统稳定性较差
(B) 超声波处理技术作为污泥厌氧消化前处理技术目前尚不成熟
(C) 好氧发酵阶段通常采用一次发酵方式
(D) 热干化工艺有半干化（含水率达到 $20\% \sim 40\%$）和全干化（含水率达到 $10\% \sim 20\%$）两种
解析：
参考《城镇污水处理厂污泥处理处置污染防治最佳可行技术指南(试行)》HJ—BAT—002：
由 4.3.1 条，故 A 正确；由 4.5 节，故 B 错误；由 5.2 节，故 C 正确；由 7.3.1 条，故 D 正确。

答案选【ACD】。

56. 下列哪些废水适合使用气浮法作为处理工艺中的一个环节？
(A) 炼油废水　　　　　　　　　(B) 印染废水
(C) 造纸废水　　　　　　　　　(D) 电镀废水
解析：
选项 A、B，参考《排水工程 2025》，炼油废水、印染废水中气浮法均有应用，故 A、B 正确。

选项 C，参考《排水工程 2025》，分离造纸废水中的纸浆可采用动物胶、松香等作浮选剂。造纸废水常采用气浮方法进行处理，故 C 正确。

选项 D，电镀废水主要污染物是金属离子和氰化物，不是气浮法的主要去除目标，故 D 错误。

答案选【ABC】。

57. 下列关于酸性废水进行中和处理描述正确的是哪些？

（A）与碱性废水相互中和

（B）投加药剂进行中和，常用药剂有石灰、碳酸钠、氢氧化钠和盐酸

（C）采用过滤法进行中和，常用过滤介质有大理石、白云石等

（D）采用过滤法进行中和，常用过滤介质有石英砂、陶粒、石灰石

解析：

选项 A，与碱性废水相互中和，故 A 正确。

选项 B，盐酸不能与酸性废水中和，故 B 错误。

选项 C，采用过滤法进行中和，碱性滤料有石灰石、大理石、白云石等，故 C 正确。

选项 D，石英砂、陶粒的成分主要是 SiO_2，不能与酸反应，故 D 错误。

答案选【AC】。

58. 废水处理电解气浮法的主要作用和功能为下列哪几项？

（A）去除悬浮物 　　　　　　（B）脱色和杀菌

（C）氧化还原 　　　　　　　（D）脱盐

解析：

参考《排水工程 2025》，电解气浮产生的气泡远小于散气气浮和溶气气浮，且不产生紊流，主要起的作用是气浮分离悬浮物、氧化还原作用、脱色杀菌。

答案选【ABC】。

59. 以下关于公共建筑生活给水计算，哪些选项是错误的？

（A）酒店客房的最高日生活用水定额中未包括洗衣用水

（B）有单独卫生间的研究生宿舍，应按用水分散型建筑计算给水管道设计秒流量

（C）公共浴室的卫生间采用自闭式冲洗阀大便器，卫生间给水管设计秒流量为 1.0L/s

（D）医院门诊部给水用水量计算，应另计入化验室等医疗用水

解析：

选项 A，参考《建水标准》3.2.2 条条文说明。如果实际设计项目中仍有洗衣房的话，那还应考虑这一部分的水量，用水定额可按表 3.2.2 第 10 项的规定确定。酒店客房的最高日生活用水定额中未包括洗衣用水，故 A 正确。

选项 B，参考《建水标准》3.7.6 条。宿舍（居室内设卫生间）等建筑的生活给水设计秒流量，应按下式计算……有单独卫生间的研究生宿舍，应按用水分散型建筑计算给水管道设计秒流量，故 B 正确。

选项 C，参考《建水标准》3.7.9 条第 2 款。大便器自闭式冲洗阀应单列计算，当单

列计算值小于 1.2L/s 时，以 1.2L/s 计；大于 1.2L/s 时，以计算值计。卫生间的设计秒流量至少为 1.2L/s，故 C 错误。

选项 D，参考《建水标准》表 3.2.2 小注 4。医疗建筑用水中已含医疗用水，故 D 错误。

答案选【CD】。

60. 下列关于叠压供水和气压给水的叙述中，正确的是哪几项？
(A) 某建筑物设置气压给水设备，其气压罐的水容积取值与调节容积相等
(B) 供水保证率要求高，不允许停水的用户，不宜采用叠压供水设备供水
(C) 市政给水管网管径偏小的区域不得采用叠压供水设备供水
(D) 按气压给水设备输水压力稳定性，可分为补气式和隔膜式
解析：
选项 A，参考《建水标准》3.9.4 条第 5 款。气压水罐的水容积（m^3），应大于或等于调节容量，故 A 正确。

选项 B，参考《建水工程 2025》P17。下列情况不得采用叠压供水设备供水：6) 供水保证率要求高，不允许停水的用户。注意是"不得"而不是"不宜"，故 B 错误。

选项 C，参考《建水工程 2025》P17。下列情况不得采用叠压供水设备供水：1) 经常性停水的区域或供水管网的供水总量不能满足用水需求的区域；或供水管网管径偏小的区域，故 C 正确。

选项 D，参考《建水工程 2025》P16。按气压给水设备输水压力稳定性，可分为变压式和定压式两类；按气压给水设备罐内气、水接触方式，可分为补气式和隔膜式 2 类，故 D 错误。

答案选【AC】

61. 以下关于地漏的排水设计和应用场所中，哪些说法正确？
(A) 不经常排水的场所设置地漏时，宜采用密闭地漏
(B) 允许在设置大流量专用地漏处有一定淹没深度
(C) 为防止臭气窜入室内，可在坐便器排水支管上再设置一处水封
(D) 严禁采用活动机械密封替代水封
解析：
选项 A，参考《建水标准》4.3.6 条第 2 款。不经常排水的场所设置地漏时，应采用密闭地漏，是"应"而不是"宜"，故 A 错误。

选项 B，参考《建水标准》4.3.6 条条文说明。大流量专用地漏具有地漏箅子开孔面积大，接纳排水流量大的特点，并允许设置地漏处有一定淹没深度，故 B 正确。

选项 C，坐便器是自带水封的卫生器具。参考《建水标准》4.3.13 条，卫生器具排水管段上不得重复设置水封，坐便器排水支管上无需再设置水封，故 C 错误。

选项 D，参考《建水通用规范》4.2.3 条。严禁采用钟罩式结构地漏及采用活动机械活瓣替代水封，故 D 正确。

答案选【BD】

62. 下列关于化粪池的构造和设置要求的叙述中，正确的有哪些？
(A) 化粪池不仅格与格之间应设置通气孔，而且在化粪池与连接井之间也应设置通气孔
(B) 化粪池中心距离建筑物外墙不宜小于5m，并不得影响建筑物基础
(C) 化粪池进出管口应设置导流装置
(D) 化粪池宜设置在接户管的下游端

解析：

选项 A，参考《建水标准》4.10.17 条条文说明。故本条规定不但化粪池格与格之间应设通气孔洞，而且在化粪池与连接井之间也应设置通气孔洞，故 A 正确。

选项 B，参考《建水标准》4.10.14 条第 2 款。化粪池池外壁距建筑物外墙不宜小于5m，并不得影响建筑物基础，注意是"池外壁"而不是"池中心"，故 B 错误。

选项 C，参考《建水标准》4.10.17 条第 5 款。化粪池进水管口应设导流装置，出水口处及格与格之间应设拦截污泥浮渣的设施，注意是"进水管口"设导流装置，"出水管口"设置的是拦截污泥浮渣的设施而不是导流装置，故 C 错误。

选项 D，参考《建水标准》4.10.14 条第 1 款。化粪池宜设置在接户管的下游端，故 D 正确。

答案选【AD】

63. 下列关于重力流屋面雨水排水管系的设计中，哪些是正确的？
(A) 雨水斗规格为 $DN100$ 的单斗雨水排水系统，其立管管径等于悬吊管的管径
(B) 长度大于15m 的雨水悬吊管，应设检查口
(C) 高层建筑的重力流外排水屋面雨水排水系统的管材，采用建筑排水塑料管
(D) 高层建筑的重力流内排水屋面雨水排水系统的管材，采用非承压排水塑料管

解析：

选项 A，参考《建水标准》5.2.35 条第 1 款。单斗排水系统排水管道的管径应与雨水斗规格一致，从而立管与悬吊管的管径均为 $DN100$，故 A 正确。

选项 B，参考《建水标准》5.2.30 条。重力流雨水排水系统中长度大于15m 的雨水悬吊管，应设检查口，其间距不宜大于20m，且应布置在便于维修操作处，由于题干强调为重力流屋面雨水排水管系，故 B 正确。

选项 C，参考《建水标准》5.2.39 条第 1 款。重力流雨水排水系统当采用外排水时，可选用建筑排水塑料管，故 C 正确。

选项 D，参考《建水标准》5.2.39 条第 1 款。当采用内排水雨水排水系统时，宜采用承压塑料管、金属管或涂塑钢管等管材，是"承压"而不是"非承压"，故 D 错误。

答案选【ABC】

64. 下列关于第一循环管网水力计算的叙述中，正确的是哪些？
(A) 高温水为热媒的管网，其沿程水头损失计算方法同冷水，利用海曾-威廉公式计算
(B) 蒸汽为热媒的管网，水力计算的内容主要是确定蒸汽管和凝结水管管径

(C) 自然循环压力小于热媒管路的总水头损失时，应优先采用设置循环泵进行机械循环

(D) 当采用自然循环时，其自然循环压力应大于热媒管路的总水头损失，当不能满足时，应优先考虑适当放大管径

解析：

选项 A，参考《建水工程 2025》P280，按海曾-威廉公式确定热媒循环管网的沿程水头损失（同冷水计算公式），故 A 正确。

选项 B，参考《建水工程 2025》P280，蒸汽为热媒的管网：热媒循环管网水力计算的内容主要是确定蒸汽管、凝结水管的管径，故 B 正确。

选项 C，参考《建水工程 2025》P280，当 H_{zr} 不能满足上式的要求时，应将管径适当放大，减少水头损失。当放大管径在经济上不合理时，应设置循环水泵进行机械循环。从而可得，"设置循环泵进行机械循环"并不是优先方案，故 C 错误。

选项 D，参考《建水工程 2025》P280，H_{zr} 应大于热媒管路的总水头损失 H_h。热水锅炉或水加热器与贮水器的热水管道，一般采用自然循环。当 H_{zr} 不能满足要求时，应将管径适当放大，减少水头损失。当放大管径在经济上不合理时，应设置循环水泵进行机械循环，故 D 正确。

答案选【ABD】

65. 以下有关集中热水供应系统水质要求及水质处理的叙述中，哪几项是错误的？

(A) 生活热水的水质指标，应符合现行国家标准《生活饮用水卫生标准》GB 5749 的要求

(B) 当洗衣房日用热水量（按 60℃计）大于或等于 $10m^3$ 且原水总硬度（以碳酸钙计）大于 300mg/L 时，宜进行水质软化处理

(C) 当洗衣房原水总硬度（以碳酸钙计）为 150～300mg/L 时，应进行水质软化处理

(D) 当系统对溶解氧控制要求较高时，宜采取除氧措施

解析：

选项 A，参考《建水标准》6.2.2 条。生活热水的原水水质应符合《饮用水标准》的规定，生活热水的水质应符合现行行业标准《生活热水水质标准》CJ/T 521 的规定，故 A 错误。

选项 B，参考《建水标准》6.2.3 条第 1 款。洗衣房日用热水量（按 60℃计）大于或等于 $10m^3$ 且原水总硬度（以碳酸钙计）大于 300mg/L 时，应进行水质软化处理。是"应"而不是"宜"，故 B 错误。

选项 C，参考《建水标准》6.2.3 条第 1 款。原水总硬度（以碳酸钙计）为 150～300mg/L 时，宜进行水质软化处理，是"宜"而不是"应"，故 C 错误。

选项 D，参考《建水标准》6.2.3 条第 5 款。当系统对溶解氧控制要求较高时，宜采取除氧措施，故 D 正确。

答案选【ABC】

66. 以下关于饮水供应点的设置的描述中，符合要求的是？
（A）对于经常产生有害气体的车间，应设置在车间角落等人员不易碰撞的位置
（B）位置宜便于取用、检修和清扫
（C）位置应保证良好的通风和照明
（D）不得设置在易污染的地点
解析：

选项 A，参考《建水标准》6.9.9 条。饮水供应点的设置，应符合下列规定：不得设在易污染的地点，对于经常产生有害气体或粉尘的车间，应设在不受污染的生活间或小室内，故 A 错误。

选项 B，参考《建水标准》6.9.9 条。饮水供应点的设置，应符合下列规定：位置应便于取用、检修和清扫，并应保证良好的通风和照明，是"应"而不是"宜"，故 B 错误。

选项 C，参考《建水标准》6.9.9 条。饮水供应点的设置，应符合下列规定：位置应便于取用、检修和清扫，并应保证良好的通风和照明，故 C 正确。

选项 D，参考《建水标准》6.9.9 条。饮水供应点的设置，应符合下列规定：不得设在易污染的地点，对于经常产生有害气体或粉尘的车间，应设在不受污染的生活间或小室内，故 D 正确。

答案选【CD】

67. 下列关于室内消火栓的说法，哪几项不正确？
（A）消防电梯前室应设置室内消火栓，但其不应计入消火栓使用数量
（B）高度 18m 体积 6000m³ 的三层仓库可采用 1 支消防水枪的 1 股充实水柱到达室内任何部位
（C）低温冷库冷冻间内可不设置室内消火栓
（D）设有消防软管卷盘的住宅，其用水量可不计入消防用水总量
解析：

选项 A，参考《消规》7.4.5。消防电梯前室应设置室内消火栓，并应计入消火栓使用数量，故 A 错误。

选项 B，参考《消规》7.4.6 条。室内消火栓的布置应满足同一平面有 2 支消防水枪的 2 股充实水柱同时达到任何部位的要求，但建筑高度小于或等于 24.0m 且体积小于或等于 5000m³ 的多层仓库、建筑高度小于或等于 54m 且每单元设置一部疏散楼梯的住宅，以及本规范表 3.5.2 中规定可采用 1 支消防水枪的场所，可采用 1 支消防水枪的 1 股充实水柱到达室内任何部位，故 B 错误。

选项 C，参考《消规》7.4.7 条第 5 款。冷库的室内消火栓应设置在常温穿堂或楼梯间内。即冷库的消火栓布置在常温穿堂或楼梯间内，冷库冷冻间内部可不设置，故 C 正确。

选项 D，参考《消规》7.4.11 条。消防软管卷盘和轻便水龙的用水量可不计入消防用水总量，故 D 正确。

答案选【AB】

68. 某图书馆（藏书 200 万册，总建筑面积 600000m²，建筑高度 26m，最大净空高度为 8m），其中阅览大厅湿式自动喷水灭火系统的喷头设于通透格栅吊顶的上方贴楼板安装，下列该建筑消防给水系统设计，哪几项不正确？（图书馆设置自喷全保护）

(A) 室内消火栓水枪的充实水柱不小于 13m

(B) 室外消火栓系统设计流量不小于 40L/s

(C) 室内消火栓系统设计流量不小于 30L/s

(D) 阅览大厅的自动喷水灭火系统的作用面积和喷水强度分别不应小于 160m² 和 6L/(min·m²)

解析：

参考《建规》5.1.1 条，此图书馆为一类高层建筑。

选项 A，参考《消规》7.4.12 条第 2 款。高层建筑、厂房、库房和室内净空高度超过 8m 的民用建筑等场所，消火栓栓口动压不小于 0.35MPa，且消防水枪充实水柱应按 13m 计算；其他场所，消火栓栓口动压不应小于 0.25MPa，且消防水枪充实水柱应按 10m 计算，故 A 正确。

选项 B，参考《消规》表 3.3.2 及 3.3.2 条第 4 款。当单座建筑的总建筑面积大于 500000m² 时，建筑物室外消火栓设计流量应按本表规定的最大值增加一倍。室外消火栓系统用水量不小于 80L/s，故 B 错误。

选项 C，参考《消规》表 3.5.2，藏书 200 万册属于一类公共建筑，$H = 26m \leqslant 50m$ 的一类公共建筑室内消火栓用水量为 30L/s。根据《消规》3.5.3 条，当建筑物室内设有自动喷水灭火系统、水喷雾灭火系统、泡沫灭火系统或固定消防炮灭火系统等一种或两种以上自动水灭火系统全保护时，高层建筑当高度不超过 50m 且室内消火栓设计流量超过 20L/s 时，其室内消火栓设计流量可按本规范表 3.5.2 减少 5L/s。室内消火栓系统用水量不小于 25L/s，故 C 错误。

选项 D，参考《喷规》附录 A。藏书 200 万册的图书馆火灾危险等级为中危险级Ⅰ级，净空高度 ≤8m，根据《喷规》5.0.1 条，中危险级Ⅰ级的喷水强度为 6L/(min·m²)，作用面积为 160m²，该展览馆喷头设置于通透格栅吊顶内，根据《喷规》5.0.3 条，装设网格、栅板类通透性吊顶的场所，系统的喷水强度应按本规范表 5.0.1 规定值的 1.3 倍确定。则该展览馆喷水强度为 7.8L/(min·m²)，故 D 错误。

答案选【BCD】。

69. 以下关于气体灭火系统的叙述中，哪些是正确的？

(A) 七氟丙烷灭火系统喷头最大保护高度不宜大于 6.5m

(B) 预制灭火系统应设自动控制和手动控制两种启动方式

(C) 电子计算机房采用气体灭火系统全保护时，灭火后机房的通风换气次数应不少于每小时 5 次

(D) 某电子信息楼共有 12 间独立的计算机房（一间计算机房为一个防护区），可采用一个七氟丙烷组合分配系统全保护的设计方案

解析：

选项 A，参考《气体灭火规范》3.1.12 条第 1 款。最大保护高度不宜大于 6.5m，故

A 正确。

选项 B，参考《气体灭火规范》5.0.2 条。管网灭火系统应设自动控制、手动控制和机械应急操作三种启动方式。预制灭火系统应设自动控制和手动控制两种启动方式，故 B 正确。

选项 C，参考《气体灭火规范》6.0.4 条。灭火后的防护区应通风换气，地下防护区和无窗或设固定窗扇的地上防护区，应设置机械排风装置，排风口宜设在防护区的下部并应直通室外。通信机房、电子计算机房等场所的通风换气次数应不少于每小时 5 次，故 C 正确。

选项 D，参考《气体灭火规范》3.1.4 条。两个或两个以上的防护区采用组合分配系统时，一个组合分配系统所保护的防护区不应超过 8 个，此楼有 12 个防护区，应至少采用两个七氟丙烷组合分配系统全保护的设计方案，故 D 错误。

答案选【ABC】

70. 下列关于雨水控制及利用系统的叙述中，哪些正确？
(A) 雨水控制及利用应采用雨水入渗系统、收集回用系统、调蓄排放系统中的单一系统或多种系统组合
(B) 入渗系统的土壤渗透系数应为 $10^{-6} \sim 10^{-3}$ m/s，且渗透面距地下水位应大于 1.0m，渗透面应以地面最低处计
(C) 收集回用系统宜用于年均降雨量小于 400mm 的地区
(D) 调蓄排放系统宜用于有防洪排涝要求的场所或雨水资源化受条件限制的场所

解析：

选项 A，参考《雨水利用规范》4.1.2 条。雨水控制及利用应采用雨水入渗系统、收集回用系统、调蓄排放系统中的单一系统或多种系统组合，故 A 正确。

选项 B，参考《雨水利用规范》4.1.3 条第 1 款。入渗系统的土壤渗透系数应为 $10^{-6} \sim 10^{-3}$ m/s，且渗透面距地下水位应大于 1.0m，渗透面应从最低处计，再参考《雨水利用规范》4.1.3 条第 1 款条文说明图 1，渗透面并不在地面上，故 B 错误。

选项 C，参考《雨水利用规范》4.1.3 条第 2 款。收集回用系统宜用于年均降雨量大于 400mm 的地区，是"大于"而不是"小于"，故 C 错误。

选项 D，参考《雨水利用规范》4.1.3 条第 3 款。调蓄排放系统宜用于有防洪排涝要求的场所或雨水资源化受条件限制的场所，故 D 正确。

答案选【AD】

模拟冲刺 1　案例上

单选题（共 25 题，每题 2 分。每小题的四个选项中只有一个正确答案，错选、多选均不得分）

1. 重庆地区某小城市，常住人口 20 万人，工业产值 200 万元/d，其生产总用水定额 200m³/万元，生产用水重复利用率 90%，工业企业中的生活、绿化等非生产水量 200m³/d，工业用水量的日变化系数为 1.0（工业企业用水均来自于该城市给水系统）；浇洒市政道路、广场和绿地等用水量 3000m³/d；该市的自来水普及率为 90%，综合生活用水定额取该类城市标准范围的平均值；管网漏损水量和未预见水量均取标准范围的最低值；试计算该市最高日供水量为多少（m³/d）？

(A) 32076.0　　　　(B) 45975.6　　　　(C) 74844.0　　　　(D) 88743.6

解析：

① 该小城市属于二区 I 型小城市，其综合生活用水定额范围的平均值为 175L/(人·d)。

② 其综合生活用水量为 200000 人 × 0.9 × 175L/(人·d)/1000 = 31500(m³/d)。

③ 其生产用水总量为 200 万元/d × 200m³/万元 = 40000m³/d，因生产用水重复利用率为 90%，则每日为生产补充的新鲜水流量为 40000m³/d × (1−90%) = 4000m³/d，故工业企业用水量 = 4000 + 200 = 4200(m³/d)。

④ 该市最高日供水量 = (31500 + 4200 + 3000) × (1+10%) × (1+8%) = 45975.6(m³/d)。

答案选【B】。

2. 某城市水厂原水输水管采用一根长 3000m 的管道重力供水，水源水位与水厂起端分配井水位之差为 20m，输水流量为 0.08m³/s。现因水厂扩建及改造，扩建后需原水总流量为 0.12m³/s，且水厂起端分配井水位较扩建前提升了 2m，故需增设原水输水管。为节约投资，计划将新管起端从旧管中途某一点接出，而后平行于旧管铺设至水厂，且新旧管道的管径、粗糙系数等均相同。问新管长度近似为多少（m）？（忽略局部水头损失）

(A) 600　　　　(B) 2044.4　　　　(C) 2400　　　　(D) 3240

解析：

① 设单根管道的比阻为 α，则扩建前的水损为：$\alpha \times 3000 \times 0.08^2 = 20$。

② 设新管道长 L，则扩建后的水损为：$\alpha \times (3000-L) \times 0.12^2 + [\alpha \times L \times 0.25] \times 0.12^2 = 20 - 2 = 18$。

③ 两式联立，比一下消去 α，解得 $L = 2400$(m)。

答案选【C】。

3. 某台必需汽蚀余量为 5m 的离心式水泵安装于海拔高度 1500m，常年水温为 10℃ 的山上，水泵吸水井最低设计水位为 78.91m、最高设计水位为 79.71m。该泵在设计流量下运行时，水泵吸入口的流速为 1.8m/s，$DN200$ 吸水管内的流速为 1.2m/s，吸水管的总当量摩阻为 0.0003（流量对应 L/s），则水泵最大安装标高为多少？（g 取 9.8N/kg）

(A) 81.96m　　　(B) 82.39m　　　(C) 82.76m　　　(D) 83.57m

解析:

由题意，$H_{g实际}$＝8.6m，$H_{z实际}$＝0.12m，q＝$\pi/4\times0.2^2\times1.2\times1000$＝37.7（L/s）。

则实际情况下的允许吸上真空高度 H'_s＝（8.6－0.12）＋$[1.8^2/(2\times9.8)]$－5＝3.645（m）。

故最大 Z_s＝3.645 － $1.8^2/(2\times9.8)$ － 0.0003×37.7^2＝3.053（m）。

水泵最大安装标高＝3.053＋78.91≈81.96（m）。

答案选【A】。

4. 某地表水源水的总碱度 11.2mg/L(以 CaO 计)。混凝时投加三氯化铁（折合表达时相当于含 Fe_2O_3 占 40%）20mg/L，为保证反应顺利进行，剩余碱度考虑 16.8mg/L(以 CaO 计)。请计算生石灰（纯度为 50%）投加量应为多少？

(A) 14mg/L　　　(B) 28mg/L　　　(C) 56mg/L　　　(D) 112mg/L

解析:

① 投药量折合为 Fe_2O_3 为 20mg/L×40%＝8mg/L，也即 Fe_2O_3 的摩尔浓度为 8÷$(56\times2+16\times3)$＝0.05（mmol/L），也即 Fe 原子有 0.1mmol/L。

② 因此投药量以 $FeCl_3$ 来表示的浓度为 0.1mmol/L。

③ 原水碱度的浓度为 11.2÷56＝0.2（mmol/L）；剩余碱度需 16.8÷56＝0.3（mmol/L）。

④ 需投加的碱度（CaO 表示）＝1.5×0.1－0.2＋0.3＝0.25（mmol/L）。

⑤ 由于市售石灰纯度为 50%，则其投加量＝0.25×56÷0.5＝28（mg/L）。

答案选【B】。

5. 已知某 V 型滤池采用气水反冲洗工艺，采用长柄滤头配水配气：

供气强度为 15L/(s·m²)，配水配气渠壁上的配气孔面积与过滤面积之比为 0.16%；

输气管道的压力总损失考虑为 1kPa；

配气系统的压力损失为 2kPa；

配气系统出口至空气溢出面的水深取 2.5m；

则采用鼓风机供气时其出口处的静压力至少为多少（Pa）？（g 取 9.81）

(A) 28751.25　　　(B) 32430　　　(C) 32905　　　(D) 33656.25

解析:

① 题干问静压力的至少值，则安全系数 k 取 1.05。

② 代入各项参数进入鼓风机出口压力公式＝1000＋2000＋9810×1.05×2.5＋4905＝33656.25（Pa）。

答案选【D】。

6. 某滤池采用单层非均匀滤料，滤层厚 0.8m，经一组筛子筛分后大致分为 5 小层进行铺设，自上而下的计算粒径分别为 0.50mm，0.65mm，0.85mm，1.2mm，1.5mm；相应重量比为 15%∶25%∶35%∶15%∶10%。若考虑滤料的球形度系数均为 $\phi=0.8$，整个滤层的孔隙率均一，均取 $m_0=0.38$。当滤池滤速为 9m/h，水温为 20℃，过滤开始时，滤层最上部 0.2m 厚滤层造成的水损占整个滤层水损的比例接近于多少？

(A) 45.9%　　　(B) 39.3%　　　(C) 26.6%　　　(D) 25.0%

解析：

① 由于各滤层的孔隙率均一，且为单层滤料，即滤料颗粒的密度都是相同的，则滤层的重量比就等于其体积比，进而也等于滤层厚度比。

② 滤层最上部 0.2m 厚滤层为整个滤层厚度的 25%，也即取粒径 0.50mm 小层的 15% 和 0.65mm 小层的 10%。

③ 采用卡曼-康采尼公式求水流通过清洁砂层的水头损失。

④ 由于题目是求水损占比，会约掉相同的参数，故不妨将卡曼-康采尼公式简记为

$$h=K \cdot \sum (p_i/d_i^2)$$

⑤ $h_{上部} ： h_{整个}$ = [15%/0.05² + 10%/0.065²] ∶ [15%/0.05² + 25%/0.065² + 35%/0.085² + 15%/0.12² + 10%/0.15²] = 45.9%。

答案选【A】。

7. 某采用离子交换的软化水处理工程，原水进水水质分析资料见下表，离子交换软化站设计出水量为 100m³/h，自用水量为 10%，处理后的出水残余碱度小于 0.5mmol/L，出水硬度小于 0.04mmol/L，运行滤速按 20m/h 计算，选用两套 H-Na 串联离子交换系统，则单个 Na 离子交换器的设计流量与单个 H 离子交换器的设计流量的差值为多少？

项目	含量（mmol/L）	项目	含量（mmol/L）
$K^+ + Na^+$	0.84	Cl^-	0.54
Ca^{2+}	2.39	总碱度	2.94
Mg^{2+}	1.32	非碳酸盐硬度	0.77
HCO_3^-	2.94	总硬度	3.71
SO_4^{2-}	0.92		

(A) −6m³/h　　　(B) 24.5m³/h　　　(C) 30.5m³/h　　　(D) 49m³/h

解析：

① 由题干中"总碱度＋非碳酸盐硬度＝2.94＋0.77＝3.71（总硬度）"可知，表格所给参数为粒子的当量浓度。

② $Q_H=([HCO_3^-]-Ar)/[SO_4^{2-}+Cl^-+HCO_3^-] \cdot Q$=[(2.94−0.5)/(0.92+0.54+2.94)]×[100×(1+10%)/2]=30.5(m³/h)。

③ 由于是串联系统，$Q_{Na}=55$(m³/h)。

④ 差值＝55−30.5＝24.5(m³/h)。

答案选【B】。

8. 某水厂原水流程为：河流→取水头部→自流管→集水间→一级泵站→原水输水管→厂内絮凝池。河流最高水位时，一泵吸水井内水位为8.50m；河流最低水位时，一泵吸水井内水位5.50m。经计算得知，取水头部格栅水损0.2m，集水间内旋转格网水损0.3m，自流管总水损0.5m，水泵吸水管总水损0.5m，原水输水管总水损2.2m。若絮凝池设计水位17.50m，则计算一泵扬程为多少？（注：为安全起见，设计时需考虑富裕水头1.0m）

(A) 12.7m   (B) 14.7m   (C) 15.7m   (D) 16.7m

解析：

① 水泵最低吸水水位5.50m，已是经格栅、自流管、旋转格网损失之后的水位，故此几项水损不应重复考虑。

② 扬程＝水损＋高差＋题干要求的富裕水头＝(0.5＋2.2)＋(17.50－5.50)＋1.0＝15.7(m)。

答案选【C】。

9. 某冶金工业企业有一般车间和热加工车间，均分3班制，每班8h，一般车间3班人数分别为800、600、600，热加工车间3班人数分别为400、300、300，下班使用淋浴的人数按班组人数的50%考虑，平均每日产生生产废水2000m³/d，求工厂废水设计流量为多少？（冶金工业企业生产废水时变化系数为1.1）

(A) 32.1L/s   (B) 36.6L/s   (C) 41.24L/s   (D) 63.58L/s

解析：

$$Q_m = \frac{800 \times 25 \times 3.0 + 400 \times 35 \times 2.5}{3600 \times 8} + \frac{400 \times 40 + 200 \times 60}{3600} + \frac{2000 \times 1000 \times 1.1}{3600 \times 24}$$

$$= 3.3 + 7.8 + 25.46 = 36.6(L/s)$$

答案选【B】。

注意：生产废水的日变化系数变化较小，一般取1，即 $K_z = K_h$。

10. 某车行道下的排水管段，采用 $D=600mm$ 的钢筋混凝土管（壁厚为60mm）。设计管道首、末地面标高均为46.05m；设计充满度为0.5，首端水面标高为45.15m，末端水面标高为44.75m，管道长度200m，设计坡度相同，试求需要进行加固处理的管道长度为多少？

(A) 40m   (B) 80m   (C) 120m   (D) 160m

解析：

(1) 首端埋深＝46.05－45.15＋0.3＝1.2(m)，首端覆土＝1.2－0.6－0.06＝0.54(m)，需加固处理。

(2) 管道坡度＝(45.15－44.75)÷200＝0.002。

(3) 加固长度＝(0.7－0.54)÷0.002＝80(m)。

答案选【B】。

11. 已知某钢筋混凝土雨水箱涵 $W \times H$（宽×高）＝4.0m×2.0m，设计坡度为0.002，求该箱涵的最大排水流量为多少？（$n=0.013$）

(A) 18.6m³/s　　　(B) 21m³/s　　　(C) 32m³/s　　　(D) 44.8m³/s

解析：

最大排水能力按满流计算：

$$Q = Av = A \times \frac{1}{n} \times R^{\frac{2}{3}} \times I^{\frac{1}{2}} = 8 \times \frac{1}{0.013} \times \left(\frac{8}{12}\right)^{\frac{2}{3}} \times 0.002^{\frac{1}{2}} = 21(\text{m}^3/\text{s})。$$

答案选【B】。

12. 某城镇采用合流制排水系统采用溢流堰式截流井，已知某截流井前的平均日旱流污水设计流量为 150L/s，设计截流倍数为 3，管径为 d400，截流干管的沿线流量为 200L/s，溢流混合污水流量为 300L/s。该溢流堰截流井的堰高为多少？($k=1.2$)

(A) 780.5mm　　　(B) 1620mm　　　(C) 2124.5mm　　　(D) 2796.5mm

解析：

$$Q_j = (n+1) \times (Q_d + Q_m) = (3+1) \times 150 = 600(\text{L/s}); k = 1.2;$$

$$H_1 = (0.226 + 0.007 \times 600) \times 400 \times 1.2 = 2124.5(\text{mm})。$$

答案选【C】。

13. 某污水处理厂为控制好氧池中挥发性悬浮固体浓度，在好氧池中取 2 个同样混合液为 100mL 的样品，一个样品滤膜过滤后置于重量为 50g 的坩埚中在 105℃下烘干后为 50.385g，然后再将此坩埚在 600℃灼烧，最后称重 50.075g。另一个样品放在 60g 的蒸发皿中，105℃下烘干后称重 60.562g，下列关于好氧池中挥发性悬浮固体浓度和总固体浓度计算正确的是哪项？

(A) 2520mg/L，3850mg/L　　　　　(B) 3100mg/L，3850mg/L

(C) 3100mg/L，5620mg/L　　　　　(D) 3850mg/L，5620mg/L

解析：

① 挥发性悬浮固体浓度为：$\text{MLVSS} = \dfrac{(50.385 - 50.075) \times 1000}{0.1} = 3100(\text{mg/L})。$

② 总固体浓度为：$\dfrac{(60.562 - 60) \times 1000}{0.1} = 5620(\text{mg/L})。$

答案选【C】。

14. 某工业废水排放量为 4800m³/d，排放废水 COD 浓度为 120mg/L，总氮浓度为 168mg/L，拟采用 A/O 的工艺补充碳源脱氮进行处理，其中每克淀粉相当于 0.94gCOD，每克甲醛相当于 1.5gCOD，每克乙醇相当于 2.0gCOD，比重均为 1，按 COD/TN＝5 投加，以下选项正确的是哪项？

(A) 3％的淀粉溶液 5.96m³/h

(B) 3％的甲醛溶液 3.20m³/h

(C) 2％的乙醇和 1％的甲醛（体积比 1∶1）的混合液 3.06m³/h

(D) 3％的淀粉和 3％的甲醛（体积比 1∶1）的混合液 1.97m³/h

解析：

A 选项，3% 的淀粉溶液 $= \dfrac{4800 \times 168 \times 5 - 4800 \times 120}{24 \times 0.03 \times 0.94 \times 1000 \times 1000} = 5.1$（$m^3/h$）。

B 选项，3% 的甲醛溶液 $= \dfrac{4800 \times 168 \times 5 - 4800 \times 120}{24 \times 0.03 \times 1.5 \times 1000 \times 1000} = 3.196$（$m^3/h$）；需要投加的 COD 量 $= 4800 \times 168 \times 5 - 4800 \times 120 = 3456000$（g）。

C 选项，$(1.53 \times 24 \times 0.02 \times 2 + 1.53 \times 24 \times 0.01 \times 1.5) 1000 \times 1000 = 2019600$（g）。

D 选项，$(0.985 \times 24 \times 0.03 \times 0.94 + 0.985 \times 24 \times 0.03 \times 1.5) 1000 \times 1000 = 1730448$（g）。

答案选【B】。

15. 某新建污水处理厂根据环评要求需要对格栅、沉砂池、曝气池及污泥浓缩及脱水设备进行生物除臭，格栅、沉砂池分别为 $300m^3/h$、$400m^3/h$；曝气池曝气量 $2000m^3/h$，浓缩机和脱水机的臭气量均为 $50m^3/h$，混合气体中平均硫化氢浓度按 $6mg/m^3$，除臭工艺采用生物滴滤池，废气排放执行二级标准，设计要求硫化氢去除负荷不宜高于 $5g/(m^3 \cdot h)$，关于生物滤池填料体积设计最合理的是下列哪项？（漏风系数按 10% 计）

(A) $3.56m^3$ (B) $3.66m^3$ (C) $3.92m^3$ (D) $3.96m^3$

解析：

漏风系数最小取 1.1，参考《污水厂排放标准》废气排放二级标准为 $0.06mg/m^3$。

① $Q = Q_1 + Q_2 + Q_3 = 1.1 \times (700 + 2000 \times 1.1 + 100) = 3300$（$m^3/h$）。

② $V = \dfrac{3300 \times (6 - 0.06)}{1000 \times 5} = 3.92$（$m^3$）。

答案选【C】。

16. 某综合楼，一～五层为商业，六、七层为坐班制办公，八～十层为宿舍。一～三层生活给水由市政管网直接供给，四～十层由位于地下室的贮水池和高区变频泵加压供水。商业每层营业厅面积 $3500m^2$（占每层总建筑面积的 70%），每层设 2 个卫生间，每个卫生间有混合水嘴洗手盆 12 个，自闭冲洗阀蹲式大便器 11 个，自闭冲洗阀小便器 7 个；办公每层 200 人，设 1 个卫生间，内设混合水嘴洗手盆 18 个，自闭冲洗阀蹲式大便器 20 个，自闭冲洗阀小便器 16 个；宿舍每层 14 间，每间 4 人，每层设集中盥洗室，内设有盥洗槽混合水嘴 14 个，自闭冲洗阀蹲式大便器 10 个，有间隔淋浴器 12 个；本楼（除了宿舍外）每层均设置 1 个 DN20 的拖布池。建筑内各层均设有大型燃气热水器给本层提供热水，各层热水器的补水均由本层冷水管提供，则该建筑引入管和高区变频泵的设计流量最小分别为多少？

(A) $20.6m^3/h$，$14.7L/s$ (B) $20.6m^3/h$，$13.5L/s$

(C) $22.8m^3/h$，$14.7L/s$ (D) $22.8m^3/h$，$13.5L/s$

解析：

每层 $N_{g商} = (12 \times 0.75 + 11 \times 0.5 + 7 \times 0.5) \times 2 + 1.5 = 37.5$。

$q_{引} = (0.2 \times 1.5 \times \sqrt{3 \times 37.5} + 1.2) \times 3.6 + \dfrac{2 \times 3500 \times 5}{12 \times 1000} + \dfrac{2 \times 200 \times 30}{10 \times 1000}$

$$+\frac{3 \times 14 \times 4 \times 100}{24 \times 1000}$$

$$= 20.6 (\text{m}^3/\text{h})_{\circ}$$

每层 $N_{g\text{办}} = (18 \times 0.75 + 20 \times 0.5 + 16 \times 0.5) + 1.5 = 33_{\circ}$

$q_{\text{泵}} = 0.2 \times 1.5 \times \sqrt{2 \times 37.5 + 2 \times 33} + 1.2 + 3 \times (14 \times 0.15 \times 75\%$
$\qquad + 12 \times 0.15 \times 75\%) + 1.2$

$\qquad = 14.7(\text{L/s})_{\circ}$

答案选【A】。

分析：

① 由于题干强调"一～三层生活给水由市政管网直接供给，四～十层由位于地下室的贮水池和高区变频泵加压供水"，参考《建水标准》3.7.4 条。建筑引入管的设计流量按照一～三层秒流量＋四～十层高日均时流量确定。由于题干又强调"建筑内各层均设有大型燃气热水器给本层提供热水"，故建筑引入管处冷热水并未分流，从而卫生器具的当量取《建水标准》3.2.12 条括号外的值，定额按表 3.2.2 取值。

② 对于商业部分的卫生器具，参考《建水标准》3.2.12 条，混合水嘴洗手盆当量为 0.75，自闭冲洗阀蹲式大便器当量为 0.5（参考《建水标准》3.7.7 条第 3 款），自闭冲洗阀小便器当量为 0.5，商业部分每层有 2 间卫生间，从而每层卫生间的当量要额外乘以 2，由于题干强调"本楼（除了宿舍外）每层均设置 1 个 DN20 的拖布池"，故还要额外加上拖布池的当量 1.5，最后算得商业部分每层的总当量为 37.5；商业直供部分有 3 层，在计算总当量时，要乘以 3，参考《建水标准》3.7.6 条，商业的 α 取 1.5，参考《建水标准》3.7.7 条第 3 款，由于有自闭式冲洗阀大便器，在计算一～三层秒流量的时候，要额外加上 1.2L/s 的流量。

③ 由题意得，商业部分营业厅面积为 $2 \times 3500 = 7000 (\text{m}^2)$、办公部分人数为 $2 \times 200 = 400$（人）、宿舍部分人数为 $3 \times 14 \times 4 = 168$（人）；参考《建水标准》3.2.2 条，商业部分、办公部分、宿舍部分的用水定额分别为 5L/（m² 营业厅·d）、30L/（人·班）、100L/（人·d），商业部分、办公部分、宿舍部分的使用时数分别为 12h、10h、24h。

④ 由于题干强调"四～十层由位于地下室的贮水池和高区变频泵加压供水"，参考《建水标准》3.9.3 条第 1 款，变频泵的设计流量按照秒流量确定；由于题干又强调"建筑内各层均设有大型燃气热水器给本层提供热水"，故高区变频泵处冷热水并未分流，从而卫生器具的当量和额定流量取《建水标准》3.2.12 条括号外的值。

⑤ 对于办公部分的卫生器具，参考《建水标准》3.2.12 条，混合水嘴洗手盆当量为 0.75，自闭冲洗阀蹲式大便器当量为 0.5（参考《建水标准》3.7.7 条第 3 款），自闭冲洗阀小便器当量为 0.5，由于题干强调"本楼（除了宿舍外）每层均设置 1 个 DN20 的拖布池"，故还要额外加上拖布池的当量 1.5，最后算得办公部分每层的总当量为 33。

⑥ 对于四、五层商业部分和六、七层办公部分，由于为用水分散型，其秒流量要统一计算；参考《建水标准》3.7.3 条，商场和办公的 α 均为 1.5（加权平均后 α 依然为 1.5），其总当量为 $2 \times 37.5 + 2 \times 33 = 141$；参考《建水标准》3.7.7 条第 3 款，由于有自闭式冲洗阀大便器，在计算商业部分和办公部分秒流量的时候，要额外加上 1.2L/s 的流量。

⑦ 对于宿舍部分的卫生器具，按用水密集型公式计算秒流量，参考《建水标准》

3.2.12 条，盥洗槽混合水嘴额定流量为 0.15L/s，自闭冲洗阀蹲式大便器额定流量为 1.2L/s，有间隔淋浴器额定流量为 0.15L/s；参考《建水标准》3.7.8 条条文说明，盥洗槽混合水嘴[3×14＝42(个)]同时给水百分数为 75%，自闭冲洗阀蹲式大便器[3×10＝30(个)]同时给水百分数为 2%，有间隔淋浴器[3×12＝36(个)]同时给水百分数为 75%；参考《建水标准》3.7.9 条第 2 款，自闭冲洗阀蹲式大便器的秒流量单列计算，为 1.2L/s。

17. 某 10 层住宅楼用水采用市政直供，每层有 A、B、C、D 四个户型，每个户型用一根独立给水立管，每户人数分别按 4 人计，每人用水定额均为 200L/(人・d)，$K_h=2.5$。A、B、C、D 户型卫生器具当量分别为 4、4、6、5，平均出流概率为 $U_{A0}=2.8\%$、$U_{B0}=2.6\%$、$U_{C0}=1.8\%$、$U_{D0}=2.1\%$，试求住宅楼引入管设计秒流量为多少？

    (A) 1.58L/s   (B) 2.50L/s   (C) 2.54L/s   (D) 3.23L/s

解析：

① $N_g=(4+4+6+5)\times10=190$。

② $U_0=\dfrac{2.8\%\times4+2.6\%\times4+1.8\%\times6+2.1\%\times5}{4+4+6+5}=2.26\%$。

③ 参考《建水标准》附录 C.0.1，当 $U_0=2.26$、$N_g=190$ 时，内插可得

$$q=3.15+(3.30-3.15)\times\frac{2.26-2}{2.5-2}=3.23\text{L/s}。$$

答案选【D】。

分析：

① 由于题干强调"某 10 层住宅楼用水采用市政直供，每层有 A、B、C、D 四个户型"、"A、B、C、D 户型卫生器具当量分别为 4、4、6、5"，故该住宅总当量为 $(4+4+6+5)\times10=190$。

② 参考《建水标准》3.7.5 条第 4 款，综合的 U_0 值按各户型的当量加权平均计算。

③ 参考《建水标准》附录 C.0.1，用内插法算得 $U_0=2.26$、$N_g=190$ 时，对应的秒流量。

18. 某办公楼对外开放的职工食堂及厨房位于该建筑一层，厨房内设置双格洗涤盆 3 个，单格洗涤盆 4 个。该公共食堂所有排水汇入一根横干管，再由排出管排至室外检查井，若排水系统采用排水铸铁管，坡度采用通用坡度，则该建筑的厨房排水排出管最小管径为多少？（可采用查表法）

    (A) DN75   (B) DN100   (C) DN125   (D) DN150

解析：

① $q=1\times3\times70\%+0.67\times4\times70\%=3.976(\text{L/s})$。

② 参考《常用资料 2025》5.9 节结合《建水标准》4.5.5 条，排水横管 DN100，通用坡度 0.02，排水流量 3.65L/s，不满足要求；排水横管 DN125，通用坡度 0.015，排水流量 5.86L/s，满足要求。

③ 参考《建水标准》4.5.12 条第 1 款，该厨房排水横管放大一级为 DN150。

答案选【D】。

分析：

① 参考《建水标准》4.5.1 条。双格洗涤盆的当量为 1，单格洗涤盆的当量为 0.67；参考《建水标准》表 3.7.8-2，洗涤盆的同时给水百分数取 70%。

② 题干强调"采用排水铸铁管，坡度采用通用坡度"，参考《建水标准》4.5.5 条，当管径为 $DN75$ 时，对应的坡度为 0.025、充满度为 0.5；当管径为 $DN100$ 时，对应的坡度为 0.020、充满度为 0.5；当管径为 $DN125$ 时，对应的坡度为 0.015、充满度为 0.5；当管径为 $DN150$ 时，对应的坡度为 0.010、充满度为 0.6。

③ 参考《建水标准》4.5.12 条第 1 款。当公共食堂厨房内的污水采用管道排除时，其管径应比计算管径大一级，且干管管径不得小于 100mm，支管管径不得小于 75mm，该厨房排水横管要放大一级。

19. 某城市最冷月平均气温 $-20℃$，该城市中有一座 12 层职工宿舍建筑，建筑层高 4.5m，每层 16 间，每间宿舍住 2 人，每层布置相同，两间宿舍卫生间背靠背对称布置并共用排水立管。职工宿舍排水立管设置专用通气立管，由于建筑造型要求，宿舍的排水立管需 4 根汇总成 1 根后再伸出屋面，则各排水立管附设的专用通气立管管径，以及汇合通气管伸顶通气部分管径最小可为多少？（注：①每间宿舍内均设有洗脸盆 1 个，低水箱坐式大便器 1 个，淋浴器 1 个；②宿舍内卫生器具上边缘高于地面 800mm，各层排水横支管在地面以下 300mm 处；③不考虑底层单排的情况）

(A) $DN75$，$DN100$ 　　　　　(B) $DN75$，$DN125$

(C) $DN100$，$DN150$ 　　　　　(D) $DN100$，$DN175$

解析：

① 每根排水立管设计流量：

$$q_p = 0.12\alpha\sqrt{N_p} + q_{max} = 0.12 \times 1.5 \times \sqrt{12 \times 2 \times (0.75 + 4.5 + 0.45)} + 1.5 = 3.6(\text{L/s})。$$

② 各排水立管附设的专用通气立管，查《建水标准》表 4.5.7 可知采用 $DN100$ 排水立管及 $DN75$ 通气立管隔层连接即可满足流量要求。通气立管长度 $L > 0.3 + 11 \times 4.5 + 0.8 + 0.15 = 50.75$（m）$> 50$（m），参考《建水标准》4.7.14 条第 1 款，通气立管应与排水立管同径，故专用通气立管管径为 $DN100$。

③ 参考《建水标准》4.7.18 条，汇合通气管管径：$D_{汇合} \geq \sqrt{100^2 + 3 \times 0.25 \times 100^2} = 132(\text{mm})$，故管径为 $DN150$。

④ 由于该建筑所在城市最冷月平均气温低于 $-13℃$，参考《建水标准》4.7.17 条，伸顶通气部分需放大一级，为 $DN175$。

答案选【D】。

分析：

① 由题意得，卫生间设在宿舍居室内，故该宿舍楼为用水分散型建筑，该卫生间为独立卫生间，参考《建水标准》4.5.2 条，α 取 1.5；再参考《建水标准》4.5.1 条，洗脸盆当量为 0.75，低水箱坐式大便器当量为 4.5，淋浴器当量为 0.45；由于题干强调"12 层职工宿舍建筑""两间宿舍卫生间背靠背对称布置并共用排水立管""不考虑底层单排的情况"，故单根排水立管需要收集 $12 \times 2 = 24$（间）卫生间的排水。

② 由于立管的设计排水量为 3.6L/s，查《建水标准》表 4.5.7 可知，采用 $DN100$ 排水立管及 $DN75$ 通气立管隔层连接即可满足流量要求。

③ 参考《建水标准》4.7.7 条第 3 款。专用通气立管和主通气立管的上端可在最高层卫生器具上边缘 0.15m 或检查口以上与排水立管通气部分以斜三通连接，下端应在最低排水横支管以下与排水立管以斜三通连接，并结合题干"宿舍内卫生器具上边缘高于地面 800mm，各层排水横支管在地面以下 300mm 处""该建筑层高 4.5m"，可知通气立管长度至少为 11 层的层高再加上"0.3m＋0.8m＋0.15m"，即通气立管的长度至少为 50.75m；参考《建水标准》4.7.14 条："下列情况通气立管管径应与排水立管管径相同：1 专用通气立管、主通气立管、副通气立管长度在 50m 以上时"可得，通气立管管径为 $DN100$。

④ 参考《建水标准》4.7.18 条："当 2 根或 2 根以上排水立管的通气管汇合连接时，汇合通气管的断面积应为最大一根排水立管的通气管的断面积加其余排水立管的通气管断面积之和的 1/4"可得，汇合通气管的管径为 $DN150$；再参考《建水标准》4.7.17 条："伸顶通气管管径应与排水立管管径相同。最冷月平均气温低于 $-13℃$ 的地区，应在室内平顶或吊顶以下 0.3m 处将管径放大一级"可得，汇合通气管的管径要放大至 $DN175$。

20. 上海某建筑全日热水供应系统采用两台导流型容积式（单台水加热器贮热容积为 2400L）水加热器供应热水（水加热器出口温度按能供到的最高温度来取值），水源采用地表水，原水水质总硬度（以碳酸钙计）为 100mg/L，设计小时耗热量 2160000 kJ/h；热媒为压力 0.12MPa 的饱和蒸汽，传热效率系数 0.8，传热系数 2340kJ/（m²·℃·h）。则每台水加热器的加热面积最小是多少？（热水密度为 1kg/L）

(A) 7.8m²   (B) 7.3m²   (C) 6.5m²   (D) 6.1m²

解析：

① 系统设计小时供热量：

$$Q_g = Q_h - \frac{\eta V_r}{T_1}(t_{r2} - t_1)C\rho_r = 2160000 - \frac{0.9 \times \frac{2400}{0.6} \times (70-5) \times 4.187 \times 1}{2}$$
$$= 1670121(kJ/h)。$$

② 计算温度差：$\Delta t_j = \frac{t_{mc} + t_{mz}}{2} - \frac{t_c + t_z}{2} = \frac{122.65 + 90}{2} - \frac{5+70}{2} = 68.825(℃)。$

③ 每台加热面积：$F_{jr} = 60\% \times \frac{Q_g}{\varepsilon K \Delta t_j} = 60\% \times \frac{1670121}{0.8 \times 2340 \times 68.825} = 7.8(m²)。$

答案选【A】。

分析：

① 参考《建水标准》6.5.3 条。设置 2 台水加热器时，每台水加热器的供热量为总供热量的 60%，从而单台水加热器贮热容积也为总贮热容积的 60%，计算系统供热量时，总贮热容积 V_r 按 2400/0.6＝4000(L) 代入计算；参考《建水标准》6.4.3 条第 1 款，导流型容积式水加热器 η 取 0.8～0.9，为使 Q_g 的值最小，取 0.9；题干强调"原水水质总硬度（以碳酸钙计）为 100mg/L"，参考《建水标准》6.2.6 条第 1 款：进入水加热设备的冷水总硬度（以碳酸钙计）小于 120mg/L 时，水加热设备最高出水温度应小于或等于

70℃，结合题干强调"水加热器出口温度按能供到的最高温度来取值"，故水加热器出水温度 t_{r2} 取 70℃；题干强调："水源采用地表水"，冷水温度参考《建水标准》6.2.5 条，取 5℃；热水密度取题干值 1kg/L；参考《建水标准》6.4.3 条第 1 款，全日集中热水供应系统 T_1 取 2~4h，为使 Q_g 的值最小，T_1 取 2h。

② 参考《建水标准》6.5.9 条条文说明，t_{mc} 取 0.12MPa（120kPa）饱和蒸汽对应的温度 122.65℃。

参考《建水标准》6.5.9 条第 1 款和第 2 款，$t_{mz}=50\sim90$℃，为使 Δt_j 最大，$t_{mz}=$ 90℃；被加热水的终温 t_z 按加热器出水温度计算取 70℃；冷水温度参考《建水标准》6.2.5 条，取 5℃。

③ 参考《建水标准》6.5.7 条，ε 为 0.6~0.8，为使 F_{jr} 最小，ε 取 0.8；K 取题干值 2340kJ/（m²·℃·h）；再参考《建水标准》6.5.3 条，设置 2 台水加热器时，每台水加热器的供热量为总供热量的 60%，从而单台水加热器加热面积也为总加热面积的 60%。

21. 某宾馆采用 $\eta=1$ 导流型容积式水加热器全日集中供应 60℃热水，设计小时耗热量持续时间为 3h，时变化系数为 3.0；热媒为 98℃热水，设计小时供热量 $Q_g=$ 2595940kJ/h，冷水为 10℃，热水密度均为 0.992kg/L；则该水加热器的贮热总容积最少为多少？（水加热器出水温度取 60℃）

名称	数量	60℃热水用水定额
客人	1000	120L/（人·d）
器具	数量	40℃热水 1h 用量（L）
浴缸（客房内）	300	300
淋浴器（客房内）	300	150
洗脸盆（客房内）	300	20

(A) 28m³　　　　(B) 12m³　　　　(C) 11m³　　　　(D) 7 m³

解析：

① $Q_h = K_h \dfrac{mq_r C(t_r-t_1)\rho_r}{T} C_\gamma = 3.0 \times \dfrac{1000 \times 120 \times 4.187 \times (60-10) \times 0.992}{24} \times 1.1$

$= 3426640.8(\text{kJ/h})$。

② $Q_g = Q_h - \dfrac{\eta V_r}{T_1}(t_r-t_1)C\rho_r = 3426640.8 - \dfrac{1.0 \times V_r}{3} \times (60-10) \times 4.187 \times 0.992$

$= 2595940(\text{kJ/h})$，解得 $V_r = 12000\text{L} = 12(\text{m}^3)$。

答案选【B】。

分析：

① 题干强调"宾馆采用 $\eta=1$ 导流型容积式水加热器全日集中供应 60℃热水"，参考《建水标准》6.4.1 条第 2 款，采用分散型全日制公式计算耗热量；K_h 取题干值 3.0，m 取题干值 1000 人，q_r 取题干值 120 L/（人·d），t_r 取题干值 60℃，t_1 取题干值 10℃，ρ_r 取题干值 0.992kg/L，T 参考《建水标准》表 6.2.1-1 取宾馆客房使用时间 24h，C_γ 取最小值 1.1。

② 参考《建水标准》6.4.3 条第 1 款，Q_g 取题干值 2595940kJ/h，η 取题干值 1，T_1 取题干值 3h，t_r 取题干值 60℃，t_1 取题干值 10℃，ρ_r 取题干值 0.992kg/L；从而解得 $V_r = 12000L = 12m^3$。

22. 一座办公楼和一座教学楼共用一套直饮水供水系统。办公楼每层 200 人，每层设置 20 个直饮水水嘴，共计 6 层；教学楼每层 432 人，每层设置 36 个直饮水水嘴，共计 4 层。则该直饮水系统的最小设计流量为多少？（所有参数取上限）

(A) 0.88L/s (B) 1.66L/s
(C) 1.75L/s (D) 1.84L/s

解析：

① $n_{0办公} = 20 \times 6 = 120$；$p_{0办公} = \dfrac{\alpha Q_d}{1800 n_1 q_0} = \dfrac{0.27 \times 200 \times 6 \times 2}{1800 \times 120 \times 0.06} = 0.05$。

② $n_{0教学} = 36 \times 4 = 144$；$p_{0教学} = \dfrac{\alpha Q_d}{1800 n_1 q_0} = \dfrac{0.45 \times 432 \times 4 \times 2}{1800 \times 144 \times 0.06} = 0.1$。

③ $144 \times 0.1 > 120 \times 0.05$，则教学楼为主管路（取自《直饮水规程》6.0.7 条条文说明），

取 $p_0 = 0.1$，则 $n_0 = 144 + \dfrac{120 \times 0.05}{0.1} = 204$。

④ 参考《建水标准》表 J.0.2，根据内插法计算 $m = 30 + (34 - 30) \times \dfrac{204 - 200}{225 - 200} = 30.64$

$$q_g = m q_0 = 30.64 \times 0.06 = 1.84 (L/s)。$$

答案选【D】。

分析：

① 题干强调"所有参数取上限"；对于办公楼，α 参考《建水标准》附录 J.0.3 取 0.27；参考《建水标准》6.9.2 条，直饮水定额取 2L/（人·班）；参考《建水标准》6.9.3 条第 2 款，管道直饮水水嘴额定流量 q_0 取 0.06L/s。

② 题干强调"所有参数取上限"；对于教学楼，α 参考《建水标准》附录 J.0.3 取 0.45；参考《建水标准》6.9.2 条，直饮水定额取 2L/（人·班）；参考《建水标准》6.9.3 条第 2 款，管道直饮水水嘴额定流量 q_0 取 0.06L/s。

③ 参考《直饮水规程》6.0.7 条条文说明，教学楼为主管路，从而求得 $p_0 = 0.1$，$n_0 = 204$；参考《建水标准》表 J.0.2 内插可得，$m = 30.64$；参考《建水标准》6.9.3 条第 8 款求得直饮水最小设计流量。

23. 某 30 层建筑，每层层高均为 3m，每层建筑面积均为 4000m²，其首层设有多间面积为 250～350m² 的便民商店和商业性服务用房，且设有湿式自喷系统。二～三十层均为普通住宅。则该建筑室内消防用水量最小应为哪项？

(A) 432m³ (B) 202m³ (C) 238m³ (D) 144m³

解析：

① 由于单间面积大于 300m²，应按商店考虑，不能按网点考虑，该建筑属于住宅建筑与商业建筑合建，商业部分（$V = 12000m^3$），住宅部分建筑高度为 90.0m。

② 室内消火栓流量（《消规》3.5.2条）：商业部分为25L/s（注意：本建筑仅商业部分设自喷，故不可折减）；住宅部分为20L/s；建筑面积为4000m²的商业为中危险级Ⅰ级。

③ 查《消规》3.6.2条，消火栓的火灾延续时间最小为2h。

④ 建筑消防用水量＝$25 \times 2 \times 3.6 + 6 \times 160 \div 60 \times 1 \times 3.6 = 238$（m³）。

答案选【C】。

24. 某地下甲类6级人防工程，为专业队队员掩蔽部，建筑面积为990m²，设一个防护单元，掩蔽人数为300人；人防工程用水由自备外水源供给，清洁区内仅有自备贮水箱供水来源。人防饮用水水箱（m³）、生活用水水箱的最小有效容积（m³）应是下列哪项？

(A) 3.0、10.8   (B) 22.5、8.1

(C) 22.5、18.9   (D) 13.5、8.4

解析：

$V_饮 = 5 \times 300 \times 15 \div 1000 = 22.5$（m³）。

$V_生 = 9 \times 300 \times 3 \div 1000 = 8.1$（m³）。

答案选【B】。

注：自备外水源属于有防护的外水源。城市自来水属于无防护的外水源。

25. 某竞赛池尺寸为50m×25m，水深3m，选用4台多层颗粒过滤器，反冲洗强度为15L/（m²·s），反冲洗时间5min，则该泳池均衡水池的最小有效容积为多少？（补水量充足）

(A) 57.46m³   (B) 61.88m³

(C) 65.58m³   (D) 244.96m³

解析：

均衡水池有效容积 $V_j = V_a + V_d + V_c + V_s$

① 水深3m，参考《游泳池规程》表4.2.1，泳池最大负荷为4m²/人，则容纳人数为$50 \times 25 \div 4 = 312.5$（人），取312人。

$V_a = 312 \times 0.06 = 18.72$m³。

② 循环流量：

$$q_c = \frac{V_p \times \alpha_p}{T_p} = \frac{50 \times 25 \times 3 \times 1.05}{5} = 787.5（\text{m}^3/\text{h}）。$$

③ 反冲洗所需水量：

$$A = \frac{1.1 q_c}{nv} = \frac{1.1 \times 787.5}{4 \times 30} = 7.22（\text{m}^2）；$$

$$V_d = q_反 A T = 15 \times 7.22 \times (5 \times 60) = 32490\text{L} = 32.49（\text{m}^3）。$$

④ 循环运行水量：

$$V_s = A_s \times h_s = 25 \times 50 \times 0.005 = 6.25（\text{m}^3）。$$

⑤ 均衡水池容积：

$$V_j = V_a + V_d + V_c + V_s = 18.72 + 32.49 + 0 + 6.25 = 57.46（\text{m}^3）。$$

答案选【A】。

分析：

① 参考《游泳池规程》表 4.2.1，由于游泳池水深为 3m，故人均池水面积取 $4m^2/$人，在计算人数时，为了不超过泳池的设计负荷，人数要向下取整。

② 参考《游泳池规程》表 4.4.1，3m 水深的竞赛池循环周期取 5h。参考《游泳池规程》5.2.2 条，总过滤能力不应小于 1.10 倍的池水循环水量；n 为过滤器数量，取题干值 4 台；v 为过滤器滤速，参考《游泳池规程》表 5.4.2-1 取 30m/h；进而可以算得单台过滤器的横截面积 A。再取题干给出的反冲洗强度 $15L/(m^2 \cdot s)$ 及反冲洗时间 5min 算得单个过滤器反冲洗时所需水量 V_d。

③ 参考《游泳池规程》4.8.1 条第 1 款，由于题干告知补充水量充足，故 V_c 取 0。

④ 参考《游泳池规程》4.8.1 条第 1 款，$V_s = A_s \times h_s$，其中 h_s 取 0.005m。

模拟冲刺 1　案例下

单选题（共 25 题，每题 2 分。每小题的四个选项中只有一个正确答案，错选、多选均不得分）

1. 某城市给水管网内设体积为 2400m³ 的高地水池一座。为节省二泵站运行费用且结合城市各时用水情况，拟定 0：00～6：00 期间为转输工况，转输期间二泵站均匀运行；另外在 6：00～24：00 期间均为二泵与高地水池联合供水工况。管网用水的时变化系数为 1.40，管网最大用水时高地水池出水流量 500m³/h，求二泵站的设计流量（m³/h）？（假定转输工况开始时高地水池内存水量为 0）

管网用水粗略统计表

0：00～6：00 合计用水	6：00～24：00 合计用水
7500m³	28500m³

(A) 1450　　　　(B) 1600　　　　(C) 1650　　　　(D) 2100

解析：

① 管网高日高时用水流量 $Q_h = [(7500+28500)/24] \times 1.40 = 2100$（m³/h）。

② 管网高日高时工况时二泵出流量 $Q_{bh} = 2100 - 500 = 1600$（m³/h）。

③ 转输期间的二泵出流量为 $Q_{bz} = (7500+2400)/6 = 1650$（m³/h）。

综上，二泵的设计流量为 1650（m³/h）。

答案选【C】。

2. 某市水厂依据当地原水条件，采用两处原水水源 M、N 为其重力供水。因 M 水源距水厂较远，故仅设一条输水管，其可为水厂供应 15% 的流量。N 水源距水厂 1900m，设计时作如下考虑：分为两段，上游段 400m，下游段 1500m。上游段地质条件、管理设施等良好，无管道事故之虞，故仅敷设单根管道；下游段平行敷设两根管道，且于管道间设一根连通管，再分为长 300m 和 1200m 的两段。若所有管道管径、材质均相同。试求整个输水系统可为水厂保证的最小事故保证率？满足现行标准否？（水损指数取 2）

(A) 54.3%，不满足　　　　　　(B) 68%，不满足

(C) 72.8%，满足　　　　　　　(D) 89.8%，满足

解析：

① 设单根管道的比阻为 α，则 N 水源管道的正常水损为：$[\alpha \times 400 + \alpha \times 1500 \times 0.25] \cdot q^2$。

② 分析可知 N 水源的下游 1200m 那一段事故时为最不利情况，则此时 N 水源管道的事故水损为：$[\alpha \times 400 + \alpha \times 1200 + \alpha \times 300 \times 0.25] \cdot q_a^2$。

③ 利用"N 水源管道的正常水损＝事故水损"建立等式，可求得 N 水源事故时流量占其正常流量的比例 $= q_a/q = 68\%$。

④ 整个输水系统可实现的事故保证率＝68％×(1－15％)＋15％＝72.8％。

答案选【C】。

3. 某机械搅拌絮凝池为 3 格串联，三格体积之比为 1：2：2，前一格耗散的功率为后一格的两倍。则第一格与第三格的速度梯度之比为以下何值？

(A) 0.35　　　　(B) 0.50　　　　(C) 2.00　　　　(D) 2.83

解析：

① 设第一格体积为 V_1，第一格耗散功率为 P_1。

② 设第三格的体积为 V_3，耗散功率为 P_3。

③ 由题意可知，$V_3=2V_1$，$P_3=P_1/4$。

④ $G_1=[P_1/(\mu V_1)]^{0.5}$，$G_3=[P_3/(\mu V_3)]^{0.5}=[(P_1/4)/(\mu\times 2V_1)]^{0.5}=0.354G_1$。

⑤ $G_1/G_3=2.82$。

答案选【D】。

4. 有一座斜管沉淀池，斜管倾角 $\theta=60°$，该斜管沉淀池设计处理水量为 1282m³/h，清水区面积 $F=250\text{m}^2$，斜管材料所占面积和构造上的无效沉淀积共占水平面积的 5％，则斜管内轴向流速为多少（mm/s）？

(A) 2.31　　　　(B) 1.73　　　　(C) 2.19　　　　(D) 1.64

解析：

$Q=F\times v'_s=250\times(0.95\times v_s\times 3.6)=1282\text{ m}^3/\text{h}$，故 $v_s=1.5\text{mm/s}$。

$v_s=v_0\times\sin 60°=1.5\text{mm/s}$，则计算得：$v_0=1.73\text{mm/s}$。

答案选【B】。

5. 某 V 型滤池在任何工况下，均需留有 1 格滤池空载备用。其正常滤速为 v(m/h)，反冲洗期间有表面扫洗，表面扫洗的强度为 $v/6[\text{L}/(\text{m}^2\cdot\text{s})]$。若该滤池的强制滤速(m/h)不能高于正常滤速(m/h)的 1.05 倍，则该座滤池至少应分为几格？

(A) 5 格　　　　(B) 6 格　　　　(C) 9 格　　　　(D) 10 格

解析：

① 设单格面积为 F，滤池格数为 n，则滤池组设计流量为 $(n-1)Fv$。

② 当一格反冲洗时(反冲洗期间进行表面扫洗)，其他 $(n-2)$ 格总流量为 $(n-1)Fv-3.6(v/6)F$，故强制滤速 $v_强=[(n-1)Fv-3.6F(v/6)]/(n-2)F\leqslant 1.05v$，解得：$n\geqslant 10$，取 $n=10$。

答案选【D】。

6. 一待处理原水，流量为 Q，水中的全部阴阳离子当量浓度（mmol/L）为：

阳离子，$[\text{Na}^+$、$\text{Ca}^{2+}]$ 为 a，b；

阴离子，$[\text{HCO}_3^-$、SO_4^{2-}、$\text{Cl}^-]$ 为 x，y，z；

通过 R-H 离子交换柱处理，运行 t 时硬度即将泄漏，试求：

① 运行至漏 Na^+ 即将泄漏时，出水中酸度为多少（mmol/L）？

② 整个运行周期 t 所得产品水均匀混合，其平均酸度为多少（mmol/L）？

(A) ①＝$y+z$，②＝$y+z-a$　　　　(B) ①＝$y+z$，②＝$y+z-b$

(C) ①＝$x+y+z$，②＝$y+z-a$　　(D) ①＝$x+y+z$，②＝$y+z-b$

解析：

① 运行至漏 Na^+ 即将泄漏时，此前所有出水中阳离子仅为 H^+，阴离子为 SO_4^{2-} 和 Cl^-，由电中性原理得：$[H^+]=[SO_4^{2-}+Cl^-]=y+z$。

② 运行至硬度即将泄漏时，原水全部的 Ca^{2+} 恰好装满树脂，此前所有出水中阳离子有"H^+ 和原水全部的 Na^+"，阴离子为 SO_4^{2-} 和 Cl^-，由电中性原理得：$[H^++Na^+]=[SO_4^{2-}+Cl^-]$，则 $[H^+]=y+z-a$。

答案选【A】。

7. 现有 2000g 试验用的苯乙烯系强酸型干树脂，该干树脂颗粒的真密度约为 1.857g/mL。经测试得知，该干树脂颗粒湿水后发生溶胀，湿树脂颗粒的含水率 w 约为 50%，湿树脂层的孔隙率 m 约为 40%。若不计该干树脂颗粒内部的孔隙体积（也即颗粒湿水溶胀后的体积增加值近似等于其吸水体积），则该树脂装填所需离子交换器的容积至少为多少毫升？（水的密度取 1g/mL）

(A) 1077　　　　(B) 3076　　　　(C) 2564　　　　(D) 5128

解析：

解法 1：

① 注意，计算树脂的装填体积是需要其湿视密度的，切勿用成湿真密度甚至干颗粒的真密度。

② 含水率 w＝吸水质量÷湿树脂质量＝（湿树脂质量－干树脂质量）÷湿树脂质量＝（湿树脂质量－2000）÷湿树脂质量＝50%，可解得湿树脂质量为 4000g，也即意味着湿水后吸水质量 2000g。

③ 湿树脂颗粒的真密度＝湿树脂质量÷湿树脂颗粒本身所占体积＝4000÷（干树脂体积＋吸水体积）＝4000÷[（2000/1.857）＋（2000/1）]≈1.3(g/mL)。

④ 湿树脂层的堆积密度＝1.3×（1－m）＝1.3×（1－40%）＝0.78(g/mL)。

⑤ 离子交换器装填容积＝湿树脂质量÷湿视密度＝4000÷0.78≈5128(mL)。

解法 2：

① 注意，计算树脂的装填体积时，是考虑树脂湿水溶胀后所需占据的堆积体积。显然，此堆积体积包含了"湿树脂颗粒自身占据体积、颗粒之间的孔隙体积"。

② 由题意，该堆积体积内，孔隙率为 40%，即意味着湿树脂颗粒自身占据体积率为 60%。因此，该堆积体积＝湿树脂颗粒自身占据体积÷60%。

③ 由题意，湿树脂颗粒自身占据体积＝干树脂体积＋吸水体积，结合题干所给的湿颗粒含水率为 50% 可知，2000g 干树脂的吸水质量为 2000g。故湿树脂颗粒自身占据体积＝2000÷1.857＋2000÷1。

④ 代入参数得，该堆积体积＝（2000÷1.857＋2000÷1）÷60%≈5128(mL)。

答案选【D】。

8. 某城镇污水处理厂旱流设计流量为 $2000\text{m}^3/\text{h}$，暴雨时设计流量为 $3800\text{m}^3/\text{h}$。设计 2 座旋流沉砂池。问下列哪组设计数据合理？写出分析计算过程。

(A) 沉砂池直径 3.0m，有效水深 1.8m

(B) 沉砂池直径 3.5m，有效水深 1.7m

(C) 沉砂池直径 3.8m，有效水深 1.5m

(D) 沉砂池直径 4.0m，有效水深 1.0m

解析：

① $A = \dfrac{3600Q_{max}}{q} = \dfrac{3500}{2 \times (150 \sim 200)} = 8.75 \sim 11.67(\text{m}^2)$，$D = 3.34 \sim 3.85(\text{m})$，故 B、C 选项合适。

② 校核停留时间 $T = \dfrac{V}{Q} = \dfrac{2 \times 1.7 \times 3.14 \times 1.75 \times 1.75 \times 3600}{3800} = 29.1(\text{s}) < 30(\text{s})$，故不满足。

③ 校核停留时间 $T = \dfrac{V}{Q} = \dfrac{2 \times 1.5 \times 3.14 \times 1.9 \times 1.9 \times 3600}{3800} = 32.2(\text{s}) > 30(\text{s})$，故满足。

答案选【C】。

9. 某活性污泥法曝气池容积 V 为 10000m^3 时，其活性污泥的容积指数 SVI 为 100，污泥回流比 R 为 50%，污泥修正系数 r 取 1.2，设计污泥龄为 8d，求曝气池每天排放剩余污泥量（以 MLSS 计）。

(A) $416.7\text{m}^3/\text{d}$ (B) $500\text{m}^3/\text{d}$ (C) $550\text{m}^3/\text{d}$ (D) $1250\ \text{m}^3/\text{d}$

解析：

① $X_r = \dfrac{VX}{Q_w \theta_c} \approx \dfrac{10^6}{\text{SVI}} r = \dfrac{10^6}{100} \times 1.2 = 12000(\text{mg/L})$。

② $X = \dfrac{R}{1+R} X_r = \dfrac{0.5}{1+0.5} \times 12000 = 4000(\text{mg/L})$。

③ $Q_w X_r = \dfrac{VX}{\theta_c} \Rightarrow Q_w = \dfrac{VX}{X_r \theta_c} = \dfrac{10000 \times 4000}{12000 \times 8} = 416.7\ (\text{m}^3/\text{d})$。

答案选【A】。

10. 某城镇污水处理厂设计 2 组碳氧化（A 池）—硝化（B 池）两段曝气生物滤池系统，旱季设计流量 $8000\text{m}^3/\text{d}$，设计进水水质 BOD_5 为 160mg/L、$NH_3\text{-}N$ 为 40mg/L，出水水质 BOD_5 为 20mg/L、$NH_3\text{-}N$ 为 8mg/L。曝气生物滤池滤料高度均定为 3.5m。下列每组系统中的硝化（B 池）的单池平面尺寸，哪项设计数据最合理？

(A) $L \times B = 6\text{m} \times 5\text{m}$ (B) $L \times B = 6\text{m} \times 6\text{m}$

(C) $L \times B = 7\text{m} \times 7\text{m}$ (D) $L \times B = 12\text{m} \times 12\text{m}$

解析：

① 按容积负荷计算：$A = \dfrac{QS_0}{1000L_V H} = \dfrac{4000 \times 40}{1000 \times (0.6 \sim 1.0) \times 3.5} = 45.7 \sim 76.2(\text{m}^2)$。

② 按水力负荷计算：

$$A = \frac{Q \div 24}{3 \sim 12} = \frac{4000 \div 24}{3 \sim 12} = 13.9 \sim 55.6 (\text{m}^2)。$$

同时满足要求的面积是 45.7~55.6 m²，选项 C 最合理。

答案选【C】。

11. 某酒厂采用中温厌氧接触法处理废水，设计水量为 2000m³/d，废水可降解的 COD 浓度为 500mg/L，污泥产率系数取为 0.04gVSS/gCOD，最大反应速率为 6.67d⁻¹，饱和常数为 2224mg/L，污泥内源呼吸系数为 0.02d⁻¹，要求 COD 去除率大于 90%，经计算维持厌氧接触反应器的正常运行的最适宜污泥龄应为下列何项？

(A) 5d　　　　　(B) 30d　　　　　(C) 40d　　　　　(D) 150d

解析：

$$\theta_C \geqslant \frac{K_C + S_e}{S_e(Yk - b) - bK_C} = \frac{2224 + 500}{500 \times (0.04 \times 6.67 - 0.02) - 0.02 \times 2224} = 34.5(\text{d})。$$

答案选【C】。

12. 某城镇排放污水量 $Q = 7500\text{m}^3/\text{d}$，设计进水 BOD_5 为 80mg/L，夏季水温 20℃，拟采用地表流人工湿地处理系统，使出水 BOD_5 达到《城镇污水处理厂污染物排放标准》GB 18918—2002 一级 B 标准，介质孔隙度 ε=0.75，设计 BOD_5 负荷为 15~30kg/(hm²·d)，水力负荷不超过 0.1m³/(m²·d)，下列关于该地表流人工湿地处理系统的占地面积和水深设计中哪项计算值合理？

(A) 占地面积 15hm²，设计水深 0.3m
(B) 占地面积 20hm²，设计水深 0.5m
(C) 占地面积 25hm²，设计水深 0.6m
(D) 占地面积 30hm²，设计水深 0.8m

解析：

一级 B 标准出水 $BOD_5 = 20$mg/L

$$A = \frac{[Q \times (S_0 - S_1)]}{1000q_{os}} = \frac{[7500 \times (80 - 20)]}{(15 \sim 30) \times 1000} = 150000 \sim 300000(\text{m}^2);$$

$$A = \frac{Q}{q_{hs}} \geqslant \frac{7500}{0.1} = 75000(\text{m}^2)。$$

规定表面流的有效水深为 0.3~0.6m，故 D 错误；规范要求停留时间宜为 4~8d，故 B、C 错误。

$$t = \frac{V\varepsilon}{Q} = \frac{AH\varepsilon}{Q} = \frac{150000 \times 0.3 \times 0.75}{7500} = 4.5(\text{d});$$

$$t = \frac{V\varepsilon}{Q} = \frac{AH\varepsilon}{Q} = \frac{200000 \times 0.5 \times 0.75}{7500} = 10(\text{d});$$

$$t = \frac{V\varepsilon}{Q} = \frac{AH\varepsilon}{Q} = \frac{250000 \times 0.6 \times 0.75}{7500} = 15(\text{d})。$$

答案选【A】。

13. 某消化污泥含水率为 97%，脱水后滤饼固体浓度为 18%，脱水后滤液含水率为

99.8%，过滤周期为100s，其中准备和卸滤饼时间均为40s，过滤压力为 $3.5 \times 10^4 \text{N/m}^2$，动力黏滞系数为 $0.001 \text{N} \cdot \text{s/m}^2$，过滤比阻为 $50.0 \times 10^{11} \text{m/kg}$，求固体回收率和过滤产率。

(A) 96.5%，3.50kg/ $(\text{m}^2 \cdot \text{h})$　　　(B) 94.4%，3.50kg/ $(\text{m}^2 \cdot \text{h})$

(C) 96.5%，6.25kg/ $(\text{m}^2 \cdot \text{h})$　　　(D) 94.4%，6.25kg/ $(\text{m}^2 \cdot \text{h})$

解析：

$$R = \frac{C_k(C_0 - C_f)}{C_0(C_k - C_f)} = \frac{180 \times (30 - 2)}{30 \times (180 - 2)} \times 100 = 94.4\%;$$

$$w = \frac{(C_0 - C_f) \times C_k}{C_k - C_0} = \frac{(30 - 2) \times 180}{180 - 30} = 33.6(\text{g/L});$$

$$L = \frac{W}{A t_c} = \left(\frac{2Ptw}{urt_c^2}\right)^{\frac{1}{2}} = \left(\frac{2 \times 3.5 \times 10^4 \times 33.6 \times 20}{0.001 \times 50 \times 10^{11} \times 100^2}\right)^{\frac{1}{2}} = 3.5[\text{kg/(m}^2 \cdot \text{h})].$$

答案选【B】。

14. 某工厂产生含硫酸1%的工业废水 $1000 \text{m}^3/\text{d}$，设计使用投加含氢氧化钠5%的碱液中和，设计采用连续流中和池进行中和反应，实验确定该中和反应的不均匀系数为1.2，试求中和池有效容积设计最合理的是？

(A) 25m³　　　(B) 50 m³　　　(C) 200m³　　　(D) 1200m³

解析：

① 硫酸质量：$m = 1000 \times 1000 \times 0.01 = 10000(\text{kg})$。

② 碱性废水量：$m \times 0.05 = 10000 \times 0.82 \times 1.2 \Rightarrow m = 196.8(\text{t}) = 196.8(\text{m}^3)$。

③ 根据知识详解连续流中和池停留时间宜为1~2h

$$V = (1000 + 196.8) \div 24 \times (1 \sim 2) = 49.8 \sim 99.7(\text{m}^3).$$

答案选【B】。

15. 某生化处理系统设计处理水量为 $4800 \text{m}^3/\text{d}$，进水COD浓度为680mg/L，COD去除率为87%，经生化处理的废水用粉末活性炭吸附处理到COD≤10mg/L后回用，已知采用粉末活性炭的Freundlich吸附等温式为 $x/M = 0.03C_e^{0.8}$，吸附平衡时间为2h。下列粉末活性炭投加量设计正确的是？（x 为达到吸附平衡时再生活性炭中所含的COD质量，M 为再生活性炭质量，C_e 单位为mg/L）。

(A) 16kg/h　　　(B) 14kg/h　　　(C) 83kg/h　　　(D) 76kg/h

解析：

$$\frac{x}{M} = 0.03C_e^{0.8} = 0.03 \times 10^{0.8} = 0.189(\text{mg/mg}).$$

$$M = \frac{x}{0.189} = \frac{4800 \times [680 \times (1 - 0.87) - 10]}{0.189 \times 24} = 82962(\text{g/h}) = 82.962(\text{kg/h}).$$

答案选【C】。

16. 某住宅小区，有高层住宅16座，每座33层，每层2个单元，每层每单元2户，每户3人，每户均设家用热水机组；小区配套商业总建筑面积3500m²，无住宿幼儿园共有学生 360 人。采用气压罐供水，最高最低供水压力时，气压罐上压力表的读数分别为 0.5MPa 和 0.35MPa。水泵每小时启动 6 次，采用卧式补气罐，则气压罐总容积最小为多少？（注：①配套商业营业厅面积占总建筑面积的 70%；②不计未预见和管网漏损水量；③若与住宅用水高峰出现在不同的时段，则按平均时用水量计入）

(A) 20.3m³　　　　(B) 22.7m³　　　　(C) 24.3m³　　　　(D) 27.0m³

解析：

① $Q_h = 2 \times \dfrac{16 \times 33 \times 2 \times 2 \times 3 \times 180}{24 \times 1000} + 1.2 \times \dfrac{3500 \times 0.7 \times 5}{12 \times 1000} + \dfrac{360 \times 30}{10 \times 1000}$

$\quad = 97.345 (\text{m}^3/\text{h})$。

② $V_{q2} = \dfrac{\alpha_a q_b}{4 n_q} = \dfrac{1 \times (1.2 \times 97.345)}{4 \times 6} = 4.87 (\text{m}^3)$。

③ $V_q = \dfrac{\beta V_{q1}}{1 - \alpha_b} = \dfrac{1.25 \times 4.87}{1 - \dfrac{0.35 + 0.1}{0.5 + 0.1}} = 24.3 (\text{m}^3)$。

答案选【C】。

分析：

① 参考《建水标准》3.13.4 条第 3 款："居住小区内配套的文教、医疗保健、社区管理等设施，以及绿化和景观用水、道路及广场洒水、公共设施用水等，均以平均时用水量计算节点流量"可得，无住宿幼儿园的用水高峰与住宅出现在不同的时段，故需按平均时用水量计入高日高时流量。

② 参考《建水标准》3.2.1 条结合题干可得，设有家用用水机组的住宅，人数为 16 × 33 × 2 × 2 × 3 ＝ 6336（人），定额取 180L/（人·d），时变化系数取 2.0，使用时数取 24h；参考《建水标准》3.2.2 条结合题干可得，商业营业厅面积为 3500 × 0.7 ＝ 2450（m²），定额取 5L/（m²营业厅·d），时变化系数取 1.2，使用时数取 12h。参考《建水标准》3.2.2 条结合题干可得，无住宿幼儿园儿童人数为 360 人，定额为 30L/（儿童·d），使用时数取 10h。由于题干强调"不计未预见和管网漏损水量"，因而小区高日高时流量不用乘以 1.08~1.12 的系数；综上所述，算得小区的高日高时流量为 97.345 m³/h。

③ 参考《建水标准》3.9.4 条第 4 款，α_a 取最小值 1.0，q_b 取 1.2 倍的高日高时流量，n_q 取题干值 6 次。

④ 参考《建水标准》3.9.4 条第 5 款，β 取卧式补气管对应的 1.25，α_b 取气压水罐内的工作压力比（以绝对压力计）。

17. 某住宅小区设有 8 栋住宅楼，设有定时（19：00~23：00）集中供应热水系统，每栋住宅楼设计人数 250 人；小区配套建设一座 200 儿童的无寄宿幼儿园；小区内绿化面积为 5600m²，道路和广场面积为 4400m²；小区设一座公共游泳池，每日补充水量为 60m³；其中绿化、道路及广场浇洒时间为每日 8h，时变化系数为 1.2；游泳池每天 24h 均匀补水；则本小区给水设计用水量（m³/d）为下列哪项？（注：①小区未预见及管网漏失水量取 10%；②用水定额取高限值，时变化系数取低限值）

(A) 62　　　　(B) 69　　　　(C) 740　　　　(D) 814

解析：

$Q_{d住宅} = 8 \times 250 \times 320 \times 10^{-3} = 640(m^3/d)$；

$Q_{d幼} = 200 \times 50 \times 10^{-3} = 10(m^3/d)$；

$Q_{d绿化} = 5600 \times 3 \times 10^{-3} = 16.8(m^3/d)$；

$Q_{d道路广场} = 4400 \times 3 \times 10^{-3} = 13.2(m^3/d)$；

$Q_{设计} = 1.1 \times (640 + 10 + 16.8 + 13.2 + 60) = 814(m^3/d)$。

答案选【D】。

分析：

① 本题求的是小区给水设计用水量的最小值，故需要计入小区未预见及管网漏失水量，取题干值10%；其他用水部分按最高日用水量计算。

② 题干强调"用水定额取高限值"；参考《建水标准》3.2.1条结合题干可得，设有集中热水供应系统的住宅，人数为 $8 \times 250 = 2000$ 人，定额取320L/（人·d）。参考《建水标准》3.2.2条结合题干可得，无住宿幼儿园儿童人数为200人，定额为50L/（儿童·d）。参考《建水标准》3.2.3条结合题干可得，绿化面积为5600m²，定额为3L/（m²·d）。参考《建水标准》3.2.4条结合题干可得，道路和广场面积为4400m²，定额为3L/（m²·d）。结合题干可得公共游泳池，每日补充水量为60m³（题干并没有给出游泳池初次充水量的相关计算参数，故游泳池用水只能按每日补充水量计算）；从而可以算得小区各用水部分的最高日用水量。

18. 某五星级宾馆客房卫生间污废合流，卫生间内设有冲洗水箱坐式大便器1个，浴盆1个，单独设置的淋浴器1个，洗脸盆1个，排水管采用塑料管，粘接。则该卫生间排水横支管的设计流量和最小管径分别为多少？

(A) 2.02L/s；$De75$　　　　　　　　(B) 2.03L/s；$De75$

(C) 2.02L/s；$De110$　　　　　　　 (D) 2.03L/s；$De110$

解析：

$q_p = 0.12\alpha\sqrt{N_p} + q_{max} = 0.12 \times 1.5 \times \sqrt{4.5 + 3 + 0.45 + 0.75} + 1.5 = 2.03(L/s)$。

参考《建水标准》4.5.8条大便器排水管管径不小于 $DN100$。

由于排水横支管采用塑料管，粘接，参考《建水标准》4.5.6条，管道坡度为0.026，充满度为0.5。

参考《常用资料2025》5.8节可得，当管径为 $De110$，坡度为0.026，充满度为0.5时，流量为6.61L/s＞2.03L/s，故满足要求。

答案选【D】。

分析：

① 参考《建水标准》4.5.1条，冲洗水箱大便器当量为4.5，浴盆当量为3，淋浴器当量为0.45（题干强调"淋浴器为单独设置"故淋浴器的当量也要计入），洗脸盆当量为0.75；由于为独立卫生间，参考《建水标准》4.5.2条，α 取1.5。

② 参考《建水标准》4.5.8条：大便器排水管最小管径不得小于100mm，可得，管径从 $De110$ 开始试算；参考《建水标准》4.5.6条，由于排水横支管采用塑料管，粘接，从而坡度取0.026，充满度取0.5；参考《常用资料2025》5.8节可得，当管径为 $De110$，

坡度为 0.026，充满度为 0.5 时，流量为 6.61L/s 满足要求，故横支管管径取 $De110$。

19. 下图建筑为重要公共建筑，1、2 两部分均采用天沟集水，天沟采用矩形断面，底宽 300mm，坡度 0.03，则下列天沟深度中，适合 1 区部分的最小深度为多少？（暴雨强度公式为 $q = \dfrac{2001(1+0.811\lg P)}{(t+8)^{0.711}}[\text{L}/(\text{s}\cdot\text{hm}^2)]$，天沟采用水泥砂浆光滑抹面）

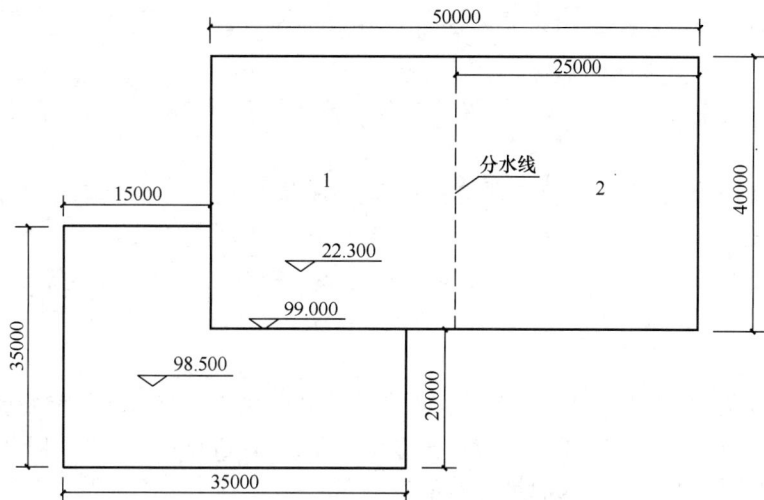

(A) 100mm   (B) 150mm   (C) 200mm   (D) 250mm

解析：

① 重要公共建筑设计重现期取 10 年，降雨历时 5min

$$q_j = \frac{2001(1+0.811\lg 10)}{(5+8)^{0.711}} = 585[\text{L}/(\text{s}\cdot\text{hm}^2)]。$$

② 汇水面积：$F = (50-25)\times 40 + 0.5\times\sqrt{(35-20)^2+(35-15)^2}\times(99-22.3) = 1959(\text{m}^2)$。

③ 由于采用天沟集水从而雨水不会溢流进入室内，则 1 区设计雨水量为

$$Q = \frac{q_j\psi F_w}{10000} = 1959\times 1\times 585\div 10000 = 114.6(\text{L}/\text{s})。$$

④ 采用天沟公式计算其排水能力：

$$Q_{沟} = bh\cdot\frac{1}{n}\left(\frac{bh}{b+2h}\right)^{\frac{2}{3}}I^{\frac{1}{2}} = 0.3\times h\times\frac{1}{0.012}\times\left(\frac{0.3h}{0.3+2h}\right)^{\frac{2}{3}}\times 0.03^{\frac{1}{2}}$$

则经过试算法试算可得：

当有效水深 $h = 100\text{mm} = 0.1\text{m}$ 时，$Q = 0.06636\text{m}^3/\text{s} = 66.4\text{L}/\text{s} < 114.6\text{L}/\text{s}$，不满足要求；

当有效水深 $h = 150\text{mm} = 0.15\text{m}$ 时，$Q = 0.1155\text{m}^3/\text{s} = 115.5\text{L}/\text{s} > 114.6\text{L}/\text{s}$，满足要求；

另考虑超高 50～100mm，则天沟最小深度为 150+50＝200(mm)。

答案选【C】。

分析:

① 参考《建水标准》5.2.3条，降雨历时取5min；参考《建水标准》5.2.4条，重要公共建筑屋面的重现期取10年；代入暴雨强度公式可得，设计暴雨强度为585L/(s·hm²)。

② 参考《建水标准》5.2.7条：屋面的汇水面积应按屋面水平投影面积计算。高出裙房屋面的毗邻侧墙，应附加其最大受雨面正投影的1/2计算，结合题干配图可得，屋面水平投影面积为：$(50-25)×40$，侧墙的附加面积为：$0.5×\sqrt{(35-20)^2+(35-15)^2}×(99-22.3)$，从而汇水面积为1959m²。

③ 参考《建水标准》5.2.6条，屋面的径流系数ψ取1，从而算得1区的设计雨水量为114.6L/s。

④ 题干强调为天沟排水，故采用天沟排水计算公式，其中b取题干值300mm＝0.3m，由于天沟采用水泥砂浆光滑抹面，n取0.012，I取题干值0.03；从而试算可得，当有效水深为150mm时，满足区域1的排水要求；又因为h为有效水深，不包含超高；故天沟深度应另增加50~100mm的保护高度，从而天沟的最小深度为150+50＝200mm。

20. 某建筑采用半即热式水加热器定时制集中热水供应系统。该系统配水管道热损失72000kJ/h，水头损失为55kPa，水容量为800L；回水管道热损失36000kJ/h，水头损失为45kPa，水容量为900L；水加热器容量为100L，水头损失为20kPa。则系统热水循环水泵的流量最小应为多少？

(A) 3400 L/h　　　(B) 3600L/h　　　(C) 5100L/h　　　(D) 5400L/h

解析:

$$q_{xh}=1.5×2×(800+900)=5100(L/h)。$$

答案选【C】。

分析:

① 参考《建水标准》6.7.6条：定时集中热水供应系统的热水循环流量可按循环管网总水容积的2倍~4倍计算。循环管网总水容积包括配水管、回水管的总容积，不包括不循环管网、水加热器或贮热水设施的容积，从而可得该定时集中热水供应系统的循环流量为2×（800+900）＝3400(L/h)。

② 参考《建水标准》6.7.10条第1款，循环水泵的流量为系统循环流量的1.5~2.5倍，取1.5倍。

21. 北京市某五星级酒店为提高品质，热水系统采用导流型容积式水加热器一次加热，每户卫生间内设置即热式电热水器二次加热的供热方式，卫生间内洗脸盆和淋浴器供应热水，但由于电量有限，每户电热水器耗电量最大仅为10kW，则导流型容积式水加热器出水温度最低为多少？（用户端供应热水温度为60℃，热水密度取1kg/L，忽略一次加热至二次加热的热损失量）

(A) 48.4℃　　　(B) 48.7℃　　　(C) 55.4℃　　　(D) 55.5℃

解析：

① $q_g = 0.2\alpha\sqrt{N_g} = 0.2 \times 2.5 \times \sqrt{0.5+0.5} = 0.5(\text{L/s}) > 0.1+0.1 = 0.2(\text{L/s})$，取 0.2L/s。

② $Q_g = W\eta = 10 \times 0.97 = 9.7(\text{kW}) = 9.7(\text{kJ/s}) = 34920(\text{kJ/h})$。

③ $Q_g = 3600q_g \times C(t_r - t_1)\rho_r$；

则 $t_1 = t_r - \dfrac{Q_g}{3600q_g \times C \times \rho_r} = 60 - \dfrac{34920}{3600 \times 0.2 \times 4.187 \times 1} = 48.4(℃)$。

答案选【A】。

分析：

① 本题出题思路仅供借鉴，不建议同学们通过这题来发散思维，去琢磨热水是否有其他新的考点。

② 本题难度较大，考察对热水系统的理解，实质是通过已知即热式电热水器的供热量（耗电量×效率），去反求即热式电热水器的进水温度（即公式中的冷水温度），由于题干强调"忽略一次加热至二次加热的热损失量"，从而可得，即热式电热水器的进水温度即为导流型容积式水加热器出水温度。

③ 参考《建水标准》6.4.3条第3款，由于为即热式电热水器，故供热量要按照系统的秒耗量计算；先求热水秒流量，参考《建水标准》3.7.6条，宾馆的 α 取2.5；参考《建水标准》3.2.12条，洗脸盆的当量取混合水嘴括号内的值0.5，淋浴器当量取括号内的值0.5；由于计算所得的热水秒流量0.5L/s，大于洗脸盆＋淋浴器的总热水秒流量0.2L/s，从而热水秒流量取0.2L/s。

④ 参考《建水工程2025》P280，电加热器的效率 η 为95%～97%；由题意得，冷水经过水加热器和电加热器两次加热，为用户提供60℃的热水，由于题干求的是水加热器最低的出水温度，因此电加热器的加热效率要取最大值，从而电加热器的进出水温度差才能最大，水加热器的出水温度才能最小；综上所述，电加热器的效率取97%而不是取95%。

⑤ 参考《建水标准》6.4.3条第3款，t_r 取题干值60℃，Q_g 取34920kJ/h，q_g 取0.2L/s，ρ_r 取题干值1kg/L，从而求得，即热式电热水器进水温度 t_1（也就是导流型容积式水加热器出水温度）为48.4℃。

22. 某8层展览建筑，层高4m，每层建筑面积12800m²，设有室内外消火栓系统、自动喷水系统全保护，关于该建筑消防系统（临时高压）设计的叙述如下：

(1) 该建筑为二类高层公建；

(2) 应设置高位消防水箱；

(3) 室外消火栓设计流量不应小于40L/s；室内消火栓设计流量不应小于30L/s；

(4) 消火栓火灾延续时间为2h；自动喷水火灾延续时间为1h；

(5) 一起火灾的消防用水量至少为828m³；

以上叙述中错误的有几条？写出叙述错误的序号并对应说明错误的原因。（注：自动喷水系统设计流量20L/s）

(A) 2条   (B) 3条   (C) 4条   (D) 5条

解析：

① 建筑高度 32.0m 且每层面积 12800m²，则属于一类高层公共建筑（《建规》5.1.1 条），故（1）错误。

② 参考《建筑通规》3.0.9 条：高层民用建筑、3 层及以上单体总建筑面积大于 10000m² 的其他公共建筑，当室内采用临时高压消防给水系统时，应设置高位消防水箱，故（2）正确。

③ 该建筑体积为 32×12800=409600(m³)，室外消火栓设计流量为 40L/s（《消规》3.3.2 条）；室内消火栓流量为 30-5=25(L/s)（《消规》3.5.2 条查得 30L/s，又根据《消规》3.5.3 条折减 5L/s）；故（3）均错误。

④ 消火栓火灾延续时间为 3h（《消规》3.6.2 条），自喷火灾延续时间为 1h（《喷规》5.0.16 条），故（4）错误。

⑤ 消防用水量：40×3×3.6+25×3×3.6+20×1×3.6=774m³，故（5）错误。

答案选【C】。

23. 某高层办公楼共 10 层，层高 4m 且有通透性网格吊顶，自动喷水系统每层布置均相同，设置双连锁预作用系统，最顶层最不利作用面积内平均喷水强度和流量满足规范要求，最不利作用面积入口压力 0.35MPa，经核算按层高计算的损失为 0.003MPa/m。则首层最不利作用面积的出流量（L/s）和平均喷水强度 [L/(m²·min)] 为多少？（注：忽略立管至最不利作用面积处的横管水头损失）

　（A）31.8；11.92　　　　　　　（B）31.8；9.17

　（C）41.33；11.92　　　　　　　（D）41.33；15.5

解析：

高层办公楼危险等级为中危险级 I 级，喷水强度 6L/(m²·min)，作用面积 1.3×160=208(m²)，喷水强度为 1.3×6=7.8[L/(m²·min)]

① 顶层：$Q_顶 = 7.8 \times 208 = 1622.4$(L/min)。

② 首层：

(a) $P_首 = 0.35 + (4 \times 9) \times 10^{-2} + 0.003 \times (4 \times 9) = 0.818$(MPa)；

(b) $Q_首 = \sqrt{\dfrac{0.818}{0.35}} \times 1622.4 = 2480.3$(L/min) = 41.33(L/s)；

(c) $D_首 = \dfrac{2480.3}{208} = 11.92$[L/(m²·min)]。

答案选【C】。

24. 某建筑油浸式电力变压器设置水喷雾灭火系统，共设置 4 个喷头，给水管网采用对称布置，管材采用不锈钢管，供水管入口处压力为 0.45MPa，供水管入口到各喷头的损失均为 0.042MPa，喷头流量系数均为 53.4，则该水喷雾系统的设计用水量最少为多少（m³）？

　（A）10.35　　　　（B）10.87　　　　（C）25.9　　　　（D）27.2

解析：

查《水喷雾灭火规范》3.1.2条得：持续供水时间为0.4h

$Q = 1.05 \times 4 \times 53.4 \times \sqrt{10 \times (0.45 - 0.042)} = 453(\text{L/min})$；

$V = Qt = 453 \times 0.4 \times 60 = 10.87(\text{m}^3)$。

答案选【B】。

25. 某住宅小区拟收集生活优质杂排水作为中水水源，中水供应冲厕、小区绿化和洗车用水，已知具体参数如下：住宅和公建最高日生活用水量为 $1000\text{m}^3/\text{d}$，平均日折减系数为0.8，排水折减系数为0.9，分项给水百分率：冲厕21%，厨房20%，洗浴36%，洗衣23%，中水处理设施自耗水量为10%，每日运行12h，小区绿化和洗车用水量之和为 $150\text{m}^3/\text{d}$，则该小区中水处理设施的处理能力为何值？

(A) $16.5\text{m}^3/\text{h}$ (B) $33.0\text{m}^3/\text{h}$ (C) $35.4\text{m}^3/\text{h}$ (D) $39.3\text{m}^3/\text{h}$

解析：

① 设计原水量：$(1 + n_1)Q_z = 1.1 \times (1000 \times 0.21 + 150) = 396(\text{m}^3/\text{d})$。

② 可收集原水量：$Q_y = \sum \beta \cdot Q_{pj} \cdot b = 0.9 \times (1000 \times 0.8) \times (0.36 + 0.23)$
$= 424.8(\text{m}^3/\text{d}) > 396(\text{m}^3/\text{d})$；

则为溢流工况。

③ 中水处理设施的处理能力：$Q_h = \dfrac{396}{12} = 33(\text{m}^3/\text{h})$。

答案选【B】

分析：

① 根据题干可得，自耗水系数取题干值1.1，中水用水量为冲厕用水和绿化洗车用水；参考《中水标准》5.5.3条结合题干可得，冲厕用水按照建筑最高日生活用水量的21%计算。

② 由于题干强调"收集生活优质杂排水作为中水水源"，参考《中水标准》2.1.10条，原水为洗浴用水和洗衣用水，占比分别为36%和23%；参考《中水标准》3.1.4条结合题干可得，β取题干值0.9，Q_{pj}按高日高时给水量乘以0.8确定。

③ 由于中水原水量大于中水用水量，从而为溢流工况，中水处理设施的处理能力参考《中水标准》5.3.3条条文说明结合题干可得，按中水用水量除以每日运行时间12h计算。

冲刺试卷 2 知识上

一、单选题（共 **40** 题，每题 **1** 分。每题的备选项中，只有 **1** 个选项最符合题意）

1. 下列与给水系统有关的叙述中，正确的是哪一项？

（A）给水系统中水处理系统所占的投资比例和运行费用比例最大

（B）给水系统中设置大型高地水池后，便于其管网扩建

（C）目前绝大多数城市采用的是分质给水系统

（D）生产用水重复利用是城市节水的主要内容之一

解析：

选项 A，参考《给水工程 2025》P4，输配水系统所占的投资比例和运行费用比例最大，故 A 错误。

选项 B，参考《给水工程 2025》P4，管网中设置了调节构筑物后不便扩建，故 B 错误。

选项 C，参考《给水工程 2025》P5，绝大多数城市采用统一给水系统，故 C 错误。

选项 D，参考《给水工程 2025》P8，故 D 正确。

答案选【D】。

2. 城市给水系统中，关于二级泵站供水，下列哪项说法是错误的？

（A）二级泵站又称送水泵站或清水泵站

（B）二级泵站最高日总供水量等于管网最高日总用水量

（C）若管网内设调节构筑物，则二级泵站的供水时变化系数与管网的用水时变化系数有可能不同

（D）若二级泵站采取分三级的分级供水模式，则管网内一般可不设调节构筑物

解析：

选项 A，参考《给水工程 2025》P3，故 A 正确。

选项 B，参考《给水工程 2025》P20，故 B 正确。

选项 C，当管网内有调节构筑物时，则二级泵站的最大出流量与管网的最大时用水流量很可能不相等，则二者的时变化系数也就不相等，故 C 正确。

选项 D，显然错误，当管网内无调节构筑物时，二级泵站应进行变频供水而非分级供水，故 D 错误。

答案选【D】。

3. 下列关于输水管（渠）的叙述，错误的是哪项？

（A）可用于输送原水或清水

（B）当管网内无调节构筑物时，一般原水输水管的设计流量小于清水输水管的设计

流量

（C）原水输水管为保证事故输水，一般设计 2 条，每条按 70％原水设计流量确定

（D）原水输水管漏损水量的大小，与水厂设计规模是有关的

解析：

选项 B，管网内无调节构筑物时，原水输水管的设计流量＝$(1+\alpha+\beta)\cdot(Q_d/24)$，清水输水管的设计流量＝$K_h\cdot(Q_d/24)$，分析取值情况，一般而言是前者小于后者，故 B 正确。

选项 C，2 条输水管时，每条按 50％确定，同时在输水管之间设连通管，以此措施来保证事故保证率，而并非按 70％确定，故 C 错误。

选项 D，原水漏损水量可由设计规模乘原水漏损率计算，显然与设计规模有关，故 D 正确。

答案选【C】。

4. 下列关于城市管网水力计算的叙述，错误的是哪项？

（A）对于新设计的管网，定线和设计只限于干管及其连接管，而不是全部管线

（B）一般以管段的沿线流量来确定各管段的管径和水头损失

（C）当管网内有调节构筑物时，需进行最大转输工况校核

（D）管网图形由许多节点和管段组成

解析：

选项 B，应以管段计算流量来确定管段的管径和水头损失，而非管段的沿线流量，B 错误。

答案选【B】。

5. 下列关于环状网水力计算的叙述，正确的是哪项？

（A）对于环状网，若其管段数为 P，节点数为 J，环数为 L，则必有 $P=J+L$

（B）环状网手工计算时常用哈代-克罗斯法解环方程

（C）可利用解节点方程或解管段方程来进行环状网水力计算，这两种方程求解的未知数都是管段流量

（D）环状网平差计算时，闭合差与校正流量的正负性有可能相同

解析：

选项 A，参考《给水工程 2025》P43，应为 $P=J+L-1$，故 A 错误。

选项 B，参考《给水工程 2025》P43，故 B 正确。

选项 C，参考《给水工程 2025》P43，解节点方程求解的未知数是节点水压，故 C 错误。

选项 D，参考《给水工程 2025》P44，闭合差与校正流量的正负性一定相反，故 D 错误。

答案选【B】。

6. 下列关于地下水取水构筑物的叙述中,哪项不正确?

(A) 管井构造一般由井室、井壁管、过滤器及沉淀管组成,在某些情况下,井壁管和过滤器可省略

(B) 大口井是各类地下水取水构筑物中使用最广泛的

(C) 开采河床渗透水时,非常适宜采用渗渠

(D) 渗渠外侧反滤层的计算方法与大口井反滤层计算方法相同,但其最内层填料粒径应比进水孔略大

解析:

选项A,参考《给水工程2025》P73,故A正确。

选项B,参考《给水工程2025》P72,管井的应用范围最为广泛,故B错误。

选项C,参考《给水工程2025》P73,故C正确。

选项D,参考《给水工程2025》P84,故D正确。

答案选【B】。

7. 下列关于混凝过程的说法中,哪项是不正确的?

(A) 混凝包括了凝聚和絮凝

(B) 在混凝的混合阶段,需强烈搅拌水体使得药剂均匀分散和杂质进行同向絮凝

(C) 在混凝的絮凝阶段,早期存在较低程度的异向絮凝,但总体以同向絮凝为主

(D) 在混凝的絮凝阶段,虽然絮凝颗粒逐渐成长,但并非絮凝时间越长,絮凝后的颗粒粒径就越大

解析:

选项A,参考《给水工程2025》P161,故A正确。

选项B,参考《给水工程2025》P168,混合阶段是存在一定程度的异向絮凝,并非同向絮凝,故B错误。

选项C,参考《给水工程2025》P168,故C正确。

选项D,参考《给水工程2025》P168,故D正确。

答案选【B】。

8. 下列关于混凝剂储存、调配及投加的叙述中,哪项不正确?

(A) 对于固体混凝剂而言,一般混凝剂存放间、溶解池设置处安装轴流排气风扇

(B) 对于液体混凝剂而言,一般存于室外的储液池之中

(C) 溶解池、溶液池、储液池应进行防腐处理

(D) 混凝剂投加时,一般是先将调配池内的药液提升至溶解池或储液池,然后再通过某种投加方式投入水中

解析:

选项A,参考《给水工程2025》P174,故A正确。

选项B,参考《给水工程2025》P175,故B正确。

选项C,参考《给水工程2025》P175,故C正确。

选项D,参考《给水工程2025》P175,药液是从溶解池或储液池提升至溶液池,选

项所述前后颠倒了，故 D 错误。

答案选【D】。

9. 下列关于颗粒沉淀的叙述中，哪项是正确的？
(A) 分层沉淀也即污泥浓缩
(B) 颗粒沉淀时，颗粒在水中所受的重力即等于颗粒质量乘以重力加速度
(C) 绕流阻力系数，与颗粒的形状、水流雷诺数及颗粒表面粗糙程度有关
(D) 颗粒沉淀时的雷诺数与水的运动黏度系数有关，此系数可由水的动力黏度系数乘以水的密度求得

解析：

选项 A，参考《给水工程 2025》P185，分层沉淀是指拥挤沉淀，而非污泥浓缩，故 A 错误。

选项 B，参考《给水工程 2025》P185，颗粒沉淀时，其在水中所受的重力，等于其自重减去浮力，故 B 错误。

选项 C，参考《给水工程 2025》P185，故 C 正确。

选项 D，参考《给水工程 2025》P186，水的运动黏度等于水的动力黏度除以水的密度，而非乘以，故 D 错误。

答案选【C】。

10. 下列关于过滤基本理论的叙述中，哪项是不正确的？
(A) 对于单独一层非均匀滤料而言，经冲洗水力分选后，滤料层中孔隙尺寸由上而下逐渐减小
(B) 过滤时颗粒的黏附过程主要发挥了接触絮凝作用
(C) 均匀级配粗砂滤料层的含污能力会比单层非均匀滤层更大
(D) 微絮凝过滤属于直接过滤的范畴

解析：

选项 A，参考《给水工程 2025》P210，经冲洗水力分选后，滤料层中孔隙尺寸由上而下逐渐增大，故 A 错误。

选项 B，参考《给水工程 2025》P211，故 B 正确。

选项 C，参考《给水工程 2025》P212，故 C 正确。

选项 D，参考《给水工程 2025》P212，故 D 正确。

答案选【A】。

11. 下列关于水的药剂软化的叙述中，哪项是错误的？
(A) 硬度可分为暂时硬度与永久硬度
(B) 石灰软化无法去除水中的永久硬度
(C) 软化处理时，若将镁硬度通过反应生成碳酸镁，则视为将其去除
(D) 若仅有钙的非碳酸盐硬度需去除，则仅需苏打即可

解析：

选项 A，参考《给水工程 2025》P310，故 A 正确。

选项 B，参考《给水工程 2025》P311，故 B 正确。

选项 C，参考《给水工程 2025》P310，生成的 $MgCO_3$ 溶解度较高，还需要再与 $Ca(OH)_2$ 进行第二步反应，生成溶解度很小的 $Mg(OH)_2$ 才会沉淀析出，故 C 错误。

选项 D，参考《给水工程 2025》P312，由钙的非碳酸盐与苏打的反应方程示意，故 D 正确。

答案选【C】。

12. 下列关于水的冷却原理的叙述中，哪项是正确的？
(A) 当水温高于周围环境空气的干球温度时，接触传热和蒸发传热方向相同
(B) 若水温低于周围环境空气的干球温度，则水温无法被继续降低
(C) 当水温等于周围环境空气的湿球温度时，水温停止下降，此时接触传热量为零
(D) 当水温等于周围环境空气的湿球温度且小于其干球温度时，则水的空气边界层的焓小于周围环境空气的焓

解析：

选项 A，参考《给水工程 2025》P360，故 A 正确。

选项 B，参考《给水工程 2025》P360，即便水温低于周围环境空气干球温度，只要水温还高于空气的湿球温度，就还可被继续降温，故 B 错误。

选项 C，参考《给水工程 2025》P360，此时接触传热和蒸发传热都存在，二者大小相同，方向相反，选项所述的接触传热量为零是错误，故 C 错误。

选项 D，参考《给水工程 2025》P360～P361 相关内容的理解，若水温等于周围环境空气的湿球温度，则水温停止下降，此时空气边界层与周围环境空气是等焓的，故 D 错误。

答案选【A】。

13. 关于排水系统组成，下列哪种说法是正确的？
(A) 工业废水排水系统中应设置废水处理站
(B) 城市雨水排水系统中应设置雨水调蓄池
(C) 城镇生活污水排水系统应设置中途泵站
(D) 截流式合流制排水系统，应设置截流装置和截流干管

解析：

A、B、C 错误，均是根据需要设置，无应设置的规定。合流制系统中，截流装置和截流干管是基本组成部分，必不可少，故 D 正确。

答案选【D】。

14. 下列关于雨水管渠设计的说法或做法正确的是哪项？
(A) 北京市中心城区某中学的雨水管渠设计重现期选用 3～5 年
(B) 径流系数越大的地区对应的产流能力越强
(C) 汇水面积的综合径流系数可根据不同地面种类取算术平均值求得

（D）中心城区重要地区主要指行政中心、交通枢纽、学校、医院和居住小区等场所

解析：

选项 A，根据《排水标准》4.1.3 条，北京市中心城区的学校，属于超大城市中心城区的重要地区，设计重现期取 5～10 年，故 A 错误。

选项 B，根据《排水标准》4.1.7 条，其他条件不变时，径流系数越大，产流能力越强，雨水设计流量越大，故 B 正确。

选项 C，根据《排水标准》4.1.8 条，汇水面积的综合径流系数应按地面总类加权平均计算，故 C 错误。

选项 D，根据《排水标准》4.1.3 条条文说明，中心城区重要地区主要指行政中心、交通枢纽、学校、医院和商业聚集区等，不包括居住小区，故 D 错误。

答案选【B】。

15. 下列关于城乡排水系统的设计要求中说法错误的是哪项？
（A）排水工程主要构筑物的主体结构的设计工作年限不应低于 50 年，安全等级不应低于二级
（B）城镇排水工程的供电电源应按二级负荷设计，重要设备应按一级负荷设计
（C）存在有毒有害气体或易燃气体的雨水调蓄池，应设置相应的气体监测和报警装置
（D）城镇雨水利用管道严禁和饮用水管道连接，可以与自备水源供水管道连接

解析：

选项 A，参考《排水项目规范》2.2.13 条。排水工程主要构筑物的主体结构和地下干管，其结构设计工作年限不应低于 50 年，安全等级不应低于二级，故 A 正确。

选项 B，城镇排水工程的供电电源应按二级负荷设计，重要设备应按一级负荷设计，故 B 正确。

选项 C，参考《排水项目规范》2.2.16 条。城镇排水工程中，存在有毒有害气体或易燃气体的格栅间、雨水调蓄池等构（建）筑物，应设置相应的气体监测和报警装置，故 C 正确。

选项 D，参考《排水项目规范》2.2.11 条。城镇再生水和雨水利用设施应满足用户对水质、水量、水压的要求，并应保障用水安全，其管道严禁和饮用水管道、自备水源供水管道连接，故 D 错误。

答案选【D】。

16. 关于污水处理厂格栅的叙述，正确的是哪一项？
（A）当进水含有较大杂质时，格栅宜采用螺旋输送机输送
（B）当深度较大时，可以考虑采用链条式机械格栅
（C）人工清除格栅的安装角度宜为 60°～90°
（D）当水泵进水口口径为 600mm 时，泵前的格栅间隙可采用 60mm

解析：

选项 A，参考《排水标准》7.3.7 条条文说明。一般粗格栅渣宜采用带式输送机，细

格栅渣宜采用螺旋输送机；对输送距离大于8.0m宜采用带式输送机，对距离较短的宜采用螺旋输送机；而当污水中有较大的杂质时，不管输送距离长短，均以采用皮带输送机为宜，故采用皮带输送机，故A错误。

选项B，参考《排水工程2025》P214表11-1，链条式机械格栅主要用于深度不大的中小型格栅，主要清除长纤维、带状物，故B错误。

选项C，参考《排水标准》7.3.3条。除转鼓式格栅除污机外，机械清除格栅的安装角度宜为60°～90°。人工清除格栅的安装角度宜为30°～60°，故C错误。

选项D，参考《排水标准》7.3.2条条文说明的表格，故D正确。

答案选【D】。

17. 有关曝气理论的叙述中，下列哪项叙述是错误的？
(A) K_{La} 表示曝气池中溶解氧浓度从 C 提高到 C_S 所需要的时间
(B) 氧转移速率随曝气头产生的气泡直径的减小而提高
(C) 采用纯氧曝气、深井曝气等可以提高液相饱和溶解氧浓度，提高转移速率
(D) 机械曝气的充氧能力与叶轮线速度、叶轮直径和池型结构有关

解析：

选项A，《排水工程2025》P240，K_{La} 的倒数表示曝气池中溶解氧浓度从 C 提高到 C_S 所需要的时间，故A错误。

选项B，参考《排水工程2025》P240，曝气池中的曝气气泡增大，会导致氧总转移系数减小，小气泡更有利于氧的转移，故B正确。

选项C，参考《排水工程2025》P240，提高气相中的氧分压，如采用纯氧曝气、深井曝气等，本质是提高 C_S 值，可以提高氧转移速率，故C正确。

选项D，《排水工程2025》P243，机械曝气的公式，故D正确。

答案选【A】。

18. 下列关于生物膜工艺的相关说法中错误的是哪项？
(A) MBBR工艺可以不设置污泥回流系统
(B) 以去除 BOD_5 为主时，MBBR系统溶解氧浓度控制为2～3mg/L
(C) 流化床反应器应设置脱膜装置，且应设置在流化床的上部
(D) 硝化前的MBBR反应器，应采用较低负荷

解析：

选项A，《排水工程2025》P304，有无污泥回流都不会影响MBBR的运行，故A正确。

选项B，《排水工程2025》P307，对碳类物质的去除，通常主体液相中的DO控制为2～3mg/L，故B正确。

选项C，《排水工程2025》P314，气动流化床，一般不需另行设置脱膜装置，液动流化床一般需要设置脱模装置，故C错误。

选项D，《排水工程2025》P307，当下游为硝化时，应采用较低负荷，故D正确。

答案选【C】。

冲刺试卷 2　知识上　**501**

19. 下列关于生物脱氮原理的叙述，正确的是哪项？
（A）氨氮在好氧条件下转化为亚硝酸氮的过程中能回收碱度
（B）亚硝酸氮在转化为硝酸氮的过程中不消耗碱度
（C）硝酸氮在缺氧条件下转化为氮气的过程中消耗碱度
（D）硝化反应消耗的碱度与反硝化反应生成的碱度量基本相同

解析：

选项 A，《排水工程 2025》P334，氨氮转化为亚硝酸氮的过程中生成了 2 个 H^+，消耗碱度，故 A 错误。

选项 B，《排水工程 2025》P334，亚硝酸氮转化为硝酸氮时不生成 H^+，不消耗碱度，故 B 正确。

选项 C，《排水工程 2025》P334，反硝化过程中需消耗 H^+，回收碱度，故 C 错误。

选项 D，《排水工程 2025》P338，反硝化过程中，还原 1mg 硝态氮能产生 3.57mg 的碱度，而在硝化反应过程中，将 1mg 的 NH_4^+-N 氧化为 NO_3^--N，要消耗 7.14mg 的碱度，因而在缺氧好氧系统中，反硝化反应所产生的碱度可补偿硝化反应消耗的一半左右，故 D 错误。

答案选【B】。

20. 针对典型城市污水三级处理工艺单元技术的特点，下列描述正确的是哪项？
（A）超滤膜仅用于去除金属离子
（B）臭氧氧化仅用于氧化难降解高分子有机污染物
（C）投加化学药剂仅用于去除悬浮物颗粒污染物、胶体污染物
（D）活性炭吸附主要用于去除溶解性有机污染物

解析：

选项 A，《排水工程 2025》P362，超滤膜可去除 SS 和胶体物质，故 A 错误。

选项 B，《排水工程 2025》P365，臭氧去除色度、嗅味及部分有毒有害有机物以及消毒的作用，故 B 错误。

选项 C，投加化学药剂混凝沉淀还有一个功能是除总磷及金属离子等，故 C 错误。

选项 D，《排水工程 2025》P360，污水中溶解性有机物的深度去除技术较多，但从经济合理和技术可行性方面考虑，采用活性炭吸附较为适宜，故 D 正确。

答案选【D】。

21. 下列污水处理厂除臭的说法中错误的是哪一项？
（A）臭气收集宜采用吸气式负压收集
（B）臭气处理装置应靠近臭气风量大的臭气源。当臭气源分散布置时，可采用分区处理
（C）曝气处理构筑物臭气风量可按曝气量的 110% 计算
（D）收集风管宜采用玻璃钢、UPVC 和不锈钢等耐腐蚀材料，其中 UPVC 干管的风速不宜超过 6m/s

解析：

选项 A，参考《城镇污水处理厂臭气处理技术规程》CJJ/T 243—2016 中 4.3.1 条，臭气收集宜采用吸气式负压收集。

根据《排水标准》中 8.11.8 条，收集风管宜采用玻璃钢、UPVC 和不锈钢等耐腐蚀材料。风管管径和截面尺寸应根据风量和风速确定，风管内的风速可按表 8.11.8 的规定确定。UPVC 干管的风速宜为 6~14m/s，故 D 错误。

答案选【D】。

22. 下列哪组参数是重力浓缩池设计的主要参数？
（A）进泥浓度、出泥浓度、浓缩时间、固体负荷
（B）进泥含水率、出泥含水率、投药量、排泥量
（C）进泥浓度、出泥浓度、浓缩比、水力负荷
（D）浓缩时间、水力负荷、排泥量、投药量

解析：

参考《排水工程 2025》P395。主要参数包括：进泥含水率（进泥浓度），出泥含水率（出泥浓度），浓缩时间，固体负荷，故 A 正确。重力浓缩这块一般不考虑投药量，排除选项 B、D。浓缩比一般是机械浓缩或脱水主要考虑的指标，另外设计应该以固体负荷为主。

答案选【A】。

23. 下列关于污泥处理方法中，通常不需要投加化学调理剂的是哪项？
（A）螺旋压榨式脱水
（B）重力浓缩
（C）板框压滤
（D）带式压滤

解析：

参考《排水工程 2025》P394 表格 17-12，重力浓缩一般不需要投加化学调理剂，其他几项需要。

答案选【B】。

24. 下列关于中和描述正确的是哪项？
（A）某碱性废水的浓度为 8%，应首先考虑药剂中和处理法
（B）强酸弱碱中和的等当点是 pH 为 7 的中性点
（C）投药中和不适用于含金属杂质的酸性废水
（D）石灰可用于处理含悬浮物浓度较高的酸性废水

解析：

选项 A，《排水工程 2025》P488，对于高浓度（如大于 3%）的酸（碱）废水的处理，应首先考虑回收其中的酸（碱）和综合利用途径，故 A 错误。

选项 B，说得太绝对，弱酸或弱碱的等当点不一定是 pH=7，故 B 错误。

选项 C，参考《排水工程 2025》P488，投药中和尤其适用于含金属杂质的酸性废水，故 C 错误。

选项 D，投加石灰乳时，氢氧化钙对废水中杂质有凝聚作用，因此适用于处理杂质多浓度高的酸性废水，故 D 正确。

答案选【D】。

25. 下列关于卫生器具的叙述中哪项是正确的？
（A）混合水嘴有淋浴器转换开关时，其额定流量不计淋浴器
（B）所有卫生器具中延时自闭式冲洗阀大便器的工作压力一定最高
（C）最低工作压力指静压
（D）混合水嘴的额定流量等于其冷水管额定流量加热水管额定流量

解析：

选项 A，参考《建水标准》3.2.12 条注 2，当浴盆上附设淋浴器时，或混合水嘴有淋浴器转换开关时，其额定流量和当量只计水嘴，不计淋浴器，但水压应按淋浴器计，故 A 正确。

选项 B，参考《建水标准》表 3.2.12 第 5 项，淋浴器的工作压力为 0.1～0.2MPa；再参考《建水标准》表 3.2.12 第 6 项，延时自闭式冲洗阀大便器的工作压力为 0.1～0.15MPa；从而可得，淋浴器的工作压力可以高于延时自闭式冲洗阀大便器的工作压力，故 B 错误。

选项 C，若卫生器具的工作压力指静压，由于水头损失为零，卫生器具不会出水，从而卫生器具无法正常工作，即此时的水压无法称之为"工作压力"，由于假设矛盾，通过反证法可得，卫生器具的工作压力指动压；另一方面，参考《节水标准》4.1.3 条条文说明，规定了各配水点处供水压力（动压）不大于 0.2MPa 的要求，可以作为"供水压力一般指动压"的依据，故《建水标准》表 3.2.12 中的卫生器具工作压力也建议理解为动压；综上所述，故 C 错误。

选项 D，参考《建水标准》表 3.2.12，各混合水嘴的额定流量参数可得："括号外的额定流量"小于"括号内额定流量的两倍"，其原因是混合水嘴的构造导致不能既让冷水流量达到最大，同时又让热水流量达到最大，故 D 错误。

答案选【A】。

26. 下列关于叠压供水的叙述中，哪项是错误的？
（A）叠压供水的调速泵机组的扬程应按吸水端城镇给水管网允许最低水压确定
（B）现有供水管网供水总量不能满足用水需求的区域不得采用管网叠压供水技术
（C）供水保证率要求高，不允许停水的用户不得采用叠压供水设备供水
（D）管网压力波动较大的区域，为稳定用户端供水水压，应优先采用叠压供水

解析：

选项 A，参考《建水工程 2025》P17，2）叠压供水的调速泵机组的扬程应按吸水端城镇给水管网允许最低水压确定，故 A 正确。

选项 B，参考《建水工程 2025》P17，下列情况不得采用叠压供水设备供水：1）经常性停水的区域或供水管网的供水总量不能满足用水需求的区域，故 B 正确。

选项 C，参考《建水工程 2025》P17，下列情况不得采用叠压供水设备供水：6）供

水保证率要求高，不允许停水的用户，故 C 正确。

选项 D，参考《建水工程 2025》P17，下列情况不得采用叠压供水设备供水：2）供水管网可利用的水压过低的区域或供水管网压力波动幅度过大的区域，故 D 错误。

答案选【D】。

27. 下列关于高位水箱、贮水池的叙述中，哪项是错误的？
（A）水箱的水位至池底时，应满足最高层用户的用水水压要求
（B）由城镇给水管网夜间直接进水的高位水箱的生活用水调节容积，宜按用水人数和最高日用水定额确定
（C）引入管流量满足设计秒流量需求时，可只设置吸水井
（D）贮水池（箱）不宜毗邻居住用房或在其下方

解析：

选项 A，参考《建水标准》3.8.4 条第 2 款。水箱的设置高度（以底板面计）应满足最高层用户的用水水压要求，需注意，"以底板面计"不是针对水压，而是针对水箱本身的设计，而水力计算依然以最低设计水位计，故 A 错误。

选项 B，参考《建水标准》3.8.4 条第 1 款。由城镇给水管网夜间直接进水的高位水箱的生活用水调节容积，宜按用水人数和最高日用水定额确定，故 B 正确。

选项 C，参考《建水标准》3.8.2 条。无调节要求的加压给水系统可设置吸水井，引入管流量满足设计秒流量需求时，即无调节要求，故 C 正确。

选项 D，参考《建水标准》3.8.1 条第 3 款。建筑物内的水池（箱）不应毗邻配变电所或在其上方，不宜毗邻居住用房或在其下方，故 D 正确。

答案选【A】。

28. 下列关于给水管道的叙述中，哪项是错误的？
（A）给水系统采用的管材和管件，应符合国家现行有关产品标准的要求
（B）管件的允许工作压力指管件的承压能力
（C）小区室外管道若采用镀锌钢管，必须对内外管壁做防腐处理
（D）小区室外埋地给水管不能采用冷镀锌钢管

解析：

选项 A，参考《建水标准》3.5.1 条。给水系统采用的管材和管件及连接方式，应符合国家现行标准的有关规定，故 A 正确。

选项 B，参考《建水标准》3.5.1 条条文说明。管件的允许工作压力，除取决于管材、管件的承压能力外，还与管道接口能承受的拉力有关，故 B 错误。

选项 C，参考《建水标准》3.13.22 条条文说明。当必须使用钢管时，要特别注意钢管的内外防腐处理，防腐处理常见的有衬塑、涂塑或涂防腐涂料。需要注意：镀锌层不是防腐层，而是防锈层，所以镀锌钢管也必须做防腐处理，故 C 正确。

选项 D，冷镀锌是被国家明令禁止使用的管材，这在建筑给水排水工程中属于常识问题，故 D 正确。

答案选【B】。

29. 下列关于构筑物和设备的排水管的叙述中,哪项是错误的?

(A) 空调设备冷凝水的排水间接排至雨水系统

(B) 非传染病医疗灭菌消毒设备的排水不但应有存水弯隔气,而且还应有一段空气间隔

(C) 设备间接排水宜排入邻近的洗涤盆、地漏

(D) 生活饮用水贮水箱(池)的泄水管和溢流管的泄水应直接接至排水管道

解析:

选项 A,参考《建水通用规范》4.4.4条条文说明。空调设备冷凝水排水虽可排至雨水系统,但雨水系统也存在有害气体和臭气或发生倒灌,故蒸发式冷却器、空调设备冷凝水应间接排水,故 A 正确。

选项 B,参考《建水通用规范》4.4.4条。下列构筑物和设备的排水管与生活排水管道系统应采取间接排水的方式:3 非传染病医疗灭菌消毒设备的排水。再参考《通用规范》4.4.4条条文说明。所谓间接排水,即用水设备或容器排出管与排水管道不得直接连接,这样用水设备或容器与排水管道系统保持有一段空气间隙,在排水管道存水弯水封可能被破坏的情况下也不至于用水设备或容器与排水管道相连通,而使污浊气体进入用水设备或容器,故 B 正确。

选项 C,参考《建水标准》4.4.13条。设备间接排水宜排入邻近的洗涤盆、地漏,故 C 正确。

选项 D,参考《建水通用规范》4.4.4条。下列构筑物和设备的排水管与生活排水管道系统应采取间接排水的方式:1 生活饮用水贮水箱(池)的泄水管和溢流管,D 选项的叙述是采取直接连接的排水方式,故 D 错误。

答案选【D】。

30. 下列关于通气管的设计,正确的是哪项?

(A) 哈尔滨某宾馆通气管高出屋面 0.3m

(B) 通气管周围 2.2m 处有窗户,通气管口高出窗台 0.7m

(C) 某建筑平屋面设有屋顶花园,通气管高出屋面 1.5m

(D) 通气管管口不宜设在雨篷下

解析:

选项 A,参考《建水标准》4.7.12条第 1 款。通气管高出屋面不得小于 0.3m,且应大于最大积雪厚度,通气管顶端应装设风帽或网罩,哈尔滨最大积雪厚度显然大于 0.3m,故 A 错误。

选项 B,参考《建水标准》4.7.12条第 2 款。在通气管口周围 4m 以内有门窗时,通气管口应高出窗顶 0.6m 或引向无门窗一侧,需注意,是"窗顶"而不是"窗台",窗台一般与窗底齐平,因此"高出窗台 0.7m"并不满足规范相关要求,故 B 错误。

选项 C,参考《建水标准》4.7.12条第 3 款。在经常有人停留的平屋面上,通气管口应高出屋面 2m,屋顶花园暗示经常有人停留,故 C 错误。

选项 D,参考《建水标准》4.7.12条第 4 款。通气管口不宜设在建筑物挑出部分的下面,雨篷为建筑物挑出部分,故 D 正确。

答案选【D】。

31. 下列关于水封破坏的叙述中,哪项是错误的?
(A) 造成水封破坏的原因既有动态原因又有静态原因
(B) 管系内的压力波动是造成水封破坏的动态原因
(C) 水封可以防止排水管道中的有毒害气体窜入室内
(D) 毛细管作用是造成水封破坏的动态原因

解析:

选项 A,参考《建水工程 2025》P188。因静态和动态原因会造成存水弯内水封深度减小,不足以抵抗管道内允许的压力变化值时,管系内的气体会窜入室内,这种现象称为水封破坏,故 A 正确。

选项 B,参考《建水工程 2025》P189。造成水封水量损失的主要原因是……,并结合《建水工程 2025》P188。因静态和动态原因会造成存水弯内水封深度减小,综合分析可得,管系内压力波动和自虹吸属于动态原因,故 B 正确。

选项 C,参考《建水工程 2025》P188。存水弯中的水封是由一定高度的水柱所形成,其高度不得小于 50mm,用以防止排水管道系统中有毒有害气体窜入室内,故 C 正确。

选项 D,参考《建水工程 2025》P189。造成水封水量损失的主要原因是……,并结合《建水工程 2025》P188。因静态和动态原因会造成存水弯内水封深度减小,综合分析可得,蒸发和毛细管作用属于静态原因,故 D 错误。

答案选【D】。

32. 下列关于水加热器优缺点的叙述中,哪项是错误的?
(A) 当热水箱不能设置在屋顶,燃油(气)热水机组用于直接加热时,不易平衡系统中的冷、热水的压力
(B) 快速式水加热器一般出水温度波动较大
(C) 半容积式水加热器贮热容器内只有热水区,并没有温水区和冷水区
(D) 导流型容积式水加热器贮热容器内一般没有冷水区

解析:

选项 A,参考《建水工程 2025》P246。采用直接供应热水的燃油(气)热水机组……当热水箱不能设置在屋顶时……由于冷、热水供水压力来源不同,不易平衡系统中的冷、热水的压力,故 A 正确。

选项 B,参考《建水工程 2025》P247。(快速式水加热器)在热媒或被加热水压力不稳定时,出水温度波动较大,从而可得,只有在"热媒或被加热水压力不稳定时",出水温度波动才较大,故 B 错误。

选项 C,参考《建水工程 2025》P249。(半容积式水加热器)由于贮热容器内的热水全部是所需温度的热水,可知半容积式水加热器贮热容器内只有热水区,没有温水和冷水区,故 C 正确。

选项 D,参考《建水工程 2025》P248 图 4-24,导流型容积式水加热器贮热容器内只有热水区和温水区,没有冷水区,故 D 正确。

答案选【B】。

33. 下列关于管道直饮水系统的说法中，哪项是错误的？

(A) 管道直饮水宜采用调速泵组直接供水的目的之一是保证水质质量

(B) 有条件时，高层建筑管道直饮水系统竖向分区范围宜比生活给水分区小一点，有利于节水

(C) 管道直饮水必须设循环管道，并应保证干管、立管、支管中饮水的有效循环

(D) 循环管网内水的停留时间不应超过 12h

解析：

选项 A，参考《建水标准》6.9.3 条第 4 款。管道直饮水宜采用调速泵组直接供水。再参考《建水标准》6.9.3 条条文说明。4 本款推荐管道直饮水系统采用变频机组直接供水的方式。其目的是避免采用高位水箱贮水难以保证循环效果和直饮水水质的问题，故 A 正确。

选项 B，参考《建水标准》6.9.3 条条文说明。5 高层建筑管道直饮水系统竖向分区，基本同生活给水分区。有条件时分区的范围宜比生活给水分区小一点，这样更有利于节水，故 B 正确。

选项 C，参考《建水标准》6.9.3 条条文说明。6 管道直饮水必须设循环管道，并应保证干管和立管中饮水的有效循环，故 C 错误。

选项 D，参考《建水标准》6.9.3 条第 6 款。循环管网内水的停留时间不应超过 12h，故 D 正确。

答案选【C】。

34. 下列关于室内消防管网及附件的叙述中，哪项是错误的？

(A) 室内消火栓管网应布置成环状，特殊情况可布置成枝状

(B) 多层民用建筑室内消防给水管道上阀门的布置应保证检修管道时关闭的竖管不超过 1 根，但设置的竖管超过 3 根时，可关闭 2 根

(C) 高层住宅应保证检修室内消火栓环状给水管网时关闭停用的竖管不超过 1 根，当竖管超过 4 根时，可关闭不相邻的两根

(D) 高层公共建筑裙房内消防给水管道的阀门布置适用《消防给水及消火栓系统技术规范》

解析：

选项 A，参考《消规》8.1.5 条第 1 款。室内消火栓系统管网应布置成环状，当室外消火栓设计流量不大于 20L/s，且室内消火栓不超过 10 个时，除本规范第 8.1.2 条外，可布置成枝状，故 A 正确。

选项 B 和 C，参考《消规》8.1.6 条第 1 款。室内消火栓竖管应保证检修管道时关闭停用的竖管不超过 1 根，当竖管超过 4 根时，可关闭不相邻的 2 根，故 B 错误、C 正确。

选项 D，所有公共建筑消防给水管道的阀门布置都适用《消规》，故 D 正确。

答案选【B】。

35. 下列关于气体灭火设计喷放时间和灭火浸渍时间,下列叙述中错误的是哪项?

(A)七氟丙烷设计喷放时间比 IG 541 短

(B)IG 541 的设计喷放时间越快越好

(C)对同样的火灾场所,七氟丙烷的灭火浓度小于 IG 541 的灭火浓度

(D)IG 541 用于通信机房的电气设备火灾时,浸渍时间宜采用 10min

解析:

选项 A,参考《气体灭火规范》3.3.7 条。在通信机房和电子计算机房等防护区,设计喷放时间不应大于 8s。在其他防护区,设计喷放时间不应大于 10s。并参考其 3.4.3 条。当 IG 541 混合气体灭火剂喷放至设计用量的 95% 时,喷放时间不应大于 60s 且不应小于 48s,故 A 正确。

选项 B,参考《气体灭火规范》3.4.3 条。当 IG 541 混合气体灭火剂喷放至设计用量的 95% 时,喷放时间不应大于 60s 且不应小于 48s,故 B 错误。

选项 C,参考《气体灭火规范》附录 A,故 C 正确。

选项 D,参考《气体灭火规范》3.4.4 条。灭火浸渍时间应符合下列规定:2 通信机房、电子计算机房内的电气设备火灾,宜采用 10min,故 D 正确。

答案选【B】。

36. 自动喷水灭火系统中闭式洒水喷头的热敏性指标是以下哪一项?

(A)喷头保护面积 (B)公称动作温度

(C)响应时间指数 (D)喷头流量系数

解析:

参考《喷规》2.1.14 条。响应时间指数:闭式洒水喷头的热敏性能指标,故 C 正确。

答案选【C】。

37. 请判断油浸电力变压器设置水喷雾灭火系统时,下述各项设计技术要求中哪一项是错误的?

(A)系统应采用撞击型水雾喷头,其工作压力应不小于 0.35MPa

(B)水雾喷头布置要使水雾能够覆盖整个变压器并保护表面

(C)系统应设置自动控制、手动控制和应急操作三种控制方式

(D)系统应采用雨淋阀组,阀前管道应设置过滤器

解析:

选项 A,参考《水喷雾灭火规范》4.0.2 条第 1 款。扑救电气火灾应选用"离心雾化型"水雾喷头,故 A 错误。

选项 B,参考《水喷雾灭火规范》3.2.5 条第 1 款条文说明。为了有利于灭火,设计要使水雾能够覆盖整个变压器被保护表面,故 B 正确。

选项 C,参考《水喷雾灭火规范》3.1.2 条。可知水喷雾用于油浸式电力变压器灭火的响应时间为 60s。参考《水喷雾灭火规范》6.0.1 条。系统应具有自动控制、手动控制和应急机械启动三种控制方式,故 C 正确。

选项 D,参考《水喷雾灭火规范》4.0.3 条表 3.1.2 的规定,响应时间不大于 120s 的

系统，应设置雨淋报警阀组。并参考其 4.0.5 条。雨淋报警阀前的管道应设置可冲洗的过滤器，故 D 正确。

答案选【A】。

38. 某公共建筑总建筑面积为 30000m²，共 3 层，层高为 6m，首层为商场，二、三层为超市（货架物品高度 3.6m），该建筑自动喷水灭火系统设计参数按哪种危险等级取值？

(A) 轻危险级　　　(B) 中危险级 I 级　　(C) 中危险级 II 级　　(D) 严重危险级 I 级

解析：

参考《喷规》附录 A 可知，首层为商场 10000m² 中危险级 II 级，二、三层为超市净空高度不超过 8m、物品高度超过 3.5m 的超级市场按严重危险级 I 级取值，故 D 正确。

答案选【D】。

39. 下列关于泳池循环水泵及循环管道的叙述，哪一项是错误的？
(A) 当采用并联水泵运行时，水泵的扬程宜乘以 1.05～1.10 的安全系数
(B) 水景给水水泵可不设置备用水泵
(C) 供应滑道润滑水的水泵可不设置备用泵
(D) 循环回水管道内的水流速度设计为 1.2m/s

解析：

选项 A，参考《游泳池规程》4.6.2 条第 2 款。水泵的扬程不应小于吸水池最低水位至泳池出水口的几何高差、循环净化处理系统设备和管道系统阻力损失及水池进水口所需流出水头之和。当采用并联水泵运行时，宜乘以 1.05～1.10 的安全系数，故 A 正确。

选项 B，参考《游泳池规程》4.6.5 条。水景给水水泵应按多台泵并联运行工况设计，可不设置备用水泵，故 B 正确。

选项 C，参考《游泳池规程》4.6.4 条第 1 款。供应滑道润滑水的水泵应设置备用水泵，故 C 错误。

选项 D，参考《游泳池规程》4.7.2 条第 2 款。循环回水管道内的水流速度应为 1.0m/s～1.5m/s，故 D 正确。

答案选【C】。

40. 下列关于雨水控制及利用系统的叙述中，哪项错误？
(A) 雨水控制及利用应优先采用入渗系统或（和）收集回用系统
(B) 硬化地面雨水宜采用雨水入渗系统或收集回用系统
(C) 同时设有收集回用系统和调蓄排放系统时，宜合用雨水储存设施
(D) 单一雨水回用系统的平均日设计用水量不应小于汇水面需控制及利用雨水径流总量的 30%

解析：

选项 A，参考《雨水利用规范》4.2.2 条。雨水控制及利用应优先采用入渗系统或（和）收集回用系统，当受条件限制或条件不具备时，应增设调蓄排放系统，故 A 正确。

选项 B，参考《雨水利用规范》4.2.3 条。硬化地面、屋面、水面上的雨水径流应控制及利用，并应符合下列规定：1 硬化地面雨水宜采用雨水入渗或排入水体，并没有"宜采用收集回用"的说法，故 B 错误。

选项 C，参考《雨水利用规范》4.2.7 条。同时设有收集回用系统和调蓄排放系统时，宜合用雨水储存设施，故 C 正确。

选项 D，参考《雨水利用规范》4.3.5 条。单一雨水回用系统的平均日设计用水量不应小于汇水面需控制及利用雨水径流总量的 30%，故 D 正确。

答案选【B】。

二、多选题（共 30 题，每题 2 分。每题的备选项中，有 2 个或 2 个以上符合题意。错选、少选、多选，均不得分）

41. 某城镇给水系统设有网后水塔，关于该城镇给水系统说法正确的是哪几项？
（A）高峰供水时视为多水源供水
（B）最大转输时可构造出虚环
（C）可由二次泵站供水曲线和管网用水曲线计算得水塔调节容积
（D）凭经验计算时，水塔有效容积可按最高日设计水量的 10%～20% 设计

解析：

参考《给水工程 2025》P47，故 A、B 正确。

选项 D，参考《给水工程 2025》P22，凭经验计算时，水塔可按最高日设计水量的 2.5%～6% 设计计算，故 D 错误。

答案选【ABC】。

42. 在配水管网中设置对置水塔，和不设调蓄构筑物相比，下列说法不正确的是哪几项？
（A）因为水塔在最高日最高时向管网供水，所以有可能减小二级泵站的供水时变化系数
（B）因为最高日最高时二级泵站流量减小，所以一定减小二级泵站的最大设计扬程
（C）因水塔有调蓄功能，所以可以减小净水构筑物设计流量
（D）因水塔在最高日最高时向管网供水，所以可以减小配水管网的末端管径

解析：

选项 A，不设水塔时，二级泵站的设计流量等于管网最高日最高时用水流量；而设置了水塔之后，二级泵站的设计流量有较大概率等于"管网最高日最高时用水流量 - 此时水塔为管网的补水流量"，故 A 正确。

选项 B，由于二级泵站的扬程需满足最高日最高时工况和最大转输工况，若设置水塔后最大转输时的扬程未定，其可能比不设水塔时的扬程还高，故 B 错误。

选项 C，净水构筑物设计流量与调节构筑物的设置无关，故 C 错误。

选项 D，管网的管径始终按最高日最高时工况设计，与设水塔与否无关，故 D 错误。

答案选【BCD】。

43. 下列关于给水管网节点流量的表述，哪几项不正确？
（A）节点流量由该点相连管段的沿线流量总和的一半和该点的集中流量合并组成
（B）折算系数是把管段计算流量折算成在管段两端节点流出流量的系数
（C）管段末端节点处的集中流量属于该管段的转输流量的一部分
（D）沿线流量折算到管段起端节点的部分为"沿线流量×折算系数 α"

解析：

选项 B，折算的是沿线流量，不是管段计算流量，故 B 错误。

选项 C，管段末端节点处的集中流量，是由该管段输送且未被该管段沿途取用，因此其是属于该管段转输流量的一部分的，故 C 正确。

选项 D，某管段沿线流量折算至末端的部分等于"该管段的沿线流量×该管段的折算系数 α"，而折算至起端节点的部分为 $q_1 \times (1-\alpha)$，故 D 错误。

答案选【BD】。

44. 环状管网平差结束时，其结果符合下列哪几项？
（A）每一环中各管段的水头损失按顺时针为正、逆时针为负相加所得总和趋近于零
（B）各管段两端节点的自由水压差等于管段水头损失
（C）水厂出水的水压标高等于任意点的水压标高加水厂至该点管段水头损失
（D）流向任意节点的流量等于从该节点流出的流量

解析：

选项 A、C，即平差结束时各环基本满足能量守恒方程，故 A、C 正确。

选项 B，平差完成后，有任意管段两端节点的水压标高差（而非自由水压差）等于其水头损失，故 B 错误。

选项 D，即节点的质量守恒方程，故 D 正确。

答案选【ACD】。

45. 下列关于地下水取水构筑物的描述错误的是哪几项？
（A）管井适用于各种砂层，应用范围最为广泛
（B）大口井不可用于厚度大于 10m 的含水层
（C）平行于河流的河滩下渗渠只集取岸边地下水
（D）辐射井是一种进水面积小、出水量小、适应性较弱的取水构筑物

解析：

选项 A，参考《给水工程 2025》P72，故 A 正确。

选项 B，参考《给水工程 2025》P80，大口井含水层厚度大于 10m 时应建成非完整井，故 B 错误。

选项 C，参考《给水工程 2025》P85，平行于河流的河滩下的渗渠同时集取岸边地下水和河床潜流水，故 C 错误。

选项 D，参考《给水工程 2025》P83，辐射井是一种进水面积大、出水量高、适应性较强的取水构筑物，故 D 错误。

答案选【BCD】。

46. 下列关于斜管沉淀池构造特点的叙述中,哪几项正确?
(A) 斜管沉淀池为达到均匀配水,进水口常采用穿孔墙、缝隙栅或下向流斜管布水
(B) 斜管(板)与水平面的夹角越小,沉淀效率越高,但排泥效果不好
(C) 斜管内切圆直径越大,在平面上的投影面积越大,沉淀效率越高,且不易阻塞
(D) 斜管沉淀池清水区高度是保证均匀出水和斜管顶部免生青苔

解析:

选项 A、B、D,参考《给水工程 2025》P201~P202,故 A、B、D 正确。

选项 C,斜管内切圆直径 d 越大,会导致截留沉速越大(也即导致颗粒的自身去除率更小),故沉淀效率越低,故 C 错误。

答案选【ABD】。

47. 下列关于沉淀池理论的叙述中,哪几项是正确的?
(A) 在流量 Q 不变的情况下,池中部加设一层底板可以使总去除率增加一倍
(B) 在流量 Q 不变的情况下,池中部加设一层底板可以使 u_0 变为原来的 1/2
(C) 若流量 Q 变成 $2Q$ 且池中部加设一层底板,总去除率不变
(D) 若流量 Q 变成 $2Q$ 且池中部加设一层底板,u_0 不变

解析:

选项 A,由于总去除率是各小类颗粒自身去除率的加权叠加,故截留沉速减小为原来的 50% 后,并不能使得总去除率增加一倍,例如总去除率不可能从 80% 变为 160%,故 A 错误。

以 $u_0 = Q/A$ 分析选项的截留沉速变化情况可知,B、C、D 正确。

答案选【BCD】。

48. 下列哪些措施能使得大阻力配水系统的配水均匀性提高?
(A) 增大反洗强度
(B) 减小配水系统开孔比
(C) 增大配水支管上孔口阻力
(D) 增大配水干管、支管过水面积

解析:

选项 A,《给水工程 2025》P227,配水均匀性与反冲洗强度无关,故 A 错误。

选项 B,参考总结公式 $\dfrac{Q_a}{Q_c} = \sqrt{\dfrac{1/(\mu f)^2}{1/(\mu f)^2 + 1/\omega_g^2 + 1/(n\omega_z^2)}}$,开孔比 α 减小后,则 $f = \alpha F$ 也减小,则导致 $\dfrac{Q_a}{Q_c}$ 的结果(也即配水均匀性)增大,故 B 正确。

选项 C,增大孔口阻力之后,必然使得孔口流量系数 μ 减小,则均匀性增大(即大阻力配水系统名字的含义),故 C 正确。

选项 D,参考前述公式,增大 ω_g 和 ω_z 之后,均匀性增大,故 D 正确。

答案选【BCD】。

49. 以下关于机械通风冷却塔的通风及空气分配装置中说法,不正确的是哪几项?
(A) 冷却水有较强的腐蚀性应采用抽风式

(B) 通风筒的作用主要是减少气流出口的动能损失并减小或防止排出的湿热空气回流

(C) 逆流塔的进风口指填料以下到集水池水面以上的空间，也称雨区

(D) 从冷却塔排出的湿热空气中的水蒸气，可采用除水器分离

解析：

参考《给水工程 2025》P358～P359，故 A、D 错误。

答案选【AD】。

50. 下列哪几种排水系统适合采用截流式管网布置形式？

(A) 污水管道系统

(B) 雨水管道系统

(C) 合流制管道系统

(D) 区域排水系统

解析：

参考《排水工程 2025》P16，截流式布置对减轻水体污染、改善和保护环境有重大作用。它适用于分流制污水排水系统，将生活污水及工业废水经处理后排入水体，也适用于区域排水系统，区域主干管截流各城镇的污水送至区域污水处理厂进行处理。截流式的合流制排水系统，因雨天有部分混合污水泄入水体，会造成对受纳水体一定程度的污染（可应用于分流制污水、合流制、区域排水系统）。

答案选【ACD】。

51. 下列关于城镇排涝系统的设计要求中，说法正确的是哪几项？

(A) 城镇水体的调蓄规模和调蓄水位确定后，不应填占

(B) 交通枢纽最大允许退水时间应为 1.0h

(C) 利用绿地作为多功能调蓄设施的，设施排空时间不应大于植被的耐淹时间

(D) 城镇道路作为排涝除险的行泄通道，在达到设计最大积水深度时，周边居民住宅和工商业建筑物的底层不得进水

解析：

选项 A，参考《排水项目规范》3.4.5 条，城镇水体的调蓄规模和调蓄水位确定后，不应填占，故 A 正确。

选项 B，参考《排水项目规范》3.4.3 条，交通枢纽最大允许退水时间应为 0.5h，故 B 错误。

选项 C，参考《排水项目规范》3.4.7 条，多功能调蓄设施，应符合下列规定：1) 设置雨水进出口，并在进水口设置拦污和消能设施；2) 利用绿地作为多功能调蓄设施的，设施排空时间不应大于植被的耐淹时间，故 C 正确。

选项 D，参考《排水项目规范》3.4.9 条，城镇道路作为排涝除险的行泄通道，应符合下列规定：达到设计最大积水深度时，周边居民住宅和工商业建筑物的底层不得进水，故 D 正确。

答案选【ACD】。

52. 下列关于雨水泵站的设计做法，错误的是哪几项？

（A）未设置备用泵

（B）水泵设计静扬程应按集水池最低水位与受纳水体的最高水位差计算

（C）集水池为长方形，4 台轴流泵与水流方向平行一字布置

（D）集水池设计最高水位低于进水管管底，进水跌水入集水池

解析：

选项 A，参考《给水标准》6.2.5 条。受纳水体水位以及集水池水位的不同组合，可组成不同的扬程。受纳水体水位的常水位或平均潮位和设计流量下集水池设计水位之差加上管路系统的水头损失为设计扬程；受纳水体水位的低水位或平均低潮位和集水池设计最高水位之差加上管路系统的水头损失为最低工作扬程；受纳水体水位的高水位或防汛潮位和集水池设计最低水位之差加上管路系统的水头损失为最高工作扬程。故 A 正确。

选项 B，水泵设计静扬程应按常水位或平均潮位和设计流量下集水池设计水位之差计算。B 选项表达的为最大静扬程，故 B 错误。

选项 C，参考《给水标准》6.3.7 条。泵房宜采用正向进水。4 台轴流泵与水流方向平行一字布置会导致每台泵的吸水量不均匀，属于侧向进水，故 C 错误。

选项 D，参考《给水标准》6.3.4 条。雨水泵站和合流污水泵站集水池的设计最高水位宜与进水管管顶相平，故 D 错误。

答案选【BCD】。

53. 某加工企业排放废水拟通过城镇污水处理厂处理后排到附近河流，该河流执行《地表水环境质量标准》GB 3838—2002 中的Ⅳ类标准，以下说法符合《污水综合排放标准》GB 8978—1996 要求的是哪几项？

（A）若该城镇污水处理厂未设置二级处理设施，则该企业排放废水应执行二级标准

（B）若该城镇污水处理厂已设置二级处理设施，则该企业排放废水应执行三级标准

（C）该企业废水中的第一类污染物的采样点一律在车间或车间处理设施排放口

（D）若该企业与另一生物制药企业共用同一排放口，则其混合废水的排放标准按照这两类废水中较严格的标准执行

解析：

参考《污水综合排放标准》GB 8978—1996：

由 4.1.2 条可知，排入《地表水环境质量标准》GB 3838—2002 中Ⅳ和Ⅴ类水域和排入《海水水质标准》GB 3097—1997 中三类海域的污水，执行二级标准；（4.1.4 条排入未设置二级污水处理厂的城镇排水系统的污水必须根据排水系统出水受纳水域的功能要求分别执行 4.1.1 条和 4.1.2 条的规定）故 A 正确。

由 4.1.3 条可知，排入设置二级污水处理厂的城镇排水系统的污水，执行三级标准，故 B 正确。

由 4.2.1 条第 1 款可知，第一类污染物不分行业和污水排放方式，也不分受纳水体的功能类别，一律在车间或车间处理设施排放口采样，故 C 正确。

由 4.3.1 条可知，同一排放口排放两种或两种以上不同类别的污水，且每种污水的排放标准又不同时，其混合污水的排放标准按附录 A 计算即浓度的加权平均，故 D 错误。

答案选【ABC】。

54. 以下对城市污水处理厂沉淀池的设计做法中，哪几项是合理的？
（A）沉淀池的有效水深设计为 4.0m
（B）采用机械排泥的初次沉淀池的污泥区容积按照 1d 的污泥量计算
（C）位于生物膜法处理后的采用静水压力排泥的二次沉淀池静水头设计为 1.5m
（D）周边进水周边出水辐流式二次沉淀池出水堰最大负荷为 2.0L/(m·s)

解析：

选项 A，参考《排水标准》7.5.3 条。沉淀池的有效水深宜采用 2.0~4.0m，故 A 正确。

选项 B，参考《排水标准》7.5.5 条。初次沉淀池的污泥区容积，除设机械排泥的宜按 4h 的污泥量计算外，宜按不大于 2d 的污泥量计算，故 B 错误。

选项 C，参考《排水标准》7.5.7 条。当采用静水压力排泥时，初次沉淀池的静水头不应小于 1.5m；二次沉淀池的静水头，生物膜法处理后不应小于 1.2m，活性污泥法处理池后不应小于 0.9m，故 C 正确。

选项 D，参考《排水标准》7.5.8 条。二次沉淀池的出水堰最大负荷不宜大于 1.7L/(m·s)，当二次沉淀池采用周边进水周边出水辐流沉淀池时，出水堰最大负荷可适当放大。实际中一般不超过 3.4L/(m·s)，故 D 正确。

答案选【ACD】。

55. 以下关于生化池各参数关系的叙述中，哪几项是正确的？
（A）污泥负荷越高，污泥龄越短
（B）污泥龄越长，出水有机物浓度越低
（C）污泥负荷越高，出水水质越好
（D）污泥回流比越大，污泥龄越长

解析：

参考《排水工程 2025》P238，活性污泥反应动力学结论，故 A、B、D 正确，C 错误。

答案选【ABD】。

56. 有关污水消毒的叙述中，错误的有哪几项？
（A）二氧化氯有杀灭隐孢子虫和病毒的作用，消毒效果好于液氯
（B）为提高紫外线消毒效果，宜在消毒前投加铁盐混凝剂降低悬浮固体浓度
（C）次氯酸钠溶液的稳定性较差，见光易分解，只能采用现场制备工艺消毒
（D）紫外线消毒设计水深应满足全部灯管的淹没要求，不宜低于 1m

解析：

选项 A，参考《排水工程 2025》P354，ClO_2 不仅能杀死细菌，而且能分解残留的细胞结构，并具有杀灭隐孢子虫和病毒的作用，其杀灭细菌、病毒、藻类和浮游动物等的效果好于液氯，故 A 正确。

选项 B，参考《排水工程 2025》P378，但水中的铁盐可直接吸收紫外光使消毒套管发生壅塞现象，且铁盐还会被吸附在悬浮固体或细菌凝块上形成保护膜，这都不利于紫外

光对细菌的杀灭，故 B 错误。

选项 C，参考《排水工程 2025》P354，次氯酸钠溶液宜低温、避光储存，储存时间不宜大于 7d，故 C 错误。

选项 D，参考《排水工程 2025》P379，渠道设水位探测和水位控制装置，设计水深应满足全部灯管的淹没要求（一般为 0.65~1.0m），故 D 错误。

答案选【BCD】。

57. 关于 A^2O 法同步脱氮除磷工艺的叙述中，下列哪几项叙述是正确的？
(A) 脱氮除磷工艺一般通过采用较短污泥龄来提高除磷效果
(B) 内回流是为了给缺氧池提供硝态氮，从而使反硝化反应得以顺利进行
(C) 缺氧池置于好氧池之前，主要是无需在反硝化反应时外加碳源，并能补偿后续硝化反应时消耗的部分碱度的作用
(D) A^2O 工艺一般无污泥膨胀的问题

解析:

选项 A，参考《排水工程 2025》P348，硝化菌需要长污泥龄，除磷需要短的污泥龄。受污泥龄的限制，除磷效果难以再提高，特别是当 BOD_5/P 值较低时，由于缩短污泥龄会使脱氮效率大幅度下降，起不到 A^2O 工艺的脱氮效果，所以通过较短污泥龄的方式来提高除磷效果是不正确的，故 A 错误。

选项 B，参考《排水工程 2025》P348，污水经过厌氧反应池后进入缺氧反应池，缺氧反应池的首要功能是脱氮，硝态氮由好氧反应池内回流混合液送入，混合液回流量较大，回流比≥200%，故 B 正确。

选项 C，参考《排水工程 2025》P338，关于前置反硝化工艺的优点的叙述，故 C 正确。

选项 D，参考《排水工程 2025》P348，在厌氧、缺氧、好氧交替运行条件下，丝状菌不能大量增殖，无污泥膨胀之虞，SVI 值一般小于 100，故 D 正确。

答案选【BCD】。

58. 下列关于污泥消化处理的表述中，哪些是错误的？
(A) 厌氧消化池溢流和表面排渣管出口应放在室内，且便于人工操作的地方
(B) 污泥气贮存罐超压后不得随意向大气排放，必须确保周围没人的情况下才能适量排放
(C) 厌氧消化处理工艺中，污泥搅拌每日将全池污泥全搅拌（循环）的次数不宜大于 3 次，但必须保证搅拌充分
(D) 污泥气应综合利用，可用于锅炉、发电和驱动鼓风机等

解析:

选项 A，参考《排水标准》8.3.16 条。厌氧消化池溢流和表面排渣管通常不得放置在室内，故 A 错误。

选项 B，参考《排水标准》8.3.20 条。污泥储存罐超压时不得直接向大气排放，故 B 错误。

选项C，参考《排水标准》8.3.14条。每日将全池污泥全搅拌，搅拌的次数不宜小于3次，故C错误。

选项D，参考《排水标准》8.3.22条。污泥气应综合利用，可用于锅炉、发电和鼓风机等，故D正确。

答案选【ABC】。

59. 某企业工作制是每天3班，每班10人，若不考虑淋浴用水，则下列选项中，哪几项可能为该企业最高日生活用水量？

(A) 900L/d   (B) 1500L/d   (C) 300L/d   (D) 500L/d

解析：

参考《建水工程2025》P2式（1-1），注意使用公式时，定额单位为"L/（人·班）"，故要将各班的人数相加后代入公式计算。再参考《建水标准》3.2.11条，管理人员及车间工人的用水定额取30~50 L/（人·班），则最高日用水量＝10×3×（30~50）＝900~1500（L/d）。

答案选【AB】。

60. 下列关于阀门的叙述中，哪几项是错误的？

(A) 给水管道需调节流量时，宜采用球阀

(B) 安装空间小的场所，宜采用球阀、蝶阀

(C) 多功能水泵控制阀兼有闸阀、倒流防止器和水锤消除器的功能

(D) 水流需双向流动的管段上，不得使用截止阀

解析：

选项A，参考《建水标准》3.5.5条第1款。需调节流量、水压时，宜采用调节阀、截止阀，故A错误。

选项B，参考《建水标准》3.5.5条第3款。安装空间小的场所，宜采用蝶阀、球阀，故B正确。

选项C，参考《建水标准》3.5.5条条文说明。多功能水泵控制阀兼有闸阀、缓闭止回阀和水锤消除器的功能，是"缓闭止回阀"功能，而不是"倒流防止器"功能，故C错误。

选项D，参考《建水标准》3.5.5条第4款。水流需双向流动的管段上，不得使用截止阀，故D正确。

答案选【AC】。

61. 下列关于止回阀的叙述中，哪几项是正确的？

(A) 止回阀的开启压力一般大于开启后水流正常流动时的局部水头损失

(B) 止回阀的开启压力与止回阀关闭状态时的密封性能有关

(C) 速闭消声止回阀和阻尼缓闭止回阀都有削弱停泵水锤的作用

(D) 水流方向自下而上的立管上不应安装止回阀，其原因是阀瓣不能自行关闭，起不到止回作用

解析：

选项 A，参考《建水标准》3.5.7 条条文说明。开启压力一般大于开启后水流正常流动时的局部水头损失，故 A 正确。

选项 B，参考《建水标准》3.5.7 条条文说明。止回阀的开启压力与止回阀关闭状态时的密封性能有关，故 B 正确。

选项 C，参考《建水标准》3.5.7 条条文说明。速闭消声止回阀和阻尼缓闭止回阀都有削弱停泵水锤的作用，故 C 正确。

选项 D，参考《建水标准》3.5.7 条条文说明。水流方向自上而下的立管，不应安装止回阀，因其阀瓣不能自行关闭，起不到止回作用，是"自上而下"不是"自下而上"，故 D 错误。

答案选【ABC】。

62. 下列关于排水管道的叙述中，哪几项是正确的？
（A）单根排水立管的排出管宜与排水立管相同管径
（B）设有副通气立管的排水立管系统的最大设计排水能力与仅设伸顶通气的排水立管系统通水能力相当
（C）旋流器排水单立管最大设计排水能力与排水立管高度有关
（D）当采用特殊单立管管材及配件时，生活排水立管的最大设计排水能力应以±500Pa为判定标准确定

解析：

选项 A，参考《建水标准》4.5.11 条。单根排水立管的排出管宜与排水立管相同管径，故 A 正确。

选项 B，参考《建水标准》4.5.7 条第 1 款条文说明。设有副通气立管的排水立管系统，其最大设计排水能力可参照仅设伸顶通气的排水立管系统通水能力，故 B 正确。

选项 C，参考《建水标准》4.5.7 条第 3 款条文说明。测试成果显示苏维托内的通气缝隙具有平衡气压功能，故其通水能力不受排水立管高度影响，而其他特殊配件单立管最大设计排水能力与排水立管高度有关，确定安全系数 0.9，旋流器排水单立管系统并非"苏维托"，其最大设计排水能力与排水立管高度有关，故 C 正确。

选项 D，参考《建水标准》4.5.7 条第 2 款。生活排水系统立管当采用特殊单立管管材及配件时，应根据现行行业标准《住宅生活排水系统立管排水能力测试标准》CJJ/T 245—2016 所规定的瞬间流量法进行测试，并应以±400Pa为判定标准确定，故 D 错误。

答案选【ABC】。

注：对于旋流器排水单立管系统的原理无需深究，只要根据字面意思，能分辨出其并非"苏维托"单立管排水系统即可。

63. 下列关于隔油设施的叙述中，哪几项是正确的？
（A）人工除油的隔油池内存油部分的容积不得大于该池有效容积的 25%
（B）隔油器可设于室内
（C）隔油池出水管管底至池底的深度，不得小于 0.6m

（D）隔油器的通气管一般与厨房排水通气立管合并后一起接至室外

解析：

选项 A，参考《建水标准》4.9.3 条第 4 款。人工除油的隔油池内存油部分的容积不得小于该池有效容积的 25%，注意 A 选项的叙述是"大于"而不是"小于"，故 A 错误。

选项 B，参考《建水标准》4.9.2 条条文说明。由于隔油器为成品，隔油器内设置固体残渣拦截、油水分离装置，隔油器的容积比隔油池的容积小、除油效果好，故隔油器可设置于室内，故 B 正确。

选项 C，参考《建水标准》4.9.3 条第 4 款。隔油池出水管管底至池底的深度，不得小于 0.6m，故 C 正确。

选项 D，参考《建水标准》4.9.2 条第 5 款。隔油器的通气管应单独接至室外，故 D 错误。

答案选【BC】。

64. 下列关于热水温度的说法，哪几项是错误的？
（A）水加热器出水温度等于配水点温度
（B）配水点水温不一定等于 60℃
（C）在忽略混合水嘴热损失的前提下，配水点水温一定不等于卫生器具混合水嘴的出水温度
（D）配水点水温应高于 45℃

解析：

选项 A，热水从水加热器出水后，由于热水配水管道会有热损失，因此配水点温度会小于水加热器出水温度，故 A 错误。

选项 B，配水点实际的热水温度会受热损失等多种因素的影响，并不是一个定值，在计算耗热量时，若采用《建水标准》的热水定额，则对应的热水温度默认为 60℃，这个温度并不是实际的配水点水温，而是用于耗热量计算时，对应定额的一个假想温度，故 B 正确。

选项 C，该选项卫生器具为混合水嘴，因此该热水系统并非单管系统；对于双管系统而言，若混合水嘴仅使用热水时（即冷水管不出水，仅热水管出水），此时混合阀或混合水嘴出水温度等于热水管配水点水温，故 C 错误。

选项 D，参考《建水标准》6.2.6 条第 3 款。配水点水温不应低于 45℃。是"高于或等于 45℃"而不是"高于 45℃"，故 D 错误。

答案选【ACD】。

注：本题 A、B、C 三个选项考察的是对热水系统的理解，从而无法在规范中直接找到对应的条文。若考生在做本题时，浪费大量的时间到《建水标准》或《建水工程》中寻找选项 A、B、C 的依据，则要反思一下自己对耗热量这块知识点的熟练程度是否达到考试要求。

65. 下列关于热水系统的叙述中，哪几项是正确的？
（A）某办公楼工作班时间为 12h，供应热水时间为 8h，其为定时制

(B) 某办公楼工作班时间为 8h，供应热水时间为 8h，其为定时制

(C) 单管系统用户无法调节水的温度，故单管系统不安全

(D) 当卫生设备设有冷热水混合器或混合龙头时，双管系统应使配水点处有相近的水压

解析：

选项 A、B，参考《建水标准》2.1.91 条。全日集中热水供应系统：在全日、工作班或营业时间内不间断供应热水的系统。再参考《建水标准》2.1.92 条。定时集中热水供应系统：在全日、工作班或营业时间内某一时段供应热水的系统。可知区分全日制和定时制的关键是"热水供应系统在建筑使用时间内是否间断"，进而可以判断得到，选项 A 为定时制，选项 B 为全日制，故 A 正确、B 错误。

选项 C，参考《建水标准》6.3.7 条第 5 款。5) 公共淋浴室宜采用单管热水供应系统或采用带定温混合阀的双管热水供应系统，单管热水供应系统应采取保证热水水温稳定的技术措施，即单管系统依然是安全的，故 C 错误。

选项 D，参考《建水工程 2025》P245。双管热水供应方式是指配水点的水温由冷、热水混合器或混合龙头将冷水与热水（双管）混合、调节后形成。再参考《建水标准》6.3.7 条第 4 款。当卫生设备设有冷热水混合器或混合龙头时，冷、热水供应系统在配水点处应有相近的水压，故 D 正确。

答案选【AD】。

66. 下列关于消防水池设计的叙述中，哪几项是正确的？

(A) 储存室外消防用水的消防水池取水口的吸水高度不应大于 6.0m

(B) 有效容积为 500m³ 的消防水池补水时间不宜大于 48h

(C) 消防用水与其他用水共用的水池，应采取确保消防用水量不作他用的技术措施

(D) 取水口（井）与甲、乙、丙类液体储罐等构筑物的距离不宜小于 60m

解析：

选项 A，参考《消规》4.3.7 条第 1 款。消防水池应设置取水口（井），且吸水高度不应大于 6.0m，故 A 正确。

选项 B，参考《消规》4.3.3 条。消防水池进水管应根据其有效容积和补水时间确定，补水时间不宜大于 48h，但当消防水池有效总容积大于 2000m³ 时，不应大于 96h。消防水池进水管管径应经计算确定，且不应小于 DN100，故 B 正确。

选项 C，参考《消规》4.3.8 条。消防用水与其他用水共用的水池，应采取确保消防用水量不作他用的技术措施，故 C 正确。

选项 D，参考《消规》4.3.7 条第 3 款。取水口（井）与甲、乙、丙类液体储罐等构筑物的距离不宜小于 40m，故 D 错误。

答案选【ABC】。

67. 下列关于室内消火栓布置的叙述中，哪几项是正确的？

(A) 设置室内消火栓的建筑物，设备层可不设置消火栓

(B) 建筑高度 12m，体积 3000m³ 的单层仓库，可采用 1 支消防水枪的 1 股充实水柱

到达室内任何部位
(C) 消防电梯间前室内应设置消火栓，并不应计入消火栓总数内
(D) 冷库的消火栓应设置在常温穿堂或楼梯间内

解析：

选项 A，参考《消规》7.4.3 条。设置室内消火栓的建筑，包括设备层在内的各层均应设置消火栓，故 A 错误。

选项 B，参考《消规》7.4.6 条。本条的多层仓库包括单层仓库在内，故 B 正确。

选项 C，参考《消规》7.4.5 条。故 C 错误。

选项 D，参考《消规》7.4.7 条第 5 款。故 D 正确。

答案选【BD】。

68. 下列关于自动喷水灭火系统的叙述中，哪几项不正确？
(A) 每个报警阀组供水的最高位置洒水喷头与阀组的高程差不宜大于 50m
(B) 仓库内顶板下洒水喷头与货架内置洒水喷头可共用水流指示器
(C) 雨淋系统的水流报警装置可采用压力开关或水流指示器
(D) 每个报警阀组控制的最不利点洒水喷头处应设末端试水装置，其他防火分区、楼层均应设试水阀

解析：

选项 A，参考《喷规》6.2.4 条。每个报警阀组供水的最高与最低位置洒水喷头，其高程差不宜大于 50m，故 A 错误。

选项 B，参考《喷规》6.3.2 条。仓库内顶板下洒水喷头与货架内置洒水喷头应分别设置水流指示器，故 B 错误。

选项 C，参考《喷规》6.4.1 条。雨淋系统和防火分隔水幕，其水流报警装置应采用压力开关，故 C 错误。

选项 D，参考《喷规》6.5.1 条。每个报警阀组控制的最不利点洒水喷头处应设末端试水装置，其他防火分区、楼层均应设直径为 25mm 的试水阀，故 D 正确。

答案选【ABC】。

69. 下列关于水喷雾系统设计的叙述中说法错误的是哪几项？
(A) 某油断路器采用水喷雾灭火系统，电动控制阀的开启时间不宜大于 45s
(B) 输送机皮带的保护面积应按上行皮带的上表面面积确定；长距离的皮带宜实施分段保护，但每段长度不宜大于 100m
(C) 油断路器的水喷雾系统设计供给时间不应小于 1.0h
(D) 雨淋报警阀的局部水头损失应按 0.08MPa 计算

解析：

选项 A，参考《水喷雾灭火规范》3.1.2 条。油断路器响应时间 60s，应采用雨淋阀组，不能采用电动控制阀，不适用于《水喷雾灭火规范》4.0.4 条，故 A 错误。

选项 B，《水喷雾灭火规范》3.1.6 条。输送机皮带的保护面积应按上行皮带的上表面面积确定；长距离的皮带宜实施分段保护，但每段长度不宜小于 100m，故 B 错误。

选项 C，《水喷雾灭火规范》3.1.2 条。水喷雾系统设计供给时间不应小于 0.4h，故 C 错误。

选项 D，《水喷雾灭火规范》7.2.3 条。雨淋报警阀的局部水头损失应按 0.08MPa 计算，故 D 正确。

答案选【ABC】。

70. 下列关于中水供水水质的叙述中，哪几项是不正确的？

（A）对于不同的用途，供水水质可以相同

（B）能用于车辆冲洗的中水可以用于消防

（C）中水同时供多种用途时，应按用水量最大的一项确定水质标准

（D）冲厕排水处理成本过高，不能作为中水原水

解析：

选项 A，参考《中水规范》4.2.6 条。当中水同时用于多种用途时，其水质应按最高水质标准确定，从而可得，多种用途的中水可以采用同一种供水水质，故 A 正确。

选项 B，参考《城市污水再生利用　城市杂用水水质》GB/T 18920—2020 车辆冲洗的水质要求比消防高，从而能用于车辆冲洗的中水可以用于消防，故 B 正确。

选项 C，参考《中水规范》4.2.6 条。当中水同时用于多种用途时，其水质应按最高水质标准确定，由此可得，并不是按照用水量最大的一项确定水质标准，故 C 错误。

选项 D，参考《中水规范》3.1.3 条。建筑物中水原水可选择的种类和选取顺序应为：8 冲厕排水，由此可得，冲厕排水可以作为中水水源，故 D 错误。

答案选【CD】。

冲刺试卷 2 知识下

单选题（共 40 题，每题 1 分。每题的备选项中，只有 1 个选项最符合题意）

1. 下列表述，哪项错误？
(A) 管网漏损水量与给水系统供水量大小有关
(B) 管网漏损率与给水系统供水量大小无关
(C) 管网中管道的长度总和越长，管网漏损率可适当增大
(D) 同一城市的居民生活用水量小于综合生活用水定额

解析：

选项 A、B、C，参考《给水工程 2025》P15，漏损率和供水规模无关，但漏损量＝漏损率×供水规模，故供水规模越大，漏损量越大，故 A、B、C 正确。注意漏损率和规模无关，注意区分漏损量和漏损率两个概念的差异。

选项 D，同一城市的生活用水量小于综合生活用水定额是无逻辑的说法，数值上一个城市的生活用水量很大，而定额是个很小的数据，故 D 错误。

答案选【D】。

2. 下列表述，哪项错误？
(A) 进行经济管径计算的目的是使年折算费用最低
(B) 进行经济管径计算的目的是使年均管道造价与年管理费用之和最低
(C) 管道的经济流速指一定的设计年限内，使管道的造价和运行费用都最低
(D) "年折算费用"的大小与投资偿还期有关

解析：

选项 A，参考《给水工程 2025》P35，年折算 W 存在最小值，其相应的管径称为经济管径，故 A 正确。

选项 B，参考《给水工程 2025》P35 式（2-10），年折算费用等于年均管道造价与年管理费用之和，而经济管径计算目的正是使年折算费用最低，故 B 正确。

选项 C，管道的经济流速指一定的设计年限内，使管道的造价和运行费用之和最低，而不是单项都最低，故 C 错误。

选项 D，参考《给水工程 2025》P35 式（2-10），年折算费用＝总费用/投资偿还期，故 D 正确。

答案选【C】。

3. 下列说法错误的是哪项？
(A) 合建式岸边取水构筑物，水泵需要自灌启动时，宜将进水间与泵房的基础建在相同标高上

（B）合建式岸边取水构筑物的进水间和泵房的基础有条件时可建在不同的标高上

（C）取水构筑物位置宜设在河流的凹岸，也可设在凸岸的起点或中点

（D）纵向输沙不平衡是由来沙量随时间变化和沿程变化，河流比降和河谷宽度的沿线变化及拦河坝等的兴建所造成

解析：

选项 A，参考《给水工程 2025》P92，故 A 正确。

选项 B，参考《给水工程 2025》P92，故 B 正确。

选项 C，参考《给水工程 2025》P90，故 C 错误。

选项 D，参考《给水工程 2025》P89，故 D 正确。

答案选【C】。

4. 渗渠出水量不仅与水位地质条件、渗渠敷设方式有关，还与集取水源的水位条件、水质状况有关，关于平行于河流敷设在河滩下的完整式渗渠，其出水量与相关参数描述错误的是哪项？

（A）渗渠出水量与渗透系数及渗渠长度呈正比例关系

（B）渗渠出水量与岸边地下水含水层厚度呈正相关关系

（C）渗渠出水量与渗渠中心距河水边线的距离呈负相关关系

（D）渗渠出水量与渗渠内水位距含水层底板高度呈正相关关系

解析：

参考《给水工程 2025》P86：

选项 A，渗渠出水量与渗透系数及渗渠长度，呈正比例关系，故 A 正确。

选项 B，参考图 3-28，岸边地下水水位距含水层底板的高度＝岸边地下水含水层厚度，再结合式（3-10）可知其呈正相关关系，故 B 正确。

选项 C，参考式（3-10），故 C 正确。

选项 D，参考式（3-10），可知是负相关关系，故 D 错误。

答案选【D】。

5. 关于给水处理的叙述中，下列哪项是正确的？

（A）给水处理的主要目的只是去除或部分去除水中杂质以达到使用水质标准

（B）单元处理方法可分成物理、化学和生物三种

（C）曝气法属于生物处理方法

（D）水处理不包含对处理过程中所产生的污染物处理和处置

解析：

选项 A，参考《给水工程 2025》P154，给水处理的目的有三个，故 A 错误。

选项 B，参考《给水工程 2025》P154，故 B 正确。

选项 C，参考《给水工程 2025》P155，曝气法属于物理化学处理法，故 C 错误。

选项 D，参考《给水工程 2025》P154，此外，水处理过程中所产生的污染物处理和处置也是水处理的内容之一，故 D 错误。

答案选【B】。

6. 有关混凝剂投加的叙述中，以下哪一项是错误的？

(A) 混凝剂投加时可采用计量泵投加的方式

(B) PAM 的加注应符合相关现行行业标准

(C) 混凝剂的投加一般采用自动控制投加

(D) 混凝剂加注设备均为一对一加注，禁止出现一台加注设备控制多加注点的情况

解析：

选项 A，由《给水标准》9.3.6 条第 1 款可知，A 正确。

选项 B，由《给水标准》9.3.6 条第 4 款可知，B 正确。

选项 C，由《给水标准》9.3.6 条第 3 款可知，C 正确。

选项 D，由《给水标准》9.3.6 条第 2 款可知，D 错误。

答案选【D】。

7. 有关混凝剂的叙述中，以下哪一项是错误的？

(A) 混凝剂按化学成分可分为无机混凝剂和有机混凝剂

(B) 在混凝剂选用高分子混凝剂混凝效果好，因此其使用比低分子无机盐混凝剂多

(C) 聚丙烯酰胺在原水含沙量为 $40\sim60kg/m^3$ 时，投加量选择 $3mg/L$ 是可行的

(D) 高分子物质助凝剂的作用机理是其吸附架桥作用

解析：

选项 A，参考《给水工程 2025》P169，故 A 正确。

选项 B，参考《给水工程 2025》P169，有机高分子混凝剂的应用比无机的少，故 B 错误。

选项 C，参考《给水工程 2025》P171，当原水含沙量为 $40\sim60kg/m^3$ 时，投加量宜为 $2.0\sim4.0mg/L$，故 C 正确。

选项 D，参考《给水工程 2025》P172，故 D 正确。

答案选【B】。

8. 下列说法中错误的是哪一项？

(A) 预沉处理的设计含沙量应通过对设计典型年沙峰曲线的分析，结合避沙蓄水设施的设置条件，合理选取

(B) 若计入泥渣体积时，泥渣悬浮型澄清池水流在悬浮层中的停留时间等于悬浮层体积除以进水流量

(C) 机械搅拌澄清池，若回流泥渣量为进水流量的 3 倍，则第二絮凝室计算流量取 4 倍进水流量

(D) 气浮池溶气释放系统释放的气泡越小，气浮效果越好

解析：

选项 A，参考《给水标准》9.2.3 条，故 A 正确。

选项 B，参考《给水工程 2025》P205，不计入泥渣体积，可以认为水流在悬浮层中的停留时间等于悬浮层体积除以进水流量。计入泥渣体积时，水流在悬浮层中的停留时间等于悬浮层体积减去泥渣体积除以进水流量，故 B 错误。

选项 C，参考《给水工程 2025》P206，第二絮凝室计算流量为进水流量和回流泥渣量之和，故 C 正确。

选项 D，参考《给水工程 2025》P208，在剧烈紊动和布朗运动作用下迅速扩散，以微小气泡形式分散在水中，气泡越小，气浮效果越好，故 D 正确。

答案选【B】。

9. 下列滤池反冲洗叙述中，哪项错误？

(A) 滤料流态化后，再增加反冲洗强度，托起悬浮滤料层的水头损失基本不变

(B) 滤料粒径越大，所需要的反冲洗强度越大

(C) 冬天水温低时，只需采用较低的冲洗强度就可达到较好的反冲洗效果

(D) 单层细砂级配滤料在水反冲洗时，膨胀率达到 25％ 时具有较好的冲洗效果

解析：

选项 A，参考《给水工程 2025》P222，当反冲洗流速大于 v_{mf} 后，滤层将开始膨胀起来，再增加反冲洗强度，托起悬浮滤料层的水头损失基本不变，而增加的能量表现为冲高滤层，增加滤层的膨胀高度和空隙率，故 A 正确。

选项 B，参考《给水工程 2025》P222 式 (8-14)，故 B 正确。

选项 C，参考《给水工程 2025》P222，冬天水温低时，动力黏度增大，在相同的冲洗强度条件下，滤层膨胀率增大。因此，冬天反冲洗时的强度可适当降低，故 C 正确。

选项 D，参考《给水工程 2025》P223 表 8-5 中各类滤料的冲洗参数，故 D 错误。

答案选【D】。

10. 下列关于地下水除铁、除锰的说法中，错误的是哪项？

(A) 当原水中同时含有铁锰时，可采用生物除铁、除锰滤池

(B) 采用催化氧化法除锰时，采用锰砂滤料成熟期较短

(C) 在中性 pH 条件下，氯可将地下水中的亚锰离子氧化去除

(D) 若调节原水 pH 至 9.5，锰可被水中的溶解氧氧化

解析：

选项 A，由生物除铁除锰原理可知，故 A 正确。

选项 B，参考《给水工程 2025》P268，催化氧化滤池滤料多采用含有二氧化锰的天然锰砂，有的含有四氧化三锰，形成锰质活性滤膜的时间（滤层成熟期）较短，故 B 正确。

选项 C，参考《给水工程 2025》P270，碱性条件下才可，故 C 错误。

选项 D，参考《给水工程 2025》P267，当水的 pH>9.0 时，水中溶解氧能够较快地将 Mn^{2+} 氧化成 Mn^{4+}，而在中性 pH 条件下，Mn^{2+} 几乎不能被溶解氧氧化，故 D 正确。

答案选【C】。

11. 下列说法错误的是哪项？

(A) 对于预加氯氧化的水厂需要做到合理加氯，或再经活性炭吸附，可以使氯氧化副产物含量达标

(B) 一般情况下，吸附质浓度越高，活性炭吸附量越大

(C) 采用氯消毒时，三卤甲烷生成量仅与前体物浓度有关

(D) 原水经超滤膜处理后可无需再过滤处理

解析：

选项 A，参考《给水工程 2025》P279，故 A 正确。

选项 B，参考《给水工程 2025》P289，一般情况下，吸附质浓度越高，活性炭吸附量越大，故 B 正确。

选项 C，参考《给水标准》9.2.10 条条文说明，与"前体物浓度、加氯量、接触时间"呈正相关，故 C 错误。

选项 D，参考《给水工程 2025》P275，超滤工艺能使出水浊度降至 0.1NTU 以下，所以混凝后的水经过沉淀或不经过沉淀便可进入超滤膜过滤，而不必设置常规的过滤池，故 D 正确。

答案选【C】。

12. 关于循环冷却水处理的叙述中，下列哪项是正确的？

(A) 为保证清洗效果，循环冷却水系统设备在化学清洗前，需先进行物理清洗

(B) 氧化膜型缓蚀剂排放到水体会导致重金属污染，因而基本上禁止使用

(C) 循环冷却水系统设备在酸洗时，常采用硝酸作为清洗药剂

(D) 循环冷却水水质处理的任务共有两个，分别为阻垢和缓蚀

解析：

选项 A，参考《给水工程 2025》P384，物理清洗一般在化学清洗后进行，对于轻微结垢的设备也可直接采用物理清洗，故 A 错误。

选项 B，参考《给水工程 2025》P381，均为重金属含氧酸盐，排放到水体会污染环境，基本上禁止使用，故 B 正确。

选项 C，参考《给水工程 2025》P384，常用盐酸作为清洗剂，故 C 错误。

选项 D，参考《给水工程 2025》P377，循环冷却水水质处理的任务，简化为阻垢、缓蚀及微生物控制，故 D 错误。

答案选【B】。

13. 下列关于雨水综合利用的说法中，错误的是哪一项？

(A) 雨水资源利用将有效缓解水资源的短缺

(B) 雨水资源的利用，将增加雨水工程投资及运行费用，但能有效避免城市洪涝灾害

(C) 雨水资源的利用，可从源头上控制径流雨水对水环境的污染

(D) 雨水资源的利用可有效防止地面沉降和海水倒灌

解析：

参考《排水工程 2025》P30，雨水资源的利用，可减少雨水工程投资及运行费用，有效避免城市洪涝灾害，故 B 错误。

答案选【B】。

14. 选用埋地塑料排水管时，其环刚度是一个重要参数，主要用于复核下列哪一项指标？

(A) 地下水位 　　　　　　　　　(B) 地基承载力

(C) 覆土深度 　　　　　　　　　(D) 地震烈度

解析：

参考《排水工程2025》P146，根据工程条件、材料力学性能和回填材料的压实度，按环刚度复核覆土深度。

答案选【C】。

15. 低影响开发雨水系统控制指标的选择应根据建筑密度、绿地率、水域面积率等既有规划控制指标及土地利用布局、当地水文、水环境等条件合理确定，下列哪项属于详细规划的综合控制指标？

(A) 单位面积控制容积 　　　　　(B) 下沉式绿地率及其下沉深度

(C) 透水铺装率 　　　　　　　　(D) 绿色屋顶率

解析：

参考《海绵城市建设技术指南》第三章第四节中表3-1，综合指标是单位面积控制容积，单项指标有下沉式绿地率及其下沉深度、透水铺装率、绿色屋顶率及其他。

答案选【A】。

16. 以下对城市污水处理厂沉淀池的设计做法中，哪项是错误的？

(A) 沉淀池的超高设计为0.5m

(B) 采用非机械排泥的初次沉淀池的污泥区容积按照1d的污泥量计算

(C) 位于生物膜法处理后的采用静水压力排泥的二次沉淀池静水头设计为1.5m

(D) 采用机械排泥的辐流式二次沉淀池缓冲层高度设计为0.3m

解析：

选项A，《排水标准》7.5.2条。沉淀池的超高不应小于0.3m，故A正确。

选项B，《排水标准》7.5.5条。初次沉淀池的污泥区容积，除设机械排泥的宜按4h的污泥量计算外，其余宜按不大于2d的污泥量计算，故B正确。

选项C，《排水标准》7.5.7条。当采用静水压力排泥时，初次沉淀池的静水头不应小于1.5m。二次沉淀池的静水头，生物膜法处理后不应小于1.2m，活性污泥法处理池后不应小于0.9m，故C正确。

选项D，《排水标准》7.5.12条。缓冲层高度，非机械排泥时宜为0.5m。机械排泥时，应根据刮泥板高度确定，且缓冲层上缘宜高出刮泥板0.3m，即高度＝刮泥板高度＋0.3m，故D错误。

答案选【D】。

17. 下列关于氧化沟工艺的描述中哪项是错误的？

(A) 一般采用普通氧化沟工艺处理城市污水时，可省去初沉池，但是占地面积较大

(B) 两池型交替工作氧化沟和DE型氧化沟，两个反应池交替作为曝气池和沉淀池，

　　无须另设二沉池和污泥回流系统
(C) 氧化沟采用的曝气方式有：曝气转刷、曝气转盘和竖轴表面曝气机和鼓风曝
　　气等
(D) 奥巴勒氧化沟应使外、中、内 3 层沟渠内混合液的溶解氧保持较大的梯度，提
　　供较好的缺氧反硝化条件，脱氮效果好

解析：

选项 B，参考《排水标准》7.6.23 条条文说明。DE 型氧化沟系统由相互联系的氧化沟与单独设立的沉淀池组成，DE 型氧化沟是需要设置二次沉淀池的，故 B 错误。

参考《排水工程 2025》P251，已有的多座氧化沟污水处理厂采用了鼓风曝气加水下推动器的设备组合方式，节能效果明显，故 C 正确。

答案选【B】。

18. 下列关于厌氧降解过程描述不正确的是哪项？
(A) 大分子物质在细菌胞外酶的作用下被分解生成可溶于水的小分子物质，该过程
　　称为水解过程
(B) 水解生成的小分子物质在酸化菌的细胞内转化为更简单的化合物，包括挥发性
　　脂肪酸、醇类、二氧化碳、氢气、硫化氢等，该过程称为酸化过程
(C) 酸化阶段的产物，如甲酸、甲醇、丙酸等小分子物质，在微生物的作用下被转
　　化为乙酸和氢，作为产甲烷的基质，该过程被称为产氢产乙酸过程
(D) 乙酸化过程的产物在产甲烷菌的作用下，生成甲烷、二氧化碳和新的细胞物质，
　　该过程称为产甲烷过程

解析：

选项 C，参考《排水工程 2025》P311～P312，产氢产乙酸过程主要分解对象是丙酸、丁酸；不含有甲酸、甲醇等物质，故 C 错误。

答案选【C】。

19. 无有机碳源的含氮污水脱氮，可采用下列哪一项工艺？
(A) ANO 工艺　　　　　　　　　　(B) 同时硝化/反硝化工艺
(C) 短程硝化反硝化工艺　　　　　　(D) 厌氧氨氧化工艺

解析：

参考《排水工程 2025》，厌氧氨氧化细菌是自养菌，反应过程无需添加有机物，以氨为电子供体还可节省传统生物脱氮工艺中所需的碳源。

答案选【D】。

20. 某高氨污水再生处理厂出水拟作为城市杂用水回用，选择下列哪一种消毒方式最为适宜？
(A) 液氯　　　　(B) 次氯酸钠　　　　(C) 紫外线　　　　(D) 二氧化氯

解析：

参考《排水工程 2025》P354，二氧化氯与氨不起作用，因此可用于高氨废水的杀菌。

二氧化氯的杀菌消毒能力虽次于臭氧但高于液氯。根据《城市污水再生利用　城市杂用水水质》GB/T 18920—2020 中总余氯的要求，接触 30min 后 $\geqslant$ 1.0mg/L，管网末端 $\geqslant$ 0.2mg/L。紫外线无持续消毒能力，故不应单独选择。

答案选【D】。

21. 下列哪种工艺检测项目是生物接触氧化池应具备的？
(A) MLSS　　　　　(B) 溶解氧　　　　　(C) 液位　　　　　(D) 氧化还原电位

解析：

参考《排水工程 2025》P198 表格，生物膜工艺主要检测的项目就是溶解氧（DO）。活性污泥工艺需要检测的项目有液位、活性污泥浓度（MLSS）、溶解氧（DO）、氧化还原电位（ORP）、污泥排放量等。

答案选【B】。

22. 下列关于污水处理厂污泥焚烧的说法，不正确的是哪项？
(A) 浓缩污泥和机械脱水污泥需要加入辅助燃料才能进行燃烧
(B) 当温度较低时，升高温度，燃烧时间可大大缩短
(C) 提高污泥、燃料与空气之间的混合程度，可缩短燃烧时间
(D) 污泥焚烧的工艺，应根据污泥热值确定，宜采用回转式焚烧炉

解析：

参考《排水工程 2025》P440～P441：

选项 A，采用机械脱水装置脱水处理后，一般仍达 80% 左右。如此高的含水率一方面不能维持燃烧过程的自动进行，必须加入辅助燃料，故 A 正确。

选项 B，当温度较低时，燃烧速度受化学反应控制，温度影响大，温度上升 40℃，燃烧时间减少 50%，故 B 正确。

选项 C，污泥、燃料和空气的混合（湍流）程度。如混合不充分，将导致不完全燃烧产物的生成。湍流有助于破坏燃烧产物在颗粒表面形成的边界层，从而提高氧的利用率和传质速率，特别是扩散速率为控制因素时，燃烧时间随传质速率的增大而减少，故 C 正确。

选项 D，污泥焚烧的工艺，应根据污泥热值确定，宜采用循环流化床工艺，故 D 错误。

答案选【D】。

23. 下列哪项是我国目前城市污水处理厂污泥脱水后焚烧处置的最不经济合理的工艺技术？
(A) 污泥半干化后焚烧　　　　　(B) 污泥干化后焚烧
(C) 污泥与垃圾合并焚烧处理　　　(D) 污泥直接焚烧

解析：

选项 D，参考《排水工程 2025》P441，脱水污泥含水率较高，污泥直接焚烧，成本大。

答案选【D】。

24. 在城市污水深度处理中，利用活性炭吸附可去除一般物化和生化处理单元难以去除的微量有机物，如色素、杀虫剂等，但不同有机物被吸附的难易程度不同，下列属于易被活性炭吸附的有机物是哪项？

(A) 亲水性较强的有机物　　　　　(B) 分子量很大的有机物
(C) 极性较强的有机物　　　　　　(D) 疏水性较强的有机物

解析：

参考《排水工程 2025》P511，吸附质和吸附剂有极性对吸附的影响存在"相似易相吸附"的规律。活性炭易吸附分子直径较大的饱和化合物，对同族有机化合物的吸附能力随有机化合物的分子量的增大而增加，但当有机物分子量超过 1500 时，分子量过大会影响扩散速度，所以需进行预处理，将其分解为小分子量后再用活性炭处理；活性炭是非极性分子，易于吸附非极性或极性很低的吸附质。活性炭是疏水性物质，所以吸附质的疏水性越强越易被吸附。

答案选【D】。

25. 下列关于建筑给水竖向分区的叙述中，哪项是错误的？
(A) 分区供水的目的不仅为了防止损坏给水配件，同时能有节水的作用
(B) 多层建筑也可能需要分区
(C) 建筑高度超过 100m 的建筑的生活给水系统，宜采用垂直串联供水
(D) 生活给水系统分区供水仅根据建筑高度便可确定

解析：

选项 A，参考《建水标准》3.4.3 条条文说明。分区供水的目的不仅防止损坏给水配件，同时可避免过高的供水压力造成用水不必要的浪费，故 A 正确。

选项 B，参考《建水标准》3.4.3 条条文说明。对供水区域较大多层建筑的生活给水系统，有时也会出现超出本条分区压力的规定。一旦产生入户管压力、最不利点压力等超出本条规定时，也要为满足本条的有关规定采取相应的技术措施，不难得到，分区属于该条文说明中"相应的技术措施"，因为采用分区的方式，可以减少最不利点的供水压力，故 B 正确。

选项 C，参考《建水标准》3.4.6 条。建筑高度超过 100m 的建筑，宜采用垂直串联供水方式，故 C 正确。

选项 D，参考《建水标准》3.4.3 条条文说明。生活给水系统分区供水要根据建筑物用途、建筑高度、材料设备性能等因素综合确定，故 D 错误。

答案选【D】。

26. 下列有关小区室外给水系统的叙述中，哪项是错误的？
(A) 常采用生活-消防共用系统，若可利用其他水源作消防水源时，则应分设系统
(B) 小区的室外给水系统的水量、水压应满足小区内全部用水的要求
(C) 当小区的生活贮水量大于消防贮水量时，且在满足合用水池有效容积的更新周期

不大于48h的情况下，小区的生活用水贮水池与消防用贮水池才可以合并设置

（D）小区的生活、消防合并贮水池有效容积的贮水设计更新周期应采用平均日平均时生活用水量计算

解析：

选项A，参考《建水工程2025》P297。常采用生活-消防共用系统，若可利用其他水源作消防水源时，则应分设系统，故A正确。

选项B，参考《建水标准》3.13.1条。小区的室外给水系统的水量应满足小区内全部用水的要求，该条文并未强调"水压"也要满足小区内全部用水的要求。实际情况下，若小区室外给水系统的水压不满足部分用水点的用水要求，则可以采用小区内二次加压的方式，故B错误。

选项C，参考《建水标准》3.13.10条。当小区的生活贮水量大于消防贮水量时，小区的生活用水贮水池与消防用贮水池可合并设置，合并贮水池有效容积的贮水设计更新周期不得大于48h。再参考《建水标准》3.13.10条条文说明。本条规定了小区生活贮水池与消防贮水池合并设置的条件，两个条件必须同时满足方能合并，故C正确。

选项D，参考《建水标准》3.13.10条条文说明。更新周期应采用平均日平均时生活用水量计算，故D正确。

答案选【B】。

27. 下列关于建筑给水管布置位置叙述中，错误的是哪项？

（A）卫生器具的冷水连接管，应在热水连接管的右侧

（B）室内给水管道不得布置在遇水会引起燃烧、爆炸的原料、产品和设备的上面

（C）给水管道不得穿过大便槽和小便槽，且立管离大、小便槽端部不得小于0.5m

（D）严禁生活饮用水管道与大便器（槽）、小便斗（槽）采用专用冲洗阀直接连接冲洗

解析：

选项A，参考《建水标准》3.6.21条。卫生器具的冷水连接管，应在热水连接管的右侧，故A正确。

选项B，参考《建水通用规范》3.2.6条。建筑室内生活饮用水管道的布置应符合下列规定：1 不应布置在遇水会引起燃烧、爆炸的原料、产品和设备的上面。再参考《建水标准》标准用词说明，"不得"和"不应"的严格程度相同，可以混用，故B正确。

选项C，参考《建水标准》3.6.5条。给水管道不得穿过大便槽和小便槽，且立管离大、小便槽端部不得小于0.5m，故C正确。

选项D，参考《建水通用规范》3.2.7条。生活饮用水管道配水至卫生器具、用水设备等应符合下列规定：3 严禁采用非专用冲洗阀与大便器（槽）、小便斗（槽）直接连接，注意D选项为"严禁……专用冲洗阀直接连接冲洗"，故D错误。

答案选【D】。

28. 下列关于建筑排水管材、配件的叙述中，哪项是错误的？

（A）生活排水管道不应在建筑物内设检查井替代清扫口

(B) 排水管道上设置的清扫口宜与管道相同材质

(C) 排水横管连接清扫口的连接管及管件应与清扫口管径相同

(D) 除特殊情况可用检查口替代清扫口外，立管上应设检查口，横管上应设清扫口

解析：

选项 A，参考《建水标准》4.6.5 条。生活排水管道不应在建筑物内设检查井替代清扫口，故 A 正确。

选项 B，参考《建水标准》4.6.4 条第 4 款。铸铁排水管道设置的清扫口，其材质应为铜质；塑料排水管道上设置的清扫口宜与管道相同材质，由于铸铁排水管道的材质与其清扫口的材质不同，故 B 错误。

选项 C，参考《建水标准》4.6.4 条第 5 款。排水横管连接清扫口的连接管及管件应与清扫口同径，故 C 正确。

选项 D，参考《建水标准》4.6.2 条条文说明～4.6.5 条条文说明。除特殊情况可用检查口替代清扫口外，立管上应设检查口，横管上应设清扫口，故 D 正确。

答案选【B】。

29. 下列关于建筑排水沟的叙述中，哪项是不合适的？

(A) 食堂厨房的地面需要经常冲洗，其排水采用有盖的排水沟排除

(B) 别墅卫生间采用有盖的排水沟排水

(C) 当废水中夹带纤维时，应在排水沟与排水管道连接处设置格栅

(D) 汽车维修店的洗车冲洗水采用有盖的排水沟排除

解析：

选项 A，参考《建水标准》4.4.15 条。室内生活废水在下列情况下，宜采用有盖的排水沟排除：4 地面需要经常冲洗，故 A 正确。

选项 B，参考《建水标准》4.4.15 条。室内生活废水在下列情况下，宜采用有盖的排水沟排除：1 废水中含有大量悬浮物或沉淀物需经常冲洗；2 设备排水支管很多，用管道连接有困难；3 设备排水点的位置不固定；4 地面需要经常冲洗，可以得到，别墅卫生间并不属于其中任何一种情况，从而不需要采用有盖的排水沟排水；另外一方面，按实际工程经验判断，别墅卫生间一般采用地漏排水，故 B 错误。

选项 C，参考《建水标准》4.4.16 条。当废水中可能夹带纤维或有大块物体时，应在排水沟与排水管道连接处设置格栅或带网筐地漏，故 C 正确。

选项 D，参考《建水标准》4.2.4 条第 2 款条文说明。自动洗车台的冲洗水中含大量泥沙，再参考《建水标准》4.4.15 条。室内生活废水在下列情况下，宜采用有盖的排水沟排除：1 废水中含有大量悬浮物或沉淀物需经常冲洗，故 D 正确。

答案选【B】。

30. 根据《建筑给水排水设计标准》GB 50015—2019 的相关条文，下列关于热水定额的叙述中，哪项是错误的？

(A) 若住宅热水用水定额取 60L/（人·d），使用人数取 100，则 K_h 可在 2.75～4.8 之间任意取值

（B）在满足某些条件的情况下，热水小时变化系数 K_h 可以用内插法计算得到

（C）设公用盥洗室和淋浴室的培训中心，其最高日用水定额的最小值为 40L/(人·d)

（D）若热水计算温度不是 60℃，则不能直接套用表 6.2.1-1 的定额值

解析：

选项 A，参考《建水标准》表 6.4.1 注 2。K_h 应根据热水用水定额高低，使用人（床）数多少取值，当热水用水定额高、使用人（床）数多时取低值，反之取高值。使用人（床）数小于或等于下限值及大于或等于上限值时，K_h 就取上限值及下限值。再参考《建水标准》表 6.4.1。住宅的使用人（床）数为 100～6000，住宅的时变化系数 K_h 为 2.75～4.8。从而可得，当住宅使用人数为 100 人时，K_h 直接取最大值 4.8，故 A 错误。

选项 B，参考《建水标准》表 6.4.1 注 2。K_h 应根据热水用水定额高低，使用人（床）数多少取值……中间值可用定额与人（床）数的乘积作为变量内插法求得，故 B 正确。

选项 C，参考《建水标准》表 6.2.1-1 第 5 项可知，设公用盥洗室和淋浴室的培训中心，其最高日用水定额的取值范围为 40～60L/(人·d)，故 C 正确。

选项 D，参考《建水标准》表 6.2.1-1 注 2。本表以 60℃ 热水水温为计算温度，故 D 正确。

答案选 **【A】**。

31. 关于热水循环水泵的叙述中，下列哪一项是正确的？

（A）水泵的出水量为热水供应的设计秒流量

（B）循环管网的水头损失计算时一般代入管道的公称直径进行计算

（C）水泵壳体承受的工作压力不得小于水泵扬程即可

（D）全日制热水供应系统的循环水泵应由泵前回水总管的热水温度控制开停

解析：

选项 A，参考《建水标准》6.7.10 条第 1 款水泵的出水量应按下式计算，即水泵的出水量应为循环流量乘以附加系数，并非热水供应的设计秒流量，故 A 错误。

选项 B，参考《建水标准》6.7.4 条。热水管网的水头损失计算应符合下列规定：1 单位长度水头损失，应按本标准第 3.7.14 条确定，管道的计算内径 d_j 应考虑结垢和腐蚀引起的过水断面缩小的因素，从而可得，水头损失是根据管道内径计算得到的，而不是根据管道的公称直径，故 B 错误（公称直径：又称平均外径，是指容器、管道及其附件的标准化直径系列，该参数既不是外径也不是内径）。

选项 C，参考《建水标准》6.7.10 条第 3 款。循环水泵应选用热水泵，水泵壳体承受的工作压力不得小于其所承受的静水压力加水泵扬程，从而可得，除水泵扬程外，还要考虑其本身所承受的静水压力，故 C 错误。

选项 D，参考《建水标准》6.7.10 条第 5 款。全日集中热水供应系统的循环水泵在泵前回水总管上应设温度传感器，由温度控制开停，故 D 正确。

答案选 **【D】**。

32. 某小区采用全日制集中热水供应系统，各建筑平均小时耗热量、设计小时耗热量

及其用水时段如下表，则该热水供应系统设计小时耗热量应为下列哪项？

建筑物类型	平均小时耗热量（kJ/h）	设计小时耗热量（kJ/h）	用水时间（h）	最大用水时段
住宅	1000000	3000000	24	17：00～23：00
活动中心	40000	60000	10	15：00～18：00
餐厅	20000	30000	12	11：00～14：00 18：00～20：00
公共浴室	120000	170000	12	19：00～23：00
幼儿园	50000	200000	10	11：00～13：00

(A) 1230000kJ/h   (B) 3230000kJ/h

(C) 3310000kJ/h   (D) 3460000kJ/h

解析：

参考《建水标准》6.4.1条第4款。具有多个不同使用热水部门的单一建筑或具有多种使用功能的综合性建筑，当其热水由同一全日集中热水供应系统供应时，设计小时耗热量可按同一时间内出现用水高峰的主要用水部门的设计小时耗热量，加其他用水部门的平均小时耗热量计算。结合题干可得，主要用水部门（住宅）用水高峰时段为17：00～23：00，仅幼儿园的最大用水时段与其完全错开，从而活动中心、餐厅、公共浴室按设计小时耗热量计入，幼儿园按平均小时耗热量计入，即系统设计小时耗热量＝3000000＋60000＋30000＋170000＋50000＝3310000kJ/h，故C正确。

答案选【C】。

33. 以下有关消防给水的叙述中，不满足《消规》的是哪项？

(A) 每层层高2.9m，共15层的住宅建筑，可采用一路消防供水

(B) 当市政给水管网担负市政消火栓供水时，管网末梢平时运行工作压力不应小于14m

(C) 消防管道内平时所充水的pH为6.5

(D) 水景和游泳池内水量不稳定，不可作为备用消防水源

解析：

选项A，参考《消规》6.1.3条第1款。应采用两路消防供水，除建筑高度超过54m的住宅外，室外消火栓设计流量小于或等于20L/s时可采用一路消防供水，故A正确。

选项B，参考《消规》7.2.8条。当市政给水管设有市政消火栓时，其平时运行工作压力不应小于0.14MPa，火灾时水力最不利市政消火栓的出流量不应小于15L/s，且供水压力从地面算起不应小于0.10MPa，故B正确。

选项C，参考《消规》4.1.4条。消防给水管道内平时所充水的pH应为6.0～9.0，故C正确。

选项D，参考《消规》4.1.3条第2款。雨水清水池、中水清水池、水景和游泳池可作为备用消防水源，故D错误。

答案选【D】。

34. 下列关于高位消防水箱的说法中，错误的是哪一项？

(A) 建筑高度为 72m 的综合楼（其中商业部分总面积为 5 万 m²）的高位消防水箱有效容积不应小于 50m³

(B) 高位消防水箱补水时间不宜大于 48h

(C) 高位消防水箱进水管口的最低点高出溢流边缘的高度应等于进水管管径，但最小不应小于 100mm，最大不应大于 150mm

(D) 高位消防水箱溢流管的直径不应小于进水管直径的 2 倍，且不应小于 DN100

解析：

选项 A，参考《消规》5.2.1 条。1 一类高层公共建筑，不应小于 36m³，但当建筑高度大于 100m 时，不应小于 50m³，当建筑高度大于 150m 时，不应小于 100m³；6 总建筑面积大于 10000m² 且小于 30000m² 的商店建筑，不应小于 36m³，总建筑面积大于 30000m² 的商店，不应小于 50m³，当与本条第 1 款规定不一致时应取其较大值，故 A 正确。

选项 B，参考《消规》5.2.6 条第 5 款。进水管的管径应满足消防水箱 8h 充满水的要求，但管径不应小于 DN32，进水管宜设置液位阀或浮球阀，故 B 错误。

选项 C，参考《消规》5.2.6 条第 6 款。进水管应在溢流水位以上接入，进水管口的最低点高出溢流边缘的高度应等于进水管管径，但最小不应小于 100mm，最大不应大于 150mm，故 C 正确。

选项 D，参考《消规》5.2.6 条第 8 款。溢流管的直径不应小于进水管直径的 2 倍，且不应小于 DN100，溢流管的喇叭口直径不应小于溢流管直径的 1.5 倍～2.5 倍，故 D 正确。

答案选【B】。

35. 下列关于消防给水系统应分区供水的说法中，错误的是哪一项？

(A) 消火栓栓口处静压大于 1.0MPa 的消防给水系统应分区供水

(B) 消防给水系统工作压力大于 2.40MPa 时，不应采用设置减压阀分区供水方式

(C) 消防水泵转输水箱串联时，转输水箱的有效储水容积不应小于 60m³

(D) 采用减压阀分区供水其阀前压力大于 1.20MPa 时，宜采用比例式减压阀

解析：

选项 A，参考《消规》6.2.1 条。符合下列条件时，消防给水系统应分区供水：1 系统工作压力大于 2.40MPa；2 消火栓栓口处静压大于 1.0MPa；3 自动水灭火系统报警阀处的工作压力大于 1.60MPa 或喷头处的工作压力大于 1.20MPa，故 A 正确。

选项 B，参考《消规》6.2.2 条。分区供水形式应根据系统压力、建筑特征，经技术经济和安全可靠性等综合因素确定，可采用消防水泵并行或串联、减压水箱和减压阀减压的形式，但当系统的工作压力大于 2.40MPa 时，应采用消防水泵串联或减压水箱分区供水形式，故 B 正确。

选项 C，参考《消规》6.2.3 条第 1 款。当采用消防水泵转输水箱串联时，转输水箱的有效储水容积不应小于 60m³，转输水箱可作为高位消防水箱，故 C 正确。

选项 D，参考《消规》6.2.4 条第 5 款。减压阀宜采用比例式减压阀，当超过 1.20MPa

时，宜采用先导式减压阀，故 D 错误。

答案选【D】。

36. 下列自动喷水灭火系统设计的叙述中正确的是哪项？
(A) 某中危险级 I 级场所，标准覆盖面积洒水喷头采用正方形布置，喷头间距取 3.8m
(B) 某防火分隔水幕，喷头高度 10m，喷水强度采用 1.0L/(s•m)
(C) 某商场建筑面积 10000m²，采用斜面吊顶，标准覆盖面积洒水喷头正方形布置，吊顶下喷头的水平间距为 3.4m
(D) 某严重危险级 I 级场所，最不利点作用面积的长边长度设计为 20m

解析：

选项 A，参考《喷规》7.1.2 条。中危险级 I 级正方形布置时，喷头最大间距是 3.6m，故 A 错误。

选项 B，参考《喷规》5.0.14 条。防火分隔水幕，喷水强度为 2L/(s•m)，故 B 错误。

选项 C，参考《喷规》附录 A，建筑面积 10000m² 的商场为中危险级 II 级，正方形布置的喷头最大间距 3.4m。参考《喷规》7.1.14 条第 1 款，喷头应垂直于斜面，并应按斜面距离确定喷头间距，故喷头间距超过规范的规定，故 C 错误。

选项 D，参考《喷规》9.1.2 条。水力计算选定的最不利点处作用面积宜为矩形，其长边应平行于配水支管，其长度不宜小于作用面积平方根的 1.2 倍，严重危险级 I 级作用面积为 260m²，经计算，故 D 正确。

答案选【D】。

37. 下列关于报警阀组的叙述中，哪项是错误的？
(A) 保护室内钢屋架等建筑构件的闭式系统，应设独立的报警阀组
(B) 串联接入湿式系统配水干管的其他自动喷水灭火系统，应分别设置独立的报警阀组
(C) 水幕系统应设独立的报警阀组或感温雨淋阀
(D) 某 5 层商场设湿式系统，每层有 200 个喷头，设一个报警阀组

解析：

选项 A、C，参考《喷规》6.2.1 条。自动喷水灭火系统应设报警阀组。保护室内钢屋架等建筑构件的闭式系统，应设独立的报警阀组。水幕系统应设独立的报警阀组或感温雨淋报警阀，故 A、C 正确。

选项 B，参考《喷规》6.2.2 条。串联接入湿式系统配水干管的其他自动喷水灭火系统，应分别设置独立的报警阀组，其控制的洒水喷头数计入湿式报警阀组控制的洒水喷头总数，故 B 正确。

选项 D，参考《喷规》6.2.3 条。一个报警阀组控制的洒水喷头数应符合下列规定：1 湿式系统、预作用系统不宜超过 800 个，干式系统不宜超过 500 个，选项 D 有 1000 个，故需要 2 个报警阀组，故 D 错误。

答案选【D】。

38. 下列关于雨水回用系统的说法中,哪项是错误的?
(A) 雨水供水管道应与生活饮用水管道分开设置,严禁回用雨水进入生活饮用水系统
(B) 雨水供水管道应设置带锁的取水龙头
(C) 向雨水蓄水池补水时,补水管出水口应高于清水池内溢流水位,其间距不得小于2.5倍补水管管径,且不应小于150mm
(D) 雨水供水系统应设自动补水

解析:

选项A,参考《建水通用规范》3.1.4条。生活饮用水管道严禁与建筑中水、回用雨水等非生活饮用水管道连接,故A正确。

选项B,参考《建水通用规范》7.1.3条。非传统水源管道应采取下列防止误接、误用、误饮的措施:3公共场所及绿化用水的取水口应设置采用专用工具才能打开的装置,带锁的取水龙头满足取水口应设置采用专用工具才能打开的装置,故B正确。

选项C,参考《建水通用规范》3.2.8条条文说明。当需向雨水蓄水池(箱)补水时,必须采用间接补水方式,要求补水管口应设在池外,且应高于室外地面,故C错误。

选项D,参考《雨水利用规范》7.3.3条。雨水供水系统应设自动补水,故D正确。

答案选【C】。

39. 下列有关中水系统的叙述中,哪项是正确的?
(A) 建筑中水宜采用原水污废分流、中水专供的完全分流系统
(B) 营业餐厅的含油脂污水经化粪池处理后方可进入原水收集系统
(C) 中水供水系统与生活饮用水给水系统必须分别独立设置
(D) 利用市政再生水的中水贮水池应设自来水补水管

解析:

选项A,参考《中水标准》5.1.2条。建筑物中水宜采用原水污废分流、中水专供的完全分流系统,需注意"建筑物中水"与"建筑中水"是完全不同的两个概念;参考《中水标准》2.1.3条。建筑中水:建筑物中水和建筑小区中水的总称,即建筑中水包含建筑物中水和小区中水,故A错误。

选项B,参考《中水标准》5.2.5条。职工食堂和营业餐厅的含油脂污水进入原水收集系统时,应经除油装置处理后,方可进入原水收集系统,即正确的叙述是"除油装置",而不是B选项的"化粪池",故B错误。

选项C,参考《建水通用规范》7.1.2条。非传统水源供水系统必须独立设置,故C正确。

选项D,参考《中水标准》5.4.10条。利用市政再生水的中水贮存池(箱)可不设自来水补水管,故D错误。

答案选【C】。

40. 某学校游泳池长 40m，宽 20m，平均水深 1.8m，池水采用净化循环系统，其循环水量至少应为下列哪项？

(A) 180m³/h
(B) 189m³/h
(C) 360m³/h
(D) 378m³/h

解析：

学校泳池循环周期参考《游泳池规程》表 4.4.1 取 3～4h，为使循环流量最小，循环周期取最长 4h，再参考《游泳池规程》式（4.5.1），则循环流量 $q=1.05\times(40\times20\times1.8)\div4=378$m³/h，故 D 正确。

答案选【D】。

二、多选题（共 **30** 题，每题 **2** 分。每题的备选项中，有 **2** 个或 **2** 个以上符合题意。错选、少选、多选，均不得分）

41. 下列哪几项给水系统必须由两套及以上管网才能实现？

(A) 分质给水系统
(B) 分压给水系统
(C) 分区给水系统
(D) 区域给水系统

解析：

参照《给水工程 2025》P2，按照给水系统的供水方式进行分类：

对于各分系统供水是需要两套及其以上管网的，A、B、C 正确；而对于区域给水系统，其仅强调多个地理区域合并，待合并后可采用统一给水系统（一套管网），故 D 错误。

答案选【ABC】。

42. 下列关于沿线流量、集中流量、节点流量、转输流量及管段计算流量的叙述中，哪几项错误？

(A) 最高日最高时工况时，管网所有管段沿线流量之和恒等于管网最高日最高时用水流量
(B) 管网所有节点流量之和恒等于所有集中流量与所有管段沿线流量的总和
(C) 沿线流量较小的管段，管段两端的节点流量一定较小
(D) 管段计算流量由该管段的沿线流量的 α 倍和该管段的转输流量组成

解析：

选项 A，管网最高日最高时流量＝该工况下所有管段的沿线流量＋所有节点的集中流量，故 A 错误。

选项 B，管网所有节点流量之和等于管网总流量，同时又有管网总流量被用于管网中的各沿线流量（中小用户）和各集中流量（大用户），故 B 正确。

选项 C，若某节点的集中流量大，则该节点的节点流量仍可能很大，故 C 错误。

选项 D，即公式 $q=q_t+\alpha\cdot q_l$，故 D 正确。

答案选【AC】。

43. 下列关于活动式取水构筑物的说法正确的是哪几项？

(A) 水源水位变化幅度在 10m 以上，水流不急，水位涨落小于 2.0m/h，是考虑缆车和浮船等活动式取水构筑物的必要条件之一

(B) 目前，浮船式取水构筑物多用于湖泊、水库取水，缆车式取水构筑物多用于河流取水

(C) 浮船式取水构筑物和缆车式取水构筑物相比，前者要求岸坡相对较陡，后者则岸坡相对较缓

(D) 浮船式取水构筑物选用的水泵，大部分为特性曲线较缓的水泵

解析：

选项 A，参考《给水工程 2025》P103，故 A 正确。

选项 B，参考《给水标准》5.3.23 条条文说明，故 B 正确。

选项 C，参考《给水工程 2025》P103、P107 相关叙述，故 C 正确。

选项 D，参考《给水工程 2025》P104，需选用特性曲线较陡的水泵，故 D 错误。

答案选【ABC】。

44. 以下关于反应器的叙述中，哪些是正确的？

(A) 反应器的变化量等于反应器输入量减去输出量再加上反应量

(B) PF 式反应器中视为各点反应物浓度相同

(C) 当反应速率与浓度的 3 次幂成正比时，我们把这种反应称为三级反应

(D) 在反应器的进口浓度均为 C_0、出口浓度均为 C_i 的前提下，若反应器的类型不同，则其所需反应时间必定不同

解析：

选项 A，参考《给水工程 2025》P156 式（5-1），故 A 正确。

选项 B，PF 为推流式反应器，与 CSTR 型反应器不同，反应器内各点浓度不同，故 B 错误。

选项 C，为三级反应的基本定义，故 C 正确。

选项 D，参考《给水工程 2025》P160，对于 CMB 型和 PF 型，其反应时间是相同的，故 D 错误。

答案选【AC】。

45. 下列对混凝效果的说法，哪些是正确的？

(A) 去除色度时，硫酸铝酸性条件下效果好于在中性条件下

(B) 在去除浊度时，硫酸铝的最佳 pH 处于强酸性条件下

(C) PAC 混凝效果受 pH 影响较小

(D) 原水碱度不足时，应投加过量碱剂来中和硫酸铝水解过程中所产生的氢离子

解析：

选项 A，《给水工程 2025》P173，在相同除色效果下，原水 pH＝7.0 时的硫酸铝投加量，约比 pH＝5.5 时的投加量增加一倍，故 A 正确。

选项 B，《给水工程 2025》P172，硫酸铝用于去除浊度时，最佳 pH 在 6.5～7.5 之间，因此是较中性条件而非酸性条件下，故 B 错误。

选项 C，《给水工程 2025》P173，聚合氯化铝在投入水中前聚合物形态基本确定，故对水的 pH 变化适应性较强，故 C 正确。

选项 D，《给水工程 2025》P173，应当注意，投加的碱性物质不可过量，否则形成的 $Al(OH)_3$ 会溶解为负离子 $Al(OH)_4^{-1}$ 而恶化混凝效果，故 D 错误。

答案选【AC】。

46. 下列关于斜板（斜管）沉淀池及竖流沉淀池的叙述中，哪些是错误的？
(A) 竖流沉淀池只能去除沉速大于或等于临界沉速的颗粒
(B) 斜管倾角越小，沉淀面积越大，截留速度越小，沉淀效率越高，因此倾角越小越好
(C) 斜板沉淀池利用浅池理论，沉淀效率相比同池表面积的平流沉淀池，沉淀效率大大提高
(D) 斜板沉淀池的液面负荷等于流量除以清水区面积与斜板投影面积之和

解析：

选项 A，由竖流沉淀池去除原理，故 A 正确。

选项 B，倾角过小会导致排泥不畅，根据生产实践，斜管水平倾角通常采用 60°，故 B 错误。

选项 D，参考《给水工程 2025》P202 式（7-37），斜板（斜管）沉淀池的液面负荷为流量除以清水区面积，故 D 错误。

答案选【BD】。

47. 下列关于虹吸滤池及无阀滤池的叙述中，正确的是哪几项？
(A) 虹吸滤池在过滤过程中滤层不会出现负水头现象
(B) 虹吸滤池反冲洗水头＝清水集水渠内的水位标高－冲洗排水槽口标高
(C) 无阀滤池进水堰顶标高＝虹吸辅助管管口标高＋U 形进水管、虹吸上升管内各项水头损失
(D) 无阀滤池期终允许过滤水头损失值＝虹吸辅助管管口标高－冲洗水箱中出水堰口标高

解析：

选项 A，参考《给水工程 2025》P241，工艺特点：④过滤时，滤后水水位始终高于滤层，不会出现负水头现象，故 A 正确。

选项 B，参考《给水工程 2025》P241，清水集水渠内的水位与冲洗排水槽口标高差（即冲洗水头）宜采用 1.0～1.2m，并应有调整冲洗水头的措施，故 B 正确。

选项 C，参考《给水工程 2025》P244，进水堰顶标高＝虹吸辅助管管口标高＋U 形进水管、虹吸上升管内各项水头损失＋堰上自由跌水高度，选项中缺少了"自由跌水高度"，故 C 错误。

选项 D，参考《给水工程 2025》P244，虹吸辅助管管口标高和冲洗水箱中出水堰口标高的差值即为期终允许过滤水头损失值，故 D 正确。

答案选【ABD】。

48. 以下关于氯消毒工艺的叙述中，错误的是哪几项？

(A) 在折点加氯 OA 段，我们一般视为余氯量为零

(B) 无论何种原水，余氯量都随着加氯量的增加而增加

(C) 氯胺的消毒能力低于游离氯消毒，因此对于氨氮浓度较高的原水，需尽量采用折点加氯法

(D) 先氯后氨的氯胺消毒法，加氨点应在清水池之前

解析：

选项 A，参考《给水工程 2025》P256，故 A 正确。

选项 B，参考《给水工程 2025》P256 图 9-3，对于含有氨氮的原水，当加氯量位于 HB 段时，其余氯量随着加氯量的增加反而减少，故 B 错误。

选项 C，参考《给水工程 2025》P258，氯胺的消毒能力低于游离氯消毒。但是……，因此，对于氨氮浓度较高的原水，有的采用化合性氯消毒。这样既可以减小加氯量，又能减少氯化消毒副产物的生成量，故 C 错误。

选项 D，参考《给水工程 2025》P258，再在出厂前的二级泵房处加氨，故 D 错误。

答案选【BCD】。

49. 下列与冷却有关的说法中，哪几项是正确的？

(A) 当水温小于当地空气干球温度、但大于湿球温度时，温度可以继续下降

(B) 空气操作线表示塔中不同高度的空气焓与水温值的变化关系

(C) 冷幅宽是冷却后水温和当地湿球温度的差值，能表明冷却塔的冷却效果

(D) 气水比 λ 等于进入冷却塔的空气流量 G 和热水流量 Q 的比值

解析：

选项 A，水冷却极限是当地湿球温度，因此只要水温大于当地空气的湿球温度，水就能被当地空气继续冷却，故 A 正确。

选项 B，参考《给水工程 2025》P364，故 B 正确。

选项 C，冷幅高才是冷却后水温和当地湿球温度的差值，能表明塔的冷却效果，故 C 错误。

选项 D，参考《给水工程 2025》P366 对气水比 λ 的定义，故 D 正确。

答案选【ABD】。

50. 关于排水管道布置设计原则中，哪些叙述是正确的？

(A) 污水管渠宜布置在道路人行道、绿化带或慢车道下

(B) 排水干管应布置在排水区域内地势较低或便于雨污水汇集的地带

(C) 自地表面向下的排列顺序宜为：给水→通信→雨水→再生水→污水

(D) 新建重力流污水管道与现状给水管道产生高程冲突，污水管道应避给水管道

解析：

选项 A，参考《排水标准》5.1.2 条。污水管渠通常布置在道路人行道、绿化带或慢车道下，故 A 正确。

选项 B，参考《排水标准》5.1.2 条。排水干管应布置在排水区域内地势较低或便于

雨污水汇集的地带。排水管宜沿城镇道路敷设，并与道路中心线平行，宜设在快车道以外，故 B 正确。

选项 C，参考《排水工程 2025》P139，根据《城市工程管线综合规划规范》GB 50289—2016 中 4.1.12 条。自地表面向下的排列顺序宜为：通信→电力→燃气→热力→给水→再生水→雨水→污水，故 C 错误。

选项 D，参考《排水工程 2025》P53，避让原则：新建让已建的，故 D 正确。

答案选【ABD】。

51. 下列关于雨水管渠设计极限强度理论的说法中，哪些正确？
(A) 极限强度理论前提是降雨历时等于或大于汇水面积最远点的雨水流到设计断面的集水时间
(B) 极限强度理论认为面积增加的影响小于雨强减小的影响
(C) 当降雨历时等于汇水面积最远点的雨水流达集流点的集流时间时，雨水管道需要排除的雨水量最大
(D) 当汇水面积上最远点的雨水流达集流点时，全面积产生汇流，雨水管道的设计流量最大

解析：

参考《排水工程 2025》P69 的假设条件，故 A 正确，降雨历时等于或大于汇水面积最远点的雨水流到设计断面的集水时间才能实现全面积汇流，极限强度理论认为面积增加的影响大于雨强减小的影响，故 B 错误，C、D 正确。

答案选【ACD】。

52. 下列关于城镇雨水管道中跌水井的说法中正确的是哪几项？
(A) DN400 管道管径一次跌水水头高度不宜大于 6m
(B) DN500 管道跌水方式可采用矩形竖槽式
(C) 跌水井不宜设在管道转弯处
(D) 跌水井和上下游各一个检查井的井室内部及这三个检查井之间的管道内壁应采取防腐蚀措施

解析：

选项 A、B，参考《排水标准》5.5.2 条。跌水井的进水管管径不大于 200mm 时，一次跌水水头高度不得大于 6m；管径为 300～600mm 时，一次跌水水头高度不宜大于 4m。跌水方式可采用竖管或矩形竖槽。管径大于 600mm 时，其一次跌水水头高度及跌水方式应按水力计算确定，故 A 错误，B 正确。

选项 C，参考《排水标准》5.5.1 条。管道跌水水头为 1.0～2.0m 时，宜设跌水井。跌水水头大于 2.0m 时，应设跌水井。管道转弯处不宜设跌水井，故 C 正确。

选项 D，参考《排水标准》5.5.3 条。污水和合流管道上的跌水井，宜设排气通风措施，并应在该跌水井和上下游各一个检查井的井室内部及这三个检查井之间的管道内壁采取防腐蚀措施，故 D 错误（规范仅对污水和合流管道上的跌水井有防腐要求，本题是雨水管道系统无要求）。

答案选【BC】。

53. 关于污水物理处理构筑物的叙述，下列哪些是错误的？
（A）曝气沉砂池的出水方向应与进水方向一致
（B）采用机械除污机的粗格栅的栅条间隙宽度宜为 25～40mm
（C）中心进水周边出水的辐流式二次沉淀池固体负荷不宜超过 200kg/(m²·d)
（D）污水的物理处理方法按原理可分为筛滤截留法、重力分离法、离心分离法

解析：

选项 A，参考《排水标准》7.4.3 条，进水方向应与池中旋流方向一致，出水方向应与进水方向垂直，并宜设置挡板，故 A 错误。

选项 B，参考《排水标准》7.3.2 条，粗格栅：机械清除时宜为 16～25mm，人工清除时宜为 25～40mm。特殊情况下，最大间隙可为 100mm，故 B 错误。

选项 C，参考《排水标准》7.5.1 条，中心进水周边出水的辐流式二次沉淀池固体负荷要求均为≤150kg/(m²·d)，故 C 错误。

选项 D，参考《排水工程 2025》P213，筛滤截留法：格栅、筛网、滤池与微滤机；重力分离法：沉砂池、沉淀池、隔油池与气浮池；离心分离法：离心机、旋流分离器等，故 D 正确。

答案选【ABC】。

54. 某工业污水处理厂某日监测表明，系统处理性能突然恶化，生物相观察发现原生动物的数量减少，并且活性减弱，下列哪些因素不是造成该现象的主要原因？
（A）DO 浓度由 2.5mg/L 降低至 2.0mg/L
（B）温度由 18℃降低至 15℃
（C）由于事故排放，进水中酚的浓度由 50mg/L 增至 200mg/L
（D）进水负荷增加 10%

解析：

选项 A，浓度在 2mg/L，不会构成太大影响，故 A 错误。

选项 B，活性污泥中微生物多为嗜温菌，适宜温度 10～45℃，15℃也不会产生很大影响，故 B 错误。

选项 C，酚对微生物有毒性，酚浓度提高了 3 倍，会对微生物产生影响，故 C 正确。

选项 D，进水负荷增加 10%，不会构成太大影响，故 D 错误。

答案选【ABD】。

55. 污水厌氧处理可分为厌氧活性污泥法和厌氧生物膜法，下列属于厌氧活性污泥法的是哪几项？
（A）厌氧接触工艺　　　　　　　　（B）厌氧生物滤池
（C）上流式厌氧污泥床　　　　　　（D）厌氧流化床

解析：

区分是厌氧活性污泥法和厌氧生物膜法的依据是否含有填料或者载体。

参考《排水工程 2025》P315 和 P321，可知厌氧接触工艺、上流式厌氧污泥床无填料。

答案选【AC】。

56. 在合流制污水处理厂中，下列哪些构筑物应按雨季设计流量来设计？
(A) 沉砂池 　　(B) 初次沉淀池 　　(C) 场内管渠 　　(D) 氧化沟

解析：

参考《排水标准》7.1.5 条，污水处理构筑物的设计应符合下列规定：

1 旱季设计流量应按分期建设的情况分别计算。

2 当污水为自流进入时，应满足雨季设计流量下运行要求；当污水为提升进入时，应按每期工作水泵的最大组合流量校核管渠配水能力。

3 提升泵站、格栅和沉砂池应按雨季设计流量计算。

4 初次沉淀池应按旱季设计流量设计，雨季设计流量校核，校核的沉淀时间不宜小于 30min。

5 二级处理构筑物应按旱季设计流量设计，雨季设计流量校核。

6 管渠应按雨季设计流量计算。

答案选【AC】。

57. 地下式污水处理厂应设置下列哪几项气体监测仪表和报警装置？
(A) 甲烷 　　(B) 硫化氢 　　(C) 二氧化碳 　　(D) 臭气

解析：

参考《给水标准》9.2.2 条。下列位置应设相关监测仪表和报警装置：4) 地下式泵房、地下式雨水调蓄池和地下式污水处理厂箱体：硫化氢（H_2S）、甲烷（CH_4）浓度。地下式泵房、地下式雨水调蓄池和地下式污水处理厂预处理段、生物处理段、污泥处理段的箱体内应设 H_2S、CH_4 监测仪，其出入口应设 H_2S、CH_4 报警显示装置，并和通风设施联动。

答案选【AB】。

58. 下列哪几种气浮方式适用于处理悬浮物浓度较高的废水？
(A) 溶气真空气浮法 　　(B) 电解气浮法
(C) 叶轮气浮法 　　(D) 回流加压溶气气浮法

解析：

选项 A，《排水工程 2025》P503，溶气真空气浮法不适用于悬浮物浓度较高的废水，故 A 错误。

选项 B，《排水工程 2025》P504，电解气浮法是否适用于悬浮物浓度较高的废水，教材和规范都没有说，因为电解气浮产气量较小，对于悬浮物浓度较高的废水需要较多的空气量，气浮效果应该不理想，故 B 错误。

答案选【CD】。

59. 下列关于给水管道的叙述中，哪几项是正确的？

(A) 海曾-威廉公式中其他参数不变的情况下，海曾-威廉系数越大，管道单位长度水头损失越大

(B) 相同的管件，凹口螺纹水头损失比无凹口螺纹水头损失要大

(C) 局部水头损失计算中的百分比法，只适用于配水管，不适用于给水干管

(D) 管道过滤器水头损失宜取 10kPa

解析：

选项A，参考《建水标准》3.7.14条。$i = 105C_h^{-1.85}d_j^{-4.87}q_g^{185}$，海曾-威廉系数 C_h 越大，管道单位长度水头损失越小，故 A 错误。

选项B，参考《建水标准》附录D注。本表的螺纹接口是指管件无凹口的螺纹，即管件与管道在连接点内径有突变，管件内径大于管道内径。当管件为凹口螺纹，或管件与管道为等径焊接，其折算补偿长度取本表值的 1/2，从而可得，凹口螺纹对应的管件水头损失较小，故 B 错误。

选项C，参考《建水标准》3.7.15条条文说明。本条提供的按沿程水头损失百分比取值，只适用于配水管，不适用于给水干管，故 C 正确。

选项D，参考《建水标准》3.7.16条第4款。管道过滤器的局部水头损失，宜取 0.01MPa，故 D 正确。

答案选 【CD】。

60. 下列关于生活给水系统加压水泵的叙述中，哪几项是正确的？

(A) 水泵的 $Q—H$ 特性曲线，应是随流量的增大，扬程逐渐下降的曲线

(B) 水泵应自动切换交替运行

(C) 水泵机组应设备用泵是为了保证生活给水系统的安全运行

(D) 水泵自动切换交替运行，主要目的是防止一台泵持续运行而容易损坏

解析：

选项A，参考《建水标准》3.9.1条第2款。水泵的 $Q—H$ 特性曲线应是随流量增大，扬程逐渐下降的曲线，故 A 正确。

选项B，参考《建水标准》3.9.1条第4款。水泵宜自动切换交替运行，是"宜"不是"应"，故 B 错误。

选项C，参考《建水标准》3.9.1条第4款。生活加压给水系统的水泵机组应设备用泵，再参考《建水标准》3.9.1条第4款条文说明。本款提出生活给水系统需要设置备用泵，以及备用泵的供水能力等要求，是为了保证生活给水系统的安全运行，故 C 正确。

选项D，参考《建水标准》3.9.1条第4款条文说明。水泵自动切换交替运行，可避免备用泵因长期不运行而泵内的水滞留变质或锈蚀卡死不转等问题，从而可得，交替运行主要是为了避免备用泵长期不使用而出现的各类问题，而不是为了防止工作泵经常使用而容易损坏，故 D 错误。

答案选 【AC】。

61. 下列排水管道布置的叙述中，哪几项是正确的？

(A) 将排水横支管布置在其下楼层的顶板之下，卫生器具穿越楼板与横支管连接不是同层排水

(B) 同层排水形式有：装饰墙敷设、外墙敷设、局部降板填充层敷设、全降板填充层敷设、全降板架空层敷设等多种形式

(C) 不降板的同层排水由于地漏空间有限，可采用自清功能的地漏，同时对水封深度的要求可适当减小

(D) 埋设于填层中的塑料排水横管接口采用橡胶圈密封接口，可避免设置伸缩节

解析：

选项 A，参考《建水标准》2.1.63 条。同层排水：排水横支管布置在本层，器具排水管不穿楼层的排水方式，故 A 正确。

选项 B，参考《建水工程 2025》P195。同层排水形式有装饰墙敷设、外墙敷设、局部降板填充层敷设、全降板填充层敷设、全降板架空层敷设等多种形式，故 B 正确。

选项 C，参考《建水标准》4.4.7 条第 1 款条文说明。同层排水不论是不降板、降板还是架空楼板，其设置地漏空间有限，故应设置既能保证足够的水封深度，又能有自清功能的地漏。再参考《建水通用规范》4.2.2 条。水封装置的水封深度不得小于 50mm。综上所述，对于同层排水，并没有"水封深度要求可适当减小"的说法，故 C 错误。

选项 D，参考《建水标准》4.4.7 条第 4 款。埋设于填层中的管道不宜采用橡胶圈密封接口，故 D 错误。

答案选【AB】。

62. 以下小区生活排水系统的检查井及污水泵站的叙述中，下列哪些选项是正确的？

(A) 检查井内应有导流槽或顺水构造

(B) 污水水泵扬程在设计时应额外增加 1.5～2m 的富余水头

(C) 检查井的内径仅根据所连接的管道管径便可确定

(D) 污水水泵的流量应按生活排水设计秒流量选定

解析：

选项 A，参考《建水标准》4.10.10 条。生活排水管道的检查井内应有导流槽或顺水构造，故 A 正确。

选项 B，题干已告知此为小区生活排水系统，参考《建水标准》4.10.26 条。小区污水水泵的扬程应按提升高度、管路系统水头损失、另附加 1.5～2.0m 流出水头计算，故 B 正确。

选项 C，参考《建水标准》4.10.9 条。检查井的内径应根据所连接的管道管径、数量和埋设深度确定，从而可得，检查井的内径除了要考虑所连接的管道管径外，还要考虑连接管道的数量和埋设深度，故 C 错误。

选项 D，参考《建水标准》4.10.25 条。小区污水水泵的流量应按小区最大小时生活排水流量选定，故 D 错误。

答案选【AB】。

63. 下列关于雨水斗泄流量的叙述中，哪些叙述是正确的？

(A) 在重力流状态下，雨水斗的泄流量与其进口斗前水深成正比

(B) 在重力流状态下，雨水斗的泄流量与其雨水斗进口的周长成正比

(C) 在满管压力流状态下，雨水斗的泄流量与其进水口前水面至雨水斗出水口处之间的高差正相关

(D) 在满管压力流状态下，雨水斗的泄流量与其雨水斗出水口面积成正比

解析：

选项 A，参考《建水工程 2025》P218 式（3-18）。$Q = \mu\pi Dh\sqrt{2gh}$，可知雨水斗的泄流量 Q 与其进口斗前水深 h 是"正相关"的，故 A 错误。

选项 B，参考《建水工程 2025》P218 式（3-18）。$Q = \mu\pi Dh\sqrt{2gh}$，可知雨水斗的泄流量 Q 与其雨水斗进口的周长 πD 成正比，故 B 正确。

选项 C，参考《建水工程 2025》P219 式（3-19）。

$Q = \dfrac{\pi d^2}{4}\mu\sqrt{2g(H+0.1P)}$，可知雨水斗的泄流量 Q 与其进水口前水面至雨水斗出水口处之间的高差 H 是"正相关"的，故 C 正确。

选项 D，参考《建水工程 2025》P219 式（3-19）。

$Q = \dfrac{\pi d^2}{4}\mu\sqrt{2g(H+0.1P)}$，可知雨水斗的泄流量 Q 与其雨水斗出水口面积 $\dfrac{\pi d^2}{4}$ 成正比，故 D 正确。

答案选【BCD】。

注：若 x 与 y 成正比，则 $y = kx$。

64. 下列关于小区集中热水供应系统的叙述中，哪几项是正确的？

(A) 在特定场合下，居住小区热水循环管道可以采用设分循环泵的方式保证循环效果

(B) 居住小区的集中热水供应系统宜采用同程布置的循环系统

(C) 温度控制阀只能保证出水温度，但不属于保证循环效果的措施

(D) 居住小区热水循环管道满足一定条件的情况下可以不采用同程布置的方式

解析：

根据《建水标准》6.3.14 条。热水循环系统应采取下列措施保证循环效果：1 当居住小区内集中热水供应系统的各单栋建筑的热水管道布置相同，且不增加室外热水回水总管时，宜采用同程布置的循环系统。当无此条件时，宜根据建筑物的布置、各单体建筑物内热水循环管道布置的差异等，在单栋建筑回水干管末端设分循环水泵、温度控制或流量控制的循环阀件，可以对各选项进行判断。

选项 A，参考《建水标准》6.3.14 条第 1 款。当无此条件时……在单栋建筑回水干管末端设分循环水泵……，故 A 正确。

选项 B，参考《建水标准》6.3.14 条第 1 款。当居住小区内集中热水供应系统的各单栋建筑的热水管道布置相同，且不增加室外热水回水总管时，宜采用同程布置的循环系统，从而可得，采用同程布置的循环系统是有前提条件的，故 B 错误。

选项 C，参考《建水标准》6.3.14 条第 1 款。热水循环系统应采取下列措施保证循

环效果……在单栋建筑回水干管末端设分循环水泵、温度控制或流量控制的循环阀件，从而可得，温度控制阀属于保证循环效果的措施，故 C 错误。

选项 D，参考《建水标准》6.3.14 条第 1 款。当居住小区不满足"各单栋建筑的热水管道布置相同，且不增加室外热水回水总管"时，可以不采用同程布置的方式，故 D 正确。

答案选【AD】。

65. 下列关于加热设备贮热容积的叙述中，哪几项是正确的？
(A) 燃油（气）热水机组所配贮热水罐，贮热量均按导流型容积式水加热器确定
(B) 若采用半即热式水加热器，则无需设贮热水罐
(C) 贮热水罐有效容积与水加热器出水温度有关
(D) 半容积式水加热器与导流型容积式温控阀精度要求不一样

解析：

选项 A，参考《建水标准》表 6.5.11 注 1。燃油（气）热水机组所配贮热水罐，贮热量宜根据热媒供应情况按导流型容积式水加热器或半容积式水加热器确定，故 A 错误。

选项 B，参考《建水标准》6.5.11 条第 2 款。半即热式、快速式水加热器，当热媒按设计秒流量供应且有完善可靠的温度自动控制及安全装置时，可不设贮热水罐；当其不具备上述条件时，应设贮热水罐，从而可得，半即热式水加热器在某些情况下，依然要设贮热水罐，故 B 错误。

选项 C，根据"贮热量和贮热容积的计算"的相关原理，不难得到，在贮热量相同的前提下，水加热器出水温度越高（贮水温度越高），对应的热水体积越小，即贮热水罐有效容积越小，故 C 正确。

选项 D，参考《建水标准》6.8.9 条条文说明表 9，半容积式水加热器的精度是 $\pm 4℃$，而导流型容积式水加热器的精度是 $\pm 5℃$，故 D 正确。

答案选【CD】。

66. 根据《建筑给水排水设计标准》GB 50015—2019 的相关条文，下列关于设计小时耗热量及生活热水用水定额的叙述中，哪几项是正确的？
(A) 宾馆的热水小时变化系数与用水定额的取值、使用人（床）数有关
(B) 建筑热水用水定额按表 6.2.1-1 取值时，其热水计算温度即为该建筑热水系统的实际供水温度
(C) 同类宿舍无论采用全日或定时热水供应方式，其最高日用水定额的取值范围是相同的
(D) 某坐班制办公楼热水使用时间为 4h，设计小时耗热量应按定时集中热水供应系统计算

解析：

选项 A，参考《建水标准》表 6.4.1，宾馆在该表范围内；再参考《建水标准》表 6.4.1 注 2。K_h 应根据热水用水定额高低，使用人（床）数多少取值，故 A 正确。

选项 B，参考《建水标准》表 6.2.1-1 注 2。本表以 60℃ 热水水温为计算温度，而实

际供水温度并不一定为 60℃，故 B 错误。

选项 C，参考《建水标准》表 6.2.1-1 第 4 项中的同类宿舍（"居室内设卫生间"或"设公用盥洗卫生间"），无论供热时间是 24h 还是定时供应，其最高日用水定额的取值范围都是相同的，故 C 正确。

选项 D，参考《建水标准》表 6.2.1-1 第 14 项，坐班制办公楼的使用时间为 8～10h，参考《建水标准》2.1.92 条，定时集中热水供应系统：在全日、工作班或营业时间内某一时段供应热水的系统，从而可得，该办公楼为定时集中热水供应系统，故 D 正确。

答案选【ACD】。

67. 下列关于高层民用建筑水泵接合器的叙述中，哪几项是错误的？
(A) 每个水泵接合器的流量应按 15L/s 计算
(B) 考虑到消防车停放场地可能存在困难，当每种水灭火系统的水泵接合器计算数量大于 3 个时可适当减少
(C) 为消防水泵接合器供水的市政消火栓，距建筑外缘 5～120m 的市政消火栓可计入建筑室外消火栓的数量
(D) 地下消防水泵接合器的安装，应使进水口与井盖底面的距离不小于 0.4m，且不应小于井盖的半径

解析：

选项 A，参考《消规》5.4.3 条，每个水泵接合器的流量宜按 10～15L/s 计算，故 A 错误。

选项 B，参考《消规》5.4.3 条条文说明。当计算消防水泵接合器的数量大于 3 个时，消防车的停放场地可能存在困难，故可根据具体情况适当减少，故 B 正确。

选项 C，参考《消规》5.4.7 条及 6.1.5 条，"5～120m"应改为"5～40m"，故 C 错误。

选项 D，参考《消规》5.4.8 条，"不小于 0.4m"应改为"不大于 0.4m"，故 D 错误。

答案选【ACD】。

68. 当市政给水管道为枝状或只有一条进水管时，下列哪些建筑应设置消防水池？
(A) 成组布置的三座体积均为 2000m³ 的多层丙类厂房
(B) 耐火等级为二级，建筑体积为 5000m³ 的火车站中转库房
(C) 建筑高度为 54m 的住宅
(D) 建筑体积为 10000m³ 建筑高度为 18m 的多层旅馆

解析：

参考《消规》4.3.1 条。符合下列规定之一时，应设置消防水池：2. 当采用一路消防供水或只有一条入户引入管，且室外消火栓设计流量大于 20L/s 或建筑高度大于 50m。

选项 A，参考《消规》3.3.2 条及注 1。成组布置的建筑物应按消火栓设计流量较大的相邻两座建筑物的体积之和确定；成组建筑总体积为 4000m³ 的丙类厂房室外消火栓设

计流量为 20L/s，可不设消防水池，故 A 错误。

选项 B，参考《消规》3.3.2 条及注 2。火车站、码头和机场的中转库房，其室外消火栓设计流量应按相应耐火等级的丙类物品库房确定。室外消火栓设计流量至少为 25L/s，应设消防水池，故 B 正确。

选项 C，参考《消规》3.3.2 条。建筑高度大于 50m 住宅需设置消防水池，故 C 正确。

选项 D，参考《消规》3.3.2 条。建筑体积为 10000m³ 建筑高度为 18m 的多层旅馆根据耐火等级不同，室外消火栓设计流量均为 25L/s，应设消防水池，故 D 正确。

答案选【BCD】。

69. 下列有关自动喷水灭火系统的叙述，正确的有哪些？
(A) 地下商业场所宜采用快速响应洒水喷头
(B) 某层高 3.5m，共 18 层的办公楼，考虑到其各层面积较小，所需喷头不多（500 个以下），可考虑将所有喷头纳入统一报警阀组中
(C) 预作用系统的火灾自动报警系统应能够直接自动启动消防水泵
(D) 系统的配水管道指报警阀后向配水管供水的管道、向配水支管供水的管道及直接或通过短立管向喷头供水的管道

解析：

选项 A，参考《喷规》6.1.7 条第 4 款。下列场所宜采用快速响应洒水喷头。当采用快速响应洒水喷头时，系统应为湿式系统：地下商业场所，故 A 正确。

选项 B，参考《喷规》6.2.4 条。每个报警阀组供水的最高与最低位置洒水喷头，其高程差不宜大于 50m，本题最底层喷头和最高层喷头高差约为 17×3.5＝59.5m，故 B 错误。

选项 C，参考《喷规》11.0.2 条。预作用系统应由火灾自动报警系统、消防水泵出水干管上设置的压力开关、高位消防水箱出水管上的流量开关和报警阀组压力开关直接自动启动消防水泵，故 C 正确。

选项 D，参考《喷规》2.1.25 条~2.1.28 条。配水干管：报警阀后向配水管供水的管道。配水管：向配水支管供水的管道。配水支管：直接或通过短立管向喷头供水的管道。配水管道：配水干管、配水管及配水支管的总称，故 D 正确。

答案选【ACD】。

70. 下列关于雨水弃流的叙述中，哪几项是正确的？
(A) 雨水弃流设施是控制初期雨水径流排放量的设施
(B) 初期径流宜排入绿地等地标生态入渗设施，也可就地入渗
(C) 雨水弃流当满足条件时可以排入污水管道
(D) 屋面雨水收集系统的弃流装置宜就近设于室内

解析：

选项 A，参考《雨水利用规范》2.1.9 条。弃流设施：利用降雨量、雨水径流厚度控制初期径流排放量的设施。有自控弃流装置、渗透弃流装置、弃流池等，故 A 正确。

选项 B, 参考《雨水利用规范》5.3.7 条。截流的初期径流宜排入绿地等地表生态入渗设施, 也可就地入渗, 故 B 正确。

选项 C, 参考《雨水利用规范》5.3.7 条。当雨水弃流排入污水管道时, 应确保污水不倒灌至弃流装置内和后续雨水不进入污水管道, 故 C 正确。

选项 D, 参考《雨水利用规范》5.3.1 条。屋面雨水收集系统的弃流装置宜设于室外, 故 D 错误。

答案选【ABC】。

冲刺试卷 2 案例上

单选题（共 25 题，每题 2 分。每小题的四个选项中只有一个正确答案，错选、多选均不得分）

1. 某计算内径为 200mm 的聚氯乙烯给水管，流速需满足经济流速范围，水力坡度为 0.01，则该塑料管的沿程阻力系数 λ 至少为以下何值？（局部水头损失不计）

管径（mm）	经济流速（m/s）
D=100~400	0.6~0.9
D≥400	0.9~1.4

(A) 0.048　　　　(B) 0.109　　　　(C) 48.395　　　　(D) 108.889

解析：

由题意得，由于为塑料管材，所以采用达西公式，由于题干求 λ 的最小值，因此经济流速取最大值 0.9m/s，注意：计算内径要以 0.2m 代入。

$$i = \frac{h}{l} = \lambda \frac{1}{d_j} \frac{v^2}{2g} \Rightarrow \lambda = \frac{i d_j \cdot 2g}{v^2} = \frac{0.01 \times 0.2 \times 2 \times 9.8}{0.9 \times 0.9} \approx 0.048。$$

答案选【A】。

2. 某城市供水系统如图所示，供水分为 3 个区域，A 区供水量占总供水量的 50%，B 区供水量占总供水量的 30%，C 区供水量占总供水量的 20%；当采用分区供水时，A 区水泵扬程为 35m，B 区水泵扬程为 25m，增压泵房扬程为 25m。与统一供水系统相比，采用分区供水系统的能量可以减少多少？（泵房内水头损失不计）

(A) 0　　　　　　(B) 30.0%
(C) 40.0%　　　　(D) 42.9%

解析：

由题意得，设总供水量为 Q，不分区的所需能量为 $\rho g Q \cdot (25+25) = 50 \rho g Q$，分区所需能量为 $\rho g 0.5Q \cdot 35 + \rho g (0.3+0.2)Q \cdot 25 + \rho g 0.2Q \cdot 25 = 35 \rho g Q$。则 $(50-35)/50 = 30.0\%$。

答案选【B】。

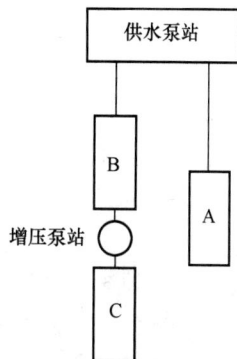

3. 广东某大型水厂从当地湖泊取水，取水构筑物为侧面单层进水口进水。该湖泊最高设计水位 8.57m、最低设计水位 6.29m、常水位 7.56m，湖泊水体底部标高 2.37m，那么依据标准要求侧面进水孔的高度最大为多少？

(A) 1.92m　　　　(B) 2.42m　　　　(C) 2.62m　　　　(D) 2.92m

解析：

由于是大型水厂，取水量不会很小，因此根据《给水标准》5.3.14 条，侧面进水孔下缘距水体底部的高度不宜小于1.0m，进水孔下缘最低标高＝2.37＋1＝3.37m；又因为水厂在广东省，因此不用考虑封冻情况，再根据《给水标准》5.3.15 条第 3 款，进水孔上缘在设计最低水位下的深度，不宜小于 1.0m，进水孔上缘标高＝6.29－1＝5.29m，进水孔最大高度＝5.29－3.37＝1.92m。

答案选【A】。

4. 某水厂的近期设计规模为 80000m³/d，远期设计规模为 120000m³/d，水厂自用水率为 8%，原水管道漏损率取水厂构筑物设计水量的 5%，配水管道漏损率取最高时用水量的 12%，城市用水量的日变化系数为 1.2，时变化系数为 1.5。其取水构筑物为河床式，采用 2 根进水管利用重力将水引入泵房的吸水井中，取水工程土建部分一次建成。若该进水管在任何工况的最大流速不能超过 1.5m/s，则单根进水管的内径至少为以下何值？

(A) 800mm　　　(B) 900mm　　　(C) 1000mm　　　(D) 1100mm

解析：

水厂构筑物设计水量＝设计规模＋自用水量，原水管道应按远期规划设计，故 2 根进水管正常工况进水总量＝120000×(1+0.08)×(1+0.05)＝136080(m³/d)，单根进水管的最大流速发生在事故工况，此时单根进水管流量＝136080×0.7＝95256(m³/d)，故进水管直径＝[(95256/86400)/(1.5×0.25π)]^0.5＝0.967(m)≈1000(mm)。

答案选【C】。

5. 某供水系统由一台变频调速离心泵从吸水池吸水，通过一条管道向高位水池供水。高位水池水面比吸水池水面高 40m，管道摩阻系数 S 未知（水头损失按 $h=SQ^2$ 计算）。水泵额定转速 $n_0=1450$r/min（假设此时泵特性方程为 $H=76-100Q^2$，Q 以 m³/s 计）运行时恰能满足夏天用水量 $Q_0=0.3464$m³/s。冬天通过变速方式来调节水泵以满足工况变化，已知冬天转速 $n_1=1321$r/min，则冬天用水流量 Q_1 约为下列何值？

(A) 0.0770m³/s　　　　　　　　(B) 0.0996m³/s
(C) 0.2774m³/s　　　　　　　　(D) 0.3156m³/s

解析：

① 由题意，结合调速原理可知，转速为 $n_1=1321$r/min 时的水泵特性方程为：
$H=(1321/1450)^2×76-100Q^2$。
② 在夏天运行时，由其水泵扬程＝管道系统所需扬程可得：
$76-100×0.3464^2=40+S×0.3464^2$，从而解得 $S=200$。
③ 在冬天运行时，由其当时水泵扬程＝当时管道系统所需扬程可得：
$(1321/1450)^2×76-100Q_1^2=40+200×Q_1^2$，从而解得 $Q_1=0.2774$。

答案选【C】。

6. 一座网格絮凝池分三段，前、中、后段絮凝池的有效容积之比为 3:2:1，已知该网格絮凝池的总停留时间为 0.5h，前段速度梯度为 90s^{-1}，假设各段的水头损失近似与各段停留时间的平方成正比，则末段的速度梯度接近何值？（水的动力黏度为 $1.14\times10^{-3}\mathrm{Pa\cdot s}$）

(A) $33\mathrm{s}^{-1}$ (B) $52\mathrm{s}^{-1}$ (C) $71\mathrm{s}^{-1}$ (D) $90\mathrm{s}^{-1}$

解析：

由题意得，前段絮凝池水力停留时间 $=[0.5\times3600/(3+2+1)]\times3=900(\mathrm{s})$，前段速度梯度为 $90\mathrm{s}^{-1}$，通过公式：$G=\sqrt{\dfrac{\rho gh}{\mu T}}$ 可得，前段水头损失为 $0.847\mathrm{m}$，则后段水头损失 $=0.85/3^2\times1^2=0.094(\mathrm{m})$；又后段的水力停留时间可算得为 $300\mathrm{s}$，代入梯度公式得后段梯度为 $52\mathrm{s}^{-1}$。

答案选【B】。

7. 某石英砂滤料真实密度为 $2.65\mathrm{kg/L}$，若将孔隙率为 42% 的石英砂滤料 3L 与孔隙率为 38% 的石英砂滤料 2L 混合后，再用固体压缩机压缩该混合滤料至 4.5L，则该滤料的孔隙率为以下何值？

(A) 33.8%   (B) 36.4%   (C) 44.9%   (D) 66.2%

解析：

压缩前后，石英砂的体积不变，

故 4.5L 的滤料中，石英砂的体积为 $3\times(1-0.42)+2\times(1-0.38)=2.98(\mathrm{L})$，

其孔隙率为 $(4.5-2.98)/4.5\approx33.8\%$。

答案选【A】。

8. 一座分格数为 9 的虹吸滤池，当其中一格反冲洗时，强制滤速为 $9\mathrm{m/h}$，且继续保持向清水池供应 20% 的设计流量。已知其配水系统为多孔滤板，一格滤池的过滤面积恰为滤板上孔眼面积之和的 80 倍，则反冲洗时水流通过配水系统的水头损失为多少（m）？（孔口流量系数 μ 以 0.62 计，g 取 9.8）

(A) 0.105   (B) 0.217   (C) 0.275   (D) 2.818

解析：

① 设单格面积为 F，则滤池组的处理流量 $=(9-1)F\times9=72F$。

② 反冲洗所用清水流量 $=72F\times(1-20\%)=57.6F$。

③ 反冲洗强度为 $57.6F\div F=57.6(\mathrm{m/h})$，换算为 $16\mathrm{L/(m^2\cdot s)}$。

④ 开孔比 $=1\div80\times100\%=1.25\%$。

⑤ 代入孔口流量公式反算水头损失 $=(16\div10\div0.62\div1.25)^2\div2\div9.8=0.217(\mathrm{m})$。

答案选【B】。

9. 某纺织企业一般车间生产分 3 班制，每班 8h，3 班人数分别为 800、600、600，下班使用淋浴的人数按班组人数的 50% 考虑，平均每日产生生产废水 $2000\mathrm{m^3/d}$，求工厂废水设计流量为多少？（纺织企业生产废水时变化系数为 1.5）

(A) 41.24L/s   (B) 58.52L/s   (C) 61.24L/s   (D) 63.58L/s

解析：

$$Q_{\mathrm{m}}=\frac{800\times25\times3.0}{3600\times8}+\frac{800\times0.5\times40}{3600}+\frac{2000\times1000\times1.5}{3600\times24}=41.25(\mathrm{L/s})。$$

答案选【A】。

注意：生产废水的日变化系数变化较小，一般取1，即 $K_z = K_h$。

10. 某城镇雨水管线布置如图所示，径流系数为0.6，设计重现期取3年，雨水在各管段内的流行时间分别为 $t_{1-2} = 3\text{min}$，$t_{2-3} = 4\text{min}$，$t_{5-3} = 3\text{min}$，$t_{6-5} = 3\text{min}$，则采用流量法计算管段3-4的设计流量为多少？

暴雨强度公式如下：$q = \dfrac{2001(1 + 0.81 \times \lg P)}{(t+8)^{0.71}} \left[\text{L}/(\text{s} \cdot \text{hm}^2) \right]$

(A) 4474L/s　　(B) 3292L/s　　(C) 3201L/s　　(D) 2400L/s

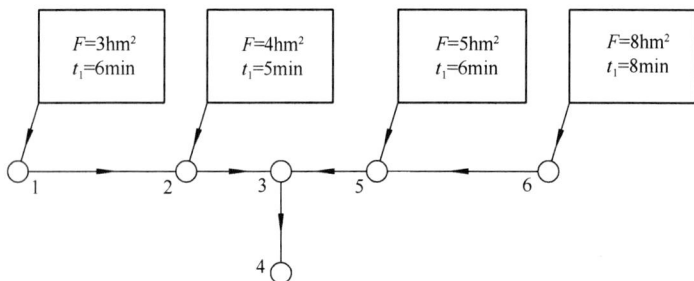

解析：

寻求最大汇水时间点为6，时间为14min，6点 $t = 8\text{min}$，5点 $t = 14 - 3 = 11$（min），1点 $t = 14 - 7 = 7$（min），2点 $t = 14 - 4 = 10$（min），

$$Q = \Psi q F = 0.6 \times 3 \times \frac{2001 \times (1 + 0.81 \times \lg 3)}{(7+8)^{0.71}} + 0.6 \times 4 \times \frac{2001 \times (1 + 0.81 \times \lg 3)}{(10+8)^{0.71}}$$

$$+ 0.6 \times 5 \times \frac{2001 \times (1 + 0.81 \times \lg 3)}{(11+8)^{0.71}} + 0.6 \times 8 \times \frac{2001 \times (1 + 0.81 \times \lg 3)}{(8+8)^{0.71}}$$

$$= 730.1 + 855.3 + 1028.9 + 1859.8 = 4474.1 (\text{L/s}) 。$$

答案选【A】。

11. 如图所示，截流式合流管道系统中 q_1、q_2 分别为400L/s、300L/s，截流干管管径为 $DN400$，采用槽堰结合式截流井的截流倍数 $n = 3$，槽深为0.5m。为了使溢流水量不超500L/s，试求该截流井的槽堰总高 H（$k = 1.2$）。

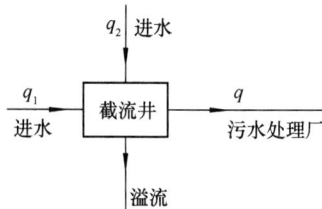

(A) 420mm　　(B) 362.88mm

(C) 939mm　　(D) 1020mm

解析：

① k 取1.2：

$Q_j = (n+1) \times Q_{dr} = Q_总 - Q_溢 = 400 + 300 - 500 = 200(\text{L/s})$。

② 假设 $H_1/H_2 > 1.3$：

$H = (3.08 \times Q_j + 72.3) \times k = (3.08 \times 200 + 72.3) \times 1.2 = 826(\text{mm})$。

$H_1 = H - H_2 = 826 - 500 = 326(\text{mm})$。

③ 校核：$\dfrac{H_1}{H_2}=\dfrac{326}{500}=0.652<1.3$，假设不成立,需按$H_1/H_2\leqslant1.3$重新计算。

④ $H=(3.43\times Q_j+96.4)\times k=(3.43\times200+96.4)\times1.2=939(mm)$，

$H_1=H-H_2=939-500=439(mm)$。

⑤ 校核：$\dfrac{H_1}{H_2}=\dfrac{439}{500}=0.878\leqslant1.3$,符合要求。

答案选【C】。

12. 某下穿立交雨水泵站设计规模为$3m^3/s$，矩形集水池尺寸为$6m\times5m$，进水管管径为$DN1500$（重力流、管内底标高为128m），泵站共设4台水泵，其中1台备用，则该集水池设计最高、最低水位下列哪项最合适？

 (A) 最高水位130.5m，最低水位126.8m

 (B) 最高水位129.5m，最低水位128.5m

 (C) 最高水位129.5m，最低水位128m

 (D) 最高水位129.5m，最低水位127.5m

解析：

① 集水池最高水位：$H_{max}=128+D=129.5$（m）。

② 泵站共设4台水泵，3用1备，下穿立交雨水泵站集水时间≥60s，集水池有效水深$H\geqslant\dfrac{V}{BL}=\dfrac{QT}{BL}=\dfrac{1\times60}{6\times5}=2.0$（m）。

③ 最低水位：$H_{min}\leqslant H_{max}-H=129.5-2.0\leqslant127.5$（m）。

答案选【D】。

13. 某污水处理厂最大设计水量7.5万m^3/d，采用2座辐流式二沉池，表面负荷为$0.8m^3/(m^2\cdot h)$。下列关于二沉池设计及刮泥机选型合理的是哪项？

 (A) 直径$D=40m$，周边传动刮泥机   (B) 直径$D=50m$，中心传动刮泥机

 (C) 直径$D=50m$，周边传动刮泥机   (D) 直径$D=40m$，中心传动刮泥机

解析：

单座二沉池面积：$F=\dfrac{Q}{q}=\dfrac{75000}{2\times24\times0.8}=1953$（$m^2$）。

单座二沉池直径：$D=\sqrt{\dfrac{4\times1953}{3.14}}=49.87$（m），取50m。

直径大于20m，采用周边传动刮泥机。

答案选【C】。

14. 某城市污水处理厂的设计流量为$2\times10^4 m^3/d$，经初沉池后进入曝气池的BOD_5浓度为150mg/L，要求出水执行一级B的排放标准，污泥产率系数Y为0.6kgVSS/kg-BOD_5，若曝气池内混合液中MLVSS/MLSS为0.8，污泥回流比为50%，剩余污泥浓度为9000mg/L，污泥龄控制在15d，衰减系数K_d为0.075，则曝气池的容积V是多少？

 (A) $3670m^3$ (B) $4235m^3$ (C) $4588m^3$ (D) $5294m^3$

解析：

① 一级 B 的排放标准 BOD_5 浓度为 20mg/L。

② $X = \dfrac{R}{1+R}X_r = \dfrac{0.5}{1+0.5} \times 9000 = 3000(mg/L)$。

③ $V = \dfrac{24QY\theta_c(S_0-S_e)}{1000X_V(1+K_d\theta_c)} = \dfrac{20000 \times 0.6 \times 15 \times (150-20)}{1000 \times 3 \times 0.8 \times (1+15 \times 0.075)} = 4588(m^3)$。

答案选【C】。

15. 某污水处理厂雨季规模 60000m³/d，旱季规模 40000m³/d（以平均日污水量计），总变化系数 1.4，采用厌氧-好氧生物除磷工艺，生物反应器设计进水水质：COD＝320mg/L，BOD_5＝200mg/L，SS＝180mg/L，TP＝6mg/L，设计出水水质：COD＝60mg/L，BOD_5＝30mg/L，SS＝30mg/L，TP＝1mg/L，混合液污泥浓度 MLSS 为 4000mg/L，f＝MLVSS/MLSS＝0.75，SS 污泥转化率为 0.5gMLSS/gSS。污泥内源呼吸系数 K_d 取 0.05d^{-1}，污泥产率系数 Y 取 0.6kgVSS/kg 去除 BOD_5，生物反应池容积为 7000m³，该污水处理厂曝气系统最大设计需氧量应为下列哪项？

(A) 237kgO_2/h　　(B) 260kgO_2/h　　(C) 307kgO_2/h　　(D) 430kgO_2/h

解析：

水厂曝气系统最大设计需氧量按旱季最大时污水量计算：

$O_2 = 0.001aK_ZQ(S_0-S_e) - c\Delta X_V = 0.001aK_ZQ(S_0-S_e) - c[YK_ZQ(S_0-S_e) - K_dVX_V]$

$= 0.001 \times 1.47 \times 40000 \div 24 \times 1.4 \times (200-30) - 1.42 \times [0.6 \times 1.4 \times 40000 \div 1000$

$\times (200-30) - 0.05 \times 7000 \times 3.0] \div 24$

$= 583.1 - 1.42 \times (5712-1050) \div 24 = 307(kgO_2/h)$。

答案选【C】。

16. 某综合楼一～三层为商场，四层为员工宿舍，五～十六层为酒店式公寓，商场每层设有 3 个卫生间，这 3 个卫生间共有自闭冲洗阀蹲式大便器 24 个，感应冲洗阀洗手盆 15 个，感应冲洗阀小便器 9 个，$DN20$ 水嘴的拖布池 3 个；员工宿舍共有 44 间，每间均设有独立卫生间，其中设置淋浴器 1 个，低位水箱坐式大便器 1 个，混合水嘴洗脸盆 1 个；酒店式公寓每层 42 间，每间均设有独立卫生间，其中设置淋浴器 1 个，低位水箱坐式大便器 1 个，混合水嘴洗脸盆 1 个。综合楼设有集中热水供应系统为各层提供热水。本工程一～二层采用市政直接供水，三～十六层采用叠压供水设备供冷水，则叠压供水设备的最小流量是多少？

(A) 15.99L/s　　(B) 14.79L/s　　(C) 14.03L/s　　(D) 12.83L/s

解析：

① N_g 的计算：

$N_{g商} = 24 \times 0.5 + 15 \times 0.5 + 9 \times 0.5 + 3 \times 1.5 = 28.5$，

$N_{g宿} = 44 \times (0.5+0.5+0.5) = 66$；$N_{g公寓} = 12 \times 42 \times (0.5+0.5+0.5) = 756$。

② α 的计算：

$\alpha = \dfrac{28.5 \times 1.5 + 66 \times 2.5 + 756 \times 2.2}{(28.5+66+756)} = 2.2$。

③ q_g 的计算：

$q_g = 0.2 \times 2.2 \times \sqrt{28.5 + 66 + 756} + 1.2 = 14.03(\text{L/s})$。

答案选【C】。

分析：

① 题干告知"综合楼设有集中热水供应系统为各层提供热水""三～十六层采用叠压供水设备供冷水"，从而可知，在计算叠压供水设备的秒流量时，当量取《建水标准》3.2.12 条括号内的当量；由于是三～十六层采用叠压供水，故共需要计算 1 层商场、1 层员工宿舍、12 层酒店式公寓的综合设计秒流量。

② 参考《建水标准》3.7.6 条，商场、宿舍（设有独立卫生间）、酒店式公寓都属于分散型建筑，从而要合并计算，α 按当量数进行加权（延时自闭式冲洗阀大便器优先按 0.5 加权平均计算），由于有延时自闭式冲洗阀大便器，最后不要忘记加上 1.2L/s。

17. 某居住小区由多栋高层住宅楼（底层为商业网点）组成，另有配套健身中心和幼儿园（无住宿）各一座，其生活用水除住宅完全由低位生活调节水池采用二级加压集中供水外，其他用水均利用市政直接供水，小区用水资料详见下表：若小区设两条市政给水引入管，则每条引入管的最小设计流量应为哪项？

序号	用水部门	最高日用水量 (m³/d)	最高日最大时用水量 (m³/h)	最高日平均时用水量 (m³/h)
1	住宅	1323	137.8	55.1
2	商业网点	60	7.5	5.0
3	健身中心	24	3.0	2.0
4	幼儿园	36	7.2	3.6
5	绿化、道路用水	64	9.6	8.0

注：① 住宅：户数 2100 户（每户 3 人），$q_L = 210\text{L/}$（人·d），$K_h = 2.5$，每户 $N_g = 6.0$；

② 商业网点：$K_h = 1.5$，给水总当量 $N_g = 400$；

③ 健身中心：$K_h = 1.5$，给水总当量 $N_g = 100$；

④ 幼儿园：$K_h = 2.0$，给水总当量 $N_g = 400$。

【每 $100N_g$：洗涤盆（0.2L/s）25 套、洗脸盆 50 套、冲洗水箱大便器 50 套、自闭式冲洗阀小便器 25 套】

(A) 63.2m³/h   (B) 88.5m³/h   (C) 99.4m³/h   (D) 151.0m³/h

解析：

① 住宅：选最高日平均时用水量 = 55.1m³/h。

② 绿化、道路：选平均时流量 = 8.0m³/h。

③ 幼儿园：选平均时流量 = 3.6m³/h。

④ 商业网点：选设计秒流量 $q_g = 0.2 \times 1.5 \times \sqrt{400} = 6$ (L/s) = 21.6 (m³/h)。

⑤ 健身中心：选设计秒流量 $q_g = \sum q_0 \cdot n_0 \cdot b$

$= 0.2 \times 25 \times 15\% + 0.15 \times 50 \times 80\% + 0.1 \times 50 \times 20\%$

$+ 0.1 \times 25 \times 10\% = 8$ (L/s) = 28.8 (m³/h)。

⑥ 两条引入管，故每条为 $Q_引 = 0.7 \times 1.08 \times (55.1 + 8 + 3.6 + 21.6 + 28.8) = 88.5\text{m}^3/\text{h}$。

答案选【B】。

分析：

① 题干告知"生活用水除住宅完全由低位生活调节水池采用二级加压集中供水外"，再参考《建水标准》3.7.4条第2款。当建筑物内的生活用水全部自行加压供给时，引入管的设计流量应为贮水调节池的设计补水量；设计补水量不宜大于建筑物最高日最大时用水量，且不得小于建筑物最高日平均时用水量，综合可得，住宅用水量按照最高日平均时计算。

② 参考《建水标准》3.13.4条第3款。居住小区内配套的文教、医疗保健、社区管理等设施，以及绿化和景观用水、道路及广场洒水、公共设施用水等，均以平均时用水量计算节点流量，故绿化道路用水、幼儿园用水按最高日平均时计算。

③ 参考《建水标准》3.13.4条第2款。居住小区内配套的文体、餐饮娱乐、商铺及市场等设施应按本标准第3.7.6条、第3.7.8条的规定计算节点流量，故商业网点、健身中心按设计秒流量计算，其中商业网点为用水分散型建筑，健身中心为用水密集型建筑。

④ 题干强调"每100N_g：洗涤盆（0.2L/s）25套、洗脸盆50套、冲洗水箱大便器50套、自闭式冲洗阀小便器25套"，再参考《建水标准》3.2.12条可得，洗涤盆的当量为1、洗脸盆的当量为0.75、冲洗水箱大便器的当量为0.5、自闭式冲洗阀小便器的当量为0.5。另外，由于用水器具没有自闭式冲洗阀大便器，因此在计算商业网点和健身中心时，均无需考虑自闭式冲洗阀大便器对计算结果的影响。

⑤ 参考《建水标准》表3.7.8-1注1，健身中心的给水百分数，选用体育场馆所在列括号内的系数。

⑥ 参考《建水标准》3.13.6条。小区的给水引入管的设计流量应符合下列规定：2 不少于2条引入管的小区室外环状给水管网，当其中1条发生故障时，其余的引入管应能保证不小于70%的流量；再参考《建水标准》3.13.6条条文说明。本条规定了小区引入管的计算原则。1 本款的规定系与本标准第3.2.9条相呼应，漏失水量和未预见水量应在引入管计算流量基础上乘以系数1.08～1.12，综合可得，小区引入管的流量需乘以1.08的系数，并按照70%的总流量计算。

18. 某26层高级宾馆，二层及二层以下利用市政水压直接供水；三～二十六层分三区供水（其中：低区三～十层，中区十一～十八层，高区十九～三十六层），三～三十六层冷水供水方式如图所示。图中减压水箱1、2的有效容积按其出水管设计流量5min的出水量设计。宾馆内各客房的热水由各分区的水加热器负责提供，各分区水加热器由该分区的冷水系统负责供水。则图中水泵设计流量最小为下列哪项？

（a）三～三十六层平面布置均相同，每层均设35间客房（其中：单人间5间，标准双人间25间，三人间5间），每间客房均带卫生间。

（b）客房卫生间均布置坐便器（带水箱）、浴盆及洗脸盆各一个（套）。

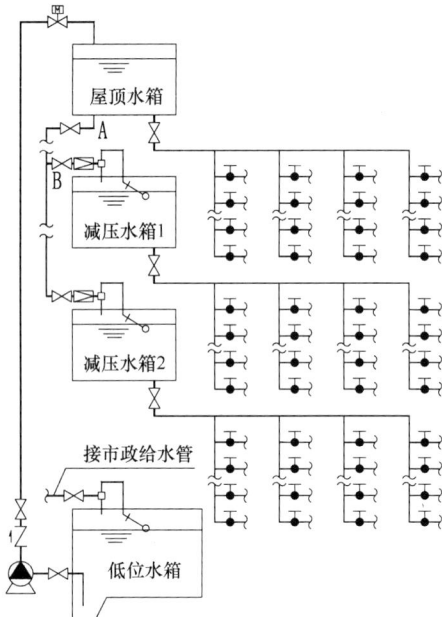

（c）用水定额按 350L/（床位·d）计，时变化系数取 2.5。

（d）其他用水不计。

（A）35m³/h　　　（B）43.75m³/h　　　（C）49m³/h　　　（D）61.25m³/h

解析：

水泵流量最小为负责区域最高日最高时流量：

$$Q = K_h \frac{mq_L}{T} = 2.5 \times \frac{24 \times (5 \times 1 + 25 \times 2 + 5 \times 3) \times 350}{24 \times 1000} = 61.25(\text{m}^3/\text{h})。$$

答案选【D】。

分析：

① 题干仅强调"减压水箱1、2的有效容积按其出水管设计流量5min的出水量设计"即暗示减压水箱没有调节能力，但是并没强调屋顶水箱的容积，从而可以默认屋顶水箱有三区用水的调节能力，参考《建水标准》3.9.2条，建筑物内采用高位水箱调节的生活给水系统时，水泵的供水能力不应小于最大小时用水量，故水泵的设计流量为三区的最高日最高时流量。

② 三区的总层数为24层，而题干给出是每层的客房数量，因此在计算人数时，需乘以楼层数24；参考《建水标准》3.2.2条第4款，使用时数取24h。

③ 借用本题配图讨论一下，若两个减压水箱均有各自用水分区的调节能力时，屋顶水箱的有效容积该如何计算。参考《建水标准》3.8.5条第2款，强调转输水量的调节容积按照水泵3～5min的流量确定，若生搬硬套，高区屋顶水箱采用重力作用对中低区减压水箱供水时，由于无需水泵，故不用考虑高区屋顶水箱对中低区转输的调节容积。但是这么理解并不符合供水水量平衡原理，因为高区屋顶水箱进水管的转输流量部分，和中低区减压水箱进水管的流量在实际情况下，很难做到同步，所以会占用高区屋顶水箱的调节容积。按照这个思路，应该把两个减压水箱进水管的设计流量，理解为水泵流量才对，从而高区屋顶水箱的最小调节容积＝高区0.5h的最高日最高时流量＋中低区3～5min的最高日最高时流量（由于《建水标准》并没有给出有减压水箱时，中间水箱容积的具体计算方式，所以是否计算这个转输流量，在客观上是有争议的。这也是到目前为止，真题并没有考察过该情况下，高区屋顶水箱最小有效容积的主要原因。但是关于这个高区屋顶水箱的容积究竟取多大，一直是大家关注的一个重点，因此本书给出一些作者自己的理解，供各位考生参考）。

19. 哈尔滨某办公楼，共计15层，层高3.8m，首层排出管埋深1.8m。卫生间排水采用污废分流，污废水共用一根通气立管（该通气立管伸顶通向大气），结合通气管隔层连接。每层卫生间内共有自闭冲洗阀蹲式大便器3个，感应冲洗阀小便器3个，混合水嘴洗手盆3个；则该建筑污水立管、通气立管、伸顶通气管的最小管径分别为多少？

（A）$DN100$；$DN100$；$DN150$　　　　（B）$DN100$；$DN75$；$DN100$

（C）$DN75$；$DN75$；$DN100$　　　　（D）$DN75$；$DN50$；$DN75$

解析：

$q_{污} = 0.12\alpha\sqrt{N_p} + q_{max} = 0.12 \times 2 \times \sqrt{15 \times 3 \times (3.6 + 0.3)} + 1.2 = 4.38(\text{L/s})。$

$q_{废} = 0.12\alpha\sqrt{N_p} + q_{max} = 0.12 \times 2 \times \sqrt{15 \times 3 \times 0.3} + 0.1 = 0.98(\text{L/s})。$

查《建水标准》表 4.5.7 可知，由于结合通气管隔层连接，污水立管 $DN100$，废水立管 $DN75$，通气立管 $DN75$ 流量即可满足要求。

该建筑通气立管长度＞50m，参考《建水标准》4.7.14 条，通气立管应与排水立管同径，取 $DN100$。

参考《建水标准》4.7.17 条，哈尔滨最冷月平均气温低于 $-13℃$，则伸顶通气立管需放大一级，为 $DN150$。

答案选【A】。

分析：

① 由于题干强调"卫生间排水采用污废分流"故自闭冲洗阀蹲式大便器、感应冲洗阀小便器由污水立管排出，混合水嘴洗手盆由废水立管排出。由于办公楼为 15 层，因此各层的用水器具要乘以 15。

② 参考《建水标准》4.5.1 条，自闭冲洗阀蹲式大便器排水当量为 3.6，感应冲洗阀小便器排水当量为 0.3，混合水嘴洗手盆排水当量为 0.3。此为办公楼，采用分散型公式计算排水秒流量，由于该卫生间明显为公共卫生间，故 α 取 2。

③《建水标准》4.5.7 的表格中，虽没有 $DN75$ 立管设专用通气管的对应流量，但是废水管的流量仅为 0.98L/s，该流量用 $DN75$ 伸顶通气即可满足要求，从而 $DN75$ 设专用通气管则更满足要求，即废水立管的管径最小可为 $DN75$。但是通气管管径经过校核为 $DN100$，那么在这种情况下一般这根废水立管也会按照 $DN100$ 来进行配置。当然，这个叙述与本题答案无关，只是做一个知识上的补充。

④ 参考《建水标准》4.7.14 条，下列情况通气立管管径应与排水立管管径相同：1 专用通气立管、主通气立管、副通气立管长度在 50m 以上时，可知，通气立管应与排水立管同径。

⑤ 参考《建水标准》4.7.17 条，伸顶通气管管径应与排水立管管径相同。但在最冷月平均气温低于 $-13℃$ 的地区，应在室内平顶或吊顶以下 0.3m 处将管径放大一级，可知，哈尔滨最冷月气温显然小于 $-13℃$，从而伸顶通气管管径应放大一级。

20. 某建筑高度 50m 的一般建筑屋面面积 1000m²，设内天沟（无外檐天沟）重力流雨水系统，天沟溢水不会泛入室内，同时采用溢流管系统排放溢流雨水，则其溢流量最小为下列何值？（雨水排水系统设计重现期取最小值，5 年重现期对应的小时降雨厚度为 216mm/h；10 年重现期对应的小时降雨厚度为 254mm/h；50 年重现期对应的小时降雨厚度为 393mm/h）

　　(A) 10.6L/s　　　　(B) 38.6L/s　　　　(C) 49.2L/s　　　　(D) 60.0L/s

解析：

① 参考《建水标准》5.2.4 条，一般性建筑屋面的重现期取 5 年，故

$$q_{p5} = \frac{\psi F_w h_j}{3600} = \frac{1.0 \times 1000 \times 216}{3600} = 60(\text{L/s})。$$

② 参考《建水标准》5.2.5 条第 3 款。当屋面无外檐天沟或无直接散水条件且采用溢流管道系统时，总排水能力不应小于 100 年重现期的雨水量，故雨水总排水能力最小按 100 年重现期考虑，

即 $q_{p100}=2\times q_{p5}=120(L/s)$，

溢流量：$q=q_{p100}-q_{p5}=120-60=60(L/s)$。

答案选【D】。

分析：

① 参考《建水标准》5.2.1条条文说明，内檐沟是指内天沟收集两边斜屋面的雨水，屋面与天沟之间无防水密封或防水密封不严密，天沟溢水会泛入室内的一种结构形式，由于题干强调"天沟溢水不会泛入室内"，故计算屋面设计雨水量时，无需乘以1.5的系数。

② 由于题干并未给出100年重现期对应的小时降雨厚度，参考《建水标准》5.2.5条条文说明，表5重现期P与设计流量q关系估算表，可得，100年重现期的雨水流量是5年重现期雨水流量的2倍。

21. 北京市某五星级宾馆设置全日制集中热水供应系统，宾馆共有单人间132间，双人标准间236间，套房35间（套房每间住3人），60℃的热水定额为120L/(人·d)，采用空气源热泵供热，有辅助热源，贮热水罐采用立式贮热水罐，则该热泵系统的设计小时供热量和设计小时耗热量最小是多少？（最冷月平均冷水温度为4℃，春分、秋分所在月平均冷水温度为10℃，热水相对密度取1，设计小时耗热量持续时间2h）

(A) 1224540kJ/h；2489899kJ/h   (B) 1371485kJ/h；2489899kJ/h

(C) 1224540kJ/h；2788687kJ/h   (D) 1371485kJ/h；2788687kJ/h

解析：

使用人（床）数：$132+236\times2+35\times3=709$人。

$$Q_g=\frac{m\cdot q_r\cdot C(t_r-t_1)\rho_r}{T_5}C_\gamma=\frac{709\times120\times4.187\times(60-10)\times1}{16}\times1.1$$
$$=1224540(kJ/h),$$

$$K_h=3.33-\frac{709\times120-150\times120}{1200\times160-150\times120}\times(3.33-2.6)=3.05,$$

$$Q_h=K_h\times\frac{mq_rC(t_r-t_1)\rho_r}{T}C_\gamma=3.05\times\frac{709\times120\times4.187\times(60-4)\times1}{24}\times1.1$$
$$=2788687(kJ/h)。$$

答案选【C】。

分析：

① 参考《建水标准》6.6.7条第5款，6) 空气源热泵系统设辅助热源，计算供热量时，冷水温度按春分秋分所在月的平均冷水温度计算，即10℃；而计算设计小时耗热量时，参考《建水标准》6.4.1条第2款，冷水温度按最冷月平均水温计算，即4℃。

② 参考《建水标准》6.6.7条第1款条文说明，设辅助热源的空气源热泵系统T_5宜取16h。

③ 由于求最小的设计小时供热量与设计小时耗热量，因此C_γ取1.1。

④ 床位数为709，参考《建水标准》表6.4.1，在宾馆使用人（床）数150~1200的范围之内，故时变化系数要按内插法求得。

⑤ 参考《建水标准》表6.4.1.2，T按《建水标准》表6.2.1-1取用，取24h。

22. 北京市某五星级宾馆设置全日制集中热水供应系统，宾馆共有单人间 72 间，双人标准间 256 间，套房 65 间（套房每间住 3 人），热水定额为 120L/(人·d)，采用空气源热泵供热，热泵采取直接加热系统，贮热水罐采用立式贮热水罐，则该水罐的最小容积为多少？（最冷月平均冷水温度为 4℃，春分、秋分月平均冷水温度为 10℃，热水温度统一以 60℃计，热水密度取 1kg/L，设计小时耗热量持续时间 2h，热泵机组设计工作时间取 12h，C_γ 取最大值）

(A) 0.1m³   (B) 3.7m³   (C) 13.7m³   (D) 18.7m³

解析：

使用人（床）数：$72+256\times2+65\times3=779$（人）

$$Q_g=\frac{m \cdot q_r \cdot C(t_r-t_1)\rho_r}{T_5}C_\gamma=\frac{779\times120\times4.187\times(60-10)\times1}{12}\times1.15$$

$$=1875461.98（kJ/h）；$$

$$K_h=3.33-\frac{779\times120-150\times120}{1200\times160-150\times120}\times(3.33-2.6)=3.01；$$

$$Q_h=K_h\times\frac{mq_rC(t_r-t_1)\rho_r}{T}C_\gamma=3.01\times\frac{779\times120\times4.187\times(60-4)\times1}{24}\times1.15$$

$$=3161278.71（kJ/h）；$$

$$V_r=k_1\frac{(Q_h-Q_g)T_1}{(t_r-t_1)C \cdot \rho_r}=1.25\times\frac{(3161278.71-1875461.98)\times2}{(60-4)\times4.187\times1}=13709.7（L）$$

$$=13.7（m^3）。$$

答案选【C】。

分析：

① 参考《建水标准》6.6.7 条第 5 款，6) 空气源热泵系统设辅助热源，计算供热量时，冷水温度按春分秋分所在月的平均冷水温度计算，即 10℃；而计算设计小时耗热量时，参考《建水标准》6.4.1 条第 2 款，冷水温度按最冷月平均水温计算，即 4℃，C_γ 题干要求取最大值 1.15。

② 计算供热量时，空气源热泵的热泵机组设计工作时间 T_5 取题干值 12h。

③ 床位数为 779，参考《建水标准》表 6.4.1，在宾馆使用人（床）数 150～1200 的范围之内，故时变化系数要按内插法求得，参考《建水标准》表 6.4.1.2，T 按《建水标准》表 6.2.1-1 取用，取 24h。

④ 由于题干强调采取直接加热系统，参考《建水标准》6.6.7 条第 5 款，7) 按《建水标准》式（6.6.7-2）计算空气源热泵贮热水罐容积，其中，k_1 取最小值 1.25，设计小时耗热量持续时间 T_1 取题干值 2h，冷水温度按最冷月平均水温计算取 4℃。

23. 某高层办公楼共 15 层，层高 3.3m，室内外高差 0.75m，采用临时高压消防给水系统，室内设置 5 根 DN100 的消防供水立管，地下室地面标高−5.6m，消防水池最低有效水位高于地下室地面 1.0m，水泵吸水管采用喇叭口吸水，则室内消火栓水泵扬程最小不应小于？（消防竖管流量 10L/s 时，按高度计算沿程损失 0.03m/m；消防竖管流量 15L/s 时，按高度计算沿程损失 0.12m/m；水泵吸水口至竖管之间的管道设计流量按与竖管流量相同计算；忽略水平管道的水头损失）

(A) 94.32m (B) 95.12m (C) 94.52m (D) 95.22m

解析：

建筑高度 $=15\times3.3+0.75=50.25$(m)，属于一类高层；室内消火栓设计流量为 40L/s，按检修停用 2 根立管考虑，$40/3=13.33$L/s，竖管最小设计流量为 15L/s，故应按 15L/s，管道局部水头损失消防给水干管和室内消火栓可按 10%～20% 计，最小取 10%。

则水泵扬程：$P=k_2(\sum P_{\mathrm{f}}+\sum P_{\mathrm{p}})+0.01H+P_0=1.2\times(1+10\%)\times0.12\times(14\times3.3+1.1+5.6-1+0.6)+(14\times3.3+1.1+5.6-1)+35=95.216$(m)。

答案选【D】。

24. 某建筑仅走廊设置自动喷水灭火系统，走道的宽度为 1.4m、长度 25m，最大疏散距离 15m，采用标准洒水喷头（下垂型），当喷头最低工作压力为 0.05MPa 时，要求设计平均喷水强度不低于 6.0L/(min·m²)，喷头布置如下图。求此袋形走道作用面积内同时开放的喷头数？（注：图中 R 为喷头有效保护半径）

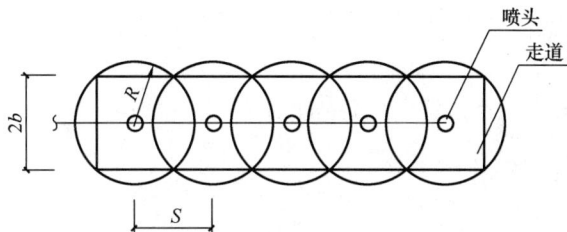

(A) 3个 (B) 4个 (C) 5个 (D) 8个

解析：

① 单个喷头设计流量：$q=80\times\sqrt{10\times0.05}=56.57$(L/min)。

② 圆形保护面积 $=56.57\div6=9.43$m²，故得 $R=1.73$m。

③ 喷头间距 S 为：$S=2[R^2-(S/2)^2]^{0.5}=2\times[1.73^2-(1.4/2)^2]^{0.5}=3.16$(m)。

④ 袋形走道内布置并开放的喷头数为：$15\div3.16=4.8$，为 5 个，故 C 正确。

答案选【C】。

25. 某训练池，平面尺寸 25m×50m，水深 2m，求给水口最小过水面积为以下何值？（所有参数取大值）

(A) 0.15m² (B) 0.29m² (C) 0.31m² (D) 0.38m²

解析：

① $q_{\mathrm{c}}=\dfrac{V\times\alpha_{\mathrm{p}}}{T}=\dfrac{25\times50\times2\times1.1}{5}=550$(m³/h)。

② $A=\dfrac{550}{3600\times0.5}=0.31$(m²)。

答案选【C】。

分析：

① 参考《游泳池规程》4.5.1 条，可以算得该训练池的循环流量，由于题干强调

"所有参数取最大值"故 α_p 取 1.1，再参考《游泳池规程》表 4.4.1，训练池循环周期取 5h。

②参考《游泳池规程》表 4.4.1 可得，训练池属于专用类游泳池；再参考《游泳池规程》4.3.2.1 条可得，专用类游泳池应采用逆流式或混合流的池水循环方式。

③参考《游泳池规程》3.1.30 条，逆流式池水循环方式：游泳池的全部循环水量，经设在池底的给水口或给水槽送入池内……再参考《游泳池规程》3.1.31 条，混合流式池水循环方式：游泳池全部循环水水量由池底给水口送入池内……从而可得给水口位于池底。

④参考《游泳池规程》4.9.6 条第 2 款，水深不大于 3.0m 的池底给水口出水流速不宜大于 0.5m/s；水深超过 3.0m 时，池底给水口的出水流速不宜大于 1.0m/s，从而可得，给水口的流速取 0.5m/s。

冲刺试卷2 案例下

单选题（共 25 题，每题 2 分。每小题的四个选项中只有一个正确答案，错选、多选均不得分）

1. 水厂由一组输水管重力供水（联络管水头损失不计），每根输水管的管径如图所示，同管径输水管并联后的当量摩阻如下表所示，若水厂出水水压标高和管网进水水压标高不变，若有一根单管因事故退出运行，则输水的最小流量约为正常工况流量的百分之几？（水头损失公式采用 $h=sq^2$，不计局部水头损失；注意 DN600 段处为 3 支路并联）

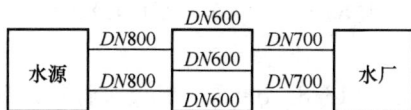

单管管径（mm）	800	600	700
并联后的当量摩阻	9	9	7

(A) 69% (B) 70% (C) 74% (D) 83%

解析：

① 已知 2 根摩阻为 s 的管道并联，其当量摩阻为 $s/4$；3 根并联时其当量摩阻为 $s/9$。

② DN800 的单管摩阻为 36，DN600 的单管摩阻为 81，DN700 的单管摩阻为 28，因此正常工况时，系统当量摩阻为 $9+9+7=25$。

③ 当 DN800 单管发生事故时，总当量摩阻为 $36+9+7=52$；当 DN600 单管发生事故时，总当量摩阻为 $9+81/4+7=36.25$；当 DN700 单管发生事故时，总当量摩阻为 $9+9+28=46$。

④ 也即 DN800 发生事故后对应的总当量摩阻最大，此时输水流量最小，为正常工况流量的 $(25/52)^{0.5}\approx69\%$。

答案选【A】。

2. 某城市最高日用水量 100000m³/d，各小时用水量见下表。其二级泵站分二级供水，其中：一级供水时段为当日 21：00 至次日 5：00，一级供水时段二级泵站每小时设计供水量占全日设计供水量的百分比为 2.5%，其他时段均采用二级供水。求管网中高地水池的有效调节容积为何值？

时段	0：00～5：00	5：00～10：00	10：00～12：00	12：00～16：00	16：00～19：00	19：00～21：00	21：00～24：00
每小时用水量（m³/h）	2000	4600	7000	4600	6200	4700	2200

(A) 4500m³ (B) 6000m³ (C) 6500m³ (D) 8000m³

解析：

一级供水时，每小时供水量：$Q_{(1)}=100000\times2.5=2500(\text{m}^3/\text{h})$。

二级供水时，每小时供水量：$Q_{(2)}=(100000-2500\times8)/16=5000(\text{m}^3/\text{h})$。

19：00～24：00～次日10：00 这个连续大时段，一直是二级泵站供水＞管网用水，其差值为$[(5000-4700)\times2+(2500-2200)\times3+(2500-2000)\times5+(5000-4600)\times5]=6000(\text{m}^3/\text{h})$，且经验算并无更大的差值出现，则调节容积为$6000\text{m}^3$。

答案选【B】。

3. 某台额定转速为2900r/min的离心泵，当水泵流量为6L/s时，扬程为18.2m；流量为8L/s时，扬程为16.8m。若将水泵调速至1450r/min，则流量为2L/s时，水泵扬程为以下何值？（水泵特性工作方程以$H=H_b-sq^2$计算，流量单位统一为L/s，扬程单位统一为m）

(A) 4.20m   (B) 4.55m   (C) 4.80m   (D) 5.21m

解析：

① 将$H=18.2$，$q=6$；$H=16.8$，$q=8$分别代入特性方程，得$H_b=20$，$s=0.05$。

② 将$r_0=2900$，$r=1450$，$n=2$代入调速水泵方程可得，调速后水泵的特性方程为：$H=5-0.05q^2$。

③ 代入$q=2$可得，$H=4.8\text{m}$。

答案选【C】。

4. 在某悬浮澄清池中，有一层依靠水流向上托起的悬浮泥渣层。已知该泥渣层的浓度为46000mg/L，泥渣颗粒自身真密度为1.15g/cm^3。若泥渣层内均近似为$d=0.2\text{mm}$的泥渣颗粒，则泥渣层泥渣的体积浓度φ、泥渣颗粒的个数浓度n（个/cm^3）、泥渣层孔隙率m分别是多少？

(A) 0.04，9554，0.04   (B) 0.04，9554，0.96

(C) 0.04，9.554，0.96   (D) 0.04，191.1，0.96

解析：

① 由题意，泥渣的质量浓度$C_{zzz}=46000\text{mg/L}$，泥渣自身的真密度$\rho_{zz}=1.15\text{g/cm}^3$，则泥渣的体积浓度$\varphi=46000\div1.15\div10^6=0.04$。

② 泥渣颗粒的粒径$d=0.2\text{mm}=0.02\text{cm}$，由$\varphi=\pi d^3n/6$，代入解得$n=9554$个/$\text{cm}^3$。

③ 泥渣层孔隙率$m=$（泥渣层总体积－泥渣自身体积）÷泥渣层总体积$=1-$泥渣自身体积÷泥渣层总体积$=1-\varphi=1-0.04=0.96$。

答案选【B】。

5. 某自来水厂为保证沉淀效果采用三级沉淀，一级沉淀池采用平流沉淀池（截留速度$u_{01}=1.0\text{mm/s}$），二级沉淀池采用斜管沉淀池（截留速度$u_{02}=0.60\text{mm/s}$），三级沉淀池采用竖流沉淀池，其表面负荷为$1.44\text{m}^3/(\text{m}^2\cdot\text{h})$，进入一级沉淀池的原水沉降试验简化结果见下表。根据理论计算，经三次沉淀后的总去除率应为下列哪项？

颗粒沉速 u_i（mm/s）	0.10	0.40	0.602	1.00	1.50	1.70	2.00
$\geq u_i$ 的颗粒占所有颗粒的重量比（%）	100	84	72	59	51	40	30

(A) 85.6%　　　(B) 88%　　　(C) 91%　　　(D) 100%

解析：

① 竖流沉淀池的截留沉速就等于其表面负荷，即 $1.44\text{m}^3/(\text{m}^2 \cdot \text{h})=0.4\text{mm/s}$。

② 由于竖流沉淀池可将大于或等于截留沉速的颗粒全部去除，故原水中凡是大于或等于 0.4mm/s 的颗粒均被去除，最终仅剩余少量 0.10mm/s 的颗粒。

③ 0.1mm/s 的颗粒最开始的量为 16%，其经过前两级沉淀后的剩余量为：
$16\%\times(1-0.1/1)\times(1-0.1/0.6)=12\%$。

④ 故总去除率为 $1-12\%=88\%$。

答案选【B】。

6. 某自来水厂的工艺如下：机械絮凝池—沉淀池—普通快滤池—清水池，水厂原始地形略有坡度，标高为 13～15m，若絮凝池进水水位为 18m，则清水池浇筑底部混凝土时应向下挖深多少米？（各构筑物及管道水头损失取最大值，清水池底板厚度取 0.25m，清水池水头损失不计，清水池水深为 3m）

(A) 2.25　　　(B) 2.65　　　(C) 2.75　　　(D) 3.15

解析：

絮凝池进水水位为 18m，因此可求得清水池最高水位＝18－0.1－0.1－0.3－0.5－3－0.5＝13.5(m)；减去水深可得池内底标高＝13.5－3＝10.5(m)，再减去底板厚即得应开挖至标高 10.25(m)；因此需要挖深 13－10.25＝2.75(m)。

答案选【C】。

7. 某热交换器未结垢时的总传热系数为 320kJ/(m² · h · ℃)，经过 1000h 加热后的即时污垢热阻为 2.08×10^{-4}（m² · h · ℃）/kJ，则积垢后传热效率降低的百分数为以下何值？

(A) 92%　　　(B) 94%　　　(C) 96%　　　(D) 98%

解析：

由题意得，$R_t=2.08\times10^{-4}(\text{m}^2 \cdot \text{h} \cdot ℃)/\text{kJ}$，$K_0=320\text{kJ}/(\text{m}^2 \cdot \text{h} \cdot ℃)$，

代入公式可得，$\Psi_t=1/(R_tK_0+1)=94\%$。

答案选【B】。

8. 某地区为合流制排水系统，该区的汇水面积为 50000m²，综合径流系数为 0.75，截留倍数为 2，拟采用调蓄池对该地区进行径流污染控制，调蓄时间取 0.5h，旱流污水当量降雨强度为 1.5mm/h，调蓄系统设计降雨强度 i（mm/h）与污水截留率 ε（%）的关系 $i=200\varepsilon^2$，安全系数取 1.2，调蓄池的有效容积为 120m³，试求该调蓄系统污水截留率（%）最接近多少？

(A) 16.3%　　　(B) 20.5%　　　(C) 21.8%　　　(D) 22.2%

解析：

① $V = i_y t \psi F \beta = i_y \times 0.5 \div 1000 \times 50000 \times 0.75 \times 1.2 = 120(\text{m}^3)$，得 $i_y = 5.33(\text{mm/h})$。

② $i_T = i_y + n_0 i_{dr} = 5.33 + 2 \times 1.5 = 8.33(\text{mm})$。

③ $8.33 = 200 \varepsilon^2$，计算可得 $\varepsilon = 20.4\%$。

答案选【B】。

9. 请从下面两相厌氧消化工艺的连续运行结果中，推算物料在甲烷槽中的停留时间。

系统有机负荷 [kgCOD/(m³·d)]	槽体积（m³）			COD浓度（mg/L）	
	酸化槽	甲烷化槽	槽总体积	酸化槽进料	甲烷化槽进料
10.5	30	100	130	33500	29500

(A) 18h (B) 59h (C) 67h (D) 77h

解析：

① 进入系统的COD浓度为 $33500\text{mg/L} = 33.5(\text{kg/m}^3)$。

② 则在系统中的停留时间应为：$33.5 \div 10.5 \times 24 = 76.6(\text{h})$。

③ 物料在酸化槽和甲烷槽中的停留时间比值即为其体积的比值，因此在甲烷槽中的停留时间为：$76.6 \times 100 \div 130 = 58.9(\text{h})$。

答案选【B】。

10. 某污水处理厂处理水量为 $10000\text{m}^3/\text{d}$，采用 A/O 生物除磷工艺，生物反应池总容积为 2500m^3，污泥浓度为 3000mgMLSS/L，假设剩余污泥中磷的含量为 0.04gP/gMLSS，进水磷浓度平均值为 4.0mg/L，计算当出水磷浓度控制不超过 1.0mg/L 时，系统污泥龄不应超过多少天。

(A) 6.6 (B) 8.0 (C) 10.0 (D) 13.3

解析：

随剩余污泥排出的磷质量 $= 10000 \times (4-1) = 30000(\text{g})$，

剩余污泥总量 $= 30000 \div 4\% = 750000(\text{g})$，

污泥龄：$\theta_c = \dfrac{VX}{\Delta X} = \dfrac{2500 \times 3000}{750000} = 10(\text{d})$。

答案选【C】。

11. 某污水处理厂采用改良的氧化沟工艺，旱季设计流量为 $50000\text{m}^3/\text{d}$。进水 $BOD_5 = 200\text{mg/L}$，出水 $BOD_5 \leqslant 10\text{mg/L}$，设计厌氧区停留时间 2h，缺氧区停留时间 4h，好氧区 MLVSS = 2600mg/L，MLVSS/MLSS = 0.65，好氧区 BOD_5 污泥去除负荷为 $0.1\text{kgBOD}_5/(\text{kgMLSS} \cdot \text{d})$。假设缺氧区去除 50mg/L 的 BOD_5，下列关于氧化沟总有效容积设计计算正确的是哪项？

(A) 39423m^3 (B) 30000m^3 (C) 25833m^3 (D) 17500m^3

解析：

① 厌氧区容积为：$V_A = Qt = \dfrac{50000 \times 2}{24} = 4167(\text{m}^3)$。

② 缺氧区容积为：$V_n = Qt = \dfrac{50000 \times 4}{24} = 8333(\text{m}^3)$。

③ 好氧区容积为：$V_0 = \dfrac{Q(S_0 - S_e)}{L_S X} = \dfrac{50000 \times (200 - 50 - 10)}{0.1 \times 2600 \div 0.65} = 17500(\text{m}^3)$。

④ 氧化沟总容积为：$V = V_A + V_n + V_0 = 4167 + 8333 + 17500 = 30000(\text{m}^3)$。

答案选【B】。

12. 某城镇污水处理厂初沉淀泥量为 $367\text{m}^3/\text{d}$，含水率为 97%，剩余污泥量为 $1575\text{m}^3/\text{d}$，含水率为 99.2%。初沉淀污泥与剩余污泥混合后采用重力浓缩（密度以 1.0kg/L 计），设计采用 2 座连续式重力浓缩方法，设计取污泥固体负荷为 $50\text{kg}/(\text{m}^2 \cdot \text{d})$，水力负荷不超过 $0.15\text{m}^3/(\text{m}^2 \cdot \text{h})$，则污泥浓缩池的单池面积宜为下列哪项？

(A) 236m^2 (B) 270m^2 (C) 472m^2 (D) 540m^2

解析：

① 固体负荷计算：$A = \dfrac{QC}{M} = \dfrac{367 \times 1000 \times (1 - 0.97) + 1575 \times 1000 \times (1 - 0.992)}{50 \times 2}$ $= 236(\text{m}^2)$。

② 按水力负荷计算：$A \geqslant \dfrac{Q}{q} = \dfrac{(367 + 1575)}{2 \times 24 \times 0.15} = 270(\text{m}^2)$。

答案选【B】。

13. 活性污泥体积为 $200\text{m}^3/\text{d}$，固体浓度为 2%，过滤压力 $P = 3.54 \times 10^4 \text{N/m}^2$，滤液为 $190\text{m}^3/\text{d}$，滤液固体浓度为 0.5%，$u = 0.001\text{NS/m}^2$，污泥比阻 $46.4 \times 10^{11}\text{m/kg}$，过滤周期为 120，过滤时间为 36s，过滤产率应为多少？

(A) $3.14\text{kg}/(\text{m}^2 \cdot \text{h})$ (B) $2.82\text{kg}/(\text{m}^2 \cdot \text{h})$

(C) $3.30\text{kg}/(\text{m}^2 \cdot \text{h})$ (D) $3.56\text{kg}/(\text{m}^2 \cdot \text{h})$

解析：

① 滤饼固体浓度：$200 \times 0.02 = 190 \times 0.005 + 10 \times C_K \Rightarrow C_K = 0.305$。

② $w = \dfrac{(C_0 - C_F) \times C_K}{C_K - C_0} = \dfrac{(20 - 5) \times 305}{305 - 20} = 16.05(\text{g/L})$。

③ 过滤产率：

$$L = \left(\dfrac{2Ptw}{ur t_c^2}\right)^{0.5} = \left(\dfrac{2 \times 3.54 \times 10^4 \times 36 \times 16.05}{0.001 \times 46.4 \times 10^{11} \times 120 \times 120}\right)^{0.5}$$

$$= 7.8 \times 10^{-4}[\text{kg}/(\text{m}^2 \cdot \text{s})] = 2.82[\text{kg}/(\text{m}^2 \cdot \text{h})]。$$

答案选【B】。

14. 某化工厂排出废水 $800\text{m}^3/\text{d}$，含硝酸 5g/L，中和 1g 硝酸所需碱性药剂的消耗量如下表所示。设不均匀系数为 1.05。试选择该化工厂含酸废水适当的处理方案。（一般生

石灰含 $60\%\sim80\%$ 的有效 CaO，熟石灰含 $65\%\sim75\%$ 的 $Ca(OH)_2$，石灰石含 $90\%\sim95\%$ 的 $CaCO_3$，碳酸镁纯度 $45\%\sim50\%$，均忽略惰性杂质）

碱性药剂种类	CaO	Ca (OH)₂	CaCO₃	MgCO₃
中和1g硝酸所需碱性药剂消耗量（g）	0.445	0.59	0.795	0.668

(A) 按 4719kg/d 投加量投加生石灰进行中和处理

(B) 按 3559kg/d 投加量投加熟石灰进行中和处理

(C) 按 2642kg/d 投加量投加石灰石进行中和处理

(D) 按 5500kg/d 投加量投加碳酸镁进行中和处理

解析：

碱性药剂中和酸性药剂公式：$G_b = G_a \dfrac{ak}{a} \times 100$。

$G_b = G_a \dfrac{ak}{a} \times 100 = \dfrac{800 \times 5 \times 0.445 \times 1.05}{60\sim80} \times 100 = 2336 \sim 3115$ (kg/d)，故 A 错误。

$G_b = G_a \dfrac{ak}{a} \times 100 = \dfrac{800 \times 5 \times 0.59 \times 1.05}{65\sim75} \times 100 = 3304 \sim 3812$ (kg/d)，故 B 正确。

$G_b = G_a \dfrac{ak}{a} \times 100 = \dfrac{800 \times 5 \times 0.795 \times 1.05}{90\sim95} \times 100 = 3514 \sim 3710$ (kg/d)，故 C 错误。

$G_b = G_a \dfrac{ak}{a} \times 100 = \dfrac{800 \times 5 \times 0.668 \times 1.05}{45\sim50} \times 100 = 5611 \sim 6235$ (kg/d)，故 D 错误。

答案选【B】。

15. 某生化处理系统设计处理水量为 5000m³/d，进水 COD 浓度为 600mg/L，COD 去除率为 90%，经生化处理的废水用粉末活性炭吸附处理到 COD≤20mg/L 后回用，已知采用粉末活性炭的 Freundlich 吸附等温式为 $x/M = 0.03C^{0.8}$，吸附平衡时间为 2h。下列粉末活性炭投加量设计正确的是哪项？（x 为达到吸附平衡时活性炭中所含的 COD 质量，M 为活性炭质量，C 为吸附平衡时 COD 浓度，mg/L）

(A) 10.6kg/h   (B) 15.9kg/h   (C) 25.3kg/h   (D) 37.9kg/h

解析：

$\dfrac{x}{M} = 0.03C^{0.8} = 0.03 \times 20^{0.8} = 0.33$。

$M = \dfrac{x}{0.33} = \dfrac{5000 \times \left[600 \times (1-0.9) - 20\right]}{0.33 \times 24 \times 1000} = 25.25$(kg/h)。

答案选【C】。

16. 某综合楼一～三层为商场，四层为员工宿舍，五～十六层为酒店式公寓，层高均为 4.5m，生活给水系统采用薄壁不锈钢管，管件内径与管道内径一致。该综合楼一～二层采用市政直接供水，三～十六层采用叠压供水设备供冷水，市政引入管位于地面下 1.5m，市政接口处市政压力为 0.3～0.35MPa，引入管上设置水表及过滤器，叠压供水设备位于地下一层，水泵出口高度 -4.5m，最高层最不利点处卫生器具是淋浴器，安装高度距本层地面 2.2m，则叠压供水设备的扬程至少为以下何值？（沿程水头损失统一按综合

楼给水立管高度估算为 0.06m/m，地面高程为±0.00）

(A) 59.54m　　　　(B) 59.77m　　　　(C) 60.54m　　　　(D) 60.77m

解析：

$$H = H_{静} + H_{沿+百分比局} + H_{额外局} + H_{工作压力} - H_{市政}$$
$$= (1.5 + 15 \times 4.5 + 2.2) + (1 + 25\%) \times 0.06 \times (4.5 + 15 \times 4.5 + 2.2) + (1 + 3)$$
$$+ 10 - 30$$
$$= 60.77(\text{m})。$$

答案选【D】。

分析：

① 由题意得，应从"市政引入管接口处"至"最高层最不利点处"列伯努利方程。

② 势能差（$H_{静}$）为"最不利点处淋浴器所在高程"减去"市政引入管所在高程"。

③ 压能差即"$H_{工作压力} - H_{市政}$"，其中淋浴器工作压力参考《建水标准》3.2.12 条取最小值 10m，市政压力按最不利工况考虑，也取最小值 30m。

④ 题干强调"沿程水头损失统一按综合楼给水立管高度估算"，即给水立管高度为"最不利点处淋浴器所在高程"减去"水泵出口所在高程"，故沿程水头损失 $H_{沿} = 0.06$ $H_{立管}$。

⑤ 参考《建水标准》3.7.15 条，由于题干并未强调采用分水器分水，按工程经验默认为三通分水，同时，题干强调"管件内径与管道内径一致"，百分比取 25%，故百分比的局部水头损失 $= 25\% H_{沿}$。

⑥ 参考《建水标准》3.7.16 条，额外需要计算的局部水头损失如下：引入管上水表的水头损失取 3m，管道过滤器水头损失取 1m。

17. 某高层住宅以户为单位设冷水入户管，在装修时由各户业主采购家用热水器制热，各户设洗脸盆（混合水嘴）、洗涤盆（混合水嘴）、洗衣机、淋浴器、坐式大便器（采用低位水箱冲洗）各一套，则冷水入户管的设计流量为以下何值？（所有设计参数按最大值取，各户设计人数取 3 人）

(A) 0.37L/s　　　　(B) 0.40L/s　　　　(C) 0.42L/s　　　　(D) 0.44L/s

解析：

$N_g = 0.75 + 1 + 1 + 0.75 + 0.5 = 4,$

$$U_0 = \frac{100 \times q_L \times m \times K_h}{0.2 \times N_G \times T \times 3600} \times 100\% = \frac{100 \times 300 \times 3 \times 2.8}{0.2 \times 4 \times 24 \times 3600} \times 100\% = 3.65\%,$$

查《建水标准》表 C.0.2 可得当 $N_g = 4$，$U_0 = 3.5 \sim 4.0$ 时，$q = 0.42$，因此取 0.42L/s 作为设计流量。

答案选【C】。

分析：

① 题干强调"在装修时由各户业主采购家用热水器制热"，即冷热水在入户后才分开，从而在冷水入户管处，冷热水尚未分流，参考《建水标准》3.2.12 条，当量取括号外的参数。

② 本题计算的是高层住宅冷水入户管的设计流量，要采用住宅秒流量公式计算。

③ 题干强调"所有设计参数按最大值取"。参考《建水标准》3.2.12条，洗脸盆（混合水嘴）当量为0.75、洗涤盆（混合水嘴）当量为1、洗衣机当量为1、淋浴器当量为0.75、坐式大便器（采用低位水箱冲洗）当量为0.5。参考《建水标准》3.2.1条，最高日用水定额取300L/（人·d），时变化系数取2.8。

④ 住宅使用时数默认为24h。

18. 某商场首层公共卫生间单独排水出户，卫生间内设置自闭冲洗阀大便器4个，感应冲洗阀小便器5个，冲洗水箱坐式大便器1个，感应水嘴洗手盆4个。排水管采用塑料排水管（胶圈密封接口），卫生间设在首层不设通气管，则排出管管径最小为多少？（坡度采用通用坡度）

(A) $DN75$ (B) $DN100$ (C) $DN125$ (D) $DN150$

解析：

$q_p = 0.12\alpha\sqrt{N_p} + q_{max} = 0.12 \times 2 \times \sqrt{4 \times 3.6 + 5 \times 0.3 + 1 \times 4.5 + 4 \times 0.3} + 1.5 = 2.62(L/s)$。

由于连接了大便器，参考《建水标准》4.5.8条，管径最小为$DN100$；再参考《建水标准》4.5.6条，$DN100$（外径110）的塑料管，对应的通用坡度为0.012，最大设计充满度为0.5。

根据《常用资料2025》5.9节可得，当$i=0.012$，$h/D=0.5$，$DN100$（外径110）时，该塑料排水管排水能力为4.49L/s，满足排水要求，故管径最小为$DN100$。

答案选【B】。

分析：

参考《建水标准》4.5.1条，自闭冲洗阀蹲式大便器排水当量为3.6，感应冲洗阀小便器排水当量为0.3，冲洗水箱坐式大便器排水当量为4.5，感应水嘴洗手盆排水当量为0.3。此为商场，采用分散型公式计算排水秒流量，由于该卫生间明显为公共卫生间，故α取2。

19. 某高层商业综合楼的地下室设有消防水池、公共浴室、商场，消防水池进水管上设水力控制阀单阀控制，消防水池的溢流管、泄空管排水和其他排水均排入污水池中，由污水泵即时提升排至室外，地下室各部位的排水量见下表。则污水泵机组的设计流量不应小于下列哪项？污水池最小有效容积为下列何值？

排水单位	最大小时排水量（m³/h）	排水设计秒流量（L/s）
公共浴室	50	20
商场	22	10
消防水池的溢流量为100m³/h，泄流量为54m³/h		

(A) $Q=72m^3/h$；$V=6.0m^3$ (B) $Q=100m^3/h$；$V=8.3m^3$
(C) $Q=108m^3/h$；$V=9.0m^3$ (D) $Q=208m^3/h$；$V=17.3m^3$

解析：

① 其他排水量$=10+20=30(L/s)=108(m^3/h)$，大于消防水池的溢流量、泄水量，

故污水泵流量为 108m³/h。

② 污水池最小容积 $V_{min}=5min\times Q=5/60\times108=9$（m³）。

答案选【C】。

分析：

① 题干强调进水管为单阀控制，并非双阀控制，参考《建水标准》4.8.7 条条文说明，需考虑消防水池的溢流量；再参考《建水标准》4.8.7 条，应按消防水池溢流量、泄水量与排入集水池的其他排水量中最大值选择水泵机组。

② 通过题干"污水泵即时提升排至室外"可以得到，污水池并无调节能力，污水泵对于公共浴室与商场的设计流量参考《建水标准》4.8.7 条，要按照秒流量设计；由于公共浴室与商场会同时排水，故秒流量要统一计算，考虑到公共浴室为用水密集型，商场为用水分散型，故它们的设计秒流量可以直接相加（若两者都为用水分散型建筑，在题干未提供其他设计参数的情况下，为了能求出答案，也只能直接相加）。

③ 参考《建水标准》4.8.4 条第 1 款，集水池有效容积不宜小于最大一台污水泵 5min 的出水量。

20. 某建筑高度为 50m 的一般建筑屋面面积为 1000m²，采用一根管材为塑料的直管式溢流管溢流排放，按最小排水能力要求，计算其直管式溢流管的管径最小为下列哪项？（雨水排水系统设计重现期取最小值）

重现期（年）、小时降雨厚度（mm/h）			管口上边缘溢流水位深度	重力加速度
5 年	10 年	50 年		
216	360	432	$h=0.2m$	$g=9.81m/s^2$

(A) $De75$ (B) $De110$ (C) $De160$ (D) $De200$

解析：

参考《建水标准》5.2.4 条，一般性建筑屋面的设计重现期取 5 年；由于该建筑高度为 50m，属于高层建筑，再参考《建水标准》5.2.5 条第 2 款，重要公共建筑、高层建筑的总排水能力不应小于 50a 重现期的雨水量，从而可得：

溢流量：$q_{yL}=Q_y-q_y=\dfrac{1.0\times1000\times(432-216)}{3600}=60$（L/s），

参考《建水标准》F.0.5 条，直管式溢流量可按本标准式（F.0.4）计算，其中 $D_{yL}=d_{yL}$，为直管式溢流管内径。

$q_{yL}=60=1130d_{yL}\sqrt{2\times9.81\times0.2^{\frac{3}{2}}}$，解得：$d_{yL}=0.134m$，故管径至少为 $De160$。

答案选【C】。

分析：

① 由于题干未强调内檐沟及屋面坡度，故默认无需乘以 1.5 的系数。

② 参考《建水标准》5.2.6 条，屋面的雨水径流系数可取 1.00。管口上边缘溢流水位深度 h_{y3} 取题干值 0.2m。

21. 北京市某住宅小区采用全日制热水供应系统，小区内设有住宅 16 栋，配套幼儿园一栋，仅有门诊部的小区配套医院一座。住宅每栋 3 个单元，每单元 6 层，每层 2 户，每户 3 人，热水定额为 80L/(人·d)；幼儿园无住宿，共设有 12 个班，每班 30 个儿童，热水定额为 12L/(儿童·d)；医院门诊日 300 人·次，热水定额为 10L/(病人·次)；小区集中设置热水供应系统，以蒸汽为热媒，若采用半容积式水加热器，则最小总贮热容积为下列何值？（热水温度统一以 60℃ 计，冷水采用地表水，热水密度取 1kg/L，不计员工等其他用水，幼儿园时变化系数为 3.0；门诊部时变化系数为 1.5）

(A) 6.9m³　　　　(B) 7.1m³　　　　(C) 7.3m³　　　　(D) 7.5m³

解析：

① 参考《建水标准》3.13.4 条条文说明，配套幼儿园、医院与住宅最大用水时段不同，再参考《建水标准》6.4.1 条第 1 款可得，该小区设计小时耗热量 $Q_h = Q_{h住} + Q_{p幼} + Q_{p医}$，住宅总人数：$16 \times 3 \times 6 \times 2 \times 3 = 1728$（人）。

$$K_{h住} = 4.8 - \frac{1728 \times 80 - 100 \times 60}{6000 \times 100 - 100 \times 60} \times (4.8 - 2.75) = 4.34;$$

$$Q_{h住} = K_h \times \frac{mq_r C(t_r - t_1) \rho_r}{T} C_\gamma = 4.34 \times \frac{1728 \times 80 \times 4.187 \times (60 - 4) \times 1}{24} \times 1.1$$
$$= 6447567 (\text{kJ/h});$$

$$Q_{p幼} = \frac{mq_r C(t_r - t_1) \rho_r}{T} C_\gamma = \frac{12 \times 30 \times 12 \times 4.187 \times (60 - 4) \times 1}{10} \times 1.1$$
$$= 111421 (\text{kJ/h});$$

$$Q_{p医} = \frac{mq_r C(t_r - t_1) \rho_r}{T} C_\gamma = \frac{300 \times 10 \times 4.187 \times (60 - 4) \times 1}{12} \times 1.1 = 64480 (\text{kJ/h});$$

$$Q_h = 6447567 + 111421 + 64480 = 6623468 (\text{kJ/h})。$$

② $V = \dfrac{T_{贮} \cdot Q_h}{\eta(t_{r2} - t_1) C \rho_r} = \dfrac{15 \div 60 \times 6623468}{1 \times (60 - 4) \times 4.187 \times 1} = 7062 (\text{L}) \approx 7.1 (\text{m}^3)。$

答案选【B】。

分析：

① 住宅人数为 1728，参考《建水标准》表 6.4.1，在住宅使用人（床）数 100~6000 的范围之内，故时变化系数要按内插法求得。

② 住宅热水用水定额 q_r 取题干值 80L/(人·d)，热水温度取题干值 60℃，冷水温度参考《建水标准》6.2.5 条，取北京地面水温度 4℃，热水密度取题干值 1kg/L，住宅每日使用时间参考《建水标准》6.2.1 条，取 24h，热损失系数参考《建水标准》6.4.1 条第 2 款，取 1.1。

③ 幼儿园儿童人数为 12×30 人，热水用水定额 q_r 取题干值 12L/(儿童·d)，热水温度取题干值 60℃，冷水温度参考《建水标准》6.2.5 条，取北京地面水温度 4℃，热水密度取题干值 1kg/L，幼儿园（无住宿）每日使用时间参考《建水标准》6.2.1 条，取 10h，热损失系数参考《建水标准》6.4.1 条第 2 款，取 1.1。

④ 医院人·次取题干值 300 人·次，热水用水定额 q_r 取题干值 10L/(病人·次)，热水温度取题干值 60℃，冷水温度参考《建水标准》6.2.5 条，取北京地面水温度 4℃，热水密度取题干值 1kg/L，医院门诊部每日使用时间参考《建水标准》6.2.1 条，取 12h，热损失系数参考《建水标准》6.4.1 条第 2 款，取 1.1。

⑤ 参考《建水标准》6.5.11 条，热媒为蒸汽时，半容积式水加热器的贮热时间取 15min；参考《建水标准》6.5.10 条，半容积式水加热器的 η 取 1；热水温度取题干值 60℃，冷水温度参考《建水标准》6.2.5 条，取北京地面水温度 4℃，热水密度取题干值 1kg/L。

22. 某热水管道采用 PB 管，公称外径为 De50，直线管段长度为 2m，计算温差为 10℃，求最小自由臂长度为以下何值？

(A) 15.3mm   (B) 45.9mm   (C) 76.5mm   (D) 114.0mm

解析：

$\Delta L = \partial \cdot L \cdot \Delta T = 0.13 \times 2 \times 10 = 2.6(\text{mm})$，

$L_z = K \sqrt{\Delta L \times De} = 10 \times \sqrt{2.6 \times 50} = 114.0(\text{mm})$。

答案选【D】。

分析：

① 管材为 PB 管，∂ 取 0.13，L 取题干值 2m，ΔT 取题干值 10℃。

② 管材为 PB 管，K 取 10，De 取题干值 50mm。

23. 某购物商场建筑高度 30m，地上 6 层，相邻防火分区之间防火墙上设置了宽度为 30m 的防火卷帘，并设置独立的防护冷却系统对其保护，防火卷帘的耐火极限为 3h。喷头距地安装高度 4.3m，间距 2.0m。初步估算，并附加 1.5 的安全系数，防护冷却系统设计水量不应小于多少（m³）？

(A) 53   (B) 130   (C) 156   (D) 292

解析：

① 计算长度：$L \geq 1.2 \sqrt{160} = 15.2(\text{m})$。

② $15.2 \div 2.0 = 7.6$，取 8 个喷头，故 $L = 16\text{m}$。

③ 防火墙耐火极限为 3.0h；$V = 16 \times 0.6 \times 3 \times 3.6 \times 1.5 = 155.5(\text{m}^3)$。

答案选【C】。

24. 某文物资料库总建筑面积为 1800m²，其容积为 7200m³，采用七氟丙烷气体灭火组合分配系统，按最少防护区数量设计且每个防护区体积相同，若防护区最低环境温度为 10℃，海拔高度修正系数为 1，储存容器内的灭火剂剩余总量为 100kg，当采用 80L 二级增压储存钢瓶（焊接），则至少需要多少个储气钢瓶？（注：系统采用均衡管网布置）

(A) 26 个   (B) 40 个   (C) 28 个   (D) 42 个

解析：

① 参考《气体灭火规范》3.2.4 条，防护区划分应符合下列规定：采用管网灭火系统时，一个防护区的面积不宜大于 800m²，且容积不宜大于 3600m³，至少需要三个防护区。

② 每个防护区体积 $V = 7200/3 = 2400(\text{m}^3)$，$S = 0.1269 + 0.000513 \times 10 = 0.1320(\text{m}^3/\text{kg})$，文物资料库的灭火设计浓度取 $C_1 = 10\%$；则 $W = 1 \times (2400/0.1320) \times [10/(100-10)] = 2020.2(\text{kg})$。

③ 参考《气体灭火规范》3.3.10 条，二级增压焊接结构储存容器，不应大于 $950kg/m^3$。

需钢瓶数量 $(2020.2+100)/(0.08×950)=27.9$，取 28 个。

答案选【C】。

25. 某建筑小区设计建设雨水收集回用系统，该雨水系统设计日降雨量 32mm，初期弃流厚度 2mm，雨水全部收集，园区内共有景观水体 $700m^2$，沥青硬化地面 $3500m^2$（其中透水铺装占 40%），绿化 $1200m^2$，绿化屋面 $800m^2$，沥青屋面 $380m^2$，未作排空设施，日变化系数 1.3，则最高日用水量最小为多少？

(A) $31.4m^3/d$ (B) $33.5m^3/d$ (C) $44.5m^3/d$ (D) $47.5m^3/d$

解析：

① $W=10×32×(1×700+0.8×3500×60\%+0.8×380)/10000=85.9(m^3)$。

② 平均用水量 $=30\%×85.9=25.8(m^3/d)$。

③ 最高日用水量为 $25.8×1.3=33.5(m^3/d)$。

答案选【B】。

分析：

① 参考《雨水利用规范》3.1.3 条，在计算 W 时，无需扣除初期弃流雨水。题干强调"雨水全部收集"即 $\psi_0=0$。

② 参考《雨水利用规范》3.1.6 条条文说明，硬化汇水面面积 F 含工程范围内所有的非绿化屋面、不透水地（表）面、水面等，不含绿地、透水铺装地面……故在算硬化汇水面面积时，要扣除沥青硬化地面中的透水铺装地面对应的面积，并且绿化、绿化屋面对应的面积是不计入的。

③ 参考《雨水利用规范》表 3.1.4，各径流系数取值如下：景观水体取水面值为 1，沥青硬化地面取沥青路面值为 0.8，沥青屋面取 0.8。

④ 参考《雨水利用规范》4.3.5 条，单一雨水回用系统的平均日设计用水量不应小于汇水面需控制及利用雨水径流总量的 30%。

冲刺试卷 3   知识上

一、单选题（共 40 题，每题 1 分。每题的备选项中，只有 1 个选项最符合题意）

1. 下列关于给水系统的分类和组成，哪项是错误的？
(A) 某城市对其低区和高区实行分区供水的同时也能实现分压供水
(B) 同一供水区域，对其实行统一给水和分质给水不可同时实现
(C) 分质给水系统必须采用不同的水源
(D) 调蓄泵站的调蓄容积相当于同位置处设置的水塔调节容积，泵站供水压力相当于水塔水位标高

解析：

选项 A，分压与分区可同时实现，故 A 正确。

选项 B，统一给水系统为一套管网，而分质给水系统为多套管网，故二者不可同时实现，故 B 正确。

选项 C，参考《给水工程 2025》P2，分质给水系统可以是采用同一水源……，故 C 错误。

答案选【C】。

2. 下列与设计供水量有关的说法，哪一项是不正确的？
(A) 供水系统服务的人口数不一定等于该城市的总人口数
(B) 管网漏损率与供水规模无关，但管网漏损水量却与供水规模有关
(C) 员工在企业内工作和生活时的用水量应纳入工业企业用水量之中
(D) 时变化系数 K_h 反映一天内用水量变化情况，是制水成本分析的主要参数

解析：

选项 A，参考《给水工程 2025》P13，存在用水普及率，故 A 正确。

选项 B，参考《给水工程 2025》P14，漏损水量＝供水规模×漏损率，故 B 正确。

选项 C，参考《给水工程 2025》P14，故 C 正确。

选项 D，参考《给水工程 2025》P17，日变化系数 K_d 才是制水成本分析的主要参数，故 D 错误。

答案选【D】。

3. 下列关于环状网水力计算说法错误的是哪项？
(A) 各管段的初步分配流量需满足节点流量平衡，但其经校正计算后，可能破坏节点流量平衡
(B) 比起解节点方程和解管段方程而言，解环方程在手工计算时更为常用
(C) 校正流量与闭合差的正负性总是相反

(D) 以管段流量为未知数建立出的彼此独立的方程个数，比节点个数与基本环个数之和少 1

解析：

选项 A，可以任意环状网的节点试验，环的校正流量去校正环中各管段时是不会破坏节点平衡的，故 A 错误。

选项 B，参考《给水工程 2025》P43，故 B 正确。

选项 C，参考《给水工程 2025》P44，故 C 正确。

选项 D，参考《给水工程 2025》P43，P 个管段对应了 P 个管段流量，而 $P=J+L-1$，故 D 正确。

答案选【A】。

4. 下列关于管材、附件等说法正确的是哪一项？

(A) 在土壤导电性很差的地区更适宜用牺牲阳极的阴极保护

(B) 排气阀可用于管道发生负压时吸气

(C) 室外管网内的消火栓间距不应超过 150m

(D) 穿越河底的管道埋设深度应在相应防洪标准的冲刷深度以上

解析：

选项 A，参考《给水工程 2025》P62，在土壤电阻率高（也即导电性很差）时，较宜采用外加电源的阴极保护，故 A 错误。

选项 B，参考《给水工程 2025》P63，故 B 正确。

选项 C，参考《给水工程 2025》P63，室外消火栓的间距不超过 120m，故 C 错误。

选项 D，参考《给水工程 2025》P64 或《室外给水设计标准》GB 50013—2018 中 7.4.11 条，应在洪水冲刷深度以下，故 D 错误。

答案选【B】。

5. 下列关于水源选择及合理利用的说法，不正确的是哪一项？

(A) 若工业企业用水量较大且若其采用地下水源时会影响当地饮用水需要，则应选择地表水作为其水源

(B) 在地表地下水源均可用时，地下水宜优先作为生活饮用水的水源，且其优先顺序为泉水、承压水、潜水

(C) 地下水的取水构筑物简单，且其水质清澈，水温较高

(D) 沿海地区可选择海水作为某些工业的给水水源

解析：

选项 A，参考《给水工程 2025》P67，故 A 正确。

选项 B，参考《给水工程 2025》P67，故 B 正确。

选项 C，参考《给水工程 2025》P66，地下水水温稳定（而非水温较高），故 C 错误。

选项 D，参考《给水工程 2025》P68，故 D 正确。

答案选【C】。

6. 给水供水泵站水泵选择及相关要求中，哪一项是正确的？

（A）在满足流量和扬程的前提下，优先选用允许吸上真空高度小或气蚀余量大的水泵

（B）串联运行水泵设计水压应相近

（C）并联运行水泵设计流量应相近

（D）含沙量较高的取水泵，泵组备用率应达到 $50\%\sim100\%$

解析：

选项 A，参考《给水工程 2025》P129，在满足流量和扬程的前提下，优先选用允许吸上真空高度大或气蚀余量小的水泵，故 A 错误。

选项 B，参考《给水工程 2025》P129，串联运行水泵设计流量应接近，故 B 错误。

选项 C，参考《给水工程 2025》P129，并联运行水泵设计扬程接近，故 C 错误。

选项 D，参考《给水工程 2025》P129，故 D 正确。

答案选【D】。

7. 影响水中有机胶体颗粒聚集稳定性的主要因素是哪项？

（A）表面水化膜　　　　　　　　（B）表面电荷

（C）胶体表面细菌菌落　　　　　（D）水中溶解杂质的布朗作用

解析：

参考《给水工程 2025》P163，一般认为无机黏土憎水胶体的水化作用对聚集稳定性影响较小，即静电斥力影响较大。对于有机胶体或高分子物质组成的亲水胶体来说，水化作用却是聚集稳定性的主要原因。

答案选【A】。

8. 某理想平流沉淀池，表面积为 A，通过流量 Q 时的水深为 H，截留沉速为 u_0，则对其改造后的参数说法错误的是哪项？

（A）若在距池底 $H/2$ 处加设一层底板，则其表面负荷在数值上仍等于 Q/A

（B）若在距池底 $H/3$ 处加设一层底板，则板上部分的截留沉速为 $2u_0/3$，板下截留沉速为 $u_0/3$

（C）若在其池宽方向加设一块纵向分隔板，则该池的弗劳德数减小

（D）若在其池宽方向加设一块纵向分隔板，则该池的雷诺数减小

解析：

选项 A，由表面负荷＝液面负荷的定义知其仍为 Q/A，故 A 正确。

选项 B，在板上部分的流量为 $2Q/3$，沉淀面积为 A，故其截留沉速为 $2u_0/3$，同理板下部分截留沉速为 $u_0/3$，故 B 正确。

选项 C，加设纵向分隔板之后，由于池子的湿周增大，故水力半径减小，而池内水平流速保持不变，代入弗劳德数公式知其会增大，故 C 错误。

选项 D，由于水平流速不变而水力半径减小，参考雷诺数公式可知其减小，故 D 正确。

答案选【C】。

9. 以下哪种方式不能提高滤池的含污能力？
(A) 增大滤料粒径 (B) 选择接近球形的滤料
(C) 滤速由快到慢 (D) 提高进水浊度

解析：

参考《给水工程 2025》P212 可知，A、B、C 均可以提高滤池的含污能力。

答案选【D】。

10. 清洁砂层的过滤阻力系数，与下列哪项因素无关？
(A) 滤料颗粒的球形度系数 (B) 滤料颗粒的密度
(C) 水温 (D) 滤料孔隙率

解析：

参考《给水工程 2025》P215 式（8-4）处解释，K 与滤料颗粒的密度无关，故 B 错误。

注：K 的表达式可参考式（8-1），除去式中 L_0 和 v 之外的其他部分即为 K。

答案选【B】。

11. 水的药剂软化法处理中，通常使用石灰软化、石灰-苏打软化，具有各自的特点和使用条件，下列哪项是正确的？
(A) 石灰软化以去除非碳酸盐硬度为目的
(B) 石灰软化可以去除部分铁、硅和有机物
(C) 对于镁的非碳酸盐硬度，可单独投加苏打去除
(D) 石灰-苏打软化更适用于碱度大于硬度的水

解析：

选项 A，参考《给水工程 2025》P311，石灰软化无法去除水中的非碳酸盐硬度，故 A 错误。

选项 B，参考《给水工程 2025》P312，故 B 正确。

选项 C，参考《给水工程 2025》P312，以去除 $MgSO_4$ 为例，参考方程（13-11），苏打仅能将其转化为"溶解度较高的 $MgCO_3$"，若要将此镁硬度去除，仍需提供 OH^-，也即提供石灰以便将 $MgCO_3$ 转化为 $Mg(OH)_2$，故 C 错误。

选项 D，碱度大于硬度的水，其总硬度就等于碳酸盐硬度，而不存在非碳酸硬度，则无需石灰-苏打软化，故 D 错误。

答案选【B】。

12. 下列关于干式冷却塔的说法不正确的是？
(A) 冷却工业设备的水或工艺流体不和冷却塔中的空气、淋水直接接触
(B) 冷却极限只能是空气的干球温度
(C) 可以采用自然通风或机械通风
(D) 湿式冷却塔造价比干式冷却塔低

解析：

参考《给水工程 2025》P351，故 A、C、D 正确。

选项 B，不设淋水装置的干式冷却塔的冷却极限才为空气的干球温度，若设淋水装置后，其冷却极限则为空气的湿球温度，故 B 错误。

答案选【B】。

13. 对于以污水处理厂出水为水源的再生水厂，以下哪项说法是错误的？

(A) 再生水厂供水泵站内工作泵不得少于 2 台，并应设置备用泵

(B) 对于向服务区域内多用户供水的城市再生水厂，水质应按最高水质标准要求确定

(C) 再生水处理构筑物的个（格）数不应少于 2 个（格），并应按并联设计

(D) 再生处理构筑物的生产能力应按最高日供水量加自用水量确定

解析：

选项 A，参考《污水再生规范》5.1.8 条，应设置备用泵，故 A 正确。

选项 B，参考《污水再生规范》4.2.2 条，对于向服务区域内多用户供水的城市再生水厂，水质可按最高水质标准要求确定或分质供水，可按用水量最大的用户的水质标准确定，故 B 错误。

选项 C，参考《污水再生规范》5.1.7 条，故 C 正确。

选项 D，参考《污水再生规范》5.1.4 条，再生处理构筑物的生产能力应按最高日供水量加自用水量确定，故 D 正确。

答案选【B】。

14. 黑臭水体是城市河流、湖库污染的表观性和感官性的极端现象之一，即呈现令人不悦的颜色和（或）散发令人不适气味。下列哪项不属于城市黑臭水体的生态修复技术？

(A) 岸带修复　　　(B) 人工湿地　　　(C) 活水循环　　　(D) 生态浮岛

解析：

参考《排水工程 2025》P135～P136，技术包括岸带修复、生态净化（人工湿地、生态浮岛、水生植物种植）、人工增氧，活水循环属于其他治理技术，故 C 错误。

答案选【C】。

15. 当以径流总量控制为目标时，地块内各低影响开发设施的设计调蓄容积之和一般不应低于该地块"单位面积控制容积"的控制要求，下列关于计算总调蓄容积时的要求说法中错误的是哪项？

(A) 顶部和结构内部有蓄水空间的渗透设施的渗透量应计入总调蓄容积

(B) 调节塘、调节池的调节容积应计入总调蓄容积

(C) 透水铺装和绿色屋顶结构内的空隙容积一般不再计入总调蓄容积

(D) 受地形条件、汇水面大小等影响，设施调蓄容积无法发挥径流总量削减作用的设施不计入总调蓄容积

解析：

参考《海绵城市建设技术指南》P49（第八节 设施规模计算），（A）顶部和结构内部

有蓄水空间的渗透设施的渗透量应计入总调蓄容积；(B) 调节塘、调节池的调节容积不应计入总调蓄容积；(C) 透水铺装和绿色屋顶结构内的空隙容积一般不再计入总调蓄容积；(D) 受地形条件、汇水面大小等影响，设施调蓄容积无法发挥径流总量削减作用的设施不计入总调蓄容积。

答案选【B】。

16. 下列关于排水管道系统设计的说法错误的是哪一项？
(A) 输送污水的管渠应采用耐腐蚀材料，其接口及附属构筑物应采用相应的防腐蚀措施
(B) 合流管道应在进行严密性试验合格后方能投入使用
(C) 雨水管渠系统之间或合流管道系统之间可根据需要设置连通管
(D) 为了收集处理初期雨水，雨水管道系统与污水管道系统之间应设置连通管道

解析：

选项 A，参考《排水标准》5.1.5 条，输送污水、合流污水的管道应采用耐腐蚀材料，其接口和附属构筑物应采取相应的防腐蚀措施，故 A 正确。

选项 B，参考《排水标准》5.1.12 条，污水、合流管道及湿陷土、膨胀土、流沙地区的雨水管道和附属构筑物应保证其严密性，并应进行严密性试验，故 B 正确。

参考《排水标准》5.1.14 条，雨水管渠系统之间或合流管道系统之间可根据需要设置连通管，在连通管处应设闸槽或闸门。连通管和附近闸门井应考虑维护管理的方便，故 C 正确。

选项 D，为了收集处理初期雨水，应将初期雨水弃流或截留后排入污水管道系统，此做法并非是连通管，所谓连通管是相互连通，可以相互调剂流量，故 D 错误。

答案选【D】。

17. 在下列构筑物颗粒沉降过程中，沉淀速度最适宜用斯托克斯公式计算的是哪项？
(A) 污泥在浓缩池的浓缩   (B) 活性污泥在二沉池中部的沉降
(C) 活性污泥在二沉池下部的沉降   (D) 砂粒在沉砂池的沉淀

解析：

参考《排水工程 2025》P217，斯托克斯公式适用于自由沉淀，主要针对平流沉砂池或低浓度悬浮物的初次沉淀池。

答案选【D】。

18. 某污水处理厂拟采用三沟交替工作氧化沟处理工艺，下列哪种说法是错误的？
(A) 氧化沟基本构成包括：氧化沟池体、曝气设备、进出水装置和导流装置等
(B) 三沟交替工作氧化沟应设置沉砂池和初次沉淀池
(C) 三沟交替工作氧化沟无需设置专门二次沉淀池和污泥回流装置
(D) 三沟交替工作氧化沟将曝气、沉淀工序集于一体，并具有按时间顺序交替轮换运行的特点，其运转周期可根据处理水质的不同进行调整

解析：

选项 B，参考《排水标准》7.6.20 条，氧化沟前可不设初次沉淀池，故 B 错误。

答案选【B】。

19. 填料（滤料）作为生物膜法处理中的生物载体，对处理效果有重要影响，下列描述错误的是哪项？
(A) 集生物降解、固液分离于一体的曝气生物滤池工艺，滤料粒径一般在 3～5mm
(B) 在接触氧化池中，悬挂型填料的填充比最大可达 80％
(C) 在接触氧化池中，半软性填料具有良好的传质效果，对有机物去除效果好、耐腐蚀、不堵塞
(D) 在城镇污水处理厂的升级改造中，向活性污泥曝气池中投加一定量的悬浮填料，可提高其去除 COD 和 BOD 的能力

解析：
选项 A，参考《排水工程 2025》P288，粒径一般在 3～5mm，故 A 正确。
选项 B，参考《排水工程 2025》P299 表格，悬挂型填料的填充比最大为 100％，故 B 错误。
选项 C，参考《排水工程 2025》P300 表格，故 C 正确。
选项 D，D 说的就是 MBBR 工作原理，多用于污水处理厂改造中提高去除效果，故 D 正确。
答案选【B】。

20. 下列哪一种膜分离方法宜用于预处理中去除总悬浮固体，但是不能去除硫酸盐？
(A) 电渗析　　　　(B) 反渗透　　　　(C) 纳滤　　　　(D) 微滤

解析：
参考《排水工程 2025》P362，微滤主要去除悬浮固体，不能去除硫酸盐，而且合适用在预处理中，主要用来去除悬浮固体，过滤精度不是很高，不能去除溶解性物质。
答案选【D】。

21. 下列关于生物脱氮的描述中哪项是不正确的？
(A) 反硝化聚磷菌以硝酸盐作为电子受体，在进行反硝化的同时完成吸磷
(B) ANAMMOX 工艺可以在厌氧条件下，以亚硝酸盐为电子受体，可以将氨转化为 N_2
(C) 短程硝化/反硝化脱氮电子供体有机碳源的需要量较硝酸型脱氮要少
(D) 反硝化反应产生的碱度可以补充硝化反应消耗的部分碱度，因此 A/O 脱氮工艺将缺氧区放置在前端

解析：
选项 A，参考《排水工程 2025》P347，反硝化聚磷菌兼具有脱氮除磷功能，故 A 正确。
选项 B，参考《排水工程 2025》P342，发生反应的是亚硝酸盐和氨，故 B 正确。
选项 C，参考《排水工程 2025》P342，故 C 正确。

选项D，硝化1g氨氮消耗碱度7.14，反硝化1g硝酸盐氮产生碱度3.57，不对等，故D错误。前置反硝化的主要目的是利用进水的有机物，回收碱度是次要目的。

答案选【D】。

22. 关于污泥好氧发酵处理系统的说法中错误的是哪项？
（A）污泥好氧发酵系统应包括混料、发酵、供氧、除臭等设施
（B）采用好氧发酵的污泥有机物含量不宜低于60%
（C）污泥好氧发酵工艺按翻堆方式可以分为静态、间歇动态（半动态）、动态
（D）发酵产物储存区的地面应进行防渗处理

解析：

选项B，根据《排水标准》8.4.1条，采用好氧发酵的污泥应符合下列规定：1）含水率不宜高于80%；2）有机物含量不宜低于40%。其他选项均正确。

答案选【B】。

23. 下列关于污泥机械脱水的说法中错误的是哪项？
（A）污泥进入脱水机前的含水率一般不应大于98%
（B）脱水后的污泥含水率应小于80%
（C）污泥机械脱水间通风设施每小时换气次数不应小于6次
（D）污泥脱水机械台数不应少于2台，其中包括备用

解析：

参考《排水标准》8.5.1条，污泥机械脱水间应设置通风设施。每小时换气次数不应小于8~12次。

答案选【C】。

24. 穿孔导流槽式水质调节池主要靠下列哪项的作用混合水质？
（A）机械搅拌　　　（B）空气搅拌　　　（C）水力搅拌　　　（D）流程差异

解析：

参考《排水工程2025》P480，穿孔导流槽调节池废水从调节池两端同时进入，从对角线设置的穿孔导流槽出水，由于流程长短不同，使前后进入调节池的废水相混合，以此来均衡水质。

答案选【D】。

25. 以下关于建筑给水系统选择的描述中，哪一项是错误的？
（A）建筑给水基本系统可分为：生活给水系统、生产给水系统、消防给水系统
（B）建筑物高度超过100m时，宜采用垂直串联供水方式
（C）多功能建筑物内各功能的给水系统不应采用独立给水管网
（D）建筑给水系统的选择应进行技术经济比较

解析：

选项A，参考《建水工程2025》P1，建筑给水可分为以下3类基本系统：生活给水

系统、生产给水系统、消防给水系统，故 A 正确。

选项 B，参考《建水标准》3.4.6 条，建筑高度超过 100m 的建筑，宜采用垂直串联供水方式，故 B 正确。

选项 C，参考《建水标准》3.4.1 条第 5 款，不同使用性质或计费的给水系统，应在引入管后分成各自独立的给水管网，故 C 错误。

选项 D，参考《建水工程 2025》P1，系统的选择，应根据生活、生产和消防等各项用水对水质、水量、水压、水温的要求，结合室外给水系统的实际情况，经技术经济比较后确定，故 D 正确。

答案选【C】。

26. 在建筑给水系统选用水泵时，下列哪一项叙述是错误的？
(A) 所选水泵的特性曲线，应是随流量的增大，扬程逐渐下降的曲线
(B) 水泵应在其高效区内运行
(C) 备用水泵的供水能力不应小于最大一台运行水泵的供水能力
(D) 水泵自动切换交替运行，可避免水泵因长期运行而损坏的问题。

解析：

选项 A，参考《建水标准》3.9.1 条。生活给水系统加压水泵的选择应符合下列规定：2 水泵的 Q—H 特性曲线应是随流量增大，扬程逐渐下降的曲线，故 A 正确。

选项 B，参考《建水标准》3.9.1 条。生活给水系统加压水泵的选择应符合下列规定：3 应根据管网水力计算进行选泵，水泵应在其高效区内运行，故 B 正确。

选项 C，参考《建水标准》3.9.1 条。生活给水系统加压水泵的选择应符合下列规定：4 生活加压给水系统的水泵机组应设备用泵，备用泵的供水能力不应小于最大一台运行水泵的供水能力，故 C 正确。

选项 D，参考《建水标准》3.9.1 条第 4 款条文说明。水泵自动切换交替运行，可避免备用泵因长期不运行而泵内的水滞留变质或锈蚀卡死不转等问题，故 D 错误。

答案选【D】。

27. 某小区共有两种类型的普通住宅，第一类（每户设热水器）有 400 户，第二类（每户设家用热水机组）有 300 户，每户均按 3 人计，第 1 类每户用水当量为 3.5，第二类每户用水当量为 7，则小区给水系统总管设计流量参照下列哪项确定？（注：各项参数取最大值）

(A) 系统的平均时用水量
(B) 系统的最大时用水量
(C) 系统的最高日用水量
(D) 系统的设计秒流量

解析：

① 参考《建水标准》3.2.1 条。由于题干强调各项参数取最大值，故第一类户型的当量取 300L/(人·d)，时变化系数取 2.8；第二类户型的当量取 320L/(人·d)，时变化系数取 2.5；由于为住宅，使用时数默认为 24h。

② 参考《建水标准》3.7.5 条。计算以下参数：

$$U_{01} = \frac{100 \times q_L \times m \times K_h}{0.2 \times N_G \times T \times 3600} = \frac{100 \times 300 \times (400 \times 3) \times 2.8}{0.2 \times (400 \times 3.5) \times 24 \times 3600} = 4.17,$$

$$U_{02} = \frac{100 \times q_L \times m \times K_h}{0.2 \times N_G \times T \times 3600} = \frac{100 \times 320 \times (300 \times 3) \times 2.5}{0.2 \times (300 \times 7) \times 24 \times 3600} = 1.98,$$

$$\overline{U}_0 = \frac{4.17 \times 400 \times 3.5 + 1.98 \times 300 \times 7}{400 \times 3.5 + 300 \times 7} = 2.856; N_{g总} = 400 \times 3.5 + 300 \times 7 = 3500。$$

③ 参考《建水标准》3.7.5条第3款。计算管段的设计秒流量（L/s）。当计算管段的卫生器具给水当量总数超过本标准附录C表C.0.1～表C.0.3中的最大值时，其设计流量应取最大时用水量，根据 $\overline{U}_0$、$N_{g总}$ 查表，未超过表格数值，故取设计秒流量为小区给水系统总管设计流量，故D正确。

答案选【D】。

28. 下列关于建筑给水管材选用的说法中，错误的是哪项？
（A）室内给水管道，应选用耐腐蚀和安装连接方便可靠的管材，高层建筑给水立管不宜采用塑料管
（B）室外明敷管道一般不宜采用铝塑复合管、给水塑料管
（C）室内明敷或嵌墙敷设可采用塑料给水管、金属塑料复合管、建筑给水薄壁不锈钢管、建筑给水铜管或经可靠防腐处理的钢管
（D）镀锌钢管的镀锌层具有防腐能力，故可以用于小区室外埋地给水管道
解析：
选项A，参考《建水标准》3.5.2条。室内的给水管道，应选用耐腐蚀和安装连接方便可靠的管材，可采用不锈钢管、铜管、塑料给水管和金属塑料复合管及经防腐处理的钢管。高层建筑给水立管不宜采用塑料管，故A正确。

选项B，参考《建水工程2025》P6。室外明敷管道一般不宜采用铝塑复合管、给水塑料管，故B正确。

选项C，参考《建水工程2025》P6。明敷或嵌墙敷设可采用塑料给水管、金属塑料复合管、建筑给水薄壁不锈钢管、建筑给水铜管或经可靠防腐处理的钢管，故C正确。

选项D，参考《建水标准》3.13.22条条文说明。当必须使用钢管时，要特别注意钢管的内外防腐处理，防腐处理常见的有衬塑、涂塑或涂防腐涂料。需要注意：镀锌层不是防腐层，而是防锈层，所以镀锌钢管也必须做防腐处理，该选项"直接采用"的意思是镀锌钢管不做任何处理直接采用，故D错误。

答案选【D】。

29. 下列关于排水系统分类和要求的描述中，不正确的是哪项？
（A）生活排水分生活污水和生活废水
（B）工业建筑中卫生间排水属于生产污水
（C）日常生活中排出的洗涤水为生活废水
（D）工业建筑中污染较轻的废水为生产废水
解析：
选项A，参考《建水标准》2.1.41条。生活排水：人们在日常生活中排出的生活污

水和生活废水的总称，故 A 正确。

选项 B，参考《建水工程 2025》P186。生产污水是为生产过程中被化学杂质（有机物、重金属离子、酸、碱等）或机械杂质（悬浮物及胶体物）污染较重的污水，从而可得，工业建筑中卫生间排水属于生活污水，故 B 错误。

选项 C，参考《建水标准》2.1.40 条。生活废水：人们日常生活中排出的洗涤水，故 C 正确。

选项 D，参考《建水工程 2025》P186。生产废水为工业建筑中污染较轻或经过简单处理后可循环或重复使用的废水，故 D 正确。

答案选【B】。

30. 下列关于排水管道的连接方式叙述中，正确的是哪项？
(A) 卫生器具排水管与排水横支管垂直连接时采用两个 45°弯头连接
(B) 排水立管与排出管端部采用两个 45°斜三通连接
(C) 室外排水管管径小于或等于 300mm 或跌落差大于 0.3m 时，在与检查井连接处的水流转角可以小于 90°
(D) 室外接户管管顶标高不得高于排出管管顶标高

解析：

选项 A，参考《建水标准》4.4.8 条第 1 款。卫生器具排水管与排水横支管垂直连接，宜采用 90°斜三通，故 A 错误。

选项 B，参考《建水标准》4.4.8 条第 3 款。排水立管与排出管端部的连接，宜采用两个 45°弯头、弯曲半径不小于 4 倍管径的 90°弯头或 90°变径弯头，故 B 错误。

选项 C，参考《建水标准》4.10.4 条。检查井生活排水管的连接应符合下列规定：1 连接处的水流转角不得小于 90°；当排水管管径小于或等于 300mm 且跌落差大于 0.3m 时，可不受角度的限制，注意是"且"而不是"或"，即"排水管管径小于或等于 300mm"和"跌落差大于 0.3m"两者都要满足才行，故 C 错误。

选项 D，参考《建水标准》4.10.4 条第 3 款。排出管管顶标高不得低于室外接户管管顶标高，故 D 正确。

答案选【D】。

31. 下列关于排水管的实际设计案例中，哪一项不正确？
(A) 一栋 40 层住宅楼，$De110$ 的生活排水立管采用旋流器特殊配件，并设置伸顶通气管，且立管与横支管采用 45°斜三通连接，确定此立管最大排水能力时，按《建筑给水排水设计标准》GB 50015—2019 表 4.5.7 可得为 4.0L/s
(B) 医院单个污水盆的排水管管径为 $DN75$
(C) 单根排水立管的排出管与排水立管管径相同
(D) 单个蹲便器的排水支管管径为 $DN100$

解析：

选项 A，参考《建水规范》4.5.7 条第 2 款条文说明。本款系针对特殊配件单立管如苏维托、旋流器、加强型旋流器等。由于制造商产品品种繁多又无统一产品标准，管道与配件组成系统层出不穷。经初步测试，其通水能力差异很大，为此规定用于工程设计特殊配件单立管产品必须通过测试确定其最大通水能力，从而可得，采用旋流器的排水立管（设伸顶通气管），其立管的排水能力，不能按照《建水标准》表4.5.7中相关参数确定，而要通过实验测试确定其排水能力，故A错误。

选项B，参考《建水标准》4.5.1条。污水盆的排水管管径为50mm；再参考《建水标准》4.5.12条第3款，医疗机构污物洗涤盆（池）和污水盆（池）的排水管管径不得小于75mm，从而可得，医院单个污水盆的排水管管径为DN75，故B正确。

选项C，参考《建水标准》4.5.11条。单根排水立管的排出管宜与排水立管相同管径，故C正确。

选项D，参考《建水标准》4.5.1条。大便器的排水管管径为100mm。再参考《建水标准》4.5.8条，大便器排水管最小管径不得小于100mm，从而可得，单个蹲便器的排水支管管径为DN100，故D正确。

答案选【A】。

32. 关于生活热水设计小时用水量，下列哪项说法是正确的？
(A) 热水供应系统的小时变化系数均大于给水系统的小时变化系数
(B) 计算定时供应热水系统的设计小时耗热量需要得知各类洁具的同时使用百分数
(C) 全日供应热水系统的设计小时耗热量按最高日平均小时耗热量计算
(D) 热水供应系统设计小时耗热量是确定各类加热设备供热量的依据

解析：

选项A，参考《建水标准》表6.4.1注3。设有全日集中热水供应系统的办公楼、公共浴室等表中未列入的其他类建筑的K_h值可按本标准表3.2.2中给水的小时变化系数选值，从而可得，办公楼、公共浴室等的热水系统时变化系数与给水系统时变化系数是相同的，故A错误。

选项B，参考《建水标准》6.4.1条第3款。各类洁具的同时使用百分数b_g，为计算定时制热水系统耗热量的参数之一，故B正确。

选项C，参考《建水标准》6.4.1条第2款。全日制热水系统的设计小时耗热量按最高日最高时耗热量计算，故C错误。

选项D，参考《建水标准》6.4.3条第3款。半即热式、快速式水加热器的设计小时供热量按照系统的秒耗量计算，并不需要把设计小时耗热量作为计算依据，所以该选项中"各类加热设备"的叙述并不正确，故D错误。

答案选【B】。

33. 下列关于热水供水方式的叙述中，哪一项是错误的？
(A) 开式系统的优点是系统的水压取决于高位热水箱的设置高度，可保证系统供水压力稳定
(B) 采取汽水混合设备的加热方式时，宜优先考虑采用开式热水供应系统
(C) 最高日日用热水量大于30m³的闭式热水供应系统应设置压力式膨胀罐
(D) 设有三个卫生间的住宅（其卫生间非竖向同位置布置）采用共用水加热设备的局部热水供应系统时，建议采用专用回水配件自然循环

解析：

选项 A，参考《建水工程 2025》P238。开式系统通常在管网顶部设有高位加（贮）热水箱（开式）……其优点是系统的水压仅取决于高位热水箱的设置高度，可保证系统供水水压稳定，故 A 正确。

选项 B，参考《建水标准》6.3.5 条。采用蒸汽直接通入水中或采取汽水混合设备的加热方式时，宜用于开式热水供应系统，故 B 正确。

选项 C，参考《建水标准》6.5.21 条。在闭式热水供应系统中，应设置压力式膨胀罐、泄压阀，并应符合下列规定：2 最高日日用热水量大于 $30m^3$ 的热水供应系统应设置压力式膨胀罐，故 C 正确。

选项 D，参考《建水标准》6.3.14 条第 5 款条文说明。本款规定设有 3 个或 3 个以上卫生间的住宅、酒店式公寓、别墅因热水管道长，需设循环管道，机械循环或自然循环，也可采取热水供水管设自调控（定时）电伴热措施，其适用范围……②卫生间竖向同位置布置者可采用专用回水配件自然循环，由于这 3 个卫生间并非按竖向同位置布置，从而"采用专用回水配件自然循环"并不适用，故 D 错误。

答案选【D】。

34. 下列关于热水供应系统中的阀门附件的设置要求中，不正确的是哪项？
(A) 有集中供应热水的住宅应装设分户热水水表
(B) 公共卫生间内的分支管上应设置阀门
(C) 热水系统上各类阀门的材质及阀型应符合建筑给水的相应要求
(D) 冷热水混水器的冷、热水供水管应设有止回阀

解析：

选项 A，《建水标准》6.8.11 条。设有集中热水供应系统的住宅应装分户热水水表，故 A 正确。

选项 B，《建水标准》6.8.7 条。热水管网应在下列管段上装设阀门：4 室内热水管道向住户、公用卫生间等接出的配水管的起端，分支管在配水管的下游，并没有装设阀门的要求，故 B 错误。

选项 C，《建水标准》6.8.6 条。热水系统上各类阀门的材质及阀型应符合本标准第 3.5.3 条~第 3.5.5 条和第 3.5.7 条的规定，故 C 正确。

选项 D，《建水标准》6.8.8 条。热水管网应在下列管段上设置止回阀：3 冷热水混水器、恒温混合阀等的冷、热水供水管，故 D 正确。

答案选【B】。

35. 下列关于消火栓设置场所的叙述中，哪项不正确？
(A) 某城市经济开发区应沿可通行消防车的街道设置市政消火栓系统
(B) 建筑高度为 21m 的住宅建筑可不设置室内消火栓系统
(C) 国家级文物保护单位的重点砖木或木结构古建筑，可以根据具体情况尽量考虑设置室内消火栓系统
(D) 耐火等级为一、二级的Ⅳ类修车库，应设置消防给水系统

解析：

选项 A，参考《建规》8.1.2 条。城镇（包括居住区、商业区、开发区、工业区等）应沿可通行消防车的街道设置市政消火栓系统（强条），故 A 正确。

选项 B，参考《建规》8.2.1 条。下列建筑或场所应设置室内消火栓系统（强条）：2. 高层公共建筑和建筑高度大于21m的住宅建筑，故 B 正确。

选项 C，参考《建规》8.2.3 条条文说明。国家级文物保护单位的重点砖木或木结构古建筑，可以根据具体情况尽量考虑设置室内消火栓系统，故 C 正确。

选项 D，参考《汽车库防火规范》7.1.2 条。符合下列条件之一的汽车库、修车库、停车场，可不设置消防给水系统：2. 耐火等级为一、二级的Ⅳ类修车库；并参考其条文说明，设置灭火器即可，故 D 错误。

答案选【D】。

36. 下列关于自动喷水灭火系统报警装置的叙述中，哪项不正确？
(A) 保护室内钢屋架等建筑构件的闭式系统，应设独立的报警阀组
(B) 限制同一报警阀组供水的高、低位置喷头之间的位差，是均衡流量的措施
(C) 报警阀组宜设在安全及易于操作的地点，报警阀距地面的高度宜为 1.5m
(D) 连接报警阀进出口的控制阀应采用信号阀

解析：

选项 A，参考《喷规》6.2.1 条。保护室内钢屋架等建筑构件的闭式系统，应设独立的报警阀组，故 A 正确。

选项 B，参考《喷规》6.2.1 条条文说明。限制同一报警阀组供水的高、低位置喷头之间的位差，是均衡流量的措施，故 B 正确。

选项 C，参考《喷规》6.2.6 条。报警阀组宜设在安全及易于操作的地点，报警阀距地面的高度宜为 1.2m，故 C 错误。

选项 D，参考《喷规》6.2.7 条。连接报警阀进出口的控制阀应采用信号阀。当不采用信号阀时，控制阀应设锁定阀位的锁具，故 D 正确。

答案选【C】。

37. 下列关于水喷雾系统喷头与管道布置的叙述中，哪项不正确？
(A) 水雾喷头的平面布置方式当按菱形布置时，水雾喷头之间的距离不应大于 1.7 倍水雾喷头的水雾锥底圆半径
(B) 当保护对象为球罐时，水雾喷头的喷口应朝向球心
(C) 当保护对象为油浸式电力变压器时，水雾喷头之间的水平距离与垂直距离应满足水雾锥相交的要求
(D) 当保护对象为输送机皮带时，水雾喷头的布置应使水雾完全包络着火输送机的机头、机尾和上行皮带下表面

解析：

选项 A，参考《水喷雾灭火规范》3.2.4 条。当按菱形布置时，水雾喷头之间的距离不应大于1.7倍水雾喷头的水雾锥底圆半径，故 A 正确。

选项 B，参考《水喷雾灭火规范》3.2.7 条。当保护对象为球罐时，水雾喷头的布置尚应符合下列规定：

3.2.7 条第 1 款水雾喷头的喷口应朝向球心（＝垂直表面），故 B 正确。

选项 C，参考《水喷雾灭火规范》3.2.5 条。当保护对象为油浸式电力变压器时，水雾喷头的布置应符合下列要求：2 水雾喷头之间的水平距离与垂直距离应满足水雾锥相交的要求，故 C 正确。

选项 D，参考《水喷雾灭火规范》3.2.10 条。当保护对象为输送机皮带时，水雾喷头的布置应使水雾完全包络着火输送机的机头、机尾和上行皮带上表面，故 D 错误。

答案选【D】。

38. 某档案库，地上 6 层，地下 1 层，三层的珍藏库采用非密集柜方式存储档案资料，该珍藏库设置的闭式细水雾灭火系统可选择喷头的响应时间指数（RTI）最大为多少？

(A) 50 $(m \cdot s)^{0.5}$ (B) 40 $(m \cdot s)^{0.5}$ (C) 60 $(m \cdot s)^{0.5}$ (D) 70 $(m \cdot s)^{0.5}$

解析：

参考《细水雾灭火规范》3.2.1 条。喷头选择应符合下列规定：3）对于闭式系统，应选择响应时间指数（RTI）不大于 50 $(m \cdot s)^{0.5}$ 的喷头，其公称动作温度宜高于环境最高温度 30℃，且同一防护区内应采用相同热敏性能的喷头。

答案选【A】。

39. 以下关于中水处理叙述有误的是哪项？
（A）中水处理站内自耗用水应优先采用中水
（B）中水处理系统应设置消毒设施
（C）中水处理系统产生的污泥量较小时可排至化粪池处理
（D）中水处理系统应采用机械格栅

解析：

选项 A，参考《中水标准》7.2.13 条。中水处理站内自耗用水应优先采用中水，故 A 正确。

选项 B，参考《建水通用规范》7.2.5 条。建筑中水处理系统应设有消毒设施，故 B 正确。

选项 C，参考《中水标准》6.1.7 条。对于中水处理产生的初沉污泥、活性污泥和化学污泥，当污泥量较小时，可排至化粪池处理，故 C 正确。

选项 D，参考《中水标准》6.2.2 条。中水处理系统应设置格栅，格栅设计应符合下列规定：1 格栅宜采用机械格栅，对于机械格栅的规范叙述是"宜"而不是"应"，故 D 错误。

答案选【D】。

40. 以下关于雨水控制与利用系统中收集系统叙述正确的是？
（A）汇水面低洼处应设置雨水口，其顶面标高应低于地面 1cm

(B) 硬化汇水面积不包括透水铺装地面面积

(C) 当屋面雨水需收集回用时，屋面雨水管可与阳台污水管合并

(D) 雨水收集回用系统及入渗收集系统均应设置弃流设施

解析：

选项 A，参考《雨水利用规范》5.2.2 条。雨水口宜设在汇水面的低洼处，顶面标高宜低于地面 10～20mm，是"宜"而不是"应"，故 A 错误。

选项 B，参考《雨水利用规范》3.1.6 条。硬化汇水面面积应按硬化地面、非绿化屋面、水面的面积之和计算，并应扣减透水铺装地面面积，故 B 正确。

选项 C，参考《建水通用规范》4.5.3 条。屋面雨水收集或排水系统应独立设置，严禁与建筑生活污水、废水排水连接，故 C 错误。

选项 D，参考《雨水利用规范》5.1.8 条。雨水收集回用系统均应设置弃流设施，雨水入渗收集系统宜设弃流设施，对于雨水入渗收集系统，是"宜"而不是"均应"，故 D 错误。

答案选【B】。

二、多选题（共 **30** 题，每题 **2** 分。每题的备选项中，有 **2** 个或 **2** 个以上符合题意。错选、少选、多选，均不得分）

41. 下列关于给水系统组成的提法中，哪几项是不正确的？

(A) 当地下水的原水浊度满足要求时，只作消毒处理

(B) 当在管网中增设调节容积为 V 的调节构筑物时，水厂清水池调节容积一定可减少 V

(C) 清水池的个数或分格数量在任何情况下均不得少于两个

(D) 城镇生活给水系统必须设置取水构筑物

解析：

选项 A，《饮用水标准》中有很多指标要求，即使浊度满足要求，但其他指标不一定满足要求，如微生物、一般化学指标等，故 A 错误。

选项 B，清水池的调节容积和管网内调节构筑物的调节容积并不一定等量增减，只有在满足一定的条件下才等量增减，故 B 错误。

选项 C，参考《给水工程 2025》P21，如有特殊措施能保证供水要求时，清水池也可以只修建 1 个，故 C 错误。

选项 D，取水构筑物是给水系统能取到源水的物质基础，必须设置，故 D 正确。

答案选【ABC】。

42. 下列有关清水输水管流量的叙述中，不正确的是哪几项？

(A) 设网前水塔时，清水输水管设计流量 = 管网的最高日最大时供水量

(B) 设网中水塔时，清水输水管设计流量 = 水泵最大一级供水量

(C) 设网后水塔时，清水输水管在最大转输工况时通过的流量理论上可能大于其设计流量

(D) 不设水塔时，清水输水管设计流量 = 管网的最高日最大时供水量

解析：

设有水塔（网前、网中、网后）时，清水输水管的设计流量为"管网最高日最高时流量减去此时水塔为管网补给的流量"，而二级泵站的设计流量取其最大出流量（最大出流量可能发生在最高日最高时工况时，也可能发生在最大转输工况时），故 A、B 错误，故 C 正确。

不设水塔时，二级泵站和清水输水管的设计流量均取管网最高日最高时流量，故 D 正确。

答案选【AB】。

43. 在多水源管网平差时，可以采用建立"虚环"然后按照环状网计算方法来平差，以下说法正确的是？

(A) 虚节点与水厂节点之间的虚管段，其流向必定为虚节点至水厂节点

(B) 有多少个水源，就需建立出多少个虚环

(C) 在计算虚环闭合差的代数式中，各管段的水头损失在其计算值的基础上按其顺/逆时针方向再分别加上正/负号

(D) 在计算虚环校正流量的代数式中，虚管段的 $Sq^{0.852}$ 项计为 0

解析：

参考《给水工程 2025》P47～P48 关于虚环求解的叙述：

选项 A，由水厂节点的流量平衡可知，故 A 正确。

选项 B，虚环个数等于水源数减一，故 B 错误。

选项 C，显然正确。

选项 D，参考《给水工程 2025》P49 表 2-12 中计算过程，故 D 正确。

答案选【ACD】。

44. 下列关于地表取水构筑物的描述，正确的是？

(A) 湖泊取水时为了取得比较干净的水，常设在支流汇入处，避免设在渔业区和夏季主风向的向风面的凹岸处

(B) 低坝式取水构筑物可用于推移质不多且取水量占河流枯水量比重大的山区浅水河流

(C) 缆车式取水构筑物是一种适用于水位变化幅度在 10～35m，河水涨落速度小于 2m/h 情况的临时性取水构筑物

(D) 浮船式取水构筑物具有投资少、建设快、易于施工等优点，但管理麻烦

解析：

选项 A，参考《给水工程 2025》P110，湖泊取水口应远离支流的汇入口，故 A 错误。

选项 B，参考《给水工程 2025》P111，低坝式取水构筑物一般适用于推移质不多的山区浅水河流，取水量占河流枯水量的百分比较大，故 B 正确。

选项 C，参考《给水工程 2025》P109，缆车式取水构筑物是永久性取水构筑物，故 C 错误。

选项 D，参考《给水工程 2025》P103，浮船式取水构筑物具有投资少、建设快……操

作管理麻烦，故 D 正确。

答案选【BD】。

45. 以下关于河床演变说法正确的是哪几项？

（A）河床演变是水流与河床相互作用的结果

（B）水流输沙的不平衡是河床演变的根本原因

（C）横向输沙不平衡是由河流比降、河谷宽度的沿线变化等所造成

（D）河床纵向变形和横向变形两种变化是交织在一起的

解析：

参考《给水工程 2025》P88～P89，故 A、B、D 正确。

选项 C，横向输沙不平衡主要是由环流造成的，故 C 错误。

答案选【ABD】。

46. 根据异向絮凝速度公式，可知布朗运动引起胶粒碰撞聚结成大颗粒的速度受何种影响？

（A）数值上与水温呈正相关关系 （B）数值上与颗粒数量浓度的平方呈正比

（C）与颗粒尺寸无关 （D）数值上与碰撞速率成正比

解析：

选项 A、B，参考《给水工程 2025》P166 式可知，故 A、B 正确。

选项 C，异向絮凝在当颗粒粒径大于 $1\mu m$ 时自然停止，因此异向絮凝是和颗粒粒径有关系的，故 C 错误。

选项 D，参考《给水工程 2025》P167 式可知，[絮凝速率] 等于 [碰撞速率] 的 1/2，显然成正比，故 D 正确。

答案选【ABD】。

47. 以下关于各类澄清池的叙述中，哪些叙述是正确的？

（A）脉冲澄清池的清水区高度一般采用 1.5m

（B）为满足标准推荐范围，机械搅拌澄清池的液面负荷设计为 $3L/(m^2 \cdot s)$

（C）高速澄清池的分离区设有取样管

（D）澄清池应采用机械化排泥装置

解析：

选项 A，由《给水标准》9.4.31 条，脉冲澄清池的悬浮层高度和清水区高度，可分别采用 1.5m 和 2.0m，故 A 错误。

选项 B，由《给水标准》9.4.25 条，液面负荷可采用 $2.9\sim3.6m^3/(m^2 \cdot h)$，而选项中 $3L/(m^2 \cdot s)$ 即为 $10.8m^3/(m^2 \cdot h)$，显然不在标准所述范围内，故 B 错误。

选项 C，由《给水标准》9.4.24 条第 4 款，故 C 正确。

选项 D，由《给水标准》9.4.5 条，故 D 正确。

答案选【CD】。

48. 采用气水反冲洗和表面扫洗的 V 型滤池，下列哪些说法正确？

(A) 滤料气水反冲洗后不发生水力分选，滤料不会上细下粗

(B) 气水同时冲洗，增大滤层摩擦和水力，使污泥脱落

(C) 一格反冲洗时，该格水量全部分配到其余各格，使其余各格滤料滤速变化较大

(D) 因气水通过速度较大，故各滤头处压力相差较大，气水分布均匀

解析：

选项 A、B，参考《给水工程 2025》P237～P238，V 型滤池的工艺特点共四条，故 A、B 正确。

选项 C，一格反冲洗时，进入该池的待滤水大部分从 V 型槽下扫洗孔流出进行表面扫洗，不至于使其他未冲洗的几格滤池增加过多水量或增大滤速，也就不会产生冲击作用，故 C 错误。

选项 D，气水通过时，速度较小，各点压力相差很小，气水分布均匀，故 D 错误。

答案选【AB】。

49. 下列对循环冷却水水质特点描述正确的是哪项？

(A) 循环冷却水在升温过程中，CO_2 逸出，产生结垢倾向

(B) 循环冷却水在升温过程中，CO_2 溶解，产生腐蚀倾向

(C) 循环冷却水在冷却塔内喷洒时，相当于曝气过程，可散除部分溶解氧，减轻腐蚀倾向

(D) 循环冷却水发生蒸发后，会产生浓缩作用

解析：

选项 A、B，参考《给水工程 2025》P377，升温过程，水中的 CO_2 逸出，产生结垢倾向，故 A 正确，故 B 错误。

选项 C，参考《给水工程 2025》P377，循环冷却水在冷却塔内喷洒时，相当于曝气过程，可散除水中的 CO_2 又能溶解部分氧气，碱度升高，$CaCO_3$ 沉淀，溶解在水中的氧在与金属管道接触中发生电化学腐蚀，故 C 错误。

选项 D，参考《给水工程 2025》P377，循环冷却水在循环过程中……发生了浓缩作用，故 D 正确。

答案选【AD】。

50. 某大型工业企业内设独立的生活污水处理系统，出水排入《地表水环境质量标准》GB 3838—2002 中规定的地表水Ⅲ类功能水域，下列要求正确的是哪几项？

(A) 水污染物排放应执行《城镇污水处理厂污染物排放标准》GB 18918—2002

(B) 水污染物排放基本控制项目包括总氮、氨氮、阴离子表面活性剂等

(C) 在排放口应设污水水量自动计量装置，pH、水温、化学需氧量等主要水质指标应安装在线监测装置

(D) 排放口取样频率为每 2h 一次，取 12h 混合样

解析：

选项 A，参考《污水厂排放标准》使用范围，故 A 正确。

选项 B，参考《污水厂排放标准》4.1.1 条，基本控制项目 19 项，故 B 正确。

选项 C，参考《污水厂排放标准》4.1.4 条第 1 款，故 C 正确。

选项 D，参考《污水厂排放标准》4.1.4 条第 2 款，取样频率为至少每 2h 一次，取 24h 混合样，以日均值计，故 D 错误。

答案选【ABC】。

51. 雨水管道设计时，为了提高管道排水安全性，可采取以下哪些措施？
(A) 选取较小的地面集流时间　　　　(B) 适当提高重现期
(C) 减小管道内水的流速　　　　　　(D) 增设调蓄设施

解析：

提高管道排水安全性即需要减少排水不畅，能够及时有效地排除雨水。常见的是提高管道的重现期，即提高管道的设计流量，另外在养护方面也可加强管道检修、清淤等措施。

选项 A，缩短地面集流时间会导致降雨历时变小，从而暴雨强度也变大，设计标准提高，故 A 正确。

选项 B，雨水管道重现期越大，暴雨强度也越大，设计标准越高，越安全，故 B 正确。

选项 C，若减小管道内水流流速，不能以最短的时间排除雨水，也会导致排水不畅，另外减小管道内水的流速会导致管道流行时间增加，暴雨强度变小，设计标准降低，故 C 错误。

选项 D，应采取雨水渗透、调蓄等措施，从源头降低雨水径流产生量，延缓出流时间，故 D 正确。

答案选【ABD】。

52. 在排水泵站电源设计中，下列做法哪几项正确？
(A) 为了节省投资，只设一回路供电电源
(B) 为安全可靠，设二回路供电电源
(C) 对小型负荷排水泵站，设一回路专线供电
(D) 特别重要地区的泵站，按一级负荷设计

解析：

参考《排水标准》6.1.12 条。排水泵站供电应按二级负荷设计。特别重要地区的泵站应按一级负荷设计。

并参考其条文说明。若突然中断供电，会造成较大经济损失，给城镇生活带来较大影响者应采用二级负荷设计。若突然中断供电，会造成重大经济损失，给城镇生活带来重大影响者应采用一级负荷设计。二级负荷宜由两回路供电，两路互为备用或一路常用一路备用。根据现行国家标准《供配电系统设计规范》GB 50052—2009 的有关规定，二级负荷的供电系统，对小型负荷或供电确有困难地区，也允许一回路专线供电，但应从严掌握。一级负荷应采用两个电源供电，当一个电源发生故障时，另一个电源不应同时受到损坏。

答案选【BCD】。

53. 对城市污水 AB 处理工艺，下面哪种论述是错误的？

（A）应设置沉砂池和初次沉淀池

（B）A 段对 BOD 去除率大致介于 40%～70%，污水生化性将有所改善

（C）A 段曝气池有效容积小于 B 段

（D）B 段污泥负荷为 0.15～0.3kgBOD/(kgMLSS·d)，不适合硝化细菌生存

解析：

参考《排水工程 2025》P255，AB 处理工艺可不设初次沉淀池，A、B 段分别回流，A 阶段主要依靠的是生物的吸附作用为主，B 阶段主要依靠生物降解作用为主，所以 A 段属于高负荷阶段，只有抗冲击能力强的原核生物才能生存，故 A 错误。

选项 B，A 段对 BOD 去除率大致介于 40%～70%，但经 A 段处理后的污水，其可生化性将有所改善，故 B 错误。

选项 C，A 段水力停留时间 30min，B 段水力停留时间 2～3h，故 A 段曝气池有效容积小于 B 段，故 C 正确。

选项 D，B 段的污泥龄较长，氮在 A 段也得到了部分的去除，BOD/N 有所降低，因此，B 段具有产生硝化反应的条件，故 D 错误。

答案选【ABD】。

54. 下列关于移动床生物膜反应器的说法中错误的是哪几项？

（A）移动床生物膜反应器属于浸没式生物膜反应器

（B）当 MBBR 置于硝化反应器之前时，应采用高负荷 MBBR 的设计，以降低后续硝化池中的有机物浓度

（C）MBBR 用于反硝化时，可采用前置、后置和组合反硝化等形式

（D）移动床生物膜反应器池内载体的填充比不应低于反应器体积的 2/3

解析：

选项 B，参考《排水工程 2025》P307，当 MBBR 置于硝化反应器之前时，最经济的设计方案是去除有机物时考虑采用低负荷 MBBR，降低 MBBR 出水有机物浓度，这样其下游的硝化反应器可获得较高的硝化速率，故 B 错误。

选项 D，参考《排水工程 2025》P305，移动床生物膜反应器池内载体填充在反应器的 1/3～2/3 之间，故 D 错误。

答案选【BD】。

55. 下列关于生物除磷工艺的影响因素描述正确的是哪几项？

（A）为了保证厌氧区释磷充分，厌氧接触时间越长越好，以改善系统除磷效果

（B）当进入厌氧区的回流污泥溶解氧浓度较高时，会影响系统除磷效果

（C）延长系统污泥龄，可以改善菌群结构，提高系统除磷效果

（D）用于释放磷的厌氧区也可被认为是生物选择器，能改善污泥的沉降性能

解析：

选项 A，厌氧接触时间不是越长越好，《排水标准》7.6.18 条要求 1～2h，故 A 错误。

选项 C、D，延长系统污泥龄，可以改善菌群结构，但是会降低系统除磷效果，除磷需要通过排泥来实现，需要增大排泥量，缩短污泥龄，故 C 错误，D 正确。

答案选【BD】。

56. 下列关于污泥机械脱水的说法中正确的是哪几项？
(A) 带式压滤脱水机应配置空气压缩机，并至少应有 1 台备用
(B) 带式压滤脱水机网带张力宜为 0.5MPa
(C) 当污泥比阻为 5×10^{12} m/kg 时，可以不经过预先调理而直接采用板框压滤机进行过滤
(D) 板框压滤机采用有机高分子调理后过滤，泥饼含固率可达到 70%

解析：

选项 A，据《排水工程 2025》P428，应按带式压滤机的要求配置空气压缩机，并至少应有 1 台备用，故 A 正确。

选项 B，据《排水工程 2025》P429，带式压滤脱水机网带张力应控制在 $0.3\sim0.7$MPa，宜为 0.5MPa，故 B 正确。

选项 C，据《排水工程 2025》P430，当污泥比阻为 $5\times10^{11}\sim8\times10^{12}$ m/kg 时，可以不经过预先调理而直接进行过滤，故 C 正确。

选项 D，据《排水工程 2025》P431 表格，板框压滤机采用有机高分子调理后过滤，泥饼含固率可达到 $25\%\sim35\%$，故 D 错误。

答案选【ABC】。

57. 关于污泥好氧发酵处理系统的说法中错误的是哪几项？
(A) 污泥好氧发酵系统应采用二次发酵系统
(B) 一次发酵宜采用强制通风联合翻堆的供氧，二次发酵可采用翻堆供氧或自然通风
(C) 一次发酵阶段堆体氧气浓度不应低于 5%，温度达到 $55\sim65$℃持续时间不应小于 7d
(D) 二次发酵阶段堆体氧气浓度不宜低于 3%，堆体温度不宜高于 45℃

解析：

选项 A，污泥好氧发酵系统采用一次还是二次发酵系统，根据产品的稳定程度要求而定，可以采用一次发酵或二次发酵，故 A 错误。

选项 B，《排水标准》8.4.17 条条文说明可知，故 B 正确。

选项 C，《排水标准》8.4.12 条，一次发酵阶段堆体氧气浓度不应低于 5%（按体积计），温度达到 55℃～65℃持续时间应大于 3d，总发酵时间不应小于 7d，故 C 错误。

选项 D，《排水标准》8.4.14 条，二次发酵阶段堆体氧气浓度不宜低于 3%，堆体温度不宜高于 45℃，发酵时间宜为 $30\sim50$d，故 D 正确。

答案选【AC】。

58. 关于污泥厌氧消化处理系统的说法中错误的是哪几项？

(A) 污泥有机物含量低或污泥厌氧消化系统未满负荷运行时可采用生物质协同厌氧消化

(B) 污泥气贮罐的容积可按 6~10h 的最大时产气量设计

(C) 厌氧消化池内的 VFA/ALK 应小于 0.3

(D) 厌氧消化系统的电气集中控制室宜建在防爆区内

解析：

选项 A，参考《排水工程 2025》P412，污泥有机物含量低或污泥厌氧消化系统未满负荷运行时可采用生物质协同厌氧消化，故 A 正确。

选项 B，参考《排水标准》8.3.19 条，污泥气贮罐的容积宜根据产气量和用气量计算确定。缺乏相关资料时，可按 6~10h 的平均产气量设计，故 B 错误。

选项 C，参考《排水工程 2025》P417，挥发性脂肪酸与总碱度的比值 VFA/ALK 应小于 0.3，故 C 正确。

选项 D，参考《排水工程 2025》P328，用于污泥投配、循环、加热、切换控制的设备和阀门设施宜集中布置，室内应设置通风设施。厌氧消化系统的电气集中控制室不应与可能存在污泥气泄漏的设施合建，场地条件许可时，宜建在防爆区外，故 D 错误。

答案选【BD】。

59. 在计算建筑给水管道设计秒流量时，以下哪些叙述是错误的？

(A) 计算旅馆卫生间给水管道时，可采用《建筑给水排水设计标准》GB 50015—2019 3.2.12 条的表格，延时自闭式冲洗阀的当量应以 6 计入公式中

(B) 职工食堂的洗碗台用水应与食堂的厨房用水叠加计算

(C) 剧院的卫生间、普通理化实验室等建筑均应视为用水集中型建筑

(D) 某住宅有三个单元，各单元卫生间的卫生器具配置不同，则该住宅室外给水干管的平均出流概率应按当量加权平均计算

解析：

选项 A，参考《建水标准》3.7.7 条第 3 款。有大便器延时自闭冲洗阀的给水管段，大便器延时自闭冲洗阀的给水当量均以 0.5 计，故 A 错误。

选项 B，参考《建水标准》表 3.7.8-2 注。职工或学生饭堂的洗碗台水嘴，按 100％ 同时给水，但不与厨房用水叠加，从而可得，设计秒流量取洗碗台与厨房用水中的大者，故 B 错误。

选项 C，参考《建水标准》3.7.8 条。宿舍（设公用盥洗卫生间）、工业企业的生活间、公共浴室、职工（学生）食堂或营业餐馆的厨房、体育场馆、剧院、普通理化实验室等建筑的生活给水管道的设计秒流量，应按下式计算，从而可得，剧院的卫生间、普通理化实验室为用水密集型建筑，故 C 正确。

选项 D，参考《建水标准》3.7.5 条第 4 款。给水干管有两条或两条以上具有不同最大用水时卫生器具给水当量平均出流概率的给水支管时，该管段的最大用水时卫生器具给水当量平均出流概率应按下式计算，从而可得，平均出流概率应按当量加权平均计算，故 D 正确。

答案选【AB】。

60. 下列关于建筑给水系统的描述，正确的是哪些?
（A）由水泵联动提升进水的水箱的调节容积不宜小于最高日用水量的 50%
（B）建筑物内采用高位水箱调节的生活给水系统时，水泵的最大出水量不宜小于最大小时用水量
（C）建筑内直供用户的配水管网，其设计流量为设计秒流量
（D）若不设置局部增压措施，高位水箱的设置高度应满足最高层用户的用水水压要求

解析:

选项 A，参考《建水标准》3.8.4 条第 1 款。由水泵联动提升进水的水箱的生活用水调节容积，不宜小于最大时用水量的 50%，为最高日最高时用水量的 50% 并非最高日用水量的 50%，故 A 错误。

选项 B，参考《建水标准》3.9.2 条。建筑物内采用高位水箱调节的生活给水系统时，水泵的供水能力不应小于最大时用水量，是"应"而不是"宜"，故 B 错误。

选项 C，配水管网是直供用户的，其设计流量为设计秒流量，故 C 正确。

选项 D，参考《建水标准》3.8.4 条第 2 款。水箱的设置高度（以底板面计）应满足最高层用户的用水水压要求，故 D 正确。

答案选 【CD】。

61. 关于小区室外给水管道设计的叙述中，哪些是正确的?
（A）小区室外给水管网直接供给住宅、文体、商铺等的设计流量一定按设计秒流量计算
（B）小区配套的文教、医疗保健等设施的用水应以平均日平均时流量进行计算
（C）不属于小区配套的公共建筑，其节点流量应另计
（D）当小区室外给水管道成环状，则该环状管道管径应相同

解析:

选项 A，参考《建水标准》3.7.5 条第 3 款。当计算管段的卫生器具给水当量总数超过本标准附录 C 表 C.0.1～表 C.0.3 中的最大值时，其设计流量应取最大时用水量，由于能找到选项 A 的反例，故 A 错误。

选项 B，参考《建水标准》3.13.4 条第 3 款。居住小区内配套的文教、医疗保健、社区管理等设施，以及绿化和景观用水、道路及广场洒水、公共设施用水等，均以平均时用水量计算节点流量，该平均时指最高日平均时流量，故 B 错误。

选项 C，参考《建水标准》3.13.4 条第 4 款。设在居住小区范围内，不属于居住小区配套的公共建筑节点流量应另计，故 C 正确。

选项 D，参考《建水标准》3.13.6 条第 4 款。小区环状管道应管径相同，故 D 正确。

答案选 【CD】。

62. 关于建筑物内采用生活污水与生活废水分流的作用，包括哪些方面?
（A）提高粪便污水处理的效果 　　（B）可保证室外污废分流
（C）便于建筑中水系统回收生活废水 　　（D）减小化粪池容积

解析：

选项 A，参考《建水标准》4.2.2 条条文说明。目的是减小化粪池的容积，有利于厌氧菌腐化发酵分解有机物，提高化粪池的污水处理效果，故 A 正确。

选项 B，参考《建水标准》4.1.5 条。小区生活排水与雨水排水系统应采用分流制，对于小区室外的排水管道，只要求雨污分流，污废依然是合流排出的，故 B 错误。

选项 C，参考《建水标准》4.2.2 条。下列情况宜采用生活污水与生活废水分流的排水系统：2 生活废水需回收利用时，故 C 正确。

选项 D，参考《建水标准》4.2.2 条条文说明。目的是减小化粪池的容积，有利于厌氧菌腐化发酵分解有机物，提高化粪池的污水处理效果，故 D 正确。

答案选【ACD】。

63. 下列关于通气管设计的说法中，哪些是正确的？
(A) 结合通气管与自循环通气立管连接间隔不宜多于 8 层
(B) 环形通气管应在最高层卫生器具上边缘以上大于 0.15m 处按不小于 0.01 的上升坡度与通气立管相连
(C) 结合通气管与排水立管采用斜三通连接
(D) 哈尔滨地区的伸顶通气管管径应在室内平顶或吊顶 0.3m 以下的适当位置将管径放大一级

解析：

选项 A，参考《建水标准》4.7.9 条。自循环通气系统，当采取专用通气立管与排水立管连接时，应符合下列规定：2 通气立管宜隔层按本标准第 4.7.7 条第 4 款、第 5 款的规定与排水立管相连；再参考《建水标准》4.7.10 条。自循环通气系统，当采取环形通气管与排水横支管连接时，应符合下列规定：3 结合通气管的连接间隔不宜多于 8 层。综上所述，当并不采用环形通气管时，结合通气管与自循环通气立管要隔层连接，故 A 错误。

选项 B，参考《建水标准》4.7.7 条第 2 款。器具通气管、环形通气管应在最高层卫生器具上边缘 0.15m 或检查口以上，按不小于 0.01 的上升坡度敷设与通气立管连接，故 B 正确。

选项 C，参考《建水标准》4.7.7 条第 4 款。结合通气管下端宜在排水横支管以下与排水立管以斜三通连接，故 C 正确。

选项 D，参考《建水标准》4.7.17 条。伸顶通气管管径应与排水立管管径相同。最冷月平均气温低于 −13℃ 的地区，应在室内平顶或吊顶以下 0.3m 处将管径放大一级，注意是"以下 0.3m 处将管径放大"，而不是"0.3m 以下的适当位置将管径放大"，故 D 错误。

答案选【BC】。

注：D 选项的做法在实际设计和施工中并没有什么问题，但是考虑到这是考试选项的叙述，所以要按照《建水标准》的字面意思来判断正误。

64. 下列关于全日集中热水供应系统中，加热设备的设计小时供热量的叙述中，错误的是哪些？

（A）导流型容积式水加热器设计小时供热量的大小与设计小时耗热量、贮热量呈正相关

（B）与半容积式贮热容积相当的燃油燃气热水机组，供热量应按设计秒流量所需耗热量计算

（C）当导流型容积式水加热器的设计小时供热量大于平均小时耗热量时，Q_g 应取平均小时耗热量

（D）热水设计秒流量的计算方法同冷水，其相关参数要按《建筑给水排水设计标准》GB 50015—2019 表 3.2.12 括号内数值确定

解析：

选项 A，参考《建水标准》6.4.3 条第 1 款。根据导流型容积式水加热器设计小时供热量计算公式可知，设计小时供热量与设计小时耗热量呈正相关，与贮热量呈负相关，故 A 错误。

选项 B，参考《建水标准》6.4.3 条第 2 款。半容积式水加热器或贮热容积与其相当的水加热器、燃油（气）热水机组的设计小时供热量应按设计小时耗热量计算，并不是"按设计秒流量所需耗热量计算"，故 B 错误。

选项 C，参考《建水标准》6.4.3 条第 1 款。当 Q_g 计算值小于平均小时耗热量时，Q_g 应取平均小时耗热量，是"小于"而不是"大于"，故 C 错误。

选项 D，参考《建水标准》表 3.2.12 注。1 表中括号内的数值系在有热水供应时，单独计算冷水或热水时使用，热水系统的管道冷热已分流，在计算热水设计秒流量时，取《建水标准》3.2.12 括号内的参数，故 D 正确。

答案选【ABC】。

65. 下列关于热水供应系统中管道布置与敷设的叙述中，正确的是哪几项？

（A）塑料热水管必须暗设

（B）热水横干管的敷设坡度不宜小于 0.005

（C）热水管穿越屋面及地下室外墙时应加设金属防水套管

（D）配水干管和立管最高点应设置排气装置

解析：

选项 A，参考《建水标准》6.8.13 条。塑料热水管宜暗设，明设时立管宜布置在不受撞击处。当不能避免时，应在管外采取保护措施，从而可得，塑料热水管并没有必须暗设的要求，故 A 错误。

选项 B，参考《建水标准》6.8.12 条。热水横干管的敷设坡度上行下给式系统不宜小于 0.005，下行上给式系统不宜小于 0.003，故 B 错误。

选项 C，参考《建水标准》6.8.16 条。热水管穿越建筑物墙壁、楼板和基础处应设置金属套管，穿越屋面及地下室外墙时应设置金属防水套管，故 C 正确。

选项 D，参考《建水标准》6.8.4 条。配水干管和立管最高点应设置排气装置，故 D 正确。

答案选【CD】。

66. 以下关于临时高压消防给水系统中高位消防水箱的设置要求的叙述中，哪些不正确？

　(A) 高层民用建筑、总建筑面积大于 10000m² 且层数超过 2 层的公共建筑必须设置屋顶消防水箱

　(B) 设有临时高压消防给水系统的建筑高度为 54m 的住宅，高位消防水箱的有效容积不应小于 18m³

　(C) 高位消防水箱的最高水位应满足水灭火设施最不利点处的静水压力

　(D) 高位消防水箱进水管管径应经计算确定，且不应小于 DN100

解析：

选项 A，参考《消规》6.1.9 条第 1 款。高层民用建筑、总面积大于 10000m² 且层数超过 2 层的公共建筑和其他重要建筑，必须设置高位消防水箱，故 A 正确。

选项 B，参考《消规》5.2.1 条。设有临时高压消防给水系统的建筑高度为 54m 的住宅，高位消防水箱的有效容积不应小于 12m³，故 B 错误。

选项 C，参考《消规》5.2.2 条。高位消防水箱的设置位置应高于其所服务的水灭火设施，且最低有效水位应满足水灭火设施最不利点处的静水压力，故 C 错误。

选项 D，参考《消规》5.2.6 条。5. 进水管的管径应满足消防水箱 8h 充满水的要求，但管径不应小于 DN32，进水管宜设置液位阀或浮球阀，故 D 错误。

答案选【BCD】。

67. 下列选项中，哪些是自动喷水灭火系统中末端试水装置测试的内容？

　(A) 水流指示器、报警阀的动作是否正常

　(B) 压力开关、水力警铃的动作是否正常

　(C) 配水管道是否畅通

　(D) 最不利点处的喷头工作压力

解析：

参考《喷规》6.5.1 条条文说明。末端试水装置测试的内容，包括水流指示器、报警阀、压力开关、水力警铃的动作是否正常，配水管道是否畅通，以及最不利点处的喷头工作压力等，故 A、B、C、D 正确。

答案选【ABCD】。

68. 下列关于喷洒型自动跟踪定位射流灭火系统的设置要求的说法中，错误的是哪几项？

　(A) 适用于轻危险级场所、中危险级场所和丙类库房

　(B) 应用于中危险级 Ⅱ 级场所时，喷水强度不应低于 8L/(min·m²)，作用面积不应低于 160m²

　(C) 应用于中危险级 Ⅱ 级场所时，灭火装置（5L/s）的设计同时开启数量为 $4 \leqslant N \leqslant 6$

　(D) 应用于中危险级 Ⅰ 级场所时，安装高度应为 8~25m

解析：

选项 A，参考《自动跟踪定位灭火标准》3.2.3 条，丙类库房宜选用自动消防炮灭火系统，故 A 错误。

选项 B，参考《自动跟踪定位灭火标准》4.2.4 条，应用于中危险级 Ⅱ 级场所时，喷水强度不应低于 8L/(min·m²)，作用面积不应低于 300m²，故 B 错误。

选项 C，参考《自动跟踪定位灭火标准》4.2.6 条，应用于中危险级 Ⅱ 级场所时，灭火装置（5L/s）的设计同时开启数量为 $8 \leqslant N \leqslant 12$，故 C 错误。

选项 D，参考《自动跟踪定位灭火标准》表 4.3.2-3，安装高度为 $8 \sim 25$m，故 D 正确。

答案选【ABC】。

69. 关于中水系统水量计算叙述正确的是哪几项？
(A) 中水原水水量与中水回用水量相同
(B) 原水调节池调节容积计算与设备运行方式有关
(C) 中水用于多种用途时，水质应按《生活饮用水卫生标准》GB 5749—2022 确定
(D) 中水系统的总调节容积不宜小于中水日处理量的 100%

解析：

选项 A，参考《中水标准》5.3.3 条。n_1——处理设施自耗水系数，一般取值为 $5\% \sim 10\%$，中水处理时有自耗水量，当处于溢流工况时，中水原水水量大于中水回用水量，故 A 错误。

选项 B，参考《中水标准》5.5.8 条第 1 款。原水调节池的调节容积与设备运行方式（连续运行、间断运行）有关，故 B 正确。

选项 C，参考《中水标准》4.2.6 条。中水用于多种用途时，应按不同用途水质标准进行分质处理；当中水同时用于多种用途时，其水质应按最高水质标准确定，从而可得，中水水质并不一定按照《饮用水标准》确定，故 C 错误。

选项 D，参考《中水标准》5.5.8 条第 3 款。中水系统的总调节容积，包括原水调节池（箱）、中水处理工艺构筑物、中水贮存池（箱）及高位水箱等调节容积之和，不宜小于中水日处理量的 100%，故 D 正确。

答案选【BD】。

70. 下列关于泳池规定不同形式给水口水流速度目的，正确的是哪些？
(A) 方便设计人计算每座水池所需要的给水口数
(B) 保持池子水面不出现波浪相对平稳
(C) 保证儿童、老年人及残疾人不受给水口出水水流冲击出现滑倒、摔伤等安全事故
(D) 为了节约用水

解析：

选项 A，参考《游泳池规程》4.9.6 条条文说明。本条规定不同形式给水口的水流速度的目的如下：①方便设计人计算每座水池所需要的给水口数，以保证满足本规程第

4.9.1条的规定，故 A 正确。

选项 B，参考《游泳池规程》4.9.6条条文说明。本条规定不同形式给水口的水流速度的目的如下：②保持池子水面不出现波浪相对平稳，为提高游泳速度创造条件，故 B 正确。

选项 C，参考《游泳池规程》4.9.6条条文说明。本条规定不同形式给水口的水流速度的目的如下：③保证儿童、老年人及残疾人不受给水口出水水流冲击出现滑倒、摔伤、溺水等安全事故，故 C 正确。

选项 D，参考《游泳池规程》4.9.6条条文说明。本条规定不同形式给水口的水流速度的目的如下：①方便设计人计算每座水池所需要的给水口数，以保证满足本规程第4.9.1条的规定；②保持池子水面不出现波浪相对平稳，为提高游泳速度创造条件；③保证儿童、老年人及残疾人不受给水口出水水流冲击出现滑倒、摔伤、溺水等安全事故，从而可得，泳池规定不同形式给水口水流速度目的并不是为了节约用水，故 D 错误。

答案选【ABC】。

冲刺试卷 3 知识下

一、单选题（共 40 题，每题 1 分。每题的备选项中，只有 1 个选项最符合题意）

1. 某城市供水，需供给居民生活及工业生产用水，且生产用水所需水质普遍比生活用水水质更高，则关于该城市给水系统说法正确的是哪项？

(A) 须采用单水源给水系统
(B) 设多个给水系统为宜
(C) 须采用统一给水系统
(D) 须采用多水源给水系统

解析：

由于用户所需水质不一，可设完全相互独立的多个分质给水系统，故 B 正确。

答案选【B】。

2. 以湖泊为水源的城镇给水系统的流程为：原水→水厂（24h 运行）→清水输水管→管网（设有网前水塔），若已知二级泵站最大出流量发生在管网用水最大时，则下述系统内各环节设计流量最大的是哪项？（原水漏损率 β 按 8% 计）

(A) 原水输水管 (B) 水厂二级泵房 (C) 清水输水管 (D) 管网

解析：

由题意，本题的二级泵房、清水输水管的设计流量均为"Q_h 减去水塔在管网用水最大时可供给管网的流量"，而管网的设计流量为 $Q_h = K_h \cdot (Q_d/24)$，因此 B、C 选项均比 D 小；而原水输水管的设计流量为 $(1 + 8\% + \alpha) \cdot (Q_d/24)$，显然是小于 Q_h 的。

答案选【D】。

3. 管网计算步骤正确的是哪项？
① 求管段计算流量。
② 确定各管段管径和水头损失。
③ 求沿线流量和节点流量。
④ 进行管网水力计算或技术经济计算。
⑤ 确定水塔高度和水泵扬程。
⑥ 求比流量。

(A) ⑥①②③④⑤
(B) ⑥③①②④⑤
(C) ⑥②①③④⑤
(D) ③⑥①②⑤④

解析：

参考《给水工程 2025》P30，故 B 正确。

答案选【B】。

4. 配水管网由串联分区给水系统改为不分区，则下列哪项分析正确？
(A) 降低了控制点服务水头
(B) 减少了输水管的长度
(C) 增加了各节点服务水头的平均值
(D) 减少了管网水头损失

解析：
改为不分区后，管网前端部分节点的过剩水压增大，则部分节点的服务水头增大，因此服务水头的平均值也增大。

答案选【C】。

5. 关于江河活动式取水构筑物说法正确的是哪项？
(A) 浮船式取水构筑物适用于不允许断水的永久性取水
(B) 浮船式取水构筑物适用的水位变化幅度为 5～35m
(C) 缆车式取水构筑物位置宜选择有 10°～28°的岸坡
(D) 缆车式取水构筑物宜选用 $Q—H$ 曲线较平缓的水泵

解析：
选项 A，参考《给水工程 2025》P106，浮船式取水构筑物适用于允许断水情况，故 A 错误。

选项 B，参考《给水工程 2025》P106，浮船式取水构筑物适用的水位变化幅度为 10～35m，故 B 错误。

选项 C，参考《给水工程 2025》P107，故 C 正确。

选项 D，参考《给水工程 2025》P107，缆车式取水构筑物宜选用 $Q—H$ 曲线较陡的水泵，故 D 错误。

答案选【C】。

6. 下列哪项不属于混凝的机理？
(A) 网捕
(B) 吸附架桥作用
(C) 吸附—电中和
(D) 离子交换作用

解析：
参考《给水工程 2025》P164，混凝的机理为电性中和、吸附架桥、网捕或卷扫，故 A、B、C 正确，D 错误。

答案选【D】。

7. 某水厂处理水量季节性变化较大，采用下列哪种混合方式为宜？
(A) 简易管道混合
(B) 水力混合池
(C) 管式静态混合器混合
(D) 机械搅拌混合

解析：
参考《给水标准》9.4.10 条条文说明。水力混合的混合效果与水量变化的关系密切，也即若水量变化较大则混合效果受到影响较大，而机械混合则可调整机械的运行参数较好地应对水量变化。选项 A、B、C 均属于水力混合，该水厂不宜采用。

答案选【D】。

8. 下列哪项对实际沉淀池的沉淀造成不利影响?

（A）沉淀池中小漩涡导致的进一步絮凝

（B）池壁摩擦作用

（C）水平流速方向以外的脉动分速导致的进一步絮凝

（D）沿池宽方向上沉淀池中间的水流速度更快

解析:

参考《给水工程 2025》P194，絮凝作用导致沉淀效果更好；池壁处的水流速度较慢也有利于颗粒去除，仅池宽中部的水流过快会导致沉淀效果的不好。

答案选【D】。

9. 对于不同粒径组成的非均匀滤料层，总厚度为 L_0，第 i 层滤料的重量占滤层总重量之比用 p_i 表示。则第 i 层滤料厚 $L_i = p_i \cdot L_0$ 成立的充要条件是?

（A）各层的滤料自身密度相等　　（B）各层的孔隙率相等

（C）各层的堆积密度相等　　（D）各层的厚度相等

解析:

① 因 p_i 表示第 i 层的重量占滤层总重量之比，即 $p_i = (L_i \cdot F \cdot \rho_{i表}) \div (L_0 \cdot F \cdot \rho_{总表})$。

② 若 $p_i = L_i \div L_0$ 成立，则有 $L_i \div L_0 = (L_i \cdot F \cdot \rho_{i表}) \div (L_0 \cdot F \cdot \rho_{总表})$。

③ 化简得，$\rho_{i表} = \rho_{总表}$，也即任意 i 层的表观密度均等于滤层整体的表观密度，故 C 正确。

答案选【C】。

10. 关于常用的消毒方法中，下列说法不正确的是哪项?

（A）二氧化氯和紫外线既能杀灭病原菌也能杀灭隐孢子虫等原生动物

（B）紫外线消毒是以照射能量的大小来控制消毒效果的

（C）在折点加氯法中的加氯量理论计算时，考虑化合余氯为 0

（D）二氧化氯消毒也属于以自由氯形式消毒的一种

解析:

选项 A、B、C，参考《给水工程 2025》P260、P263，A、B 正确。参考［例题 9-2］，在加氯量计算时，考虑将水中的氨全部氧化为氮气（即无化合余氯存在），故 C 正确。

选项 D，自由氯包括"氯气、次氯酸和次氯酸根"，并无二氧化氯，故 D 错误。

答案选【D】。

11. 下列关于地下水的除铁除锰说法不正确的是哪项?

（A）除铁滤池采用锰砂滤料时，锰砂对除铁反应具有催化作用

（B）含有四氧化三锰的锰砂形成活性滤膜的时间较短

（C）每氧化 1mg/L 的 Mn^{2+} 需要 1.92mg/L 的高锰酸钾

（D）生物除铁除锰工艺可以在同一个滤池内完成

解析：

选项 A，对除铁反应起催化作用的是铁质活性滤膜，并非锰砂，故 A 错误。

选项 B、C、D，参考《给水工程 2025》P268~P270，故 B、C、D 正确。

答案选【A】。

12. 关于以下预处理设计方案说法错误的是哪项？
(A) 折点加氯预氧化可能会导致 $CHCl_3$ 超标
(B) 粉末活性炭可用于去除臭味、色度
(C) 生物预氧化前设置化学预氧化时处理效果更好
(D) 微污染水源中的氨氮去除一般考虑生物氧化

解析：

选项 A、B、D，参考《给水工程 2025》P279、P290、P294，故 A、B、D 正确。

选项 C，生物预氧化前若设置化学预氧化，导致有机物被提前去除，不利于微生物代谢；另外，大多数化学氧化剂都对微生物有杀灭作用。因此生物预氧化与化学预氧化无需同时存在。

答案选【C】。

13. 下列关于《城镇污水处理厂污染物排放标准》GB 18918—2002 的叙述中，哪一项错误？
(A) 新建（包括改、扩建）城镇污水处理厂周围应建设绿化带，并设有一定的防护距离
(B) 城镇污水处理厂废气的排放指标主要有氨和硫化氢
(C) 城镇污水处理厂的污泥应进行污泥脱水处理，脱水后污泥含水率应小于 80%
(D) 城镇污水处理厂的污泥消化工艺，有机物降解率应大于 40%

解析：

选项 A，参考《污水厂排放标准》4.2.1 条第 3 款，故 A 正确。

选项 B，参考《污水厂排放标准》4.2.2 条，城镇污水处理厂废气的排放指标主要有氨、硫化氢、甲烷、臭气浓度 4 种，故 B 错误。

选项 C，参考《污水厂排放标准》4.3.2 条，城镇污水处理厂的污泥应进行污泥脱水处理，脱水后污泥含水率应小于 80%，故 C 正确。

选项 D，参考《污水厂排放标准》表 5，厌氧消化和好氧消化对有机物降解率的要求均是大于 40%，故 D 正确。

答案选【B】。

14. 在新修订的《室外排水设计标准》GB 50014—2021 中，交通枢纽的最大允许退水时间应为多少？
(A) 0.5h
(B) 1.0~3.0h
(C) 0.5~2.0h
(D) 1.5~4.0h

解析:

参考《排水标准》4.1.5 条。内涝防治设计重现期下的最大允许退水时间应符合表 4.1.5 的规定。人口密集、内涝易发、特别重要且经济条件较好的城区，最大允许退水时间应采用规定的下限。交通枢纽的最大允许退水时间应为 0.5h 内。

答案选【A】。

15. 下列哪项不属于城镇雨水防涝规划的设计原则?

(A) 统筹兼顾原则
(B) 系统性协调性原则
(C) 先进性原则
(D) 经济合理性原则

解析:

参考《排水工程 2025》P26，内容: ①统筹兼顾原则。保障水安全、保护水环境、恢复水生态、营造水文化，提升城市人居环境;以城市排水防涝为主，兼顾城市初期雨水的面源污染治理。②系统性协调性原则。系统考虑从源头到末端的全过程雨水控制和管理，与道路、绿地、竖向、水系、景观、防洪等相关专项规划充分衔接。城市总体规划修编时，城市排水防涝规划应与其同步调整。③先进性原则，突出理念和技术的先进性，因地制宜，采取蓄、滞、渗、净、用、排结合，实现生态排水，综合排水。

答案选【D】。

16. 黑臭水体是城市河流、湖库污染的表观性和感官性的极端现象之一，即呈现令人不悦的颜色和（或）散发令人不适气味。下列关于城市黑臭水体的说法中错误的是哪项?

(A) 合流制管道雨季溢流、分流制雨水管道初期雨水属于点源污染
(B) 水体黑臭的原因主要是外源污染的进入
(C) 城市黑臭水体分级的评价指标包括透明度、溶解氧（DO）、氧化还原电位（ORP）和氨氮（NH_3-N）四项
(D) 截污纳管是黑臭水体整治最直接有效的工程措施

解析:

选项 A，参考《排水工程 2025》P132，点源污染: 排放口直排污废水、合流制管道雨季溢流、分流制雨水管道初期雨水或旱流水、非常规水源补水等，故 A 正确。

选项 B，参考《排水工程 2025》P133，水体黑臭的原因主要有外源污染的进入、内源污染的释放和环境因素，故 B 错误。

选项 C，参考《排水工程 2025》P133，城市黑臭水体污染程度分级标准表，城市黑臭水体分级的评价指标包括透明度、溶解氧（DO）、氧化还原电位（ORP）和氨氮（NH_3-N），故 C 正确。

选项 D，参考《排水工程 2025》P134，截污纳管是黑臭水体整治最直接有效的工程措施，也是采取其他技术措施的前提，故 D 正确。

答案选【B】。

17. 下列关于格栅设计的做法中合理的是哪一项?

(A) 某格栅采用人工清渣，工作平台高出格栅前最高设计水位 0.3m

(B) 人工格栅工作平台两侧边道宽度采用 0.5m
(C) 超细格栅栅条间隙宽度采用 0.5mm
(D) 粗格栅栅渣采用螺旋输送机输送，输送距离 10m

解析：

选项 A，《排水标准》7.3.5 条，格栅上部必须设置工作平台，其高度应高出格栅前最高设计水位 0.5m，故 A 错误。

选项 B，《排水标准》7.3.6 条，格栅工作平台两侧边道宽度宜采用 0.7~1.0m，故 B 错误。

选项 C，《排水标准》7.3.2 条，超细格栅：不宜大于 1mm，故 C 正确。

选项 D，《排水标准》7.3.7 条，输送距离超过 8m，粗格栅栅渣宜采用带式输送机输送，故 D 错误。

答案选【C】。

18. 下列关于活性污泥反应系统的有关说法错误的是哪一项？
(A) 曝气池采用机械曝气时，叶轮线速度宜为 3.5~5m/s
(B) 鼓风机按最大风量配置工作时，可不设备用机组
(C) 生物反应池的输气干管应采用环状布置
(D) 回流污泥设备台数不应少于 2 台，并应有备用设备

解析：

选项 A，《排水标准》7.9.8 条第 2 款，故 A 正确。

选项 B，《排水标准》7.9.15 条条文说明，工作鼓风机台数，按平均风量配置时，需加设备用鼓风机。根据污水处理厂管理部门的经验。一般认为如按最大风量配置工作鼓风机时，可不设备用机组，故 B 正确。

选项 C，《排水标准》7.9.19 条，生物反应池的输气干管宜采用环状布置，故 C 错误。

选项 D，《排水标准》7.7.2 条，故 D 正确。

答案选【C】。

19. 下列关于生物膜法处理技术描述错误的是哪一项？
(A) 生物膜法与活性污泥法相比不易发生污泥膨胀
(B) 生物膜反应器中可能同时发生好氧、缺氧和厌氧过程
(C) 生物膜的污泥龄较短，难以生长世代时间较长的微生物
(D) 曝气生物滤池、生物转盘、生物流化床都属于典型的生物膜工艺

解析：

参考《排水工程 2025》P280，生物膜中微生物种群丰富，由于微生物附着生长，泥龄长，有利于世代周期长的种群的生长，故 C 错误。

答案选【C】。

20. 采用臭氧对二级处理厂出水进行消毒处理时，改变下列哪项条件会降低臭氧在水

中的消毒效果?

(A) 增加臭氧与出水的接触时间   (B) 降低出水中的 SS 浓度

(C) 升高出水中溶解性有机物浓度   (D) 提高臭氧投加量

解析:

选项 C,臭氧也是强氧化剂,有机物会将原本用于消毒的臭氧消耗掉,故 C 正确。

答案选【C】。

21. 下列关于紫外线消毒描述错误的是哪一项?

(A) 紫外线消毒法与氯系消毒剂相比,无须化学药品,不会产生消毒副产物

(B) 紫外线消毒法的杀菌作用快、无臭味、无噪声

(C) 紫外线法的消毒效果不受水中浊度和悬浮物的影响,且具有较好的持续消毒
作用

(D) 回用水的紫外线消毒的紫外线剂量一般为 $24\sim30mJ/cm^2$

解析:

参考《排水工程 2025》P356~P357,紫外线消毒的影响因素,颗粒粒径的分布、浊度、铁盐等杂质含量均会对紫外消毒效果产生影响,紫外线无持续消毒作用。

答案选【C】。

22. 下列关于污泥处理处置的设计要求中说法错误的是?

(A) 污泥处理工艺应遵循"处置决定处理,处理满足处置"的原则,应选择高效低
碳的污泥处理工艺

(B) 城镇污水处理厂的污泥处理和处置过程中产生的污泥水可以与尾水混合后排放

(C) 污泥气管道和贮气罐必须采取防火防爆措施

(D) 污泥好氧发酵应通过臭气源隔断和供氧量控制等措施对臭气源进行控制

解析:

选项 A,参考《排水项目规范》4.4.3 条。城镇污水处理厂的污泥处理工艺应遵循"处置决定处理,处理满足处置"的原则,综合考虑污泥性质、处置出路、当地经济条件和占地面积等因素确定,应选择高效低碳的污泥处理工艺,故 A 正确。

选项 B,参考《排水项目规范》4.4.8 条。城镇污水处理厂的污泥处理和处置过程中产生的污泥水应进行处理,故 B 错误。

选项 C,参考《排水项目规范》4.4.9 条。在污泥消化池、污泥气管道、贮气罐、污泥气燃烧装置等具有火灾或爆炸风险的场所,必须采取防火防爆措施,故 C 正确。

选项 D,参考《排水项目规范》4.4.13 条。污泥好氧发酵应通过臭气源隔断和供氧量控制等措施对臭气源进行控制,故 D 正确。

答案选【B】。

23. 下列关于污泥农田利用的描述错误的是哪一项?

(A) B 级污泥不能用于种植食用农作物的耕地

(B) 农田年施用污泥量累计不应超过 $7.5t/hm^2$,农田连续施用不应超过 10 年

615

(C) 污泥粒径不应超过 10mm

(D) 有机物含量不应低于 20%

解析：

参考《排水工程 2025》P443 及《农用污泥污染物控制标准》GB 4284—2018：

选项 A，B 级污泥禁止用于种植食用农作物的耕地，故 A 正确。

选项 B，农田年施用污泥量累计不应超过 7.5t/hm²，农田连续施用不应超过 5 年。《农用污泥污染物控制标准》GB 4284—2018 已经将农田连续施用不应超过 10 年修改为 5 年，故 B 错误。

选项 C，污泥粒径不应超过 10mm，故 C 正确。

选项 D，有机物含量不应低于 20%，故 D 正确。

答案选【B】。

24. 在污水处理中，关于活性炭吸附的说法中正确的是哪一项？

(A) 达到吸附平衡后，活性炭就不再吸附吸附质

(B) 活性炭孔隙内部的扩散速度是影响吸附速率的主要因素

(C) 活性炭化学再生法主要有湿式氧化法、臭氧氧化法、电解氧化法和加热再生法

(D) 溶液中的金属离子如汞、铁、铬等可以加速活性炭的吸附速率

解析：

选项 A，参考《排水工程 2025》P508，如果吸附与解吸的速度相等，即单位时间内被吸附的吸附质数量与解吸数量相等时，废水中吸附质的浓度和吸附剂表面上的浓度都不再改变而达到平衡，故 A 错误。

选项 B，参考《排水工程 2025》P540，活性炭孔隙内部的扩散速度是影响吸附速率的主要因素，故 B 正确。

选项 C，参考《排水工程 2025》P541，活性炭化学再生法主要有湿式氧化法、臭氧氧化法、电解氧化法，不包括加热再生法，故 C 错误。

选项 D，参考《排水工程 2025》P544，某些金属离子如汞、铁、铬等在活性炭表面发生氧化还原反应，其生成物沉淀在细孔内，结果会影响有机物向颗粒内的扩散，故 D 错误。

答案选【B】。

25. 下列关于卫生器具额定流量的说法，错误的是哪项？

(A) 附设淋浴器的单阀水嘴浴盆，额定流量为 0.2L/s，最低工作压力为 0.1MPa

(B) 有集中热水供应的混合水嘴洗脸盆，其冷水管道额定流量为 0.1L/s

(C) 有分散热水供应的混合水嘴洗脸盆，其冷水管道额定流量为 0.1L/s

(D) 有集中热水供应的混合阀淋浴器，其冷水管道额定流量为 0.15L/s

解析：

选项 A，《建水标准》表 3.2.12 注. 2 当浴盆上附设淋浴器时，或混合水嘴有淋浴器转换开关时，其额定流量和当量只计水嘴，不计淋浴器，但水压应按淋浴器计，从而可得，单阀水嘴浴盆的额定流量为 0.2L/s，淋浴器的最低工作压力为 0.1MPa，故 A 正确。

第 3 篇　冲刺卷试题和解析

选项 B,《建水标准》表 3.2.12 注。1 表中括号内的数值系在有热水供应时,单独计算冷水或热水时使用,从而可得,有热水供应的洗脸盆,其冷水管道的额定流量取括号内为 0.1L/s,故 B 正确。

选项 C,《建水标准》表 3.2.12 注。1 表中括号内的数值系在有热水供应时,单独计算冷水或热水时使用,从而可得,有热水供应的洗脸盆,其冷水管道的额定流量取括号内为 0.1L/s,故 C 正确。

选项 D,《建水标准》表 3.2.12 注。1 表中括号内的数值系在有热水供应时,单独计算冷水或热水时使用,从而可得,有热水供应的淋浴器,其冷水管道额定流量取括号内为 0.1L/s,故 D 错误。

答案选【D】。

26. 关于小区用水量及设计流量的叙述中,下列哪项是正确的?

(A) 消防用水量一般计入给水设计用水量中

(B) 绿化用水量包含小区周围市政绿化用水量

(C) 小区引入管后的干管设计流量无需考虑未预计用水量及管网漏失水量

(D) 小区游泳池的初次充水时间不宜超过 72h

解析:

选项 A,参考《建水标准》3.7.1 条条文说明。消防用水量仅用于校核管网计算,不计入日常用水量,从而可得,消防用水量不计入小区给水设计用水量中,故 A 错误。

选项 B,题干强调为"小区用水",从而绿化用水量仅含小区内部绿化,市政绿化用水属于市政范畴,不在小区用水量范围之内,故 B 错误。

选项 C,参考《建水标准》3.13.6 条第 1 款。小区给水引入管的设计流量应按本标准第 3.13.4 条、第 3.13.5 条的规定计算,并应考虑未预计水量和管网漏失量,从而可得,小区引入管的设计流量要考虑未预计水量和管网漏失量,而引入管后的干管设计流量不需要考虑,故 C 正确。

选项 D,参考《建水标准》3.10.18 条。游泳池和水上游乐池的初次充水时间,应根据使用性质、城镇给水条件等确定,游泳池不宜超过 48h,水上游乐池不宜超过 72h,从而可得小区游泳池的初次充水时间不宜超过 48h,故 D 错误。

答案选【C】。

27. 下列关于生活饮用水防水质污染的措施中,正确的是哪项?

(A) 生活饮用水水池的贮水 48h 内能得到更新时,可以不设水消毒处理装置

(B) 埋地式生活饮用贮水池周围 10m 以内,不得有污水管和污染物。当达不到此要求时,应采取防污染的措施

(C) 防止回流污染产生的技术措施一般可采用空气隔断、倒流防止器、真空破坏器等措施和装置

(D) 真空破坏器可用于防止背压回流

解析:

选项 A,参考《建水通用规范》3.3.1 条第 5 款。生活饮用水水池(箱)、水塔应设

置消毒设施，故 A 错误。

选项 B，参考《建水通用规范》3.3.1 条第 2 款。埋地式生活饮用水贮水池周围 10m 内，不得有化粪池、污水处理构筑物、渗水井、垃圾堆放点等污染源，选项描述与规范中描述不符，故 B 错误。

选项 C，参考《建水标准》3.3.11 条条文说明。防止回流污染可采取空气间隙、倒流防止器、真空破坏器等措施和装置，故 C 正确。

选项 D，参考《建水标准》附录表 A.0.2 可知，无论是压力式真空破坏器，还是大气型真空破坏器，均没有防止背压回流的能力，故 D 错误。

答案选【C】。

28. 关于建筑生活排水系统组成的叙述中，下列哪项正确？
(A) P 型存水弯是在排水横支管距卫生器具出水口较近竖向连接时适用
(B) 各类建筑均应选用节水型大便器
(C) 存水弯中的水封高度应大于 50mm，用以防止排水管道系统中的有毒有害气体窜入室内
(D) 水封破坏的原因有静态原因和动态原因，其中自虹吸属于静态原因

解析：

选项 A，参考《建水工程 2025》P189。P 型存水弯适用于排水横支管距卫生器具出水口较近横向连接时，为"横向连接"并非"竖向连接"，故 A 错误。

选项 B，参考《建水工程 2025》P188。大便器应根据使用对象、设置场所、建筑标准等因素选用，各类建筑均应选用节水型大便器，故 B 正确。

选项 C，参考《建水工程 2025》P189。存水弯中的水封是由一定高度的水柱所形成，其高度不得小于 50mm，用以防止排水管道系统中的有毒有害气体窜入室内，再参考《通用规范》4.2.2 条。水封装置的水封深度不得小于 50mm，从而可得，水封深度等于 50mm 也满足要求，由于能找到反例，故 C 错误。

选项 D，参考《建水工程 2025》P190。卫生设备在瞬时大量排水的情况下，该存水弯自身会迅速充满而形成虹吸，致使排水结束后存水弯中水量损失，水面下降，根据自虹吸定义可知，其属于动态原因，故 D 错误。

答案选【B】。

29. 以下关于小区排水管的布置和敷设要求中，哪一项是正确的？
(A) 管径为 300mm 的室外排水管，连接处的水流转角可小于 90°
(B) 当采用埋地塑料管道时，排出管的埋设深度可不高于土壤冰冻线以下 0.50m
(C) 小区排水应尽可能自流排出，当不能重力自流排出时，应设置生活排水泵房
(D) 生活污水接户管道埋设深度不得高于土壤冰冻线以下 0.15m，且覆土深度不宜小于 0.30m

解析：

选项 A，参考《建水标准》4.10.4 条。检查井生活排水管的连接应符合下列规定：1 连接处的水流转角不得小于 90°。当排水管管径小于或等于 300mm 且跌落差大于 0.3m

时，可不受角度的限制，从而可得，当管径为 300mm、跌落差不大于 0.3m 时，水流转角依然不得小于 90°，由于能找到反例，故 A 错误。

选项 B，参考《建水标准》4.10.2 条第 2 款。当采用埋地塑料管道时，排出管埋设深度可不高于土壤冰冻线以上 0.50m，注意为"以上"而不是"以下"，故 B 错误。

选项 C，参考《建水标准》4.1.6 条。小区生活排水管的布置应根据小区规划、地形标高、排水流向，按管线短、埋深小、尽可能自流排出的原则确定。当生活排水管道不能以重力自流排入市政排水管道时，应设置生活排水泵站，故 C 正确。

选项 D，参考《建水标准》4.10.2 条第 2 款。生活排水管道埋设深度不得高于土壤冰冻线以上 0.15m，且覆土深度不宜小于 0.30m，注意为"以上"而不是"以下"，故 D 错误。

答案选【C】。

30. 以下关于建筑屋面雨水量的设计中，哪一项是正确的？
(A) 当采用内檐沟集水时，其设计重现期应乘以 1.5
(B) 雨水汇水面积仅按屋面的水平投影面积计算
(C) 在计算西安市机关政府办公楼屋面设计雨水量时，设计重现期宜 $P \geqslant 10$ 年
(D) 屋面雨水排水管道设计降雨历时应按 5～10min 计算

解析：

选项 A，参考《建水标准》5.2.1 条。当坡度大于 2.5% 的斜屋面或采用内檐沟集水时，设计雨水流量应乘以系数 1.5，是设计雨水流量乘以 1.5，而非重现期乘以 1.5，故 A 错误。

选项 B，参考《建水标准》5.2.7 条。屋面的汇水面积应按屋面水平投影面积计算。高出裙房屋面的毗邻侧墙，应附加其最大受雨面正投影的 1/2 计算，从而可得，裙房屋面汇水面积还要考虑侧墙面积的 1/2，故 B 错误。

选项 C，参考《建规》2.1.3 条条文说明。对于重要公共建筑，不同地区的情况不尽相同，难以定量规定。本条根据我国的国情和多年的火灾情况，从发生火灾可能产生的后果和影响作了定性规定。一般包括党政机关办公楼……，再参考《建水标准》表 5.2.4，从而可得，西安市政府机关办公楼属于重要公共建筑，其屋面设计重现期宜大于或等于 10 年，故 C 正确。

选项 D，参考《建水标准》5.2.3 条。屋面雨水排水设计降雨历时应按 5min 计算，故 D 错误。

答案选【C】。

31. 下列关于清扫口和检查口的有关设置要求中，哪一项是正确的？
(A) 在排水立管及横管段上均应装设检查口
(B) 任何情况下，排水横管都不会用到检查口
(C) 室内排水管道不应设检查井以替代清扫口
(D) 在连接 2 个及 2 个以上的卫生器具的铸铁排水横管上，宜设置清扫口

解析：

选项 A，参考《建水标准》2.1.47 条。检查口：带有可开启检查盖的配件，装设在

排水立管上，做检查和清通之用。再参考《建水标准》2.1.46条。清扫口：排水横管上用于清通排水管的配件，从而可得，除了一些特殊情况外，如《建水标准》4.6.4条第6款，检查口装设在排水立管上，清扫口装设在排水横管上，并没有立管及横管段上均应装设检查口的要求，故A错误。

选项B，参考《建水标准》4.6.4条第6款。当排水横管悬吊在转换层或地下室顶板下设置清扫口有困难时，可用检查口替代清扫口，故B错误。

选项C，参考《建水标准》4.6.5条。生活排水管道不应在建筑物内设检查井替代清扫口，故C正确。

选项D，参考《建水标准》4.6.3条第1款。连接2个及2个以上的大便器或3个及3个以上卫生器具的铸铁排水横管上，宜设置清扫口，从而可得，连接2个卫生器具（非大便器）的铸铁排水横管上并没有设置清扫口的要求，故D错误。

答案选【C】。

32. 下列关于定时制集中热水供应系统设计小时耗热量的计算中，正确的是哪项？
(A) 用水定额按照《建筑给水排水设计标准》GB 50015—2019 表 6.2.1-2 选用，热水计算温度均按 60℃ 计
(B) 住宅一户设有多个卫生间，均按一个卫生间计算
(C) 健身房卫生间的混合水嘴洗手盆，其同时使用百分数按 50% 计
(D) 住宅建筑卫生间内的浴盆若均附设淋浴器，则应将浴盆及淋浴器的耗热量进行叠加计算

解析：

选项A，参考《建水标准》6.4.1条第3款。t_{rl}——使用温度（℃），按本标准表 6.2.1-2 "使用水温"取用，题干强调该系统为定时制集中热水供应系统，在计算设计小时耗热量时，热水温度要按《建水标准》表 6.2.1-2 "使用水温"取用，而不是 60℃，故A错误。

选项B，参考《建水标准》6.4.1条第3款。住宅一户设有多个卫生间时，可按一个卫生间计算，注意是"可按"，而不是"必须按"，求最大耗热量时仍应按实际卫生间计算，求最小耗热量的时候才按一个卫生间计算，故B错误。

选项C，参考《建水标准》6.4.1条第3款。工业企业生活间、公共浴室、宿舍（设公用盥洗卫生间）、剧院、体育场（馆）等的浴室内的淋浴器和洗脸盆均按表 3.7.8-1 的上限取值，再参考《建水标准》表 3.7.8-1 注2可得，健身房卫生间的同时给水百分率按照《建水标准》表 3.7.8-1 最后一列括号内的参数选用；综上所述，健身房卫生间的洗手盆，其同时使用百分数按 50%，故C正确。

选项D，参考《建水标准》3.2.12条注。2当浴盆上附设淋浴器时，或混合水嘴有淋浴器转换开关时，其额定流量和当量只计水嘴，不计淋浴器，但水压应按淋浴器计，从而可得，若浴盆附设淋浴器，则仅计算浴盆的耗热量，故D错误。

答案选【C】。

33. 下列有关建筑热水系统的相关的描述中，不正确的是哪项？

(A) 所有水加热器均应装自动温度控制装置

(B) 闭式热水供应系统的各区水加热器、贮水罐的进水均应由同区的给水系统专管供应

(C) 卫生设备设有冷热水混合器时，要做到冷水热水在同一点压力相同是不可能的，只能达到冷热水水压相近

(D) 对使用水温要求不高且不多于 3 个的沐浴用水点，当其热水供水管长度大于 15m 时，可不设热水回水管

解析:

选项 A，参考《建水标准》6.8.9 条条文说明。因此，本条规定凡水加热器均应装自动温度控制装置，故 A 正确。

选项 B，参考《建水标准》6.3.7 条第 1 款。1) 闭式热水供应系统的各区水加热器、贮热水罐的进水均应由同区的给水系统专管供应，故 B 正确。

选项 C，参考《建水标准》6.3.7 条第 4 款。当卫生设备设有冷热水混合器或混合龙头时，冷、热水供应系统在配水点处应有相近的水压；再参考《建水标准》6.3.7 条第 4 款条文说明。要做到冷水热水在同一点压力相同是不可能的，只能达到冷热水水压相近，故 C 正确。

选项 D，参考《建水标准》6.3.10 条第 3 款。对使用水温要求不高且不多于 3 个的非沐浴用水点，当其热水供水管长度大于 15m 时，可不设热水回水管，注意是"非沐浴用水点"而不是"沐浴用水点"，故 D 错误。

答案选【D】。

34. 下列关于热泵热水系统的叙述中，哪项不正确?

(A) 水源热泵是以水或添加防冻剂的水溶液为低温热源的热泵

(B) 空气源热泵是以环境空气为低温热源的热泵

(C) 在夏热冬暖地区，可采用空气源热泵热水供应系统

(D) 在地下水源充沛、水文地质条件适宜，并能保证回灌的地区，应采用地下水源热泵热水供应系统

解析:

选项 A，参考《建水标准》2.1.98 条。水源热泵：以水或添加防冻剂的水溶液为低温热源的热泵，故 A 正确。

选项 B，参考《建水标准》2.1.99 条。空气源热泵：以环境空气为低温热源的热泵，故 B 正确。

选项 C，参考《建水标准》6.3.1 条第 3 款。在夏热冬暖、夏热冬冷地区采用空气源热泵，从而可得在夏热冬暖低区，可以采用空气源热泵，故 C 正确。

选项 D，参考《建水标准》6.3.1 条第 4 款。在地下水源充沛、水文地质条件适宜，并能保证回灌的地区，采用地下水源热泵。再参考《建水标准》6.3.1 条第 5 款。当采用地下水源和地表水源时，应经当地水务、交通航运等部门审批，从而可得，即使符合使用地下水源热泵的客观条件，若当地水务、交通航运等部门审批不通过，依然无法采用地下水源热泵热水供应系统，故 D 错误。

答案选【D】。

35. 下列关于消防水泵的叙述中，哪项不正确？
(A) 消防水泵所配驱动器的功率应满足所选水泵流量扬程性能曲线上任何一点运行所需功率的要求
(B) 零流量时的压力不宜低于设计工作压力的140%
(C) 消防给水同一泵组的消防水泵型号宜一致，且工作泵不宜超过3台
(D) 要求消防水泵流量扬程性能曲线应平缓无驼峰，是为了避免水泵喘振运行
解析：
　　选项A，参考《消规》5.1.6条。2消防水泵所配驱动器的功率应满足所选水泵流量扬程性能曲线上任何一点运行所需功率的要求（强条），故A正确。
　　选项B，参考《消规》5.1.6条。4流量扬程性能曲线应为无驼峰、无拐点的光滑曲线，零流量时的压力不应大于设计工作压力的140%，且宜大于设计工作压力的120%，故B错误。
　　选项C，参考《消规》5.1.6条。7消防给水同一泵组的消防水泵型号宜一致，且工作泵不宜超过3台，故C正确。
　　选项D，参考《消规》5.1.6条条文说明。4消防水泵的运行可能在水泵性能曲线的任何一点，因此要求其流量扬程性能曲线应平缓无驼峰，这样可能避免水泵喘振运行，故D正确。
　　答案选【B】。

36. 下列关于消防给水系统消防水源的叙述中，哪项不符合规范要求？
(A) 消防给水管道内平时所充水的pH应为6.0～9.0
(B) 冬季结冰地区的消防水池应采取保温、采暖或深埋在冰冻线以下等措施
(C) 消防水池的总蓄水有效容积大于1000m³时，应设置能独立使用的两座消防水池
(D) 消防水池应设置取水口，且吸水高度不应大于6.0m
解析：
　　选项A，参考《消规》4.1.4条。消防给水管道内平时所充水的pH应为6.0～9.0，故A正确。
　　选项B，参考《消规》4.1.5条。严寒、寒冷等冬季结冰地区的消防水池、水塔和高位消防水池等应采取防冻措施（强条），故B正确。
　　选项C，参考《消规》4.3.6条。消防水池的总蓄水有效容积大于500m³时，宜设两座能独立使用的消防水池；当大于1000m³时，应设置能独立使用的两座消防水池，故C正确。
　　选项D，参考《消规》4.3.7条。储存室外消防用水的消防水池或供消防车取水的消防水池，应符合下列规定：1消防水池应设置取水口（井），且吸水高度不应大于6.0m，不储存室外消防用水的消防水池或不供消防车取水的消防水池可以不设置取水口，故D错误。
　　答案选【D】。

37. 下列关于自动喷水灭火系统的设计原则中，哪项不正确？
(A) 湿式系统、干式系统应在开放一个洒水喷头后自动启动
(B) 预作用系统应根据其类型由火灾探测器、闭式洒水喷头作为探测元件，报警后自动启动
(C) 闭式洒水喷头或启动系统的火灾探测器，应能有效探测初期火灾
(D) 实际着火面积内开放的洒水喷头，应在规定时间内按设计选定的喷水强度持续喷水

解析：

选项 A，参考《喷规》4.1.4 条。2 湿式系统、干式系统应在开放一个洒水喷头后自动启动，故 A 正确。

选项 B，参考《喷规》4.1.3 条条文说明。预作用系统则应根据其类型由火灾探测器、闭式洒水喷头作为探测元件，报警后自动启动，故 B 正确。

选项 C，参考《喷规》4.1.4 条。1 闭式洒水喷头或启动系统的火灾探测器，应能有效探测初期火灾，故 C 正确。

选项 D，参考《喷规》4.1.4 条第 3 款。作用面积内开放的洒水喷头，应在规定时间内按设计选定的喷水强度持续喷水，故 D 错误。实际着火面积可能大于作用面积，此时就无法保障喷水强度，故 D 错误。

答案选【D】。

38. 某音乐厅当采用自动消防炮灭火系统保护时，该系统的设计流量不应小于多少？
(A) 20L/s   (B) 30L/s   (C) 40L/s   (D) 60L/s

解析：

参考《自动跟踪定位灭火标准》4.2.2 条。自动消防炮灭火系统用于扑救民用建筑内火灾时，单台炮的流量不应小于 20L/s；用于扑救工业建筑内火灾时，单台炮的流量不应小于 30L/s。参考 4.2.5 条，自动消防炮灭火系统和喷射型自动射流灭火系统灭火装置的设计同时开启数量应按 2 台确定。故设计流量不应小于 40L/s，故 C 正确。

答案选【C】。

39. 下列关于七氟丙烷灭火系统说法，错误的是哪项？
(A) 七氟丙烷灭火系统设计喷放时间不应大于 10s
(B) 文物资料库灭火设计浓度宜采用 10%
(C) 防护区实际应用的浓度不应大于灭火设计浓度的 1.1 倍
(D) 电子计算机房内的电气设备火灾，灭火浸渍时间应采用 5min

解析：

选项 A，参考《气体灭火规范》3.3.7 条，在通信机房和电子计算机房等防护区，设计喷放时间不应大于 8s；在其他防护区，设计喷放时间不应大于 10s，故 A 错误。

选项 B，参考《气体灭火规范》3.3.3 条，图书、档案、票据和文物资料库等防护区，灭火设计浓度宜采用 10%，故 B 正确。

选项 C，参考《气体灭火规范》3.3.6 条，防护区实际应用的浓度不应大于灭火设计

浓度的 1.1 倍，故 C 正确。

选项 D，参考《气体灭火规范》3.3.8 条，灭火浸渍时间应符合下列规定：2 通信机房、电子计算机房内的电气设备火灾，应采用 5min，故 D 正确。

答案选【A】。

40. 下列关于泳池水循环方式的叙述中，哪项是不正确的？
(A) 池水循环方式分为顺流式、逆流式和混合流式
(B) 顺流式池水循环方式的游泳池全部循环水水量是经设在池子端壁或侧壁水面以下的给水口送入池内
(C) 逆流式池水循环方式的游泳池全部循环水水量是经设在池底的给水口或给水槽送入池内
(D) 混合流式池水循环方式的游泳池全部循环水水量是由设在池子端壁给水口送入池内

解析：

选项 A，参考《游泳池规程》2.1.29 条、2.1.30 条、2.1.31 条，故 A 正确。

选项 B，参考《游泳池规程》2.1.29 条，顺流式池水循环方式：游泳池的全部循环水量，经设在池子端壁或侧壁水面以下的给水口送入池内……，故 B 正确。

选项 C，参考《游泳池规程》2.1.30 条，逆流式池水循环方式：游泳池的全部循环水量，经设在池底的给水口或给水槽送入池内……，故 C 正确。

选项 D，参考《游泳池规程》2.1.31 条，混合流式池水循环方式：游泳池全部循环水水量由池底给水口送入池内……，是"池底给水口"并不是"端壁给水口"，故 D 错误。

答案选【D】。

二、多选题（共 30 题，每题 2 分。每题的备选项中，有 2 个或 2 个以上符合题意。错选、少选、多选，均不得分）

41. 下列有关给水系统设计供水量、用水量的说法中，哪几项不正确？
(A) 一般而言，城市给水系统仅能供给城市用水量的一部分
(B) 城市给水系统的设计供水量计算时不包含消防用水量，但这并不妨碍此计算值能满足城市消防用水的要求
(C) 所谓城市单位人口综合用水量指标，即等于城市居民日常生活用水和公共建筑及设施用水两类单位指标的总和
(D) 浇洒道路和绿地用水量，应包含工业企业内部的浇洒及绿化

解析：

选项 A，参考《给水工程 2025》P12，故 A 正确。

选项 B，城市市政消防的水量平时都存在清水池中（其中的消防容积部分），且当池中此部分水用掉之后可被及时补充（因水厂的设计供水规模为最高日，而管网的日用水量经常不为最高日），故 B 正确。

选项 C，参考《给水工程 2025》P16，综合用水量指标是区别于综合生活用水量指标

的（综合生活用水定额），故 C 错误。

选项 D，设计供水量中的浇洒和绿化用水，是指市政浇洒道路及绿化，而工业企业内部的浇洒和绿化，应计入工业企业用水量中，故 D 错误。

答案选【CD】。

42. 下列关于远距离重力输水管分区的说法，正确的有哪几项？
(A) 所谓重力输水管分区，就是将输水管适当分段，在分段处建造水池，以保证管道内不会超压或者负压
(B) 若输水管某一点的水压标高数值小于该点的管道位置标高，则该点管内为负压
(C) 考虑重力输水管起端、终端均为敞开式水池，若某点管内为负压，则表明起端水池水面标高至该点管道标高的高差小于此段的水头损失
(D) 由于水流从输水管起端流向末端，故越靠近上游处管道内水压越大
解析：
选项 A，参考《给水工程 2025》P53，故 A 正确。

选项 B，当"水压标高（$Z+H$）＜位置标高（Z）"时，化简即得 $H<0$，也即负压，故 B 正确。

选项 C，设起端水面标高为 Z_1，水面压力为 0，负压点管道的标高为 Z_2，管内压力为 H_2；由水头损失关系式（Z_1+0）－（Z_2+H_2）$=h$，变形后有（Z_1-Z_2）$-h=H_2$。管内为负压即 $H_2<0$，也即（Z_1-Z_2）$-h<0$，故 C 正确。

选项 D，只能说越靠近水流上游的点其水压标高越大，不能表明其管道内水压越大（因管内水压＝该点的水压标高－该点的管道标高），故 D 错误。

答案选【ABC】。

43. 在选择管道经济管径时，以下说法哪些是错误的？
(A) 电价越高，经济管径越小　　　(B) 管道价格越高，经济管径越小
(C) 投资偿还期越长，经济管径越小　(D) 管道大修费率越高，经济管径越小
解析：
选项 A，电价越高，我们就避免用更多的电，因此要选较大的管径（经济管径相对较大）使得水头损失更小进而耗电能更少，故 A 错误。

选项 B，管道价格越高，我们就避免买（重量）更多的管材，因此要选较小的管径（经济管径相对较小），故 B 正确。

选项 C，投资偿还期越长，可联想记忆成借来的资金可以很晚才还清，那么买管道时就买（重量）更多的管材，即经济管径越大，故 C 错误。

选项 D，管道大维修率越高，而显然大管道的修理费更高，因此在高维修率的前提下应避免用更大的管道来造成高额维修费，因此经济管径越小，故 D 正确。

答案选【AC】。

44. 下列关于地表水取水构筑物说法正确的是哪项？
(A) 用自流管取河水时，为避免管内颗粒沉积，管内设计流速应不低于河中推移质

的止动流速

(B) 湖泊与水库同河流一样，均是其凹岸被冲刷而其凸岸处淤积

(C) 某取水构筑物设有取水头部，则其必不是岸边式取水构筑物

(D) 河床式取水构筑物的进水管管径，应以正常供水时的设计流量和流速确定

解析：

选项 A，取水时一般不考虑会取得河中的底沙（也即推移质），而应考虑会取得河中的悬沙（也即悬移质），因此管内设计流速应不低于河中悬移质的止动流速，故 A 错误。

选项 B，参考《给水工程 2025》P109，在风浪的作用下，湖的凸岸被冲刷，凹岸（湖湾）产生淤积，故 B 错误。

选项 C，岸边式取水构筑物无取水头部，故 C 正确。

选项 D，参考《给水工程 2025》P102，故 D 正确。

答案选【CD】。

45. 以下关于取水方式及参数的叙述中，哪些选项是正确的?

(A) 在含藻的河流取水时，取水口位置的选择应符合现行相关行业标准

(B) 在高浊度江河取水时，应在最底层进水孔以上不同水深处设置多个可交替使用的进水孔

(C) 水库取水水体有封冻情况时，进水孔上缘距冰层下缘，设计为 0.7m

(D) 海南某邻近鱼类产卵区域的岸边取水构筑物，进水孔的过栅流速设计为 0.5m/s

解析：

选项 A，由《给水标准》5.3.3 条，故 A 正确。

选项 B，由《给水标准》5.3.12 条第 3 款，故 B 正确。

选项 C，由《给水标准》5.3.15 条第 3 款，5.3.15 条第 4 款，故 C 正确。

选项 D，由《给水标准》5.3.18 条第 3 款，故 D 错误。

答案选【ABC】。

46. 下列关于混凝动力学描述正确的是哪项?

(A) 混合阶段主要是发挥压缩双电层、电中和脱稳作用

(B) 混合阶段，对水流进行剧烈搅拌的目的是同向絮凝

(C) 絮凝阶段，主要依靠机械或水力搅拌，以同向絮凝为主

(D) 絮凝时间越长，聚结后的颗粒粒径越大

解析：

选项 A，参考《给水工程 2025》P168，故 A 正确。

选项 B，《给水工程 2025》P168，混合阶段的最主要作用是使药剂快速而均匀地分散于水中，过程中存在着一定程度的异向絮凝，而同向絮凝是发生在絮凝阶段，故 B 错误。

选项 C，参考《给水工程 2025》P168，故 C 正确。

选项 D，参考《给水工程 2025》P168，会聚结成与之相对应的不同粒径的"平衡粒径"颗粒，故 D 错误。

答案选【AC】。

47. 在混凝过程中，为了提高混凝效果，有时需要投加助凝剂，下列有关助凝剂的叙述中，哪些是正确的？
    (A) 高分子助凝剂可发挥吸附架桥作用
    (B) 石灰、氢氧化钠主要促进混凝剂水解
    (C) 投加氯气将亚铁混凝剂 Fe^{2+} 氧化成高铁 Fe^{3+}，氯气可纳入助凝剂范畴
    (D) 投加黏土提高颗粒碰撞速率，增加混凝剂水解产物凝结中心，既有助凝作用又有混凝作用

解析：

选项 A、B，参考《给水工程 2025》P172，故 A、B 正确。

选项 C，从广义上而言，凡能提高混凝效果或改善混凝作用的化学药剂都可以称为助凝剂，故 C 正确。

选项 D，黏土仅能称为广义上的助凝剂，而并不能作为混凝剂（因其自身无法单独实现任意混凝机理），故 D 错误。

答案选【ABC】。

48. 一座虹吸滤池分为多格，下述对其运行工艺特点的叙述中，哪项正确？
    (A) 正常运行时，各格滤池的滤速不同
    (B) 正常运行时，各格滤池的滤速相同
    (C) 一格冲洗时，其他几格滤池的滤速变化不同
    (D) 一格冲洗时，其他几格滤池的滤速变化相同

解析：

虹吸滤池是采用水力控制的等速变水头过滤，以此分析各选项。

答案选【BD】。

49. 下列有关各类消毒工艺的说法，正确的是哪些？
    (A) 先氯后氨的氯胺消毒法，余氯转化时所发生的反应类似于折点加氯法的 HB 段
    (B) 先氯后氨的氯胺消毒法，余氯转化时所发生的反应类似于折点加氯法的 AH 段
    (C) 先氯后氨的氯胺消毒法，其加氯量理论上与折点加氯消毒法相等（设余氯量相等）
    (D) 化合性氯的氯胺消毒法，其接触时间理论上应比先氯后氨的氯胺消毒法更长

解析：

参考《给水工程 2025》P256 前后相关内容。

选项 A、B，因在 HB 段主要过程为氯氧化氯胺为氮气的过程，而 AH 段主要过程就是生成化合性氯，综合考虑，而先氯后氨最终加氨也是生成化合性氯的过程，故 A 错误，故 B 正确。

选项 C，二者的加氯量均等于"杀死致病微生物、氧化还原性物质"＋"彻底氧化原水中氨氮"＋"余氯"，故 C 正确。

选项 D，参考 P257 可知，化合性氯的氯胺消毒法所需接触时间为 2h，而先氯后氨的氯胺消毒法在消毒处理时实为折点加氯法，故其所需接触时间为 0.5h，故 D

正确。

答案选【BCD】。

50. 下列关于城乡排水系统的设计要求中说法正确的是哪些?
(A) 城镇污水管道的设计流量应按远期规划的雨季设计流量确定
(B) 城镇污水输送干管设计应考虑污水系统之间的互联互通
(C) 污水收集、输送管道除特殊情况外,不应采用明渠
(D) 污水管道旱天应非满管流运行,污水泵站应按设计水位运行

解析:

选项 A,参考《排水项目规范》4.2.2 条。城镇污水管道的设计流量应按远期规划的旱季设计流量确定,并合理选择综合生活污水量变化系数,保证最高日最高时的污水输送能力,并应复核雨季设计流量下管道的输送能力,故 A 错误。

选项 B,参考《排水项目规范》4.2.5 条。城镇污水输送干管设计应考虑污水系统之间的互联互通,保障系统运行安全,并应便利检修,故 B 正确。

选项 C,参考《排水项目规范》4.2.6 条。污水收集、输送严禁采用明渠,故 C 错误。

选项 D,参考《排水项目规范》4.2.8 条。污水管道旱天应非满管流运行。污水泵站应按设计水位运行。倒虹管应加强养护防止淤积,故 D 正确。

答案选【BD】。

51. 下列哪些因素会影响管道流行时间的大小?
(A) 地面集水距离　(B) 管道长度　　　(C) 管道管径　　　(D) 地面坡度

解析:

《排水工程 2025》P75,管道流行时间等于管道长度除以管道内平均流速,流速的大小与管道的坡度(而非地面坡度)和管径有关系,故 B、C 正确,地面集水距离影响的是地面集水时间而非管道流行时间,故 A 错误。

答案选【BC】。

52. 下列有关排水泵站设计中,描述正确的是哪几项?
(A) 地下式泵房在水泵间有顶板结构时,每小时换气次数可采用 4 次
(B) 大型合流污水输送泵站集水池的面积,应按管网系统中调压塔原理复核
(C) 重要地段的立交道路的雨水泵房应设置备用泵
(D) 如果污水泵采用单独的出水管,且为自由出流时,出水管可不设止回阀

解析:

选项 A,参考《排水标准》6.1.14 条条文说明。地下式泵房在水泵间有顶板结构时,其自然通风条件差,应设机械送排风综合系统排除可能产生的有害气体以及泵房内的余热、余湿,以保障操作人员的生命安全和健康。通风换气次数一般 5~10 次/h,通风换气体积以地面为界,故 A 错误。

选项 B,参考《排水标准》6.3.2 条。大型合流污水输送泵站集水池的面积,应按管

网系统中调压塔原理复核，故 B 正确。

选项 C，参考《排水标准》6.4.1 条。立交道路的雨水泵房可视泵房重要性设置备用泵，即重要的立交泵站肯定是要设置备用泵，故 C 正确。

选项 D，参考《排水标准》6.5.1 条。当两台及两台以上水泵合用一条出水管时，每台水泵的出水管应装有阀门，并且在阀门与水泵之间设止回阀；如果水泵选用单独的出水管，且为自由出流时，一般可不设止回阀，全部阀门尽量装在水平段，避免污物堆积在阀盘上，故 D 正确。

答案选【BCD】。

53. 在城市污水处理厂中，二级系统（生物反应池＋二次沉淀池）主要去除对象是哪些污染物？

(A) 污水中的悬浮固体 (B) 胶体态和溶解态生物可降解有机物
(C) 无机氮、无机磷等营养性污染物 (D) 溶解态微量难降解有机污染物

解析：

选项 A，参考《排水工程 2025》P219，题目强调了有二次沉淀池，故 A 也可以选；如果说生物反应池的话则 A 不选择。

选项 B，参考《排水工程 2025》P212，污水二级处理以去除胶体状态和溶解状态有机物以及氮磷等可溶性无机物为主要目的，故 B 正确。

选项 C，曝气生物反应池微生物在分解有机物的同时，会发生合成代谢进行增殖，而无机氮、无机磷是微生物代谢所必需的营养元素，所以曝气生物反应在去除有机物的同时，能同时去除部分 N、P，一般氮的去除率只有 $20\%\sim40\%$，而磷的去除率仅为 $5\%\sim20\%$；若采用同步脱氮除磷的二级处理工艺，N、P 去除率可以达到 $60\%\sim85\%$，故 C 正确。

选项 D，曝气生物池以好氧微生物为主，主要降解的是可生物降解的有机物，微量难降解有机污染物不是微生物降解的主要对象，大部分随出水流走，故 D 错误。

答案选【ABC】。

54. 下列哪些因素可能会导致二沉池污泥上浮？

(A) 污泥龄过长 (B) 曝气过度
(C) 污泥负荷过高 (D) 原水含有大量脂肪和油脂

解析：

参考《排水工程 2025》P278，①这多数是由于曝气生物反应池内污泥龄过长，硝化进程较高（一般硝酸盐达 $5mg/L$ 以上），在沉淀池底部产生反硝化，硝酸盐的氧被利用，氮即呈气体脱出附于污泥上，从而使污泥相对密度降低，整块上浮。②曝气生物反应池内曝气过度，使污泥搅拌过于激烈，生成大量小气泡附聚于絮凝体上，也可能引起污泥上浮。③当流入大量脂肪和油时，也容易产生这种现象。

选项 C，污泥龄过长，那么污泥负荷就小，污泥龄和污泥负荷是负相关的关系。

答案选【ABD】。

55. 下列关于生物接触氧化工艺的说法哪些是正确的？
（A）生物接触氧化池可采用无烟煤、焦炭及矿渣作为填料
（B）生物接触氧化池出水宜采用堰式出水
（C）生物接触氧化池可以间歇运行
（D）生物接触氧化池可不需设置二沉池

解析：

生物接触氧化法又称"淹没式生物滤池"或"接触曝气池"。

选项 A，参考《排水工程 2025》P300，故 A 正确。

选项 B，参考《排水工程 2025》P300，故 B 正确。

选项 C，参考《排水工程 2025》P297，生物接触氧化法可以间歇运行，故 C 正确。

选项 D，生物接触氧化池由于没有过滤沉淀功能，因此需要设置二沉池，故 D 错误。

答案选【ABC】。

56. 下列关于人工湿地污水处理系统的叙述，错误的是哪几项？
（A）潜流人工湿地宜优先选取金鱼藻、黑藻等沉水植物
（B）潜流人工湿地水深宜为 0.4～1.6m，填料深度一般为 0.6～1.2m
（C）湿地安装填料后孔隙率不宜低于 0.5
（D）湿地配水穿孔管管孔间距不宜小于人工湿地单元宽度的 10%

解析：

选项 A，根据《排水工程 2025》P373，潜流人工湿地：可选择芦苇、蒲草、荸荠、莲、水芹、水葱、茭白、香蒲、千屈菜、菖蒲、水麦冬、风车草、灯芯草等挺水植物，表面流多选用金鱼藻、黑藻等，故 A 错误。

选项 B，根据《排水工程 2025》P372，潜流人工湿地水深宜为 0.4～1.6m，水力坡度宜为 0.5%～1%，填料深度一般为 0.6～1.2m，故 B 正确。

选项 C，根据《排水工程 2025》P373，填料安装后湿地孔隙率不宜低于 0.3，一般为 0.3～0.5 之间，故 C 错误。

选项 D，根据《排水工程 2025》P372，孔密度应均匀，管孔的尺寸和间距取决于污水流量和进出水的水力条件，管孔间距不宜大于人工湿地单元宽度的 10%，故 D 错误。

答案选【ACD】。

57. 关于污泥好氧发酵处理系统的说法中错误的是哪几项？
（A）污泥好氧发酵系统应包括混料、发酵、供氧、除臭等设施
（B）进入发酵系统的混合物料含水率不宜高于 80%
（C）混料设备的额定处理能力可按每天不超过 20h 工作时间计算
（D）辅料储存量不宜过少，以不低于 7d 投加量为宜

解析：

选项 B，《排水标准》8.4.7 条，进入发酵系统的混合物料应符合下列规定：含水率应为 55%～65%，有机物含量不应低于 40%，碳氮比应为 20～30，pH 应为 6～9。

选项 C，《排水标准》8.4.9 条，混料设备的额定处理能力可按每天 8～16h 工作时间

计算，设备选择时应根据物料堆积密度进行处理能力校核。

选项 D，《排水标准》8.4.10 条，储存量不宜过多，以 5～7d 投加量为宜。

答案选【BCD】。

58. 下列哪几种活性炭吸附塔可不设置反冲洗装置？
(A) 降流式固定床　(B) 升流式固定床　(C) 移动床　　　(D) 流化床

解析：

参考《排水工程 2025》P509～P510，故 B、C、D 正确；但经过吸附层的水头损失较大，如果废水含悬浮物浓度高时尤为严重。为了防止堵塞吸附层，常用定期反冲洗，还要在吸附层上部安装反冲洗装置。

答案选【BCD】。

59. 以下关于公共建筑生活给水计算，哪些选项是错误的？
(A) 酒店客房的最高日生活用水定额中未包括洗衣用水
(B) 有单独卫生间的研究生宿舍，应按用水分散型建筑计算给水管道设计秒流量
(C) 公共浴室的卫生间采用自闭式冲洗阀大便器，卫生间给水管设计秒流量为 1.0L/s
(D) 医院门诊部给水用水量计算，应另计入化验室等医疗用水

解析：

选项 A，参考《建水标准》3.2.2 条条文说明。如果实际设计项目中仍有洗衣房的话，那还应考虑这一部分的水量，用水定额可按表 3.2.2 第 10 项的规定确定，可知，酒店客房的最高日生活用水定额中未包括洗衣用水，故 A 正确。

选项 B，参考《建水标准》3.7.6 条。宿舍（居室内设卫生间）……建筑的生活给水设计秒流量，应按下式计算，可得，有单独卫生间的研究生宿舍，应按用水分散型建筑计算给水管道设计秒流量，故 B 正确。

选项 C，参考《建水标准》3.7.9 条第 2 款。大便器自闭式冲洗阀应单列计算，当单列计算值小于 1.2L/s 时，以 1.2L/s 计；大于 1.2L/s 时，以计算值计，可知，卫生间的设计秒流量至少为 1.2L/s，故 C 错误。

选项 D，参考《建水标准》表 3.2.2 注 4。医疗建筑用水中已含医疗用水，故 D 错误。

答案选【CD】。

60. 下列关于叠压供水和气压给水的叙述中，正确的是哪些？
(A) 某建筑物设置气压给水设备，其气压罐的水容积取值与调节容积相等
(B) 供水保证率要求高，不允许停水的用户，不宜采用叠压供水设备供水
(C) 市政给水管网管径偏小的区域不得采用叠压供水设备供水
(D) 按气压给水设备输水压力稳定性，可分为补气式和隔膜式

解析：

选项 A，参考《建水标准》3.9.4 条第 5 款。气压水罐的水容积（m³），应大于或等于调节容量，故 A 正确。

选项 B，参考《建水工程 2025》P17。下列情况不得采用叠压供水设备供水：6）供水保证率要求高，不允许停水的用户，注意是"不得"而不是"不宜"，故 B 错误。

选项 C，参考《建水工程 2025》P17。下列情况不得采用叠压供水设备供水：1）经常性停水的区域或供水管网的供水总量不能满足用水需求的区域；或供水管网管径偏小的区域，故 C 正确。

选项 D，参考《建水工程 2025》P16。按气压给水设备输水压力稳定性，可分为变压式和定压式两类；按气压给水设备罐内气、水接触方式，可分为补气式和隔膜式 2 类，故 D 错误。

答案选【AC】。

61. 以下关于地漏的排水设计和应用场所中，哪些说法正确？
(A) 不经常排水的场所设置地漏时，宜采用密闭地漏
(B) 允许在设置大流量专用地漏处有一定淹没深度
(C) 为防止臭气窜入室内，可在坐便器排水支管上再设置一处水封
(D) 严禁采用活动机械密封替代水封

解析：

选项 A，参考《建水标准》4.3.6 条第 2 款。不经常排水的场所设置地漏时，应采用密闭地漏，是"应"而不是"宜"，故 A 错误。

选项 B，参考《建水标准》4.3.6 条条文说明。大流量专用地漏具有地漏箅子开孔面积大，接纳排水流量大的特点，并允许设置地漏处有一定淹没深度，故 B 正确。

选项 C，坐便器是自带水封的卫生器具，参考《建水标准》4.3.13 条。卫生器具排水管段上不得重复设置水封，可得，坐便器排水支管上无需再设置水封，故 C 错误。

选项 D，参考《建水通用规范》4.2.3 条。严禁采用钟罩式结构地漏及采用活动机械活瓣替代水封，故 D 正确。

答案选【BD】。

62. 下列关于化粪池的构造和设置要求的叙述中，正确的有哪些？
(A) 化粪池不仅格与格之间应设置通气孔，而且在化粪池与连接井之间也应设置通气孔
(B) 化粪池中心距离建筑物外墙不宜小于 5m，并不得影响建筑物基础
(C) 化粪池进出管口应设置导流装置
(D) 化粪池宜设置在接户管的下游端

解析：

选项 A，参考《建水标准》4.10.17 条条文说明。故本条规定不但化粪池格与格之间应设通气孔洞，而且在化粪池与连接井之间也应设置通气孔洞，故 A 正确。

选项 B，参考《建水标准》4.10.14 条第 2 款。化粪池池外壁距建筑物外墙不宜小于 5m，并不得影响建筑物基础，注意是"池外壁"而不是"池中心"，故 B 错误。

选项 C，参考《建水标准》4.10.17 条第 5 款。化粪池进水管口应设导流装置，出水口处以及格与格之间应设拦截污泥浮渣的设施，注意是"进水管口"设导流装置，"出水

管口"设置的是拦截污泥浮渣的设施而不是导流装置，故 C 错误。

选项 D，参考《建水标准》4.10.14 条第 1 款。化粪池宜设置在接户管的下游端，故 D 正确。

答案选【AD】。

63. 下列关于重力流屋面雨水排水管系的设计中，哪些是正确的？
（A）雨水斗规格为 DN100 的单斗雨水排水系统，其立管管径等于悬吊管的管径
（B）长度大于 15m 的雨水悬吊管，应设检查口
（C）高层建筑的重力流外排水屋面雨水排水系统的管材，采用建筑排水塑料管
（D）高层建筑的重力流内排水屋面雨水排水系统的管材，采用非承压排水塑料管
解析：

选项 A，参考《建水标准》5.2.35 条第 1 款。单斗排水系统排水管道的管径应与雨水斗规格一致，从而立管与悬吊管的管径均为 DN100，故 A 正确。

选项 B，参考《建水标准》5.2.30 条。重力流雨水排水系统中长度大于 15m 的雨水悬吊管，应设检查口，其间距不宜大于 20m，且应布置在便于维修操作处，由于题干强调为"重力流屋面雨水排水管系"，故 B 正确。

选项 C，参考《建水标准》5.2.39 条第 1 款。重力流雨水排水系统当采用外排水时，可选用建筑排水塑料管，故 C 正确。

选项 D，参考《建水标准》5.2.39 条第 1 款。当采用内排水雨水系统时，宜采用承压塑料管、金属管或涂塑钢管等管材，是"承压"而不是"非承压"，故 D 错误。

答案选【ABC】。

64. 下列关于第一循环管网水力计算的叙述中，正确的是哪几项？
（A）高温水为热媒的管网，其沿程水头损失计算方法同冷水，利用海曾-威廉公式计算
（B）蒸汽为热媒的管网，水力计算的内容主要是确定蒸汽管和凝结水管的管径
（C）自然循环压力小于热媒管路的总水头损失时，应优先采用设置循环泵进行机械循环
（D）当采用自然循环时，其自然循环压力应大于热媒管路的总水头损失，当不能满足时，应优先考虑适当放大管径
解析：

选项 A，参考《建水工程 2025》P280。按海曾-威廉公式确定热媒循环管网的沿程水头损失（同冷水计算公式），故 A 正确。

选项 B，参考《建水工程 2025》P280。（2）蒸汽为热媒的管网：热媒循环管网水力计算的内容主要是确定蒸汽管、凝结水管的管径，故 B 正确。

选项 C，参考《建水工程 2025》P280。当 H_{zr} 不能满足上式的要求时，应将管径适当放大，减少水头损失。当放大管径在经济上不合理时，应设置循环水泵进行机械循环，从而可得，"设置循环泵进行机械循环"并不是优先方案，故 C 错误。

选项 D，参考《建水工程 2025》P280。4）H_{zr} 值应大于热媒管路的总水头损失 H_h。

热水锅炉或水加热器与贮水器的热水管道，一般采用自然循环。当 H_{zr} 不能满足上式的要求时，应将管径适当放大，减少水头损失。当放大管径在经济上不合理时，应设置循环水泵进行机械循环，故 D 正确。

　　答案选【ABD】。

65. 以下有关集中热水供应系统水质要求及水质处理的叙述中，哪几项是错误的？

(A) 生活热水的水质指标，应符合现行国家标准《生活饮用水卫生标准》GB 5749 的要求

(B) 当洗衣房日用热水量（按 60℃计）大于或等于 10m³ 且原水总硬度（以碳酸钙计）大于 300mg/L 时，宜进行水质软化处理

(C) 当洗衣房原水总硬度（以碳酸钙计）为 150～300mg/L 时，应进行水质软化处理

(D) 当系统对溶解氧控制要求较高时，宜采取除氧措施

解析：

　　选项 A，参考《建水标准》6.2.2 条。生活热水的原水水质应符合现行国家标准《生活饮用水卫生标准》GB 5749—2022 的规定，生活热水的水质应符合现行行业标准《生活热水水质标准》CJ/T 521—2018 的规定，故 A 错误。

　　选项 B，参考《建水标准》6.2.3 条第 1 款。洗衣房日用热水量（按 60℃计）大于或等于 10m³ 且原水总硬度（以碳酸钙计）大于 300mg/L 时，应进行水质软化处理，是"应"而不是"宜"，故 B 错误。

　　选项 C，参考《建水标准》6.2.3 条第 1 款。原水总硬度（以碳酸钙计）为 150～300mg/L 时，宜进行水质软化处理，是"宜"而不是"应"，故 C 错误。

　　选项 D，参考《建水标准》6.2.3 条第 5 款。当系统对溶解氧控制要求较高时，宜采取除氧措施，故 D 正确。

　　答案选【ABC】。

66. 以下关于饮水供应点的设置的描述中，符合要求的是哪些？

(A) 对于经常产生有害气体的车间，应设置在车间角落等人员不易碰撞的位置

(B) 位置宜便于取用、检修和清扫

(C) 位置应保证良好的通风和照明

(D) 不得设置在易污染的地点

解析：

　　选项 A，参考《建水标准》6.9.9 条。饮水供应点的设置，应符合下列规定：1 不得设在易污染的地点，对于经常产生有害气体或粉尘的车间，应设在不受污染的生活间或小室内，故 A 错误。

　　选项 B，参考《建水标准》6.9.9 条。饮水供应点的设置，应符合下列规定：2 位置应便于取用、检修和清扫，并应保证良好的通风和照明，是"应"而不是"宜"，故 B 错误。

　　选项 C，参考《建水标准》6.9.9 条。饮水供应点的设置，应符合下列规定：2 位置

应便于取用、检修和清扫，并应保证良好的通风和照明，故 C 正确。

选项 D，参考《建水标准》6.9.9 条。饮水供应点的设置，应符合下列规定：1 不得设在易污染的地点，对于经常产生有害气体或粉尘的车间，应设在不受污染的生活间或小室内，故 D 正确。

答案选【CD】。

67. 以下关于消火栓系统的控制方式中，哪些说法错误？
（A）消防水泵应能手动、自动启停
（B）消防水泵应确保从接到启泵信号到水泵正常运转的自动启动时间不应大于 1min
（C）以备用电源切换方式或备用泵切换启动消防水泵时，消防水泵应分别在 1min 或 2min 内投入正常运行
（D）当消防给水分区供水采用串联消防水泵时，下区消防水泵宜在上区消防水泵启动后再启动

解析：

选项 A，参考《消规》11.0.5 条。消防水泵应能手动启停和自动启动，故 A 错误。

选项 B，参考《消规》11.0.3 条。消防水泵应确保从接到启泵信号到水泵正常运转的自动启动时间不应大于 2min，故 B 错误。

选项 C，参考《消规》13.1.4 条条文说明。消防水泵调试应符合下列要求：2 以备用电源切换方式或备用泵切换启动消防水泵时，消防水泵应分别在 1min 或 2min 内投入正常运行，故 C 正确。

选项 D，参考《消规》11.0.11 条。当消防给水分区供水采用转输消防水泵时，转输泵宜在消防水泵启动后再启动；当消防给水分区供水采用串联消防水泵时，上区消防水泵宜在下区消防水泵启动后再启动，故 D 错误。

答案选【ABD】。

68. 以下关于自动喷水灭火系统操作与控制的描述中，符合要求的是哪些？
（A）湿式系统应由消防水泵出水干管上设置的压力开关、高位消防水箱出水管上的流量开关和报警阀组压力开关直接自动启动消防水泵
（B）预作用系统应由火灾自动报警系统、消防水泵出水干管上设置的压力开关、高位消防水箱出水管上的流量开关和报警阀组压力开关直接自动启动消防水泵
（C）采用充液传动管控制雨淋报警阀的雨淋系统，消防水泵应由火灾自动报警系统、消防水泵出水干管上设置的压力开关、高位消防水箱出水管上的流量开关和报警阀组压力开关直接自动启动
（D）消防水泵除具有自动控制启停方式外，还应具备消防控制室远程控制、消防水泵房现场应急操作

解析：

选项 A，参考《喷规》11.0.1 条。湿式系统、干式系统应由消防水泵出水干管上设置的压力开关、高位消防水箱出水管上的流量开关和报警阀组压力开关直接自动启动消防水泵，故 A 正确。

选项 B，参考《喷规》11.0.8 条。预作用系统应由火灾自动报警系统、消防水泵出水干管上设置的压力开关、高位消防水箱出水管上的流量开关和报警阀组压力开关直接自动启动消防水泵，故 B 正确。

选项 C，参考《喷规》11.0.3 条。当采用火灾自动报警系统控制雨淋报警阀时，消防水泵应由火灾自动报警系统、消防水泵出水干管上设置的压力开关、高位消防水箱出水管上的流量开关和报警阀组压力开关直接自动启动，故 C 错误。

选项 D，参考《喷规》5.7.8 条。消防水泵除具有自动控制启动方式外，还应具备下列启动方式：1 消防控制室（盘）远程控制；2 消防水泵房现场应急操作。并参考《消规》11.0.5 条。消防水泵应能手动启停和自动启动。可知消防水泵不能自动停泵，故 D 错误。

答案选【AB】。

69. 以下有关气体灭火系统组件的说法，错误的是哪些？
（A）设置在有粉尘、油雾等防护区的喷头，应有防护装置
（B）管道的公称工作压力，应等于系统在最高环境温度下所承受的工作压力
（C）操作面距墙面或两操作面之间的距离，不应小于储存容器外径的 2.0 倍
（D）在通向每个防护区的灭火系统主管道上，应设压力讯号器或流量讯号器
解析：
选项 A，参考《气体灭火规范》4.1.7 条。喷头应有型号、规格的永久性标识。设置在有粉尘、油雾等防护区的喷头，应有防护装置，故 A 正确。

选项 B，参考《气体灭火规范》4.1.10 条。系统组件与管道的公称工作压力，不应小于在最高环境温度下所承受的工作压力，故 B 错误。

选项 C，参考《气体灭火规范》4.1.1 条。储存装置的布置，应便于操作、维修及避免阳光照射。操作面距墙面或两操作面之间的距离，不宜小于 1.0m，且不应小于储存容器外径的 1.5 倍，故 C 错误。

选项 D，参考《气体灭火规范》4.1.5 条。在通向每个防护区的灭火系统主管道上，应设压力讯号器或流量讯号器，故 D 正确。

答案选【BC】。

70. 下列关于雨水控制及利用系统的叙述中，哪些正确？
（A）雨水控制及利用应采用雨水入渗系统、收集回用系统、调蓄排放系统中的单一系统或多种系统组合
（B）入渗系统的土壤渗透系数应为 $10^{-6} \sim 10^{-3}\,\mathrm{m/s}$，且渗透面距地下水位应大于 1.0m，渗透面应以地面最低处计
（C）收集回用系统宜用于年均降雨量小于 400mm 的地区
（D）调蓄排放系统宜用于有防洪排涝要求的场所或雨水资源化受条件限制的场所
解析：
选项 A，参考《雨水利用规范》4.1.2 条。雨水控制及利用应采用雨水入渗系统、收集回用系统、调蓄排放系统中的单一系统或多种系统组合，故 A 正确。

选项 B，参考《雨水利用规范》4.1.3 条第 1 款。入渗系统的土壤渗透系数应为 $10^{-6}\sim$ 10^{-3} m/s，且渗透面距地下水位应大于 1.0m，渗透面应从最低处计，再参考《雨水利用规范》4.1.3 条第 1 款条文说明图 1 可得，渗透面并不在地面上，故 B 错误。

选项 C，参考《雨水利用规范》4.1.3 条第 2 款。收集回用系统宜用于年均降雨量大于 400mm 的地区，是"大于"而不是"小于"，故 C 错误。

选项 D，参考《雨水利用规范》4.1.3 条第 3 款。调蓄排放系统宜用于有防洪排涝要求的场所或雨水资源化受条件限制的场所，故 D 正确。

答案选【AD】。

冲刺试卷 3 案例上

单选题（共 25 题，每题 2 分。每小题的四个选项中只有一个正确答案，错选、多选均不得分）

1. 某小城镇，其最高日综合生活用水量为 7.5 万 m^3，公共建筑及设施最高日用水量为 2.5 万 m^3，由城市给水系统供水的工业企业最高日用水量为 3 万 m^3，这些企业的职工生活及淋浴最高日用水量为 0.3 万 m^3。城西郊区有一工业园区，其利用园区西侧水源设置了仅自用的工业用水给水系统，园区内企业的最高日企业用水量为 10 万 m^3。市政道路及市政绿化用水量为 1 万 m^3，城内各小区的绿化用水量估计 0.5 万 m^3。管网漏损水量 1.2 万 m^3，未预见水量考虑 1 万 m^3，原水输水管漏损水量以 0.1 万 m^3 考虑，水厂自用水量 0.7 万 m^3。该城镇考虑最多同时发生两起火灾。问其水厂的设计规模应为多少（万 m^3）？

(A) 13.7 　　　(B) 14.0 　　　(C) 15.0 　　　(D) 23.7

解析：

7.5＋3＋1＋1.2＋1＝13.7（万 m^3），故 A 正确。

答案选【A】。

2. 某水泵工作时，泵出口压力表读数为 343kPa，泵吸入口处真空表的读数为 29.4kPa，真空表及压力表安装高度差忽略不计，则估计泵当时的扬程为多少？（每 10m 水柱换算为 0.098 MPa）

(A) 35m 　　　(B) 38m 　　　(C) 45m 　　　(D) 48m

解析：

① 水泵扬程＝泵出口水压标高－泵入口水压标高；因题干要求泵出入口的高度差忽略不计，故水泵扬程＝泵出口水压－泵入口水压。

② 注意泵出入口的水压要么均用相对压强表示；要么均用绝对压强表示。后文解析为均以相对压强表示的值。

③ 泵入口真空表读数为 29.4kPa，意味着泵入口的"相对"水压为－29.4kPa。

④ 泵出口压力表读数为 343kPa，意味着泵出口的"相对"水压为＋343kPa。

⑤ 代入前式＝＋343kPa－[－29.4kPa]＝372.4kPa，折合成水柱高度≈372.4÷98×10＝38(m)。

答案选【B】。

3. 某水厂混凝剂采用固体混凝剂，在溶解析池将其溶解析后，用泵提升至溶液池，配成 10%浓度的溶液投入原水中，其最大投加量为 35mg/L。混凝剂每日调制 3 次，溶液池体积为溶解析池的 4 倍。水厂设计供水量 24000m^3/d（水厂自用水率 α 取 10%）。请计算溶解析池的体积为多少?

(A) 12.4m³   (B) 3.1m³   (C) 0.77m³   (D) 0.70m³

解析:

① 先求溶液池体积＝35×[24000×(1+10%)÷24]÷417÷10÷3≈3.1(m³)。

② 再求溶解析池体积＝3.1÷4≈0.77(m³)。

答案选【C】。

4. 设聚合铝 $[Al_2(OH)_n \cdot Cl_{6-n}]_m$ 在制备过程中,控制 $m=5$,$n=4$,请问该聚合铝的盐基度是多少?

(A) 13.3%   (B) 66.7%   (C) 200%   (D) 333%

解析:

参考《给水工程2025》P169 式 (6-7):

盐基度＝4÷(2×3)＝66.7%。

答案选【B】。

5. 某小型水厂絮凝工艺采用1格机械搅拌絮凝池和1座隔板絮凝池组合,该机械絮凝池梯度为 $75s^{-1}$,水力停留时间为5min;隔板絮凝池的平均梯度为 $25s^{-1}$,水力停留时间也为5min。若原水中杂质体积浓度为 $40mL/m^3$,颗粒有效碰撞系数 $\eta=0.5$,则经絮凝后水中杂质个数浓度与原水中杂质个数浓度的比值是多少?

(A) 47.3%   (B) 47.5%   (C) 52.5%   (D) 53.4%

解析:

① 设原水杂质个数浓度为 n_0,经过机械絮凝池后浓度为 n_1,再经过隔板絮凝池之后浓度为 n_2。

② 第1步为机械搅拌絮凝池,视为 CSTR 反应器,其反应常数 $k_1=(4/\pi)\eta G_1 \Phi$,其中 $\eta=0.5$,$G_1=75$,$\Phi=4×10^{-5}$,代入求得 $k_1≈191.1×10^{-5}$。

③ 第2步为隔板絮凝池,视为 PF 反应器,其反应常数 $k_2=(4/\pi)\eta G_2 \Phi$,其中 $\eta=0.5$,$G_2=25$,$\Phi=4×10^{-5}$,代入求得 $k_2≈63.7×10^{-5}$。

④ 由 CSTR 反应公式可得,个数浓度之比,$n_1/n_0=1/(k_1 t_1+1)$,其中 $t_1=300s$。

⑤ 由 PF 反应公式可得,个数浓度之比,$n_2/n_1=e^{-k_2 t_2}$,其中 $t_2=300s$。

⑥ 故 $n_2/n_0=(n_2/n_1)\cdot(n_1/n_0)$,代入得52.5%。

答案选【C】。

6. 某小型水厂采用机械加速澄清→过滤工艺。澄清池仅考虑一座,为了施工方便,其采用一条直径0.7m的环形配水圆管自进水处向两侧环形配水。若水厂设计水量 $33200m^3/d$(水厂自用水率 α 取10%),则环形配水圆管起端的管内流速是多少?

(A) 0.50m/s   (B) 0.55m/s   (C) 1.0m/s   (D) 5.0m/s

解析:

① 由于环形配水管向两侧环形配水,故一侧的流量为池设计流量的一半,即 $Q/2$。

② $v=(Q/2)÷(0.25\pi D^2)=(33200÷86400÷2)÷(0.25×3.14×0.7^2)=0.5(m/s)$。

答案选【A】。

7. 已知某机械搅拌澄清池设计流量为 400m³/h，采用环形穿孔集水槽结合辐射形穿孔集水槽的形式收集清水，池内清水以孔口自由出流方式流入水槽内。已知池内水位比各孔口中心标高均高出 0.05m，孔口中心标高高出槽内水位至少为 0.08m，请问槽上需开孔的孔口总面积 f 为多少？（注：孔口流量系数 μ 取 0.62，穿孔集水槽的超载系数 β 取 1.2，重力加速度 g 取 9.8）

    (A) 0.217m²   (B) 0.181m²   (C) 0.172m²   (D) 0.135m²

解析：

① 由孔口自由出水的作用水头 0.05m 可知，孔口流速 $v = \mu \cdot (2gh)^{0.5}$。

② 由题干集水槽的超载系数取 1.2 可知，穿孔集水槽的设计流量为 1.2Q。

③ 故孔口总面积 $f = (1.2Q) \div [\mu \cdot (2gh)^{0.5}] = 0.217$（m²）。

答案选【A】。

8. 已知某水厂采用常规水处理工艺：折板絮凝→平流沉淀→普通快滤池过滤。若已知平流沉淀池的截留沉速 $u_0 = 0.8$mm/s，池长 100m，池宽 10m；普通快滤池分 4 格，平均滤速为 10m/h，开孔比 $\alpha = 0.25\%$，反冲洗时配水系统的水头损失为 3.5m。则该滤池的反冲洗流量为多大？（孔口流量系数取 0.62，g 取 9.8）

    (A) 0.00924m³/s   (B) 0.257m³/s   (C) 0.924m³/s   (D) 1.491m³/s

解析：

① 滤池设计流量，等于沉淀池设计流量，$(0.8 \times 3.6) \times 100 \times 10 = 2880$m³/h。

② 单格滤池过滤面积 $F = 2880 \div 4 \div 10 = 72$（m²）。

③ 滤池配水系统的开孔面积 $f = F \cdot \alpha = 72 \times 0.25\% = 0.18$（m²）。

④ 滤池配水系统的孔口流速 $v = \mu \cdot (2gh)^{0.5}$。

⑤ 滤池反冲洗流量 $= f \cdot v = 0.924$m³/s。

答案选【C】。

9. 某污水管道采用钢筋混凝土管材，设计管段 $W_1 \sim W_{30}$ 敷设在地面坡度为 0.5% 的地段，$W_1 \sim W_{10}$ 设计流量为 300L/s，管径为 600mm，流速为 1.43m/s，管道坡度为 0.4%，充满度为 0.7，$W_{11} \sim W_{30}$ 设计流量为 400L/s，总长 800m，W_{11} 埋深 3.0m。判断下述关于设计管段 $W_{11} \sim W_{30}$ 的设计哪项最经济合理，阐述理由。

    (A) 管径为 600mm，流速为 1.89m/s，管道坡度为 0.7%，充满度为 0.7

    (B) 管径为 600mm，流速为 1.65m/s，管道坡度为 0.52%，充满度为 0.8

    (C) 管径为 700mm，流速为 1.54m/s，管道坡度为 0.4%，充满度为 0.64

    (D) 管径为 800mm，流速为 1.69m/s，管道坡度为 0.5%，充满度为 0.48

解析：

① 首先根据充满度条件，管径 600~800mm 的管道最大充满度是 0.7，排除 B，$W_{11} \sim W_{30}$ 为 800m 总长度。如果用 A，末端将会增加 1.6m 的埋深，不经济。

② D 选项的优点是末端埋深不增加，缺点是管径大，充满度小，经济性差。C 选项

是更经济，流速大于上游，满足要求，总埋深会减少 0.8m 左右，不需要专门设置跌水井。综合选 C。

答案选【C】。

10. 已知某梯形浆砌块石排洪沟，表面坚实光滑（$n=0.017$），有效过水面积为 4.0m^2，侧沟边坡水平宽度与深度之比为 1.5。纵坡 $i=0.01$，按水力最佳断面计算该排洪沟的最大排洪流量为多少？

(A) $15.26\text{m}^3/\text{s}$

(B) $18.34\text{m}^3/\text{s}$

(C) $20.85\text{m}^3/\text{s}$

(D) $23.56\text{m}^3/\text{s}$

解析：

① 按最佳水力断面设计：$\dfrac{B}{h}=2\times(\sqrt{1+m^2}-m)=2\times(\sqrt{1+1.5^2}-1.5)=0.606$，

$A=Bh+mh^2=0.606h^2+1.5h^2=2.106h^2=4(\text{m}^2)$，解析得 $h=1.38\text{m}$，$R=0.69\text{m}$。

② $Q=A\times v=A\times\dfrac{1}{n}\times R^{\frac{2}{3}}\times I^{\frac{1}{2}}=4.0\times\dfrac{1}{0.017}\times0.69^{\frac{2}{3}}\times0.01^{\frac{1}{2}}=18.34(\text{m}^3/\text{s})$。

答案选【B】。

11. 某城市污水处理厂采用传统活性污泥法工艺，设计规模 $Q=10000\text{m}^3/\text{d}$，$K_Z=1.5$，回流污泥浓度 $X_r=12000\text{mg/L}$，回流比为 50%，设计 2 座中心进水周边出水的辐流式二沉池，二沉池进水混合液污泥浓度与上升流速的关系如下表所示，辐流式二沉池的直径宜为多少？

进水混合液污泥浓度（mg/L）	上升流速（mm/s）
2000	0.5
3000	0.35
4000	0.25
5000	0.20

(A) 17.2m

(B) 21m

(C) 24.3m

(D) 30m

解析：

① 混合液污泥浓度：$X=\dfrac{RX_r}{1+R}=\dfrac{0.5X_r}{1.5}=4000(\text{mg/L})$。

② 所以上升流速为 0.25mm/s，即 $q=0.9\text{m/h}$，二沉池个数不宜少于 2 格，

$$D=\sqrt{\dfrac{4Q_{\max}}{nq\pi}}=\sqrt{\dfrac{4\times10000\times1.5}{0.9\times24\times3.14\times2}}=21(\text{m})。$$

答案选【B】。

12. 某城市污水处理厂设计处理水量 $50000\text{m}^3/\text{d}$，进水水质：BOD_5 为 250mg/L，SS 为 250mg/L，VSS 为 200mg/L，TKN 为 35mg/L；出水水质执行《城镇污水处理厂污染

物排放标准》GB 18918—2002 二级标准。若用 Carrousel 氧化沟工艺，污泥龄取 30d，混合液污泥浓度 MLSS 为 3500mg/L，MLVSS/MLSS 为 0.7，污泥内源呼吸系统 $K_d=0.05d^{-1}$，污泥产率系数 Y 取 0.5kgVSS/kgBOD$_5$，计算剩余污泥量。

(A) 3143kg/d　　(B) 4143kg/d　　(C) 4571kg/d　　(D) 5643kg/d

解析：

《污水厂排放标准》二级标准 BOD$_5$ 为 30mg/L，

$$\Delta X=\frac{VX}{\theta_C}=\frac{24QY\theta_c(S_0-S_e)X}{1000X_V(1+K_d\cdot\theta_c)\theta_c}=\frac{24QY(S_0-S_e)}{1000y(1+K_d\cdot\theta_c)}=\frac{50000\times0.5\times(250-30)}{1000\times0.7\times(1+0.05\times30)}$$
$$=3143(kg/d)。$$

答案选【A】。

13. 污水处理厂设计污水量 $Q=100000m^3/d$，二级生化系统出水水质为 SS 20mg/L，氨氮 5mg/L，TN 30mg/L，该厂拟提标改造后用于景观环境用水。设计 6 格（座）反硝化物滤池去除 TN，滤料层高 3.5m，生物滤池直径最合理的是哪项？

(A) 6m　　(B) 8m　　(C) 9m　　(D) 11m

解析：

二级生化系统的出水再进行反硝化属于后置反硝化系统：

① 容积负荷计算：$V=\dfrac{Q\times S_{NO_3-N}}{1000L_V}=\dfrac{100000\times(30-5)}{1000\times(1.5\sim3.0)}=833\sim1667(m^3)$。

② $A=\dfrac{V}{6h}=\dfrac{833\sim1667}{6\times3.5}=39.67\sim79.33(m^2)$。

③ 水力负荷计算：$A=\dfrac{Q}{6q}=\dfrac{100000}{24\times6\times(8.0\sim12.0)}=57.9\sim86.8(m^2)$。

综合可得单池面积最合理的是 57.9～79.33m^2，对应直径为 8.6～10.1m。

答案选【C】。

14. 某糖厂拟采用厌氧生物处理技术进行处理，设计废水量为 1000m^3/d，废水 COD 浓度 3000mg/L，废水经产酸发酵后进入 UASB 反应器，设计 2 个圆柱形 UASB 反应器，设计运行温度 30℃，反应区高度为 5.6m。则每个 UASB 反应器的直径 D 宜为多少？

(A) $D=4.0m$　　(B) $D=5.0m$　　(C) $D=6.0m$　　(D) $D=7.0m$

解析：

根据《排水工程 2025》P323 中表 14-7，经产酸发酵后应按 VFA 废水来选取负荷：10～18kgCOD/(m^3·d)。

① 单个反应器反应区体积：$V=\dfrac{QS_0}{2L_V}=\dfrac{1000\times3}{2\times(10\sim18)}=83.3\sim150(m^3)$。

② 单池面积：$A=\dfrac{V}{h}=\dfrac{83.3\sim150}{5.6}=14.9\sim26.8(m^2)$，$D=4.35\sim5.84m$。

答案选【B】。

15. 某城镇排放污水量 $Q=7500m^3/d$，设计进水 BOD$_5$ 为 75mg/L，夏季水温 20℃，

拟采用水平潜流人工湿地处理系统，使出水 BOD_5 达到《城镇污水处理厂污染物排放标准》GB 18918—2002 一级 B 标准，介质孔隙度 $n=0.75$，有效水深 0.5m，下列关于该水平潜流人工湿地处理系统设计最合理的是哪项？

(A) 共设计 70 个单元，每个单元的面积为 $580m^2$

(B) 共设计 70 个单元，每个单元的面积为 $680m^2$

(C) 共设计 70 个单元，每个单元的面积为 $780m^2$

(D) 共设计 70 个单元，每个单元的面积为 $880m^2$

解析：

一级 B 标准出水 $BOD_5=20mg/L$，表面有机负荷 $4\sim8[g/(m^2 \cdot d)]$，表面水力负荷 $\leqslant0.3[m^3/(m^2 \cdot d)]$，

$$A=\frac{[Q\times(S_0-S_1)]}{1000q_{os}}=\frac{[7500\times(75-20)]}{(4\sim8)}=51563\sim103125m^2,$$

$$A=\frac{Q}{q_{hs}}\geqslant\frac{7500}{0.3}=25000m^2,$$

人工湿地停留时间宜为 $1\sim3d$：

$$t=\frac{V\varepsilon}{Q}=\frac{AH\varepsilon}{Q}\Rightarrow A=\frac{Qt}{H\varepsilon}=\frac{7500\times(1\sim3)}{0.5\times0.75}=20000\sim60000m^2,$$

综合总面积为 $51563\sim60000m^2$ 是最合适的。水平潜流人工湿地单元的面积宜小于 $800m^2$。

答案选【C】。

16. 某综合楼，一～五层为商业，六层、七层为坐班制办公，八～十层为宿舍。一～三层生活给水由市政管网直接供给，四～十层由位于地下室的贮水池和高区变频泵加压供水。商业每层营业厅面积 $3500m^2$（占每层总建筑面积的 70%），每层设 2 个卫生间，每个卫生间有混合水嘴洗手盆 12 个，自闭冲洗阀蹲式大便器 11 个，自闭冲洗阀小便器 7 个；办公每层 200 人，设 1 个卫生间，内设混合水嘴洗手盆 18 个，自闭冲洗阀蹲式大便器 20 个，自闭冲洗阀小便器 16 个；宿舍每层 14 间，每间 4 人，每层设集中盥洗室，内设有盥洗槽混合水嘴 14 个，自闭冲洗阀蹲式大便器 10 个，有间隔淋浴器 12 个；本楼（除了宿舍外）每层均设置 1 个 $DN20$ 的拖布池。建筑内各层均设有大型燃气热水器给本层提供热水，各层热水器的补水均由本层冷水管提供，则该建筑引入管和高区变频泵的设计流量最小分别为？

(A) $20.6m^3/h$，$14.7L/s$

(B) $20.6m^3/h$，$13.5L/s$

(C) $22.8m^3/h$，$14.7L/s$

(D) $22.8m^3/h$，$13.5L/s$

解析：

每层 $N_{g商}=(12\times0.75+11\times0.5+7\times0.5)\times2+1.5=37.5$，

$$q_引=(0.2\times1.5\times\sqrt{3\times37.5}+1.2)\times3.6+\frac{2\times3500\times5}{12\times1000}+\frac{2\times200\times30}{10\times1000}+$$

$$\frac{3\times14\times4\times100}{24\times1000}=20.6(m^3/h),$$

每层 $N_{g办}=(18\times0.75+20\times0.5+16\times0.5)+1.5=33$，

$$q_泵=0.2\times1.5\times\sqrt{2\times37.5+2\times33}+1.2+3\times(14\times0.15$$

$$\times 75\% + 12 \times 0.15 \times 75\%) + 1.2$$
$$= 14.7(\text{L/s})。$$

答案选【A】。

分析：

① 由于题干强调"一～三层生活给水由市政管网直接供给，四～十层由位于地下室的贮水池和高区变频泵加压供水"，参考《建水标准》3.7.4 条，建筑引入管的设计流量按照一～三层秒流量加上四～十层最高日平均时流量确定。由于题干又强调"建筑内各层均设有大型燃气热水器给本层提供热水"，故建筑引入管处冷热水并未分流，从而卫生器具的当量取《建水标准》3.2.12 条括号外的值，定额按 3.2.2 条取值。

② 对于商业部分的卫生器具，参考《建水标准》3.2.12 条，混合水嘴洗手盆当量为 0.75，自闭冲洗阀蹲式大便器当量为 0.5（参考《建水标准》3.7.7 条第 3 款），自闭冲洗阀小便器当量为 0.5，商业部分每层有 2 间卫生间，从而每层卫生间的当量要额外乘以 2，由于题干强调"本楼（除了宿舍外）每层均设置 1 个 DN20 的拖布池"，故还要额外加上拖布池的当量 1.5，最后算得商业部分每层的总当量为 37.5；商业直供部分有 3 层，在计算总当量时，要乘以 3，参考《建水标准》3.7.6 条，商业的 α 取 1.5，参考《建水标准》3.7.7 条第 3 款，由于有自闭式冲洗阀大便器，在计算一～三层秒流量的时候，要额外加上 1.2L/s 的流量。

③ 由题意得，商业部分营业厅面积为 $2 \times 3500 = 7000\text{m}^2$、办公部分人数为 $2 \times 200 = 400$ 人、宿舍部分人数为 $3 \times 14 \times 4 = 168$ 人；参考《建水标准》3.2.2 条，商业部分、办公部分、宿舍部分的用水定额分别为 5L/(m² 营业厅·d)、30L/(人·班)、100L/(人·d)，商业部分、办公部分、宿舍部分的使用时数分别为 12h、10h、24h。

④ 由于题干强调"四～十层由位于地下室的贮水池和高区变频泵加压供水"，参考《建水标准》3.9.3 条第 1 款，变频泵的设计流量按照秒流量确定；由于题干又强调"建筑内各层均设有大型燃气热水器给本层提供热水"，故高区变频泵处冷热水并未分流，从而卫生器具的当量和额定流量取《建水标准》3.2.12 条括号外的值。

⑤ 对于办公部分的卫生器具，参考《建水标准》3.2.12 条，混合水嘴洗手盆当量为 0.75，自闭冲洗阀蹲式大便器当量为 0.5（参考《建水标准》3.7.7 条第 3 款），自闭冲洗阀小便器当量为 0.5，由于题干强调"本楼（除了宿舍外）每层均设置 1 个 DN20 的拖布池"，故还要额外加上拖布池的当量 1.5，最后算得办公部分每层的总当量为 33。

⑥ 对于四层、五层商业部分和六层、七层办公部分，由于为用水分散型，其秒流量要统一计算；参考《建水标准》3.7.6 条，商场和办公的 α 均为 1.5（加权平均后 α 依然为 1.5），其总当量为 $2 \times 37.5 + 2 \times 33 = 141$；参考《建水标准》3.7.7 条第 3 款，由于有自闭式冲洗阀大便器，在计算商业部分和办公部分秒流量的时候，要额外加上 1.2L/s 的流量。

⑦ 对于宿舍部分的卫生器具，按用水密集型公式计算秒流量，参考《建水标准》3.2.12 条，盥洗槽混合水嘴额定流量为 0.15L/s，自闭冲洗阀蹲式大便器额定流量为 1.2L/s，有间隔淋浴器额定流量为 0.15L/s；参考《建水标准》3.7.8 条条文说明，盥洗槽混合水嘴（$3 \times 14 = 42$ 个）同时给水百分数为 75%，自闭冲洗阀蹲式大便器（$3 \times 10 = 30$ 个）同时给水百分数为 2%，有间隔淋浴器（$3 \times 12 = 36$ 个）同时给水百分数为 75%；

参考《建水标准》3.7.9条第2款，自闭冲洗阀蹲式大便器的秒流量单列计算，为1.2L/s。

17. 某10层住宅楼用水采用市政直供，每层有A、B、C、D四个户型，每个户型用一根独立给水立管，每户人数分别按4人计，每人用水定额均为$200L/(人 \cdot d)$，K_h=2.5。A、B、C、D户型卫生器具当量分别为4、4、6、5，平均出流概率为U_{A0}=2.8%、U_{B0}=2.6%、U_{C0}=1.8%、U_{D0}=2.1%，试求住宅楼引入管设计秒流量为多少？

(A) 1.58L/s   (B) 2.50L/s   (C) 2.54L/s   (D) 3.23L/s

解析：

① $N_g = (4+4+6+5) \times 10 = 190$。

② $U_0 = \dfrac{2.8\% \times 4 + 2.6\% \times 4 + 1.8\% \times 6 + 2.1\% \times 5}{4+4+6+5} = 2.26\%$。

③ 参考《建水标准》附录C.0.1，当U_0=2.26、N_g=190时，用内插法可得

$q = 3.15 + (3.30 - 3.15) \times \dfrac{2.26 - 2}{2.5 - 2} = 3.23(L/s)$。

答案选【D】。

分析：

① 由于题干强调"某10层住宅楼用水采用市政直供，每层有A、B、C、D四个户型""A、B、C、D户型卫生器具当量分别为4、4、6、5"，故该住宅总当量为$(4+4+6+5) \times 10 = 190$。

② 参考《建水标准》3.7.5条第4款，综合U_0值按各户型的当量加权平均计算。

③ 参考《建水标准》附录C.0.1，用内插法算得U_0=2.26、N_g=190时，对应的秒流量。

18. 某办公楼对外开放的职工食堂及厨房位于该建筑一层，厨房内设置双格洗涤盆3个，单格洗涤盆4个。该公共食堂所有排水汇入一根横干管，再由排出管排至室外检查井，若排水系统采用排水铸铁管，坡度采用通用坡度，则该建筑的厨房排水排出管最小管径为多少？【可采用查表法】

(A) DN75   (B) DN100   (C) DN125   (D) DN150

解析：

① $q = 1 \times 3 \times 70\% + 0.67 \times 4 \times 70\% = 3.976 L/s$。

② 参考《常用资料2025》5.10条，结合《建水标准》4.5.5条，可知，排水横管DN100，通用坡度0.02，排水流量3.65L/s，不满足要求；排水横管DN125，通用坡度0.015，排水流量5.86L/s，满足要求。

③ 参考《建水标准》4.5.12条第1款，该厨房排水横管放大一级为DN150。

答案选【D】。

分析：

① 参考《建水标准》4.5.1条，双格洗涤盆的当量为1，单格洗涤盆的当量为0.67；参考《建水标准》表3.7.8-2，洗涤盆的同时给水百分数取70%。

② 题干强调"采用排水铸铁管，坡度采用通用坡度"，参考《建水标准》4.5.5 条可得：当管径为 $DN75$ 时，对应的坡度为 0.025、充满度为 0.5；当管径为 $DN100$ 时，对应的坡度为 0.020、充满度为 0.5；当管径为 $DN125$ 时，对应的坡度为 0.015、充满度为 0.5；当管径为 $DN150$ 时，对应的坡度为 0.010、充满度为 0.6。

③ 参考《建水标准》4.5.12 条第 1 款，当公共食堂厨房内的污水采用管道排除时，其管径应比计算管径大一级，且干管管径不得小于 100mm，支管管径不得小于 75mm，可得，该厨房排水横管要放大一级。

19. 某城市最冷月平均气温－20℃，该城市中有一座 12 层职工宿舍建筑，建筑层高 4.5m，每层 16 间，每间宿舍住 2 人，每层布置相同，两间宿舍卫生间背靠背对称布置并共用排水立管。职工宿舍排水立管设置专用通气立管，由于建筑造型要求，宿舍的排水立管需 4 根汇总成 1 根后再伸出屋面，则各排水立管附设的专用通气立管管径，以及汇合通气管伸顶通气部分管径最小可为多少？（注：①每间宿舍内均设有洗脸盆 1 个，低水箱坐式大便器 1 个，淋浴器 1 个；②宿舍内卫生器具上边缘高于地面 800mm，各层排水横支管在地面以下 300mm 处；③不考虑底层单排的情况）

(A) $DN75$，$DN100$ (B) $DN75$，$DN125$
(C) $DN100$，$DN150$ (D) $DN100$，$DN175$

解析：

① 每根排水立管设计流量：

$$q_p = 0.12\alpha\sqrt{N_p} + q_{max} = 0.12 \times 1.5 \times \sqrt{12 \times 2 \times (0.75 + 4.5 + 0.45)} + 1.5$$
$$= 3.6(L/s)。$$

② 由于各排水立管附设的专用通气立管，查《建水标准》表 4.5.7 可知采用 $DN100$ 排水立管及 $DN75$ 通气立管隔层连接即可满足流量要求；通气立管长度 $L > 0.3 + 11 \times 4.5 + 0.8 + 0.15 = 50.75$（m）$> 50$（m），参考《建水标准》4.7.14 条第 1 款，通气立管应与排水立管同径，故专用通气立管管径为 $DN100$。

③ 参考《建水标准》4.7.18 条，汇合通气管管径：$D_{汇合} \geqslant \sqrt{100^2 + 3 \times 0.25 \times 100^2} = 132(mm)$，故管径为 $DN150$。

④ 由于该建筑所在城市最冷月平均气温低于－13℃，参考《建水标准》4.7.17 条，伸顶通气部分需放大一级，为 $DN175$。

答案选【D】。

分析：

① 由题意得，卫生间设在宿舍居室内，故该宿舍楼为用水分散型建筑，该卫生间为独卫，参考《建水标准》4.5.2 条，α 取 1.5；再参考《建水标准》4.5.1 条，洗脸盆当量为 0.75，低水箱坐式大便器当量为 4.5，淋浴器当量为 0.45；由于题干强调"12 层职工宿舍建筑""两间宿舍卫生间背靠背对称布置并共用排水立管""不考虑底层单排的情况"，故单根排水立管需要收集 12×2=24（间）卫生间的排水。

② 由于立管的设计排水量为 3.6L/s，查《建水标准》表 4.5.7 可知采用 $DN100$ 排水立管及 $DN75$ 通气立管隔层连接即可满足流量要求。

③ 参考《建水标准》4.7.7 条第 3 款，专用通气立管和主通气立管的上端可在最高层卫生器具上边缘 0.15m 或检查口以上与排水立管通气部分以斜三通连接，下端应在最低排水横支管以下与排水立管以斜三通连接，并结合题干"宿舍内卫生器具上边缘高于地面 800mm，各层排水横支管在地面以下 300mm 处""该建筑层高 4.5m"可得，通气立管长度至少为 11 层的层高再加上"0.3m＋0.8m＋0.15m"，即通气立管的长度至少为 50.75m；参考《建水标准》4.7.14 条，下列情况通气立管管径应与排水立管管径相同：1 专用通气立管、主通气立管、副通气立管长度在 50m 以上时，可得，通气立管管径为 DN100。

④ 参考《建水标准》4.7.18 条，当 2 根或 2 根以上排水立管的通气管汇合连接时，汇合通气管的断面积应为最大一根排水立管的通气管的断面积加其余排水立管的通气管断面积之和的 1/4，可得，汇合通气管的管径为 DN150；再参考《建水标准》4.7.17 条，伸顶通气管管径应与排水立管管径相同。最冷月平均气温低于-13℃的地区，应在室内平顶或吊顶以下 0.3m 处将管径放大一级，可得，汇合通气管的管径要放大至 DN175。

20. 上海某建筑全日热水供应系统采用两台导流型容积式（单台水加热器贮热容积为 2400L）水加热器供应热水（水加热器出口温度按能供到的最高温度来取值），水源采用地表水，原水水质总硬度（以碳酸钙计）为 100mg/L，设计小时耗热量 2160000kJ/h；热媒为压力 0.12MPa 的饱和蒸汽，传热效率系数 0.8，传热系数为 2340kJ/(m² · ℃ · h)。则每台水加热器的加热面积最小是多少？（热水密度为 1kg/L）

(A) 7.8m²　　　(B) 7.3m²　　　(C) 6.5m²　　　(D) 6.1m²

解析：

① 系统设计小时供热量：

$$Q_g = Q_h - \frac{\eta V_r}{T_1}(t_{r2}-t_1)C\rho_r = 2160000 - \frac{0.9 \times \frac{2400 \times 2}{1.2} \times (70-5) \times 4.187 \times 1}{2}$$
$$= 1670121(kJ/h)。$$

② 计算温度差：$\Delta t_j = \frac{t_{mc}+t_{mz}}{2} - \frac{t_c+t_z}{2} = \frac{122.65+90}{2} - \frac{5+70}{2} = 68.825(℃)。$

③ 每台加热面积：$F_{jr} = 60\% \times \frac{Q_g}{\varepsilon K \Delta t_j} = 60\% \times \frac{1670121}{0.8 \times 2340 \times 68.825} = 7.8(m²)。$

答案选【A】。

分析：

① 参考《建水标准》6.5.3 条，设置 2 台水加热器时，每台水加热器的供热量为总供热量的 60%，从而单台水加热器贮热容积也为总贮热容积的 60%，计算系统供热量时，总贮热容积 V_r 按 2400×2/1.2=4000L 代入计算；参考《建水标准》6.4.3 条第 1 款，导流型容积式水加热器 η 取 0.8~0.9，为使 Q_g 的值最小，取 0.9；题干强调"原水水质总硬度（以碳酸钙计）为 100mg/L"，参考《建水标准》6.2.6 条第 1 款，进入水加热设备的冷水总硬度（以碳酸钙计）小于 120mg/L 时，水加热设备最高出水温度应小于或等于 70℃，结合题干强调"水加热器出口温度按能供到的最高温度来取值"，故水加热器出水温度 t_{r2} 取 70℃；题干强调："水源采用地表水"，冷水温度参考《建水标准》6.2.5 条，

取 5℃；热水密度取题干值 1kg/L；参考《建水标准》6.4.3 条第 1 款，全日集中热水供应系统 T_1 取 2~4h，为使 Q_g 的值最小，T_1 取 2h。

② 参考《建水标准》6.5.9 条条文说明，t_{mc} 取 0.12MPa（120kPa）饱和蒸汽对应的温度 122.65℃。

参考《建水标准》6.5.9 条第 1 款，2）t_{mz}＝50~90℃，为使 Δt_j 最大，t_{mz}＝90℃；被加热水的终温 t_z 按加热器出水温度计算取 70℃；冷水温度参考《建水标准》6.2.5 条，取 5℃。

③ 参考《建水标准》6.5.7 条，ε 为 0.6~0.8，为使 F_{jr} 最小，ε 取 0.8；K 取题干值 2340kJ/(m²·℃·h)；再参考《建水标准》6.5.3 条，设置 2 台水加热器时，每台水加热器的供热量为总供热量的 60%，从而单台水加热器加热面积也为总加热面积的 60%。

21. 某宾馆采用 η＝1 导流型容积式水加热器全日集中供应 60℃ 热水，设计小时耗热量持续时间为 3h，时变化系数为 3.0；热媒为 98℃ 热水，设计小时供热量 Q_g＝2595940kJ/h，冷水为 10℃，热水密度均为 0.992kg/L；则该水加热器的贮热总容积最少为多少？（水加热器出水温度取 60℃）

名称	数量	60℃热水用水定额
客人	1000	120L/(人·d)
器具	数量	40℃热水 1h 用量（L）
浴缸（客房内）	300	300
淋浴器（客房内）	300	150
洗脸盆（客房内）	300	20

(A) 28m³   (B) 12m³   (C) 11m³   (D) 7m³

解析：

① $Q_h = K_h \dfrac{m q_r C (t_r - t_1) \rho_r}{T} C_\gamma = 3.0 \times \dfrac{1000 \times 120 \times 4.187 \times (60-10) \times 0.992}{24} \times 1.1$

$= 3426640.8 (kJ/h)$。

② $Q_g = Q_h - \dfrac{\eta V_r}{T_1}(t_r - t_1) C \rho_r = 3426640.8 - \dfrac{1.0 \times V_r}{3} \times (60-10) \times 4.187 \times 0.992$

$= 2595940 (kJ/h)$。

解析得 $V_r = 12000L = 12m³$。

答案选【B】。

分析：

① 题干强调"宾馆采用 η＝1 导流型容积式水加热器全日集中供应 60℃ 热水"，参考《建水标准》6.4.1 条第 2 款，采用分散型全日制公式计算耗热量；K_h 取题干值 3.0，m 取题干值 1000 人，q_r 取题干值 120L/(人·d)，t_r 取题干值 60℃，t_1 取题干值 10℃，ρ_r 取题干值 0.992kg/L，T 参考《建水标准》表 6.2.1-1 取宾馆客房使用时间 24h，C_γ 取最小值 1.1。

② 参考《建水标准》6.4.3 条第 1 款，Q_g 取题干值 2595940kJ/h，η 取题干值 1，T_1 取题干值 3h，t_r 取题干值 60℃，t_1 取题干值 10℃，ρ_r 取题干值 0.992kg/L；从而解析得 V_r＝

$12000\text{L} = 12\text{m}^3$。

22. 一座办公楼和一座教学楼共用一套直饮水供水系统。办公楼每层 200 人，每层设置 20 个直饮水水嘴，共计 6 层；教学楼每层 432 人，每层设置 36 个直饮水水嘴，共计 4 层。则该直饮水系统的最小设计流量为多少？（所有参数取上限）

(A) 0.88L/s   (B) 1.66L/s   (C) 1.75L/s   (D) 1.84L/s

解析：

① $n_{0办公} = 20 \times 6 = 120$；$p_{0办公} = \dfrac{\alpha Q_d}{1800 n_1 q_0} = \dfrac{0.27 \times 200 \times 6 \times 2}{1800 \times 120 \times 0.06} = 0.05$。

② $n_{0教学} = 36 \times 4 = 144$；$p_{0教学} = \dfrac{\alpha Q_d}{1800 n_1 q_0} = \dfrac{0.45 \times 432 \times 4 \times 2}{1800 \times 144 \times 0.06} = 0.1$。

③ $144 \times 0.1 > 120 \times 0.05$，则教学楼为主管路（取自《直饮水规程》6.0.7 条条文说明），

取 $p_0 = 0.1$，则 $n_0 = 144 + \dfrac{120 \times 0.05}{0.1} = 204$。

④ 参考《建水标准》表 J.0.2，根据内插法计算 $m = 30 + (34 - 30) \times \dfrac{204 - 200}{225 - 200} = 30.64$，

$q_g = m q_0 = 30.64 \times 0.06 = 1.84(\text{L/s})$。

答案选【D】。

分析：

① 题干强调"所有参数取上限"；对于办公楼，α 参考《建水标准》附录 J.0.3 取 0.27；参考《建水标准》6.9.2 条，直饮水定额取 2L/(人·班)；参考《建水标准》6.9.3 条第 2 款，管道直饮水水嘴额定流量 q_0 取 0.06L/s。

② 题干强调"所有参数取上限"；对于教学楼，α 参考《建水标准》附录 J.0.3 取 0.45；参考《建水标准》6.9.2 条，直饮水定额取 2L/(人·班)；参考《建水标准》6.9.3 条第 2 款，管道直饮水水嘴额定流量 q_0 取 0.06L/s。

③ 参考《直饮水规程》6.0.7 条条文说明，教学楼为主管路，从而求得 $p_0 = 0.1$，$n_0 = 204$；参考《建水标准》表 J.0.2 内插可得，$m = 30.64$；参考《建水标准》6.9.3 条第 8 款；求得直饮水最小设计流量。

23. 某建筑高度为 35m，每层建筑面积为 900m^2 的办公楼，设有室内外消火栓给水系统、自动喷水灭火系统全保护，其市政给水引入管为一条，关于该建筑消防水池的设置方案如下：

(1) 该建筑仅 35m 高，完全在消防车的扑救高度之内，不设消防水池。

(2) 设置只储存室内全部消防用水的消防水池，室外由市政管网直供。

(3) 设消防水池，储存室内外全部消防用水量。

(4) 消防水池容积最小为 418m^3。

(5) 消防水池容积最小为 360m^3。

上述方案中有几个是正确的？应给出正确方案的编号并说明理由。

(A) 2 个   (B) 3 个   (C) 4 个   (D) 5 个

解析：

① 关于消防水池是否设置和储存范围：

该建筑体积为 $900 \times 35 = 31500$（m^3）；查《消规》3.3.2 条，得室外消火栓流量为 30 L/s；参考《消规》4.3.1 条第 2 款，当采用一路消防供水或只有一条入户引入管，且室外消火栓设计流量大于 20L/s 或建筑高度大于 50m（应设消防水池），故（1）错误。

参考《消规》6.1.3 条第 1 款，应采用两路消防供水，除建筑高度超过 54m 的住宅外，室外消火栓设计流量小于或等于 20L/s 时可采用一路消防供水，该系统室外消防需要两路供水，本题需要设置消防水池，则消防用水量需要全部储存在消防水池当中，故（2）错误，（3）正确。

② 消防水池容积：

(a) 判断建筑类型：建筑高度为 35m，为二类高层公共建筑；根据规定要设置室外消火栓（《消规》8.1.2 条）、室内消火栓（《消规》8.2.1 条第 2 款）及自动喷水装置（《喷规》8.3.3 条第 2 款）。

(b) 消防设计流量：

室外消火栓流量（《消规》3.3.2 条）：30L/s；室内消火栓流量（《消规》3.5.2 条）：20L/s。

自动喷水设计流量：查《喷规》附录 A 得知，该建筑为中危险级 I 级，则设计流量为 $6 \times 160 \div 60 = 16$L/s。

(c) 火灾延续时间：消火栓 2h（《消规》3.6.2 条）；自动喷水 1h。

(d) 消防用水量：$V = (30 + 20) \times 2 \times 3.6 + 16 \times 1 \times 3.6 = 417.6 m^3$，故（4）正确、(5)错误。

答案选【A】。

24. 位于海拔高度 800m 的通信机房，设置 IG541 混合气体管网灭火系统，净总面积为 1100m^2（分为两个防护区，500m^2 和 600m^2），其吊顶、工作间、下走线夹层净高分别为 1.0m、3.0m、1.5m。拟采用规格为 90L 二级增压储存钢瓶。则该系统储气钢瓶的数量最少应不小于下列哪项？（注：防护区的最低环境温度为 15℃，不考虑储存容器内和管道内灭火剂剩余量；海拔修正系数取 1.0）

(A) 16 个　　　　(B) 76 个　　　　(C) 78 个　　　　(D) 86 个

解析：

① 防护区的净容积 $V = 600 \times (1 + 3 + 1.5) = 3300$（$m^3$）。

② 温度为 15℃ 时，$S = 0.6575 + 0.0024 \times 15 = 0.6935$（$m^3/kg$）。

③ 通信机房为固体火灾，故灭火设计浓度 C_1 取 $28.1\% \times 1.3 = 36.53\%$。

④ 海拔修正系数 K 取 1。

⑤ $W = 1 \times \dfrac{3300}{0.6935} \times \ln\left(\dfrac{100}{100 - 36.53}\right) = 2163.21$（kg）。

⑥ 参考《气体灭火规范》3.4.5 条，IG541 单位容积的充装量应符合下列规定：2) 二级充压，20℃，充装压力为 20.0MPa（表压）时，其充装量应为 281.06kg/m^3。

⑦ 每个钢瓶最大充装量为 $281.06 \times 90 \div 1000 = 25.30$（kg）。

⑧ 需钢瓶数量 2163.21÷25.3＝85.5，取 86 个，故 D 正确。

答案选【D】。

---

25. 某竞赛池尺寸为 50m×25m，水深 3m，选用 4 台多层颗粒过滤器，反冲洗强度为 15L/(m²·s)，反冲洗时间 5min，则该泳池均衡水池的最小有效容积为多少？（补水量充足）

(A) 57.46m³   (B) 61.88m³   (C) 65.58m³   (D) 244.96m³

解析：

均衡水池有效容积 $V_j = V_a + V_d + V_c + V_s$

① 水深 3m，参考《游泳池规程》表 4.2.1，泳池最大负荷为 4m²/人，则容纳人数为 $50×25÷4 = 312.5$(人)，取 312 人，

$V_a = 312×0.06 = 18.72$(m³)。

② 循环流量：

$$q_c = \frac{V_p × \alpha_p}{T_p} = \frac{50×25×3×1.05}{5} = 787.5 (m³/h)。$$

③ 反冲洗所需水量：

$$A = \frac{1.1q_c}{nv} = \frac{1.1×787.5}{4×30} = 7.22 (m²)，$$

$V_d = q_反 AT = 15×7.22×(5×60) = 32490(L) = 32.49$(m³)。

④ 循环运行水量：

$V_s = A_s × h_s = 25×50×0.005 = 6.25$(m³)。

⑤ 均衡水池容积：

$V_j = V_a + V_d + V_c + V_s = 18.72 + 32.49 + 0 + 6.25 = 57.46$(m³)。

答案选【A】。

分析：

① 参考《游泳池规程》表 4.2.1，由于游泳池水深为 3m，故人均池水面积取 4m²/人，在计算人数时，为了不超过泳池的设计负荷，人数要向下取整。

② 参考《游泳池规程》表 4.4.1，3m 水深的竞赛池循环周期取 5h，参考《游泳池规程》5.2.2 条，总过滤能力不应小于 1.10 倍的池水循环水量；n 为过滤器数量，取题干值 4 台；v 为过滤器滤速，参考《游泳池规程》表 5.4.2-1 取 30m/h；进而可以算得单台过滤器的横截面积 A，再取题干给出的反冲洗强度 15L/(m²·s) 及反冲洗时间 5min 算得单个过滤器反冲洗时所需水量 V_d。

③ 参考《游泳池规程》4.8.1 条第 1 款，由于题干告知补充水量充足，故 V_c 取 0。

④ 参考《游泳池规程》4.8.1 条第 1 款，$V_s = A_s × h_s$，其中 h_s 取 0.005m。

冲刺试卷 3　案例下

单选题（共 25 题，每题 2 分。每小题的四个选项中只有一个正确答案，错选、多选均不得分）

1. 已知某小型管网如下图所示，水厂来水通过清水输水管输送至 A 点进入管网，清水池最低水位标高为 110m，清水输水管的水头损失为 8m，当地要求市政管网最小服务水头为 20m，问二级泵站扬程为多少？（忽略水泵吸水管水头损失，E→D 管段的水头损失为 0.8m）

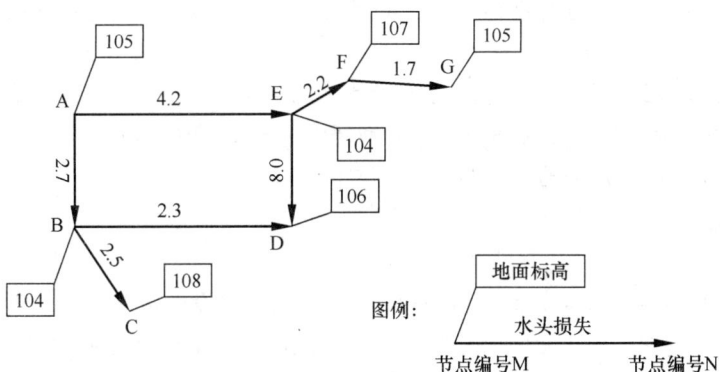

(A) 33.4m　　　　(B) 31.4m　　　　(C) 31.2m　　　　(D) 23.4m

解析：

① 由题干数据可知，管网控制点为 F 点。

② 水泵扬程＝$H_c + \Delta h + \Delta Z = 20 + (8 + 4.2 + 2.2) + (-3) = 31.4$(m)。

答案选【B】。

2. 某面积较大的普通快滤池，于池中间设排水渠将滤池分为左右两个单元，每个单元的平面尺寸为 4m×6m。各单元内均设 3 条长 4m 的排水槽，水槽垂直接入排水渠，排水渠宽 0.8m。若设计排水槽断面模数 x 为 0.22m，计入水槽壁厚取 0.05m 的情况下，请计算滤池中排水槽在平面上的总面积占滤池过滤面积的比例为多少？是否满足现行标准要求？

(A) 22%，满足　　　　　　　　　(B) 22.5%，满足

(C) 24.5%，满足　　　　　　　　(D) 27%，不满足

解析：

① 由题干数据可知，单格滤池的过滤面积 $F = 2 \times 4 \times 6 = 48$(m²)。

② 水槽内净宽 $2x$，即 0.44m，计入水槽两个壁厚之后，水槽总宽 $0.44 + 2 \times 0.05 = 0.54$(m)。

③ 单个水槽所占面积为 0.54×4，池内6条水槽共占面积为 $6 \times (0.54 \times 4) = 12.96$ (m^2)。

④ 水槽面积占滤池过滤面积之比为 $12.96 \div 48 = 27\%$，故不满足现行标准《给水标准》9.5.24 条中不超过 25% 的规定。

答案选【D】。

3. 拟设计一座重力式无阀滤池，分为2格，单格面积 $25m^2$，设计滤速 9m/h，平均反冲洗强度 $15L/(m^2 \cdot s)$，冲洗历时 5min，其余参数待定。请计算，设计成各格滤池无冲洗时自动停止过滤进水装置比设计成各格滤池均有冲洗时自动停止过滤进水装置，在反冲洗期间废水的排放会增加多少比例？

(A) 14.3%　　　(B) 16.7%　　　(C) 33.3%　　　(D) 60.0%

解析：

① 各格滤池均有冲洗时自动停止过滤进水装置时，则反冲洗废水排放量为单格滤池冲洗所耗水量，也即 $0.06qFt$。

② 当各格滤池无冲洗时自动停止过滤进水装置时，则反冲洗废水排放量除了包括单格滤池冲洗所耗水量之外，还有冲洗格自身所进原水量，$vF(t/60)$。

③ 因此，废水增加比例为：$[vF(t/60)] \div [0.06qFt]$，代入得 16.7%。

答案选【B】。

4. 一座V型滤池，分为4格，单格过滤面积 $50m^2$，设出水阀门自动调节运行，设计滤速 9m/h，强制滤速 10.2m/h。滤池反冲洗采用全程带有表面扫洗的模式，先气冲 2min，气冲强度 $15L/(m^2 \cdot s)$；然后气水同时冲 3min，气冲强度 $15L/(m^2 \cdot s)$，水冲强度 $3L/(m^2 \cdot s)$；最后单独用水漂洗 5min，水冲强度 $6L/(m^2 \cdot s)$。请计算单格滤池反冲洗期间排放的废水量。（该格滤池冲洗前的池内存水忽略不计）

(A) $117m^3$　　　(B) $153m^3$　　　(C) $162m^3$　　　(D) $279m^3$

解析：

① 由设计滤速 9m/h，强制滤速 10.2m/h，可求得表面扫洗强度，$4 \times 9 = 3 \times 10.2 + 3.6q_{表扫}$，故 $q_{表扫} = 1.5L/(m^2 \cdot s)$。

② 反冲洗总历时为 $2 + 3 + 5 = 10(min)$，表面扫洗全程存在，则表面扫洗产生的废水量为 $1.5 \times 50 \times (10 \times 60) \div 1000 = 45(m^3)$。

③ 气水同时冲期间，水冲产生的废水量为 $3 \times 50 \times (3 \times 60) \div 1000 = 27(m^3)$。

④ 后水冲洗期间，水冲产生的废水量为 $6 \times 50 \times (5 \times 60) \div 1000 = 90(m^3)$。

⑤ 因此反冲洗期间总共产生的废水量为 $45 + 27 + 90 = 162(m^3)$。

答案选【C】。

5. 已知一座普通快滤池，采用大阻力配水系统，单水冲洗强度为 $15L/(m^2 \cdot s)$ 时，干管起端流速为 1.5m/s，支管起端流速 2.0m/s，孔口平均流速 6m/s。若孔口流速系数 φ 取 0.97，孔口收缩系数 ε 取 0.64，请计算该配水系统的配水均匀性是多少？

(A) 92.3%　　　(B) 92.7%　　　(C) 93.7%　　　(D) 96.8%

解析：

① 孔口流量系数 $\mu = \varphi \cdot \varepsilon = 0.97 \times 0.64 = 0.62$。

② 配水均匀性 $= \{(6 \div 0.62)^2 \div [(6 \div 0.62)^2 + 1.5^2 + 2.0^2]\}^{0.5} = 96.8\%$。

答案选【D】。

6. 已知某小型水厂消毒时设计加氯量为 $1.2mg/L$（以 Cl_2 计），若采用漂白粉（Ca-OCl_2）作为消毒剂，且为了保证理论上消毒能力相同，则纯漂白粉的投加量为多少(mg/L)？

(A) 0.676   (B) 1.2   (C) 2.15   (D) 4.26

解析：

① 漂白粉的有效氯系数为：$(0+1) \times 71 \div (40+16+71) = 0.5591$。

② 氯气的有效氯系数为 100%。

③ 设纯漂白粉的投加量为 C，则 $C \times 0.5591 = 1.2 \times 100\%$，故 $C = 2.15$。

答案选【C】。

7. 风筒式自然通风冷却塔，塔体总高度为 $35m$，淋水材料底至塔底高度取 $8m$，淋水材料顶表面至塔顶高度为 $24m$，填料处风筒直径取 $15m$，塔的总阻力系数取 1.5，塔内外空气密度分别为 $1.1kg/m^3$ 和 $1.2kg/m^3$，求该冷却塔风量。

(A) $1115m^3/s$ (B) $924m^3/s$ (C) $952m^3/s$ (D) $979m^3/s$

解析：

$$G = 3.48 D^2 \sqrt{\frac{H_c(\rho_1 - \rho_2)}{\xi \rho_m}}$$

$$= 3.48 \times 15^2 \times \sqrt{\frac{[24 + (35 - 24 - 8)/2] \times (1.2 - 1.1)}{1.5 \times (1.2 + 1.1)/2}} = 952(m^3/s)。$$

答案选【C】。

8. 某城市为控制水体污染，拟改建合流污水泵站，该泵站上游未设置溢流装置，泵站出水分别提升到污水处理厂和溢流到河流中。已知泵站前的雨水设计流量为 $10m^3/s$，平均日综合生活污水量和工业废水量分别为 $1m^3/s$ 和 $0.6m^3/s$，设计截流倍数为 3，溢流泵站设置轴流式工作泵 3 台，则该溢流泵站集水池容积（m^3）最小为下列哪项？

(A) 60   (B) 80   (C) 250   (D) 500

解析：

① 溢流到河流的流量 $Q = 10 - 4.8 = 5.2$（m^3/s）。

② 3 台轴流泵均为工作泵，单台流量为 $5.2 \div 3 = 1.733$（m^3/s）。

③ $V \geqslant QT = 1.733 \times 30 = 52$（$m^3$）；最经济合理的是 $60m^3$。

答案选【A】。

9. 某城市污水处理厂选用 SBR 工艺，平均日污水量为 1.2 万 m^3/d，总变化系数 K 为 1.2，进水 $BOD_5 = 200mg/L$，要求出水 $BOD_5 \leqslant 10mg/L$。SBR 工艺污泥负荷为

0.1kgBOD$_5$/(kgMLSS·d)，采用 2 组共 6 池，超高 0.5m，充水比为 0.2，MLSS 为 4000mg/L，沉淀时间 1h，排水时间 1.2h。单池池体有效容积最小为下列哪项数值（m^3）？

　(A) 2000　　　　　(B) 2400　　　　　(C) 3000　　　　　(D) 12000

解析：

① $t_R = \dfrac{24S_0 m}{1000 L_s X} = \dfrac{24 \times 200 \times 0.2}{1000 \times 0.1 \times 4} = 2.4$ （h）。

② 反应＋沉淀＋排水＝2.4＋1＋1.2＝4.6（h），闲置期取 0.2h，最小周期时长为 4.8h，每天周期数＝24÷4.8＝5。

③ $V = \dfrac{Q}{m} = \dfrac{12000 \times 1.2}{5 \times 6 \times 0.2} = 2400$ （m^3）。

答案选【B】。

10. 某污水处理厂采用常规曝气活性污泥法工艺，曝气池有效容积为 2000m^3，混合液污泥浓度为 4000mg/L，污泥回流比控制为 100%，若要泥龄保持在 20d，则每天应从二沉池排出的剩余污泥量和干污泥量分别是多少？

　(A) 50m^3/d，200kg 干泥/d　　　　　　　(B) 50m^3/d，400kg 干泥/d
　(C) 100m^3/d，400kg 干泥/d　　　　　　(D) 100m^3/d，800kg 干泥/d

解析：

① $Q_w = \dfrac{VX}{X_r \theta_c} = \dfrac{V}{\theta_c} \times \dfrac{R}{1+R} = \dfrac{2000}{20} \times \dfrac{1}{2} = 50 (m^3/d)$。

② 剩余污泥量为：$\Delta X = \dfrac{V \cdot X}{\theta_C} = \dfrac{2000 \times 4}{20} = 400 (kg/d)$。

答案选【B】。

11. 某市政污水处理厂拟采用单格曝气生物滤池处理工艺，设计处理水量为 4000m^3/d。进水 BOD 浓度为 150mg/L，氨氮浓度为 30mg/L，出水 BOD 浓度为 20mg/L，出水氨氮浓度为 10mg/L，滤料层高度 5m，曝气生物滤池直径设计经济合理的是哪项？

　(A) $D=15$m　　　　(B) $D=12$m　　　　(C) $D=9$m　　　　(D) $D=7$m

解析：

曝气生物滤池同时去除 BOD 和氨氮时，应按各自负荷分别计算填料容积，取大值，

$V_1 = \dfrac{Q \times S_0}{q_{BOD}} = \dfrac{4000 \times 0.15}{1.2 \sim 2.0} = 300 \sim 500 (m^3)$

$V_2 = \dfrac{Q \times (NH_3\text{-}N)}{q_{NH_3\text{-}N}} = \dfrac{4000 \times 0.03}{0.4 \sim 0.6} = 200 \sim 300 (m^3)$

$A = \dfrac{Q}{q} = \dfrac{4000 \div 24}{2.5 \sim 4.0} = 41.6 \sim 66.6$ （m^2），对应体积为 208~333m^3，

三个负荷综合最合理的体积为 300~333m^3，对应面积为 60~66.6m^2，对应直径为 8.7~9.2m。

答案选【C】。

12. 某污水处理厂拟采用 AO 生物脱氮工艺，单池设计水量为 4000m³/d，进、出水 BOD_5 分别为 150mg/L 和 20mg/L，污泥总产率系数 0.5kgMLSS/kgBOD₅，设计水温 25℃，脱氮速率为 $K_{de(20℃)}$ 为 0.06 (kgNO₃-N)/(kg·MLSS·d)；反应池内混合液悬浮固体平均浓度为 4gMLSS/L，MLVSS/MLSS＝0.5；进水 TN 为 50mg/L，硝态氮为 5mg/L，出水 TN 为 15mg/L，硝态氮为 5mg/L。则 A 段的单池有效容积宜为多少？

(A) 139m³   (B) 296m³   (C) 333m³   (D) 353m³

解析：

$$\Delta X_v = y Y_t \frac{Q(S_o - S_e)}{1000} = 0.5 \times 0.5 \times \frac{4000 \times (150 - 20)}{1000} = 130 \text{kgMLVSS/d},$$

$$K_{de(T)} = K_{de(20)} 1.08^{(T-20)} = 0.06 \times 1.08^{(25-20)} = 0.0882 (\text{kgNO}_3\text{-N})/(\text{kgMLSS} \cdot \text{d}),$$

$$V_n = \frac{0.001Q(N_k - N_{te}) - 0.12\Delta X_v}{K_{de}X} = \frac{0.001 \times 4000 \times (50-15) - 0.12 \times 130}{0.0882 \times 4}$$

$$= 353,$$

校核停留时间 $V_n = 353 \times 24 \div 4000 = 2.118$ (h)，满足 2～10h 的要求。

答案选【D】。

13. 某污水处理厂每日产生含水率为 96% 的污泥为 600m³，采用自动板框压滤机将污泥含水率降至 70% 以下，污泥脱水前投加聚丙烯酰胺进行调理，选用 4 台脱水机，每天进泥 4 次，每次脱水时间为 3h，下列给出的每台板框压滤机的压滤脱水面积数值，哪项最合理？

(A) 110m²   (B) 210m²   (C) 400m²   (D) 500m²

解析：

化学调理（投加有机高分子）0.03～0.055m³/(m²·h)。

① 不考虑备用：$A = \dfrac{Q}{nqt} = \dfrac{600}{4 \times 4 \times 3 \times (0.03 \sim 0.055)} = 227 \sim 417 (\text{m}^2)$。

② 考虑 1 台备用：$A = \dfrac{Q}{nqt} = \dfrac{600}{3 \times 4 \times 3 \times (0.03 \sim 0.055)} = 302 \sim 556 (\text{m}^2)$。

答案选【C】。

14. 某处理含截留雨水的城市污水处理厂，旱季的剩余污泥量为 700m³/d，含水率为 99.4%，采用圆形重力浓缩池，有效水深 3.5m，下列设计哪一组最经济合理？

(A)设浓缩池 2 座，每座直径 5.00m   (B)设浓缩池 2 座，每座直径 8.00m

(C)设浓缩池 2 座，每座直径 10.00m   (D)设浓缩池 1 座，直径 12.00m

解析：

① 按 2 池考虑：$A_\text{单} = \dfrac{QC}{2M} = \dfrac{700 \times 1.2 \times (1-0.994) \times 1000 \div 2}{30 \sim 60} = 42 \sim 84 (\text{m}^2)$

对应直径为 7.3～10.34m。

② 校核雨季停留时间：$t = \dfrac{V}{Q} = \dfrac{Ah}{Q} = \dfrac{3.14 \times 8 \times 8 \times 3.5 \times 2}{4 \times 700 \times 1.2} \times 24 = 11.0 (\text{h})$，B 不满足要求。

③ 校核雨季停留时间：$t = \dfrac{V}{Q} = \dfrac{Ah}{Q} = \dfrac{3.14 \times 10 \times 10 \times 3.5 \times 2}{4 \times 700 \times 1.2} \times 24 = 15.7(\text{h})$，C 满足要求。

答案选【C】。

15. 某工业企业的酸、碱废水相互中和后，废水仍具有酸性（0.015g/L 的 HCl），流量 600m³/d。现采用石灰纯度为 60% 的石灰乳进行中和，则石灰用量（kg/d）最少是下列哪一项？（安全系数为 1.05~1.1）

(A) 12.12　　　　(B) 12.7　　　　(C) 14.3　　　　(D) 25.4

解析：

石灰乳中和属于湿式法中和，K 值最小取 1.05，

$$G = \frac{QCKa_1}{a_2} = \frac{600 \times 0.015 \times 0.77 \times 1.05}{0.6} = 12.12 \ (\text{kg/d})。$$

答案选【A】。

16. 某住宅小区，有高层住宅 16 座，每座 33 层，每层 2 个单元，每层每单元 2 户，每户 3 人，每户均设家用热水机组；小区配套商业总建筑面积 3500m²，无住宿幼儿园共有学生 360 人。采用气压罐供水，最高最低供水压力时，气压罐上压力表的读数分别为 0.5MPa 和 0.35MPa。水泵每小时启动 6 次，采用卧式补气罐，则气压罐总容积最小为多少？（注：①配套商业营业厅面积占总建筑面积的 70%；②不计未预见和管网漏损水量；③若与住宅用水高峰出现在不同的时段，则按平均时用水量计入）

(A) 20.3m³　　　　(B) 22.7m³　　　　(C) 24.3m³　　　　(D) 27.0m³

解析：

① $Q_h = 2 \times \dfrac{16 \times 33 \times 2 \times 2 \times 3 \times 180}{24 \times 1000} + 1.2 \times \dfrac{3500 \times 0.7 \times 5}{12 \times 1000} + \dfrac{360 \times 30}{10 \times 1000}$

$\quad = 97.345(\text{m}^3/\text{h})$。

② $V_{q2} = \dfrac{\alpha_a q_b}{4n_q} = \dfrac{1 \times (1.2 \times 97.345)}{4 \times 6} = 4.87(\text{m}^3)$。

③ $V_q = \dfrac{\beta V_{q1}}{1 - \alpha_b} = \dfrac{1.25 \times 4.87}{1 - \dfrac{0.35 + 0.1}{0.5 + 0.1}} = 24.3(\text{m}^3)$。

答案选【C】。

分析：

① 参考《建水标准》3.13.4 条第 3 款。居住小区内配套的文教、医疗保健、社区管理等设施，以及绿化和景观用水、道路及广场洒水、公共设施用水等，均以平均时用水量计算节点流量，可得，无住宿幼儿园的用水高峰与住宅出现在不同的时段，故需按平均时用水量计入最高日最高时流量。

② 参考《建水标准》3.2.1 条。结合题干可得，设有家用用水机组的住宅，人数为 $16 \times 33 \times 2 \times 2 \times 3 = 6336$ 人，定额取 180L/(人·d)，时变化系数取 2.0，使用时数取 24h。参考《建水标准》3.2.2 条。结合题干可得，商业营业厅面积为 $3500 \times 0.7 = $

$2450m^2$，定额取 $5L/(m^2$营业厅$\cdot d)$，时变化系数取 1.2，使用时数取 12h。参考《建水标准》3.2.2 条。结合题干可得，无住宿幼儿园儿童人数为 360 人，定额为 $30L/($儿童$\cdot d)$，使用时数取 10h。从而可以算得小区的最高日最高时流量为 $97.345m^3/h$。

③ 参考《建水标准》3.9.4 条第 4 款。α_a 取最小值 1.0，q_b 取 1.2 倍的最高日最高时流量，n_q 取题干值 6 次。

④ 参考《建水标准》3.9.4 条第 5 款。β 取卧式补气管对应的 1.25，α_b 取气压水罐内的工作压力比（以绝对压力计）。

17. 某住宅小区设有 8 栋住宅楼，设有定时（19:00～23:00）集中供应热水系统，每栋住宅楼设计人数 250 人；小区配套建设一座容纳 200 名儿童的无寄宿幼儿园；小区内绿化面积为 $5600m^2$，道路和广场面积为 $4400m^2$；小区设一座公共游泳池，每日补充水量为 $60m^3$；其中绿化、道路及广场浇洒时间为每日 8h，时变化系数为 1.2；游泳池每天 24h 均匀补水；则本小区给水设计用水量（m^3/d）为下列哪项？（注：①小区未预见及管网漏失水量取 10%；②用水定额取高限值，时变化系数取低限值）

(A) 62   (B) 69   (C) 740   (D) 814

解析：

$Q_{d住宅}=8\times250\times320\times10^{-3}=640(m^3/d)$，

$Q_{d幼}=200\times50\times10^{-3}=10(m^3/d)$，

$Q_{d绿化}=5600\times3\times10^{-3}=16.8(m^3/d)$，

$Q_{d道路广场}=4400\times3\times10^{-3}=13.2(m^3/d)$，

$Q_{设计}=1.1\times(640+10+16.8+13.2+60)=814(m^3/d)$。

答案选**【D】**。

分析：

① 本题求的是小区给水设计用水量的最小值，故需要计入小区未预见及管网漏失水量，取题干值 10%；其他用水部分按最高日用水量计算。

② 题干强调"用水定额取高限值"；参考《建水标准》3.2.1 条，结合题干可得，设有集中热水供应系统的住宅，人数为 $8\times250=2000$ 人，定额取 $320L/($人$\cdot d)$；参考《建水标准》3.2.2 条，结合题干可得，无住宿幼儿园儿童人数为 200 人，定额为 $50L/($儿童$\cdot d)$；参考《建水标准》3.2.3 条，结合题干可得，绿化面积为 $5600m^2$，定额为 $3L/(m^2\cdot d)$；参考《建水标准》3.2.4 条，结合题干可得，道路和广场面积为 $4400m^2$，定额为 $3L/(m^2\cdot d)$；结合题干可得公共游泳池，每日补充水量为 $60m^3$（题干并没有给出游泳池初次充水量的相关计算参数，故游泳池用水只能按每日补充水量计算）；从而可以算得小区各用水部分的最高日用水量。

18. 某五星级宾馆客房卫生间污废合流，卫生间内设有冲洗水箱坐式大便器 1 个，浴盆 1 个，单独设置的淋浴器 1 个，洗脸盆 1 个，排水管采用塑料管粘接。则该卫生间排水横支管的设计流量和最小管径分别为多少？

(A) 2.02L/s；$De75$ (B) 2.03L/s；$De75$

(C) 2.02L/s；$De110$ (D) 2.03L/s；$De110$

解析：

$q_p = 0.12\alpha\sqrt{N_p} + q_{max} = 0.12 \times 1.5 \times \sqrt{4.5 + 3 + 0.45 + 0.75} + 1.5 = 2.03(L/s)$。

参考《建水标准》4.5.8条，大便器排水管管径不小于$DN100$。

由于排水横支管采用塑料管粘接，参考《建水标准》4.5.6条，管道坡度为0.026，充满度为0.5。

参考《常用资料2025》5.8节，当管径为$de110$，坡度为0.026，充满度为0.5时，流量为6.61L/s＞2.03L/s，故满足要求。

答案选【D】。

分析：

① 参考《建水标准》4.5.1条，冲洗水箱大便器当量为4.5，浴盆当量为3，淋浴器当量为0.45（题干强调"淋浴器为单独设置"故淋浴器的当量也要计入），洗脸盆当量为0.75；由于为独立卫生间，参考《建水标准》4.5.2条，α取1.5。

② 参考《建水标准》4.5.8条，大便器排水管最小管径不得小于100mm，可得，管径从$de110$开始试算；参考《建水标准》4.5.6条，由于排水横支管采用塑料管，粘接，从而坡度取0.026，充满度取0.5；参考《常用资料2025》5.8节，当管径为$de110$，坡度为0.026，充满度为0.5时，流量为6.61L/s满足要求，故横支管管径取$de110$。

19. 下图所示建筑为重要公共建筑，1、2两部分均采用天沟集水，天沟采用矩形断面，底宽300mm，坡度0.03，则下列天沟深度中，适合1区部分的最小深度为多少？

注：暴雨强度公式为$q = \dfrac{2001\,(1+0.811\lg P)}{(t+8)^{0.711}}$ $[L/(s \cdot hm^2)]$，天沟采用水泥砂浆光滑抹面

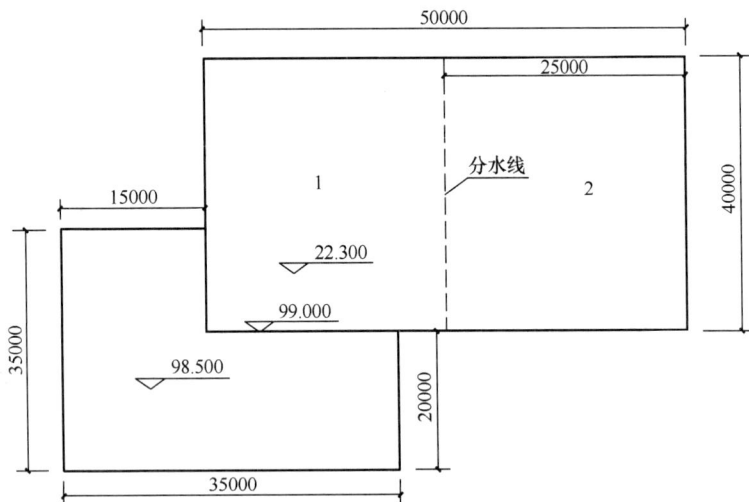

(A) 100mm   (B) 150mm   (C) 200mm   (D) 250mm

解析：

① 重要公共建筑设计重现期取10年，降雨历时5min。

$$q_j = \frac{2001(1+0.811\lg10)}{(5+8)^{0.711}} = 585[L/(s \cdot hm^2)]。$$

② 汇水面积：$F = (50-25) \times 40 + 0.5 \times \sqrt{(35-20)^2 + (35-15)^2} \times (99-22.3) = 1959(m^2)。$

③ 由于采用天沟集水从而雨水不会溢流进入室内，则 1 区设计雨水量为：

$$Q = \frac{q_j \psi F_w}{10000} = 1959 \times 1 \times 585 \div 10000 = 114.6(L/s)。$$

④ 采用天沟公式计算其排水能力：

$$Q_沟 = bh \cdot \frac{1}{n}\left(\frac{bh}{b+2h}\right)^{\frac{2}{3}} I^{\frac{1}{2}} = 0.3 \times h \times \frac{1}{0.012} \times \left(\frac{0.3h}{0.3+2h}\right)^{\frac{2}{3}} \times 0.03^{\frac{1}{2}},$$

则经过试算法试算可得：

当有效水深 $h=100mm=0.1m$ 时，$Q=0.06636m^3/s=66.4L/s<114.6L/s$，不满足要求，

当有效水深 $h=150mm=0.15m$ 时，$Q=0.1155m^3/s=115.5L/s>114.6L/s$，满足要求，

另考虑超高 50～100mm，则天沟最小深度为 150+50=200（mm）。

答案选【C】。

分析：

① 参考《建水标准》5.2.3 条，降雨历时取 5min；参考《建水标准》5.2.4 条，重要公共建筑屋面的重现期取 10 年；代入暴雨强度公式可得，设计暴雨强度为 585L/(s·hm²)。

② 参考《建水标准》5.2.7 条，屋面的汇水面积应按屋面水平投影面积计算。高出裙房屋面的毗邻侧墙，应附加其最大受雨面正投影的 1/2 计算，结合题干配图可得，屋面水平投影面积为：$(50-25) \times 40$，侧墙的附加面积为：$0.5 \times \sqrt{(35-20)^2 + (35-15)^2} \times (99-22.3)$，从而汇水面积为 1959m²。

③ 参考《建水标准》5.2.6 条，屋面的径流系数 ψ 取 1，从而算得 1 区的设计雨水量为 114.6L/s。

④ 题干强调为天沟排水，故采用天沟排水计算公式，其中 b 取题干值 300mm=0.3m，由于天沟采用水泥砂浆光滑抹面，n 取 0.012，I 取题干值 0.03；从而试算可得，当有效水深为 150mm 时，满足区域 1 的排水要求；又因为 h 为有效水深，不包含超高；故天沟深度应另增加 50～100mm 的保护高度，从而天沟的最小深度为 150+50=200mm。

20. 某建筑采用半即热式水加热器定时制集中热水供应系统。该系统配水管道热损失 72000kJ/h，水头损失为 55kPa，水容量为 800L；回水管道热损失 36000kJ/h，水头损失为 45kPa，水容量为 900L；水加热器容量为 100L，水头损失为 20kPa。则系统热水循环水泵的流量最小应为哪项？

　(A) 3400L/h　　　(B) 3600L/h　　　(C) 5100L/h　　　(D) 5400L/h

解析：

$$q_{xh} = 1.5 \times 2 \times (800+900) = 5100(L/h)。$$

答案选【C】。

分析：

① 参考《建水标准》6.7.6 条，定时集中热水供应系统的热水循环流量可按循环管网总水容积的 2 倍~4 倍计算。循环管网总水容积包括配水管、回水管的总容积，不包括不循环管网、水加热器或贮热水设施的容积，从而可得该定时集中热水供应系统的循环流量为 $2 \times (800 + 900) = 3400(L/h)$。

② 参考《建水标准》6.7.10 条第 1 款，循环水泵的流量为系统循环流量的 1.5~2.5 倍，取 1.5 倍。

21. 北京市某五星级酒店为提高品质，热水系统采用导流型容积式水加热器一次加热，每户卫生间内设置即热式电热水器二次加热的供热方式，卫生间内洗脸盆和淋浴器供应热水，但由于电量有限，每户电热水器耗电量最大仅为 10kW，则导流型容积式水加热器出水温度最低为多少？（用户端供应热水温度为 60℃，热水密度取 1kg/L，忽略一次加热至二次加热的热损失量）

(A) 48.4℃　　　　(B) 48.7℃　　　　(C) 55.4℃　　　　(D) 55.5℃

解析：

① $q_g = 0.2\alpha\sqrt{N_g} = 0.2 \times 2.5 \times \sqrt{0.5 + 0.5} = 0.5L/s > 0.1 + 0.1 = 0.2(L/s)$，取 0.2L/s。

② $Q_g = W\eta = 10 \times 0.97 = 9.7(kW) = 9.7(kJ/s) = 34920(kJ/h)$。

③ $Q_g = 3600 q_g \times C(t_r - t_1)\rho_r$。

则 $t_1 = t_r - \dfrac{Q_g}{3600 q_g \times C \times \rho_r} = 60 - \dfrac{34920}{3600 \times 0.2 \times 4.187 \times 1} = 48.4(℃)$。

答案选【A】。

分析：

① 本题出题思路仅供借鉴，不建议通过本题来发散思维，去琢磨热水是否有其他新的考点。

② 本题难度较大，考察对热水系统的解析，实质是通过已知即热式电热水器的供热量（耗电量×效率），去反求即热式电热水器的进水温度（即公式中的冷水温度），由于题干强调"忽略一次加热至二次加热的热损失量"，从而可得，即热式电热水器的进水温度即为导流型容积式水加热器出水温度。

③ 参考《建水标准》6.4.3 条第 3 款，由于为即热式电热水器，故供热量要按照系统的秒耗量计算；先求热水秒流量，参考《建水标准》3.7.6 条，宾馆的 α 取 2.5；参考《建水标准》3.2.12 条，洗脸盆的当量取混合水嘴括号内的值 0.5，淋浴器当量取括号内的值 0.5；由于计算所得的热水秒流量 0.5L/s，大于洗脸盆＋淋浴器的总热水秒流量 0.2L/s，从而热水秒流量取 0.2L/s。

④ 参考《建水工程 2025》P280，电加热器的效率 η 为 95%~97%；由题意得，冷水经过水加热器和电加热器两次加热，为用户提供 60℃ 的热水，由于题干求的是水加热器最低的出水温度，因此电加热器的加热效率要取最大值，从而电加热器的进出水温度差才能最大，水加热器的出水温度才能最小；综上所述，电加热器的效率取 97% 而不是

取 95%。

⑤ 参考《建水标准》6.4.3 条第 3 款，t_r 取题干值 60℃，Q_g 取 34920kJ/h，q_g 取 0.2L/s，ρ_r 取题干值 1kg/L，从而求得，即热式电热水器进水温度 t_1（也就是导流型容积式水加热器出水温度）为 48.4℃。

22. 某 7 层电子厂房，长 36m，宽 22m，层高均为 6m，建筑高度 42.5m，设有室内消火栓系统和自动喷水灭火系统，其市政给水引入管为一条，则消防水池的最小有效容积为多少？

(A) 526m³   (B) 652m³   (C) 671m³   (D) 882m³

解析：

① 42.5m 的电子厂房属于丙类高层建筑，建筑总体积为 33660m³。

② 室外消火栓设计流量为 30L/s；室内消火栓设计流量为 30L/s，设置自动喷水灭火系统，设自喷全保护室内消火栓设计流量可减少 25L/s。

③ 电子厂房室内外消火栓火灾延续时间为 3h，自动灭火火灾延续时间为 1h。

④ 根据 5.0.2 条电子厂房参考制衣制鞋、玩具、木器，根据附录 A 判定为中危险级 II 级。

⑤ 故消防水池的最小有效容积为：

$V = 30 \times 3 \times 3.6 + 25 \times 3 \times 3.6 + 8 \times 160 \div 60 \times 1 \times 3.6 = 670.8(\text{m}^3)$。

答案选【C】。

23. 某高层办公楼共 10 层，层高 4m 且有通透性网格吊顶，自动喷水系统每层布置均相同，设置双连锁预作用系统，最顶层最不利作用面积内平均喷水强度和流量满足规范要求，最不利作用面积入口压力 0.35MPa，经核算按层高计算的损失为 0.003MPa/m。则首层最不利作用面积的出流量（L/s）和平均喷水强度[L/(m²·min)]为多少？（注：忽略立管至最不利作用面积处的横管水头损失）

(A) 31.8；11.92   (B) 31.8；9.17   (C) 41.33；11.92   (D) 41.33；15.5

解析：

高层办公楼危险等级为中危险级 I 级，喷水强度 6L/(m²·min)，作用面积 1.3×160＝208(m²)，喷水强度为 1.3×6＝7.8[L/(m²·min)]。

① 顶层：$Q_{顶}$＝7.8×208＝1622.4(L/min)。

② 首层：

(a) $P_{首}$＝0.35+(4×9)×10⁻²+0.003×(4×9)＝0.818(MPa)。

(b) $Q_{首}=\sqrt{\dfrac{0.818}{0.35}}\times 1622.4=2480.3$(L/min)＝41.33(L/s)。

(c) $D_{首}=\dfrac{2480.3}{208}=11.92$[L/(m²·min)]。

答案选【C】。

24. 某建筑油浸式电力变压器设置水喷雾灭火系统，共设置 4 个喷头，给水管网采用对称布置，管材采用不锈钢管，供水管入口处压力为 0.45MPa，供水管入口到各喷头的损失均为 0.042MPa，喷头流量系数均为 53.4，则该水喷雾系统的设计用水量最少为多少（m³）？

(A) 10.35   (B) 10.87   (C) 25.9   (D) 27.2

解析：

查《水喷雾灭火规范》3.1.2条，持续供水时间为 0.4h。

$$Q = 1.05 \times 4 \times 53.4 \times \sqrt{10 \times (0.45 - 0.042)} = 453(\text{L/min})。$$

$$V = Qt = 453 \times 0.4 \times 60 = 10.87(\text{m}^3)。$$

答案选【B】。

25. 某住宅小区拟收集生活优质杂排水作为中水水源，中水供应冲厕、小区绿化和洗车用水，已知具体参数如下：住宅和公建最高日生活用水量为 1000m³/d，平均日折减系数为 0.8，排水折减系数为 0.9，分项给水百分率：冲厕 21%，厨房 20%，洗浴 36%，洗衣 23%，中水处理设施自耗水量为 10%，每日运行 12h，小区绿化和洗车用水量之和为 150m³/d，则该小区中水处理设施的处理能力为何值？

(A) 16.5m³/h   (B) 33.0m³/h   (C) 35.4m³/h   (D) 39.3m³/h

解析：

① 设计原水量：$(1 + n_1)Q_z = 1.1 \times (1000 \times 0.21 + 150) = 396(\text{m}^3/\text{d})$。

② 可收集原水量：$Q_y = \sum \beta \cdot Q_{pj} \cdot b = 0.9 \times (1000 \times 0.8) \times (0.36 + 0.23)$
$$= 424.8(\text{m}^3/\text{d}) > 396(\text{m}^3/\text{d})$$

则为溢流工况。

③ 中水处理设施的处理能力：$Q_h = \dfrac{396}{12} = 33(\text{m}^3/\text{h})$。

答案选【B】。

分析：

① 根据题干可得，自耗水系数取题干值 1.1，中水用水量为冲厕用水和绿化洗车用水；参考《中水标准》5.5.3条，结合题干可得，冲厕用水按照建筑最高日生活用水量的 21% 计算。

② 由于题干强调"收集生活优质杂排水作为中水水源"，参考《中水标准》2.1.10 条，原水为洗浴用水和洗衣用水，占比分别为 36% 和 23%；参考《中水标准》3.1.4 条，并结合题干可得，β 取题干值 0.9，Q_{pj} 按最高日最高时给水量乘以 0.8 确定。

③ 由于中水原水量大于中水用水量，从而为溢流工况，中水处理设施的处理能力参考《中水标准》5.3.3条条文说明，结合题干可得，按中水用水量除以每日运行时间 12h 计算。

附录 注册公用设备工程师（给水排水）执业资格考试专业考试大纲

一、给水工程

1 给水系统
了解给水系统分类、组成和布置

掌握设计供水量计算

掌握给水系统的流量关系，水压关系

2 输配水
掌握输水管渠、配水管网布置及流量计算

掌握输水管渠、配水管网水力计算

了解管网技术经济比较

熟悉给水管管材、管网附件和附属构筑物选择

熟悉给水泵站设计

3 取水
了解水资源状况及水源选择

熟悉地下水取水构筑物构造和设计要求

掌握江河特征及取水构筑物选择和设计

4 给水处理
了解水源水质指标和给水处理方法

掌握混凝及混合、絮凝设备设计

掌握沉淀、澄清处理构筑物设计

掌握过滤处理构筑物设计

熟悉氯消毒工艺及其他消毒方法

熟悉地下水除铁除锰工艺设计

了解饮用水深度处理技术

掌握水的软化与除盐工艺设计

熟悉自来水厂设计

5 循环水的冷却和处理
了解冷却构筑物的类型及工艺构造

熟悉冷却塔热力计算方法

掌握循环冷却水水质特点、处理方法及补充水量计算

掌握循环冷却水系统设计

二、排水工程

1 排水系统

了解污水的分类及排水工程任务

掌握排水体制、系统组成及布置形式

熟悉排水系统规划设计

2 排水管渠

掌握污水管渠设计流量计算与系统设计

掌握雨水管渠设计流量计算与系统设计

掌握合流制管渠设计流量计算与系统设计及旧系统改造

熟悉排水管渠材质、敷设方式和附属构筑物选择

了解排水管渠系统的管理和养护

熟悉排水泵站设计

3 城镇污水处理

了解污水的污染指标和处理方法

掌握污水的物理处理法处理设备选择和设计

掌握污水的活性污泥法处理系统工艺设计

掌握污水的生物膜法处理工艺设计

熟悉污水的厌氧生物处理工艺设计

掌握污水的生物除磷脱氮工艺设计

熟悉污水的深度处理和利用技术

熟悉城镇污水处理厂设计

4 污泥处理

了解污泥的分类、性质和处理方法

掌握污泥的浓缩及脱水方法

熟悉污泥的稳定与消化池设计

熟悉污泥的最终处置方法

5 工业废水处理

了解工业废水的水质特点和处理方法

熟悉工业废水的物理、化学和物理化学法处理设计计算

三、建筑给水排水工程

1 建筑给水

了解给水系统分类、组成及给水方式

掌握给水设计流量计算与给水系统设计

掌握给水系统升压、贮水设备选择计算

掌握节水和防水质污染措施

熟悉给水管道布置、敷设及管材、附件选用

熟悉游泳池水给水系统设计

熟悉游泳池水循环水净化处理工艺设计

2　建筑消防

了解灭火设施设置场所火灾危险等级及灭火系统选择

掌握消防用水量计算

掌握消火栓系统设计

掌握自动喷水灭火系统设计

熟悉水喷雾灭火系统设计

了解建筑灭火器及其他非水消防系统设计

3　建筑排水

了解排水系统分类、组成及排水体制选择

掌握污水排水管道设计流量计算与系统设计

掌握屋面雨水排水工程设计流量计算与系统设计

了解排水管道系统中水气流动规律

熟悉污水、废水局部处理设施选择计算

熟悉排水管道布置、敷设及管材、附件选用

4　建筑热水

掌握热水供应系统的分类、组成及供水方式

掌握热水用量、耗热量和热媒耗量计算

掌握热水加热、贮热设备及安全设施的选择计算

掌握热水供应系统管网水力计算

熟悉饮水制备方法及饮水系统设置要求

了解热水、饮水管道布置、敷设及管材、附件选用

5　建筑中水和雨水利用

掌握中水的水质要求、水量平衡及处理工艺设计

熟悉雨水收集、储存及水质处理技术